基本的関数の逆数

18. $\int \dfrac{1}{1 \pm \sin u}\, du = \tan u \mp \sec u + C$

19. $\int \dfrac{1}{1 \pm \cos u}\, du = -\cot u \pm \csc u + C$

20. $\int \dfrac{1}{1 \pm \tan u}\, du = \tfrac{1}{2}(u \pm \ln|\cos u \pm \sin u|) + C$

21. $\int \dfrac{1}{\sin u \cos u}\, du = \ln|\tan u| + C$

22. $\int \dfrac{1}{1 \pm \cot u}\, du = \tfrac{1}{2}(u \mp \ln|\sin u \pm \cos u|) + C$

23. $\int \dfrac{1}{1 \pm \sec u}\, du = u + \cot u \mp \csc u + C$

24. $\int \dfrac{1}{1 \pm \csc u}\, du = u - \tan u \pm \sec u + C$

25. $\int \dfrac{1}{1 \pm e^u}\, du = u - \ln(1 \pm e^u) + C$

三角関数のベキ

26. $\int \sin^2 u\, du = \tfrac{1}{2}u - \tfrac{1}{4}\sin 2u + C$

27. $\int \cos^2 u\, du = \tfrac{1}{2}u + \tfrac{1}{4}\sin 2u + C$

28. $\int \tan^2 u\, du = \tan u - u + C$

29. $\int \sin^n u\, du = -\dfrac{1}{n}\sin^{n-1} u \cos u + \dfrac{n-1}{n}\int \sin^{n-2} u\, du$

30. $\int \cos^n u\, du = \dfrac{1}{n}\cos^{n-1} u \sin u + \dfrac{n-1}{n}\int \cos^{n-2} u\, du$

31. $\int \tan^n u\, du = \dfrac{1}{n-1}\tan^{n-1} u - \int \tan^{n-2} u\, du$

32. $\int \cot^2 u\, du = -\cot u - u + C$

33. $\int \sec^2 u\, du = \tan u + C$

34. $\int \csc^2 u\, du = -\cot u + C$

35. $\int \cot^n u\, du = -\dfrac{1}{n-1}\cot^{n-1} u - \int \cot^{n-2} u\, du$

36. $\int \sec^n u\, du = \dfrac{1}{n-1}\sec^{n-2} u \tan u + \dfrac{n-2}{n-1}\int \sec^{n-2} u\, du$

37. $\int \csc^n u\, du = -\dfrac{1}{n-1}\csc^{n-2} u \cot u + \dfrac{n-2}{n-1}\int \csc^{n-2} u\, du$

三角関数の積

38. $\int \sin mu \sin nu\, du = -\dfrac{\sin(m+n)u}{2(m+n)} + \dfrac{\sin(m-n)u}{2(m-n)} + C$

39. $\int \cos mu \cos nu\, du = \dfrac{\sin(m+n)u}{2(m+n)} + \dfrac{\sin(m-n)u}{2(m-n)} + C$

40. $\int \sin mu \cos nu\, du = -\dfrac{\cos(m+n)u}{2(m+n)} - \dfrac{\cos(m-n)u}{2(m-n)} + C$

41. $\int \sin^m u \cos^n u\, du = -\dfrac{\sin^{m-1} u \cos^{n+1} u}{m+n} + \dfrac{m-1}{m+n}\int \sin^{m-2} u \cos^n u\, du$

$\qquad\qquad = \dfrac{\sin^{m+1} u \cos^{n-1} u}{m+n} + \dfrac{n-1}{m+n}\int \sin^m u \cos^{n-2} u\, du$

三角関数と指数関数の積

42. $\int e^{au} \sin bu\, du = \dfrac{e^{au}}{a^2+b^2}(a\sin bu - b\cos bu) + C$

43. $\int e^{au} \cos bu\, du = \dfrac{e^{au}}{a^2+b^2}(a\cos bu + b\sin bu) + C$

基本的関数と u のベキとの積，あるいは商

44. $\int u \sin u\, du = \sin u - u \cos u + C$

45. $\int u \cos u\, du = \cos u + u \sin u + C$

46. $\int u^2 \sin u\, du = 2u \sin u + (2 - u^2)\cos u + C$

47. $\int u^2 \cos u\, du = 2u \cos u + (u^2 - 2)\sin u + C$

48. $\int u^n \sin u\, du = -u^n \cos u + n\int u^{n-1} \cos u\, du$

49. $\int u^n \cos u\, du = u^n \sin u - n\int u^{n-1} \sin u\, du$

50. $\int u^n \ln u\, du = \dfrac{u^{n+1}}{(n+1)^2}[(n+1)\ln u - 1] + C$

51. $\int u e^u\, du = e^u(u - 1) + C$

52. $\int u^n e^u\, du = u^n e^u - n\int u^{n-1} e^u\, du$

53. $\int u^n a^u\, du = \dfrac{u^n a^u}{\ln a} - \dfrac{n}{\ln a}\int u^{n-1} a^u\, du + C$

54. $\int \dfrac{e^u\, du}{u^n} = -\dfrac{e^u}{(n-1)u^{n-1}} + \dfrac{1}{n-1}\int \dfrac{e^u\, du}{u^{n-1}}$

55. $\int \dfrac{a^u\, du}{u^n} = -\dfrac{a^u}{(n-1)u^{n-1}} + \dfrac{\ln a}{n-1}\int \dfrac{a^u\, du}{u^{n-1}}$

56. $\int \dfrac{du}{u \ln u} = \ln|\ln u| + C$

基本的関数と多項式との積

57. $\int p(u) e^{au}\, du = \dfrac{1}{a}p(u)e^{au} - \dfrac{1}{a^2}p'(u)e^{au} + \dfrac{1}{a^3}p''(u)e^{au} - \cdots$ ［符号の交代：$+-+-\cdots$］

58. $\int p(u) \sin au\, du = -\dfrac{1}{a}p(u)\cos au + \dfrac{1}{a^2}p'(u)\sin au + \dfrac{1}{a^3}p''(u)\cos au - \cdots$ ［初項のあとは2つが組 $++--++--\cdots$］

59. $\int p(u) \cos au\, du = \dfrac{1}{a}p(u)\sin au + \dfrac{1}{a^2}p'(u)\cos au - \dfrac{1}{a^3}p''(u)\sin au - \cdots$ ［2つが組になって交代：$++--++--\cdots$］

微積分学講義
【原著第7版】

中

Howard Anton
Irl Bivens
Stephen Davis
著

西田吾郎
監修

井川 満
畑 政義
森脇 淳
訳

Calculus (7th Edition)
by H. Anton, I. Bivens and S. Davis

Copyright © 2002, Anton Textbooks, Inc.
All Rights Reserved. Authorised translation from the English language edition published by John Wiley & Sons, Inc. Responsibility for the translation rests solely with Kyoto University Press and is not responsibility of John Wiley & Sons, Inc. No part of this book may be reproduced in any form without the written permission of the original copyright holder, John Wiley & Sons, Inc.
Japanese translation rights arranged with John Wiley & Sons International Rights, Inc. through Japan UNI Agency, Inc., Tokyo

CONTENTS

第 5 章	積分法	1
5.1	面積問題の概観	2
5.2	不定積分；積分曲線と方向場	7
5.3	置換積分	17
5.4	シグマ記号；極限としての面積	22
5.5	定積分	35
5.6	微積分学の基本定理	44
5.7	再び直線運動；平均値	55
5.8	置換法による定積分の計算	68
第 6 章	定積分の，幾何学，科学，および工学における応用	81
6.1	2 曲線に挟まれた領域の面積	82
6.2	スライスして体積を；円板とワッシャー	88
6.3	円柱殻による体積	96
6.4	平面曲線の長さ	100
6.5	回転面の面積	105
6.6	仕事	109
6.7	流体の圧力と力	117
第 7 章	指数関数，対数関数，逆三角関数	125
7.1	逆関数	126
7.2	指数関数および対数関数	136
7.3	対数関数および指数関数の導関数と積分	146
7.4	対数および指数関数のグラフと応用	154
7.5	積分の観点からみる対数関数	162
7.6	逆三角関数の導関数と積分	174
7.7	ロピタルの定理；不定形	184
7.8	双曲線関数と懸垂線	193

第 8 章　積分計算の原理　　207

- 8.1　積分法概観 ... 208
- 8.2　部分積分 ... 210
- 8.3　三角積分 ... 218
- 8.4　三角置換 ... 226
- 8.5　部分分数による有理関数の積分 ... 232
- 8.6　積分表と CAS の利用 ... 239
- 8.7　数値積分；シンプソンの公式 ... 249
- 8.8　広義積分 ... 263

第 9 章　微分方程式による数学的モデル化　　277

- 9.1　1 階微分方程式とその応用 ... 278
- 9.2　方向場；オイラー法 ... 290
- 9.3　1 階微分方程式によるモデル化 ... 297
- 9.4　2 階同次線形微分方程式；バネの振動 ... 307

第 10 章　無限級数　　319

- 10.1　マクローリンおよびテイラー多項式近似 ... 320
- 10.2　数列 ... 329
- 10.3　単調数列 ... 340
- 10.4　無限級数 ... 346
- 10.5　収束テスト ... 354
- 10.6　比較テスト，比テスト，およびベキ根テスト ... 361
- 10.7　交代級数；条件収束 ... 367
- 10.8　マクローリン級数とテイラー級数；ベキ級数 ... 375
- 10.9　テイラー級数の収束；計算方法 ... 383
- 10.10　ベキ級数の微分と積分；テイラー級数をモデルとして ... 392

演習問題奇数番の解答　　A1

監修者あとがき　　A15

索　引　　I1

第 5 章

積分法

　微積分学において接線や変化率を求める方法を**微分法**，これに対して面積を求める方法を**積分法**と伝統的によんでいる．しかし，これらの 2 つの問題は密接に関係しており，両者の違いを見分けることは往々にして難しいことがこの章でわかるだろう．

　まず，面積を求める問題の概要から始める．「面積」とは何を意味するのだろうか．面積を定義し計算する 2 つの方法を説明しよう．つぎに，接線と面積を求める 2 つの問題を関係づける「微積分学の基本定理」を論じ，面積の計算技法について論じていく．終わりに，この章の考え方を使って第 4 章での直線運動に関する考察を続行し，積分法における連鎖律から導かれるいくつかの結果を考察する．

5.1 面積問題の概観

曲線で囲まれた平面内の領域の面積を求める問題から始める．この導入部では基本となる概念を簡単に導入するにとどめ，ここで考察したすべての結果はこの章で後に詳細に論じることにする．

この章の主目的は，微積分学における重要な次の問題を考察することである．

> **問題 5.1.1**（面積問題）　区間 $[a, b]$ で定義された非負の連続関数 f が与えられたとき，f のグラフと x 軸上の区間 $[a, b]$ に挟まれた部分の面積を求めよ（図 5.1.1）．

厳密にいえば，面積の計算方法を論じる前に，もちろん，面積という用語の定義をまず与えるべきである．しかし，この節では面積というものを直感的にとらえることとし，その正確な定義は 5.4 節で与える．

線分で囲まれた平面の領域（正方形，長方形，三角形や台形など）の面積を与える公式は，多くの古代文明において，よく知られていた．他方，曲線で囲まれた領域（円が最も単純な例）の面積を求める問題は，当時の数学者の頭痛の種であった．この問題に最初に真の貢献をなしたのは，ギリシャの数学者アルキメデス (Archimedes)[*] である．彼は円弧，放物線，螺旋（らせん）などのさまざまな曲線で囲まれた領域の面積を，後に取り尽くし法とよばれる独創的な方法で求めた．この方法を半径 r の円の場合で説明すると，円に内接する正多角

面積を求める

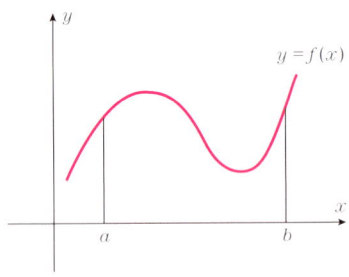

図 5.1.1

---

[*] アルキメデス (Archimedes, 紀元前 287～212)．ギリシャの数学者，科学者．シチリア島のシラクサにて天文学者フェディアスの息子として生を受けた．また，シラクサの王ヘロン 2 世の親戚ともいわれている．彼の生涯のほとんどのことはローマの伝記作家プルタルコスに負う．プルタルコスはマルケルスというローマ軍人に関する膨大な伝記の中で，興味をかき立てるようにアルキメデスのことを数ページ記した．これを，ある作家は「アルキメデスの記述たるや，牛ものどを詰まらせるような分厚いサンドイッチに挟まれた薄っぺらなハムのごとし」と評した．

アルキメデスは，ニュートン，ガウスと並んで，歴史上の三大数学者の 1 人に数えられ，間違いなく古代における最も偉大な数学者である．彼の数学における業績は，その思想や技術面において 17 世紀の数学者に引けを取らないばかりでなく，代数学や扱いやすい数系のない時代で行われた．アルキメデスは，面積や体積を計算する一般的な方法（取り尽くし法）を開発し，これを用いて放物線や螺旋に囲まれた領域の面積，および円柱や放物線，球の断片の体積を求めた．彼は円周率 π の近似の構成法を与え，π が $3\frac{10}{71}$ と $3\frac{1}{7}$ のあいだにあることを見出した．当時のギリシャの数系の不便さにもかかわらず，彼は平方根を計算する方法を工夫し，ギリシャの一万（ミリアド）に基づき，1 の後に零が 8 京個続くような大きな数の表示法も考案した．

あらゆる業績の中で，アルキメデスは球の体積の計算方法の発見—球の体積は，それを含む最小の円柱の体積の 2/3 である—を最大の誇りとしていた．彼の意向により，墓石には球と円柱の図が刻まれている．

数学に加え，アルキメデスは力学や流体静力学までも幅広く活躍した．浮かんでいる物体はそれと同じ重さの液体を押しのける，という法則を発見し，風呂から飛び出て「ユーリカ，ユーリカ！（見つけたぞ）」と叫びながらシラクサの通りを走った，という逸話から，ほとんどすべての児童が，アルキメデスを上の空の科学者として知っている．実際，彼は流体静力学の原理を発見し，それを用いてさまざまな浮かぶ物体の平衡点を見出した．また，力学の基礎仮定を構築し，てこの原理を発見し，さまざまな形の平面や立体の重心を計算した．てこの原理を数学的に発見した際には，「われに足場を与えよ．されば地球を動かさん」と興奮して叫んだという．

アルキメデスは，どうやら応用よりも純粋数学の方に興味があったようだが，工学の天才でもあった．第 2 次ポエニ戦争においてシラクサがマルケルス率いるローマ海軍に攻め込まれた際，アルキメデスの軍事的発明によって，ローマ海軍は 3 年間も湾岸に足止めされた，とプルタルコスは記している．アルキメデスは，1/4 トン以上の石をローマ軍に投げつける巨大投石機や，城壁を越えて舟をつかみ岩に叩きつける鉄製の「くちばしと爪」をもった恐ろしい機械も発明した．最初に撃退された後，マルケルスはアルキメデスのことを「われわれの舟を海から水をすくう柄杓（ひしゃく）のように扱う幾何学のブリアレウス（百の腕をもつ怪物）」とよんだ．

しかし，最後にはローマ軍が勝利し，マルケルスの特命にもかかわらず，75 歳だったアルキメデスはローマの 1 兵士によって殺害された．この件については，アルキメデスが砂の上で数学の問題を考えていたとき，兵士が陰を落とし，いらいらした彼は「私の円を乱すな」と叫んだので，兵士は激怒し老人を切り倒した，と伝えられている．

彼の死とともに，このギリシャの大数学者は忘れ去られ，16 世紀まで彼の業績が完全によみがえることはなかった．この偉人の正確な肖像画や彫像が知られていないのは残念である．

形を考え，その辺の数 n を無限に増加させるという一連の手順からなる（図 5.1.2）．n が増えるにつれ，多角形は円の内部領域を「取り尽くし」ていき，この多角形の面積はしだいに円の正確な面積のよい近似になっていく．

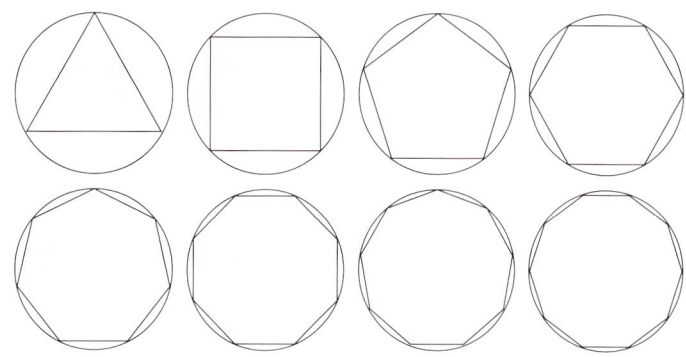

図 5.1.2

この近似を数値的にみるために，半径 1 の円に内接する正 n 角形の面積を $A(n)$ とおく．表 5.1.1 にいろいろな n に対する $A(n)$ の数値結果を示した．n の値が大きいとき，期待どおり $A(n)$ は π に近づいていくようにみえることに注意しよう．よって，半径 1 の円に対する取り尽くし法と

$$\lim_{n\to\infty} A(n) = \pi$$

という等式は同値であることが示唆される．しかし，ギリシャの数学者たちは「無限大」の概念に非常に懐疑的であって，ある量の「極限の振る舞い」に関わる説明を意識的に避けていた．それゆえ，この古典的な取り尽くし法によって正しい答えを得ることは厄介な問題であった．この章では，極限の概念を明確に組み入れた現代的な取り尽くし法を考える．この方法で面積を「取り尽くす」ために使うのは長方形であるから，これを長方形法とよぶことにする．

表 5.1.1

n	$A(n)$
100	3.13952597647
200	3.14107590781
300	3.14136298250
400	3.14146346236
500	3.14150997084
600	3.14153523487
700	3.14155046835
800	3.14156035548
900	3.14156713408
1000	3.14157198278
2000	3.14158748588
3000	3.14159035683
4000	3.14159136166
5000	3.14159182676
6000	3.14159207940
7000	3.14159223174
8000	3.14159233061
9000	3.14159239839
10000	3.14159244688

図 5.1.1 に示された領域の面積を求めるには基本的に 2 つの方法—長方形法と原始関数法—がある．長方形法は次の 2 つの考え方に基づいている．

- 区間 $[a,b]$ を n 等分し，分割された各部分区間ごとに，x 軸から曲線 $y = f(x)$ 上の勝手な点まで延びる長方形を作る．この点はどこであろうと問題にはならない．例えば，各部分区間の中点でもよいし，2 つの端点のどちらでもよい．図 5.1.3 は中点を選んだ場合を示している．
- 各 n において，このような長方形の面積の合計は，区間 $[a,b]$ とその上の関数のグラフで挟まれた部分の面積の近似と考えられる．直感的には明らかであるが，n の増加とともに，その近似値はよりよいものとなり，正確な面積に近づいていく（図 5.1.4）．

この手順は後に，数学的定義と計算方法の両方の役割を果たすことになる．つまり，区間 $[a,b]$ と曲線 $y = f(x)$ に挟まれた部分の面積を，長方形法による近似の極限として定義し，またこの方法自身を面積の近似計算に用いる．

長方形法

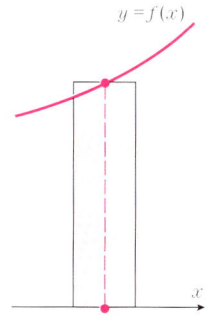

図 5.1.3

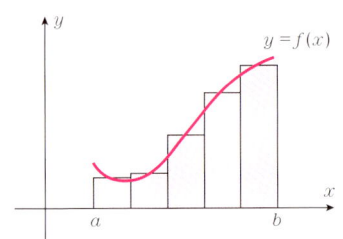 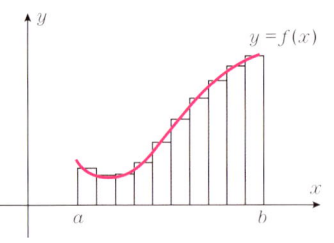 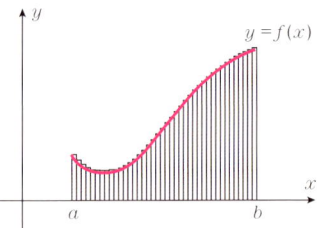

n が増加するとき，長方形の面積の和は，曲線で囲まれた図形の面積に近づく．

図 5.1.4

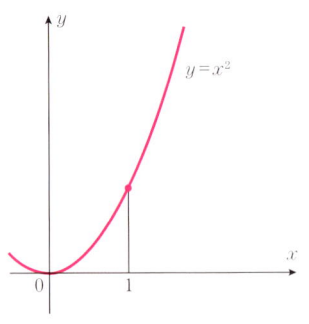

図 5.1.5

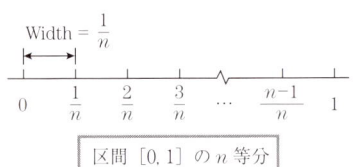

区間 $[0,1]$ の n 等分

図 5.1.6

区間 $[0,1]$ と曲線 $y = x^2$ で挟まれた部分の面積を近似する問題を例にとって，長方形法の考え方を説明しよう（図 5.1.5）．区間 $[0,1]$ を n 等分することから始める．各部分区間の長さは $1/n$ であり，それらの端点は，

$$0, \frac{1}{n}, \frac{2}{n}, \frac{3}{n}, \ldots, \frac{n-1}{n}, 1$$

（図 5.1.6）となる．各部分区間において，その区間内のある点における関数 $f(x) = x^2$ の値を高さにもつ長方形を作る．考えを定めるために，ここでは各部分区間の右端点を採用する．こうして作られた長方形の高さは，

$$\left(\frac{1}{n}\right)^2, \left(\frac{2}{n}\right)^2, \left(\frac{3}{n}\right)^2, \ldots, 1^2$$

となり，各長方形の幅が $1/n$ であったことを考えると，長方形の合計面積 A_n は，

$$A_n = \left[\left(\frac{1}{n}\right)^2 + \left(\frac{2}{n}\right)^2 + \left(\frac{3}{n}\right)^2 + \cdots + 1^2\right]\left(\frac{1}{n}\right) \tag{1}$$

となる．例えば $n = 4$ の場合，4 個の長方形の面積の和

$$A_4 = \left[\left(\frac{1}{4}\right)^2 + \left(\frac{2}{4}\right)^2 + \left(\frac{3}{4}\right)^2 + 1^2\right]\left(\frac{1}{4}\right) = \frac{15}{32} = 0.46875$$

が近似値になる．表 5.1.2 は n を増加させたときのコンピュータによる (1) の数値計算である．この表は正確な面積が $\frac{1}{3}$ に近いことを示唆している．5.4 節において

$$\lim_{n \to \infty} A_n = \frac{1}{3}$$

表 5.1.2

n	4	10	100	1000	10,000	100,000
A_n	0.468750	0.385000	0.338350	0.333834	0.333383	0.333338

を証明し，求める面積は正確に $\frac{1}{3}$ に等しいことを示す．

式 (1) はシグマ記号を用いて，より簡明に表記できるが，これは 5.4 節で詳しく取り扱う．[シグマ（Σ）はギリシャ語のアルファベットの大文字の 1 つで，和を表すのに用いられる．] このシグマ記号を使うと，和

$$\left(\frac{1}{n}\right)^2 + \left(\frac{2}{n}\right)^2 + \left(\frac{3}{n}\right)^2 + \cdots + 1^2$$

は単に

$$\sum_{k=1}^{n} \left(\frac{k}{n}\right)^2$$

と表記される．この記号は，1 から n までの整数 k を数式 $(k/n)^2$ につぎつぎに代入し足し合わせた和を意味している．正の整数 n のそれぞれに，和の値が対応する．例えば $n=4$ の場合，

$$\sum_{k=1}^{4}\left(\frac{k}{4}\right)^2 = \left(\frac{1}{4}\right)^2 + \left(\frac{2}{4}\right)^2 + \left(\frac{3}{4}\right)^2 + 1^2 = \frac{30}{16} = \frac{15}{8}$$

となる．一般に，シグマ記号を使って

$$A_n = \frac{1}{n}\sum_{k=1}^{n}\left(\frac{k}{n}\right)^2$$

と表すことができる．

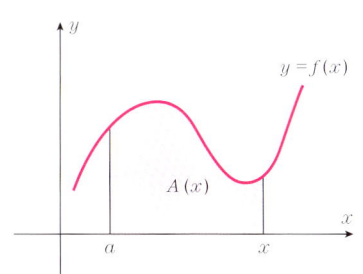

図 5.1.7

> 読者へ　多くの計算ユーティリティでは，何らかの形でシグマ記号を含む数式が計算できる．もしそのような計算ユーティリティがあれば，表 5.1.2 の A_{100} の値を確かめよ（なければ A_{10} の値を確かめよ）．

原始関数法

長方形法は直感的には正しそうにみえるが，そこに現れる極限は特別な場合にしか直接計算できない．そのため，面積問題の研究は 17 世紀後半に至るまで未発達であった．この面積問題における画期的な 2 つの結果が，イギリスの数学者アイザック・バロウ (Isaac Barrow) とアイザック・ニュートン，およびドイツの数学者ゴットフリート・ライプニッツによって発見された．これらの結果は，アイザック・バロウの著書「Lectiones geometricae」において第 X 講の命題 11 および第 XI 講の命題 19 として，はなやかに誇示されることもなく発表された．ともに面積問題の解決に用いることができる．

アイザック・ニュートンが好んだ命題 11 に基づく解法は，面積問題を間接的に解くもので，逆説的ではあるが有効な方法である．この議論に従うと，図 5.1.1 の曲線の下部の面積を求める場合，まず，区間 $[a,b]$ 内の任意の数 x に対して f のグラフと区間 $[a,x]$ で挟まれた部分の面積 $A(x)$ を求めるという，より難しそうな問題から考える（図 5.1.7）．この面積関数 $A(x)$ を与える式が見つかれば，求める面積は単に公式に $x=b$ を代入すればよい．

これは面積問題に対する驚くべき解法にみえるかもしれない．区間 $[a,b]$ 内の任意の x に対する面積 $A(x)$ を求める問題が，いったいなぜ，単一の値 $A(b)$ を求める問題より扱いやすくなるのか．しかし，面積関数 $A(x)$ を計算するのは難しいかもしれないが，その導関数 $A'(x)$ の方は見つけやすいということがわかれば，この解法のアプローチが理解できるだろう．これを明らかにするために，初等幾何で簡単に計算できる面積関数 $A(x)$ の例をいくつかみてみよう．

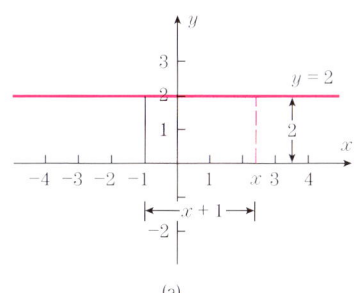

(a)

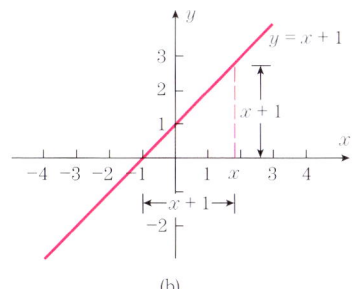

(b)

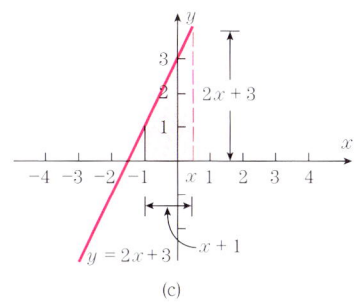

(c)

図 5.1.8

例 1　次のそれぞれの関数 f に対して，f のグラフと区間 $[a,x] = [-1,x]$ で挟まれた部分の面積 $A(x)$ を求め，面積関数の導関数 $A'(x)$ を求めよ．

(a)　$f(x) = 2$　　(b)　$f(x) = x+1$　　(c)　$f(x) = 2x+3$

解 (a)　図 5.1.8(a) より，
$$A(x) = 2(x-(-1)) = 2(x+1) = 2x+2$$
は，縦が 2 で横が $x+1$ の長方形の面積である．これより，
$$A'(x) = 2 = f(x)$$

解 (b)　図 5.1.8(b) より，
$$A(x) = \frac{1}{2}(x+1)(x+1) = \frac{x^2}{2} + x + \frac{1}{2}$$

は，高さと底辺の長さがともに $x+1$ である直角二等辺三角形の面積である．これより，
$$A'(x) = x + 1 = f(x)$$

解 (c) 台形の面積は $A = \frac{1}{2}(b+b')h$ であることを思い出そう．ここで，b, b' は台形の平行な辺の長さであり，高さ h はそれらのあいだの距離を表す．図 5.1.8(c) より，
$$A(x) = \frac{1}{2}((2x+3) + 1)(x - (-1)) = x^2 + 3x + 2$$
は，平行な辺の長さが 1 と $2x+3$ で，高さが $x - (-1) = x+1$ の台形の面積である．これより，
$$A'(x) = 2x + 3 = f(x)$$
◀

例 1 のいずれも場合も，
$$A'(x) = f(x) \qquad (2)$$
を満たしていることに注意しよう．つまり，面積関数 $A(x)$ の導関数は，そのグラフが領域の上部の境界を表す関数である．式 (2) は，単に例 1 で扱ったような直線のみならず，一般の連続関数に対しても成り立つことを，後に 5.6 節において証明する．こうして，面積関数 $A(x)$ を直接求める代わりに，その導関数が $f(x)$ になるような特定の関数を見出す問題に帰着される．微分の「逆」の操作であるから，これを逆微分問題とよぶ．本書では，これまで微分を取り扱ってきたが，これからは逆微分も扱うことになる．

この原始関数法†を個々の問題にどのように適用していくかをみるために，再び区間 $[0,1]$ と $f(x) = x^2$ のグラフで挟まれた部分の面積を求める問題に戻る．f のグラフと区間 $[0, x]$ で挟まれた部分の面積を $A(x)$ で表すと，式 (2) から $A'(x) = f(x) = x^2$ が成り立つ．簡単な推量から，その導関数が $f(x) = x^2$ となる関数の 1 つに $\frac{1}{3}x^3$ がある．すると，定理 4.8.3 より，ある定数 C を用いて $A(x) = \frac{1}{3}x^3 + C$ と書けることがわかる．ここに，一般の右端点に対する面積問題を考えた利点が現れている．$x = 0$ の場合は，区間 $[0, x]$ は 1 点になる．この場合の面積は零であると認めれば，
$$0 = A(0) = \frac{1}{3}0^3 + C = 0 + C = C \qquad \text{すなわち} \qquad C = 0$$
を得る．ゆえに $A(x) = \frac{1}{3}x^3$ であり，f のグラフと区間 $[0,1]$ で挟まれた部分の面積は $A(1) = \frac{1}{3}$ となる．これは表 5.1.2 の数値計算と合致していることに注意しよう．

原始関数法は面積問題に対する便利な解法であるが，長方形法とはほとんど関係ないようにみえる．それゆえ，長方形の面積を足し合わせる操作と逆微分の操作との関連がはっきりわかる解法が望ましい．幸いなことに，バロウの命題 19 に基づく面積問題の解法は，まさにこの点を明らかにしてくれる．さらに，ライプニッツの好んだ面積問題への解法を現代風に定式化することもできる．この解法は 5.6 節（定理 5.6.1）で述べるとともに，バロウの命題 11 を現代版に発展させる（定理 5.6.3）．面積問題に対するこれら 2 つの解法は，いわゆる微積分学の基本定理として結実する．

積分法

長方形法と逆微分を使う方法は，面積問題に対するまったく異なる解法であることをみてきた．長方形法が問題を正面から攻撃しているのに対し，逆微分はどちらかというと奇襲攻撃のようなものである．この章で，面積問題に対するこれら 2 つの解法を詳しく述べる．

5.2 節および 5.3 節において，積分法として知られる逆微分に関するいくつかの技法を扱う．その後，5.5 節においてリーマン和として知られる一般化された長方形法について論じる．長方形法における「極限」として面積を理解したのとまったく同様に，リーマン和の「極限」として定積分を定義する．

---

† 訳注：導関数が $f(x)$ になる関数を，$f(x)$ の 1 つの原始関数という（定義 5.2.1 参照）．

定積分と逆微分は，積分法を支える 2 本柱であり，ともに重要である．一般に，定積分は積分法における問題を認識し定式化する手段である．例えば，面積問題に加え，立体の体積や曲線の弧長を計算したり，タンクから水を汲み出す仕事に関する問題などは，すべて定積分を用いて解決される．しかし，このような諸問題においては，定積分を直接に計算することで正確な解を得ることは難しいかもしれない．幸いなことに，多くの場合，微積分学の基本定理のおかげで逆微分法によって定積分を計算することができる．積分法の威力は，定積分と逆微分による二面攻撃によって発揮される．

演習問題 5.1

問題 **1–8** では，f のグラフと区間 $[a,b]$ で挟まれた部分の面積を求めよ．この節で扱った $f(x) = x^2$ の場合と同様にして，n 個の長方形による近似を考えよ．自動的に和が計算できるユーティリティがあるならば，$n = 10, 50, 100$ の場合の数値を計算せよ．なければ，$n = 2, 5, 10$ の場合を計算せよ．

1. $f(x) = \sqrt{x}$; $[a,b] = [0,1]$
2. $f(x) = \dfrac{1}{x+1}$; $[a,b] = [0,1]$
3. $f(x) = \sin x$; $[a,b] = [0,\pi]$
4. $f(x) = \cos x$; $[a,b] = [0,\pi/2]$
5. $f(x) = \dfrac{1}{x}$; $[a,b] = [1,2]$
6. $f(x) = \cos x$; $[a,b] = [-\pi/2, \pi/2]$
7. $f(x) = \sqrt{1-x^2}$; $[a,b] = [0,1]$
8. $f(x) = \sqrt{1-x^2}$; $[a,b] = [-1,1]$

問題 **9–14** では，f のグラフと区間 $[a,x]$ で挟まれた部分の面積 $A(x)$ を初等幾何を用いて求めよ．それぞれの場合に $A'(x) = f(x)$ が成り立つことを示せ．

9. $f(x) = 3$; $[a,x] = [1,x]$
10. $f(x) = 5$; $[a,x] = [2,x]$
11. $f(x) = 2x + 2$; $[a,x] = [0,x]$
12. $f(x) = 3x - 3$; $[a,x] = [1,x]$
13. $f(x) = 2x + 2$; $[a,x] = [1,x]$
14. $f(x) = 3x - 3$; $[a,x] = [2,x]$
15. 問題 **11** と問題 **13** の面積関数を比較し，その違いを説明せよ．
16. $f(x)$ を区間 $[a,b]$ 上で非負の値をとる **1 次関数**とし，f のグラフと区間 $[a,x]$ で挟まれた部分の面積を $A(x)$ とおく．
    (a) $A(x) = \frac{1}{2}[f(a) + f(x)](x - a)$ を示せ．
    (b) (a) より $A'(x) = f(x)$ を示せ．
17. $f(x) = \sqrt{x}$ のグラフと区間 $[0,1]$ で挟まれた部分の面積を A とし，$f(x) = x^2$ のグラフと区間 $[0,1]$ で挟まれた部分の面積を B とする．このとき，$A + B = 1$ を幾何的に説明せよ．
18. $f(x) = 1/x$ のグラフと区間 $[1,2]$ で挟まれた部分の面積を A とし，f のグラフと区間 $[\frac{1}{2}, 1]$ で挟まれた部分の面積を B とする．このとき，$A = B$ を幾何的に説明せよ．

5.2 不定積分；積分曲線と方向場

前節でみたように，逆微分は正確な面積を求める際に重要な役割を果たしそうである．この節では，最終的には多くの原始関数問題を体系的に解決してくれる，逆微分に関する基本的な諸性質を取り扱う．

5.2.1 定義 関数 F が，与えられた区間 I 上の関数 f の**原始関数**であるとは，この区間内のすべての点 x において $F'(x) = f(x)$ が成り立つときにいう．

例えば，関数 $F(x) = \frac{1}{3}x^3$ は区間 $(-\infty, +\infty)$ において $f(x) = x^2$ の原始関数である．なぜなら，この区間内の各点 x に対して，

$$F'(x) = \frac{d}{dx}\left[\frac{1}{3}x^3\right] = x^2 = f(x)$$

が成り立つからである．しかし，$F(x) = \frac{1}{3}x^3$ だけが，この区間における f の原始関数ではない．$\frac{1}{3}x^3$ に勝手な定数 C を加えた $G(x) = \frac{1}{3}x^3 + C$ という関数も，また $(-\infty, +\infty)$ における f の原始関数である．なぜなら，

$$G'(x) = \frac{d}{dx}\left[\frac{1}{3}x^3 + C\right] = x^2 + 0 = f(x)$$

であるからである．一般に，1つの原始関数が見つかれば，これに定数を加えると他の原始関数が得られる．例えば，

$$\frac{1}{3}x^3, \quad \frac{1}{3}x^3 + 2, \quad \frac{1}{3}x^3 - 5, \quad \frac{1}{3}x^3 + \sqrt{2}$$

などは，すべて $f(x) = x^2$ の原始関数である．

では，f の原始関数 F がわかっている場合，これに定数を加えた形では表せないような他の原始関数があるかどうか，を問うのは当然であろう．答えはない．区間 I 上の f の原始関数が1つ見つかれば，この区間における他の原始関数はすべて，それにある定数を加えたものになる．というのは，定理 4.8.3 で述べたように，ある開区間 I で微分可能な2つの関数があって，それらの導関数が I 上で一致すれば，これらの関数の差は I 上で定数となるからである．以上をまとめて，次の定理を得る．

> **5.2.2 定理** $F(x)$ を区間 I 上の関数 $f(x)$ の1つの原始関数とすれば，任意の定数 C に対して，関数 $F(x) + C$ もまた，この区間上の f の原始関数である．さらに，区間 I 上の f の任意の原始関数は，適当な定数 C を用いて $F(x) + C$ の形で表される．

不定積分

原始関数を求める手順を **逆微分法** あるいは **積分法** とよぶ．つまり，

$$\frac{d}{dx}[F(x)] = f(x) \tag{1}$$

であるとき，$f(x)$ を **積分する**（あるいは **逆微分する**）とは，$F(x) + C$ の形の原始関数を対応させることである．このことを強調するために，**積分記号** を用いて，方程式 (1) を

$$\int f(x)\,dx = F(x) + C \tag{2}$$

と書き表す．ここで C は任意の定数を表す．注意すべき大事な点は，式 (1) と (2) は同一のことを別の記号で表しているにすぎないということである．例えば，

$$\int x^2\,dx = \tfrac{1}{3}x^3 + C \quad \text{は} \quad \frac{d}{dx}\left[\tfrac{1}{3}x^3\right] = x^2$$

と同値である．もう1つ注意すべき点は，$f(x)$ の原始関数を微分すれば再び $f(x)$ 自身になるということである．つまり，

$$\frac{d}{dx}\left[\int f(x)\,dx\right] = f(x) \tag{3}$$

$\int f(x)\,dx$ を **不定積分** とよぶ．ここで「不定」というのは，逆微分の結果が定数の差を除いてのみ決まるからで，特定でない「一般の」関数であることを強調している．式 (2) の左辺に登場した「s を引き延ばした」ような記号を **積分記号**[*] といい，関数 $f(x)$ を **被積分関数**，定数 C を **積分定数** とよぶ．式 (2) は次のように読む．

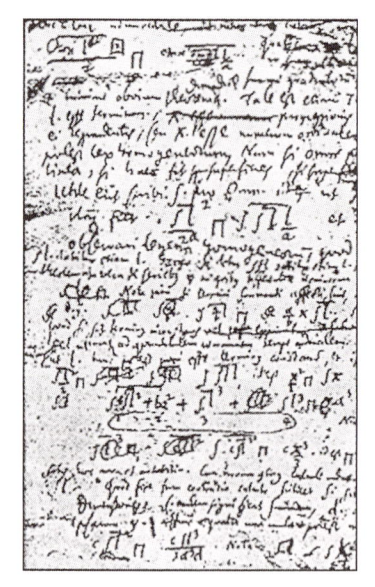

積分記号が最初に使われた 1675 年 10 月 29 日付のライプニッツの原稿から引用

---

[*] この記号はライプニッツ (Libniz) が発明した．初期の論文では，彼はラテン語の「omnes」を略して「omn.」という記号を使っていた．その後，1675 年 10 月 29 日に「omn. の代わりに $\int$ と書いた方が便利であるから，omn.ℓ の代わりに $\int \ell$ と書き，…」と記している．それから 2, 3 週間の後，彼は記号をさらに洗練し，単に $\int$ ではなくて $\int [\;]\,dx$ と書いた．この記法はとても便利で強力であり，ライプニッツのこの発明は，数学および科学史上最大級の画期的な出来事であるとみなすべきではないだろうか．

5.2 不定積分；積分曲線と方向場　9

$f(x)$ の x に関する積分は，$F(x)$ に定数を加えたものに等しい．

微分および逆微分
$$\frac{d}{dx}[\ ] \qquad \int [\ ]\,dx$$
における微分記号 dx は，独立変数を識別するのに役立つ．x 以外の独立変数，例えば t を使うと，
$$\frac{d}{dt}[F(t)] = f(t) \quad \text{と} \quad \int f(t)\,dt = F(t) + C$$
は同値である，のように適切に記号を修正しなければならない．

例 1

導関数の公式	同値な積分公式
$\dfrac{d}{dx}[x^3] = 3x^2$	$\displaystyle\int 3x^2\,dx = x^3 + C$
$\dfrac{d}{dx}[\sqrt{x}\,] = \dfrac{1}{2\sqrt{x}}$	$\displaystyle\int \dfrac{1}{2\sqrt{x}}\,dx = \sqrt{x} + C$
$\dfrac{d}{dt}[\tan t] = \sec^2 t$	$\displaystyle\int \sec^2 t\,dt = \tan t + C$
$\dfrac{d}{du}[u^{3/2}] = \dfrac{3}{2}u^{1/2}$	$\displaystyle\int \dfrac{3}{2}u^{1/2}\,du = u^{3/2} + C$

◀

場合によっては，dx を被積分関数に合併させて記号を簡略にすることがある．例えば，
$$\int 1\,dx \quad \text{を} \quad \int dx \quad \text{と書き，}$$
$$\int \frac{1}{x^2}\,dx \quad \text{を} \quad \int \frac{dx}{x^2} \quad \text{と書く．}$$
積分記号と微分記号は，被積分関数のそれぞれ左と右に位置して区切り記号の役割を果たす．
特に，$\int f(x)\,dx$ を $\int dx f(x)$ とは書かない．

....
積分公式

　　積分とは，導関数 f が与えられたときにもとの関数 F を求めるという本質的に知的な推量作業である．しかし，基本になる多くの積分公式が付随する微分公式から直接に導かれる．重要な積分公式のいくつかを表 5.2.1 に載せておく．

例 2 表 5.2.1 の 2 番目の公式は，次のように言葉で覚えるとよい．

x のベキ乗（-1 以外）の積分は，その指数に 1 を加え，それを新しい指数で割れ．

例えば，
$$\int x^2\,dx = \frac{x^3}{3} + C \qquad \boxed{r = 2}$$
$$\int x^3\,dx = \frac{x^4}{4} + C \qquad \boxed{r = 3}$$
$$\int \frac{1}{x^5}\,dx = \int x^{-5}\,dx = \frac{x^{-5+1}}{-5+1} + C = -\frac{1}{4x^4} + C \qquad \boxed{r = -5}$$
$$\int \sqrt{x}\,dx = \int x^{\frac{1}{2}}\,dx = \frac{x^{\frac{1}{2}+1}}{\frac{1}{2}+1} + C = \frac{2}{3}x^{\frac{3}{2}} + C = \frac{2}{3}(\sqrt{x})^3 + C \qquad \boxed{r = \frac{1}{2}}$$

表 5.2.1

微分公式	積分公式
1. $\dfrac{d}{dx}[x] = 1$	$\displaystyle\int dx = x + C$
2. $\dfrac{d}{dx}\left[\dfrac{x^{r+1}}{r+1}\right] = x^r \ (r \neq -1)$	$\displaystyle\int x^r\, dx = \dfrac{x^{r+1}}{r+1} + C \ (r \neq -1)$
3. $\dfrac{d}{dx}[\sin x] = \cos x$	$\displaystyle\int \cos x\, dx = \sin x + C$
4. $\dfrac{d}{dx}[-\cos x] = \sin x$	$\displaystyle\int \sin x\, dx = -\cos x + C$
5. $\dfrac{d}{dx}[\tan x] = \sec^2 x$	$\displaystyle\int \sec^2 x\, dx = \tan x + C$
6. $\dfrac{d}{dx}[-\cot x] = \csc^2 x$	$\displaystyle\int \csc^2 x\, dx = -\cot x + C$
7. $\dfrac{d}{dx}[\sec x] = \sec x \tan x$	$\displaystyle\int \sec x \tan x\, dx = \sec x + C$
8. $\dfrac{d}{dx}[-\csc x] = \csc x \cot x$	$\displaystyle\int \csc x \cot x\, dx = -\csc x + C$

この方法は,明らかに
$$\int \frac{1}{x}\, dx = \int x^{-1}\, dx$$
には適用できない.むりやり適用すれば零で割ることになるからである.この場合の正しい公式は第 7 章で与えられる.

不定積分の性質

定数倍,和,および差に関する導関数の公式から,ただちに最初の原始関数に関する公式が従う.

> **5.2.3 定理** $F(x)$ と $G(x)$ を,それぞれ $f(x)$ と $g(x)$ の原始関数とし,C を定数とする.このとき,
> (a) 定数倍は積分記号の外に出すことができる.すなわち,
> $$\int cf(x)\, dx = cF(x) + C$$
> (b) 和の原始関数は,それぞれの原始関数の和である.すなわち,
> $$\int [f(x) + g(x)]\, dx = F(x) + G(x) + C$$
> (c) 差の原始関数は,それぞれの原始関数の差である.すなわち,
> $$\int [f(x) - g(x)]\, dx = F(x) - G(x) + C$$

証明 一般に
$$\int h(x)\, dx = H(x) + C$$
を示すには,
$$\frac{d}{dx}[H(x)] = h(x)$$

を示せばよい．$F(x)$ と $G(x)$ は，それぞれ $f(x)$ と $g(x)$ の原始関数であるから，

$$\frac{d}{dx}[F(x)] = f(x) \quad \text{および} \quad \frac{d}{dx}[G(x)] = g(x)$$

が成り立つ．これより，

$$\frac{d}{dx}[cF(x)] = c\frac{d}{dx}[F(x)] = cf(x)$$

$$\frac{d}{dx}[F(x) + G(x)] = \frac{d}{dx}[F(x)] + \frac{d}{dx}[G(x)] = f(x) + g(x)$$

$$\frac{d}{dx}[F(x) - G(x)] = \frac{d}{dx}[F(x)] - \frac{d}{dx}[G(x)] = f(x) - g(x)$$

となるので，定理の3つの式が示された． ∎

実際，定理 5.2.3 は次のようにもまとめられる．

$$\int cf(x)\,dx = c\int f(x)\,dx \tag{4}$$

$$\int [f(x) + g(x)]\,dx = \int f(x)\,dx + \int g(x)\,dx \tag{5}$$

$$\int [f(x) - g(x)]\,dx = \int f(x)\,dx - \int g(x)\,dx \tag{6}$$

ただし，これらの公式を用いる際は，積分定数に起因する間違いやよけいな煩雑さを避けるよう注意して適用しなければならない．例えば，$0\,x$ を積分するのに公式 (4) を用いて，

$$\int 0\,x\,dx = 0\int x\,dx = 0\left(\frac{x^2}{2} + C\right) = 0$$

と計算すれば積分定数を失うことになるし，$2x$ を積分するのに (4) を用いて，

$$\int 2x\,dx = 2\int x\,dx = 2\left(\frac{x^2}{2} + C\right) = x^2 + 2C$$

とすれば，よけいな形の任意定数が出現してしまう．また，$1+x$ を積分するのに公式 (5) を用いて，

$$\int (1+x)\,dx = \int 1\,dx + \int x\,dx = (x+C_1) + \left(\frac{x^2}{2} + C_2\right) = x + \frac{x^2}{2} + C_1 + C_2$$

としたら，1個で十分な任意定数が2個も出てきてしまう．これら3つの失敗例は，積分定数を早く出しすぎたことが原因であり，計算の途中ではなくて最終段階で積分定数を導入することで防げる問題である．

例 3 次の不定積分を求めよ．

(a) $\displaystyle\int 4\cos x\,dx$ (b) $\displaystyle\int (x+x^2)\,dx$

解 (a) $F(x) = \sin x$ は $f(x) = \cos x$ の原始関数（表 5.2.1）であるから，

$$\int 4\cos x\,dx \underset{(4)}{=} 4\int \cos x\,dx = 4\sin x + C$$

解 (b)　表 5.2.1 から，
$$\int (x + x^2)\, dx \underset{(5)}{=} \int x\, dx + \int x^2\, dx = \frac{x^2}{2} + \frac{x^3}{3} + C$$
◀

定理 5.2.3 の (b) と (c) は 3 つ以上の関数に拡張でき，(a) と合わせて次のような一般公式を得る．

$$\int [c_1 f_1(x) + c_2 f_2(x) + \cdots + c_n f_n(x)]\, dx$$
$$= c_1 \int f_1(x)\, dx + c_2 \int f_2(x)\, dx + \cdots + c_n \int f_n(x)\, dx \tag{7}$$

例 4
$$\int (3x^6 - 2x^2 + 7x + 1)\, dx = 3 \int x^6\, dx - 2 \int x^2\, dx + 7 \int x\, dx + \int 1\, dx$$
$$= \frac{3x^7}{7} - \frac{2x^3}{3} + \frac{7x^2}{2} + x + C$$
◀

積分する前に被積分関数を変形した方がよい場合もある．

例 5　次の不定積分を求めよ．

(a)　$\displaystyle\int \frac{\cos x}{\sin^2 x}\, dx$　　　　(b)　$\displaystyle\int \frac{t^2 - 2t^4}{t^4}\, dt$

解 (a)
$$\int \frac{\cos x}{\sin^2 x}\, dx = \int \frac{1}{\sin x} \frac{\cos x}{\sin x}\, dx = \int \csc x \cot x\, dx = -\csc x + C$$
表 5.2.1 の公式 8

解 (b)
$$\int \frac{t^2 - 2t^4}{t^4}\, dt = \int \left(\frac{1}{t^2} - 2\right) dt = \int (t^{-2} - 2)\, dt$$
$$= \frac{t^{-1}}{-1} - 2t + C = -\frac{1}{t} - 2t + C$$
◀

積分曲線

関数 f の原始関数のグラフを，f の**積分曲線**という．$y = F(x)$ を $f(x)$ の 1 つの積分曲線とすると，定理 5.2.2 より他のすべての積分曲線は $y = F(x) + C$ と書ける．したがって，それはもとの曲線を垂直方向に平行移動したものにほかならない．例えば，$y = \frac{1}{3}x^3$ は $f(x) = x^2$ の 1 つの積分曲線であるから，他のすべての積分曲線は $y = \frac{1}{3}x^3 + C$ と表される．逆に，このような形のすべての曲線は積分曲線になる（図 5.2.1）．

導関数がある条件を満たす関数を求める興味深い問題が多くある．この種の幾何的な例を以下に述べよう．

例 6　xy 平面内のある曲線 $y = f(x)$ 上を運動している点を考える．曲線上の各点 (x, y) における接線の傾きは x^2 であるという．このような曲線の中で，点 $(2, 1)$ を通るものの方程式を求めよ．

解　$dy/dx = x^2$ であるから，
$$y = \int x^2\, dx = \frac{1}{3}x^3 + C$$

である．求める曲線は点 $(2,1)$ を通るので，$x=2$ のときに $y=1$ であることより定数 C の値が求められる．これらを代入して

$$1 = \frac{1}{3}(2^3) + C \quad \text{すなわち} \quad C = -\frac{5}{3}$$

となり，求める曲線は $y = \frac{1}{3}x^3 - \frac{5}{3}$ である．◀

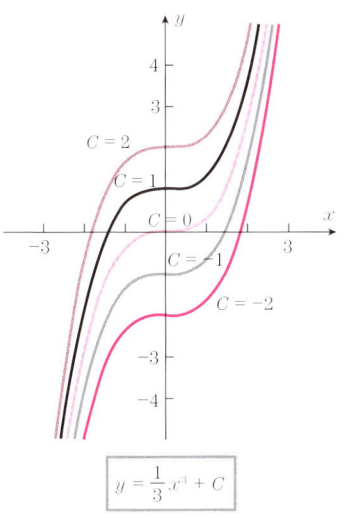

図 5.2.1

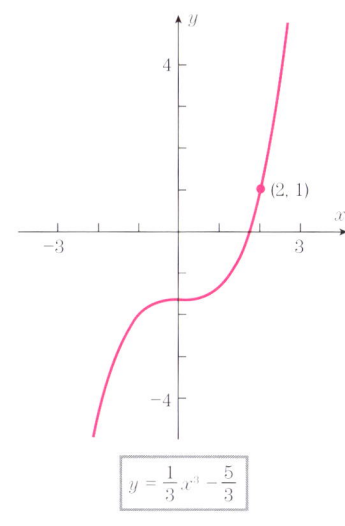

図 5.2.2

この例では，求める曲線が点 $(2,1)$ を通るという条件によって積分定数が決定され，曲線族 $y = \frac{1}{3}x^3 + C$ の中から 1 本の積分曲線 $y = \frac{1}{3}x^3 - \frac{5}{3}$ が選び出された，という点に注意しよう（図 5.2.2）．

微分方程式からみた積分

今後の講義に役立つ積分法のもう 1 つの見方を取り上げる．与えられた関数 $f(x)$ に対して，方程式

$$\frac{dy}{dx} = f(x) \tag{8}$$

を満たすような関数 $y = F(x)$ を見出す問題を考える．この問題の解は $f(x)$ の原始関数であるから，$f(x)$ を積分すれば解が求められることは知っている．例えば，方程式

$$\frac{dy}{dx} = x^2 \tag{9}$$

の解は

$$y = \int x^2 \, dx = \frac{x^3}{3} + C$$

である．

方程式 (8) は未知関数の導関数を含んでいるので，**微分方程式**とよばれる．すでに知っている $x^2 + 5x - 6 = 0$ のような数を求める方程式とは異なり，微分方程式とは関数を求める方程式である．

方程式 (8) のすべての解ではなくて，ある特定の点 (x_0, y_0) を通るような解を求める場合もある．例えば，例 6 では点 $(2,1)$ を通る積分曲線として方程式 (9) を解いた．

微分方程式の考察においては，前に $F(x)$ と書いた $dy/dx = f(x)$ の解を，簡単のために $y(x)$ で表す．この記法を用いれば，導関数が $f(x)$ で，その積分曲線が点 (x_0, y_0) を通るよう

な解を求める問題は，

$$\frac{dy}{dx} = f(x), \qquad y(x_0) = y_0 \tag{10}$$

と表される．これは**初期値問題**とよばれ，$y(x_0) = y_0$ は微分方程式の**初期条件**とよばれる．

例 7 次の初期値問題を解け．

$$\frac{dy}{dx} = \cos x, \qquad y(0) = 1$$

解 この微分方程式の解は

$$y = \int \cos x \, dx = \sin x + C \tag{11}$$

であり，初期条件 $y(0) = 1$ より，$x = 0$ のとき $y = 1$ であるから，これらを式 (11) に代入して，

$$1 = \sin(0) + C \qquad \text{すなわち } C = 1$$

を得る．よって，この初期値問題の解は $y = \sin x + 1$ である． ◀

方向場

dy/dx を接線の傾きとみれば，方程式 $dy/dx = f(x)$ の積分曲線上の点 (x, y) における接線の傾きは $f(x)$ である．積分曲線の接線の傾きは何ら微分方程式を解くことなく求めることができる，という点で面白い．例えば，方程式

$$\frac{dy}{dx} = \sqrt{x^2 + 1}$$

を解くことなく，この積分曲線の $x = 1$ における接線は傾き $\sqrt{1^2 + 1} = \sqrt{2}$ をもつことがわかるし，より一般に，積分曲線の点 $x = a$ における接線は傾き $\sqrt{a^2 + 1}$ をもつ．

微分方程式 $dy/dx = f(x)$ の積分曲線を視覚的に描くには，xy 平面内に長方形格子をとり，各格子点において，そこを通る積分曲線の接線の傾きを計算し短い接線を描く，という方法がある．このような図は，微分方程式の**方向場**あるいは**勾配場**とよばれ，まさに積分曲線の各格子点における「方向」を表している．格子点を十分多くとれば，積分曲線自身を視覚化することもできる．例えば，微分方程式 $dy/dx = x^2$ に対する方向場を図 5.2.3a に示し，それに積分曲線を埋め込んだものを図 5.2.3b に示した．格子点の個数が多ければ多いほど，積分曲線の形がより正確に描ける．しかし，その計算量も増大するので，格子点の個数が多い場合はもっぱらコンピュータが用いられる．

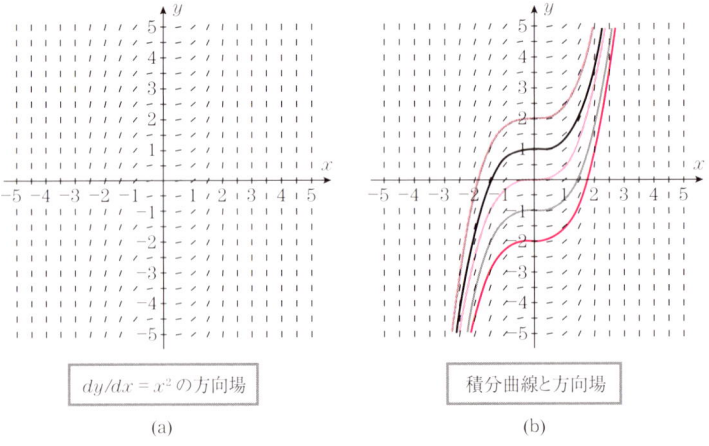

図 5.2.3

演習問題 5.2 〜 グラフィックユーティリティ

1. 次の各問において，式が正しいことを確かめ，対応する積分公式を述べよ．
   (a) $\dfrac{d}{dx}\left[\sqrt{1+x^2}\right] = \dfrac{x}{\sqrt{1+x^2}}$
   (b) $\dfrac{d}{dx}\left[\frac{1}{3}\sin(1+x^3)\right] = x^2\cos(1+x^3)$

2. 次の各問において，式が正しいことを微分して確かめよ．
   (a) $\displaystyle\int x\sin x\,dx = \sin x - x\cos x + C$
   (b) $\displaystyle\int \dfrac{dx}{(1-x^2)^{3/2}} = \dfrac{x}{\sqrt{1-x^2}} + C$

問題 **3–6** では，導関数を求め，対応する積分公式を述べよ．

3. $\dfrac{d}{dx}\left[\sqrt{x^3+5}\right]$
4. $\dfrac{d}{dx}\left[\dfrac{x}{x^2+3}\right]$
5. $\dfrac{d}{dx}\left[\sin(2\sqrt{x})\right]$
6. $\dfrac{d}{dx}[\sin x - x\cos x]$

問題 **7** と **8** では，被積分関数をうまく変形し表 5.2.1 の公式 2 を使って，不定積分を求めよ．

7. (a) $\displaystyle\int x^8\,dx$ (b) $\displaystyle\int x^{5/7}\,dx$ (c) $\displaystyle\int x^3\sqrt{x}\,dx$

8. (a) $\displaystyle\int \sqrt[3]{x^2}\,dx$ (b) $\displaystyle\int \dfrac{1}{x^6}\,dx$ (c) $\displaystyle\int x^{-7/8}\,dx$

問題 **9–12** では，定理 5.2.3 と表 5.2.1 の公式 2 を使って，不定積分を求めよ．

9. (a) $\displaystyle\int \dfrac{1}{2x^3}\,dx$ (b) $\displaystyle\int (u^3 - 2u + 7)\,du$

10. $\displaystyle\int \left(x^{2/3} - 4x^{-1/5} + 4\right)dx$

11. $\displaystyle\int \left(x^{-3} + \sqrt{x} - 3x^{1/4} + x^2\right)dx$

12. $\displaystyle\int \left(\dfrac{7}{y^{3/4}} - \sqrt[3]{y} + 4\sqrt{y}\right)dy$

問題 **13–28** では，不定積分を求め，それを微分して結果を確かめよ．

13. $\displaystyle\int x(1+x^3)\,dx$
14. $\displaystyle\int (2+y^2)^2\,dy$
15. $\displaystyle\int x^{1/3}(2-x)^2\,dx$
16. $\displaystyle\int (1+x^2)(2-x)\,dx$
17. $\displaystyle\int \dfrac{x^5+2x^2-1}{x^4}\,dx$
18. $\displaystyle\int \dfrac{1-2t^3}{t^3}\,dt$
19. $\displaystyle\int [4\sin x + 2\cos x]\,dx$
20. $\displaystyle\int [4\sec^2 x + \csc x\cot x]\,dx$
21. $\displaystyle\int \sec x(\sec x + \tan x)\,dx$
22. $\displaystyle\int \sec x(\tan x + \cos x)\,dx$
23. $\displaystyle\int \dfrac{\sec\theta}{\cos\theta}\,d\theta$
24. $\displaystyle\int \dfrac{dy}{\csc y}$
25. $\displaystyle\int \dfrac{\sin x}{\cos^2 x}\,dx$
26. $\displaystyle\int \left[\phi + \dfrac{2}{\sin^2\phi}\right]d\phi$
27. $\displaystyle\int [1+\sin^2\theta\csc\theta]\,d\theta$
28. $\displaystyle\int \dfrac{\sin 2x}{\cos x}\,dx$

29. 分子と分母に適切な数式を掛けて，次の不定積分を求めよ．
    $$\int \dfrac{1}{1+\sin x}\,dx$$

30. 倍角の公式 $\cos 2x = 2\cos^2 x - 1$ を用いて，次の不定積分を求めよ．
    $$\int \dfrac{1}{1+\cos 2x}\,dx$$

31. 〜 (a) 微分方程式 $dy/dx = x$ の領域 $-5 \le x \le 5, -5 \le y \le 5$ における方向場をグラフィックユーティリティを用いて描け．
    (b) 関数 $f(x) = x$ の代表的な積分曲線をいくつか描け．
    (c) 点 $(4,7)$ を通る積分曲線の方程式を求めよ．

32. 〜 (a) 微分方程式 $dy/dx = \sqrt{x}$ の領域 $0 \le x \le 10, -5 \le y \le 5$ における方向場をグラフィックユーティリティを用いて描け．
    (b) 関数 $f(x) = \sqrt{x}$ の代表的な積分曲線をいくつか描け．
    (c) 点 $(4, \frac{10}{3})$ を通る積分曲線の方程式を求めよ．

33. 〜 関数 $f(x) = 5x^4 - \sec^2 x$ の区間 $(-\pi/2, \pi/2)$ におけるいくつかの代表的な積分曲線をグラフィックユーティリティを用いて描け．

34. 〜 関数 $f(x) = (x^3-1)/x^2$ の区間 $(0,5)$ におけるいくつかの代表的な積分曲線をグラフィックユーティリティを用いて描け．

35. xy 平面内のある曲線 $y = f(x)$ 上を運動している点を考える．曲線上の各点 (x,y) における接線の傾きは $-\sin x$ であるという．このような曲線の中で，点 $(0,2)$ を通るものの方程式を求めよ．

36. xy 平面内のある曲線 $y = f(x)$ 上を運動している点を考える．曲線上の各点 (x,y) における接線の傾きは $(x+1)^2$ であるという．このような曲線の中で，点 $(-2,8)$ を通るものの方程式を求めよ．

問題 **37** と **38** では，それぞれの初期値問題を解け．

37. ≈ (a) $\dfrac{dy}{dx} = \sqrt[3]{x}, \quad y(1) = 2$

(b) $\dfrac{dy}{dt} = \sin t + 1, \quad y\left(\dfrac{\pi}{3}\right) = \dfrac{1}{2}$

(c) $\dfrac{dy}{dx} = \dfrac{x+1}{\sqrt{x}}, \quad y(1) = 0$

38. ≈ (a) $\dfrac{dy}{dx} = \dfrac{1}{(2x)^3}, \quad y(1) = 0$

(b) $\dfrac{dy}{dt} = \sec^2 t - \sin t, \quad y\left(\dfrac{\pi}{4}\right) = 1$

(c) $\dfrac{dy}{dx} = x^2\sqrt{x^3}, \quad y(0) = 0$

39. 2 階導関数が $\sqrt{x}$ となるような関数の一般形を求めよ．

[ヒント：方程式 $f''(x) = \sqrt{x}$ を 2 回積分する．]

40. $f''(x) = x + \cos x$ および $f(0) = 1, f'(0) = 2$ を満たす関数 f を求めよ．

[ヒント：方程式の両辺を 2 回積分する．]

問題 **41**–**43** では，それぞれの条件を満たす曲線の方程式を求めよ．

41. 曲線上の各点 (x, y) における傾きが $2x + 1$ で，点 $(-3, 0)$ を通る．

42. 曲線上の各点 (x, y) における傾きが，その点と y 軸との距離の 2 乗に等しく，点 $(-1, 2)$ を通る．

43. 曲線上の各点 (x, y) において条件 $d^2y/dx^2 = 6x$ を満たし，直線 $y = 5 - 3x$ が $x = 1$ において曲線に接する．

44. 側面が断熱された長さ 50 cm の一様な金属棒のむき出しの両端が，それぞれ 25 ℃ と 85 ℃ に保たれているとする．x 軸を図のようにとるとき，その温度 $T(x)$ は

$$\dfrac{d^2T}{dx^2} = 0$$

を満たしているとする．このとき，$0 \leq x \leq 50$ において $T(x)$ を求めよ．

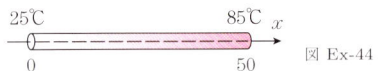

図 Ex-44

45. (a) $F(x) = \dfrac{1}{6}(3x + 4)^2$ と $G(x) = \dfrac{3}{2}x^2 + 4x$ の差が定数であることを示すために，両者が同じ関数の原始関数であることを示せ．

(b) 特別な x の値において $F(x)$ と $G(x)$ の値を計算し，$F(x) - G(x) = C$ となる定数 C を求めよ．

(c) $F(x) - G(x)$ を代数的に展開することで，(b) の結果を確かめよ．

46. 次の 2 つの関数に対して，前問と同じ問に答えよ．

$$F(x) = \dfrac{x^2}{x^2 + 5}, \qquad G(x) = -\dfrac{5}{x^2 + 5}$$

問題 **47** と **48** では，三角関数の公式を適宜用いて，不定積分を求めよ．

47. $\displaystyle\int \tan^2 x \, dx$ \qquad **48.** $\displaystyle\int \cot^2 x \, dx$

49. 公式 $\cos 2\theta = 1 - 2\sin^2\theta = 2\cos^2\theta - 1$ を用いて，次の不定積分を求めよ．

(a) $\displaystyle\int \sin^2(x/2) \, dx$ \qquad (b) $\displaystyle\int \cos^2(x/2) \, dx$

50. 区分的に定義された次の 2 つの関数に対して，次の各問に答えよ．

$$F(x) = \begin{cases} x, & x > 0 \\ -x, & x < 0 \end{cases}, \quad G(x) = \begin{cases} x + 2, & x > 0 \\ -x + 3, & x < 0 \end{cases}$$

(a) 両者は同じ導関数をもつことを示せ．

(b) どんな定数 C に対しても，$G(x) \neq F(x) + C$ であることを示せ．

(c) (a) と (b) の結果は定理 5.2.2 に反するか．これを説明せよ．

51. 気温 0 ℃（絶対温度では 273 K）における音速は 1087 ft/s（ft：フィート）であるが，気温 T の上昇とともに速度 v も増加する．v の T に関する変化率は，

$$\dfrac{dv}{dT} = \dfrac{1087}{2\sqrt{273}} T^{-1/2}$$

で与えられることが実験的に知られている．ここで，v と T の単位系は，それぞれ ft/s と絶対温度 (K) である．このとき，v を T で表せ．

5.3 置換積分

この節では，複雑な積分をより簡単な積分に変換するためによく用いられる置換法とよばれる技法を学習する．

u 置換法

置換法は連鎖律を逆微分の立場から見直すと理解しやすい．F を f の原始関数とし，g を微分可能関数とするとき，合成関数 $F(g(x))$ の導関数は，

$$\frac{d}{dx}[F(g(x))] = F'(g(x))g'(x)$$

となる，というのが連鎖律であった．これを積分の形に書き直すと，

$$\int F'(g(x))g'(x)\,dx = F(g(x)) + C \tag{1}$$

となり，F は f の原始関数であるから，

$$\int f(g(x))g'(x)\,dx = F(g(x)) + C \tag{2}$$

とも書ける．ここで，$u = g(x)$ とおくと便利である．このとき，$du/dx = g'(x)$ あるいは微分の形で $du = g'(x)\,dx$ と書けるので，(1) は，

$$\int f(u)\,du = F(u) + C \tag{3}$$

と表される．(2) の左辺の積分を計算する際に，

$$u = g(x) \qquad \text{および} \qquad du = g'(x)\,dx$$

とおいて，(3) に変換して積分する方法を ***u* 置換法**という．ただし，3.8 節で行ったように $du = g'(x)\,dx$ を dx の関数として考えるのではないことを強調しておく．ここで，このような表記法は *u* 置換法に対する便利な「装置」として主に利用する．次の例で，この方法の使い方がわかるだろう．

例 1 不定積分 $\displaystyle\int (x^2+1)^{50} \cdot 2x\,dx$ を求めよ．

解 $u = x^2 + 1$ とおくと，$du/dx = 2x$ つまり $du = 2x\,dx$ となる．したがって，

$$\int (x^2+1)^{50} \cdot 2x\,dx = \int u^{50}\,du = \frac{u^{51}}{51} + C = \frac{(x^2+1)^{51}}{51} + C \qquad \blacktriangleleft$$

u 置換法における *u* の選び方は自由であるが，一度選んだら du は確定することに注意しよう．上の例でいえば，$u = x^2 + 1$ と選んだので $du = 2x\,dx$ と計算したのである．この場合は *u* がうまく選べて，結果的に *u* に関する簡単な積分に変換できた．しかし，*u* の選び方によっては，du を計算しても被積分関数が x を含まないようにできない場合や，変換した積分が計算できない場合が起こりうる．例えば，$u = x^2$，$du = 2x\,dx$ という置換を使っても，積分

$$\int 2x \sin x^4\,dx$$

は計算できない．なぜなら，

$$\int \sin u^2\,du$$

という積分に変換されるが，これは既知の関数を使って表すことができないからである．

u の選び方については，強力で明白な規則があるわけではなく，また，問題によってはどんな選択によってもうまくできない場合もある．そのような場合には，後述する別の方法を試す必要がある．多くの問題を解き経験を積むことで，適切な u 置換が見つけられるようになるだろうが，次の方針に従って表 5.2.1 の基本的な積分を使いこなすことが大事である．

> **ステップ 1. 置換**
> $$u = g(x), \qquad du = g'(x)\,dx$$
> によって，積分が u と du のみの式になるように，被積分関数の中で $f(g(x))$ の形の部分を探す．うまく見つからない場合もありうる．
> **ステップ 2.** ステップ 1 がうまくできたなら，その u に関する積分を計算してみる．この段階でも，うまくできない場合がありうる．
> **ステップ 3.** ステップ 2 がうまくできたら，u を $g(x)$ で置き換えて，結果を x の式で表す．

やさしい置換法

最も簡単な置換法は，独立変数に定数を加減することで，被積分関数が既知の関数の導関数になる場合である．

例 2

$$\int \sin(x+9)\,dx = \underbrace{\int \sin u\,du}_{\substack{u=x+9 \\ du=1\cdot dx=dx}} = -\cos u + C = -\cos(x+9) + C$$

$$\int (x-8)^{23}\,dx = \underbrace{\int u^{23}\,du}_{\substack{u=x-8 \\ du=1\cdot dx=dx}} = \frac{u^{24}}{24} + C = \frac{(x-8)^{24}}{24} + C \qquad \blacktriangleleft$$

もう 1 つの簡単な u 置換法は，独立変数に定数を掛けたり割ったりすることで，被積分関数が既知の関数の導関数になる場合である．次の例では 2 通りの計算方法を紹介する．

例 3 不定積分 $\displaystyle\int \cos 5x\,dx$ を求めよ．

解

$$\int \cos 5x\,dx = \underbrace{\int (\cos u)\cdot \frac{1}{5}du}_{\substack{u=5x \\ du=5\,dx\ \text{あるいは}\ dx=\frac{1}{5}du}} = \frac{1}{5}\int \cos u\,du = \frac{1}{5}\sin u + C = \frac{1}{5}\sin 5x + C$$

別解 これは最初の解の変形法で，この解法を好む人もいるだろう．$u=5x$ という置換から $du=5\,dx$ が従う．仮に被積分関数が 5 の倍数の積の形であるならば，5 と dx をひとかたまりにして，それを du という形として置換することができるだろう．この例には，そのような 5 の倍数はないが，積分の前に $\frac{1}{5}$ を出せば，それと相殺する形で 5 を入れることができる．すなわち，

$$\int \cos 5x\,dx = \frac{1}{5}\int \underbrace{\cos 5x \cdot 5\,dx}_{\substack{u=5x \\ du=5\,dx}} = \frac{1}{5}\int \cos u\,du = \frac{1}{5}\sin u + C = \frac{1}{5}\sin 5x + C \qquad \blacktriangleleft$$

一般に，被積分関数が $f(ax+b)$ の形をしていて，かつ $f(x)$ が簡単に積分できるときは，置換 $u=ax+b, du=a\,dx$ を行う．

例 4
$$\int \frac{dx}{\left(\frac{1}{3}x-8\right)^5} = \int \frac{3\,du}{u^5} = 3\int u^{-5}\,du = -\frac{3}{4}u^{-4}+C = -\frac{3}{4}\left(\frac{1}{3}x-8\right)^{-4}+C \quad \blacktriangleleft$$

$u=\frac{1}{3}x-8$
$du=\frac{1}{3}dx$ あるいは $dx=3du$

複雑な被積分関数は，定理 5.2.3 を用いて簡単な積分の和に分解できることがある．

例 5
$$\int \left(\frac{1}{x^2}+\sec^2 \pi x\right)dx = \int \frac{dx}{x^2} + \int \sec^2 \pi x\,dx = -\frac{1}{x}+\int \sec^2 \pi x\,dx$$

$$= -\frac{1}{x}+\frac{1}{\pi}\int \sec^2 u\,du$$

$u=\pi x$
$du=\pi\,dx$ あるいは $dx=\frac{1}{\pi}du$

$$= -\frac{1}{x}+\frac{1}{\pi}\tan u+C = -\frac{1}{x}+\frac{1}{\pi}\tan \pi x+C \quad \blacktriangleleft$$

次の 3 つの例では，1 次関数ではない $g(x)$ を用いた置換 $u=g(x)$ を扱っている．

例 6 不定積分 $\displaystyle\int \sin^2 x \cos x\,dx$ を求めよ．

解 $u=\sin x$ とおくと，
$$\frac{du}{dx}=\cos x \qquad\text{すなわち}\qquad du=\cos x\,dx$$
であるから，
$$\int \sin^2 x \cos x\,dx = \int u^2\,du = \frac{u^3}{3}+C = \frac{\sin^3 x}{3}+C \quad \blacktriangleleft$$

例 7 不定積分 $\displaystyle\int \frac{\cos \sqrt{x}}{\sqrt{x}}\,dx$ を求めよ．

解 $u=\sqrt{x}$ とおくと，
$$\frac{du}{dx}=\frac{1}{2\sqrt{x}} \qquad\text{すなわち}\qquad du=\frac{1}{2\sqrt{x}}dx \qquad\text{あるいは}\qquad 2\,du=\frac{1}{\sqrt{x}}dx$$
であるから，
$$\int \frac{\cos \sqrt{x}}{\sqrt{x}}\,dx = \int 2\cos u\,du = 2\int \cos u\,du = 2\sin u+C = 2\sin \sqrt{x}+C \quad \blacktriangleleft$$

例 8 不定積分 $\displaystyle\int t^4 \sqrt[3]{3-5t^5}\,dt$ を求めよ．

解

$$\int t^4 \sqrt[3]{3-5t^5}\, dt = -\frac{1}{25}\int \sqrt[3]{u}\, du = -\frac{1}{25}\int u^{1/3}\, du$$

$u=3-5t^5$
$du=-25t^4\, dt$ あるいは $-\frac{1}{25}du = t^4\, dt$

$$= -\frac{1}{25}\frac{u^{4/3}}{4/3} + C = -\frac{3}{100}(3-5t^5)^{4/3} + C \qquad \triangleleft$$

やや難しい置換

被積分関数が合成関数 $f(g(x))$ を含み，残りの因数が $g'(x)$ の定数倍であるならば，置換法が簡単に適用できる．そのような形になっていなくても，計算によっては置換法が適用できる場合がある．

例 9 不定積分 $\int x^2\sqrt{x-1}\, dx$ を求めよ．

解 $\sqrt{x-1}$ という合成関数から，

$$u = x-1 \qquad \text{すなわち} \qquad du = dx \tag{4}$$

という置換を思いつく．(4) の最初の式から，

$$x^2 = (u+1)^2 = u^2 + 2u + 1$$

であるから，

$$\int x^2\sqrt{x-1}\, dx = \int (u^2 + 2u + 1)\sqrt{u}\, du = \int (u^{5/2} + 2u^{3/2} + u^{1/2})\, du$$

$$= \frac{2}{7}u^{7/2} + \frac{4}{5}u^{5/2} + \frac{2}{3}u^{3/2} + C$$

$$= \frac{2}{7}(x-1)^{7/2} + \frac{4}{5}(x-1)^{5/2} + \frac{2}{3}(x-1)^{3/2} + C \qquad \triangleleft$$

例 10 不定積分 $\int \cos^3 x\, dx$ を求めよ．

解 被積分関数に含まれる合成関数としては，

$$\cos^3 x = (\cos x)^3 \qquad \text{および} \qquad \cos^2 x = (\cos x)^2$$

があるが，$u = \cos x$ と $u = \cos^2 x$ のどちらの置換も，うまくいかない（確認せよ）．被積分関数の中の合成関数の形からは，この問題を解くうまい置換は出てこないということである．式 (2) において，導関数 $g'(x)$ が被積分関数の因数になっていることに注意すると，積分を次のように書き換えることを思いつく．

$$\int \cos^3 x\, dx = \int \cos^2 x \cos x\, dx$$

このとき，$u = \sin x$ とおくと，$du = \cos x\, dx$ である．こうして，$\sin^2 x + \cos^2 x = 1$ を用いて，

$$\int \cos^3 x\, dx = \int \cos^2 x \cos x\, dx = \int (1-\sin^2 x)\cos x\, dx = \int (1-u^2)\, du$$

$$= u - \frac{u^3}{3} + C = \sin x - \frac{1}{3}\sin^3 x + C \qquad \triangleleft$$

数式処理システムによる積分計算

コンピュータの数式処理システム（computer algebra system：CAS）の出現により，手作業では骨の折れる積分計算も可能になった．例えば，ポケット電卓上で稼働する Derive とよ

ばれる計算ユーティリティを使うと，

$$\int \frac{5x^2}{(1+x)^{1/3}}\,dx = \frac{3(x+1)^{2/3}(5x^2-6x+9)}{8} + C$$

をほぼ 1 秒で計算することができる．パソコン上で稼働する Mathematica という CAS を使うと，同じ積分がもっと早く計算できる．しかし，2 + 2 の計算を電卓に頼りたくないのと同じ理由で，$f(x) = x^2$ のような簡単な関数の積分をコンピュータの CAS に頼りたくはないであろう．そのような CAS を所有していたとしても，ある程度は基本的な積分の計算能力を身につけることが望ましい．そのうえ，基本的な積分を計算する際に用いるさまざまな数学的技法は，CAS がより複雑な積分を計算する際に用いる技法とまったく同じなのである．

> 読者へ　CAS をもっている読者は，ぜひこの章の例の積分を計算し直してほしい．CAS が本書とは違う答えを出した場合は，両者が一致することを代数的に確かめよ．そのようなソフトには，式を簡略化するさまざまなコマンドが備わっているはずである．積分計算を通じて，CAS による簡略化の効果を調べよ．

演習問題 5.3　～ グラフィックユーティリティ　C CAS

問題 **1–4** では，指示された置換を用いて，不定積分を求めよ．

1. (a) $\displaystyle\int 2x(x^2+1)^{23}\,dx;\quad u = x^2+1$

　(b) $\displaystyle\int \cos^3 x \sin x\,dx;\quad u = \cos x$

　(c) $\displaystyle\int \frac{1}{\sqrt{x}}\sin\sqrt{x}\,dx;\quad u = \sqrt{x}$

　(d) $\displaystyle\int \frac{3x\,dx}{\sqrt{4x^2+5}};\quad u = 4x^2+5$

2. (a) $\displaystyle\int \sec^2(4x+1)\,dx;\quad u = 4x+1$

　(b) $\displaystyle\int y\sqrt{1+2y^2}\,dy;\quad u = 1+2y^2$

　(c) $\displaystyle\int \sqrt{\sin\pi\theta}\cos\pi\theta\,d\theta;\quad u = \sin\pi\theta$

　(d) $\displaystyle\int (2x+7)(x^2+7x+3)^{4/5}\,dx;\quad u = x^2+7x+3$

3. (a) $\displaystyle\int \cot x \csc^2 x\,dx;\quad u = \cot x$

　(b) $\displaystyle\int (1+\sin t)^9 \cos t\,dt;\quad u = 1+\sin t$

　(c) $\displaystyle\int \cos 2x\,dx;\quad u = 2x$

　(d) $\displaystyle\int x\sec^2 x^2\,dx;\quad u = x^2$

4. (a) $\displaystyle\int x^2\sqrt{1+x}\,dx;\quad u = 1+x$

　(b) $\displaystyle\int [\csc(\sin x)]^2 \cos x\,dx;\quad u = \sin x$

　(c) $\displaystyle\int \sin(x-\pi)\,dx;\quad u = x-\pi$

　(d) $\displaystyle\int \frac{5x^4}{(x^5+1)^2}\,dx;\quad u = x^5+1$

問題 **5–30** では，適切な置換を見つけて，不定積分を求めよ．

5. $\displaystyle\int x(2-x^2)^3\,dx$　　**6.** $\displaystyle\int (3x-1)^5\,dx$

7. $\displaystyle\int \cos 8x\,dx$　　**8.** $\displaystyle\int \sin 3x\,dx$

9. $\displaystyle\int \sec 4x \tan 4x\,dx$　　**10.** $\displaystyle\int \sec^2 5x\,dx$

11. $\displaystyle\int t\sqrt{7t^2+12}\,dt$　　**12.** $\displaystyle\int \frac{x}{\sqrt{4-5x^2}}\,dx$

13. $\displaystyle\int \frac{x^2}{\sqrt{x^3+1}}\,dx$　　**14.** $\displaystyle\int \frac{1}{(1-3x)^2}\,dx$

15. $\displaystyle\int \frac{x}{(4x^2+1)^3}\,dx$　　**16.** $\displaystyle\int x\cos(3x^2)\,dx$

17. $\displaystyle\int \frac{\sin(5/x)}{x^2}\,dx$　　**18.** $\displaystyle\int \frac{\sec^2(\sqrt{x})}{\sqrt{x}}\,dx$

19. $\displaystyle\int x^2 \sec^2(x^3)\,dx$　　**20.** $\displaystyle\int \cos^3 2t \sin 2t\,dt$

21. $\displaystyle\int \sin^5 3t \cos 3t\, dt$

22. $\displaystyle\int \frac{\sin 2\theta}{(5+\cos 2\theta)^3}\, d\theta$

23. $\displaystyle\int \cos 4\theta \sqrt{2-\sin 4\theta}\, d\theta$

24. $\displaystyle\int \tan^3 5x \sec^2 5x\, dx$

25. $\displaystyle\int \sec^3 2x \tan 2x\, dx$

26. $\displaystyle\int [\sin(\sin\theta)]\cos\theta\, d\theta$

27. $\displaystyle\int x\sqrt{x-3}\, dx$

28. $\displaystyle\int \frac{y\, dy}{\sqrt{y+1}}$

29. $\displaystyle\int \sin^3 2\theta\, d\theta$

30. $\displaystyle\int \sec^4 3\theta\, d\theta$　　[ヒント：三角関数の公式を用いよ．]

問題 **31–33** では，n を正の整数，$b \neq 0$ として，不定積分を求めよ．

31. $\displaystyle\int (a+bx)^n\, dx$

32. $\displaystyle\int \sqrt[n]{a+bx}\, dx$

33. $\displaystyle\int \sin^n(a+bx)\cos(a+bx)\, dx$

34. C　CAS を用いて問題 31–33 の解答を確認せよ．コンピュータの答えが異なっていても，2 つの答えが同値であることを確かめよ．[提案：Mathematica であるならば，答えにコマンド Simplify を適用するとよいかもしれない．]

35. (a) 不定積分 $\int \sin x \cos x\, dx$ を，まず置換 $u = \sin x$ によって，つぎに置換 $u = \cos x$ によって，2 通りの方法で求めよ．

    (b) (a) で求めた見かけ上異なる 2 つの解が，実際は同値であることを説明せよ．

36. (a) $\int (5x-1)^2\, dx$ を，まず平方を展開して，つぎに置換 $u = 5x-1$ によって，2 通りの方法で計算せよ．

    (b) (a) で求めた見かけ上異なる 2 つの解が，実際は同値であることを説明せよ．

問題 **37** と **38** では，それぞれの初期値問題を解け．

37. $\displaystyle\frac{dy}{dx} = \sqrt{3x+1};\quad y(1) = 5$

38. $\displaystyle\frac{dy}{dx} = 6 - 5\sin 2x;\quad y(0) = 3$

39. 曲線 $y = f(x)$ 上の点 (x,y) における接線の傾きが $\sqrt{3x+1}$ で，曲線が点 $(0,1)$ を通るような関数 $f(x)$ を求めよ．

40. ～　区間 $(-5,5)$ における $f(x) = x/\sqrt{x^2+1}$ の積分曲線を，グラフィックユーティリティを用いて何本か描け．

41. 2000 年初頭におけるカエルの個体数を 100,000 匹とし，t 年後の個体数を $p(t)$ とする（千匹単位）．増加率が $p'(t) = (4+0.15t)^{3/2}$ を満たすならば，2005 年初頭における個体数はどれだけになると予想されるか．

5.4 シグマ記号；極限としての面積

5.1 節において，区間 $[a,b]$ 上の非負で連続な関数に対して，f のグラフと区間 $[a,b]$ で挟まれた部分の面積を計算する 1 方法としての「長方形法」の概略を述べた．この節では，項数の多い和を簡明に表す記号について論じることから始める．ついで，曲線下の部分の面積を定義し計算する 1 手法である長方形法の詳細を論じる．特に，面積を極限としてとらえていることがわかるだろう．

シグマ記号

これから述べる記号は，ギリシャ語の大文字 Σ（シグマ）を用いてさまざまな和を表すもので，シグマ記号あるいは総和記号とよばれる．この記号の使い方をみるために，

$$1^2 + 2^2 + 3^2 + 4^2 + 5^2$$

という和を考える．各項は，1 から 5 までの整数 k に対して k^2 の形をしている．シグマ記号を使うと，この和は

$$\sum_{k=1}^{5} k^2$$

と書くことができ，「k が 1 から 5 まで動くときの k^2 の和」と読む．この記号は，$k=1$ から $k=5$ までの整数をつぎつぎと k^2 という数式の k に代入し得られた結果の総和を意味し

ている．一般に，k の関数 $f(k)$ と $m \leq n$ を満たす整数 m, n に対して，

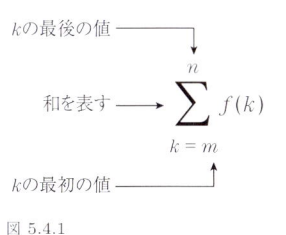

$$\sum_{k=m}^{n} f(k) \tag{1}$$

は，$k = m$ から $k = n$ までの整数をつぎつぎと k に代入し得られた結果の総和を表す（図 5.4.1）．

図 5.4.1

例 1

$$\sum_{k=4}^{8} k^3 = 4^3 + 5^3 + 6^3 + 7^3 + 8^3$$

$$\sum_{k=1}^{5} 2k = 2 \cdot 1 + 2 \cdot 2 + 2 \cdot 3 + 2 \cdot 4 + 2 \cdot 5 = 2 + 4 + 6 + 8 + 10$$

$$\sum_{k=0}^{5} (2k+1) = 1 + 3 + 5 + 7 + 9 + 11$$

$$\sum_{k=0}^{5} (-1)^k (2k+1) = 1 - 3 + 5 - 7 + 9 - 11$$

$$\sum_{k=-3}^{1} k^3 = (-3)^3 + (-2)^3 + (-1)^3 + 0^3 + 1^3 = -27 - 8 - 1 + 0 + 1$$

$$\sum_{k=1}^{3} k \sin\left(\frac{k\pi}{5}\right) = \sin\frac{\pi}{5} + 2\sin\frac{2\pi}{5} + 3\sin\frac{3\pi}{5} \qquad \blacktriangleleft$$

式 (1) における数 m と n を，それぞれ**和の下端**および**和の上端**とよぶ．また，k のことを**和の添え字**とよぶ．ただし，k を和の添え字として使うことに本質的な意味はなく，他の意味で使われている文字でなければ，どんな文字を用いてもよい．例えば，

$$\sum_{i=1}^{6} \frac{1}{i}, \qquad \sum_{j=1}^{6} \frac{1}{j}, \qquad \text{および} \qquad \sum_{n=1}^{6} \frac{1}{n}$$

は，すべて和

$$\frac{1}{1} + \frac{1}{2} + \frac{1}{3} + \frac{1}{4} + \frac{1}{5} + \frac{1}{6}$$

を表している．

和の上端と下端が一致するならば，式 (1) の「和」は 1 つの項からなる．例えば，

$$\sum_{k=2}^{2} k^3 = 2^3 \qquad \text{や} \qquad \sum_{i=1}^{1} \frac{1}{i+2} = \frac{1}{1+2} = \frac{1}{3} \qquad \text{など．}$$

次の和

$$\sum_{i=1}^{5} 2 \qquad \text{および} \qquad \sum_{j=0}^{2} x^3$$

においては，シグマ記号の右側の数式が和の添え字を含んでいない．このような場合には，和の添え字がとりうる回数だけ，同一の項を足し合せることになる．例えば，

$$\sum_{i=1}^{5} 2 = 2 + 2 + 2 + 2 + 2 \qquad \text{や} \qquad \sum_{j=0}^{2} x^3 = x^3 + x^3 + x^3 \qquad \text{など．}$$

和の端を変える

シグマ記号では，和の上端・下端を変えることで，それに対応して足し合わせる数式の形も変わるが，1つの和を何通りにも書き換えることができる．例えば，

$$\sum_{i=1}^{5} 2i = 2+4+6+8+10 = \sum_{j=0}^{4}(2i+2) = \sum_{k=3}^{7}(2k-4)$$

場合によっては，与えられたシグマ記号の上端や下端を変えたいこともあるだろう．

例 2 和
$$\sum_{k=3}^{7} 5^{k-2}$$
の下端を 3 から 0 に変えよ．

解
$$\sum_{k=3}^{7} 5^{k-2} = 5^1 + 5^2 + 5^3 + 5^4 + 5^5$$
$$= 5^{0+1} + 5^{1+1} + 5^{2+1} + 5^{3+1} + 5^{4+1}$$
$$= \sum_{j=0}^{4} 5^{j+1} = \sum_{k=0}^{4} 5^{k+1}$$

◀

和の性質

和の一般的な性質を述べる際，$f(k)$ の代わりに a_k のような下付き文字を用いると便利である．例えば，

$$\sum_{k=1}^{5} a_k = a_1 + a_2 + a_3 + a_4 + a_5 = \sum_{j=1}^{5} a_j = \sum_{k=-1}^{3} a_{k+2}$$
$$\sum_{k=1}^{n} a_k = a_1 + a_2 + \cdots + a_n = \sum_{j=1}^{n} a_j = \sum_{k=-1}^{n-2} a_{k+2}$$

まず，和の基本操作を述べる．

5.4.1 定理

(a) c が k に依存しないとき，$\displaystyle\sum_{k=1}^{n} ca_k = c\sum_{k=1}^{n} a_k$

(b) $\displaystyle\sum_{k=1}^{n}(a_k + b_k) = \sum_{k=1}^{n} a_k + \sum_{k=1}^{n} b_k$

(c) $\displaystyle\sum_{k=1}^{n}(a_k - b_k) = \sum_{k=1}^{n} a_k - \sum_{k=1}^{n} b_k$

ここでは (a) と (b) のみを証明し，(c) は演習問題とする．

証明 (a)
$$\sum_{k=1}^{n} ca_k = ca_1 + ca_2 + \cdots + ca_n = c(a_1 + a_2 + \cdots + a_n) = c\sum_{k=1}^{n} a_k$$

証明 (b)
$$\sum_{k=1}^{n}(a_k + b_k) = (a_1 + b_1) + (a_2 + b_2) + \cdots + (a_n + b_n)$$
$$= (a_1 + a_2 + \cdots + a_n) + (b_1 + b_2 + \cdots + b_n) = \sum_{k=1}^{n} a_k + \sum_{k=1}^{n} b_k \quad \blacksquare$$

定理 5.4.1 を言葉で表すと，次のようになる．

(a) 定数倍はシグマ記号の外に出せる．
(b) シグマ記号は和に関して分配できる．
(c) シグマ記号は差に関して分配できる．

和公式

5.4.2 定理

(a) $\displaystyle\sum_{k=1}^{n} k = 1 + 2 + \cdots + n = \frac{n(n+1)}{2}$

(b) $\displaystyle\sum_{k=1}^{n} k^2 = 1^2 + 2^2 + \cdots + n^2 = \frac{n(n+1)(2n+1)}{6}$

(c) $\displaystyle\sum_{k=1}^{n} k^3 = 1^3 + 2^3 + \cdots + n^3 = \left[\frac{n(n+1)}{2}\right]^2$

ここでは (a) と (b) のみを証明し，(c) は演習問題とする．

証明 (a) 和

$$\sum_{k=1}^{n} k$$

を，上昇する順と下降する順の 2 通りで書き，辺々足し合わせると次式を得る．

$$\sum_{k=1}^{n} k = 1 + 2 + 3 + \cdots + (n-2) + (n-1) + n$$

$$\sum_{k=1}^{n} k = n + (n-1) + (n-2) + \cdots + 3 + 2 + 1$$

$$2\sum_{k=1}^{n} k = (n+1) + (n+1) + (n+1) + \cdots + (n+1) + (n+1) + (n+1)$$
$$= n(n+1)$$

ゆえに，

$$\sum_{k=1}^{n} k = \frac{n(n+1)}{2}$$

証明 (b) まず，

$$(k+1)^3 - k^3 = k^3 + 3k^2 + 3k + 1 - k^3 = 3k^2 + 3k + 1$$

に注意して，

$$\sum_{k=1}^{n}[(k+1)^3 - k^3] = \sum_{k=1}^{n}(3k^2 + 3k + 1) \tag{2}$$

を得る．式 (2) の左辺において，$k = n$ から $k = 1$ まで添え字 k を下降させて足し合わせると，

$$\sum_{k=1}^{n}[(k+1)^3 - k^3] = [(n+1)^3 - n^3] + \cdots + [4^3 - 3^3] + [3^3 - 2^3] + [2^3 - 1^3]$$
$$= (n+1)^3 - 1 \tag{3}$$

となる．式 (3) と (2) から，定理 5.4.1 を用いて (2) の右辺を展開し，さらに本定理の (a) を

使うと，
$$(n+1)^3 - 1 = 3\sum_{k=1}^{n} k^2 + 3\sum_{k=1}^{n} k + \sum_{k=1}^{n} 1$$
$$= 3\sum_{k=1}^{n} k^2 + 3\frac{n(n+1)}{2} + n$$

が成り立つ．よって，
$$3\sum_{k=1}^{n} k^2 = [(n+1)^3 - 1] - 3\frac{n(n+1)}{2} - n$$
$$= (n+1)^3 - 3(n+1)\left(\frac{n}{2}\right) - (n+1)$$
$$= \frac{n+1}{2}[2(n+1)^2 - 3n - 2]$$
$$= \frac{n+1}{2}[2n^2 + n] = \frac{n(n+1)(2n+1)}{2}$$

となるので，
$$\sum_{k=1}^{n} k^2 = \frac{n(n+1)(2n+1)}{6}$$

を得る． ■

注意 (3) は**望遠鏡の和**とよばれる和の一例である．これは和の隣りあう項の内側どうしが打ち消しあって，はめ込み式の望遠鏡を閉じるときのように，和が縮まってしまうところから名づけられた．

例 3 $\sum_{k=1}^{30} k(k+1)$ を計算せよ．

解
$$\sum_{k=1}^{30} k(k+1) = \sum_{k=1}^{30} (k^2 + k) = \sum_{k=1}^{30} k^2 + \sum_{k=1}^{30} k$$
$$= \frac{30(31)(61)}{6} + \frac{30(31)}{2} = 9920 \quad \boxed{\text{定理 5.4.2(a),(b)}} \quad ◀$$

$$\sum_{k=1}^{n} k = \frac{n(n+1)}{2} \quad \text{および} \quad 1 + 2 + \cdots + n = \frac{n(n+1)}{2}$$

のような公式の左辺は和を**開いた形**で表しているといい，右辺の方は和を**閉じた形**で表しているという．開いた形は足し合わせる項を表し，閉じた形はその和の明示的な式を表している．

例 4 $\sum_{k=1}^{n} (3+k)^2$ を閉じた形で表せ．

解
$$\sum_{k=1}^{n} (3+k)^2 = 4^2 + 5^2 + \cdots + (3+n)^2$$
$$= [1^2 + 2^2 + 3^2 + 4^2 + 5^2 + \cdots + (3+n)^2] - [1^2 + 2^2 + 3^2]$$
$$= \left(\sum_{k=1}^{3+n} k^2\right) - 14$$
$$= \frac{(3+n)(4+n)(7+2n)}{6} - 14 = \frac{1}{6}(73n + 21n^2 + 2n^3) \quad ◀$$

読者へ 計算ユーティリティの多くには，シグマ記号で書かれた和を計算する何らかの方法が備っている．説明書でその使い方を調べ，それを用いて例3が正しいことを確かめよ．CASが使えるなら，定理5.4.2で述べた和の閉じた公式で計算する方法を備えているので，それらの公式を確かめたうえで，次の和

$$\sum_{k=1}^{n} k^4 \quad \text{および} \quad \sum_{k=1}^{n} k^5$$

の閉じた形も求めよ．

面積の定義

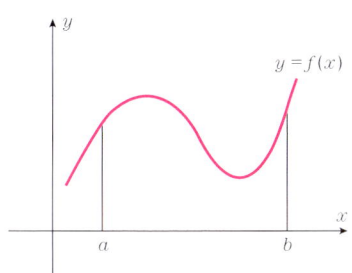

図 5.4.2

f を区間 $[a,b]$ 上の非負の連続関数とし，下は x 軸で，横は垂直な直線 $x=a$ と $x=b$ で，上は曲線 $y=f(x)$ で囲まれた領域を R とする（図5.4.2）．5.1節において，f のグラフと区間 $[a,b]$ で挟まれた部分の面積を計算する1方法としての「長方形法」の概略を述べたことを思い出そう．この節の目的は，R の面積を正式に定義することである．長方形法の面積の定義は高さと幅の積ということから出発する．つぎに，有限個の長方形から構成される領域の面積は，それらの長方形の面積の和として定める．これらの定義と5.1節で述べた長方形法を用いることで，いま考えている領域 R の面積が定義される．そのための基本的な考え方を列挙しよう．

- 区間 $[a,b]$ を n 等分する．
- 各部分区間上で，この区間における何らかの f の値を高さにもつ長方形を構成する．
- このような長方形の和集合を R_n とおくと，R_n の面積は R の「面積」の近似値とみなせる．
- この操作を，分割をより細かくしながら続ける．
- R の面積を，n を限りなく大きくしていくときの近似領域 R_n の面積の「極限」として定義する．記号で表すと，

$$A = R \text{の面積} = \lim_{n \to +\infty} [R_n \text{の面積}] \tag{4}$$

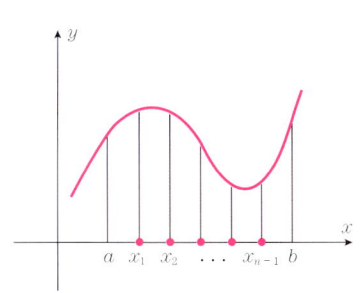

図 5.4.3

注意 $\lim_{n \to +\infty}$ と $\lim_{x \to +\infty}$ において，n は正の整数であり x はそのような制限がないから，両者の意味は異なる．式(4)は，正の整数 n を十分に大きくとるならば，R_n の面積をいくらでも A に近づけることができる，ということを意味している．$\lim_{n \to +\infty}$ のような極限については，後ほど詳しく学習する．いまの段階では，$\lim_{x \to +\infty}$ に関する計算法が $\lim_{n \to +\infty}$ に対しても同様に使える，ということを理解しておけば十分である．

上述の考え方をより明確にするために，数学的な表記法に従って，これらの手順をとらえていこう．そのために，まず a と b のあいだに $n-1$ 個の点

$$x_1, \quad x_2, \quad ..., \quad x_{n-1}$$

を等間隔に配置し，区間 $[a,b]$ を n 等分する（図5.4.3）．各部分区間の幅は $(b-a)/n$ であり，これを通常

$$\Delta x = \frac{b-a}{n}$$

と書く．各部分区間において，構成すべき長方形の高さを決めるために適当な x の値を選ぶ必要がある．これらを順に

$$x_1^*, \quad x_2^*, \quad ..., \quad x_n^*$$

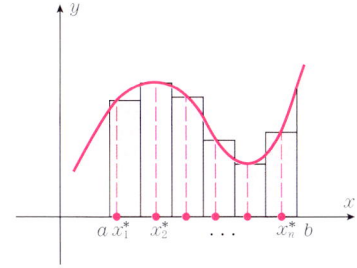

図 5.4.4

とする（図5.4.4）と，このようにして構成された長方形の面積は，それぞれ

$$f(x_1^*)\Delta x, \quad f(x_2^*)\Delta x, \quad ..., \quad f(x_n^*)\Delta x$$

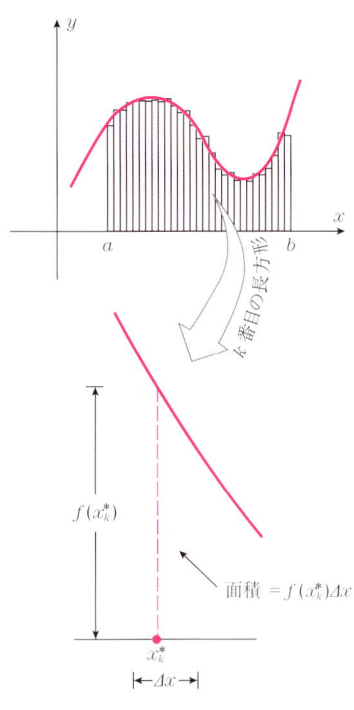

図 5.4.5

となる（図 5.4.5）．よって，
$$R_n \text{の面積} = f(x_1^*)\Delta x + f(x_2^*)\Delta x + \cdots + f(x_n^*)\Delta x$$
を得る．この表記法のもとで，(4) は，
$$A = \lim_{n \to +\infty} \sum_{k=1}^n f(x_k^*)\Delta x$$
と書ける．こうして，次の領域 R の面積に対する定義を得る．

> **5.4.3 定義**（曲線下の面積）　区間 $[a,b]$ 上で連続な関数 $f(x)$ が，$[a,b]$ 内のすべての x に対して $f(x) \geq 0$ を満たすとする．このとき，区間 $[a,b]$ の上で曲線 $y = f(x)$ の下の面積を，
> $$A = \lim_{n \to +\infty} \sum_{k=1}^n f(x_k^*)\Delta x \tag{5}$$
> で定義する．

式 (5) において，$x_1^*, x_2^*, ..., x_n^*$ の値はいろいろ選べるので，これらの値の異なった選び方に対して，異なる A の値が対応するかもしれない．もしそうならば，この定義 5.4.3 は面積の定義として受け入れることはできない．しかし幸いなことに，このようなことは起こらない．事実，f が連続であるならば（すでに仮定している），どのように x_k^* を選ぼうとも同一の A の値が定まることを，上級課程で証明することができる．実際には，次のように系統だてて選ぶことが多い．

- 各部分区間の左端点
- 各部分区間の右端点
- 各部分区間の中点

図 5.4.6 のように，$x_1, x_2, x_3, ..., x_{n-1}$ によって区間 $[a,b]$ が長さ $\Delta x = (b-a)/n$ の部分区間に n 等分されているとすれば，さらに $x_0 = a$ および $x_n = b$ とおくと，$k = 0, 1, 2, ..., n$ に対して
$$x_k = a + k\Delta x$$
が成り立つ．ゆえに，
$$x_k^* = x_{k-1} = a + (k-1)\Delta x \qquad \boxed{\text{左端点}} \tag{6}$$
$$x_k^* = x_k = a + k\Delta x \qquad \boxed{\text{右端点}} \tag{7}$$
$$x_k^* = \tfrac{1}{2}(x_{k-1} + x_k) = a + \left(k - \tfrac{1}{2}\right)\Delta x \qquad \boxed{\text{中点}} \tag{8}$$

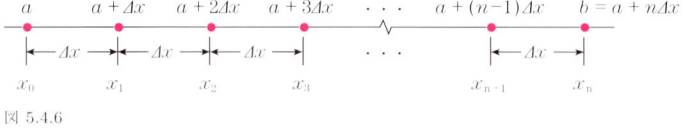

図 5.4.6

面積の近似計算

定義 5.4.3 から，上述のそれぞれの選び方 (6)，(7)，(8) に対して，和
$$\sum_{k=1}^n f(x_k^*)\Delta x = \Delta x \sum_{k=1}^n f(x_k^*) = \Delta x[f(x_1^*) + f(x_2^*) + \cdots + f(x_n^*)] \tag{9}$$
は，n が十分に大きければ A の面積のよい近似になることが期待できる．x_k^* の選び方に応じて (9) を，真の面積に対する**左端点近似**，**右端点近似**，および**中点近似**とよぶ（図 5.4.7）．

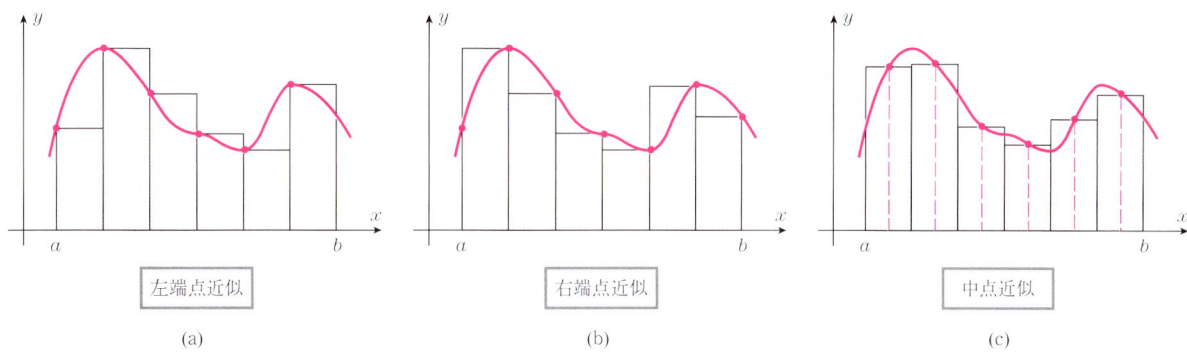

左端点近似	右端点近似	中点近似
(a)	(b)	(c)

図 5.4.7

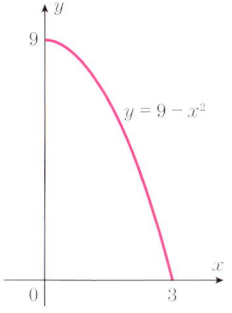

図 5.4.8

例 5 区間 $[0, 3]$ の上で曲線 $y = 9 - x^2$ の下の面積に対する左端点近似，右端点近似，および中点近似を，$n = 10, n = 20, n = 50$ のそれぞれの場合に対して求めよ（図 5.4.8）．

解 $n = 10$ のときの小数第 6 位までの数値計算の詳細を表 5.4.1 に，すべての場合の計算結果を表 5.4.2 に示す．　◀

表 5.4.1

$n = 10, \Delta x = (b - a)/n = (3 - 0)/10 = 0.3$

	左端点近似		右端点近似		中点近似	
k	x_k^*	$9 - (x_k^*)^2$	x_k^*	$9 - (x_k^*)^2$	x_k^*	$9 - (x_k^*)^2$
1	0.0	9.000000	0.3	8.910000	0.15	8.977500
2	0.3	8.910000	0.6	8.640000	0.45	8.797500
3	0.6	8.640000	0.9	8.190000	0.75	8.437500
4	0.9	8.190000	1.2	7.560000	105	7.897500
5	1.2	7.560000	1.5	6.750000	1.35	7.177500
6	1.5	6.750000	1.8	5.760000	1.65	6.277500
7	1.8	5.760000	2.1	4.590000	1.95	5.197500
8	2.1	4.590000	2.4	3.240000	2.25	3.937500
9	2.4	3.240000	2.7	1.710000	2.55	2.497500
10	2.7	1.710000	3.0	0.000000	2.85	0.877500
		64.350000		55.350000		60.075000
$\Delta x \sum_{k=1}^{n} f(x_k^*)$		(0.3)(64.350000) =19.305000		(0.3)(55.350000) =16.605000		(0.3)(60.075000) =18.022500

表 5.4.2

n	左端点近似	右端点近似	中点近似
10	19.305000	16.605000	18.022500
20	18.663750	17.313750	18.005625
50	18.268200	17.728200	18.000900

> **注意** 区間 $[0,3]$ 上の曲線 $y = 9 - x^2$ の下の正確な面積は 18 であることが後に示される．したがって，上の例では中点近似が他の端点近似に比べてより正確である．このことは，近似に用いた長方形を幾何的にみることからもわかる．というのは，$y = 9 - x^2$ のグラフは区間 $[0,3]$ において単調減少しているので，左端点近似は面積を過大評価し，右端点近似は過小評価し，中点近似は両者の中間の値を与えるからである（図 5.4.9）．これは表 5.4.2 の値と比べて矛盾するところはない．中点近似による面積計算で生じる誤差に関しては，後ほど論じることにする．

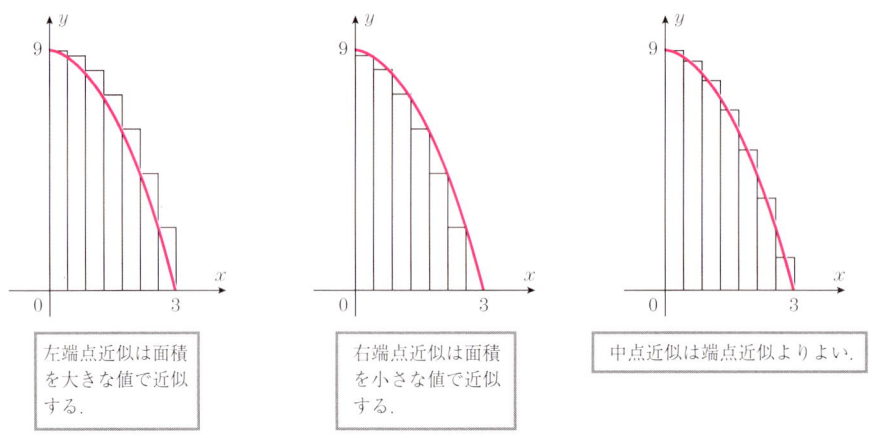

図 5.4.9

正確な面積の計算

面積の近似計算は実用的ではあるが，面積の正確な値を計算したいこともよくある．定義 5.4.3 における極限が正確に計算できる場合をいくつかみてみる．

例 6 定義 5.4.3 における x_k^* として部分区間の右端点を採用することで，区間 $[0,1]$ 上のグラフ $f(x) = x^2$ で挟まれた部分の面積を求めよ．

解 この場合，
$$\Delta x = \frac{b-a}{n} = \frac{1-0}{n} = \frac{1}{n}$$
であり，さらに式 (7) より
$$x_k^* = a + k\Delta x = \frac{k}{n}$$
であるから，
$$\sum_{k=1}^{n} f(x_k^*)\Delta x = \sum_{k=1}^{n} (x_k^*)^2 \Delta x = \sum_{k=1}^{n} \left(\frac{k}{n}\right)^2 \frac{1}{n} = \frac{1}{n^3}\sum_{k=1}^{n} k^2$$
$$= \frac{1}{n^3}\left[\frac{n(n+1)(2n+1)}{6}\right] = \frac{1}{3} + \frac{1}{2n} + \frac{1}{6n^2}$$
となる．ゆえに，
$$A = \lim_{n \to +\infty} \sum_{k=1}^{n} f(x_k^*)\Delta x = \lim_{n \to +\infty} \left(\frac{1}{3} + \frac{1}{2n} + \frac{1}{6n^2}\right) = \frac{1}{3}$$
を得る（これは表 5.1.2 の数値計算と一致していることに注意しよう）．◀

この解答の中で，定理 5.4.2 で述べた「閉じた形」の和公式の 1 つを使った．定理 5.4.2 から導かれる次の結果は，定義 5.4.3 を使って面積を計算する際に手助けとなろう．

5.4.4 定理

(a) $\displaystyle\lim_{n\to+\infty}\frac{1}{n}\sum_{k=1}^{n}1 = 1$ (b) $\displaystyle\lim_{n\to+\infty}\frac{1}{n^2}\sum_{k=1}^{n}k = \frac{1}{2}$

(c) $\displaystyle\lim_{n\to+\infty}\frac{1}{n^3}\sum_{k=1}^{n}k^2 = \frac{1}{3}$ (d) $\displaystyle\lim_{n\to+\infty}\frac{1}{n^4}\sum_{k=1}^{n}k^3 = \frac{1}{4}$

この定理 5.4.4 の証明は読者の演習問題とする．

例 7 定義 5.4.3 における x_k^* として部分区間の中点を採用することで，区間 $[0,3]$ 上の放物線 $y = f(x) = 9 - x^2$ の下の面積を求めよ．

解 部分区間の幅は，

$$\Delta x = \frac{b-a}{n} = \frac{3-0}{n} = \frac{3}{n}$$

であり，式 (8) より，

$$x_k^* = a + \left(k - \frac{1}{2}\right)\Delta x = \left(k - \frac{1}{2}\right)\left(\frac{3}{n}\right)$$

である．ゆえに，

$$f(x_k^*)\Delta x = [9 - (x_k^*)^2]\Delta x = \left[9 - \left(k - \frac{1}{2}\right)^2\left(\frac{3}{n}\right)^2\right]\left(\frac{3}{n}\right)$$

$$= \left[9 - \left(k^2 - k + \frac{1}{4}\right)\left(\frac{9}{n^2}\right)\right]\left(\frac{3}{n}\right)$$

$$= \frac{27}{n} - \frac{27}{n^3}k^2 + \frac{27}{n^3}k - \frac{27}{4n^3}$$

であるから，

$$A = \lim_{n\to+\infty}\sum_{k=1}^{n}f(x_k^*)\Delta x$$

$$= \lim_{n\to+\infty}27\left[\frac{1}{n}\sum_{k=1}^{n}1 - \frac{1}{n^3}\sum_{k=1}^{n}k^2 + \frac{1}{n}\left(\frac{1}{n^2}\sum_{k=1}^{n}k\right) - \frac{1}{4n^2}\left(\frac{1}{n}\sum_{k=1}^{n}1\right)\right]$$

$$= 27\left[1 - \frac{1}{3} + 0\cdot\frac{1}{2} - 0\cdot 1\right] = 18$$

を得る．ここで，

$$\frac{1}{n^j}\sum_{k=1}^{n}k^{j-1} \qquad j = 1, 2, 3$$

のような式の $n \to +\infty$ のときの極限値の計算に定理 5.4.4 を用いた． ◀

符号付き面積

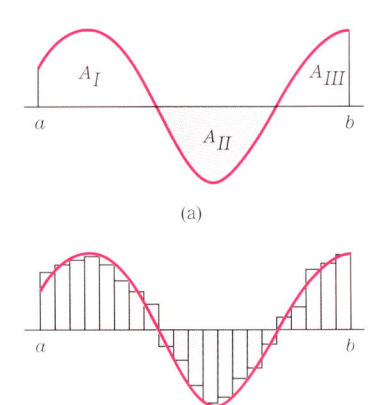

定義 5.4.3 では，f は区間 $[a,b]$ 上で連続かつ非負であることを仮定した．f は連続であるが，正と負の両方の値をとるような場合には，極限

$$\lim_{n\to+\infty}\sum_{k=1}^{n}f(x_k^*)\Delta x \tag{10}$$

の値は，もはや x 軸上の区間 $[a,b]$ と曲線 $y=f(x)$ で挟まれた部分の面積を表さない．それが表すものは，正しくは面積の差—つまり，曲線 $y=f(x)$ の下で区間 $[a,b]$ の上にある領域の面積から区間 $[a,b]$ の下で曲線 $y=f(x)$ の上にある領域の面積を引いたものである．この値を $y=f(x)$ のグラフと区間 $[a,b]$ で挟まれた部分の**符号付き面積**とよぶ．例えば，図 5.4.10a では，曲線 $y=f(x)$ と区間 $[a,b]$ で挟まれた部分の符号付き面積は，

$$(A_I + A_{III}) - A_{II} = ([a,b] \text{ の上の面積}) - ([a,b] \text{ の下の面積})$$

となる．なぜ (10) が符号付き面積を表すのかを説明するために，図 5.4.10a において区間 $[a,b]$ を n 等分し，和

$$\sum_{k=1}^{n}f(x_k^*)\Delta x \tag{11}$$

を調べる．$f(x_k^*)$ が正であれば，積 $f(x_k^*)\Delta x$ は，高さが $f(x_k^*)$ で幅が Δx である長方形の面積を表す（図 5.4.10b のピンク色の長方形）．逆に $f(x_k^*)$ が負であれば，積 $f(x_k^*)\Delta x$ は，高さが $|f(x_k^*)|$ で幅が Δx である長方形の面積に**マイナス符号をつけたもの**になる（図 5.4.10b の影のついた長方形）．つまり，式 (11) は，ピンク色の長方形の面積和から影のついた長方形の面積和を引いたものに等しい．n が増加するにつれ，ピンク色の長方形は A_I と A_{III} の面積をもつ領域を埋め尽くすようになり，影のついた長方形は A_{II} の面積をもつ領域を埋め尽くすようになる．以上が，式 (10) がなぜ $y=f(x)$ と区間 $[a,b]$ に挟まれた部分の符号付き面積を表すのかの説明である．次の定義としてまとめる．

5.4.5 定義（符号付き面積） 関数 $f(x)$ が区間 $[a,b]$ 上で連続であるとき，$y=f(x)$ と区間 $[a,b]$ で挟まれた部分の符号付き面積 A を，

$$A = \lim_{n\to+\infty}\sum_{k=1}^{n}f(x_k^*)\Delta x$$

で定義する．

定義 5.4.3 の場合と同様，連続関数に対して（x_k^* の選び方にかかわらず）この極限値が存在することを示すことができる．曲線 $y=f(x)$ と区間 $[a,b]$ で挟まれた部分の符号付き面積は，正，負，零のいずれの値もとりうる．区間の上の領域が下より大きければ符号付き面積は正になるし，逆に区間の下の領域の方が上より大きければ負の値をとり，両者が等しい場合は零になる．

例 8 定義 5.4.5 における x_k^* として部分区間の左端点を採用することで，$y=f(x)=x-1$ のグラフと区間 $[0,2]$ で挟まれた部分の符号付き面積を求めよ．

解 部分区間の幅は，

$$\Delta x = \frac{b-a}{n} = \frac{2-0}{n} = \frac{2}{n}$$

であり，式 (6) より，

$$x_k^* = a + (k-1)\Delta x = (k-1)\left(\frac{2}{n}\right)$$

である．ゆえに，
$$f(x_k^*)\Delta x = (x_k^* - 1)\Delta x = \left[(k-1)\left(\frac{2}{n}\right) - 1\right]\left(\frac{2}{n}\right) = \left(\frac{4}{n^2}\right)k - \frac{4}{n^2} - \frac{2}{n}$$

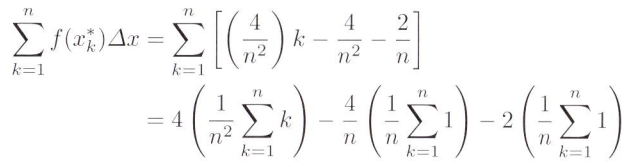

であるから，
$$\sum_{k=1}^{n} f(x_k^*)\Delta x = \sum_{k=1}^{n}\left[\left(\frac{4}{n^2}\right)k - \frac{4}{n^2} - \frac{2}{n}\right]$$
$$= 4\left(\frac{1}{n^2}\sum_{k=1}^{n}k\right) - \frac{4}{n}\left(\frac{1}{n}\sum_{k=1}^{n}1\right) - 2\left(\frac{1}{n}\sum_{k=1}^{n}1\right)$$

を得る．以上から，
$$A = \lim_{n \to +\infty} \sum_{k=1}^{n} f(x_k^*)\Delta x = \lim_{n \to +\infty}\left[4\left(\frac{1}{n^2}\sum_{k=1}^{n}k\right) - \frac{4}{n}\left(\frac{1}{n}\sum_{k=1}^{n}1\right) - 2\left(\frac{1}{n}\sum_{k=1}^{n}1\right)\right]$$
$$= 4\left(\frac{1}{2}\right) - 0 \cdot 1 - 2(1) = 0$$

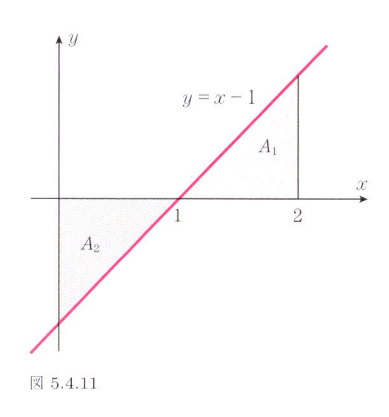

が成り立つ．符号付き面積が零ということは，f のグラフの下で区間 $[0,2]$ の上の部分の面積 A_1 と，f のグラフの上で区間 $[0,2]$ の下の部分の面積 A_2 が等しいことを意味している．このことは図 5.4.11 で示した f のグラフからもわかる． ◀

図 5.4.11

演習問題 5.4   C CAS

1. 次の和を求めよ．

(a) $\sum_{k=1}^{3} k^3$ (b) $\sum_{j=2}^{6}(3j-1)$ (c) $\sum_{i=-4}^{1}(i^2-i)$

(d) $\sum_{n=0}^{5} 1$ (e) $\sum_{k=0}^{4}(-2)^k$ (f) $\sum_{n=1}^{6}\sin n\pi$

2. 次の和を求めよ．

(a) $\sum_{k=1}^{4} k\sin\frac{k\pi}{2}$ (b) $\sum_{j=0}^{5}(-1)^j$ (c) $\sum_{i=7}^{20}\pi^2$

(d) $\sum_{m=3}^{5} 2^{m+1}$ (e) $\sum_{n=1}^{6}\sqrt{n}$ (f) $\sum_{k=0}^{10}\cos k\pi$

問題 **3**–**8** では，シグマ記号を使って表せ．計算しなくてよい．

3. $1 + 2 + 3 + \cdots + 10$

4. $3 \cdot 1 + 3 \cdot 2 + 3 \cdot 3 + \cdots + 3 \cdot 20$

5. $2 + 4 + 6 + 8 + \cdots + 20$ **6.** $1 + 3 + 5 + 7 + \cdots + 15$

7. $1 - 3 + 5 - 7 + 9 - 11$ **8.** $1 - \frac{1}{2} + \frac{1}{3} - \frac{1}{4} + \frac{1}{5}$

9. (a) シグマ記号を使って，2 から 100 までの偶数の和を表せ．

(b) シグマ記号を使って，1 から 99 までの奇数の和を表せ．

10. シグマ記号を使って表せ．

(a) $a_1 - a_2 + a_3 - a_4 + a_5$

(b) $-b_0 + b_1 - b_2 + b_3 - b_4 + b_5$

(c) $a_0 + a_1 x + a_2 x^2 + \cdots + a_n x^n$

(d) $a^5 + a^4 b + a^3 b^2 + a^2 b^3 + ab^4 + b^5$

問題 **11**–**16** では，定理 5.4.2 を使って和を求め，その結果を計算ユーティリティを用いて確かめよ．

11. $\sum_{k=1}^{100} k$ **12.** $\sum_{k=1}^{100}(7k+1)$ **13.** $\sum_{k=1}^{20} k^2$

14. $\sum_{k=4}^{20} k^2$ **15.** $\sum_{k=1}^{30} k(k-2)(k+2)$ **16.** $\sum_{k=1}^{6}(k-k^3)$

問題 **17**–**20** では，それぞれの和を閉じた形で表せ．

17. $\sum_{k=1}^{n}\frac{3k}{n}$ **18.** $\sum_{k=1}^{n-1}\frac{k^2}{n}$ **19.** $\sum_{k=1}^{n-1}\frac{k^3}{n^2}$

20. $\sum_{k=1}^{n}\left(\frac{5}{n} - \frac{2k}{n}\right)$

21. C 問題 **17**–**20** で得られた和について，CAS を使って答えを確かめよ．もし CAS の答えがあなたの答えと異なっていたら，両者が等しいことを示せ．

22. 方程式 $\sum_{k=1}^{n} k = 465$ を解け．

問題 **23**–**26** では，n の関数を閉じた形で表して，極限を求めよ．

23. $\lim_{n \to +\infty}\frac{1 + 2 + 3 + \cdots + n}{n^2}$

24. $\lim_{n \to +\infty}\frac{1^2 + 2^2 + 3^2 + \cdots + n^2}{n^3}$

25. $\lim_{n \to +\infty}\sum_{k=1}^{n}\frac{5k}{n^2}$ **26.** $\lim_{n \to +\infty}\sum_{k=1}^{n-1}\frac{2k^2}{n^3}$

27. $1 + 2 + 2^2 + 2^3 + 2^4 + 2^5$ を，以下の条件を満たすシグマ記号で表せ．
   (a) 和の下端が $j = 0$ である．
   (b) 和の下端が $j = 1$ である．
   (c) 和の下端が $j = 2$ である．

28. $\displaystyle\sum_{k=5}^{9} k2^{k+4}$
   を，次の条件を満たすシグマ記号で表せ．
   (a) 和の下端が $k = 1$ である．
   (b) 和の上端が $k = 13$ である．

問題 29–32 では，区間 $[a,b]$ を $n = 4$ 等分し，x_k^* が (a) 区間の左端点，(b) 区間の中点，(c) 区間の右端点のそれぞれの場合に，
$$\sum_{k=1}^{4} f(x_k^*)\Delta x$$
を求めよ．

29. $f(x) = 3x + 1;\quad a = 2,\quad b = 6$
30. $f(x) = 1/x;\quad a = 1,\quad b = 9$
31. $f(x) = \cos x;\quad a = 0,\quad b = \pi$
32. $f(x) = 2x - x^2;\quad a = -1,\quad b = 3$

問題 33–36 では，シグマ記号が扱える計算ユーティリティあるいは CAS を用いて，(a) 左端点近似，(b) 右端点近似，(c) 中点近似を用いて，$n = 10, 20$ および 50 個の部分区間のそれぞれの場合に指定された曲線と区間に挟まれた部分の近似面積を求めよ（そのようなユーティリティが使えないときは，$n = 10$ の場合だけを求めよ）．

33. C $\quad y = 1/x;\quad [1,2]$ 34. C $\quad y = 1/x^2;\quad [1,3]$
35. C $\quad y = \sqrt{x};\quad [0,4]$ 36. C $\quad y = \sin x;\quad [0, \pi/2]$

問題 37–42 では，定義 5.4.3 における x_k^* として部分区間の右端点を採用して，曲線 $y = f(x)$ と区間 $[a,b]$ で挟まれた部分の面積を求めよ．

37. $y = \frac{1}{2}x;\quad a = 1,\quad b = 4$
38. $y = 5 - x;\quad a = 0,\quad b = 5$
39. $y = 9 - x^2;\quad a = 0,\quad b = 3$
40. $y = 4 - \frac{1}{4}x^2;\quad a = 0,\quad b = 3$
41. $y = x^3;\quad a = 2,\quad b = 6$
42. $y = 1 - x^3;\quad a = -3,\quad b = -1$

問 43–46 では，定義 5.4.5 における x_k^* として部分区間の左端点を採用して，曲線 $y = f(x)$ と区間 $[a,b]$ で挟まれた部分の符号付き面積を求めよ．

43. 問題 37 の関数 f と区間 $[a,b]$．
44. 問題 38 の関数 f と区間 $[a,b]$．
45. 問題 39 の関数 f と区間 $[a,b]$．
46. 問題 40 の関数 f と区間 $[a,b]$．

問題 47 と 48 では，定義 5.4.3 における x_k^* として部分区間の中点を採用して，曲線 $y = f(x)$ と区間 $[a,b]$ で挟まれた部分の面積を求めよ．

47. 関数 $f(x) = x^2;\quad a = 0,\quad b = 1$
48. 関数 $f(x) = x^2;\quad a = -1,\quad b = 1$

問題 49–52 では，定義 5.4.5 における x_k^* として部分区間の右端点を採用して，曲線 $y = f(x)$ と区間 $[a,b]$ で挟まれた部分の符号付き面積を求めよ．

49. $y = x;\quad a = -1,\quad b = 1$．さらに簡単な幾何的考察から答えを確かめよ．
50. $y = x;\quad a = -1,\quad b = 2$．さらに簡単な幾何的考察から答えを確かめよ．
51. $y = x^2 - 1;\; a = 0,\; b = 2$ 52. $y = x^3;\; a = -1,\; b = 1$

53. 定義 5.4.3 における x_k^* として部分区間の左端点を採用して，$y = mx$ のグラフの下かつ区間 $[a,b]$ の上にある部分の面積を求めよ．ただし，$m > 0, a \geq 0$ とする．

54. 定義 5.4.5 における x_k^* として部分区間の右端点を採用して，$y = mx$ のグラフと区間 $[a,b]$ に挟まれた部分の符号付き面積を求めよ．

55. (a) $y = x^3$ のグラフと区間 $[0,b]$ で挟まれた部分の面積は $b^4/4$ であることを示せ．
   (b) $y = x^3$ のグラフと区間 $[a,b]$ で挟まれた部分の面積の公式を求めよ．ただし，$a \geq 0$ とする．

56. $y = \sqrt{x}$ のグラフと区間 $[0,1]$ で挟まれた部分の面積を求めよ．［ヒント：5.1 節の演習問題 17 の結果を用いよ．］

57. ある芸術家が同じ大きさの正方形のタイルを辺どうしくっつけて三角形のような形を作ろうとしている．三角形の底辺に相当する部分に n 個のタイルを並べ，上の段に並べるタイルの個数は下の段より 2 個少なくなるように段々に並べていった．このとき，使用したタイルの総数を求めよ．［ヒント：n が偶数か奇数で答えが異なる．］

58. ある芸術家が同じ大きさの球をくっつけてオブジェを作ろうとしている．まず，50 個の球が片方の辺に，30 個の球が他方の辺に並ぶように敷き詰め，長方形の形をした土台を作った．つぎに，球のくぼみに新しい球を載せて積み重ねてくっつけるという方法でつぎつぎと段を重ねていった．このとき，使用した球の総数を求めよ．

59. 和を書き出して，次の等式が成り立つかどうかを判定せよ．

   (a) $\displaystyle\int \left[\sum_{i=1}^{n} f_i(x)\right] dx = \sum_{i=1}^{n} \left[\int f_i(x)\, dx\right]$

   (b) $\displaystyle\frac{d}{dx}\left[\sum_{i=1}^{n} f_i(x)\right] = \sum_{i=1}^{n} \left[\frac{d}{dx}[f_i(x)]\right]$

60. 次の等式は正しいか.

(a) $\displaystyle\sum_{i=1}^{n} a_i b_i = \sum_{i=1}^{n} a_i \sum_{i=1}^{n} b_i$ (b) $\displaystyle\sum_{i=1}^{n} \frac{a_i}{b_i} = \sum_{i=1}^{n} a_i \bigg/ \sum_{i=1}^{n} b_i$

(c) $\displaystyle\sum_{i=1}^{n} a_i^2 = \left(\sum_{i=1}^{n} a_i\right)^2$

61. 定理 5.4.1 の (c) を証明せよ.

62. 定理 5.4.2 の (c) を証明せよ. [ヒント：定理の (b) の証明を $(k+1)^4 - k^4$ に用いよ.]

63. 定理 5.4.4 を示せ.

5.5 定積分

この節では，面積を長さ，体積，密度，確率，仕事といった他の重要な概念と結びつける「定積分」を導入する．

リーマン和と定積分

符号付き面積の定義（定義 5.4.5）では，近似長方形の底辺として，正の整数 n に対して区間 $[a,b]$ を n 等分して考えた．関数によっては，異なった幅の長方形を用いる方が都合がよい場合もあるだろう（演習問題 **33** を参照）．しかし，異なった長方形によって面積を"取り尽くす"ためには，n の増加とともに，そのような長方形の幅を零に近づけるように分割をしていくことが重要になる（図 5.5.1）．したがって，図 5.5.2 の場合のように，右にある長方形が決して細分されないといった状況が起こらないようにしなければならない．このような分割では，n が増加しても近似誤差が零に近づかないだろう．

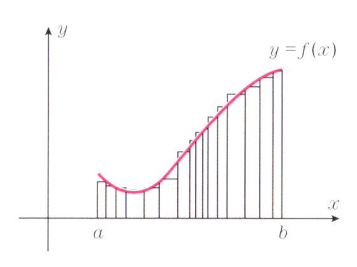

区間 $[a,b]$ の **分割** とは，
$$a = x_0 < x_1 < x_2 < \cdots < x_{n-1} < x_n = b$$
という数の集合のことであり，これは $[a,b]$ を，それぞれの長さが
$$\Delta x_1 = x_1 - x_0, \quad \Delta x_2 = x_2 - x_1, \quad \Delta x_3 = x_3 - x_2, \ldots, \quad \Delta x_n = x_n - x_{n-1}$$
である n 個の部分区間に分割するものである．分割が **均一** であるとは，部分区間の長さがすべて同じ
$$\Delta x_k = \Delta x = \frac{b-a}{n}$$
であるときにいう．均一な分割では，近似長方形の幅は n の増加とともに零に近づく．このことは一般の分割では成り立たないので，長方形の幅の"大きさ"を測る何らかの物差しが必要である．1 つの物差しとして，部分区間の幅の最大値 $\max \Delta x_k$ が考えられる．これを **分割幅** とよぶ．例えば，図 5.5.3 は区間 $[0,6]$ の 4 つの部分区間への分割であり，その分割幅は 2 である．

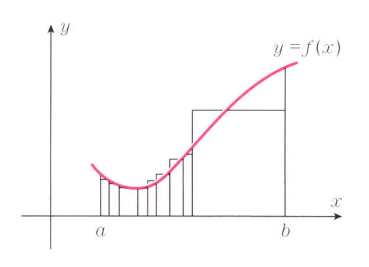

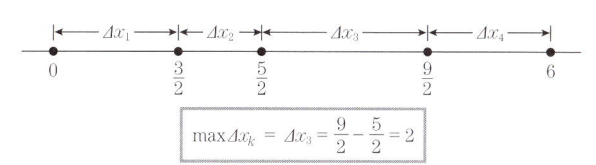

図 5.5.3

定義 5.4.5 を均一でない分割に対して拡張するには，一定の値の Δx を，変動する Δx_k に置き換えなければならない．こうして，和
$$\sum_{k=1}^{n} f(x_k^*) \Delta x \qquad \text{は} \qquad \sum_{k=1}^{n} f(x_k^*) \Delta x_k$$
に置き換えられる．

さらに，$n \to +\infty$ を，すべての部分区間の幅が零に近づくことを表す式に置き換える必要がある．そのために，$\max \Delta x_k \to 0$ という記号を用いる（分割幅 $\max \Delta x_k$ を表すのに $\|\Delta\|$ を用いる書籍もあるが，その場合は $\|\Delta\| \to 0$ と書く）．こうして，f のグラフと区間 $[a,b]$ で挟まれた部分の符号付き面積 A は

$$A = \lim_{\max \Delta x_k \to 0} \sum_{k=1}^{n} f(x_k^*) \Delta x_k$$

で与えられると直感的には期待できる（後に正しいことが示される）．この極限式は積分法における基本的な概念であり，次の定義の基礎をなすものである．

5.5.1 定義　有限な閉区間 $[a,b]$ 上の関数 f が**積分可能**とは，極限

$$\lim_{\max \Delta x_k \to 0} \sum_{k=1}^{n} f(x_k^*) \Delta x_k$$

が存在し，その値が分割の仕方や部分区間内の x_k^* の選び方に関係しないときにいう．このときの極限値を

$$\int_a^b f(x)\,dx = \lim_{\max \Delta x_k \to 0} \sum_{k=1}^{n} f(x_k^*) \Delta x_k$$

と書き，f の a から b までの**定積分**という．ここで，a および b をそれぞれ**積分の下端**および**積分の上端**といい，$f(x)$ を**被積分関数**という．

定積分の記号に関していくつか注釈を述べよう．歴史的には，式「$f(x)\,dx$」は高さが $f(x)$ で幅が「無限小」である dx の長方形の「無限小の面積」であると考えられていた．このような無限小の面積を「足し合わせる」ことで，曲線下の全体の面積が得られる．積分記号「$\int$」は「引き延ばされた s」であり，このような和をとることを意味している．定積分は実際，$\Delta x_k \to 0$ のときの和の極限であるということを，積分記号「$\int$」および記号「dx」から思い出すことができる．定義 5.5.1 に登場した和は**リーマン（Rieman）**[*]**和**とよばれる．積分計算の基本的な概念の多くを定式化したドイツ人数学者ベルンハルト・リーマンにちなんで，定積分をリーマン積分とよぶことがある（次節で，定積分と不定積分の 2 つの「積分」の関係を確立し，両者の記号が似ている理由を明らかにする）．

定義 5.5.1 における極限は第 2 章で扱ったものとはいくぶん異なっている．おおざっぱに

---

[*] ゲオルグ・フリードリッヒ・ベルンハルト・リーマン (Georg Friedrich Bernhard Rieman, 1826〜1866). ドイツの数学者．ベルンハルト・リーマンの名で知られ，プロテスタント教会の牧師の息子として生を受ける．初等教育は父親から受け，幼いころから算術に優れた才能を発揮した．1846 年彼はゲッチンゲン大学に入学し，神学および文献学を学んだが，すぐに数学へ転向した．物理学を W.E. ウェーバーから，また数学を，史上最高の数学者とも評されるカール・フリードリッヒ・ガウスから学んだ．1851 年彼はガウスの指導のもとに博士号が授与され，そのままゲッチンゲンで教職についた．1862 年，結婚式から 1 ヶ月の後，胸膜炎に冒され，余生を病に苦しむこととなる．1866 年ついに結核に倒れた．享年 39 歳.

リーマンは幾何学にまつわる面白い逸話を残している．准教授昇進前の入門講義の題目として 3 種類のテーマをガウスに提出したときのことである．ガウスが選んだのは，リーマンの好みではない幾何学の基礎であったことにリーマンは驚いた．その講演は映画の 1 シーンのようであった．数学の巨人であったガウスも年老い衰えていたが，優秀な若き弟子がこの老人独自の仕事を完全で見事な体系に巧みに結びつけていくのを熱心に眺めていた．講義の終わりころ，ガウスは歓喜のあまり息を飲み，自分の弟子の聡明さに驚嘆しながら家路についたといわれている．ガウスはその後間もなく逝去した．その講義でリーマンの発表した結果は，五十数年後にアインシュタインが相対性理論の研究に基本的な道具として用いるまでに発展したのである．

幾何学における業績に加え，リーマンは複素関数論および数理物理学に多大の貢献をした．ほとんどの微積分学の教科書に登場する定積分の概念も彼の業績である．数学に関するリーマンの業績は卓越し根本的に重要であったので，彼の早すぎる死は数学界にとって大きな損失であった．

いうと，式
$$\lim_{\max \Delta x_k \to 0} \sum_{k=1}^n f(x_k^*) \Delta x_k = L$$
は，どのように x_k^* を選ぼうとも，分割の幅さえ十分に小さくとればリーマン和の値をいくらでも L に近づけることができるということを意味している．この極限のより形式的な定義を述べることもできるが，定義 5.5.1 を用いるときは直感的な議論にとどめておく．

例 1 定義 5.5.1 を用いて，定数関数 $f(x) = C$ に対して，
$$\int_a^b f(x)\,dx = C(b-a)$$
となることを示せ．

解 $f(x) = C$ は定数関数であるから，どのように x_k^* を選ぼうとも，
$$\sum_{k=1}^n f(x_k^*)\Delta x_k = \sum_{k=1}^n C \Delta x_k = C \sum_{k=1}^n \Delta x_k = C(b-a)$$
が成り立つ．すべてのリーマン和が同じ値 $C(b-a)$ をとるので，
$$\lim_{\max \Delta x_k \to 0} \sum_{k=1}^n f(x_k^*) \Delta x_k = \lim_{\max \Delta x_k \to 0} C(b-a) = C(b-a)$$
を得る． ◂

定義 5.5.1 では，関数 f は区間 $[a,b]$ で必ずしも連続であるとは仮定していないことに注意しよう．

例 2 区間 $[0,1]$ 上の関数 f を，$0 < x \le 1$ では $f(x) = 1$，および $f(0) = 0$ と定める．定義 5.5.1 より
$$\int_0^1 f(x)\,dx = 1$$
となることを示せ．

解 まず，
$$\lim_{x \to 0^+} f(x) = \lim_{x \to 0^+} 1 = 1 \ne 0 = f(0)$$
であるから，f は区間 $[0,1]$ 上で連続ではない．$[0,1]$ の任意の分割を考え，それに応じて x_k^* を任意に選ぶ．このとき，$x_1^* = 0$ である場合とそうでない場合がある．そうでないときは，
$$\sum_{k=1}^n f(x_k^*) \Delta x_k = \sum_{k=1}^n \Delta x_k = 1$$
である．他方，$x_1^* = 0$ ならば，$f(x_1^*) = f(0) = 0$ であるから，
$$\sum_{k=1}^n f(x_k^*) \Delta x_k = \sum_{k=2}^n \Delta x_k = -\Delta x_1 + \sum_{k=1}^n \Delta x_k = 1 - \Delta x_1$$
となる．いずれにしても，リーマン和
$$\sum_{k=1}^n f(x_k^*) \Delta x_k$$
と 1 との差はたかだか Δx_1 である．$\max \Delta x_k \to 0$ のとき，Δx_1 は零に近づくので，
$$\int_0^1 f(x)\,dx = 1$$
を得る． ◂

関数が積分可能であるためにはその区間で必ずしも連続である必要はないことを例2は示しているが，ここでは主として連続関数の定積分を取り扱う．符号付き面積に関する以前の議論から，ある区間で連続な関数はその区間において積分可能であることが推察できる．このことは正しい．証明なしで次のようにまとめておく．

5.5.2 定理 関数 f が区間 $[a,b]$ で連続ならば，f は $[a,b]$ において積分可能である．

この定理 5.5.2 を用いて，定積分と符号付き面積の関係を明らかにすることができる．f を区間 $[a,b]$ 上の連続関数とする．5.4節において，f のグラフと区間 $[a,b]$ に挟まれた部分の符号付き面積 A を，

$$A = \lim_{n \to +\infty} \sum_{k=1}^{n} f(x_k^*) \Delta x$$

によって定義したことを思い出そう．他方，定理 5.5.2 と定義 5.5.1 から，f の $[a,b]$ における定積分の計算において，特に均等な分割を採用することができる．こうして，

$$\int_a^b f(x)\,dx = \lim_{n \to +\infty} \sum_{k=1}^{n} f(x_k^*) \Delta x$$

を得る．両者は等しいので，

$$A = \lim_{n \to +\infty} \sum_{k=1}^{n} f(x_k^*) \Delta x = \int_a^b f(x)\,dx = \lim_{\max \Delta x_k \to 0} \sum_{k=1}^{n} f(x_k^*) \Delta x_k$$

が成り立つ．いいかえれば，a から b までの連続関数 f の定積分は，常に f のグラフと区間 $[a,b]$ で挟まれた部分の符号付き面積であると解釈できる．f が非負の関数であれば，これは単に f のグラフの下で区間 $[a,b]$ の上の部分の面積にほかならないのはもちろんである．したがって，5.4節で行った面積の計算は定積分の計算として再定式化することができる．例えば，$f(x) = 9 - x^2$ と区間 $[0,3]$ で挟まれた部分の面積は 18 であることを示したが，この計算は，

$$\int_0^3 (9 - x^2)\,dx = 18$$

と同値である．幸いなことに，具体的な極限計算をしないで定積分を計算する効果的な方法がある場合が多い（5.6節で詳述する）．最も簡単な場合，幾何の公式を用いて符号付き面積を計算すると，定積分が計算できる．

例 3 次の定積分がどのような領域の面積を表すかを図示し，適当な幾何の公式を使ってその値を求めよ．

(a) $\displaystyle\int_1^4 2\,dx$ (b) $\displaystyle\int_{-1}^2 (x+2)\,dx$ (c) $\displaystyle\int_0^1 \sqrt{1-x^2}\,dx$

解 (a) 被積分関数のグラフは水平な直線 $y = 2$ であるから，領域は 1 から 4 までの区間上の高さ 2 の長方形である（図 5.5.4a）．したがって，

$$\int_1^4 2\,dx = (長方形の面積) = 2(3) = 6$$

解 (b) 被積分関数のグラフは直線 $y = x + 2$ であるから，領域は図 5.5.4b のような台形となる．したがって，

$$\int_{-1}^2 (x+2)\,dx = (台形の面積) = \frac{1}{2}(1+4)(3) = \frac{15}{2}$$

解 (c) $y = \sqrt{1-x^2}$ のグラフは中心が原点，半径が 1 の上半円であるから，領域は $x=0$ から $x=1$ までの四半円である（図 5.5.4c）．したがって，

$$\int_0^1 \sqrt{1-x^2}\,dx = (\text{四半円の面積}) = \frac{1}{4}\pi(1^2) = \frac{\pi}{4}$$

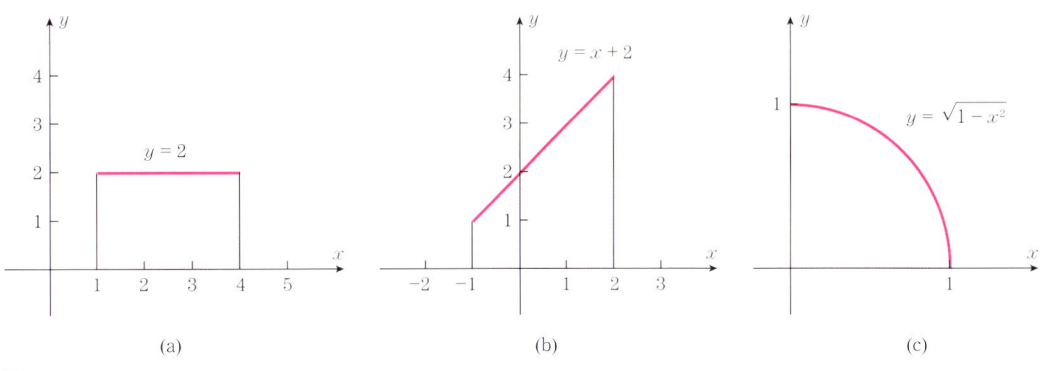

図 5.5.4

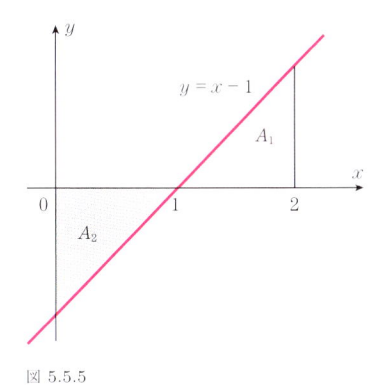

例 4 次の定積分を求めよ．

(a) $\displaystyle\int_0^2 (x-1)\,dx$ (b) $\displaystyle\int_0^1 (x-1)\,dx$

解 $y = x-1$ のグラフを図 5.5.5 に示した．図中の色づけされた三角形部分の面積はともに $\frac{1}{2}$ であることがわかる．区間 $[0,2]$ における符号付き面積は $A_1 - A_2 = \frac{1}{2} - \frac{1}{2} = 0$ であり，区間 $[0,1]$ 上の符号付き面積は $-A_2 = -\frac{1}{2}$ となる．ゆえに，

$$\int_0^2 (x-1)\,dx = 0 \quad \text{および} \quad \int_0^1 (x-1)\,dx = -\frac{1}{2}$$

を得る（5.4 節の例 8 では，$y = x-1$ のグラフと区間 $[0,2]$ で挟まれた部分の符号付き面積が 0 であることを示すのに定義 5.4.5 を用いたことを思い出そう）．

図 5.5.5

定積分の性質

定義 5.5.1 では $[a,b]$ は有界な閉区間で $a<b$ を満たすことを仮定した．つまり，定積分の上端は下端より大きい．しかし，積分の上端と下端が等しい場合や，下端が上端よりも大きい場合にこの定義を拡張しておいた方が便利である．そのために，次のように特に定める．

> **5.5.3 定義**
> (a) a が f の定義域内にあるとき，
> $$\int_a^a f(x)\,dx = 0$$
> (b) f が $[a,b]$ で積分可能であるとき，
> $$\int_b^a f(x)\,dx = -\int_a^b f(x)\,dx$$

> **注意** この定義 (a) は，x 軸上の点と曲線 $y = f(x)$ の間の部分の面積は零であるという直感的な考えと比べて矛盾するところはない（図 5.5.6）．定義 (b) の方は単に便利な約束にすぎず，積分の上端と下端を交換すると積分値の符号が変わることを意味している．

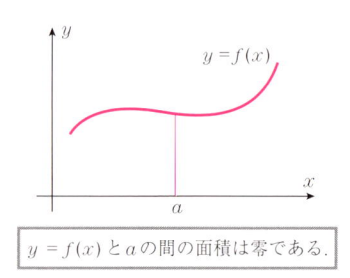

図 5.5.6 $y = f(x)$ と a の間の面積は零である．

例 5

(a) $\displaystyle\int_1^1 x^2\,dx = 0$

(b) $\displaystyle\int_1^0 \sqrt{1-x^2}\,dx = -\int_0^1 \sqrt{1-x^2}\,dx = -\frac{\pi}{4}$ （例 3(c)）

定積分は極限値として定義されているので，極限に関する多くの性質を受け継いでいる．例えば，定数倍は極限記号の外に出せるし，和および差の極限は極限の和および差になることはすでにみてきた．それゆえ，証明なしで述べる次の定理は驚くにはあたらない．

> **5.5.4 定理** f および g は $[a,b]$ において積分可能であるとし，c を定数とする．このとき，cf, $f+g$, $f-g$ も $[a,b]$ において積分可能であり，次の等式が成り立つ．
>
> (a) $\displaystyle\int_a^b cf(x)\,dx = c\int_a^b f(x)\,dx$
>
> (b) $\displaystyle\int_a^b [f(x) + g(x)]\,dx = \int_a^b f(x)\,dx + \int_a^b g(x)\,dx$
>
> (c) $\displaystyle\int_a^b [f(x) - g(x)]\,dx = \int_a^b f(x)\,dx - \int_a^b g(x)\,dx$

この定理の (b) は，3 つ以上の関数に対して拡張することができる．すなわち，

$$\int_a^b [f_1(x) + f_2(x) + \cdots + f_n(x)]\,dx$$
$$= \int_a^b f_1(x)\,dx + \int_a^b f_2(x)\,dx + \cdots + \int_a^b f_n(x)\,dx$$

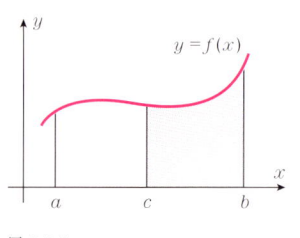

定積分の性質には，積分値を面積として解釈することで理解しやすいものもある．例えば，区間 $[a,b]$ 上の非負の連続関数 f と，a と b の中間値 c に対して，$y = f(x)$ と区間 $[a,b]$ で挟まれた部分の面積は，a から c までのグラフの下の面積と c から b までのグラフの下の面積の 2 つの部分に分けられる（図 5.5.7）．すなわち，

$$\int_a^b f(x)\,dx = \int_a^c f(x)\,dx + \int_c^b f(x)\,dx$$

が成り立つ．これは，証明なしで述べる次の定理の特別な場合にあたる．

図 5.5.7

> **5.5.5 定理** 3 つの数 a, b, c を含む閉区間上で積分可能な f に対して，これらの数の大小にかかわらず，次式が成り立つ．
>
> $$\int_a^b f(x)\,dx = \int_a^c f(x)\,dx + \int_c^b f(x)\,dx$$

証明なしで述べる次の定理も，やはり定積分を面積と解釈することで理解しやすい．

5.5.6 定理
(a) f は $[a,b]$ で積分可能であり，$f(x) \geq 0$ が $[a,b]$ 内のすべての x に対して成り立つとする．このとき，
$$\int_a^b f(x)\,dx \geq 0$$
(b) f および g は $[a,b]$ で積分可能であり，$f(x) \geq g(x)$ が $[a,b]$ 内のすべての x に対して成り立つとする．このとき，
$$\int_a^b f(x)\,dx \geq \int_a^b g(x)\,dx$$

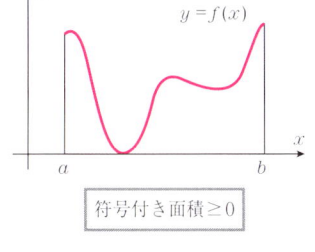

この定理の (a) は，f が $[a,b]$ 上で非負ならば，f のグラフと区間 $[a,b]$ で挟まれた部分の符号付き面積もまた非負であるという幾何的には明らかなことを述べている（図 5.5.8）．また，定理の (b) は，f と g が非負の関数の場合にはきわめて簡単に解釈できる．つまり，f のグラフが g のグラフの下にくることがなければ，f のグラフの下の面積は少なくとも g のグラフの下の面積以上であるということを述べている（図 5.5.9）．

> **注意** 定理 (b) は，不等式 $f(x) \geq g(x)$ の両辺を積分しても不等号の向きが保たれるということを意味している．また，$b > a$ ならば，$\geq$ をすべて $\leq, >$ あるいは $<$ に置き換えても定理 (a), (b) は正しい．

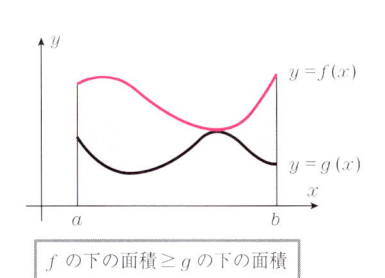

例 6 次の定積分を求めよ．
$$\int_0^1 (5 - 3\sqrt{1-x^2})\,dx$$

解 定理 5.5.4 の (a) と (b) より，
$$\int_0^1 (5 - 3\sqrt{1-x^2})\,dx = \int_0^1 5\,dx - \int_0^1 3\sqrt{1-x^2}\,dx = \int_0^1 5\,dx - 3\int_0^1 \sqrt{1-x^2}\,dx$$
が成り立つ．右辺の最初の積分は，底辺が 1 で高さが 5 の長方形の面積であるから，その積分値は 5 であり，第 2 の積分値は例 3 より $\pi/4$ である．ゆえに，
$$\int_0^1 (5 - 3\sqrt{1-x^2})\,dx = 5 - 3\left(\frac{\pi}{4}\right) = 5 - \frac{3\pi}{4} \quad \blacktriangleleft$$

図 5.5.8 符号付き面積 ≥ 0

図 5.5.9 f の下の面積 ≥ g の下の面積

不連続性と積分可能性

どのような不連続関数が積分可能になるか，という問題はきわめて複雑で本書の範囲を超える．しかし，積分可能性に関する学習すべき基本的な結果がいくつかある．そのために定義を 1 つ述べる．

5.5.7 定義 区間 I 上で定義された関数 f が，I 上で**有界**であるとは，
$$-M \leq f(x) \leq M$$
が I 内のすべての x に対して成り立つような正の数 M が存在するときにいう．幾何的には，区間 I 上の f のグラフが 2 つの直線 $y = -M$ と $y = M$ のあいだに入ることを意味している．

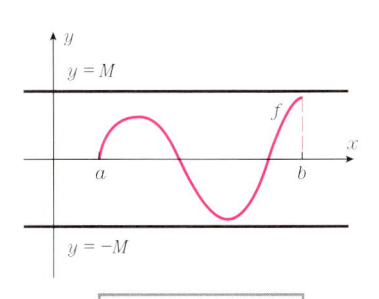

例えば，連続関数 f は任意の有界閉区間上で有界である．なぜなら，最極値定理（定理 4.5.3）から，f は最大値および最小値をもち，M を十分に大きくとれば，f のグラフは直線 $y = -M$ と $y = M$ のあいだに入るようにできるからである（図 5.5.10）．これに対して，区間の内部

図 5.5.10 f は $[a,b]$ で有界である．

に垂直な漸近線をもつような関数はこの区間上で有界ではない．なぜなら，その区間におけるグラフは，どのように大きく M をとっても直線 $y=-M$ と $y=M$ のあいだに入るようにはできないからである（図 5.5.11）．

不連続点をもつ関数の積分可能性に関するいくつかの結果を，証明なしで述べておく．

5.5.8 定理 f を有界な閉区間 $[a,b]$ で定義された関数とするとき，
(a) f の $[a,b]$ における不連続点の個数が有限で，かつ $[a,b]$ 上で有界ならば，f は $[a,b]$ で積分可能である．
(b) f が $[a,b]$ で有界でなければ，$[a,b]$ で積分可能ではない．

| 読者へ 定理 5.5.8(a) を満たす区間 $[0,1]$ 上の関数のグラフを 1 つ描け．

f は $[a,b]$ で有界ではない．

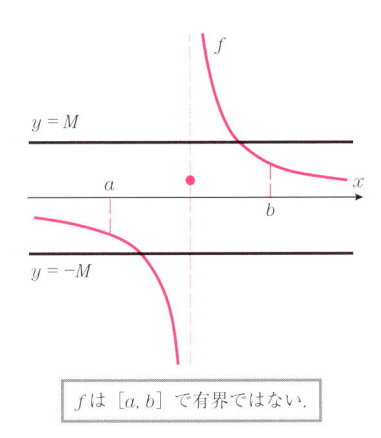

図 5.5.11

演習問題 5.5

問題 **1–4** では，それぞれの場合に次の値を求めよ．
(a) $\sum_{k=1}^{n} f(x_k^*)\Delta x_k$ (b) $\max \Delta x_k$

1. $f(x)=x+1$; $a=0$, $b=4$; $n=3$;
   $\Delta x_1=1$, $\Delta x_2=1$, $\Delta x_3=2$;
   $x_1^*=\frac{1}{3}$, $x_2^*=\frac{3}{2}$, $x_3^*=3$

2. $f(x)=\cos x$; $a=0$, $b=2\pi$; $n=4$;
   $\Delta x_1=\pi/2$, $\Delta x_2=3\pi/4$, $\Delta x_3=\pi/2$, $\Delta x_4=\pi/4$;
   $x_1^*=\pi/4$, $x_2^*=\pi$, $x_3^*=3\pi/2$, $x_4^*=7\pi/4$

3. $f(x)=4-x^2$; $a=-3$, $b=4$; $n=4$;
   $\Delta x_1=1$, $\Delta x_2=2$, $\Delta x_3=1$, $\Delta x_4=3$;
   $x_1^*=-\frac{5}{2}$, $x_2^*=-1$, $x_3^*=\frac{1}{4}$, $x_4^*=3$

4. $f(x)=x^3$; $a=-3$, $b=3$; $n=4$;
   $\Delta x_1=2$, $\Delta x_2=1$, $\Delta x_3=1$, $\Delta x_4=2$;
   $x_1^*=-2$, $x_2^*=0$, $x_3^*=0$, $x_4^*=2$

問題 **5–8** では，それぞれの a,b に対して極限を定積分で表せ．ただし，積分値を計算する必要はない．

5. $\lim_{\max \Delta x_k \to 0} \sum_{k=1}^{n}(x_k^*)^2 \Delta x_k$; $a=-1$, $b=2$

6. $\lim_{\max \Delta x_k \to 0} \sum_{k=1}^{n}(x_k^*)^3 \Delta x_k$; $a=1$, $b=2$

7. $\lim_{\max \Delta x_k \to 0} \sum_{k=1}^{n} 4x_k^*(1-3x_k^*) \Delta x_k$; $a=-3$, $b=3$

8. $\lim_{\max \Delta x_k \to 0} \sum_{k=1}^{n}(\sin^2 x_k^*) \Delta x_k$; $a=0$, $b=\pi/2$

問題 **9** と **10** では，定義 5.5.1 を用いて定積分をリーマン和の極限で表せ．ただし，積分値を計算する必要はない．

9. (a) $\int_1^2 2x\,dx$ (b) $\int_0^1 \frac{x}{x+1}dx$

10. (a) $\int_1^2 \sqrt{x}\,dx$ (b) $\int_{-\pi/2}^{\pi/2}(1+\cos x)\,dx$

問題 **11–14** では，定積分が表す符号付き面積をもつ領域を描き，必要に応じて幾何の公式を使い定積分を求めよ．

11. (a) $\int_0^3 x\,dx$ (b) $\int_{-2}^{-1} x\,dx$
    (c) $\int_{-1}^4 x\,dx$ (d) $\int_{-5}^5 x\,dx$

12. (a) $\int_0^2 \left(1-\frac{1}{2}x\right) dx$ (b) $\int_{-1}^1 \left(1-\frac{1}{2}x\right) dx$
    (c) $\int_2^3 \left(1-\frac{1}{2}x\right) dx$ (d) $\int_0^3 \left(1-\frac{1}{2}x\right) dx$

13. (a) $\int_0^5 2\,dx$ (b) $\int_0^\pi \cos x\,dx$
    (c) $\int_{-1}^2 |2x-3|\,dx$ (d) $\int_{-1}^1 \sqrt{1-x^2}\,dx$

14. (a) $\int_{-10}^{-5} 6\,dx$ (b) $\int_{-\pi/3}^{\pi/3} \sin x\,dx$
    (c) $\int_0^3 |x-2|\,dx$ (d) $\int_0^2 \sqrt{4-x^2}\,dx$

15. 図の面積を用いて，次の定積分を求めよ．

(a) $\int_a^b f(x)\,dx$ (b) $\int_b^c f(x)\,dx$

(c) $\int_a^c f(x)\,dx$ (d) $\int_a^d f(x)\,dx$

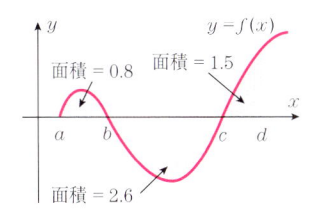

図 Ex-15

16. 次の各問において
$$f(x) = \begin{cases} 2x, & x \leq 1 \\ 2, & x > 1 \end{cases}$$ に対して，定積分を求めよ．

(a) $\int_0^1 f(x)\,dx$ (b) $\int_{-1}^1 f(x)\,dx$

(c) $\int_1^{10} f(x)\,dx$ (d) $\int_{1/2}^5 f(x)\,dx$

17. $\int_{-1}^2 f(x)\,dx = 5$ および $\int_{-1}^2 g(x)\,dx = -3$ であるとき，定積分 $\int_{-1}^2 [f(x) + 2g(x)]\,dx$ を求めよ．

18. $\int_1^4 f(x)\,dx = 2$ および $\int_1^4 g(x)\,dx = 10$ であるとき，定積分 $\int_1^4 [3f(x) - g(x)]\,dx$ を求めよ．

19. $\int_0^1 f(x)\,dx = -2$ および $\int_0^5 f(x)\,dx = 1$ であるとき，定積分 $\int_1^5 f(x)\,dx$ を求めよ．

20. $\int_{-2}^1 f(x)\,dx = 2$ および $\int_1^3 f(x)\,dx = -6$ であるとき，定積分 $\int_3^{-2} f(x)\,dx$ を求めよ．

問題 **21** と **22** では，定理 5.5.4 と適当な幾何の公式を用いて定積分を求めよ．

21. (a) $\int_0^1 (x + 2\sqrt{1-x^2})\,dx$ (b) $\int_{-1}^3 (4 - 5x)\,dx$

22. (a) $\int_{-3}^0 (2 + \sqrt{9-x^2})\,dx$ (b) $\int_{-2}^2 (1 - 3|x|)\,dx$

問題 **23** と **24** では，定理 5.5.6 を用いて定積分の正負を判定せよ．

23. (a) $\int_2^3 \frac{\sqrt{x}}{1-x}\,dx$ (b) $\int_0^4 \frac{x^2}{3 - \cos x}\,dx$

24. (a) $\int_{-3}^{-1} \frac{x^4}{\sqrt{3-x}}\,dx$ (b) $\int_{-2}^2 \frac{x^3 - 9}{|x| + 1}\,dx$

問題 **25** と **26** では，平方完成を行い適当な幾何の公式を用いて定積分を求めよ．

25. $\int_0^{10} \sqrt{10x - x^2}\,dx$ **26.** $\int_0^3 \sqrt{6x - x^2}\,dx$

問題 **27** と **28** では，区間 $[a,b]$ 上のリーマン和を定積分で表し，適当な幾何の公式を用いて計算せよ．

27. $\lim_{\max \Delta x_k \to 0} \sum_{k=1}^n (3x_k^* + 1)\Delta x_k;\quad a = 0,\quad b = 1$

28. $\lim_{\max \Delta x_k \to 0} \sum_{k=1}^n \sqrt{4 - (x_k^*)^2}\,\Delta x_k;\quad a = -2,\quad b = 2$

29. 次の関数に対して，定理 5.5.2 および定理 5.5.8 を用いて，区間 $[-1,1]$ 上で積分可能かどうか判定せよ．

(a) $f(x) = \cos x$

(b) $f(x) = \begin{cases} x/|x|, & x \neq 0 \\ 0, & x = 0 \end{cases}$

(c) $f(x) = \begin{cases} 1/x^2, & x \neq 0 \\ 0, & x = 0 \end{cases}$

(d) $f(x) = \begin{cases} \sin 1/x, & x \neq 0 \\ 0, & x = 0 \end{cases}$

30. あらゆる区間は有理数と無理数の両方を含むことが示せる．このことを認めて，関数
$$f(x) = \begin{cases} 1, & x \text{ は有理数} \\ 0, & x \text{ は無理数} \end{cases}$$
が区間 $[a,b]$ 上で積分可能であると思うか．その理由を述べよ．

31. 定義 5.5.1 における極限は，定理 2.2.2 で述べた性質をすべて満たしていることが示せる．このことを認めて，次の等式を示せ．

(a) $\int_a^b cf(x)\,dx = c\int_a^b f(x)\,dx$

(b) $\int_a^b [f(x) + g(x)]\,dx = \int_a^b f(x)\,dx + \int_a^b g(x)\,dx$

32. $f(x) = x^2 - 3x + 4$ および $\Delta x_1 = 1, \Delta x_2 = 2, \Delta x_3 = 1$ とおく．このとき，区間 $[0,4]$ 上のリーマン和
$$\sum_{k=1}^3 f(x_k^*)\Delta x_k$$
のとりうる最大値および最小値を求めよ．

33. 関数 $f(x) = \sqrt{x}$ は $[0,4]$ 上で連続であり，それゆえこの区間において積分可能である．定義 5.5.1 を用いて定積分
$$\int_0^4 \sqrt{x}\,dx$$
を求めよ．ただし，均等でない分割
$$0 < 4(1)^2/n^2 < 4(2)^2/n^2 < \cdots < 4(n-1)^2/n^2 < 4$$
を考え，x_k^* として k 番目の部分区間の右端点を採用せよ．

34. f は区間 $[a,b]$ で定義され，$a < x \le b$ において $f(x) = 0$ であるとする．定義 5.5.1 を用いて
$$\int_a^b f(x)\,dx = 0$$
を示せ．

35. g は区間 $[a,b]$ で定義された連続関数とし，f は $[a,b]$ 上の関数で $f(x) = g(x)$ が $a < x \le b$ で成り立つとする．このとき，
$$\int_a^b f(x)\,dx = \int_a^b g(x)\,dx$$
であることを示せ．[ヒント：
$$\int_a^b f(x)\,dx = \int_a^b [(f(x) - g(x)) + g(x)]\,dx$$
と書いて，前問 34 と定理 5.5.4(b) を用いよ．]

36. $x \ne 0$ のときは $f(x) = 1/x$ および $f(0) = 0$ として関数 f を定める．定理 5.5.8 の (b) より，f は積分可能ではない．このことを定義 5.5.1 から示せ．[ヒント：$[0,1]$ の分割をいかに細かくしても，定義 5.5.1 におけるリーマン和がいくらでも大きくなるような x_1^* の選び方があることを示せ．]

5.6 微積分学の基本定理

この節では，定積分と不定積分に関する 2 つの基本関係式を導く．両者は，まとめて微積分学の基本定理とよばれる．一方は面積の計算における長方形法と原始関数法を関連づけ，他方は原始関数を用いた強力な定積分の計算法を与える．

これまでと同様，f は区間 $[a,b]$ 上の非負の連続関数とする．このとき，f のグラフの下で区間 $[a,b]$ の上の部分の面積 A は，定積分
$$A = \int_a^b f(x)\,dx \tag{1}$$
で与えられるのであった（図 5.6.1）．

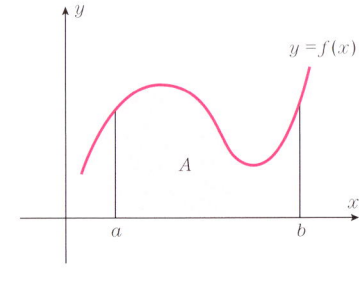

5.1 節で述べた原始関数法は，f の a から x までのグラフの下の面積を $A(x)$ とおくと，次が成り立つことを示唆している．

- $A'(x) = f(x)$
- $A(a) = 0$　　a から a までのグラフの下の面積は 1 点 a 上の部分の面積だから零である．
- $A(b) = A$　　a から b までのグラフの下の面積は A である．

式 $A'(x) = f(x)$ は，$A(x)$ が $f(x)$ の原始関数の 1 つであることを表しており，$f(x)$ の $[a,b]$ 上の他の任意の原始関数は $A(x)$ に定数を加えた形で与えられる．そこで，
$$F(x) = A(x) + C$$
を $f(x)$ の任意の原始関数とし，$F(b)$ から $F(a)$ を引くとどうなるのかを考えてみる．
$$F(b) - F(a) = [A(b) + C] - [A(a) + C] = A(b) - A(a) = A - 0 = A$$
であるから，式 (1) を
$$\int_a^b f(x)\,dx = F(b) - F(a)$$
と書くことができる．言葉で表すと，この等式は次のようになる．

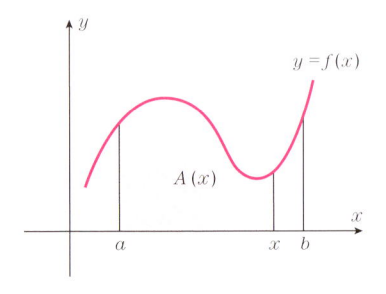

> 定積分の値は，被積分関数の原始関数を任意に 1 つ見つけ，それに積分の上端を代入した値から，下端を代入した値を引いて得られる．

以上の考察では f は $[a,b]$ 上で非負であることを仮定しているが，これは重要なことではない．

5.6.1 定理（微積分学の基本定理 その 1） f は $[a,b]$ 上で連続であり，F を $[a,b]$ における f の任意の原始関数とする．このとき，

$$\int_a^b f(x)\,dx = F(b) - F(a) \tag{2}$$

が成り立つ．

証明 $x_1, x_2, ..., x_{n-1}$ は，

$$a < x_1 < x_2 < \ ... \ < x_{n-1} < b$$

を満たす $[a,b]$ 内の任意の数とする．これらの値は $[a,b]$ を n 個の部分区間

$$[a, x_1], \quad [x_1, x_2], \quad ..., \quad [x_{n-1}, b] \tag{3}$$

に分割しており，それぞれの長さを，いつものように

$$\Delta x_1, \quad \Delta x_2, \quad ..., \quad \Delta x_n$$

で表す．仮定より $[a,b]$ 内のすべての x に対して $F'(x) = f(x)$ が成り立つので，F は (3) の部分区間において平均値の定理 (定理 4.8.2) の仮定を満たしている．ゆえに，(3) の部分区間において，次のような数 $x_1^*, x_2^*, ..., x_n^*$ を見出すことができる．

$$F(x_1) - F(a) = F'(x_1^*)(x_1 - a) = f(x_1^*)\Delta x_1$$
$$F(x_2) - F(x_1) = F'(x_2^*)(x_2 - x_1) = f(x_2^*)\Delta x_2$$
$$F(x_3) - F(x_2) = F'(x_3^*)(x_3 - x_2) = f(x_3^*)\Delta x_3$$
$$\vdots$$
$$F(b) - F(x_{n-1}) = F'(x_n^*)(b - x_{n-1}) = f(x_n^*)\Delta x_n$$

これらの式を辺々足し合わせて，

$$F(b) - F(a) = \sum_{k=1}^n f(x_k^*)\Delta x_k \tag{4}$$

を得る．そこで，$\max \Delta x_k \to 0$ となるように n を増加させる．仮定により f は連続なので，定理 5.5.2 と定義 5.5.1 から式 (4) の右辺は $\int_a^b f(x)\,dx$ に収束する．ところが，式 (4) の左辺は n に無関係なので，n の増加に対して定数のままである．ゆえに，

$$F(b) - F(a) = \lim_{\max \Delta x_k \to 0} \sum_{k=1}^n f(x_k^*)\Delta x_k = \int_a^b f(x)\,dx$$

が成り立つ． ■

ふつう，差 $F(b) - F(a)$ を

$$F(x)\Big]_a^b = F(b) - F(a) \qquad \text{あるいは} \qquad \big[F(x)\big]_a^b = F(b) - F(a)$$

で表す．例えば，最初の表記法を用いると，式 (2) を

$$\int_a^b f(x)\,dx = F(x)\Big]_a^b \tag{5}$$

と書くことができる．

例 1 定積分 $\int_1^2 x\,dx$ を求めよ．

解 関数 $F(x) = \frac{1}{2}x^2$ は $f(x) = x$ の 1 つの原始関数であるから，式 (2) より，

$$\int_1^2 x\,dx = \frac{1}{2}x^2\Big]_1^2 = \frac{1}{2}(2)^2 - \frac{1}{2}(1)^2 = 2 - \frac{1}{2} = \frac{3}{2}$$

◀

例 2 5.4 節の例 5 において，$y = 9 - x^2$ のグラフの下で区間 $[0,3]$ の上にある部分の面積の近似値を，左端点近似，右端点近似，および中点近似を用いて求め，すべての場合で 18 平方単位に近い値を得た．同じ節の例 7 では，定義 5.4.3 を用いて正確な面積 A は 18 であることを証明した．微積分学の基本定理を使うと，もっと素早く次のように解くことができる．

$$A = \int_0^3 (9 - x^2)\,dx = 9x - \frac{x^3}{3}\Big]_0^3 = \left(27 - \frac{27}{3}\right) - 0 = 18$$

◀

例 3

(a) 曲線 $y = \cos x$ と区間 $[0, \pi/2]$ で挟まれた部分の面積を求めよ（図 5.6.3）．

(b) 積分

$$\int_0^\pi \cos x\,dx$$

の値を予想し，微積分学の基本定理を用いてそれを確かめよ．

図 5.6.3

解 (a) 区間 $[0, \pi/2]$ 上で $\cos x \geq 0$ であるから，グラフの下の面積 A は，

$$A = \int_0^{\pi/2} \cos x\,dx = \sin x\Big]_0^{\pi/2} = \sin\frac{\pi}{2} - \sin 0 = 1$$

となる．

解 (b) 問題の積分は，$y = \cos x$ のグラフと区間 $[0, \pi]$ に挟まれた部分の符号付き面積とみなせる．図 5.6.3 のグラフは，区間 $[0, \pi]$ において x 軸より上の部分の面積と下の部分の面積が同じになることを示唆している．それゆえ符号付き面積は 0，したがって積分の値は零と予想できる．実際，このことは次のように計算で確かめられる．

$$\int_0^\pi \cos x\,dx = \sin x\Big]_0^\pi = \sin \pi - \sin 0 = 0$$

◀

定積分と不定積分の関係

前の 3 つの例では原始関数に積分定数を含めていないことを確認してほしい．微積分学の基本定理を適用する際には，一般に，積分定数を含める必要はない．どうせ計算の途中で消えてしまうからである．このことを確かめるために，$F(x)$ を $[a,b]$ 上の被積分関数の原始関数の任意の 1 つとし，C を任意の定数とすると，

$$\int_a^b f(x)\,dx = F(x) + C\Big]_a^b = [F(b) + C] - [F(a) + C] = F(b) - F(a)$$

となる．すなわち，定積分の計算

$$\int_a^b f(x)\,dx = F(x) + C\Big]_a^b$$

における積分定数は無視することができるので，(5) を

$$\int_a^b f(x)\,dx = \left[\int f(x)\,dx\right]_a^b \tag{6}$$

と表すことができる．これは，定積分と不定積分の関係を表している．

例 4

$$\int_1^9 \sqrt{x}\,dx = \int \sqrt{x}\,dx\Big]_1^9 = \int x^{1/2}\,dx\Big]_1^9 = \frac{2}{3}x^{3/2}\Big]_1^9 = \frac{2}{3}(27-1) = \frac{52}{3} \quad \triangleleft$$

注意 前の 3 つの例のように不定積分を省略して，ただちに原始関数を書くのがふつうである．

例 5 次の計算では，表 5.2.1 が役立つだろう．

$$\int_4^9 x^2\sqrt{x}\,dx = \int_4^9 x^{5/2}\,dx = \frac{2}{7}x^{7/2}\Big]_4^9 = \frac{2}{7}(2187-128) = \frac{4118}{7} = 588\frac{2}{7}$$

$$\int_0^{\pi/2} \frac{\sin x}{5}\,dx = -\frac{\cos x}{5}\Big]_0^{\pi/2} = -\frac{1}{5}\left[\cos\left(\frac{\pi}{2}\right)-\cos 0\right] = -\frac{1}{5}(0-1) = \frac{1}{5}$$

$$\int_0^{\pi/3} \sec^2 x\,dx = \tan x\Big]_0^{\pi/3} = \tan\left(\frac{\pi}{3}\right) - \tan 0 = \sqrt{3} - 0 = \sqrt{3}$$

$$\int_{-\pi/4}^{\pi/4} \sec x \tan x\,dx = \sec x\Big]_{-\pi/4}^{\pi/4} = \sec\left(\frac{\pi}{4}\right) - \sec\left(-\frac{\pi}{4}\right) = \sqrt{2} - \sqrt{2} = 0 \quad \triangleleft$$

通告 f は $[a,b]$ 上で連続，かつ F は全区間 $[a,b]$ における f の原始関数であるという微積分学の基本定理 その 1 の条件は，肝に命じておくべき重要なものである．これらの仮定に注意を払わないと計算間違いを起こしかねない．例えば，関数 $f(x) = 1/x^2$ は二重の意味で $x = 0$ で不連続である．つまり，$x = 0$ で定義されていないだけでなく $\lim_{x \to 0} f(x)$ も存在しない．したがって，$x = 0$ を含むどんな区間においても，微積分学の基本定理 その 1 を使って f の定積分を計算してはいけない．もし無理矢理に公式 (2) を区間 $[-1, 1]$ において適用すると，

$$\int_{-1}^1 \frac{1}{x^2}\,dx = -\frac{1}{x}\Big]_{-1}^1 = -[1-(-1)] = -2$$

となるが，これは明らかな間違いである．なぜなら，$f(x) = 1/x^2$ は非負の関数だから，その定積分の値が負になることはありえないからである．ちなみに，

$$f(x) = \begin{cases} 1/x^2, & x \neq 0 \\ 0, & x = 0 \end{cases}$$

のように，f を拡張して $x = 0$ で定義したとしても，$x = 0$ を含むいかなる区間においても f は有界ではないから，定理 5.5.8(b) より f はそのような区間において積分可能ではない．

読者へ CAS が使えるなら，定積分の計算に関する説明書をよく読んで，これまでの例の計算結果を確かめよ．

積分の下端が上端より大きい場合でも，微積分学の基本定理 その 1 はそのまま成り立つ．

例 6

$$\int_1^1 x^2\,dx = \frac{x^3}{3}\bigg]_1^1 = \frac{1}{3} - \frac{1}{3} = 0$$

$$\int_4^0 x\,dx = \frac{x^2}{2}\bigg]_4^0 = \frac{0}{2} - \frac{16}{2} = -8$$

後者の結果は，まず積分の端を定義 5.5.3(b) に従って反転してから計算した結果と比べて矛盾するところはない．

$$\int_4^0 x\,dx = -\int_0^4 x\,dx = -\frac{x^2}{2}\bigg]_0^4 = -\left(\frac{16}{2} - \frac{0}{2}\right) = -8 \qquad \blacktriangleleft$$

区間 $[a,b]$ で区分的に定義された連続関数を積分するには，関数の区切り点に応じて区間を分割してから，それぞれの部分区間において別々に積分し定理 5.5.5 を使えばよい．

例 7 $f(x) = \begin{cases} x^2, & x < 2 \\ 3x - 2, & x \geq 2 \end{cases}$ に対して，不定積分 $\int_0^6 f(x)\,dx$ を求めよ．

解 定理 5.5.5 より，

$$\int_0^6 f(x)\,dx = \int_0^2 f(x)\,dx + \int_2^6 f(x)\,dx = \int_0^2 x^2\,dx + \int_2^6 (3x-2)\,dx$$

$$= \frac{x^3}{3}\bigg]_0^2 + \left[\frac{3x^2}{2} - 2x\right]_2^6 = \left(\frac{8}{3} - 0\right) + (42 - 2) = \frac{128}{3} \qquad \blacktriangleleft$$

例 8 不定積分 $\int_{-1}^2 |x|\,dx$ を求めよ．

解 $x \geq 0$ のとき $|x| = x$，$x \leq 0$ のとき $|x| = -x$ であるから，

$$\int_{-1}^2 |x|\,dx = \int_{-1}^0 |x|\,dx + \int_0^2 |x|\,dx$$

$$= \int_{-1}^0 (-x)\,dx + \int_0^2 x\,dx$$

$$= -\frac{x^2}{2}\bigg]_{-1}^0 + \frac{x^2}{2}\bigg]_0^2 = \frac{1}{2} + 2 = \frac{5}{2} \qquad \blacktriangleleft$$

仮の変数

微積分学の基本定理 その 1 を用いて定積分を計算するには，被積分関数の原始関数を見つける必要がある．したがって，どのような関数が原始関数をもつのかを知ることは重要である．次の目標は，すべての連続関数が原始関数をもつことを示すことであるが，そのためにいくつかの準備をしておく．

公式 (6) は積分

$$\int_a^b f(x)\,dx \qquad \text{と} \qquad \int f(x)\,dx$$

のあいだの密接な関係を表している．しかし，定積分と不定積分はいくつかの点において異なる．まず，2 つの積分は異なる種類の対象である．—定積分は数（$y = f(x)$ のグラフと区間 $[a,b]$ に挟まれた部分の符号付き面積）であり，不定積分は関数，もっと正確にいえば，関数の集合［$f(x)$ の原始関数］である．他方，2 つの積分は，積分変数の果たす役割においても異なっている．不定積分においては x の関数の積分は x の関数であり，t の関数の積分は t

の関数になるという意味において，積分変数は原始関数に"受け継がれる"．例えば，

$$\int x^2\,dx = \frac{x^3}{3} + C \qquad および \qquad \int t^2\,dt = \frac{t^3}{3} + C$$

のようになる．これに対して，定積分における積分変数は最終結果に受け継がれることはない．なぜなら，最終結果は数であるからである．つまり，x の関数をある区間上で積分したものと，t を変数とする同じ関数を同じ区間上で積分したものは，同一の積分値を導く．例えば，

$$\int_1^3 x^2\,dx = \left.\frac{x^3}{3}\right]_{x=1}^3 = \frac{27}{3} - \frac{1}{3} = \frac{26}{3} \qquad と \qquad \int_1^3 t^2\,dt = \left.\frac{t^3}{3}\right]_{t=1}^3 = \frac{27}{3} - \frac{1}{3} = \frac{26}{3}$$

のようになる．このことは驚くにはあたらない．というのは，曲線 $y = f(x)$ の下で区間 $[a,b]$ の上の部分の面積は，曲線 $y = f(t)$ の下で区間 $[a,b]$ の上の部分の面積と同じであるからである（図 5.6.4）．

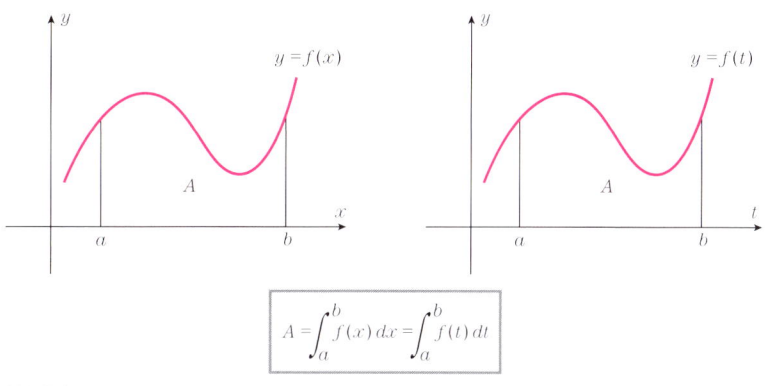

図 5.6.4

定積分の積分変数は最終結果に影響しないことから，**仮の変数**とよぶことがある．以上をまとめておく．

定積分の計算では，積分変数を好きなように変更してもその値は変わらない．

積分の平均値定理

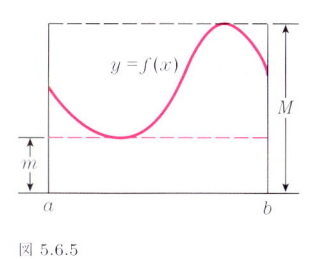

連続関数は原始関数をもつという目標に到達するには，積分の平均値定理として知られる定積分の基本的な性質を導いておく必要がある．次節では，この定理を用いて「平均値」というおなじみの考え方を連続関数に拡張する．しかし，ここでは別の結果を導く道具としてこの定理を用いる．

f を $[a,b]$ 上の非負の連続関数とし，この区間における f の最小値と最大値をそれぞれ m と M とおく．区間 $[a,b]$ 上に高さがそれぞれ m と M の長方形を考える（図 5.6.5）．この図から明らかなように，$y = f(x)$ の下の部分の面積

$$A = \int_a^b f(x)\,dx$$

は，少なくとも高さ m の長方形の面積以上はあるし，高さ M の長方形の面積を超えることはない．それゆえ，ちょうど A と一致するような面積をもつ区間 $[a,b]$ 上の長方形を考えると，その高さ $f(x^*)$ は m と M の中間にある，というのは妥当な推論である．すなわち，

$$\int_a^b f(x)\,dx = f(x^*)(b-a)$$

が成り立つ（図 5.6.6）．これはつぎに述べる結果の特殊な場合に相当する．

> **5.6.2 定理**（積分の平均値定理）　閉区間 $[a,b]$ 上の連続関数 f に対して，少なくとも 1 つの数 x^* を $[a,b]$ 内にとることができ，
>
> $$\int_a^b f(x)\,dx = f(x^*)(b-a) \tag{7}$$
>
> が成り立つ．

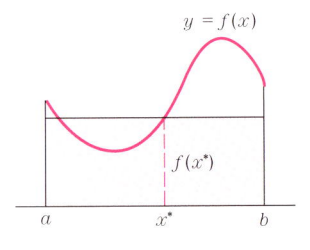

図 5.6.6

証明　最極値定理 (定理 4.5.3) より，f は $[a,b]$ において最大値 M と最小値 m をとる．したがって，$[a,b]$ 内のすべての x に対して，

$$m \le f(x) \le M$$

が成り立ち，定理 5.5.6(b) から，

$$\int_a^b m\,dx \le \int_a^b f(x)\,dx \le \int_a^b M\,dx$$

を得る．ゆえに，

$$m(b-a) \le \int_a^b f(x)\,dx \le M(b-a) \tag{8}$$

となり，こうして

$$m \le \frac{1}{b-a}\int_a^b f(x)\,dx \le M$$

となる．つまり，

$$\frac{1}{b-a}\int_a^b f(x)\,dx \tag{9}$$

は m と M の中間値ということである．ここで，$f(x)$ は m および M という値をとることから，中間値の定理 (定理 2.5.8) より，$f(x)$ は $[a,b]$ 内のある x^* において (9) という値をとる．ゆえに，

$$\frac{1}{b-a}\int_a^b f(x)\,dx = f(x^*) \quad\text{すなわち}\quad \int_a^b f(x)\,dx = f(x^*)(b-a)$$

が成り立つ．　∎

例 9　$f(x) = x^2$ は区間 $[1,4]$ において連続であるから，積分の平均値定理より，

$$\int_1^4 x^2\,dx = f(x^*)(4-1) = (x^*)^2(4-1) = 3(x^*)^2$$

を満たす数 x^* が $[1,4]$ 内にとれる．このとき，

$$\int_1^4 x^2\,dx = \left[\frac{x^3}{3}\right]_1^4 = 21$$

であるから，

$$3(x^*)^2 = 21 \quad\text{すなわち}\quad (x^*)^2 = 7 \quad\text{すなわち}\quad x^* = \pm\sqrt{7}$$

となる．つまり，$x^* = \sqrt{7} \approx 2.65$ が，積分の平均値定理がその存在を主張する区間 $[1,4]$ 内の数である．　◂

微分積分学の基本定理 その2

f を $[a,b]$ 上の非負の連続関数とし，$y = f(x)$ のグラフと区間 $[a,x]$ で挟まれた部分の面積を $A(x)$ とおくとき，$A'(x) = f(x)$ が成り立つことを，5.1節において推察した（図5.6.2）．しかし，この $A(x)$ は定積分

$$A(x) = \int_a^x f(t)\,dt$$

と表すことができる（ここでは，積分の上端としての x との混同を避けるため，積分変数として t を用いた）．つまり，関係式 $A'(x) = f(x)$ は

$$\frac{d}{dx}\left[\int_a^x f(t)\,dt\right] = f(x)$$

と書くことができる．これは次の一般的な結果の特殊な場合であり，f が負の値をとるときにも成り立つ．

5.6.3 定理（微積分学の基本定理 その2） 区間 I で連続な f は原始関数をもつ．特に，I 内の任意の数 a に対して，

$$F(x) = \int_a^x f(t)\,dt$$

によって定義される関数 F は，I における f の原始関数である．すなわち，I 内の x において $F'(x) = f(x)$ が成り立つ．これは

$$\frac{d}{dx}\left[\int_a^x f(t)\,dt\right] = f(x) \tag{10}$$

と表すことができる．

証明 まず $F(x)$ が I 内のすべての x に対して定義できることを示す．I 内の x が $x > a$ を満たすときは，f が I 上で連続であるから定理5.5.2より，確かに $F(x)$ は定義できる．また，I 内の x が $x \leq a$ を満たす場合は，定義5.5.3と定理5.5.2より，$F(x)$ が定義できることがわかる．こうして，I 内のすべての x に対して $F(x)$ が定義できた．

つぎに，I 内の x において $F'(x) = f(x)$ が成り立つことを示す．x が I の端点でないならば，導関数の定義より，

$$\begin{aligned}
F'(x) &= \lim_{w \to x} \frac{F(w) - F(x)}{w - x} \\
&= \lim_{w \to x} \left(\frac{1}{w-x}\left[\int_a^w f(t)\,dt - \int_a^x f(t)\,dt\right]\right) \\
&= \lim_{w \to x} \left(\frac{1}{w-x}\left[\int_a^w f(t)\,dt + \int_x^a f(t)\,dt\right]\right) \\
&= \lim_{w \to x} \left(\frac{1}{w-x}\int_x^w f(t)\,dt\right)
\end{aligned} \tag{11}$$

が成り立つ．積分の平均値定理（定理5.6.2）を $\int_x^w f(t)\,dt$ に適用すると，

$$\frac{1}{w-x}\int_x^w f(t)\,dt = \frac{1}{w-x}[f(t^*)(w-x)] = f(t^*) \tag{12}$$

を満たす数 t^* が，x と w のあいだに存在することがわかる．t^* は x と w のあいだの数であるから，$w \to x$ のとき $t^* \to x$ となる．ゆえに，f は x で連続だから，$w \to x$ のとき $f(t^*) \to f(x)$ が成り立つ．よって，式(11)と(12)より，

$$F'(x) = \lim_{w \to x}\left(\frac{1}{w-x}\int_x^w f(t)\,dt\right) = \lim_{w \to x} f(t^*) = f(x)$$

が導かれる．x が区間 I の端点であるならば，上述の両側極限を適当な片側極限に置き換えるだけで，証明はそのまま成り立つ．

公式 (10) は，次のようにいい表せる．

定積分の上端が変数，下端が定数，そして被積分関数が連続であるならば，積分の上端に関する導関数は，被積分関数に上端を代入したものに等しい．

例 10 微積分学の基本定理 その 2 を用いて，
$$\frac{d}{dx}\left[\int_1^x t^3\,dt\right]$$
を求めよ．つぎに，積分を求めてから微分して，その答えを確かめよ．

解 被積分関数は連続なので，公式 (10) より，
$$\frac{d}{dx}\left[\int_1^x t^3\,dt\right] = x^3$$
となる．一方，積分を求め，それを微分すると，
$$\int_1^x t^3\,dt = \left.\frac{t^4}{4}\right|_{t=1}^x = \frac{x^4}{4} - \frac{1}{4},\qquad \frac{d}{dx}\left[\frac{x^4}{4} - \frac{1}{4}\right] = x^3$$
となり，積分を微分する 2 つの方法は同じ結果を導くことがわかる．◀

例 11 原点を含まない任意の区間上で
$$f(x) = \frac{\sin x}{x}$$
は連続なので，公式 (10) より，
$$\frac{d}{dx}\left[\int_1^x \frac{\sin t}{t}\,dt\right] = \frac{\sin x}{x}$$
が区間 $(0, +\infty)$ において成り立つ．前の例 11 と違い，この積分を既知の関数で表す方法がないので，公式 (10) は導関数を求める簡単な唯一の方法である．◀

微分と積分の逆関係

微積分学の基本定理のその 1 とその 2 をあわせて考えると，微分と積分は互いに逆の関係になっていることがわかる．これを説明する．微積分学の基本定理 その 1（定理 5.6.1）から，
$$\int_a^x f'(t)\,dt = f(x) - f(a)$$
が成り立つ．これは，$f(a)$ がわかれば，関数 $f(x)$ はその導関数 f' を積分することで復元できることを意味している．逆に，微積分学の基本定理 その 2（定理 5.6.3）から，
$$\frac{d}{dx}\left[\int_a^x f(t)\,dt\right] = f(x)$$
が成り立つ．これは，関数 $f(x)$ はその積分を微分することで復元できることを意味している．以上の意味において，微分と積分は互いに逆の関係であるといえる．

微積分学の基本定理 その 1 とその 2 をまとめて 1 つの定理とし，これを微積分学の基本定理と称するのがふつうである．この定理は科学史上最大の発見の 1 つであり，ニュートンとライプニッツによる定式化は「微積分学の発見」と一般にみなされている．

演習問題 5.6   〜 グラフィックユーティリティ   C CAS

1. 定積分を用いて次の図の面積を求め，幾何の公式を使って答えを確かめよ．

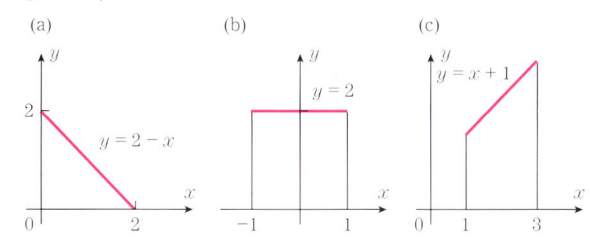

   (a) $y = 2-x$ (b) $y=2$ (c) $y = x+1$

2. 次の各問において，与えられた区間上の曲線 $y = f(x)$ の下の面積を定積分を用いて求め，幾何の公式を使って答えを確かめよ．

   (a) $f(x) = x$; $[0,5]$
   (b) $f(x) = 5$; $[3,9]$
   (c) $f(x) = x+3$; $[-1,2]$

問題 3-6 では，与えられた区間上の曲線 $y = f(x)$ の下の面積を求めよ．

3. $f(x) = x^3$; $[2,3]$
4. $f(x) = x^4$; $[-1,1]$
5. $f(x) = \sqrt{x}$; $[1,9]$
6. $f(x) = x^{-3/5}$; $[1,4]$

問題 7-19 では，微積分学の基本定理 その1 を用いて定積分を求めよ．

7. $\int_{-3}^{0}(x^2 - 4x + 7)\,dx$
8. $\int_{-1}^{2} x(1+x^3)\,dx$
9. $\int_{1}^{3} \frac{1}{x^2}\,dx$
10. $\int_{1}^{2} \frac{1}{x^6}\,dx$
11. $\int_{4}^{9} 2x\sqrt{x}\,dx$
12. $\int_{1}^{8}(5x^{2/3} - 4x^{-2})\,dx$
13. $\int_{-\pi/2}^{\pi/2} \sin\theta\,d\theta$
14. $\int_{0}^{\pi/4} \sec^2\theta\,d\theta$
15. $\int_{-\pi/4}^{\pi/4} \cos x\,dx$
16. $\int_{0}^{1}(x - \sec x\tan x)\,dx$
17. $\int_{1}^{4}\left(\frac{3}{\sqrt{t}} - 5\sqrt{t} - t^{-3/2}\right)dt$
18. $\int_{4}^{9}\left(4y^{-1/2} + 2y^{1/2} + y^{-5/2}\right)dy$
19. $\int_{\pi/6}^{\pi/2}\left(x + \frac{2}{\sin^2 x}\right)dx$

20. C CAS を用いて，定積分
$$\int_{a}^{4a}(a^{1/2} - x^{1/2})\,dx$$
を求め，つぎに手計算で答えを確かめよ．

問題 21 と 22 では，定理 5.5.5 を用いて定積分を求めよ．

21. (a) $\int_{0}^{2}|2x-3|\,dx$ (b) $\int_{0}^{3\pi/4}|\cos x|\,dx$
22. (a) $\int_{-1}^{2}\sqrt{2+|x|}\,dx$ (b) $\int_{0}^{\pi/2}\left|\frac{1}{2} - \sin x\right|dx$

23. C (a) CAS の説明書を参照し，区分的に定義された関数を入力する方法を調べて，次の定積分を求めよ．
$$\int_{0}^{2} f(x)\,dx \quad \text{ただし}, \quad f(x) = \begin{cases} x, & x \leq 1 \\ x^2, & x > 1 \end{cases}$$
つぎに，定理 5.5.5 を用いて手計算で答えを確かめよ．
(b) 区間 $[0,4]$ において f の原始関数 F を与える式を求め，
$$\int_{0}^{2} f(x)\,dx = F(2) - F(0)$$
となることを確かめよ．

24. C (a) CAS を用いて，
$$\int_{0}^{4} f(x)\,dx \quad \text{ただし}, \quad f(x) = \begin{cases} \sqrt{x}, & 0 \leq x < 1 \\ 1/x^2, & x \geq 1 \end{cases}$$
を求めよ．つぎに，定理 5.5.5 を用いて手計算で答えを確かめよ．
(b) 区間 $[0,4]$ において f の原始関数 F を与える式を求め，
$$\int_{0}^{4} f(x)\,dx = F(4) - F(0)$$
となることを確かめよ．

問題 25-27 では，積分の中点近似を $n = 20$ 個の部分区間の場合に計算ユーティリティを用いて求め，つぎに微積分学の基本定理 その1 を用いて正確な積分値を求めよ．

25. $\int_{1}^{3} \frac{1}{x^2}\,dx$ 26. $\int_{0}^{\pi/2}\sin x\,dx$ 27. $\int_{-1}^{1}\sec^2 x\,dx$

28. C 計算ユーティリティあるいは CAS を用いて，問題 25-27 の積分に対して，中点近似による計算結果と計算ユーティリティに組み込まれた積分の数値（近似）計算コマンドを使った計算結果とを比較せよ．

29. 曲線 $y = x^2 + 1$ と区間 $[0,3]$ で挟まれた部分の面積を求めよ．また，この領域を図示せよ．

30. x 軸の上にあり，曲線 $y = (1-x)(x-2)$ の下にある部分の面積を求めよ．また，この領域を図示せよ．

31. 曲線 $y = 3\sin x$ と区間 $[0, 2\pi/3]$ で挟まれた部分の面積を求めよ．また，この領域を図示せよ．

32. 区間 $[-2, -1]$ の下で曲線 $y = x^3$ の上にある部分の面積を求めよ．また，この領域を図示せよ．

33. 曲線 $y = x^2 - 3x - 10$ と区間 $[-3, 8]$ で挟まれた部分の総面積を求めよ．また，この領域を図示せよ．［ヒント：区間の上にある部分の面積と下にある部分の面積を別々に求めよ．］

34. (a) グラフィックユーティリティを用いて
$$f(x) = \frac{1}{100}(x+2)(x+1)(x-3)(x-5)$$
のグラフを描き，そのグラフから定積分
$$\int_{-2}^{5} f(x)\,dx$$
の符号に関して予想を立てよ．

(b) 定積分を求めて，その予想を確かめよ．

35. (a) f を奇関数，すなわち $f(-x) = -f(x)$ を満たす関数とする．このとき，
$$\int_{-a}^{a} f(x)\,dx$$
の形の積分値に関する定理を作れ．

(b) 定積分
$$\int_{-1}^{1} x^3\,dx \quad \text{および} \quad \int_{-\pi/2}^{\pi/2} \sin x\,dx$$
に対して，その定理が正しいかどうか確かめよ．

(c) f を偶関数，すなわち $f(-x) = f(x)$ を満たす関数とする．このとき，
$$\int_{-a}^{a} f(x)\,dx \quad \text{および} \quad \int_{0}^{a} f(x)\,dx$$
の関係を与える定理を作れ．

(d) 定積分
$$\int_{-1}^{1} x^2\,dx \quad \text{および} \quad \int_{-\pi/2}^{\pi/2} \cos x\,dx$$
に対して，その定理が正しいかどうか確かめよ．

36. C 問題 35(a) で作った定理を用いて，定積分
$$\int_{-5}^{5} \frac{x^7 - x^5 + x}{x^4 + x^2 + 7}\,dx$$
を求め，CAS を使って答えを確かめよ．

37. $F(x)$ を
$$F(x) = \int_{1}^{x} (t^3 + 1)\,dt$$
によって定義する．

(a) 微積分学の基本定理 その2 を用いて $F'(x)$ を求めよ．

(b) 積分を求めて微分して，(a) の結果を確かめよ．

38. $F(x)$ を
$$F(x) = \int_{\pi/4}^{x} \cos 2t\,dt$$
によって定義する．

(a) 微積分学の基本定理 その2 を用いて $F'(x)$ を求めよ．

(b) 積分を求めて微分して，(a) の結果を確かめよ．

問題 39–42 では，微積分学の基本定理 その2 を用いて導関数を求めよ．

39. (a) $\dfrac{d}{dx} \displaystyle\int_{1}^{x} \sin(\sqrt{t})\,dt$ (b) $\dfrac{d}{dx} \displaystyle\int_{1}^{x} \sqrt{1 + \cos^2 t}\,dt$

40. (a) $\dfrac{d}{dx} \displaystyle\int_{0}^{x} \dfrac{dt}{1 + \sqrt{t}}$ (b) $\dfrac{d}{dx} \displaystyle\int_{1}^{x} \dfrac{dt}{1 + t + t^2}$

41. $\dfrac{d}{dx} \displaystyle\int_{x}^{0} \dfrac{t}{\cos t}\,dt$ [ヒント：定義 5.5.3(b) を使え．]

42. $\dfrac{d}{dx} \displaystyle\int_{0}^{u} |x|\,dx$

43. $F(x) = \displaystyle\int_{2}^{x} \sqrt{3t^2 + 1}\,dt$ とおくとき，次の値を求めよ．

(a) $F(2)$ (b) $F'(2)$ (c) $F''(2)$

44. $F(x) = \displaystyle\int_{0}^{x} \dfrac{\cos t}{t^2 + 3}\,dt$ とおくとき，次の値を求めよ．

(a) $F(0)$ (b) $F'(0)$ (c) $F''(0)$

45. $-\infty < x < +\infty$ に対して $F(x) = \displaystyle\int_{0}^{x} \dfrac{t-3}{t^2 + 7}\,dt$ とおく．

(a) F が最小値をとる x の値を求めよ．

(b) F が単調増加する区間，あるいは単調減少する区間を求めよ．

(c) F が下に凸になる開区間，あるいは上に凸になる開区間を求めよ．

46. C CAS のプロットおよび数値積分コマンドを用いて，問題 45 の関数 F の区間 $-20 \leq x \leq 20$ におけるグラフを描き，そこで得た結果を確かめよ．

47. (a) どのような開区間上で，
$$F(x) = \int_{1}^{x} \frac{dt}{t}$$
は $f(x) = 1/x$ の原始関数となるか．

(b) F のグラフが x 軸と交わる点を求めよ．

48. (a) どのような開区間上で，
$$F(x) = \int_{1}^{x} \frac{1}{t^2 - 9}\,dt$$
は，
$$f(x) = \frac{1}{x^2 - 9}$$
の原始関数となるか．

(b) F のグラフが x 軸と交わる点を求めよ．

問題 49 と 50 では，それぞれ指示された区間において，積分の平均値定理 (定理 5.6.2) における等式 (7) を満たす x^* の値をすべて求め，それらの数が何を表しているかを述べよ．

49. (a) $f(x) = \sqrt{x}$; $[0, 9]$

(b) $f(x) = 3x^2 + 2x + 1$; $[-1, 2]$

50. (a) $f(x) = \sin x$; $[-\pi, \pi]$ (b) $f(x) = 1/x^2$; $[1, 3]$

積分の平均値定理 (定理 5.6.2) の証明では，f が $[a, b]$ で連続で，$m \leq f(x) \leq M$ を満たすとき，
$$m(b-a) \leq \int_{a}^{b} f(x)\,dx \leq M(b-a)$$
となることが示された [式 (8) をみよ]．これより，被積分関数のとる値の範囲から定積分の値の範囲を知ることができる．このことを次の問題 51 と 52 で確認せよ．

51. 区間 $0 \leq x \leq 3$ における $\sqrt{x^3+2}$ の最大値および最小値を求め，これより定積分
$$\int_0^3 \sqrt{x^3+2}\,dx$$
の値のとる範囲を求めよ．

52. $0 \leq x \leq \pi$ において $m \leq x\sin x \leq M$ が成り立つように m と M を求め，これより定積分
$$\int_0^\pi x\sin x\,dx$$
の値のとる範囲を求めよ．

53. 次の式を証明せよ．
(a) $[cF(x)]_a^b = c[F(x)]_a^b$
(b) $[F(x)+G(x)]_a^b = F(x)]_a^b + G(x)]_a^b$
(c) $[F(x)-G(x)]_a^b = F(x)]_a^b - G(x)]_a^b$

54. f の原始関数 F に平均値定理 (定理 4.8.2) を適用して，積分の平均値定理 (定理 5.6.2) を証明せよ．

5.7 再び直線運動；平均値

4.4 節では，直線上を動く粒子の瞬間速度および加速度の概念を導関数を用いて定義した．この節では，そのような運動の研究を積分を用いてつづける．さらに，変化率を積分する一般の問題を考察し，定積分を用いて連続関数の平均値を定義する方法を述べる．積分のさらなる応用については第 6 章を参照していただきたい．

積分から位置と速度を導く

定義 4.4.1 および 4.4.2 において，座標軸上を運動する粒子の位置を $s(t)$ とおくとき，この粒子の瞬間速度および加速度をそれぞれ，
$$v(t) = s'(t) = \frac{ds}{dt} \quad \text{および} \quad a(t) = v'(t) = \frac{dv}{dt} = \frac{d^2s}{dt^2}$$
によって定めた．これより，$s(t)$ は $v(t)$ の原始関数であり，$v(t)$ は $a(t)$ の原始関数である．すなわち，
$$s(t) = \int v(t)\,dt \quad \text{および} \quad v(t) = \int a(t)\,dt \tag{1--2}$$
と書ける．こうして粒子の速度がわかるならば，さらに積分定数を決める何らかの情報があるならば，その積分によって位置関数を式 (1) より導くことができる．特に，ある時間 t_0 における粒子の位置 s_0 がわかるならば，積分定数を決めることができる．なぜなら，これによって一意的に原始関数 $s(t)$ が決まるからである (図 5.7.1)．同様にして，粒子の加速度がわかり，ある時間 t_0 における粒子の速度 v_0 がわかるならば，その積分によって速度関数を式 (2) より導くことができる (図 5.7.2)．

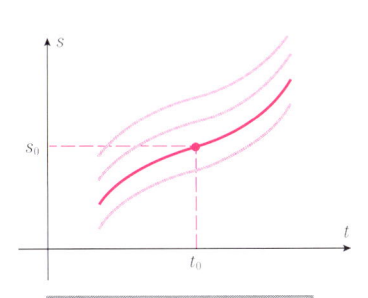

$s(t_0) = s_0$ を満たす位置関数が唯一つある．

図 5.7.1

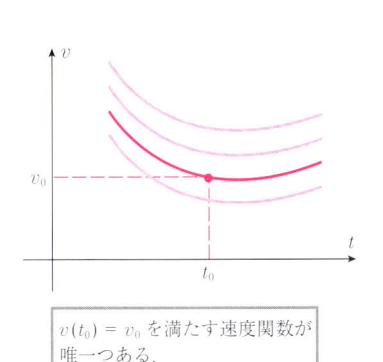

$v(t_0) = v_0$ を満たす速度関数が唯一つある．

図 5.7.2

例 1 座標軸上を速度 $v(t) = \cos\pi t$ で動く粒子の位置関数を求めよ．ただし，粒子は時間 $t = 0$ において座標 $s = 4$ に位置するものとする．

解 位置関数は
$$s(t) = \int v(t)\,dt = \int \cos\pi t\,dt = \frac{1}{\pi}\sin\pi t + C$$
で与えられる．$t = 0$ のとき $s = 4$ であるから，
$$4 = s(0) = \frac{1}{\pi}\sin 0 + C = C$$
となる．ゆえに，
$$s(t) = \frac{1}{\pi}\sin\pi t + 4$$
を得る．

◀

等加速度運動

加速度が一定の運動は最も重要な直線運動の1つである．これを**等加速度運動**という．

まず，s 軸上を一定の加速度で動く粒子の，ある時間，それを $t=0$ とすると，における位置と速度がわかるならば，任意の時間 t における位置 $s(t)$ と速度 $v(t)$ に関する式を導くことができることを示す．そのために，この粒子の加速度を

$$a(t) = a \tag{3}$$

とし，さらに

$$t = 0 \quad \text{のときに} \quad s = s_0 \tag{4}$$
$$t = 0 \quad \text{のときに} \quad v = v_0 \tag{5}$$

とする．ここで s_0 と v_0 は既知の値である．この式 (4) と (5) を等加速度運動の**初期条件**とよぶ．

式 (3) から出発し，初期条件を使って積分定数を決定して，$a(t)$ を積分して $v(t)$ を求め，$v(t)$ を積分して $s(t)$ を求める．これは次のように計算される．

$$v(t) = \int a(t)\, dt = \int a\, dt = at + C_1 \tag{6}$$

積分定数 C_1 を決めるために，初期条件 (5) を用いて，

$$v_0 = v(0) = a \cdot 0 + C_1 = C_1$$

を得る．これを式 (6) に代入し，定数項を前にもってくると，

$$v(t) = v_0 + at$$

となる．v_0 は定数であるから，

$$s(t) = \int v(t)\, dt = \int (v_0 + at)\, dt = v_0 t + \frac{1}{2}at^2 + C_2 \tag{7}$$

を得る．積分定数 C_2 を決めるために初期条件 (4) を用いると，

$$s_0 = s(0) = v_0 \cdot 0 + \frac{1}{2} a \cdot 0 + C_2 = C_2$$

となる．これを式 (7) に代入し，定数項を前にもってくると，

$$s(t) = s_0 + v_0 t + \frac{1}{2}at^2$$

を得る．以上を次の定理にまとめておく．

5.7.1（等加速度運動）　粒子が s 軸上を一定の加速度 a で運動しているとき，$t=0$ での位置と速度をそれぞれ s_0 と v_0 とすると，粒子の位置と速度関数は，

$$s(t) = s_0 + v_0 t + \tfrac{1}{2}at^2 \tag{8}$$

$$v(t) = v_0 + at \tag{9}$$

で与えられる．

> **読者へ**　直線上を運動する粒子の速度と時間の関係のグラフから，それが等加速度運動をしているかどうかをどのように見分けるか．

例 2　「太陽風」を帆に受けて一定の加速度 0.032 m/s^2 で銀河系間を航行する宇宙船を考える．帆を上げた時点で速度 $10{,}000 \text{ m/s}$ であるとすると，宇宙船がその後の 1 時間で進む距離を求めよ．また，1 時間後における速度も求めよ．

解　この問題では，計算が最も簡単になるように座標軸を選ぶことができる．つまり，宇宙船の進行方向を s 軸の正の方向とし，宇宙船が帆を上げたときを $t=0$ として，そのときの

位置を原点にとる．こうして，

$$s_0 = s(0) = 0, \qquad v_0 = v(0) = 10{,}000, \qquad および \qquad a = 0.032$$

として，公式 (8) と (9) が適用できる．1時間後は $t = 3600$ s であるので，(8) より宇宙船が1時間に進む距離は

$$s(3600) = 10{,}000(3600) + \frac{1}{2}(0.032)(3600)^2 \approx 36{,}200{,}000 \text{ m}$$

となる．また，公式 (9) より1時間後の速度は

$$v(3600) = 10{,}000 + (0.032)(3600) \approx 10{,}100 \text{ m/s}$$

となる． ◀

例 3 バスが乗客を待って停まっていて，そのバスに向かって1人の女性が一定の速度 5 m/s で走っている．彼女がバスのフロントドアより 11 m 後方に来たとき，バスは一定の加速度 1 m/s^2 で発車した．この時点から測るとし，彼女が一定の速度 5 m/s で走り続けるとして，バスのフロントドアに到達するまでの時間を求めよ．

解 図 5.7.3 に示したように，バスと女性が走っている方向を s 軸の正の方向に選び，バスが発車した時間 $t = 0$ におけるバスのフロントドアの位置を原点にとる．この女性が t 秒後にバスに追いつくには，11 m とバスがそのあいだに動く距離 $s_b(t)$ を加えた距離 $s_w(t)$ を走らなければならない．つまり，

$$s_w(t) = s_b(t) + 11 \tag{10}$$

のときに，女性はバスに追いつくことができる．女性は一定の速度 5 m/s で走っているので，t 秒間に走る距離は $s_w(t) = 5t$ である．よって，式 (10) は，

$$s_b(t) = 5t - 11 \tag{11}$$

と書ける．一方，バスは一定の加速度 $a = 1$ m/s^2 で進み，時間 $t = 0$ で $s_0 = v_0 = 0$ である（なぜか）．これを用いると，(8) より

$$s_b(t) = \frac{1}{2}t^2$$

が成り立つ．これを式 (11) に代入して整理すると，2 次方程式

$$\frac{1}{2}t^2 - 5t + 11 = 0 \qquad すなわち \qquad t^2 - 10t + 22 = 0$$

を得る．2 次方程式の解の公式を用いてこれを解くと，2 つの解：

$$t = 5 - \sqrt{3} \approx 3.3 \qquad と \qquad t = 5 + \sqrt{3} \approx 6.7$$

を得る（確かめよ）．こうして，女性は $t = 3.3$ s と $t = 6.7$ s の 2 度バスのドアに到達する．なぜ解が 2 つあるのかというと，女性が最初にバスのドアに達したとき，女性はバスより早く走っており，バスの運転手が気づかなければバスを追い越してしまう．しかし，バスは速度を上げているので結局は彼女に追いつき，バスを止める 2 度目のチャンスを得るのである． ◀

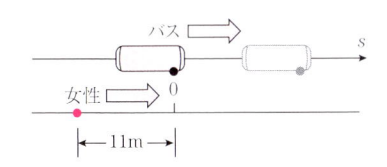

図 5.7.3

自由落下モデル

4.4 節で地表近くでの自由落下運動のモデルを考察した際，同節の公式 (5) を後に導くと約束していた．それをここで示す．自由落下モデル（定理 4.4.4）で図 4.4.8 を用いて説明したように，物体は s 軸上を動き，地表に原点があり，上向きを正の方向とする．また，時間 $t = 0$ における位置および速度を，それぞれ s_0 および v_0 とおく．

物理学によれば，地表近くで地球の重力のみを受けて垂直方向に運動する粒子は，本質的に一定の加速度をもって動く．g で表されるこの定数は，距離を測る単位がメートルあるい

はフィートに応じて，およそ 9.8 m/s^2 あるいは 32 ft/s^2（ft：フィート）である[*].

速度と加速度の符号が同じ場合は粒子はスピードを上げ，異なる符号の場合にはスピードを下げることを思い出そう．正の方向を上方としているので，自由落下における粒子の加速度 $a(t)$ は，あらゆる t の値において負である．それは，上向きに運動している（速度正）粒子は減速するので加速度は負でなければならず，下向きに運動している（速度負）粒子はスピードを上げるので，やはり加速度は負でなければならない，ということからわかる．こうして，

$$a(t) = -g$$

であり，式 (8) と (9) から，自由落下における物体の位置および速度関数は，

$$s(t) = s_0 + v_0 t - \frac{1}{2}g t^2 \tag{12}$$

$$v(t) = v_0 - gt \tag{13}$$

で与えられる．

> 読者へ　s 軸の正の方向を下向きに選んだならば，加速度は $a(t) = g$ となる（なぜか）．このとき，公式 (12) と (13) は，どうなるか．

例 4　地上 1 m の高さから，ボールを真上に初速度 49 m/s で打ち上げるとする．自由落下モデルを用いて，ボールの最高到達高度を求めよ．

解　距離の単位はメートルなので，$g = 9.8 \text{ m/s}^2$ を採用する．初期条件は $s_0 = 1$ と $v_0 = 49$ である．ゆえに，公式 (12) と (13) から，

$$v(t) = -9.8t + 49$$
$$s(t) = -4.9t^2 + 49t + 1$$

を得る．ボールは $v(t) = 0$，すなわち $-9.8t + 49 = 0$，$t = 5$ まで上昇する．この時点での地表からのボールの高さは，

$$s(5) = -4.9(5)^2 + 49(5) + 1 = 123.5 \text{ m}$$

となる．　◀

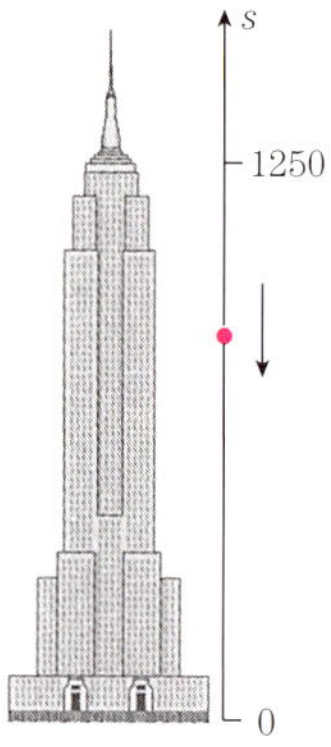

例 5　地上 1250 ft の高さにあるエンパイア・ステート・ビルの頂上付近から，1 セント銅貨を静止状態から下に落とすとする（図 5.7.4）．自由落下モデルを用いて，地面に衝突するまでの時間を求めよ．また，衝突時における落下速度も求めよ．

解　距離の単位はフィートなので，$g = 32 \text{ ft/s}^2$ を採用する．初期条件は $s_0 = 1250$ と $v_0 = 0$ であるから，公式 (12) より，

$$s(t) = -16t^2 + 1250 \tag{14}$$

を得る．衝突は $s(t) = 0$ のときに起こる．この t に関する方程式を解くと，

$$-16t^2 + 1250 = 0$$
$$t^2 = \frac{1250}{16} = \frac{625}{8}$$
$$t = \pm \frac{25}{\sqrt{8}} \approx \pm 8.8 \text{ s}$$

となる．$t \geq 0$ なので負の解は不適であり，1 セント銅貨が衝突するまでの時間は $25/\sqrt{8} \approx$

図 5.7.4

---

[*] 厳密にいえば，"定数" g の値は，緯度と地球の中心からの距離によって変化する．しかし，一定の緯度で地表近くの運動に対して g を定数とすることは，多くの応用において説得力のある仮定である．

8.8 s となる．このときの速度を求めるには，$t = 25/\sqrt{8}$, $v_0 = 0$ および $g = 32$ を公式 (13) に代入して，

$$v\left(\frac{25}{\sqrt{8}}\right) = 0 - 32\left(\frac{25}{\sqrt{8}}\right) = -200\sqrt{2} \approx -282.8 \text{ ft/s}$$

を得る．ゆえに，衝突時における落下のスピードは，

$$\left|v\left(\frac{25}{\sqrt{8}}\right)\right| = 200\sqrt{2} \approx 282.8 \text{ ft/s}$$

となり，それは 192 mi/h（mi：マイル）以上である． ◀

変化率の積分

微積分学の基本定理

$$\int_a^b f(x)\,dx = F(b) - F(a) \tag{15}$$

は，少し変形して用いると便利である．F は区間 $[a,b]$ における f の原始関数であるから，関係式 $F'(x) = f(x)$ を使うと，式 (15) は

$$\int_a^b F'(x)\,dx = F(b) - F(a) \tag{16}$$

と書き換えられる．この式で，$F'(x)$ を $F(x)$ の x に関する変化率とみなし，$F(b) - F(a)$ を x が a から b まで増加したときの $F(x)$ の変化量とみなすことができる（図 5.7.5）．以上を次の原理にまとめておく．

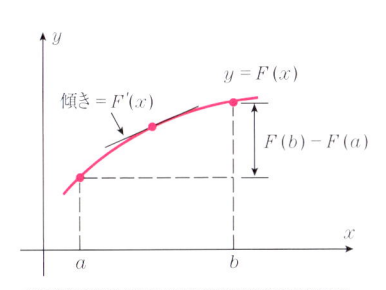

区間 $[a, b]$ 上で $g = F(x)$ の傾きを積分すると，$F(x)$ の値の変化量 $F(b) - F(a)$ が得られる．

図 5.7.5

5.7.2（変化率の積分） $F(x)$ の x に関する変化率を区間 $[a,b]$ 上で積分すると，x が a から b まで増加したときの $F(x)$ の変化量が得られる．

この原理の例をいくつか述べよう．

- 時間 t における（例えば，植物，動物あるいは人間の）個体数を $P(t)$ とすると，$P'(t)$ は t での個体数の変化する割合であり，

$$\int_{t_1}^{t_2} P'(t)\,dt = P(t_2) - P(t_1)$$

は，時間 t_1 から t_2 までの個体数の変化を表す．

- 時間 t における石油流出面積を $A(t)$ とすると，$A'(t)$ は t での流出面積の変化する割合であり，

$$\int_{t_1}^{t_2} A'(t)\,dt = A(t_2) - A(t_1)$$

は，時間 t_1 から t_2 までに流出した石油の面積の変化を表す．

- ある製品を x 単位製造し販売したときの限界利益を $P'(x)$ とすれば（4.6 節を参照），

$$\int_{x_1}^{x_2} P'(x)\,dx = P(x_2) - P(x_1)$$

は，生産レベルが x_1 単位から x_2 単位まで増加したときの利益の変化を表す．

直線運動における変位

(16) のもう 1 つの応用例として座標軸上を運動する粒子を考え，その位置および速度関数をそれぞれ，$s(t)$ および $v(t)$ とする．$v(t)$ は $s(t)$ の t に関する変化率であるから，変化率の積分 (5.7.2)，区間 $[t_0, t_1]$ 上の $v(t)$ の積分は t が t_0 から t_1 まで増加したときの $s(t)$ の変化

量を表す．すなわち，

$$\int_{t_0}^{t_1} v(t)\,dt = \int_{t_0}^{t_1} s'(t)\,dt = s(t_1) - s(t_0) \tag{17}$$

が成り立つ．上式中の $s(t_1) - s(t_0)$ は，時間区間 $[t_0, t_1]$ における粒子の**変位**あるいは**位置変化**とよばれる量である．水平に運動する粒子の変位は，最後の位置が最初の位置の右側にくると正であり，左側にくると負となり，また最初の位置と一致すれば零である（図 5.7.6）．

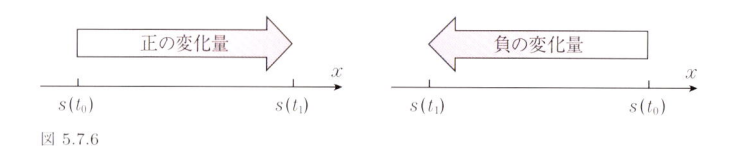

正の変化量　　負の変化量

$s(t_0)$　$s(t_1)$　$s(t_1)$　$s(t_0)$

図 5.7.6

> **注意** 物理の問題では，定積分に正確な単位をつけて考えることが重要である．一般に，定積分
> $$\int_a^b f(x)\,dx$$
> の単位は $f(x)$ の単位と x の単位の積となる．なぜなら，定積分は各項が $f(x) \cdot \Delta x$ の形の積であるリーマン和の極限であるからである．例えば，時間が秒（s）で測られ，速度がメートル毎秒（m/s）で計測される場合，速度の時間区間における積分の単位は，m/s × s = m であるからメートルになる．変位は長さの単位をもつことから，このことは公式 (17) と比べて矛盾するところはないことを注意しておく．

直線運動における移動距離

粒子の変位は，粒子の移動した距離とは一般には一致しない．例えば，粒子が正の方向に 100 移動し，次に負の方向に 100 移動したとする．この場合，移動した距離は 200 だが，変位は出発点に戻ったから 零 である．変位と移動距離が一致するのは，粒子が正の方向に運動の向きを変えることなく進む場合のみである．

> **読者へ** 粒子が負の方向に運動の向きを変えることなく進む場合，変位と移動距離とはどのような関係にあるか．

公式 (17) より，粒子の速度関数を時間区間上で積分すると，その時間区間における変位が得られる．これに対して，時間区間上の粒子の**総移動距離**（正の方向に移動した距離と負の方向に移動した距離の和）を得るには，速度関数の**絶対値**を積分する必要がある．すなわち，速さの積分

$$\begin{bmatrix} \text{時間区間 } [t_0, t_1] \text{ に} \\ \text{おける総移動距離} \end{bmatrix} = \int_{t_0}^{t_1} |v(t)|\,dt \tag{18}$$

である．

例 6 時間 t における速度が $v(t) = t^2 - 2t$ m/s であるような座標軸上の粒子の運動を考える．

(a) 時間区間 $[0, 3]$ における粒子の変位を求めよ．
(b) 時間区間 $[0, 3]$ における粒子の総移動距離を求めよ．

解 (a) 変位は式 (17) より,
$$\int_0^3 v(t)\,dt = \int_0^3 (t^2 - 2t)\,dt = \left[\frac{t^3}{3} - t^2\right]_0^3 = 0$$
である. つまり, 粒子の $t=0$ と $t=3$ での位置は同じである.

解 (b) 速度は $v(t) = t^2 - 2t = t(t-2)$ と書けるので, $0 \leq t \leq 2$ では $v(t) \leq 0$, $2 \leq t \leq 3$ では $v(t) \geq 0$ である. よって, 式 (18) より
$$\int_0^3 |v(t)|\,dt = \int_0^2 -v(t)\,dt + \int_2^3 v(t)\,dt$$
$$= \int_0^2 -(t^2-2t)\,dt + \int_2^3 (t^2-2t)\,dt$$
$$= -\left[\frac{t^3}{3}-t^2\right]_0^2 + \left[\frac{t^3}{3}-t^2\right]_2^3 = \frac{4}{3} + \frac{4}{3} = \frac{8}{3}\,\text{m}$$
を得る. ◀

時間に対する速度の曲線の解析

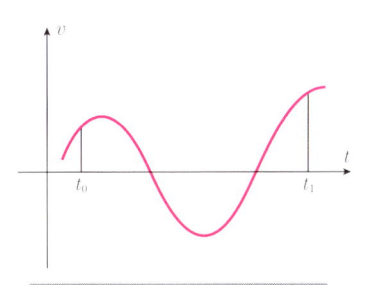

4.4 節では, 座標軸上の粒子の運動の振る舞いに関する情報を時間に対する位置の曲線から得る方法を述べた (表 4.4.1). 同様にして, 時間に対する速度の曲線から重要な情報を得ることができる. 例えば, (17) 中の積分は幾何的には $v(t)$ のグラフと区間 $[t_0, t_1]$ に挟まれた部分の符号付き面積であるとみなせるし, 物理的にはこの区間における粒子の変位とみなすことができる. 以上をまとめておく.

> **5.7.3** (**時間に対する速度の曲線からの変位の導出**) 直線上の粒子の運動において, 時間に対する速度の曲線と t 軸上の区間 $[t_0, t_1]$ に挟まれた領域の符号付き面積は, その区間における粒子の変位を表す (図 5.7.7).

符号付き面積は, 区間 $[t_0, t_1]$ における粒子の変位を表す.

図 5.7.7

例 7 図 5.7.8 は, 水平方向に直線運動する粒子の 3 種類の時間に対する速度の曲線を示している. それぞれの場合に, 時間区間 $[0, 4]$ における粒子の変位を求め, 粒子の運動に関してわかることを述べよ.

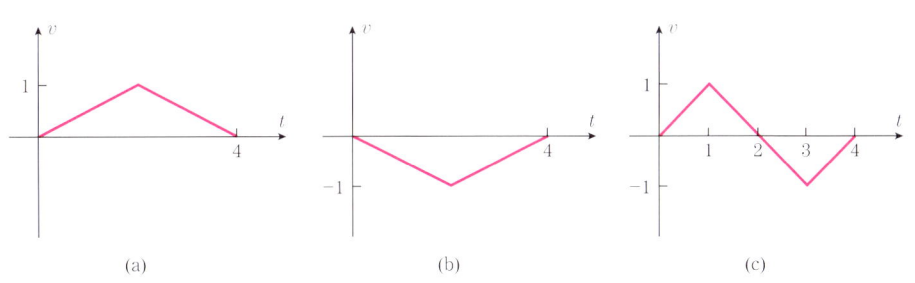

(a)　　　　　　　　(b)　　　　　　　　(c)

図 5.7.8

解 図 5.7.8 の (a) では, 曲線の下の符号付き面積は 2 であり, 時間区間の終わりには出発点から右に 2 の位置にある. (b) では, 曲線の下の符号付き面積は -2 であり, 時間区間の終わりには出発点から左に 2 の位置にある. (c) では, 曲線の下の符号付き面積は 0 であり, 時間区間の終わりには出発点に戻っている. ◀

符号付き面積のところを "総面積" で置き換えたものは, 幾何的には直線運動をする粒子の総移動距離に対応する. 区間 $[a, b]$ 上の連続関数 $f(x)$ に対して, 曲線 $y = f(x)$ と区間に挟まれた領域の**総面積**を, 区間 $[a, b]$ にわたる $|f(x)|$ の積分として定義する. 幾何的には, 総面積とは f のグラフと x 軸で挟まれた領域の面積のことである.

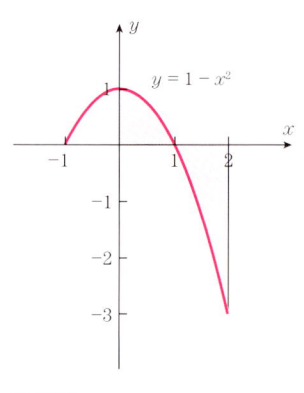

図 5.7.9

例 8 区間 $[0,2]$ において曲線 $y=1-x^2$ と x 軸で挟まれた部分の総面積を求めよ（図 5.7.9）．

解 求める面積 A は，
$$A = \int_0^2 |1-x^2|\,dx = \int_0^1 (1-x^2)\,dx + \int_1^2 -(1-x^2)\,dx$$
$$= \left[x - \frac{x^3}{3}\right]_0^1 - \left[x - \frac{x^3}{3}\right]_1^2$$
$$= \frac{2}{3} - \left(-\frac{4}{3}\right) = 2$$

となる． ◀

式 (18) から，時間区間 $[t_0, t_1]$ 上の速度 $|v(t)|$ を積分すれば，その区間における粒子の総移動距離が得られる．一方で，式 (18) における積分は時間に対する速度の曲線と t 軸上の区間 $[t_0, t_1]$ に挟まれた領域の総面積とみなすことができる．以上をまとめて次の結果を得る．

> **5.7.4**（時間に対する速度の曲線からの総移動距離の導出） 直線上の粒子の運動において，時間に対する速度の曲線と t 軸上の区間 $[t_0, t_1]$ に挟まれた領域の総面積は，その区間における粒子の総移動距離を表す．

例 9 図 5.7.8 のそれぞれの時間に対する速度の曲線において，時間区間 $0 \leq t \leq 4$ における粒子の総移動距離を求めよ．

解 図 5.7.8 のいずれの場合でも曲線と区間 $[0,4]$ に挟まれた領域の総面積は 2 であり，例 7 で示したようにそれぞれの変位は異なっているが，どの場合でも粒子はこの時間区間のあいだに 2 移動している． ◀

連続関数の平均値

科学の分野における数値情報は，観測値のある種の平均値を計算して要約されることがある．平均のとり方は多種多様であるが，最もよく用いられるものは算術平均すなわち相加平均で，それはデータの総和をデータの総数で割った値である．つまり，n 個の数値 $a_1, a_2, ..., a_n$ の相加平均 $\bar{a}$ は，
$$\bar{a} = \frac{1}{n}(a_1 + a_2 + \cdots + a_n) = \frac{1}{n}\sum_{k=1}^n a_k$$
で定義される．各 a_k が関数 f の値で与えられる場合は，
$$a_1 = f(x_1), \quad a_2 = f(x_2), \quad ..., \quad a_n = f(x_n)$$
として，これらの関数の値の相加平均 $\bar{a}$ は，
$$\bar{a} = \frac{1}{n}\sum_{k=1}^n f(x_k)$$
で与えられる．

さて，このような有限個の関数の値だけでなく，x が閉区間 $[a,b]$ 上を動くときの $f(x)$ のすべての値の平均値が計算できるように，相加平均の概念を拡張する．そのためには，区間 $[a,b]$ で連続な f に対して，
$$\int_a^b f(x)\,dx = f(x^*)(b-a)$$
を満たすような数 x^* が少なくとも 1 つはこの区間内に存在するという平均値の定理を思い

出してほしい．このとき，

$$f(x^*) = \frac{1}{b-a} \int_a^b f(x)\,dx \qquad (19)$$

が f の区間 $[a,b]$ 上の平均値の候補である．その理由を説明するために，区間 $[a,b]$ を n 等分し，部分区間の長さを

$$\Delta x = \frac{b-a}{n} \qquad (20)$$

とおく．さらに，n 個の部分区間からそれぞれ勝手な点 $x_1^*, x_2^*, ..., x_n^*$ を選ぶ．このとき，$f(x_1^*), f(x_2^*), ..., f(x_n^*)$ の相加平均は，

$$\text{ave} = \frac{1}{n}[f(x_1^*) + f(x_2^*) + \cdots + f(x_n^*)]$$

であるから，(20) より，

$$\text{ave} = \frac{1}{b-a}[f(x_1^*)\Delta x + f(x_2^*)\Delta x + \cdots + f(x_n^*)\Delta x] = \frac{1}{b-a}\sum_{k=1}^n f(x_k^*)\Delta x$$

となる．$n \to +\infty$ の極限をとれば，

$$\lim_{n\to+\infty} \frac{1}{b-a}\sum_{k=1}^n f(x_k^*)\Delta x = \frac{1}{b-a}\int_a^b f(x)\,dx$$

を得る．この式は，$f(x)$ の値の個数を"より多く"とって平均値を計算するとどうなるかを表しているので，次のような定義が導かれる．

> **5.7.5 定義** $[a,b]$ で連続な f に対し，次の値を f の $[a,b]$ 上の**平均値**という．
>
> $$f_\text{ave} = \frac{1}{b-a}\int_a^b f(x)\,dx \qquad (21)$$

注意 f が $[a,b]$ 上で非負であれば，f_ave は簡単な幾何的意味をもっている．それをみるために，(21) を次のように書き換える．

$$f_\text{ave} \cdot (b-a) = \int_a^b f(x)\,dx$$

この等式の左辺は高さが f_ave で底辺の長さが $(b-a)$ の長方形の面積を表し，右辺の方は $y = f(s)$ の下で $[a,b]$ の上の部分の面積を表している．したがって，f のグラフと区間 $[a,b]$ に挟まれた部分の面積と一致するように，この区間上に構成した長方形の高さが f_ave なのである（図 5.7.10）．また，(21) のような形で表した平均値の定理から，$[a,b]$ 内に少なくとも 1 つの数 x^* が存在して，その点における f の値が区間上の f の平均値と一致するということも注意しておく．

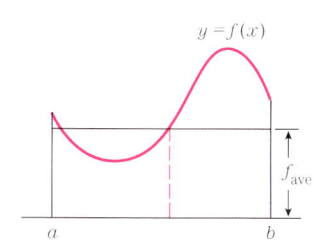

図 5.7.10

例 10 区間 $[1,4]$ における $f(x) = \sqrt{x}$ の平均値を求めよ．さらに，この区間内で，その点における f の値が平均値と一致する点をすべて求めよ．

解

$$f_\text{ave} = \frac{1}{b-a}\int_a^b f(x)\,dx = \frac{1}{4-1}\int_1^4 \sqrt{x}\,dx = \frac{1}{3}\left[\frac{2x^{3/2}}{3}\right]_1^4$$

$$= \frac{1}{3}\left[\frac{16}{3} - \frac{2}{3}\right] = \frac{14}{9} \approx 1.6$$

$f(x) = \sqrt{x}$ の値が平均値と一致する x は $\sqrt{x} = 14/9$ を満たす．これより，$x = 196/81 \approx 2.4$ を得る（図 5.7.11）． ◀

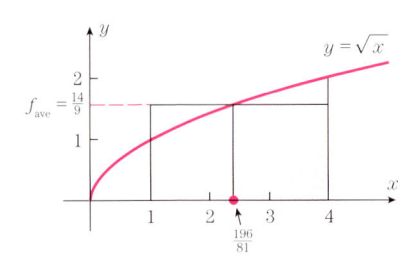

図 5.7.11

再び平均速度

3.1 節において座標軸上を動く粒子の運動を考察し，平均速度をとる区間をだんだん短くし，その極限として瞬間速度の概念に至った．そこでの議論から，粒子の時間区間における平均速度は時間に対する位置の曲線の割線の傾きとして解釈できるのであった（図 3.1.6）．ここでは，平均速度の計算に定義 5.7.5 を採用しても，同じ結論が得られることを示す．

そのために，$s(t)$ および $v(t)$ をそれぞれ，粒子の位置および速度関数とし，時間区間 $[t_0, t_1]$ における粒子の平均速度の計算に公式 (21) を用いる．こうして，

$$v_{\text{ave}} = \frac{1}{t_1 - t_0} \int_{t_0}^{t_1} v(t)\,dt = \frac{1}{t_1 - t_0} \int_{t_0}^{t_1} s'(t)\,dt = \frac{s(t_1) - s(t_0)}{t_1 - t_0}$$

を得る．ゆえに，時間区間上の平均速度は変位を経過時間で割った値に等しい．幾何的には，これは図 5.7.12 で示された割線の傾きである．したがって，3.1 節における平均速度の議論は定義 5.7.5 と比べて矛盾するところはない．

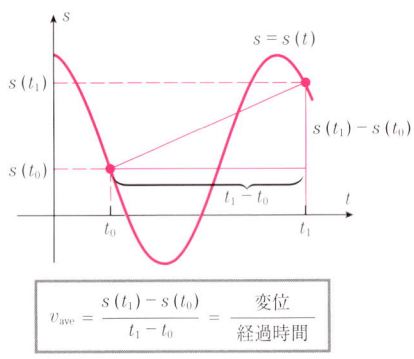

図 5.7.12

演習問題 5.7 〜 グラフィックユーティリティ   C CAS

1. (a) in/y（in：インチ，y：年）で測った子供の身長の変化率を $h'(t)$ とする．このとき，定積分 $\int_0^{10} h'(t)\,dt$ は何を表すか．また，その単位は何か．

(b) cm/s（cm：センチ，s：秒）で測った球状の風船の半径の変化率を $r'(t)$ とする．このとき，定積分 $\int_1^2 r'(t)\,dt$ は何を表すか．また，その単位は何か．

(c) (ft/s)/°F（ft：フィート，°F：カ氏）で測った，温度に対する音速の変化率を $H(t)$ とする．このとき，定積分 $\int_{32}^{100} H(t)\,dt$ は何を表すか．また，その単位は何か．

(d) cm/h（h：時間）で測った直線運動している粒子の速度を $v(t)$ とする．このとき，定積分 $\int_{t_1}^{t_2} v(t)\,dt$ は何を表すか．また，その単位は何か．

2. (a) 泥が川に毎分 $V(t)$ ガロン（gal）の割合で流れ込んでいるとする．$t=0$ から始めるとして，最初の 1 時間に川に流れ込んだ泥の総量を表す定積分の式を書け．

(b) 曲線 $y=f(x)$ の接線は x において傾き $m(x)$ をもつとする．このとき，積分 $\int_{x_1}^{x_2} m(x)\,dx$ は何を表すか．

3. 次の各問において，直線上を運動する粒子に対する時間に対する速度の曲線が図のように与えられている．図を用いて，時間区間 $0 \leq t \leq 3$ における粒子の変位と総移動距離をそれぞれ求めよ．

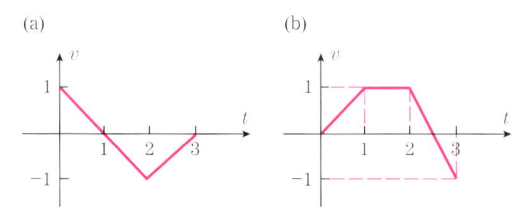

4. 座標軸上を動く粒子の時間区間 $[0,10]$ における変位が 0 で，総移動距離が 5 であるという．この粒子の時間に対する速度の曲線を描け．

5. 図は座標軸上を動く粒子の時間に対する加速度の曲線を表している．この粒子の初速度が 20 m/s であるとき，次の値を求めよ．

(a) 時間 $t=4$ における速度

(b) 時間 $t=6$ における速度

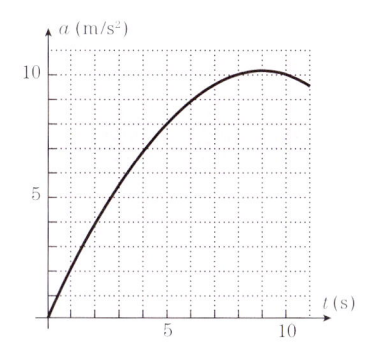

図 Ex-5

6. 前問における粒子が，時間 $t=4$ および $t=6$ においてスピードを上げているのか，あるいは下げているのかを判定せよ．

問題 **7–10** では，s 軸上を動く粒子を考える．与えられた情報をもとに粒子の位置関数を求めよ．

7. (a) $v(t) = t^3 - 2t^2 + 1$; $s(0) = 1$

(b) $a(t) = 4\cos 2t$; $v(0) = -1$; $s(0) = -3$

8. (a) $v(t) = 1 + \sin t$; $s(0) = -3$

(b) $a(t) = t^2 - 3t + 1$; $v(0) = 0$; $s(0) = 0$

9. (a) $v(t) = 2t - 3$; $s(1) = 5$

(b) $a(t) = \cos t$; $v(\pi/2) = 2$; $s(\pi/2) = 0$

10. (a) $v(t) = t^{2/3}$; $s(8) = 0$

(b) $a(t) = \sqrt{t}$; $v(4) = 1$; $s(4) = -5$

問題 **11–14** では，s 軸上を速度 $v(t)$ m/s で動く粒子を考える．与えられた時間区間における粒子の変位および総移動距離を求めよ．

11. (a) $v(t) = \sin t$; $0 \leq t \leq \pi/2$

(b) $v(t) = \cos t$; $\pi/2 \leq t \leq 2\pi$

12. (a) $v(t) = 2t - 4$; $0 \leq t \leq 6$

(b) $v(t) = |t - 3|$; $0 \leq t \leq 5$

13. (a) $v(t) = t^3 - 3t^2 + 2t$; $0 \leq t \leq 3$

(b) $v(t) = \sqrt{t} - 2$; $0 \leq t \leq 3$

14. (a) $v(t) = \frac{1}{2} - (1/t^2)$; $1 \leq t \leq 3$

(b) $v(t) = 3/\sqrt{t}$; $4 \leq t \leq 9$

問題 **15–18** では，s 軸上を加速度 $a(t)$ m/s² で動く粒子を考え，$t=0$ における速度を v_0 m/s とする．与えられた時間区間における粒子の変位および総移動距離を求めよ．

15. $a(t) = -2$; $v_0 = 3$; $1 \leq t \leq 4$

16. $a(t) = t - 2$; $v_0 = 0$; $1 \leq t \leq 5$

17. $a(t) = 1/\sqrt{5t+1}$; $v_0 = 2$; $0 \leq t \leq 3$

18. $a(t) = \sin t$; $v_0 = 1$; $\pi/4 \leq t \leq \pi/2$

19. 次の各問において，与えられた情報を用いて $t=1$ における粒子の位置，速度，速さおよび加速度を求めよ．

(a) $v = \sin \frac{1}{2}\pi t$; $t=0$ のとき $s=0$

(b) $a = -3t$; $t=0$ のとき $s=1$ および $v=0$

20. 図は水平な座標軸上を動く粒子の時間区間 $[1,5]$ における時間に対する速度の曲線を表している．

(a) この時間区間での加速度の符号についてどんなことがいえるか．

(b) 粒子はいつスピードを上げるか．また，いつスピードを下げるか．

(c) $t=1$ における粒子の位置と比べたときの $t=5$ のときの位置についてどんなことがいえるか．その理由は何か．

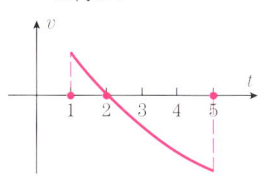

図 Ex-20

問題 **21–24** では，曲線のグラフを描き，曲線と x 軸上の与えられた区間に挟まれた領域の総面積を求めよ．

21. $y = x^2 - 1$; $[0, 3]$　　**22.** $y = \sin x$; $[0, 3\pi/2]$

23. $y = \sqrt{x+1}$; $[-1,1]$ 24. $y = \dfrac{x^2-1}{x^2}$; $[\tfrac{1}{2}, 2]$

25. s 軸上を動く粒子の速度関数が $v(t) = 20t^2 - 100t + 50$ ft/s で与えられ，時間 $t = 0$ のとき原点に位置しているとする．はじめの 6 秒間における $s(t), v(t)$ および $a(t)$ のグラフをグラフィックユーティリティを用いて描け．

26. s 軸上を動く粒子の加速度関数が $a(t) = 4t - 30$ m/s^2 で与えられ，時間 $t = 0$ のときの位置および速度は，それぞれ $s_0 = -5$ m および $v_0 = 3$ m/s とする．はじめの 25 秒間における $s(t), v(t)$ および $a(t)$ のグラフをグラフィックユーティリティを用いて描け．

27. s 軸上を動く粒子の速度関数が $v(t) = 0.5 - t\sin t$ で与えられ，時間 $t = 0$ のとき原点に位置しているとする．
    (a) 時間に対する速度の曲線を描き，それを用いて時間区間 $[0, 5]$ における変位の符号について予想を立てよ．
    (b) CAS を用いて，その変位を求めよ．

28. s 軸上を動く粒子の速度関数が $v(t) = 0.5 - t\cos \pi t$ で与えられ，時間 $t = 0$ のとき原点に位置しているとする．
    (a) 時間に対する速度の曲線を描き，それを用いて時間区間 $[0, 1]$ における変位の符号について予想を立てよ．
    (b) CAS を用いて，その変位を求めよ．

29. 時間 $t = 0$ において粒子は x 軸の原点に位置し，初速度 $v_0 = 25$ cm/s をもつとする．はじめの 4 秒間は加速がないが，その後は反発力が作用して一定の負の加速度 $a = -10$ cm/s^2 を受けるとする．
    (a) 区間 $[0, 12]$ において時間に対する加速度の曲線を描け．
    (b) 区間 $[0, 12]$ において時間に対する速度の曲線を描け．
    (c) 時間 $t = 8$ s および $t = 12$ s における粒子の x 座標を求めよ．
    (d) 時間区間 $[0, 12]$ における粒子の x 座標の最大値を求めよ．

30. 等加速度運動の公式 (8) および (9) をさまざまに変形して便利な形にすることができる．簡単のために $s = s(t)$, $a = a(t)$ と書く．次の公式を導け．
    (a) $a = \dfrac{v^2 - v_0^2}{2(s - s_0)}$ (b) $t = \dfrac{2(s - s_0)}{v_0 + v}$
    (c) $s = s_0 + vt - \tfrac{1}{2}at^2$ [(8) との違いに注意せよ．]

問題 31–38 では，等加速度運動を扱う．これらの問題では，物体は座標軸上を正の方向に運動している．公式 (8) および (9)，あるいは前問におけるその変形式を適宜用いよ．問題によっては 88 ft/s = 60 mi/h (mi：マイル) を用いる．

31. (a) 直線道路を走っている自動車が 30 分間に一定の割合で 55 mi/h から 25 mi/h に減速した．このときの加速度を ft/s^2 で求めよ．
    (b) まっすぐな道で，自転車が 1 分間に一定の割合で静止状態から 30 km/h まで加速した．このときの加速度を km/s^2 で求めよ．

32. 直線道路を 60 mi/h で走っている自動車が一定の割合 10 ft/s^2 で減速している．
    (a) 速さが 45 mi/h になるまでに要する時間を求めよ．
    (b) 自動車が停止するまでに走る距離を求めよ．

33. パトカーを見つけたので，新車のポルシェのブレーキを踏んで 200 ft のあいだに 90 mi/h から 60 mi/h まで一定の割合で減速した．
    (a) 加速度を ft/s^2 単位で求めよ．
    (b) 速度が 55 mi/h になるまでに要する時間を求めよ．
    (c) (a) の加速度のままで，ポルシェが 90 mi/h から完全に停止するまでにかかる時間を求めよ．

34. 直線上を一定の割合 3 m/s^2 で加速している粒子が，はじめの 4 秒間で 40 m 移動したという．このときの初速度を求めよ．

35. 静止状態から一定の加速度 2.6 m/s^2 で加速しているバイクがある．120 m ほど移動した後，一定の加速度 -1.5 m/s^2 で減速して 12 m/s の速さになったという．この地点までのバイクの総移動距離を求めよ．

36. 100 m 走の走者が 4.0 m/s^2 の加速度でスタートブロックから飛び出し，これを 2 秒間持続した．その後は加速せずに走り続けた．
    (a) この走者のレース記録を求めよ．
    (b) 時間に対するスタートラインからの距離の曲線を描け．

37. 料金所で止まった自動車が，一定の加速度 2 ft/s^2 で走り出した．この時点で，自動車の前方 5000 ft の地点に一定の速度 50 ft/s で走るトラックがあった．自動車がこのトラックに追いつくまでの所要時間，および追いついた地点と料金所のあいだの距離を求めよ．

38. ボートの決勝レースで挑戦者が一定の速さ 12 m/s で漕いでいる．トップのボートがゴールラインまであと 100 m の地点に迫った時点で，挑戦者のボートはその 15 m 後方にいて，8 m/s で漕いでいたトップのボートは一定の加速度 0.5 m/s^2 で加速し始めた．果たして勝者はどちらか．

問題 39–48 では，自由落下モデルを適用せよ．公式 (12) および (13) を用いるか，$a = -g$ とおいて問題 30 の公式を適宜用いよ．これらの問題では，単位に応じて $g = 32$ ft/s^2 あるいは $g = 9.8$ m/s^2 とせよ．

39. 弾丸が地表から初速 112 ft/s で真上に発射された．
    (a) $t = 3$ および $t = 5$ における速度を求めよ．
    (b) 弾丸の最高到達高度を求めよ．
    (c) 弾丸が地表に衝突したときの速さを求めよ．

40. 弾丸が地上 112 ft の高さから真下に向けて発射され 2 秒で地表に到達した．このときの初速を求めよ．

41. 弾丸が地表から初速 16 ft/s で真上に発射された．
    (a) 弾丸が地表に衝突するまでの時間を求めよ．
    (b) 弾丸が上昇している間に動く距離を求めよ．

42. 高さ 555 ft のワシントン記念碑の頂上から石を落としたとする．
    (a) 石が地表に衝突するまでの時間を求めよ．
    (b) 衝突時の石の速さを求めよ．

43. ヘリコプターが 20 ft/s の速さで上昇しており，地上 200 ft のところで，パイロットが荷物を投げ下ろした．
    (a) 荷物が地表に到達するまでの時間を求めよ．
    (b) 衝突時の荷物の速さを求めよ．

44. 地上 112 ft の高さから 96 ft の初速で石を落とした．
    (a) 石が地表に衝突するまでの時間を求めよ．
    (b) 衝突時の石の速さを求めよ．

45. 高さ 150 m の塔の上から，初速 49 m/s で弾丸が発射された．
    (a) 弾丸が最高高度に達するまでの時間を求めよ．
    (b) その最高高度はどれだけか．
    (c) 弾丸が打ち上げ時と同じ高さを下向きに通過するまでに要する時間を求めよ．
    (d) (c) の時点での速度を求めよ．
    (e) 弾丸が地表に衝突するまでの時間を求めよ．
    (f) (e) の時点での速さを求めよ．

46. ある人が橋から石を落とした．次の場合に橋の水面からの高さを求めよ．
    (a) 4 秒後に水面に衝突した．
    (b) 4 秒後に水面に衝突した音が聞こえた．［音速は 1080 ft/s とせよ．］

47. 月着陸の最終段階で，月着陸船が逆推進ロケットを噴射しながら月面上 5 m の高さにいる（図）．このとき，逆推進ロケットの噴射を止め，月着陸船は自由落下を始めた．月の重力は地球の重力の 1/6 であるとして，月着陸船が月面に達したときの速さを求めよ．

図 Ex-47

48. 月の重力は地球の 1/6 であるとする．ロケットを上方に打ち上げて高度 1000 ft に到達させるためには，地表からの打ち上げは月面からの打ち上げに比べて，どのくらい速くしなければならないか．

問題 49–52 では，与えられた区間における関数の平均値を求めよ．

49. $f(x) = 3x$; $[1,3]$
50. $f(x) = x^2$; $[-1,2]$
51. $f(x) = \sin x$; $[0,\pi]$
52. $f(x) = \cos x$; $[0,\pi]$

53. (a) $[0,2]$ における $f(x) = x^2$ の f_{ave} を求めよ．
    (b) $f(x^*) = f_{\text{ave}}$ を満たす $[0,2]$ 内の数 x^* を求めよ．
    (c) $[0,2]$ 上の $f(x) = x^2$ のグラフを描き，f のグラフと区間に挟まれた部分と同じ面積をもつ長方形をその区間の上部に作れ．

54. (a) $[0,4]$ における $f(x) = 2x$ の f_{ave} を求めよ．
    (b) $f(x^*) = f_{\text{ave}}$ を満たす $[0,4]$ 内の数 x^* を求めよ．
    (c) $[0,4]$ 上の $f(x) = 2x$ のグラフを描き，f のグラフと区間に挟まれた部分と同じ面積をもつ長方形をその区間の上部に作れ．

55. (a) 座標軸上を粒子が速度関数 $v(t) = 3t^3 + 2$ で運動している．時間区間 $[1,4]$ における粒子の平均速度を定積分を使って求めよ．
    (b) 座標軸上を粒子が位置関数 $s(t) = 6t^2 + t$ で運動している．時間区間 $[1,4]$ における粒子の平均速度を代数計算で求めよ．

56. (a) 座標軸上を粒子が加速度関数 $a(t) = t+1$ で運動している．時間区間 $[0,5]$ における粒子の平均加速度を積分を使って求めよ．
    (b) 座標軸上を粒子が速度関数 $v(t) = \cos t$ で運動している．時間区間 $[0,\pi/4]$ における粒子の平均加速度を代数計算で求めよ．

57. 半径 3 ft 高さ 5 ft の円筒形のタンクに水が一定の割合 1 ft^3/min で流入している．最初はタンクは空であるとし，タンクが満たされるまでの時間における水の平均重量について予想を立て，定積分を用いてその予想を確かめよ．［水の密度を 62.4 lb/ft^3（lb：ポンド）とせよ．］

58. (a) 10 m の長さの金属の棒があり，片方の端の温度は 15°C で他方の端は 30°C であるとする．冷たい方の端から温かい方の端へ温度が線形的に上昇しているときに，この棒の平均温度を求めよ．
    (b) 棒のどこかに平均温度と同じ温度をもつところがなければならないことを説明し，その場所を求めよ．

59. (a) ある貯水池では，午前 8 時 30 分から 9 時 00 分まで，毎分 $r = 4$ ガロン（gal/min）の一定の割合で工業団地に水を供給している．この時間内に供給される水の総量を求めよ．

(b) 午前 9 時 00 分から 10 時 00 分まで，ある工場が水の消費量を増やし，その結果，図のように貯水池からの供給の割合が線形的に増加した．この 1 時間に貯水池が供給した水の総量はいくらか．

(c) 午前 10 時 00 分から正午までの供給割合は，式 $r(t) = 10 + \sqrt{t}$ gal/min である．ここで，t は 10 時 00 分から測った時間（分）とする．この 2 時間で貯水池が供給した水の総量はどれだけか．

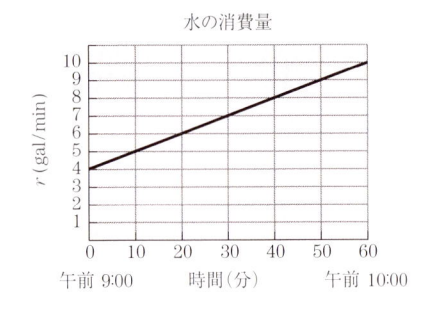

図 Ex-59

60. ある交通専門技術者が，午後の混雑時に主要高速道路に進入する自動車の割合を調査した．その調査によれば，午後 4 時 30 分から 5 時 30 分までのあいだに高速道路に進入する自動車の割合 $R(t)$ は，式 $R(t) = 100(1 - 0.0001t^2)$ 毎分で見積もることができるという．ここで，t は午後 4 時 30 分から測った時間（分）とする．

(a) 高速道路へ進入する自動車が最も多くなるのはいつか．
(b) この時間帯に進入した自動車の総数を見積もれ．

61. (a) $[a,b]$ で連続な f に対して，次式を証明せよ．
$$\int_a^b [f(x) - f_{\text{ave}}]\,dx = 0$$
(b) 次式を満たす定数 $c \neq f_{\text{ave}}$ は存在するか．
$$\int_a^b [f(x) - c]\,dx = 0$$

5.8 置換法による定積分の計算

この節では，置換法を用いた定積分の 2 つの計算法を述べる．

定積分の 2 つの置換法

5.3 節において，
$$\int f(g(x))g'(x)\,dx$$
の形をした不定積分は，
$$u = g(x), \quad du = g'(x)\,dx \tag{1}$$
という u 置換によって，
$$\int f(u)\,du$$
という形の積分に変換して計算できる場合があるということを述べた．この方法を定積分
$$\int_a^b f(g(x))g'(x)\,dx$$
に適用するとき，x に関する積分の両端における置換の影響を考慮しなければならない．これには 2 つの方法がある．

第 1 の方法 まず，置換法によって不定積分
$$\int f(g(x))g'(x)\,dx$$
を求め，次に関係式
$$\int_a^b f(g(x))g'(x)\,dx = \left[\int f(g(x))g'(x)\,dx\right]_a^b$$
を使って定積分を求める．この方法では積分の両端を変換する必要はない．

第 2 の方法　直接，置換 (1) を定積分で実行し，関係 $u = g(x)$ を用いて，x に関する端 $x = a$ と $x = b$ を対応する u に関する端 $u = g(a)$ と $u = g(b)$ に置き換える．これより，u だけで表された新しい定積分

$$\int_{g(a)}^{g(b)} f(u)\, du$$

を得る．

例 1　上述の 2 つの方法を用いて，定積分 $\int_0^2 x(x^2+1)^3\, dx$ を求めよ．

第 1 の方法による解　置換

$$u = x^2 + 1 \qquad \text{すなわち} \qquad du = 2x\, dx \tag{2}$$

によって，

$$\int x(x^2+1)^3\, dx = \frac{1}{2}\int u^3\, du = \frac{u^4}{8} + C = \frac{(x^2+1)^4}{8} + C$$

となる．ゆえに，

$$\int_0^2 x(x^2+1)^3\, dx = \left[\int x(x^2+1)^3\, dx\right]_{x=0}^{2} = \left[\frac{(x^2+1)^4}{8}\right]_{x=0}^{2}$$
$$= \frac{625}{8} - \frac{1}{8} = 78$$

を得る．

第 2 の方法による解　置換 $u = x^2 + 1$ を (2) に対して行うと，

$$x = 0 \quad \text{のとき} \quad u = 1$$
$$x = 2 \quad \text{のとき} \quad u = 5$$

となる．これより，

$$\int_0^2 x(x^2+1)^3\, dx = \frac{1}{2}\int_1^5 u^3\, du = \left.\frac{u^4}{8}\right]_{u=1}^{5} = \frac{625}{8} - \frac{1}{8} = 78$$

を得る．これは第 1 の方法の結果と一致している．◀

第 2 の方法を使う際の正確な条件を述べたのが次の定理である．

5.8.1 定理　g' は $[a, b]$ 上で連続であり，f は $a \leq x \leq b$ における $g(x)$ の値を含む区間で連続であるとする．このとき，

$$\int_a^b f(g(x))g'(x)\, dx = \int_{g(a)}^{g(b)} f(u)\, du$$

が成り立つ．

証明　$a \leq x \leq b$ における $g(x)$ の値を含む区間で f は連続なので，f はこの区間で原始関数 F をもつ．$u = g(x)$ とおけば，連鎖率によって，$[a, b]$ 内の任意の x に対して

$$\frac{d}{dx} F(g(x)) = \frac{d}{dx} F(u) = \frac{dF}{du}\frac{du}{dx} = f(u)\frac{du}{dx} = f(g(x))g'(x)$$

が成り立つ．ゆえに，$F(g(x))$ は $[a, b]$ における $f(g(x))g'(x)$ の原始関数である．したがって，微積分学の基本定理 その 1（定理 5.6.1）から，

$$\int_a^b f(g(x))g'(x)\, dx = F(g(x))\Big]_a^b = F(g(b)) - F(g(a)) = \int_{g(a)}^{g(b)} f(u)\, du$$

を得る．■

どの方法で定積分を計算するかは，一般に好みの問題であるが，次の例 2, 3 では，新しい考え方である第 2 の方法を用いる．

例 2 次の定積分を求めよ．

(a) $\displaystyle\int_0^{\pi/8} \sin^5 2x \cos 2x \, dx$ 　　　　　(b) $\displaystyle\int_2^5 (2x-5)(x-3)^9 \, dx$

解 (a) 置換

$$u = \sin 2x \quad \text{すなわち} \quad du = 2\cos 2x \, dx \quad \left(\text{あるいは } \tfrac{1}{2} du = \cos 2x \, dx\right)$$

を用いる．

$$x = 0 \quad \text{のとき} \quad u = \sin(0) = 0$$
$$x = \pi/8 \quad \text{のとき} \quad u = \sin(\pi/4) = 1/\sqrt{2}$$

であるから，

$$\int_0^{\pi/8} \sin^5 2x \cos 2x \, dx = \frac{1}{2}\int_0^{1/\sqrt{2}} u^5 \, du = \frac{1}{2} \cdot \frac{u^6}{6}\bigg]_{u=0}^{1/\sqrt{2}}$$
$$= \frac{1}{2}\left(\frac{1}{6(\sqrt{2})^6} - 0\right) = \frac{1}{96}$$

を得る．

解 (b) 置換

$$u = x - 3 \quad \text{すなわち} \quad du = dx$$

を用いる．被積分関数の中の $2x+5$ は，

$$x = u + 3 \quad \text{なので} \quad 2x - 5 = 2(u+3) - 5 = 2u + 1$$

と変換される．このとき，

$$x = 2 \quad \text{のとき} \quad u = 2 - 3 = -1$$
$$x = 5 \quad \text{のとき} \quad u = 5 - 3 = 2$$

であるから，

$$\int_2^5 (2x-5)(x-3)^9 \, dx = \int_{-1}^2 (2u+1)u^9 \, du = \int_{-1}^2 (2u^{10} + u^9) \, du$$
$$= \left[\frac{2u^{11}}{11} + \frac{u^{10}}{10}\right]_{u=-1}^2 = \left(\frac{2^{12}}{11} + \frac{2^{10}}{10}\right) - \left(-\frac{2}{11} + \frac{1}{10}\right)$$
$$= \frac{52233}{110} \approx 474.8$$

を得る． ◀

例 3 関数

$$f(x) = \frac{\cos(\pi/x)}{x^2}$$

の区間 $[1,3]$ における平均値を求めよ．

解 区間 $[1,3]$ における f の平均値は，定義 5.7.5 から，

$$f_{\text{ave}} = \frac{1}{3-1}\int_1^3 \frac{\cos(\pi/x)}{x^2} dx = \frac{1}{2}\int_1^3 \frac{\cos(\pi/x)}{x^2} dx$$

となる．この定積分を求めるには，置換

$$u = \frac{\pi}{x} \quad \text{すなわち} \quad du = -\frac{\pi}{x^2} dx = -\pi \cdot \frac{1}{x^2} dx \quad \text{あるいは} \quad -\frac{1}{\pi} du = \frac{1}{x^2} dx$$

を用いる．このとき，

$$x = 1 \quad \text{のとき} \quad u = \pi$$
$$x = 3 \quad \text{のとき} \quad u = \pi/3$$

であるから，区間 $[1,3]$ における f の平均値は，

$$f_{\text{ave}} = \frac{1}{2}\int_1^3 \frac{\cos(\pi/x)}{x^2}dx = \frac{1}{2}\cdot\left(-\frac{1}{\pi}\right)\int_\pi^{\pi/3}\cos u\,du$$

$$= -\frac{1}{2\pi}\sin u\bigg]_{u=\pi}^{\pi/3} = -\frac{1}{2\pi}(\sin(\pi/3)-\sin\pi) = -\frac{\sqrt{3}}{4\pi} \approx -0.1378$$

を得る. ◀

> 注意　ここで用いた u 置換では，u に関する積分の上端が下端より小さくなっていることを確認してほしい．例 3 ではそのままの端の順で計算したが，上式の第 1 式において定義 5.5.3(b) に従って，積分の符号を逆にすることで端の順を反転することができる．どの方法を採用するかは好みの問題であり，どれを使っても同じ結果を得る（確かめよ）．

演習問題 5.8　C　CAS

問題 **1** と **2** では，与えられた u 置換を用いて u に関する積分に変換せよ．ただし，定積分を求める必要はない．

1. (a) $\int_0^2 (x+1)^7\,dx;\quad u=x+1$

(b) $\int_{-1}^2 x\sqrt{8-x^2}\,dx;\quad u=8-x^2$

(c) $\int_{-1}^1 \sin(\pi\theta)\,d\theta;\quad u=\pi\theta$

(d) $\int_0^3 (x+2)(x-3)^{20}\,dx;\quad u=x-3$

2. (a) $\int_{-1}^4 (5-2x)^8\,dx;\quad u=5-2x$

(b) $\int_{-\pi/3}^{2\pi/3} \frac{\sin x}{\sqrt{2+\cos x}}\,dx;\quad u=2+\cos x$

(c) $\int_0^{\pi/4} \tan^2 x\sec^2 x\,dx;\quad u=\tan x$

(d) $\int_0^1 x^3\sqrt{x^2+3}\,dx;\quad u=x^2+3$

問題 **3–12** では，はじめに定積分に u 置換を行う方法で，次に対応する不定積分に u 置換を行う方法で，定積分を求めよ．

3. $\int_0^1 (2x+1)^4\,dx$

4. $\int_1^2 (4x-2)^3\,dx$

5. $\int_{-1}^0 (1-2x)^3\,dx$

6. $\int_1^2 (4-3x)^8\,dx$

7. $\int_0^8 x\sqrt{1+x}\,dx$

8. $\int_{-5}^0 x\sqrt{4-x}\,dx$

9. $\int_0^{\pi/2} 4\sin(x/2)\,dx$

10. $\int_0^{\pi/6} 2\cos 3x\,dx$

11. $\int_{-2}^{-1} \frac{x}{(x^2+2)^3}\,dx$

12. $\int_{1-\pi}^{1+\pi} \sec^2\left(\frac{1}{4}x-\frac{1}{4}\right)dx$

問題 **13–16** では，与えられた u 置換を用いて u に関する積分に変換し，幾何の公式を用いてその定積分を求めよ．

13. $\int_0^{5/3} \sqrt{25-9x^2}\,dx;\quad u=3x$

14. $\int_0^2 x\sqrt{16-x^4}\,dx;\quad u=x^2$

15. $\int_{\pi/3}^{\pi/2} \sin\theta\sqrt{1-4\cos^2\theta}\,d\theta;\quad u=2\cos\theta$

16. $\int_{-3}^1 \sqrt{3-2x-x^2}\,dx;\quad u=x+1$

17. 曲線 $y=\sin\pi x$ と区間 $[0,1]$ で挟まれた部分の面積を求めよ．

18. 曲線 $y=3\cos 2x$ と区間 $[0,\pi/8]$ で挟まれた部分の面積を求めよ．

19. 曲線 $y=1/(x+5)^2$ と区間 $[3,7]$ で挟まれた部分の面積を求めよ．

20. 曲線 $y=1/(3x+1)^2$ と区間 $[0,1]$ で挟まれた部分の面積を求めよ．

21. 区間 $[0,2]$ における関数

$$f(x) = \frac{x}{(5x^2+1)^2}$$

の平均値を求めよ．

22. 区間 $\left[-\frac{1}{4},\frac{1}{4}\right]$ における $f(x)=\sec^2\pi x$ の平均値を求めよ．

問題 **23–36** では，定積分を求めよ．どんな方法を用いてもよい．

23. $\int_0^1 \dfrac{dx}{\sqrt{3x+1}}$

24. $\int_1^2 \sqrt{5x-1}\, dx$

25. $\int_{-1}^1 \dfrac{x^2\, dx}{\sqrt{x^3+9}}$

26. $\int_{-1}^0 6t^2(t^3+1)^{19}\, dt$

27. $\int_1^3 \dfrac{x+2}{\sqrt{x^2+4x+7}}\, dx$

28. $\int_1^2 \dfrac{dx}{x^2-6x+9}$

29. $\int_{-3\pi/4}^{\pi/4} \sin x \cos x\, dx$

30. $\int_0^{\pi/4} \sqrt{\tan x}\, \sec^2 x\, dx$

31. $\int_0^{\sqrt{\pi}} 5x\cos(x^2)\, dx$

32. $\int_{\pi^2}^{4\pi^2} \dfrac{1}{\sqrt{x}}\sin\sqrt{x}\, dx$

33. $\int_{\pi/12}^{\pi/9} \sec^2 3\theta\, d\theta$

34. $\int_0^{\pi/2} \sin^2 3\theta \cos 3\theta\, d\theta$

35. $\int_0^1 \dfrac{y^2\, dy}{\sqrt{4-3y}}$

36. $\int_{-1}^4 \dfrac{x\, dx}{\sqrt{5+x}}$

37. **C** (a) CAS を用いて，定積分
$$\int_0^{\pi/6} \sin^4 x \cos^3 x\, dx$$
の正確な値を求めよ．
(b) 手計算で答えを確かめよ．
[ヒント：恒等式 $\cos^2 x = 1 - \sin^2 x$ を使う．]

38. **C** (a) CAS を用いて，定積分
$$\int_{-\pi/4}^{\pi/4} \tan^4 x\, dx$$
の正確な値を求めよ．
(b) 手計算で答えを確かめよ．
[ヒント：恒等式 $1+\tan^2 x = \sec^2 x$ を使う．]

39. (a) $\int_1^4 f(x)\, dx = 5$ のとき，$\int_0^1 f(3x+1)\, dx$ の値を求めよ．
(b) $\int_0^9 f(x)\, dx = 5$ のとき，$\int_0^3 f(3x)\, dx$ の値を求めよ．
(c) $\int_0^4 f(x)\, dx = 1$ のとき，$\int_{-2}^0 xf(x^2)\, dx$ の値を求めよ．

40. m と n を正の整数とする．直接定積分の値を求めないで，置換法で
$$\int_0^1 x^m(1-x)^n\, dx = \int_0^1 x^n(1-x)^m\, dx$$
を示せ．

41. n を正の整数とする．直接定積分の値を求めないで，三角関数の公式と置換法で
$$\int_0^{\pi/2} \sin^n x\, dx = \int_0^{\pi/2} \cos^n x\, dx$$
を示せ．

42. n を正の整数とするとき，定積分
$$\int_0^1 x(1-x)^n\, dx$$
を求めよ．

43. 家庭に供給される電気は**交流**とよばれ，その電圧は
$$V = V_p \sin(2\pi ft)$$
という正弦波形で与えられる（図をみよ）．この式において，V_p をピーク電圧あるいは**振幅**とよび，f を**周波数**，そして $1/f$ をその**周期**とよぶ．V および V_p はボルト（V），時間 t は秒（s），そして周波数はヘルツ（Hz）あるいはサイクル毎秒で測られる（**サイクルは波形の 1 周期分を表す電気用語**）．ほとんどの交流電圧計は V のいわゆる**実効電圧**（rms）を計測する．これは 1 周期上の V^2 の平均値の平方根で定義される．

(a) $$V_{\text{rms}} = \dfrac{V_p}{\sqrt{2}}$$
を示せ．[ヒント：$t = 0$ から $t = 1/f$ までの 1 周期で平均値を計算する．その計算には恒等式 $\sin^2\theta = \dfrac{1}{2}(1-\cos 2\theta)$ を使え．]

(b) 米国の家庭用コンセントは実効電圧 120 V，周波数 60 Hz の交流に対応している．そのピーク電圧を求めよ．

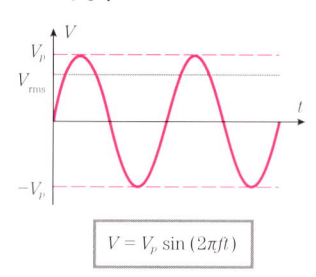

図 Ex-43

44. 連続関数 f と g に対して
$$\int_0^t f(t-x)g(x)\, dx = \int_0^t f(x)g(t-x)\, dx$$
を示せ．

45. (a) $I = \int_0^a \dfrac{f(x)}{f(x)+f(a-x)}\, dx$ とおく．$I = a/2$ を示せ．[ヒント：置換 $u = a-x$ による新しい被積分関数と 1 との差に注目せよ．]

(b) (a) を用いて次の定積分を求めよ．
$$\int_0^3 \dfrac{\sqrt{x}}{\sqrt{x}+\sqrt{3-x}}\, dx$$

(c) (a) を用いて次の定積分を求めよ．
$$\int_0^{\pi/2} \dfrac{\sin x}{\sin x + \cos x}\, dx$$

46. $I = \int_{-1}^{1} \frac{1}{1+x^2} dx$ とおく．置換 $x = 1/u$ によって
$$I = -\int_{-1}^{1} \frac{1}{1+u^2} du = -I$$
すなわち $2I = 0$，ゆえに $I = 0$ となる．しかし，被積分関数は正であるから，これは矛盾である．この議論のどこが間違っているか．

47. 区間 $[0,1]$ 上の適切な定積分を求めることで，極限
$$\lim_{n \to +\infty} \sum_{k=1}^{n} \frac{\sin(k\pi/n)}{n}$$
を求めよ．

48. CAS を用いて，問題 47 の答えを確かめよ．

49. (a) 奇関数 f に対して，
$$\int_{-a}^{a} f(x) dx = 0$$
であることを示せ．また，これを幾何的に説明せよ．[ヒント：q が 0 であることを示す 1 つの方法は $q = -q$ を示すことである．]

(b) 偶関数 f に対して，
$$\int_{-a}^{a} f(x) dx = 2\int_{0}^{a} f(x) dx$$
であることを示せ．また，これを幾何的に説明せよ．[ヒント：$-a$ から a までの積分区間を 0 で 2 つに分割せよ．]

50. 次の定積分を求めよ．

(a) $\int_{-1}^{1} x\sqrt{\cos(x^2)}\, dx$

(b) $\int_{0}^{\pi} \sin^8 x \cos^5 x\, dx$
[ヒント：置換 $u = x - (\pi/2)$ を使え．]

補充問題

C CAS

1. 曲線 $y = f(x)$ と区間 $[a,b]$ で挟まれた部分の面積を定義する長方形法について簡単にまとめよ．

2. 関数 f の積分曲線とは何か．関数 f の 2 本の積分曲線のあいだにはどのような関係があるか．

3. 区間 $[a,b]$ 上の f の定積分は，極限
$$\int_{a}^{b} f(x)\, dx = \lim_{\max \Delta x_k \to 0} \sum_{k=1}^{n} f(x_k^*) \Delta x_k$$
によって定義された．この右辺のいろいろな記号の意味を説明せよ．

4. 2 つの微分積分学の基本定理を記述し，"微分と積分は逆関係である"という言葉の意味を説明せよ．

5. 座標軸上を等加速度運動する粒子の位置および速度関数を表す式を導け．

6. (a) 図で示された領域の面積（cm^2）を上と下から推定する方法を考えよ．

    (b) 考えた方法で，実際に面積を上と下から推定せよ．

    (c) (b)の結果を改良せよ．

図 Ex-6

7. 次式
$$\int_{0}^{1} f(x)\, dx = \frac{1}{2}, \quad \int_{1}^{2} f(x)\, dx = \frac{1}{4},$$
$$\int_{0}^{3} f(x)\, dx = -1, \quad \int_{0}^{1} g(x)\, dx = 2$$
が成り立つとする．これらを用いて，次の定積分の値を求めよ．また，計算できるだけの情報がない場合は，そのように答えよ．

(a) $\int_{0}^{2} f(x)\, dx$ (b) $\int_{1}^{3} f(x)\, dx$ (c) $\int_{2}^{3} 5f(x)\, dx$

(d) $\int_{1}^{0} g(x)\, dx$ (e) $\int_{0}^{1} g(2x)\, dx$ (f) $\int_{0}^{1} [g(x)]^2\, dx$

8. 問題 7 で得た情報を用いて，次の定積分の値を求めよ．また，計算できるだけの情報がない場合は，そのように答えよ．

(a) $\int_0^1 [f(x)+g(x)]\,dx$ (b) $\int_0^1 f(x)g(x)\,dx$

(c) $\int_0^1 \dfrac{f(x)}{g(x)}\,dx$ (d) $\int_0^1 [4g(x)-3f(x)]\,dx$

9. 次の定積分の値を求めよ．必要に応じて幾何の公式を用いよ．

(a) $\int_{-1}^1 \left(1+\sqrt{1-x^2}\right) dx$

(b) $\int_0^3 \left(x\sqrt{x^2+1}-\sqrt{9-x^2}\right) dx$

(c) $\int_0^1 x\sqrt{1-x^4}\,dx$

10. 定積分 $\int_0^1 |2x-1|\,dx$ の値を求め，どのような領域の面積を表しているのか図示せよ．

11. 定積分
$$\int_0^\pi \sin^8 x\,dx$$
の正確な値は，$\pi, \pi/2, 35\pi/128, 1-\pi$ のどれかであることがわかっている．このとき，図の $y=\sin^8 x$ のグラフを使い，消去法を用いて本当の値を求めよ．[積分を計算しないこと．]

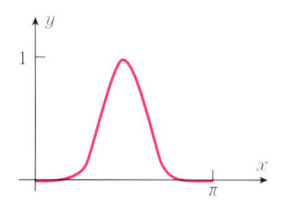

図 Ex-11

12. 区間 $[0,1]$ を n 等分したときのリーマン和の極限とみなすことによって，次の極限を求めよ．

(a) $\displaystyle\lim_{n\to+\infty} \dfrac{\sqrt{1}+\sqrt{2}+\sqrt{3}+\cdots+\sqrt{n}}{n^{3/2}}$

(b) $\displaystyle\lim_{n\to+\infty} \dfrac{1^4+2^4+3^4+\cdots+n^4}{n^5}$

13. 図は未知の関数 f のグラフ上の 5 点を示している．これらを用いて，$y=f(x)$ のグラフと区間 $[1,5]$ に挟まれた部分の面積 A を近似する方法を考えよ．それを述べ，それに従って A の値を近似せよ．

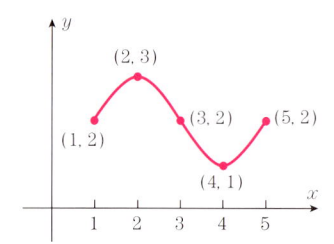

図 Ex-13

14. 図は微分方程式 $dy/dx=f(x)$ の方向場を表している．$f(x)$ に最もふさわしい関数は次のどれか．

$\sqrt{x},\quad \sin x,\quad x^4,\quad x$

また，その理由を述べよ．

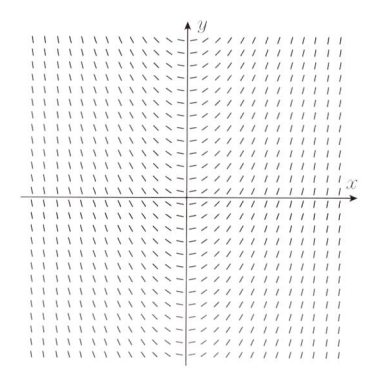

図 Ex-14

15. 次の等式を示せ．

(a) $1\cdot 2+2\cdot 3+\cdots+n(n+1)=\dfrac{1}{3}n(n+1)(n+2)$

(b) $\displaystyle\lim_{n\to+\infty}\sum_{k=1}^{n-1}\left(\dfrac{9}{n}-\dfrac{k}{n^2}\right)=\dfrac{17}{2}$

(c) $\displaystyle\sum_{i=1}^{3}\left(\sum_{j=1}^{2}(i+j)\right)=21$

16. 和
$$\sum_{k=4}^{18} k(k-3)$$
を，次の条件を満たすシグマ記号で表せ．

(a) $k=0$ を和の下端とする．

(b) $k=5$ を和の下端とする．

17. 図は 1 辺の長さが n の正方形が，1 辺の長さが 1 の正方形と $n-1$ 個の「L 型」の図形に分割されている様子を表している．この図を用いて，はじめの n 個の連続する奇数の和が n^2 になることを示せ．

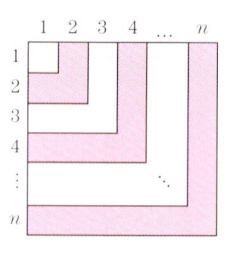

図 Ex-17

18. 問題 17 の結果を
$$1+3+5+\cdots+2n-1=\sum_{k=1}^{n}(2k-1)$$
を計算して求めよ．

和の項の一部が次の項の一部と打ち消し合い，最終的に初項と末項の一部のみが残るとき，これを望遠鏡の和とよんだ．問題 **19**–**22** では，そのような望遠鏡の和を計算せよ．

19. $\displaystyle\sum_{k=5}^{17}(3^k - 3^{k-1})$

20. $\displaystyle\sum_{k=1}^{50}\left(\frac{1}{k} - \frac{1}{k+1}\right)$

21. $\displaystyle\sum_{k=2}^{20}\left(\frac{1}{k^2} - \frac{1}{(k-1)^2}\right)$

22. $\displaystyle\sum_{k=1}^{100}(2^{k+1} - 2^k)$

23. (a) 次式を示せ．
$$\frac{1}{1\cdot 3} + \frac{1}{3\cdot 5} + \cdots + \frac{1}{(2n-1)(2n+1)} = \frac{n}{2n+1}$$
$$\left[\text{ヒント}: \frac{1}{(2n-1)(2n+1)} = \frac{1}{2}\left(\frac{1}{2n-1} - \frac{1}{2n+1}\right)\right]$$
(b) (a) の結果を用いて，次の極限値を求めよ．
$$\lim_{n\to+\infty}\sum_{k=1}^{n}\frac{1}{(2k-1)(2k+1)}$$

24. (a) 次式を示せ．
$$\frac{1}{1\cdot 2} + \frac{1}{2\cdot 3} + \frac{1}{3\cdot 4} + \cdots + \frac{1}{n(n+1)} = \frac{n}{n+1}$$
$$\left[\text{ヒント}: \frac{1}{n(n+1)} = \frac{1}{n} - \frac{1}{n+1}\right]$$
(b) (a) の結果を用いて，次の極限値を求めよ．
$$\lim_{n\to+\infty}\sum_{k=1}^{n}\frac{1}{k(k+1)}$$

25. n 個の数 $x_1, x_2, ..., x_n$ の相加平均を $\bar{x}$ で表す．定理 5.4.1 を用いて次式を示せ．
$$\sum_{i=1}^{n}(x_i - \bar{x}) = 0$$

26.
$$S = \sum_{k=0}^{n} ar^k$$
とおく．$S - rS = a - ar^{n+1}$ を示し，
$$\sum_{k=0}^{n} ar^k = \frac{a - ar^{n+1}}{1-r} \quad (r \neq 1)$$
を導け（この形の和を**幾何級数**という）．

27. 次の和において，必要ならば下端が 0 になるように書き換え，問題 **26** で導いた公式を使って和を求めよ．また，計算ユーティリティを使って答えを確かめよ．

(a) $\displaystyle\sum_{k=1}^{20} 3^k$ (b) $\displaystyle\sum_{k=5}^{30} 2^k$ (c) $\displaystyle\sum_{k=0}^{100}(-1)^{k+1}\frac{1}{2^k}$

28. C 次の極限において，CAS を使って $n=10, 20$ および 50 の場合に和を計算し，その極限に関する予想を立てよ．つぎに，問題 **26** の公式を使って和を閉じた形で表し，その正確な極限値を求めて予想を確かめよ．

(a) $\displaystyle\lim_{n\to+\infty}\sum_{k=0}^{n}\frac{1}{2^k}$ (b) $\displaystyle\lim_{n\to+\infty}\sum_{k=1}^{n}\left(\frac{3}{4}\right)^k$

29. (a) 2 つの置換 $u = \sec x$ と $u = \tan x$ を，不定積分
$$\int \sec^2 x \tan x \, dx$$
に行うと異なる結果が出ることを示せ．

(b) なぜ 2 つの答えがともに正しいのかを説明せよ．

30. 問題 **29** の 2 つの置換を用いて，定積分
$$\int_0^{\pi/4} \sec^2 x \tan x \, dx$$
を求めよ．また，2 つの結果が一致することを確かめよ．

31. 置換 $u = 1 + x^{2/3}$ を用いて不定積分
$$\int \sqrt{1 + x^{-2/3}} \, dx$$
を求めよ．

32. (a) シグマ記号を使って
$$\int_a^b [f_1(x) + f_2(x) + \cdots + f_n(x)] \, dx$$
$$= \int_a^b f_1(x) \, dx + \int_a^b f_2(x) \, dx + \cdots + \int_a^b f_n(x) \, dx$$
を表せ．

(b) $c_1, c_2, ..., c_n$ を定数，$f_1, f_2, ..., f_n$ を $[a, b]$ 上の積分可能な関数とする．このとき，常に
$$\int_a^b \left(\sum_{k=1}^{n} c_k f_k(x)\right) dx = \sum_{k=1}^{n}\left[c_k \int_a^b f_k(x) \, dx\right]$$
が成り立つといえるか．また，その理由を述べよ．

33. 区間 $(-\infty, +\infty)$ における $1/(1+x^2)$ の原始関数で，$x=1$ の値が (a) 0 および (b) 2 となるものを求めよ．

34. C $F(x) = \displaystyle\int_0^x \frac{t-3}{t^2+7} dt$ とおく．

(a) F が増加している区間および減少している区間を求めよ．

(b) F が下に凸である開区間および上に凸である開区間を求めよ．

(c) F が極値をとる点をすべて求めよ．

(d) CAS を用いて F のグラフを描き，(a), (b) および (c) の結果と比べて矛盾するところはないことを確かめよ．

35. 関数
$$F(x) = \int_0^x \frac{1}{1+t^2} dt + \int_0^{1/x} \frac{1}{1+t^2} dt$$
は区間 $(0, +\infty)$ 上で定数となることを示せ．

36. 関数
$$F(x) = \int_1^x \frac{1}{t^2 - 9} dt$$
の自然な定義域を求めよ．また，そう考える理由を述べよ．

37. 次の関数において，$F(x)$ が正，負，また零になる x の値を求めよ．ただし，定積分を計算してはいけない．また，その理由も述べよ．

    (a) $F(x) = \int_1^x \dfrac{t^4}{t^2 + 3} dt$ (b) $F(x) = \int_{-1}^x \sqrt{4 - t^2}\, dt$

38. 図で示した台形の上の境界を表す（区分的に定義された）式を求め，それを積分して本書の見返しに示した台形の面積公式を導け．

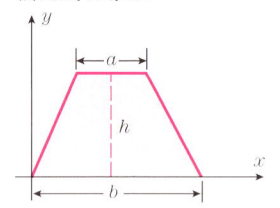

    図 Ex-38

39. s 軸上を運動する粒子の速度を 5 秒おきに 40 秒間計測し，この速度関数を滑らかな曲線によってモデル化した．その曲線および計測値は図に示したとおりである．

    (a) 粒子の加速度は一定か．また，その理由も説明せよ．
    (b) 加速度が一定になる 15 秒の区間があるか．また，その理由も説明せよ．
    (c) 40 秒間における平均速度を求めよ．
    (d) 時間 $t = 0$ から $t = 40$ までに移動した距離を推定せよ．
    (e) 40 秒間に粒子は一度でもスピードを落としたか．また，その理由も説明せよ．
    (f) 時間 $t = 10$ における粒子の s 座標における位置を決めるだけの情報があるか．あればそれを求め，なければ必要な追加情報は何かを説明せよ．

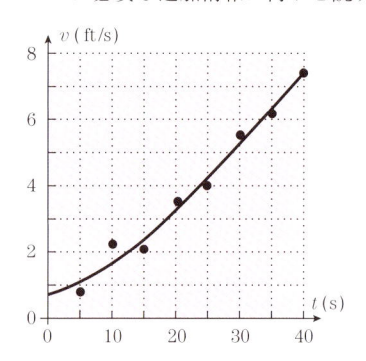

    図 Ex-39

40. 腫瘍が毎週 $r(t) = t/7$ g の割合で肥大しているとする．はじめの 26 週が経過した後，この腫瘍が，次の 26 週間における平均の重さになるのはいつか．

> 問題 41–46 では手計算で積分を求め，CAS があれば，それを使って答えを確かめよ．

41. $\displaystyle\int \frac{\cos 3x}{\sqrt{5 + 2\sin 3x}} dx$ 42. $\displaystyle\int \frac{\sqrt{3 + \sqrt{x}}}{\sqrt{x}} dx$

43. $\displaystyle\int \frac{x^2}{(ax^3 + b)^2} dx$ 44. $\displaystyle\int x \sec^2(ax^2)\, dx$

45. $\displaystyle\int_{-2}^{-1} \left(u^{-4} + 3u^{-2} - \frac{1}{u^5}\right) du$

46. $\displaystyle\int_0^1 \sin^2(\pi x) \cos(\pi x)\, dx$

47. C 第 1 象限内で曲線 $y = x + x^2 - x^3$ の下で x 軸の上にある領域の面積を，CAS を用いて近似せよ．

48. C 次の初期値問題を，CAS を用いて解け．

    (a) $\dfrac{dy}{dx} = x^2 \cos 3x;\quad y(\pi/2) = -1$

    (b) $\dfrac{dy}{dx} = \dfrac{x^3}{(4 + x^2)^{3/2}};\quad y(0) = -2$

49. C 次の式を，CAS を用いて，k に関して解け．

    (a) $\displaystyle\int_1^k (x^3 - 2x - 1)\, dx = 0, \quad k > 1$

    (b) $\displaystyle\int_0^k (x^2 + \sin 2x)\, dx = 3, \quad k \geq 0$

50. C CAS を用いて，$1 \leq x \leq 3$ における積分
$$\int_{-1}^x \frac{t}{\sqrt{2 + t^3}} dt$$
のとる最大値および最小値を近似せよ．

51. C
$$J_0(x) = \frac{1}{\pi} \int_0^\pi \cos(x \sin t)\, dt$$
で定義される関数 J_0 を **0 次のベッセル関数**という．

    (a) CAS を用いて，区間 $[0, 8]$ における $y = J_0(x)$ のグラフを描け．
    (b) $J_0(1)$ の値を推定せよ．
    (c) $J_0(x)$ の正の最小零点を推定せよ．

52. $f(x) = 5x - x^2$ のグラフと区間 $[0, 5]$ で挟まれた部分の面積を，定義 5.4.3 において x_k^* として部分区間の左端点を採用して求めよ．

微積分学を広げる

人間砲弾ブラーモ

人間砲弾ブラーモは，大砲から打ち出されサーカス場の反対側に設置された小さなネットにうまく飛び込みたいと願っている．この命知らずの演技が無事成功するよう，数学的な計算を遂行するのがブラーモのマネージャーとしての読者の役目である．ここで用いるのは弾道学（発射物体の運動の研究）における方法である．

問題

ブラーモが使う大砲の**砲口速度**は 35 m/s である．つまり，ブラーモはこの速度で砲口から発射される．砲口は地上 5 m の高さにあり，ブラーモの目標は同じく地上 5 m の高さのネットにうまく着地することである．そのネットは砲口から 90 m から 100 m までの位置にあり，10 m の長さがある（図 1）．読者に与えられた数学の問題は，ブラーモがうまくネットに着地できるように，この大砲の**仰角** α（砲身が水平線となす角）を決めることである．

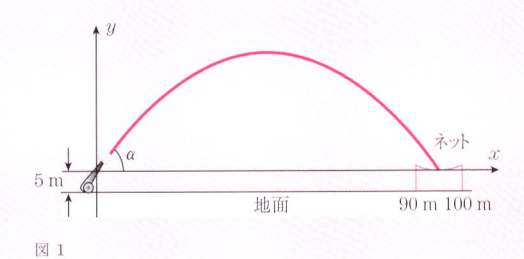

図 1

モデル化の仮定

ブラーモが飛行する軌道は，初速度，大砲の仰角および砲口から発射された後に彼に作用する力で決まる．そこで，彼が砲口から発射された後に働く力は下向きの地球の重力のみであると仮定する．特に，空気抵抗による影響は考慮しない．また，図 1 で示した xy 座標を導入するものとし，ブラーモは時間 $t = 0$ で原点にいるとする．さらに，ブラーモの運動は x 軸に平行な水平成分と y 軸に平行な垂直成分の 2 つの独立な成分に分解できるものとする．ブラーモの運動の水平成分と垂直成分を別々に解析し，それから 2 つを組み合わせて彼の軌道を完全に描写するのである．

ブラーモの運動方程式

ブラーモの運動の水平成分の位置関数と速度関数をそれぞれ $x(t)$ と $v_x(t)$ とし，運動の垂直成分の位置関数と速度関数をそれぞれ $y(t)$ と $v_y(t)$ とする．

ブラーモが砲口から発射された後に彼に働く力は下向きの地球の重力だけだから，初速度 $v_x(0)$ を変化させる水平方向の力は何もない．つまり，ブラーモは x 方向には一定の速度 $v_x(0)$ をもつということであり，

$$x(t) = v_x(0)t \tag{1}$$

が成り立つ．y 方向ではブラーモに働く力は下向きの地球の重力のみである．したがって，この方向にお

いては彼の運動は自由落下運動になる．よって，5.7 節の (12) から彼の垂直方向の位置関数は
$$y(t) = y(0) + v_y(0)t - \frac{1}{2}gt^2$$
となる．ここで，$g = 9.8 \text{ m/s}^2$ および $y(0) = 0$ を代入すると，上式は
$$y(t) = v_y(0)t - 4.9t^2 \tag{2}$$
となる．

練習問題 1. 時間 $t = 0$ においてブラーモの初速度は 35 m/s であり，この速度の方向は水平面と α の角度をなす．物理学によれば，初速度の成分 $v_x(0)$ と $v_y(0)$ は，図 2 で示した三角形を使って砲口速度と砲身の仰角によって幾何的に求められる．これは本書でいずれ証明するとして，ここでは，このことを用いて (1) と (2) は次のように書き換えられることを示せ．

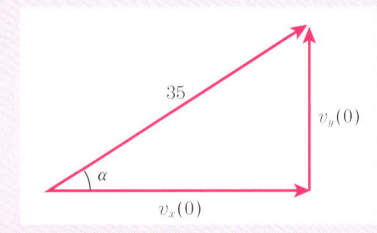

$$x(t) = (35\cos\alpha)t$$
$$y(t) = (35\sin\alpha)t - 4.9t^2$$

図 2

練習問題 2.

(a) 問題 1 の結果を使って，速度関数 $v_x(t)$ および $v_y(t)$ を仰角 α を用いて表せ．

(b) ブラーモが最大高度に達する時間 t を求め，この最大高度 (m) は，
$$y_{\max} = 62.5\sin^2\alpha$$
で与えられることを示せ．

練習問題 3. 問題 1 で得た式はブラーモの軌道をパラメータ表示で表しているとみなせる．その両式からパラメータ t を消去して，$0 < \alpha < \pi/2$ のときのブラーモの軌道が
$$y = (\tan\alpha) - \frac{0.004}{\cos^2\alpha}x^2$$
で与えられることを示せ．また，なぜブラーモの軌道が放物線を描くのかを説明せよ．

■ 仰角を求める

ブラーモが発射されてから砲口の高さ ($y = 0$) に戻るまでに水平方向に移動した距離を**水平到達距離** R と定める．読者の目標は，水平到達距離が 90 m と 100 m のあいだになるように仰角を決め，ブラーモがネットにうまく着地できるようにすることであった（図 3）．

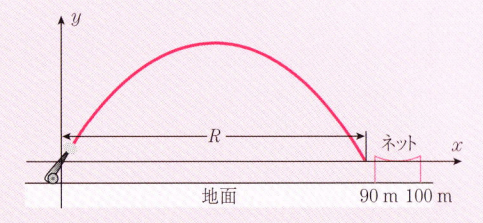

図 3

練習問題 4. 問題 1 のパラメータ表示あるいは問題 3 で得た単独の式を用いて，仰角を 10° きざみで 15° から 85° まで動かして，グラフィックユーティリティを使ってブラーモの軌道を描け．それぞれの場合にブラーモがネットに着地できたかどうかを視覚的に判定せよ．

練習問題 5. ブラーモが出発時の高度 ($y = 0$) に戻るまでの時間を求め，それを用いてブラーモの水平到達距離 R が，
$$R = 125 \sin 2\alpha$$
で与えられることを示せ．

練習問題 6.

(a) 問題 5 の結果を用いて，ブラーモがネットの真ん中 95 m 地点に着地するような 2 つの仰角を求めよ．

(b) サーカス場のテントの高さは 55 m である．求めた 2 つの仰角の大きい方がなぜ適さないかを説明せよ．

練習問題 7. ブラーモが 90 m と 100 m のあいだに着地できるような，問題 6 で求めた小さい方の仰角の範囲を求めよ．

ブラーモのサメ芸

ブラーモは地上 5 m の高さから砲口速度 35 m/s で発射されるが，大砲とネットのあいだには 20 m の高さの燃え上がる壁と 5 m の高さのサメの泳ぐプールが設置される予定である（図 4）．この荒技を盛り上げるため，プールはできるだけ長くしたい．ブラーモのマネージャーとしての読者の次なる仕事は，壁と大砲間の距離を決めることであり，ブラーモがうまくプールを飛び越えられるような仰角を求めることである．

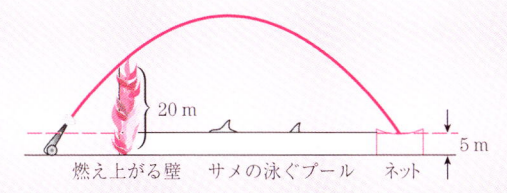

図 4

練習問題 8. エンジニア，物理学者および数学者が読むのに適したレベルで，ここでの問題と解答をレポートにまとめよ．ただし，次の内容を含むものとする．記号すべての説明，使用したすべての公式のリストとその説明，使用した座標系の配置を表す図，問題を解くのに用いた仮定すべての説明，レポートの質を高めると考えられるグラフ，解答の明快な順を追った説明．

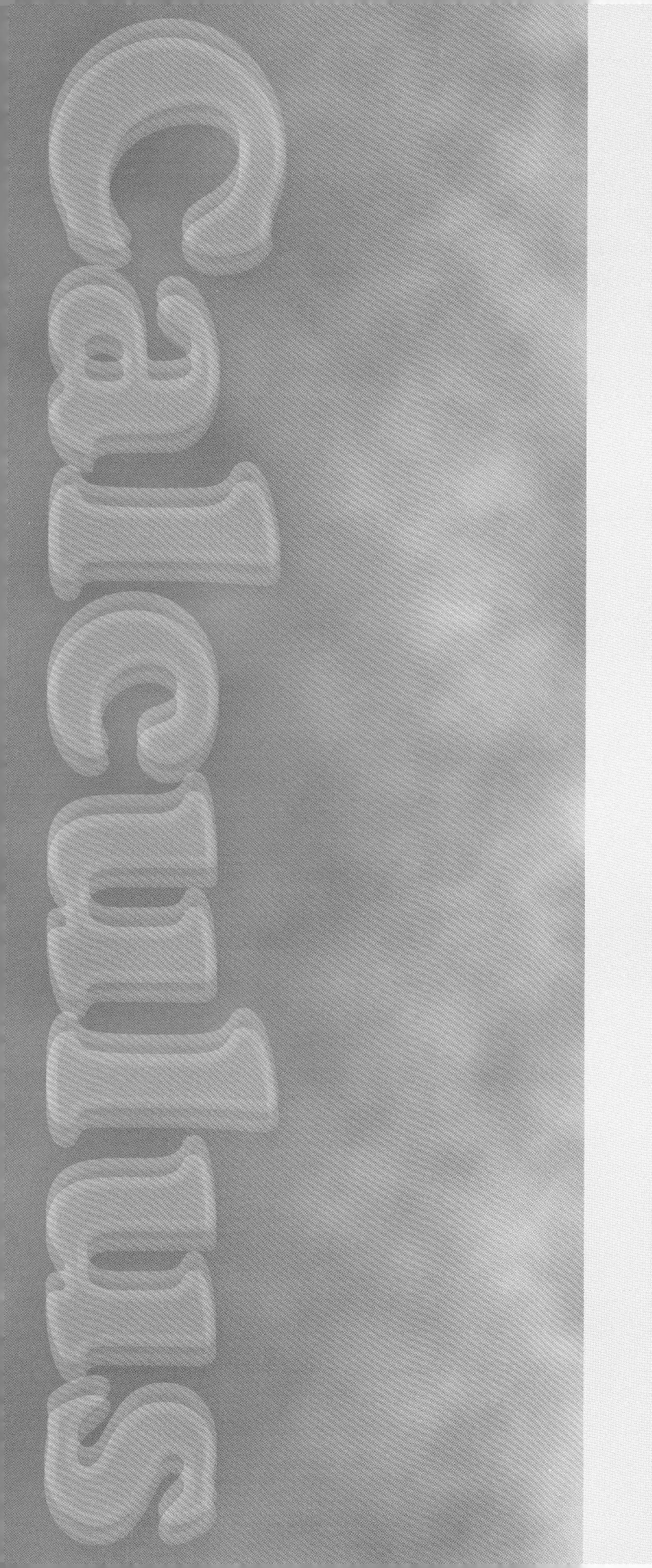

第6章

定積分の，幾何学，科学，および工学における応用

　前章において，面積を求める問題を考察する流れのなかで，リーマン和の極限として定積分を導入した．とはいえ，リーマン和と定積分には面積問題を超えてはるかな広がりをもった応用がある．この章において，固体の体積や表面積を求めること，平面曲線の長さを求めること，そして液体の中に入っている物体が液体から受ける圧力や力を求めること，などのような問題において，どのようにしてリーマン和および定積分が現れてくるかを示す．

　これらの問題は多様ではあるが，必要とされる計算は，面積を求めるのに用いたのと同じ手順によってすべての問題を処理することができる．すなわち，求められる計算を"小さな部分"に分けて行うが，そこで行う近似は部分が小さいゆえによい近似となる．これら小さな部分での近似を足し合わせてリーマン和を作る．このリーマン和は計算すべき全量を近似している．そして，厳密な結果を得るにはリーマン和の極限をとる．

6.1 | 2曲線に挟まれた領域の面積

前章において，曲線 $y = f(x)$ と x 軸上の区間に挟まれた領域の面積を求める方法を示した．この節では，2つの曲線に挟まれた領域の面積を求める方法を示すことにする．

リーマン和の復習

2曲線に挟まれた領域の面積を求める問題を考える前に，面積を定積分として計算することの根底をなしている基本原理を復習することは，これからの助けとなるであろう．f は区間 $[a, b]$ 上で連続かつ非負とする．区間 $[a, b]$ 上の曲線 $y = f(x)$ の下にある領域の面積 A としての定積分は，以下のような4つの段階を経て得られることを思い出しておこう（図 6.1.1）．

- 区間 $[a, b]$ を n 個の部分区間に分割する．そして，これらの部分区間を用いて曲線 $y = f(x)$ の下の領域の面積を n 個の細長い片に分割する．
- k 番目の細長い片の底辺の長さを Δx_k として，この片の面積を，底辺の長さが Δx_k，高さが $f(x_k^*)$ であるような長方形の面積として近似する．ここで，x_k^* は k 番目の部分区間に属する点である．
- これらの細長い片の近似された面積を足し合わせ，全体の面積 A をリーマン和を用いて近似する．すなわち

$$A \approx \sum_{k=1}^{n} f(x_k^*) \Delta x_k$$

- 部分区間の数を増加させ，かつそれぞれの区間の長さを零へ近づけて，リーマン和の極限をとる．この手続きは近似の誤差を零へと近づけ，正確な面積 A に対応する次の定積分を生み出す．

$$A = \lim_{\max \Delta x_k \to 0} \sum_{k=1}^{n} f(x_k^*) \Delta x_k = \int_a^b f(x)\, dx$$

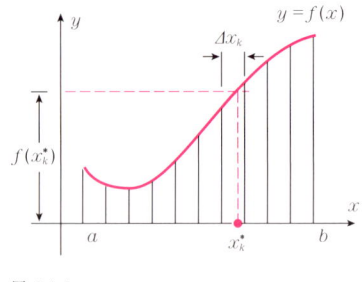

図 6.1.1

極限をとる過程がリーマン和のさまざまな部分に及ぼす影響をみておく．
- リーマン和における数 x_k^* は，定積分においては変数 x となっている．
- リーマン和における区間の長さ Δx_k は，定積分においては dx となっている．
- リーマン和においては，区間 $[a, b]$ は表には現れず，それぞれの幅が $\Delta x_1, \Delta x_2, \ldots, \Delta x_n$ である部分区間たちの総和として間接的に表されている．しかし，定積分において $[a, b]$ は積分の上端および下端として，明確に表現されている．

$y = f(x)$ と $y = g(x)$ に挟まれた領域の面積

ここで，面積問題の次の拡張を考える．

> **問題 6.1.1**（面積問題第1） f と g を区間 $[a, b]$ 上の連続関数とし，
>
> $a \leq x \leq b$ において $f(x) \geq g(x)$
>
> とする［これは曲線 $y = f(x)$ が曲線 $y = g(x)$ の上にあり，2つの曲線は接することはできるが交わることはできないことを意味している］．このとき，上を $y = f(x)$ によって，下を $y = g(x)$ によって，左を直線 $x = a$ によって，右を直線 $x = b$ によって囲まれた領域の面積 A を求めよ（図 6.1.2a）．

この問題を解くために，区間 $[a, b]$ を n 個の部分区間に分割する．これは，その領域を n 個の細長い片に分割する効果をもたらす（図 6.1.2b）．k 番目の細長い片の幅を Δx_k とする．すると，この細長い片の面積は，幅が Δx_k で高さが $f(x_k^*) - g(x_k^*)$ の長方形の面積によって近似される．ただし，x_k^* は k 番目の部分区間に属する点である．これらの近似を足し合わせると，面積 A の近似として次のリーマン和を得る．

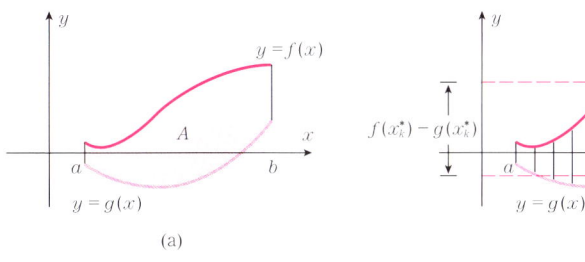

図 6.1.2

$$A \approx \sum_{k=1}^{n} [f(x_k^*) - g(x_k^*)] \Delta x_k$$

n を増加させ，かつすべての部分区間の幅を零に近づけて極限をとると，曲線に挟まれた領域の面積 A に対応する次の定積分を得る．

$$A = \lim_{\max \Delta x_k \to 0} \sum_{k=1}^{n} [f(x_k^*) - g(x_k^*)] \Delta x_k = \int_a^b [f(x) - g(x)] \, dx$$

以上をまとめると，次の結果を得る．

> **6.1.2 定理**（面積公式）　f と g を区間 $[a,b]$ 上の連続関数とし，$[a,b]$ 内のすべての x において $f(x) \geq g(x)$ とする．このとき，上を $y = f(x)$ によって，下を $y = g(x)$ によって，左を $x = a$ によって，そして右を $x = b$ によって囲まれた領域の面積は
>
> $$A = \int_a^b [f(x) - g(x)] \, dx \qquad (1)$$
>
> である．

f と g が，区間 $[a,b]$ 上で非負ならば，公式

$$A = \int_a^b [f(x) - g(x)] \, dx = \int_a^b f(x) \, dx - \int_a^b g(x) \, dx$$

は，曲線に挟まれた領域の面積 A が $y = f(x)$ の下にある領域の面積から $y = g(x)$ の下にある領域の面積を引くことで得られる，ことを主張している（図 6.1.3）．

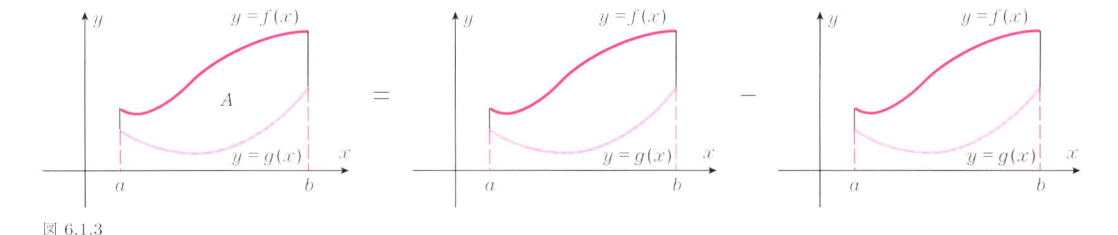

図 6.1.3

領域が複雑な場合には，積分 (1) における被積分関数と積分範囲を決めるとき，注意深い思考がいる．そこで，この公式を使用するときに従うべき体系的手順を用意する．

> **ステップ 1．** 領域を図示する．それから x 軸上の任意の点 x 上に，領域を通って上側の境界と下側の境界を結ぶ垂直な線分を引く（図 6.1.4a）．
>
> **ステップ 2．** ステップ 1 で引いた線分の上端の点の y 座標は $f(x)$ であり，下端の点の y 座標は $g(x)$ であり，そして線分の長さは $f(x) - g(x)$ となる．これが式 (1) の被積分関数である．
>
> **ステップ 3．** 積分の上端と下端を決めるには，頭の中でこの線分を左に，ついで右に動かしてみる．領域と線分が交わる最も左端の点が $x = a$ であり，最も右端の点が $x = b$ である（図 6.1.4b および 6.1.4c）．

図 6.1.4

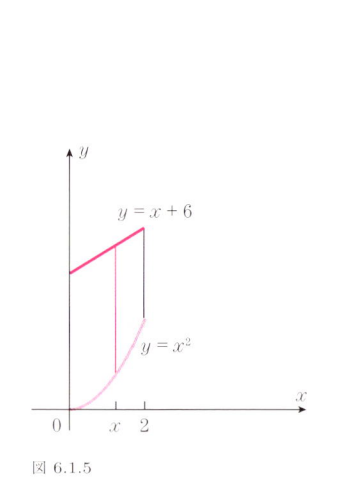

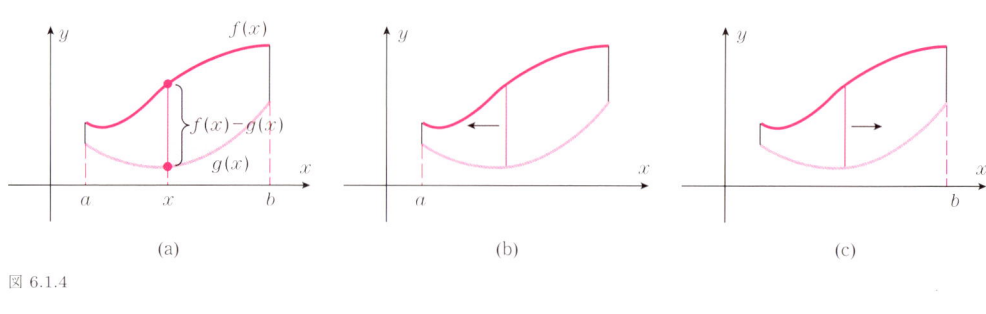

注意 第1段階においては，正確な図示は必要ない．すなわち，図示の唯一の目的は，どの曲線が上の境界で，どの曲線が下の境界であるかを確定させることである．

注意 この手順を考えるのに有用な方法がある．垂直な線分を，点 x における領域の"断面"とみなす．すると，公式 (1) は2つの曲線に挟まれた領域の面積は a から b までの区間の上で断面の長さを積分して得られることを述べている．

例1 上を $y = x+6$ で，下を $y = x^2$ で，そして両側を直線 $x=0$ と $x=2$ によって囲まれた領域の面積を求めよ．

解 領域と断面の様子は図 6.1.5 のとおりである．断面は下端 $g(x) = x^2$ から上端 $f(x) = x+6$ のあいだにわたっている．断面が領域全体を動くとき，その左端の位置は $x=0$ であり，右端は $x=2$ である．ゆえに (1) より，

$$A = \int_0^2 [(x+6) - x^2]\, dx = \left[\frac{x^2}{2} + 6x - \frac{x^3}{3}\right]_0^2 = \frac{34}{3} - 0 = \frac{34}{3}$$

である． ◀

領域の上の境界と下の境界が，片方のあるいは両方の端点で交わることもありうる．その場合，領域の端は垂直な線分ではなく，点となる（図 6.1.6）．このようになっている場合，積分の上端および下端を得るために，曲線が交わる点を定めなければならない．

例2 曲線 $y=x^2$ と $y=x+6$ によって囲まれた領域の面積を求めよ．

解 領域の図（図 6.1.7）から，下側の境界は $y=x^2$ であり，上側の境界は $y=x+6$ であることがわかる．また，領域の端点においては，上側と下側の境界は同じ y 座標をもっている．ゆえに，端点を求めるために

$$y = x^2 \quad と \quad y = x+6 \tag{2}$$

が等しいとする．すると，

$$x^2 = x+6, \quad すなわち \quad x^2 - x - 6 = 0, \quad すなわち \quad (x+2)(x-3) = 0$$

となる．これより，

$$x = -2 \quad および \quad x = 3$$

を得る．両端点の y 座標は問題を解くには必要ではないが，y 座標は式 (2) により，そのどちらかの方程式に $x=-2$ および $x=3$ を代入すれば得られる．結果は $y=4$ および $y=9$ となる．ゆえに，上側と下側の境界は，$(-2,4)$ および $(3,9)$ で交わっている．

公式 (1) において，$f(x) = x+6$，$g(x) = x^2$，$a = -2$，および $b = 3$ とすると，面積は

$$A = \int_{-2}^{3} [(x+6) - x^2]\, dx = \left[\frac{x^2}{2} + 6x - \frac{x^3}{3}\right]_{-2}^{3} = \frac{27}{2} - \left(-\frac{22}{3}\right) = \frac{125}{6}$$

となる． ◀

図 6.1.5

境界の両端は1点に縮約している．

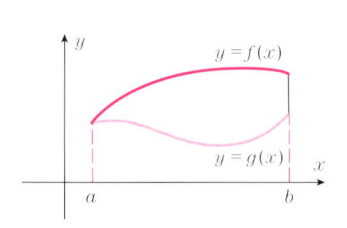

境界の左端は1点に縮約している．

図 6.1.6

図 6.1.7

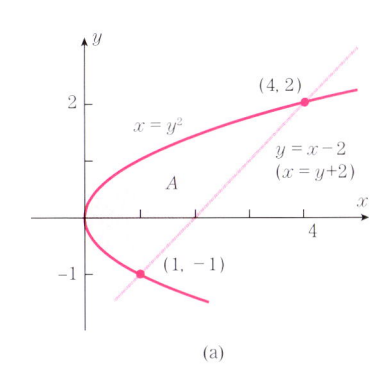

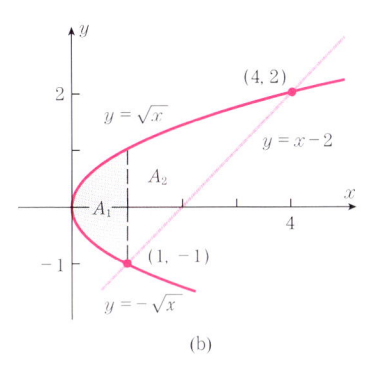

領域の上側の境界や下側の境界が，2つあるいはそれ以上の曲線によって作られていることもありうる．その場合には，領域を，公式 (1) が適用できるようなより小さい部分に分割する必要がある．次の例によって，これを説明する．

例 3 曲線 $x = y^2$ と $y = x - 2$ によって囲まれた領域の面積を求めよ．

解 領域の正確な図を作るためには，曲線 $x = y^2$ と $y = x - 2$ がどこで交わるかをまず調べる必要がある．例 2 では，y を表す式を等しいとすることにより交点を求めた．ここでは，後の式を $x = y + 2$ と書き直し，x を表す式を等しいとする方が計算は簡単になる．すなわち，

$$x = y^2 \quad \text{と} \quad x = y + 2 \tag{3}$$

を等しいとすると

$$y^2 = y + 2, \quad \text{すなわち} \quad y^2 - y - 2 = 0, \quad \text{すなわち} \quad (y+1)(y-2) = 0$$

を得る．これより，$y = -1$ および $y = 2$ を得る．これらの値を式 (3) のいずれかに代入すると，対応する x の値として $x = 1$ および $x = 4$ を得る．ゆえに，交点は $(1, -1)$ および $(4, 2)$ である（図 6.1.8a）．

公式 (1) を適用するには，境界を表す方程式は，y が x の関数として陽的に表されていなければならない．上側の境界は $y = \sqrt{x}$ と書ける（$x = y^2$ を $y = \pm\sqrt{x}$ と書き直し，上側の境界であるから符号 + を選ぶ）．また，下側の境界の方は，2つの部分からできている．すなわち，区間 $0 \leq x \leq 1$ では $y = -\sqrt{x}$ であり，区間 $1 \leq x \leq 4$ では $y = x - 2$ が下側の境界となる（図 6.1.8b）．下側の境界を表す式が変わるので，領域を2つの部分に分け，それぞれ部分の面積を別々に求めなければならない．

公式 (1) において，$f(x) = \sqrt{x}$，$g(x) = -\sqrt{x}$，$a = 0$，および $b = 1$ とすること，

$$A_1 = \int_0^1 [\sqrt{x} - (-\sqrt{x})] \, dx = 2 \int_0^1 \sqrt{x} \, dx = 2 \left[\frac{2}{3} x^{3/2} \right]_0^1 = \frac{4}{3} - 0 = \frac{4}{3}$$

を得る．また，公式 (1) において，$f(x) = \sqrt{x}$，$g(x) = x - 2$，$a = 1$，および $b = 4$ とすると，

$$A_2 = \int_1^4 [\sqrt{x} - (x-2)] \, dx = \int_1^4 (\sqrt{x} - x + 2) \, dx$$
$$= \left[\frac{2}{3} x^{3/2} - \frac{1}{2} x^2 + 2x \right]_1^4 = \left(\frac{16}{3} - 8 + 8 \right) - \left(\frac{2}{3} - \frac{1}{2} + 2 \right) = \frac{19}{6}$$

を得る．ゆえに，全体の領域の面積は

$$A = A_1 + A_2 = \frac{4}{3} + \frac{19}{6} = \frac{9}{2}$$

となる． ◀

読者へ 公式 (1) においては，区間 $[a, b]$ 内のすべての x に対して，$f(x) \geq g(x)$ が仮定されていた．この条件が満たされていない場合，すなわち f と g のグラフがこの区間において交わっている場合には，積分は何を表していると考えるか．そう考える理由を述べ，その結論を支持している例を示せ．いま用いた例について，f と g のグラフに挟まれた領域の面積を表す式を定積分を用いて書け．

例 4 図 6.1.9 は，同じスタートラインでの停止状態から動き出し，直線道路を走行する2台のレーシングカーの時間に対する速度の曲線を表している．区間 $0 \leq t \leq T$ における2曲線のあいだの面積 A は何を表しているか．

解 (1) より，

$$A = \int_0^T [v_2(t) - v_1(t)] \, dt = \int_0^T v_2(t) \, dt - \int_0^T v_1(t) \, dt$$

である．他方，定理 5.7.4 から，最初の定積分はレーシングカー 2 が時間区間で移動した距離を表し，2 番目の定積分はレーシングカー 1 の移動距離を表す．ゆえに，A は時間 T においてレーシングカー 2 がレーシングカー 1 に先行している距離を表している． ◀

x と y の役割の交換

ある場合には，変数 x について積分するのでなく，変数 y について積分することにより，領域をいくつかの部分に分けずにすむことがある．

> **問題 6.1.3**（面積問題第 2） w および v を，区間 $[c,d]$ 上の y の連続関数であって，
> $$c \leq y \leq d \text{ において } w(y) \geq v(y)$$
> が成り立っているとする［これは，曲線 $x = w(y)$ が曲線 $x = v(y)$ の右にあり，2 曲線は接することはあっても交わることはない状態を意味する］．このとき，左を $x = v(y)$ によって，右を $x = w(y)$ によって，上を $y = d$ によって，下を $y = c$ によって囲まれた領域の面積 A を求めよ（図 6.1.10）．

x と y の役割を逆にして，式 (1) と同様の導出を行うことで，定理 6.1.2 と類似の次の結果を得る．

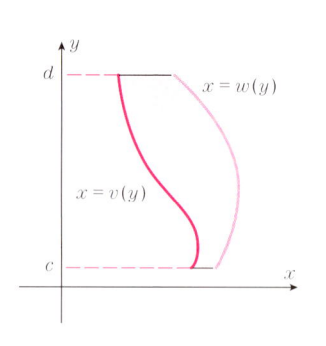

図 6.1.10

> **6.1.4 定理**（面積公式） w と v は連続関数であって，区間 $[c,d]$ 上のすべての y に対して $w(y) \geq v(y)$ とする．このとき，左を $x = v(y)$ によって，右を $x = w(y)$ によって，上を $y = d$ によって，そして下を $y = c$ によって囲まれた領域の面積は
> $$A = \int_c^d [w(y) - v(y)]\,dy \tag{4}$$
> である．

この公式を用いる際の主導原理は，式 (1) のそれと同じである．すなわち，式 (4) の被積分関数は，y 軸上の任意の点 y での水平方向の断面の長さとみなせる．そうみなした場合，面積は，水平方向の断面の長さを，y 軸上の区間 $[c,d]$ 上で積分することで得られる，ということを公式 (4) は述べている（図 6.1.11）．

例 3 では，$x = y^2$ と $y = x - 2$ によって囲まれた領域の面積を，x に関して積分することにより求めた．その際，領域を 2 つに分け，2 つの積分の値を求めなければならなかった．次の例では，これを y に関する積分を用いれば，領域を分ける必要がないことがわかる．

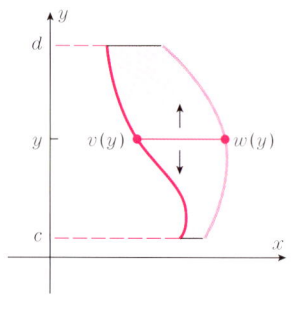

図 6.1.11

例 5 $x = y^2$ と $y = x - 2$ によって囲まれた領域の面積を，y に関して積分して求めよ．

解 図 6.1.8 より，左側の境界が $x = y^2$，右側の境界が $y = x - 2$ であり，領域は区間 $-1 \leq y \leq 2$ 上に広がっている．しかし，式 (4) を適用するためには，境界を表す方程式において，x が y 変数の関数として陽的に書かれていなければならない．ゆえに，$y = x - 2$ を $x = y + 2$ と書き直す．すると，公式 (4) より

$$A = \int_{-1}^{2} [(y+2) - y^2]\,dy = \left[\frac{y^2}{2} + 2y - \frac{y^3}{3}\right]_{-1}^{2} = \frac{9}{2}$$

がわかり，これは例 3 で得た結果と一致する． ◀

> **注意** 公式 (1) と公式 (4) のどちらを用いるかの選択は，一般には領域の形によって決められる．そして，だいたいは領域の分割が少なくてすむ方を選ぶ．しかし，ある方法での積分の計算が難しい場合は，たとえ分割が多くても，他の方法が好ましいこともありうる．

演習問題 6.1 ~ グラフィックユーティリティ C CAS

問題 **1–4** では，影のついた領域の面積を求めよ．

1. 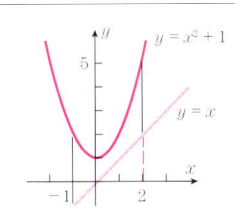
2. 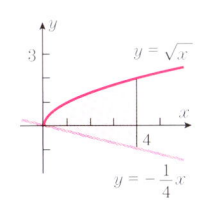
3. 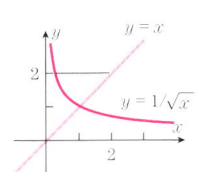
4.

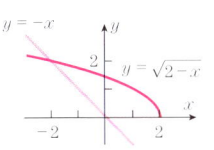

5. 曲線 $y = x^2$ と $y = 4x$ によって囲まれた領域の面積を，次の積分により求めよ．
  (a) x に関する積分 (b) y に関する積分

6. 曲線 $y^2 = 4x$ と $y = 2x - 4$ によって囲まれた領域の面積を，次の積分により求めよ．
  (a) x に関する積分 (b) y に関する積分

問題 **7–14** では，曲線によって囲まれた領域を図示し，その面積を求めよ．

7. $y = x^2,\ y = \sqrt{x},\ x = 1/4,\ x = 1$
8. $y = x^3 - 4x,\ y = 0,\ x = 0,\ x = 2$
9. $y = \cos 2x,\ y = 0,\ x = \pi/4,\ x = \pi/2$
10. $y = \sec^2 x,\ y = 2,\ x = -\pi/4,\ x = \pi/4$
11. $x = \sin y,\ x = 0,\ y = \pi/4,\ y = 3\pi/4$
12. $x^2 = y,\ x = y - 2$
13. $y = 2 + |x - 1|,\ y = -\dfrac{1}{5}x + 7$
14. $y = x,\ y = 4x,\ y = -x + 2$

問題 **15–20** では，役に立つならばグラフィックユーティリティを用いて，曲線によって囲まれた領域の面積を求めよ．

15. ~ $y = x^3 - 4x^2 + 3x,\ y = 0$
16. ~ $y = x^3 - 2x^2,\ y = 2x^2 - 3x$
17. ~ $y = \sin x,\ y = \cos x,\ x = 0,\ x = 2\pi$
18. ~ $y = x^3 - 4x,\ y = 0$ **19.** ~ $x = y^3 - y,\ x = 0$
20. ~ $x = y^3 - 4y^2 + 3y,\ x = y^2 - y$
21. C 数式処理システム（computer algebra system：CAS）を用いて $y = 3 - 2x$ と $y = x^6 + 2x^5 - 3x^4 + x^2$ によって囲まれた領域の面積を求めよ．
22. C CAS を用いて，$y = x^5 - 2x^3 - 3x$ と $y = x^3$ によって囲まれた領域の面積を求めよ．
23. 水平な直線 $y = k$ であって，$y = x^2$ と $y = 9$ に挟まれた領域を等しい面積の 2 つの部分に分けるものを求めよ．
24. 垂直な直線 $x = k$ であって，$x = \sqrt{y}$，$x = 2$ および $y = 0$ によって囲まれた領域を等しい面積の 2 つの部分に分けるものを求めよ．

25. (a) 双曲線 $y = 2x - x^2$ と x 軸によって囲まれた領域の面積を求めよ．
  (b) m の値であって，直線 $y = mx$ が (a) で求めた領域を等しい面積の 2 つの部分に分けるものを求めよ．

26. 曲線 $y = \sin x$ と，曲線上の 2 点 $(0,0)$ と $(5\pi/6, 1/2)$ を結ぶ線分によって囲まれた領域の面積を求めよ．

27. f と g が区間 $[a,b]$ 上で積分可能であるが，$f(x) \geq g(x)$ が $[a,b]$ 内のすべての x で満たされている，あるいは $g(x) \geq f(x)$ がすべての x で満たされている，のいずれもが成り立っていないとする［すなわち，曲線 $y = f(x)$ と $y = g(x)$ は絡み合っている］．
  (a) 積分
$$\int_a^b [f(x) - g(x)]\,dx$$
  の幾何的な意味は何か．
  (b) 積分
$$\int_a^b |f(x) - g(x)|\,dx$$
  の幾何的な意味は何か．

28. $A(n)$ を曲線 $y = \sqrt[n]{x}$ と $y = x$ によって囲まれた，第 1 象限にある領域の面積とする．
  (a) n が増加するに従い $y = \sqrt[n]{x}$ のグラフがどうなるかを考えて，$n \to \infty$ のときの $A(n)$ の極限を予想せよ．
  (b) 予想が正しいことを，極限を計算して確かめよ．

問題 **29** と **30** では，必要ならばニュートンの方法（4.7 節）を用いて曲線の交点の x 座標を少なくとも小数第 4 位までの近似値を求めよ．そして，それらの近似値を用いて領域の面積の近似値を求めよ．

29. $x \geq 0$ の範囲において，曲線 $y = \sin x$ の下にあり，直線 $y = 0.2x$ の上にある領域．
30. $y = x^2$ と $y = \cos x$ のグラフによって囲まれた領域．

31. 図は，同じスタートラインでの静止状態より，加速しながら直線道路を走る 2 台の自動車についての時間に対する速度の曲線を表している．
  (a) 60 秒後には，自動車はどれだけ離れているか．
  (b) $0 \leq T \leq 60$ の範囲で，T 秒後には自動車はどれだけ離れているか．

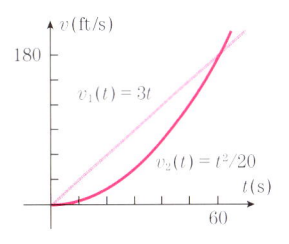

図 Ex-31

32. 図は，同じスタートラインでの静止状態より，加速しながら直線道路を走る 2 台の自動車についての時間に対する加速度の曲線を表している．区間 $[0, T]$ 上の 2 曲線に挟まれた領域の面積 A は何を表しているか．その答えが正しいことを示せ．

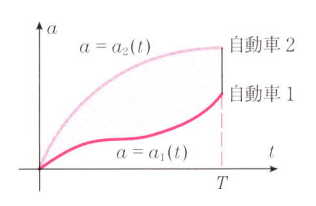

図 Ex-32

33. 曲線 $x^{1/2} + y^{1/2} = a^{1/2}$ と 2 つの座標軸によって囲まれた領域の面積を求めよ．

34. 図にある楕円の面積は πab であることを示せ．[ヒント：幾何学における公式を用いよ．]

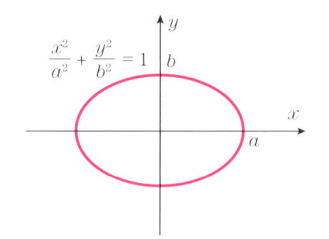

図 Ex-34

35. 辺が 2 つの座標軸に平行な長方形があり，1 つの頂点が原点に，それとは対角線上反対側の頂点が，曲線 $y = kx^m$ 上にあり，その x 座標が $x = b$ である点とする．ただし，$b > 0$, $k > 0$, $m \geq 0$．このとき，長方形の面積と，曲線と x 軸とに挟まれた長方形内部の面積との比は，m にのみ依存し k と b には依存しないことを示せ．

6.2 スライスして体積を；円板とワッシャー

前節において，2 つの曲線によって囲まれた平面領域の面積は，領域の切り口の長さを適当な区間の上で積分すると得られることを示した．この節では，同じ原理が 3 次元のある種の立体の体積を求めるのにも使えることをみる．

スライスによる体積

まず，次のことを思い起こそう．平面領域の面積を求めるための基礎になっている原理は，領域を細い片に切り分け，これらの各片の面積は長方形の面積で近似する．それら近似値を足し合わせてリーマン和を作り，リーマン和の極限をとることにより，面積を与える積分が作り出される．適当な条件のもとでは，同様の戦略を用いて立体の体積を求めることもできる．その考え方は，立体を薄い平らな板に切り分け，各板の体積を近似し，それらを足し合わせるとリーマン和が形成され，そしてそのリーマン和の極限をとると，体積を与える積分が生み出される，というものである（図 6.2.1）．

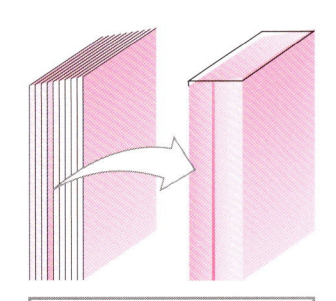

図 6.2.1

薄い板では，断面の大きさや形は大きくは変化しない．

図 6.2.2

この方法をうまく機能させているのは，薄い平らな板の断面の大きさや形が大きくは変化しないことである．このことが体積を近似するのをやさしくしている（図 6.2.2）．平らな板が薄くなればなるほどその断面の変動は小さくなり，そのことはよりよい近似を与える．か

6.2 スライスして体積を; 円板とワッシャー　89

くして，平らな板の体積を近似すると，全立体の体積がその極限となるリーマン和を作ることができる．詳細はすぐに述べるが，まずその断面の大きさや形が変わらない（つまり，合同な）立体の体積をどのようにして求めるかを考察しておかなければならない．

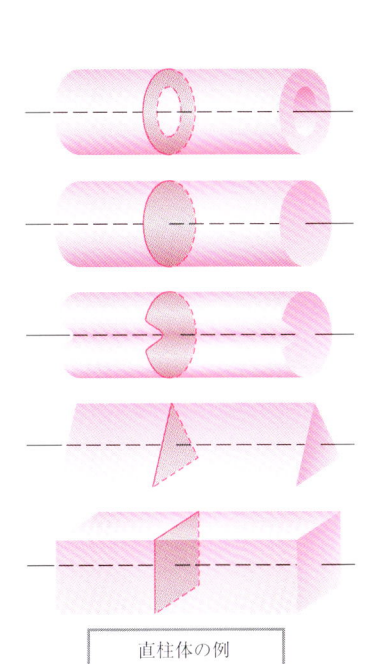

合同な断面をもつ立体の最も簡単な例の1つは，半径 r の直円柱である．なぜなら，中央軸に垂直にとられた断面はすべて半径 r の円形領域である．半径 r で，高さ h の直円柱の体積 V は，断面積と高さを使って，

$$V = \pi r^2 h = [断面積] \times [高さ] \tag{1}$$

と表される．これは，より一般的な**直柱体**とよばれる立体に適用できる体積公式の特別な場合である．**直柱体**とは，ある平面領域がその領域に垂直な直線，すなわち軸に沿った移動によって生成される立体である（図 6.2.3）．領域が移動した距離 h を，直柱体の**高さ**，あるいは**幅**とよぶ．そして，各断面はすべて移動した領域のコピーである．断面積が A で高さが h の直柱体の体積 V は

$$V = A \cdot h = [断面積] \times [高さ] \tag{2}$$

で与えられる（図 6.2.4）．この公式は直円柱の体積の公式 (1) と比べて矛盾するところはないことに注意しよう．これで，次の問題を解くのに必要な道具はすべてそろった．

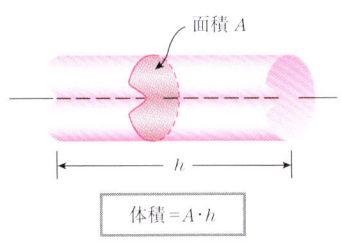

> **問題 6.2.1** いま，S は x 軸に沿って広がっている立体で，左も右も x 軸に垂直な平面 $x = a$ と $x = b$ でそれぞれ限られているとする（図 6.2.5a）．立体の体積 V を求めよ．ただし，$[a, b]$ 内の各 x における断面積は $A(x)$ であるとする．

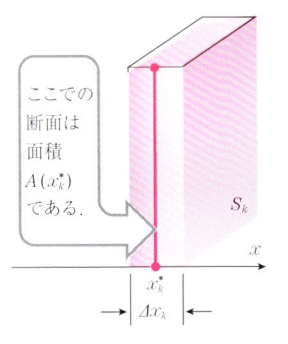

この問題を解くために，区間 $[a, b]$ を n 個の部分区間に分割する．この分割は立体を n 個の平らな板に切り分ける結果となる（図 6.2.5b）．

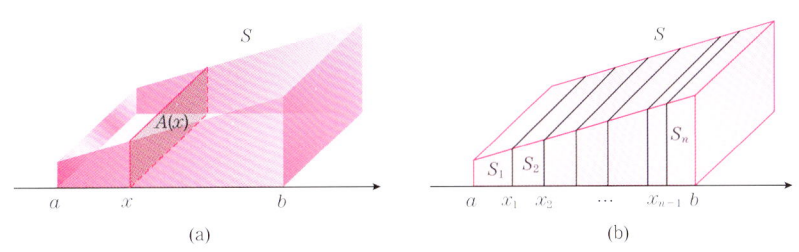

k 番目の平らな板の幅を Δx_k と仮定すると，その体積は幅（高さ）が Δx_k，そして断面積が $A(x_k^*)$ の直柱体の体積で近似できる．ここで，x_k^* は k 番目の部分区間にある点である（図 6.2.6）．これらの近似を足し合わせると，体積 V を近似するリーマン和

$$V \approx \sum_{k=1}^{n} A(x_k^*) \Delta x_k$$

が得られる．n を増加させ，部分区間の幅を零に近づけていったときの極限をとると，定積分

$$V = \lim_{\max \Delta x_k \to 0} \sum_{k=1}^{n} A(x_k^*) \Delta x_k = \int_a^b A(x)\,dx$$

が得られる．

以上をまとめると，次の結果を得る．

6.2.2 定理（体積公式） $x = a$ と $x = b$ における x 軸と直交する平行な 2 つの平面によって限られている立体を S とする．いま，$[a, b]$ 内の各 x に対して，x 軸に垂直な S の断面積を $A(x)$ とする．$A(x)$ が積分可能ならば，立体の体積は

$$V = \int_a^b A(x)\,dx \tag{3}$$

で与えられる．

y 軸に垂直な断面に対しても，同様の結果が得られる．

6.2.3 定理（体積公式） $y = c$ と $y = d$ における y 軸と直交する平行な 2 つの平面によって限られている立体を S とする．いま，$[c, d]$ 内の各 y に対して，y 軸に垂直な S の断面積を $A(y)$ とする．$A(y)$ が積分可能ならば，立体の体積は

$$V = \int_a^b A(y)\,dy \tag{4}$$

で与えられる．

いいかえれば，これらの公式は次の事実を主張している．

立体の体積は，その断面積を立体の一方の端からもう一方の端まで積分することで得られる．

例 1 高さ h，底面が 1 辺の長さが a の正方形であるピラミッドの体積の公式を導け．

解 図 6.2.7a に図示されているように，直交座標系を y 軸が頂点を通り底面に垂直なように，また x 軸が底面を通り底面の辺と平行なように導入する．

y 軸上の区間 $[0, h]$ の任意の y に対して，y 軸に垂直な断面は正方形となる．この正方形の 1 辺の長さを s とすると，三角形の相似より（図 6.2.7b），

$$\frac{\frac{1}{2}s}{\frac{1}{2}a} = \frac{h-y}{h} \qquad \text{すなわち} \qquad s = \frac{a}{h}(h-y)$$

を得る．ゆえに，y における断面積 $A(y)$ は

$$A(y) = s^2 = \frac{a^2}{h^2}(h-y)^2$$

で与えられ，したがって，式 (4) より体積は

$$V = \int_0^h A(y)\,dy = \int_0^h \frac{a^2}{h^2}(h-y)^2\,dy = \frac{a^2}{h^2}\int_0^h (h-y)^2\,dy$$

$$= \frac{a^2}{h^2}\left[-\frac{1}{3}(h-y)^3\right]_{y=0}^h = \frac{a^2}{h^2}\left[0 + \frac{1}{3}h^3\right] = \frac{1}{3}a^2 h$$

となる．すなわち，体積は底面積と高さを掛けたものの $\frac{1}{3}$ である．◀

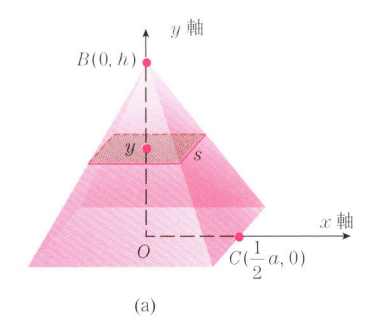

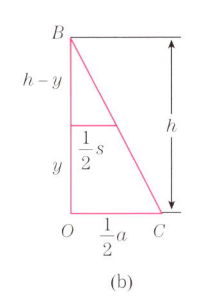

図 6.2.7

回転体

回転体とは，平面領域を，その領域と同じ平面の中のある直線の周りに回転させて生成される立体のことであり，回転の中心になる直線を**回転軸**とよぶ．なじみのある立体の多くはこの種類に属する（図 6.2.8）．

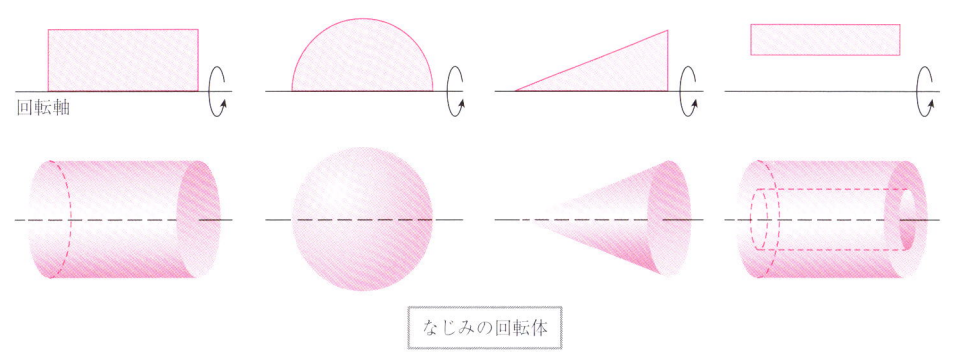

図 6.2.8

x 軸に垂直な円板たちによる体積

次のような，より一般な問題を考えてみよう．

> **問題 6.2.4** f を区間 $[a,b]$ 上の非負な連続関数とする．R を，上を $y = f(x)$ によって，下を x 軸によって，そして左を直線 $x = a$ によって，右を $x = b$ によって囲まれた領域とする（図 6.2.9）．領域 R を，x 軸の周りに回転させて生成される回転体の体積を求めよ．

この問題は，スライスすることで解くことができる．このため，点 x におけるこの立体の x 軸に垂直な断面は半径 $f(x)$ の円板であることに注意しよう（図 6.2.9b）．この断面積は

$$A(x) = \pi[f(x)]^2$$

である．ゆえに，公式 (3) より立体の体積は

$$V = \int_a^b \pi[f(x)]^2\, dx \tag{5}$$

で与えられる．

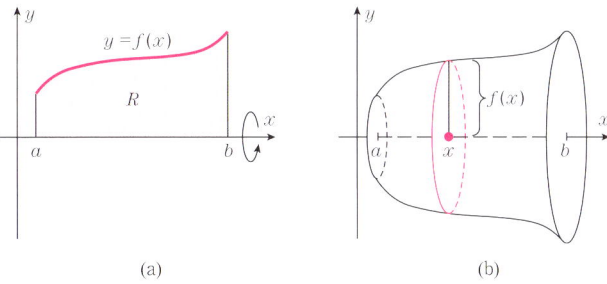

図 6.2.9

このとき，断面は円板の形であるので，この公式を適用することを**円板法**とよぶ．

例 2 区間 $[1,4]$ 上の曲線 $y = \sqrt{x}$ の下の領域を，x 軸の周りに回転させて生成される回転体の体積を求めよ（図 6.2.10）．

解 公式 (5) より，体積は

$$V = \int_a^b \pi[f(x)]^2\, dx = \int_1^4 \pi x\, dx = \left.\frac{\pi x^2}{2}\right]_1^4 = 8\pi - \frac{\pi}{2} = \frac{15\pi}{2}$$

で与えられる．

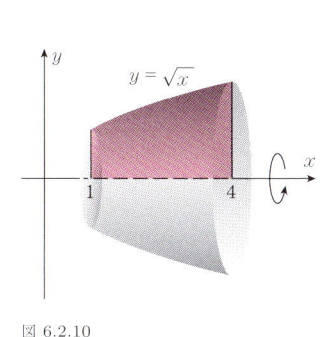

図 6.2.10

例 3 半径 r の球の体積を求める公式を導け．

解 図 6.2.11 にあるように，半径 r の球は，x 軸と曲線
$$x^2 + y^2 = r^2$$
に挟まれた上の半円を，x 軸の周りに回転させることにより生成できる．円の上の半分は $y = f(x) = \sqrt{r^2 - x^2}$ のグラフであるから，公式 (5) より，
$$V = \int_a^b \pi[f(x)]^2 \, dx = \int_{-r}^r \pi(r^2 - x^2) \, dx = \pi \left[r^2 x - \frac{x^3}{3} \right]_{-r}^r = \frac{4}{3}\pi r^3$$
で与えられる． ◀

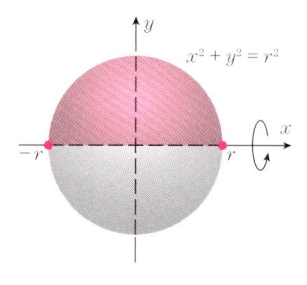

図 6.2.11

x 軸に垂直なワッシャーたちによる体積

すべての回転体は，その内部に空いている部分なく詰まっているわけではない．回転体のあるものは，図 6.2.8 の最後の例のように，穴が開いていたり，管をもったりして内部にも曲面をもっているものもある．そのため，次のような型の問題に関心をもたざるを得ない．

> **問題 6.2.5** 関数 f と g は，区間 $[a,b]$ 上で連続であって，かつ非負とする．$f(x) \geq g(x)$ が，区間 $[a,b]$ 内のすべての x について成り立っているとする．R を，上を $y = f(x)$ によって，下を $y = g(x)$ によって，左を直線 $x = a$ によって，右を $x = b$ によって囲まれた領域とする（図 6.2.12）．領域 R を x 軸の周りに回転させて生成される回転体の体積を求めよ．

この問題は，スライスすることで解くことができる．そのためには，点 x における，x 軸に垂直にとられたこの立体の断面は，輪状，あるいは"ワッシャー（座金）"の形をした領域になっており，その内部半径が $g(x)$，外部半径が $f(x)$ であることに注意しよう（図 6.2.12b）．ゆえに，その面積は
$$A(x) = \pi[f(x)]^2 - \pi[g(x)]^2 = \pi([f(x)]^2 - [g(x)]^2)$$
である．よって，(3) により，立体の体積は
$$V = \int_a^b \pi([f(x)]^2 - [g(x)]^2) \, dx \tag{6}$$
となる．この断面はワッシャーの形であるので，この公式を適用することを**ワッシャー法**とよぶ．

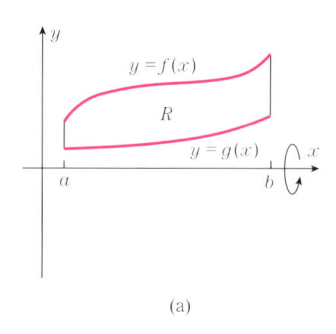

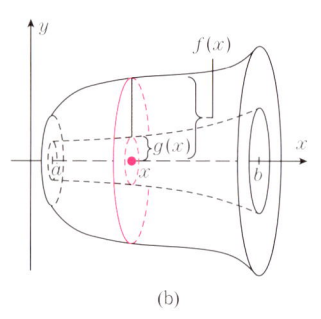

図 6.2.12

例 4 区間 $[0,2]$ 上の 2 つの式 $f(x) = \frac{1}{2} + x^2$ と $g(x) = x$ のグラフによって囲まれた領域を，x 軸の周りに回転させて生成される立体の体積を求めよ（図 6.2.13）．

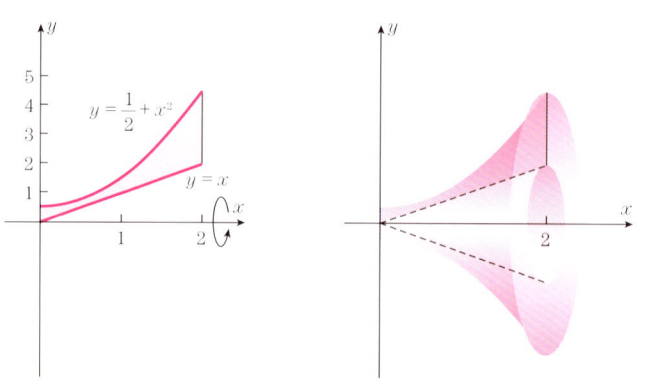

2 つの軸のスケールは同じではない

図 6.2.13

解 公式 (6) より，体積は
$$V = \int_a^b \pi([f(x)]^2 - [g(x)]^2)\,dx = \int_0^2 \pi\left(\left[\frac{1}{2}+x^2\right]^2 - x^2\right)dx$$
$$= \int_0^2 \pi\left(\frac{1}{4}+x^4\right)dx = \pi\left[\frac{x}{4}+\frac{x^5}{5}\right]_0^2 = \frac{69\pi}{10}$$
である． ◀

y 軸に垂直な円板たちによる，およびワッシャーたちによる体積

円板法やワッシャー法は，y 軸の周りに回転される領域に対しても類似のものがある（図 6.2.14 および 6.2.15）．スライス法と公式 (4) を用いれば，図にある立体の体積の次の公式を導き出すのに何の困難もないであろう．

$$V = \int_c^d \pi[u(y)]^2\,dy \qquad V = \int_c^d \pi([w(y)]^2 - [v(y)]^2)\,dy \qquad (7\text{-}8)$$
円板 　　　　　　　　　　　　ワッシャー

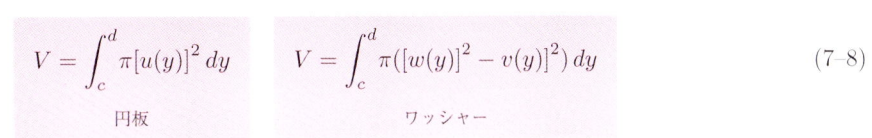

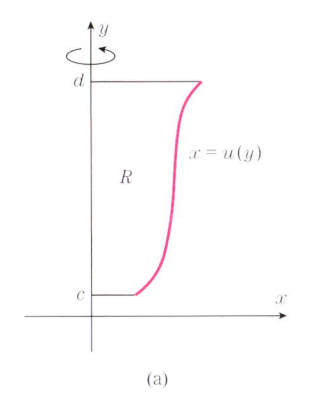

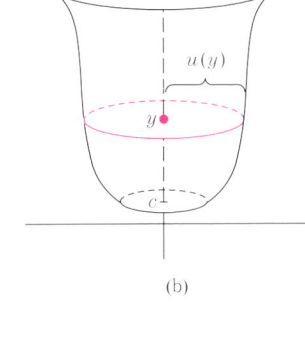

図 6.2.14

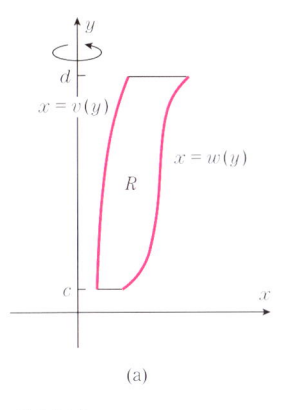

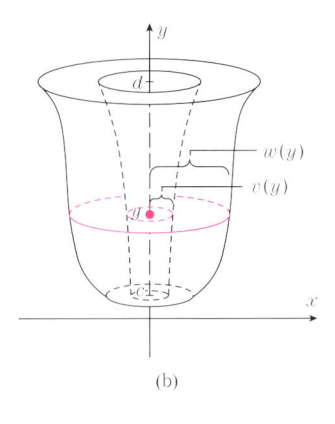

図 6.2.15

例 5 $y = \sqrt{x}$，$y = 2$，および $x = 0$ によって囲まれた領域を y 軸の周りに回転させたときに生成される立体の体積を求めよ（図 6.2.16）．

解 y 軸に垂直な断面は円板であるから，公式 (7) を適用する．しかし，まずは $y = \sqrt{x}$ を $x = y^2$ と書き直しておかなければならない．そうすれば，$u(y) = y^2$ として (7) から，体積は
$$V = \int_c^d \pi[u(y)]^2\,dy = \int_0^2 \pi y^4\,dy = \frac{\pi y^5}{5}\bigg]_0^2 = \frac{32\pi}{5}$$
である． ◀

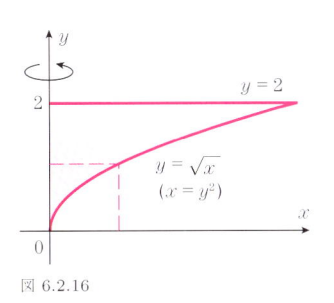

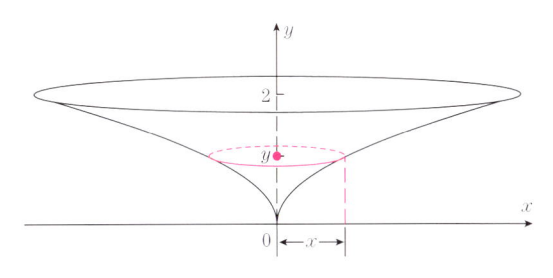

図 6.2.16

演習問題 6.2 C CAS

問題 1–4 では，影のついた領域を，指示された軸の周りに回転させたときに生成される立体の体積を求めよ．

1. 2. 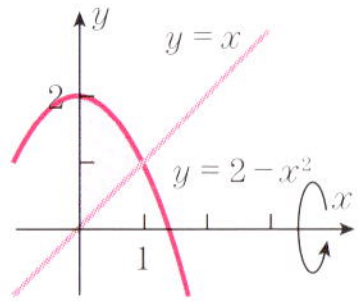 3. 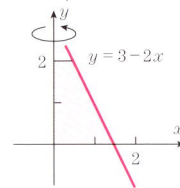 4.

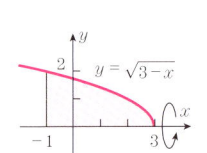

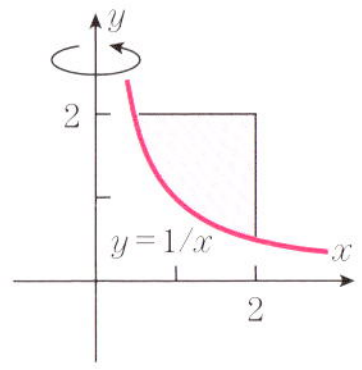

問題 5–12 では，与えられた曲線によって囲まれた領域を，x 軸の周りに回転させたときに生成される立体の体積を求めよ．

5. $y = x^2$, $x = 0$, $x = 2$, $y = 0$
6. $y = \sec x$, $x = \pi/4$, $x = \pi/3$, $y = 0$
7. $y = \sqrt{\cos x}$, $x = \pi/4$, $x = \pi/2$, $y = 0$
8. $y = x^2$, $y = x^3$
9. $y = \sqrt{25 - x^2}$, $y = 3$
10. $y = 9 - x^2$, $y = 0$
11. $x = \sqrt{y}$, $x = y/4$
12. $y = \sin x$, $y = \cos x$, $x = 0$, $x = \pi/4$ [ヒント：等式 $\cos 2x = \cos^2 x - \sin^2 x$ を用いよ．]

問題 13–20 では，与えられた曲線によって囲まれた領域を，y 軸の周りに回転させたときに生成される立体の体積を求めよ．

13. $y = x^3$, $x = 0$, $y = 1$
14. $x = 1 - y^2$, $x = 0$
15. $x = \sqrt{1 + y}$, $x = 0$, $y = 3$
16. $y = x^2 - 1$, $x = 2$, $y = 0$
17. $x = \cos y$, $y = \pi/4$, $y = 3\pi/4$, $x = 0$
18. $y = x^2$, $x = y^2$
19. $x = y^2$, $x = y + 2$
20. $x = 1 - y^2$, $x = 2 + y^2$, $y = -1$, $y = 1$

21. x 軸より上で，楕円
$$\frac{x^2}{a^2} + \frac{y^2}{b^2} = 1 \ (a > 0, b > 0)$$
よりも下の領域を，x 軸の周りに回転させたときに生成される立体の体積を求めよ．

22. 曲線 $y = 1/x$, $y = 0$, $x = 2$, および $x = b$ $(0 < b < 2)$ によって囲まれた領域を，x 軸の周りに回転させたときに生成される立体の体積を V とする．$V = 3$ となるような b の値を求めよ．

23. 曲線 $y = \sqrt{x+1}$, $y = \sqrt{2x}$, および $y = 0$ によって囲まれた領域を，y 軸の周りに回転させたときに生成される立体の体積を求めよ．[ヒント：立体を 2 つの部分に分けよ．]

24. 曲線 $y = \sqrt{x}$, $y = 6 - x$, および $y = 0$ によって囲まれた領域を，x 軸の周りに回転させたときに生成される立体の体積を求めよ．[ヒント：立体を 2 つの領域に分けよ．]

25. 曲線 $y = \sqrt{x}$, $y = 0$, および $x = 9$ によって囲まれた領域を，$x = 9$ の周りに回転させたときに生成される立体の体積を求めよ．

26. 問題 25 の領域を $y = 3$ の周りに回転させたときに生成される立体の体積を求めよ．

27. 曲線 $x = y^2$ と $x = y$ によって囲まれた領域を $y = -1$ の周りに回転させたときに生成される立体の体積を求めよ．

28. 問題 27 の領域を $x = -1$ の周りに回転させたときに生成される立体の体積を求めよ．

29. 再突入用宇宙船のノーズコーンは，先端から x フィート (ft) のところで，対称軸に対して垂直にとられた断面が，半径 $\frac{1}{4}x^2$ ft の円であるように設計されている．長さが 20 ft であるようなノーズコーンの体積を求めよ．

30. 高さが 1 ft，その底面から x ft での水平方向への断面が，内半径 x^2，外半径 $\sqrt{x}$ の環状である立体がある．この立体の体積を求めよ．

31. ある立体であって，その底面が曲線 $y = x$ と $y = x^2$ によって囲まれた領域であり，その立体の x 軸に垂直な断面がすべて正方形であるものの体積を求めよ．

32. ある立体は，その底面が $y = \sqrt{x}$, $y = 0$, および $x = 4$ によって囲まれた領域であって，その x 軸に垂直な断面がすべて半円であるとする．このとき，立体の体積を求めよ．

33. 立体の底面が $x^2 + y^2 = 1$ によって囲まれた領域であって，底面に対して垂直にとられた断面が以下のようなものになるとき，その立体の体積を求めよ．

(a) 半円   (b) 正方形

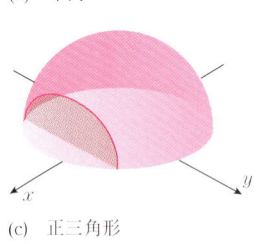

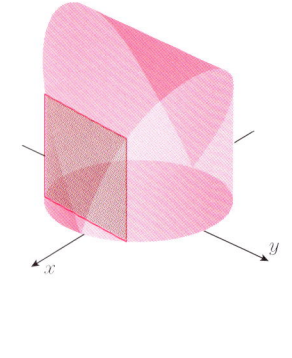

(c) 正三角形

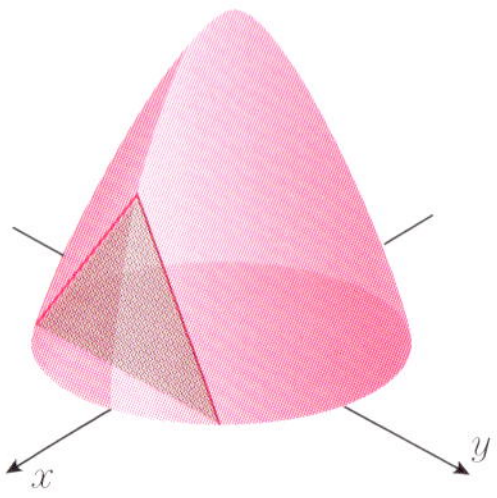

34. 半径 r,高さ h の直円錐の体積の公式を導け.

問題 35 と 36 では,CAS を用いて,曲線によって囲まれた領域を指定された軸の周りに回転したときに生成される立体の体積を推定せよ.

35. [C]　$y = \sin^8 x$, $y = 2x/\pi$, $x = 0$, $x = \pi/2$; x 軸
36. [C]　$y = \pi^2 \sin x \cos^3 x$, $y = 4x^2$, $x = 0$, $x = \pi/4$; x 軸
37. 図は,半径が r の球を切って作った,半径が ρ で高さが h の球形の帽子を示している.球形の帽子の体積 V は次の 2 つのどちらの形でも表せることを示せ.
    (a) $V = \frac{1}{3}\pi h^2(3r - h)$　　(b) $V = \frac{1}{6}\pi h(3\rho^2 + h^2)$

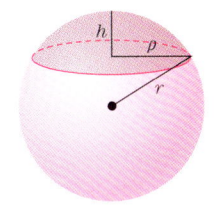

図 Ex-37

38. 液体が,半径 $10\,\text{ft}$ の半球のボウルに,$\frac{1}{2}\,\text{ft}^3/\text{min}$ の割合で流れ込んでいる.液体の深さが $5\,\text{ft}$ のとき,液面はどんな速さで上昇しているか.[ヒント:問題 37 をみよ.]

39. 図は,小さな電球の等間隔にとられた 10 個の点における幅を表している.
    (a) 幾何の公式を用いて,電球のガラス部分の体積をおおまかに推定せよ.
    (b) 左端点近似と右端点近似の平均を用いて,体積を近似せよ.

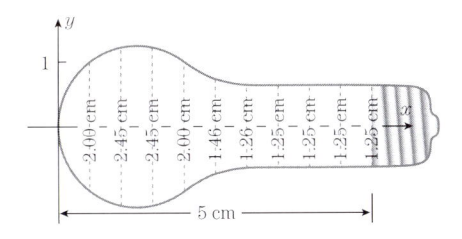

図 Ex-39

40. 問題 37 の結果を用いて,半径 r の球に,中心を通り半径 $r/2$ の穴が開けられた立体の体積を求めよ.そのあと,積分を行ってその答えを確かめよ.

41. 図ように,ボウルの部分が直径 $8\,\text{cm}$ の半球であるカクテルグラスの中に,直径 $2\,\text{cm}$ のさくらんぼが入っている.グラスが $h\,\text{cm}$ の高さまで満たされたとき,グラスに注がれた液体の体積はどれだけか.[ヒント:まず最初,さくらんぼの一部だけが沈められた状態を考える.その後,すべて沈められた状態を考えよ.]

図 Ex-41

42. $h > r > 0$ とする.中心が $(h, 0)$ にある半径が r の円によって囲まれた領域を,y 軸の周りに回転してできる立体(これをトーラスとよぶ)の体積を求めよ.[ヒント:平面幾何の適当な公式を用いて,積分を計算しやすくせよ.]

43. 半径 r の直円柱を次のように 2 つの平面で切って作られる楔形(くさびがた)の体積を求めよ:1 つは円柱の軸に垂直な平面,もう 1 つははじめのものと角度 θ をなす平面で切る.図にあるような y 軸に直交する片に切り分けて,楔形の体積を求めよ.

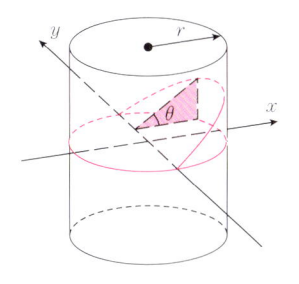

図 Ex-43

44. 問題 43 の楔形の体積を,x 軸に直交する片に切り分けて求めよ.

45. 2 つの半径 r の直円柱のそれぞれの軸が直角に交わっているとする.このとき,2 つの円柱の共通部分の体積を求めよ.[ヒント:図 Ex–45 に,立体の 1/8 が図示されている.]

46. 1635 年,ガリレオの弟子であったボナベントゥーラ・カバリエリ (Bonaventura Cavalieri) は,**カバリエリの原理**とよばれる以下のような結果を主張した.**2 つの立体が同じ高さをもち,かつ底面に平行に,かつ底面からの距離を等しくとったそれぞれの断面の面積が等しければ,2 つの立体の体積は等しい.**この原理を用いて,図にあるような傾いた円柱の体積を求めよ.

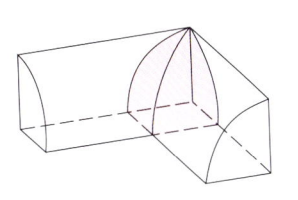

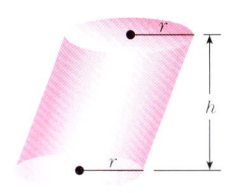

図 Ex-45　　図 Ex-46

6.3 円柱殻による体積

ここまで考察してきた体積の計算方法は，立体の断面積が計算でき，かつそれら面積が立体全体を横切って積分できるということに立脚していた．この節では，断面積がわからない場合や積分が難しすぎる場合にも適用できる体積の求め方をみていく．

円柱殻

この節では，以下の問題を考えていく．

問題 6.3.1 関数 f は区間 $[a,b]$ 上で連続かつ非負とする．上を $y = f(x)$ で，下を x 軸で，そして両横を直線 $x = a$ と $x = b$ によって囲まれた領域を R とする．このとき，R を y 軸の周りに回転させて生成される回転体 S の体積 V を求めよ（図 6.3.1）．

この種の問題は y 軸に垂直な断面を用いる円板法やワッシャー法を用いて解けることもあるが，それらの方法が使えなかったり，あるいは現れる積分があまりに難しい場合には，これから考察する円柱殻法がうまく機能することがしばしばある．

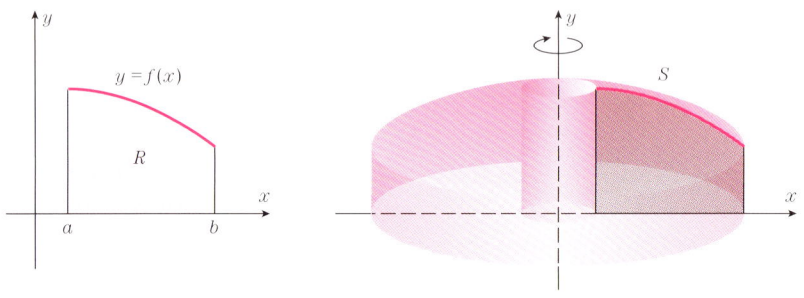

図 6.3.1

円柱殻とは，回転の軸を同じくする 2 つの直円筒によって囲まれた立体のことである（図 6.3.2）．内半径 r_1，外半径 r_2，そして高さ h の円柱殻の体積 V は

$$V = [切断面の面積] \times [高さ] = (\pi r_2^2 - \pi r_1^2)h$$
$$= \pi(r_2 + r_1)(r_2 - r_1)h = 2\pi \cdot \left[\frac{1}{2}(r_1 + r_2)\right] \cdot h \cdot (r_2 - r_1)$$

と表される．ここで，$\frac{1}{2}(r_1 + r_2)$ は円柱殻の平均の半径であり，また $r_2 - r_1$ はその厚みであるから，体積は

$$V = 2\pi \cdot [平均半径] \times [高さ] \times [厚み] \tag{1}$$

とも表される．

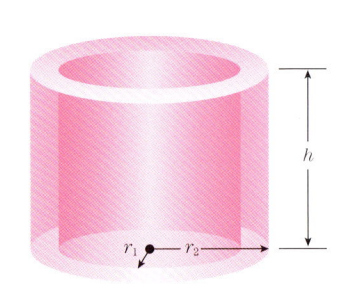

図 6.3.2

それでは，先に提示された問題を解くために，この公式をどのように用いることができるかを示す．その基礎となる考え方は，区間 $[a,b]$ を n 個の部分区間に分割することである．その結果，領域 R を n 個の細い片 $R_1, R_2, \ldots, R_n$ に分割することになる（図 6.3.3a）．領域 R を y 軸の周りに回転させると，これらの細い片たちは "管のような" 立体 $S_1, S_2, \ldots, S_n$ を生成する．それらは各管状の立体の内側に隣の立体が入って，つぎつぎと組み入れられて，それら全体で立体 S を作り上げている（図 6.3.3b）．ゆえに，この立体の体積 V は，管の体積を足し合わせることで得られる．すなわち，

$$V = V(S_1) + V(S_2) + \cdots + V(S_n)$$

となる．

一般に，管の上面は曲がっているので，これらの体積を与える簡単な式はないであろう．そうではあるが，細い片が十分薄ければ，その細い片は長方形で近似できる（図 6.3.4a）．これらの長方形を y 軸の周りに回転させると円柱殻が生成される．この円柱殻の体積は，もと

の細い片を回転させて生成される立体の体積をうまく近似している（図 6.3.4b）．これらの円柱殻の体積を足し合わせることで体積 V を近似するリーマン和を得，またそのリーマン和の極限をとることで正確な体積 V を与える積分を得ることができる．

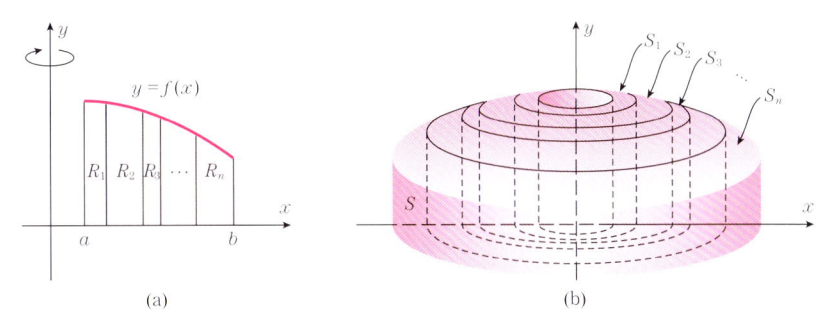

図 6.3.3

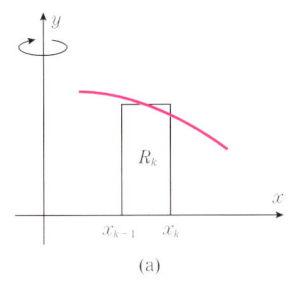

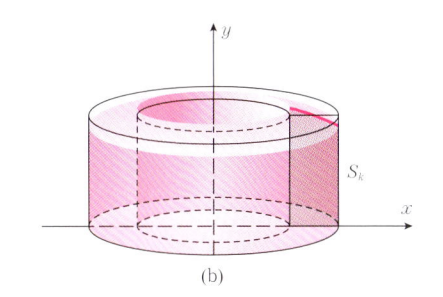

図 6.3.4

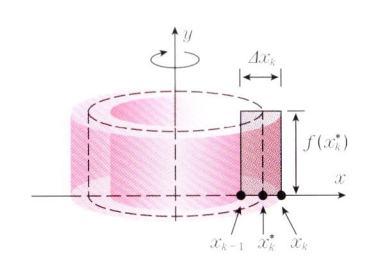

図 6.3.5

この考え方を実行するため，k 番目の細い片は x_{k-1} から x_k まで延びているとして，その幅を

$$\Delta x_k = x_k - x_{k-1}$$

と書くことにする．

x_k^* を区間 $[x_{k-1}, x_k]$ の中点とし，その区間上に高さ $f(x_k^*)$ をもつ長方形を作り，その長方形を y 軸の周りに回転させて高さ $f(x_k^*)$，平均半径 x_k^*，厚み Δx_k の円柱殻を得ることができる (図 6.3.5)．式 (1) より，この円柱殻の体積 V_k は

$$V_k = 2\pi x_k^* f(x_k^*) \Delta x_k$$

となる．これら n 個の円柱殻の体積を足し合わせると，体積 V を近似する次のリーマン和を得る．

$$V \approx \sum_{k=1}^{n} 2\pi x_k^* f(x_k^*) \Delta x_k$$

n を増加させ各部分区間の幅を 0 に近づけていくときの極限をとれば，定積分

$$V = \lim_{\max \Delta x_k \to 0} \sum_{k=1}^{n} 2\pi x_k^* f(x_k^*) \Delta x_k = \int_a^b 2\pi x f(x)\, dx$$

を得る．以上をまとめて，次の結果を得る．

6.3.2 定理（y 軸を回転軸とする円柱殻による体積）　関数 f は区間 $[a, b]$ 上で連続かつ非負とする．R を，上側は $y = f(x)$ で，下側は x 軸で，そして両横は直線 $x = a$ と $x = b$ によって囲まれた領域とする．このとき，領域 R を y 軸の周りに回転させて生成される回転体の体積 V は

$$V = \int_a^b 2\pi x f(x)\, dx \tag{2}$$

で与えられる．

例 1 円柱殻の手法を用いて，曲線 $y = \sqrt{x}$, $x = 1$, $x = 4$, および x 軸によって囲まれた領域を，y 軸の周りに回転させて生成される立体の体積を求めよ（図 6.3.6）．

解 $f(x) = \sqrt{x}$, $a = 1$, および $b = 4$ であるから，体積は式 (2) より

$$V = \int_1^4 2\pi x \sqrt{x}\, dx = 2\pi \int_1^4 x^{3/2}\, dx = \left[2\pi \cdot \frac{2}{5} x^{5/2}\right]_1^4 = \frac{4\pi}{5}(32 - 1) = \frac{124\pi}{5}$$

となり，体積が求められる．

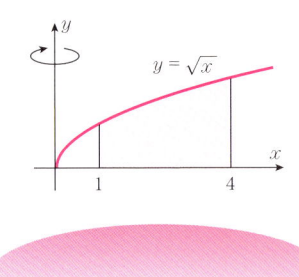

円柱殻法の変形

円柱殻法は，公式 (2) で必要とされている条件に合っていないさまざまな状況においても適用可能である．例えば，領域が 2 つの曲線によって囲まれている場合，あるいは回転軸が y 軸以外の直線である場合などである．しかし，ありうる状況それぞれに対応して別々の公式を作り出すよりも，新しい状況が生じれば，それぞれの状況に対応できるように，円柱殻法についての一般的な方法を考察する．

そのためには，公式 (2) における被積分関数を再度調べる必要がある．区間 $[a, b]$ の点 x において，x 軸から曲線 $y = f(x)$ まで垂直に延びた線分は，領域 R の点 x における断面とみることができる（図 6.3.7a）．領域 R が y 軸の周りに回転させられた場合，点 x における断面は，高さ $f(x)$，半径 x の直円柱の表面を描き出す（図 6.3.7b）．この曲面の面積は

$$2\pi x f(x)$$

であり（図 6.3.7c），これは (2) における被積分関数にほかならない．かくて，公式 (2) は，わかりやすくすると次のようにみることができる．

> **6.3.3 円柱殻法のわかりやすい見方** 領域 R を，ある軸の周りに回転させて生成される立体の体積 V は，回転軸に並行にとられた R の一般的断面の回転により生成される曲面の面積を積分することで得られる．

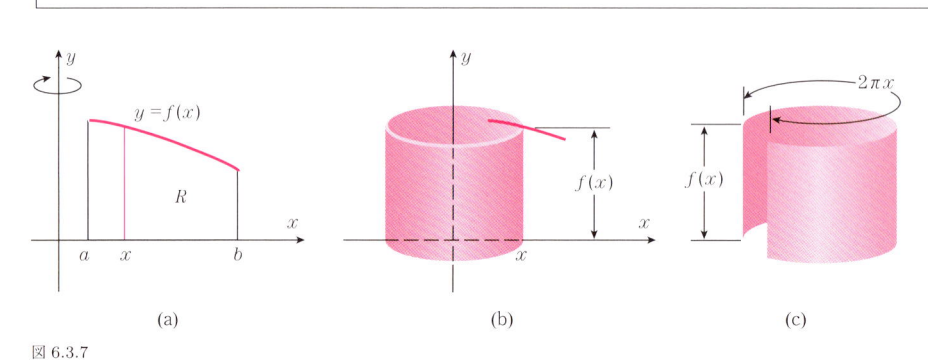

図 6.3.7

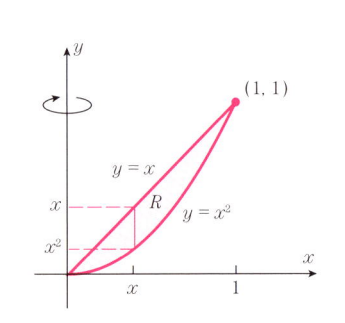

以下の例は，公式 (2) がそのままでは適用できない状況で，この結果の適用の仕方を示している．

例 2 円柱殻法を用いて，第 1 象限にあって $y = x$ と $y = x^2$ に挟まれた領域 R を，y 軸の周りに回転させて生成される立体の体積を求めよ（図 6.3.8）．

解 区間 $[0, 1]$ の x において，y 軸に平行な R の断面は，高さが $x - x^2$ で，半径が x である柱面を生成する．この曲面の面積は

$$2\pi x(x - x^2)$$

であるから，立体の体積は

$$V = \int_0^1 2\pi x(x - x^2)\, dx = 2\pi \int_0^1 (x^2 - x^3)\, dx = 2\pi \left[\frac{x^3}{3} - \frac{x^4}{4}\right]_0^1 = 2\pi \left(\frac{1}{3} - \frac{1}{4}\right) = \frac{\pi}{6}$$

である．

図 6.3.6 立体の切断図

図 6.3.8 ボウル状で内部は円錐形の立体

| 読者へ　例 2 における立体の体積は，ワッシャー法でも求められる．ワッシャー法で計算された体積が，円柱殻法で得られたものと一致することを確かめよ．

例 3　円柱殻法を用いて，区間 $[0,2]$ 上の曲線 $y=x^2$ の下にある領域 R を，x 軸の周りに回転させて生成される立体の体積を求めよ（図 6.3.9）．

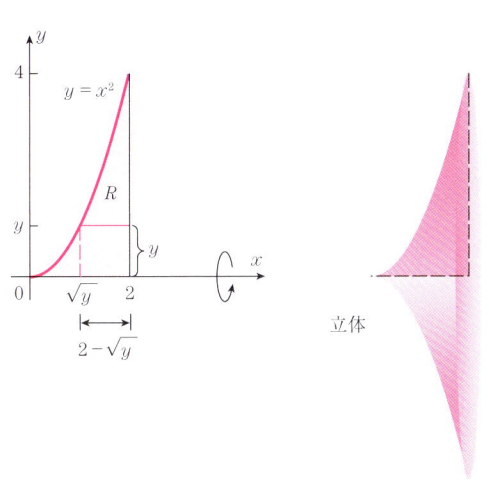

図 6.3.9

解　区間 $[0,4]$ の点 y に対して，x 軸に平行な R の断面は，高さ $2-\sqrt{y}$，半径 y の柱面を形成する．この曲面の面積は $2\pi y(2-\sqrt{y})$ であるから，立体の体積は

$$V = \int_0^4 2\pi y(2-\sqrt{y})\,dy = 2\pi \int_0^4 (2y - y^{3/2})\,dy = 2\pi \left[y^2 - \frac{2}{5}y^{5/2}\right]_0^4 = \frac{32\pi}{5}$$

である．　◀

| 読者へ　例 3 の立体の体積は，円板法を用いても求めることができる．円板法によって計算された体積が，円柱殻法によって得られたものと一致することを確かめよ．

演習問題 6.3　Ⓒ　CAS

問題 **1–4** では，円柱殻法を用いて，影のついた領域を指示された軸の周りに回転させて生成される立体の体積を求めよ．

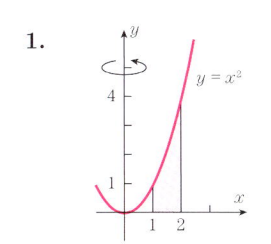

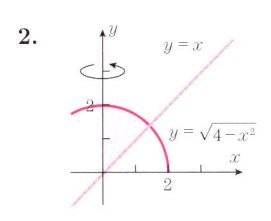

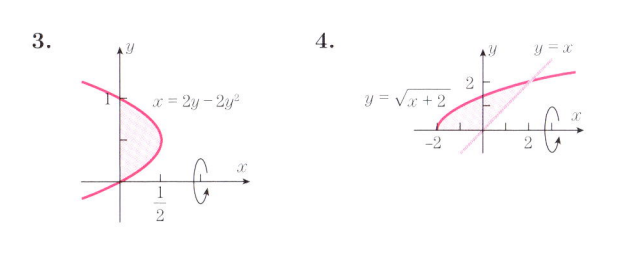

1.

2.

3.

4.

問題 **5–10** では，円柱殻法を用いて，与えられた曲線によって囲まれた領域を y 軸の周りに回転させて生成される立体の体積を求めよ．

5. $y = x^3$, $x = 1$, $y = 0$
6. $y = \sqrt{x}$, $x = 4$, $x = 9$, $y = 0$
7. $y = 1/x$, $y = 0$, $x = 1$, $x = 3$
8. $y = \cos(x^2)$, $x = 0$, $x = \frac{1}{2}\sqrt{\pi}$, $y = 0$
9. $y = 2x - 1$, $y = -2x + 3$, $x = 2$
10. $y = 2x - x^2$, $y = 0$

問題 **11–14** では，円柱殻法を用いて，与えられた曲線によって囲まれた領域を x 軸の周りに回転させて生成される立体の体積を求めよ．

11. $y^2 = x$, $y = 1$, $x = 0$
12. $x = 2y$, $y = 2$, $y = 3$, $x = 0$
13. $y = x^2$, $x = 1$, $y = 0$
14. $xy = 4$, $x + y = 5$
15. C　CAS を用いて，区間 $[0, \pi]$ 上の曲線 $y = \sin x$ と $y = 0$ によって囲まれた領域を y 軸の周りに回転させて生成される立体の体積を求めよ．
16. C　CAS を用いて，区間 $[0, \pi/2]$ 上の曲線 $y = \cos x$, $y = 0$, および $x = 0$ によって囲まれた領域を y 軸の周りに回転させて生成される立体の体積を求めよ．
17. (a) 円柱殻法を用いて，区間 $[0, 1]$ 上の曲線
    $$y = x^3 - 3x^2 + 2x$$
    の下にある領域を y 軸の周りに回転させて生成される立体の体積を求めよ．
    (b) この問題に対して，円柱殻法は前節で考察したスライス法よりも容易か，あるいは難しいか．理由をつけて説明せよ．
18. 円柱殻法を用いて，曲線 $y = 1/x^3$, $x = 1$, $x = 2$, および $y = 0$ によって囲まれた領域を直線 $x = -1$ の周りに回転させて生成される立体の体積を求めよ．
19. 円柱殻法を用いて，曲線 $y = x^3$, $y = 1$, および $x = 0$ によって囲まれた領域を直線 $y = 1$ の周りに回転させて生成される立体の体積を求めよ．

20. R_1 と R_2 を，図のような形の領域とする．円柱殻法を用いて，次の場合の立体の体積を与える公式を求めよ．
    (a) 領域 R_1 を y 軸の周りに回転させて生成される立体．
    (b) 領域 R_2 を x 軸の周りに回転させて生成される立体．

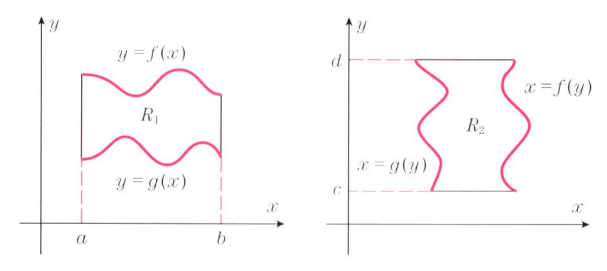

図 Ex-20

21. 円柱殻法を用いて，3つの頂点 $(0, 0)$, $(0, r)$, $(h, 0)$ をもつ三角形を，x 軸の周りに回転させて生成される円錐の体積を求めよ．ただし，$r > 0$，および $h > 0$ とする．
22. 曲線 $y^2 = kx$ と直線 $x = \frac{1}{4}k$ によって囲まれた領域を，直線 $x = \frac{1}{2}k$ の周りに回転させる．円柱殻法を用いて，この回転体の体積を求めよ（$k > 0$ と仮定する）．
23. 半径 r の球体の中心を通って，半径 a の円形の穴を開ける．円柱殻法を用いて，取り除かれた部分の体積を求めよ（$r > a$ を仮定する）．
24. 円柱殻法を用いて，円 $x^2 + y^2 = a^2$ を直線 $x = b$ の周りに回転させて生成されるトーラスの体積を求めよ．ただし，$b > a > 0$ とする．[ヒント：積分において，面積としての積分を考えると助けになるかもしれない．]
25. V_x と V_y をそれぞれ，曲線 $y = 1/x$, $y = 0$, $x = \frac{1}{2}$, および $x = b$ ($b > \frac{1}{2}$) によって囲まれた領域を，それぞれ x 軸の周りに，および y 軸の周りに回転させて生成される回転体の体積とする．$V_x = V_y$ となるような値 b は存在するか．

6.4 平面曲線の長さ

この節では，平面曲線の長さを求める問題を考える．

曲線の長さ

円周の長さは有史時代の初期より知られているが，より一般的な曲線の長さについては，17世紀半ばに至るまではまったくといってよいほど知られていなかった．17世紀半ばになっても，公式としては例えばサイクロイド曲線の長さのような，ほんのわずかの特殊な曲線に

6.4 平面曲線の長さ

ついて発見されていただけであった．楕円の長さを求めるといった基本的問題ですら，その時代の数学者たちの挑戦を退けてきた．そして，曲線の長さを求める一般的な問題については，ほとんど進歩がなかったのである，次の世紀における微積分学の夜明けまでは．

この節における最初の目標は，区間 $[a,b]$ 上の平面曲線 $y = f(x)$（図 6.4.1）の長さ（あるいは**弧長**とよばれる）とは何を意味するかを定義することである．これがなされれば，計算方法に焦点をあてることができる．不要な煩雑さを避けるため，f' が区間 $[a,b]$ 上で連続と仮定する．この場合，$y = f(x)$ は区間 $[a,b]$ 上**滑らかな曲線**（あるいは f は $[a,b]$ 上滑らかな関数）であるという．

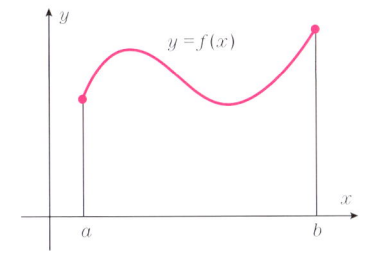

まず，以下の問題を考えてみよう．

> **問題 6.4.1**（弧長問題） $y = f(x)$ は，区間 $[a,b]$ 上の滑らかな曲線とする．このとき，区間 $[a,b]$ 上の曲線 $y = f(x)$ の弧長 L を定義し，それを求める公式を導け．

弧長を定義する基本的な考え方は，曲線を小さな切片に分割し，その曲線の分割された部分を線分で近似し，その線分の長さの和をとり，弧長 L を近似するリーマン和を作る．そして，そのリーマン和の極限をとって L に対応する積分を得る，というものである．

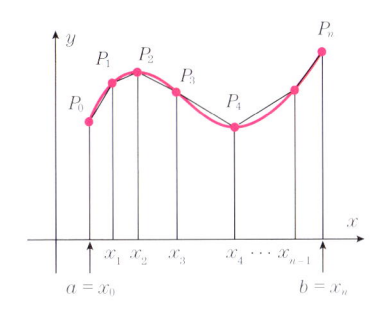

このアイデアを実行するため，区間 $[a,b]$ を，$a = x_0$ と $b = x_n$ のあいだに数 $x_1, x_2, \cdots, x_{n-1}$ を挿入して，n 個の部分区間に分割する．図 6.4.2 に示しているように，$P_0, P_1, \cdots, P_n$ を，x 座標が $a = x_0, x_1, x_2, \cdots, x_{n-1}, b = x_n$ である曲線上の点とし，これらの点を線分で結んでいく．これらの線分は**折れ線経路**を形成する．これは曲線 $y = f(x)$ の近似とみなせる．図 6.4.3 で提示されているように，折れ線経路の k 番目の線分の長さ L_k は

$$L_k = \sqrt{(\Delta x_k)^2 + (\Delta y_k)^2} = \sqrt{(\Delta x_k)^2 + [f(x_k) - f(x_{k-1})]^2} \tag{1}$$

である．これらの線分の長さを足し合わせると，次のような曲線の長さ L の近似

$$L \approx \sum_{k=1}^{n} L_k = \sum_{k=1}^{n} \sqrt{(\Delta x_k)^2 + [f(x_k) - f(x_{k-1})]^2} \tag{2}$$

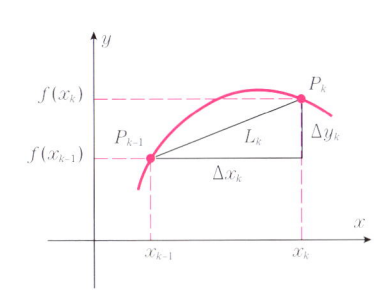

を得る．これをリーマン和の形にするために，平均値の定理（定理 4.8.2）を適用する．この定理により，x_{k-1} と x_k のあいだにある数 x_k^* で

$$\frac{f(x_k) - f(x_{k-1})}{x_k - x_{k-1}} = f'(x_k^*) \quad \text{あるいは} \quad f(x_k) - f(x_{k-1}) = f'(x_k^*) \Delta x_k$$

となるものが存在する．これにより，(2) は

$$L \approx \sum_{k=1}^{n} \sqrt{1 + [f'(x_k^*)]^2} \Delta x_k$$

と書き直せる．ここで，n を増加させ部分区間の長さを零へと近づければ，弧長 L を定義する次の積分

$$L = \lim_{\max \Delta x_k \to 0} \sum_{k=1}^{n} \sqrt{1 + [f'(x_k^*)]^2} \Delta x_k = \int_a^b \sqrt{1 + [f'(x)]^2}\, dx$$

が得られる．以上をまとめると，次の定義を得る．

> **6.4.2 定義** $y = f(x)$ を区間 $[a,b]$ 上の滑らかな曲線とする．このとき，区間 $[a,b]$ 上のこの曲線の弧長 L は
> $$L = \int_a^b \sqrt{1 + [f'(x)]^2}\, dx \tag{3}$$
> として定義される．

この結果は，弧長の定義とその計算のための公式の両方を与えている．式 (3) は，こちらがよければ，

$$L = \int_a^b \sqrt{1+[f'(x)]^2}\,dx = \int_a^b \sqrt{1+\left(\frac{dy}{dx}\right)^2}\,dx \qquad (4)$$

と表すこともできる．さらに，$x = g(y)$ と表されている曲線，ただし g' は区間 $[c,d]$ 上連続とする，の $y = c$ から $y = d$ までの弧長 L は

$$L = \int_c^d \sqrt{1+[g'(y)]^2}\,dy = \int_a^b \sqrt{1+\left(\frac{dx}{dy}\right)^2}\,dy \qquad (5)$$

と表すことができる．

例 1 曲線 $y = x^{3/2}$ の，点 $(1,1)$ から $(2, 2\sqrt{2})$ までの長さ（図 6.4.4）を，次の 2 つの方法で求めよ：(a) 公式 (4) を用いて，(b) 公式 (5) を用いて．

図 6.4.4

解 (a)
$$\frac{dy}{dx} = \frac{3}{2}x^{1/2}$$

であり，曲線は $x = 1$ から $x = 2$ までに延びているから，(4) より

$$L = \int_1^2 \sqrt{1 + \frac{9}{4}x}\,dx$$

がわかる．この積分を計算するため，u 置換積分

$$u = 1 + \frac{9}{4}x, \quad du = \frac{9}{4}dx$$

を用いると，積分の x に関する下端および上端 ($x=1$, $x=2$) は，対応する積分の u に関する下端および上端 ($u = \frac{13}{4}$, $u = \frac{22}{4}$) に変わる．

$$L = \frac{4}{9}\int_{13/4}^{22/4} u^{1/2}\,du = \frac{8}{27}u^{3/2}\Big]_{13/4}^{22/4} = \frac{8}{27}\left(\left(\frac{22}{4}\right)^{3/2} - \left(\frac{13}{4}\right)^{3/2}\right)$$
$$= \frac{22\sqrt{22} - 13\sqrt{13}}{27} \approx 2.09$$

解 (b) 公式 (5) を適用するためには，まず方程式 $y = x^{3/2}$ を，x が y の関数として表現されるように書き換えなければならない．これより $x = y^{2/3}$ となり，そして

$$\frac{dx}{dy} = \frac{2}{3}y^{-1/3}$$

となる．曲線は $y = 1$ から $y = 2\sqrt{2}$ まで延びているから，(5) より

$$L = \int_1^{2\sqrt{2}} \sqrt{1 + \frac{4}{9}y^{-2/3}}\,dy = \frac{1}{3}\int_1^{2\sqrt{2}} y^{-1/3}\sqrt{9y^{2/3} + 4}\,dy$$

が従う．この積分を求めるため，u 置換積分

$$u = 9y^{2/3} + 4, \quad du = 6y^{-1/3}\,dy$$

を行い，積分の y に関する下端および上端 ($y=1$, $y=2\sqrt{2}$) は，対応する積分の u に関する下端および上端 ($u = 13$, $u = 22$) に変わる．このことより，

$$L = \frac{1}{18}\int_{13}^{22} u^{1/2}\,du = \frac{1}{27}u^{3/2}\Big]_{13}^{22} = \frac{1}{27}((22)^{3/2} - (13)^{3/2}) = \frac{22\sqrt{22} - 13\sqrt{13}}{27}$$

となり，この結果は (a) での値と一致している．しかし，こちらの積分の方が冗長である．公式 (4) あるいは (5)，どちらを用いるかの選択の余地がある問題では，どちらか一方がもう一方より簡単であるケースがしばしばある． ◂

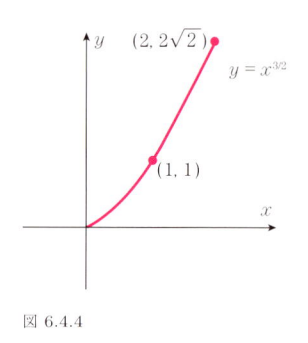

パラメータ表示曲線の弧長

次の結果は，パラメータ表示された曲線の弧長を与える．式の導出は公式 (3) と同様であるので，証明は省略する．

> **問題 6.4.3**（パラメータ表示による曲線の弧長公式） パラメータによる方程式
> $$x = x(t), \quad y = y(t) \quad (a \leq t \leq b)$$
> によって表される曲線において，t が a から b まで増加するあいだに，この曲線のどんな部分弧も 2 度以上通ることはないとする．さらに，dx/dt と dy/dt は区間 $[a,b]$ 上で連続であるとする．このとき，曲線の長さ L は
> $$L = \int_a^b \sqrt{\left(\frac{dx}{dt}\right)^2 + \left(\frac{dy}{dt}\right)^2}\, dt \tag{6}$$
> で与えられる．

注意 公式 (4) と (5) は，(6) の特別な場合であることに注意しよう．例えば，公式 (4) は (6) より，$y = f(x)$ を $x = t, y = f(t)$ とパラメータ表示の形に表すと得られる．同様に，公式 (5) もまた (6) より，$x = g(y)$ をパラメータ表示の形 $x = g(t), y = t$ の形に表すと得られる．詳細は読者に委ねる．

例 2 半径 a の円のパラメータ表示
$$x = a\cos t, \quad y = a\sin t \quad (0 \leq t \leq 2\pi)$$
より，(6) を用いてこの円の周の長さを求めよ．

解
$$L = \int_0^{2\pi} \sqrt{\left(\frac{dx}{dt}\right)^2 + \left(\frac{dy}{dt}\right)^2}\, dt = \int_0^{2\pi} \sqrt{(-a\sin t)^2 + (a\cos t)^2}\, dt$$
$$= \int_0^{2\pi} a\, dt = at\Big]_0^{2\pi} = 2\pi a \quad \blacktriangleleft$$

弧長を求める数値的方法

一般に，弧長の計算に現れる積分は，初等関数の範囲内での計算により値を求めるのは不可能であることが多い．それゆえ，積分の値を数値的手法を用いて，例えば中点近似のような数値的方法（5.4 節で考察），あるいはそれに匹敵する他の手段を用いて，積分を近似しなければならないことがしばしばある．例 1 と 2 は，まれな例外である．

例 3 公式 (4) より，$y = \sin x$ の $x = 0$ から $x = \pi$ までの部分の長さは積分
$$L = \int_0^\pi \sqrt{1 + (\cos x)^2}\, dx$$
で与えられる．この積分は初等関数の範囲内で計算することはできない．しかし，数値積分可能な計算ユーティリティを用いて近似値として $L \approx 3.8202$ が得られる．

> **読者へ** 図 6.4.5 において，両方の軸の 1 単位を 2cm にとってある．図の曲線にひもを可能な限り近づけて配置しその長さをセンチメートル単位で測ることで，例 3 の結果はもっともなものであることを確かめよ．

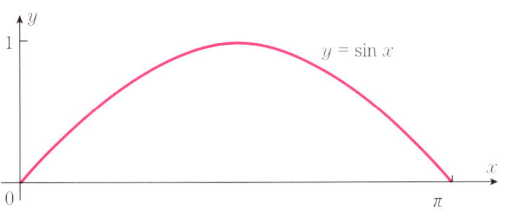

図 6.4.5

読者へ　CASとある種の科学計算電卓は，数値積分を計算するためのコマンドをもっており，またある種の科学計算電卓には弧の長さを近似するためのコマンドが備えられてもいる．これらの機能のどれかを備えている科学計算電卓か，CASをもっているならば，説明書を読み，それらを用いて例3の結果を確かめよ．

演習問題 6.4　～ グラフィックユーティリティ　C CAS

1. ピタゴラスの定理を用いて，直線 $y=2x$ 上の点 $(1,2)$ から点 $(2,4)$ までの線分の長さを求め，その値が，以下の公式を用いて計算された値と比べて矛盾するところはないことを確かめよ．
   (a) 公式 (4)　　(b) 公式 (5)

2. ピタゴラスの定理を用いて，線分 $x=t, y=5t$ ($0 \leq t \leq 1$) の長さを求め，その値が公式 (6) を用いて計算された値と比べて矛盾するところはないことを確かめよ．

問題 3–8 では，曲線の指示された区間上での厳密な弧長を求めよ．

3. $y = 3x^{3/2} - 1$ において，$x=0$ から $x=1$ まで．
4. $x = \frac{1}{3}(y^2+2)^{3/2}$ において，$y=0$ から $y=1$ まで．
5. $y = x^{2/3}$ において，$x=1$ から $x=8$ まで．
6. $y = (x^6+8)/(16x^2)$ において，$x=2$ から $x=3$ まで．
7. $24xy = y^4 + 48$ において，$y=2$ から $y=4$ まで．
8. $x = \frac{1}{8}y^4 + \frac{1}{4}y^{-2}$ において，$y=1$ から $y=4$ まで．

問題 9–12 では，パラメータを消去しないでパラメータ表示曲線の弧長を求めよ．

9. $x = \frac{1}{3}t^3, y = \frac{1}{2}t^2$ ($0 \leq t \leq 1$)
10. $x = (1+t)^2, y = (1+t)^3$ ($0 \leq t \leq 1$)
11. $x = \cos 2t, y = \sin 2t$ ($0 \leq t \leq \pi/2$)
12. $x = \cos t + t \sin t, y = \sin t - t \cos t$ ($0 \leq t \leq \pi$)

13. C (a) 1.8節において，サイクロイドは直線上を動く車輪の縁の点がたどる軌跡として表されたことを思い起こそう（図 1.8.13，上巻，p.93）．1.8節の式 (9) で与えられたパラメータ表示を用いて，サイクロイドの 1 つのアーチの長さ L は積分
$$L = a\int_0^{2\pi} \sqrt{2(1-\cos\theta)}\, d\theta$$
で与えられることを示せ．
    (b) CAS を用いて，L は車輪の半径の 8 倍であることを示せ（図参照）．

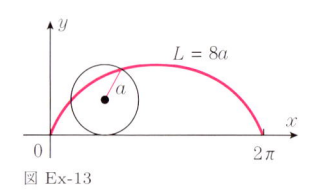

図 Ex-13

14. ～ 1.8節の演習問題 41 で，方程式
$$x = a\cos^3\phi,\ y = a\sin^3\phi$$
によりパラメータ表示された曲線は，**4 尖点サイクロイド**（または**アストロイド**）とよばれることをみた．
    (a) グラフィックユーティリティを用いて，$a=1$ の場合のグラフを，1 回り分だけ描け．
    (b) (a) で描いた曲線の厳密な長さを求めよ．

15. 曲線 $y=x^{2/3}$ を考える．
    (a) この曲線の，$x=-1$ から $x=8$ までの部分を描け．
    (b) (a) で描いた曲線の長さを求めるのに，公式 (4) がなぜ使えないかを説明せよ．
    (c) (a) で描いた曲線の弧長を求めよ．

16. 公式 (4) と (5) を，曲線の適当なパラメータを選んで，(6) より導け．

問題 17 と 18 では，$n=20$ 個の部分区間による中点近似を用いて，与えられた区間上の曲線の弧長を近似せよ．

17. $y = x^2$ において，$x=0$ から $x=2$ まで．
18. $x = \sin y$ において，$y=0$ から $y=\pi$ まで．
19. C CAS か，数値積分可能な科学計算電卓を用いて，問題 17 と 18 の弧長を近似せよ．

20. $y = f(x)$ は閉区間 $[a,b]$ 上の滑らかな曲線とする．ある非負の数 m と M で，区間 $[a,b]$ 内のすべての点 x に対して $m \leq f'(x) \leq M$ を満たすものが存在するとする．曲線 $y=f(x)$ の区間 $[a,b]$ での長さ L は，不等式
$$(b-a)\sqrt{1+m^2} \leq L \leq (b-a)\sqrt{1+M^2}$$
を満たすことを示せ．

21. 問題 20 の結果を用いて，曲線 $y=\sin x$ の区間 $[0, \pi/4]$ での弧長 L は
$$\frac{\pi}{4}\sqrt{\frac{3}{2}} \leq L \leq \frac{\pi}{4}\sqrt{2}$$
を満たすことを示せ．

22. 楕円 $x = a\cos t, y = b\sin t, 0 \leq t \leq 2\pi$，ただし $a > b > 0$，の全弧長は
$$4a\int_0^{\pi/2} \sqrt{1-k^2\cos^2 t}\, dt$$
で与えられることを示せ．ここで，$k = \sqrt{a^2-b^2}/a$ である．

23. C (a) 楕円
$$x = 2\cos t, \ y = \sin t \quad (0 \leq t \leq 2\pi)$$
の全弧長は
$$4\int_0^{\pi/2} \sqrt{1 + 3\sin^2 t}\, dt$$
で与えられることを示せ．

(b) CAS か，あるいは数値積分可能な科学計算電卓を用いて，(a) の弧長の近似を行い，四捨五入により小数第 2 位まで求めよ．

(c) (a) におけるパラメータ表示の式は，xy 平面における粒子の軌跡を表しているとする．ただし，t は秒単位の時間で，x と y はセンチメートル単位で測られているとする．CAS か数値積分可能な科学計算電卓を用いて，粒子が時間 $t = 1.5$ 秒から $t = 4.8$ 秒までのあいだに移動した距離の近似値を，四捨五入して小数第 2 位まで求めよ．

24. C バスケットボールの選手が，フリースローラインからのシュートに成功するとする．手から離れた瞬間からゴールに入る瞬間までのボールの軌跡は
$$y = 2.15 + 2.09x - 0.41x^2 \quad (0 \leq x \leq 4.6)$$
によって表されるとする．ただし，x はボールが手から離れた点からの水平方向の距離（単位メートル）とし，y は床から垂直方向の距離（単位メートル）とする．CAS か，あるいは数値積分可能な科学計算電卓を用いて，ボールが手から離れゴールに入るまでに移動した距離を，四捨五入して小数第 2 位まで求めよ．

25. C 曲線 $y = k\sin x$ が，区間 $x = 0$ から $x = \pi$ までのあいだの長さとして $L = 5$ をもつような k の値（小数第 2 位まで）を求めよ．[ヒント：弧の長さ L を k を含む積分の形で表し，CAS か，あるいは数値積分可能な科学計算電卓を用いて，$L - 5$ が異なる符号をとるような 2 つの整数 k を求め，それから，中間値の定理（定理 2.5.8）を用いて，小数第 2 位まで k の値を近似して，解を完成させよ．]

6.5 回転面の面積

この節では，平面曲線をある直線の周りに回転させて生成される回転面の面積を求める問題を考える．

曲面の面積

回転面とは，平面内の 1 つの曲線を，同じ平面の中にある 1 つの軸の周りに回転させて生成することができる曲面である．例えば，球の表面は平面内の半円をその直径の周りに回転させ生成することができ，直円柱の側面は軸と平行な線分を軸の周りに回転させて生成することができる（図 6.5.1）．

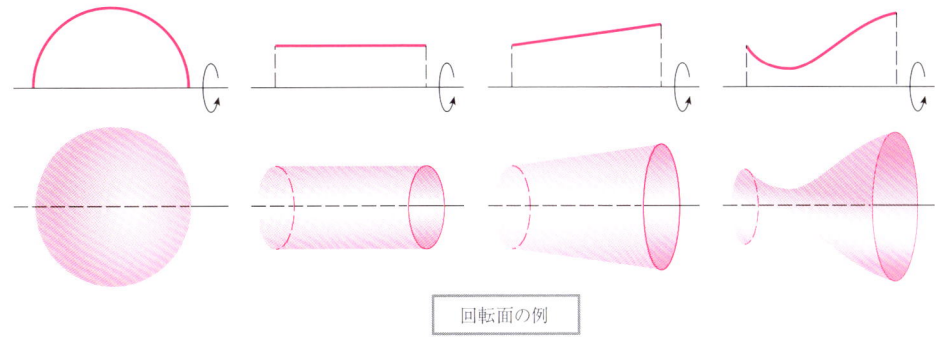

図 6.5.1

図 6.5.2

この節では次の問題について考える．

問題 6.5.1（曲面積問題） 関数 f は，区間 $[a,b]$ 上で滑らかで，かつ非負とする．また，回転面は，曲線 $y = f(x)$ の $x = a$ と $x = b$ のあいだの部分を x 軸の周りに回転させて生成されたものとする（図 6.5.2）．このとき，この曲面の "面積 S" とは何を意味しているかを定義し，それを計算するための公式を求めよ．

(a) (b)

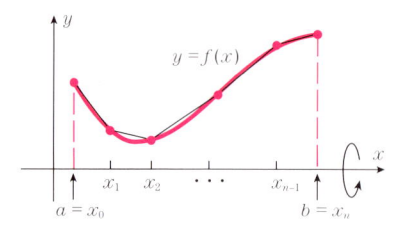

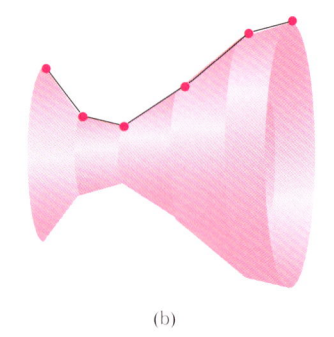

図 6.5.3

　回転面の面積 S の適切な定義を導くために，曲面を小さな部分に分割する．ただし，各小部分の面積は初等公式で近似できるようにする．そして，小部分の面積の近似を足し合わせてリーマン和を作れば，これが S を近似する．そして，リーマン和の極限をとれば厳密な S の値が得られる．

　このアイデアを実行するために，$a = x_0$ と $b = x_n$ のあいだに数 $x_1, x_2, \ldots, x_{n-1}$ をとり，$[a,b]$ を n 個の部分区間に分割する．図 6.5.3a に図示されているように，f のグラフ上の対応する点は，区間 $[a,b]$ 上の曲線 $y = f(x)$ を近似する折れ線を定義する．この折れ線を x 軸の周りに回転させると，n 個の部分よりなる曲面が生成されるが，各部分は直円錐の円錐台である（図 6.5.3b）．ところで，底の半径が r_1 および r_2 であり，斜高が l である円錐台の側面の面積は，式

$$S = \pi(r_1 + r_2)l \tag{1}$$

で与えられる（図 6.5.4）．図 6.5.5 よりわかるように，k 番目の円錐台は底の半径は $f(x_{k-1})$ と $f(x_k)$ であり，高さは Δx_k である．その斜高は，折れ線の k 番目の線分の長さ L_k であり，6.4 節の式 (1) により

$$L_k = \sqrt{(\Delta x_k)^2 + [f(x_k) - f(x_{k-1})]^2}$$

である．かくして，k 番目の円錐台の側面積は

$$S_k = \pi[f(x_{k-1}) + f(x_k)]\sqrt{(\Delta x_k)^2 + [f(x_k) - f(x_{k-1})]^2}$$

である．これらの面積を足し合わせると，全曲面積 S の次のような近似が得られる．

$$S \approx \sum_{k=1}^{n} \pi[f(x_{k-1}) + f(x_k)]\sqrt{(\Delta x_k)^2 + [f(x_k) - f(x_{k-1})]^2} \tag{2}$$

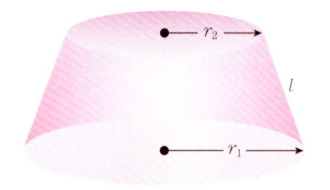

図 6.5.4

　これをリーマン和の形にするために平均値の定理（定理 4.8.2）を使う．この定理は，x_{k-1} と x_k のあいだの点 x_k^* で

$$\frac{f(x_k) - f(x_{k-1})}{x_k - x_{k-1}} = f'(x_k^*) \quad \text{もしくは} \quad f(x_k) - f(x_{k-1}) = f'(x_k^*)\Delta x_k$$

となっているものの存在を保証する．それゆえ，式 (2) は

$$S \approx \sum_{k=1}^{n} \pi[f(x_{k-1}) + f(x_k)]\sqrt{1 + [f'(x_k^*)]^2}\Delta x_k \tag{3}$$

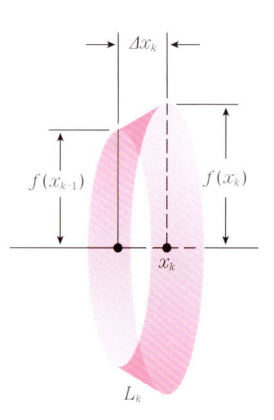

図 6.5.5

と書き換えることができる．しかし，この式は x_{k-1} と x_k を含んでいるので，まだリーマン和ではない．この式から変数を消去するために，2 つの値 $f(x_{k-1})$ と $f(x_k)$ の平均値は，この 2 つの数のあいだにあることを注意しよう．すると，f の連続性と中間値の定理（定理 2.5.8）によって，x_{k-1} と x_k のあいだに点 x_k^{**} で

$$\tfrac{1}{2}[f(x_{k-1}) + f(x_k)] = f(x_k^{**})$$

となっているものの存在が保証される．よって，式 (3) は

$$S \approx \sum_{k=1}^{n} 2\pi f(x_k^{**})\sqrt{1+[f'(x_k^*)]^2}\Delta x_k$$

と表せる．この表示は，形はリーマン和に近いが真のリーマン和ではない．なぜなら，x_k^* だけでなく，x_k^* と x_k^{**} という 2 つの変数を含んでいるからである．しかし，微積分学の進んだ課程において，f の連続性により，このことは極限に何の影響も与えないことが証明される．よって，極限をとる際には $x_k^* = x_k^{**}$ と仮定することができ，このことは S が

$$S = \lim_{\max \Delta x_k \to 0} \sum_{k=1}^{n} 2\pi f(x_k^{**})\sqrt{1+[f'(x_k^*)]^2}\Delta x_k = \int_a^b 2\pi f(x)\sqrt{1+[f'(x)]^2}\,dx$$

と定義できることを示唆している．以上をまとめると，次の定義を得る．

> **6.5.2 定義** 関数 f は，$[a,b]$ 上で滑らかであり，かつ非負値とする．このとき，$x = a$ と $x = b$ のあいだの曲線 $y = f(x)$ を x 軸の周りに回転させて生成される回転面の曲面積 S は
> $$S = \int_a^b 2\pi f(x)\sqrt{1+[f'(x)]^2}\,dx$$
> と定義される．

この結果は，定義を与えると同時に曲面積を計算するための公式も与えている．その方が都合よければ，この公式を

$$S = \int_a^b 2\pi f(x)\sqrt{1+[f'(x)]^2}\,dx = \int_a^b 2\pi y\sqrt{1+\left(\frac{dy}{dx}\right)^2}\,dx \tag{4}$$

と表すこともできる．さらに，g が非負で，$x = g(y)$ が区間 $[c,d]$ 上の滑らかな曲線であるとき，曲線 $x = g(y)$ を y の周りに回転させて生成される回転面の面積は

$$S = \int_c^d 2\pi g(y)\sqrt{1+[g'(y)]^2}\,dy = \int_c^d 2\pi x\sqrt{1+\left(\frac{dx}{dy}\right)^2}\,dy \tag{5}$$

と表すことができる．

例 1 曲線 $y = x^3$ の $x = 0$ から $x = 1$ までの部分を x 軸の周りに回転させて生成される回転面の面積を求めよ（図 6.5.6）．

解 $y = x^3$ より $dy/dx = 3x^2$ であるから，公式 (4) より曲面積 S は

$$\begin{aligned}
S &= \int_0^1 2\pi y\sqrt{1+\left(\frac{dy}{dx}\right)^2}\,dx \\
&= \int_0^1 2\pi x^3\sqrt{1+(3x^2)^2}\,dx \\
&= 2\pi \int_0^1 x^3(1+9x^4)^{1/2}\,dx \\
&= \frac{2\pi}{36}\int_1^{10} u^{1/2}\,du \quad \boxed{\begin{array}{l} u = 1+9x^4 \\ du = 36x^3 dx \end{array}} \\
&= \frac{2\pi}{36}\cdot\frac{2}{3}u^{3/2}\Big]_{u=1}^{10} = \frac{\pi}{27}(10^{3/2}-1) \approx 3.56
\end{aligned}$$

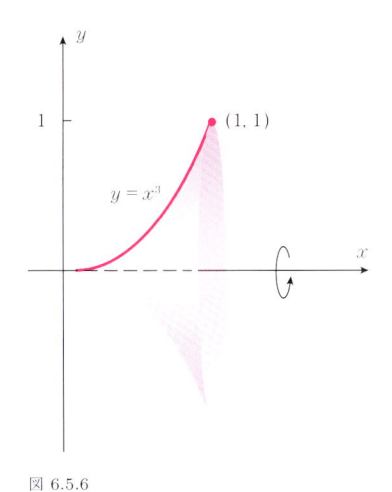

である．

図 6.5.6

例2 曲線 $y = x^2$ の $x = 1$ から $x = 2$ までの部分を，y 軸の周りに回転させて生成される回転面の面積を求めよ（図 6.5.7）．

解 曲線が y 軸の周りに回転されるから，公式 (5) を適用する．そのために，$y = x^2$ を $x = \sqrt{y}$ と書き換えておく．そして，$x = 1$ および $x = 2$ がそれぞれ $y = 1$ および $y = 4$ に対応することに注意する．$x = \sqrt{y}$ より $dx/dy = 1/(2\sqrt{y})$ であるから，(5) より曲面積 S は

$$S = \int_1^4 2\pi x \sqrt{1 + \left(\frac{dx}{dy}\right)^2}\, dy$$

$$= \int_1^4 2\pi \sqrt{y} \sqrt{1 + \left(\frac{1}{2\sqrt{y}}\right)^2}\, dy$$

$$= \pi \int_1^4 \sqrt{4y + 1}\, dy$$

$$= \frac{\pi}{4} \int_5^{17} u^{1/2}\, du \qquad \boxed{\begin{array}{l} u = 4y + 1 \\ du = 4\,dy \end{array}}$$

$$= \frac{\pi}{4} \cdot \frac{2}{3} u^{3/2} \Big]_{u=5}^{17} = \frac{\pi}{6}(17^{3/2} - 5^{3/2}) \approx 30.85$$

となる．

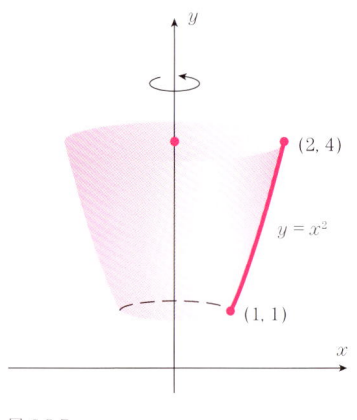

図 6.5.7

演習問題 6.5 C CAS

問題 **1–4** では，与えられた曲線を x 軸の周りに回転させて生成される曲面の面積を求めよ．

1. $y = 7x$, $0 \leq x \leq 1$
2. $y = \sqrt{x}$, $1 \leq x \leq 4$
3. $y = \sqrt{4 - x^2}$, $-1 \leq x \leq 1$
4. $x = \sqrt[3]{y}$, $1 \leq y \leq 8$

問題 **5–8** では，与えられた曲線を y 軸の周りに回転させて生成される曲面の面積を求めよ．

5. $x = 9y + 1$, $0 \leq y \leq 2$
6. $x = y^3$, $0 \leq y \leq 1$
7. $x = \sqrt{9 - y^2}$, $-2 \leq y \leq 2$
8. $x = 2\sqrt{1 - y}$, $-1 \leq y \leq 0$

問題 **9–12** では，曲線を指定された軸の周りに回転させて生成される曲面の面積の厳密な値を，CAS を用いて求めよ．

9. C $\quad y = \sqrt{x} - \frac{1}{3}x^{3/2}$, $1 \leq x \leq 3$; x 軸
10. C $\quad y = \frac{1}{3}x^3 + \frac{1}{4}x^{-1}$, $1 \leq x \leq 2$; x 軸
11. C $\quad 8xy^2 = 2y^6 + 1$, $1 \leq y \leq 2$; y 軸
12. C $\quad x = \sqrt{16 - y}$, $0 \leq y \leq 15$; y 軸

問題 **13** と **14** では，CAS または数値積分可能な電卓を使って，曲線を指定された軸の周りに回転させて生成される曲面の面積を，四捨五入して小数第 2 位まで求めよ．

13. C $\quad y = \sin x$, $0 \leq x \leq \pi$; x 軸
14. C $\quad x = \tan y$, $0 \leq y \leq \pi/4$; y 軸

15. 公式 (4) を用いて，高さ h，底面の半径 r の直円錐の側面積 S は
    $$S = \pi r \sqrt{r^2 + h^2}$$
    で与えられることを示せ．

16. 半径 r の球面の表面積は $4\pi r^2$ であることを示せ．[ヒント：半円 $y = \sqrt{r^2 - x^2}$ を x 軸の周りに回転させよ．]

17. (a) 6.2 節の演習問題 **37** の図では，半径 r の球面から切り取られた高さ h の球形の帽子が示されている．この球形の帽子の曲面積 S は $S = 2\pi rh$ となることを示せ．[ヒント：円 $x^2 + y^2 = r^2$ の適当な部分を y 軸の周りに回転させよ．]

    (b) 2 つの平行な平面が球面から切り取る部分を**環帯** (zone) という．(a) の結果を用いて，環帯の曲面積は球面の半径と 2 つの平面の距離のみによって決まり，環帯の位置には無関係であることを示せ．

問題 **18–24** では，以下で考察されている公式が必要である．$x'(t)$ および $y'(t)$ は連続関数とする．曲線
$$x = x(t), \quad y = y(t) \quad (a \le t \le b)$$
は，曲線上のどの部分弧も 2 度以上通ることはないとする．このとき，この曲線を x 軸の周りに回転させて生成される曲面の面積は
$$S = \int_a^b 2\pi y(t) \sqrt{[x'(t)]^2 + [y'(t)]^2}\, dt \quad \text{(A)}$$
であり，y 軸の周りに回転させて生成される曲面の面積は
$$S = \int_a^b 2\pi x(t) \sqrt{[x'(t)]^2 + [y'(t)]^2}\, dt \quad \text{(B)}$$
である．

18. 2 つの曲線 $y = f(x)$ および $x = g(y)$ に対して，適当なパラメータづけを選んで，公式 (4) および (5) を上の公式 (A) および (B) から導き出せ．

19. パラメータづけされた曲線 $x = t^2$, $y = 2t$, $0 \le t \le 4$ を x 軸の周りに回転させて生成される曲面の面積を求めよ．

20. C CAS を使って，パラメータ表示された曲線
$$x = \cos^2 t, \quad y = 5\sin t \quad (0 \le t \le \pi/2)$$
を x 軸の周りに回転させて生成される曲面の面積を求めよ．

21. パラメータ表示された曲線 $x = t$, $y = 2t^2$, $0 \le t \le 1$ を y 軸の周りに回転させて生成される曲面の面積を求めよ．

22. パラメータ表示された曲線 $x = \cos^2 t$, $y = \sin^2 t$, $0 \le t \le \pi/2$ を y 軸の周りに回転させて生成される曲面の面積を求めよ．

23. 半円
$$x = r\cos t, \quad y = r\sin t \quad (0 \le t \le \pi)$$
を x 軸の周りに回転させることにより，半径 r の球面の面積が $4\pi r^2$ となることを示せ．

24. 方程式
$$x = a\phi - a\sin\phi, \quad y = a - a\cos\phi \quad (0 \le \phi \le 2\pi)$$
はサイクロイドの 1 つの弧を表す．この曲線を x 軸の周りに回転させて生成される曲面の面積は $S = 64\pi a^2/3$ であることを示せ．[ヒント：恒等式 $\sin^2\dfrac{\phi}{2} = \dfrac{1-\cos\phi}{2}$ と $\sin^3\phi = (1-\cos^2\phi)\sin\phi$ を，積分するときの助けに用いよ．]

25. (a) 斜高 l，底面の半径 r の円錐の母線を切って平らにすると，図のように半径 l の扇形になる．半径 l，中心角 θ（ラジアン）の扇形の面積が $A = \frac{1}{2}l^2\theta$ で与えられることを用いて，円錐の側面積が $\pi r l$ となることを示せ．

    (b) 上の (a) の結果を用いて円錐台の側面積に対する公式 (1) を導け．

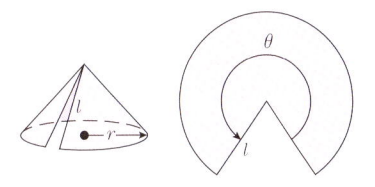

図 Ex-25

26. $y = f(x)$ は区間 $[a,b]$ 上の滑らかな曲線であり，かつ $a \le x \le b$ に対して $f(x) \ge 0$ であるとする．曲線 $y = f(x)$, $a \le x \le b$ を直線 $y = -k$ $(k > 0)$ の周りに回転させたときに生成される曲面積についての公式を導け．

27. $y = f(x)$ は区間 $[a,b]$ 上の滑らかな曲線であり，かつ $a \le x \le b$ に対して $f(x) \ge 0$ であるとする．最極値定理（定理 4.5.3）により，関数 f は $[a,b]$ 上で最大値 K と最小値 k をもつ．次を示せ：曲線 $y = f(x)$ の $x = a$ と $x = b$ のあいだにある部分の弧長を L とし，この曲線を x 軸の周りに回転させて生成される回転面の面積を S とするとき，
$$2\pi k L \le S \le 2\pi K L$$
となる．

28. $y = f(x)$ は区間 $[a,b]$ 上の滑らかな曲線とする．そして，$a \le x \le b$ に対して $f(x) \ge 0$ とする．曲線 $y = f(x)$ の下にあって $x = a$ と $x = b$ とのあいだにある部分の面積を A とする．そして S を，曲線のこの部分を x 軸の周りに回転させて生成される曲面の面積とする．

    (a) $2\pi A \le S$ となることを証明せよ．

    (b) $2\pi A = S$ となるのはどんな関数 f のときか．

6.6 仕事

この節では，前章で展開した積分に基づく手法を用いて，"仕事" の基礎的な原理のいくつかを学習する．この "仕事" は物理学や工学における基本的な概念である．

物理学や工学における仕事の役割

この節では，**仕事**と**エネルギー**という関連している 2 つの概念を取り扱う．これらの概念をなじみの場面においてみよう．ある人がエンストした車をある距離だけ押すとき，その人は仕事を行っており，その仕事の結果が車を動かしているのである．この仕事によって引き起こされた運動のエネルギーを車の**運動エネルギー**という．仕事とエネルギーのあいだの正確な関係は物理学の原理によって支配されており，この原理は**仕事・エネルギー関係**とよば

運動方向に加えられた一定の力によって成される仕事

れる．この節でもこの考え方についてふれるが，仕事とエネルギーの関係の詳細な学習は，物理学や工学の課程に任せる．ここでの主な目的は，仕事の研究において積分が果たす役割を説明することである．

エンストした車を押すときに車が得る速さは，押す力 F と力が働いていた距離 d に依存する（図 6.6.1）．ゆえに，次の仕事の定義では，力と距離がその材料である．

> **6.6.1 定義** 大きさが F である一定の力が物体の運動方向に働いていて，その物体が距離 d だけ移動したとする．このとき，その力によって物体になされた**仕事** W とは
> $$W = F \cdot d \tag{1}$$
> であると定義する．

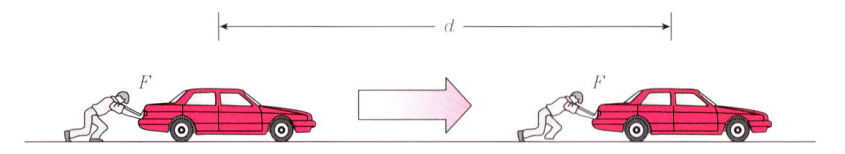

図 6.6.1

> **読者へ** 例えばレンガの壁のような固定された物体を押すと，あなた自身は疲れるだろうが，何も仕事はなされていない．これはなぜか．

力の測定のための広く通用している単位として，国際単位系（SI）におけるニュートン（N），センチメートル・グラム・秒（CGS）単位系におけるダイン（dyn），および英国式（BE）単位系におけるポンド（lb）がある．1 N は質量 1 kg の物体に 1 m/s^2 の加速度を与えるのに必要な力であり，1 dyn は質量 1 g の物体に 1 cm/s^2 の加速度を与えるのに必要な力であり，力の 1 lb は質量 1 スラッグ（1 slug=14.59390 kg）の物体に 1 ft/s^2 の加速度を与えるのに必要な力である．

定義 6.6.1 より，仕事は力と距離の積の単位をもつ．標準的な仕事の単位はニュートン・メートル（N·m）や，ダイン・センチメートル（dyn·cm），そしてフィート・ポンド（ft·lb）である．表 6.6.1 に示すように，1 N·m は 1 ジュール（J）ともいい，1 dyn·cm は**エルグ**（erg）ともいう．1 ft·lb は約 1.36 J である．

表 **6.6.1**

系	力	×	距離	=	仕事
SI	ニュートン(N)		メートル(m)		ジュール(J)
CGS	ダイン(dyn)		センチメートル(cm)		エルグ(erg)
BE	ポンド(lb)		フィート(ft)		フィート・ポンド(ft·lb)

換算係数：
1N = 10^5dyn ≈ 0.225 lb   1lb ≈ 4.45 N
1J = 10^7ERG ≈ 0.738 ft·lb   1ft·lb ≈ 1.36 J × 10^7erg

例 1 物体を運動方向に 100 lb の一定の力でまっすぐ 5 ft 移動させる．このときなされた仕事は
$$W = F \cdot d = 100 \cdot 5 = 500 \text{ ft·lb}$$
である．

物体を運動方向に 4 N の一定の力でまっすぐ 25 m 移動させる．このときなされた仕事は
$$W = F \cdot d = 4 \cdot 25 = 100 \text{ N·m} = 100 \text{ J}$$
である．◀

6.6 仕事 111

例 2 1976 年のオリンピックでワシリー・アレクセーエフ (Vasili Alexeev) は重量挙げで 562 lb を床から頭上（約 2 m）まで上げ新記録を出して世界を驚かせた．同様にびっくり仰天することに，屈強な男 ポール・アンダーソン (Paul Anderson) の偉業があった．彼は 1957 年床の上で踏ん張り，その背中を使って，6270 lb の鉛と自動車の部品を 1 cm 持ち上げたのである．どちらがより多くの仕事をしただろうか．

解 物体を持ち上げるには，地球が物体に及ぼしている重力に打ち勝つだけの十分な力が必要である．地球が物体に及ぼす力とはその物体の重さである．したがって，彼らが偉業を成し遂げたとき，アレクセーエフ は 562 lb の力を 2 m の距離にわたって与え続け，アンダーソン は 6270 lb の力を 1 cm にわたって与え続けた．ポンドは BE 単位系，メートルは SI 単位系，そしてセンチメートルは CGS 単位系の単位である．話を統一するために，使用する測定単位系を 1 つに決める必要がある．ここでは SI 単位系を採用し，上の 2 人の男がした仕事をジュールで表す．

表 6.6.1 の換算係数を使って，次を得る．

$$562 \text{ lb} \approx 562 \text{ lb} \times 4.45 \text{ N/lb} = 2{,}500.9 \text{ N}$$
$$6270 \text{ lb} \approx 6270 \text{ lb} \times 4.45 \text{ N/lb} = 27{,}901.5 \text{ N}$$

これらの値と 1 cm = 0.01 m であることから，

$$\text{アレクセーエフのした仕事} = (2{,}500.9 \text{ N}) \times (2 \text{ m}) = 5{,}002 \text{ J}$$
$$\text{アンダーソンのした仕事} = (27{,}901.5 \text{ N}) \times (0.01 \text{ m}) = 279 \text{ J}$$

となる．したがって，アンダーソン は恐ろしい力で持ち上げはしたが，移動距離があまりに短かったので，結局 アレクセーエフ の方が多く仕事をしたことになる． ◀

ワシリー・アレクセーエフが 1976 年のオリンピックで 562 lb の新記録のリフティング

運動方向に加えられる大きさが変動する力がなす仕事

多くの大切な問題は，運動方向に働いるがその大きさが変動する力によってなされた仕事を求めることが重要となる．例えば，図 6.6.2a は自然な状態にあるバネを示している（縮んでも伸びてもいない）．ブロックを水平に引っ張りたいなら（図 6.6.2b），伸びるに連れてだんだんと増してくるバネの力に打ち勝つように，だんだんとより強い力をブロックに加えなければならない．かくして，次になすべきことは，変動する力によってなされる仕事とは何であるかを定義し，そしてそれを計算する公式を見つけることである．このことには微積分学が必要である．

> **問題 6.6.2** 物体は座標軸に沿って正の方向に運動するとする．この間，物体は運動方向に働いて大きさが変動する力 $F(x)$ を受けるとする．この物体が $x = a$ から $x = b$ まで動くとき，物体に加えられた力によってなされる仕事とは何であるかを定義し，またその仕事を計算するための公式を求めよ．

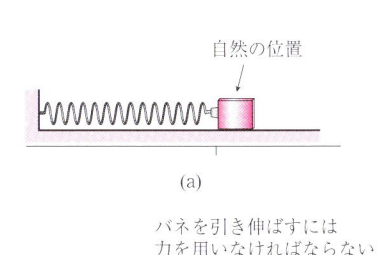

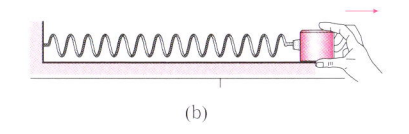

この問題を解くための基本的なアイデアは，区間 $[a, b]$ を十分小さな部分区間に分割して，各部分区間では力があまり大きくは変化しないようにすることである．こうすれば，各部分区間上では力は一定であると扱うことができ，各部分区間上では公式 (1) を使って仕事を近似することができる．その部分区間上での仕事の近似を足し合わせると，全区間での仕事 W を近似するリーマン和が得られる．そして，そのリーマン和の極限をとることにより，W を表す積分が得られるであろう．

このアイデアを実行するために，$a = x_0$, $b = x_n$ のあいだに，数 $x_1, x_2, \ldots, x_{n-1}$ をとって，区間 $[a, b]$ を n 個の部分区間に分割する．k 番目の部分区間でなされる仕事 W_k を近似するためには，この区間から点 x_k^* を勝手に選び，この区間で働く力が一定値 $F(x_k^*)$ であるとみなせば，公式 (1) を用いることができる．k 番目の部分区間の幅は $x_k - x_{k-1} = \Delta x_k$ であるから，これより

$$W_k \approx F(x_k^*)\Delta x_k$$

という近似が得られる．これらの近似値を足し合わせると，全区間上でなされる仕事 W を

自然の位置

(a)

バネを引き伸ばすには力を用いなければならない

(b)

図 6.6.2

112 第6章 定積分の，幾何学，科学，および工学における応用

近似する次のリーマン和を得る．
$$W \approx \sum_{k=1}^{n} F(x_k^*) \Delta x_k$$

n を増やし，かつ部分区間の幅が零に近づくようにして極限をとると，定積分
$$W = \lim_{\max \Delta x_k \to 0} \sum_{k=1}^{n} F(x_k^*) \Delta x_k = \int_a^b F(x)\,dx$$
が得られる．

以上をまとめると，次の結果を得る．

6.6.3 定義 物体は座標軸に沿って正の方向に区間 $[a,b]$ 上を動くとする．その間，運動方向に働くが大きさが変動する力 $F(x)$ を受けながら，物体は動くとする．このとき，物体に働く力がなす**仕事** W を
$$W = \int_a^b F(x)\,dx \tag{2}$$
と定義する．

フックの法則 [ロバート・フック（1635～1703），英国の物理学者] は次のことを主張している．適当な条件下では，その自然な長さから x 単位長さ引き伸ばされたバネは
$$F(x) = kx$$
という力で逆向きに引く．ただし，k は（**バネ定数**または**剛性定数**とよばれる）定数である．この定数 k はバネの太さやその構成物質による．$k = F(x)/x$ であるから，定数 k は単位長さあたりの力という単位をもっている．

例 3 自然な長さから 1 m 引き伸ばしたときに，5 N の力が働くバネがある．
(a) バネ定数 k を求めよ．
(b) このバネを自然な長さから 1.8 m 引き伸ばすのに必要な仕事はどれだけか．

解 (a) バネを x m 引き伸ばすのに必要な力 $F(x)$ は，フックの法則により
$$F(x) = kx$$
と書ける．条件より，$x = 1$ m のとき $F(x) = 5$ N であるから，$5 = k \cdot 1$．よって，バネ定数 $k = 5$ ニュートン毎メートル（N/m）．このことは
$$F(x) = 5x \tag{3}$$
であることを意味する．

解 (b) 図 6.6.3 のように，バネは座標軸に沿っているとする．このバネを $x = 0$ から $x = 1.8$ まで伸ばすのに必要な仕事 W を求めたい．(2) と (3) より，必要な仕事 W は
$$W = \int_a^b F(x)\,dx = \int_0^{1.8} 5x\,dx = \left.\frac{5x^2}{2}\right]_0^{1.8} = 8.1 \text{ J}$$
である． ◀

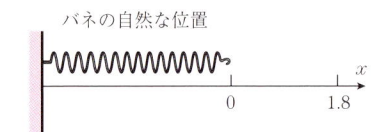

図 6.6.3

例 4 宇宙飛行士の**体重**（より正確には**地球での重さ**）は地球の重力が宇宙飛行士に及ぼす力である．宇宙飛行士が宇宙へと上昇すると，地球の重力による引力は減少し，その結果，その宇宙飛行士の体重も減る．後に示すように，地球を半径 4000 マイル (mi) の球体であるとすると，地球での体重が 150 ポンド (lb) である宇宙飛行士の体重は，地球の中心から距離 x mi の位置では
$$w(x) = \frac{2{,}400{,}000{,}000}{x^2} \text{ lb}, \qquad x \geq 4000$$
になる．この公式を使って，地表から 800 mi の位置まで宇宙飛行士を上昇させるのに必要

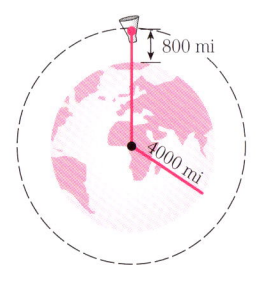

図 6.6.4

な仕事をフィート・ポンド単位で求めよ（図 6.6.4）.

解 地球の半径は 4000 mi であるから，宇宙飛行士は地球の中心から 4000 mi の位置から，4800 mi の位置まで上昇する．よって，(2) より，宇宙飛行士を上昇させるために必要な仕事 W は

$$W = \int_{4000}^{4800} \frac{2,400,000,000}{x^2} dx$$

$$= -\frac{2,400,000,000}{x}\Big]_{4000}^{4800}$$

$$= -500,000 + 600,000$$

$$= 100,000 \text{ mi} \cdot \text{lb}$$

$$= (100,000 \text{ mi} \cdot \text{lb}) \times (5280 \text{ ft/mi})$$

$$= 5.28 \times 10^8 \text{ ft} \cdot \text{lb}$$

◂

基本原理に立ち戻っての仕事の計算

ある種の問題は，機械的に公式に代入するだけでは解けず，答えを得るためには基本原理に立ち戻る必要がある．次の例によって，このことを説明する．

例 5 底面の半径 10 フィート（ft），高さ 30 ft の円錐形のタンクに水が深さ 15 ft まで入っている（図 6.6.5a）．水をすべてタンクの頂上の穴からポンプで吸い出すのに必要な仕事はどれだけか．

解 この問題を解く方略は，水を薄い層に分割し，各層を頂上まで移動するのに要する仕事を近似する．そして，各層についての近似を足し合わせて全仕事を近似するリーマン和を得る．それから，全仕事を表す積分を得るにはリーマン和の極限をとればよい．

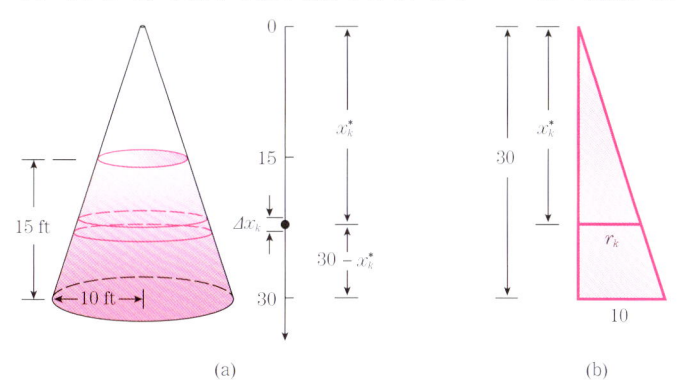

図 6.6.5

この考え方を実行するために，図 6.6.5a のように x 軸をとる．そして，水を n 個の層に分割し，その k 番目の層の厚さを Δx_k と書く．この分割で区間 $[15, 30]$ は n 個の部分区間に分割される．むろん k 番目の層の上面と下面は，頂点からは異なった距離にあるが，層が十分薄ければその差は小さい．ゆえに，その層全体がある位置 x_k^* に集中していると仮定するのは理にかなっている．よって，k 番目の層をタンクの頂上まで移動させるのに必要な仕事 W_k は近似的には

$$W_k \approx F_k x_k^* \tag{4}$$

となる．ここで，F_k は k 番目の層を持ち上げるのに必要な力である．しかし，k 層目を持ち上げるのに必要な力は重力に打ち勝つに要する力であるから，これはその層の重さと同じである．層が非常に薄いとすれば，k 番目の層の体積は，高さ Δx_k，半径 r_k の円柱の体積で近似できる．ここで（三角形の相似より），

$$\frac{r_k}{x_k^*} = \frac{10}{30} = \frac{1}{3}$$

すなわち $r_k = x_k^*/3$ である（図 6.6.5b）．したがって，k 番目の層の体積は近似的に
$$\pi r_k^2 \Delta x_k = \pi(x_k^*/3)^2 \Delta x_k = \frac{\pi}{9}(x_k^*)^2 \Delta x_k$$
となる．水の密度は 62.4 lb/ft^3（lb：ポンド）であるから，
$$F_k \approx \frac{62.4\pi}{9}(x_k^*)^2 \Delta x_k$$
である．よって，(4) より，
$$W_k \approx \left(\frac{62.4\pi}{9}(x_k^*)^2 \Delta x_k\right) x_k^* = \frac{62.4\pi}{9}(x_k^*)^3 \Delta x_k$$
となる．であるから，n 個の層をすべて移動させるのに必要な仕事 W は
$$W = \sum_{k=1}^{n} W_k \approx \sum_{k=1}^{n} \frac{62.4\pi}{9}(x_k^*)^3 \Delta x_k$$
と近似できる．仕事の "厳密な" 値を得るには，$\max \Delta x_k \to 0$ とするときの極限をとると，
$$W = \lim_{\max \Delta x_k \to 0} \sum_{k=1}^{n} \frac{62.4\pi}{9}(x_k^*)^3 \Delta x_k = \int_{15}^{30} \frac{62.4\pi}{9} x^3 \, dx$$
$$= \frac{62.4\pi}{9}\left(\frac{x^4}{4}\right)\Big]_{15}^{30} = 1{,}316{,}250\pi \approx 4{,}135{,}000 \ \text{ft} \cdot \text{lb} \quad \blacktriangleleft$$

仕事・エネルギー関係

物体が運動しているのをみた人は，その運動を生み出すのに何らかの仕事が費やされたことは確かだと思う．例えば，建物から石を落とすと石がどんどん速さを増していくのは，地球の重力が石に仕事をしつづけているからである．また，ホッケーの選手がホッケー・スティックでパックを打ったときの，パックが氷上を滑るものすごい速さは，スティックとパックが接触する短い時間内にスティックがパックになした仕事によって生み出される．しかし，経験の教えるところによれば，物体が得る速さは物体になされた仕事の量だけでなく，その物体の質量にもよる．例えば，5 オンス（oz）の野球のボールを 50 mi/h（mi：マイル）で投げるに要した仕事では，10 ポンド（lb）のボーリングの玉を 9 mi/h までは加速できないであろう．

定積分に対する置換積分の方法を用いると，物体になされた仕事を，その物体の質量と速度とに結びつける簡単な方程式を導き出すことができる．さらには，この方程式は，物体の "運動のエネルギー" に妥当な定義を与えることができる．定義 6.6.3 と同様に，物体は座標軸に沿って正の方向に区間 $[a,b]$ 上を動き，その間運動方向に加えられる力 $F(x)$ を受けるとする．時間 t における物体の位置，速度，および加速度をそれぞれ $x = x(t)$, $v = v(t) = x'(t)$, および $v'(t)$ と記す．ニュートンの第 2 運動法則より
$$F(x(t)) = mv'(t)$$
である．ここで，m は物体の質量である．いま，
$$x(t_0) = a \quad \text{かつ} \quad x(t_1) = b$$
とし，さらに物体の初速度，および終速度をそれぞれ
$$v(t_0) = v_i \quad \text{かつ} \quad v(t_1) = v_f$$
とする．すると，
$$W = \int_a^b F(x)\,dx = \int_{x(t_0)}^{x(t_1)} F(x)\,dx$$
$$= \int_{t_0}^{t_1} F(x(t)) x'(t)\,dt \quad \boxed{\text{定理 5.8.1 で } x = x(t),\ dx = x'(t)\,dt \text{ とする}}$$
$$= \int_{t_0}^{t_1} mv'(t)v(t)\,dt = \int_{t_0}^{t_1} mv(t)v'(t)\,dt$$
$$= \int_{v(t_0)}^{v(t_1)} mv\,dv \quad \boxed{\text{定理 5.8.1 で } v = v(t),\ dv = v'(t)\,dt \text{ とする}}$$
$$= \int_{v_i}^{v_f} mv\,dv = \frac{1}{2}mv^2 \Big|_{v_i}^{v_f} = \frac{1}{2}mv_f^2 - \frac{1}{2}mv_i^2$$

となる．等式
$$W = \frac{1}{2}mv_f^2 - \frac{1}{2}mv_i^2 \tag{5}$$
により，物体に働いた仕事は，$\frac{1}{2}mv^2$ という量の，最初の値から最後の値への変化量に等しいことがわかる．等式 (5) を**仕事・エネルギー関係**とよぶ．いま考えている物体の**運動エネルギー**を
$$K = \frac{1}{2}mv^2 \tag{6}$$
と定義すると，方程式 (5) は，物体の受ける仕事はその物体の運動エネルギーの変化量に等しい，ということを述べている．直感的には，物体になされた仕事は運動エネルギーに"変換された"と考えることができる．運動エネルギーの単位は仕事の単位と同じである．例えば，SI 単位系では運動エネルギーの単位はジュール（J）である．

例 6 質量 $m = 5.00 \times 10^4$ kg の宇宙探査機が深宇宙を旅しており，探査機に働く力はそのエンジンの推進力だけである．探査機の速さが $v = 1.10 \times 10^4$ m/s であったある時間からエンジンを働かせつづけ，以後 2.50×10^6 m 進むあいだに運動方向に一定の推進力 4.00×10^5 N を得ていた．探査機の最終的な速さはどれだけか．

解 エンジンの推進力は運動方向に一定であるから，探査機にエンジンがした仕事 W は，
$$W = 力 \times 距離 = (4.00 \times 10^5 \text{ N}) \times (2.50 \times 10^6 \text{ m}) = 1.00 \times 10^{12} \text{ J}$$
である．(5) より，探査機の最終的な運動エネルギー $K_f = \frac{1}{2}mv_f^2$ は仕事 W と最初の運動エネルギー $K_i = \frac{1}{2}mv_i^2$ を使って，次のように表せる．
$$K_f = W + K_i$$
よって，与えられた質量と最初の速さから，
$$K_f = (1.00 \times 10^{12} \text{ J}) + \frac{1}{2}(5.00 \times 10^4 \text{ kg})(1.10 \times 10^4 \text{ m/s})^2 = 4.025 \times 10^{12} \text{ J}$$
となる．最終的な運動エネルギーは $K_f = \frac{1}{2}mv_f^2$ であるから，探査機の最終的な速さは
$$v_f = \sqrt{\frac{2K_f}{m}} = \sqrt{\frac{2(4.025 \times 10^{12})}{5.00 \times 10^4}} \approx 1.27 \times 10^4 \text{ m/s}$$
となる．

演習問題 6.6

1. 次の場合の仕事を求めよ．
   (a) 物体を $x = -2$ から $x = 5$ (ft) まで x 軸の正の方向に一定の力 30 lb で移動させるとき．
   (b) 物体を $x = 1$ から $x = 6$ (ft) まで x 軸の正の方向に変動する力 $F(x) = 1/x^2$ で移動させるとき．

2. x 軸の正の方向に作用する大きさが変動する力 $F(x)$ は，図にグラフで示されている．粒子が $x = 0$ から $x = 5$ まで移動するときに，この力によって粒子になされる仕事を求めよ．

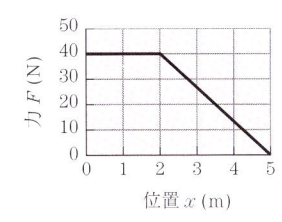

図 Ex-2

3. x 軸の正の方向に一定の力 10 lb が，ある粒子に加えられており，その粒子の時間に対する速度の曲線は図に示されている．時間 $t = 0$ から $t = 5$ までに粒子に働いている力がなす仕事を求めよ．

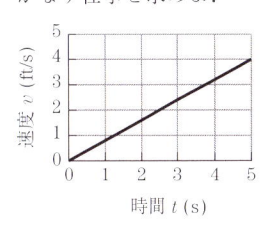

図 Ex-3

4. 自然の長さが 15 cm のバネを長さ 20 cm まで引き伸ばしたとき，バネは 45 N の力で引く．
   (a) （ニュートン毎メートル (N/m) で）バネ定数を求めよ．
   (b) バネを自然の長さから 3 cm 引き伸ばすのに必要な仕事を求めよ．
   (c) バネを長さ 20 cm から 25 cm まで引き伸ばすのに必要な仕事を求めよ．

5. あるバネは，その自然の長さから 0.2 m 引き伸ばすと 100 N の力で引く．このバネをその自然の長さから 0.8 m 引き伸ばすのに必要な仕事を求めよ．

6. あるバネをその自然の長さの 4 m から長さ 3.5 m に縮めるのに必要な力が 6 N であるとする．このバネをその自然の長さから長さ 2 m まで縮めるのに必要な仕事を求めよ．[バネを伸ばすときと同様に，縮めるときにもフックの法則が適用できる．]

7. あるバネをその自然の長さから 1 ft 引き伸ばすのに必要な仕事が 10 ft·lb であるとする．バネ定数を求めよ．

8. 底面の半径が 5 ft で，高さが 9 ft の円柱形のタンクに水が 2/3 だけ入っている．上側の縁から水をすべてポンプで汲み上げるのに必要な仕事を求めよ．

9. 問題 8 において，密度 ρ lb/ft^3 の液体が 2/3 入っているとしたときはどうか．

10. 逆円錐形の貯水タンクがあり，上底の直径は 20 ft，深さは 15 ft である．この貯水タンクが 10 ft まで貯水されているとき，水をすべて貯水タンクの上底まで汲み上げるのに必要な仕事はどれだけか？

11. 図の水槽に 2 m の深さまで水が入っている．水槽の上部まで水をすべて汲み上げるのに必要な仕事を求めよ．[水の密度は 9810 N/m^3（N：ニュートン）とせよ．]

12. 図に示されている円柱形のタンクに密度 50 lb/ft^3 の液体が満たされている．このタンクの上端より 1 ft 上まで液体をすべて汲み上げるために必要な仕事を求めよ．

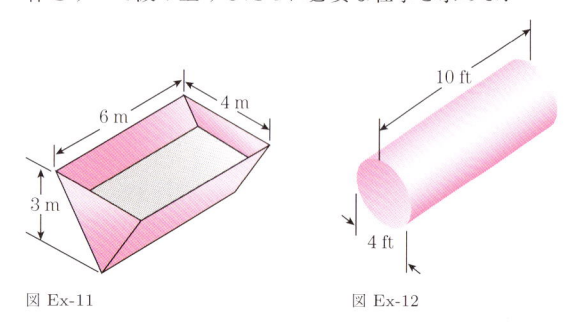

図 Ex-11　　　　　図 Ex-12

13. 深さ 10 ft，幅 15 ft，そして長さ 20 ft の直方体の水泳用プールがある．
    (a) プールの上面から 1 ft 下まで水があるとき，水をすべてプールの上側のへりに設けられた排水口まで汲み上げるのに必要な仕事はどれだけか．
    (b) 1 馬力のモーターは毎秒 550 ft·lb の仕事ができる．1 時間でプールの水をまったく空にするには，どれだけの規模のモーターが必要か．

14. 問題 13 のプールに上面から 1 ft 下まで水を入れるのに，プールの底にある穴から水を送り込むとすると，どれだけの仕事が必要か．

15. 長さ 100 ft で密度 15 lb/ft の鋼の鎖が滑車からぶら下がっている．鎖を滑車に巻き付けるために必要な仕事はどれだけか．

16. 20 lb の水が入った重さ 3 lb のバケツが，長さが 20 ft で密度が 4 oz/ft（oz：オンス）のロープの端に吊されている．ロープのもう片方の端は滑車に取り付けられている．ロープをすべて滑車に巻き付けるのに必要な仕事はどれだけか．ただし，滑車がロープを巻く速さは 2 ft/s であり，バケツを引き上げるときには，水が 0.5 lb/s の割合でバケツから漏れると仮定せよ．

17. 3 トンのロケットが 40 トンの液体燃量で満たされている．発射からしばらくは，1000 ft の垂直な上昇に対して 2 トンという一定の割合で燃料が燃やされる．ロケットが 3000 ft まで上昇するあいだにどれだけの仕事がなされるか．

18. 物理学のクーロンの法則により，2 つの同種の静電荷は，互いのあいだの距離の 2 乗に反比例する力で反発しあう．2 つの電荷 A と B を，それぞれ $A(-a, 0)$ および $B(a, 0)$ の位置に置いたとき，A と B は k N の力で反発するとする．ただし，a はメートル単位で測ったものである．電荷 B を固定したまま，電荷 A を x 軸上を原点まで移動するのに必要な仕事 W を求めよ．

19. 物理学の法則によると，地表より上にある物体に及ぼされる地球の重力は，物体の地球の中心からの距離の 2 乗に反比例して変化する．よって，物体の重さ $w(x)$ は
$$w(x) = \frac{k}{x^2}$$
の形で地球の中心からの距離 x に関係している．ここで，k はその物体の質量に比例する定数である．
    (a) この事実と地球が半径 4000 マイル（mi）の球体であるという仮定を用いて，例 4 における $w(x)$ に対する公式を導け．
    (b) 地表から x mi 上空にある人工衛星の重さ $w(x)$ を求めよ．ただし，人工衛星の地球での重さは 6000 lb である．
    (c) この人工衛星を地表から高度 1000 mi にある軌道まで上昇させるのに必要な仕事はどれだけか．

20. (a) 問題 19 の公式 $w(k) = k/x^2$ はどのような天体に対しても適用できる．月が半径 1080 mi の球体であるとして，月面から x mi 上空にいる女性宇宙飛行士が月から受ける力を求めよ．ただし，彼女の月の表面での体重は 20 lb とする．
    (b) この宇宙飛行士を月面から上空 10.8 mi まで持ち上げるのに必要な仕事はどれだけか．

21. 境川村から秋山村を結ぶ日本の山梨リニア実験線では，現在，強力な磁場の上に数インチ（in）浮くリニアモーターカー（magnetic levitation, MAGLEV）の試験中である．リニアモーターカーの質量を $m = 4.00 \times 10^5$ kg とし，その速さが 20 m/s の時点からエンジンによって 6.40×10^5 ニュートン（N）の力を，進行方向に距離 3.00×10^3 m にわたって加え続けたとする．仕事・エネルギー関係 (5) を用いて，リニアモーターカーの最終的な速さを求めよ．

22. 質量 $m = 2.00 \times 10^3$ kg の火星探査機が自分自身のエンジンの推進力の影響だけを受けているとする．探査機の速さが $v = 1.00 \times 10^4$ m/s の時点から 2.00×10^5 m の距離にわたって，エンジンは一定の推進力 2.00×10^5 N を進行方向に加え続けた．仕事・エネルギー関係 (5) を用いて，探査機の最終的な速さを求めよ．

23. 1972 年 8 月 10 日，推定質量 4×10^6 kg，推定速度 15 km/s の流星体がアメリカ西部とカナダ上空の大気圏を通過したが，幸い地球には衝突しなかった．

    (a) もしその流星体が 15 km/s の速度で地球に衝突していたら，その運動エネルギーの変化は何ジュール（J）であったか．
    (b) そのエネルギーは，1 メガトンの TNT 火薬の爆発エネルギー（4.2×10^{15} J）の何倍になるか．
    (c) ヒロシマ原爆がもっていたエネルギーは TNT 火薬で 13 キロトン分に相当する．この流星体の衝突はヒロシマ原爆何個分に相当するか．

6.7 流体の圧力と力

この節では，前章で展開した積分に基づく手法を用いて，流体の中に入っている物体に，流体が及ぼす圧力や力について学ぶことにする．

流体とは何か

流体とは，どんな容器に入れられても，その容器の境界の形に合うように移動する物質である．流体には，水，油，水銀のような液体とともに，ヘリウム，酸素，空気といった気体も含まれる．流体の研究は，流体静力学（動かない流体の研究）と流体動力学（動いている流体の研究）の 2 つに分類される．この節では流体静力学のみを取り扱う（下巻の後半において，流体動力学の問題を調べる）．

圧力の概念

ある力が物体に及ぼす影響は，その力が物体の表面にどのように分散しているかによる．例えば，読者が長靴を履いて柔らかな雪の上を歩くとき，あなたの体重で雪はつぶれ，読者は雪の中に沈み込むだろう．しかし，スキーを履いてより大きな表面領域に体重を分散させれば，体重はそれほどは雪をつぶさない．そして，あなたは雪の上を滑ることができる．力の大きさとその力が働く範囲の両方に基づいている概念が圧力である．

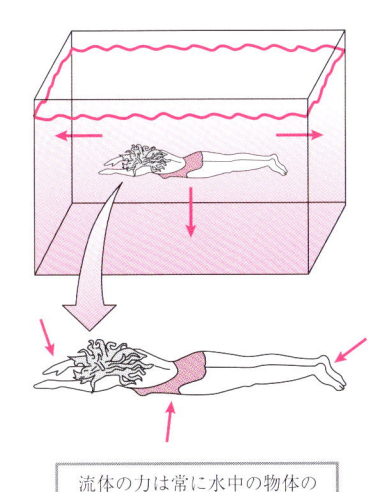

> **6.7.1 定義** 大きさ F の力が面積 A のある表面に加えられているとする．このとき，その力によってその表面が受けている圧力 P は
> $$P = \frac{F}{A} \tag{1}$$
> であると定義する．

この定義より，圧力は単位面積あたりの力という単位をもっている．標準的な圧力の単位としては，SI 単位系におけるニュートン毎平方メートル（N/m²），BE 単位系におけるポンド毎平方インチ（lb/in²）あるいはポンド毎平方フィート（lb/ft²）がある．表 6.7.1 に示すように，1 N/m² を 1 パスカル* (p.118 に略伝)（Pa）とよぶ．1 Pa の圧力はとても小さい（1 Pa = 1.45×10^{-4} lb/in²）ので，SI 単位系を使用している国ではタイヤの圧力計は，通常はキロパスカル（kPa）（= 1000 パスカル）で目盛られている．

この節では，流体の中に入っている物体に働く圧力と力に関心を向ける．圧力自体は方向性をもたないが，圧力が作り出す力は，常に流体中の物体の表面に垂直に働く．よって，図 6.7.1 における水圧は，水槽の側面には水平な力を，底面には垂直な力を生み出し，そして，泳いでいる人の体には各部分ごとにそれに垂直に働くというように部分によって方向が変化する力を生み出すのである．

流体の力は常に水中の物体の表面に垂直に働く．

図 6.7.1

表 6.7.1

系	力	÷	面積	=	圧力
SI	ニュートン (N)		平方メートル (m^2)		パスカル (Pa)
BE	ポンド (lb)		平方フィート (ft^2)		lb/ft^2
BE	ポンド (lb)		平方インチ (in^2)		lb/in^2 (psi)

換算係数：
$1 \text{ Pa} \approx 1.45 \times 10^{-4} \text{ lb/in}^2 \approx 2.09 \times 10^{-2} \text{ lb/ft}^2$
$1 \text{ lb/in}^2 \approx 6.89 \times 10^3 \text{ Pa}$ $1 \text{ lb/ft}^2 \approx 47.9 \text{ Pa}$

例 1 図 6.7.1 で泳いでいる人の手の甲の面積は 8.4×10^{-3} m^2 であり，そこにかかる水圧は 5.1×10^4 Pa（飛び込み用の深いプールの底での実際の値）とする．この人の手の甲にかかる力を求めよ．

解 公式 (1) より，力 F は，
$$F = PA = (5.1 \times 10^4 \text{ N/m}^2)(8.4 \times 10^{-3} \text{ m}^2) \approx 4.3 \times 10^2 \text{ N}$$
である．これはかなり大きな力である（BE 単位系では 約 100 lb）． ◀

スキューバダイビングをする人なら，深く潜れば潜るほど，体にかかる圧力と力は大きくなることを知っている．この圧力と力はダイバーの上の水と大気の重さによるものである．深いところへ行けば行くほど，自分より上にある水の重さは増え，その結果，その人が感じる圧力と力は大きくなるのである．

流体中の物体にかかる圧力や力を計算するためには，それが入っている流体の特性を知る必要がある．簡単のため，考える流体は**均質**である，つまり，流体のどの部分も同じ体積であれば同じ質量をもつと仮定する．この仮定から，体積あたりの質量は一定の数 δ となり，その値は流体の物理的特性によって決まるが，サンプルの流体内での位置にも大きさにもよらないことになる．この値

$$\delta = \frac{m}{V} \tag{2}$$

を，流体の**質量密度**とよぶ．場合によっては，体積あたりの質量よりも，体積あたりの重さを考える方が便利なこともある．よって，流体の**重量密度**を

$$\rho = \frac{w}{V} \tag{3}$$

と定義する．ここで，w は体積 V の流体サンプルの重さである．よって，その流体の重量密度がわかるならば，体積 V のサンプルの重さは公式 $w = \rho V$ より計算できる．表 6.7.2 に代表的な重量密度を示す．

流体密度

表 6.7.2

重量密度

SI		N/m^3
機械油		4,708
ガソリン		6,602
真水		9,810
海水		10,045
水銀		133,416
BE		lb/ft^3
機械油		30.0
ガソリン		42.0
真水		62.4
海水		64.0
水銀		849.0

すべての密度は温度や圧力の変化に影響される重量密度はまた g の変化にも影響される

---

* ブレーズ・パスカル（Blaise Pascal, 1623～1662），フランスの数学者であり科学者．彼の母親は彼が3歳のときに死亡した．そして，彼の父親は高い教育を受けた税務官吏であったが，父親が少年パスカルの初期教育を自ら個人的に行った．パスカルは科学と数学に向かう性向を示したが，彼の父親は，彼がラテン語とギリシャ語を修得するまでは科学と数学を指導するのを拒んだ．彼の姉や最初の伝記記者は，彼が幾何学の本をいっさい読まずにユークリッド原論のはじめの 32 個の命題（訳注：彼が示したのは，ユークリッド原論の第 1 巻の第 32 命題 "三角形の内角の和は 2 直角である" という説もある）を独力で発見したといっている（しかし，これは出所が確かでない話であることが通説となっている）．とはいえ，早熟だったパスカルは 16 歳になるまでにはすでに，円錐曲線についてのたいへん高く評価された小論文を出版している．デカルトはその小論文を読んだのであるが，それがそんな若者によって書かれたとは信じることができないほどに素晴らしいと思った．18 歳のころまでには彼の健康状態が悪化し始め，彼が亡くなるまで頻繁な苦しみの中にあった．それでも彼の創造性は衰えることはなかった．

物理学へのパスカルの貢献の中には，気圧が高度とともに減少することの発見と，彼の名が冠せられた流体圧力の原理が含まれている．しかし，彼の仕事の独創性について疑問を呈する歴史家がいくらかはいる．パスカルは "射影幾何学" とよばれる数学の 1 分野に主要な貢献をしている．また，フェルマーと書簡を交わすなかで確率論の発展にも寄与した．

1646 年になって，健康上の問題から彼に深刻な感情の危機が訪れ，それ以後宗教的な事柄へだんだんと関わるようになっていく．彼はカトリックとして生まれたが，ジャンセニスム（ヤンセン主義）とよばれる宗教的教義に心を向けていき，晩年のほとんどの時間を宗教と哲学の著作に費やした．

流体の圧力

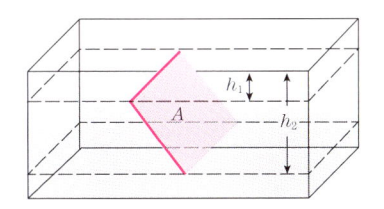

流体の圧力と力を計算するためには，実験に基づく観察が必要になる．面積 A の平らな板が重量密度 ρ の均質な流体中の深さ h_1 から深さ h_2 の位置にあるとする．ただし，$h_1 \leq h_2$ である（図 6.7.2）．実験によると，この板の両面には不等式

$$\rho h_1 A \leq F \leq \rho h_2 A \tag{4}$$

を満たす力 F が面に垂直に働く．よって，(1) より，片面に働く圧力 $P = F/A$ は不等式

$$\rho h_1 \leq P \leq \rho h_2 \tag{5}$$

を満たす．平らな板が水平に深さ h のところに入っているならば，簡単に圧力と力が計算できることに注意しよう．なぜなら，この場合には $h = h_1 = h_2$ であるから，不等式 (4) と (5) は等式

$$F = \rho h A \tag{6}$$

および

$$P = \rho h \tag{7}$$

という等式になるからである．

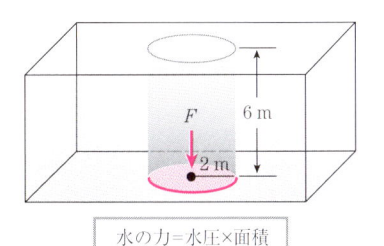

図 6.7.2

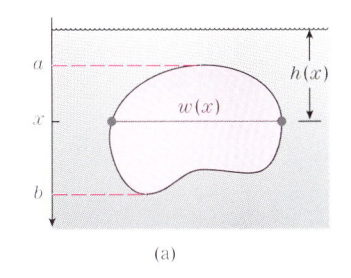

水の力＝水圧×面積

図 6.7.3

例 2 深さ 6 m の水中に水平に入っている半径 2 m の円板の上面にかかる水圧と力を求めよ（図 6.7.3）．

解 水の重量密度は $\rho = 9810$ N/m^3 だから，(7) より，水圧は

$$P = \rho h = 9810 \times 6 = 58{,}860 \text{ Pa}$$

であり，また，(6) より，水の力は

$$F = \rho h A = \rho h (\pi r^2) = 9810 \times 6 \times 4\pi = 235{,}440\pi \approx 739{,}700 \text{ N}$$

となる． ◂

垂直な面に働く流体力

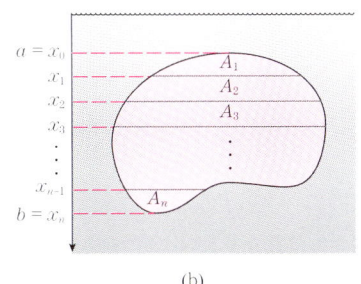

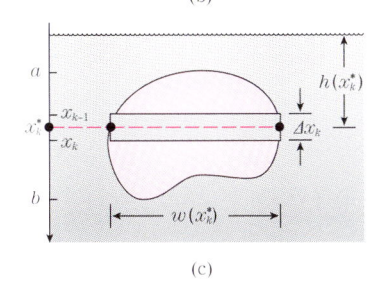

例 2 の円板のように水平な面にかかる流体の力は，面のどの点も同じ深さにあるので，簡単に計算できる．垂直に立った面にかかる力を計算する問題は，その面が一定の深さになく，かかる圧力が一定にならないので，もっと面倒である．垂直な面にかかる流体の力を求めるには微積分学が必要になる．

> **問題 6.7.2** 重量密度 ρ の流体に垂直に入っている平らな板があり，x 軸の正の方向を下向きにとったとき，その平らな板は $x = a$ から $x = b$ までの位置を占めているとする（図 6.7.4a）．また，$a \leq x \leq b$ のとき，位置 x での板の幅を $w(x)$，深さを $h(x)$ とする．このとき，この平らな板にかかる流体力 F とは何であるかを定義し，また，それを計算する公式を求めよ．

この問題を解くための基本的な考え方は，平らな板を細長い帯に分割し，その面積を長方形の面積で近似することである．このような面積近似をすることにより，不等式 (4) を使って，板全体の力を近似するようなリーマン和を作ることができる．そこで，リーマン和の極限をとると，F を表す積分が得られるであろう．

この考え方を実行するために，$a = x_0$ と $b = x_n$ のあいだに分点 $x_1, x_2, \ldots, x_{n-1}$ をとって区間 $[a, b]$ を n 個の部分区間に分割する．これにより平らな板は n 個の帯に分割されるが，それらの面積を A_k, $k = 1, 2, \ldots, n$ とおく（図 6.7.4b）．不等式 (4) により，k 番目の帯に働く力 F_k は不等式

$$\rho h(x_{k-1}) A_k \leq F_k \leq \rho h(x_k) A_k$$

あるいは同値だが，

$$h(x_{k-1}) \leq \frac{F_k}{\rho A_k} \leq h(x_k)$$

を満たす．深さ関数 $h(x)$ は深さに比例して増えるので，x_{k-1} と x_k のあいだにある数 x_k^* が存在して，

$$h(x_k^*) = \frac{F_k}{\rho A_k}$$

図 6.7.4

あるいは同値だが，
$$F_k = \rho h(x_k^*) A_k$$

となる．ここで，k 番目の帯の面積 A_k を幅 $w(x_k^*)$，高さ $\Delta x_k = x_k - x_{k-1}$ の長方形の面積で近似する（図 6.7.4c）．すると，F_k は次のように近似される．

$$F_k = \rho h(x_k^*) A_k \approx \rho h(x_k^*) \cdot \underbrace{w(x_k^*) \Delta x_k}_{\text{長方形の面積}}$$

これらを足し合わせると，平らな板全体にかかる力 F を近似するリーマン和

$$F = \sum_{k=1}^{n} F_k \approx \sum_{k=1}^{n} \rho h(x_k^*) w(x_k^*) \Delta x_k$$

を得る．n を増やして部分区間の幅を零に近づけるときの極限をとって，定積分

$$F = \lim_{\max \Delta x_k \to 0} \sum_{k=1}^{n} \rho h(x_k^*) w(x_k^*) \Delta x_k = \int_a^b \rho h(x) w(x) \, dx$$

を得る．

以上をまとめると，次の結果を得る．

> **6.7.3 定義** 重量密度 ρ の流体に垂直に入っている平らな板があり，x 軸の正の方向を下向きにとったとき，その平らな板は $x = a$ から $x = b$ までの位置を占めているとする（図 6.7.4a）．また，$a \leq x \leq b$ のとき，位置 x での板の幅を $w(x)$ とし，深さを $h(x)$ とする．このとき，この平らな板の表面にかかる**流体力**は
> $$F = \int_a^b \rho h(x) w(x) \, dx \tag{8}$$
> であると定義する．

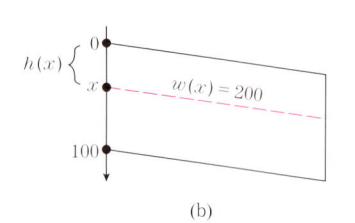

例 3 ダムの壁の内面は，高さが 100 フィート（ft）で幅が 200 ft の垂直な長方形である（図 6.7.5a）．水位が最大のとき，この面にかかる全流体力を求めよ．

解 原点を水面にもつ x 軸を，図 6.7.5b のように導入する．この軸における点 x では，ダムの幅は $w(x) = 200$ ft で，かつ深さは $h(x) = x$ ft である．よって，$\rho = 62.4$ lb/ft^3（水の重量密度）とすると，(8) より壁の内面にかかる力の合計は

$$F = \int_0^{100} (62.4)(x)(200) \, dx = 12480 \int_0^{100} x \, dx = 12480 \left. \frac{x^2}{2} \right]_0^{100} = 62400000 \text{ lb}$$

となる．◀

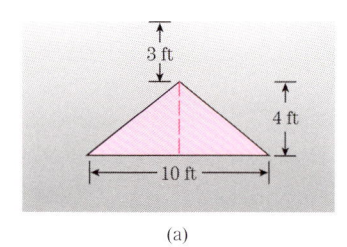

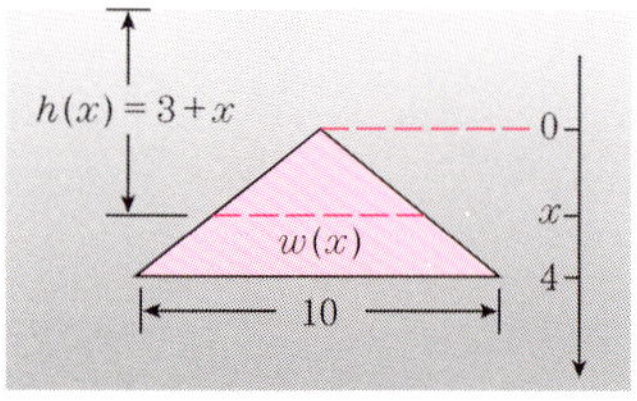

例 4 底辺が 10 ft，高さが 4 ft の二等辺三角形の板が，図 6.7.6a のように垂直に機械油の中に入っている．油の重量密度が $\rho = 30$ lb/ft^3 であるとして，板の表面にかかる流体力 F を求めよ．

解 図 6.7.6b のように x 軸を導入する．深さ $h(x) = (3 + x)$ ft での板の幅は，三角形の相似比より，

$$\frac{w(x)}{10} = \frac{x}{4}, \qquad \text{つまり} \qquad w(x) = \frac{5}{2} x$$

を満たす．よって，公式 (8) より，板にかかる力は

$$F = \int_a^b \rho h(x) w(x) \, dx = \int_0^4 (30)(3 + x) \left(\frac{5}{2} x \right) dx$$
$$= 75 \int_0^4 (3x + x^2) \, dx = 75 \left[\frac{3x^2}{2} + \frac{x^3}{3} \right]_0^4 = 3400 \text{ lb}$$

となる．◀

演習問題 6.7

この問題では，必要ならば表 6.7.2 の流体の重量密度を参照せよ．

1. 長方形の平らな板が，水の中に水平に入っている．
   (a) この板の面積を 100 ft² とし，深さ 5 ft のところにあるとき，板の上面にかかる力（lb）と水圧（lb/ft²）を求めよ．
   (b) この板の面積を 25 m² とし，深さ 10 m のところにあるとき，板の上面にかかる力（ニュートン：N）と水圧（パスカル：Pa）を求めよ．

2. (a) 沈没船の甲板の面積を 160 m²，そこにかかる水圧を 6.0×10^5 Pa とするとき，そこにかかる力（N）を求めよ．
   (b) ダイバーの水中メガネは，面積 60 in²（in：インチ）で，そこにかかる水圧が 100 lb/in² とする．そのとき，水中メガネにかかる力（lb）を求めよ．

問題 3–8 では，図の平らな板が，水の中に垂直に入っている．面に対する流体力を求めよ．

3. 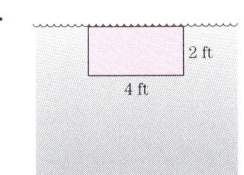
4. 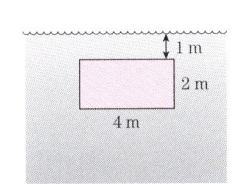
5. 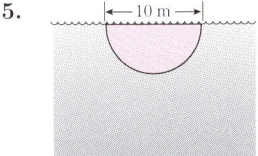
6. 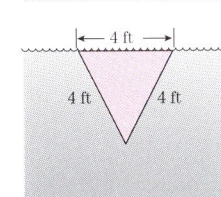
7. 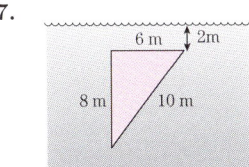
8.

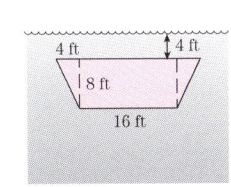

9. 平らな面が，重量密度 ρ の流体に垂直に入っている．もし ρ が 2 倍になれば，板にかかる力も 2 倍になるか．理由とともに答えよ．

10. 石油タンクは直径が 4 ft の直円柱の形である．タンクの軸が水平であるように置かれており，重量密度 50 lb/ft³ の石油がタンクの半分まで入っているときに，一方の端にかかる全流体力を求めよ．

11. 1 辺の長さが a ft の正方形の板が，重量密度 ρ lb/ft³ の液体に入っている．この板の 1 つの頂点が液面にあり，1 つの対角線が液面に垂直であるとき，板にかかる流体力を求めよ．

公式 (8) によって，流体の中に垂直に入っている平らな面の受ける流体力が与えられた．より一般に，平らな面が垂直線と $0 \leq \theta < \pi/2$ の角度をなしているとき，その面にかかる力は
$$F = \int_a^b \rho h(x) w(x) \sec\theta \, dx$$
で与えられる．問題 12–15 ではこの公式を使え．

12. 角度をもって流体に入っている平らな面にかかる流体力に対する上の公式を導け．

13. 図は，その底が傾斜した平面であある長方形のプールを示している．プールいっぱいに水が入っているとき，底面にかかる流体力を求めよ．

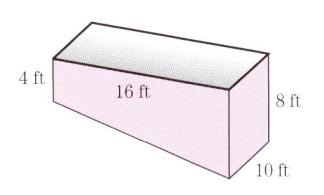

図 Ex-13

14. 問題 13 のプールで，底面にかかる力を半分にするためには，水面を何 ft 下げればよいか．

15. 図は，長方形で傾いた面をもつダムを示している．水面がこのダムの最上面と同じとき，このダムにかかる流体力を求めよ．

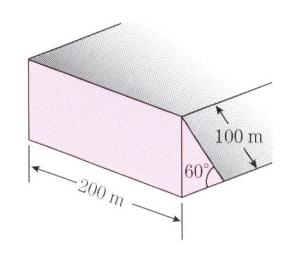

図 Ex-15

16. ある潜水艦の観察窓は，1 辺の長さが 2 ft の正方形である．この潜水艦が潜航して，この窓が海面に垂直になり上辺が深さ h ft になったとき，海水の重量密度を ρ_0 として，この窓にかかる流体力を求めよ．

17. (a) 問題 16 の潜水艦が一定の速度で垂直に潜っていくとき，観察窓にかかる流体力も一定の割合で増える．このことを示せ．
    (b) この潜水艦が垂直に 20 ft/min で潜っていくとき，この窓にかかる力はどれだけの割合で増えるか．

18. (a) $D = D_a$ で半径 a の円板を表す．この円板が重量密度 ρ の液体に入っていて，この円板の中心が液面より h 単位だけ下にあるとする．また，区間 $(0, a]$ の中の数 r に対して，D_r を D 内にあって D と同じ中心をもつ半径 r の円板とする．D の一方の面を決めて，

D_r の選んだ方の面にかかる流体の圧力を $P(r)$ とする．このとき，(5) を用いて，
$$\lim_{r \to 0^+} P(r) = \rho h$$
となることを証明せよ．

(b) (a) で得られた結果が，与えられた深さでの流体の圧力はすべての方向に対して同一であるということを意味していることを説明せよ．[このことはパスカルの原理とよばれる結果の現れ方の1つである．]

補充問題

C CAS

1. 区間 $[a,b]$ 上の滑らかな曲線 $y = f(x)$ の弧長を求める公式を述べよ．また，リーマン和を使ってこの公式を導け．

2. 体積を求めるためのスライス法を記述せよ．さらに，それを用いて，円板法によって体積を求める積分公式を導け．

3. 円柱殻法によって体積を求める積分公式を述べよ．また，リーマン和を使ってこの公式を導け．

4. $x = a$ から $x = b$ まで動くある物体に，大きさが変りうる力 $F(x)$ が運動方向に作用しているとき，この力によってなされる仕事 W を表す積分公式を述べよ．また，リーマン和を使ってこの公式を導け．

5. 平らな面が，重量密度 ρ の流体の中に垂直に入っている．この面にかかる流体力を表す積分公式を述べよ．また，リーマン和を使ってこの公式を導け．

6. 領域 R は第1象限の中の，$y = x^2$, $y = 2 + x$, および $x = 0$ によって囲まれた部分とする．次の各問において，答えを表す積分（あるいはいくつかの積分の和）を作れ．ただし，積分の数値は求めなくてよい．
   (a) R の面積を x に関する積分をして求めよ．
   (b) R の面積を y に関する積分をして求めよ．
   (c) R を x 軸の周りに回転して生成される立体の体積を，x に関する積分をして求めよ．
   (d) R を x 軸の周りに回転して生成される立体の体積を，y に関する積分をして求めよ．
   (e) R を y 軸の周りに回転して生成される立体の体積を，x に関する積分をして求めよ．
   (f) R を y 軸の周りに回転して生成される立体の体積を，y に関する積分をして求めよ．

7. (a) 図において，曲線 $y = f(x)$ と $y = g(x)$ のあいだの影がつけられている全領域の面積を，定積分の和として定式化せよ．
   (b) 区間 $[-1, 2]$ 上で，$y = x^3$ と $y = x$ によって囲まれた領域の全面積を求めよ．

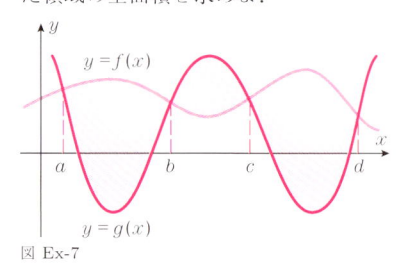

図 Ex-7

8. C を，曲線 $27x - y^3 = 0$ の $y = 0$ と $y = 2$ とのあいだの部分とする．次の各問において，答えを表す積分（あるいはいくつかの積分の和）を作れ．ただし，積分の数値は求めなくてよい．
   (a) C を y 軸の周りに回転させて生成される曲面の面積を表す x に関する積分を求めよ．
   (b) C を x 軸の周りに回転させて生成される曲面の面積を表す y に関する積分を求めよ．
   (c) C を直線 $y = -2$ の周りに回転させて生成される曲面の面積を表す y に関する積分を求めよ．

9. 第2象限の中の，曲線 $x^{2/3} + y^{2/3} = a^{2/3}$ の $x = -a$ から $x = -\frac{1}{8}a$ までの部分の弧長を求めよ．ただし，$a > 0$ である．

10. 図に示されているように，ある大聖堂のドームは半径 r の半円3つで支えられており，水平な断面は正六角形である．このドームの体積が $r^3\sqrt{3}$ であることを示せ．

11. 図に示されているように，球の中心を通って円柱の穴が開けられている．残りの部分の体積は，長さ L にのみ依存し，球の大きさには依存しないことを示せ．

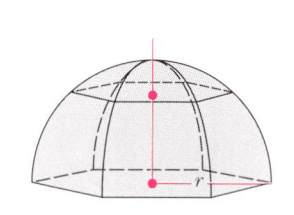

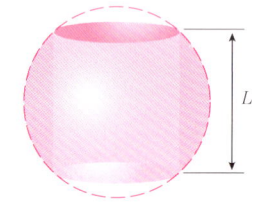

図 Ex-10   図 Ex-11

12. あるフットボールは，x 軸と放物線 $y = 4R(x^2 - \frac{1}{4}L^2)/L^2$ とのあいだに挟まれた領域を，x 軸の周りに回転させて生成される立体の形をしている．この体積を求めよ．

13. C 図 Ex-13 に示されているように，寸法が 2 インチ（in）× 6 in × 16 フィート（ft）の水平な梁（はり）は両端が固定されている．そして，120 lb/ft（lb：ポンド）の一様な荷重がかかっている．この荷重の結果，梁の中心線はたわむが，そのたわみは
$$y = -1.67 \times 10^{-8}(x^4 - 2Lx^3 + L^2x^2)$$
$(0 \leq x \leq 192)$ と記述される．ただし，$L = 192$（インチ，in）はたわんでいないときの梁の長さであり，x は梁の左端からの水平距離，y は中心線のたわみである（ともに単位はインチ）．

(a) $0 \leq x \leq 192$ の範囲で，x に対する y のグラフを描け．
(b) 中心線のたわみの最大値を求めよ．
(c) CAS または数値積分可能な電卓を用いて，たわんだ梁の中心線の長さを求めよ．答えは四捨五入して小数第 2 位まで答えよ．

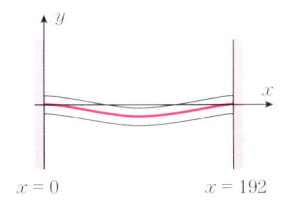

図 Ex-13

14. [C] あるゴルファーがグリーンへ向けてうまくチップショットを打った．打った瞬間からグリーンに落ちた瞬間までのボールの軌道は
$$y = 12.54x - 0.41x^2$$
によって与えられる．ただし，x はボールを打った位置からの水平距離（単位はヤード）であり，y はフェアウェイからの高さ（単位はヤード）である．CAS または数値積分可能な電卓を用いて，ショットの瞬間からグリーンに落ちる瞬間までにボールが描いた軌道の長さを求めよ．グリーンとフェアウェイは同じ高さであるとして，答えは四捨五入して小数第 2 位まで求めよ．

15. (a) あるバネは，その自然な長さより 0.25 m 引き伸ばすと 0.5 ニュートン（N）の力で引く．フックの法則が適用できるとして，このバネをこの長さまで伸ばすのにどれだけの仕事がなされるか．
    (b) 25 ジュール（J）の仕事で，このバネを自然の長さからどれだけ引き伸ばせるか．

16. あるボートが投錨しているが，その錨は水面下 150 フィート（ft）にある．水中での錨の重さは 2000 ポンド（lb），鎖の重さは 30 lb/ft である．錨を水面まで引き上げるにはどれだけの仕事が必要か．

17. 次の各問において，答えを表す積分を作れ．ただし，積分の数値は求めなくてよい．

(a) 底面が 1 辺の長さ 3 m の正方形である箱に重量密度 ρ N/m^3 の液体が深さ 1 m まで入っているとき，箱の 1 つの側面にかかる流体力を求めよ．
(b) 図の (a) に示されている垂直で平らな板の片面に重量密度 ρ lb/ft^3 の液体が及ぼす流体力を求めよ．
(c) 図の (b) に示されている放物線の形のダムに，その頂上まで広がっている水が及ぼす流体力を求めよ．

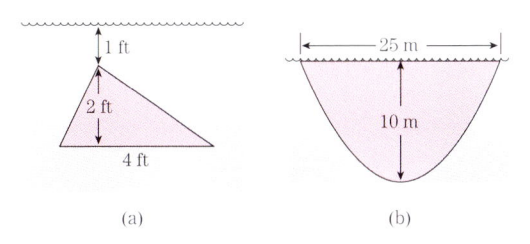

図 Ex-17

問題 **18**–**20** では，厳密には解けない方程式が現れる．何らかの方法によりこれらの方程式の解を近似し，そしてその解を四捨五入して小数第 2 位まで求めよ．

18. 2 つの曲線 $y = x^2 - 1$ および $y = 2\sin x$ によって囲まれた部分の面積を求めよ．

19. 図を参照して，2 つの影のついた領域の面積が等しくなるような k の値を求めよ．[ノート：この問題は第 54 回 William Lowell Putnam Mathematical Competition の問題 A 1 に基づく．]

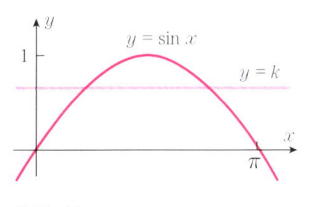

図 Ex-19

20. [C] $0 < k < \pi$ とし，$0 < x < k$ の範囲での，曲線 $y = \sin x$ および x 軸とのあいだの領域を考える．この領域を y 軸に関して回転してできる立体の体積が 8 立方単位となるような k の値を，CAS を用いて求めよ．

第7章

指数関数，対数関数，逆三角関数

　この章では，「初等的な」関数として，指数関数，対数関数，逆三角関数を扱う．この章の核心部分は逆関数に関する7.1節であり，そこでは関数とその逆関数を，数値的に，代数的に，あるいはグラフ的に関係づける基本的なアイディアを展開する．われわれの興味の中心は，逆関数の微積分学に関する側面である．特に，関数の導関数とその逆関数の導関数のあいだに重要な関係があることに着目する．この関係を用いて，指数関数，対数関数，逆三角関数に関する多くの導関数と積分の公式を展開することができる．これらの公式により，ロピタルの定理として知られている極限の値を求める強力な道具について論じることができる．この章は双曲線関数として知られる三角関数に類似する関数の導入で締めくくる．

7.1 逆関数

日常の話し言葉において，「逆」という用語は反転とか逆転という観念を伝える．例えば，気象学においては気温の逆転とは，空気の層での通常の気温分布の逆転であり，音楽でメロディの逆転とは，上昇音階を対応する下降音階に逆転させることである．また，文法での逆転は通常の語順の逆転である．数学においては，逆 という用語は一方の関数の効果を他方が打ち消すという意味で，互いに逆であるような関数を表すのに用いられる．この節の目的は，この基本的な数学のアイデアを論ずることである．

逆関数

x に関する方程式 $y = f(x)$ を y の関数，つまり $x = g(y)$ として解く，という考えは，数学において最も重要なアイデアの1つである．ときには，簡単な手順で方程式を解くことができる．例えば，基本的な代数を用いて，x に関する方程式

$$y = x^3 + 1 \quad \boxed{y = f(x)}$$

は y の関数として

$$x = \sqrt[3]{y - 1} \quad \boxed{x = g(y)}$$

と解くことができる．最初の方程式は x がわかっているときに y を計算するのに有効であり，2番目の式は y が知られてわかっているときに x を計算するのに有効である（図 7.1.1）．

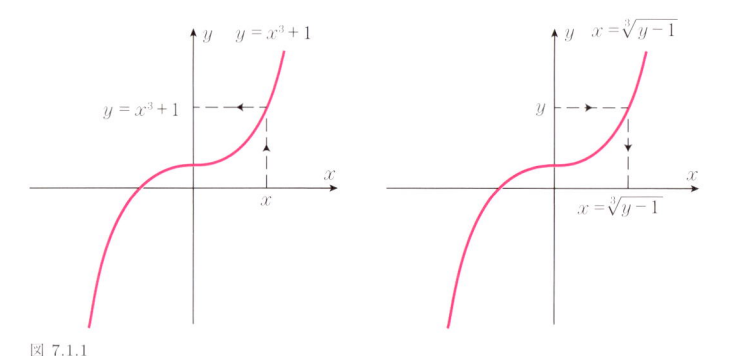

図 7.1.1

この節の主たる関心は，方程式 $y = f(x)$ が $x = g(y)$ と表されたとき，あるいはその逆のときに関数 f と g のあいだに存在する関係を考察することにある．例えば，前出の関数 $y = x^3 + 1$ と $x = \sqrt[3]{y-1}$ を考えてみよう．この2つの関数をどちらの順番で合成しても，互いに打ち消しあって

$$\begin{aligned} g(f(x)) &= \sqrt[3]{f(x) - 1} = \sqrt[3]{(x^3 + 1) - 1} = x \\ f(g(y)) &= [g(y)]^3 + 1 = \left(\sqrt[3]{y-1}\right)^3 + 1 = y \end{aligned} \quad (1)$$

となる．第1の式は合成関数 $g(f(x))$ の出力が入力と同じであるということを述べており，第2の式は合成関数 $f(g(y))$ の出力が入力と同じであるということを述べている．この2つの性質をもつ関数の対はたいへん重要なので，それらのための用語がある．

> **7.1.1 定義** 関数 f と g が次の2つの条件
> f の定義域のすべての x について $g(f(x)) = x$
> g の定義域のすべての y について $f(g(y)) = y$
> を満たすとき，**f と g は逆**であるという．さらに，**f を g の逆関数** といい，**g を f の逆関数** という．

注意 簡単のために，f の逆関数を **f の逆** ともいう．

例 1 式 (1) から $f(x) = x^3 + 1$ は $g(y) = \sqrt[3]{y-1}$ の逆関数である. ◀

1 つの関数が，異なる 2 つの逆関数をもたないことを示すことができる．したがって，もし関数 f が逆関数をもつならば，それは唯一つであり，その逆関数について話せることになる．関数 f の逆関数を一般に f^{-1}（「f インバース」と読む）と表示する．したがって，例 1 で $f(x) = x^3 + 1$ の逆関数は，g を使う代わりに，$f^{-1}(y) = \sqrt[3]{y-1}$ と表すこともできる．

| **通告** 記号 f^{-1} は常に f の逆関数を意味し，決して逆数 $1/f$ を意味するものではない.

関数というものは，入力と出力のあいだに確立される関係によって決まるものであって，独立変数に使われた文字によって決まるものではない，ということを理解することは重要である．したがって，たとえ式 $f(x) = 3x$ と $f(y) = 3y$ は異なる独立変数を用いてはいても，これらは同じ関数 f を定める．なぜなら，2 つの式は同じ「形」をしており，各値を入力したときに同じ値を返すからである．例えば，どちらの式であっても $f(2) = 6$ である．本書を読み進めるに従って，f の独立変数と f^{-1} の独立変数を，同じにしたいと思う機会や異なるものにしたいと思う機会が訪れるであろう．したがって，例 1 において f と f^{-1} の独立変数を同じにしたいと思うとき，$f(x) = x^3 + 1$ の逆関数を $f^{-1}(x) = \sqrt[3]{x-1}$ と表すことができる（例 1 において f と f^{-1} の独立変数を同じにしたいと思ったら，$f(x) = x^3 + 1$ の逆関数を $f^{-1}(x) = \sqrt[3]{x-1}$ と表すことができたのである）．

定義 7.1.1 において（g ではなく）f^{-1} の記号を用い，式 f と f^{-1} における独立変数としてともに x を用いるとき，この 2 つの関数の関係を定める方程式は，

$$f \text{ の定義域のすべての } x \text{ について } f^{-1}(f(x)) = x$$
$$f^{-1} \text{ の定義域のすべての } x \text{ について } f(f^{-1}(x)) = x \tag{2}$$

となる．

例 2 次を確かめよ．
(a) $f(x) = 2x$ の逆関数は $f^{-1} = \frac{1}{2}x$ である．
(b) $f(x) = x^3$ の逆関数は $f^{-1} = x^{1/3}$ である．

解 (a)

$$f^{-1}(f(x)) = f^{-1}(2x) = \frac{1}{2}(2x) = x$$
$$f(f^{-1}(x)) = f\left(\frac{1}{2}x\right) = 2\left(\frac{1}{2}x\right) = x$$

解 (b)

$$f^{-1}(f(x)) = f^{-1}(x^3) = (x^3)^{1/3} = x$$
$$f(f^{-1}(x)) = f(x^{1/3}) = (x^{1/3})^3 = x$$

◀

| **注意** 例 2 の結果は直感的には理解できるであろう．なぜなら，2 を掛ける演算と $\frac{1}{2}$ を掛ける演算をどの順番で行ってもその効果を互いに打ち消しあうし，3 乗するという演算と 3 乗根をとるという演算についても同様だからである．

逆関数の定義域と値域

等式 (2) は，f, f^{-1} の定義域と値域のあいだに何らかの関係があることを示している．例えば，1 番目の方程式において，$f(x)$ という量は f^{-1} の入力値であるから，f の値域に属する値は f^{-1} の定義域に属する．また，2 番目の方程式において $f^{-1}(x)$ という量は f の入力値であるから，f^{-1} の値域に属する値は f の定義域に属する．これらのことから，きちんとした証明はしないが，次の関係が示唆される．

$$f^{-1} \text{ の定義域} = f \text{ の値域}$$
$$f^{-1} \text{ の値域} = f \text{ の定義域} \tag{3}$$

この節の最初に，x についての方程式 $y = f(x) = x^3 + 1$ を y の関数として解いて $x = g(y) = \sqrt[3]{y-1}$ を得，例 1 において g が f の逆関数となることをみた．これは偶然ではない．— x についての方程式 $y = f(x)$ が y の関数として解ける（それを $x = g(y)$ とする）ならば，いつでも f と g は互いに他の逆関数である．2 通りの代入をすることにより，なぜそうなるのかをみてみよう．

- $y = f(x)$ を $x = g(y)$ に代入せよ．すると $x = g(f(x))$ が得られるが，これは定義 7.1.1 における 1 番目の方程式である．
- $x = g(y)$ を $y = f(x)$ に代入せよ．すると $y = f(g(y))$ が得られるが，これは定義 7.1.1 における 2 番目の方程式である．

f と g は定義 7.1.1 における 2 つの条件を満たすので，これらは互いに他の逆関数であると結論づけることができる．以上をまとめると，次の結果を得る．

> 方程式 $y = f(x)$ を x について解き y の関数として表すことができるならば，f は逆関数をもち，解いて得られる方程式は $x = f^{-1}(y)$ である．

逆関数を求める方法

例 3 $f(x) = \sqrt{3x - 2}$ の逆関数を求めよ．

解 上の議論から，x に関する方程式
$$y = \sqrt{3x - 2}$$
を y の関数として解くことによって，式 $f^{-1}(y)$ を求めることができる．計算すると，
$$y^2 = 3x - 2$$
$$x = \frac{1}{3}\left(y^2 + 2\right)$$
となり，これから
$$f^{-1}(y) = \frac{1}{3}\left(y^2 + 2\right)$$
が得られる．この段階で，f^{-1} の式を作ることに成功した．しかし，まだ終わったわけではない．なぜなら，この式に関する自然な定義域が f^{-1} の正しい定義域であるという保証はどこにもないからである．そうであるかどうかを明らかにするために，$y = f(x) = \sqrt{3x - 2}$ の値域を調べてみよう．この値域は区間 $[0, \infty)$ におけるすべての y からなるので，式 (3) よりこの区間はまた $f^{-1}(y)$ の定義域でもある．よって，f の逆関数は式
$$f^{-1}(y) = \frac{1}{3}\left(y^2 + 2\right), \quad y \geq 0$$
で与えられる． ◀

> **注意** x についての方程式 $y = f(x)$ を y の関数として解いて f^{-1} の式が得られるとき，得られた式は y を独立変数としてもつ．f^{-1} の独立変数が x である方が望ましいならば，方法は 2 通りある．x についての方程式 $y = f(x)$ を y の関数として解いて最後に得られた f^{-1} の式において，y を x に置き換えてもよいし，もとの方程式において x と y を置き換えてから y についての方程式 $x = f(y)$ を x の関数として解いてもよい．いずれの場合にも，最終的に得られた方程式は $y = f^{-1}(x)$ である．例 3 において，いずれの手続きをふんでも $f^{-1}(x) = \frac{1}{3}\left(x^2 + 2\right)$，$x \geq 0$ が得られる．

$y = f(x)$ を，x について y の関数として解くことは，関数 f の逆関数を求める方法を提供するだけでなく，f^{-1} の値が何を表すのかという説明も与えてくれる．このことにより，与えられた y に対して $f^{-1}(y)$ という量は，$f(x) = y$ という性質をもつ x に等しいということがわかる．例えば，$f^{-1}(1) = 4$ ならば，$f(4) = 1$ ということがわかる．同様に $f(3) = 7$ ならば，$f^{-1}(7) = 3$ ということがわかる．

逆関数の存在

すべての関数が，逆関数をもつわけではない．一般には，関数 f が逆関数をもつためには，異なる入力値に対して異なる出力値をもたなければならない．なぜそうなるのかをみる

ために，関数 $f(x) = x^2$ を考えてみよう．$f(2) = f(-2) = 4$ なので，関数 f は 2 つの異なる入力値に対して同じ出力値を与える．もし f が逆関数をもつならば，方程式 $f(2) = 4$ は $f^{-1}(4) = 2$ を意味し，かつ方程式 $f(-2) = 4$ は $f^{-1}(4) = -2$ を意味する．これは明らかに不可能である．なぜなら，$f^{-1}(4)$ に対して 2 つの異なる値をもってしまい，f^{-1} は関数ではありえないからである．したがって，$f(x) = x^2$ は逆関数をもたない．$f(x) = x^2$ が逆関数をもたないことをみるもう 1 つの方法は，x についての方程式 $y = x^2$ を y の関数として解くことによって逆関数を見つけようと試みることである．そうすると，すぐに困難が生じる．なぜなら，得られる方程式 $x = \pm\sqrt{y}$ が，x を y の 1 価関数として表せていないからである．

異なる入力値に対して異なる出力値を与える関数というのは重要なので，**1 対 1**，あるいは**可逆**な関数という名前がついている．代数的にいうと，$x_1 \neq x_2$ のとき常に $f(x_1) \neq f(x_2)$ となるならば関数 f は 1 対 1 である．また，幾何的にいうと，$y = f(x)$ のグラフがどんな水平線ともたかだか 1 回しか交わらないとき関数 f は 1 対 1 である（図 7.1.2）．

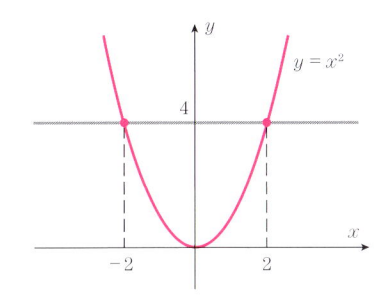

図 7.1.3

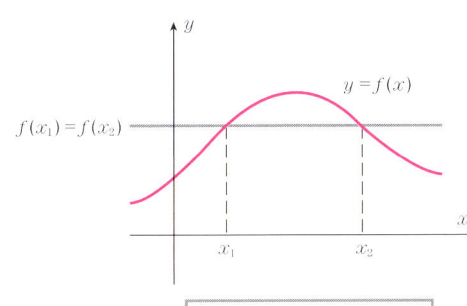

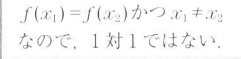

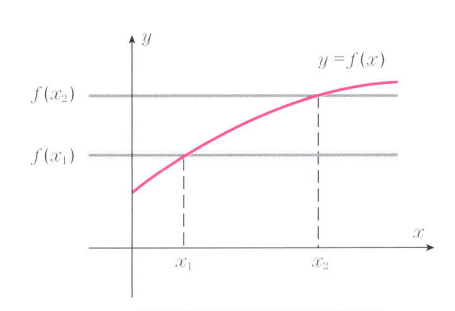

図 7.1.2

関数 f が逆関数をもつための必要十分条件は f が 1 対 1 である，ということを示すことができる．これにより，関数が逆関数をもつかどうかを決定する次の幾何的判定法が得られる．

> **7.1.2 定理（水平線テスト）** 関数 f が逆関数をもつのは，そのグラフがどんな水平線ともたかだか 1 回しか交わらないときであり，またそのときに限る．

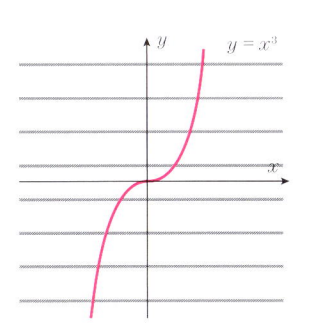

例 4 関数 $f(x) = x^2$ は逆関数をもたないことは上でみた．このことは水平線テストにより確かめられる．実際，$y = x^2$ のグラフはある水平線と 2 回以上交わっている（図 7.1.3）．◀

例 5 例 2(b) において，関数 $f(x) = x^3$ が逆関数 ($f^{-1}(x) = x^{1/3}$) をもつことをみた．逆関数が存在することは，水平線テストからも確かめられる．実際，$y = x^3$ のグラフはどんな水平線ともたかだか 1 回しか交わらない（図 7.1.4）．◀

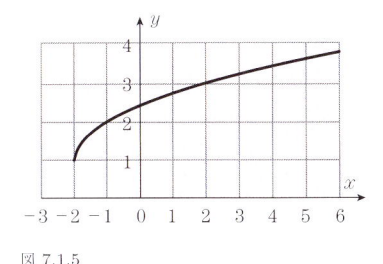

図 7.1.4

例 6 図 7.1.5 のグラフで表される関数 f が逆関数をもつ理由を説明し，$f^{-1}(3)$ を求めよ．

解 関数 f のグラフは水平線テストを満たすので，関数 f は逆関数をもつ．$f^{-1}(3)$ の値を求めるために，$f^{-1}(3)$ を，$f(x) = 3$ を満たす数 x とみる．グラフから $f(2) = 3$ がわかるので，$f^{-1}(3) = 2$ である．◀

図 7.1.5

逆関数のグラフ

次の目標は，f と f^{-1} のグラフのあいだの関係を調べることである．そのためには，両方の関数の独立変数としてともに x を用いることが望ましい．これは，$y = f(x)$ と $y = f^{-1}(x)$ のグラフを比較することを意味する．

(a, b) がグラフ $y = f(x)$ 上の点であれば，$b = f(a)$ である．これは $a = f^{-1}(b)$ と同値

であり,さらにこれは (b,a) がグラフ $y = f^{-1}(x)$ 上の点であることを意味する.手短にいえば,f のグラフ上の点の座標を入れ換えると,f^{-1} のグラフ上の点が得られる.同様に,f^{-1} のグラフ上の点の座標を入れ換えると,f のグラフ上の点が得られる(確かめよ).しかし,点の座標を入れ換えるということは,幾何的には直線 $y = x$ に関して点を折り返すということを意味する(図7.1.6).したがって,$y = f(x)$ と $y = f^{-1}(x)$ のグラフは,この直線に関して一方が他方を折り返したものになっている(図7.1.7).以上をまとめると,次の結果を得る.

7.1.3 定理 もし f が逆関数 f^{-1} をもつならば,$y = f(x)$ と $y = f^{-1}(x)$ のグラフは,一方が他方を直線 $x = y$ に関して折り返したものになっている.つまり,この直線に関して一方は他方の鏡像である.

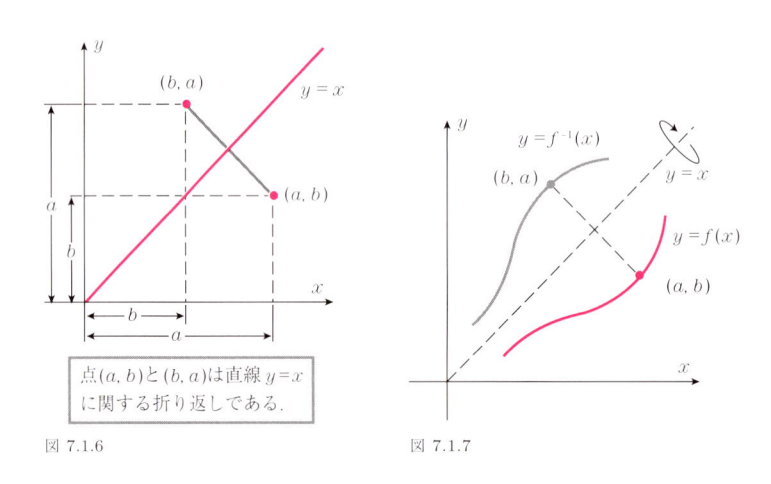

図 7.1.6

図 7.1.7

例7 図7.1.8は,例2と例3で議論した逆関数のグラフを示している. ◀

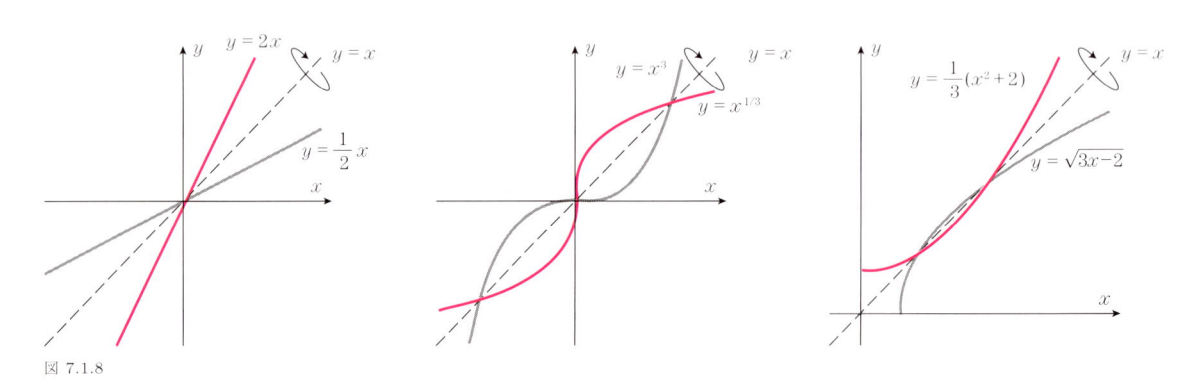

図 7.1.8

増加あるいは減少関数は逆関数をもつ

関数 f のグラフが f の定義域上常に増加しているか,もしくは常に減少しているならば,水平線は f のグラフとたかだか1回しか交わらない(図7.1.9).よって,f は逆関数をもつ.定理4.1.2 において,f は $f'(x) > 0$ であるような区間上で増加し,$f'(x) < 0$ であるような区間上で減少することをみた.したがって,次の結果を得る.

7.1.4 定理 関数 f の定義域が,$f'(x) > 0$ であるような区間であるか,または $f'(x) < 0$ であるような区間であれば,f は逆関数をもつ.

図 7.1.9

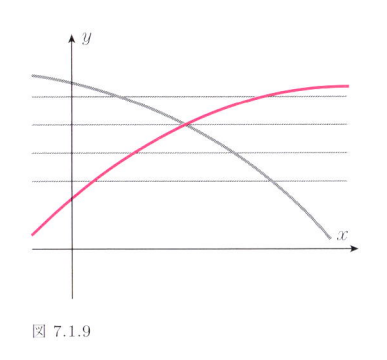

逆関数を得るために定義域を制限する

例 8 $f(x) = x^5 + x + 1$ のグラフは，すべての x に対して $f'(x) = 5x^4 + 1 > 0$ であるから，$(-\infty, \infty)$ において常に増加している．しかし，x についての方程式 $y = x^5 + x + 1$ を y の式として解く簡単な方法はない（試してみよ）．したがって，仮に f が逆関数 f^{-1} をもつことがわかったとしても，$f^{-1}(x)$ の式を得ることはできない． ◂

> **注意** 逆関数を表す明示的な式がみつけられないことが，逆関数の存在を否定するわけではない，ということを理解することは重要である．この場合，逆関数 $x = f^{-1}(y)$ は方程式 $y = x^5 + x + 1$ によって陰に定義されているので，導関数を求めることによってわかる逆関数の性質を調べるためには，陰関数微分（3.6 節）を用いることができる．

関数が 1 対 1 でなくても，関数の定義域をいくつかの区間に分割して，分割した各区間上では "それぞれ" の関数が 1 対 1 となることがしばしばある．したがって，そのような関数は区分的な 1 対 1 関数であるとみなしてよい．例えば，関数 $f(x) = x^2$ は自然な定義域 $(-\infty, \infty)$ の上では 1 対 1 ではない．しかし，

$$f(x) = \begin{cases} x^2, & x < 0 \\ x^2, & x \geq 0 \end{cases}$$

と考えてみよう（図 7.1.10）．$f(x)$ の一部分

$g(x) = x^2, \quad x \geq 0$

は増加関数であり，この指定された定義域上で 1 対 1 である．したがって，g は逆関数 g^{-1} をもつ．

$y = x^2, \quad x \geq 0$

を x について解くと $x = \sqrt{y}$ となり，$g^{-1}(y) = \sqrt{y}$ である．同様に，

$h(x) = x^2, \quad x \leq 0$

とすると，h は逆関数をもち，$h^{-1}(y) = -\sqrt{y}$ である．幾何的には，$g(x) = x^2, x \geq 0$ のグラフと $g^{-1}(x) = \sqrt{x}$ のグラフの関係は直線 $y = x$ に関する折り返しであり，$h(x) = x^2, x \leq 0$ のグラフと $h^{-1}(x) = -\sqrt{x}$ のグラフの関係も同様である（図 7.1.11）．

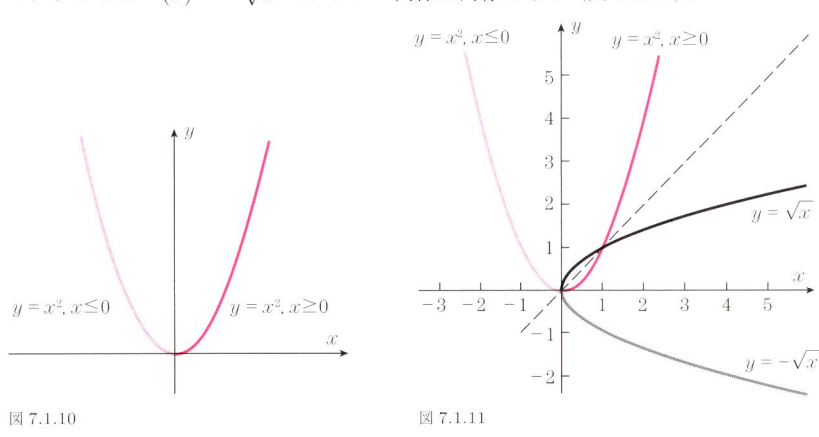

図 7.1.10

図 7.1.11

前の段落における関数 $g(x)$ と $h(x)$ は，$f(x)$ から単に定義域に制限をつけることによって得られるので，関数 $f(x)$ の **制限** とよばれる．特に，$g(x)$ は $f(x)$ の区間 $[0, \infty)$ への制限であるといい，$h(x)$ は $f(x)$ の区間 $(-\infty, 0]$ への制限であるという．

逆関数の連続性

1対1関数 f とその逆関数 f^{-1} のグラフの関係は直線 $y = x$ に関する折り返しであるから，もし f のグラフに途切れがなければ f^{-1} のグラフにも途切れがないことは直感的に明らかである．このことから，証明はつけないが，次の結果が示唆される．

> **7.1.5 定理** f を，定義域が D，値域が R である関数とする．D が区間であり，f が連続かつ D 上1対1ならば，R は区間であり，かつ f の逆関数は R 上連続である．

例えば，例 8 における関数 $f(x) = x^5 + x + 1$ は定義域も値域も $(-\infty, \infty)$ であり，f は連続かつ $(-\infty, \infty)$ 上1対1である．したがって，$f^{-1}(x)$ の表示式を見つけることはできなくても，f^{-1} は $(-\infty, \infty)$ 上連続であると結論づけることができる．

逆関数の微分可能性

f を，定義域 D が開区間である関数で，D 上連続かつ1対1とする．厳密ないい方ではないが，f が微分可能でなくなるのは，f のグラフに角があったり垂直な接線をもったりするところである．同様に，f^{-1} は f^{-1} のグラフに角があったり垂直な接線をもったりするところを除いた領域では微分可能になる．f のグラフの角は，直線 $y = x$ に関して折り返すと f^{-1} のグラフの角に対応し，逆もまたそうであることに留意しよう．しかし，垂直線は水平線を $y = x$ のグラフに関して折り返したものなので（図 7.1.12），f^{-1} のグラフ上で垂直な接線をもつ点は，f のグラフ上で水平な接線をもつ点に対応する．したがって，$f'\bigl(f^{-1}(x)\bigr) = 0$ であれば，f^{-1} はグラフ上の点 $(x, f^{-1}(x))$ で微分可能ではない．

ここで，f は点 (a, b) において微分可能で，$f'(a) \neq 0$ とすると，

$$y - b = f'(a)(x - a)$$

は f のグラフの (a, b) における接線の方程式である．この直線の，$y = x$ のグラフに関する折り返しは，$y = f^{-1}(x)$ のグラフの点 (b, a) における接線 L に一致するはずである．L の方程式は

$$x - b = f'(a)(y - a) \quad \text{あるいは} \quad y - a = \frac{1}{f'(a)}(x - b)$$

であり，このことから曲線 $y = f^{-1}(x)$ の (b, a) における傾きと曲線 $y = f(x)$ の (a, b) における傾きは互いに他の逆数になっていることがわかる（図 7.1.13）．$a = f^{-1}(b)$ を使って，

$$\bigl(f^{-1}\bigr)'(b) = \frac{1}{f'\bigl(f^{-1}(b)\bigr)}$$

を得る．以上をまとめると，次の結果を得る．

図 7.1.12

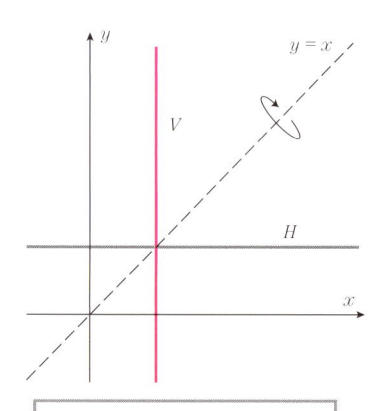

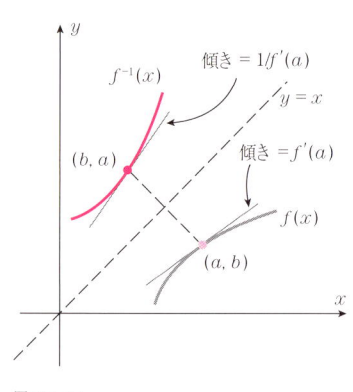

垂直線 V は水平線 H に折り返され，逆も同様である．

図 7.1.13

> **7.1.6 定理（逆関数の微分可能性）** f を定義域 D が開区間である関数とし，R を f の値域とする．f が D 上微分可能で1対1ならば，f^{-1} は $f'\bigl(f^{-1}(x)\bigr) \neq 0$ であるような x において微分可能である．さらに，$f'\bigl(f^{-1}(x)\bigr) \neq 0$ のとき，
>
> $$\frac{d}{dx}[f^{-1}(x)] = \frac{1}{f'\bigl(f^{-1}(x)\bigr)} \tag{4}$$
>
> が成り立つ．

定理 7.1.4 と 7.1.6 から，ただちに次の結果が得られる．

> **7.1.7 系** 関数 f の定義域が，$f'(x) > 0$ である区間であるか，または $f'(x) < 0$ である区間であれば，f は逆関数 f^{-1} をもち，$f^{-1}(x)$ は f の値域のすべての x で微分可能である．f^{-1} の導関数は公式 (4) で与えられる．

注意 定理 7.1.6 を念入りに証明しようとすれば，$f^{-1}(x)$ の導関数の定義を必要とすることになる．この議論の概略をみるため，f が D 上微分可能かつ増加関数である特別な場合を考え，$g(x) = f^{-1}(x)$ とおく．このとき，g も増加かつ R 上連続である．さて，$g(x)$ は
$$\lim_{w \to x} \frac{g(w) - g(x)}{w - x}$$
が存在する値 x において微分可能である．R における値 $w, x \, (w \neq x)$ に対して $r = g(w), s = g(x)$ とおくと，$f(r) = w, f(s) = x$ かつ $r \neq s$ である．このとき，
$$\frac{g(w) - g(x)}{w - x} = \frac{r - s}{f(r) - f(s)} = \frac{1}{\left[\dfrac{f(r) - f(s)}{r - s}\right]}$$
となる．ここで，f と g は定義域上連続かつ増加であり，また互いに他の逆関数であることから，$w \to x$ となるための必要十分条件は $r \to s$ である．したがって，
$$\lim_{w \to x} \frac{g(w) - g(x)}{w - x}$$
が存在するための条件は，
$$\lim_{r \to s} \frac{f(r) - f(s)}{r - s}$$
が存在して零ではないことである．つまり，f が y で微分可能かつ $f'(y) \neq 0$ ならば，$y = f^{-1}(x)$ は x で微分可能である．

公式 (4) は
$$y = f^{-1}(x) \quad \text{つまり} \quad x = f(y)$$
とおくと，よりとりつきやすい形式で表すことができる．つまり，
$$\frac{dy}{dx} = \left(f^{-1}\right)'(x) \quad \text{および} \quad \frac{dx}{dy} = f'(y) = f'\left(f^{-1}(x)\right)$$
であり，これらの表示を公式 (4) に代入すると，この公式の次のような別バージョンを得る．

$$\boxed{\frac{dy}{dx} = \frac{1}{dx/dy}} \tag{5}$$

ある関数の逆関数の明示的な式が得られるならば，逆関数の微分可能性は一般にその式から導き出される．しかし，逆関数に対して明示的な式が得られないときには，定理 7.1.6 は逆関数の微分可能性を確かめるうえで基本的な道具になる．いったん微分可能性が確かめられると，逆関数の導関数は陰関数微分，あるいは，公式 (4), (5) を用いると得られる．

例 9 例 8 において，関数 $f(x) = x^5 + x + 1$ は逆関数をもつことをみた．

(a) f^{-1} は区間 $(-\infty, \infty)$ において微分可能であることを示せ．
(b) 公式 (5) を用いて，f^{-1} の導関数を求める式を求めよ．
(c) 陰関数微分を用いて，f^{-1} の導関数を求める式を求めよ．

解 (a) f の値域と定義域はともに $(-\infty, \infty)$ である．すべての x に対して
$$f'(x) = 5x^4 + 1 > 0$$
なので，f^{-1} は定義域 $(-\infty, \infty)$ のすべての x で微分可能である．

解 (b) $y = f^{-1}(x)$ とおくと，
$$x = f(y) = y^5 + y + 1 \tag{6}$$
これより，$dx/dy = 5y^4 + 1$ が従う．すると，公式 (5) より，
$$\frac{dy}{dx} = \frac{1}{dx/dy} = \frac{1}{5y^4 + 1} \tag{7}$$

である．式 (6) を y について解いて x の式で表すことはできないので，式 (7) は y の式のまま残しておかなければならない．

解 (c)　式 (6) を x について陰関数微分して，

$$\frac{d}{dx}[x] = \frac{d}{dx}[y^5 + y + 1]$$

$$1 = (5y^4 + 1)\frac{dy}{dx}$$

$$\frac{dy}{dx} = \frac{1}{5y^4 + 1}$$

である．これは式 (7) に一致する．◀

グラフィックユーティリティを用いて逆関数のグラフを描く

ほとんどのグラフィックユーティリティでは，逆関数のグラフを直接描くことはできない．しかし，パラメータを用いてグラフを表して，逆関数のグラフを描く方法がある．これをどのようにするのかみるために，ある 1 対 1 関数 f の逆関数のグラフを描きたいとする．1.8 節でみたように，方程式 $y = f(x)$ はパラメータを用い

$$x = t, \quad y = f(t) \tag{8}$$

と表される．さらに，f^{-1} のグラフは x と y を入れ換えることで得られることを知っている．というのは，これは f のグラフを直線 $y = x$ に関して折り返しているからである．したがって，式 (8) より f^{-1} のグラフは，パラメータを用いて

$$x = f(t), \quad y = t \tag{9}$$

と表すことができる．例えば，図 7.1.14 は $f(x) = x^5 + x + 1$ とその逆関数のグラフをグラフィックユーティリティによって描いたものである．f のグラフはパラメータ方程式

$$x = t, \quad y = t^5 + t + 1$$

から描かれ，f^{-1} のグラフはパラメータ方程式

$$x = t^5 + t + 1, \quad y = t$$

から描かれたものである．

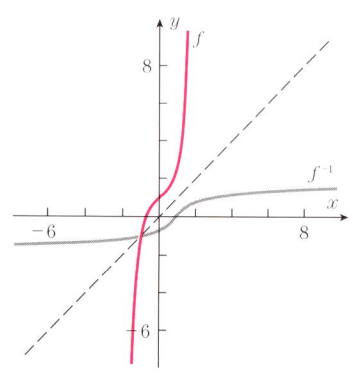

図 7.1.14

演習問題 7.1　～　グラフィックユーティリティ

1. 次の (a)-(d) において，f と g は互いに他の逆関数であるかどうかを判定せよ．
  (a) $f(x) = 4x,\ g(x) = \frac{1}{4}x$
  (b) $f(x) = 3x + 1,\ g(x) = 3x - 1$
  (c) $f(x) = \sqrt[3]{x - 2},\ g(x) = x^3 + 2$
  (d) $f(x) = x^4,\ g(x) = \sqrt[4]{x}$

2. ～　グラフィックユーティリティを使って f と g のグラフが直線 $y = x$ に関して互いに他の折り返しになっているかどうかを調べて，問題 **1** の答えを確かめよ．

3. 次の各問において，表で定められる関数 f は 1 対 1 であるかどうかを判定せよ．

(a)
x	1	2	3	4	5	6
$f(x)$	-2	-1	0	1	2	3

(b)
x	1	2	3	4	5	6
$f(x)$	4	-7	6	-3	1	4

4. 次の各問において，関数 f は 1 対 1 であるかどうかを判定し，その答えの根拠を示せ．
  (a) $f(t)$ は，ある映画館の前で時間 t において並んでいる列の人数である．
  (b) $f(x)$ は，読者の x 歳の誕生日における体重である．
  (c) $f(v)$ は，v 立方インチ（in³）の鉛の重さである．

5. 次の各問において，水平線テストを用いて関数 f は 1 対 1 であるかどうかを判定せよ．
  (a) $f(x) = 3x + 2$　　(b) $f(x) = \sqrt{x - 1}$
  (c) $f(x) = |x|$　　(d) $f(x) = x^3$
  (e) $f(x) = x^2 - 2x + 2$　(f) $f(x) = \sin x$

6. ～　次の各問において，グラフィックユーティリティを用いて関数 f のグラフを描き，f が 1 対 1 であるかどうかを判定せよ．
  (a) $f(x) = x^3 - 3x + 2$　(b) $f(x) = x^3 - 3x^2 + 3x - 1$

7. 次の各問において，f は 1 対 1 であるかどうかを判定せよ．
  (a) $f(x) = \tan x$
  (b) $f(x) = \tan x, \quad -\pi < x < \pi, x \neq \pm\pi/2$

(c) $f(x) = \tan x$, $-\pi/2 < x < \pi/2$

8. 次の各問において，f は 1 対 1 であるかどうかを判定せよ．
   (a) $f(x) = \cos x$
   (b) $f(x) = \cos x$, $-\pi/2 \leq x \leq \pi/2$
   (c) $f(x) = \cos x$, $0 \leq x \leq \pi$

9. (a) 図は，関数 f の定義域 $-8 \leq x \leq 8$ 上のグラフである．f が逆関数をもつ理由を説明し，グラフを用いて $f^{-1}(2), f^{-1}(-1), f^{-1}(0)$ を求めよ．
   (b) f^{-1} の定義域と値域を求めよ．
   (c) f^{-1} のグラフを描け．

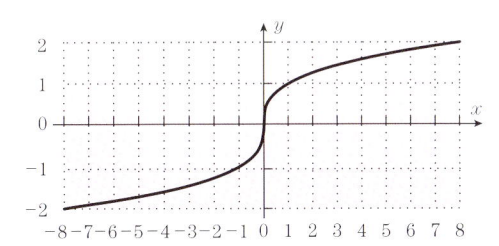

図 Ex-9

10. (a) そのグラフが図に表されている関数 f が定義域 $-3 \leq x \leq 4$ 上で逆関数をもたない理由を述べよ．
    (b) 定義域を 3 つの隣接した区間に分割し，それぞれの区間上では関数 f が逆関数をもつようにせよ．

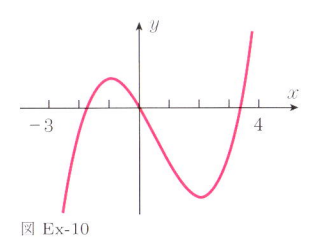

図 Ex-10

問題 11 と 12 では，$f'(x)$ の符号を調べて，関数 f が 1 対 1 であるかどうかを判定せよ．

11. (a) $f(x) = x^2 + 8x + 1$
    (b) $f(x) = 2x^5 + x^3 + 3x + 2$
    (c) $f(x) = 2x + \sin x$

12. (a) $f(x) = x^3 + 3x^2 - 8$
    (b) $f(x) = x^5 + 8x^3 + 2x - 1$
    (c) $f(x) = \dfrac{x}{x+1}$

問題 13–23 では，$f^{-1}(x)$ の式を求めよ．

13. $f(x) = x^5$
14. $f(x) = 6x$
15. $f(x) = 7x - 6$
16. $f(x) = \dfrac{x+1}{x-1}$
17. $f(x) = 3x^3 - 5$
18. $f(x) = \sqrt[5]{4x+2}$
19. $f(x) = \sqrt[3]{2x-1}$
20. $f(x) = 5/(x^2+1)$, $x \geq 0$
21. $f(x) = 3/x^2$, $x < 0$
22. $f(x) = \begin{cases} 2x, & x \leq 0 \\ x^2, & x > 0 \end{cases}$
23. $f(x) = \begin{cases} 5/2 - x, & x < 2 \\ 1/x, & x \geq 2 \end{cases}$
24. $p(x) = x^3 - 3x^2 + 3x - 1$ に対して，$p^{-1}(x)$ の式を求めよ．

問題 25–29 では，$f^{-1}(x)$ の式を求め，f^{-1} の定義域を述べよ．

25. $f(x) = (x+2)^4$, $x \geq 0$
26. $f(x) = \sqrt{x+3}$
27. $f(x) = -\sqrt{3-2x}$
28. $f(x) = 3x^2 + 5x - 2$, $x \geq 0$
29. $f(x) = x - 5x^2$, $x \geq 1$
30. 式 $F = \dfrac{9}{5}C + 32$（ただし $C \geq -273.15$）は，カ氏の温度 F をセ氏の温度 C の関数として表している．
    (a) この関数の逆関数を求めよ．
    (b) この逆関数は何を意味するか，言葉で説明せよ．
    (c) この逆関数の定義域と値域を求めよ．
31. (a) 1 m はだいたい 6.214×10^{-4} マイル (mi) である．x m の長さを，y mi として表す式 $y = f(x)$ を求めよ．
    (b) f の逆関数を求めよ．
    (c) 言葉でいうと，式 $x = f^{-1}(y)$ は何を意味するか．
32. f は 1 対 1 かつ連続な関数で，$\displaystyle\lim_{x \to 3} f(x) = 7$ とする．$\displaystyle\lim_{x \to 7} f^{-1}(x)$ を求め，それが正しい理由を述べよ．
33. $f(x) = x^2, x > 1$, $g(x) = \sqrt{x}$ とする．
    (a) $f(g(x)) = x$, $x > 1$ と $g(f(x)) = x$, $x > 1$ を示せ．
    (b) $y = f(x)$ と $y = g(x)$ のグラフは $y = x$ に関する折り返しではないことを示すことにより，f と g は互いに他の逆関数ではないことを示せ．
    (c) (a) と (b) は矛盾するか．
34. $f(x) = ax^2 + bx + c, a > 0$ とする．f の定義域が次の範囲に制限されているとき，f^{-1} をそれぞれ求めよ．
    (a) $x \geq -b/(2a)$ (b) $x \leq -b/(2a)$
35. (a) $f(x) = (3-x)/(1-x)$ とその逆関数は一致することを示せ．
    (b) (a) の結果は，f のグラフについて何を意味するか．
36. 傾き m（ただし，$m \neq 0$）の直線が x 軸と $(x_0, 0)$ において交わっているとする．この直線を $y = x$ に関して折り返して得られる直線の方程式を求めよ．
37. (a) $f(x) = x^3 - 3x^2 + 2x$ は $(-\infty, +\infty)$ 上 1 対 1 でないことを示せ．
    (b) 区間 $(-k, k)$ 上 f が 1 対 1 になるような k の最大値を求めよ．
38. (a) 関数 $f(x) = x^4 - 2x^3$ は $(-\infty, +\infty)$ 上 1 対 1 でないことを示せ．
    (b) 区間 $[k, +\infty)$ 上 f が 1 対 1 になるような k の最小値を求めよ．

39. $f(x) = 2x^3 + 5x + 3$ とする．$f^{-1}(x) = 1$ のとき，x を求めよ．

40. $f(x) = \dfrac{x^3}{x^2+1}$ とする．$f^{-1}(x) = 2$ のとき，x を求めよ．

> 問題 **41–44** では，グラフィックユーティリティとパラメータ方程式を用いて，f と f^{-1} のグラフを同じ画面上に表示せよ．

41. ∼ $f(x) = x^3 + 0.2x - 1$, $-1 \le x \le 2$

42. ∼ $f(x) = \sqrt{x^2+2} + x$, $-5 \le x \le 5$

43. ∼ $f(x) = \cos(\cos 0.5x)$, $0 \le x \le 3$

44. ∼ $f(x) = x + \sin x$, $0 \le x \le 6$

> 問題 **45–48** では，公式 (5) を用いて f^{-1} の導関数を求め，その結果を陰関数微分により確かめよ．

45. $f(x) = 5x^3 + x - 7$ **46.** $f(x) = 1/x^2,\ x > 0$

47. $f(x) = 2x^5 + x^3 + 1$

48. $f(x) = 5x - \sin 2x$, $-\dfrac{\pi}{4} < x < \dfrac{\pi}{4}$

49. $a^2 + bc \ne 0$ ならば，
$$f(x) = \frac{ax+b}{cx-a}$$
のグラフは直線 $y = x$ に関して対称であることを証明せよ．

50. (a) f と g が 1 対 1 ならば，合成関数 $f \circ g$ も 1 対 1 であることを証明せよ．

　　(b) f と g が 1 対 1 ならば，
$$(f \circ g)^{-1} = g^{-1} \circ f^{-1}$$
であることを証明せよ．

51. $(-\infty, +\infty)$ 上 1 対 1 であるが，$(-\infty, +\infty)$ 上増加でも減少でもないような関数のグラフの概形を描け．

52. 1 対 1 の関数 f は，異なる 2 つの逆関数をもつことはないことを証明せよ．

53. $f(x) = x^4 + x^3 + 1$ ($0 \le x \le 2$) と $g(x) = f^{-1}(x)$ に対し，$F(x) = f(2g(x))$ とする．$F(3)$ を求めよ．

7.2 指数関数および対数関数

17 世紀に計算の手段として導入された対数は，当時の科学者たちにそれまで想像できなかったような計算力を与えることとなった．数値計算をするうえではほとんどコンピュータと計算器が対数に取って代わったが，それでも対数関数とその関連事項は数学や科学において広範な応用がある．それらの一部をこの節で紹介する．

無理数乗

代数において，数 b の整数乗や有理数乗は
$$b^n = b \times b \times \cdots \times b \quad (n\text{ 個}), \quad b^{-n} = \frac{1}{b^n}, \quad b^0 = 1$$
$$b^{p/q} = \sqrt[q]{b^p} = \left(\sqrt[q]{b}\right)^p, \quad b^{-p/q} = \frac{1}{b^{p/q}}$$
で定義される．b が負ならば，b の分数乗は虚数になることがある．例えば $(-2)^{1/2} = \sqrt{-2}$ である．この節ではこの問題を避けるために，明確にそう述べなくとも $b \ge 0$ と仮定しておく．

先ほどの定義は，
$$2^\pi, \quad 3^{\sqrt{2}}, \quad \pi^{-\sqrt{7}}$$
といった b の無理数乗は含んでいない．無理数乗を定義する方法はいろいろある．1 つの方法は，b の無理数乗を b の有理数乗の極限として定義することである．例えば，2^π を定義するために，まず π の小数表示，つまり
$$3.1415926\cdots$$
から始める．この小数から π に限りなく近づく有理数の列，つまり
$$3.1,\ 3.14,\ 3.141,\ 3.1415,\ 3.14159$$
を作ることができ，この列からさらに 2 の有理数乗の列
$$2^{3.1},\ 2^{3.14},\ 2^{3.141},\ 2^{3.1415},\ 2^{3.14159}$$

Table 7.2.1

x	2^x
3	8.000000
3.1	8.574188
3.14	8.815241
3.141	8.821353
3.1415	8.824411
3.14159	8.824962
3.141592	8.824974

を作ることができる．この数列における各項のベキ指数は極限 π に近づくので，この数列自身がある極限に近づくことはもっともらしく思え，さらにこの極限を 2^π と定義することは理にかなっているように思える．表 7.2.1 は，この数列が実際に極限をもち，小数第 4 位までみたときにその極限値が $2^\pi \approx 8.8250$ であることの数値的証拠を示している．より一般に，どのような無理数のベキ指数 p と正の数 b に対しても，p の小数展開から作られる b の有理数乗の極限として b^p を定義することができる．

> 読者へ　計算ユーティリティを使って 2^π を直接計算することにより，近似 $2^\pi \approx 8.8250$ を確認せよ．

ここで行った無理数 p に対する b^p の定義は確かに理にかなっているように思えるが，この定義を厳密に行うためにはうんざりするほどの数学的な詳細が必要である．ここではこの問題にはこれ以上立ち入らず，次のよく知られた法則が実数のベキ指数すべてについて成り立つということを証明なしで認めることにする．

$$b^p b^q = b^{p+q}, \quad \frac{b^p}{b^q} = b^{p-q}, \quad (b^p)^q = b^{pq}$$

指数関数の族

$f(x) = b^x$ という形をした関数（ただし，$b > 0$ かつ $b \neq 1$）は，$\boldsymbol{b}$ を底とする指数関数 とよばれる．いくつかの例は

$$f(x) = 2^x, \quad f(x) = \left(\tfrac{1}{2}\right)^x, \quad f(x) = \pi^x$$

である．指数関数は，底が定数でベキ指数が変数であるということに注意しよう．したがって，$f(x) = x^2$ や $f(x) = x^\pi$ のような関数は，底が変数でベキ指数が定数なので指数関数には分類されない．

指数関数は連続で，図 7.2.1a に図示されているように，$0 < b < 1$ か $b > 1$ かによって 2 つの基本的な形があることがわかる．図 7.2.1b では，いくつかの特定の指数関数のグラフが示されている．

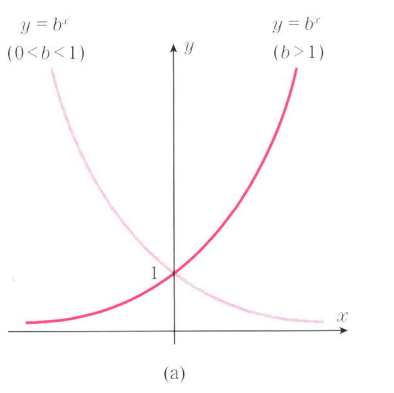

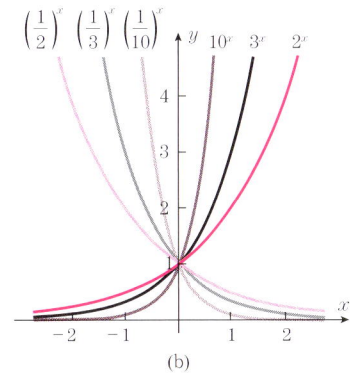

図 7.2.1

> 注意　$b = 1$ ならば，$b^x = 1^x = 1$ より関数 b^x は定数になる．このケースは興味がないので，指数関数の族からこの場合を除外してある．

> 読者へ　グラフィックユーティリティを使って $y = \left(\tfrac{1}{2}\right)^x$ と $y = 2^x$ のグラフが図 7.2.1b に一致することを確かめ，2 つのグラフが y 軸に関して互いに他の折り返しになっている理由を説明せよ．

この節では厳密な数学的細部にわたって指数関数の性質を展開することが目的ではないので，指数関数の次の性質が図 7.2.1 のグラフと比べて矛盾するところはないということを証明なしで認めるにとどめよう．

> **7.2.1 定理** $b > 0$ かつ $b \neq 1$ ならば,
> (a) 関数 $f(x) = b^x$ はすべての実数値 x で定義される．したがって，その自然な定義域は $(-\infty, \infty)$ である．
> (b) 関数 $f(x) = b^x$ は区間 $(-\infty, \infty)$ 上連続で，その値域は $(0, \infty)$ である．

対数

代数では対数とはベキ指数であったことを思い出そう．より正確にいうと，$b > 0$ かつ $b \neq 1$ のとき，正の値 x に対して **b を底とする x の対数** は

$$\log_b x$$

と表し，b を累乗すると x になるようなベキ指数として定義される．例えば，

$$\log_{10} 100 = 2, \quad \log_{10}(1/1000) = -3, \quad \log_2 16 = 4, \quad \log_b 1 = 0, \quad \log_b b = 1$$

$\boxed{10^2 = 100}$ $\boxed{10^{-3} = 1/1000}$ $\boxed{2^4 = 16}$ $\boxed{b^0 = 1}$ $\boxed{b^1 = b}$

歴史的には最初に研究された対数は底を 10 とする対数で，**常用対数** とよばれる．常用対数に対しては通常，$\log_{10} x$ ではなく底を表すのを省略して $\log x$ と書く．より最近になって，2 を底とする対数は 2 進数系において自然に現れるため，コンピュータサイエンスの分野で一定の役割を担っている．しかし，応用において最も広く使われてきた対数は **自然対数** である．これは，スイスの数学者レオンハルト・オイラー（Leonhard Euler, 上巻 11 ページに伝記）の名にちなんだ文字 e で表される無理数を底にもつ．オイラーは，未公表の 1728 年の論文において，この e の対数への応用を最初に示唆したのである．この定数の小数第 6 位までの値は

$$e \approx 2.718282 \tag{1}$$

であるが，方程式

$$y = \left(1 + \frac{1}{x}\right)^x \tag{2}$$

のグラフの水平漸近線（図 7.2.2）として現れる．

$x \to +\infty$ のとき，$(1 + 1/x)^x$ は e に近づく

x	$1 + \dfrac{1}{x}$	$\left(1 + \dfrac{1}{x}\right)^x$
1	2	≈ 2.000000
10	1.1	2.593742
100	1.01	2.704814
1000	1.001	2.716924
10,000	1.0001	2.718146
100,000	1.00001	2.718268
1,000,000	1.000001	2.718280

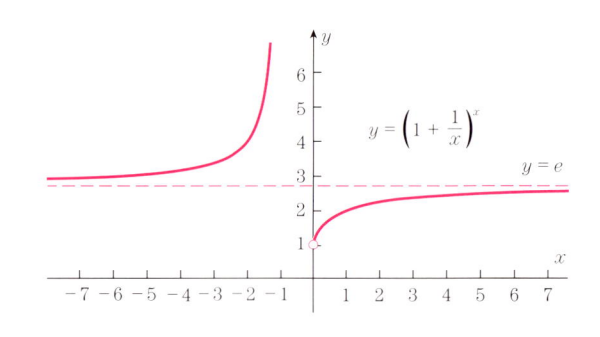

図 7.2.2

$y = e$ が $x \to +\infty$ や $x \to -\infty$ としたときの方程式 (2) の水平漸近線である，という事実は極限を用いて

$$e = \lim_{x \to +\infty} \left(1 + \frac{1}{x}\right)^x \quad \text{および} \quad e = \lim_{x \to -\infty} \left(1 + \frac{1}{x}\right)^x \tag{3–4}$$

と表される．あとで，これらの極限は，極限

$$e = \lim_{x \to 0} (1 + x)^{1/x} \tag{5}$$

から得られることが示される．ときには，極限 (5) が数 e の定義とされることもある．

x の自然対数は，$\log_e x$ と表すより $\ln x$ と表す（エルエヌ x と読む）方が標準的である．つまり，$\ln x$ は e を累乗して x になるようなベキであるとみることができる．例えば，

$$\ln 1 = 0, \quad \ln e = 1, \quad \ln 1/e = -1, \quad \ln(e^2) = 2$$

$\boxed{e^0 = 1 \text{ より}} \quad \boxed{e^1 = e \text{ より}} \quad \boxed{e^{-1} = 1/e \text{ より}} \quad \boxed{e^2 = e^2 \text{ より}}$

一般に，主張

$$y = \ln x \quad \text{と} \quad x = e^y$$

は同値である．

指数関数 $f(x) = e^x$ は **自然指数関数** とよばれる．植字を簡単にするため，この関数はときには $\exp x$ と書かれる．したがって，例えば，関係式 $e^{x_1+x_2} = e^{x_1}e^{x_2}$ は

$$\exp(x_1 + x_2) = \exp(x_1)\exp(x_2)$$

と書いてもよい．この表記法はまた グラフィックおよび計算ユーティリティ でも使われ，関数 e^x をよび出すのに EXP のようなコマンドがふつうに用いられる．

> 読者へ　ほとんどの科学計算ユーティリティでは，常用対数や自然対数，e のベキの値を求める方法をいくつか備えている．読者の計算ユーティリティの説明書をみて，これがどのように行われるかを調べよ．さらに，近似値 $e \approx 2.718282$ と図 7.2.2 における表に現れる値を確認せよ．

対数関数

図 7.2.1a は，$b > 0$ かつ $b \neq 1$ ならば $y = b^x$ のグラフは水平線テストを満たすことを示唆し，さらにそれは関数 $f(x) = b^x$ が逆関数をもつことを意味する．この逆関数（x を独立変数とする）の式を求めるため，y についての方程式 $x = b^y$ を x の関数として解く．これは，この方程式の両辺の b を底とする対数をとることによって行われる．これにより，式

$$\log_b x = \log_b(b^y) \tag{6}$$

を得る．しかし，$\log_b(b^y)$ は b を累乗して b^y になるベキ指数であると考えると，$\log_b(b^y) = y$ となることは明らかである．したがって，式 (6) は

$$y = \log_b x$$

と書き直される．このことから，$f(x) = b^x$ の逆関数は $f^{-1}(x) = \log_b x$ であることがわかる．これは，$y = b^x$ と $y = \log_b x$ のグラフが直線 $y = x$ に関して互いに折り返したものであることを意味する（図 7.2.3）．$\log_b x$ を **b を底とする対数関数** とよぶ．

7.1 節より，1 対 1 の関数 f とその逆関数は方程式

f の定義域のすべての x に対して $\quad f^{-1}(f(x)) = x$

f^{-1} の定義域のすべての x 対して $\quad f(f^{-1}(x)) = x$

を満たすことを思い出しておこう．特に，$f(x) = b^x$，$f^{-1}(x) = \log_b x$ とし，f^{-1} の定義域は f の値域に等しいことに留意すると，

$$\begin{aligned} \text{すべての実数値 } x \text{ に対して} \quad & \log_b(b^x) = x \\ x > 0 \text{ に対して} \quad & b^{\log_b x} = x \end{aligned} \tag{7}$$

を得る．$b = e$ である特別な場合，これらの方程式は

$$\begin{aligned} \text{すべての実数値 } x \text{ に対して} \quad & \ln(e^x) = x \\ x > 0 \text{ に対して} \quad & e^{\ln x} = x \end{aligned} \tag{8}$$

となる．言葉で説明すると方程式 (7) の意味は次のようになる．関数 b^x と $\log_b x$ をどの順序で合成しても，この 2 つの関数は互いに相手の効果を打ち消しあう．例えば，

$$\log 10^x = x, \quad 10^{\log x} = x, \quad \ln e^x = x, \quad e^{\ln x} = x, \quad \ln e^5 = 5, \quad e^{\ln \pi} = \pi$$

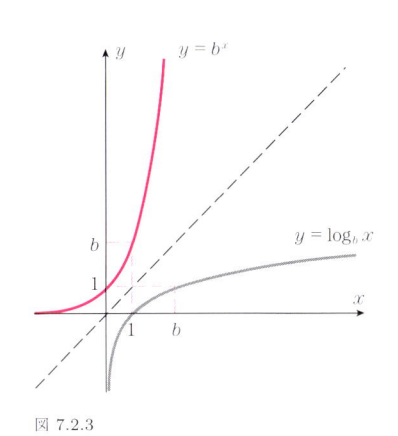

である．

図 7.2.3

注意 図 7.2.4 は，コンピュータを用いて作られた $y = e^x$ および $y = \ln x$ の表とグラフを表している．表では，$y = e^x$ および $y = \ln x$ の値は小数第 2 位で丸められている．このため，2 番目の表における $y = e^x$ の下の列は 1 番目の表における x の下の列と一致していない．

b^x と $\log_b x$ は互いに相手の逆関数という関係があるため，指数関数の性質は対数関数の性質に言い換えることができ，逆もまたしかりである．

7.2.2 定理（指数関数と対数関数の比較） $b > 0$ かつ $b \neq 1$ のとき，

$b^0 = 1$	$\log_b 1 = 0$
$b^1 = b$	$\log_b b = 1$
b^x の値域 $= (0, +\infty)$	$\log_b x$ の定義域 $= (0, +\infty)$
b^x の定義域 $= (-\infty, +\infty)$	$\log_b x$ の値域 $= (-\infty, +\infty)$
$y = b^x$ は $(-\infty, +\infty)$ 上連続	$y = \log_b x$ は $(0, +\infty)$ 上連続

以前学んだことから，以下の対数の代数的性質を思い出しておこう．

7.2.3 定理（対数の代数的性質） $b > 0, b \neq 1, a > 0, c > 0$ とし，r は任意の実数とする．このとき，

$$\log_b(ac) = \log_b a + \log_b c \quad \text{積の性質}$$
$$\log_b(a/c) = \log_b a - \log_b c \quad \text{商の性質}$$
$$\log_b(a^r) = r\log_b a \quad \text{ベキの性質}$$
$$\log_b(1/c) = -\log_b c \quad \text{逆数の性質}$$

これらの性質は，1 つの対数を他の対数の和，差，倍数に展開したり，逆に対数の和，差，倍数を 1 つの対数にまとめたりするときにしばしば使われる．例えば，

$$\log \frac{xy^5}{\sqrt{z}} = \log xy^5 - \log \sqrt{z} = \log x + \log y^5 - \log z^{1/2} = \log x + 5\log y - \frac{1}{2}\log z$$

$$5\log 2 + \log 3 - \log 8 = \log 32 + \log 3 - \log 8 = \log \frac{32 \cdot 3}{8} = \log 12$$

$$\tfrac{1}{3}\ln x - \ln(x^2 - 1) + 2\ln(x+3) = \ln x^{1/3} - \ln(x^2 - 1) + \ln(x+3)^2 = \ln \frac{\sqrt[3]{x}(x+3)^2}{x^2 - 1}$$

注意 $\log_b(u+v)$ や $\log_b(u-v)$ の形の式には，$\log_b u, \log_b v$ を用いた有用な簡略化はない．特に，

$$\log_b(u+v) \neq \log_b u + \log_b v$$
$$\log_b(u-v) \neq \log_b u - \log_b v$$

である．

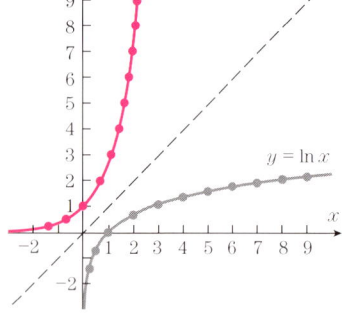

指数と対数に関する方程式を解く

方程式 $y = e^x$ は，y が自然対数関数の定義域に属し，x が自然指数関数の定義域に属するならば，x について解くことができ，y についての式 $x = \ln y$ となる．上の条件を言い換えると，$y > 0$ かつ x は任意の実数となる．したがって，

> $y > 0$ かつ x が任意の実数ならば，$y = e^x$ は $x = \ln y$ と同値である．

図 7.2.4

x	$y = \ln x$	x	$y = \ln x$
0.25	-1.39	-1.39	0.25
0.50	-0.69	-0.69	0.50
1	0	0	1.00
2	0.69	0.69	1.99
3	1.10	1.10	3.00
4	1.39	1.39	4.01
5	1.61	1.61	5.00
6	1.79	1.79	5.99
7	1.95	1.95	7.03
8	2.08	2.08	8.00
9	2.20	2.20	9.03

より一般的に，$b > 0$ かつ $b \neq 1$ のとき，

> $y > 0$ かつ x が任意の実数ならば， $y = b^x$ は $x = \log_b y$ と同値である．

方程式 $\log_b x = k$ は指数の形 $x = b^k$ に書き換えることによって解くことができ，方程式 $b^x = k$ は両辺の対数をとることによって（通常 log または ln）解くことができる．

例 1 次の式を満たす x を求めよ．
(a) $\log x = \sqrt{2}$
(b) $\ln(x+1) = 5$
(c) $5^x = 7$

解 (a) 方程式を指数の形に書き換えることにより，
$$x = 10^{\sqrt{2}} \approx 25.95$$
である．

解 (b) 方程式を指数の形に書き換えることにより，
$$x + 1 = e^5 \quad \text{つまり} \quad x = e^5 - 1 \approx 147.41$$
である．

解 (c) 両辺の自然対数をとって，対数のベキの性質を用いることにより，
$$x \ln 5 = \ln 7 \quad \text{つまり} \quad x = \frac{\ln 7}{\ln 5} \approx 1.21$$
である． ◀

例 2 最大能力で動くには 7 ワット (W) の電力を必要とする人工衛星が，放射性同位体のエネルギー供給源を装備しており，その供給源の出力を P W としたとき，P は方程式
$$P = 75 e^{-t/125}$$
で与えられるとする．ここで，t はその供給源が使われた日数である．この人工衛星は，最大能力で何日間動くことができるか．

解 仕事率 P は，
$$7 = 75 e^{-t/125}$$
となるとき 7 W に落ちる．この方程式の解 t は次のようにして求められる．
$$7/75 = e^{-t/125}$$
$$\ln 7/75 = \ln\left(e^{-t/125}\right)$$
$$\ln 7/75 = -t/125$$
$$t = -125 \ln 7/75 \approx 296.4$$

よって，人工衛星はほぼ 296 日間最大能力で動くことができる． ◀

より複雑な例を挙げよう．

例 3 $\dfrac{e^x - e^{-x}}{2} = 1$ を x について解け．

解 与えられた方程式の両辺に 2 を掛けると，
$$e^x - e^{-x} = 2$$
つまり，
$$e^x - \frac{1}{e^x} = 2$$

である．全体に e^x を掛けると，
$$e^{2x} - 1 = 2e^x \quad \text{つまり} \quad e^{2x} - 2e^x - 1 = 0$$
となる．これは，実は変装した 2 次方程式である．実際，この式を
$$(e^x)^2 - 2e^x - 1 = 0$$
と書き換え，さらに $u = e^x$ とおくと，
$$u^2 - 2u - 1 = 0$$
を得る．2 次方程式の解の公式により，この方程式を u について解くと，
$$u = \frac{2 \pm \sqrt{4+4}}{2} = \frac{2 \pm \sqrt{8}}{2} = 1 \pm \sqrt{2}$$
ここで，$u = e^x$ であるから
$$e^x = 1 \pm \sqrt{2}$$
である．ここで，e^x は負の数にはなりえないので，負の値 $1 - \sqrt{2}$ を捨てる．したがって，
$$e^x = 1 + \sqrt{2}$$
$$\ln e^x = \ln\left(1 + \sqrt{2}\right)$$
$$x = \ln\left(1 + \sqrt{2}\right) \approx 0.881$$
である． ◀

底の変換公式

科学計算電卓などは一般に常用対数と自然対数の値を求めるためのキーを備えているが，他の値を底とする対数の値を求めるキーは備えていない．しかし，これは深刻な欠陥ではない．なぜなら，任意の値を底とする対数は，他の任意の値を底とする対数で表すことができるからである（演習問題 **40** をみよ）．例えば，次の式は底が b である対数を自然対数を用いて表している．

$$\log_b x = \frac{\ln x}{\ln b} \tag{9}$$

この結果は次のようにして導くことができる．まず $y = \log_b x$ とおくと，$b^y = x$ である．この方程式の両辺の自然対数をとると $y \ln b = \ln x$ が得られるが，この式から式 (9) が従う．

例 4 対数 $\log_2 5$ を自然対数を用いて表すことにより，計算ユーティリティを使ってその値を概算せよ．

解 式 (9) より，
$$\log_2 5 = \frac{\ln 5}{\ln 2} \approx 2.321928$$
を得る． ◀

理学や工学における対数スケール

　理学や工学において，対数は極端に広い範囲の値に応じてその単位が変動するような量を扱う場合に利用される．例えば音の"やかましさ"は，音波によって伝えられるエネルギーに関わる音の**強さ** I （単位面積あたりのワット数）で測ることができる．—音の強さ I が大きくなればなるほど伝えられるエネルギーも大きくなり，人の耳にはよりうるさい音となる．しかし，音の強さは莫大な範囲にわたるため，その単位は扱いにくい．例えば，人間の耳に聞こえるぎりぎりの弱い音は約 10^{-12} W/m^2 の音の強さをもち，近くの人のささやき声はその約 100 倍の音の強さを，50 m の距離でのジェットエンジンはその約 $1,000,000,000,000 = 10^{12}$ 倍の音の強さをもつ．この広い値の幅を減じるために対数がどのように利用されているのか

表 7.2.2

β(dB)	I/I_0
0	$10^0 = 1$
10	$10^1 = 10$
20	$10^2 = 100$
30	$10^3 = 1{,}000$
40	$10^4 = 10{,}000$
50	$10^5 = 100{,}000$
⋮	⋮
120	$10^{12} = 1{,}000{,}000{,}000{,}000$

を以下にみてみよう．
$$y = \log x$$
とすると，
$$\log 10x = \log 10 + \log x = 1 + y$$
であるから，x が 10 倍になると y は 1 単位だけ増える．物理学者や工学者はこの性質を利用して，
$$\beta = 10 \log (I/I_0)$$
で定まる**音のレベル** β によって音のやかましさを測っている．ここでは，人間の聴覚の閾値に近い $I_0 = 10^{-12}$ W/m^2 を基準とする音の強さとしている．この β が，電話を発明したアレクサンダー・グラハム・ベルにちなんで名づけられた**デシベル**（dB）である．この測定の尺度では，音の強さ I を 10 倍にすると音のレベル β は 10 dB 増える（確かめよ）．音のやかましさを測るためには，これは音の強さ I より扱いやすい尺度になる（表 7.2.2）．他に対数尺度が用いられているなじみのある例を挙げると，**リヒタースケール**は地震の強さ（規模）を測るために使われ，**ペーハー（pH）スケール**は化学において酸性度を測るために使われる．これらについては，演習問題において検討する．

例 5 1976 年にロックグループ，ザ・フーは最もうるさいコンサートの記録：120 dB を残した．比較のために，ザ・フーが演奏したのと同じ場所に置かれた砕石ドリルは 92 dB の音であった．砕石ドリルの音の強さに対するザ・フーの音の強さの比はどれだけか．

解 I_1 および $\beta_1(=120$ dB$)$ をザ・フーの音の強さおよび音のレベル，I_2 および $\beta_2(=92$ dB$)$ を砕石ドリルの音の強さおよび音のレベルとする．このとき，
$$I_1/I_2 = (I_1/I_0)/(I_2/I_0)$$
$$\log(I_1/I_2) = \log(I_1/I_0) - \log(I_2/I_0)$$
$$10 \log(I_1/I_2) = 10 \log(I_1/I_0) - 10 \log(I_2/I_0)$$
$$10 \log(I_1/I_2) = \beta_1 - \beta_2 = 120 - 92 = 28$$
$$\log(I_1/I_2) = 2.8$$

したがって，$I_1/I_2 = 10^{2.8} \approx 631$ である．これより，ザ・フーの音の強さは砕石ドリルの 630 倍であることがわかる． ◀

指数的，および対数的増加

表 7.2.3

x	e^x	$\ln x$
1	2.72	0.00
2	7.39	0.69
3	20.09	1.10
4	54.60	1.39
5	148.41	1.61
6	403.43	1.79
7	1096.63	1.95
8	2980.96	2.08
9	8103.08	2.20
10	22026.47	2.30
100	2.69×10^{43}	4.61
1000	1.97×10^{434}	6.91

表 7.2.3 に示されている e^x と $\ln x$ の増加のパターンは注意に値する．この 2 つの関数はともに x が増加するに従って増加するが，増加の仕方は劇的に異なる — e^x はきわめて速く増加するが，$\ln x$ はきわめてゆっくりと増加する．例えば，$x = 10$ において e^x の値は 22,000 を超えているが，$\ln x$ の値は $x = 1{,}000$ においても 7 に到達しない．

この表は，$x \to +\infty$ のとき $e^x \to +\infty$ となることを強く示唆している．しかし，$\ln x$ の増加の速度はとても遅いので，$x \to +\infty$ における極限の振る舞いはこの表からは明らかではない．これだけ増加が遅いにもかかわらず，実際には $x \to +\infty$ のとき $\ln x \to +\infty$ となる．これをみるために，任意の（いくらでも大きい）正の数 M をとる．$\ln x$ の値は，$x = e^M$ のとき M に到達する．なぜなら，
$$\ln x = \ln(e^M) = M$$
だからである．$\ln x$ は x が増加するに従って増加するので，$x > e^M$ のとき $\ln x > M$ である．したがって，$\ln x$ の値はいずれはどのような正の数 M をも超えるので，$x \to +\infty$ のとき $\ln x \to +\infty$ となる（図 7.2.5）．

以上をまとめると，

$$\lim_{x \to +\infty} e^x = +\infty \qquad \lim_{x \to +\infty} \ln x = +\infty \qquad (10\text{–}11)$$

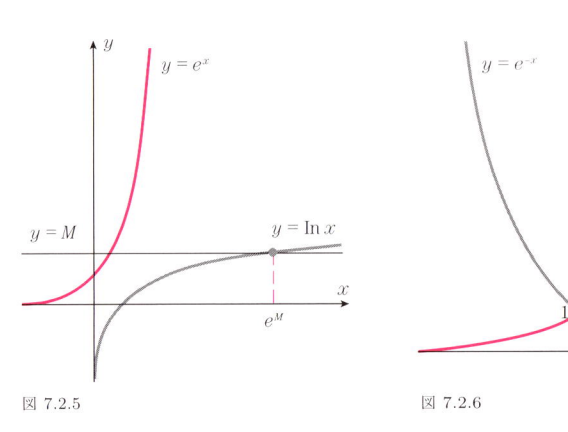

となる．

次の極限（図 7.2.5 と比べて矛盾するところはない）は，適当な数表を作ることにより数値的に導かれる（確かめてみよ）．

$$\lim_{x \to -\infty} e^x = 0 \qquad \lim_{x \to 0^+} \ln x = -\infty \qquad (12\text{–}13)$$

次の極限は数値的にも導かれるが，$y = e^{-x}$ のグラフが $y = e^x$ のグラフの y 軸に関する折り返しである（図 7.2.6）ことに注意すれば，より容易にみることができる．

$$\lim_{x \to +\infty} e^{-x} = 0 \qquad \lim_{x \to -\infty} e^{-x} = +\infty \qquad (14\text{–}15)$$

図 7.2.5

図 7.2.6

演習問題 7.2　〜　グラフィックユーティリティ

問題 **1** と **2** では，計算ユーティリティを使わずに次を簡単に表せ．

1. (a) $-8^{2/3}$ (b) $(-8)^{2/3}$ (c) $8^{-2/3}$

2. (a) 2^{-4} (b) $4^{1.5}$ (c) $9^{-0.5}$

問題 **3** と **4** では，計算ユーティリティを使って，次の近似値を四捨五入して小数第 4 位まで求めよ．

3. (a) $2^{1.57}$ (b) $5^{-2.1}$

4. (a) $\sqrt[5]{24}$ (b) $\sqrt[8]{0.6}$

問題 **5** と **6** では，計算ユーティリティを使わずに，次の正確な値を求めよ．

5. (a) $\log_2 16$ (b) $\log_2 \left(\frac{1}{32}\right)$
　　(c) $\log_4 4$ (d) $\log_9 3$

6. (a) $\log_{10}(0.001)$ (b) $\log_{10}\left(10^4\right)$
　　(c) $\ln\left(e^3\right)$ (d) $\ln\left(\sqrt{e}\right)$

問題 **7** と **8** では，計算ユーティリティを使って，次の近似値を四捨五入して小数第 4 位まで求めよ．

7. (a) $\log 23.2$ (b) $\ln 0.74$

8. (a) $\log 0.3$ (b) $\ln \pi$

問題 **9** と **10** では，定理 7.2.3 における対数の性質を使って，次の式を r, s および t を用いて書き直せ．ただし，$r = \ln a$, $s = \ln b$, $t = \ln c$ である．

9. (a) $\ln a^2 \sqrt{bc}$ (b) $\ln \dfrac{b}{a^3 c}$

10. (a) $\ln \dfrac{\sqrt[3]{c}}{ab}$ (b) $\ln \sqrt{\dfrac{ab^3}{c^2}}$

問題 **11** と **12** では，与えられた対数をより簡単な対数の和，差，および倍数の形に展開せよ．

11. (a) $\log\left(10x\sqrt{x-3}\right)$ (b) $\ln \dfrac{x^2 \sin^3 x}{\sqrt{x^2+1}}$

12. (a) $\log \dfrac{\sqrt[3]{x+2}}{\cos 5x}$ (b) $\ln \sqrt{\dfrac{x^2+1}{x^3+5}}$

問題 **13**–**15** では，与えられた式を 1 つの対数の形に書き直せ．

13. $4\log 2 - \log 3 + \log 16$

14. $\frac{1}{2}\log x - 3\log(\sin 2x) + 2$

15. $2\ln(x+1) + \frac{1}{3}\ln x - \ln(\cos x)$

> 問題 **16–25** では，計算ユーティリティを使わずに，x を求めよ．

16. $\log_{10}(1+x) = 3$

17. $\log_{10}(\sqrt{x}) = -1$

18. $\ln(x^2) = 4$

19. $\ln(1/x) = -2$

20. $\log_3(3^x) = 7$

21. $\log_5(5^{2x}) = 8$

22. $\log_{10} x^2 + \log_{10} x = 30$

23. $\log_{10} x^{3/2} - \log_{10} \sqrt{x} = 5$

24. $\ln 4x - 3\ln(x^2) = \ln 2$

25. $\ln(1/x) + \ln(2x^3) = \ln 3$

> 問題 **26–31** では，計算ユーティリティを使わずに，x を求めよ．ただし，対数が必要なときには自然対数を用いよ．

26. $3^x = 2$

27. $5^{-2x} = 3$

28. $3e^{-2x} = 5$

29. $2e^{3x} = 7$

30. $e^x - 2xe^x = 0$

31. $xe^{-x} + 2e^{-x} = 0$

> 問題 **32** と **33** では，次の方程式を u についての 2 次方程式に書き直し，それから x について解け．ただし，$u = e^x$ である．

32. $e^{2x} - e^x = 6$

33. $e^{-2x} - 3e^{-x} = -2$

> 問題 **34–36** では，グラフィックユーティリティを使わずに次の方程式のグラフの概形を描け．

34. (a) $y = 1 + \ln(x-2)$ (b) $y = 3 + e^{x-2}$

35. (a) $y = \left(\frac{1}{2}\right)^{x-1} - 1$ (b) $y = \ln|x|$

36. (a) $y = 1 - e^{-x+1}$ (b) $y = 3\ln\sqrt[3]{x-1}$

37. 計算ユーティリティと底の変換公式 (9) を用いて，$\log_2 7.35$ と $\log_5 0.6$ の値を四捨五入して小数第 4 位まで求めよ．

> 問題 **38** と **39** では，グラフィックユーティリティの同じ表示画面上に関数のグラフを描け．（必要であれば，底の変換公式 (9) を用いよ．）

38. ～ $y = \ln x,\ y = e^x,\ \log x,\ 10^x$

39. ～ $y = \log_2 x,\ \ln x,\ \log_5 x,\ \log x$

40. (a) 次の一般的な底の変換公式を導け．
$$\log_b x = \frac{\log_a x}{\log_a b}$$
  (b) (a) の結果を用いて，$(\log_2 81)(\log_3 32)$ の正確な値を計算ユーティリティを使わずに求めよ．

41. ～ グラフィックユーティリティを使って，$y = x^{0.2}$ と $y = \ln x$ のグラフの 2 つの交点を推定せよ．

42. アメリカ合衆国の公共負債 D は，10 億ドルを単位としたとき，$D = 0.051517(1.1306727)^x$ というモデルで表される．ここで，x は 1900 年から経過した年数を表す．このモデルに基づくとすると，いつ負債がはじめて 1 兆ドルに到達するか．

43. ～ (a) 図に表されている曲線は指数関数のグラフか．理由をつけて説明せよ．
  (b) 点 $(4, 2)$ を通る指数関数の方程式を求めよ．
  (c) 点 $\left(2, \frac{1}{4}\right)$ を通る指数関数の方程式を求めよ．
  (d) グラフィックユーティリティを使って，点 $(2, 5)$ を通る指数関数のグラフを描け．

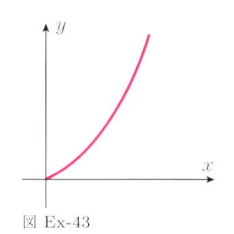

図 Ex-43

44. ～ (a) $y = \log(\log x)$ のグラフの概形について予想し，この方程式と $y = \log x$ のグラフの概形を同じ座標平面上に描け．
  (b) (a) で行ったことを，グラフィックユーティリティを用いて確かめよ．

45. 以下に $\frac{1}{8} > \frac{1}{4}$ という主張の「証明」がある．この証明における誤りを指摘せよ．

不等式 $3 > 2$ の両辺に $\log \frac{1}{2}$ を掛ければ，
$$3\log\tfrac{1}{2} > 2\log\tfrac{1}{2}$$
$$\log\left(\tfrac{1}{2}\right)^3 > \log\left(\tfrac{1}{2}\right)^2$$
$$\log\tfrac{1}{8} > \log\tfrac{1}{4}$$
$$\tfrac{1}{8} > \tfrac{1}{4}$$
である．

46. 定理 7.2.3 における対数の 4 つの代数的性質を証明せよ．

47. 例 2 の人工衛星における装置が正しく動くために 15 W を必要とするならば，エネルギー供給源の操作上の寿命はどれだけか．

48. $Q = 12e^{-0.055t}$ は，放射性カリウム-42 がはじめの量から核崩壊して t 時間後に残る質量をグラム単位で与える方程式である．
  (a) はじめに何 g あったか．
  (b) 4 時間後に何 g 残っているか．
  (c) 放射性カリウム-42 の量がはじめの量の半分に減少するのに，どれだけの時間がかかるか．

49. 物質の酸性度は，式
$$\text{pH} = -\log[H^+]$$
によって定まるペーハー値 pH で測られる．ここで，記号 $[H^+]$ は，1 ℓ（リットル）あたりのモル数で測った水素イオン濃度を表す．蒸留水のペーハー値 pH は 7 である．物質は，そのペーハー値 pH が pH < 7 ならば酸性とよばれ，pH > 7 ならば塩基性とよばれる．以下のおのおのの物質の pH を求め，酸性であるか塩基性であるか答えよ．

	物　質	[H⁺]
(a)	動脈血	3.9×10^{-8} mol/ℓ
(b)	トマト	6.3×10^{-5} mol/ℓ
(c)	牛乳	4.0×10^{-7} mol/ℓ
(d)	コーヒー	1.2×10^{-6} mol/ℓ

50. 問題 49 における pH の定義を用いて，pH が以下の値となるような溶液の水素イオン濃度 [H⁺] をそれぞれ求めよ．
    (a) 2.44　　　　　(b) 8.06

51. 知覚される音のやかましさを表す β（単位はデシベル：dB）は，方程式
    $$\beta = 10 \log (I/I_0)$$
    により，音の強さ I（単位は 1 m² あたりのワット数 (W/m²)）と関係づけられている．ここで，$I_0 = 10^{-12}$ W/m² である．β が 90 dB かそれ以上になると，平均的な聴覚に障害が起こる．以下のおのおのの音のデシベルレベルを求め，聴覚に障害を起こすかどうかを答えよ．

	音	I
(a)	ジェット航空機（500 ft 離れて）	1.0×10^2 W/m²
(b)	アンプを使うロック音楽	1.0 W/m²
(c)	生ゴミ処理機	1.0×10^{-4} W/m²
(d)	テレビ（10 ft 離れ中間の音量で）	3.2×10^{-5} W/m²

問題 52–54 では，音のデシベルレベルの定義を用いよ（問題 51 をみよ）．

52. ある音が他の音の 3 倍の強さであるとき，デシベルレベルはどれだけ大きいか．

53. 動いている自動車の内部の騒音は約 70 dB であるが，電気ミキサーは 93 dB を出すという．電気ミキサーの音の強さの，自動車のそれに対する比を求めよ．

54. こだまのデシベルレベルは，もとの音のデシベルレベルの $\frac{2}{3}$ であるとする．各こだまがさらに別のこだまになるとすると，120 dB の音からは何回こだまが聞こえるか．ただし，平均的な人間の耳は，10 dB の音が聞こえるものとする．

55. リヒタースケールでは，地震のマグニチュード M は方程式
    $$\log E = 4.4 + 1.5 M$$
    により，解放されるエネルギー E（ジュール：J）と関係づけられる．
    (a) リヒタースケールで $M = 8.2$ を記録した 1906 年のサンフランシスコ地震のエネルギー E を求めよ．
    (b) ある地震で解放されたエネルギーが他の地震の 10 倍であるとき，そのマグニチュードはリヒタースケールでみてどれだけ大きいか．

56. 2 つの地震のマグニチュードは，リヒタースケールでみて 1 だけ違うとする．大きい方の地震で解放されたエネルギーの，小さい方の地震で解放されたエネルギーに対する比を求めよ．[ノート：用語については，問題 55 をみよ．]

問題 57 と 58 では，公式 (3) または (5) を適宜用いて極限を求めよ．

57. $\lim_{x \to 0} (1 - 2x)^{1/x}$ を求めよ．[ヒント：$t = -2x$ とおけ．]

58. $\lim_{x \to +\infty} (1 + 3/x)^x$ を求めよ．[ヒント：$t = 3/x$ とおけ．]

7.3 対数関数および指数関数の導関数と積分

この節では，対数関数および指数関数の導関数を求め，さらに 1 対 1 関数とその逆関数の導関数のあいだの一般的な関係を検討する．

対数関数の導関数

自然対数は微積分学において特別な役割を果たすが，それは任意の b を底とする $\log_b x$ を微分することから生じたのである．このことをみるため，$\log_b x$ は $x > 0$ において連続であることを思い出しておこう．また，7.2 節の式 (5) で与えられた極限
$$\lim_{v \to 0} (1 + v)^{1/v} = e$$
も必要とする（7.2 節では，v ではなく x を変数としていたが）．導関数の定義から次を得る．

$$\frac{d}{dx}[\log_b x] = \lim_{w \to x} \frac{\log_b w - \log_b x}{w - x}$$

$$= \lim_{w \to x} \left[\frac{1}{w-x} \log_b \left(\frac{w}{x} \right) \right] \quad \text{定理 7.2.3 における対数の商の性質}$$

$$= \lim_{w \to x} \left[\frac{1}{w-x} \log_b \left(\frac{x + (w-x)}{x} \right) \right]$$

$$= \lim_{w \to x} \left[\frac{1}{w-x} \log_b \left(1 + \frac{w-x}{x} \right) \right]$$

$$= \lim_{w \to x} \left[\frac{1}{x} \frac{x}{w-x} \log_b \left(1 + \frac{w-x}{x} \right) \right]$$

$$= \lim_{v \to 0} \left[\frac{1}{x} \frac{1}{v} \log_b (1+v) \right] \quad v = (w-x)/x \text{ とおく. } w \to x \text{ と } v \to 0 \text{ は同値である.}$$

$$= \frac{1}{x} \lim_{v \to 0} \left[\frac{1}{v} \log_b (1+v) \right] \quad \text{この極限の計算で } x \text{ は固定されているので, } 1/x \text{ は極限の記号の外に出せる.}$$

$$= \frac{1}{x} \lim_{v \to 0} \left[\log_b (1+v)^{1/v} \right] \quad \text{定理 7.2.3 における対数のベキの性質}$$

$$= \frac{1}{x} \log_b \left[\lim_{v \to 0} (1+v)^{1/v} \right] \quad \log_b x \text{ は } (0, +\infty) \text{ 上連続なので, 極限を } \log_b \text{ の中に入れることができる.}$$

$$= \frac{1}{x} \log_b e \quad \text{7.2 節の公式 (5)}$$

したがって,

$$\frac{d}{dx}[\log_b x] = \frac{1}{x} \log_b e, \quad x > 0$$

である.7.2 節の公式 (9) により $\log_b e = 1/\ln b$ であるから, この導関数の公式は

$$\frac{d}{dx}[\log_b x] = \frac{1}{x \ln b}, \quad x > 0 \tag{1}$$

と書き改められる.$b = e$ である特別な場合には $\ln e = 1$ となるので, 式 (1) は

$$\frac{d}{dx}[\ln x] = \frac{1}{x}, \quad x > 0 \tag{2}$$

となる.したがって, すべての可能な底の中で, $b = e$ のときに $\log_b x$ の導関数は最も簡単な形になる.これが, 微積分学において他の対数よりも自然対数関数が好まれる理由の 1 つである.

例 1

(a) 図 7.3.1 は, $y = \ln x$ のグラフとその $x = \frac{1}{2}, 1, 3, 5$ における接線を表している.これらの接線の傾きを求めよ.

(b) $y = \ln x$ は, 水平な接線をもつか.$\ln x$ の導関数を用いて答えを確かめよ.

解 (a) (2) より, 点 $x = \frac{1}{2}, 1, 3, 5$ における接線の傾きはそれぞれ $1/x = 2, 1, \frac{1}{3}, \frac{1}{5}$ である.これらは図 7.3.1 と比べて矛盾するところはない.

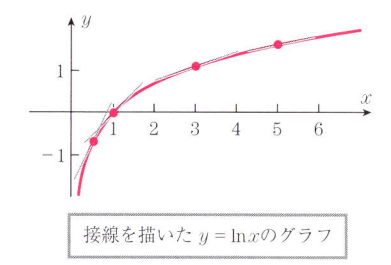

接線を描いた $y = \ln x$ のグラフ

図 7.3.1

解 (b) $y = \ln x$ のグラフより，水平な接線は現れない．これは，$dy/dx = 1/x$ がどのような実数値 x に対しても零にはならないことから確かめられる． ◀

u が x の微分可能な関数で，$u(x) > 0$ であれば，公式 (1), (2) に連鎖律を適用して 次の導関数の一般式が得られる．

$$\frac{d}{dx}[\log_b u] = \frac{1}{u \ln b} \cdot \frac{du}{dx} \qquad \frac{d}{dx}[\ln u] = \frac{1}{u} \cdot \frac{du}{dx} \tag{3-4}$$

例 2 導関数 $\dfrac{d}{dx}\left[\ln\left(x^2+1\right)\right]$ を求めよ．

解 $u = x^2 + 1$ に対して式 (4) を用いると，
$$\frac{d}{dx}\left[\ln\left(x^2+1\right)\right] = \frac{1}{x^2+1} \cdot \frac{d}{dx}\left[x^2+1\right] = \frac{1}{x^2+1} \cdot 2x = \frac{2x}{x^2+1}$$
である． ◀

可能であれば対数を含む関数を微分する前に，定理 7.2.3 における対数の性質を利用して積，商，ベキをそれぞれ和，差，定数倍に置き換えておくとよい．

例 3
$$\frac{d}{dx}\left[\ln\left(\frac{x^2 \sin x}{\sqrt{1+x}}\right)\right] = \frac{d}{dx}\left[2\ln x + \ln(\sin x) - \frac{1}{2}\ln(1+x)\right]$$
$$= \frac{2}{x} + \frac{\cos x}{\sin x} - \frac{1}{2(1+x)}$$
$$= \frac{2}{x} + \cot x - \frac{1}{2+2x} \quad ◀$$

例 4 導関数 $\dfrac{d}{dx}[\ln|x|]$ を求めよ．

解 関数 $\ln|x|$ は $x = 0$ を除くすべての x で定義される．$x > 0$ の場合と $x < 0$ の場合を別々に考える．

$x > 0$ のときは $|x| = x$ なので，
$$\frac{d}{dx}[\ln|x|] = \frac{d}{dx}[\ln x] = \frac{1}{x}$$
である．また，$x < 0$ のときは $|x| = -x$ なので，式 (4) より
$$\frac{d}{dx}[\ln|x|] = \frac{d}{dx}[\ln(-x)] = \frac{1}{(-x)} \cdot \frac{d}{dx}[-x] = \frac{1}{x}$$
を得る．両方の場合について同じ式が得られたので，

$$\frac{d}{dx}[\ln|x|] = \frac{1}{x}, \quad x \neq 0 \tag{5}$$

が示された． ◀

例 5 式 (5) と連鎖律により，
$$\frac{d}{dx}[\ln|\sin x|] = \frac{1}{\sin x} \cdot \frac{d}{dx}[\sin x] = \frac{\cos x}{\sin x} = \cot x$$
である． ◀

対数微分

ここで，いくつかの積，商，ベキ乗が組み合わされた関数を微分するとき役に立つ，**対数微分**とよばれる手法を考察する．

例 6
$$y = \frac{x^2 \sqrt[3]{7x-14}}{(1+x^2)^4} \tag{6}$$

の導関数を直接計算するのはやっかいである．しかし，まず両辺の自然対数をとって，それから対数の性質を用いると，

$$\ln y = 2\ln x + \tfrac{1}{3}\ln(7x-14) - 4\ln(1+x^2)$$

となる．この両辺を x について微分して，

$$\frac{1}{y}\frac{dy}{dx} = \frac{2}{x} + \frac{7/3}{7x-14} - \frac{8x}{1+x^2} \tag{7}$$

を得る．したがって，これを dy/dx について解き，式 (6) を用いると，

$$\frac{dy}{dx} = \frac{x^2\sqrt[3]{7x-14}}{(1+x^2)^4}\left[\frac{2}{x} + \frac{1}{3x-6} - \frac{8x}{1+x^2}\right] \tag{8}$$

を得る．

> **注意** $\ln y$ は $y > 0$ に対してのみ定義されるので，$y = f(x)$ の対数微分は $f(x)$ が正となる区間上でのみ有効である．だから，上の例で得られた導関数は，与えられた関数が $x > 2$ で正なので，区間 $(2, +\infty)$ 上で正しい．しかし，この式は実際には区間 $(-\infty, 2)$ 上でも成り立つ．このことは，$\ln|y|$ が $y = 0$ を除くすべての y で定義されることに注意し，対数微分をする前に絶対値をとって確かめることができる．絶対値をとり，対数と絶対値の性質から式を簡単にすると，
>
> $$\ln|y| = 2\ln|x| + \tfrac{1}{3}\ln|7x-14| - 4\ln|1+x^2|$$
>
> を得る．この両辺を x について微分すると式 (7) になり，したがって式 (8) を得る．
>
> 一般に，$y = f(x)$ の導関数が対数微分により得られるならば，最初に絶対値をとるかとらないにかかわらず，dy/dx は同じ式になる．したがって，対数微分によって得られた導関数の式は，$f(x)$ が零となる点を除いて成り立つ．実際には，導関数の式はこのような点でも成り立つかもしれないが，このことは保証されているわけではない．

$\ln x$ に関する積分

公式 (2) は，関数 $\ln x$ が区間 $(0, +\infty)$ 上における $1/x$ の原始関数であることを示している．一方，公式 (5) は，関数 $\ln|x|$ がそれぞれの区間 $(-\infty, 0)$ と $(0, +\infty)$ 上で $1/x$ の原始関数であることを示している．したがって，(5) に付随する積分公式

$$\int \frac{1}{u} du = \ln|u| + C \tag{9}$$

が得られる．ただし，明示はされていないが，これは 0 を含まない区間上でのみ適用できるということを了解しておかなければならない．

例 7 公式 (9) を適用して

$$\int_1^e \frac{1}{x} dx = \ln|x|\Big]_1^e = \ln|e| - \ln|1| = 1 - 0 = 1$$

$$\int_{-e}^{-1} \frac{1}{x} dx = \ln|x|\Big]_{-e}^{-1} = \ln|-1| - \ln|-e| = 0 - 1 = -1$$

が得られる． ◀

例 8 不定積分 $\displaystyle\int \frac{3x^2}{x^3+5} dx$ を求めよ．

解 置換

$$u = x^3 + 5, \quad du = 3x^2 dx$$

を行って
$$\int \frac{3x^2}{x^3+5}dx = \int \frac{1}{u}du = \ln|u| + C = \ln|x^3+5| + C$$
である。 ◀

例 9 不定積分 $\int \tan x \, dx$ を求めよ。

解 置換
$$u = \cos x, \quad du = -\sin x \, dx$$
を行って
$$\int \tan x \, dx = \int \frac{\sin x}{\cos x}dx = -\int \frac{1}{u}du = -\ln|u| + C = -\ln|\cos x| + C$$
である。 ◀

> **注意** 上の 2 つの例から 1 つの重要な点が示される。すなわち、
> $$\int \frac{g'(x)}{g(x)}dx$$
> （被積分関数の分子が分母の導関数になっている）の形の積分は、置換 $u = g(x)$, $du = g'(x)dx$ により解くことができる。実際、この置換により、
> $$\int \frac{g'(x)}{g(x)}dx = \int \frac{du}{u} = \ln|u| + C = \ln|g(x)| + C$$
> が得られる。

x の無理数乗の導関数

3.6 節の公式 (15) により、微分公式
$$\frac{d}{dx}[x^r] = rx^{r-1} \tag{10}$$
が有理数 r に対して成り立つ。ここでは、対数微分を用いて、この公式が任意の実数 r（有理数でも無理数でも構わない）に対して成り立つことを示す。なお、この計算においては、x^r が微分可能な関数であることと、よく知られた指数法則が実数のベキ指数についても成り立つことを仮定する。

実数 r に対して $y = x^r$ とする。導関数 dy/dx は対数微分により次のようにして得られる。
$$\ln|y| = \ln|x^r| = r\ln|x|$$
$$\frac{d}{dx}[\ln|y|] = \frac{d}{dx}[r\ln|x|]$$
$$\frac{1}{y}\frac{dy}{dx} = \frac{r}{x}$$
$$\frac{dy}{dx} = \frac{r}{x}y = \frac{r}{x}x^r = rx^{r-1}$$
これで、実数値 r に対して公式 (10) が証明された。ゆえに、例えば、
$$\frac{d}{dx}[x^\pi] = \pi x^{\pi-1} \quad \text{や} \quad \frac{d}{dx}[x^{\sqrt{2}}] = \sqrt{2}\,x^{\sqrt{2}-1} \tag{11}$$
が成り立つ。また、公式 (10) から、積分公式
$$\int x^r dx = \left[\frac{x^{r+1}}{r+1}\right] + C \quad (r \neq -1)$$
（表 5.2.1）が -1 以外の任意の実数 r に対して成り立つことがわかる。

指数関数の導関数

公式 (1) から、
$$\frac{d}{dx}[\log_b x]$$

は零にならない関数であることがわかっている．したがって，定理 7.1.6 により $\log_b x$ の逆関数も $(-\infty, +\infty)$ 上微分可能であることがわかる．

b を底とする指数関数の導関数を得るために，$y = b^x$ を

$$x = \log_b y$$

と書き直し，(3) を用いて陰関数微分を行うと，

$$1 = \frac{1}{y \ln b} \cdot \frac{dy}{dx}$$

を得る．これを dy/dx について解き y を b^x に置き換えると，

$$\frac{dy}{dx} = y \ln b = b^x \ln b$$

を得る．以上により，

$$\frac{d}{dx}[b^x] = b^x \ln b \tag{12}$$

が示された．$b = e$ である特別な場合には $\ln e = 1$ なので，式 (12) は

$$\frac{d}{dx}[e^x] = e^x \tag{13}$$

となる．さらに，u が x について微分可能な関数ならば，式 (12) と (13) から，

$$\frac{d}{dx}[b^u] = b^u \ln b \cdot \frac{du}{dx} \tag{14}$$

$$\frac{d}{dx}[e^u] = e^u \cdot \frac{du}{dx} \tag{15}$$

が従う．

> **注意** 指数関数 b^x（ベキ指数が変数で底が定数）の微分とベキ関数 x^b（底が変数でベキ指数が定数）の微分を区別することは大切である．例えば，式 (11) における x^π の導関数と，次の π^x の導関数（式 (12) から得られる）を比較してみよ．
>
> $$\frac{d}{dx}[\pi^x] = \pi^x \ln \pi$$

例 10 以下の計算は，公式 (14) と (15) を用いている．

$$\frac{d}{dx}\left[2^{\sin x}\right] = \left(2^{\sin x}\right)(\ln 2) \cdot \frac{d}{dx}[\sin x] = \left(2^{\sin x}\right)(\ln 2) \cdot (\cos x)$$

$$\frac{d}{dx}\left[e^{-2x}\right] = e^{-2x} \cdot \frac{d}{dx}[-2x] = -2e^{-2x}$$

$$\frac{d}{dx}\left[e^{x^3}\right] = e^{x^3} \cdot \frac{d}{dx}\left[x^3\right] = 3x^2 e^{x^3}$$

$$\frac{d}{dx}[e^{\cos x}] = e^{\cos x} \cdot \frac{d}{dx}[\cos x] = -(\sin x)e^{\cos x} \quad \blacktriangleleft$$

つぎに，公式

$$\frac{d}{dx}(u^n) = n \cdot u^{n-1} \frac{du}{dx} \qquad n \text{ が実数のとき}$$

$$\frac{d}{dx}(b^u) = b^u \ln b \cdot \frac{du}{dx} \qquad b > 0,\, b \neq 0$$

は，底またはベキ指数のいずれかが定数であるような指数表示をもつ関数の導関数に関するものである．次の例は，ともに定数でない x の関数 u, v を用いて $y = u^v$ と表される関数 y に対して dy/dx を求めるために，対数微分が適用できるということを具体例を挙げて示している．

例 11 対数微分を用いて，導関数 $\dfrac{d}{dx}\left[\left(x^2+1\right)^{\sin x}\right]$ を求めよ．

解　$y=\left(x^2+1\right)^{\sin x}$ とおくと，
$$\ln y = \ln\left[\left(x^2+1\right)^{\sin x}\right] = (\sin x)\ln\left(x^2+1\right)$$
となる．すると，
$$\begin{aligned}\frac{d}{dx}(\ln y) &= \frac{1}{y}\cdot\frac{dy}{dx}\\ &= \frac{d}{dx}\left[(\sin x)\ln\left(x^2+1\right)\right] = (\sin x)\frac{1}{x^2+1}(2x)+(\cos x)\ln\left(x^2+1\right)\end{aligned}$$
したがって，
$$\begin{aligned}\frac{dy}{dx} &= y\left[\frac{2x\sin x}{x^2+1}+(\cos x)\ln\left(x^2+1\right)\right]\\ &= \left(x^2+1\right)^{\sin x}\left[\frac{2x\sin x}{x^2+1}+(\cos x)\ln\left(x^2+1\right)\right]\end{aligned}$$
である．◀

指数関数の積分

導関数の公式 (14) と (15) に付随して，対応する積分公式

$$\int b^u du = \frac{b^u}{\ln b}+C \qquad \int e^u du = e^u + C \tag{16–17}$$

が得られる．

例 12
$$\int 2^x dx = \frac{2^x}{\ln 2}+C$$
◀

例 13　不定積分 $\displaystyle\int e^{5x}dx$ を求めよ．

解　$u=5x$ とおくと，$du=5dx$，すなわち $dx=\frac{1}{5}du$ となる．これより，
$$\int e^{5x}dx = \frac{1}{5}\int e^u du = \frac{1}{5}e^u + C = \frac{1}{5}e^{5x} + C$$
◀

例 14
$$\int e^{-x}dx = -\int e^u du = -e^u + C = -e^{-x} + C$$
$$\quad u=-x\\ \quad du=-dx$$

$$\int x^2 e^{x^3}dx = \frac{1}{3}\int e^u du = \frac{1}{3}e^u + C = \frac{1}{3}e^{x^3} + C$$
$$\quad u=x^3\\ \quad du=3x^2 dx$$

$$\int \frac{e^{\sqrt{x}}}{\sqrt{x}}dx = 2\int e^u du = 2e^u + C = 2e^{\sqrt{x}} + C$$
$$\quad u=\sqrt{x}\\ \quad du=\frac{1}{2\sqrt{x}}dx$$
◀

例 15　定積分 $\displaystyle\int_0^{\ln 3} e^x\left(1+e^x\right)^{1/2}dx$ を求めよ．

解　u 置換
$$u=1+e^x,\quad du=e^x dx$$
を行い，積分の下端と上端 ($x=0,\ x=\ln 3$) を
$$u=1+e^0=2,\quad u=1+e^{\ln 3}=1+3=4$$

と変更する．このとき，
$$\int_0^{\ln 3} e^x(1+e^x)^{1/2}\,dx = \int_2^4 u^{1/2}\,du = \frac{2}{3}u^{3/2}\Big]_2^4 = \frac{2}{3}\left[4^{3/2}-2^{3/2}\right] = \frac{16-4\sqrt{2}}{3}$$
となる．　◀

演習問題 7.3　～　グラフィックユーティリティ

問題 1–30 では，dy/dx を求めよ．

1. $y = \ln 2x$
2. $y = \ln(x^3)$
3. $y = (\ln x)^2$
4. $y = \ln(\sin x)$
5. $y = \ln|\tan x|$
6. $y = \ln(2+\sqrt{x})$
7. $y = \ln\left(\dfrac{x}{1+x^2}\right)$
8. $y = \ln(\ln x)$
9. $y = \ln|x^3 - 7x^2 - 3|$
10. $y = x^3 \ln x$
11. $y = \sqrt{\ln x}$
12. $y = \sqrt{1+\ln^2 x}$
13. $y = \cos(\ln x)$
14. $y = \sin^2(\ln x)$
15. $y = x^3 \log_2(3-2x)$
16. $y = x\left[\log_2(x^2-2x)\right]^3$
17. $y = \dfrac{x^2}{1+\log x}$
18. $y = \dfrac{\log x}{1+\log x}$
19. $y = e^{7x}$
20. $y = e^{-5x^2}$
21. $y = x^3 e^x$
22. $y = e^{1/x}$
23. $y = \dfrac{e^x - e^{-x}}{e^x + e^{-x}}$
24. $y = \sin(e^x)$
25. $y = e^{x \tan x}$
26. $y = \dfrac{e^x}{\ln x}$
27. $y = e^{(x-e^{3x})}$
28. $y = \exp\left(\sqrt{1+5x^3}\right)$
29. $y = \ln(1 - xe^{-x})$
30. $y = \ln(\cos e^x)$

問題 31 と 32 では，陰関数微分により dy/dx を求めよ．

31. $y + \ln xy = 1$
32. $y = \ln(x \tan y)$

問題 33 と 34 では，与えられた微分を行う手助けとして例 3 の手法を利用せよ．

33. $\dfrac{d}{dx}\left[\ln \dfrac{\cos x}{\sqrt{4-3x^2}}\right]$
34. $\dfrac{d}{dx}\left[\ln \sqrt{\dfrac{x-1}{x+1}}\right]$

問題 35–38 では，対数微分の手法を用いて dy/dx を求めよ．

35. $y = x\sqrt[3]{1+x^2}$
36. $y = \sqrt[5]{\dfrac{x-1}{x+1}}$
37. $y = \dfrac{(x^2-8)^{1/3}\sqrt{x^3+1}}{x^6 - 7x + 5}$
38. $y = \dfrac{\sin x \cos x \tan^3 x}{\sqrt{x}}$

問題 39–42 では，まず公式 (14) により $f'(x)$ を求め，その後対数微分により再度 $f'(x)$ を求めてみよ．

39. $f(x) = 2^x$
40. $f(x) = 3^{-x}$
41. $f(x) = \pi^{\sin x}$
42. $f(x) = \pi^{x \tan x}$

問題 43–46 では，対数微分の手法を用いて dy/dx を求めよ．

43. $y = (x^3 - 2x)^{\ln x}$
44. $y = x^{\sin x}$
45. $y = (\ln x)^{\tan x}$
46. $y = (x^2 + 3)^{\ln x}$

47. $f(x) = x^e$ のとき $f'(x)$ を求めよ．
48. (a) $(d/dx)[x^x]$ を求めるために公式 (12) は使えない理由を説明せよ．
    (b) この導関数を対数微分を用いて求めよ．
49. 次を求めよ．
    (a) $\dfrac{d}{dx}[\log_x e]$
    (b) $\dfrac{d}{dx}[\log_x 2]$
50. 微積分学の基本定理 その2(定理 5.6.3) を用いて，次の導関数を求めよ．
    (a) $\dfrac{d}{dx}\int_0^x e^{t^2}\,dt$
    (b) $\dfrac{d}{dx}\int_1^x \ln t\,dt$
51. $f(x) = e^{kx}$, $g(x) = e^{-kx}$ とする．次を求めよ．
    (a) $f^{(n)}(x)$
    (b) $g^{(n)}(x)$
52. $y = e^{-\lambda t}(A\sin\omega t + B\cos\omega t)$ とするとき，dy/dt を求めよ．ここで，A, B, λ, ω は定数である．
53.
$$f(x) = \frac{1}{\sqrt{2\pi}\,\sigma}\exp\left[-\frac{1}{2}\left(\frac{x-\mu}{\sigma}\right)^2\right]$$
とするとき，$f'(x)$ を求めよ．ここで，μ と σ は定数，$\sigma \neq 0$ である．
54. 任意の定数 A, k に対して，関数 $y = Ae^{kt}$ は方程式 $dy/dt = ky$ を満たすことを示せ．
55. 任意の定数 A, B に対して，関数
$$y = Ae^{2x} + Be^{-4x}$$
は方程式
$$y'' + 2y' - 8y = 0$$
を満たすことを示せ．
56. 以下を示せ．
    (a) $y = xe^{-x}$ は方程式 $xy' = (1-x)y$ を満たす．
    (b) $y = xe^{-x^2/2}$ は方程式 $xy' = (1-x^2)y$ を満たす．

問題 57 と 58 では，次の式を適当な関数の導関数とみて，その極限を求めよ．

57. (a) $\displaystyle\lim_{w\to 1}\frac{\ln w}{w-1}$
    (b) $\displaystyle\lim_{w\to 0}\frac{10^w - 1}{w}$

58. (a) $\lim_{\Delta x \to 0} \dfrac{\ln(e^2 + \Delta x) - 2}{\Delta x}$ (b) $\lim_{w \to 1} \dfrac{2^w - 2}{w - 1}$

> 問題 **59** と **60** では，次の積分を求め，その答えが正しいことを微分して確かめよ．

59. $\displaystyle\int \left[\dfrac{2}{x} + 3e^x\right] dx$ **60.** $\displaystyle\int \left[\dfrac{1}{2t} - \sqrt{2}\,e^t\right] dt$

> 問題 **61** と **62** では，指定された置換を行って，次の不定積分を求めよ．

61. (a) $\displaystyle\int \dfrac{dx}{x \ln x};\quad u = \ln x$ (b) $\displaystyle\int e^{-5x} dx;\quad u = -5x$

62. (a) $\displaystyle\int \dfrac{\sin 3\theta}{1 + \cos 3\theta} d\theta;\quad u = 1 + \cos 3\theta$

(b) $\displaystyle\int \dfrac{e^x}{1 + e^x} dx;\quad u = 1 + e^x$

> 問題 **63–72** では，適当な置換を行って，次の不定積分を求めよ．

63. $\displaystyle\int e^{2x} dx$ **64.** $\displaystyle\int \dfrac{dx}{2x}$

65. $\displaystyle\int e^{\sin x} \cos x\, dx$ **66.** $\displaystyle\int x^3 e^{x^4} dx$

67. $\displaystyle\int x^2 e^{-2x^3} dx$ **68.** $\displaystyle\int \dfrac{e^x + e^{-x}}{e^x - e^{-x}} dx$

69. $\displaystyle\int \dfrac{dx}{e^x}$ **70.** $\displaystyle\int \sqrt{e^x}\, dx$

71. $\displaystyle\int \dfrac{e^{\sqrt{y+1}}}{\sqrt{y+1}} dy$ **72.** $\displaystyle\int \dfrac{dy}{\sqrt{y}\, e^{\sqrt{y}}}$

> 問題 **73-76** では，必要ならばまず被積分関数の式の形を変形してから，適当な置換を行って，次の不定積分を求めよ．

73. $\displaystyle\int \dfrac{t+1}{t} dt$ **74.** $\displaystyle\int e^{2\ln x} dx$

75. $\displaystyle\int \left[\ln(e^x) + \ln(e^{-x})\right] dx$ **76.** $\displaystyle\int \cot x\, dx$

> 問題 **77** と **78** では，微積分学の基本定理 その 1(定理 5.6.1) を用いて，次の定積分を求めよ．

77. $\displaystyle\int_{\ln 2}^{3} 5e^x dx$ **78.** $\displaystyle\int_{1/2}^{1} \dfrac{1}{2x} dx$

79. 指定された置換を行って，次の定積分の値を求めよ．

(a) $\displaystyle\int_0^1 e^{2x-1} dx;\quad u = 2x - 1$

(b) $\displaystyle\int_e^{e^2} \dfrac{\ln x}{x} dx;\quad u = \ln x$

80. 指定された置換を行ってから，幾何のある公式を適用して，次の定積分の値を求めよ．

$$\int_{e^{-6}}^{e^6} \dfrac{\sqrt{36 - (\ln x)^2}}{x} dx;\quad u = \ln x$$

> 問題 **81** と **82** では，定積分の値を次の 2 通りの方法で求めよ．まず定積分における置換積分法で，次に対応する不定積分における置換積分法で求めよ．

81. $\displaystyle\int_{-\ln 3}^{\ln 3} \dfrac{e^x}{e^x + 4} dx$ **82.** $\displaystyle\int_0^{\ln 5} e^x (3 - 4e^x) dx$

> 問題 **83–86** では，任意の手法を用いて，次の定積分の値を求めよ．

83. $\displaystyle\int_0^e \dfrac{dx}{x + e}$ **84.** $\displaystyle\int_1^{\sqrt{2}} x e^{-x^2} dx$

85. $\displaystyle\int_0^{\ln 2} e^{-3x} dx$ **86.** $\displaystyle\int_{-1}^{1} |e^x - 1| dx$

87. (a) 関数 $f(x) = e^x/2$ の積分曲線のグラフをいくつか描け．

(b) 点 $(0, 1)$ を通るような積分曲線の方程式を求めよ．

88. ~ グラフィックユーティリティを使って，区間 $(-5, 5)$ 上の関数 $f(x) = x/(x^2 + 1)$ の典型的な積分曲線をいくつか描け．

89. 次の初期値問題を解け．

(a) $\dfrac{dy}{dt} = 2e^{-t},\quad y(1) = 3 - \dfrac{2}{e}$

(b) $\dfrac{dy}{dt} = \dfrac{1}{t},\quad y(-1) = 5$

7.4 対数および指数関数のグラフと応用

この節では，第 4 章で展開した手法を応用して，対数あるいは指数関数に関する関数のグラフを描く．また，対数あるいは指数関数が現れるいくつかの状況における微分と積分の応用についてみてみよう．

....
e^x と $\ln x$ のいくつかの性質

7.2 節では，コンピュータを用いて $y = e^x$ と $y = \ln x$ のグラフを描いた（図 7.2.4）．参照のため，これらのグラフを図 7.4.1 に示す．$f(x) = e^x$ と $g(x) = \ln x$ とは逆関数の関係に

あるから，これらのグラフは直線 $y=x$ に関して互いに折り返しの関係にある．グラフをみると，e^x と $\ln x$ は表 7.4.1 に挙げられた性質をもっていることがわかる．

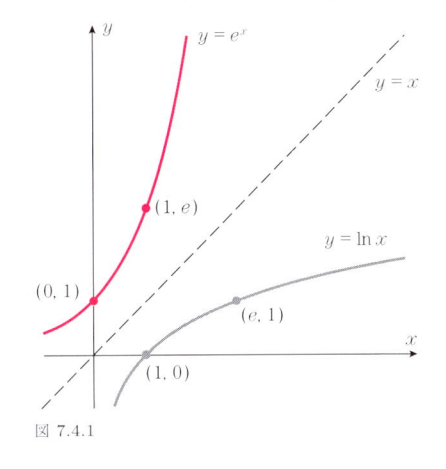

図 7.4.1

表 7.4.1

e^x の性質	$\ln x$ の性質
すべての x に対して $e^x > 0$	$x > 1$ のとき $\ln x > 0$ $0 < x < 1$ のとき $\ln x < 0$ $x = 1$ のとき $\ln x = 0$
$(-\infty, +\infty)$ 上で e^x は増加	$(0, +\infty)$ 上で $\ln x$ は増加
$(-\infty, +\infty)$ 上で e^x は下に凸	$(0, +\infty)$ 上で $\ln x$ は上に凸

2 階までの導関数を調べると，$y = e^x$ が増加関数であり，そのグラフが下に凸であることを確かめることができる．$(-\infty, +\infty)$ 上のすべての x に対して，

$$\frac{d}{dx}[e^x] = e^x > 0 \quad \text{かつ} \quad \frac{d^2}{dx^2}[e^x] = \frac{d}{dx}[e^x] = e^x > 0$$

である．最初の不等式は e^x が $(-\infty, +\infty)$ 上で増加していることを示している．また，第 2 の不等式は e^x のグラフが $(-\infty, +\infty)$ 上で，下に凸であることを示している．

同様に $(0, +\infty)$ 上のすべての x に対して，

$$\frac{d}{dx}[\ln x] = \frac{1}{x} > 0 \quad \text{かつ} \quad \frac{d^2}{dx^2}[\ln x] = \frac{d}{dx}\left[\frac{1}{x}\right] = -\frac{1}{x^2} < 0$$

である．この最初の不等式は $\ln x$ が $(0, +\infty)$ 上で増加していることを示している．また，第 2 の不等式は $\ln x$ のグラフが $(0, +\infty)$ 上で，上に凸であることを示している．

指数および対数関数のグラフを描く

例 1 $y = e^{-x^2/2}$ のグラフの概形を描き，さらにすべての極値と変曲点の正確な位置を求めよ．

解 図 7.4.2 に表示画面 $[-3, 3] \times [-1, 2]$ の範囲で電卓によって描いた $y = e^{-x^2/2}$ のグラフを示す．この図をみると，グラフは y 軸に関して対称であり，$x = 0$ において極大値，水平漸近線 $y = 0$ と，2 つの変曲点をもつことが示唆される．以下の解析により，これらの正確な位置を決めよう．

$[-3, 3] \times [-1, 2]$
$x\mathrm{Scl} = 1, y\mathrm{Scl} = 1$

図 7.4.2

- **対称性**：x を $-x$ に変えても式は不変であるから，グラフは y 軸に関して対称である．
- **x 切片**：$y = 0$ とおくと，方程式 $e^{-x^2/2} = 0$ を得る．e のベキが正の値であることより，これは解をもたない．したがって，x 切片はない．
- **y 切片**：$x = 0$ とおくと，y 切片は $y = 1$ が得られる．
- **垂直漸近線**：$e^{-x^2/2}$ は $(-\infty, +\infty)$ 全体で定義され連続なので垂直漸近線はない．
- **水平漸近線**：$x \to -\infty$ または $x \to +\infty$ のとき $-x^2/2 \to -\infty$ となるので，7.2 節の公式 (12) より，

$$\lim_{x \to -\infty} e^{-x^2/2} = \lim_{x \to +\infty} e^{-x^2/2} = 0$$

である．したがって，$e^{-x^2/2}$ は $x \to -\infty$ または $x \to +\infty$ において，水平漸近線 $y = 0$ をもつ．

- 導関数：

$$\frac{dy}{dx} = e^{-x^2/2} \frac{d}{dx}\left[-\frac{x^2}{2}\right] = -xe^{-x^2/2}$$

$$\frac{d^2y}{dx^2} = -x\frac{d}{dx}\left[e^{-x^2/2}\right] + e^{-x^2/2}\frac{d}{dx}[-x]$$
$$= x^2 e^{-x^2/2} - e^{-x^2/2} = (x^2-1)e^{-x^2/2}$$

- 増加区間と減少区間および極値：すべての x に対して $e^{-x^2/2} > 0$ であるから，$dy/dx = -xe^{-x^2/2}$ は $-x$ と同符号である．

```
          0
+++++++++0---------   dy/dx の符号
  増加  停留点  減少        y
```

このことは $x = 0$ において極大値 $e^0 = 1$ をとることを示している．

- 凹凸：すべての x に対して $e^{-x^2/2} > 0$ であるから，$d^2y/dx^2 = (x^2-1)e^{-x^2/2}$ は $x^2 - 1$ と同符号である．

```
        -1        1
++++++++0--------0++++++++   d²y/dx² の符号
 下に凸 変曲点 上に凸 変曲点 下に凸      y
```

したがって，$x = 1$ と $x = -1$ に変曲点が現れる．これらの変曲点は $(-1, e^{-1/2}) \approx (-1, 0.61)$ と $(1, e^{-1/2}) \approx (1, 0.61)$ である．

上のような分析により，計算機で描かれた図 7.4.2 のグラフが，曲線 $y = e^{-x^2/2}$ の重要な特徴をすべて表していることがわかる．　◀

例 2 $y = (\ln x)/x$ のグラフの概形を描き，さらにすべての極値と変曲点の正確な位置を求めよ．

解 $(\ln x)/x$ の定義域は $(0, +\infty)$ であるから，グラフはすべて y 軸の右側にあることに注意しよう．図 7.4.3 はグラフィックユーティリティによって描いた $y = (\ln x)/x$ のグラフである．この図をみると，グラフは，1 つの極大値，水平漸近線 $y = 0$，垂直漸近線 $x = 0$ と，1 つの変曲点をもつことがわかる．以下の解析により，これらの正確な位置を決めよう．

- 対称性：なし．
- x 切片：$y = 0$ とおくと，方程式 $y = (\ln x)/x = 0$ を得る．この方程式の唯一つの解は，$\ln x = 0$ すなわち $x = 1$ である．
- y 切片：$\ln x$ は $x = 0$ では定義されていないので，y 切片はない．
- 垂直漸近線：

$$\lim_{x \to 0^+} \frac{1}{x} = +\infty \quad \text{かつ} \quad \lim_{x \to 0^+} \ln x = -\infty$$

である．したがって，

$$y = \frac{\ln x}{x} = \frac{1}{x}(\ln x)$$

の値は $x \to 0^+$ のとき限界なしに減少するから，

$$\lim_{x \to 0^+} \frac{\ln x}{x} = -\infty$$

であり，グラフは垂直漸近線 $x = 0$ をもつ．

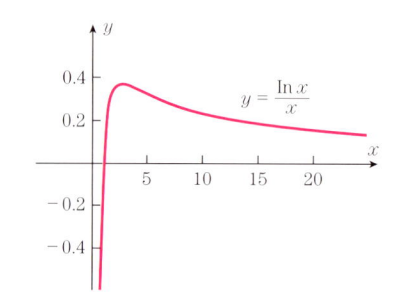

図 7.4.3

・**水平漸近線**：$x > 1$ のとき $(\ln x)/x > 0$ であることに注意しよう．あとの項で，x が十分大きいとき $(\ln x)/x$ が減少関数であることが示される．したがって，$y = (\ln x)/x$ は十分大きな x に対して減少となる．7.7 節で展開する方法を用いると，
$$\lim_{x \to +\infty} \frac{\ln x}{x} = 0$$
が得られる．よって，$(\ln x)/x$ は $x \to +\infty$ のとき $y = 0$ に漸近する．

・**導関数**：
$$\frac{dy}{dx} = \frac{x(1/x) - (\ln x)(1)}{x^2} = \frac{1 - \ln x}{x^2}$$
$$\frac{d^2y}{dx^2} = \frac{x^2(-1/x) - (1 - \ln x)(2x)}{x^4} = \frac{2x \ln x - 3x}{x^4} = \frac{2 \ln x - 3}{x^3}$$

・**増加区間と減少区間および極値**：すべての $x > 0$ に対して $x^2 > 0$ であるから，
$$\frac{dy}{dx} = \frac{1 - \ln x}{x^2}$$
は $1 - \ln x$ と同符号である．しかし，$\ln x$ は $\ln e = 1$ となる増加関数であるから，$1 - \ln x$ は $x < e$ において正，$x > e$ において負となる．このことを次の図式に要約しよう．

```
0              e              x
+∞ + + + + + + 0 − − − − − −   dy/dx の符号
   増加    停留点   減少        y
```

これは $x = e$ において極大値 $(\ln e)/e = 1/e \approx 0.37$ をとることを表している．

・**凹凸**：すべての $x > 0$ に対して $x^3 > 0$ であるから，
$$\frac{d^2y}{dx^2} = \frac{2 \ln x - 3}{x^3}$$
は $2 \ln x - 3$ と同符号である．さて，$x = \frac{3}{2}$ つまり $x = e^{3/2}$ のとき $2 \ln x - 3 = 0$ である．上と同様に，$\ln x$ は増加関数であるから，$2 \ln x - 3$ は $x < e^{3/2}$ において負，$x > e^{3/2}$ において正である．このことを次の図式に要約しよう．

```
0              e^{3/2}         x
−∞ − − − − − − 0 + + + + + +   d²y/dx² の符号
   上に凸    変曲点  下に凸      y
```

したがって，変曲点は $(e^{3/2}, \frac{3}{2}e^{3/2}) \approx (4.48, 0.33)$ に現れる．

図 7.4.4 は前のグラフに極大値と変曲点を描き加えたものである． ◀

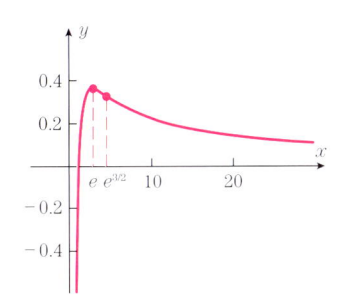

図 7.4.4

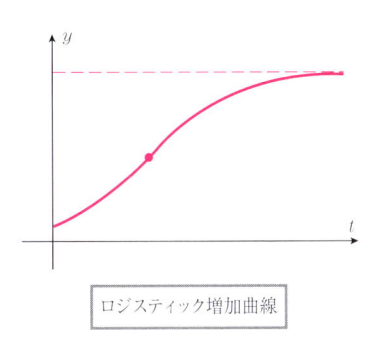

図 7.4.5 ロジスティック増加曲線

ロジスティック曲線

住空間と食糧が限定された環境において人口が増加するとき，時間的な人口の推移のグラフは典型的には 図 7.4.5 に示すような S 字型の曲線になる．この曲線によって描かれるシナリオは，人口は最初ゆっくりと増え始め，その後，子孫を残す個体の数の増加とともに急速に増えていく，というものである．しかし，ある時点（ここで変曲点になる）から，環境因子がその影響をみせて，増加率は定常的に低下し始める．長期にわたって人口は利用可能な場所と食糧が維持できるだけの個体数の上限を表す極限値に近づいていく．このタイプの人口増加曲線は**ロジスティック増加曲線** とよばれる．

例 3 あとの章において，ロジスティック増加曲線は
$$y = \frac{L}{1+Ae^{-kt}} \tag{1}$$
という形の方程式から得られることをみるだろう．ここで，y は時間 t ($t \geq 0$) における人口，A, k, L は正の定数である．図 7.4.6 がこの方程式のグラフを正確に描いていることを示せ．

解 時間 $t = 0$ における y の値が
$$y = \frac{L}{1+A}$$
であることと，$t \geq 0$ に対して，人口 y が
$$\frac{L}{1+A} \leq y < L$$
を満たすことを確かめるのは読者に任せよう．これは図 7.4.6 のグラフと比べて矛盾するところはない．$y = L$ における水平漸近線は，極限
$$\lim_{t \to +\infty} \frac{L}{1+Ae^{-kt}} = \frac{L}{1+0} = L$$
によって確かめられる．実際的には，L は人口の大きさの上限を表している．

増加区間または減少区間，凹凸，あるいは変曲点を調べるためには，y の t に関する 2 階までの導関数が必要となる．
$$\frac{dy}{dx} = \frac{k}{L}y(L-y) \tag{2}$$
$$\frac{d^2y}{dx^2} = \frac{k^2}{L^2}y(L-y)(L-2y) \tag{3}$$
となることを確かめよ．$k > 0, y > 0, L - y > 0$ であるから，式 (2) よりすべての t に対して $dy/dt > 0$ となる．よって，y は常に増加しており停留点はない．このことは図 7.4.6 と比べて矛盾するところはない．

$y > 0, L - y > 0$ であるから，式 (3) より
$$L - 2y > 0 \text{ のとき} \quad \frac{d^2y}{dx^2} > 0$$
$$L - 2y < 0 \text{ のとき} \quad \frac{d^2y}{dx^2} < 0$$
よって，y のグラフは $y < L/2$ のとき下に凸，$y > L/2$ のとき上に凸であり，$y = L/2$ に変曲点をもつ．これらのことはすべて図 7.4.6 と比べて矛盾するところはない．

最後に，変曲点が時間
$$t = \frac{1}{k}\ln A = \frac{\ln A}{k} \tag{4}$$
において現れることは方程式
$$\frac{L}{2} = \frac{L}{1+Ae^{-kt}}$$
を t について解くことで得られるが，これは演習問題としておく． ◀

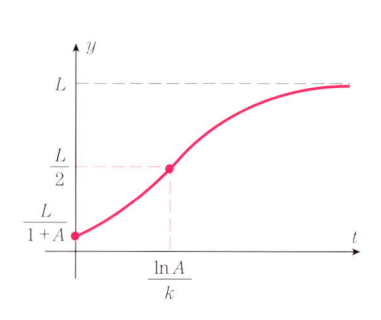

図 7.4.6

ニュートンの冷却の法則

例 4 コップ 1 杯のカ氏 40°（°F）のレモネードが，一定の温度（70°F）の室内に置かれている．**ニュートンの冷却の法則**とよばれる物理学の原理によれば，1 時間後のレモネードの温度が 52°F になるとすると，経過時間 t の関数としてレモネードの温度 T は方程式
$$T = 70 - 30e^{-0.5t}$$
によってモデル化される．ただし，T の単位はカ氏，t の単位は時間である．図 7.4.7 に示されたこの方程式のグラフは，レモネードの温度が徐々に室温に近づいていくというわれわれの日常経験に合っている．

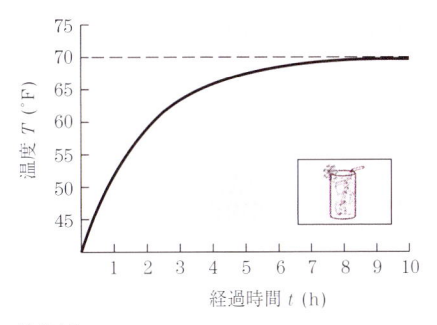

図 7.4.7

(a) 温度の増加率は経過時間とともにどうなっているか説明せよ．
(b) 上の (a) における読者の答えを導関数を使って確かめよ．
(c) 最初の 5 時間でのレモネードの平均温度 T_{ave} を求めよ．

解 (a)　時間に関する温度の変化率は曲線 $T = 70 - 30e^{-0.5t}$ の傾きである．t が増加するとこの曲線は水平漸近線に増加しながら近づくので，この曲線の傾きは減少して零に近づく．よって，増加率は減少しつつ，温度は上がっていく．

解 (b)　時間に関する温度の変化率は
$$\frac{dT}{dt} = \frac{d}{dt}[70 - 30e^{-0.5t}] = -30(-0.5e^{-0.5t}) = 15e^{-0.5t}$$
となる．t が増加するとこの導関数は減少することから，(a) における結論が確かめられた．

解 (c)　定義 5.7.5 より，時間区間 $[0,5]$ での T の平均値は
$$T_{\text{ave}} = \frac{1}{5}\int_0^5 (70 - 30e^{-0.5t})dt \tag{5}$$
である．この定積分を求めるために次の置換を行う．
$$u = -0.5t \quad \text{すなわち} \quad du = -0.5dt \ (\text{あるいは } dt = -2du)$$
この置換によって，
$$t = 0 \text{ のとき } u = 0$$
$$t = 5 \text{ のとき } u = (-0.5)5 = -2.5$$
を得る．よって，(5) は次のように表せる．
$$T_{\text{ave}} = \frac{1}{5}\int_0^{-2.5}(70 - 30e^u)(-2)du = -\frac{2}{5}\int_0^{-2.5}(70 - 30e^u)du$$
$$= -\frac{2}{5}[70u - 30e^u]_{u=0}^{-2.5} = -\frac{2}{5}[(-175 - 30e^{-2.5}) - (-30)]$$
$$= 58 + 12e^{-2.5} \approx 58.99°\text{F}$$
◀

演習問題 7.4　～ グラフィックユーティリティ　C CAS

問題 **1** と **2** では，与えられた導関数を用いて f の臨界値（すなわち $f'(x) = 0$ となる点）をすべて求めよ．また，求めた臨界値において極大になるか，極小になるか，またはどちらでもないかを決定せよ．

1. (a) $f'(x) = xe^{-x}$　　(b) $f'(x) = (e^x - 2)(e^x + 3)$

2. (a) $f'(x) = \ln\left(\dfrac{2}{1+x^2}\right)$

　　(b) $f'(x) = (1-x)\ln x, \quad x > 0$

問題 **3** と **4** では，グラフィックユーティリティを使って与えられた区間上での f の最大値，最小値を推定せよ．さらに，微分法を使ってその正確な値を求めよ．

3. $\sim f(x) = x^3 e^{-2x}$; $[1, 4]$ **4.** $\sim f(x) = \dfrac{\ln(2x)}{x}$; $[1, e]$

7.7 節において，
$$\lim_{x \to +\infty} \frac{e^x}{x} = +\infty, \quad \lim_{x \to +\infty} \frac{x}{e^x} = 0, \quad \lim_{x \to -\infty} xe^x = 0$$
などを確かめる手法が展開される．問題 **5–14** では，(a) 必要ならばこれらの結果を用いて，$x \to +\infty$ あるいは $x \to -\infty$ としたときの f の極限値を求めよ．(b) $f(x)$ のグラフを描いて，すべての極値，変曲点，ならびに漸近線を求めよ．結果はグラフィックユーティリティで確認せよ．

5. $\sim f(x) = xe^x$ **6.** $\sim f(x) = xe^{-2x}$

7. $\sim f(x) = x^2 e^{-2x}$ **8.** $\sim f(x) = x^2 e^{2x}$

9. $\sim f(x) = xe^{x^2}$ **10.** $\sim f(x) = e^{-1/x^2}$

11. $\sim f(x) = \dfrac{e^x}{x}$ **12.** $\sim f(x) = xe^{-x}$

13. $\sim f(x) = x^2 e^{1-x}$ **14.** $\sim f(x) = x^3 e^{x-1}$

7.7 節において，任意の正の実数 r に対して
$$\lim_{x \to +\infty} \frac{\ln x}{x^r} = 0, \quad \lim_{x \to +\infty} \frac{x^r}{\ln x} = +\infty, \quad \lim_{x \to 0^+} x^r \ln x = 0$$
であることを確かめる手法が展開される．問題 **15–20** では，(a) 必要ならばこれらの結果を用いて，$x \to +\infty$ もしくは $x \to 0^+$ としたときの f の極限値を求めよ．(b) $f(x)$ のグラフを描いて，すべての極値，変曲点，ならびに漸近線を求めよ．結果はグラフィックユーティリティで確かめよ．

15. $\sim f(x) = x \ln x$ **16.** $\sim f(x) = x^2 \ln x$

17. $\sim f(x) = \dfrac{\ln x}{x^2}$ **18.** $\sim f(x) = \dfrac{\ln x}{\sqrt{x}}$

19. $\sim f(x) = x^2 \ln(2x)$ **20.** $\sim f(x) = \ln(x^2 + 1)$

21. $\sim$ 曲線族 $y = xe^{-bx}$ $(b > 0)$ を考えよ．
  (a) グラフィックユーティリティを用いて，この曲線族のグラフのうちいくつかを描け．
  (b) b を変化させると，グラフの形状にどう影響するか吟味せよ．また，極値と変曲点の位置についても吟味せよ．

22. $\sim$ 曲線族 $y = xe^{-bx^2}$ $(b > 0)$ を考えよ．
  (a) グラフィックユーティリティを用いて，この曲線族のグラフのうちいくつかを描け．
  (b) b を変化させると，グラフの形状にどう影響するか吟味せよ．また，極値と変曲点の位置についても吟味せよ．

23. $\sim$ (a) 次の極限が存在するかどうか判定せよ．さらに，もし存在すれば，それらを求めよ．
$$\lim_{x \to +\infty} e^x \cos x, \quad \lim_{x \to -\infty} e^x \cos x$$

  (b) $y = e^x$, $y = -e^x$ と $y = e^x \cos x$ のグラフの概形を同じ座標平面上に描け．また，交点に印をつけよ．
  (c) グラフィックユーティリティを用いて，曲線族 $y = e^{ax} \cos bx$ $(a > 0, b > 0)$ のいくつかのグラフを描け．また，a と b を変化させると，グラフの形状にどう影響するか吟味せよ．

24. $y = e^{3x}$ のグラフ上の点で，その点での接線が原点を通るものを求めよ．

25. $\sim$ (a) $y = \dfrac{1}{2}x - \ln x$ のグラフの形を推測してその概形を描け．
  (b) グラフィックユーティリティを用いて，区間 $0 < x < 5$ でのグラフを描いて，読者の推測を確かめよ．
  (c) 点 $x = 1$ と $x = e$ での接線の傾きは異符号であることを示せ．
  (d) この曲線の水平な接線の存在について，(c) から何がわかるか．また，その理由を説明せよ．
  (e) この曲線のすべての水平な接線の（接点の）正確な x 座標を求めよ．

26. $\sim$ ある薬が注射されてから t 時間後の血流内の薬の濃度 $C(t)$ は通常
$$C(t) = \frac{K(e^{-bx} - e^{-ax})}{a - b}$$
という形の式によってモデル化される．ここで，$K > 0, a > b > 0$ である．
  (a) 薬の濃度はいつ最大となるか．
  (b) 簡単のため $K = 1$ とし，グラフィックユーティリティを用いて，いろいろな値の a, b に対して $C(t)$ のグラフを描いて，(a) の答えを確かめよ．

27. $\sim$ ある島の鹿の数が式
$$P(t) = \frac{95}{5 - 4e^{-t/4}}$$
によってモデル化されるとする．ここで，$P(t)$ は時間 $t = 0$ で観察を始めてから t 週間後の鹿の数である．
  (a) グラフィックユーティリティを用いて，関数 $P(t)$ のグラフを描け．
  (b) 時間とともに鹿の数がどうなるかを説明せよ．その結論を $\lim_{t \to +\infty} P(t)$ を求めて確かめよ．
  (c) 時間とともに鹿の数の増加率がどうなるかを説明せよ．その答えを $P'(t)$ のグラフを描いて確かめよ．

28. $\sim$ 池の中の好気性バクテリアの数が式
$$P(t) = \frac{60}{5 + 7e^{-t}}$$
によってモデル化されるとする．ここで，$P(t)$ は時間 $t = 0$ で観察を始めてから t 日後のバクテリアの数（単位は 10 億）である．
  (a) グラフィックユーティリティを用いて，関数 $P(t)$ のグラフを描け．
  (b) 時間とともにバクテリアの数がどうなるかを説明せよ．その結論を $\lim_{t \to +\infty} P(t)$ を求めて確かめよ．

(c) 時間とともにバクテリアの数の増加率がどうなるかを説明せよ．その答えを $P'(t)$ のグラフを描いて確かめよ．

29. ~ ある大学でのインフルエンザウイルスの蔓延（まんえん）が式
$$y(t) = \frac{1000}{1 + 999e^{-0.9t}}$$
によってモデル化されるとする．ただし，$y(t)$ は ($t=0$ から始めて) t 日後の感染した学生の数である．グラフィックユーティリティを用いて，ウイルスが最も急激に蔓延する日を求めよ．

30. ある培養基中のバクテリアの時間 t における数が $N = 5000(25 + te^{-t/20})$ で与えられるとする．
    (a) 時間区間 $0 \le t \le 100$ のとき培養基中のバクテリアの数の最大値と最小値を求めよ．
    (b) (a) における時間区間でバクテリアの増加が最も急になるのはいつか？

31. 人口 y が公式 (1) で与えられるロジスティックモデルに従って増加するとする．
    (a) 時間 $t=0$ での y の増加率はどれだけか？
    (b) y の増加率が時間とともにどう変化するか説明せよ．
    (c) 人口増加が最も急激になるのはいつか？

32. 例 3 のロジスティック増加曲線の変曲点は 公式 (4) によって与えられる時間 t で現れることを示せ．

33. 平衡化学反応の平衡定数 k は絶対温度 T とともに，
$$k = k_0 \exp\left(-\frac{q(T-T_0)}{2TT_0}\right)$$
という法則に従って変化する．ここで k_0, q, T_0 は定数である．T に関する k の変化率を求めよ．

34. 7.2 節において，音のうるささ (dB) は $\beta = 10\log(I/I_0)$ によって与えられたことを思い出そう．ここで，I は平方メートルごとのワット数 (W/m^2) で測られた音の強さであり，I_0 はほぼ人間の聴覚の閾値での音の強さを表す定数である．次の各値において，I に関する β の変化率を求めよ．
    (a) $I/I_0 = 10$ (b) $I/I_0 = 100$ (c) $I/I_0 = 1000$

35. ある粒子が曲線 $y = x\ln x$ に沿って運動している．時間に関する y の変化率が，x のそれの 3 倍になる点 x をすべて求めよ（dy/dx は決して零にならないとする）．

36. ~ $s(t) = t/e^t$ を，座標軸上を運動するある粒子の位置を表す関数とする．ただし，s の単位はメートル，t の単位は秒とする．グラフィックユーティリティを用いて，$t \ge 0$ のときの $s(t), v(t), a(t)$ のグラフを描け．また，必要ならそれらのグラフを利用せよ．
    (a) 適当なグラフを使って，この粒子が運動方向を反転させる時間を推定せよ．さらに，その時間を正確に求めよ．
    (b) 粒子が反転する正確な位置を求めよ．
    (c) 適当なグラフを使って，この粒子が加速する時間区間と減速する時間区間を推定せよ．さらに，その時間区間を正確に求めよ．

問題 37 と 38 では，次の区間上で曲線 $y = f(x)$ の下にある部分の面積を求めよ．

37. $f(x) = e^x$; $[1,3]$ 38. $f(x) = \dfrac{1}{x}$; $[1,5]$

問題 39 と 40 では，次のいくつかの曲線によって囲まれる領域の概形を描き，その部分の面積を求めよ．

39. $y = e^x$, $y = e^{2x}$, $x = 0$, $x = \ln 2$
40. $x = 1/y$, $x = 0$, $y = 1$, $y = e$

問題 41 と 42 では，次の曲線のグラフの概形を描き，そのグラフと x 軸上の与えられた区間のあいだにある部分の面積を求めよ．

41. $y = e^x - 1$; $[-1,1]$ 42. $y = \dfrac{x-1}{x}$; $[\frac{1}{2}, 2]$

問題 43–45 では，次の区間上での関数の平均値を求めよ．

43. $f(x) = 1/x$; $[1, e]$ 44. $f(x) = e^x$; $[-1, \ln 5]$
45. $f(x) = e^{-2x}$; $[0, 4]$

46. 区間 $[0, k]$ 上で $y = e^{2x}$ のグラフの下にある部分の面積が 3 になるような正の値 k を求めよ．

47. 時間 $t = 0$ において培養基中に 750 個のバクテリアが存在したとし，その後バクテリアの数 $y(t)$ は $y'(t) = 802.137e^{1.528t}$（バクテリア数／時間）の増加率で増えるとする．12 時間後にはバクテリア数はどれだけになるか．

48. t 年間使用したヨットの価格は $V(t) = 275,000e^{-0.17t}$ ドルになるとする．最初の 10 年間におけるこのヨットの平均価格はいくらか．

49. 座標軸上を運動する粒子の速度は $v(t) = 25 + 10e^{-0.05t}$ ft/s (ft: フィート) とする．
    (a) 時間 $t = 0$ から $t = 10$ までにこの粒子の動いた距離はどれだけか．
    (b) 上の時間区間において，$10e^{-0.05t}$ という項はこの粒子の移動した距離に大きな影響をもっているか．理由をつけて説明せよ．

50. ある粒子が x 軸上を速度 $v(t)$ m/s で運動している．次のそれぞれの時間区間において，この粒子の変位と動いた距離を求めよ．
    (a) $v(t) = e^t - 2$; $0 \le t \le 3$
    (b) $v(t) = \frac{1}{2} - 1/t$; $1 \le t \le 3$

51. C 最初原点にあり s 軸上を運動する粒子の速度関数を $v(t) = 0.5 - te^{-t}$ とする．
    (a) 時間に対する速度の曲線のグラフを描け．また，それを用いて時間区間 $0 \le t \le 5$ における粒子の変位の符号を予想せよ．
    (b) 数式処理システム (computer algebra system: CAS) を用いて，粒子の変位を求めよ．

52. C 最初原点にあり s 軸上を運動する粒子の速度関数を $v(t) = t\ln t + 0.1$ とする．
    (a) 時間に対する速度の曲線のグラフを描け．また，それ

を用いて時間区間 $0 \leq t \leq 5$ における粒子の変位の符号を予想せよ．

(b) CAS を用いて，粒子の変位を求めよ．

問題 **53** と **54** では，グラフィックユーティリティを用いて，次の曲線の交点の数を求めよ．また，（必要ならば）ニュートン法を使って，すべての交点の x 座標を近似値を求めよ．

53. $\simeq$ $y = 1$ と $y = e^x \cos x$; $[0 < x < \pi]$
54. $\simeq$ $y = e^{-x}$ と $y = \ln x$
55. ニュートン法を使って，関数 $f(x) = e^x/(1+x^2)$ のすべての変曲点の x 座標を小数第 2 位まで近似せよ．
56. $\simeq$ (a) $x \geq 0$ のとき，$e^x \geq 1 + x$ であることを示せ．
    (b) $x \geq 0$ のとき，$e^x \geq 1 + x + \frac{1}{2}x^2$ であることを示せ．
    (c) グラフィックユーティリティを用いて，上の (a) と (b) の不等式が正しいことを確かめよ．

問題 **57** と **58** では，与えられた曲線によって囲まれる領域を x 軸の周りに回転して生成される回転体の体積を求めよ．

57. $y = e^x$, $y = 0$, $x = 0$, $x = \ln 3$
58. $y = e^{-2x}$, $y = 0$, $x = 0$, $x = 1$

問題 **59** と **60** では，円柱殻を用いて，与えられた曲線によって囲まれる領域を y 軸の周りに回転して生成される回転体の体積を求めよ．

59. $y = \dfrac{1}{x^2+1}$, $x = 0$, $x = 1$, $y = 0$
60. $y = e^{x^2}$, $x = 1$, $x = \sqrt{3}$, $y = 0$

問題 **61** と **62** では，パラメータ表示された曲線の正確な弧長を，パラメータを消去しないで求めよ．

61. $x = e^t \cos t$, $y = e^t \sin t$ $(0 \leq t \leq \pi/2)$
62. $x = e^t(\sin t + \cos t)$, $y = e^t(\cos t - \sin t)$, $(1 \leq t \leq 4)$

問題 **63** と **64** では，与えられた区間上のグラフの正確な弧長を，根号をはずした簡単な形の積分として表せ．また，その積分を CAS を使って計算せよ．

63. C $y = \ln(\sec x)$; $[0, \pi/4]$
64. C $y = \ln(\sin x)$; $[\pi/4, \pi/2]$

問題 **65** と **66** では，CAS または数値積分可能な電卓を使って，与えられた曲線の指定された軸に関する回転体の表面積の近似値を求めよ．答えは四捨五入して小数第 2 位まで求めよ．

65. C $y = e^x$, $0 \leq x \leq 1$; x 軸
66. C $y = e^x$, $1 \leq y \leq e$; y 軸
67. C パラメータ表示された曲線 $x = e^t \cos t$, $y = e^t \sin t$, $0 \leq t \leq \pi/2$ を x 軸の周りに回転してできる回転体の表面積を CAS を使って求めよ．

7.5 積分の観点からみる対数関数

7.2 節においては，指数の観点から自然対数について議論した．すなわち，$y = \ln x$ は $e^y = x$ を意味するものとしてとらえた．この節では，$\ln x$ を，積分区間の上端を変数とする積分によっても表示できることを示す．数学的には，このような $\ln x$ の積分表示は，微分可能性や連続性といった性質を確かめるのに便利な形であるので重要である．しかし，考察している問題の積分解が，いつ自然対数によって表示できるかどうかを知る手段を与えるという点で応用上も重要である．

指数

この章では，これまで指数表示 b^x $(b > 0)$ のベキ指数を任意の実数にまで拡張するという，やや不確かな基礎のうえに議論を展開してきた．最初の手順は，整数乗を次のように定義することであった．

$$b^0 = 1,\ b^1 = b,\ b^2 = b \cdot b,\ b^3 = b \cdot b \cdot b, \ldots,\ b^{-1} = \frac{1}{b},\ b^{-2} = \frac{1}{b^2}, \ldots$$

有理数乗は，次のような整数乗に関する方程式の解として定義した．

$b^{p/q}$ は $x^q = b^p$ の（正の）解

例えば，$2^{3.1}$ は $x^{10} = 2^{31}$ の（正の）解である．無理数の有理数による近似を用いて，これを無理数乗に拡張できるということを主張した．例えば，2^π は次の数列の極限値として定義できる．

$$2^3,\ 2^{3.1},\ 2^{3.14},\ 2^{3.141},\ 2^{3.1415},\ 2^{3.14159}, \ldots$$

ただし，ベキ指数たちは π に収束する小数近似である．このとき，結果として得られた指数関数 $y = b^x$ は $(-\infty, +\infty)$ で連続であり，ベキ指数についてのよく知られた性質

$$b^0 = 1, \quad b^{-p} = \frac{1}{b^p}, \quad b^{p+q} = b^p b^q, \quad b^{p-q} = \frac{b^p}{b^q}, \quad (b^p)^q = b^{pq}$$

が成り立つことを主張した．さらに，$f(x) = b^x$ は（$b > 0, b \neq 1$ のとき）1 対 1 の関数であるから逆関数をもち，それを $\log_b x$ と名づけた．また，次の極限

$$\lim_{v \to +\infty} \left(1 + \frac{1}{v}\right)^v = e \qquad \text{および} \qquad \lim_{v \to -\infty} \left(1 + \frac{1}{v}\right)^v = e$$

が存在することを主張した．これらの極限を用いて e を定義し，指数関数と対数関数の導関数を求めることができた．すなわち

$$\frac{d}{dx}[b^x] = b^x \log_e b \qquad \text{および} \qquad \frac{d}{dx}[\log_b x] = \frac{1}{x \log_e b}$$

特に，$\ln x = \log_e x$ と定義すると，

$$\frac{d}{dx}[e^x] = e^x \qquad \text{および} \qquad \frac{d}{dx}[\ln x] = \frac{1}{x}$$

である．よって，$x > 0$ に対して

$$\int_1^x \frac{1}{t} dt = \ln t \Big]_1^x = \ln x - \ln 1 = \ln x \tag{1}$$

を得る．これにより，自然対数関数 $\ln x$ を，連続関数の定積分という正確な定義が与えられている表示に関係づけることができる．

$\ln x$ の正式な定義

対数関数と指数関数の厳密な取り扱いは，式 (1) を用いて $\ln x$ を定義し，$\ln x$ の逆関数として自然指数関数を定義することから出発する．そうすると，これらの定義が対数や指数についてよく知られている性質と比べて矛盾するところはないことの証明が課題となる．

> **7.5.1 定義** x の**自然対数**を $\ln x$ と表し，次で定義する．
> $$\ln x = \int_1^x \frac{1}{t} dt, \ x > 0 \tag{2}$$

幾何的には，$x > 1$ のときは，$\ln x$ は $t = 1$ から $t = x$ までの範囲で曲線 $y = 1/t$ の下にある部分の面積であり，$0 < x < 1$ のときは $t = x$ から $t = 1$ までの範囲で曲線 $y = 1/t$ の下にある部分の面積に負の符号をつけたものである（図 7.5.1）．$t > 0$ のときは，$1/t > 0$ なので，$\ln x$ は $(0, +\infty)$ 上で増加関数である．また，$x = 1$ のとき，(2) の積分区間の上端と下端が等しいので，$\ln x = 0$ である．

$$\ln x = \int_1^x \frac{1}{t} dt = A \qquad \qquad \ln x = \int_1^x \frac{1}{t} dt = -\int_x^1 \frac{1}{t} dt = -A$$

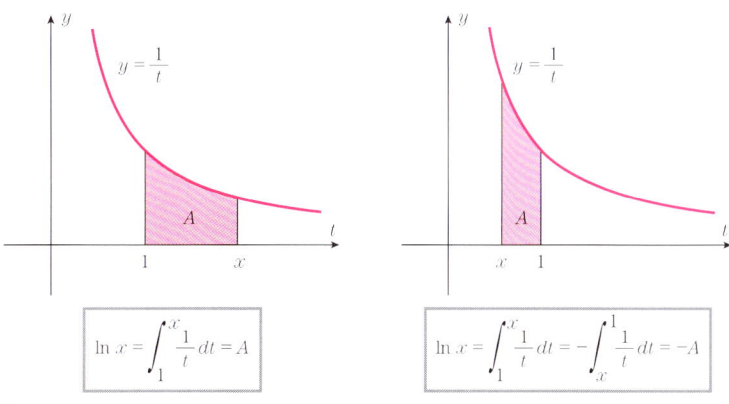

図 7.5.1

これらはすべて図 7.2.4 にあるコンピュータで生成された $y = \ln x$ のグラフと比べて矛盾するところはない.

> 読者へ　定理 5.5.8 を見直して，なぜ定義 7.5.1 で x が正であることが必要なのか説明せよ.

$\ln x$ の数値近似

特定の x の値に対して，式 (2) の定積分を近似することによって $\ln x$ の近似値が得られる. 定積分の近似は，例えば 5.4 節で検討した中点近似を用いて行う.

例 1　$n = 10$ として中点近似を用いて $\ln 2$ を近似せよ.

解　式 (2) より，$\ln 2$ の正確な値は積分

$$\ln 2 = \int_1^2 \frac{1}{t} dt$$

により表される. 中点近似は 5.4 節の公式 (8) と (9) で与えられる. 後者の公式を用いて表示すると，

$$\int_a^b f(t) dt \approx \Delta t \sum_{k=1}^n f(t_k^*)$$

ここで，Δt は部分区間の幅であり，$t_1^*, t_2^*, \ldots, t_n^*$ は各部分区間の中点である. いまの場合には，10 個の部分区間があるので，$\Delta t = (2-1)/10 = 0.1$ である. 小数第 6 位までの計算が表 7.5.1 に示されている. 比較のために，電卓によって小数第 6 位まで表示させると $\ln 2 \approx 0.693147$ となる. よって，中点近似による誤差の大きさは約 0.000311 である. 中点近似では n を増やしていけば精度が増していく. 例えば，$n = 100$ に対する中点近似から $\ln 2 \approx 0.693144$ が得られる. これは小数第 5 位まで正しい. ◀

$\ln x$ の性質

表 7.5.1

$n = 10$
$\Delta t = (b-a)/n = (2-1)/10 = 0.1$

k	t_k^*	$1/t_k^*$
1	1.05	0.952381
2	1.15	0.869565
3	1.25	0.800000
4	1.35	0.740741
5	1.45	0.689655
6	1.55	0.645161
7	1.65	0.606061
8	1.75	0.571429
9	1.85	0.540541
10	1.95	0.512821
		6.928355

$\Delta t \sum_{k=1}^n f(t_k^*) \approx (0.1)(6.928355)$
≈ 0.692836

定義 7.5.1 は $\ln x$ の近似値を計算するのに役立つだけではなく，自然対数の多くの基本的な性質を確かめるための鍵となる. 例えば，微積分学の基本定理 その 2（定理 5.6.3）より，

$$\frac{d}{dx}[\ln x] = \frac{1}{x} \quad (x > 0) \tag{3}$$

が得られる. 特に，自然対数関数は $(0, +\infty)$ 上で微分可能であり，したがって $\ln x$ は $(0, +\infty)$ 上で連続であることもわかる.

ここで定義された $\ln x$ が対数として期待される性質を満たすことを確かめるために，(3) を使うことができる.

> **7.5.2 定理**　任意の正の数 a, c と任意の有理数 r に対して，
> (a) $\ln ac = \ln a + \ln c$　　(b) $\ln \frac{1}{c} = -\ln c$
> (c) $\ln \frac{a}{c} = \ln a - \ln c$　　(d) $\ln a^r = r \ln a$
> が成り立つ.

証明 (a)　まず a を定数と思って，関数 $f(x) = \ln(ax)$ を考える. このとき，

$$f'(x) = \frac{1}{ax} \cdot \frac{d}{dx}(ax) = \frac{1}{ax} \cdot a = \frac{1}{x}$$

となる. したがって，$\ln ax$ と $\ln x$ の導関数は $(0, +\infty)$ で等しいので，この区間でこれらの関数は定数差だけ異なる. すなわち，ある定数 k が存在して，$(0, +\infty)$ 上

$$\ln ax - \ln x = k \tag{4}$$

となる．この等式に $x=1$ を代入すると，$\ln a = k$ となる（確かめよ）．よって，式 (4) は
$$\ln ax - \ln x = \ln a$$
と書くことができる．$x = c$ とおくと，
$$\ln ac - \ln c = \ln a \quad \text{つまり} \quad \ln ac = \ln a + \ln c$$
であることが証明できる．

証明 (b) および (c) (b) は (a) で a に $1/c$ を代入するとすぐにわかる（確かめよ）．したがって，
$$\ln \frac{a}{c} = \ln\left(a \cdot \frac{1}{c}\right) = \ln a + \ln \frac{1}{c} = \ln a - \ln c$$
である．

証明 (d)
$$\frac{d}{dx}[\ln x^r] = \frac{1}{x^r} \cdot \frac{d}{dx}[x^r] = \frac{1}{x^r} \cdot rx^{r-1} = \frac{r}{x}$$
および
$$\frac{d}{dx}[r \ln x] = r \cdot \frac{d}{dx}[\ln x] = \frac{r}{x}$$
なので，関数 $\ln x^r$ と関数 $r \ln x$ は $(0, +\infty)$ 上で導関数が等しい．したがって，ある定数 k が存在して
$$\ln x^r - r \ln x = k$$
となる．この等式に $x = 1$ を代入すると，$k = 0$ がわかる（確かめよ）．したがって，
$$\ln x^r - r \ln x = 0 \quad \text{つまり} \quad \ln x^r = r \ln x$$
であり，$x = a$ とおくと証明が完了する． ■

関数 $\ln x$ は区間 $(0, +\infty)$ で定義され，増加する．さて，任意の整数 N に対して，$x > 2^N$ であるならば，定理 7.5.2(d) より
$$\ln x > \ln 2^N = N \ln 2$$
となる．
$$\ln 2 = \int_1^2 \frac{1}{t} dt > 0$$
なので，N をうまく選ぶと $N \ln 2$ はいくらでも大きくできる．したがって，
$$\lim_{x \to +\infty} \ln x = +\infty$$
である．さらに，$x \to 0^+$ のとき $v = 1/x \to +\infty$ であるので，上の極限と定理 7.5.2(b) を用いて
$$\lim_{x \to 0^+} \ln x = \lim_{v \to +\infty} \ln \frac{1}{v} = \lim_{v \to +\infty} (-\ln v) = -\infty$$
と結論できる．これらの結果は次の定理にまとめられる．

7.5.3 定理
(a) $\ln x$ の定義域は $(0, +\infty)$ である．
(b) $\displaystyle\lim_{x \to 0^+} \ln x = -\infty$ および $\displaystyle\lim_{x \to +\infty} \ln x = +\infty$ である．
(c) $\ln x$ の値域は $(-\infty, +\infty)$ である．

---

e^x の定義

7.2 節では，さしあたり e をある極限値として定義したが，そのような極限の存在を証明するのに必要な数学的手段がなかったので厳密な議論ではなかった．ここで，数 e の正確な定義を与え，それが望まれていた極限値と一致することを確かめよう．

$\ln x$ は $(0, +\infty)$ 上で連続かつ増加関数であり，$(-\infty, +\infty)$ を値域とするので，方程式 $\ln x = 1$ に対してちょうど 1 つの（正の）解が存在する．e を $\ln x = 1$ の唯一の解として定

義する．したがって，
$$\ln e = 1 \tag{5}$$
である．

さらに，x が任意の実数のとき，$\ln y = x$ には一意的な解 y が存在する．そこで，無理数 x に対し e^x をこの解として定義する．すなわち，x が無理数のとき，e^x は
$$\ln e^x = x \tag{6}$$
によって定義される．定理 7.5.2(d) より，有理数の x に対しても $\ln e^x = x \ln e = x$ が成り立つことに注意しよう．さらに，任意の $x > 0$ に対して $e^{\ln x} = x$ であることがすぐにわかる．したがって，(6) によって，任意の実数 x に対する指数関数が自然対数関数の逆関数として定義される．

7.5.4 定義 自然対数関数 $\ln x$ の逆関数を e^x と表し，**自然指数関数** とよぶ．

さて，e^x が微分可能であり，
$$\frac{d}{dx}[e^x] = e^x$$
が成り立つことを確かめることができる．さらに，7.2 節の公式 (3)-(5) の極限を確かめることができる．

7.5.5 定理 自然指数関数 e^x は $(-\infty, +\infty)$ 上微分可能で，その導関数は
$$\frac{d}{dx}[e^x] = e^x$$
である．

証明 $\ln x$ は微分可能で，$(0, +\infty)$ のすべての x に対して
$$\frac{d}{dx}[\ln x] = \frac{1}{x} > 0$$
である．系 7.1.7 を $f(x) = \ln x$ と $f^{-1}(x) = e^x$ の場合に用いると，e^x は $(-\infty, +\infty)$ で微分可能で，導関数は
$$\frac{d}{dx}\underbrace{[e^x]}_{f^{-1}(x)} = \underbrace{\frac{1}{1/e^x}}_{f'(f^{-1}(x))} = e^x$$
である． ∎

7.5.6 定理
(a) $\displaystyle\lim_{x \to 0}(1+x)^{1/x} = e$ (b) $\displaystyle\lim_{x \to +\infty}\left(1 + \frac{1}{x}\right)^x = e$ (c) $\displaystyle\lim_{x \to -\infty}\left(1 + \frac{1}{x}\right)^x = e$

証明 (a) のみ証明する．(b) と (c) の証明は (a) から得られるので，演習問題として残しておく．まず，
$$\frac{d}{dx}[\ln(x+1)]\bigg|_{x=0} = \frac{1}{x+1} \cdot 1 \bigg|_{x=0} = 1$$
であるが，導関数の定義を用いて
$$\frac{d}{dx}[\ln(x+1)]\bigg|_{x=0} = \lim_{w \to 0} \frac{\ln(w+1) - \ln(0+1)}{w - 0}$$
$$= \lim_{w \to 0}\left[\frac{1}{w} \cdot \ln(w+1)\right] = \lim_{w \to 0}[\ln(w+1)^{1/w}]$$

を得る．したがって，
$$1 = \lim_{w \to 0}[\ln(w+1)^{1/w}], \quad \text{ゆえに} \quad e = e^{\left(\lim_{w \to 0}[\ln(w+1)^{1/w}]\right)}$$
である．e^x は $(-\infty, +\infty)$ 上で連続なので，極限記号を関数記号の中に入れることができる．もう一度 e^x と $\ln x$ が互いの逆関数であることを用いると，
$$e = \lim_{w \to 0} e^{\ln(w+1)^{1/w}} = \lim_{w \to 0}(w+1)^{1/w}$$
となり，(a) の極限値が得られた．∎

無理数のベキ指数

定理 7.5.2(d) より，$a > 0$ で r が有理数であるならば，$\ln a^r = r \ln a$ であることを思い出そう．すると，任意の正の数 a と任意の有理数 r に対して $a^r = e^{\ln a^r} = e^{r \ln a}$ となる．しかし，$e^{r \ln a}$ という表現は，r が有理数無理数にかかわらずどんな実数に対しても意味がある．したがって，それは任意の実数 r に対して a^r を意味づけるための候補となる．

> **7.5.7 定義** $a > 0$，r を実数とすると，a^r は
> $$a^r = e^{r \ln a} \tag{7}$$
> によって定義される．

この定義を用いて，ベキ指数に関する次の標準的な代数的性質
$$a^p a^q = a^{p+q}, \quad \frac{a^p}{a^q} = a^{p-q}, \quad (a^p)^q = a^{pq}, \quad (a^p)(b^p) = (ab)^p$$
が，任意の正の実数 a, b と実数 p, q に対して成り立つことが示される．さらに，定義 (7) を使うと，実数のベキ指数 r に対してベキ関数 x^r をすべての正の実数上で定義することができる．また，正の底 b に対して **b を底とする指数関数 b^x** をすべての実数上で定義することができる．

> **7.5.8 定理**
> (a) 任意の実数 r に対して，ベキ関数 x^r は $(0, +\infty)$ 上で微分可能であり，その導関数は
> $$\frac{d}{dx}[x^r] = rx^{r-1}$$
> である．
> (b) $b > 0$ かつ $b \neq 1$ に対して，b を底とする指数関数 b^x は $(-\infty, +\infty)$ 上微分可能で，その導関数は
> $$\frac{d}{dx}[b^x] = b^x \ln b$$
> である．

証明 $x^r = e^{r \ln x}$ と $b^x = e^{x \ln b}$ の微分可能性は，それぞれ $\ln x$ の $(0, +\infty)$ 上での微分可能性および e^x の $(-\infty, +\infty)$ 上での微分可能性からわかる．また，
$$\frac{d}{dx}[x^r] = \frac{d}{dx}[e^{r \ln x}] = e^{r \ln x} \cdot \frac{d}{dx}[r \ln x] = x^r \cdot \frac{r}{x} = rx^{r-1}$$
$$\frac{d}{dx}[b^x] = \frac{d}{dx}[e^{x \ln b}] = e^{x \ln b} \cdot \frac{d}{dx}[x \ln b] = b^x \ln b$$
である．∎

一般対数

$b > 0$ かつ $b \neq 1$ に対して，関数 b^x は1対1であり逆関数をもつことに注意しよう．b^x の定義を用いると，$y = b^x$ を y の関数として解くことができる．

$$y = b^x = e^{x\ln b}$$
$$\ln y = \ln(e^{x\ln b}) = x\ln b$$
$$\frac{\ln y}{\ln b} = x$$

すなわち，b^x の逆関数は $(\ln x)/(\ln b)$ である．

7.5.9 定義 $b > 0$ かつ $b \neq 1$ に対して，**b を底とする対数関数** は $\log_b x$ と表され，
$$\log_b x = \frac{\ln x}{\ln b} \tag{8}$$
と定義される．

この定義から，すぐに $\log_b x$ は b^x の逆関数であり，定理 7.2.2 の性質を満たすことが従う．さらに，$\log_b x$ は $(0, +\infty)$ で微分可能であり，その導関数は
$$\frac{d}{dx}[\log_b x] = \frac{1}{x\ln b}$$
である．最後に $\log_e x = \ln x$ であることから，これまでの定義と比べて矛盾するところはないことがわかる．

積分で定義される関数

本書でこれまでに扱った関数は**初等関数** とよばれる．初等関数は多項式，有理関数，ベキ関数，指数関数，対数関数，三角関数，およびそれらの関数の和，差，積，商，開ベキ，合成を繰り返して得られるものからなる．

しかし，初等関数には属さない重要な関数が多数存在する．そのような関数は多くの方法から生ずるが，通例，次の形の初期値問題を解く過程で現れる．
$$\frac{dy}{dx} = f(x), \quad y(x_0) = y_0 \tag{9}$$

5.2 節の例 7 とそれに先立つ議論から，初期値問題 (9) を解くための基本的な方法は $f(x)$ を積分し，初期条件を用いて積分定数を決定することであった．f が連続なら，(9) は唯一つの解をもち，この方法によってその解が得られることを示すことができる．しかし，もう 1 つの方法がある．初期値問題を個々に解く代わりに，(9) の解の一般的な公式を見つけて，その公式を個々の問題に適用するものである．ここで，

$$y(x) = y_0 + \int_{x_0}^{x} f(t)dt \tag{10}$$

が (9) の解の公式であることを示す．これを確かめるためには，$dy/dx = f(x)$ および $y(x_0) = y_0$ を示さなければならない．計算は次のとおりである．
$$\frac{dy}{dx} = \frac{d}{dx}\left[y_0 + \int_{x_0}^{x} f(t)dt\right] = 0 + f(x) = f(x)$$
$$y(x_0) = y_0 + \int_{x_0}^{x_0} f(t)dt = y_0 + 0 = y_0$$

例 2 5.2 節の例 7 で，初期値問題
$$\frac{dy}{dx} = \cos x, \quad y(0) = 1$$
の解が $y(x) = 1 + \sin x$ であることを示した．この初期値問題は $f(x) = \cos x$, $x_0 = 0$, $y_0 = 1$ に公式 (10) を適用しても解くことができる．そうすると，
$$y(x) = 1 + \int_0^x \cos t\,dt = 1 + [\sin t]_{t=0}^{x} = 1 + \sin x$$
が得られる． ◀

上の例では公式 (10) の積分を求めて初期値問題の解を初等関数として表示することができ

た．しかし，ときにはこれが不可能なこともあり，その場合は初期値問題の解は "関数表示ができない" 積分のままおいておくしかない．例えば，初期値問題

$$\frac{dy}{dx} = e^{-x^2}, \quad y(0) = 1$$

の解は，(10) より

$$y(x) = 1 + \int_0^x e^{-t^2} dt$$

である．しかし，この解の中の積分は決して初等関数としては表示できないことが示される．このようにして，積分によって定義されると考えるべき新しい関数に出会うのである．上の関数をほんの少し変形したものは，**誤差関数** という名で知られ，確率論や統計学で重要な役割を果たす．それは $\mathrm{erf}(x)$ と表され，

$$\mathrm{erf}(x) = \frac{2}{\sqrt{\pi}} \int_0^x e^{-t^2} dt \tag{11}$$

で定義される．実際，科学や工学で出てくる最も重要な関数の多くは積分によって定義され，それらはそれぞれ関連する特別な名前と記号をもっている．例えば，次式で定義される関数

$$S(x) = \int_0^x \sin\left(\frac{\pi t^2}{2}\right) dt \quad \text{と} \quad C(x) = \int_0^x \cos\left(\frac{\pi t^2}{2}\right) dt \tag{12-13}$$

は，フランスの物理学者フレネル (Augustin Fresnel, 1788〜1827) にちなんで，それぞれ**フレネルの正弦関数**，および**余弦関数** とよばれる．彼は光波の回折の研究においてはじめてこれらの関数に遭遇したのである．

積分で定義される関数の数値計算とグラフ

$S(1)$ と $C(1)$ についての以下の値は，定積分を近似するため CAS に組み込まれたアルゴリズムによって計算したものである．

$$S(1) = \int_0^1 \sin\left(\frac{\pi t^2}{2}\right) dt \approx 0.438259, \qquad C(1) = \int_0^1 \cos\left(\frac{\pi t^2}{2}\right) dt \approx 0.779893$$

コンピュータプログラムを使って，積分で定義された関数のグラフを描くには，定義域にある x のさまざまな値に対して積分の値を近似し，得られた点をプロットしていく．すなわち，おのおのの点をプロットしていくために積分の近似値が必要なので，そのようなグラフを描くには多くの計算量が必要となる．図 7.5.2 にあるフレネルの関数のグラフは CAS を使ってこのように描かれたものである．

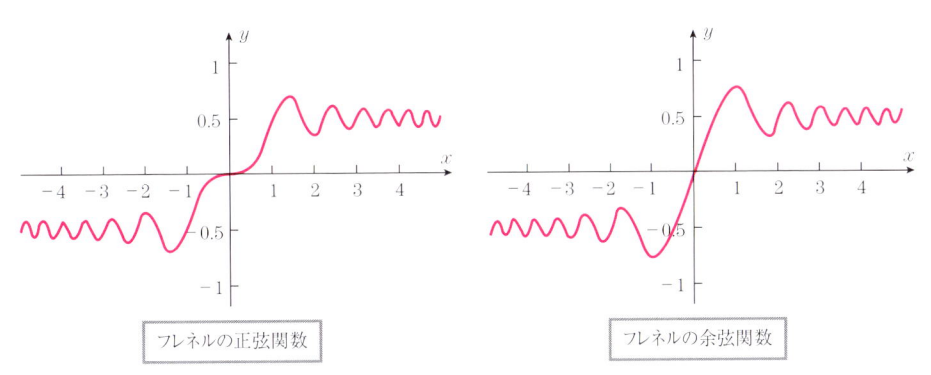

図 7.5.2　フレネルの正弦関数　　フレネルの余弦関数

注意　フレネルの関数のグラフを描くにはかなりの量の計算が必要だが，微積分学の基本定理 その2(定理 5.6.3) を使って $S(x)$ および $C(x)$ の導関数は容易に得られる．

$$S'(x) = \sin\left(\frac{\pi x^2}{2}\right) \quad \text{と} \quad C'(x) = \cos\left(\frac{\pi x^2}{2}\right) \tag{14-15}$$

これらの導関数は，$S(x)$ および $C(x)$ の極値や変曲点の位置を決定したり，その他の性質を調べたりするのに役に立つ．

積分区間が関数で与えられている積分

積分区間の下端と上端の一方，あるいは両方が x の関数であるような積分がさまざまな応用から導かれる．いくつかの例としては

$$\int_x^1 \sqrt{\sin t}\, dt, \quad \int_{x^2}^{\sin x} \sqrt{t^3+1}\, dt, \quad \int_{\ln x}^{\pi} \frac{dt}{t^7-8}$$

などである．

次の形の積分

$$\int_a^{g(x)} f(t)dt \tag{16}$$

の導関数を求める方法を示して，この節を終えることにする．ただし，a は定数である．積分区間の端点が関数であるような他の種類の積分の導関数は演習問題で扱うことにする．

式 (16) を微分するには，積分を関数の合成 $F(g(x))$ とみなせばよい．ここで，

$$F(x) = \int_a^x f(t)dt$$

である．微分の連鎖律を適用すると

$$\frac{d}{dx}\left[\int_a^{g(x)} f(t)dt\right] = \frac{d}{dx}[F(g(x))] = F'(g(x))g'(x) = f(g(x))g'(x)$$

を得る．したがって，

$$\frac{d}{dx}\left[\int_a^{g(x)} f(t)dt\right] = f(g(x))g'(x) \tag{17}$$

となる．

言葉で説明すると，次のようになる．

積分区間の下端を定数とし上端を関数とする積分の導関数を求めるためには，被積分関数の変数のところに上限の関数を代入し，それに上限の関数の導関数を掛ければよい．

例 3

$$\frac{d}{dx}\left[\int_1^{\sin x}(1-t^2)dt\right] = (1-\sin^2 x)\cos x = \cos^3 x \qquad \blacktriangleleft$$

歴史ノート

自然対数と積分の結びつきは 17 世紀の中ごろに，曲線 $y=1/t$ の下にある部分の面積を調べる過程で生じた．問題は図 7.5.3a の面積 $A_1, A_2, A_3, \ldots, A_n, \ldots$ が等しくなるような点 $t_1, t_2, t_3, \ldots, t_n, \ldots$ を求めよというものである．アイザック・ニュートン，ベルギー人のイ

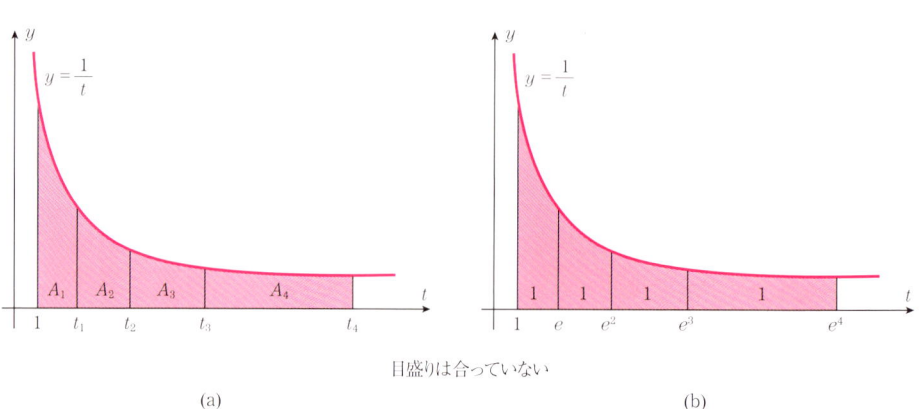

目盛りは合っていない

(a) (b)

図 7.5.3

エズス会士 Gregory of St.Vincent（1584-1667）および Gregory の学生である Alfons A. de Sarasa（1618-1667）たちの研究を組み合わることにより，点を

$$t_1 = e,\ t_2 = e^2,\ t_3 = e^3, \ldots,\ t_n = e^n, \ldots$$

ととると面積はすべて 1 になることが示された．つまり，現代的な積分の記号を用いて書くと

$$\int_1^{e^n} \frac{1}{t} = n$$

となり，これは

$$\int_1^{e^n} \frac{1}{t} = \ln(e^n)$$

とも書ける．積分の上端と右辺の対数の中身を比較して自然な飛躍をすると，次の一般的な結果

$$\int_1^x \frac{1}{t} dt = \ln x$$

を得る．今日では，これを自然対数関数の正式な定義として採用している．

演習問題 7.5 〜 グラフィックユーティリティ　C　CAS

1. 曲線 $y = 1/t$ を描き，その曲線の下にある領域で次の面積をもつ部分に影をつけよ．
   (a) $\ln 2$　　(b) $-\ln 0.5$　　(c) 2

2. 曲線 $y = 1/t$ を描き，その曲線の下にある 2 つの異なる領域でその面積がともに $\ln 1.5$ である部分に影をつけよ．

3. $\ln a = 2$ および $\ln c = 5$ として，次の定積分を求めよ．
   (a) $\int_1^{ac} \frac{1}{t} dt$　　(b) $\int_1^{1/c} \frac{1}{t} dt$
   (c) $\int_1^{a/c} \frac{1}{t} dt$　　(d) $\int_1^{a^3} \frac{1}{t} dt$

4. $\ln a = 9$ として，次の定積分を求めよ．
   (a) $\int_1^{\sqrt{a}} \frac{1}{t} dt$　　(b) $\int_1^{2a} \frac{1}{t} dt$
   (c) $\int_1^{2/a} \frac{1}{t} dt$　　(d) $\int_2^{a} \frac{1}{t} dt$

5. $n = 10$ に関する中点近似を用いて $\ln 5$ を近似せよ．また，その答えと計算ユーティリティを使って求めた答えを比較して誤差を評価せよ．

6. $n = 20$ に関する中点近似を用いて $\ln 3$ を近似せよ．また，その答えと計算ユーティリティを使って求めた答えを比較して誤差を評価せよ．

7. 次の表示をより単純な形にせよ．また，その単純化がどの範囲の x について正しいかについても述べよ．
   (a) $e^{-\ln x}$　　(b) $e^{\ln x^2}$
   (c) $\ln(e^{-x^2})$　　(d) $\ln(1/e^x)$
   (e) $\exp(3\ln x)$　　(f) $\ln(xe^x)$
   (g) $\ln(e^{x-\sqrt[3]{x}})$　　(h) $e^{x-\ln x}$

8. (a) $f(x) = e^{-2x}$ とする．$f(\ln 3)$ の正確な値を，最も単純な形で求めよ．
   (b) $f(x) = e^x + 3e^{-x}$ とする．$f(\ln 2)$ の正確な値を，最も単純な形で求めよ．

問題 9 と 10 では，与えられた量を e のベキを用いて表せ．

9. (a) 3^π　　(b) $2^{\sqrt{2}}$

10. (a) π^{-x}　　(b) x^{2x},　$x > 0$

問題 11 と 12 では，定理 7.5.6 で得られた極限に適当な代入を行って，次の極限値を求めよ．

11. (a) $\lim_{x \to +\infty} \left(1 + \frac{1}{x}\right)^{2x}$　　(b) $\lim_{x \to 0} (1 + 2x)^{1/x}$

12. (a) $\lim_{x \to +\infty} \left(1 + \frac{1}{3x}\right)^x$　　(b) $\lim_{x \to 0} (1 + x)^{1/(3x)}$

問題 13 と 14 では，微積分学の基本定理その 2（定理 5.6.3）を用いて $g'(x)$ を求めよ．また，先に積分してから微分して，その答えが正しいことを確かめよ．

13. $g(x) = \int_1^x (t^2 - t) dt$　　14. $g(x) = \int_\pi^x (1 - \cos t) dt$

問題 15 と 16 では，公式 (17) を用いて導関数を求めよ．また，先に積分してから微分して，その答えが正しいことを確かめよ．

15. (a) $\dfrac{d}{dx}\displaystyle\int_1^{x^3}\dfrac{1}{t}dt$ (b) $\dfrac{d}{dx}\displaystyle\int_1^{\ln x}e^t dt$

16. (a) $\dfrac{d}{dx}\displaystyle\int_{-1}^{x^2}\sqrt{t+1}\,dt$ (b) $\dfrac{d}{dx}\displaystyle\int_\pi^{1/x}\sin t\,dt$

17. $F(x)=\displaystyle\int_0^x\dfrac{\cos t}{t^2+3}dt$ とする．次の値を求めよ．

   (a) $F(0)$ (b) $F'(0)$ (c) $F''(0)$

18. $F(x)=\displaystyle\int_2^x\sqrt{3t^2+1}\,dt$ とする．次の値を求めよ．

   (a) $F(2)$ (b) $F'(2)$ (c) $F''(2)$

19. C (a) 公式 (17) を用いて，次の導関数を求めよ．
$$\dfrac{d}{dx}\int_1^{x^2} t\sqrt{1+t}\,dt$$
   (b) CAS を使って，積分をして得られた関数を微分せよ．
   (c) 必要なら CAS の "simplification" コマンドを使って，(a) と (b) の答えが一致することを確かめよ．

20. 次の式を示せ．
   (a) $\dfrac{d}{dx}\left[\displaystyle\int_x^a f(t)dt\right]=-f(x)$
   (b) $\dfrac{d}{dx}\left[\displaystyle\int_{g(x)}^a f(t)dt\right]=-f(g(x))g'(x)$

問題 21 と 22 では，問題 20 の結果を用いて導関数を求めよ．

21. (a) $\dfrac{d}{dx}\displaystyle\int_x^1\sin(t^2)dt$ (b) $\dfrac{d}{dx}\displaystyle\int_{\tan x}^3\dfrac{t^2}{1+t^2}dt$

22. (a) $\dfrac{d}{dx}\displaystyle\int_x^0(t^2+1)^{40}dt$ (b) $\dfrac{d}{dx}\displaystyle\int_{1/x}^\pi\cos^3 t\,dt$

23. $\displaystyle\int_{3x}^{x^2}\dfrac{t-1}{t^2+1}dt=\int_{3x}^0\dfrac{t-1}{t^2+1}dt+\int_0^{x^2}\dfrac{t-1}{t^2+1}dt$
と書けることを用いて，
$$\dfrac{d}{dx}\left[\int_{3x}^{x^2}\dfrac{t-1}{t^2+1}dt\right]$$
を求めよ．

24. 問題 20(b) の結果および問題 23 と同様のアイデアを用いて，次の式を示せ．
$$\dfrac{d}{dx}\int_{h(x)}^{g(x)}f(t)dt=f(g(x))g'(x)-f(h(x))h'(x)$$

25. 問題 24 で得られた結果を用いて，次の導関数を求めよ．
   (a) $\dfrac{d}{dx}\displaystyle\int_{x^2}^{x^3}\sin^2 t\,dt$ (b) $\dfrac{d}{dx}\displaystyle\int_{-x}^x\dfrac{1}{1+t}dt$

26. 問題 24 を用いて $F'(x)$ を計算して，関数
$$F(x)=\int_x^{3x}\dfrac{1}{t}dt$$
が区間 $(0,+\infty)$ で定数であることを証明せよ．また，その定数の値を求めよ．

27. 図で示されるようなグラフをもつ f に対して，$F(x)=\displaystyle\int_0^x f(t)dt$ とする．

   (a) $F(0),\ F(3),\ F(5),\ F(7),\ F(10)$ を求めよ．
   (b) $[0,10]$ の部分区間で F が増加する区間と減少する区間を求めよ．
   (c) F はどこで最大値をとるか，またどこで最小値をとるか．
   (d) F のグラフを描け．

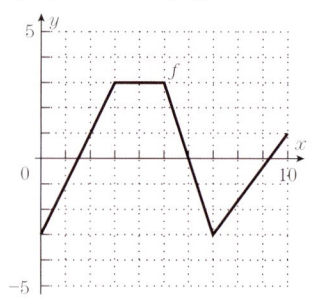

図 Ex-27

28. 問題 27 の (a) で求めた値を適宜使って，区間 $[0,10]$ での f の平均値を求めよ．

問題 29 と 30 では，$F(x)$ を，積分を含まないように区分的に表示せよ．

29. $F(x)=\displaystyle\int_{-1}^x|t|dt$

30. $F(x)=\displaystyle\int_0^x f(t)dt$，ただし $f(x)=\begin{cases}x,&0\le x\le 2\\2,&x>2\end{cases}$

問題 31–34 では，公式 (10) を用いて初期値問題を解け．

31. $\dfrac{dy}{dx}=\sqrt[3]{x};\ y(1)=2$ 32. $\dfrac{dy}{dx}=\dfrac{x+1}{\sqrt{x}};\ y(1)=0$

33. $\dfrac{dy}{dx}=\sec^2 x-\sin x;\ y(\pi/4)=1$

34. $\dfrac{dy}{dx}=xe^{x^2};\ y(0)=0$

35. 時間 $t=0$ において，X という病気に罹っている人が P_0 人いたとする．病気の蔓延（まんえん）に関するあるモデルでは，その病気は 1 日につき $r(t)$ 人の割合で広がっていくと予測されているとする．x 日後に病気 X に罹っている人の数を表す公式を書き表せ．

36. s 軸上を動いている粒子の速度を表す関数を $v(t)$ とする．粒子が時間 $t=1$ において s_1 にいたとするとき，時間 T における粒子の座標を表す公式を書き表せ．

37. 図は $y=f(x)$ と $y=\int_0^x f(t)dt$ のグラフを示している．I と II のグラフはそれぞれどちらかを答えよ．また，その理由を述べよ．

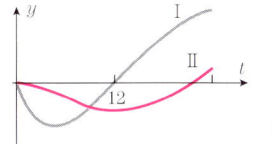

図 Ex-37

38. (a) 極限値
$$\lim_{k\to 0}\int_1^b t^{k-1}dt \quad (b>0)$$
を予想せよ．
(b) 積分を計算して極限を求めることにより，予想を確かめよ．[ヒント：この極限をある指数関数の導関数の定義であると解釈せよ．]

39. 図のようなグラフをもつ関数 f に対して，$F(x)=\int_0^x f(t)dt$ とする．
(a) F が極小値をとる点はどこか．
(b) F が極大値をとる点はどこか．
(c) F が区間 $[0,5]$ における最大値をとる点はどこか．
(d) F が区間 $[0,5]$ における最小値をとる点はどこか．
(e) F が上に凸になるのはどこか．また，下に凸になるのはどこか．
(f) F のグラフを描け．

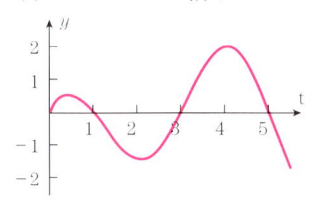

図 Ex-39

40. CAS のプログラムには，ほとんどの重要な非初等関数に対して有効に働くコマンドがある．誤差関数 erf(x) [公式 (11) 参照] に関する CAS の説明書を読んで，次の問に答えよ．
(a) erf(x) のグラフを描け．
(b) グラフを用いて erf(x) の極大値，極小値の存在と位置について予想せよ．
(c) erf(x) の導関数を用いて (b) の予想を確かめよ．
(d) グラフを用いて erf(x) の変曲点の存在と位置について予想せよ．
(e) erf(x) の 2 階導関数を用いて (d) の予想を確かめよ．
(f) グラフを用いて erf(x) の水平漸近線の存在について予想せよ．
(g) erf(x) の $x\to\pm\infty$ での極限を CAS で求めて (f) の予想を確かめよ．

41. フレネルの正弦関数 $S(x)$ と余弦関数 $C(x)$ の定義は公式 (12-13) で与えられ，グラフは図 7.5.2 で与えられている．導関数は公式 (14-15) で与えられている．
(a) $C(x)$ はどの点で極小値をとるか．また，どの点で極大値をとるか．
(b) $C(x)$ の変曲点はどこか．
(c) (a) と (b) で得られた答えが $C(x)$ のグラフと比べて矛盾するところはないことを確かめよ．

42. 次の極限を求めよ．
$$\lim_{h\to 0}\frac{1}{h}\int_x^{x+h}\ln t\,dt$$

43. 次の関係を満たすような関数 f と定数 a を求めよ．
$$2+\int_a^x f(t)\,dt=e^{3x}$$

44. (a) 次の不等式が成り立つことを図を用いて示せ．
$$\frac{1}{x+1}<\int_x^{x+1}\frac{1}{t}dt<\frac{1}{x},\quad x>0$$
(b) (a) の結果を使って次の不等式を証明せよ．
$$\frac{1}{x+1}<\ln\left(1+\frac{1}{x}\right)<\frac{1}{x},\quad x>0$$
(c) (b) の結果を使って次の不等式を証明せよ．
$$e^{x/(x+1)}<\left(1+\frac{1}{x}\right)^x<e,\quad x>0$$
したがって，次の式が成り立つことを証明せよ．
$$\lim_{x\to+\infty}\left(1+\frac{1}{x}\right)^x=e$$
(d) (c) の結果を使って次の不等式を証明せよ．
$$\left(1+\frac{1}{x}\right)^x<e<\left(1+\frac{1}{x}\right)^{x+1},\quad x>0$$

45. ～ グラフィックユーティリティを用いて，表示画面 $[0,100]\times[0,0.2]$ における
$$y=\left(1+\frac{1}{x}\right)^{x+1}-\left(1+\frac{1}{x}\right)^x$$
のグラフを描け．そのグラフと問題 44 の (d) を用いて，近似値
$$e\approx\left(1+\frac{1}{50}\right)^{50}$$
の誤差をおおまかに推定せよ．

46. 次の主張を証明せよ．f は開区間 I で連続であるとし，a を I に含まれる任意の点とする．このとき，
$$F(x)=\int_a^x f(t)\,dt$$
は I で連続である．

7.6 逆三角関数の導関数と積分

三角法における一般的な問題は，三角関数の値がわかっているときにその角度を求めることである．思い出すであろうが，この種の問題は **arcsin** x，**arccos** x，**arctan** x といった "円弧関数" の計算に関わっている．この節では，逆関数という観点からこういった問題を考察し，三角関数の導関数の公式を導くことを目標とする．また，逆三角関数を含むいくつかの関連した積分公式も導く．

逆三角関数

6つの基本的な三角関数は，すべて周期関数であることから水平線テストを満たさないので，いずれも 1 対 1 ではない．したがって，逆三角関数を定義するためには，まず三角関数の定義域を制限して 1 対 1 であるようにしなければならない．図 7.6.1 の上半分では，$\sin x, \cos x, \tan x, \sec x$ に対してこれらの制限がどのようになされるのかを示している（$\cot x$ と $\csc x$ の逆関数は，あまり重要ではないので演習問題に回す）．これらの制限された関数の逆関数をそれぞれ

$$\sin^{-1} x, \quad \cos^{-1} x, \quad \tan^{-1} x, \quad \sec^{-1} x$$

（または，$\arcsin x, \arccos x, \arctan x, \operatorname{arcsec} x$）と表し，次のように定義される．

7.6.1 定義 正弦関数の制限
$$\sin x, \quad -\pi/2 \leq x \leq \pi/2$$
の逆関数を **逆正弦関数** といい，$\sin^{-1}$ と表す．

7.6.2 定義 余弦関数の制限
$$\cos x, \quad 0 \leq x \leq \pi$$
の逆関数を **逆余弦関数** といい，$\cos^{-1}$ と表す．

7.6.3 定義 正接関数の制限
$$\tan x, \quad -\pi/2 \leq x \leq \pi/2$$
の逆関数を **逆正接関数** といい，$\tan^{-1}$ と表す．

7.6.4 定義 *正割関数の制限
$$\sec x, \quad 0 \leq x \leq \pi \text{ かつ } x \neq \pi/2$$
の逆関数を **逆正割関数** といい，$\sec^{-1}$ と表す．

注意 $\sin^{-1} x, \cos^{-1} x, \ldots$ の表記はもっぱら逆三角関数を表すために使われ，三角関数の逆数を表すために使われることはない．例えば，逆数 $1/\sin x$ をベキ乗の形で表すときには $(\sin x)^{-1}$ と書き，決して $\sin^{-1} x$ とは書かない．

図 7.6.1 の下半分に示されているように，逆三角関数のグラフは図 7.6.1 の上半分におけるグラフを直線 $y = x$ に関して折り返すことにより得られる．これらの関係を視覚化することが困難であれば，逆正弦関数に対するより詳しい説明図 7.6.2 をみよ．また，$y = x$ に関する

---
*$\sec^{-1} x$ の定義に関しては一般的な合意はない．$\sec x$ の定義域を $0 \leq x < \pi/2$ または $\pi \leq x < 3\pi/2$ に制限する方を好む数学者もおり，この本の以前の版でもその定義を使っていた．それぞれの定義にはメリットとデメリットがあるが，CAS の Mathematica, Maple, Derive で使われている慣行にあわせて現在の定義に変更した．

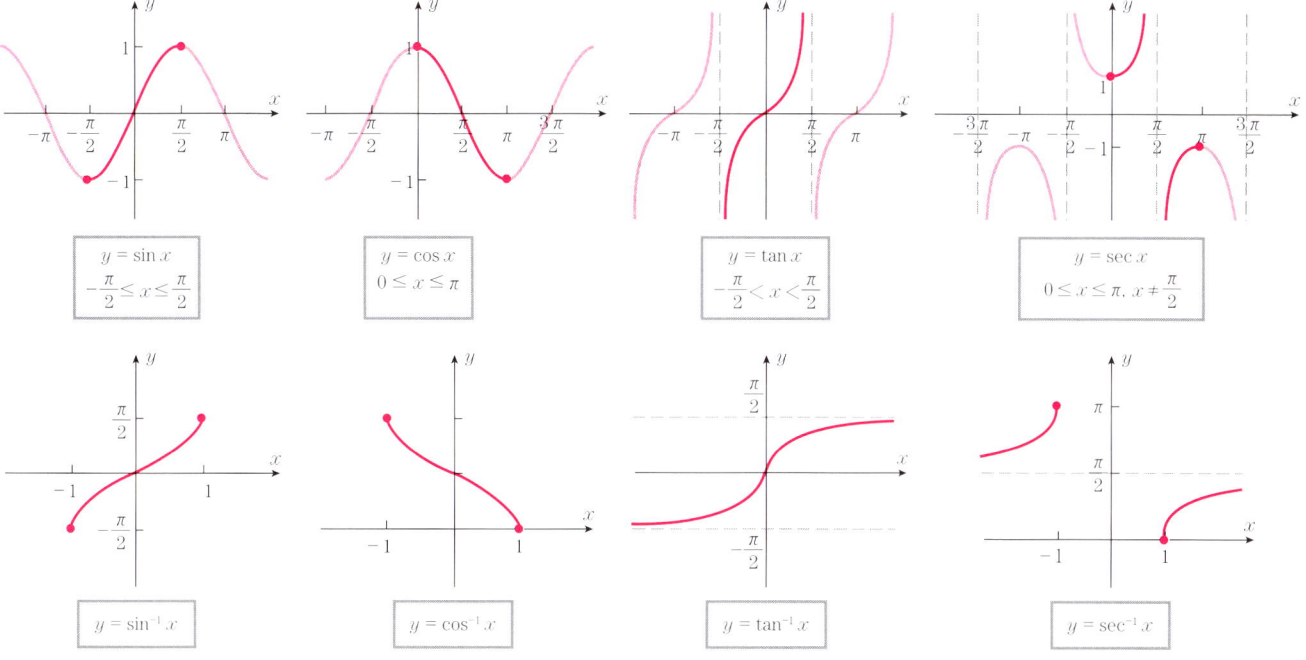

7.6 逆三角関数の導関数と積分

図 7.6.1 (上段: $y=\sin x$ $-\frac{\pi}{2}\le x\le \frac{\pi}{2}$, $y=\cos x$ $0\le x\le \pi$, $y=\tan x$ $-\frac{\pi}{2}<x<\frac{\pi}{2}$, $y=\sec x$ $0\le x\le \pi, x\ne \frac{\pi}{2}$; 下段: $y=\sin^{-1}x$, $y=\cos^{-1}x$, $y=\tan^{-1}x$, $y=\sec^{-1}x$)

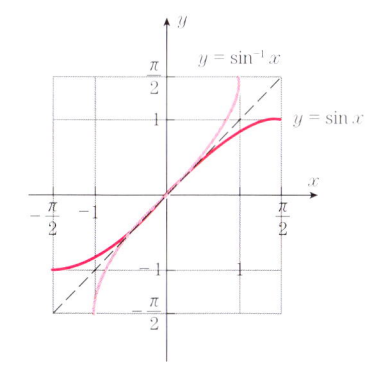

図 7.6.2

折り返しにより，垂直線は水平線に移りその逆もいえるということと，x 切片は y 切片に移りその逆もいえるということを記憶にとどめておくと役に立つだろう．

表 7.6.1 は，逆正弦関数，逆余弦関数，逆正接関数，逆正割関数の基本的な性質をまとめている．この表における定義域と値域が図 7.6.1 の下半分のグラフと比べて矛盾するところはないことを確かめよ．

表 **7.6.1**

関数	定義域	値域	基本的性質	
$\sin^{-1}$	$[-1,1]$	$[-\pi/2, \pi/2]$	$-\pi/2\le x\le \pi/2$ のとき $-1\le x\le 1$ のとき	$\sin^{-1}(\sin x)=x$ $\sin(\sin^{-1}x)=x$
$\cos^{-1}$	$[-1,1]$	$[0,\pi]$	$0\le x\le \pi$ のとき $-1\le x\le 1$ のとき	$\cos^{-1}(\cos x)=x$ $\cos(\cos^{-1}x)=x$
$\tan^{-1}$	$(-\infty, +\infty)$	$(-\pi/2, \pi/2)$	$-\pi/2<x<\pi/2$ のとき $-\infty<x<+\infty$ のとき	$\tan^{-1}(\tan x)=x$ $\tan(\tan^{-1}x)=x$
$\sec^{-1}$	$(-\infty,-1]\cup[1,+\infty)$	$[0,\pi/2)\cup(\pi/2,\pi]$	$0\le x\le \pi, x\ne \pi/2$ のとき $|x|\ge 1$ のとき	$\sec^{-1}(\sec x)=x$ $\sec(\sec^{-1}x)=x$

逆三角関数の数値計算

三角法における一般的な問題は，正弦の値がわかっているときにその角を求めることである．例えば，

$$\sin x = \tfrac{1}{2} \tag{1}$$

を満たす角 x をラジアンで求めたいとか，より一般に，区間 $-1\le y\le 1$ の与えられた値 y に対して，方程式

$$\sin x = y \tag{2}$$

を解きたいとする．$\sin x$ は周期的なので，このような方程式は無限個の解 x をもつ．しかし，この方程式の解を

$$x = \sin^{-1} y$$

とするならば，逆正弦関数の値域が区間 $[-\pi/2, \pi/2]$ であるから，この区間に属する特別な解を取り出すことになる．例えば，図 7.6.3 は方程式 (1) の 4 つの解 $-11\pi/6, -7\pi/6, \pi/6, 5\pi/6$ を示している．これらのうち，$\pi/6$ が区間 $[-\pi/2, \pi/2]$ に属する解である．したがって，
$$\sin^{-1}\left(\tfrac{1}{2}\right) = \pi/6 \tag{3}$$
である．

> 読者へ　計算ユーティリティの説明書を参照して，逆正弦，逆余弦，逆正接をどのように計算しているのか調べよ．さらに，
> $$\sin^{-1}(0.5) \approx 0.523598775598\ldots \approx \pi/6$$
> を示して，等式 (3) が数値的に正しいことを確かめよ．

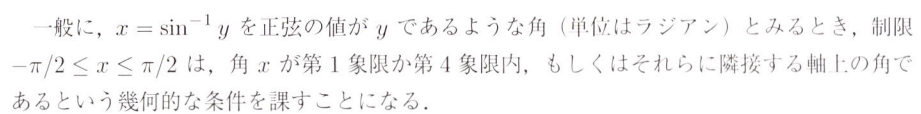

図 7.6.3

一般に，$x = \sin^{-1} y$ を正弦の値が y であるような角（単位はラジアン）とみるとき，制限 $-\pi/2 \leq x \leq \pi/2$ は，角 x が第 1 象限か第 4 象限内，もしくはそれらに隣接する軸上の角であるという幾何的な条件を課すことになる．

例 1　次の各式をよくみて，その正確な値を求めよ．さらに，計算ユーティリティを用いて結果の数値を確かめよ．

(a)　$\sin^{-1}\left(1/\sqrt{2}\right)$　　(b)　$\sin^{-1}(-1)$

解 (a)　$\sin^{-1}\left(1/\sqrt{2}\right) > 0$ より，$x = \sin^{-1}\left(1/\sqrt{2}\right)$ は第 1 象限の角で $\sin x = 1/\sqrt{2}$ を満たすものとみることができる．よって，$\sin^{-1}\left(1/\sqrt{2}\right) = \pi/4$ である．このことは，計算ユーティリティを使って $\sin^{-1}\left(1/\sqrt{2}\right) \approx 0.785 \approx \pi/4$ が示されるので正しいと確かめられる．

解 (b)　$\sin^{-1}(-1) < 0$ より，$x = \sin^{-1}(-1)$ は第 4 象限（もしくはそれに隣接する軸）における角で $\sin x = -1$ を満たすものとみることができる．よって，$\sin^{-1}(-1) = -\pi/2$ である．このことは，計算ユーティリティを使って $\sin^{-1}(-1) \approx -1.57 \approx -\pi/2$ が示されるので正しいと確かめられる．　◀

> 読者へ　$x = \cos^{-1} y$ を余弦の値が y である角（単位はラジアン）とみるとき，x はどの象限に属する角になりうるか．$x = \tan^{-1} y$ や $x = \sec^{-1} y$ に対しても，同様の問に答えよ．

> 読者へ　ほとんどの電卓には，逆正割を計算する直接の方法はない．そのようなときには，恒等式
> $$\sec^{-1} x = \cos^{-1}(1/x) \tag{4}$$
> が有効である（演習問題 **16**）．この公式を使って，
> $$\sec^{-1}(2.25) \approx 1.11 \quad \text{と} \quad \sec^{-1}(-2.25) \approx 2.03$$
> を示せ．（CAS のような）直接 $\sec^{-1} x$ が求められる計算ユーティリティをもっているならば，それを使ってこれらの値を確かめよ．

逆三角関数に関する恒等式

$\sin^{-1} x$ を正弦の値が x である角（単位はラジアン）とみて，もしその角が非負ならば，$\sin^{-1} x$ は斜辺の長さが 1 の直角三角形において長さが x の辺に対する角と幾何的に表すことができる（図 7.6.4a）．ピタゴラスの定理より，角 $\sin^{-1} x$ に隣接する辺の長さは $\sqrt{1-x^2}$ である．また，図 7.6.4a の第 3 の角は，その余弦が x（図 7.6.4a）であるから $\cos^{-1} x$ である．この三角形をみると，$-1 \leq x \leq 1$ の範囲で成り立つ，逆三角関数に関する有用な恒等式がいくつかあることがわかる．例えば，

$$\sin^{-1} x + \cos^{-1} x = \frac{\pi}{2} \tag{5}$$
$$\cos\left(\sin^{-1} x\right) = \sqrt{1-x^2} \tag{6}$$
$$\sin\left(\cos^{-1} x\right) = \sqrt{1-x^2} \tag{7}$$
$$\tan\left(\sin^{-1} x\right) = \frac{x}{\sqrt{1-x^2}} \tag{8}$$

である．

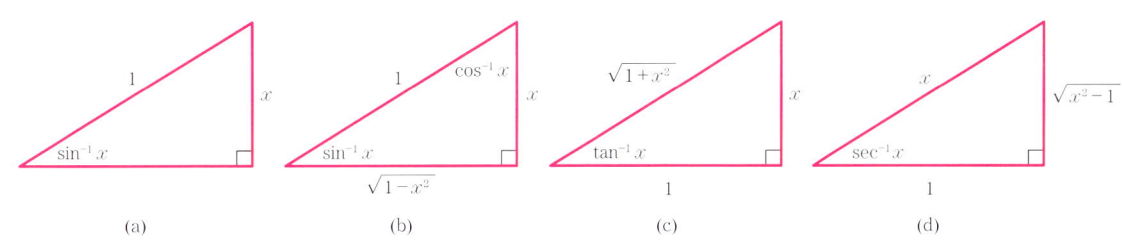

図 7.6.4

同様にして，$\tan^{-1} x$ や $\sec^{-1} x$ も図 7.6.4c や図 7.6.4d の直角三角形における角として表すことができる（確かめよ）．これらの三角形から，さらにいくつかの有用な恒等式が成り立つことがわかる．例えば，

$$\sec(\tan^{-1} x) = \sqrt{1 + x^2} \tag{9}$$

$$\sin(\sec^{-1} x) = \frac{\sqrt{x^2 - 1}}{x} \qquad (x \geq 1) \tag{10a}$$

注意 恒等式 (4) と (7) を用いて，$x \geq 1$ と $x \leq -1$ の範囲で次の恒等式が得られることを演習問題としておこう（演習問題 **82**）．

$$\sin(\sec^{-1} x) = \frac{\sqrt{x^2 - 1}}{|x|} \qquad (|x| \geq 1) \tag{10b}$$

注意 これらの恒等式を覚えても得られるものは何もない．重要なことは，これらを得るために用いられた手法を理解することである．

図 7.6.1 から逆正弦関数と逆正接関数は奇関数である，すなわち，

$$\sin^{-1}(-x) = -\sin^{-1}(x) \qquad \tan^{-1}(-x) = -\tan^{-1}(x) \tag{11-12}$$

であることをみよ．

例 2 図 7.6.5 は，コンピュータで描かれた $y = \sin^{-1}(\sin x)$ のグラフである．$\sin^{-1}(\sin x) = x$ なので，このグラフは直線 $y = x$ になるはずであると思われるが，なぜそうはなっていないのだろうか．

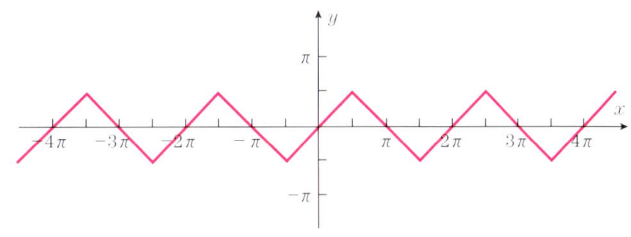

図 7.6.5

解 関係式 $\sin^{-1}(\sin x) = x$ は区間 $-\pi/2 \leq x \leq \pi/2$ 上で有効である．したがって，$y = \sin^{-1}(\sin x)$ のグラフと $y = x$ のグラフはこの区間において一致する，と確かにいうことができる（これは図 7.6.5 からも確かめられる）．しかし，この区間の外側では関係式 $\sin^{-1}(\sin x) = x$ は成り立たない．例えば，x が区間 $\pi/2 \leq x \leq 3\pi/2$ 内にあるならば，$x - \pi$ は区間 $-\pi/2 \leq x \leq \pi/2$ 内にあるので，

$$\sin^{-1}[\sin(x - \pi)] = x - \pi$$

が成り立つ．したがって，$\sin^{-1}$ が奇関数であるということと恒等式 $\sin(x - \pi) = -\sin x$ を用いると，$\sin^{-1}(\sin x)$ は

$$\sin^{-1}(\sin x) = \sin^{-1}[-\sin(x - \pi)] = -\sin^{-1}[\sin(x - \pi)] = -(x - \pi)$$

となることがわかる．このことから，区間 $\pi/2 \leq x \leq 3\pi/2$ 上では $y = \sin^{-1}(\sin x)$ のグラ

フは直線 $y = -(x - \pi)$ に一致することが示された.ここで,直線 $y = -(x - \pi)$ は傾きが -1 で $x = \pi$ において x 軸と交わる.これは,図 7.6.5 に一致する. ◀

逆三角関数の導関数

f が 1 対 1 関数でその導関数がわかっているとき,$f^{-1}(x)$ の導関数の式を得る基本的な方法は 2 通りあったことを思い出そう–方程式 $y = f^{-1}(x)$ を $x = f(y)$ と書き直し陰関数微分をする,あるいは,7.1 節の公式 (4) または (5) を適用する.ここでは,陰関数微分を用いて $y = \sin^{-1} x$ の導関数の式を導こう.この方程式を $x = \sin y$ と書き直し陰関数微分を行うと,次を得る.

$$\frac{d}{dx}[x] = \frac{d}{dx}[\sin y]$$
$$1 = \cos y \cdot \frac{dy}{dx}$$
$$\frac{dy}{dx} = \frac{1}{\cos y} = \frac{1}{\cos(\sin^{-1} x)}$$

これで,われわれは導関数を導くことに成功した.しかし,この導関数の式は,図 7.6.6 の三角形から得られる公式 (6) を適用して簡単にすることができる.これより,

$$\frac{dy}{dx} = \frac{1}{\sqrt{1-x^2}}$$

である.したがって,

$$\frac{d}{dx}[\sin^{-1} x] = \frac{1}{\sqrt{1-x^2}} \qquad (-1 < x < 1) \tag{13}$$

が示された.さらに,u を微分可能な x の関数とするとき,(13) と連鎖律により次の一般化された導関数の公式

$$\frac{d}{dx}[\sin^{-1} u] = \frac{1}{\sqrt{1-u^2}} \frac{du}{dx} \qquad (-1 < u < 1) \tag{14}$$

が得られる.また,この公式を導くために使われた手法を使って,他の逆三角関数の一般化された導関数の公式も導くことができる.これらの公式は

$$\frac{d}{dx}[\cos^{-1} u] = \frac{-1}{\sqrt{1-u^2}} \frac{du}{dx} \qquad (-1 < u < 1) \tag{15}$$

$$\frac{d}{dx}[\tan^{-1} u] = \frac{1}{1+u^2} \frac{du}{dx} \qquad (-\infty < u < +\infty) \tag{16}$$

$$\frac{d}{dx}[\sec^{-1} u] = \frac{1}{|u|\sqrt{u^2-1}} \frac{du}{dx} \qquad (1 < |u|) \tag{17}$$

となる.

逆三角関数の微分可能性

式 (13) の導関数を導くにあたって,$\sin^{-1} x$ が微分可能であることを仮定した.しかし,これは定理 7.1.6 を使って確かめることができる.実際,$f(x) = \sin x$,$f'(x) = \cos x$ とすると,定理 7.1.6 から関数 $f^{-1}(x) = \sin^{-1} x$ は $\cos(\sin^{-1}(x)) \neq 0$,いいかえると (6) から $\sqrt{1-x^2} \neq 0$ となる任意の x において微分可能である.したがって,$\sin^{-1} x$ は区間 $(-1, 1)$ において微分可能である.残りの逆三角関数の微分可能性についても同様にして導くことができる.

> **注意** $\sin^{-1} x$ は,定義域が $[-1, 1]$ であるにもかかわらず,区間 $(-1, 1)$ 上でのみ微分可能であるということに注目せよ.しかし,$\sin^{-1}$ が $x = \pm 1$ において微分可能ではないことは幾何的にわかる.$y = \sin x$ のグラフが $(\pi/2, 1)$ と $(-\pi/2, -1)$ において水平な接線をもち,これらは直線 $y = x$ について折り返されると $y = \sin^{-1} x$ に対する垂直な接線をもつ点になる,ということを単にみればよい.

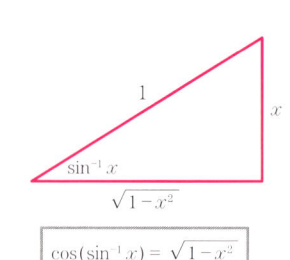

例 3 次の各式において，dy/dx を求めよ．

(a) $y = \sin^{-1}(x^3)$ 　　(b) $y = \sec^{-1}(e^x)$

解 (a) 公式 (14) から
$$\frac{dy}{dx} = \frac{1}{\sqrt{1-(x^3)^2}}(3x^2) = \frac{3x^2}{\sqrt{1-x^6}}$$

解 (b) 公式 (17) から
$$\frac{dy}{dx} = \frac{1}{e^x\sqrt{(e^x)^2-1}}(e^x) = \frac{1}{\sqrt{e^{2x}-1}} \quad◀$$

積分公式

微分公式 (14)-(17) から，有用な積分公式が得られる．それらのうちで最も一般に必要とされるものは以下のものである．

$$\int \frac{du}{\sqrt{1-u^2}} = \sin^{-1} u + C \tag{18}$$

$$\int \frac{du}{1+u^2} = \tan^{-1} u + C \tag{19}$$

$$\int \frac{du}{u\sqrt{u^2-1}} = \sec^{-1}|u| + C \tag{20}$$

読者へ 公式 (17) を用いて
$$\frac{d}{dx}\left(\sec^{-1}|u|\right) = \frac{1}{u\sqrt{u^2-1}}\frac{du}{dx} \quad (1 < |u|)$$
が成り立つことを確かめよ．(20) はこれから得られる．

例 4 不定積分 $\displaystyle\int \frac{dx}{1+3x^2}$ を求めよ．

解 置換 $u = \sqrt{3}\,x$, $du = \sqrt{3}\,dx$ により次を得る．
$$\int \frac{dx}{1+3x^2} = \frac{1}{\sqrt{3}}\int \frac{du}{1+u^2} = \frac{1}{\sqrt{3}}\tan^{-1} u + C = \frac{1}{\sqrt{3}}\tan^{-1}\left(\sqrt{3}\,x\right) + C \quad◀$$

例 5 不定積分 $\displaystyle\int \frac{e^x}{\sqrt{1-e^{2x}}}dx$ を求めよ．

解 置換 $u = e^x$, $du = e^x dx$ により次を得る．
$$\int \frac{e^x}{\sqrt{1-e^{2x}}}dx = \int \frac{du}{\sqrt{1-u^2}} = \sin^{-1} u + C = \sin^{-1}(e^x) + C \quad◀$$

例 6 $a \neq 0$ を定数とするとき，不定積分 $\displaystyle\int \frac{dx}{a^2+x^2}$ を求めよ．

解 簡単な代数と適切な u 置換により，式 (19) を用いることに帰着される．
$$\int \frac{dx}{a^2+x^2} = \frac{1}{a}\int \frac{dx/a}{1+(x/a)^2} = \frac{1}{a}\int \frac{du}{1+u^2} = \frac{1}{a}\tan^{-1} u + C = \frac{1}{a}\tan^{-1}\frac{x}{a} + C$$

$$u = x/a$$
$$du = dx/a$$

◀

例6の方法により，式(18), (19), (20)の一般化が次のように得られる．$a > 0$ に対して，

$$\int \frac{du}{\sqrt{a^2 - u^2}} = \sin^{-1} \frac{u}{a} + C \tag{21}$$

$$\int \frac{du}{a^2 + u^2} = \frac{1}{a} \tan^{-1} \frac{u}{a} + C \tag{22}$$

$$\int \frac{du}{u\sqrt{u^2 - a^2}} = \frac{1}{a} \sec^{-1} \left|\frac{u}{a}\right| + C \tag{23}$$

例 7 不定積分 $\int \frac{dx}{\sqrt{2 - x^2}}$ を求めよ．

解 $u = x$, $a = \sqrt{2}$ として (21) を適用すると，

$$\int \frac{dx}{\sqrt{2 - x^2}} = \sin^{-1} \frac{x}{\sqrt{2}} + C$$

である． ◀

演習問題 7.6　～ グラフィックユーティリティ　C CAS

1. 次の正確な値を求めよ．
   (a) $\sin^{-1}(-1)$ (b) $\cos^{-1}(-1)$
   (c) $\tan^{-1}(-1)$ (d) $\sec^{-1}(1)$

2. 次の正確な値を求めよ．
   (a) $\sin^{-1}\left(\frac{1}{2}\sqrt{3}\right)$ (b) $\cos^{-1}\left(\frac{1}{2}\right)$
   (c) $\tan^{-1}(1)$ (d) $\sec^{-1}(-2)$

3. $\theta = \sin^{-1}\left(-\frac{1}{2}\sqrt{3}\right)$ のとき，$\cos\theta, \tan\theta, \cot\theta, \sec\theta$ および $\csc\theta$ の正確な値を求めよ．

4. $\theta = \cos^{-1}\left(\frac{1}{2}\right)$ のとき，$\sin\theta, \tan\theta, \cot\theta, \sec\theta$ および $\csc\theta$ の正確な値を求めよ．

5. $\theta = \tan^{-1}\left(\frac{4}{3}\right)$ のとき，$\sin\theta, \cos\theta, \cot\theta, \sec\theta$ および $\csc\theta$ の正確な値を求めよ．

6. $\theta = \sec^{-1} 2.6$ のとき，$\sin\theta, \cos\theta, \tan\theta, \cot\theta$ および $\csc\theta$ の正確な値を求めよ．

7. 次の正確な値を求めよ．
   (a) $\sin^{-1}(\sin \pi/7)$ (b) $\sin^{-1}(\sin \pi)$
   (c) $\sin^{-1}(\sin 5\pi/7)$ (d) $\sin^{-1}(\sin 630)$

8. 次の正確な値を求めよ．
   (a) $\cos^{-1}(\cos \pi/7)$ (b) $\cos^{-1}(\cos \pi)$
   (c) $\cos^{-1}(\cos 12\pi/7)$ (d) $\cos^{-1}(\cos 200)$

9. 次の式は，どのような x の値に対して正しいか．
   (a) $\cos^{-1}(\cos x) = x$ (b) $\cos(\cos^{-1} x) = x$
   (c) $\tan^{-1}(\tan x) = x$ (d) $\tan(\tan^{-1} x) = x$

問題 **10** と **11** では，それぞれの正確な値を求めよ．

10. $\sec\left[\sin^{-1}\left(-\frac{3}{4}\right)\right]$
11. $\sin\left[2\cos^{-1}\left(-\frac{3}{5}\right)\right]$

問題 **12** と **13** では，三角形の方法（図 7.6.4）を用いて恒等式を完成させよ．

12. (a) $\sin(\cos^{-1} x) = ?$ (b) $\tan(\cos^{-1} x) = ?$
    (c) $\csc(\tan^{-1} x) = ?$ (d) $\sin(\tan^{-1} x) = ?$

13. (a) $\cos(\tan^{-1} x) = ?$ (b) $\tan(\cos^{-1} x) = ?$
    (c) $\sin(\sec^{-1} x) = ?$ (d) $\cot(\sec^{-1} x) = ?$

14. ～ (a) ラジアンの単位に合わせた計算ユーティリティを使って，
    $$x = -1, -0.8, -0.6, \ldots, 0, 0.2, \ldots, 1$$
    に対する $y = \sin^{-1} x$ と $y = \cos^{-1} x$ の値の表を作れ．答えは四捨五入して小数第2位まで求めよ．

    (b) (a) で得られた点をプロットし，それを用いて $y = \sin^{-1} x$ と $y = \cos^{-1} x$ のグラフの概形を描け．また，それらが図 7.6.1 におけるグラフに一致することも確かめよ．

    (c) グラフィックユーティリティを使って $y = \sin^{-1} x$ と $y = \cos^{-1} x$ のグラフを描け．また，それらが図 7.6.1 におけるグラフに一致することも確かめよ．

余接関数の制限
$$\cot x, \quad 0 < x < \pi$$
の逆関数を $\cot^{-1} x$ と定義し，余割関数の制限
$$\csc x, \quad -\pi/2 < x < \pi/2, \quad x \neq 0$$
の逆関数を $\csc^{-1} x$ と定義する．問題 **15** と **16** や，これらの関数に関するそれ以降の問題では，ここでの定義を用いよ．

15. (a) $\cot^{-1} x$, $\csc^{-1} x$ のグラフの概形を描け．
    (b) $\cot^{-1} x$, $\csc^{-1} x$ の定義域と値域を求めよ．

16. 次の式を示せ．
    (a) $\cot^{-1} x = \begin{cases} \tan^{-1}(1/x), & x > 0 \text{ のとき} \\ \pi + \tan^{-1}(1/x), & x < 0 \text{ のとき} \end{cases}$

    (b) $\sec^{-1} x = \cos^{-1} \dfrac{1}{x}$, $|x| \geq 1$ のとき

    (c) $\cot^{-1} x = \sin^{-1} \dfrac{1}{x}$, $|x| \geq 1$ のとき

17. ほとんどの科学計算電卓では，値を求めるためのキーのある逆三角関数は $\sin^{-1} x, \cos^{-1} x, \tan^{-1} x$ だけである．問題 16 における公式は，正の値 x に対して $\cot^{-1} x, \sec^{-1} x, \csc^{-1} x$ の値を得るために，どのように電卓を使えばよいのかを示している．これらの公式と電卓を利用して，以下のおのおのの逆三角関数の値を求めよ．答えは度数法で表し，四捨五入して小数第 1 位まで求めよ．
    (a) $\cot^{-1} 0.7$ (b) $\sec^{-1} 1.2$ (c) $\csc^{-1} 2.3$

18. (a) 定理 7.1.6 を用いて次の式を示せ．
    $$\dfrac{d}{dx}\left[\cot^{-1} x\right]\bigg|_{x=0} = -1$$

    (b) 上の (a) と問題 16 (a) および連鎖律を用いて，次を示せ．
    $$\dfrac{d}{dx}\left[\cot^{-1} x\right] = -\dfrac{1}{1+x^2}, \qquad -\infty < x < +\infty$$

    (c) (b) から，次の結論を導け．
    $$\dfrac{d}{dx}\left[\cot^{-1} u\right] = -\dfrac{1}{1+u^2}\dfrac{du}{dx}, \qquad -\infty < u < +\infty$$

19. (a) 問題 16 (c) および連鎖律を用いて，$1 < |x|$ において，
    $$\dfrac{d}{dx}\left[\csc^{-1} x\right] = -\dfrac{1}{|x|\sqrt{x^2-1}}$$
    が成り立つことを示せ．

    (b) (a) から，次の結論を導け．
    $$\dfrac{d}{dx}\left[\csc^{-1} u\right] = -\dfrac{1}{|u|\sqrt{u^2-1}}\dfrac{du}{dx}, \qquad 1 < |u|$$

問題 20–22 では，計算ユーティリティを使ってそれぞれの方程式の解の近似値を求めよ．ラジアンを使うところでは答えを小数第 4 位まで表し，度数法を使うところでは答えを小数第 1 位まで表せ．[ノート：それぞれにおいて，解は対応する逆三角関数の値域には入っていない．]

20. (a) $\sin x = 0.37$, $\pi/2 < x < \pi$
    (b) $\sin \theta = -0.61$, $180° < \theta < 270°$

21. (a) $\cos x = -0.85$, $\pi < x < 3\pi/2$
    (b) $\cos \theta = 0.23$, $-90° < \theta < 0°$

22. (a) $\tan x = 3.16$, $-\pi < x < -\pi/2$
    (b) $\tan \theta = -0.45$, $90° < \theta < 180°$

問題 23–30 では，dy/dx を求めよ．

23. (a) $y = \sin^{-1}\left(\tfrac{1}{3}x\right)$ (b) $y = \cos^{-1}(2x+1)$
24. (a) $y = \tan^{-1}\left(x^2\right)$ (b) $y = \cot^{-1}\left(\sqrt{x}\right)$
25. (a) $y = \sec^{-1}\left(x^7\right)$ (b) $y = \csc^{-1}\left(e^x\right)$
26. (a) $y = (\tan x)^{-1}$ (b) $y = \dfrac{1}{\tan^{-1} x}$
27. (a) $y = \sin^{-1}(1/x)$ (b) $y = \cos^{-1}(\cos x)$
28. (a) $y = \ln\left(\cos^{-1} x\right)$ (b) $y = \sqrt{\cot^{-1} x}$
29. (a) $y = e^x \sec^{-1} x$ (b) $y = x^2 \left(\sin^{-1} x\right)^3$
30. (a) $y = \sin^{-1} x + \cos^{-1} x$ (b) $y = \sec^{-1} x + \csc^{-1} x$

問題 31 と 32 では，陰関数微分により dy/dx を求めよ．

31. $x^3 + x\tan^{-1} y = e^y$

32. $\sin^{-1}(xy) = \cos^{-1}(x-y)$

問題 33–46 では，積分を求めよ．

33. $\displaystyle\int_0^{1/\sqrt{2}} \dfrac{dx}{\sqrt{1-x^2}}$ 34. $\displaystyle\int \dfrac{dx}{\sqrt{1-4x^2}}$

35. $\displaystyle\int_{-1}^{1} \dfrac{dx}{1+x^4}$ 36. $\displaystyle\int \dfrac{dx}{1+16x^2}$

37. $\displaystyle\int_{\sqrt{2}}^{2} \dfrac{dx}{x\sqrt{x^2-1}}$ 38. $\displaystyle\int_{-\sqrt{2}}^{-2/\sqrt{3}} \dfrac{dx}{x\sqrt{x^2-1}}$

39. $\displaystyle\int \dfrac{\sec^2 x \, dx}{\sqrt{1-\tan^2 x}}$ 40. $\displaystyle\int_{\ln 2}^{\ln(2/\sqrt{3})} \dfrac{e^{-x} dx}{\sqrt{1-e^{-2x}}}$

41. $\displaystyle\int \dfrac{e^x}{1+e^{2x}} dx$ 42. $\displaystyle\int \dfrac{t}{t^4+1} dx$

43. $\displaystyle\int_1^3 \dfrac{dx}{\sqrt{x}(x+1)}$ 44. $\displaystyle\int \dfrac{\sin\theta}{\cos^2\theta+1} d\theta$

45. $\displaystyle\int \dfrac{dx}{x\sqrt{1-(\ln x)^2}}$ 46. $\displaystyle\int \dfrac{dx}{x\sqrt{9x^2-1}}$

47. 積分公式 (21) を導け．
48. 積分公式 (23) を導け．

問題 49–54 では，公式 (21), (22) および (23) を用いて積分を求めよ．

49. (a) $\displaystyle\int \dfrac{dx}{\sqrt{9-x^2}}$ (b) $\displaystyle\int \dfrac{dx}{5+x^2}$ (c) $\displaystyle\int \dfrac{dx}{x\sqrt{x^2-\pi}}$

50. (a) $\displaystyle\int \dfrac{e^x}{4+e^{2x}} dx$ (b) $\displaystyle\int \dfrac{dx}{\sqrt{9-4x^2}}$ (c) $\displaystyle\int \dfrac{dy}{y\sqrt{5y^2-3}}$

51. $\displaystyle\int_0^1 \frac{x}{\sqrt{4-3x^4}}dx$

52. $\displaystyle\int_1^2 \frac{1}{\sqrt{x}\sqrt{4-x}}dx$

53. $\displaystyle\int_0^{2/\sqrt{3}} \frac{1}{4+9x^2}dx$

54. $\displaystyle\int_1^{\sqrt{2}} \frac{x}{3+x^4}dx$

55. 次のグラフの概形を描き，それが正しいかどうかをグラフィックユーティリティを使って確かめよ．

    (a) $y = \sin^{-1} 2x$ 　　(b) $y = \tan^{-1} \frac{1}{2}x$

56. (a) グラフィックユーティリティを使って，$\sin^{-1}(\sin^{-1} 0.25)$ と $\sin^{-1}(\sin^{-1} 0.9)$ の値を求め，2番目の計算で何が起こっていると考えられるか説明せよ．

    (b) 区間 $-1 \le x \le 1$ 内のどのような x の値に対して，計算ユーティリティは関数 $\sin^{-1}(\sin^{-1} x)$ の正しい値を与えるか．

57. 地球観測衛星は，図に示されている角 θ を測ることができる地平線センサーをもっている．R を地球（球形と仮定する）の半径とし，h を地球の表面と衛星との距離とする．

    (a) $\sin\theta = \dfrac{R}{R+h}$ を示せ．

    (b) 地球の表面から 10,000 km にある衛星に対して，θ を度数法で $1°$ の単位まで求めよ（$R = 6378$ km を用いよ）．

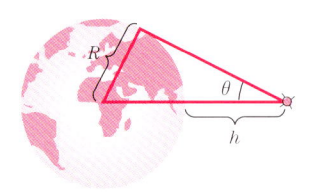

    図 Ex-57

58. 地球の表面上の与えられた地点の与えられた日付における昼間の時間数は，その地点の緯度 λ，春分の日（3月21日）からみて軌道平面上を地球が移動した角度 γ，および黄道の北極から測った地軸の傾斜角 ϕ（$\phi \approx 23.45°$）による．昼間の時間数 h は，近似的に式
$$h = \begin{cases} 24, & D \ge 1 \\ 12 + \frac{2}{15}\sin^{-1} D, & |D| < 1 \\ 0, & D \le -1 \end{cases}$$
で与えられる．ここで，
$$D = \frac{\sin\phi \sin\gamma \tan\lambda}{\sqrt{1-\sin^2\phi \sin^2\gamma}}$$
であり，$\sin^{-1} D$ は度数法で測った値を表す．アラスカのフェアバンクスは北緯 $65°$ に位置することと，6月20日に $\gamma = 90°$，12月20日に $\gamma = 270°$ であることがわかっている．

    (a) フェアバンクスにおける昼間の時間数の最大値を小数第1位まで求めよ．

    (b) フェアバンクスにおける昼間の時間数の最小値を小数第1位まで求めよ．

    [ノート：この問題は *TEAM, A Path to Applied Mathematics*, The Mathematical Association of America, Washington, D.C., 1985 からの改題である．]

59. サッカー選手は，ボールを水平方向に対してなす角 θ の方向に初速 14 m/s で蹴る（図参照）．ボールはフィールド上の 18 m 離れた地点に落下する．空気抵抗を無視するならば，ボールは放物線軌道を描き，水平方向の到達距離 R は
$$R = \frac{v^2}{g}\sin 2\theta$$
で与えられる．ここで，v はボールの初速を，g は重力加速度を表す．$g = 9.8$ m/s^2 を使って，ボールが蹴られた方向を与える角 θ の2つの値の近似値を，度数法で $1°$ の単位まで求めよ．この2つの値のうち，飛んでいる時間が短いのはどちらか．また，その理由も答えよ．

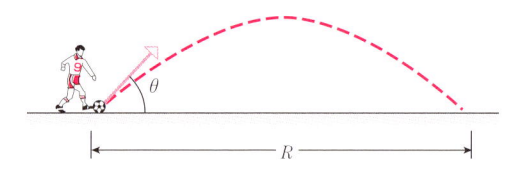

    図 Ex-59

60. 余弦定理とは次の式をいう．
$$c^2 = a^2 + b^2 - 2ab\cos\theta$$
ここで，a, b, c は三角形の辺の長さ，θ は長さが a, b である2辺のなす角を表す．$a = 2, b = 3, c = 4$ である三角形に対して，θ を度数法で $1°$ の単位まで求めよ．

61. 飛行機が海上で一定の高度 3000 フィート（ft）のところを速度 400 ft/s で飛んでいる．パイロットは救急用の袋を，海上のねらった点 P に落ちるよう放出しなければならない．空気抵抗を無視するならば，袋は図における座標系に関して方程式
$$y = 3000 - \frac{g}{2v^2}x^2$$
で表される放物線状の軌道を描く．ここで，g は重力加速度であり，v は飛行機の速さである．$g = 32$ ft/s^2 を用いて，袋が目標点に落下するような視線のなす角 θ を度数法で $1°$ の単位まで求めよ．

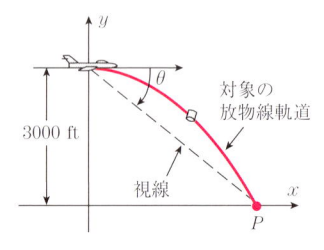

    図 Ex-61

62. (a) カメラがミサイル発射台の台座から x ft 離れたところに置かれている（図参照）．長さ a ft のミサイルが鉛直方向に発射され，ミサイルの下端がカメラのレンズより b ft 上方にあるとき，このレンズでミサイルを見る視角 θ は
$$\theta = \cot^{-1}\frac{x}{a+b} - \cot^{-1}\frac{x}{b}$$
となることを示せ．
(b) このレンズでミサイルを見る視角 θ を最大とするためには，カメラは発射台からどれだけ離れたところに置かなければならないか．

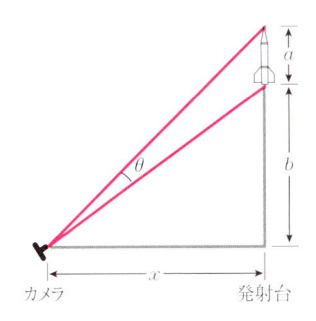

図 Ex-62

63. ある学生が，$y = 1/\sqrt{1-x^2}$, $y = 0$, $x = 0$, および $x = 0.8$ のグラフで囲まれた部分の面積を求めようとしている．
(a) この面積の正確な値は $\sin^{-1} 0.8$ であることを示せ．
(b) この学生は電卓を使って (a) の結果の近似値を小数第2位まで求めようとし，誤った答え 53.13 を得た．この学生の犯した誤りは何か．また，正しい近似値を求めよ．

64. $y = 1/\sqrt{1-9x^2}$, $y = 0$, $x = 0$, および $x = 1/6$ のグラフで囲まれた領域の面積を求めよ．

65. ∼ $y = 1/\sqrt{1-x^2}$, $y = x$, $x = 0$, および $x = k$ で囲まれた領域の面積が 1 となるような k $(0 < k < 1)$ の値を概算せよ．

66. $y = \sin^{-1} x$, $x = 0$, および $y = \pi/2$ のグラフで囲まれた領域の面積を求めよ．

67. ∼ 第 1 象限において，$y = \sin 2x$ および $y = \sin^{-1} x$ で囲まれた領域の面積を概算せよ．

68. ∼ 粒子が直線上を動いていて，時間 t における速度 v が
$$v(t) = \frac{3}{t^2+1} - 0.5t, \quad t \geq 0$$
で与えられている．ここで，t の単位は秒 (s)，v の単位は cm/s である．この粒子がスタート地点から 2 cm の位置にいる時間を概算せよ．

69. $x = 2$, $x = -2$, $y = 0$, および $y = 1/\sqrt{4+x^2}$ を境界にもつ領域を x 軸の周りに回転させて生成される立体の体積を求めよ．

70. (a) $y = 1/(1+x^4)$, $y = 0$, $x = 1$, および $x = b$ $(b > 1)$ を境界にもつ領域を y 軸の周りに回転させて生成される立体の体積 V を求めよ．
(b) $\lim_{b \to +\infty} V$ を求めよ．

71. ∼ $y = 1/(1+kx^2)$, $y = 0$, $x = 0$, および $x = 2$ で囲まれた領域の面積が 0.6 となるような k $(k > 0)$ の値を概算せよ．

72. C $y = \sin^{-1} x$, $y = 0$, および $x = 1$ で囲まれた領域を考える．この領域を x 軸の周りに回転させて生成される立体の体積を，次の手法を用いて求めよ．
(a) 円板法 (b) 円柱殻法

73. 点 $A(2,1)$ と $B(5,4)$ が与えられている．x 軸上の区間 $[2,5]$ における点 P で，角 APB を最大にするものの座標を求めよ．

74. 10 ft の高さをもつ絵の下側の縁が，みる人の目の高さより 2 ft 上にある．みる人の目でこの絵を見る視角が最大となるとき，最高の鑑賞ができると仮定するならば，みる人は壁からどれだけ離れて立たなければならないか．

75. 定理 4.8.2 平均値の定理（定理 4.8.2）を用いて，
$$\frac{x}{1+x^2} < \tan^{-1} x < x \quad (x > 0)$$
を証明せよ．

76. $\lim_{n \to +\infty} \sum_{k=1}^{n} \frac{n}{n^2+k^2}$ を求めよ．[ヒント：この式を，区間 $[0,1]$ を n 個の等しい幅の区間に分割して得られる，あるリーマン和の極限と解釈せよ．]

77. 次の式を証明せよ．
(a) $\sin^{-1}(-x) = -\sin^{-1} x$
(b) $\tan^{-1}(-x) = -\tan^{-1} x$

78. 次の式を証明せよ．
(a) $\cos^{-1}(-x) = \pi - \cos^{-1} x$
(b) $\sec^{-1}(-x) = \pi - \sec^{-1} x$

79. 次の式を証明せよ．
(a) $\sin^{-1} x = \tan^{-1} \frac{x}{\sqrt{1-x^2}} \quad (|x| < 1)$
(b) $\cos^{-1} x = \frac{\pi}{2} - \tan^{-1} \frac{x}{\sqrt{1-x^2}} \quad (|x| < 1)$

80. $-\pi/2 < \tan^{-1} x + \tan^{-1} y < \pi/2$ のとき
$$\tan^{-1} x + \tan^{-1} y = \tan^{-1}\left(\frac{x+y}{1-xy}\right)$$
を証明せよ．[ヒント：$\tan(\alpha+\beta)$ に対する恒等式を使え．]

81. 問題 80 の結果を用いて，次の式を示せ．
(a) $\tan^{-1} \frac{1}{2} + \tan^{-1} \frac{1}{3} = \pi/4$
(b) $2\tan^{-1} \frac{1}{3} + \tan^{-1} \frac{1}{7} = \pi/4$

82. 恒等式 (4) と (7) を使って 恒等式 (10b) を導け．

7.7 ロピタルの定理；不定形

この節では，導関数を用いて極限を求める一般的な方法について議論する．この方法によって，本書でいままで数値的に，あるいはグラフから予想されるだけであった極限を確かなものにできるようになる．この節でわれわれが議論する方法は，いろいろなタイプの極限値を計算するのに多くのコンピュータプログラムの中で使われている非常に強力なものである．

0/0 型の不定形

これまでの節では，みればわかるような，あるいは適当な代数的操作によって決定されるような極限値を議論した．これに対する 2 つの例外は定理 2.6.3 における極限

$$\lim_{x \to 0} \frac{\sin x}{x} = 1 \qquad \text{および} \qquad \lim_{x \to 0} \frac{1 - \cos x}{x} = 0 \tag{1-2}$$

である．式 (1) ははさみうちの定理 (定理 2.6.2) といくつかの不等式の注意深い処理によって導かれた．また，(2) は等式 $\sin^2 x + \cos^2 x = 1$ から得られた．結果として，これらは 3.4 節で正弦と余弦の導関数を導くのに使われた．実際，

$$\lim_{x \to 0} \frac{\sin x}{x} = \lim_{x \to 0} \frac{\sin x - \sin 0}{x - 0} = \frac{d}{dx}(\sin x)\bigg|_{x=0} = \cos 0 = 1$$

および

$$\lim_{x \to 0} \frac{1 - \cos x}{x} = \lim_{x \to 0} -\frac{\cos x - 1}{x} = -\left(\lim_{x \to 0} \frac{\cos x - \cos 0}{x - 0}\right)$$
$$= -\left(\frac{d}{dx}(\cos x)\bigg|_{x=0}\right) = \sin 0 = 0$$

からわかるように，式 (1) と (2) はそれらの導関数の特別な場合である．

(1) と (2) の極限の計算が面倒なのは，実際 $x \to 0$ としたときに分子と分母が同時に 0 に近づくからである．このような極限は **0/0 型の不定形**とよばれる．上で示されたように，導関数の定義式は 0/0 型の不定形の例の 1 つの重要なクラスを与える．ここでのわれわれの目標は不定形を計算するための，導関数に基づいた一般的な方法を発展させることである．

ロピタルの定理

極限

$$\lim_{x \to 0} \frac{e^{2x} - 1}{\sin x} \tag{3}$$

を考える．式 (1) や (2) と違って，簡単には式 (3) の極限が $x = 0$ におけるある関数の導関数の値とは思えない．しかし，(3) は 2 つの導関数の比として，

$$\lim_{x \to 0} \frac{e^{2x} - 1}{\sin x} = \lim_{x \to 0} \frac{(e^{2x} - e^{2(0)})/(x - 0)}{(\sin x - \sin 0)/(x - 0)} = \frac{\frac{d}{dx}(e^{2x})\bigg|_{x=0}}{\frac{d}{dx}(\sin x)\bigg|_{x=0}} = \frac{2e^0}{\cos 0} = 2 \tag{4}$$

のように表せる．

式 (4) の方法はより一般的に述べることができる．f と g を $x = a$ で微分可能な関数とし，

$$\lim_{x \to a} \frac{f(x)}{g(x)} \tag{5}$$

が 0/0 型の不定形，すなわち，

$$\lim_{x \to a} f(x) = 0 \qquad \text{かつ} \qquad \lim_{x \to a} g(x) = 0 \tag{6}$$

とする．f と g は $x = a$ で微分可能であるから，$x = a$ で連続である．したがって，式 (6)

より，
$$f(a) = \lim_{x \to a} f(x) = 0 \qquad \text{かつ} \qquad g(a) = \lim_{x \to a} g(x) = 0$$
である．さらに，$x = a$ で f と g は微分可能であるから，
$$\lim_{x \to a} \frac{f(x)}{x - a} = \lim_{x \to a} \frac{f(x) - f(a)}{x - a} = f'(a)$$
かつ
$$\lim_{x \to a} \frac{g(x)}{x - a} = \lim_{x \to a} \frac{g(x) - g(a)}{x - a} = g'(a)$$
である．もし $g'(a) \neq 0$ ならば，(5) の不定形は導関数の値の比として，
$$\lim_{x \to a} \frac{f(x)}{g(x)} = \lim_{x \to a} \frac{f(x)/(x-a)}{g(x)/(x-a)} = \frac{\displaystyle\lim_{x \to a} \frac{f(x) - f(a)}{x - a}}{\displaystyle\lim_{x \to a} \frac{g(x) - g(a)}{x - a}} = \frac{f'(a)}{g'(a)} \tag{7}$$
と計算される．

もし $f'(x)$ と $g'(x)$ が $x = a$ で連続であるならば，式 (7) における結果は，0/0 型の不定形を，導関数に関する新しい極限に変換する**ロピタル（L'Hôpital）の定理**[*]の特別な場合である．さらに，ロピタルの定理は $-\infty$ または $+\infty$ における極限に対しても正しい．以下の結果を証明なしで述べる．

7.7.1 定理（0/0 型のロピタルの定理） f と g は $x = a$ を含むある開区間の a 以外の点で微分可能な関数とし，また
$$\lim_{x \to a} f(x) = 0 \qquad \text{かつ} \qquad \lim_{x \to a} g(x) = 0$$
とする．もし $\lim_{x \to a}[f'(x)/g'(x)]$ が有限な極限をもつか，あるいはこの極限が $+\infty$ または $-\infty$ であるならば，
$$\boxed{\lim_{x \to a} \frac{f(x)}{g(x)} = \lim_{x \to a} \frac{f'(x)}{g'(x)}}$$
である．さらに，この主張は $x \to a^-$，$x \to a^+$，$x \to -\infty$ あるいは $x \to +\infty$ とした場合の極限についても正しい．

注意 ロピタルの定理では分子と分母をそれぞれ微分するのであって，$f(x)/g(x)$ を微分するのではない．

以下の例では，次の 3 つのステップに分けてロピタルの定理を適用する．

ステップ 1. $f(x)/g(x)$ の極限が不定形であることを確かめよ．そうでなければ，ロピタルの定理は使えない．

ステップ 2. f と g をそれぞれ微分せよ．

ステップ 3. $f'(x)/g'(x)$ の極限を求めよ．もしその極限が有限，$+\infty$，$-\infty$ のいずれかであるならば，それは $f(x)/g(x)$ の極限に等しい．

---

[*] ロピタル（Guillaume Francois Antoine L'Hôpital, 1661～1704）．フランスの数学者．ロピタルは Marquis de Sainte-Mesme Comte d'Autrement の称号をもつフランス人貴族の両親のもとに生まれた．彼はかなり早くから数学の才能を現し，パスカルによって提出されたサイクロイドに関する難問を 15 歳で解決した．若いときには騎兵将校として短期間勤務したが近視のため辞職した．彼は史上はじめて出版された微分についての教科書 *L'Analyse des Infiniment Peties pour l'Intelligence des Lignes Courbes* (1696) の著者としての名声を得た．ロピタルの定理はこの教科書で最初に現れた．実際には，ロピタルの定理とこの教科書の実質的な部分はロピタルの教師であったヨハン・ベルヌーイによるものである．ライプニッツがロピタルに積分の教科書執筆の意図を知らせてきたとき，ロピタルは積分に関する本の計画を断念した．ロピタルは寛大で人柄がよく，有名な数学者たちとの数多くの交流は解析学の主要な発見をヨーロッパ中に流布させるための役割を果たした．

例 1 次の各問において，極限が 0/0 型の不定形であることを確かめ，さらにロピタルの定理を用いて値を求めよ．

(a) $\displaystyle\lim_{x\to 2}\frac{x^2-4}{x-2}$ (b) $\displaystyle\lim_{x\to 0}\frac{\sin 2x}{x}$ (c) $\displaystyle\lim_{x\to \pi/2}\frac{1-\sin x}{\cos x}$ (d) $\displaystyle\lim_{x\to 0}\frac{e^x-1}{x^3}$

(e) $\displaystyle\lim_{x\to 0^-}\frac{\tan x}{x^2}$ (f) $\displaystyle\lim_{x\to 0}\frac{1-\cos x}{x^2}$ (g) $\displaystyle\lim_{x\to +\infty}\frac{x^{-4/3}}{\sin(1/x)}$

解 (a) 分子と分母の極限値は 0 だから，この極限は 0/0 型の不定形である．ロピタルの定理より，

$$\lim_{x\to 2}\frac{x^2-4}{x-2}=\lim_{x\to 2}\frac{\dfrac{d}{dx}[x^2-4]}{\dfrac{d}{dx}[x-2]}=\lim_{x\to 2}\frac{2x}{1}=4$$

である．この極限は

$$\lim_{x\to 2}\frac{x^2-4}{x-2}=\left.\frac{d}{dx}(x^2)\right|_{x=2}=2\cdot 2=4$$

のように，$x=2$ における $y=x^2$ の導関数とも考えられる．最後に，この極限は因数分解によっても得られる．

$$\lim_{x\to 2}\frac{x^2-4}{x-2}=\lim_{x\to 2}\frac{(x-2)(x+2)}{x-2}=\lim_{x\to 2}(x+2)=4$$

解 (b) 分子と分母の極限値は 0 だから，この極限は 0/0 型の不定形である．ロピタルの定理より，

$$\lim_{x\to 0}\frac{\sin 2x}{x}=\lim_{x\to 2}\frac{\dfrac{d}{dx}[\sin 2x]}{\dfrac{d}{dx}[x]}=\lim_{x\to 2}\frac{2\cos 2x}{1}=2$$

である．この結果が 2.6 節の例 2(b) の置換によって得られたものと一致することを確かめよ．

解 (c) 分子と分母の極限値は 0 だから，この極限は 0/0 型の不定形である．ロピタルの定理より，

$$\lim_{x\to \pi/2}\frac{1-\sin x}{\cos x}=\lim_{x\to \pi/2}\frac{\dfrac{d}{dx}[1-\sin x]}{\dfrac{d}{dx}[\cos x]}=\lim_{x\to \pi/2}\frac{-\cos x}{-\sin x}=\frac{0}{-1}=0$$

である．

解 (d) 分子と分母の極限値は 0 だから，この極限は 0/0 型の不定形である．ロピタルの定理より，

$$\lim_{x\to 0}\frac{e^x-1}{x^3}=\lim_{x\to 0}\frac{\dfrac{d}{dx}[e^x-1]}{\dfrac{d}{dx}[x^3]}=\lim_{x\to 0}\frac{e^x}{3x^2}=+\infty$$

である．

解 (e) 分子と分母の極限値は 0 だから，この極限は 0/0 型の不定形である．ロピタルの定理より，

$$\lim_{x\to 0^-}\frac{\tan x}{x^2}=\lim_{x\to 0^-}\frac{\sec^2 x}{2x}=-\infty$$

である．

解 (f)　分子と分母の極限値は 0 だから，この極限は 0/0 型の不定形である．ロピタルの定理より，
$$\lim_{x\to 0}\frac{1-\cos x}{x^2}=\lim_{x\to 0}\frac{\sin x}{2x}$$
である．この新しい極限はまた 0/0 型の不定形だから，ロピタルの定理をもう一度使って
$$\lim_{x\to 0}\frac{1-\cos x}{x^2}=\lim_{x\to 0}\frac{\sin x}{2x}=\lim_{x\to 0}\frac{\cos x}{2}=\frac{1}{2}$$
である．

解 (g)　分子と分母の極限値は 0 だから，この極限は 0/0 型の不定形である．ロピタルの定理より，
$$\lim_{x\to +\infty}\frac{x^{-4/3}}{\sin(1/x)}=\lim_{x\to +\infty}\frac{-\frac{4}{3}x^{-7/3}}{\cos(1/x)}=\frac{0}{1}=0$$
である． ◀

> **通告**　不定形でない極限にロピタルの定理を適用すると間違った結果になることがある．例えば，極限
> $$\lim_{x\to 0}\frac{x+6}{x+2}=\frac{6}{2}=3$$
> において，分子は 6 に近づき分母は 2 に近づくので，この極限は不定形ではない．しかし，それを無視して機械的にロピタルの定理を使うと，以下のような誤った結論に達する．
>
> $$\lim_{x\to 0}\frac{x+6}{x+2}=\lim_{x\to 0}\frac{\frac{d}{dx}[x+6]}{\frac{d}{dx}[x+2]}=\lim_{x\to 0}\frac{1}{1}=1$$

∞/∞ 型の不定形

ある関数の極限（もしくは片側極限）を，符号を特定せずに，$+\infty$ または $-\infty$ であるといいたいときには，その極限は ∞ であるということにする．例えば，

$$\lim_{x\to a^+}f(x)=\infty \quad \text{は} \quad \lim_{x\to a^+}f(x)=+\infty \quad \text{または} \quad \lim_{x\to a^+}f(x)=-\infty \quad \text{を}$$
$$\lim_{x\to +\infty}f(x)=\infty \quad \text{は} \quad \lim_{x\to +\infty}f(x)=+\infty \quad \text{または} \quad \lim_{x\to +\infty}f(x)=-\infty \quad \text{を}$$
$$\lim_{x\to a}f(x)=\infty \quad \text{は} \quad \lim_{x\to a^+}f(x)=\pm\infty \quad \text{かつ} \quad \lim_{x\to a^-}f(x)=\pm\infty \quad \text{を}$$

それぞれ意味する．

分子分母ともに極限が ∞ であるような比 $f(x)/g(x)$ の極限は **∞/∞ 型の不定形** とよばれる．証明なしで述べるが，次の形のロピタルの定理はこのタイプの極限を求めるのによく使われる．

> **7.7.2 定理（∞/∞ 型のロピタルの定理）**　f と g は $x=a$ を含むある開区間の a 以外の点で微分可能な関数とし，また
> $$\lim_{x\to a}f(x)=\infty \quad \text{かつ} \quad \lim_{x\to a}g(x)=\infty$$
> とする．もし $\lim_{x\to a}[f'(x)/g'(x)]$ が有限な極限をもつか，あるいはこの極限が $+\infty$ または $-\infty$ であるならば，
> $$\lim_{x\to a}\frac{f(x)}{g(x)}=\lim_{x\to a}\frac{f'(x)}{g'(x)}$$
> である．さらに，この主張は $x\to a^-, x\to a^+, x\to -\infty$，あるいは $x\to +\infty$ とした場合の極限についても正しい．

例 2 次の各問について，極限が ∞/∞ 型の不定形であることを確かめてロピタルの定理を適用せよ．

(a) $\displaystyle\lim_{x\to+\infty}\frac{x}{e^x}$ (b) $\displaystyle\lim_{x\to 0^+}\frac{\ln x}{\csc x}$

解 (a) 分子と分母の極限値はともに $+\infty$ であるから，この極限は ∞/∞ 型の不定形である．ロピタルの定理より，

$$\lim_{x\to+\infty}\frac{x}{e^x}=\lim_{x\to+\infty}\frac{1}{e^x}=0$$

解 (b) 分子の極限値は $-\infty$ で分母の極限値は $+\infty$ であるから，∞/∞ 型の不定形である．ロピタルの定理より，

$$\lim_{x\to 0^+}\frac{\ln x}{\csc x}=\lim_{x\to 0^+}\frac{1/x}{-\csc x\cot x} \tag{8}$$

である．右辺の極限はまた ∞/∞ 型の不定形である．さらに，ロピタルの定理を適用しても分子には $1/x$ のベキが，分母には $\csc x$ と $\cot x$ を含む式が現れる．つまり，ロピタルの定理の繰り返しでは単に新しい不定形を生み出すだけである．したがって，何か他の方法を試す必要がある．式 (8) の右辺の極限は

$$\lim_{x\to 0^+}\left(-\frac{\sin x}{x}\tan x\right)=-\lim_{x\to 0^+}\frac{\sin x}{x}\cdot\lim_{x\to 0^+}\tan x=-(1)(0)=0$$

と書き換えられる．したがって，

$$\lim_{x\to 0^+}\frac{\ln x}{\csc x}=0$$

である． ◀

ロピタルの定理による指数関数の増加度の解析

任意の正の整数 n に対して，$x\to+\infty$ のとき $x^n\to+\infty$ である．このような x のベキはときどき，他の関数がどれだけ速く増加するかを表す "物差し" として使われる．われわれは $x\to+\infty$ のとき $e^x\to+\infty$ であることや，e^x の増加度が非常に速いことを知っている（表 7.2.3）．とはいえ，n が大きいときには x^n の増加度もまた速いのだから，x の十分高いベキが e^x よりも速い増加度をもつかどうかはもっともな疑問である．これを調べる 1 つの方法は，$x\to+\infty$ のときの比 x^n/e^x の振る舞いを調べることである．例えば，図 7.7.1a は $y=x^5/e^x$ のグラフである．このグラフをみると，$x\to+\infty$ のとき $x^5/e^x\to 0$ となっている．このことは，関数 e^x の増加度はとても速く，その値は最終的には x^5 を追い越し，その比を零にするということである．わかりやすくいえば，"e^x は最終的には x^5 よりも速く増加する" のである．同じ結論は，e^x を分子において e^x/x^5 の振る舞いを調べても得られるだろう（図 7.7.1b）．この場合には，e^x は最終的には x^5 を追い越し，その比を $+\infty$ にする．もっと一般的に，ロピタルの定理を使って，e^x が x のどんな正の整数のベキよりも最終的には速く増加することを示すことができる．すなわち，

$$\lim_{x\to+\infty}\frac{x^n}{e^x}=0 \quad\text{であり，}\quad \lim_{x\to+\infty}\frac{e^x}{x^n}=+\infty \tag{9-10}$$

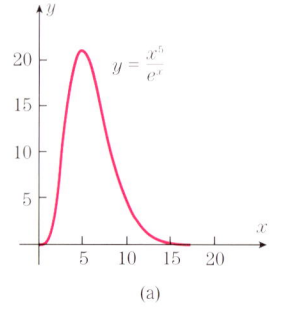

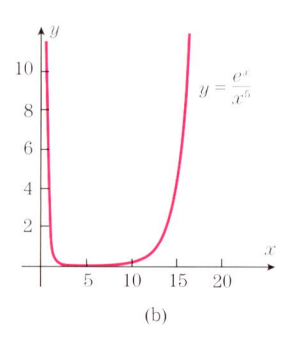

図 7.7.1

どちらの極限も，ロピタルの定理で値の求められる ∞/∞ 型の不定形である．例えば式 (9) を得るには，ロピタルの定理を n 回使う必要がある．これをみるには，x^n を繰り返し微分すると 1 回ごとにベキ指数が 1 ずつ減り，n 階導関数が定数となることに注意しよう．例えば，繰り返し x^3 の導関数を求めると $3x^2$, $6x$, そして 6 となる．一般には，x^n の n 階導関数は $n(n-1)(n-2)\cdots 1 = n!$ である（確かめよ）[*]．したがって，式 (9) に対してロピタルの定理を n 回使うと，

$$\lim_{x \to +\infty} \frac{x^n}{e^x} = \lim_{x \to +\infty} \frac{n!}{e^x} = 0$$

である．極限 (10) も同様に示すことができる．

$0 \cdot \infty$ 型の不定形

ここまでのところ，われわれは $0/0$ と ∞/∞ の型の不定形を議論してきた．しかし，これらがすべてではない．$f(x)$ と $g(x)$ のそれぞれの極限が相反して全体の極限に影響するときには，

$$\frac{f(x)}{g(x)}, \quad f(x) \cdot g(x), \quad f(x)^{g(x)}, \quad f(x) - g(x), \quad f(x) + g(x)$$

のいずれかの形で表される極限も一般に*不定形*とよばれる．例えば，極限

$$\lim_{x \to 0^+} x \ln x$$

は $\mathbf{0 \cdot \infty}$ 型の不定形である．なぜなら，最初の因数の極限は 0, 2 番目の因数の極限は $-\infty$ であり，これら 2 つの極限の影響が積に対して相反しているからである．一方，極限

$$\lim_{x \to +\infty} [\sqrt{x}(1-x^2)]$$

は不定形ではない．なぜなら，最初の因数の極限は $+\infty$, 2 番目の因数の極限は $-\infty$ であり，これらの影響は一緒になって積に対して $-\infty$ という極限を与えるからである．

> **通告** "零に何を掛けても零"なのだから $0 \cdot \infty$ 型の不定形の値は 0 と思うかもしれない．しかし，これは誤りである．なぜなら，$0 \cdot \infty$ は数の積ではなく，むしろ極限に対する主張だからである．例えば，以下の極限はすべて $0 \cdot \infty$ 型である．
>
> $$\lim_{x \to 0^+} x \cdot \frac{1}{x} = 1, \quad \lim_{x \to 0^+} x^2 \cdot \frac{1}{x} = 0, \quad \lim_{x \to 0^+} \sqrt{x} \cdot \frac{1}{x} = +\infty$$

$0 \cdot \infty$ 型の不定形は積を商に書き換えてから，$0/0$ または ∞/∞ 型の不定形に対するロピタルの定理を使うと計算できることがある．

例 3 次の値を求めよ．

(a) $\displaystyle\lim_{x \to 0^+} x \ln x$ 　　(b) $\displaystyle\lim_{x \to \pi/4} (1 - \tan x) \sec 2x$

解 (a) 因数 x の極限は 0, 因数 $\ln x$ の極限は $-\infty$ であるから，この問題は $0 \cdot \infty$ 型の不定形である．極限を書き換えるには 2 つの方法がある．すなわち，

$$\lim_{x \to 0^+} \frac{\ln x}{1/x} \quad \text{または} \quad \lim_{x \to 0^+} \frac{x}{1/\ln x}$$

である．最初のものは ∞/∞ 型の不定形であり，2 番目は $0/0$ 型の不定形である．しかし，$1/\ln x$ の導関数よりも $1/x$ の導関数の方が簡単なので，最初の形の方がよい．こちらを選ぶと，

$$\lim_{x \to 0^+} x \ln x = \lim_{x \to 0^+} \frac{\ln x}{1/x} = \lim_{x \to 0^+} \frac{1/x}{-1/x^2} = \lim_{x \to 0^+} (-x) = 0$$

である．

---

[*] $n \geq 1$ に対して，$n!$ は **n の階乗** と読み，最初の n 個の正の整数の積を表す．

解 (b) この問題は $0 \cdot \infty$ 型の不定形である．これを $0/0$ 型の不定形に変換する．

$$\lim_{x \to \pi/4} (1 - \tan x) \sec 2x = \lim_{x \to \pi/4} \frac{(1 - \tan x)}{1/\sec 2x} = \lim_{x \to \pi/4} \frac{1 - \tan x}{\cos 2x}$$
$$= \lim_{x \to \pi/4} \frac{-\sec^2 x}{-2 \sin 2x} = \frac{-2}{-2} = 1$$

である． ◀

$\infty - \infty$ 型の不定形

以下のいずれかの形で表される極限は $\infty - \infty$ 型の不定形 とよばれる．

$$(+\infty) - (+\infty), \quad (-\infty) - (-\infty),$$
$$(+\infty) + (-\infty), \quad (-\infty) + (+\infty)$$

このような極限は不定である．なぜなら，2 つの項が相反する影響を及ぼしているからである．すなわち，一方は正の方向に押しやり，もう一方は負の方向に押しやる．しかし，

$$(+\infty) + (+\infty), \quad (+\infty) - (-\infty),$$
$$(-\infty) + (-\infty), \quad (-\infty) - (+\infty)$$

のいずれかの形をとる極限は不定ではない．なぜなら，2 つの項は協力して働くからである（上の行では $+\infty$ となり，下の行では $-\infty$ となる）．

$\infty - \infty$ 型の不定形は項をまとめて，その結果を $0/0$ または ∞/∞ 型の不定形にすると，計算できることがある．

例 4 $\displaystyle\lim_{x \to 0^+} \left(\frac{1}{x} - \frac{1}{\sin x} \right)$ の値を求めよ．

解 どちらの項も極限は $+\infty$ であるから，この問題は $\infty - \infty$ 型の不定形である．2 つの項をまとめると

$$\lim_{x \to 0^+} \left(\frac{1}{x} - \frac{1}{\sin x} \right) = \lim_{x \to 0^+} \left(\frac{\sin x - x}{x \sin x} \right)$$

であり，これは $0/0$ 型の不定形である．ロピタルの定理を 2 回使って，

$$\lim_{x \to 0^+} \left(\frac{1}{x} - \frac{1}{\sin x} \right) = \lim_{x \to 0^+} \frac{\cos x - 1}{\sin x + x \cos x}$$
$$= \lim_{x \to 0^+} \frac{-\sin x}{\cos x + \cos x - x \sin x} = \frac{0}{2} = 0$$

である． ◀

$0^0, \infty^0, 1^\infty$ 型の不定形

次の形の極限

$$\lim f(x)^{g(x)}$$

には，$0^0, \infty^0, 1^\infty$ 型の不定形 が生じることがある（これらの表記の意味するところは明らかであろう）．例えば，極限

$$\lim_{x \to 0^+} (1 + x)^{1/x}$$

の値が e であることは知っているが [7.2 節の公式 (5) を参照]，これは 1^∞ 型の不定形である．これが不定であるのは，$(1 + x)$ と $1/x$ が相反する影響を及ぼすからである．前者は極限を 1 に近づけようとし，後者は極限を $+\infty$ に近づけようとする．

$0^0, \infty^0, 1^\infty$ 型の不定形は，まず従属変数

$$y = f(x)^{g(x)}$$

を導入して，
$$\lim \ln y = \lim [\ln (f(x)^{g(x)})] = \lim [g(x) \ln f(x)]$$
のように $\ln y$ の極限を計算すると求められることがある．いったん $\ln y$ の極限がわかれば，一般に $y = f(x)^{g(x)}$ の極限自体は次の例で説明する方法で得ることができる．

例 5 $\lim_{x \to 0} (1+x)^{1/x} = e$ であることを示せ．

解 上で議論したように，従属変数
$$y = (1+x)^{1/x}$$
を導入してから両辺の自然対数をとると，
$$\ln y = \ln (1+x)^{1/x} = \frac{1}{x} \ln(1+x) = \frac{\ln (1+x)}{x}$$
である．したがって，
$$\lim_{x \to 0} \ln y = \lim_{x \to 0} \frac{\ln (1+x)}{x}$$
であり，これは 0/0 型の不定形であるので，ロピタルの定理より
$$\lim_{x \to 0} \ln y = \lim_{x \to 0} \frac{\ln (1+x)}{x} = \lim_{x \to 0} \frac{1/(1+x)}{1} = 1$$
である．$x \to 0$ のとき $\ln y \to 1$ であることを示したから，指数関数の連続性により $x \to 0$ のとき $e^{\ln y} \to e^1$ となり，このことから $x \to 0$ のとき $y \to e$ となる．したがって，
$$\lim_{x \to 0} (1+x)^{1/x} = e$$
である． ◀

演習問題 7.7　〜　グラフィックユーティリティ　C　CAS

問題 **1** と **2** では，与えられた極限をロピタルの定理を使わないで求めよ．そして，ロピタルの定理で答えが正しいかどうか確かめよ．

1. (a) $\displaystyle\lim_{x \to 2} \frac{x^2 - 4}{x^2 + 2x - 8}$　(b) $\displaystyle\lim_{x \to +\infty} \frac{2x - 5}{3x + 7}$

2. (a) $\displaystyle\lim_{x \to 0} \frac{\sin x}{\tan x}$　(b) $\displaystyle\lim_{x \to 1} \frac{x^2 - 1}{x^3 - 1}$

問題 **3**–**36** では極限を求めよ．

3. $\displaystyle\lim_{x \to 1} \frac{\ln x}{x - 1}$

4. $\displaystyle\lim_{x \to 0} \frac{\sin 2x}{\sin 5x}$

5. $\displaystyle\lim_{x \to 0} \frac{e^x - 1}{\sin x}$

6. $\displaystyle\lim_{x \to 3} \frac{x - 3}{3x^2 - 13x + 12}$

7. $\displaystyle\lim_{\theta \to 0} \frac{\tan \theta}{\theta}$

8. $\displaystyle\lim_{t \to 0} \frac{te^t}{1 - e^t}$

9. $\displaystyle\lim_{x \to \pi^+} \frac{\sin x}{x - \pi}$

10. $\displaystyle\lim_{x \to 0^+} \frac{\sin x}{x^2}$

11. $\displaystyle\lim_{x \to +\infty} \frac{\ln x}{x}$

12. $\displaystyle\lim_{x \to +\infty} \frac{e^{3x}}{x^2}$

13. $\displaystyle\lim_{x \to 0^+} \frac{\cot x}{\ln x}$

14. $\displaystyle\lim_{x \to 0^+} \frac{1 - \ln x}{e^{1/x}}$

15. $\displaystyle\lim_{x \to +\infty} \frac{x^{100}}{e^x}$

16. $\displaystyle\lim_{x \to 0^+} \frac{\ln(\sin x)}{\ln(\tan x)}$

17. $\displaystyle\lim_{x \to 0} \frac{\sin^{-1} 2x}{x}$

18. $\displaystyle\lim_{x \to 0} \frac{x - \tan^{-1} x}{x^3}$

19. $\displaystyle\lim_{x \to +\infty} xe^{-x}$

20. $\displaystyle\lim_{x \to \pi^-} (x - \pi) \tan \tfrac{1}{2} x$

21. $\displaystyle\lim_{x \to +\infty} x \sin \frac{\pi}{x}$

22. $\displaystyle\lim_{x \to 0^+} \tan x \ln x$

23. $\lim_{x \to \pi/2^-} \sec 3x \cos 5x$ **24.** $\lim_{x \to \pi} (x-\pi) \cot x$

25. $\lim_{x \to +\infty} (1-3/x)^x$ **26.** $\lim_{x \to 0} (1+2x)^{-3/x}$

27. $\lim_{x \to 0} (e^x + x)^{1/x}$ **28.** $\lim_{x \to +\infty} (1+a/x)^{bx}$

29. $\lim_{x \to 1} (2-x)^{\tan[(\pi/2)x]}$ **30.** $\lim_{x \to +\infty} [\cos(2/x)]^{x^2}$

31. $\lim_{x \to 0} (\csc x - 1/x)$ **32.** $\lim_{x \to 0} \left(\dfrac{1}{x^2} - \dfrac{\cos 3x}{x^2}\right)$

33. $\lim_{x \to +\infty} (\sqrt{x^2+x} - x)$ **34.** $\lim_{x \to 0} \left(\dfrac{1}{x} - \dfrac{1}{e^x - 1}\right)$

35. $\lim_{x \to +\infty} [x - \ln(x^2+1)]$ **36.** $\lim_{x \to +\infty} [\ln x - \ln(1+x)]$

37. C CAS を使って問題 **31–36** の答えを確かめよ.

38. 任意の正の整数 n に対して次を示せ.
(a) $\lim_{x \to +\infty} \dfrac{\ln x}{x^n} = 0$ (b) $\lim_{x \to +\infty} \dfrac{x^n}{\ln x} = +\infty$

39. (a) 次の計算の誤りを見つけよ.
$$\lim_{x \to 1} \frac{x^3 - x^2 + x - 1}{x^3 - x^2} = \lim_{x \to 1} \frac{3x^2 - 2x + 1}{3x^2 - 2x}$$
$$= \lim_{x \to 1} \frac{6x - 2}{6x - 2} = 1$$
(b) 正しい答えを求めよ.

40. 極限 $\lim_{x \to 1} \dfrac{x^4 - 4x^3 + 6x^2 - 4x + 1}{x^4 - 3x^3 + 3x^2 - x}$ を求めよ.

問題 **41–44** では，グラフィックユーティリティで与えられた関数のグラフを描いて極限を予想し，それからロピタルの定理を使ってその予想を確かめよ.

41. ~ $\lim_{x \to +\infty} \dfrac{\ln(\ln x)}{\sqrt{x}}$ **42.** ~ $\lim_{x \to 0^+} x^x$

43. ~ $\lim_{x \to 0^+} (\sin x)^{3/\ln x}$ **44.** ~ $\lim_{x \to (\pi/2)^-} \dfrac{4\tan x}{1+\sec x}$

問題 **45–48** では，グラフィックユーティリティで与えられた関数のグラフを描いて，(もし存在するならば) 水平漸近線の式を予想し，それからロピタルの定理を使って予想を確かめよ.

45. ~ $y = \ln x - e^x$ **46.** ~ $y = x - \ln(1+2e^x)$

47. ~ $y = (\ln x)^{3/\ln x}$ **48.** ~ $y = \left(\dfrac{x+1}{x+2}\right)^x$

49. 次の形
$$0/\infty,\ \infty/0,\ 0^\infty,\ \infty \cdot \infty,\ +\infty + (+\infty),$$
$$+\infty - (-\infty),\ -\infty + (-\infty),\ -\infty - (+\infty)$$
の極限は不定では**ない**. 次のそれぞれ式をよくみて極限を求めよ.

(a) $\lim_{x \to 0^+} \dfrac{x}{\ln x}$ (b) $\lim_{x \to +\infty} \dfrac{x^3}{e^{-x}}$

(c) $\lim_{x \to (\pi/2)^-} (\cos x)^{\tan x}$ (d) $\lim_{x \to 0^+} (\ln x) \cot x$

(e) $\lim_{x \to 0^+} \left(\dfrac{1}{x} - \ln x\right)$ (f) $\lim_{x \to -\infty} (x + x^3)$

50. 微積分学を習いはじめの学生のあいだで流布している根拠のない説がある．それは，「何を零乗しても 1」であり「1 を何乗しても 1」であるから $0^0,\ \infty^0,\ 1^\infty$ 型の不定形の値はすべて 1 である，というものである．これが間違いであるのは，$0^0,\ \infty^0,\ 1^\infty$ は数のベキではなく，極限についての記述だからである．Drexel 大学の Jack Staib 教授に教えていただいた以下の例では，このような不定形は任意の正の実数値をとりうることを示している．

(a) $\lim_{x \to 0^+} \left[x^{(\ln a)/(1+\ln x)}\right] = a$ (0^0 型)

(b) $\lim_{x \to +\infty} \left[x^{(\ln a)/(1+\ln x)}\right] = a$ (∞^0 型)

(c) $\lim_{x \to 0} \left[(x+1)^{(\ln a)/x}\right] = a$ (1^∞ 型)

これらの結果を確かめよ.

問題 **51–54** では，極限を求めるのにロピタルの定理は有効でないことを確かめよ．また，もし極限が存在するならば，他の方法によって極限を求めよ.

51. $\lim_{x \to +\infty} \dfrac{x + \sin 2x}{x}$ **52.** $\lim_{x \to +\infty} \dfrac{2x - \sin x}{3x + \sin x}$

53. $\lim_{x \to +\infty} \dfrac{x(2+\sin 2x)}{x+1}$ **54.** $\lim_{x \to +\infty} \dfrac{x(2+\sin x)}{x^2+1}$

55. 図にあるのは電圧 V の起電力をもち，抵抗 R の抵抗器，インダクタンス L のコイルからなる電気回路である．電気回路の理論によると，時間 $t=0$ にこの回路に電圧がかけられたとき，時間 t において回路に流れる電流 I は
$$I = \frac{V}{R}(1 - e^{-Rt/L})$$
によって与えられる．抵抗を 0 に近づける（すなわち $R \to 0^+$）とき，固定された時間 t での電流はどのような影響を受けるか.

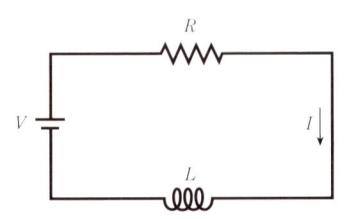

図 Ex-55

56. (a) $\lim_{x \to \pi/2} (\pi/2 - x)\tan x = 1$ であることを示せ.

(b) $\lim_{x \to \pi/2} \left(\dfrac{1}{\pi/2 - x} - \tan x\right) = 0$ であることを示せ.

(c) (b) より，x が $\pi/2$ に近いときには，
$$\tan x \approx \frac{1}{\pi/2 - x}$$
はよい近似になるはずである．電卓を使って，$x = 1.57$ に対する $\tan x$ と $1/(\pi/2 - x)$ の値を求めよ．そして，それらの値を比べよ．

57. C (a) CAS を使って，k が正の定数のとき，
$$\lim_{x \to +\infty} x(k^{1/x} - 1) = \ln k$$
であることを示せ．

(b) この結果をロピタルの定理を使って確かめよ．[ヒント：$t = 1/x$ を用いて極限を表せ．]

(c) n を正の整数とするとき，(a) で $x = n$ とすると，
$$n(\sqrt[n]{k} - 1) \approx \ln k$$
は n が大きければよい近似を与えるはずである．このことと電卓の平方根キーを使って $n = 1024$ に対する $\ln 0.3$ と $\ln 2$ の値を近似せよ．そして，得られたこれらの値を，電卓で直接求めた対数の値と比べよ．[ヒント：n が 2 のベキのとき n 乗根は平方根を何度もとることで得られる．]

58. ~ $f(x) = x^2 \sin(1/x)$ とする．

(a) 極限 $\lim_{x \to 0^+} f(x)$ と $\lim_{x \to 0^-} f(x)$ は不定形か．

(b) グラフィックユーティリティを使って f のグラフを描き，グラフから (a) の極限の値を予想せよ．

(c) はさみうちの定理 (定理 2.6.2) を使って，(b) の予想が正しいことを確かめよ．

59. 次の式が成り立つ k と ℓ をすべて求めよ．
$$\lim_{x \to 0} \frac{k + \cos \ell x}{x^2} = -4$$

60. (a) 次の問に対してはロピタルの定理が使えないことを説明せよ．
$$\lim_{x \to 0} \frac{x^2 \sin(1/x)}{\sin x}$$

(b) この極限値を求めよ．

61. もし存在するならば，$\lim_{x \to 0^+} \dfrac{x \sin(1/x)}{\sin x}$ を求めよ．

7.8 双曲線関数と懸垂線

この節では，e^x と e^{-x} の組み合わせでできる，双曲線関数とよばれる関数を学ぶ．これらの関数は，さまざまな工学的応用の分野で現れるが，三角関数と共通する性質を多くもつ．この類似性は，いくぶん驚くべきことではある．というのも，指数関数と三角関数のあいだに何らかの関係を示唆するものは表面的にはほとんどないからである．これは，より進んだ課程で学ぶ複素数の世界でそのような関係が生じているからである．

双曲線関数の定義

双曲線関数を導入するため，関数 e^x が偶関数と奇関数の和として次のように表されることをみてみる．
$$e^x = \underbrace{\frac{e^x + e^{-x}}{2}}_{\text{偶関数}} + \underbrace{\frac{e^x - e^{-x}}{2}}_{\text{奇関数}}$$

これらの関数はとても重要なので，関連する名前と記号がついていて，奇関数の方は x の双曲線正弦とよばれ，偶関数の方は x の双曲線余弦とよばれる．これらは
$$\sinh x = \frac{e^x - e^{-x}}{2}, \quad \cosh x = \frac{e^x + e^{-x}}{2}$$
と表される．ここで，$\sinh x$ はハイパボリック・サインと読み，$\cosh$ はハイパボリック・コサインと読む．これら 2 つの関数をもとに，さらに新しく 4 つの関数を作ることができ，これら 6 つの関数をまとめて**双曲線関数**という．

7.8.1 定義

双曲線正弦	$\sinh x = \dfrac{e^x - e^{-x}}{2}$	
双曲線余弦	$\cosh x = \dfrac{e^x + e^{-x}}{2}$	
双曲線正接	$\tanh x = \dfrac{\sinh x}{\cosh x} = \dfrac{e^x - e^{-x}}{e^x + e^{-x}}$	
双曲線余接	$\coth x = \dfrac{\cosh x}{\sinh x} = \dfrac{e^x + e^{-x}}{e^x - e^{-x}}$	
双曲線正割	$\operatorname{sech} x = \dfrac{1}{\cosh x} = \dfrac{2}{e^x + e^{-x}}$	
双曲線余割	$\operatorname{csch} x = \dfrac{1}{\sinh x} = \dfrac{2}{e^x - e^{-x}}$	

注意 記号 tanh, sech, csch はそれぞれ, ハイパボリック・タンジェント, ハイパボリック・セカント, ハイパボリック・コセカントと読む.

例 1

$$\sinh 0 = \frac{e^0 - e^0}{2} = \frac{1-1}{2} = 0$$

$$\cosh 0 = \frac{e^0 + e^0}{2} = \frac{1+1}{2} = 1$$

$$\sinh 2 = \frac{e^2 - e^{-2}}{2} \approx 3.6269$$

◀

双曲線関数のグラフ

図 7.8.1 に示されている双曲線関数のグラフはグラフィックユーティリティを使って描くことができる. しかし, $y = \cosh x$ のグラフの概形が, $y = \frac{1}{2}e^x$ と $y = \frac{1}{2}e^{-x}$ のグラフを別々に描き, 対応する y 座標を足し合わせて得られる (図 (a) をみよ) ことをみておくのは無駄ではない. 同様に, $y = \sinh x$ のグラフの概形は, $y = \frac{1}{2}e^x$ と $y = -\frac{1}{2}e^{-x}$ のグラフを別々に描き, 対応する y 座標を足し合わせて得られる (図 (b) をみよ).

$y = \sinh x$ の定義域は $(-\infty, +\infty)$, 値域は $(-\infty, +\infty)$ である. また, $y = \cosh x$ は定義域 $(-\infty, +\infty)$ と値域 $[1, +\infty)$ をもつ. さらに, $y = \frac{1}{2}e^x$ と $y = \frac{1}{2}e^{-x}$ は $y = \cosh x$ の漸近曲線であることがみてとれる. すなわち, $y = \cosh x$ のグラフは, $x \to +\infty$ とするとき $y = \frac{1}{2}e^x$ のグラフに限りなく近づき, $x \to -\infty$ とするとき $y = \frac{1}{2}e^{-x}$ のグラフに限りなく近づく (2.3 節の演習問題をみよ). 同様に, $y = \frac{1}{2}e^x$ と $y = -\frac{1}{2}e^{-x}$ は, それぞれ $x \to +\infty$, $x \to -\infty$ としたときの $y = \sinh x$ の漸近曲線である. 双曲線関数のその他の性質は演習問題で調べる.

懸垂線と他の応用

双曲線関数は, 弾性体の内部における振動や, より一般には, 力学的エネルギーがそれを取り巻く媒質によってしだいに吸収されていく際の数々の問題において現れる. また, 電話線が 2 本の柱のあいだにぶら下がっているように, 柔軟性のある均質なケーブルが 2 点のあいだで吊されているときにも双曲線関数が現れる. このようなケーブルは, ラテン語で "鎖" を意味する catena からカテナリー (懸垂線) とよばれる曲線をなす. 図 7.8.2 のように, このケーブルの最も低い点が y 軸上にあるような座標系を導入すると, 物理の法則を使って, こ

セントルイスのゲートウェイアーチのデザインは，双曲線余弦を上下反転したものである．

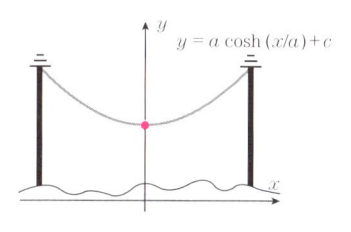

図 7.8.2

| (a) $y = \cosh x$ | (b) $y = \sinh x$ | (c) $y = \tanh x$ |
| (d) $y = \coth x$ | (e) $y = \operatorname{sech} x$ | (f) $y = \operatorname{csch} x$ |

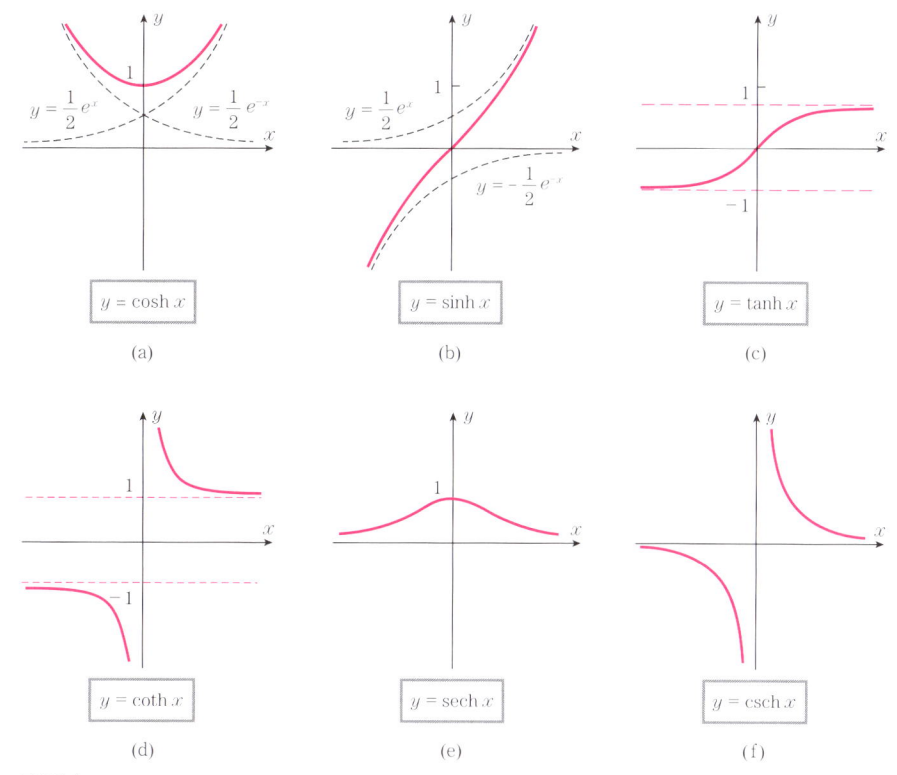

図 7.8.1

のケーブルが

$$y = a\cosh\left(\frac{x}{a}\right) + c$$

という形の方程式をもつことが示される．

双曲線恒等式

双曲線関数は，三角関数に関する恒等式に似たさまざまな恒等式を満たす．これらのうちで最も基本的なものは

$$\cosh^2 x - \sinh^2 x = 1 \tag{1}$$

である．これは，次のように証明される．

$$\begin{aligned}
\cosh^2 x - \sinh^2 x &= \left(\frac{e^x + e^{-x}}{2}\right)^2 - \left(\frac{e^x - e^{-x}}{2}\right)^2 \\
&= \tfrac{1}{4}\left(e^{2x} + 2e^0 + e^{-2x}\right) - \tfrac{1}{4}\left(e^{2x} - 2e^0 + e^{-2x}\right) \\
&= 1
\end{aligned}$$

双曲線関数に関する他の恒等式は，同様の方法か，あるいはすでに知られている恒等式に代数的演算を施すと導かれる．例えば，式 (1) を $\cosh^2 x$ で割ると

$$1 - \tanh^2 x = \operatorname{sech}^2 x$$

が得られ，式 (1) を $\sinh^2 x$ で割ると

$$\coth^2 x - 1 = \operatorname{csch}^2 x$$

が得られる．

次の定理は，双曲線関数に関する有用な恒等式のいくつかをまとめている．これらのうちで証明がまだ示されていないものは演習問題とする．

7.8.2 定理

$$\cosh x + \sinh x = e^x \qquad \sinh(x+y) = \sinh x \cosh y + \cosh x \sinh y$$
$$\cosh x - \sinh x = e^{-x} \qquad \cosh(x+y) = \cosh x \cosh y + \sinh x \sinh y$$
$$\cosh^2 x - \sinh^2 x = 1 \qquad \sinh(x-y) = \sinh x \cosh y - \cosh x \sinh y$$
$$1 - \tanh^2 x = \operatorname{sech}^2 x \qquad \cosh(x-y) = \cosh x \cosh y - \sinh x \sinh y$$
$$\coth^2 x - 1 = \operatorname{csch}^2 x \qquad \sinh 2x = 2 \sinh x \cosh x$$
$$\coth(-x) = \cosh x \qquad \cosh 2x = \cosh^2 x + \sinh^2 x$$
$$\sinh(-x) = -\sinh x \qquad \cosh 2x = 2 \sinh^2 x + 1$$
$$\cosh 2x = 2 \cosh^2 x - 1$$

これらが双曲線関数とよばれる理由

パラメータ方程式
$$x = \cos t, \quad y = \sin t \quad (0 \leq t \leq 2\pi)$$

は次式にみられるように，単位円 $x^2 + y^2 = 1$ を表すことを思い出そう（図 7.8.3a）.
$$x^2 + y^2 = \cos^2 t + \sin^2 t = 1$$

$0 \leq t \leq 2\pi$ のとき，パラメータ t は，x 軸の正の方向から点 $(\cos t, \sin t)$ までの角度をラジアンでみた値，あるいはいいかえると，図 7.8.3a において陰をつけた扇形の面積の 2 倍であると解釈できる（確かめよ）．同様に，パラメータ方程式
$$x = \cosh t, \quad y = \sinh t \quad (-\infty < t < +\infty)$$

は曲線 $y^2 - x^2 = 1$ の一部分を表す．このことは，
$$x^2 - y^2 = \cosh^2 t - \sinh^2 t = 1$$

と $x = \cosh t > 0$ であることから確かめられる．図 7.8.3b に示されている曲線は，**単位双曲線** とよばれる，より大きな曲線の右半分である．これが，この節における関数を 双曲線 関数とよぶ理由である．$t \geq 0$ ならば，パラメータ t は図 7.8.3b において陰をつけた部分の面積の 2 倍であると解釈できることが示される（詳細は省略する）．

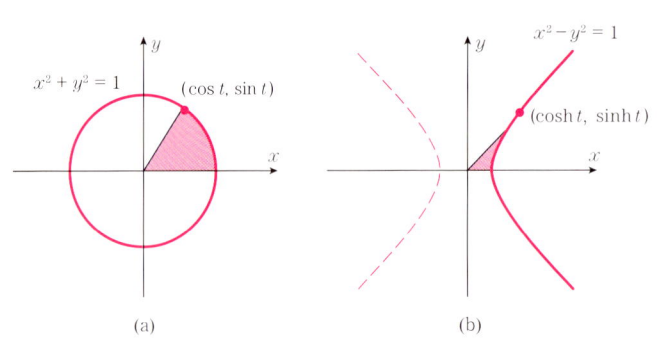

図 7.8.3

導関数と積分公式

$\sinh x, \cosh x$ の導関数は，これらの関数を e^x と e^{-x} で表すことにより得られる．
$$\frac{d}{dx}[\sinh x] = \frac{d}{dx}\left[\frac{e^x - e^{-x}}{2}\right] = \frac{e^x + e^{-x}}{2} = \cosh x$$

$$\frac{d}{dx}[\cosh x] = \frac{d}{dx}\left[\frac{e^x + e^{-x}}{2}\right] = \frac{e^x - e^{-x}}{2} = \sinh x$$

他の双曲線関数の導関数は，これらを $\sinh x$ と $\cosh x$ で表し，適当な恒等式を適用することにより得られる．例えば，

$$\frac{d}{dx}[\tanh x] = \frac{d}{dx}\left[\frac{\sinh x}{\cosh x}\right] = \frac{\cosh x \frac{d}{dx}[\sinh x] - \sinh x \frac{d}{dx}[\cosh x]}{\cosh^2 x}$$

$$= \frac{\cosh^2 x - \sinh^2 x}{\cosh^2 x} = \frac{1}{\cosh^2 x} = \operatorname{sech}^2 x$$

次の定理は，双曲線関数に対する一般化された導関数の公式とそれに対応する積分公式のすべてのリストを与える．

7.8.3 定理

$$\frac{d}{dx}[\sinh u] = \cosh u \frac{du}{dx} \qquad \int \cosh u\, du = \sinh u + C$$

$$\frac{d}{dx}[\cosh u] = \sinh u \frac{du}{dx} \qquad \int \sinh u\, du = \cosh u + C$$

$$\frac{d}{dx}[\tanh u] = \operatorname{sech}^2 u \frac{du}{dx} \qquad \int \operatorname{sech}^2 u\, du = \tanh u + C$$

$$\frac{d}{dx}[\coth u] = -\operatorname{csch}^2 u \frac{du}{dx} \qquad \int \operatorname{csch}^2 u\, du = -\coth u + C$$

$$\frac{d}{dx}[\operatorname{sech} u] = -\operatorname{sech} u \tanh u \frac{du}{dx} \qquad \int \operatorname{sech} u \tanh u\, du = -\operatorname{sech} u + C$$

$$\frac{d}{dx}[\operatorname{csch} u] = -\operatorname{csch} u \coth u \frac{du}{dx} \qquad \int \operatorname{csch} u \coth u\, du = -\operatorname{csch} u + C$$

例 2

$$\frac{d}{dx}\left[\cosh\left(x^3\right)\right] = \sinh\left(x^3\right) \cdot \frac{d}{dx}\left[x^3\right] = 3x^2 \sinh\left(x^3\right)$$

$$\frac{d}{dx}\left[\ln(\tanh x)\right] = \frac{1}{\tanh x} \cdot \frac{d}{dx}[\tanh x] = \frac{\operatorname{sech}^2 x}{\tanh x} \qquad \blacktriangleleft$$

例 3

$$\int \sinh^5 x \cosh x\, dx = \frac{1}{6}\sinh^6 x + C \qquad \boxed{\begin{array}{l} u = \sinh x \\ du = \cosh x\, dx \end{array}}$$

$$\int \tanh x\, dx = \int \frac{\sinh x}{\cosh x}\, dx \qquad \boxed{\begin{array}{l} u = \cosh x \\ du = \sinh x\, dx \end{array}}$$

$$= \ln|\cosh x| + C$$

$$= \ln(\cosh x) + C$$

絶対値の記号を省いてもよいのは，すべての x に対して $\cosh x > 0$ だからである． $\blacktriangleleft$

例 4 懸垂線 $y = 10\cosh(x/10)$ の $x = -10$ から $x = 10$ までの部分の長さを求めよ（図 7.8.4）．

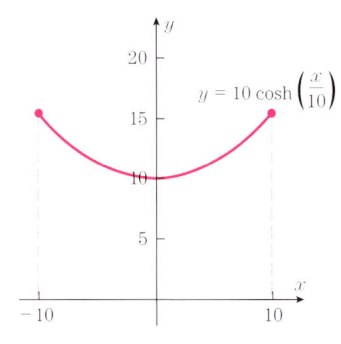

図 7.8.4

解 6.4 節の公式 (4) により，懸垂線の長さ L は次で与えられる．

$$L = \int_{-10}^{10} \sqrt{1 + \left(\frac{dy}{dx}\right)^2}\, dx$$

$$= 2\int_{0}^{10} \sqrt{1 + \left(\frac{dy}{dx}\right)^2}\, dx \quad \boxed{y\ \text{軸に関する対称性より}}$$

$$= 2\int_{0}^{10} \sqrt{1 + \sinh^2\left(\frac{x}{10}\right)}\, dx$$

$$= 2\int_{0}^{10} \cosh\left(\frac{x}{10}\right) dx \quad \boxed{\text{式 (1) と } \cosh x > 0 \text{ より}}$$

$$= 20\sinh\left(\frac{x}{10}\right)\Big]_{0}^{10}$$

$$= 20[\sinh 1 - \sinh 0] = 20\sinh 1 = 20\left(\frac{e - e^{-1}}{2}\right) \approx 23.50 \quad \blacktriangleleft$$

注意 Mathematica, Maple, あるいは Derive といった CAS は双曲線関数の値を直接求める機能が組み込まれているが，そうでない電卓もある．しかし，双曲線関数の値を電卓で求める必要があるならば，この例で行ったように，与えられたものを指数関数で表すことにより値を求めることができる．

双曲線関数の逆関数

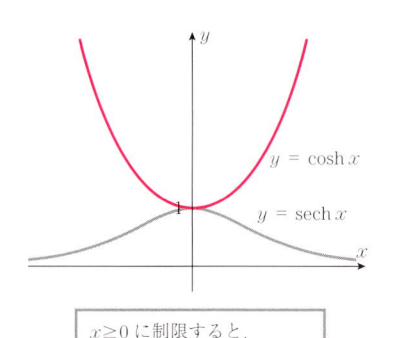

図 7.8.1 をみると，$\sinh x$, $\tanh x$, $\coth x$ および $\operatorname{csch} x$ のグラフは水平線テストを満たすが，$\cosh x$ と $\operatorname{sech} x$ のグラフは満たさないことが明らかにわかる．後者の場合，x を非負の範囲に制限することにより関数が可逆になる（図 7.8.5）．図 7.8.6 における 6 つの逆双曲線関数のグラフは，（適切な制限を行った）双曲線関数のグラフを直線 $y = x$ に関して折り返して得られる．

表 7.8.1 は，逆双曲線関数の基本的な性質をまとめたものである．この表に載せてある定義域と値域が，図 7.8.6 におけるグラフに一致していることを確かめよ．

$x\geq 0$ に制限すると，$\cosh x$ と $\operatorname{sech} x$ のグラフは水平線テストを満たす．

図 7.8.5

表 7.8.1

関数	定義域	値域	基本的関係	
$\sinh^{-1} x$	$(-\infty, +\infty)$	$(-\infty, +\infty)$	$-\infty < x < +\infty$ のとき $-\infty < x < +\infty$ のとき	$\sinh^{-1}(\sinh x) = x$ $\sinh(\sinh^{-1} x) = x$
$\cosh^{-1} x$	$[1, +\infty)$	$[0, +\infty)$	$x \geq 0$ のとき $x \geq 1$ のとき	$\cosh^{-1}(\cosh x) = x$ $\cosh(\cosh^{-1} x) = x$
$\tanh^{-1} x$	$(-1, 1)$	$(-\infty, +\infty)$	$-\infty < x < +\infty$ のとき $-1 < x < 1$ のとき	$\tanh^{-1}(\tanh x) = x$ $\tanh(\tanh^{-1} x) = x$
$\coth^{-1} x$	$(-\infty, -1) \cup (1, +\infty)$	$(-\infty, 0) \cup (0, +\infty)$	$x < 0$ または $x > 0$ のとき $x < -1$ または $x > 1$ のとき	$\coth^{-1}(\coth x) = x$ $\coth(\coth^{-1} x) = x$
$\operatorname{sech}^{-1} x$	$(0, 1]$	$[0, +\infty)$	$x > 0$ のとき $0 < x \leq 1$ のとき	$\operatorname{sech}^{-1}(\operatorname{sech} x) = x$ $\operatorname{sech}(\operatorname{sech}^{-1} x) = x$
$\operatorname{csch}^{-1} x$	$(-\infty, 0) \cup (0, +\infty)$	$(-\infty, 0) \cup (0, +\infty)$	$x < 0$ or $x > 0$ のとき $x < 0$ or $x > 0$ のとき	$\operatorname{csch}^{-1}(\operatorname{csch} x) = x$ $\operatorname{csch}(\operatorname{csch}^{-1} x) = x$

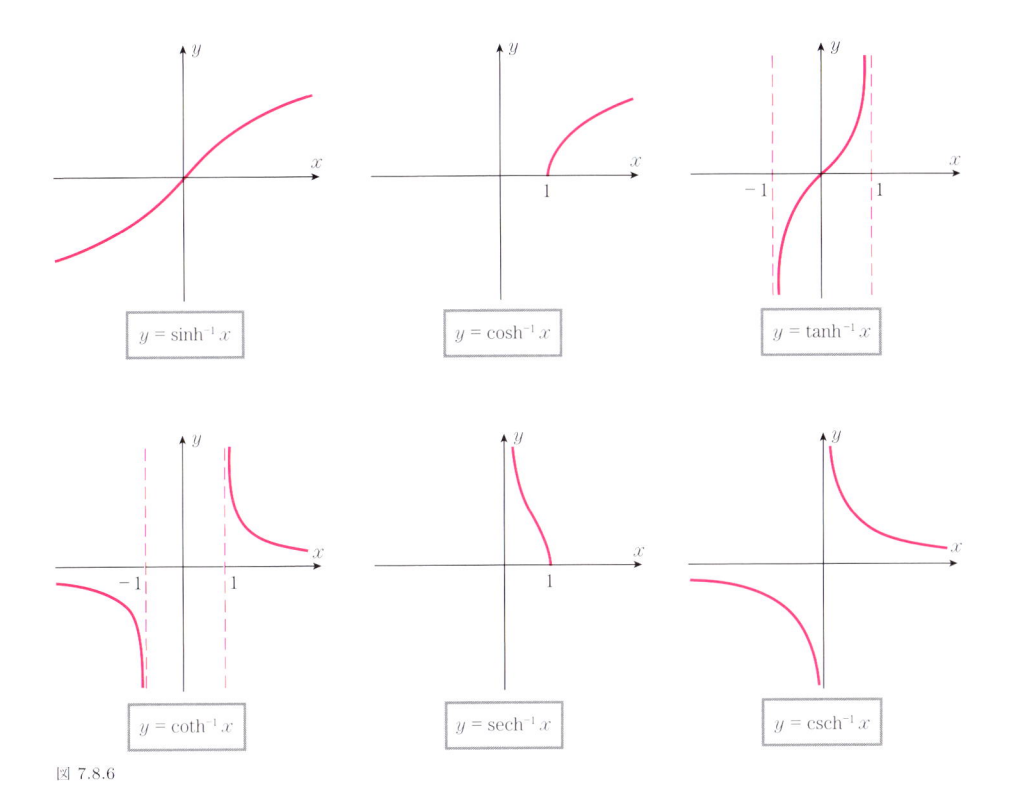

$$y = \sinh^{-1} x \qquad y = \cosh^{-1} x \qquad y = \tanh^{-1} x$$

$$y = \coth^{-1} x \qquad y = \operatorname{sech}^{-1} x \qquad y = \operatorname{csch}^{-1} x$$

図 7.8.6

逆双曲線関数の対数形

双曲線関数は e^x で表すことができるので，逆双曲線関数が自然対数で表せるということは驚くほどのことではない．次の定理は，このことが正しいことを示している．

> **7.8.4 定理** おのおのの逆双曲線関数の定義域に属するすべての x に対して，次の関係式が成り立つ．
>
> $$\sinh^{-1} x = \ln\left(x + \sqrt{x^2 + 1}\right) \qquad \cosh^{-1} x = \ln\left(x + \sqrt{x^2 - 1}\right)$$
>
> $$\tanh^{-1} x = \frac{1}{2}\ln\left(\frac{1+x}{1-x}\right) \qquad \coth^{-1} x = \frac{1}{2}\ln\left(\frac{x+1}{x-1}\right)$$
>
> $$\operatorname{sech}^{-1} x = \ln\left(\frac{1 + \sqrt{1-x^2}}{x}\right) \qquad \operatorname{csch}^{-1} x = \ln\left(\frac{1}{x} + \frac{\sqrt{1+x^2}}{|x|}\right)$$

この定理の最初の式の導き方のみを示し，残りの式については演習問題とする．基本的な考え方は，まず方程式 $x = \sinh y$ を指数関数を用いて書き表し，次にこの方程式を y について x の関数として解くことである．これによって，$\sinh^{-1} x$ が自然対数で表された形になっている方程式 $y = \sinh^{-1} x$ が得られる．$x = \sinh y$ を指数関数を用いて表すと

$$x = \sinh y = \frac{e^y - e^{-y}}{2}$$

となるが，これは

$$e^y - 2x - e^{-y} = 0$$

と書き直すことができる．この式全体に e^y を掛けると
$$e^{2y} - 2xe^y - 1 = 0$$
が得られ，これに 2 次方程式の解の公式を適用すると
$$e^y = \frac{2x \pm \sqrt{4x^2 + 4}}{2} = x \pm \sqrt{x^2 + 1}$$
となる．$e^y > 0$ より，負の符号を含む解は不適であるから捨てる．したがって，
$$e^y = x + \sqrt{x^2 + 1}$$
である．自然対数をとると
$$y = \ln\left(x + \sqrt{x^2 + 1}\right) \quad \text{すなわち} \quad \sinh^{-1} x = \ln\left(x + \sqrt{x^2 + 1}\right)$$
となる．

例 5
$$\sinh^{-1} 1 = \ln\left(1 + \sqrt{1^2 + 1}\right) = \ln\left(1 + \sqrt{2}\right) \approx 0.8814$$

$$\tanh^{-1}\left(\frac{1}{2}\right) = \frac{1}{2} \ln\left(\frac{1 + \frac{1}{2}}{1 - \frac{1}{2}}\right) = \frac{1}{2} \ln 3 \approx 0.5493 \quad \blacktriangleleft$$

逆双曲線関数の導関数と積分

定理 7.1.6 を使って逆双曲線関数の微分可能性を示すことができ（詳細は省く），導関数に対する公式が定理 7.8.4 から得られる．例えば，
$$\frac{d}{dx}\left[\sinh^{-1} x\right] = \frac{d}{dx}\left[\ln\left(x + \sqrt{x^2 + 1}\right)\right] = \frac{1}{x + \sqrt{x^2 + 1}} \left(1 + \frac{x}{\sqrt{x^2 + 1}}\right)$$
$$= \frac{\sqrt{x^2 + 1} + x}{\left(x + \sqrt{x^2 + 1}\right)\left(\sqrt{x^2 + 1}\right)} = \frac{1}{\sqrt{x^2 + 1}}$$

この計算により 2 つの積分公式，すなわち $\sinh^{-1}$ を含む公式と，対数を含むこれと同値な公式が得られる．
$$\int \frac{dx}{\sqrt{x^2 + 1}} = \sinh^{-1} x + C = \ln\left(x + \sqrt{x^2 + 1}\right) + C$$

> **読者へ** $\sinh^{-1} x$ の導関数は，$y = \sinh^{-1} x$ とおき方程式 $x = \sinh y$ を陰関数微分することによって得ることもできる．試してみよ．

次の 2 つの定理は，逆双曲線関数に対する一般化された導関数公式とそれに対応する積分公式の一覧表を与える．いくつかの証明は演習問題で扱う．

7.8.5 定理

$$\frac{d}{dx}\left(\sinh^{-1} u\right) = \frac{1}{\sqrt{1 + u^2}} \frac{du}{dx} \qquad \frac{d}{dx}\left(\coth^{-1} u\right) = \frac{1}{1 - u^2} \frac{du}{dx}, \ |u| > 1$$

$$\frac{d}{dx}\left(\cosh^{-1} u\right) = \frac{1}{\sqrt{u^2 - 1}} \frac{du}{dx}, \ |u| > 1 \qquad \frac{d}{dx}\left(\text{sech}^{-1} u\right) = -\frac{1}{u\sqrt{1 - u^2}} \frac{du}{dx}, \ 0 < u < 1$$

$$\frac{d}{dx}\left(\tanh^{-1} u\right) = \frac{1}{1 - u^2} \frac{du}{dx}, \ |u| < 1 \qquad \frac{d}{dx}\left(\text{csch}^{-1} u\right) = -\frac{1}{|u|\sqrt{1 + u^2}} \frac{du}{dx}, \ u \neq 0$$

7.8.6 定理 $a > 0$ に対して,

$$\int \frac{du}{\sqrt{a^2 + u^2}} = \sinh^{-1}\left(\frac{u}{a}\right) + C \quad \text{または} \quad \ln\left(u + \sqrt{u^2 + a^2}\right) + C$$

$$\int \frac{du}{\sqrt{u^2 - a^2}} = \cosh^{-1}\left(\frac{u}{a}\right) + C \quad \text{または} \quad \ln\left(u + \sqrt{u^2 - a^2}\right) + C, \quad u > a$$

$$\int \frac{du}{a^2 - u^2} = \begin{cases} \frac{1}{a}\tanh^{-1}\left(\frac{u}{a}\right) + C, & |u| < a \\ \frac{1}{a}\coth^{-1}\left(\frac{u}{a}\right) + C, & |u| > a \end{cases} \quad \text{または} \quad \frac{1}{2a}\ln\left|\frac{a+u}{a-u}\right| + C, \quad |u| \neq a$$

$$\int \frac{du}{u\sqrt{a^2 - u^2}} = -\frac{1}{a}\operatorname{sech}^{-1}\left|\frac{u}{a}\right| + C \quad \text{または} \quad -\frac{1}{a}\ln\left(\frac{a + \sqrt{a^2 - u^2}}{|u|}\right) + C, \quad 0 < |u| < a$$

$$\int \frac{du}{u\sqrt{a^2 + u^2}} = -\frac{1}{a}\operatorname{csch}^{-1}\left|\frac{u}{a}\right| + C \quad \text{または} \quad -\frac{1}{a}\ln\left(\frac{a + \sqrt{a^2 + u^2}}{|u|}\right) + C, \quad u \neq 0$$

例 6 不定積分 $\displaystyle\int \frac{dx}{\sqrt{4x^2 - 9}}$, $x > \frac{3}{2}$ を求めよ.

解 $u = 2x$ とおく. このとき, $du = 2\,dx$ であり,

$$\int \frac{dx}{\sqrt{4x^2 - 9}} = \frac{1}{2}\int \frac{2\,dx}{\sqrt{4x^2 - 9}} = \frac{1}{2}\int \frac{du}{\sqrt{u^2 - 3^2}}$$

$$= \frac{1}{2}\cosh^{-1}\left(\frac{u}{3}\right) + C = \frac{1}{2}\cosh^{-1}\left(\frac{2x}{3}\right) + C$$

あるいは, $\cosh^{-1}(2x/3)$ と同値な対数表示

$$\cosh^{-1}\left(\frac{2x}{3}\right) = \ln\left(2x + \sqrt{4x^2 - 9}\right) - \ln 3$$

(確かめよ) を用いて, 答えを

$$\int \frac{dx}{\sqrt{4x^2 - 9}} = \frac{1}{2}\ln\left(2x + \sqrt{4x^2 - 9}\right) + C$$

と表すこともできる. ◂

演習問題 7.8 〜 グラフィックユーティリティ C CAS

問題 **1** と **2** では, 与えられた式の近似値を小数第 4 位まで求めよ.

1. (a) $\sinh 3$ (b) $\cosh(-2)$ (c) $\tanh(\ln 4)$
   (d) $\sinh^{-1}(-2)$ (e) $\cosh^{-1} 3$ (f) $\tanh^{-1} \frac{3}{4}$

2. (a) $\operatorname{csch}(-1)$ (b) $\operatorname{sech}(\ln 2)$ (c) $\coth 1$
   (d) $\operatorname{sech}^{-1} \frac{1}{2}$ (e) $\coth^{-1} 3$ (f) $\operatorname{csch}^{-1}(-\sqrt{3})$

3. 次の各問において, 与えられた式の正確な値を求めよ.
   (a) $\sinh(\ln 3)$ (b) $\cosh(-\ln 2)$
   (c) $\tanh(2\ln 5)$ (d) $\sinh(-3\ln 2)$

4. 次の各問において, 与えられた式を多項式の比の形に書き直せ.
   (a) $\cosh(\ln x)$ (b) $\sinh(\ln x)$
   (c) $\tanh(2\ln x)$ (d) $\cosh(-\ln x)$

5. 次の各問において, 不特定の正の数 x_0 における双曲線関数の値が与えられている. 適切な恒等式を用いて, 他の 5 つの双曲線関数の x_0 における正確な値をそれぞれ求めよ.
   (a) $\sinh x_0 = 2$ (b) $\cosh x_0 = \frac{5}{4}$ (c) $\tanh x_0 = \frac{4}{5}$

6. $\sinh x, \cosh x, \tanh x$ の導関数公式から, $\operatorname{csch} x$, $\operatorname{sech} x, \coth x$ の導関数公式を導け.

7. 方程式 $x = \sinh y, x = \cosh y$, および $x = \tanh y$ を陰関数微分することにより, $\sinh^{-1} x, \cosh^{-1} x$, および $\tanh^{-1} x$ の導関数を求めよ.

8. C CAS を使って $\sinh^{-1} x, \cosh^{-1} x, \tanh^{-1} x$, $\coth^{-1} x, \operatorname{sech}^{-1} x$, および $\operatorname{csch}^{-1} x$ の導関数を求め, その答えが定理 7.8.5 におけるものと比べて矛盾するところはないことを確かめよ.

問題 **9–28** では，dy/dx を求めよ．

9. $y = \sinh(4x - 8)$
10. $y = \cosh(x^4)$
11. $y = \coth(\ln x)$
12. $y = \ln(\tanh 2x)$
13. $y = \operatorname{csch}(1/x)$
14. $y = \operatorname{sech}(e^{2x})$
15. $y = \sqrt{4x + \cosh^2(5x)}$
16. $y = \sinh^3(2x)$
17. $y = x^3 \tanh^2(\sqrt{x})$
18. $y = \sinh(\cos 3x)$
19. $y = \sinh^{-1}\left(\frac{1}{3}x\right)$
20. $y = \sinh^{-1}(1/x)$
21. $y = \ln(\cosh^{-1} x)$
22. $y = \cosh^{-1}(\sinh^{-1} x)$
23. $y = \dfrac{1}{\tanh^{-1} x}$
24. $y = \left(\coth^{-1} x\right)^2$
25. $y = \cosh^{-1}(\cosh x)$
26. $y = \sinh^{-1}(\tanh x)$
27. $y = e^x \operatorname{sech}^{-1}\sqrt{x}$
28. $y = \left(1 + x \operatorname{csch}^{-1} x\right)^{10}$

29. [C] CAS を使って例 2 における導関数を求めよ．もし CAS を使った答えが本書における答えと一致していなければ，適当な恒等式を用いてこの 2 つの答えが同値であることを示せ．

30. [C] 問題 **9–28** において得られたおのおのの答えの正誤を，CAS を使って確かめよ．もし CAS を使った答えが読者の答えと一致していなければ，この 2 つの答えが同値であることを示せ．

問題 **31-46** では，積分を求めよ．

31. $\displaystyle\int \sinh^6 x \cosh x \, dx$
32. $\displaystyle\int \cosh(2x - 3) \, dx$
33. $\displaystyle\int \sqrt{\tanh x} \operatorname{sech}^2 x \, dx$
34. $\displaystyle\int \operatorname{csch}^2(3x) \, dx$
35. $\displaystyle\int \tanh x \, dx$
36. $\displaystyle\int \coth^2 x \operatorname{csch}^2 x \, dx$
37. $\displaystyle\int_{\ln 2}^{\ln 3} \tanh x \operatorname{sech}^3 x \, dx$
38. $\displaystyle\int_0^{\ln 3} \frac{e^x - e^{-x}}{e^x + e^{-x}} \, dx$
39. $\displaystyle\int \frac{dx}{\sqrt{1 + 9x^2}}$
40. $\displaystyle\int \frac{dx}{\sqrt{x^2 - 2}} \quad (x > \sqrt{2})$
41. $\displaystyle\int \frac{dx}{\sqrt{1 - e^{2x}}} \quad (x < 0)$
42. $\displaystyle\int \frac{\sin\theta \, d\theta}{\sqrt{1 + \cos^2\theta}}$
43. $\displaystyle\int \frac{dx}{x\sqrt{1 + 4x^2}}$
44. $\displaystyle\int \frac{dx}{\sqrt{9x^2 - 25}} \quad (x > 5/3)$
45. $\displaystyle\int_0^{1/2} \frac{dx}{1 - x^2}$
46. $\displaystyle\int_0^{\sqrt{3}} \frac{dt}{\sqrt{t^2 + 1}}$

47. [C] 問題 **31–46** において計算したおのおのの積分の正誤を，CAS を使って確かめよ．もし CAS を使った答えが読者の答えと一致していなければ，この 2 つの答えが同値であることを示せ．

48. ∼ 関数 $\sinh x$, $\cosh x$, $\tanh x$ を e^x, e^{-x} で表し，グラフィックユーティリティを使ってこれらの関数のグラフを描け．もしグラフィックユーティリティが双曲線関数のグラフを直接描けるならば，これらの関数のグラフを直接描くこともしてみよ．

49. $y = \sinh 2x$, $y = 0$, および $x = \ln 3$ に囲まれた部分の面積を求めよ．

50. $y = \operatorname{sech} x$, $y = 0$, $x = 0$, および $x = \ln 2$ に囲まれた領域を x 軸の周りに回転させて生成される立体の体積を求めよ．

51. $y = \cosh 2x$, $y = \sinh 2x$, $x = 0$, および $x = 5$ に囲まれた領域を x 軸の周りに回転させて生成されるれる立体の体積を求めよ．

52. ∼ $y = \cosh ax$, $y = 0$, $x = 0$, および $x = 1$ に囲まれた部分の面積が 2 であるような正の定数 a の値の近似値を，少なくとも小数第 5 位まで求めよ．

53. $y = \cosh x$ の $x = 0$ と $x = \ln 2$ のあいだの部分の弧の長さを求めよ．

54. 懸垂線 $y = a\cosh(x/a)$ の $x = 0$ と $x = x_1$ $(x_1 > 0)$ のあいだの部分の弧の長さを求めよ．

55. $\sinh x$ が x の奇関数，$\cosh x$ が x の偶関数であることを証明し，これが図 7.8.1 におけるグラフと比べて矛盾するところはないことを証明せよ．

問題 **56** と **57** では，与えられた式が恒等式であることを証明せよ．

56. (a) $\cosh x + \sinh x = e^x$
(b) $\cosh x - \sinh x = e^{-x}$
(c) $\sinh(x + y) = \sinh x \cosh y + \cosh x \sinh y$
(d) $\sinh 2x = 2 \sinh x \cosh x$
(e) $\cosh(x + y) = \cosh x \cosh y + \sinh x \sinh y$
(f) $\cosh 2x = \cosh^2 x + \sinh^2 x$
(g) $\cosh 2x = 2 \sinh^2 x + 1$
(h) $\cosh 2x = 2 \cosh^2 x - 1$

57. (a) $1 - \tanh^2 x = \operatorname{sech}^2 x$
(b) $\tanh(x + y) = \dfrac{\tanh x + \tanh y}{1 + \tanh x \tanh y}$
(c) $\tanh 2x = \dfrac{2 \tanh x}{1 + \tanh^2 x}$

58. 次を証明せよ．
(a) $\cosh^{-1} x = \ln\left(x + \sqrt{x^2 - 1}\right)$, $x \geq 1$
(b) $\tanh^{-1} x = \dfrac{1}{2}\ln\left(\dfrac{1 + x}{1 - x}\right)$, $-1 < x < 1$

59. 問題 **58** を用いて，$\cosh^{-1} x$ と $\tanh^{-1} x$ の導関数公式を導け．

60. 次を証明せよ．
$$\operatorname{sech}^{-1} x = \cosh^{-1}(1/x), \quad 0 < x \leq 1$$
$$\coth^{-1} x = \tanh^{-1}(1/x), \quad |x| > 1$$
$$\operatorname{csch}^{-1} x = \sinh^{-1}(1/x), \quad x \neq 0$$

61. 問題 **60** を用いて，不定積分
$$\int \frac{du}{1 - u^2}$$
をすべて $\tanh^{-1}$ の式で表せ．

62. 次を示せ．
(a) $\dfrac{d}{dx}\left[\operatorname{sech}^{-1}|x|\right] = -\dfrac{1}{x\sqrt{1 - x^2}}$
(b) $\dfrac{d}{dx}\left[\operatorname{csch}^{-1}|x|\right] = -\dfrac{1}{x\sqrt{1 + x^2}}$

63. 次の極限を求め，それらが図 7.8.1 および 7.8.6 におけるグラフと比べて矛盾するところはないことを確かめよ．

(a) $\lim_{x \to +\infty} \sinh x$ (b) $\lim_{x \to -\infty} \sinh x$

(c) $\lim_{x \to +\infty} \tanh x$ (d) $\lim_{x \to -\infty} \tanh x$

(e) $\lim_{x \to +\infty} \sinh^{-1} x$ (f) $\lim_{x \to 1^-} \tanh^{-1} x$

64. 次の極限を求めよ．

(a) $\lim_{x \to +\infty} (\cosh^{-1} x - \ln x)$ (b) $\lim_{x \to +\infty} \dfrac{\cosh x}{e^x}$

65. 1 階および 2 階の導関数を用いて，$y = \tanh^{-1} x$ のグラフが常に増加しており，原点で変曲点をもつことを示せ．

66. 定理 7.8.6 における $1/\sqrt{u^2 - a^2}$ の積分公式は，$u > a$ において成り立っている．次の式
$$\int \frac{du}{\sqrt{u^2 - a^2}} = -\cosh^{-1}\left(-\frac{u}{a}\right) + C = \ln\left|u + \sqrt{u^2 - a^2}\right| + C$$
が $u < -a$ において成り立つことを示せ．

67. $(\sinh x + \cosh x)^n = \sinh nx + \cosh nx$ を示せ．

68. 次の式を示せ．
$$\int_{-a}^{a} e^{tx} dx = \frac{2 \sinh at}{t}$$

69. 図 7.8.2 に示されているように，ケーブルが 2 本の柱のあいだで吊されている．このケーブルのなす曲線の方程式が $y = a \cosh(x/a)$ であると仮定する．ここで，a は正の定数である．また，支柱の点の x 座標が $x = -b$ および $x = b$ （ただし，$b > 0$）とする．

(a) このケーブルの長さ L は
$$L = 2a \sinh \frac{b}{a}$$
で与えられることを示せ．

(b) たわみ S（ケーブル上の最も高い点と低い点の垂直方向の距離）は
$$S = a \cosh \frac{b}{a} - a$$
で与えられることを示せ．

> 問題 **70** と **71** では，問題 **69** で記述された吊されているケーブルを参照せよ．

70. ～ ケーブルは 120 フィート（ft）の長さで 2 本の柱は 100 ft 離れているとするとき，a の近似値を求めて，ケーブルのたわみの近似値を $\frac{1}{10}$ ft の単位まで求めよ．[ヒント：まず $u = 50/a$ とおいてみよ．]

71. ～ 2 本の柱は 400 ft 離れていて ケーブルのたわみは 30 ft であるとするとき，a の近似値を求めて，ケーブルの長さの近似値を $\frac{1}{10}$ ft の単位まで求めよ．[ヒント：まず $u = 200/a$ とおいてみよ．]

72. 図は，船首につながれた長さ a の綱を持ってボートを引っ張り，波止場の縁に沿って歩く人を示している．綱は常にボートの船首の描く曲線に接していると仮定するとき，この曲線（**トラクトリクス**とよばれる）には，接線上で曲線と y 軸のあいだの部分が一定の長さ a をもつ，という性質がある．このトラクトリクスの方程式は
$$y = a \operatorname{sech}^{-1} \frac{x}{a} - \sqrt{a^2 - x^2}$$
であることが証明される．

(a) ボートの船首を点 (x, y) に動かすためには，人は原点から距離
$$D = a \operatorname{sech}^{-1} \frac{x}{a}$$
だけ歩かなければならないことを示せ．

(b) 綱の長さを 15 m とするとき，ボートを波止場から 10 m のところに持ってくるためには，人は原点からどれだけ歩かなければならないか．答えは四捨五入して小数第 2 位まで求めよ．

(c) 船首がはじめの位置からスタートして波止場から 5 m の点まで動くあいだに，船首がトラクトリクスに沿って移動する距離を求めよ．

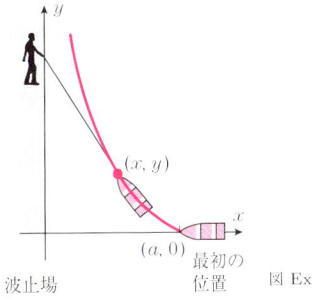

図 Ex-72

補充問題

～ グラフィックユーティリティ C CAS

1. (a) 2 つの関数 f と g が互いに他の逆関数となる条件を述べ，そのような例をいくつか挙げよ．

(b) f と g が互いに他の逆関数のとき，$y = f(x)$ と $y = g(x)$ のグラフの関係を言葉で説明せよ．

(c) 互いに他の逆関数である関数 f と g の定義域と値域の関係はどのようなものか．

(d) 関数 f が逆関数をもつためには，どのような条件を満たさなければならないか．逆関数をもたない関数の例をいくつか挙げよ．

(e) f と g が互いに他の逆関数であり，f が連続のとき，g は必ず連続か．答えを支持する厳密ではなくとも納得のいく論拠を与えよ．

(f) f と g が互いに他の逆関数であり，f が微分可能のとき，g は必ず微分可能か．答えを支持する厳密ではなくとも納得のいく論拠を与えよ．

2. (a) $\sin^{-1} x, \cos^{-1} x, \tan^{-1} x$ および $\sec^{-1} x$ の定義において, $\sin x, \cos x, \tan x$ および $\sec x$ が1対1となるために課される, これらの関数の定義域の制限について述べよ.
   (b) (a) における制限された三角関数とそれらの逆関数のグラフの概形を描け.

3. 次の各問において, 逆関数が存在するならば $f^{-1}(x)$ を求めよ.
   (a) $f(x) = 8x^3 - 1$ (b) $f(x) = x^2 - 2x + 1$
   (c) $f(x) = (e^x)^2 + 1$ (d) $f(x) = (x+2)/(x-1)$

4. $f(x) = (ax+b)/(cx+d)$ とする. f^{-1} が存在するための a, b, c, d に対する条件は何か. また, $f^{-1}(x)$ を求めよ.

5. 次の関数を x の有理関数として表せ.
   $$3\ln\left(e^{2x}(e^x)^3\right) + 2\exp(\ln 1)$$

6. 次の各問において, 与えられた式の正確な数値を求めよ.
   (a) $\cos\left[\cos^{-1}(4/5) + \sin^{-1}(5/13)\right]$
   (b) $\sin\left[\sin^{-1}(4/5) + \cos^{-1}(5/13)\right]$

7. 次の恒等式を証明せよ.
   (a) $\cosh 3x = 4\cosh^3 x - 3\cosh x$
   (b) $\cosh \frac{1}{2}x = \sqrt{\frac{1}{2}(\cosh x + 1)}$
   (c) $\sinh \frac{1}{2}x = \pm\sqrt{\frac{1}{2}(\cosh x - 1)}$

8. 定数 C, k に対して $y = Ce^{kt}$ とし, $Y = \ln y$ とおく. Y の t に対するグラフは直線であることを示し, その傾きと Y 切片を答えよ.

9. ≈ (a) 曲線 $y = \pm e^{-x/2}$ および $y = e^{-x/2}\sin 2x$ の $-\pi/2 \le x \le 3\pi/2$ におけるグラフの概形を同じ座標平面に描き, グラフィックユーティリティを使ってそれらの正誤を確かめよ.
   (b) 曲線 $y = e^{-x/2}\sin 2x$ の (a) で指定された区間における x 切片をすべて求めよ. また, この曲線と曲線 $y = \pm e^{-x/2}$ の交点の x 座標をすべて求めよ.

10. ≈ 次の各問において, グラフの概形を描き, グラフィックユーティリティを使ってそれらの正誤を確かめよ.
    (a) $f(x) = 3\sin^{-1}(x/2)$
    (b) $f(x) = \cos^{-1} x - \pi/2$
    (c) $f(x) = 2\tan^{-1}(-3x)$
    (d) $f(x) = \cos^{-1} x + \sin^{-1} x$

11. ≈ ミズーリ州セントルイスにある the Gateway Arch の設計は, 建築家 Eero Saarinan が, Dr.Hannskarl Badel によって作られた方程式を用いて行った. このアーチの中心線に使われた方程式は, -299.2239 と 299.2239 のあいだの x に対して
    $$y = 693.8597 - 68.7672\cosh(0.0100333x)$$ フィート (ft)
    であった.
    (a) グラフィックユーティリティを用いて, このアーチの中心線のグラフを描け.
    (b) この中心線の長さを小数第4位まで求めよ.
    (c) このアーチの高さが 100 ft になるのは, x の値がどのようなときか. 答えは四捨五入して, 小数第4位まで求めよ.
    (d) このアーチの端において中心線の接線が地面となす鋭角の角度を, 度数法で $1°$ の単位まで求めよ.

12. ≈ (a) $x > 0$ および $k \ne 0$ のとき, 方程式
    $$x^k = e^x \quad \text{と} \quad \frac{\ln x}{x} = \frac{1}{k}$$
    は同じ解をもつことを示せ.
    (b) $y = (\ln x)/x$ のグラフを用いて, 方程式 $x^k = e^x$ が2つの異なる正の解をもつ k の値を求めよ.
    (c) $x^8 = e^x$ の正の解を概算せよ.

13. ≈ (a) $y = \ln x$ と $y = x^{0.2}$ のグラフは交わることを示せ.
    (b) 方程式 $\ln x = x^{0.2}$ の解の近似値を小数第3位まで求めよ.

14. 図に示されているように, 中空の筒が, 筒の一端にある水平軸の周りを一定の角速度 ω rad/s で回転しているとする. 筒が回転しているあいだ, ある物体がこの筒の内部を摩擦なしで自由に滑るものとする. 時間 t におけるこの物体と回転軸との距離を r とし, $t = 0$ においてこの物体は静止していて $r = 0$ と仮定する. 時間 $t = 0$ においてこの筒が水平であり, 図に示されているように回転するならば, この物体が筒の内部にあるあいだ
    $$r = \frac{g}{2\omega^2}\left[\sinh(\omega t) - \sin(\omega t)\right]$$
    が成り立つ. t の単位は秒, r の単位はメートルとし, $g = 9.8 \text{ m/s}^2$ および $\omega = 2 \text{ rad/s}$ を用いる.
    (a) r の t に対するグラフを, $0 \le t \le 1$ の範囲で描け.
    (b) この筒の長さは 1 m であるとするとき, この物体が筒の端点にたどり着くまでにおよそどれだけの時間がかかるか.
    (c) (b) の結果を用いて, この物体が筒の端点にたどり着いた瞬間における dr/dt の値の近似値を求めよ.

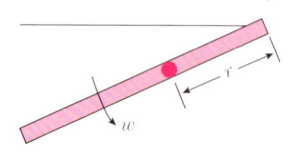

図 Ex-14

15. 次の各問において, 適切な方法を用いて dy/dx を求めよ.
    (a) $y = e^{\ln(x^3+1)}$ (b) $y = \dfrac{a}{1+be^{-x}}$
    (c) $y = \ln\left(\dfrac{\sqrt{x}\sqrt[3]{x+1}}{\sin x \sec x}\right)$ (d) $y = (1+x)^{1/x}$
    (e) $y = x^{(e^x)}$ (f) $x^2 \sinh y = 1$

16. 任意の実数の定数 a, b に対して, 関数 $y = e^{ax}\sin bx$ は
    $$y'' - 2ay' + (a^2 + b^2)y = 0$$

17. 関数 $y = \tan^{-1} x$ は
$$y'' = -2\sin y \cos^3 y$$
を満たすことを証明せよ.

18. 任意の定数 a に対して, 関数 $y = \sinh(ax)$ は方程式 $y'' = a^2 y$ を満たすことを証明せよ.

19. 直線 $y = x$ が $y = \log_b x$ のグラフと接する b の値を求めよ. また, $y = x$ と $y = \log_b x$ のグラフを同じ座標平面に描いて, その結果が正しいことを確かめよ.

20. 次の各問において, $y = f(x)$ と $y = \ln x$ のグラフが, それらの共有点において共通の接線をもつ k の値を求めよ. また, $y = f(x)$ と $y = \ln x$ のグラフを同じ座標平面に描いて, その結果が正しいことを確かめよ.
    (a) $f(x) = \sqrt{x} + k$
    (b) $f(x) = k\sqrt{x}$

問題 21 と 22 では, (もし存在するならば) 与えられた区間における f の最小値 m と最大値 M を求めよ. また, どこで最極値が起こるか述べよ.

21. $f(x) = e^x/x^2$; $(0, +\infty)$ 22. $f(x) = x^x$; $(0, +\infty)$

23. $f(x) = 1/x$ に対して, 区間 $[1, e]$ 上の積分における積分の平均値の定理 (定理 5.6.2) での方程式 (7) を満たす x^* の値をすべて求めよ. また, これらの値はどんなことを表すのか説明せよ.

24. C ある野生生物の集団の時間 t における個体数が
$$N(t) = \frac{340}{1 + 9(0.77)^t}, \quad t \geq 0$$
で与えられているとする. ここで, t の単位は年である. およそどの時点で, この集団の大きさは最も速く増加するか.

問題 25-28 では, 手で積分を求め, もしもっているならばその答えを CAS で確かめよ.

25. $\displaystyle\int_e^{e^2} \frac{dx}{x\ln x}$ 26. $\displaystyle\int_0^1 \frac{dx}{\sqrt{e^x}}$

27. $\displaystyle\int_0^{\ln\sqrt{2}} \frac{1 + \cos(e^{-2x})}{e^{2x}} dx$

28. $\displaystyle\int \frac{e^{2x}}{e^x + 3} dx$ [ヒント: e^{2x} を $e^x + 3$ で割ってみよ.]

29. 納得のできる幾何的な理由を与えて,
$$\int_1^e \ln x\, dx + \int_0^1 e^x\, dx = e$$
を示せ.

30. 次の極限を, 区間 $[0,1]$ を n 個の小区間に等分割して得られるあるリーマン和の極限とみて求めよ.
$$\lim_{n\to+\infty} \frac{e^{1/n} + e^{2/n} + e^{3/n} + \cdots + e^{n/n}}{n}$$

31. (a) 区間 $[1, 2]$ を 5 個の小区間に等分割し適切なリーマン和を用いて,
$$0.2\left[\frac{1}{1.2} + \frac{1}{1.4} + \frac{1}{1.6} + \frac{1}{1.8} + \frac{1}{2.0}\right] < \ln 2$$
$$< 0.2\left[\frac{1}{1.0} + \frac{1}{1.2} + \frac{1}{1.4} + \frac{1}{1.6} + \frac{1}{1.8}\right]$$
を示せ.
    (b) 区間 $[1, 2]$ を n 個の小区間に等分割し適切なリーマン和を用いて,
$$\sum_{k=1}^n \frac{1}{n+k} < \ln 2 < \sum_{k=0}^{n-1} \frac{1}{n+k}$$
を示せ.
    (c) (b) における 2 つの和の差は $1/(2n)$ であることを示し, この結果を用いて, (a) における和がともに $\ln 2$ をたかだか 0.1 の誤差で近似することを示せ.
    (d) (b) における和がともに $\ln 2$ を小数第 3 位まで近似することを保証するためには, n はどれくらい大きくなければならないか.

32. 区間 $[0, 5]$ 上の曲線 $y = e^x$ の下の領域の面積に対する左端点近似, 右端点近似, および中点近似を, 5 個の部分区間に分割した場合について求めよ.

問題 33 と 34 では, 計算ユーティリティを使って, 与えられた区間上の曲線 $y = f(x)$ の下の領域の面積に対する左端点近似, 右端点近似, および中点近似を, 10 個の部分区間に分割した場合について求めよ.

33. $y = \ln x$; $[1, 2]$ 34. $y = e^x$; $[0, 1]$

35. 次の極限を, $[0, 1]$ 上の定積分で表し, その定積分を計算して求めよ.
$$\lim_{\max \Delta x_k \to 0} \sum_{k=1}^n e^{x_k^*} \Delta x_k$$

36. $\lim f(x) = \pm\infty$, $\lim g(x) = \pm\infty$ とする. 4 つの起こりうるそれぞれの場合について, $\lim [f(x) - g(x)]$ は不定形であるかどうか答えよ. また, 答えを支持する厳密ではなくとも納得のいく論拠を与えよ.

37. (a) どのような条件のもとで,
$$\lim_{x\to a} [f(x)/g(x)]$$
の形の極限は不定形となるか.
    (b) $\lim_{x\to a} g(x) = 0$ ならば, $\lim_{x\to a} [f(x)/g(x)]$ は必ず不定形となるか. 答えを支持する例をいくつか挙げよ.

38. 次の各問において, 与えられた極限を求めよ.
    (a) $\displaystyle\lim_{x\to+\infty} (e^x - x^2)$ (b) $\displaystyle\lim_{x\to 1} \sqrt{\frac{\ln x}{x^4 - 1}}$
    (c) $\displaystyle\lim_{x\to 0} \frac{a^x - 1}{x}$, $a > 0$

第 8 章

積分計算の原理

　これまでの章では，多くの基本的な積分公式を，対応する微分公式から導いてきた．例えば，$\sin x$ の導関数が $\cos x$ であることを知っているので，$\cos x$ の積分は $\sin x$ であることを導くことができた．その後，u 置換積分法を導入して，積分のレパートリーを広げた．その方法によって，なじみのない被積分関数をなじみの形に変換することにより，多くの関数を積分することができるようなった．とはいえ，u 置換積分法だけでは，応用で現れる広範でかつ多様性に富んだ積分を扱うには不十分である．それゆえ，さらなる積分計算の技法が必要とされる．この章では，新たな積分計算の技法のいくつかを説明し，見慣れない積分に積極的に着手するためのより系統的な手順を提供する．さらに，定積分の数値的近似についてもより詳しく述べるとともに，無限区間上で積分を行うことをどのように認識すべきか，それも探ってみよう．

8.1 積分法概観

この節では積分を求める方法について概観し，かつこれまでの節で考察した積分公式を復習する．

積分問題へのアプローチの仕方

なじみのない積分を計算するためには，3 つの基本的なアプローチ法がある．

- テクノロジー —Mathematica や Maple, Derive といった数式処理システム (computer algebra system: CAS) は，非常に複雑な積分までも計算する能力をもち，そしてコンピュータやポケット電卓についても，そのようなプログラムを扱えるものがますます増えてきている．
- 表 —CAS が発達する以前，科学者は応用で現れる難しい積分の計算には，表にどっかりと依存してしていた．このような表は，多くの人々の能力と経験を結集し，長年のあいだに組み上げられてきた．そのような表の 1 つを本書の見返しに掲載しているが，もっと包括的な表は 1996 年の CRC Press Inc. 出版の CRC Standard Mathematical Tables and Formulae のようないろいろの関連書籍に載っている．
- 変換法 —変換法はなじみのない積分をなじみのある積分に変換する方法である．これらの方法には，u 置換積分法や被積分関数の代数的操作，さらにこの章で議論する他の方法も含まれている．

この 3 つの方法のどれも完璧ではない．例えば，CAS を使っても計算できない積分にしばしば出会うし，また，CAS が過度に複雑な答えを導き出すこともままある．表もすべての積分を網羅してはいないし，それゆえ知りたい積分が載っていないかもしれない．変換法はそれを使う人の工夫しだいなので，難しい問題には対応しきれないかもしれない．

この章では変換法と表を使う方法に焦点を当てるので，Mathematica や Maple, Derive といった CAS を用意する**必要はない**．そうではあるが，CAS があれば，例の結果を確かめるのに使えるし，CAS で解くように作られた問題もある．CAS が手もとにあるならば，CAS で使われているアルゴリズムの多くはここで説明する方法のうえに作られていること，それゆえこれらの方法を理解することは，手もとにあるテクノロジーをより賢い方法で用いるための助けとなることに留意しておこう．

なじみの積分公式の復習

これまでに現れた基本的な積分のリストを以下に掲げる．

定数関数，ベキ関数，指数関数

1. $\int du = u + C$
2. $\int a\, du = au + C$
3. $\int u^r\, du = \dfrac{u^{r+1}}{r+1} + C,\, r \neq -1$
4. $\int \dfrac{du}{u} = \ln|u| + C$
5. $\int e^u\, du = e^u + C$
6. $\int b^u\, du = \dfrac{b^u}{\ln b} + C,\, b > 0,\, b \neq 1$

三角関数

7. $\int \sin u\, du = -\cos u + C$
8. $\int \cos u\, du = \sin u + C$
9. $\int \sec^2 u\, du = \tan u + C$
10. $\int \csc^2 u\, du = -\cot u + C$
11. $\int \sec u \tan u\, du = \sec u + C$
12. $\int \csc u \cot u\, du = -\csc u + C$
13. $\int \tan u\, du = -\ln|\cos u| + C$
14. $\int \cot u\, du = \ln|\sin u| + C$

双曲線関数

15. $\displaystyle\int \sinh u\, du = \cosh u + C$ 16. $\displaystyle\int \cosh u\, du = \sinh u + C$

17. $\displaystyle\int \text{sech}^2 u\, du = \tanh u + C$ 18. $\displaystyle\int \text{csch}^2 u\, du = -\coth u + C$

19. $\displaystyle\int \text{sech}\, u \tanh u\, du = -\text{sech}\, u + C$ 20. $\displaystyle\int \text{csch}\, u \coth u\, du = -\text{csch}\, u + C$

代数関数 $(a > 0)$

21. $\displaystyle\int \frac{du}{\sqrt{a^2 - u^2}} = \sin^{-1}\frac{u}{a} + C \qquad (|u| < a)$

22. $\displaystyle\int \frac{du}{a^2 + u^2} = \frac{1}{a}\tan^{-1}\frac{u}{a} + C$

23. $\displaystyle\int \frac{du}{u\sqrt{u^2 - a^2}} = \frac{1}{a}\sec^{-1}\left|\frac{u}{a}\right| + C \qquad (0 < a < |u|)$

24. $\displaystyle\int \frac{du}{\sqrt{a^2 + u^2}} = \ln(u + \sqrt{u^2 + a^2}) + C$

25. $\displaystyle\int \frac{du}{\sqrt{u^2 - a^2}} = \ln\left|u + \sqrt{u^2 - a^2}\right| + C \qquad (0 < a < |u|)$

26. $\displaystyle\int \frac{du}{a^2 - u^2} = \frac{1}{2a}\ln\left|\frac{a + u}{a - u}\right| + C$

27. $\displaystyle\int \frac{du}{u\sqrt{a^2 - u^2}} = -\frac{1}{a}\ln\left|\frac{a + \sqrt{a^2 - u^2}}{u}\right| + C \qquad (0 < |u| < a)$

28. $\displaystyle\int \frac{du}{u\sqrt{a^2 + u^2}} = -\frac{1}{a}\ln\left|\frac{a + \sqrt{a^2 + u^2}}{u}\right| + C$

> **注意** 公式 25 は，定理 7.8.6 の結果を一般化したものである．この章で公式 24–28 を導く別の方法を紹介するので，まだ 7.8 節を学習していない読者はこれらの公式をいまのところ無視してもよい．

演習問題 8.1

復習：テキストをみないで次の積分公式を完成し，そしてこの節のはじめにある公式のリストと比べて答えを確かめよ．

定数，ベキ関数，指数関数

$\displaystyle\int du =$ $\displaystyle\int a\, du =$

$\displaystyle\int u^r\, du =$ $\displaystyle\int \frac{du}{u} =$

$\displaystyle\int e^u\, du =$ $\displaystyle\int b^u\, du =$

三角関数

$\displaystyle\int \sin u\, du =$ $\displaystyle\int \cos u\, du =$

$\displaystyle\int \sec^2 u\, du =$ $\displaystyle\int \csc^2 u\, du =$

$\displaystyle\int \sec u \tan u\, du =$ $\displaystyle\int \csc u \cot u\, du =$

$\displaystyle\int \tan u\, du =$ $\displaystyle\int \cot u\, du =$

代数関数 $(a > 0)$

$$\int \frac{du}{\sqrt{1-u^2}} =$$

$$\int \frac{du}{u\sqrt{u^2-1}} =$$

$$\int \frac{du}{\sqrt{u^2-1}} =$$

$$\int \frac{du}{u\sqrt{1-u^2}} =$$

$$\int \frac{du}{1+u^2} =$$

$$\int \frac{du}{\sqrt{1+u^2}} =$$

$$\int \frac{du}{1-u^2} =$$

$$\int \frac{du}{u\sqrt{1+u^2}} =$$

双曲型関数

$$\int \sinh u \, du =$$

$$\int \operatorname{sech}^2 u \, du =$$

$$\int \operatorname{sech} u \tanh u \, du =$$

$$\int \operatorname{csch} u \coth u \, du =$$

$$\int \cosh u \, du =$$

$$\int \operatorname{csch}^2 u \, du =$$

問題 **1–30** では，適当な u 置換積分を行い，この章で復習した公式を使って積分を求めよ．

1. $\displaystyle\int (3-2x)^3 \, dx$
2. $\displaystyle\int \sqrt{4+9x} \, dx$
3. $\displaystyle\int x \sec^2(x^2) \, dx$
4. $\displaystyle\int 4x \tan(x^2) \, dx$
5. $\displaystyle\int \frac{\sin 3x}{2+\cos 3x} \, dx$
6. $\displaystyle\int \frac{1}{4+9x^2} \, dx$
7. $\displaystyle\int e^x \sinh(e^x) \, dx$
8. $\displaystyle\int \frac{\sec(\ln x) \tan(\ln x)}{x} \, dx$
9. $\displaystyle\int e^{\cot x} \csc^2 x \, dx$
10. $\displaystyle\int \frac{x}{\sqrt{1-x^4}} \, dx$
11. $\displaystyle\int \cos^5 7x \sin 7x \, dx$
12. $\displaystyle\int \frac{\cos x}{\sin x \sqrt{\sin^2 x + 1}} \, dx$
13. $\displaystyle\int \frac{e^x}{\sqrt{4+e^{2x}}} \, dx$
14. $\displaystyle\int \frac{e^{\tan^{-1} x}}{1+x^2} \, dx$
15. $\displaystyle\int \frac{e^{\sqrt{x-2}}}{\sqrt{x-2}} \, dx$
16. $\displaystyle\int (3x+1) \cot(3x^2+2x) \, dx$
17. $\displaystyle\int \frac{\cosh \sqrt{x}}{\sqrt{x}} \, dx$
18. $\displaystyle\int \frac{dx}{x \ln x}$
19. $\displaystyle\int \frac{dx}{\sqrt{x} \, 3^{\sqrt{x}}}$
20. $\displaystyle\int \sec(\sin \theta) \tan(\sin \theta) \cos \theta \, d\theta$
21. $\displaystyle\int \frac{\operatorname{csch}^2(2/x)}{x^2} \, dx$
22. $\displaystyle\int \frac{dx}{\sqrt{x^2-3}}$
23. $\displaystyle\int \frac{e^{-x}}{4-e^{-2x}} \, dx$
24. $\displaystyle\int \frac{\cos(\ln x)}{x} \, dx$
25. $\displaystyle\int \frac{e^x}{\sqrt{1-e^{2x}}} \, dx$
26. $\displaystyle\int \frac{\sinh(x^{-1/2})}{x^{3/2}} \, dx$
27. $\displaystyle\int \frac{x}{\sec(x^2)} \, dx$
28. $\displaystyle\int \frac{e^x}{\sqrt{4-e^{2x}}} \, dx$
29. $\displaystyle\int x 4^{-x^2} \, dx$
30. $\displaystyle\int 2^{\pi x} \, dx$

8.2 部分積分

この節において考察するのは，本質的には 2 つの関数の積を微分した式を，積分してできる公式についてである．

積公式と部分積分

5.3 節で，u 置換積分法は微分の連鎖律に基づくことを考察した．この節では，微分に対する積公式に基づいた積分の手法について調べる．一般的な公式を誘導するために，まずは積分 $\int x \cos x \, dx$ を求める問題を考えてみる．この問題への取り組みは，2 段階の手順をとることになる．第 1 段階は，導関数を求めたら 2 つの関数の和になり，その 1 つが $x \cos x$ になる関数を選ぶことである．例えば，$x \sin x$ はこの性質を備えている．なぜならば，積の微分公式により

$$\frac{d}{dx}(x \sin x) = x \cos x + \sin x$$

だからである（関数 $x\sin x$ を得るには，関数 $x\cos x$ の x の "部分" はそのままにして，$\cos x$ の "部分" を積分すればよい）．積分 $\int x\cos x\,dx$ を計算する第 2 段階は，選んだ関数から積の微分公式を適用したとき現れた "余分な" 関数の原始関数を引くことである．こうして得られた結果が関数 $x\cos x$ の原始関数なのである．いまの例では，関数 $x\sin x$ から $\sin x$ の原始関数を引く必要がある．$-\cos x$ は $\sin x$ の原始関数であるから，結局

$$x\sin x - (-\cos x) = x\sin x + \cos x$$

が $x\cos x$ の原始関数となる．実際，計算すると簡単に結果が確かめられる．

$$\frac{d}{dx}(x\sin x + \cos x) = x\cos x + \sin x - \sin x = x\cos x$$

したがって，

$$\int x\cos x\,dx = x\sin x + \cos x + C$$

となる．

この 2 段階で行う手順は，**部分積分**として知られている積分の手法の実例による説明である．より一般に，$\int f(x)g(x)\,dx$ という形の積分を求めたいとする．$G(x)$ が $g(x)$ の原始関数であるならば，導関数の積公式より関数 $f(x)G(x)$ は等式

$$\frac{d}{dx}(f(x)G(x)) = f(x)g(x) + f'(x)G(x)$$

を満たす．それゆえに，関数 $f(x)G(x)$ から $f'(x)G(x)$ の原始関数を引けば，その結果は $f(x)g(x)$ の原始関数となる．この結論を積分記号を用いれば

$$\int f(x)g(x)\,dx = f(x)G(x) - \int f'(x)G(x)\,dx \tag{1}$$

と表現でき，これが部分積分の 1 つの形である．この公式を用いると，難解な積分問題を簡易化できることがある．

実際は，式 (1) を

$$u = f(x), \quad du = f'(x)\,dx$$
$$v = G(x), \quad dv = G'(x)\,dx = g(x)\,dx$$

と書き換えるのがふつうである．こうして，式 (1) の別の表現を得る．

$$\int u\,dv = uv - \int v\,du \tag{2}$$

公式 (2) の使い方を説明するために，積分 $\int x\cos x\,dx$ を再度計算してみる．第 1 段階は，u と dv を選び出すことである．$u = x$，$dv = \cos x\,dx$ とおくと，$du = dx$，$v = \sin x$ となる．よって，公式 (2) より，

$$\int x\cos x\,dx = x\sin x - \int \sin x\,dx$$
$$= x\sin x - (-\cos x) + C = x\sin x + \cos x + C$$

となる．

> **注意** $dv = \cos x\,dx$ から $v = \sin x$ を求めたときに積分定数を省略した．積分定数を含めて $v = \sin x + C_1$ と書いておいても，結局は定数 C_1 は消えてしまう [演習問題 **62**(a)]．このことは部分積分ではいつも成り立ち [演習問題 **62**(b)]，dv から v を求めるとき積分定数を考慮に入れないのがふつうである．しかし，積分定数をうまく選べば $\int v\,du$ の計算が簡単になる場合もある [演習問題 **63–65**]．

注意 部分積分をうまく使うためには，新しくできた積分がもとの積分より簡単になるように u と dv を選択しなければならない．例えば，もし先の例で

$$u = \cos x, \quad dv = x\,dx, \quad du = -\sin x\,dx, \quad v = \frac{x^2}{2}$$

と選んだとすれば

$$\int x \cos x\,dx = \frac{x^2}{2}\cos x - \int \frac{x^2}{2}(-\sin x)\,dx = \frac{x^2}{2}\cos x + \frac{1}{2}\int x^2 \sin x\,dx$$

を得ていただろう．この u と dv の選択に対しては，新しく出てきた積分はもとの積分より複雑である．一般には，u と dv を選ぶときにしっかりとした規則はない．それは主に，多くの練習から生まれる経験の賜物なのである．

被積分関数が，"型" が異なる関数の積の場合には，興味深い記憶法が Herbert Kasube によって，論文 "A Technique for Integration by Parts" (*American Mathematical Monthly*, Vol. 90, 1983, pp.210-211) において提案されている．この論文において著者は頭字語 LIATE を使うことを提案している．この頭字語は，対数関数 (**l**ogarithmic)，逆三角関数 (**i**nverse trigonometric)，代数関数 (**a**lgebraic)，三角関数 (**t**rigonometric)，指数関数 (**e**xponential) の頭文字をつづけたものである．著者によれば，部分積分問題の被積分関数が 2 つの異なった型の関数の積であるときは，LIATE の中で先に現れるものを u に選び，残りを dv と書けばよい．例えば，$\int x \cos x\,dx$ の被積分関数は代数関数 x と三角関数 $\cos x$ の積であるから，$u = x$，$dv = \cos dx$ と選ぶべきであり，これはこの積分を再計算したときの選び方と同じである．LIATE で必ずしも正しく u と dv が選べるわけではないが，たいていの場合はうまくいく．

例 1 不定積分 $\int xe^x\,dx$ を求めよ．

解 この場合，被積分関数は代数関数 x と指数関数 e^x の積である．LIATE に従って

$$u = x, \quad dv = e^x\,dx$$

ととると，

$$du = dx, \quad v = e^x$$

となる．ここで，式 (2) から

$$\int xe^x\,dx = \int u\,dv = uv - \int v\,du = xe^x - \int e^x\,dx = xe^x - e^x + C$$

である．◂

u と dv の合理的な選び方が 1 つしかない場合もある．

例 2 不定積分 $\int \ln x\,dx$ を求めよ．

解 1 つの選び方は $u = 1$，$dv = \ln x\,dx$ ととることである．しかし，この選び方では v を求めることは $\int \ln x\,dx$ を計算するのと同値であり，それゆえ得るものは何もない．ゆえに，唯一の合理的な選び方は $u = \ln x$，$dv = dx$ ととることであり，このとき $du = (1/x)dx$，そして $v = x$ となる．よって，式 (2) より

$$\int \ln x\,dx = \int u\,dv = uv - \int v\,du = x \ln x - \int dx = x \ln x - x + C$$

である．◂

部分積分の繰り返し

同じ問題の中で部分積分を複数回行うことが，ときには必要である．

例 3 不定積分 $\int x^2 e^{-x}\,dx$ を求めよ．

解
$$u = x^2, \quad dv = e^{-x}dx, \quad du = 2x\,dx, \quad v = -e^{-x}$$

とおく．すると，式 (2) より

$$\int x^2 e^{-x}\,dx = \int u\,dv = uv - \int v\,du = x^2(-e^{-x}) - \int -e^{-x}(2x)\,dx$$
$$= -x^2 e^{-x} + 2\int x e^{-x}\,dx$$

となる．最後の積分は，x^2 が x に換わっている以外はもとの積分と同じである．$\int x e^{-x}\,dx$ に再び部分積分を適用すれば問題は解ける．

$$u = x, \quad dv = e^{-x}\,dx, \quad du = dx, \quad v = -e^{-x}$$

とおくと

$$\int x e^{-x}\,dx = x(-e^{-x}) - \int -e^{-x}\,dx = -xe^{-x} + \int e^{-x}\,dx = -xe^{-x} - e^{-x} + C$$

である．$-xe^{-x} - e^{-x}$ は xe^{-x} の原始関数であるから，

$$\int x^2 e^{-x}\,dx = -x^2 e^{-x} + 2\int x e^{-x}\,dx = -x^2 e^{-x} + 2(-xe^{-x} - e^{-x}) + C$$
$$= -(x^2 + 2x + 2)e^{-x} + C$$

となる． ◂

例 3 の被積分関数は $p(x)q(x)$ の形である．ここで，$p(x) = x^2$ は **多項式** であり，$q(x) = e^{-x}$ は **繰り返し** 積分可能な指数関数である．この形の被積分関数に対しては，**表を用いた部分積分** とよばれる方法でもっと効率よく部分積分を繰り返すことができる．この方法は，多項式の微分を繰り返すとやがて 0 になる，という事実に基づいている．文章で説明するよりも実例で示す方がわかりやすいので，例 3 の積分計算において表を用いた部分積分をどのように使うかみてみる．はじめに次のような表を作成する．

微分の繰り返し	積分の繰り返し
x^2 +	e^{-x}
$2x$ −	$-e^{-x}$
2 +	e^{-x}
0	$-e^{-x}$

表の左の列は，$p(x) = x^2$ から始めて計算結果が 0 になるまで繰り返し **微分をして** 得られたものである．右の列は，$q(x) = e^{-x}$ から始めて左の列の 0 の欄の向かい側に達するまで繰り返し **積分をして** 得られたものである．表に斜めの線分を引き，その線分の上に交互に + 記号と − 記号をつけていく．$\int x^2 e^{-x}\,dx$ を計算するには，斜線で結ばれた要素の積をとり，斜線の上に書かれた符号をつけて，それらの和をとる．そのように計算すると，

$$\int x^2 e^{-x}\,dx = -x^2 e^{-x} - 2xe^{-x} - 2e^{-x} + C = -(x^2 + 2x + 2)e^{-x} + C$$

となり，例 3 の結果と一致する．

手順をはっきりさせるために，もう 1 つ例を与えておく．

例 4　5.3 節の例 9 では，u 置換積分法を用いて $\int x^2 \sqrt{x-1}\,dx$ を計算した．この積分を，表を用いた部分積分で求めよ．

解　被積分関数は，多項式 $p(x) = x^2$ と繰り返し積分できる関数

$$q(x) = \sqrt{x-1} = (x-1)^{1/2}$$

の積となっている．まずはじめに表を作成する．

微分の繰り返し		積分の繰り返し
x^2	$+$	$(x-1)^{1/2}$
$2x$	$-$	$\frac{2}{3}(x-1)^{3/2}$
2	$+$	$\frac{4}{15}(x-1)^{5/2}$
0		$\frac{8}{105}(x-1)^{7/2}$

したがって,

$$\int x^2 \sqrt{x-1}\, dx = \frac{2}{3} x^2 (x-1)^{3/2} - \frac{8}{15} x (x-1)^{5/2} + \frac{16}{105} (x-1)^{7/2} + C$$

となる．この解答が 5.3 節の例 9 の解答と同値であることの確認は読者に任せる． ◀

次の部分積分の繰り返しに関する例は特に注目に値する．

例 5 不定積分 $\int e^x \cos x\, dx$ を求めよ．

解

$$u = e^x, \quad dv = \cos x\, dx, \quad du = e^x\, dx, \quad v = \sin x$$

ととる．すると

$$\int e^x \cos x\, dx = \int u\, dv = uv - \int v\, du = e^x \sin x - \int e^x \sin x\, dx \tag{3}$$

を得る．積分 $\int e^x \sin x\, dx$ はもとの積分 $\int e^x \cos x\, dx$ と形が同じなので，目指したことは何も果たしていないようにみえる．そうではあるが，この新たな積分に部分積分をやってみる．ここで，

$$u = e^x, \quad dv = \sin x\, dx, \quad du = e^x\, dx, \quad v = -\cos x$$

ととる．すると

$$\int e^x \sin x\, dx = \int u\, dv = uv - \int v\, du = -e^x \cos x + \int e^x \cos x\, dx$$

である．式 (3) と組み合わせると

$$\int e^x \cos x\, dx = e^x \sin x + e^x \cos x - \int e^x \cos x\, dx \tag{4}$$

を得る．もとの積分がこの等式の右辺に再度現れたので，循環論法に陥ってしまったように思えるかもしれない．しかし，ここで方程式 (4) の意味に気づくならば助けとなる．式 (4) は，$F(x)$ が $e^x \cos x$ の原始関数の 1 つとすれば，関数 $e^x \sin x + e^x \cos x - F(x)$ も $e^x \cos x$ の原始関数であることを記号を用いて述べたものである．いいかえると

$$e^x \cos x = \frac{d}{dx}[e^x \sin x + e^x \cos x - F(x)] = \frac{d}{dx}[e^x \sin x + e^x \cos x] - F'(x)$$

$$= \frac{d}{dx}[e^x \sin x + e^x \cos x] - e^x \cos x$$

ということである．同値の式として

$$2e^x \cos x = \frac{d}{dx}[e^x \sin x + e^x \cos x]$$

すなわち,

$$e^x \cos x = \frac{1}{2} \frac{d}{dx}[e^x \sin x + e^x \cos x] = \frac{d}{dx}\left[\frac{1}{2}(e^x \sin x + e^x \cos x)\right]$$

となる［この最後の等式は $\frac{1}{2}(e^x \sin x + e^x \cos x)$ の導関数を直接計算しても確かめられるこ

とに注意しよう]．よって，
$$\int e^x \cos x \, dx = \frac{1}{2}(e^x \sin x + e^x \cos x) + C \tag{5}$$
が従う．

簡略化した議論により，式 (5) を式 (4) から直接求めることもできる．その考え方は，式 (4) を $\int e^x \cos x \, dx$ について"解き"，最後に（必要なら）積分定数を加えることである．すなわち，式 (4) より
$$2\int e^x \cos x \, dx = e^x \sin x + e^x \cos x$$
すなわち，
$$\int e^x \cos x \, dx = \frac{1}{2}(e^x \sin x + e^x \cos x)$$
を得る．左辺は不定積分なので，積分定数 C を右辺に加える必要がある．この C を右辺に加えると式 (5) が得られる．このような簡略化した議論は時間の短縮になるが，注意して使う必要がある［演習問題 **66**］. ◀

定積分における部分積分

定積分に対して，式 (2) に対応する公式は
$$\int_a^b u \, dv = uv\Big]_a^b - \int_a^b v \, du \tag{6}$$
である．

> **注意** この公式の中の変数 u と v は x の関数であって，式 (6) の積分の上端と下端は変数 x についてであることを心にとどめておくことは大切である．ときには，このことを強調して式 (6) を
> $$\int_{x=a}^{x=b} u \, dv = uv\Big]_{x=a}^{x=b} - \int_{x=a}^{x=b} v \, du \tag{7}$$
> と書くのも役に立つ．

次に，部分積分が逆三角関数を積分するのにどのように用いられるかを，実例で明示する．

例 6 定積分 $\int_0^1 \tan^{-1} x \, dx$ を求めよ．

解
$$u = \tan^{-1} x, \quad dv = dx, \quad du = \frac{1}{1+x^2} \, dx, \quad v = x$$
とする．すると，
$$\int_0^1 \tan^{-1} x \, dx = \int_0^1 u \, dv = uv\Big]_0^1 - \int_0^1 v \, du$$
$$= x \tan^{-1} x\Big]_0^1 - \int_0^1 \frac{x}{1+x^2} \, dx$$

> 積分の上端と下端は x に関するものである．すなわち，$x = 0$ と $x = 1$．

となる．しかし，
$$\int_0^1 \frac{x}{1+x^2} \, dx = \frac{1}{2}\int_0^1 \frac{2x}{1+x^2} \, dx = \frac{1}{2}\ln(1+x^2)\Big]_0^1 = \frac{1}{2}\ln 2$$
であるので，
$$\int_0^1 \tan^{-1} x \, dx = x \tan^{-1} x\Big]_0^1 - \frac{1}{2}\ln 2 = \left(\frac{\pi}{4} - 0\right) - \frac{1}{2}\ln 2 = \frac{\pi}{4} - \ln\sqrt{2}$$
である． ◀

簡約公式

部分積分は，積分の**簡約公式**を導き出すのに用いることができる．簡約公式は，関数のベキを含む積分を，その関数の*より低い*ベキを含んでいる積分を用いて表す式である．例えば，n が正の整数で，かつ $n \geq 2$ ならば，部分積分を使って次のような簡約公式が導き出せる．

$$\int \sin^n x \, dx = -\frac{1}{n} \sin^{n-1} x \cos x + \frac{n-1}{n} \int \sin^{n-2} x \, dx \tag{8}$$

$$\int \cos^n x \, dx = \frac{1}{n} \cos^{n-1} x \sin x + \frac{n-1}{n} \int \cos^{n-2} x \, dx \tag{9}$$

このような式がどのようにして得られるかをわかりやすく示すために，式 (9) を導く．まず，$\cos^n x$ を $\cos^{n-1} x \cdot \cos x$ と書いて，

$$u = \cos^{n-1} x \qquad\qquad dv = \cos x \, dx$$
$$du = (n-1) \cos^{n-2} x \, (-\sin x) \, dx \quad v = \sin x$$
$$ = -(n-1) \cos^{n-2} x \, \sin x \, dx$$

とすると，

$$\int \cos^n x \, dx = \int \cos^{n-1} x \cos x \, dx = \int u \, dv = uv - \int v \, du$$
$$= \cos^{n-1} x \sin x + (n-1) \int \sin^2 x \cos^{n-2} x \, dx$$
$$= \cos^{n-1} x \sin x + (n-1) \int (1 - \cos^2 x) \cos^{n-2} x \, dx$$
$$= \cos^{n-1} x \sin x + (n-1) \int \cos^{n-2} x \, dx - (n-1) \int \cos^n x \, dx$$

となる．ここで簡略化した議論を用いて，$\int \cos^n x \, dx$ について"解く"（例 5 での簡略化した議論についてのコメントを参照のこと）．右辺の最終項を左辺に移項すると

$$n \int \cos^n x \, dx = \cos^{n-1} x \sin x + (n-1) \int \cos^{n-2} x \, dx$$

となり，この式から式 (9) が導かれる．

簡約公式 (8) と (9) により，余弦（正弦）のベキの指数を 2 減らすことができる．簡約公式を繰り返し適用すれば，n が偶数のときはベキを 0 にまで，奇数のときはベキを 1 にまで減らすことができる．そうなれば積分は計算できる．次節でこの方法をさらに詳しく説明するが，とりあえずは簡約公式の使い方を示す例を 1 つ挙げておく．

例 7 不定積分 $\int \cos^4 x \, dx$ を求めよ．

解 式 (9) より，$n = 4$ とすると

$$\int \cos^4 x \, dx = \frac{1}{4} \cos^3 x \sin x + \frac{3}{4} \int \cos^2 x \, dx$$
$$= \frac{1}{4} \cos^3 x \sin x + \frac{3}{4} \Big(\frac{1}{2} \cos x \sin x + \frac{1}{2} \int dx \Big)$$
$$= \frac{1}{4} \cos^3 x \sin x + \frac{3}{8} \cos x \sin x + \frac{3}{8} x + C$$

> 式 (9) を $n = 2$ のときに適用する．

となる． ◀

演習問題 8.2

問題 **1-40** では，積分を求めよ．

1. $\int xe^{-x}\,dx$
2. $\int xe^{3x}\,dx$
3. $\int x^2 e^x\,dx$
4. $\int x^2 e^{-2x}\,dx$
5. $\int x\sin 2x\,dx$
6. $\int x\cos 3x\,dx$
7. $\int x^2 \cos x\,dx$
8. $\int x^2 \sin x\,dx$
9. $\int \sqrt{x}\ln x\,dx$
10. $\int x\ln x\,dx$
11. $\int (\ln x)^2\,dx$
12. $\int \dfrac{\ln x}{\sqrt{x}}\,dx$
13. $\int \ln(2x+3)\,dx$
14. $\int \ln(x^2+4)\,dx$
15. $\int \sin^{-1} x\,dx$
16. $\int \cos^{-1}(2x)\,dx$
17. $\int \tan^{-1}(2x)\,dx$
18. $\int x\tan^{-1} x\,dx$
19. $\int e^x \sin x\,dx$
20. $\int e^{2x}\cos 3x\,dx$
21. $\int e^{ax}\sin bx\,dx$
22. $\int e^{-3\theta}\sin 5\theta\,d\theta$
23. $\int \sin(\ln x)\,dx$
24. $\int \cos(\ln x)\,dx$
25. $\int x\sec^2 x\,dx$
26. $\int x\tan^2 x\,dx$
27. $\int x^3 e^{x^2}\,dx$
28. $\int \dfrac{xe^x}{(x+1)^2}\,dx$
29. $\int_0^1 xe^{-5x}\,dx$
30. $\int_0^2 xe^{2x}\,dx$
31. $\int_1^e x^2 \ln x\,dx$
32. $\int_{\sqrt{e}}^e \dfrac{\ln x}{x^2}\,dx$
33. $\int_{-2}^2 \ln(x+3)\,dx$
34. $\int_0^{1/2}\sin^{-1} x\,dx$
35. $\int_2^4 \sec^{-1}\sqrt{\theta}\,d\theta$
36. $\int_1^2 x\sec^{-1} x\,dx$
37. $\int_0^{\pi/2} x\sin 4x\,dx$
38. $\int_0^{\pi} (x+x\cos x)\,dx$
39. $\int_1^3 \sqrt{x}\tan^{-1}\sqrt{x}\,dx$
40. $\int_0^2 \ln(x^2+1)\,dx$

41. 次の各問において，u 置換積分した後に部分積分を行って，不定積分を求めよ．

    (a) $\int e^{\sqrt{x}}\,dx$ (b) $\int \cos\sqrt{x}\,dx$

42. $p(x)$ が 2 次の多項式で $q(x)$ が繰り返し積分できる関数であるとき，表を用いた部分積分で
$$\int p(x)q(x)\,dx$$
の正しい答えが得られることを証明せよ．

問題 **43–46** では，表を用いた部分積分で積分を求めよ．

43. $\int (3x^2-x+2)e^{-x}\,dx$
44. $\int (x^2+x+1)\sin x\,dx$
45. $\int 8x^4 \cos 2x\,dx$
46. $\int x^3\sqrt{2x+1}\,dx$

47. (a) 曲線 $y=\ln x$，直線 $x=e$，および x 軸で囲まれた領域の面積を求めよ．

    (b) (a) で与えられた領域を x 軸の周りに回転させて生成される立体の体積を求めよ．

48. $0\le x\le \pi/2$ の範囲で，$y=x\sin x$ と $y=x$ に挟まれた領域の面積を求めよ．

49. $0\le x\le \pi$ の範囲で $y=\sin x$ と $y=0$ に挟まれた領域を，y 軸の周りに回転させて生成される立体の体積を求めよ．

50. $0\le x\le \pi/2$ の範囲で $y=\cos x$ と $y=0$ に挟まれた領域を，y 軸の周りに回転させて生成される立体の体積を求めよ．

51. x 軸上を動くある質点の速度の関数は $v(t)=t^2 e^{-t}$ である．時間 $t=0$ から $t=5$ のあいだに質点はどれだけの距離を移動するか．

52. 電気工学におけるのこぎり型の波の研究において，
$$\int_{-\pi/\omega}^{\pi/\omega} t\sin(k\omega t)\,dt$$
という形の積分が現れる．ただし，k は整数で，ω は零でない定数である．この積分を求めよ．

53. 簡約公式 (8) を用いて，次の積分を求めよ．

    (a) $\int \sin^3 x\,dx$ (b) $\int_0^{\pi/4} \sin^4 x\,dx$

54. 簡約公式 (9) を用いて，次の積分を求めよ．

    (a) $\int \cos^5 x\,dx$ (b) $\int_0^{\pi/2} \cos^6 x\,dx$

55. 簡約公式 (8) を導け．

56. 次の各問において，部分積分やその他の方法を用いて，簡約公式を導け．

    (a) $\int \sec^n x\,dx = \dfrac{\sec^{n-2} x\tan x}{n-1}+\dfrac{n-2}{n-1}\int \sec^{n-2} x\,dx$

    (b) $\int \tan^n x\,dx = \dfrac{\tan^{n-1} x}{n-1}-\int \tan^{n-2} x\,dx$

    (c) $\int x^n e^x\,dx = x^n e^x - n\int x^{n-1} e^x\,dx$

問題 **57** と **58** においては，問題 **56** の簡約公式を用いて，次の積分を求めよ．

57. (a) $\displaystyle\int \tan^4 x\, dx$　(b) $\displaystyle\int \sec^4 x\, dx$　(c) $\displaystyle\int x^3 e^x\, dx$

58. (a) $\displaystyle\int x^2 e^{3x}\, dx$　　(b) $\displaystyle\int_0^1 x e^{-\sqrt{x}}\, dx$
　　[ヒント：まず置換積分せよ．]

59. f は 2 階導関数が $[-1,1]$ 上で連続な関数とする．
$$\int_{-1}^1 x f''(x)\, dx = f'(1) + f'(-1) - f(1) + f(-1)$$
を示せ．

60. 定理 7.1.4 およびその直前の議論から，$f'(x) > 0$ ならば関数 f は増加関数であり，かつ逆関数をもつことを思い起こそう．この問題の目的は，この条件が満たされていて，かつ f' が連続であるならば，f^{-1} の定積分は f の定積分を用いて表せるということを示すことである．
(a) 部分積分を用いて，
$$\int_a^b f(x)\, dx = b f(b) - a f(a) - \int_a^b x f'(x)\, dx$$
を示せ．
(b) (a) の結果を用いて，$y = f(x)$ ならば，
$$\int_a^b f(x)\, dx = b f(b) - a f(a) - \int_{f(a)}^{f(b)} f^{-1}(y)\, dy$$
となることを示せ．
(c) $\alpha = f(a)$ および $\beta = f(b)$ とおくと，(b) の結果は
$$\int_\alpha^\beta f^{-1}(x)\, dx = \beta f^{-1}(\beta) - \alpha f^{-1}(\alpha) - \int_{f^{-1}(\alpha)}^{f^{-1}(\beta)} f(x)\, dx$$
と書き直せることを示せ．

61. 問題 **60** の結果を用いて，次の各問の等式を導け．そして，積分を実際に計算して，式が正しいことを確かめよ．
(a) $\displaystyle\int_0^{1/2} \sin^{-1} x\, dx = \frac{1}{2}\sin^{-1}\left(\frac{1}{2}\right) - \int_0^{\pi/6} \sin x\, dx$
(b) $\displaystyle\int_e^{e^2} \ln x\, dx = (2e^2 - e) - \int_1^2 e^x\, dx$

62. (a) 積分 $\int x \cos x\, dx$ において，
$$u = x, \qquad dv = \cos x\, dx$$
$$du = dx, \qquad v = \sin x + C_1$$
とする．定数 C_1 は相殺されてしまい，C_1 を省いて計算しても同じ結果になることを示せ．
(b) 一般に，
$$uv - \int v\, du = u(v + C_1) - \int (v + C_1)\, du$$
であることを示せ．また，この等式により部分積分を行うときに v の計算で積分定数を省略しても差し支えないことを示せ．

63. 部分積分を用いて $\int \ln(x+1)\, dx$ を求めよ．dv から v を計算するときに積分定数を $C_1 = 1$ ととって，$\int v\, du$ の計算を簡略化せよ．

64. 部分積分を用いて $\int \ln(2x+3)\, dx$ を求めよ．dv から v を計算するときに積分定数を $C_1 = \frac{3}{2}$ ととって，$\int v\, du$ の計算を簡略化せよ．この問題の答えと問題 **13** の自分の答えを比べてみよ．

65. 部分積分を用いて $\int x \tan^{-1} x\, dx$ を求めよ．dv から v を計算するときに積分定数を $C_1 = \frac{1}{2}$ ととって，$\int v\, du$ の計算を簡略化せよ．

66. 積分
$$\int \frac{1}{x \ln x}\, dx$$
に
$$u = \frac{1}{\ln x} \quad dv = \frac{1}{x}\, dx$$
として部分積分を適用するとどのような等式を得るか．この等式はどのような意味で正しいか．どのような意味で誤りなのか．

8.3 三角積分

前節では，正弦，余弦，正接，および正割の正の整数ベキの積分に関する簡約公式を導いた．この節では，それらの簡約公式をどのように用いるか，そして，三角関数を含んだ他の種類の積分を求める方法を考察する．

正弦と余弦のベキの積分

前節の 2 つの簡約公式の復習から始める．

$$\int \sin^n x\, dx = -\frac{1}{n}\sin^{n-1} x \cos x + \frac{n-1}{n}\int \sin^{n-2} x\, dx \tag{1}$$

$$\int \cos^n x\, dx = \frac{1}{n}\cos^{n-1} x \sin x + \frac{n-1}{n}\int \cos^{n-2} x\, dx \tag{2}$$

これらの式は, $n=2$ のとき

$$\int \sin^2 x \, dx = -\frac{1}{2}\sin x \cos x + \frac{1}{2}\int dx = \frac{1}{2}x - \frac{1}{2}\sin x \cos x + C \tag{3}$$

$$\int \cos^2 x \, dx = \frac{1}{2}\cos x \sin x + \frac{1}{2}\int dx = \frac{1}{2}x + \frac{1}{2}\sin x \cos x + C \tag{4}$$

となる. この積分公式の別の表現を, 次の三角関数の恒等式

$$\sin^2 x = \frac{1}{2}(1-\cos 2x) \quad \text{と} \quad \cos^2 x = \frac{1}{2}(1+\cos 2x) \tag{5–6}$$

から導くことができる. これらの式は倍角の公式

$$\cos 2x = 1 - 2\sin^2 x \quad \text{と} \quad \cos 2x = 2\cos^2 x - 1$$

から従う. これらの等式から,

$$\int \sin^2 x \, dx = \frac{1}{2}\int (1-\cos 2x)\, dx = \frac{1}{2}x - \frac{1}{4}\sin 2x + C \tag{7}$$

$$\int \cos^2 x \, dx = \frac{1}{2}\int (1+\cos 2x)\, dx = \frac{1}{2}x + \frac{1}{4}\sin 2x + C \tag{8}$$

となる. 公式 (3) と (4) の不定積分には正弦と余弦の両方が含まれているが, 式 (7) と (8) には正弦しか含まれていない. この見かけ上の違いは, 等式

$$\sin 2x = 2\sin x \cos x$$

を用いて, 式 (7) と (8) を式 (3) と (4) の形に書き換えるか, もしくは逆に書き換えれば, 簡単に解消できる.

$n=3$ の場合は, $\sin^3 x$ および $\cos^3 x$ の積分の簡約公式より,

$$\int \sin^3 x \, dx = -\frac{1}{3}\sin^2 x \cos x + \frac{2}{3}\int \sin x \, dx = -\frac{1}{3}\sin^2 x \cos x - \frac{2}{3}\cos x + C \tag{9}$$

$$\int \cos^3 x \, dx = \frac{1}{3}\cos^2 x \sin x + \frac{2}{3}\int \cos x \, dx = \frac{1}{3}\cos^2 x \sin x + \frac{2}{3}\sin x + C \tag{10}$$

が得られる. 式 (9) は, 等式 $\sin^2 x = 1 - \cos^2 x$ を用いれば, 余弦だけで表されるし, 式 (10) は, 等式 $\cos^2 x = 1 - \sin^2 x$ を用いれば正弦だけで表される. これを行うこと, および次の式

$$\int \sin^3 x \, dx = \frac{1}{3}\cos^3 x - \cos x + C \tag{11}$$

$$\int \cos^3 x \, dx = \sin x - \frac{1}{3}\sin^3 x + C \tag{12}$$

を確かめることは読者に任せる.

> 読者へ　CAS に $\sin^3 x$ と $\cos^3 x$ の積分を計算させると, Maple は式 (11) と (12) の形の式を作り出す. しかし, Mathematica は
>
> $$\int \sin^3 x \, dx = -\frac{3}{4}\cos x + \frac{1}{12}\cos 3x + C$$
>
> $$\int \cos^3 x \, dx = \frac{3}{4}\sin x + \frac{1}{12}\sin 3x + C$$
>
> を出力する. Mathematica の結果は式 (11) および (12) に書き直せることを確かめよ.

まず簡約公式を適用し，その後に適当な三角関数の恒等式を用いて，以下の式を得ることは演習として読者に任せる．

$$\int \sin^4 x \, dx = \frac{3}{8}x - \frac{1}{4}\sin 2x + \frac{1}{32}\sin 4x + C \tag{13}$$

$$\int \cos^4 x \, dx = \frac{3}{8}x + \frac{1}{4}\sin 2x + \frac{1}{32}\sin 4x + C \tag{14}$$

例 1 区間 $[0, \pi]$ 上の曲線 $y = \sin^2 x$ の下にある領域を x 軸の周りに回転させたときに生成される立体の体積 V を求めよ（図 8.3.1）．

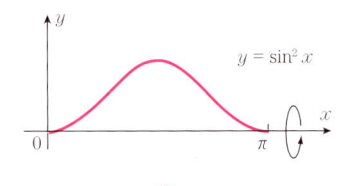

図 8.3.1

解 円板法を用いれば，6.2 節の公式 (5) より

$$V = \int_0^\pi \pi \sin^4 x \, dx = \pi \left[\frac{3}{8}x - \frac{1}{4}\sin 2x + \frac{1}{32}\sin 4x \right]_0^\pi = \frac{3}{8}\pi^2$$

となる． ◀

正弦と余弦の積の積分

m と n が正の整数のとき，積分

$$\int \sin^m x \cos^n x \, dx$$

は，表 8.3.1 に記されている 3 つの手順のある 1 つによって求めることができるが，その手順は m の偶奇および n の偶奇の組み合わせに応じて選ぶ．

表 8.3.1

$\int \sin^m x \cos^n x \, dx$	手順	関連恒等式
n：奇数	・因数 $\cos x$ を 1 つ分ける． ・関連恒等式を適用する． ・置換 $u = \sin x$ を行う．	$\cos^2 x = 1 - \sin^2 x$
m：奇数	・因数 $\sin x$ を 1 つ分ける． ・関連恒等式を適用する． ・置換 $u = \cos x$ を行う．	$\sin^2 x = 1 - \cos^2 x$
$\begin{cases} m：偶数 \\ n：偶数 \end{cases}$	・関連恒等式を用いて $\sin x$ と $\cos x$ のベキ指数を減らす．	$\begin{cases} \sin^2 x = \frac{1}{2}(1 - \cos 2x) \\ \cos^2 x = \frac{1}{2}(1 + \cos 2x) \end{cases}$

例 2 次を積分を求めよ．

(a) $\int \sin^4 x \cos^5 x \, dx$ (b) $\int \sin^4 x \cos^4 x \, dx$

解 (a) $n = 5$ は奇数であるから，表 8.3.1 の 1 番目の手順に従う．

$$\int \sin^4 x \cos^5 x \, dx = \int \sin^4 x \cos^4 x \cos x \, dx$$
$$= \int \sin^4 x (1 - \sin^2 x)^2 \cos x \, dx$$
$$= \int u^4 (1 - u^2)^2 \, du$$
$$= \int (u^4 - 2u^6 + u^8) \, du$$
$$= \frac{1}{5}u^5 - \frac{2}{7}u^7 + \frac{1}{9}u^9 + C$$
$$= \frac{1}{5}\sin^5 x - \frac{2}{7}\sin^7 x + \frac{1}{9}\sin^9 x + C$$

解 (b) $m = n = 4$ でともに偶数であるから，表 8.3.1 の 3 番目の手順に従う．

$$\int \sin^4 x \cos^4 x \, dx = \int (\sin^2 x)^2 (\cos^2 x)^2 \, dx$$

$$= \int \left(\frac{1}{2}[1 - \cos 2x]\right)^2 \left(\frac{1}{2}[1 + \cos 2x]\right)^2 dx$$

$$= \frac{1}{16} \int (1 - \cos^2 2x)^2 \, dx$$

$$= \frac{1}{16} \int \sin^4 2x \, dx$$

> 等式 $\sin x \cos x = \frac{1}{2} \sin 2x$ をもとの積分に適用すれば，より直接的にこの式が導けることに注意．

$$= \frac{1}{32} \int \sin^4 u \, du$$

> $u = 2x$
> $du = 2dx$ もしくは $dx = \frac{1}{2} du$

$$= \frac{1}{32} \left(\frac{3}{8} u - \frac{1}{4} \sin 2u + \frac{1}{32} \sin 4u\right) + C \quad\text{式 (13)}$$

$$= \frac{3}{128} x - \frac{1}{128} \sin 4x + \frac{1}{1024} \sin 8x + C \quad◀$$

次の積分

$$\int \sin mx \cos nx \, dx, \quad \int \sin mx \sin nx \, dx, \quad \int \cos mx \cos nx \, dx \tag{15}$$

は，三角関数に関する等式

$$\sin \alpha \cos \beta = \frac{1}{2}[\sin(\alpha - \beta) + \sin(\alpha + \beta)] \tag{16}$$

$$\sin \alpha \sin \beta = \frac{1}{2}[\cos(\alpha - \beta) - \cos(\alpha + \beta)] \tag{17}$$

$$\cos \alpha \cos \beta = \frac{1}{2}[\cos(\alpha - \beta) + \cos(\alpha + \beta)] \tag{18}$$

を用いて，被積分関数を正弦関数，余弦関数の和または差として表すと計算できる．

例 3 積分 $\int \sin 7x \cos 3x \, dx$ を求めよ．

解 式 (16) を使うと

$$\int \sin 7x \cos 3x \, dx = \frac{1}{2} \int (\sin 4x + \sin 10x) \, dx = -\frac{1}{8} \cos 4x - \frac{1}{20} \cos 10x + C$$

となる． ◀

正接と正割の積分

正接と正割のベキの積分の計算は，正弦や余弦に対してのものとまさに平行している．考え方は，積分が直接計算できるようになるまで，(8.2 節の演習問題 **56** で導かれた) 次のような簡約公式を用いて被積分関数のベキ指数を減らす，というものである．

$$\int \tan^n x \, dx = \frac{\tan^{n-1} x}{n-1} - \int \tan^{n-2} x \, dx \tag{19}$$

$$\int \sec^n x \, dx = \frac{\sec^{n-2} x \tan x}{n-1} + \frac{n-2}{n-1} \int \sec^{n-2} x \, dx \tag{20}$$

n が奇数のときはベキ指数が 1 の場合に帰着されるので，$\tan x$，あるいは $\sec x$ を積分する問題だけが残る．これらの積分は

$$\int \tan x \, dx = \ln|\sec x| + C \tag{21}$$

$$\int \sec x \, dx = \ln|\sec x + \tan x| + C \tag{22}$$

で与えられる．式 (21) は

$$\int \tan x \, dx = \int \frac{\sin x}{\cos x} \, dx$$
$$= -\ln|\cos x| + C$$
$$= \ln|\sec x| + C$$

$u = \cos x$
$du = -\sin x \, dx$

$\ln|\cos x| = -\ln \dfrac{1}{|\cos x|}$

により得られる．式 (22) には工夫が必要である．

$$\int \sec x \, dx = \int \sec x \left(\frac{\sec x + \tan x}{\sec x + \tan x} \right) dx = \int \frac{\sec^2 x + \sec x \tan x}{\sec x + \tan x} \, dx$$
$$= \ln|\sec x + \tan x| + C$$

$u = \sec x + \tan x$
$du = (\sec^2 x + \sec x \tan x) \, dx$

である．

次の基本的な積分はよく現れるし，また覚えておく価値がある．

$$\int \tan^2 x \, dx = \tan x - x + C \tag{23}$$

$$\int \sec^2 x \, dx = \tan x + C \tag{24}$$

公式 (24) は既知の公式である．なぜなら，$\tan x$ の導関数が $\sec^2 x$ であるからである．公式 (23) は簡約公式 (19) を $n = 2$ として適用する（確かめよ），もしくは，それに代わるものして，恒等式

$$1 + \tan^2 x = \sec^2 x$$

を用いて積分を書き直すと

$$\int \tan^2 x \, dx = \int (\sec^2 x - 1) \, dx = \tan x - x + C$$

が得られる．公式

$$\int \tan^3 x \, dx = \frac{1}{2} \tan^2 x - \ln|\sec x| + C \tag{25}$$

$$\int \sec^3 x \, dx = \frac{1}{2} \sec x \tan x + \frac{1}{2} \ln|\sec x + \tan x| + C \tag{26}$$

は，式 (21)，(22) と簡約公式 (19) および (20) を用いると，次のように導ける．

$$\int \tan^3 x \, dx = \frac{1}{2} \tan^2 x - \int \tan x \, dx = \frac{1}{2} \tan^2 x - \ln|\sec x| + C$$
$$\int \sec^3 x \, dx = \frac{1}{2} \sec x \tan x + \frac{1}{2} \int \sec x \, dx = \frac{1}{2} \sec x \tan x + \frac{1}{2} \ln|\sec x + \tan x| + C$$

正接と正割の積の積分

m と n が正の整数のとき，積分

$$\int \tan^m x \sec^n x \, dx$$

は，表 8.3.2 に記されている 3 つの手順のある 1 つによって求めることができるが，その手順は m の偶奇および n の偶奇の組み合わせに応じて選ぶ．

表 8.3.2

$\int \tan^m x \sec^n x \, dx$	手順	関連恒等式
n：偶数	• 因数 $\sec^2 x$ を1つ分ける． • 関連恒等式を適用する． • 置換 $u = \tan x$ を行う．	$\sec^2 x = \tan^2 x + 1$
m：奇数	• 因数 $\sec x \tan x$ を1つ分ける． • 関連恒等式を適用する． • 置換 $u = \sec x$ を行う．	$\tan^2 x = \sec^2 x - 1$
$\begin{cases} m：偶数 \\ n：奇数 \end{cases}$	• 関連恒等式を用いて $\sec x$ だけの式にする． • $\sec x$ のベキの積分に関する簡約公式を使う．	$\tan^2 x = \sec^2 x - 1$

例 4 次の積分を求めよ．

(a) $\int \tan^2 x \sec^4 x \, dx$ (b) $\int \tan^3 x \sec^3 x \, dx$ (c) $\int \tan^2 x \sec x \, dx$

解 (a) $n = 4$ は偶数であるから，表 8.3.2 の1番目の手順に従う．

$$\int \tan^2 x \sec^4 x \, dx = \int \tan^2 x \sec^2 x \sec^2 x \, dx$$
$$= \int \tan^2 x (\tan^2 x + 1) \sec^2 x \, dx$$
$$= \int u^2 (u^2 + 1) \, du$$
$$= \frac{1}{5} u^5 + \frac{1}{3} u^3 + C = \frac{1}{5} \tan^5 x + \frac{1}{3} \tan^3 x + C$$

解 (b) $m = 3$ は奇数であるから，表 8.3.2 の2番目の手順に従う．

$$\int \tan^3 x \sec^3 x \, dx = \int \tan^2 x \sec^2 x (\sec x \tan x) \, dx$$
$$= \int (\sec^2 x - 1) \sec^2 x (\sec x \tan x) \, dx$$
$$= \int (u^2 - 1) u^2 \, du$$
$$= \frac{1}{5} u^5 - \frac{1}{3} u^3 + C = \frac{1}{5} \sec^5 x - \frac{1}{3} \sec^3 x + C$$

解 (c) $m = 2$ が偶数で，$n = 1$ は奇数であるから，表 8.3.2 の3番目の手順に従う．

$$\int \tan^2 x \sec x \, dx = \int (\sec^2 x - 1) \sec x \, dx$$
$$= \int \sec^3 x \, dx - \int \sec x \, dx \quad \boxed{(26) \text{ と } (22) \text{ をみよ．}}$$
$$= \frac{1}{2} \sec x \tan x + \frac{1}{2} \ln |\sec x + \tan x| - \ln |\sec x + \tan x| + C$$
$$= \frac{1}{2} \sec x \tan x - \frac{1}{2} \ln |\sec x + \tan x| + C$$

◀

正弦，余弦，正接，および正割のベキを積分するもう 1 つの方法

表 8.3.1 および 8.3.2 での方法は，$m = 0$ もしくは $n = 0$ であっても，ときによっては正弦，余弦，正接，および正割の正の整数乗を，簡約公式を使わずに積分するために適用できることがある．例えば，$\sin^3 x$ を積分するために簡約公式を使う代わりに，表 8.3.1 の 2 番目の手順を適用することができる．

$$\begin{aligned}\int \sin^3 x \, dx &= \int (\sin^2 x) \sin x \, dx \\ &= \int (1 - \cos^2 x) \sin x \, dx \\ &= -\int (1 - u^2) \, du \\ &= \frac{1}{3} u^3 - u + C = \frac{1}{3} \cos^3 x - \cos x + C \end{aligned}$$

$$\boxed{\begin{array}{l} u = \cos x \\ du = -\sin x \, dx \end{array}}$$

これは式 (11) と一致する．

> **注意** 恒等式 $1 + \cot^2 x = \csc^2 x$ の助けのもと，表 8.3.2 の手法は
> $$\int \cot^m x \csc^n x \, dx$$
> の形の積分を扱うときにも適用できる．また，式 (19) や (20) に類似している余割と余接のベキ乗についての簡約公式もある．

メルカトル世界地図

正割 $\sec x$ の積分は，航行地図の作成における海上の航路や航空路を描くための重要な役割を果たす．航海士やパイロットは通常，コンパスが一定の方向を向く進路を地図に描き込む．例えば，コースは北東方向に 30° であるとか，南西方向に 135° であるとか．赤道と平行なコースや真北や真南に向かうコースでない限り，コンパスが一定の方向を向くようなコースは（図 8.3.2a のように）極のどちらか 1 つに向かって地球の周りを螺旋（らせん）状に進む．フランドルの数学者兼地理学者である Gerhard Kramer(1512~1594)［ラテン名のメルカトル (Mercator) の方がよく知られている］は 1569 年に メルカトル投影図法 とよばれる世界地図を考案した．この地図ではコンパスが一定の方向を向く螺旋のコースはまっすぐな線として表される．この地図は非常に重要である．なぜならば，航海士は 2 点間のコンパスが一定の方向を向く進路をこの地図の 2 点を直線で結ぶだけで見つけることができるようになったからである（図 8.3.2b）．

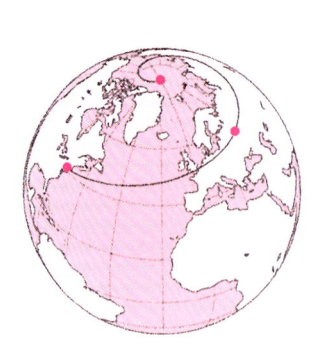

地球儀上での，ニューヨークからモスクワへのコンパスが一定の方向を向く飛行コース

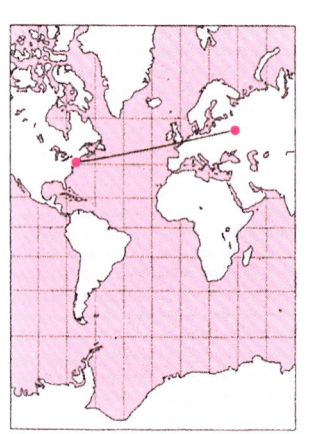

メルカトル投影図上での，ニューヨークからモスクワへのコンパスが一定の方向を向く飛行コース

(a)   (b)

図 8.3.2

地球が半径 4000 マイル（mi）の球体であるとすると，1°ごとの緯線は等しく 70 mi おきに並んでいる（なぜか）．しかし，メルカトル投影図法では，緯線の間隔は極に近づくにつれて大きくなっていくので，極の近くにある大きく離れた2つの緯線と赤道付近にあるごく近い2つの緯線は，実は地球上では同じ距離しか離れていないこともありうる．赤道の長さが L のメルカトル図上での赤道（緯度 $0°$）と緯度 $\beta°$ の緯線間の垂直距離 D_β は

$$D_\beta = \frac{L}{2\pi} \int_0^{\beta\pi/180} \sec x\, dx \tag{27}$$

であることが証明できる（演習問題 **59** と **60** を参照のこと）．

演習問題 8.3

演習問題 **1–52** では，積分を計算せよ．

1. $\int \cos^5 x \sin x\, dx$
2. $\int \sin^4 3x \cos 3x\, dx$
3. $\int \sin ax \cos ax\, dx$
4. $\int \cos^2 3x\, dx$
5. $\int \sin^2 5\theta\, d\theta$
6. $\int \cos^3 at\, dt$
7. $\int \cos^5 \theta\, d\theta$
8. $\int \sin^3 x \cos^3 x\, dx$
9. $\int \sin^2 2t \cos^3 2t\, dt$
10. $\int \sin^3 2x \cos^2 2x\, dx$
11. $\int \sin^2 x \cos^2 x\, dx$
12. $\int \sin^2 x \cos^4 x\, dx$
13. $\int \sin x \cos 2x\, dx$
14. $\int \sin 3\theta \cos 2\theta\, d\theta$
15. $\int \sin x \cos(x/2)\, dx$
16. $\int \cos^{1/5} x \sin x\, dx$
17. $\int_0^{\pi/4} \cos^3 x\, dx$
18. $\int_0^{\pi/2} \sin^2 \frac{x}{2} \cos^2 \frac{x}{2}\, dx$
19. $\int_0^{\pi/3} \sin^4 3x \cos^3 3x\, dx$
20. $\int_{-\pi}^{\pi} \cos^2 5\theta\, d\theta$
21. $\int_0^{\pi/6} \sin 2x \cos 4x\, dx$
22. $\int_0^{2\pi} \sin^2 kx\, dx$
23. $\int \sec^2(3x+1)\, dx$
24. $\int \tan 5x\, dx$
25. $\int e^{-2x} \tan(e^{-2x})\, dx$
26. $\int \cot 3x\, dx$
27. $\int \sec 2x\, dx$
28. $\int \frac{\sec(\sqrt{x})}{\sqrt{x}}\, dx$
29. $\int \tan^2 x \sec^2 x\, dx$
30. $\int \tan^5 x \sec^4 x\, dx$
31. $\int \tan^3 4x \sec^4 4x\, dx$
32. $\int \tan^4 \theta \sec^4 \theta\, d\theta$
33. $\int \sec^5 x \tan^3 x\, dx$
34. $\int \tan^5 \theta \sec \theta\, d\theta$
35. $\int \tan^4 x \sec x\, dx$
36. $\int \tan^2 \frac{x}{2} \sec^3 \frac{x}{2}\, dx$
37. $\int \tan 2t \sec^3 2t\, dt$
38. $\int \tan x \sec^5 x\, dx$
39. $\int \sec^4 x\, dx$
40. $\int \sec^5 x\, dx$
41. $\int \tan^4 x\, dx$
42. $\int \tan^3 4x\, dx$
43. $\int \sqrt{\tan x} \sec^4 x\, dx$
44. $\int \tan x \sec^{3/2} x\, dx$
45. $\int_0^{\pi/6} \tan^2 2x\, dx$
46. $\int_0^{\pi/6} \sec^3 \theta \tan \theta\, d\theta$
47. $\int_0^{\pi/2} \tan^5 \frac{x}{2}\, dx$
48. $\int_0^{1/4} \sec \pi x \tan \pi x\, dx$
49. $\int \cot^3 x \csc^3 x\, dx$
50. $\int \cot^2 3t \sec 3t\, dt$
51. $\int \cot^3 x\, dx$
52. $\int \csc^4 x\, dx$

53. m と n を相異なる非負の整数とする．式 (16)–(18) を用いて次を示せ．
    (a) $\int_0^{2\pi} \sin mx \cos nx\, dx = 0$
    (b) $\int_0^{2\pi} \cos mx \cos nx\, dx = 0$
    (c) $\int_0^{2\pi} \sin mx \sin nx\, dx = 0$

54. m と n が等しい非負の整数であったときに，問題 **53** の定積分を求めよ．

55. 区間 $[0, \pi/4]$ 上での曲線 $y = \ln(\cos x)$ の弧の長さを求めよ．

56. $y=\tan x$, $y=1$, および $x=0$ で囲まれた領域を，x 軸の周りに回転させて生成される立体の体積を求めよ．

57. $y=\cos x$, $y=\sin x$, $x=0$, および $x=\pi/4$ で囲まれた領域を，x 軸の周りに回転させて生成される立体の体積を求めよ．

58. 下から x 軸で，上から $y=\sin x$ の $x=0$ から $x=\pi$ までの部分で挟まれた領域を，x 軸の周りに回転させる．このときに生成される立体の体積を求めよ．

59. あるメルカトル投影図の赤道の長さが L ならば，赤道の同じ側にある $\alpha°$ と $\beta°$ の緯線のあいだの垂直距離は
$$D = \frac{L}{2\pi}\ln\left|\frac{\sec\beta° + \tan\beta°}{\sec\alpha° + \tan\alpha°}\right|$$
であることを公式 (27) を用いて示せ（ただし，$\alpha<\beta$ とする）．

60. あるメルカトル投影図では赤道は 100 cm であるという．問題 **59** の結果を用いて，次の問に答えよ．
 (a) 赤道と北緯 $25°$ の緯線との地図上の垂直距離はどれだけか．
 (b) 北緯 $30°$ にあるルイジアナ州のニューオリンズと北緯 $50°$ にあるカナダのウィニペグのあいだの地図上の垂直距離はどれだけか．

61. (a)
$$\int \csc x\,dx = -\ln|\csc x + \cot x| + C$$
を示せ．
 (b) (a) の結果は
$$\int \csc x\,dx = \ln|\csc x - \cot x| + C$$
や
$$\int \csc x\,dx = \ln\left|\tan\tfrac{1}{2}x\right| + C$$
と書き換えられることを示せ．

62. $\sin x + \cos x$ を
$$A\sin(x+\phi)$$
の形に書き直し，問題 **61** の結果を用いて，
$$\int \frac{dx}{\sin x + \cos x}$$
を求めよ．

63. 問題 **62** の手法を用いて，
$$\int \frac{dx}{a\sin x + b\cos x} \quad (a,b\text{ はともに零ということはない)}$$
を求めよ．

64. (a) 8.2 節の公式 (8) を用いて
$$\int_0^{\pi/2} \sin^n x\,dx = \frac{n-1}{n}\int_0^{\pi/2}\sin^{n-2}x\,dx \quad (n\geq 2)$$
を示せ．
 (b) この結果を用いて，ワリス（**Wallis**）の正弦公式
$$\int_0^{\pi/2}\sin^n x\,dx = \frac{\pi}{2}\frac{1\cdot 3\cdot 5\cdots(n-1)}{2\cdot 4\cdot 6\cdots n} \quad \left(\begin{smallmatrix}n\text{ は偶数}\\ \text{で} \geq 2\end{smallmatrix}\right)$$
$$\int_0^{\pi/2}\sin^n x\,dx = \frac{2\cdot 4\cdot 6\cdots(n-1)}{3\cdot 5\cdot 7\cdots n} \quad \left(\begin{smallmatrix}n\text{ は奇数}\\ \text{で} \geq 3\end{smallmatrix}\right)$$
を導け．

65. 問題 **64** のワリスの公式を用いて，次を求めよ．
 (a) $\int_0^{\pi/2}\sin^3 x\,dx$ (b) $\int_0^{\pi/2}\sin^4 x\,dx$
 (c) $\int_0^{\pi/2}\sin^5 x\,dx$ (d) $\int_0^{\pi/2}\sin^6 x\,dx$

66. 8.2 節の公式 (9) と問題 **64** の方法を用いて，次のワリスの余弦公式
$$\int_0^{\pi/2}\cos^n x\,dx = \frac{\pi}{2}\frac{1\cdot 3\cdot 5\cdots(n-1)}{2\cdot 4\cdot 6\cdots n} \quad \left(\begin{smallmatrix}n\text{ は偶数}\\ \text{で} \geq 2\end{smallmatrix}\right)$$
$$\int_0^{\pi/2}\cos^n x\,dx = \frac{2\cdot 4\cdot 6\cdots(n-1)}{3\cdot 5\cdot 7\cdots n} \quad \left(\begin{smallmatrix}n\text{ は奇数}\\ \text{で} \geq 3\end{smallmatrix}\right)$$
を導け．

8.4 三角置換

この節では，根号を含む積分を，三角関数も関連させた置換を行って求める方法を考察する．2 次多項式を含む積分は，ある場合には平方完成によって求められるが，そのやり方も示す．

三角置換法

はじめに，
$$\sqrt{a^2-x^2},\quad \sqrt{x^2+a^2},\quad \sqrt{x^2-a^2}$$
という形の式を含む積分について考える．ここで，a は正の定数である．このような積分を求めるときの基本的考え方は，根号を消すような x の置換を行うことである．例えば，式 $\sqrt{a^2-x^2}$ の根号を消すために
$$x = a\sin\theta,\quad -\pi/2 \leq \theta \leq \pi/2 \tag{1}$$

という置換を行うと

$$\sqrt{a^2 - x^2} = \sqrt{a^2 - a^2 \sin^2 \theta} = \sqrt{a^2(1 - \sin^2 \theta)}$$

$$= a\sqrt{\cos^2 \theta} = a|\cos \theta| = a \cos \theta \quad \boxed{-\pi/2 \leq \theta \leq \pi/2 \text{ より } \cos \theta \geq 0}$$

となる．式 (1) の θ に関する制限は，2 つの用途に使える．1 つ目は $|\cos \theta|$ を $\cos \theta$ に置き換えて計算を簡単にできる．もう 1 つは，必要ならば，その置換は $\theta = \sin^{-1}(x/a)$ であるとも書き直せることを保証する．

例 1 不定積分 $\displaystyle\int \frac{dx}{x^2 \sqrt{4 - x^2}}$ を求めよ．

解 根号を消すために，置換

$$x = 2 \sin \theta, \quad dx = 2 \cos \theta \, d\theta$$

を行う．これにより，

$$\int \frac{dx}{x^2 \sqrt{4 - x^2}} = \int \frac{2 \cos \theta \, d\theta}{(2 \sin \theta)^2 \sqrt{4 - 4 \sin^2 \theta}}$$

$$= \int \frac{2 \cos \theta \, d\theta}{(2 \sin \theta)^2 (2 \cos \theta)} = \frac{1}{4} \int \frac{d\theta}{\sin^2 \theta}$$

$$= \frac{1}{4} \int \csc^2 \theta \, d\theta = -\frac{1}{4} \cot \theta + C \tag{2}$$

となる．この時点で積分は完了した．しかし，もとの積分は変数 x で表されているから，$\cot \theta$ も x で表した方が望ましい．それは三角関数の恒等式を用いてもできるが，置換 $x = 2 \sin \theta$ を $\sin \theta = x/2$ と書いて，これを図 8.4.1 のように幾何的に表す．この図より

$$\cot \theta = \frac{\sqrt{4 - x^2}}{x}$$

を得る．これを式 (2) に代入すると

$$\int \frac{dx}{x^2 \sqrt{4 - x^2}} = -\frac{1}{4} \frac{\sqrt{4 - x^2}}{x} + C$$

となる． ◀

例 2 定積分 $\displaystyle\int_1^{\sqrt{2}} \frac{dx}{x^2 \sqrt{4 - x^2}}$ を求めよ．

解 2 つの解き方が可能である．すなわち，(例 1 のように) 不定積分を置換積分で計算してから x に積分の上端・下端を代入して定積分を求めてもよいし，または定積分に対して置換積分を行って x の上端・下端を対応する θ の上端・下端に変換してもよい．

方法 1 例 1 の結果の x に積分の上端・下端を代入して

$$\int_1^{\sqrt{2}} \frac{dx}{x^2 \sqrt{4 - x^2}} = -\frac{1}{4} \left[\frac{\sqrt{4 - x^2}}{x} \right]_1^{\sqrt{2}} = -\frac{1}{4}[1 - \sqrt{3}] = \frac{\sqrt{3} - 1}{4}$$

となる．

方法 2 置換 $x = 2 \sin \theta$ は $x/2 = \sin \theta$ あるいは $\theta = \sin^{-1}(x/2)$ と表せる．そして，$x = 1$ と $x = \sqrt{2}$ に対応する θ の下端・上端の値は

$$x = 1: \quad \theta = \sin^{-1}(1/2) = \pi/6$$
$$x = \sqrt{2}: \quad \theta = \sin^{-1}(\sqrt{2}/2) = \pi/4$$

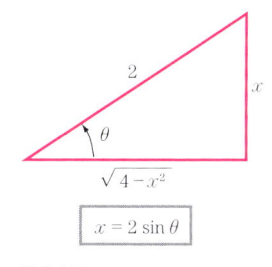

図 8.4.1

となる．よって，例 1 の式 (2) から
$$\int_1^{\sqrt{2}} \frac{dx}{x^2\sqrt{4-x^2}} = -\frac{1}{4}\Big[\cot\theta\Big]_{\pi/6}^{\pi/4} = -\frac{1}{4}[1-\sqrt{3}] = \frac{\sqrt{3}-1}{4}$$
を得る． ◀

例 3 楕円
$$\frac{x^2}{a^2} + \frac{y^2}{b^2} = 1$$
の面積を求めよ．

解 楕円は 2 つの軸それぞれに関して対称であるから，その面積 A は第 1 象限内の面積の 4 倍である（図 8.4.2）．楕円の方程式を解いて y を x で表すと
$$y = \pm \frac{b}{a}\sqrt{a^2-x^2}$$
を得る．ここで，正の平方根は上半平面内の方程式を与えている．よって，面積 A は
$$A = 4\int_0^a \frac{b}{a}\sqrt{a^2-x^2}\,dx = \frac{4b}{a}\int_0^a \sqrt{a^2-x^2}\,dx$$
で与えられる．この積分を求めるために，置換 $x = a\sin\theta\,(dx = a\cos\theta\,d\theta)$ を行い，x に関する積分の上端・下端を θ に関する上端・下端に変換する．置換を $\theta = \sin^{-1}(x/a)$ と表すと，積分の θ に関する下端・上端は
$$x = 0: \quad \theta = \sin^{-1}(0) = 0$$
$$x = a: \quad \theta = \sin^{-1}(1) = \pi/2$$
となる．よって，
$$A = \frac{4b}{a}\int_0^a \sqrt{a^2-x^2}\,dx = \frac{4b}{a}\int_0^{\pi/2} a\cos\theta \cdot a\cos\theta\,d\theta$$
$$= 4ab\int_0^{\pi/2} \cos^2\theta\,d\theta = 4ab\int_0^{\pi/2} \frac{1}{2}(1+\cos 2\theta)\,d\theta$$
$$= 2ab\Big[\theta + \frac{1}{2}\sin 2\theta\Big]_0^{\pi/2} = 2ab\left(\frac{\pi}{2} - 0\right) = \pi ab$$
を得る． ◀

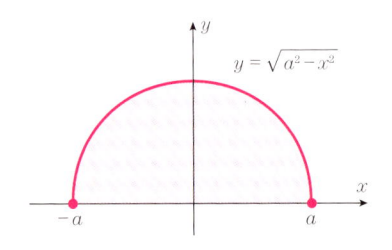

> **注意** 特に $a = b$ のとき，楕円は半径 a の円となり，面積を表す式は期待されるとおり $A = \pi a^2$ となる．次の式
> $$\int_{-a}^a \sqrt{a^2-x^2}\,dx = \frac{1}{2}\pi a^2 \tag{3}$$
> は心にとどめる価値がある．それは，この積分は上半円の面積を表しているからである（図 8.4.3）．

> **読者へ** 数値積分可能な計算ユーティリティをもっているならば，それと公式 (3) を使って π を小数第 3 位まで近似せよ．

これまでは，置換 $u = a\sin\theta$ を使って $\sqrt{a^2-x^2}$ の形の根号を含む積分を計算することに焦点をあててきた．表 8.4.1 にこの方法をまとめ，他の種類の置換についても述べておく．

例 4 $x = 0$ から $x = 1$ までの曲線 $y = x^2/2$ の弧の長さを求めよ（図 8.4.4）．

解 6.4 節の公式 (4) より，曲線の弧の長さ L は
$$L = \int_0^1 \sqrt{1 + \left(\frac{dy}{dx}\right)^2}\,dx = \int_0^1 \sqrt{1+x^2}\,dx$$
である．被積分関数は $\sqrt{a^2+x^2}$ で $a = 1$ とした形の根号を含むので，表 8.4.1 より，置換

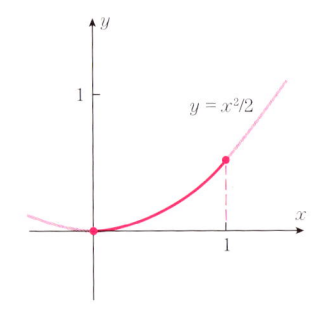

表 8.4.1

被積分関数に含まれる式	置換	θ の制限	単純化
$\sqrt{a^2 - x^2}$	$x = a\sin\theta$	$-\pi/2 \leq \theta \leq \pi/2$	$a^2 - x^2 = a^2 - a^2\sin^2\theta = a^2\cos^2\theta$
$\sqrt{a^2 + x^2}$	$x = a\tan\theta$	$-\pi/2 \leq \theta \leq \pi/2$	$a^2 + x^2 = a^2 + a^2\tan^2\theta = a^2\sec^2\theta$
$\sqrt{x^2 - a^2}$	$x = a\sec\theta$	$\begin{cases} 0 \leq \theta \leq \pi/2 \ (x \geq a \text{ のとき}) \\ \pi/2 \leq \theta \leq \pi \ (x \leq -a \text{ のとき}) \end{cases}$	$x^2 - a^2 = a^2\sec^2\theta - a^2 = a^2\tan^2\theta$

$$x = \tan\theta, \quad -\pi/2 < \theta < \pi/2$$

$$\frac{dx}{d\theta} = \sec^2\theta \quad \text{もしくは} \quad dx = \sec^2\theta\, d\theta$$

を行う．この置換は $\theta = \tan^{-1} x$ とも表されるから，x の積分の下端 $x=0$ と上端 $x=1$ に対応する θ の下端・上端は

$$x = 0: \quad \theta = \tan^{-1} 0 = 0$$
$$x = 1: \quad \theta = \tan^{-1} 1 = \pi/4$$

である．したがって，

$$\begin{aligned}
L &= \int_0^1 \sqrt{1+x^2}\, dx = \int_0^{\pi/4} \sqrt{1+\tan^2\theta}\, \sec^2\theta\, d\theta \\
&= \int_0^{\pi/4} \sqrt{\sec^2\theta}\, \sec^2\theta\, d\theta \\
&= \int_0^{\pi/4} |\sec\theta|\, \sec^2\theta\, d\theta \\
&= \int_0^{\pi/4} \sec^3\theta\, d\theta \quad \boxed{-\pi/2 < \theta < \pi/2 \text{ より，} \sec\theta > 0} \\
&= \left[\frac{1}{2}\sec\theta\tan\theta\frac{1}{2}\ln|\sec\theta + \tan\theta|\right]_0^{\pi/4} \quad \boxed{8.3\text{ 節の公式 (26)}} \\
&= \frac{1}{2}\left(\sqrt{2} + \ln(\sqrt{2}+1)\right) \approx 1.148
\end{aligned}$$

である． ◀

例 5 不定積分 $\displaystyle\int \frac{\sqrt{x^2-25}}{x}\, dx$ を求めよ．ただし，$x \geq 5$ とする．

解 被積分関数は $\sqrt{x^2-a^2}$ の形の根号で $a=5$ としたものを含むので，表 8.4.1 より置換

$$x = 5\sec\theta, \quad 0 \leq \theta < \pi/2$$
$$\frac{dx}{d\theta} = 5\sec\theta\tan\theta \quad \text{または} \quad dx = 5\sec\theta\tan\theta\, d\theta$$

を行うと，

$$\begin{aligned}
\int \frac{\sqrt{x^2-25}}{x}\, dx &= \int \frac{\sqrt{25\sec^2\theta - 25}}{5\sec\theta}(5\sec\theta\tan\theta)\, d\theta \\
&= \int \frac{5|\tan\theta|}{5\sec\theta}(5\sec\theta\tan\theta)\, d\theta \\
&= 5\int \tan^2\theta\, d\theta \quad \boxed{0 \leq \theta < \pi/2 \text{ より，} \tan\theta \geq 0} \\
&= 5\int (\sec^2\theta - 1)\, d\theta = 5\tan\theta - 5\theta + C
\end{aligned}$$

となる．解を変数 x で表すために，置換 $x = 5\sec\theta$ を幾何的に図 8.4.5 の三角形で表示する．

この図より，
$$\tan\theta = \frac{\sqrt{x^2-25}}{5}$$
を得る．このことと置換が $\theta = \sec^{-1}(x/5)$ と表されることから
$$\int \frac{\sqrt{x^2-25}}{x}\,dx = \sqrt{x^2-25} - 5\sec^{-1}\left(\frac{x}{5}\right) + C$$
を得る． ◀

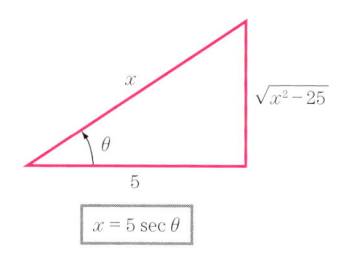

図 8.4.5

$ax^2 + bx + c$ を含む積分

2次式 $ax^2 + bx + c$，ただし $a \neq 0$ かつ $b \neq 0$，を含む積分は，はじめに平方完成して，次に適当な置換を行うと計算できることがある．以下の例でこの考え方を説明する．

例 6 不定積分 $\displaystyle\int \frac{x}{x^2-4x+8}\,dx$ を求めよ．

解 平方完成すると
$$x^2 - 4x + 8 = (x^2 - 4x + 4) + 8 - 4 = (x-2)^2 + 4$$
となる．そこで置換
$$u = x - 2, \quad du = dx$$
を行うと，
$$\begin{aligned}
\int \frac{x}{x^2-4x+8}\,dx &= \int \frac{x}{(x-2)^2+4}\,dx = \int \frac{u+2}{u^2+4}\,du \\
&= \int \frac{u}{u^2+4}\,du + 2\int \frac{du}{u^2+4} \\
&= \frac{1}{2}\int \frac{2u}{u^2+4}\,du + 2\int \frac{du}{u^2+4} \\
&= \frac{1}{2}\ln(u^2+4) + 2\left(\frac{1}{2}\right)\tan^{-1}\frac{u}{2} + C \\
&= \frac{1}{2}\ln[(x-2)^2+4] + \tan^{-1}\left(\frac{x-2}{2}\right) + C
\end{aligned}$$
を得る． ◀

例 7 不定積分 $\displaystyle\int \frac{dx}{\sqrt{5-4x-2x^2}}$ を求めよ．

解 平方完成すると
$$\begin{aligned}
5 - 4x - 2x^2 &= 5 - 2(x^2 + 2x) = 5 - 2(x^2 + 2x + 1) + 2 \\
&= 5 - 2(x+1)^2 + 2 = 7 - 2(x+1)^2
\end{aligned}$$
となるから，
$$\begin{aligned}
\int \frac{dx}{\sqrt{5-4x-2x^2}} &= \int \frac{dx}{\sqrt{7-2(x+1)^2}} \\
&= \int \frac{du}{\sqrt{7-2u^2}} \quad \boxed{\begin{array}{l}u = x+1\\ du = dx\end{array}} \\
&= \frac{1}{\sqrt{2}}\int \frac{du}{\sqrt{(7/2)-u^2}} \\
&= \frac{1}{\sqrt{2}}\sin^{-1}\left(\frac{u}{\sqrt{7/2}}\right) + C \quad \boxed{\begin{array}{l}\text{8.1 節の公式 (21) を}\\ a = \sqrt{7/2} \text{ として適用}\end{array}} \\
&= \frac{1}{\sqrt{2}}\sin^{-1}[\sqrt{2/7}(x+1)] + C
\end{aligned}$$
である． ◀

演習問題 8.4 C CAS

問題 **1–26** では積分を求めよ.

1. $\displaystyle\int \sqrt{4-x^2}\, dx$
2. $\displaystyle\int \sqrt{1-4x^2}\, dx$
3. $\displaystyle\int \frac{x^2}{\sqrt{9-x^2}}\, dx$
4. $\displaystyle\int \frac{dx}{x^2\sqrt{16-x^2}}$
5. $\displaystyle\int \frac{dx}{(4+x^2)^2}$
6. $\displaystyle\int \frac{x^2}{\sqrt{5+x^2}}\, dx$
7. $\displaystyle\int \frac{\sqrt{x^2-9}}{x}\, dx$
8. $\displaystyle\int \frac{dx}{x^2\sqrt{x^2-16}}$
9. $\displaystyle\int \frac{x^3}{\sqrt{2-x^2}}\, dx$
10. $\displaystyle\int x^3\sqrt{5-x^2}\, dx$
11. $\displaystyle\int \frac{dx}{x^2\sqrt{4x^2-9}}$
12. $\displaystyle\int \frac{\sqrt{1+t^2}}{t}\, dt$
13. $\displaystyle\int \frac{dx}{(1-x^2)^{3/2}}$
14. $\displaystyle\int \frac{dx}{x^2\sqrt{x^2+25}}$
15. $\displaystyle\int \frac{dx}{\sqrt{x^2-1}}$
16. $\displaystyle\int \frac{dx}{1+2x^2+x^4}$
17. $\displaystyle\int \frac{dx}{(9x^2-1)^{3/2}}$
18. $\displaystyle\int \frac{x^2}{\sqrt{x^2-25}}\, dx$
19. $\displaystyle\int e^x\sqrt{1-e^{2x}}\, dx$
20. $\displaystyle\int \frac{\cos\theta}{\sqrt{2-\sin^2\theta}}\, d\theta$
21. $\displaystyle\int_0^4 x^3\sqrt{16-x^2}\, dx$
22. $\displaystyle\int_0^{1/3} \frac{dx}{(4-9x^2)^2}$
23. $\displaystyle\int_{\sqrt{2}}^2 \frac{dx}{x^2\sqrt{x^2-1}}$
24. $\displaystyle\int_{\sqrt{2}}^2 \frac{\sqrt{2x^2-4}}{x}\, dx$
25. $\displaystyle\int_1^3 \frac{dx}{x^4\sqrt{x^2+3}}$
26. $\displaystyle\int_0^3 \frac{x^3}{(3+x^2)^{5/2}}\, dx$

27. 積分
$$\int \frac{x}{x^2+4}\, dx$$
は三角置換によっても,あるいは置換 $u = x^2+4$ によっても,ともに求めることができる.両方の方法で計算し,計算結果が同値であることを示せ.

28. 積分
$$\int \frac{x^2}{x^2+4}\, dx$$
は三角置換によっても,被積分関数の分子を $(x^2+4) - 4$ と代数的に書き換えても,ともに求めることができる.両方の方法で計算し,計算結果が同値であることを示せ.

29. 曲線 $y = \ln x$ の,$x = 1$ から $x = 2$ までの弧長を求めよ.

30. 曲線 $y = x^2$ の,$x = 0$ から $x = 1$ までの弧長を求めよ.

31. 問題 30 の曲線を x 軸の周りに回転させて生成される曲面の面積を求めよ.

32. $x = y(1-y^2)^{1/4}$,$y = 0$,$y = 1$,および $x = 0$ で囲まれた領域を,y 軸の周りに回転させて生成される立体の体積を求めよ.

> 問題 **33** では,三角置換 $x = a\sec\theta$ や $x = a\tan\theta$ を行うと難しい積分が出てくる.そのような積分に対して,**双曲置換**
>
> $\sqrt{x^2+a^2}$ を含む積分に対して $x = a\sinh u$
> $\sqrt{x^2-a^2}$,$x \geq a$ を含む積分に対して $x = a\cosh u$
>
> を用いることができる場合がある.おのおのの場合について,双曲線関数の恒等式
> $$a^2\cosh^2 u - a^2\sinh^2 u = a^2$$
> によって根号が消せるので,これらの置換は有用である.

33. (a) 上記の双曲置換を用いて,
$$\int \frac{dx}{\sqrt{x^2+9}}$$
を求めよ.
(b) (a) の積分を三角置換で計算し,(a) の結果と同値であることを確かめよ.
(c) 双曲置換を用いて,
$$\int \sqrt{x^2-1}\, dx, \quad x \geq 1$$
を求めよ.

34. 例 3 では,求めたい積分に $x = a\sin\theta$ という置換を行って楕円の面積を求めた.$x = a\cos\theta$ と置換して面積を求め,θ に必要な制限について考えよ.

問題 **35–46** では,積分を求めよ.

35. $\displaystyle\int \frac{dx}{x^2-4x+13}$
36. $\displaystyle\int \frac{dx}{\sqrt{2x-x^2}}$
37. $\displaystyle\int \frac{dx}{\sqrt{8+2x-x^2}}$
38. $\displaystyle\int \frac{dx}{16x^2+16x+5}$
39. $\displaystyle\int \frac{dx}{\sqrt{x^2-6x+10}}$
40. $\displaystyle\int \frac{x}{x^2+6x+10}\, dx$
41. $\displaystyle\int \sqrt{3-2x-x^2}\, dx$
42. $\displaystyle\int \frac{e^x}{\sqrt{1+e^x+e^{2x}}}\, dx$
43. $\displaystyle\int \frac{dx}{2x^2+4x+7}$
44. $\displaystyle\int \frac{2x+3}{4x^2+4x+5}\, dx$
45. $\displaystyle\int_1^2 \frac{dx}{\sqrt{4x-x^2}}$
46. $\displaystyle\int_0^1 \sqrt{x(4-x)}\, dx$

問題 47 と 48 に，与えられたままの形では CAS で求めることができないであろう積分の好例を与えておく．求めることができないときは，適当な置換により積分を CAS が計算できる形に変換せよ．

47. [C] $\displaystyle\int \cos x \sin x \sqrt{1-\sin^4 x}\,dx$

48. [C] $\displaystyle\int (x\cos x + \sin x)\sqrt{1+x^2 \sin^2 x}\,dx$

8.5 部分分数による有理関数の積分

有理関数とは 2 つの多項式の比であることを思い起こそう．この節では，有理関数をこれまでの節で学んだ方法で積分できる一般的な方法を，単純な有理関数に分解するという考え方を基礎にして学ぶ．

部分分数

代数学で，2 つ，あるいはそれ以上の分数を，共通する分母を見つけて 1 つの分数にすることを学ぶ．例えば

$$\frac{2}{x-4} + \frac{3}{x+1} = \frac{2(x+1)+3(x-4)}{(x-4)(x+1)} = \frac{5x-10}{x^2-3x-4} \tag{1}$$

である．しかし，積分を計算するためには，式 (1) の左辺の方が各項が簡単に積分できるため，右辺よりも扱いやすい．すなわち，

$$\int \frac{5x-10}{x^2-3x-4}\,dx = \int \frac{2}{x-4}\,dx + \int \frac{3}{x+1}\,dx = 2\ln|x-4| + 3\ln|x+1| + C$$

したがって，式 (1) の右辺から左辺を得るような方法が望まれる．これをどのようにして行うかを説明するのに，まず左辺の分子は定数で，左辺の分母は右辺の分母の因数であることに注目する．そこで，式 (1) の右辺から左辺を求めるために，右辺の分母を因数分解し，A と B を

$$\frac{5x-10}{(x-4)(x+1)} = \frac{A}{x-4} + \frac{B}{x+1} \tag{2}$$

となるように求める．定数 A と B を見つける 1 つの方法は，分母を消すために式 (2) の両辺に $(x-4)(x+1)$ を掛けることである．これにより，

$$5x - 10 = A(x+1) + B(x-4) \tag{3}$$

となる．この関係はすべての x について成り立っているから，特に $x=4$，あるいは $x=-1$ であっても成り立つ．式 (3) に $x=4$ を代入すると，右辺の第 2 項が消えて，方程式 $10 = 5A$，つまり $A=2$ を得る．そして，式 (3) に $x=-1$ を代入すると右辺の第 1 項が消えて，方程式 $-15 = -5B$，つまり $B=3$ を得る．これらの値を式 (2) に代入すると，

$$\frac{5x-10}{(x-4)(x+1)} = \frac{2}{x-4} + \frac{3}{x+1} \tag{4}$$

を得るが，これは式 (1) と一致する．

定数 A と B を見つける 2 つ目の方法は式 (3) の右辺の積を計算し，x について整理して

$$5x - 10 = (A+B)x + (A-4B)$$

とすることである．両辺の多項式は一致するので，対応する係数も同じでなければならない．両辺の対応する係数を等号で結ぶと，以下の未知の定数 A と B に関する連立方程式を得る．

$$A + B = 5$$
$$A - 4B = -10$$

この連立方程式を解くと，先と同様に $A = 2$ と $B = 3$ となる（確かめよ）．

式 (4) の右辺の各項は，その式の一部をなしているので，左辺の**部分分数**とよばれる．部分分数を求めるためには，まずその形を推測し，そして未知の定数を求めなければならない．次の目標は，このアイデアを一般の有理関数へと拡張することである．そのために，$P(x)/Q(x)$ は真の有理関数，つまり分子の次数が分母の次数より小さいと仮定する．高等代数には，真の有理関数は和

$$\frac{P(x)}{Q(x)} = F_1(x) + F_2(x) + \cdots + F_n(x)$$

と書き表すことができるという定理がある．ここで，$F_1(x), F_2(x), \ldots, F_n(x)$ は

$$\frac{A}{(ax+b)^k} \quad \text{または} \quad \frac{Ax+B}{(ax^2+bx+c)^k}$$

の形の有理関数であり，その分母は $Q(x)$ の因数である．この和は $P(x)/Q(x)$ の**部分分数分解**とよばれ，各項は**部分分数**とよばれる．はじめの例でみたように，部分分数分解を求めるには 2 つのステップがある，つまり，分解の正確な形を求めること，および未知定数を求めることである．

部分分数分解の形の求め方

真の有理関数 $P(x)/Q(x)$ の部分分数分解の形を見つけるための第 1 段階は，まず $Q(x)$ を 1 次因数と既約な 2 次因数に完全に分解する．つぎに，すべての重複する因数を集め，$Q(x)$ を

$$(ax+b)^m \quad \text{と} \quad (ax^2+bx+c)^m$$

の形をしている異なる因数の積で表す．これらの因数から，いまから説明する 2 つの規則を使って部分分数分解の形を決めることができる．

1 次因数

もし $Q(x)$ のすべての因数が 1 次であるならば，$P(x)/Q(x)$ の部分分数分解は次の規則を用いて決定できる．

> **1 次因数法則** $(ax+b)^m$ の形の各因数について，部分分数分解は次の m 項の部分分数を含む．
>
> $$\frac{A_1}{ax+b} + \frac{A_2}{(ax+b)^2} + \cdots + \frac{A_m}{(ax+b)^m}$$
>
> ここで，$A_1, A_2, \ldots, A_m$ は定数である．$m = 1$ のときは，和の第 1 項だけが現れる．

例 1 不定積分 $\displaystyle\int \frac{dx}{x^2+x-2}$ を求めよ．

解 被積分関数は

$$\frac{1}{x^2+x-2} = \frac{1}{(x-1)(x+2)}$$

で表される真の有理関数である．因数 $x-1$ と $x+2$ はともに 1 次でそのベキ指数は 1 なので，1 次因数法則により，おのおのの因数について部分分数分解の項が 1 つずつ現れる．よっ

て，分解は
$$\frac{1}{(x-1)(x+2)} = \frac{A}{x-1} + \frac{B}{x+2} \tag{5}$$
の形となる．ここで，A と B はいまから決める定数である．この式の両辺に $(x-1)(x+2)$ を掛けると
$$1 = A(x+2) + B(x-1) \tag{6}$$
となる．先に考察したように，A と B を求める方法は 2 つある．すなわち，右辺のいずれかの項を消すように x の値を選んで代入するか，係数比較，すなわち右辺の積を計算した後に両辺の対応する係数を等しいとおき，A と B に関する連立方程式を立ててそれを解くかである．1 つ目の方法で解いてみる．

式 (6) に $x = 1$ を代入すると右辺の第 2 項が消えて，方程式 $1 = 3A$，つまり $A = \frac{1}{3}$ を得る．そして，式 (6) に $x = -2$ を代入すると右辺の第 1 項が消えて，方程式 $1 = -3B$，つまり $B = -\frac{1}{3}$ を得る．これらの値を式 (5) に代入すると，部分分数分解
$$\frac{1}{(x-1)(x+2)} = \frac{\frac{1}{3}}{x-1} + \frac{-\frac{1}{3}}{x+2}$$
を得る．これで，積分は次のように求めることができる．
$$\int \frac{dx}{(x-1)(x+2)} = \frac{1}{3} \int \frac{dx}{x-1} - \frac{1}{3} \int \frac{dx}{x+2}$$
$$= \frac{1}{3} \ln|x-1| - \frac{1}{3} \ln|x+2| + C = \frac{1}{3} \ln\left|\frac{x-1}{x+2}\right| + C \quad \blacktriangleleft$$

前の例 1 のように，$Q(x)$ の因数が 1 次でどれも重複しない場合には，部分分数分解の定数を求めるときに推奨される方法は，適当な x の値を代入していずれかの項を消すことである．しかし，因数のいくつかが重複している場合には，この方法ですべての定数を求めることは不可能であろう．このような場合に推奨される方法は，可能な限り多くの定数を代入によって求め，残りは係数比較によって求めることである．このことを次の例で説明する．

例 2 不定積分 $\int \dfrac{2x+4}{x^3-2x^2}\,dx$ を求めよ．

解 被積分関数は
$$\frac{2x+4}{x^3-2x^2} = \frac{2x+4}{x^2(x-2)}$$
と書き直せる．x^2 は 2 次因数であるが，$x^2 = xx$ であるから既約ではない．したがって，1 次因数法則より，x^2 からは（$m=2$ より）
$$\frac{A}{x} + \frac{B}{x^2}$$
の形での 2 つの項が現れ，因数 $x-2$ からは（$m=1$ より）
$$\frac{C}{x-2}$$
の形の 1 つの項が現れる．したがって，部分分数分解は
$$\frac{2x+4}{x^2(x-2)} = \frac{A}{x} + \frac{B}{x^2} + \frac{C}{x-2} \tag{7}$$
である．この式の両辺に $x^2(x-2)$ を掛けると
$$2x+4 = Ax(x-2) + B(x-2) + Cx^2 \tag{8}$$
となる．掛け算をし，そして x の次数について整理すると
$$2x+4 = (A+C)x^2 + (-2A+B)x - 2B \tag{9}$$

となる．式 (8) で $x = 0$ とおくと，第 1 項と第 3 項が消えて $B = -2$ となり，式 (8) で $x = 2$ とおくと，第 1 項と第 2 項が消えて $C = 2$ となる（確かめよ）．しかし，A を直接求められる式 (8) への値の適当な代入の方法がないので，A を求めるために方程式 (9) に注目する．これは，両辺の x^2 の係数を等しいとして
$$A + C = 0 \quad \text{すなわち} \quad A = -C = -2$$
を得て，A が求められる．式 (7) に $A = -2$，$B = -2$，および $C = 2$ という値を代入すると，部分分数分解
$$\frac{2x+4}{x^2(x-2)} = \frac{-2}{x} + \frac{-2}{x^2} + \frac{2}{x-2}$$
を得る．よって，
$$\int \frac{2x+4}{x^2(x-2)}\,dx = -2\int \frac{dx}{x} - 2\int \frac{dx}{x^2} + 2\int \frac{dx}{x-2}$$
$$= -2\ln|x| + \frac{2}{x} + 2\ln|x-2| + C = 2\ln\left|\frac{x-2}{x}\right| + \frac{2}{x} + C$$
である． ◀

2 次因数

もし $Q(x)$ の因数のいくつかが既約 2 次式であれば，これらの因数の $P(x)/Q(x)$ の部分分数分解への寄与は次の法則から決まる．

---

2 次因数法則 $(ax^2 + bx + c)^m$ の形の各因数について，部分分数分解は次の m 項の部分分数を含む．

$$\frac{A_1 x + B_1}{ax^2 + bx + c} + \frac{A_2 x + B_2}{(ax^2 + bx + c)^2} + \cdots + \frac{A_m x + B_m}{(ax^2 + bx + c)^m}$$

ここで，$A_1, A_2, \ldots, A_m, B_1, B_2, \ldots, B_m$ は定数である．$m = 1$ のときは和の第 1 項だけが現れる．

例 3 不定積分 $\displaystyle\int \frac{x^2 + x - 2}{3x^3 - x^2 + 3x - 1}\,dx$ を求めよ．

解 被積分関数の分母は組み分けによって因数分解できる．
$$\frac{x^2+x-2}{3x^3-x^2+3x-1} = \frac{x^2+x-2}{x^2(3x-1)+(3x-1)} = \frac{x^2+x-2}{(3x-1)(x^2+1)}$$

1 次因数法則により，因数 $3x - 1$ から 1 つの項
$$\frac{A}{3x-1}$$
が現れる．そして 2 次因数法則により，因数 $x^2 + 1$ は 1 つの項
$$\frac{Bx+C}{x^2+1}$$
が現れる．よって，部分分数分解は
$$\frac{x^2+x-2}{(3x-1)(x^2+1)} = \frac{A}{3x-1} + \frac{Bx+C}{x^2+1} \tag{10}$$
である．この式の両辺に $(3x-1)(x^2+1)$ を掛けると
$$x^2 + x - 2 = A(x^2+1) + (Bx+C)(3x-1) \tag{11}$$

となる．$x = \frac{1}{3}$ を代入して最後の項を消去すると A を求めることができるし，残りの定数は対応する係数を等しいとおけば求められる．しかしこの場合には，すべての定数を，両辺の係数が等しいとおいて得られる連立方程式を解いて求めても，手間はそう変わらない．その

ために，式 (11) の右辺の掛け算を実行して x の次数が同じ項をまとめると，
$$x^2 + x - 2 = (A + 3B)x^2 + (-B + 3C)x + (A - C)$$
となる．対応する係数が等しいとすると
$$\begin{aligned} A + 3B &= 1 \\ -B + 3C &= 1 \\ A \quad\quad - C &= -2 \end{aligned}$$
となる．この連立方程式を解くため，まず第 1 の方程式から第 3 の方程式を引いて A を消去する．その結果導かれる方程式と第 2 の方程式を連立させて解き，B と C を求める．最後に，第 1 の方程式か第 3 の方程式から A を求める．これにより，
$$A = -\frac{7}{5}, \quad B = \frac{4}{5}, \quad C = \frac{3}{5}$$
となる（確かめよ）．これより，式 (10) は
$$\frac{x^2 + x - 2}{(3x - 1)(x^2 + 1)} = \frac{-\frac{7}{5}}{3x - 1} + \frac{\frac{4}{5}x + \frac{3}{5}}{x^2 + 1}$$
となる．よって，
$$\begin{aligned} \int \frac{x^2 + x - 2}{(3x - 1)(x^2 + 1)} \, dx &= -\frac{7}{5} \int \frac{dx}{3x - 1} + \frac{4}{5} \int \frac{x}{x^2 + 1} \, dx + \frac{3}{5} \int \frac{dx}{x^2 + 1} \\ &= -\frac{7}{15} \ln|3x - 1| + \frac{2}{5} \ln(x^2 + 1) + \frac{3}{5} \tan^{-1} x + C \end{aligned}$$
となる． ◀

> 読者へ　CAS には部分分数分解を行う組み込みの機能がある．CAS をもっているなら，部分分数分解に関する説明書を読み，例 1，2，3 の分解を CAS を使って求めてみよ．

例 4　不定積分 $\displaystyle\int \frac{3x^4 + 4x^3 + 16x^2 + 20x + 9}{(x + 2)(x^2 + 3)^2} \, dx$ を求めよ．

解　分子が 4 次で分母が 5 次であるから，被積分関数が真の有理関数であることがわかる．したがって，部分分数の方法が適用できる．1 次因数法則より因数 $x + 2$ から 1 つの項
$$\frac{A}{x + 2}$$
が導かれ，2 次因数法則より因数 $(x^2 + 3)^2$ から（$m = 2$ より），2 つの項
$$\frac{Bx + C}{x^2 + 3} + \frac{Dx + E}{(x^2 + 3)^2}$$
が現れる．したがって，被積分関数の部分分数分解は
$$\frac{3x^4 + 4x^3 + 16x^2 + 20x + 9}{(x + 2)(x^2 + 3)^2} = \frac{A}{x + 2} + \frac{Bx + C}{x^2 + 3} + \frac{Dx + E}{(x^2 + 3)^2} \tag{12}$$
となる．この式の両辺に $(x + 2)(x^2 + 3)^2$ を掛けると
$$\begin{aligned} 3x^4 &+ 4x^3 + 16x^2 + 20x + 9 \\ &= A(x^2 + 3)^2 + (Bx + C)(x^2 + 3)(x + 2) + (Dx + E)(x + 2) \end{aligned} \tag{13}$$
となり，掛け算をしてから x の次数に従って整理すると，
$$\begin{aligned} 3x^4 &+ 4x^3 + 16x^2 + 20x + 9 \\ &= (A + B)x^4 + (2B + C)x^3 + (6A + 3B + 2C + D)x^2 \\ &\quad + (6B + 3C + 2D + E)x + (9A + 6C + 2E) \end{aligned} \tag{14}$$
となる．式 (14) の係数比較により，5 個の未知の定数と 5 個の方程式からなる連立 1 次方

程式

$$A + B = 3$$
$$2B + C = 4$$
$$6A + 3B + 2C + D = 16 \tag{15}$$
$$6B + 3C + 2D + E = 20$$
$$9A + 6C + 2E = 9$$

ができる．このような連立 1 次方程式を解く効率のよい方法は**線形代数**という数学の 1 分野で研究されているが，そのような方法は本書の範囲を超えている．しかし，実際のところ，どんなサイズの 1 次方程式系もほとんどはコンピュータで解けるし，たいていの CAS は，いろいろな場合の 1 次方程式系を正確に解くコマンドをもっている．特にいまの場合には，まず式 (13) に $x = -2$ を代入すると $A = 1$ が得られて，作業を簡単にできる．わかった A の値を式 (15) に代入すると，より簡単な方程式

$$B = 2$$
$$2B + C = 4$$
$$3B + 2C + D = 10 \tag{16}$$
$$6B + 3C + 2D + E = 20$$
$$6C + 2E = 0$$

が得られる．この連立方程式は上から順番に解いていくことができる．まず $B = 2$ を第 2 の方程式に代入して $C = 0$ を得て，すでにわかっている B と C の値を第 3 の方程式に代入すると $D = 4$ を得て，と繰り返す．これにより，

$$A = 1, \quad B = 2, \quad C = 0, \quad D = 4, \quad E = 0$$

となる．よって，式 (12) は

$$\frac{3x^4 + 4x^3 + 16x^2 + 20x + 9}{(x+2)(x^2+3)^2} = \frac{1}{x+2} + \frac{2x}{x^2+3} + \frac{4x}{(x^2+3)^2}$$

となるので，

$$\int \frac{3x^4 + 4x^3 + 16x^2 + 20x + 9}{(x+2)(x^2+3)^2}\,dx = \int \frac{dx}{x+2} + \int \frac{2x}{x^2+3}\,dx + 4\int \frac{x}{(x^2+3)^2}\,dx$$
$$= \ln|x+2| + \ln(x^2+3) - \frac{2}{x^2+3} + C$$

である． ◀

真でない有理関数の積分

部分分数分解の方法は真の有理関数にしか適用できないが，真でない有理関数は，多項式の割り算を実行したうえで，関数を割り算の商と余りを除数で割った関数との和として表すことにより，積分することができる．除数分の余りは真の有理関数となり，これは部分分数に分解できる．この考え方を次の例で説明する．

例 5 不定積分 $\displaystyle\int \frac{3x^4 + 3x^3 - 5x^2 + x - 1}{x^2 + x - 2}\,dx$ を求めよ．

解 分子が 4 次で分母が 2 次であるから，被積分関数は真でない有理関数である．そこで，まず多項式の割り算をする．

$$\begin{array}{r}
3x^2 + 1 \\
x^2 + x - 2 \,\overline{\big)\, 3x^4 + 3x^3 - 5x^2 + x - 1} \\
\underline{3x^4 + 3x^3 - 6x^2 } \\
x^2 + x - 1 \\
\underline{x^2 + x - 2} \\
1
\end{array}$$

したがって，被積分関数は
$$\frac{3x^4+3x^3-5x^2+x-1}{x^2+x-2}=(3x^2+1)+\frac{1}{x^2+x-2}$$
と表され，よって
$$\int\frac{3x^4+3x^3-5x^2+x-1}{x^2+x-2}\,dx=\int(3x^2+1)\,dx+\int\frac{dx}{x^2+x-2}$$
となる．右辺の2つ目の積分はいまや真の有理関数についてであり，ゆえに部分分数分解で計算することができる．例1の結果を用いると
$$\int\frac{3x^4+3x^3-5x^2+x-1}{x^2+x-2}\,dx=x^3+x+\frac{1}{3}\ln\left|\frac{x-1}{x+2}\right|+C$$
を得る．

◀

結びの注意 部分分数分解の方法が適切ではない場合もいくつかある．例えば，積分
$$\int\frac{3x^2+2}{x^3+2x-8}\,dx=\ln|x^3+2x-8|+C$$
を求めるのに，部分分数を使うのは不合理である．なぜなら，置換 $u=x^3+2x-8$ の方がより直接的であるからである．同様に，積分
$$\int\frac{2x-1}{x^2+1}\,dx=\int\frac{2x}{x^2+1}\,dx-\int\frac{dx}{x^2+1}=\ln(x^2+1)-\tan^{-1}x+C$$
には少しばかりの代数操作だけでよい．なぜなら，被積分関数がすでに部分分数の形をしているからである．

演習問題 8.5   C   CAS

問題 **1–8** では，与式を部分分数分解した形に直せ（係数の数値は求めなくてよい）．

1. $\dfrac{3x-1}{(x-2)(x+5)}$
2. $\dfrac{5}{x(x^2-9)}$
3. $\dfrac{2x-3}{x^3-x^2}$
4. $\dfrac{x^2}{(x+2)^3}$
5. $\dfrac{1-5x^2}{x^3(x^2+1)}$
6. $\dfrac{2x}{(x-1)(x^2+5)}$
7. $\dfrac{4x^3-x}{(x^2+5)^2}$
8. $\dfrac{1-3x^4}{(x-2)(x^2+1)^2}$

問題 **9–32** では，積分を求めよ．

9. $\displaystyle\int\frac{dx}{x^2+3x-4}$
10. $\displaystyle\int\frac{dx}{x^2+8x+7}$
11. $\displaystyle\int\frac{11x+17}{2x^2+7x-4}\,dx$
12. $\displaystyle\int\frac{5x-5}{3x^2-8x-3}\,dx$
13. $\displaystyle\int\frac{2x^2-9x-9}{x^3-9x}\,dx$
14. $\displaystyle\int\frac{dx}{x(x^2-1)}$
15. $\displaystyle\int\frac{x^2+2}{x+2}\,dx$
16. $\displaystyle\int\frac{x^2-4}{x-1}\,dx$
17. $\displaystyle\int\frac{3x^2-10}{x^2-4x+4}\,dx$
18. $\displaystyle\int\frac{x^2}{x^2-3x+2}\,dx$
19. $\displaystyle\int\frac{x^5+2x^2+1}{x^3-x}\,dx$
20. $\displaystyle\int\frac{2x^5-x^3-1}{x^3-4x}\,dx$
21. $\displaystyle\int\frac{2x^2+3}{x(x-1)^2}\,dx$
22. $\displaystyle\int\frac{3x^2-x+1}{x^3-x^2}\,dx$
23. $\displaystyle\int\frac{x^2+x-16}{(x+1)(x-3)^2}\,dx$
24. $\displaystyle\int\frac{2x^2-2x-1}{x^3-x^2}\,dx$
25. $\displaystyle\int\frac{x^2}{(x+2)^3}\,dx$
26. $\displaystyle\int\frac{2x^2+3x+3}{(x+1)^3}\,dx$
27. $\displaystyle\int\frac{2x^2-1}{(4x-1)(x^2+1)}\,dx$
28. $\displaystyle\int\frac{dx}{x^3+x}$
29. $\displaystyle\int\frac{x^3+3x^2+x+9}{(x^2+1)(x^2+3)}\,dx$
30. $\displaystyle\int\frac{x^3+x^2+x+2}{(x^2+1)(x^2+2)}\,dx$
31. $\displaystyle\int\frac{x^3-3x^2+2x-3}{x^2+1}\,dx$
32. $\displaystyle\int\frac{x^4+6x^3+10x^2+x}{x^2+6x+10}\,dx$

問題 **33** と **34** では，被積分関数を有理関数に変換する置換を行って，積分を求めよ．

33. $\displaystyle\int\frac{\cos\theta}{\sin^2\theta+4\sin\theta-5}\,d\theta$
34. $\displaystyle\int\frac{e^t}{e^{2t}-4}\,dt$

35. $y = x^2/(9-x^2)$, $y = 0$, $x = 0$, および $x = 2$ で囲まれた領域を，x 軸の周りに回転させて生成される立体の体積を求めよ．

36. 区間 $[-\ln 5, \ln 5]$ の上で，曲線 $y = 1/(1+e^x)$ の下にある領域の面積を求めよ．[ヒント：被積分関数を有理関数に変換する置換を行え．]

問題 **37** と **38** では，CAS を使って，次の 2 つの方法で積分を求めよ：(i) 直接積分する，(ii) CAS を使って部分分数分解をして，その結果を積分する．答えを確かめるため，手計算で積分を求めよ．

37. C $\displaystyle\int \frac{x^2+1}{(x^2+2x+3)^2}\,dx$

38. C $\displaystyle\int \frac{x^5+x^4+4x^3+4x^2+4x+4}{(x^2+2)^3}\,dx$

問題 **39** と **40** では，手計算で積分を求め，CAS を使って答えを確かめよ．

39. C $\displaystyle\int \frac{dx}{x^4-3x^3-7x^2+27x-18}$

40. C $\displaystyle\int \frac{dx}{16x^3-4x^2+4x-1}$

41.
$$\int_0^1 \frac{x}{x^4+1}\,dx = \frac{\pi}{8}$$
を示せ．

42. 部分分数を使って，次の積分公式を導け．
$$\int \frac{1}{a^2-x^2}\,dx = \frac{1}{2a}\ln\left|\frac{a+x}{a-x}\right| + C$$

8.6 積分表と CAS の利用

この節では，表を使って積分する方法を説明し，また積分に CAS を使うことに関連して生じるいくつかの論点を述べる．CAS をもっていない読者はその話題を飛ばして差し支えない．

積分表

積分表は冗長な手計算を省くのに便利である．本書の見返しに，比較的短い積分表が載っている．以後これを**見返しの積分表**とよぶ．もっと包括的な表は 1996 年発行の CRC Press Inc. の本 *CRC Standard Mathematical Tables and Formulae* のような標準的な参考文献に掲載されている．

どんな積分表も，被積分関数の形によって積分を分類するそれぞれの仕組みをもっている．例えば，見返しの積分表では積分を 15 の部類に分類している，すなわち，基本的な関数，基本的な関数の逆数，三角関数のベキ，三角関数の積などなど．表を使って作業をするための第 1 段階は，分類を読み通してその仕組みを理解し，さまざまな型の積分に対して表のどこをみればよいのか知ることである．

完全な適合

運がよければ，求めようとしている積分が表にある形の 1 つに完全に適合するであろう．しかし，適合するものを探すときに，積分変数を調整しなければならないこともありうる．例えば，積分
$$\int x^2 \sin x\,dx$$
は，積分変数に使われている文字以外は，見返しの積分表の公式 (46) に完全に適合する．よって，与えられた積分に公式 (46) を適用するためには，積分変数を u から x に変える必要がある．そのちょっとした修正を行うと
$$\int x^2 \sin x\,dx = 2x\sin x + (2-x^2)\cos x + C$$
を得る．ここに完全に適合する場合の例をいくつか挙げておく．

例 1 見返しの積分表を用いて，次を求めよ．

(a) $\displaystyle\int \sin 7x \cos 2x\,dx$ (b) $\displaystyle\int x^2\sqrt{7+3x}\,dx$

(c) $\displaystyle\int \frac{\sqrt{2-x^2}}{x}\,dx$ (d) $\displaystyle\int (x^3+7x+1)\sin \pi x\,dx$

解 (a) 被積分関数は三角関数の積の部類に分類できる．よって，公式 (40) で $m = 7$，および $n = 2$ として
$$\int \sin 7x \cos 2x \, dx = -\frac{\cos 9x}{18} - \frac{\cos 5x}{10} + C$$
を得る．

解 (b) 被積分関数は $\sqrt{a+bx}$ に x のベキを掛けた部類に分類できる．よって，公式 (103) で $a = 7$，および $b = 3$ として
$$\int x^2 \sqrt{7+3x} \, dx = \frac{2}{2835}(135x^2 - 252x + 392)(7+3x)^{3/2} + C$$
を得る．

解 (c) 被積分関数は $\sqrt{a^2 - x^2}$ を x のベキで割った部類に分類できる．よって，公式 (79) で $a = \sqrt{2}$ として
$$\int \frac{\sqrt{2-x^2}}{x} \, dx = \sqrt{2-x^2} - \sqrt{2} \ln\left|\frac{\sqrt{2} + \sqrt{2-x^2}}{x}\right| + C$$
を得る．

解 (d) 被積分関数は三角関数に多項式を掛けた部類に分類できる．よって，公式 (58) を $p(x) = x^3 + 7x + 1$，および $a = \pi$ として適用する．$p(x)$ の順次求めた導関数のうち，零でないものは
$$p'(x) = 3x^2 + 7, \quad p''(x) = 6x, \quad p'''(x) = 6$$
であり，ゆえに
$$\int (x^3 + 7x + 1) \sin \pi x \, dx$$
$$= -\frac{x^3 + 7x + 1}{\pi} \cos \pi x + \frac{3x^2 + 7}{\pi^2} \sin \pi x + \frac{6x}{\pi^3} \cos \pi x - \frac{6}{\pi^4} \sin \pi x + C$$
である． ◀

適合に置換が必要な場合

表のどの項目とも適合しない積分が，適当な置換を行うと適合することがままある．ここにいくつかの例を挙げる．

例 2 見返しの積分表を用いて，$\int \sqrt{x - 4x^2} \, dx$ を求めよ．

解 この被積分関数の積分は表の中のどれとも完全には適合しない．公式 (112) にほんのもう少しで適合するが，根号の中の x^2 に掛けられた因数 4 のせいで適合しないのである．しかし，置換
$$u = 2x, \quad du = 2\, dx$$
を行うと，$4x^2$ は u^2 となり，変換後の積分は
$$\int \sqrt{x - 4x^2} \, dx = \frac{1}{2} \int \sqrt{\frac{1}{2}u - u^2} \, du$$
となり，公式 (112) で $a = \frac{1}{4}$ としたものに適合する．よって，
$$\int \sqrt{x - 4x^2} \, dx = \frac{1}{2}\left[\frac{u - \frac{1}{4}}{2}\sqrt{\frac{1}{2}u - u^2} + \frac{1}{32} \sin^{-1}\left(\frac{u - \frac{1}{4}}{\frac{1}{4}}\right)\right] + C$$
$$= \frac{1}{2}\left[\frac{2x - \frac{1}{4}}{2}\sqrt{x - 4x^2} + \frac{1}{32} \sin^{-1}\left(\frac{2x - \frac{1}{4}}{\frac{1}{4}}\right)\right] + C$$
$$= \frac{8x - 1}{16}\sqrt{x - 4x^2} + \frac{1}{64} \sin^{-1}(8x - 1) + C$$
を得る． ◀

例 3 見返しの積分表を使って，次を求めよ．

(a) $\int e^{\pi x} \sin^{-1}(e^{\pi x})\, dx$ (b) $\int x\sqrt{x^2 - 4x + 5}\, dx$

解 (a) 被積分関数は，表のどれかの形にはとても適合しそうにみえない．しかし，少し考えれば，置換

$$u = e^{\pi x}, \quad du = \pi e^{\pi x}\, dx$$

を思いつく．これより，

$$\int e^{\pi x} \sin^{-1}(e^{\pi x})\, dx = \frac{1}{\pi} \int \sin^{-1} u\, du$$

を得る．被積分関数はいまや基本的な関数なので，式 (7) から

$$\int e^{\pi x} \sin^{-1}(e^{\pi x})\, dx = \frac{1}{\pi}\left[u \sin^{-1} u + \sqrt{1 - u^2}\right] + C$$
$$= \frac{1}{\pi}\left[e^{\pi x} \sin^{-1}(e^{\pi x}) + \sqrt{1 - e^{2\pi x}}\right] + C$$

となる．

解 (b) 今度も，被積分関数は表のどの形にも適合しそうもない．しかし，少し考えれば，根号の中の x の 1 次の項を平方完成によって消すと，被積分関数を $x\sqrt{x^2 + a^2}$ に近い形にできそうなことを思いつく．そうすると

$$\int x\sqrt{x^2 - 4x + 5}\, dx = \int x\sqrt{(x^2 - 4x + 4) + 1}\, dx = \int x\sqrt{(x - 2)^2 + 1}\, dx \quad (1)$$

となる．この時点で $x\sqrt{x^2 + a^2}$ の形に近づいているが，根号の中が x^2 ではなく $(x-2)^2$ であるので，その形にまでは到達していない．しかし，その問題は置換

$$u = x - 2, \quad du = dx$$

で解決できる．この置換のもとで $x = u + 2$ となるので，式 (1) を u で表すと

$$\int x\sqrt{x^2 - 4x + 5}\, dx = \int (u + 2)\sqrt{u^2 + 1}\, du = \int u\sqrt{u^2 + 1}\, du + 2\int \sqrt{u^2 + 1}\, du$$

となる．右辺の 1 つ目の積分はいまや公式 (84) で $a = 1$ としたものに完全に適合し，2 つ目の積分は公式 (72) で $a = 1$ としたものに完全に適合する．したがって，これらの式を適用すると

$$\int x\sqrt{x^2 - 4x + 5}\, dx = \left[\frac{1}{3}(u^2 + 1)^{3/2}\right] + 2\left[\frac{u}{2}\sqrt{u^2 + 1} + \frac{1}{2}\ln(u + \sqrt{u^2 + 1})\right] + C$$

を得る．ここで，u を $x - 2$ で置き換えれば（このとき，$u^2 + 1 = x^2 - 4x + 5$）

$$\int x\sqrt{x^2 - 4x + 5}\, dx = \frac{1}{3}(x^2 - 4x + 5)^{3/2} + (x - 2)\sqrt{x^2 - 4x + 5}$$
$$+ \ln(x - 2 + \sqrt{x^2 - 4x + 5}) + C$$

を得る．正しいことは正しいが，この答えの形は根号と分数指数ベキが不必要に混在している．望むなら

$$(x^2 - 4x + 5)^{3/2} = (x^2 - 4x + 5)\sqrt{x^2 - 4x + 5}$$

と書くと解答が"整理"でき，

$$\int x\sqrt{x^2 - 4x + 5}\, dx = \frac{1}{3}(x^2 - x - 1)\sqrt{x^2 - 4x + 5}$$
$$+ \ln(x - 2 + \sqrt{x^2 - 4x + 5}) + C$$

となる（確かめよ）．　◀

適合に簡約公式が必要な場合

積分表の項目が簡約公式である場合，まずその式を適用して与えられた積分が求められる形に帰着させなければならない．

例 4　見返しの積分表を用いて，$\displaystyle\int \frac{x^3}{\sqrt{1+x}}\,dx$ を求めよ．

解　被積分関数は $\sqrt{a+bx}$ の逆数と x のベキの積の部類に分類できる．よって，$a=1$，$b=1$，および $n=3$ として公式 (107) を用い，次に公式 (106) を用いると

$$\int \frac{x^3}{\sqrt{1+x}}\,dx = \frac{2x^3\sqrt{1+x}}{7} - \frac{6}{7}\int \frac{x^2}{\sqrt{1+x}}\,dx$$
$$= \frac{2x^3\sqrt{1+x}}{7} - \frac{6}{7}\left[\frac{2}{15}(3x^2 - 4x + 8)\sqrt{1+x}\right] + C$$
$$= \left(\frac{2x^3}{7} - \frac{12x^2}{35} + \frac{16x}{35} - \frac{32}{35}\right)\sqrt{1+x} + C$$

を得る．◀

適合に特別な置換が必要な場合

見返しの積分表にはベキの指数が $3/2$ の項や平方根（指数 $1/2$）を含む項目が多くあるが，それ以外の分数指数のベキを含む項目はない．しかし，x の分数指数のベキを含む積分は，n を指数の分母の最小公倍数とすると，置換 $u = x^{1/n}$ で簡略化されることもある．ここにいくつか例を挙げる．

例 5　次を求めよ．

(a) $\displaystyle\int \frac{\sqrt{x}}{1+\sqrt[3]{x}}\,dx$　　　(b) $\displaystyle\int \frac{dx}{2+2\sqrt{x}}$　　　(c) $\displaystyle\int \sqrt{1+e^x}\,dx$

解 (a)　被積分関数は $x^{1/2}$ と $x^{1/3}$ を含むので，置換 $u = x^{1/6}$ を行うと

$$x = u^6, \quad dx = 6u^5\,du$$

を得る．したがって，

$$\int \frac{\sqrt{x}}{1+\sqrt[3]{x}}\,dx = \int \frac{(u^6)^{1/2}}{1+(u^6)^{1/3}}(6u^5)\,du = 6\int \frac{u^8}{1+u^2}\,du$$

となる．多項式の割り算を行うと

$$\frac{u^8}{1+u^2} = u^6 - u^4 + u^2 - 1 + \frac{1}{1+u^2}$$

となり，この式より

$$\int \frac{\sqrt{x}}{1+\sqrt[3]{x}}\,dx = 6\int\left(u^6 - u^4 + u^2 - 1 + \frac{1}{1+u^2}\right)du$$
$$= \frac{6}{7}u^7 - \frac{6}{5}u^5 + 2u^3 - 6u + 6\tan^{-1} u + C$$
$$= \frac{6}{7}x^{7/6} - \frac{6}{5}x^{5/6} + 2x^{1/2} - 6x^{1/6} + 6\tan^{-1}(x^{1/6}) + C$$

となる．

解 (b)　被積分関数は $x^{1/2}$ を含むが，見返しの積分表のどの形とも適合しない．よって，置換 $u = x^{1/2}$ を行うと

$$x = u^2, \quad dx = 2u\,du$$

を得る．この置換により

$$\int \frac{dx}{2+2\sqrt{x}} = \int \frac{2u}{2+2u}\,du$$
$$= \int\left(1 - \frac{1}{1+u}\right)du \quad \boxed{\text{多項式の除法}}$$
$$= u - \ln|1+u| + C$$
$$= \sqrt{x} - \ln(1+\sqrt{x}) + C \quad \boxed{\text{絶対値は不必要}}$$

となる．

解 (c) 今度も，積分は見返しの積分表のどの形とも適合しない．しかし，被積分関数は $(1+e^x)^{1/2}$ を含み，$1/2$ 乗されているのが x ではなく $1+e^x$ であること以外は，(b) の状況によく似ている．このことから，置換 $u = (1+e^x)^{1/2}$ を行ってみると

$$x = \ln(u^2 - 1), \quad dx = \frac{2u}{u^2 - 1} du$$

を得る．よって，

$$\begin{aligned}
\int \sqrt{1+e^x}\, dx &= \int u\left(\frac{2u}{u^2-1}\right) du \\
&= \int \frac{2u^2}{u^2-1} du \\
&= \int \left(2 + \frac{2}{u^2-1}\right) du \quad \text{多項式の除法} \\
&= 2u + \int \left(\frac{1}{u-1} - \frac{1}{u+1}\right) du \quad \text{部分分数分解} \\
&= 2u + \ln|u-1| - \ln|u+1| + C \\
&= 2u + \ln\left|\frac{u-1}{u+1}\right| + C \\
&= 2\sqrt{1+e^x} + \ln\left|\frac{\sqrt{1+e^x}-1}{\sqrt{1+e^x}+1}\right| + C \quad \text{絶対値は不必要}
\end{aligned}$$

である． ◀

$\sin x$ と $\cos x$ の有限個の和，差，商，および積で作られる関数は **$\sin x$ と $\cos x$ の有理関数**とよばれている．例として

$$\frac{\sin x + 3\cos^2 x}{\cos x + 4\sin x}, \quad \frac{\sin x}{1 + \cos x - \cos^2 x}, \quad \frac{3\sin^5 x}{1 + 4\sin x}$$

がある．見返しの積分表には，基本的な関数の逆数の見出しのところに，$\sin x$ と $\cos x$ の有理関数の積分に関する公式が少しだけ載っている．例えば，公式 (18) より

$$\int \frac{1}{1+\sin x} dx = \tan x - \sec x + C \tag{2}$$

となる．そうではあるが，被積分関数が $\sin x$ の有理関数であるので，特定の応用においては積分の式を $\sin x$ と $\cos x$ で表して式 (2) を

$$\int \frac{1}{1+\sin x} dx = \frac{\sin x - 1}{\cos x} + C$$

と書き換えた方が都合がよいかもしれない．

$\sin x$ と $\cos x$ の有理関数の多くは，数学者カール・ワイエルシュトラス（彼の伝記については上巻 140 ページ参照のこと）によって発見された独創的な方法によって計算できる．アイデアは置換

$$u = \tan(x/2), \quad -\pi/2 < x/2 < \pi/2$$

を行うことであり，これより

$$x = 2\tan^{-1} u, \quad dx = \frac{2}{1+u^2} du$$

となる．この置換を施すためには $\sin x$ と $\cos x$ を u で表す必要がある．そのために，等式

$$\sin x = 2\sin(x/2)\cos(x/2) \tag{3}$$
$$\cos x = \cos^2(x/2) - \sin^2(x/2) \tag{4}$$

および図 8.6.1 から得られる次の関係を用いる．

$$\sin(x/2) = \frac{u}{\sqrt{1+u^2}} \quad \text{かつ} \quad \cos(x/2) = \frac{1}{\sqrt{1+u^2}}$$

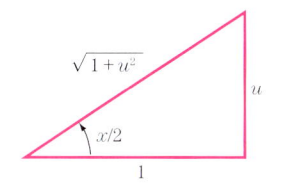

図 8.6.1

これらの式を式 (3) と (4) に代入すると

$$\sin x = 2\left(\frac{u}{\sqrt{1+u^2}}\right)\left(\frac{1}{\sqrt{1+u^2}}\right) = \frac{2u}{1+u^2}$$

$$\cos x = \left(\frac{1}{\sqrt{1+u^2}}\right)^2 - \left(\frac{u}{\sqrt{1+u^2}}\right)^2 = \frac{1-u^2}{1+u^2}$$

となる．まとめると，置換 $u = \tan(x/2)$ を行えば，$\sin x$ と $\cos x$ の有理関数において

$$\sin x = \frac{2u}{1+u^2}, \quad \cos x = \frac{1-u^2}{1+u^2}, \quad dx = \frac{2}{1+u^2}\,du \tag{5}$$

とすることにより，積分が実行できることが示された．

例 6 積分 $\displaystyle\int \frac{dx}{1 - \sin x + \cos x}$ を求めよ．

解 被積分関数は見返しの積分表の公式のどれとも一致しない $\sin x$ と $\cos x$ の有理関数であるので，置換 $u = \tan(x/2)$ を行う．よって，式 (5) より

$$\int \frac{dx}{1 - \sin x + \cos x} = \int \frac{\dfrac{2\,du}{1+u^2}}{1 - \left(\dfrac{2u}{1+u^2}\right) + \left(\dfrac{1-u^2}{1+u^2}\right)}$$

$$= \int \frac{2\,du}{(1+u^2) - 2u + (1-u^2)}$$

$$= \int \frac{du}{1-u} = -\ln|1-u| + C = -\ln|1 - \tan(x/2)| + C$$

を得る． ◀

> **注意** 置換 $u = \tan(x/2)$ を行うと，いかなる $\sin x$ と $\cos x$ の有理関数もありふれた u の有理関数に変形される．しかし，この方法だと厄介な部分分数分解が必要になることもあるので，手計算のときは，もっと単純な方法を探した方がよいかもしれない．

CAS を使った積分

積分表は，CAS を用いたコンピュータによる積分計算に道を急速に譲った．しかし，多くの強力な道具を用いる場合のように，精通した操作員の存在がこのシステムの重要な要素である．

CAS は，不定積分の最も一般的な形のものを求めないことがある．例えば，積分公式

$$\int \frac{dx}{x-1} = \ln|x-1| + C$$

は，積分の形から推測するか，あるいは置換 $u = x-1$ を行うと得られるが，これは $x > 1$ もしくは $x < 1$ で有効である．しかし，Mathematica, Maple, Derive や，Texas Instruments 社の TI-89, Hewlett-Packard 社の HP-49 などのコンピュータで使われている CAS はこの積分を

$\ln(-1+x)$,	$\ln(x-1)$,	$\ln(x-1)$,	$\ln(|x-1|)$,	$\ln(x-1)$
Mathematica	Maple	Derive	TI-89	HP-49

というように計算する[*]．どのシステムも積分定数を含んでいないことに注目しよう．つまり，出力される解答は特殊な原始関数であり，最も一般的な原始関数（不定積分）ではない．TI-89 だけが絶対値記号を含んでいることにも注目しよう．結果として，この例では他のシステムで出力された不定積分は $x > 1$ のときだけ正しい．しかし，すべてのシステムはこれ

---

[*]Mathematica, Maple, Derive や，TI-89, HP-49 で出力される結果は使っているソフトウェアのバージョンによって変わるかもしれない．

をうまく回復させて，定積分
$$\int_0^{1/2} \frac{dx}{x-1} = -\ln 2$$
が正しく計算できるのである．

さて，これらのシステムが不定積分
$$\int x\sqrt{x^2 - 4x + 5}\,dx = \frac{1}{3}(x^2 - x - 1)\sqrt{x^2 - 4x + 5} + \ln(x - 2 + \sqrt{x^2 - 4x + 5}) \qquad (6)$$
をどのように扱うのかを試してみる．この積分は例 3(b) で得られた積分である（そこでは積分定数を含んでいたが）．Derive，TI-89，HP-49 は少し代数的に異なった形ではあるがこの結果を出力する．しかし，Maple は
$$\int x\sqrt{x^2 - 4x + 5}\,dx = \frac{1}{3}(x^2 - 4x + 5)^{3/2} + \frac{1}{2}(2x - 4)\sqrt{x^2 - 4x + 5} + \sinh^{-1}(x - 2)$$
という結果を出力する．これは分数ベキの累乗を根号で表し，定理 7.8.4 を用いて $\sinh^{-1}(x-2)$ を対数の形で表すと，式 (6) のように書き換えることができる（確かめよ）．Mathematica は
$$\int x\sqrt{x^2 - 4x + 5}\,dx = \frac{1}{3}(x^2 - x - 1)\sqrt{x^2 - 4x + 5} - \sinh^{-1}(2 - x)$$
という結果を出力し，この結果は定理 7.8.4 と等式 $\sinh^{-1}(-x) = -\sinh^{-1} x$（確かめよ）を用いると式 (6) に書き換えられる．

CAS は，積分を行う問題に対して不便な，あるいは不自然な解答を，ときにより出力することがある．例えば，上記の CAS は $(x+1)^7$ を積分させると次の結果を出力する．

$$\frac{(x+1)^8}{8} \qquad\qquad \frac{1}{8}x^8 + x^7 + \frac{7}{2}x^6 + 7x^5 + \frac{35}{4}x^4 + 7x^3 + \frac{7}{2}x^2 + x$$
Mathematica, Maple, Derive, TI-89 　　　　　　HP-49

これらの CAS に関して，その大半が出力する答えは，置換 $u = x + 1$ を使う手計算
$$\int (x+1)^7\,dx = \frac{(x+1)^8}{8} + C$$
を保持している．他方，HP-49 で出力される解答は，$(x+1)^7$ を展開し，項別積分をする方法に基づいているようにみえる．

> 読者へ　式 $\frac{1}{8}(x+1)^8$ を展開すると，HP-49 の結果には現れない項 $\frac{1}{8}$ が含まれていることがわかるであろう．その理由を説明をせよ．

8.3 節の例 2(a) で，
$$\int \sin^4 x \cos^5 x\,dx = \frac{1}{5}\sin^5 x - \frac{2}{7}\sin^7 x + \frac{1}{9}\sin^9 x + C$$
を示した．これは HP-49 が出力する解答である．対照的に，Mathematica はこの積分を
$$\frac{3}{128}\sin x - \frac{1}{192}\sin 3x - \frac{1}{320}\sin 5x + \frac{1}{1792}\sin 7x + \frac{1}{2304}\sin 9x$$
と求め，Maple，Derive，および TI-89 は，つまるところそれを
$$-\frac{1}{9}\sin^3 x \cos^6 x - \frac{1}{21}\sin x \cos^6 x + \frac{1}{105}\cos^4 x \sin x + \frac{4}{315}\cos^2 x \sin x + \frac{8}{315}\sin x$$
と求める．これらの 3 つの結果は非常に違ってみえるが，適切な三角関数の恒等式を使えば，どの結果も他の 1 つから得ることができる．

CAS には限界がある

CAS は，一連の置換積分のような積分法則に，原始関数を作るのに使える関数のライブラリを組み合わせている．そのようなライブラリは，多項式や有理関数，三角関数といった初等関数はもちろん，工学，物理学，そしてその他の応用分野で現れるさまざまな初等的ではない関数も収めている．見返しの積分表がわずか 121 の不定積分しか収めていないのとちょうど同じように，これらのライブラリも原始関数がつくれる被積分関数すべてを余すところなく収めているわけではない．システムが，その被積分関数をライブラリの中の 1 つに適合させるように操作できないならば，そのプログラムは積分が求められないとの表示を出すだろう．例えば，積分

$$\int (1+\ln x)\sqrt{1+(x\ln x)^2}\,dx \tag{7}$$

を求めるよう指示すると，上記のシステムすべてが，求めることのできない積分であるという表示を出す．

> **読者へ** 与えられた形のままでは CAS で求めることのできない積分が，一度別の形に書き直したり，または置換を行ったりすることによって求められることがときどきある．CAS で積分が求められるように，式 (7) に u 置換積分を行え．

CAS が，ある積分を他の積分で表示して答えることがときどきある．例えば，Mathematica や Maple，Derive を使って e^{x^2} を積分しようとすると，erf [これは**誤差関数**(error function)を表している] を含んだ表示を得るであろう．関数 erf(x) は

$$\mathrm{erf}(x) = \frac{2}{\sqrt{\pi}}\int_0^x e^{-t^2}\,dt$$

で定義されているので，3 つのプログラムは本質的に，与えられた積分をごく近い関係にある積分を使って書き直しているのである．実際のところ，これは $1/x$ を積分するときにわれわれも行っていることである．なぜなら，自然対数関数は（形式的に）

$$\ln x = \int_1^x \frac{1}{t}\,dt \quad (x>0)$$

で定義されているからである（7.5 節参照のこと）．

例 7 x 軸上を動く質点があり，時間 t における速度 $v(t)$ が

$$v(t) = 30\cos^7 t\,\sin^4 t \quad (t\geq 0)$$

であるという．質点が $t=0$ のとき $x=1$ にあるとして，時間に対する質点の位置を表す曲線のグラフを描け．

解 $dx/dt = v(t)$ かつ $t=0$ のとき $x=1$ であるから，位置関数 $x(t)$ は

$$x(t) = 1 + \int_0^t v(s)\,ds$$

で与えられる．いくつかの CAS では，関数のグラフをプロットするコマンドにこの式を直接入力することもできるが，まず積分を計算した方が効率がよい場合もよくある．著者の積分計算ユーティリティは

$$\begin{aligned}x &= \int 30\cos^7 t\,\sin^4 t\,dt \\ &= -\frac{30}{11}\sin^{11} t + 10\sin^9 t - \frac{90}{7}\sin^7 t + 6\sin^5 t + C\end{aligned}$$

と出力した．ただし，積分定数は後で付け加えた．

初期条件 $x(0)=1$ を用いて，この方程式に値 $x=1$ と $t=0$ を代入すると，$C=1$ が得られる．よって，

$$x(t) = -\frac{30}{11}\sin^{11} t + 10\sin^9 t - \frac{90}{7}\sin^7 t + 6\sin^5 t + 1 \quad (t\geq 0)$$

となる．t に対する x のグラフは図 8.6.2 に示してある．◀

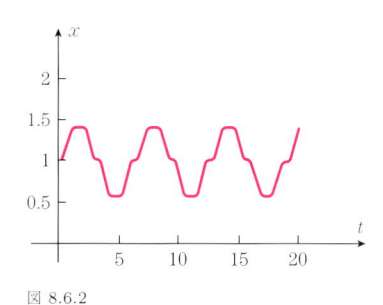

図 8.6.2

演習問題 8.6　C　CAS

問題 **1–24** では，
(a) 見返しの積分表を用いて積分を求めよ．
(b) CAS をもっているならば，それを使って積分を求め，そしてその結果が (a) で求めたものと同値であることを確かめよ．

1. $\displaystyle\int \frac{3x}{4x-1}\,dx$
2. $\displaystyle\int \frac{x}{(2-3x)^2}\,dx$
3. $\displaystyle\int \frac{1}{x(2x+5)}\,dx$
4. $\displaystyle\int \frac{1}{x^2(1-5x)}\,dx$
5. $\displaystyle\int x\sqrt{2x-3}\,dx$
6. $\displaystyle\int \frac{x}{\sqrt{2-x}}\,dx$
7. $\displaystyle\int \frac{1}{x\sqrt{4-3x}}\,dx$
8. $\displaystyle\int \frac{1}{x\sqrt{3x-4}}\,dx$
9. $\displaystyle\int \frac{1}{5-x^2}\,dx$
10. $\displaystyle\int \frac{1}{x^2-9}\,dx$
11. $\displaystyle\int \sqrt{x^2-3}\,dx$
12. $\displaystyle\int \frac{\sqrt{x^2+5}}{x^2}\,dx$
13. $\displaystyle\int \frac{x^2}{\sqrt{x^2+4}}\,dx$
14. $\displaystyle\int \frac{1}{x^2\sqrt{x^2-2}}\,dx$
15. $\displaystyle\int \sqrt{9-x^2}\,dx$
16. $\displaystyle\int \frac{\sqrt{4-x^2}}{x^2}\,dx$
17. $\displaystyle\int \frac{\sqrt{3-x^2}}{x}\,dx$
18. $\displaystyle\int \frac{1}{x\sqrt{6x-x^2}}\,dx$
19. $\displaystyle\int \sin 3x \sin 2x\,dx$
20. $\displaystyle\int \sin 2x \cos 5x\,dx$
21. $\displaystyle\int x^3 \ln x\,dx$
22. $\displaystyle\int \frac{\ln x}{\sqrt{x}}\,dx$
23. $\displaystyle\int e^{-2x}\sin 3x\,dx$
24. $\displaystyle\int e^x \cos 2x\,dx$

問題 **25–36** では，
(a) 指定された u 置換を行い，見返しの積分表を用いて積分を求めよ．
(b) CAS をもっているならば，それを使って積分を求め，そしてその結果が (a) で求めたものと同値であることを確かめよ．

25. $\displaystyle\int \frac{e^{4x}}{(4-3e^{2x})^2}\,dx,\ u=e^{2x}$
26. $\displaystyle\int \frac{\cos 2x}{(\sin 2x)(3-\sin 2x)}\,dx,\ u=\sin 2x$
27. $\displaystyle\int \frac{1}{\sqrt{x}(9x+4)}\,dx,\ du=3\sqrt{x}$
28. $\displaystyle\int \frac{\cos 4x}{9+\sin^2 4x}\,dx,\ u=\sin 4x$
29. $\displaystyle\int \frac{1}{\sqrt{9x^2-4}}\,dx,\ u=3x$
30. $\displaystyle\int x\sqrt{2x^4+3}\,dx,\ u=\sqrt{2}x^2$
31. $\displaystyle\int \frac{x^5}{\sqrt{5-9x^4}}\,dx,\ u=3x^2$
32. $\displaystyle\int \frac{1}{x^2\sqrt{3-4x^2}}\,dx,\ u=2x$
33. $\displaystyle\int \frac{\sin^2(\ln x)}{x}\,dx,\ u=\ln x$
34. $\displaystyle\int e^{-2x}\cos^2(e^{-2x})\,dx,\ u=e^{-2x}$
35. $\displaystyle\int xe^{-2x}\,dx,\ u=-2x$
36. $\displaystyle\int \ln(5x-1)\,dx,\ u=5x-1$

問題 **37–48** では，
(a) 適当な u 置換を行い，見返しの積分表を用いて積分を求めよ．
(b) CAS をもっているならば，それを使って（置換を行わずに）積分を求め，そしてその結果が (a) で求めたものと同値であることを確かめよ．

37. $\displaystyle\int \frac{\sin 3x}{(\cos 3x)(\cos 3x+1)^2}\,dx$
38. $\displaystyle\int \frac{\ln x}{x\sqrt{4\ln x-1}}\,dx$
39. $\displaystyle\int \frac{x}{16x^4-1}\,dx$
40. $\displaystyle\int \frac{e^x}{3-4e^{2x}}\,dx$
41. $\displaystyle\int e^x\sqrt{3-4e^{2x}}\,dx$
42. $\displaystyle\int \frac{\sqrt{4-9x^2}}{x^2}\,dx$
43. $\displaystyle\int \sqrt{5x-9x^2}\,dx$
44. $\displaystyle\int \frac{1}{x\sqrt{x-5x^2}}\,dx$
45. $\displaystyle\int x\sin 3x\,dx$
46. $\displaystyle\int \cos\sqrt{x}\,dx$
47. $\displaystyle\int e^{-\sqrt{x}}\,dx$
48. $\displaystyle\int x\ln(2-3x^2)\,dx$

演習問題 **49–52** では，
(a) 平方完成し，適当な u 置換積分を行い，そして見返しの積分表を用いて積分を求めよ．
(b) CAS をもっているならば，それを使って（置換を行ったり平方完成したりせずに）積分を求め，そしてその結果が (a) で求めたものと同値であることを確かめよ．

49. $\displaystyle\int \frac{1}{x^2+4x-5}\,dx$
50. $\displaystyle\int \sqrt{3-2x-x^2}\,dx$
51. $\displaystyle\int \frac{x}{\sqrt{5+4x-x^2}}\,dx$
52. $\displaystyle\int \frac{x}{x^2+6x+13}\,dx$

問題 **53–66** では，
(a) $u = x^{1/n}$, $u = (x+a)^{1/n}$, あるいは $u = x^n$ の形の適当な u 置換を行い，見返しの積分表を用いて積分を求めよ．
(b) CAS をもっているならば，それを使って積分を求め，そしてその結果が (a) で求めたものと同値であることを確かめよ．

53. $\displaystyle\int x\sqrt{x-2}\,dx$

54. $\displaystyle\int \frac{x}{\sqrt{x+1}}\,dx$

55. $\displaystyle\int x^5\sqrt{x^3+1}\,dx$

56. $\displaystyle\int \frac{1}{x\sqrt{x^3-1}}\,dx$

57. $\displaystyle\int \frac{dx}{\sqrt{x}+\sqrt[3]{x}}$

58. $\displaystyle\int \frac{dx}{x-x^{3/5}}$

59. $\displaystyle\int \frac{dx}{x(1-x^{1/4})}$

60. $\displaystyle\int \frac{x^{2/3}}{x+1}\,dx$

61. $\displaystyle\int \frac{dx}{x^{1/2}-x^{1/3}}$

62. $\displaystyle\int \frac{1+\sqrt{x}}{1-\sqrt{x}}\,dx$

63. $\displaystyle\int \frac{x^3}{\sqrt{1+x^2}}\,dx$

64. $\displaystyle\int \frac{x}{(x+3)^{1/5}}\,dx$

65. $\displaystyle\int \sin\sqrt{x}\,dx$

66. $\displaystyle\int e^{\sqrt{x}}\,dx$

問題 **67–72** では，
(a) u 置換 (5) を行って被積分関数を u の有理関数に変換し，見返しの積分表を用いて積分を求めよ．
(b) CAS をもっているならば，それを使って（置換を行わずに）積分を求め，そしてその結果が (a) で求めたものと同値であることを確かめよ．

67. $\displaystyle\int \frac{dx}{1+\sin x+\cos x}$

68. $\displaystyle\int \frac{dx}{2+\sin x}$

69. $\displaystyle\int \frac{d\theta}{1-\cos\theta}$

70. $\displaystyle\int \frac{dx}{4\sin x-3\cos x}$

71. $\displaystyle\int \frac{\cos x}{2-\cos x}\,dx$

72. $\displaystyle\int \frac{dx}{\sin x+\tan x}$

問題 **73** と **74** では，どんな方法でもよいから x について解け．

73. $\displaystyle\int_2^x \frac{1}{t(4-t)}\,dt = 0.5,\ 2 < x < 4$

74. $\displaystyle\int_1^x \frac{1}{t\sqrt{2t-1}}\,dt = 1,\ x > \frac{1}{2}$

問題 **75–78** では，どんな方法でもよいから与えられた曲線に囲まれた領域の面積を求めよ．

75. $y = \sqrt{25-x^2},\ y = 0,\ x = 0,\ x = 4$

76. $y = \sqrt{9x^2-4},\ y = 0,\ x = 2$

77. $y = \dfrac{1}{25-16x^2},\ y = 0,\ x = 0,\ x = 1$

78. $y = \sqrt{x}\ln x,\ y = 0,\ x = 4$

問題 **79–82** では，どんな方法でもよいから，曲線に囲まれた領域を y 軸の周りに回転させて生成される立体の体積を求めよ．

79. $y = \cos x,\ y = 0,\ x = 0,\ x = \pi/2$

80. $y = \sqrt{x-4},\ y = 0,\ x = 8$

81. $y = e^{-x},\ y = 0,\ x = 0,\ x = 3$

82. $y = \ln x,\ y = 0,\ x = 5$

問題 **83** と **84** では，どんな方法でもよいから曲線の弧長を求めよ．

83. $y = 2x^2,\ 0 \le x \le 2$

84. $y = 3\ln x,\ 1 \le x \le 3$

問題 **85** と **86** では，どんな方法でもよいから，曲線を x 軸の周りに回転させて生成される曲面の面積を求めよ．

85. $y = \sin x,\ 0 \le x \le \pi$

86. $y = 1/x,\ 1 \le x \le 4$

問題 **87** と **88** では，座標軸上を移動する質点について情報が与えられている．
(a) CAS を使って $t \ge 0$ における質点の位置関数を求めよ．必要な場合は積分定数は近似値でよい．
(b) 時間に対する位置の曲線をグラフで表せ．

87. C $v(t) = 20\cos^6 t \sin^3 t,\ s(0) = 2$

88. C $a(t) = e^{-t}\sin 2t \sin 4t,\ v(0) = 0,\ s(0) = 10$

89. (a) 置換 $u = \tan(x/2)$ を行って，
$$\int \sec x\,dx = \ln\left|\frac{1+\tan(x/2)}{1-\tan(x/2)}\right| + C$$
を示し，これが 8.3 節の公式 (22) と比べて矛盾するところはないことを確かめよ．
(b) (a) の結果を用いて，
$$\int \sec x\,dx = \ln\left|\tan\left(\frac{\pi}{4}+\frac{x}{2}\right)\right| + C$$
を示せ．

90. 置換 $u = \tan(x/2)$ を行って，
$$\int \csc x\,dx = \frac{1}{2}\ln\left[\frac{1-\cos x}{1+\cos x}\right] + C$$
を示し，これが 8.3 節の演習問題 61(a) の結果と比べて矛盾するところはないことを確かめよ．

91. $\sinh x$ と $\cosh x$ の有理関数を積分するのに使うことができる置換を見つけよ．そして，その置換を使って被積分関数を e^x と e^{-x} で表すことなく，
$$\int \frac{dx}{2\cosh x+\sinh x}$$
を求めよ．

8.7 数値積分；シンプソンの公式

定積分を求める通常の手順は，被積分関数の原始関数を求め，そして微積分学の基本定理を適用するものである．とはいえ，被積分関数の原始関数が求められない場合は，積分の数値的な近似で妥協しなければならない．5.4節において，リーマン和を使って面積を近似する3つの手順，すなわち左端点近似，右端点近似，中点近似を説明した．この節では，一般の定積分を近似するためのこれらの考え方を編み直して，より少ない計算でもってより正確な答えが得られることがよくある新しいいくつかの近似方法を考察する．

リーマン和による近似の復習

5.5節より，連続関数 f の区間 $[a,b]$ 上の定積分は

$$\int_a^b f(x)\,dx = \lim_{n \to +\infty} \sum_{k=1}^n f(x_k^*)\Delta x$$

として計算できることを思い起こそう．ここで，右辺に現れる和はリーマン和とよばれていた．この式では，区間 $[a,b]$ は幅 $\Delta x = (b-a)/n$ の n 個の部分区間に分割され，x_k^* は k 番目の部分区間内の勝手な点である．n が増加するにつれて，リーマン和はだんだんと積分のよい近似となっていく．このことは

$$\int_a^b f(x)\,dx \approx \sum_{k=1}^n f(x_k^*)\Delta x$$

または，同値であるが

$$\int_a^b f(x)\,dx \approx \Delta x[f(x_1^*) + f(x_2^*) + \cdots + f(x_n^*)]$$

と表される．この節では，部分区間の端点での f の値を

$$y_0 = f(a), \quad y_1 = f(x_1), \quad y_2 = f(x_2), \quad \ldots, \quad y_{n-1} = f(x_{n-1}), \quad y_n = f(b)$$

で表し，部分区間の中点での f の値を

$$y_{m_1}, \quad y_{m_2}, \quad \ldots, \quad y_{m_n}$$

で表す（図 8.7.1）．

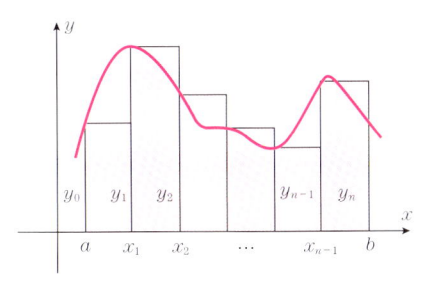

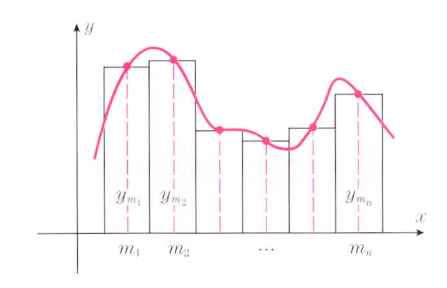

図 8.7.1

この表記法を用いると，5.4節で説明した左端点近似，右端点近似，および中点近似は表 8.7.1 のように書き表せる．

台形近似

左端点近似と右端点近似は応用ではめったに使われない．しかしながら，左端点近似と右端点近似の平均をとると，**台形近似**とよばれる，よく使われる結果が得られる．

台形近似

$$\int_a^b f(x)\,dx \approx \left(\frac{b-a}{2n}\right)[y_0 + 2y_1 + \cdots + 2y_{n-1} + y_n] \tag{1}$$

表 8.7.1

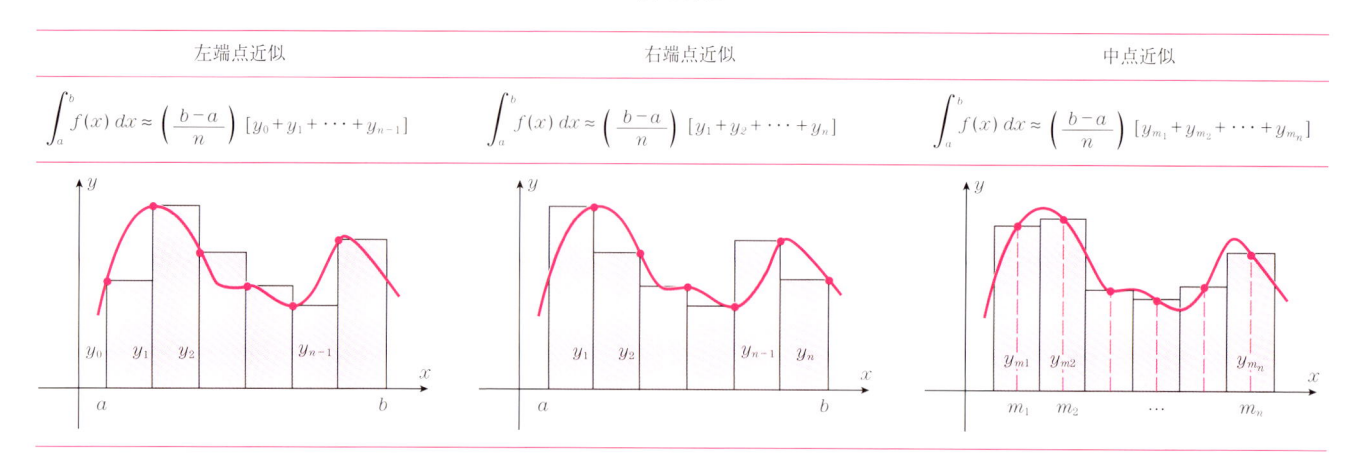

左端点近似	右端点近似	中点近似
$\int_a^b f(x)\,dx \approx \left(\dfrac{b-a}{n}\right)[y_0+y_1+\cdots+y_{n-1}]$	$\int_a^b f(x)\,dx \approx \left(\dfrac{b-a}{n}\right)[y_1+y_2+\cdots+y_n]$	$\int_a^b f(x)\,dx \approx \left(\dfrac{b-a}{n}\right)[y_{m_1}+y_{m_2}+\cdots+y_{m_n}]$

台形近似という名称は，$[a,b]$ 上で $f(x) \geq 0$ の場合を考えると説明できる．この場合，$\int_a^b f(x)\,dx$ は $[a,b]$ 上での $f(x)$ の下側の面積を表している．幾何的には，この面積を図 8.7.2 に示されている台形の面積の和によって近似すれば，台形近似の公式が得られる．

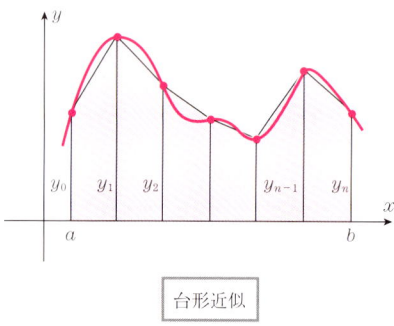

図 8.7.2

例 1 表 8.7.2 では，中点近似と台形近似を用いて
$$\ln 2 = \int_1^2 \frac{1}{x}\,dx$$
を近似した．どの場合でも区間 $[1,2]$ の $n=10$ 個の分割を用いたので，
$$\underbrace{\frac{b-a}{n} = \frac{2-1}{10} = 0.1}_{\text{中点}} \quad \text{かつ} \quad \underbrace{\frac{b-a}{2n} = \frac{2-1}{20} = 0.05}_{\text{台形}}$$
である． ◀

注意 例 1 では，小数第 9 位で数値を丸めた．われわれはこの節を通してこの手順に従う．もし手持ちの電卓がこのような大きな桁を扱うことができなければ，適当な修正をしなければならないだろう．ここで大事なことは，読者がそこに含まれている原理を理解することである．

中点近似と台形近似の比較

小数第 9 位で丸められた $\ln 2$ の値は
$$\ln 2 = \int_1^2 \frac{1}{x}\,dx \approx 0.693147181 \tag{2}$$
であるから，例 1 では中点近似の方が台形近似よりもより正確な結果を出している（確かめよ）．その理由を知るには，中点近似を別の観点からみる必要がある［説明を簡単にするため

表 8.7.2

	中点近似			台形近似		
i	中点 m_i	$y_{m_i} = f(m_i) = 1/m_i$	i	端点 x_i	$y_i = f(x_i) = 1/x_i$	乗数 w_i	$w_i y_i$
1	1.05	0.952380952	0	1.0	1.000000000	1	1.000000000
2	1.15	0.869565217	1	1.1	0.909090909	2	0.181818181
3	1.25	0.800000000	2	1.2	0.833333333	2	1.666666667
4	1.35	0.740740741	3	1.3	0.769230769	2	1.538461538
5	1.45	0.689655172	4	1.4	0.714285714	2	1.428571429
6	1.55	0.645161290	5	1.5	0.666666667	2	1.333333333
7	1.65	0.606060606	6	1.6	0.625000000	2	1.250000000
8	1.75	0.571428571	7	1.7	0.588235294	2	1.176470588
9	1.85	0.540540541	8	1.8	0.555555556	2	1.111111111
10	1.95	0.512820513	9	1.9	0.526315789	2	1.052631579
		6.928353603	10	2.0	0.500000000	1	0.500000000
							13.875428063

$$\int_1^2 \frac{1}{x}\,dx \approx (0.1)(6.928353603) \approx 0.692835360$$

$$\int_1^2 \frac{1}{x}\,dx \approx (0.05)(13.875428063) \approx 0.693771403$$

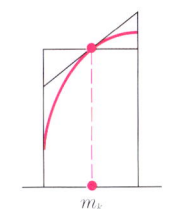

$f(x) \geq 0$ と仮定するが，この仮定がなくとも結果は正しい］．微分可能な関数 $f(x)$ について，中点近似で用いられる各部分区間上の長方形の面積は，$y = f(x)$ の区間の中点での接線を上側の境界にもつ台形の面積と等しいので（図 8.7.3），中点近似は接線近似とよばれることがある．これらの面積が等しいことは，図 8.7.3 で影のついた三角形が合同であることからわかる．

この節では，n 個の部分区間を使った $\int_a^b f(x)\,dx$ の中点近似と台形近似をおのおの M_n, T_n で表し，それらの近似の誤差を

$$|E_M| = \left|\int_a^b f(x)\,dx - M_n\right| \quad \text{と} \quad |E_T| = \left|\int_a^b f(x)\,dx - T_n\right|$$

で表す．

図 8.7.4a では，関数 f のグラフが上に凸になるような $[a,b]$ の部分区間を 1 つ取り出しており，この部分区間上の中点近似や台形近似における誤差は影がつけられた領域の面積である．図 8.7.4b は，中点近似の誤差が台形近似の誤差よりも小さいことを明確にする連続する 4 つのイラストを示す．f のグラフが下に凸のときも，類似の図を使って同じ結論に達することができるだろう（Frank Buck によるこの議論は雑誌 *The College Mathematics Journal* の 1985 年 16 巻 1 号に載っている）．

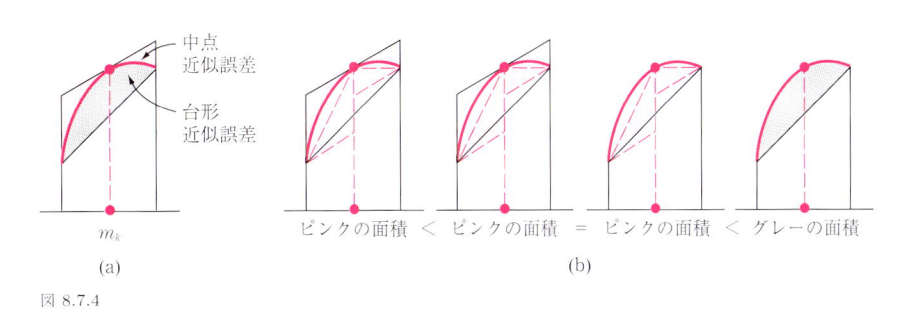

図 8.7.3 影のついた 2 つの三角形の面積は同じ．

図 8.7.4
(a) 中点近似誤差／台形近似誤差
(b) ピンクの面積 < ピンクの面積 = ピンクの面積 < グレーの面積

図 8.7.4a は，グラフが上に凸になる部分区間では，中点近似は積分値より大きく，そして台形近似は積分値より小さいことを示している．グラフが下に凸になる区間では，まったく逆になる．以上をまとめると次のような結果となるが，きっちりとした証明は省略する．

8.7.1 定理 f を $[a,b]$ 上連続とし，$|E_M|$ と $|E_T|$ をそれぞれ n 個の部分区間を用いた $\int_a^b f(x)\,dx$ の中点近似と台形近似による誤差の絶対値とする．

(a) f のグラフが (a,b) 上で下に凸または上に凸であれば，$|E_M| < |E_T|$ が成り立つ．すなわち，中点近似の誤差は台形近似の誤差よりも小さい．

(b) f のグラフが (a,b) で上に凸ならば，
$$T_n < \int_a^b f(x)\,dx < M_n$$

(c) f のグラフが (a,b) で下に凸ならば，
$$M_n < \int_a^b f(x)\,dx < T_n$$

例 2 先ほど観察して表 8.7.3 にも掲げたように，$[1,2]$ を $n=10$ 個の部分区間に分割したときは，例 1 での
$$\int_1^2 \frac{1}{x}\,dx = \ln 2$$
の中点近似の方が台形近似よりも正確である．$f(x) = 1/x$ は $[1,2]$ 上連続で，$(1,2)$ 上で下に凸であるから，この結果は定理 8.7.1 の (a) と比べて矛盾するところはない．さらに，定理 8.7.1 の (c) で述べられているように，$M_{10} < \ln 2 < T_{10}$ となる．◀

表 8.7.3

$\ln 2$（小数第 9 位）	近似	差
0.693147181	$T_{10} \approx 0.693771403$	$E_T = \ln 2 - T_{10} \approx -0.000624222$
0.693147181	$M_{10} \approx 0.692835360$	$E_M = \ln 2 - M_{10} \approx 0.000311821$

例 3 表 8.7.4 では，区間 $[0,1]$ を $n=5$ 個に分割したときの中点近似と台形近似を用いて
$$\sin 1 = \int_0^1 \cos x\,dx$$
を近似した（前と同様に，数値は小数第 9 位で丸められている）．$f(x) = \cos x$ は $[0,1]$ 上連続で，$(0,1)$ で上に凸であることに注意しよう．よって，定理 8.7.1(a) から $|E_M| < |E_T|$ となるが，それは表 8.7.4 でも示されている．また，定理 8.7.1(b) で述べられているように，$T_5 < \sin 1 < M_5$ となる．

表 8.7.4

$\sin 1$（小数第 9 位）	近似	差
0.841470985	$T_5 \approx 0.838664210$	$E_T = \sin 1 - T_5 \approx 0.002806775$
0.841470985	$M_5 \approx 0.842875074$	$E_M = \sin 1 - M_5 \approx -0.001404089$

表 8.7.5 では，区間 $[0,3]$ を $n = 10$ 個に分割したときの中点近似と台形近似を用いた

$$\sin 3 = \int_0^3 \cos x \, dx$$

の近似を示している．$|E_M| < |E_T|$ かつ $T_{10} < \sin 3 < M_{10}$ であることに注意しよう．しかし，$f(x) = \cos x$ は区間 $(0,3)$ で凹凸が変化するので，これらの結果は定理 8.7.1 では保証されていない． ◀

表 8.7.5

$\sin 3$ （小数第 9 位）	近似	差
0.141120008	$T_{10} \approx 0.140060017$	$E_T = \sin 3 - T_{10} \approx 0.001059991$
0.141120008	$M_{10} \approx 0.141650601$	$E_M = \sin 3 - M_{10} \approx -0.000530592$

> **通告** 中点近似の方が台形近似よりも常によいと思い込んではならない．ある n の値に対して，関数の凹凸が変化する区間上では台形近似の方がより正確なこともありうる．

シンプソンの公式

被積分関数の凸性が変化しない区間上では，定理常 8.7.1 によって，定積分は中点近似による方が台形近似によるよりもよい近似であること，および定積分の値はこの 2 つの近似のあいだにあることが保証されている．表 8.7.3 と表 8.7.4 の数値（そして，区間上で被積分関数の凹凸が変化しているにもかかわらず表 8.7.5 の数値までも）が明確に表しているように，これらの例では $E_T \approx -2E_M$ となっている．このことは

$$3\int_a^b f(x)\,dx = 2\int_a^b f(x)\,dx + \int_a^b f(x)\,dx$$
$$= 2(M_n + E_M) + (T_n + E_T)$$
$$= (2M_n + T_n) + (2E_M + E_T) \approx 2M_n + T_n$$

と考えられる．すなわち，

$$\int_a^b f(x)\,dx \approx \frac{1}{3}(2M_n + T_n)$$

である．表 8.7.6 は表 8.7.3〜表 8.7.5 のデータに対応する近似値 $\frac{1}{3}(2M_n + T_n)$ を示している．これによって，ほとんど余分な苦労をすることもなく，これらの定積分のずっと改善された近似を得るのである．

表 8.7.6

計算値 （小数第 9 位）	定積分の近似	差
$\ln 2 \approx 0.693147181$	$\int_1^2 (1/x)\,dx \approx \frac{1}{3}(2M_{10} + T_{10}) \approx 0.693147375$	-0.000000194
$\sin 1 \approx 0.841470985$	$\int_0^1 \cos x\,dx \approx \frac{1}{3}(2M_5 + T_5) \approx 0.841471453$	-0.000000468
$\sin 3 \approx 0.141120008$	$\int_0^3 \cos x\,dx \approx \frac{1}{3}(2M_{10} + T_{10}) \approx 0.141120406$	-0.000000398

表 8.7.1 および公式 (1) における中点近似と台形近似の公式を使って，この近似に対する同様の公式を導き出すことができる．便宜上，区間 $[a,b]$ を $2n$ 個の部分区間に分け，それぞれの長さを $(b-a)/2n$ とする．前のように，これらの部分区間の端点を $a = x_0, x_1, x_2, \ldots, b = x_{2n}$ で表す．$x_0, x_2, x_4, \ldots, x_{2n}$ は $[a,b]$ の n 個の等しい長さの部分区間への分割を定めて

おり，そしてこれらの部分区間の中点はおのおの $x_1, x_3, x_5, \ldots, x_{2n-1}$ となる．$y_i = f(x_i)$ より

$$M_n = \left(\frac{b-a}{n}\right)[y_1 + y_3 + \cdots + y_{2n-1}] = \left(\frac{b-a}{2n}\right)[2y_1 + 2y_3 + \cdots + 2y_{2n-1}]$$

$$T_n = \left(\frac{b-a}{2n}\right)[y_0 + 2y_2 + 2y_4 + \cdots + 2y_{2n-2} + y_{2n}]$$

となる．ここで，S_{2n} を

$$S_{2n} = \frac{1}{3}(2M_n + T_n)$$
$$= \frac{1}{3}\left(\frac{b-a}{2n}\right)[y_0 + 4y_1 + 2y_2 + 4y_3 + 2y_4 + \cdots + 2y_{2n-2} + 4y_{2n-1} + y_{2n}] \quad (3)$$

で定義する．式 (3) で与えられる近似

$$\int_a^b f(x)\,dx \approx S_{2n}$$

はシンプソン（**Simpson**）の公式 [*] として知られている．この近似の誤差の絶対値を

$$|E_S| = \left|\int_a^b f(x)\,dx - S_{2n}\right|$$

で表す．

例 4 表 8.7.6 はそれぞれ，定積分

$$\int_1^2 \frac{1}{x}\,dx, \quad \int_0^1 \cos x\,dx, \quad \int_0^3 \cos x\,dx$$

のシンプソンの公式による近似

$$S_{20} = \frac{1}{3}(2M_{10} + T_{10}), \quad S_{10} = \frac{1}{3}(2M_5 + T_5), \quad S_{20} = \frac{1}{3}(2M_{10} + T_{10})$$

を表している．表 8.7.7 で，シンプソンの公式 (3) を用いて

$$\ln 2 = \int_1^2 \frac{1}{x}\,dx$$

を近似した．ただし，区間 $[1,2]$ を $2n = 10$ 個の部分区間に分割している．すると

$$\frac{1}{3}\left(\frac{b-a}{2n}\right) = \frac{1}{3}\left(\frac{2-1}{10}\right) = \frac{1}{30}$$

---

[*] トーマス・シンプソン (Thomas Simpson, 1710〜1761)．イギリスの数学者．シンプソンは織工の息子であった．彼は父の跡を継ぐように訓練され，若いころには正規の教育をほとんど受けていなかった．彼の科学や数学に対する興味が喚起されたのは，1724 年彼が日蝕の証人として署名し，そして行商人から 2 冊の本を受け取ったときである．その 1 冊は占星術のもの，他の 1 冊は算術のものであった．シンプソンはあっという間にそれらの本の内容を吸収し，ほどなく地方の占い師として成功した．彼の経済状況が改善されたので，織工をやめ，そして年上の女地主と結婚することができた．1733 年にある謎めいた"不幸な出来事"のせいで，彼は引っ越さざるを得なくなった．彼はダービー (Derby) に落ち着き，夜間学校で教師を勤めながら昼間は織工として働いた．1736 年にはロンドンに引っ越し，*Ladies' Diary* とよばれる定期刊行誌にはじめて数学の論文を発表した（後に彼がその編集者になった）．1737 年に彼は微積分学の教科書を出版し，この教科書はよく売れた．その成功のお陰で彼は織工を完全にやめ，そして教科書の執筆と教育に集中することができるようになった．1740 年に Robert Heath という人物が彼を盗作のかどで告訴したにもかかわらず，彼の運勢はますます向上した．彼の知名度は驚くばかりであり，そしてシンプソンはベストセラー教科書の引きつづく出版へと一気に進んだ．すなわち，Algebra（10 の版とその翻訳書），Geometry（12 の版とその翻訳書），Trigonometry（5 の版とその翻訳書），およびその他多くの本である．興味深いことに，彼の名前を冠する公式はシンプソンが発見したわけではなかった．それはシンプソンの時代にはよく知られた結果だったのである．

表 8.7.7　シンプソンの公式

i	端点 x_i	$y_i = f(x_i) = 1/x_i$	乗数 w_i	$w_i y_i$
0	1.0	1.000000000	1	1.000000000
1	1.1	0.909090909	4	3.636363636
2	1.2	0.833333333	2	1.666666667
3	1.3	0.769230769	4	3.076923077
4	1.4	0.714285714	2	1.428571429
5	1.5	0.666666667	4	2.666666667
6	1.6	0.625000000	2	1.250000000
7	1.7	0.588235294	4	2.352941176
8	1.8	0.555555556	2	1.111111111
9	1.9	0.526315789	4	2.105263158
10	2.0	0.500000000	1	0.500000000
				20.794506921

$$\int_1^2 \frac{1}{x}\,dx \approx \left(\frac{1}{30}\right)(20.794506921) \approx 0.693150231$$

であり，

$$|E_S| = \left|\int_1^2 \frac{1}{x}\,dx - S_{10}\right|$$

$$= |\ln 2 - S_{10}| \approx |0.693147181 - 0.693150231| = 0.000003050$$

となる．これと比べて，$M_5 \approx 0.691907886$ と $T_5 \approx 0.695634921$ の誤差の絶対値は，それぞれ

$$|E_M| \approx 0.001239295 \quad \text{と} \quad |E_T| \approx 0.002487740$$

となるので，S_{10} は M_5 と T_5 のどちらよりもずっと正確な $\ln 2$ の近似である．

シンプソンの公式の幾何的説明

定積分に対する中点近似と台形近似は，ともに曲線 $y = f(x)$ の小部分を線分で近似して得られる（図 8.7.5）．シンプソンの公式 (3) は，曲線 $y = f(x)$ の小部分を 2 次関数 $y = Ax^2 + Bx + C$ の小部分で近似することにより得ることができる．だから，この公式はある意味で関数の凸性をとらえているのである．

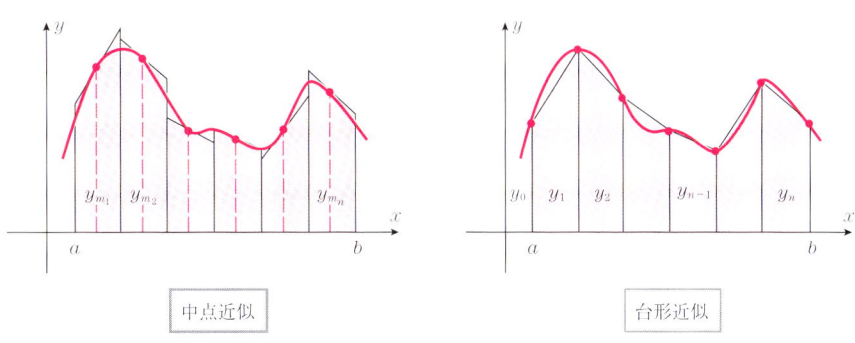

図 8.7.5　中点近似／台形近似

このシンプソンの公式の意味を理解するため，まず

$$a \le X_0 < X_2 \le b$$

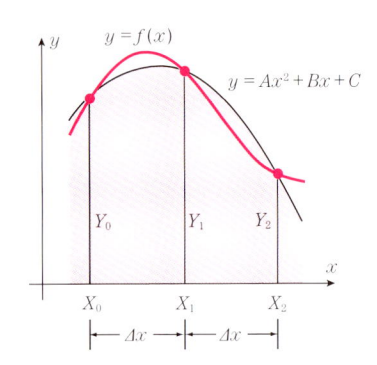

図 8.7.6

に対して
$$g(x) = Ax^2 + Bx + C$$
の形の関数 $g(x)$ で
$$g(X_0) = f(X_0), \quad g(X_2) = f(X_2), \quad g(X_1) = f(X_1)$$
を満たすものは唯一つ存在することを確かめることから始めよう.ただし,$X_1 = (X_0+X_2)/2$ とする(図 8.7.6).このことは,点 $x = X_0, X_1$ および X_2 での $y = f(x)$ のグラフ上の点を通るように調節したたかだか 2 次の多項式 $g(x)$ で,関数 $f(x)$ を $[X_0, X_2]$ 上で近似するためである.そして,$\int_{X_0}^{X_2} f(x)\,dx$ の近似として $\int_{X_0}^{X_2} g(x)\,dx$ を用いる.

$$\Delta x = \frac{X_2 - X_0}{2}$$
とおくと
$$X_2 = X_0 + 2\Delta x, \quad Y_0 = f(X_0), \quad Y_1 = f(X_1), \quad Y_2 = f(X_2)$$
である.証明すべき鍵となる結果は
$$\int_{X_0}^{X_2} g(x)\,dx = \int_{X_0}^{X_2} (Ax^2 + Bx + C)\,dx = \frac{\Delta x}{3}[Y_0 + 4Y_1 + Y_2] \tag{4}$$
である.

両端の式それぞれから始めてある共通する式を導くことにより,式 (4) を確かめる.方程式 (4) の右の式にある $Y_0 + 4Y_1 + Y_2$ から始めると

$$\begin{aligned}
& Y_0 + 4Y_1 + Y_2 \\
&= g(X_0) + 4g(X_1) + g(X_2) \\
&= A[X_0^2 + 4X_1^2 + X_2^2] + B[X_0 + 4X_1 + X_2] + C[1 + 4 + 1] \\
&= A\left[X_0^2 + 4\left(\frac{X_0 + X_2}{2}\right)^2 + X_2^2\right] + B\left[X_0 + 4\left(\frac{X_0 + X_2}{2}\right) + X_2\right] + 6C \\
&= A[X_0^2 + (X_0 + X_2)^2 + X_2^2] + B[3X_0 + 3X_2] + 6C \\
&= 2A[X_0^2 + X_0 X_2 + X_2^2] + 3B[X_0 + X_2] + 6C
\end{aligned} \tag{5}$$

さらに,
$$\begin{aligned}
\int_{X_0}^{X_2} g(x)\,dx &= \int_{X_0}^{X_2} (Ax^2 + Bx + C)\,dx = \left[\frac{A}{3}x^3 + \frac{B}{2}x^2 + Cx\right]_{X_0}^{X_2} \\
&= \frac{A}{3}(X_2^3 - X_0^3) + \frac{B}{2}(X_2^2 - X_0^2) + C(X_2 - X_0) \\
&= \left(\frac{X_2 - X_0}{3}\right)\left[A(X_2^2 + X_2 X_0 + X_0^2) + \frac{3B}{2}(X_2 + X_0) + 3C\right] \\
&= \left(\frac{2\Delta x}{3}\right)\left[A(X_2^2 + X_2 X_0 + X_0^2) + \frac{3B}{2}(X_2 + X_0) + 3C\right] \\
&= \frac{\Delta x}{3}[2A(X_2^2 + X_2 X_0 + X_0^2) + 3B(X_2 + X_0) + 6C]
\end{aligned} \tag{6}$$

である.式 (5) を式 (6) に代入すると式 (4) を得る.

区間 $[a, b]$ の $2n$ 個の部分区間への分割 $a = x_0, x_1, x_2, \ldots, b = x_{2n}$,ただし,おのおのの幅は
$$\Delta x = \frac{b - a}{2n}$$
を用い,そして式 (4) を部分区間 $[x_0, x_2], [x_2, x_4], \ldots, [x_{2n-2}, x_{2n}]$ に適用すれば,区分的に

2次関数によって $f(x)$ を近似したものの積分としてのシンプソンの公式 (3) が導ける.

$$\int_{a=x_0}^{b=x_{2n}} f(x)\,dx$$
$$= \int_{x_0}^{x_2} f(x)\,dx + \int_{x_2}^{x_4} f(x)\,dx + \ldots + \int_{x_{2n-2}}^{x_{2n}} f(x)\,dx$$
$$\approx \frac{\Delta x}{3}[y_0 + 4y_1 + y_2] + \frac{\Delta x}{3}[y_2 + 4y_3 + y_4] + \ldots + \frac{\Delta x}{3}[y_{2n-2} + 4y_{2n-1} + y_{2n}]$$
$$= \frac{\Delta x}{3}[y_0 + 4y_1 + 2y_2 + 4y_3 + 2y_4 + \ldots + 2y_{2n-2} + 4y_{2n-1} + y_{2n}]$$
$$= S_{2n}$$

誤差の評価

この節で学んだすべての方法には,誤差を生み出す原因となるものが2つある.すなわち,**固有誤差**あるいは**打ち切り誤差**とよばれる,それぞれの近似公式に起因する誤差,そして計算がもち込む**丸め誤差**である.一般に,n を増やすことは打ち切り誤差を減らすが,丸め誤差は増やす.なぜなら,より大きな n に対しては,より多くの計算が必要となるからである.実際の応用では,あらかじめ設定された度合いの精度を得るために,n をどれだけ大きくとらなければならないかを知ることが重要である.丸め誤差の解析は複雑であり,ここでは考えない.他方,次の定理,これらは数値解析の書物で証明されているが,中点近似,台形近似,およびシンプソンの公式による近似における打ち切り誤差の上限を与えている.

8.7.2 定理(中点近似と台形近似の誤差評価) $f''(x)$ が $[a,b]$ 上連続であり,かつ K_2 が $|f''(x)|$ の $[a,b]$ 上での最大値であるならば,$[a,b]$ の n 個の部分区間への分割に対して

(a) $|E_M| = \left|\int_a^b f(x)\,dx - M_n\right| \leq \dfrac{(b-a)^3 K_2}{24n^2}$ \hfill (7)

(b) $|E_T| = \left|\int_a^b f(x)\,dx - T_n\right| \leq \dfrac{(b-a)^3 K_2}{12n^2}$ \hfill (8)

である.

8.7.3 定理(シンプソンの公式による近似の誤差評価) $f^{(4)}(x)$ が $[a,b]$ 上連続であり,かつ K_4 が $|f^{(4)}(x)|$ の $[a,b]$ 上での最大値であるならば,$[a,b]$ の $2n$ 個の部分区間への分割に対して

$$|E_S| = \left|\int_a^b f(x)\,dx - S_{2n}\right| \leq \frac{(b-a)^5 K_4}{180(2n)^4} \tag{9}$$

である.

例 5 積分
$$\ln 2 = \int_1^2 \frac{1}{x}\,dx$$
の次の方法を用いた近似の誤差の絶対値の上限を求めよ.

(a) $n=10$ 個の部分区間による中点近似 M_{10}

(b) $n=10$ 個の部分区間による台形近似 T_{10}

(c) $2n=10$ 個の部分区間によるシンプソンの公式による近似 S_{10}

解 公式 (7)，(8)，および (9) を
$$f(x) = \frac{1}{x}, \quad a = 1, \quad b = 2$$
として適用する．公式 (7) と (8) には $n = 10$ を用い，公式 (9) には $2n = 10$，つまり $n = 5$ を用いる．
$$f'(x) = -\frac{1}{x^2}, \quad f''(x) = \frac{2}{x^3}, \quad f'''(x) = -\frac{6}{x^4}, \quad f^{(4)}(x) = \frac{24}{x^5}$$
となる．よって，
$$|f''(x)| = \left|\frac{2}{x^3}\right| = \frac{2}{x^3}, \quad |f^{(4)}(x)| = \left|\frac{24}{x^5}\right| = \frac{24}{x^5} \tag{10–11}$$
である．ここで絶対値記号をはずしたのは，$f''(x)$ と $f^{(4)}(x)$ は $1 \leq x \leq 2$ では正の値をとるからである．式 (10) と (11) は $[1,2]$ 上連続であって，かつ減少するから，両方の関数は $x = 1$ で最大値をとる．式 (10) のは最大値は 2，かつ式 (11) の最大値は 24 である．それゆえ，式 (7) と (8) では $K_2 = 2$ ととることができ，式 (9) では $K_4 = 24$ ととることができる．これにより

$$|E_M| \leq \frac{(b-a)^3 K_2}{24n^2} = \frac{1^3 \cdot 2}{24 \cdot 10^2} \approx 0.000833333$$
$$|E_T| \leq \frac{(b-a)^3 K_2}{12n^2} = \frac{1^3 \cdot 2}{12 \cdot 10^2} \approx 0.001666667$$
$$|E_S| \leq \frac{(b-a)^5 K_4}{180(2n)^4} = \frac{1^5 \cdot 24}{180 \cdot 10^4} \approx 0.000013333$$

となる． ◀

先の例で計算された誤差の上限は例 2 と 4 で計算した E_M，E_T，および E_S の値と比べて矛盾するところはない．実際には，これらの誤差は例 5 の上限よりもその絶対値においてかなり小さい．近似 M_n，T_n，および S_{2n} の実際の誤差が定理 8.7.2 と 8.7.3 で与えられた上限よりもずっと小さいことは，ほとんどの場合に起こることである．

例 6 シンプソンの公式を用いて
$$\ln 2 = \int_1^2 \frac{1}{x} dx$$
を小数第 5 位まで正確に近似するには，いくつの部分区間を使えばよいか．

解 小数第 5 位まで正確に求めるためには，
$$|E_S| \leq 0.000005 = 5 \times 10^{-6}$$
となるように部分区間の数を選ばなければならない．式 (9) より，$2n$ を
$$\frac{(b-a)^5 K_4}{180(2n)^4} \leq 5 \times 10^{-6}$$
が満たされるようにとれば，それは達成される．この不等式で $a = 1$，$b = 2$，および $K_4 = 24$（例 5 で求めた）ととると
$$\frac{1^5 \cdot 24}{180(2n)^4} \leq 5 \times 10^{-6}$$
となり，逆数をとれば
$$(2n)^4 \geq \frac{2 \times 10^6}{75} \quad \text{つまり} \quad n^4 \geq \frac{10^4}{6}$$
と書き直せる．よって，
$$n \geq \frac{10}{\sqrt[4]{6}} \approx 6.389$$
である．n は整数でなければならないので，この要求を満たす最小の n の値は $n = 7$ で，すなわち $2n = 14$ である．それゆえ，14 個の部分区間を用いた近似 S_{14} は小数第 5 位まで正確である． ◀

注意 公式 (7), (8), および (9) における K_2 と K_4 を求めるのが難しい場合には, これらの定数をより大きな定数で置き換えてもよい. 例えば, 区間上で $|f''(x)| < K$ が成り立つような定数 K を簡単に求められると仮定する. すると, $K_2 \leq K$ で

$$|E_T| \leq \frac{(b-a)^3 K_2}{12n^2} \leq \frac{(b-a)^3 K}{12n^2} \tag{12}$$

であり, 式 (12) の右辺も $|E_T|$ の値の上限である. しかし, K を使うと, おそらく与えられた許容誤差に必要な n の計算値は増加するだろう. 多くの応用の場面では, 実行する事柄が競合するのを調整しなければならない. 先の考察が示しているように, $|f''(x)|$ の荒っぽい上限を求める簡便さと, 望みの精度を得るために最小の n を使う効率のよさとのあいだを調整しなければならない.

例 7 定積分

$$\int_0^1 \cos(x^2)\,dx$$

を中点近似によって小数第 3 位までの精度で近似するには, いくつの部分区間を使うべきか.

解 小数第 3 位まで正確に求めるためには

$$|E_M| \leq 0.0005 = 5 \times 10^{-4} \tag{13}$$

となるように n を選ばなければならない. 式 (7) で $f(x) = \cos(x^2)$, $a = 0$, $b = 1$ とすると, $|E_M|$ の上限は

$$|E_M| \leq \frac{K_2}{24n^2} \tag{14}$$

で与えられる. ただし, K_2 は区間 $[0,1]$ での $|f''(x)|$ の最大値である. ところが,

$$f'(x) = -2x\sin(x^2)$$
$$f''(x) = -4x^2\cos(x^2) - 2\sin(x^2) = -[4x^2\cos(x^2) + 2\sin(x^2)]$$

であり,

$$|f''(x)| = |4x^2\cos(x^2) + 2\sin(x^2)| \tag{15}$$

となる. この関数の区間 $[0,1]$ 上での最大値を求めるには, 単調で退屈な計算を必要とする. 区間 $[0,1]$ 内の x について, 式 x^2, $\cos(x^2)$, および $\sin(x^2)$ のおのおのの絶対値が 1 で抑えられていることは簡単にわかり, よって $[0,1]$ 上で $|4x^2\cos(x^2) + 2\sin(x^2)| \leq 4 + 2 = 6$ となる. グラフィックユーティリティを使って $|f''(x)|$ のグラフを図 8.7.7 のように表せば, この評価を改善することができる. グラフより

$$|f''(x)| < 4 \quad (0 \leq x \leq 1)$$

は明らかである. したがって, 式 (14) より

$$|E_M| \leq \frac{K_2}{24n^2} < \frac{4}{24n^2} = \frac{1}{6n^2}$$

であるので

$$\frac{1}{6n^2} < 5 \times 10^{-4}$$

となるように n を選べば, 式 (13) を満たすことができる. 逆数をとると

$$n^2 > \frac{10^4}{30} \quad \text{つまり} \quad n > \frac{10^2}{\sqrt{30}} \approx 18.257$$

と書ける. この不等式を満たす n の最小値は $n = 19$ である. よって, 19 個の部分区間を用いた中点近似 M_{19} は小数第 3 位まで正確である.

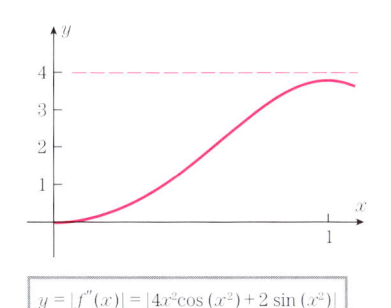

図 8.7.7: $y = |f''(x)| = |4x^2\cos(x^2) + 2\sin(x^2)|$

3つの方法の比較

この節で学んだ3つの方法について,同じだけの労力を使うとすると,シンプソンの公式が,一般的には中点近似あるいは台形近似よりもより正確な結果を生み出す.このことが妥当と感じるために,式 (7), (8), および (9) を部分区間の幅

$$\Delta x = \frac{b-a}{n} \quad (M_n \text{と} T_n \text{に対して})$$

そして,

$$\Delta x = \frac{b-a}{2n} \quad (S_{2n} \text{に対して})$$

を用いて表す.このとき,

$$|E_M| \leq \frac{1}{24} K_2 (b-a)(\Delta x)^2 \tag{16}$$

$$|E_T| \leq \frac{1}{12} K_2 (b-a)(\Delta x)^2 \tag{17}$$

$$|E_S| \leq \frac{1}{180} K_4 (b-a)(\Delta x)^4 \tag{18}$$

を得る(確かめよ).したがって,シンプソンの公式では誤差の絶対値の上限は $(\Delta x)^4$ に比例している.一方,中点近似や台形近似の誤差の絶対値の上限は $(\Delta x)^2$ に比例している.それゆえ,例えば区間の幅の桁を1つ下げるとすれば,中点近似や台形近似では誤差の上限は2桁しか下がらないが,シンプソンの公式では誤差の上限は4桁下がる.このことは,n を増やしたとき,シンプソンの公式の精度は他の近似の精度よりも速く向上することを表している.

最後に,$f(x)$ が3次以下の多項式であるならば,任意の x に対して $f^{(4)}(x) = 0$ となり,式 (9) において $K_4 = 0$ であり,したがって $|E_S| = 0$ となる.よって,シンプソンの公式は3次以下の多項式に対しては正確な積分値を与える.同様に,中点近似や台形近似は1次以下の多項式に対して正確な積分値を与える(幾何的に考えればこれを確かめられるだろう).

演習問題 8.7 C CAS

問題 **1–6** では,積分の近似を $n = 10$ 個の部分区間を用いて,(a) 中点近似,(b) 台形近似によって行え.また,積分の近似を $2n = 10$ 個の部分区間を用いて,(c) シンプソンの公式によって行え.どの場合でも,正確な積分値および誤差の絶対値の近似値を求めよ.答えは少なくとも小数第4位まで求めよ.

1. $\int_0^3 \sqrt{x+1}\, dx$ **2.** $\int_1^4 \frac{1}{\sqrt{x}}\, dx$ **3.** $\int_0^\pi \sin x\, dx$

4. $\int_0^1 \cos x\, dx$ **5.** $\int_1^3 e^{-x}\, dx$ **6.** $\int_{-1}^1 \frac{1}{2x+3}\, dx$

問題 **7–12** では,公式 (7), (8), および (9) を用いて,指定された問題の (a), (b), および (c) の誤差の上限を求めよ.

7. 問題 1   **8.** 問題 2   **9.** 問題 3

10. 問題 4   **11.** 問題 5   **12.** 問題 6

問題 **13–18** では,公式 (7), (8), および (9) を用いて,(a) 中点近似,および (b) 台形近似の誤差の絶対値が,与えられた値より小さいことを保証する部分区間の数 n を求めよ.また,(c) シンプソンの公式による近似の誤差の絶対値が与えられた値より小さいことを保証する部分区間の数 $2n$ を求めよ.

13. 問題 1; 5×10^{-4} **14.** 問題 2; 5×10^{-4}

15. 問題 3; 10^{-3} **16.** 問題 4; 10^{-3}

17. 問題 5; 10^{-6} **18.** 問題 6; 10^{-6}

問題 **19** と **20** では,与えられた関数 $f(x)$ と与えられた値 X_0, X_1, および X_2 に対して,そのグラフが点 $(X_0, f(X_0))$, $(X_1, f(X_1))$, および $(X_2, f(X_2))$ を通るような

$$g(x) = Ax^2 + Bx + C$$

の形の関数 $g(x)$ を求めよ.公式 (4) のように

$$\int_{X_0}^{X_2} g(x)\, dx = \frac{\Delta x}{3}[f(X_0) + 4f(X_1) + f(X_2)]$$

が成り立つことを確かめよ.ここで,$\Delta x = (X_2 - X_0)/2$ である.

19. $f(x) = \dfrac{1}{x}$; $X_0 = 2$, $X_1 = 3$, $X_2 = 4$

20. $f(x) = \cos^2(\pi x)$; $X_0 = 0$, $X_1 = \dfrac{1}{6}$, $X_2 = \dfrac{1}{3}$

問題 **21–26** では，積分の近似をシンプソンの公式で $2n = 10$ 個の部分区間を用いて行え．その答えと数値積分可能な計算ユーティリティで出力された値を比べよ．答えは少なくとも小数第 4 位まで求めよ．

21. $\displaystyle\int_0^1 e^{-x^2}\,dx$ 　　　　 22. $\displaystyle\int_0^2 \dfrac{x}{\sqrt{1+x^3}}\,dx$

23. $\displaystyle\int_1^2 \sqrt{1+x^3}\,dx$ 　　　 24. $\displaystyle\int_0^{\pi} \dfrac{1}{2-\sin x}\,dx$

25. $\displaystyle\int_0^2 \sin(x^2)\,dx$ 　　　　 26. $\displaystyle\int_1^3 \sqrt{\ln x}\,dx$

問題 **27** と **28** では，積分の正確な値は π である（確かめよ）．$n = 10$ 個の部分区間を用いて，(a) 中点近似，(b) 台形近似によって積分を近似せよ．また，$2n = 10$ 個の部分区間を用いて，(c) シンプソンの公式によって積分を近似せよ．誤差の絶対値を評価し，答えは少なくとも小数第 4 位まで求めよ．

27. $\displaystyle\int_0^1 \dfrac{4}{1+x^2}\,dx$ 　　　 28. $\displaystyle\int_0^2 \sqrt{4-x^2}\,dx$

29. 例 6 では，$2n = 14$ 個の部分区間をとると
$$\ln 2 = \int_1^2 \dfrac{1}{x}\,dx$$
のシンプソンの公式による近似値は小数第 5 位まで正確であることを示した．$2n = 14$ に対するシンプソンの公式で得られた $\ln 2$ の近似値と，計算ユーティリティで直接出力された値を比べて，このことを確かめよ．

30. 次の (a) と (b) それぞれにおいて，台形近似による積分の近似が積分の正確な値より大きいか小さいかを判定せよ．

(a) $\displaystyle\int_1^2 e^{-x^2}\,dx$ 　　　　 (b) $\displaystyle\int_0^{0.5} e^{-x^2}\,dx$

問題 **31** と **32** では，中点近似で積分を近似したときの誤差の絶対値が 10^{-4} より小さくなるような n の値を求めよ．

31. $\displaystyle\int_0^2 x\sin x\,dx$ 　　　　 32. $\displaystyle\int_0^1 e^{\cos x}\,dx$

問題 **33** と **34** では，公式 (7) と (8) は，中点近似もしくは台形近似で積分を近似した結果に対して，誤差の絶対値の上限を求めるのに何の価値もないことを示せ．

33. $\displaystyle\int_0^1 \sqrt{x}\,dx$ 　　　　 34. $\displaystyle\int_0^1 \sin\sqrt{x}\,dx$

問題 **35** と **36** では，$2n = 10$ 個の部分区間を用い，シンプソンの公式によって曲線の長さを近似せよ．答えは少なくとも小数第 4 位まで求めよ．

35. $y = \sin x$, 　$0 \le x \le \pi$ 　　 36. $y = 1/x$, 　$1 \le x \le 3$

数値積分の方法は，被積分関数の測定値もしくは実験的に定められた値しか利用できない問題にも使うことができる．問題 **37–42** では，シンプソンの公式を用いて関連する積分の値を推定せよ．

37. 自動車 Infiniti G20 のテスト走行での，時間 t に対する速度 v のグラフが図に示されている．グラフから $t = 0, 5, 10, 15, 20$ 秒（s）における速度を推定し，毎時 1 マイル (mi/h) ＝ 毎秒 22/15 フィート (ft/s) という関係を用いて ft/s に変換し，そしてこれらの速度を用いて最初の 20 秒間に進んだ距離をフィート単位で近似せよ．解答は四捨五入して，整数値で答えよ．[ヒント：進んだ距離は $\int_0^{20} v(t)\,dt$ である．] [データは Road and Track 1990 年 10 月号より引用．]

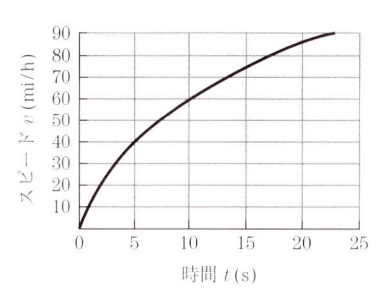

図 Ex-37

38. 直線上を移動しているある物体の，時間 t に対する加速度 a を表すグラフが図に示されている．このグラフから $t = 0, 1, 2, \ldots, 8$ 秒（s）での加速度を推定し，それらを使って $t = 0$ から $t = 8$ までの速度の変化を近似せよ．解答は四捨五入して，小数第 1 位の cm/s で答えよ．[ヒント：速度の変化は $\int_0^8 a(t)\,dt$ である．]

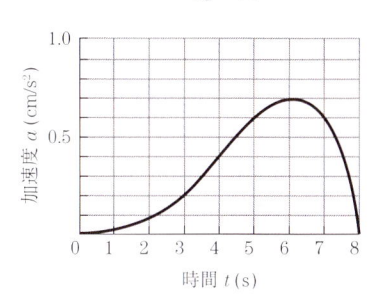

図 Ex-38

39. 表 Ex-39 は，地球の表面から打ち上げられた試験ロケットのいろいろな時間における速度を，マイル毎秒 (mi/s) 単位で表したものである．これらの値を用いて，はじめの 180 秒間に何 mi 進んだかを近似せよ．解答は四捨五入して，小数第 1 位までの小数で答えよ．[ヒント：進んだ距離は $\int_0^{180} v(t)\,dt$ である．]

40. 表 Ex-40 は，ライフルの銃口からのいろいろな距離における弾丸の速度を示している．これらの値を用いて，弾丸が 1800 ft 進むのにかかる秒数を近似せよ．解答は四捨五入して，小数第 2 位までで答えよ．[ヒント：v が弾丸の速度で x が進んだ距離とすると，$v = dx/dt$，よって，$dt/dx = 1/v$ かつ $t = \int_0^{1800} (1/v)\, dx$ である．]

時間 $t\,(\mathrm{s})$	速度 $v\,(\mathrm{mi/s})$
0	0.00
30	0.03
60	0.08
90	0.16
120	0.27
150	0.42
180	0.65

表 Ex-39

距離 $x\,(\mathrm{ft})$	速度 $v\,(\mathrm{ft/s})$
0	3100
300	2908
600	2725
900	2549
1200	2379
1500	2216
1800	2059

表 Ex-40

41. 考古学的遺跡の発掘で見つかった陶器の破片を測定することにより，この破片は，底が平らで切断面が円である壷のものであることが明らかになった（図を参照）．この図は壷の底から口までの 4 cm ごとの破片の内径の測定値を示している．これらの値を用いて壷の内部の体積を近似し，四捨五入して何リットル（ℓ）かを小数第 1 位まで求めよ（$1\,\ell = 1000\,\mathrm{cm}^3$）．[ヒント：6.2.3（切断面による体積）を用いて，体積を適当な積分で表せ．]

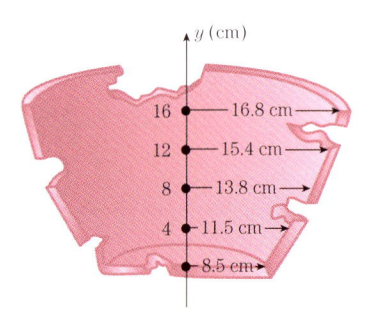

図 Ex-41

42. 技師たちは，長さ 600 ft，幅 75 ft のまっすぐで平らな道を，あいだにある丘を垂直に切って建設したい．図に示されているのは，その地域の等高線地図から得られた予定道路のセンターラインの真上の丘の高さである．敷設費用を見積もるために，技師は取り除かなければならない土の量を知る必要がある．この体積を近似計算により，立方フィート単位での最も近い整数で求めよ．[ヒント：まず丘を道路のセンターラインに沿って切った断面積を積分で表し，丘の高さはセンターラインから道路の端まで変わらないとせよ．]

水平距離 $x\,(\mathrm{ft})$	高さ $h\,(\mathrm{ft})$
0	0
100	7
200	16
300	24
400	25
500	16
600	0

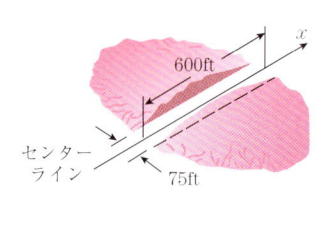

図 Ex-42

43. 図 8.7.2 の台形の面積の和をとって台形公式を導け．

44. 関数 f は区間 $[a,b]$ 上で正の値，連続，減少であって，かつ上に凸とする．区間 $[a,b]$ を n 個の等しい長さの部分区間に分割したとき，$\int_a^b f(x)\, dx$ の左端点近似，右端点近似，中点近似，台形近似を，値が大きくなる順に並べよ．

45. C $f(x) = \cos(x^2)$ とする．以下の問に答えよ．
  (a) CAS を使って $[0,1]$ 上での $|f''(x)|$ の最大値の近似値を求めよ．
  (b) $\int_0^1 f(x)\, dx$ の中点近似において，誤差の絶対値を 5×10^{-4} より小さくするには，n をどれだけ大きくとればよいか．解答と例 7 で得られた結果とを比べよ．
  (c) (b) で得られた n の値による中点近似を用いて，積分値を推定せよ．

46. C $f(x) = \sqrt{1+x^3}$ とする．以下の問に答えよ．
  (a) CAS を使って $[0,1]$ 上での $|f''(x)|$ の最大値の近似値を求めよ．
  (b) $\int_0^1 f(x)\, dx$ の台形近似において，誤差の絶対値を 10^{-3} より小さくするには，n をどれだけ大きくとればよいか．
  (c) (b) で得られた n の値による台形近似を用いて，積分値を推定せよ．

47. C $f(x) = \cos(x^2)$ とする．以下の問に答えよ．
  (a) CAS を使って $[0,1]$ 上での $|f^{(4)}(x)|$ の最大値の近似値を求めよ．
  (b) $\int_0^1 f(x)\, dx$ のシンプソンの公式による近似において，誤差の絶対値を 10^{-4} より小さくするには，n をどれだけ大きくとればよいか．
  (c) (b) で得られた n の値によるシンプソンの公式を用いて，積分値を推定せよ．

48. C $f(x) = \sqrt{1+x^3}$ とする．以下の問に答えよ．
  (a) CAS を使って $[0,1]$ 上での $|f^{(4)}(x)|$ の最大値の近似値を求めよ．
  (b) $\int_0^1 f(x)\, dx$ のシンプソンの公式による近似において，誤差の絶対値を 10^{-5} より小さくするには，n はどれだけ大きくとればよいか．
  (c) (b) で得られた n の値によるシンプソンの公式を用いて，積分値を推定せよ．

8.8 広義積分

これまでは，連続な被積分関数と有限の積分区間をもつ定積分に焦点をあてて考察してきた．この節では，定積分の概念を拡張して，積分区間が無限であったり，被積分関数が積分区間内で無限大となるものを含めるようにする．

広義積分

定積分
$$\int_a^b f(x)\,dx$$
の定義において，$[a,b]$ は有限区間であること，そして積分を定義する極限が存在することが仮定されている．つまり，関数 f は積分可能であることが仮定されている．定理 5.5.2 と 5.5.8 では，連続関数は積分可能であり，たかだか有限個の不連続点をもつ有界関数も同様であることをみた．定理 5.5.8 では，積分区間上で有界でない関数は積分可能でないこともみた．よって，例えば，積分区間内に垂直な漸近線をもつ関数は積分可能ではない．

この節のおもな目標は，定積分の概念を拡張して，無限の積分区間を許すように，そして被積分関数が積分区間内に垂直な漸近線をもつのも許すようにすることである．垂直な漸近線を**無限不連続点**とよぶ．積分で無限の積分区間をもつか，あるいは積分区間内に無限不連続点をもつものを，**広義積分**とよぶ．ここでいくつか例を挙げる．

- 無限の積分区間をもつ広義積分
$$\int_1^{+\infty} \frac{dx}{x^2}, \quad \int_{-\infty}^{0} e^x\,dx, \quad \int_{-\infty}^{\infty} \frac{dx}{1+x^2}$$
- 積分区間内に無限不連続点をもつ広義積分
$$\int_{-3}^{3} \frac{dx}{x^2}, \quad \int_{1}^{2} \frac{dx}{x-2}, \quad \int_{0}^{\pi} \tan x\,dx$$
- 無限不連続点と無限の積分区間をもつ広義積分
$$\int_0^{+\infty} \frac{dx}{\sqrt{x}}, \quad \int_{-\infty}^{+\infty} \frac{dx}{x^2-9}, \quad \int_1^{+\infty} \sec x\,dx$$

無限区間上の積分

次の形の広義積分
$$\int_a^{+\infty} f(x)\,dx$$
に対する合理的な定義を誘導するために，$[a,+\infty)$ 上で f が連続で非負である場合から始める．そうすれば，積分は区間 $[a,+\infty)$ の上で曲線 $y=f(x)$ の下の領域の面積と考えることができる（図 8.8.1）．はじめのうちは，領域は無限の広がりをもつゆえに，この面積は無限であると主張したいかもしれない．しかし，そのような主張は正確な数学的論理というよりあいまいな直感に基づいているのであろう．なぜなら，面積の概念は**有限の広がり**をもつ区間上でしか定義されていなかったからである．よって，図 8.8.1 の領域の面積について，意味のある主張をするためには，この領域の面積を定義することから始める必要がある．そのため，1つ例を定めて，それの考察に集中することが助けとなるであろう．

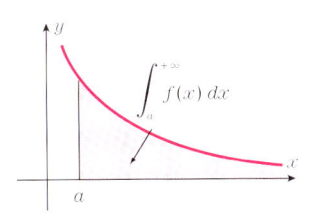

図 8.8.1

曲線 $y = 1/x^2$ の下にあり，かつ x 軸上の区間 $[1, +\infty)$ の上の領域の面積 A を知りたいとする．一度に領域すべての面積を求めようとはせずに，有限区間 $[1, \ell]$ 上にある部分の面積を求めることから始める．ここで，$\ell > 1$ は勝手に定めたものとする．その面積は

$$\int_1^\ell \frac{dx}{x^2} = -\frac{1}{x}\bigg]_1^\ell = 1 - \frac{1}{\ell}$$

である（図 8.8.2）．ここで ℓ を $\ell \to +\infty$ となるようにしていくと，区間 $[1, \ell]$ 上にある部分はしだいに全区間 $[1, +\infty)$ 上の領域を埋め尽くしていく（図 8.8.3）．それゆえに，区間 $[1, +\infty)$ の上であり，かつ $y = 1/x^2$ の下の領域の面積 A は

$$A = \int_1^{+\infty} \frac{dx}{x^2} = \lim_{\ell \to +\infty} \int_1^\ell \frac{dx}{x^2} = \lim_{\ell \to +\infty} \left(1 - \frac{1}{\ell}\right) = 1 \tag{1}$$

として合理的に定義できる．よって，面積 A は有限な値 1 であり，最初に予想したような無限大にはならない．

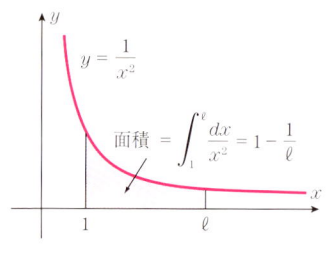

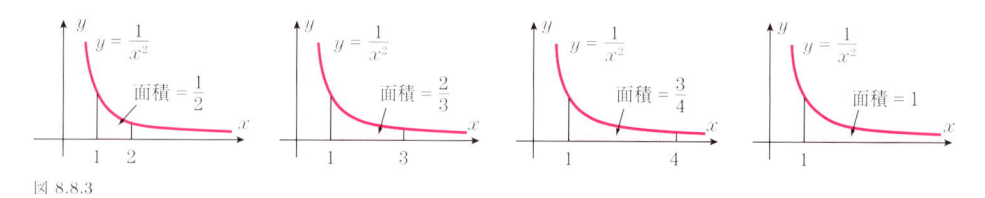

図 8.8.2

図 8.8.3

この議論を 1 つの道案内として，次の定義を行う（これは正負両方の値をとる関数にも適用できる）．

8.8.1 定義 区間 $[a, +\infty)$ 上での f の広義積分は

$$\int_a^{+\infty} f(x)\,dx = \lim_{\ell \to +\infty} \int_a^\ell f(x)\,dx$$

として定義される．極限が存在する場合，この広義積分は**収束**するといい，極限値をその積分の値と定義する．極限が存在しない場合，広義積分は**発散**するといい，積分に値をつけない．

関数 f が $[a, +\infty)$ 上非負で，かつその広義積分が収束するとする．このとき，積分値を f のグラフの下であって区間 $[a, +\infty)$ の上の面積とみなす．そして積分が発散するときは，f のグラフの下であって区間 $[a, +\infty)$ の上の面積は無限大であるとみなす．

例 1 次を求めよ．

(a) $\displaystyle\int_1^{+\infty} \frac{dx}{x^3}$ 　　　(b) $\displaystyle\int_1^{+\infty} \frac{dx}{x}$

解 (a) 定義に従って，積分の無限大である上端を，有限の上端 ℓ で置き換え，それから積分の結果の極限をとる．これにより

$$\int_1^{+\infty} \frac{dx}{x^3} = \lim_{\ell \to +\infty} \int_1^\ell \frac{dx}{x^3} = \lim_{\ell \to +\infty} \left[-\frac{1}{2x^2}\right]_1^\ell = \lim_{\ell \to +\infty} \left(\frac{1}{2} - \frac{1}{2\ell^2}\right) = \frac{1}{2}$$

となる．

解 (b)

$$\int_1^{+\infty} \frac{dx}{x} = \lim_{\ell \to +\infty} \int_1^\ell \frac{dx}{x} = \lim_{\ell \to +\infty} [\ln x]_1^\ell = \lim_{\ell \to +\infty} \ln \ell = +\infty$$

このとき，積分は発散し，積分値をもたない． ◀

図 8.8.4

関数 $1/x^3$, $1/x^2$, および $1/x$ は，区間 $[1, +\infty)$ 上で非負であるので，式 (1) と前の例 1 から，この区間上の $y = 1/x^3$ の下の領域の面積は $\frac{1}{2}$, $y = 1/x^2$ の下の領域の面積は 1, そして $y = 1/x$ の下の領域の面積は無限大である．しかし，外見上は 3 つの関数のグラフは似通っており（図 8.8.4），なぜこれらの面積のうち 1 つが無限大で，他の 2 つが有限であるかを示唆するものは何もない．1 つの説明としては次のものがある．つまり，$1/x^3$ と $1/x^2$ は，$x \to +\infty$ のときに $1/x$ よりも早く 0 に近づくので，区間 $[1, \ell]$ 上の $y = 1/x^3$ や $y = 1/x^2$ の下の面積は $y = 1/x$ のそれよりも $\ell \to +\infty$ のときの蓄積が遅く，その差は最初の 2 つの面積が有限で 3 つ目が無限大になるのに十分なほど大きいのである．

例 2 どのような p の値に対して，積分 $\int_1^{+\infty} \dfrac{dx}{x^p}$ は収束するか．

解 例 1 から，$p = 1$ ならば積分が発散することはわかっている．よって，$p \neq 1$ と仮定する．このとき，

$$\int_1^{+\infty} \frac{dx}{x^p} = \lim_{\ell \to +\infty} \int_1^{\ell} x^{-p}\, dx = \lim_{\ell \to +\infty} \frac{x^{1-p}}{1-p}\bigg]_1^{\ell} = \lim_{\ell \to +\infty} \left[\frac{\ell^{1-p}}{1-p} - \frac{1}{1-p}\right]$$

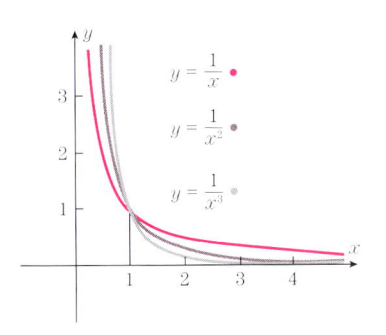

となる．$p > 1$ ならば，指数 $1 - p$ は負で $\ell \to +\infty$ のとき $\ell^{1-p} \to 0$ である．$p < 1$ ならば，指数 $1 - p$ は正で $\ell \to +\infty$ のとき $\ell^{1-p} \to +\infty$ となる．よって，$p > 1$ ならば積分は収束し，そうでないならば発散する．収束する場合の積分値は

$$\int_1^{+\infty} \frac{dx}{x^p} = \left[0 - \frac{1}{1-p}\right] = \frac{1}{p-1} \quad (p > 1)$$

である．◀

次の定理はこの結果をまとめたものである．

8.8.2 定理
$$\int_1^{+\infty} \frac{dx}{x^p} = \begin{cases} \dfrac{1}{p-1} & (p > 1) \\ 発散 & (p \leq 1) \end{cases}$$

例 3 積分 $\int_0^{+\infty} (1-x)e^{-x}\, dx$ を求めよ．

解 部分積分を $u = 1 - x$ と $dv = e^{-x}\, dx$ のもとで行うと

$$\int (1-x)e^{-x}\, dx = -e^{-x}(1-x) - \int e^{-x}\, dx = -e^{-x} + xe^{-x} + e^{-x} + C = xe^{-x} + C$$

となる．よって，

$$\int_0^{+\infty} (1-x)e^{-x}\, dx = \lim_{\ell \to +\infty} [xe^{-x}]_0^{\ell} = \lim_{\ell \to +\infty} \frac{\ell}{e^{\ell}}$$

である．極限は ∞/∞ 型の不定形であるので，分子と分母を ℓ に関して微分して，ロピタルの定理を適用する．これにより，

$$\int_0^{+\infty} (1-x)e^{-x}\, dx = \lim_{\ell \to +\infty} \frac{1}{e^{\ell}} = 0$$

となる．この積分が零になることは，積分を $y = (1-x)e^{-x}$ と $[0, +\infty)$ とのあいだの領域の符号付き面積と解釈すると説明できる（図 8.8.5）．◀

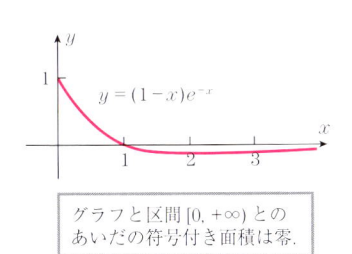

グラフと区間 $[0, +\infty)$ とのあいだの符号付き面積は零．

図 8.8.5

次の定義もしておく．

8.8.3 定義 区間 $(-\infty, b]$ 上での f の広義積分は

$$\int_{-\infty}^{b} f(x)\,dx = \lim_{k \to -\infty} \int_{k}^{b} f(x)\,dx \tag{2}$$

として定義される．極限が存在するとき広義積分は**収束**するといい，極限が存在しないとき広義積分は**発散**するという．区間 $(-\infty, +\infty)$ 上での f の広義積分は

$$\int_{-\infty}^{+\infty} f(x)\,dx = \int_{-\infty}^{c} f(x)\,dx + \int_{c}^{+\infty} f(x)\,dx \tag{3}$$

として定義される．ここで，c は任意の実数である．両方の項が収束するとき広義積分は**収束**するといい，いずれかの項が発散するとき広義積分は**発散**するという．

注意 この定義で，f が積分区間上で非負ならば，広義積分は f のグラフの下であり，かつ区間の上の面積であるとみなされる．積分が収束すれば面積は有限値をもち，発散すれば面積は無限大である．式 (3) では $c = 0$ とするのがふつうであるが，どう選んでも構わないことを注意しておく．実際，積分の収束性あるいはその積分値のいずれも c の選び方によらないことが証明できる．

例 4 積分 $\displaystyle\int_{-\infty}^{+\infty} \frac{dx}{1+x^2}$ を求めよ．

解 式 (3) で $c = 0$ として積分を求める．この c の値を用いると

$$\int_{0}^{+\infty} \frac{dx}{1+x^2} = \lim_{\ell \to +\infty} \int_{0}^{\ell} \frac{dx}{1+x^2} = \lim_{\ell \to +\infty} [\tan^{-1} x]_{0}^{\ell} = \lim_{\ell \to +\infty} (\tan^{-1} \ell) = \frac{\pi}{2}$$

$$\int_{-\infty}^{0} \frac{dx}{1+x^2} = \lim_{k \to -\infty} \int_{k}^{0} \frac{dx}{1+x^2} = \lim_{k \to -\infty} [\tan^{-1} x]_{k}^{0} = \lim_{k \to -\infty} (-\tan^{-1} k) = \frac{\pi}{2}$$

を得る．よって，積分は収束し，その値は

$$\int_{-\infty}^{+\infty} \frac{dx}{1+x^2} = \int_{-\infty}^{0} \frac{dx}{1+x^2} + \int_{0}^{+\infty} \frac{dx}{1+x^2} = \frac{\pi}{2} + \frac{\pi}{2} = \pi$$

である．区間 $(-\infty, +\infty)$ において被積分関数は非負であるから，積分は図 8.8.6 に示されている領域の面積を表す．◀

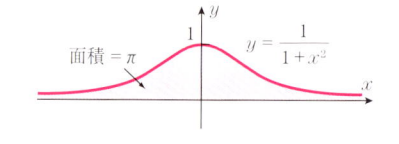

図 8.8.6

被積分関数が無限不連続点をもつ積分

つぎに，広義積分でその被積分関数が無限不連続点をもつものを考える．積分区間が有限区間 $[a, b]$ であり，そして無限不連続性が右の端点で生じる場合から始める．

そのような積分の適切な定義を誘導するために，f が $[a, b]$ 上非負である場合を考える．すると，広義積分 $\int_{a}^{b} f(x)\,dx$ を図 8.8.7a の領域の面積と解釈できる．この領域の面積を求めるという問題は，被積分関数のグラフが y 軸の正の方向に無制限に伸びているという事実によって複雑になっている．しかし，一度にすべての領域の面積を求めようとはせずに，区間 $[a, \ell]$ 上の部分の面積を計算し，そして ℓ を b に近づけて領域全体を埋め尽くす（図 8.8.7b）というように，間接的に進めることはできる．この考え方によって，次の定義を行う．

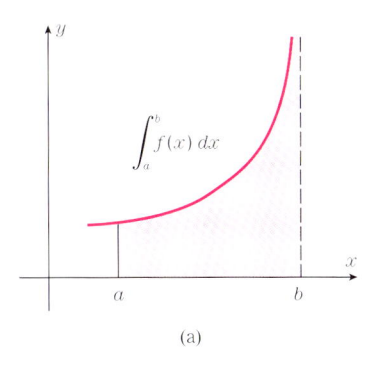

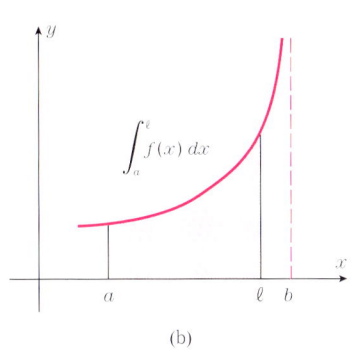

8.8.4 定義 関数 f は $[a,b)$ で連続であり, b は無限不連続点とする. このとき, 区間 $[a,b]$ 上での f の広義積分は

$$\int_a^b f(x)\,dx = \lim_{\ell \to b^-} \int_a^\ell f(x)\,dx \tag{4}$$

として定義される. 極限が存在するとき広義積分は**収束**するといい, その極限値を積分の値と定義する. 極限が存在しないとき広義積分は**発散**するといい, 積分に値はつけない.

例 5 定積分 $\displaystyle\int_0^1 \frac{dx}{\sqrt{1-x}}$ を求めよ.

解 この積分は広義積分である. なぜならば, 被積分関数は, x が左から積分の上端 1 に近づくとき, $+\infty$ に近づくからである. 式 (4) より

$$\int_0^1 \frac{dx}{\sqrt{1-x}} = \lim_{\ell \to 1^-} \int_0^\ell \frac{dx}{\sqrt{1-x}} = \lim_{\ell \to 1^-} \left[-2\sqrt{1-x}\right]_0^\ell$$
$$= \lim_{\ell \to 1^-} \left[-2\sqrt{1-\ell} + 2\right] = 2$$

である. ◀

広義積分で, 無限不連続点を左の端点に, もしくは積分区間の内部にもつものは, 次のように定義される.

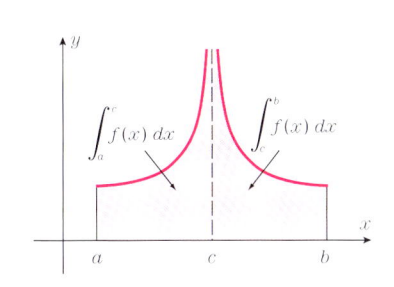

8.8.5 定義 関数 f は $(a,b]$ で連続であり, a は無限不連続点とする. このとき, 区間 $[a,b]$ 上での f の広義積分は

$$\int_a^b f(x)\,dx = \lim_{k \to a^+} \int_k^b f(x)\,dx \tag{5}$$

として定義される. 極限が存在するとき広義積分は**収束**するといい, 極限が存在しないとき広義積分は**発散**するという. f は, (a,b) の中のある数 c で無限不連続点をもつが, $[a,b]\setminus\{c\}$ では連続であるとする. このとき, 区間 $[a,b]$ 上での f の広義積分は

$$\int_a^b f(x)\,dx = \int_a^c f(x)\,dx + \int_c^b f(x)\,dx \tag{6}$$

として定義される. 両方の項が収束するとき広義積分は**収束**するといい, いずれかの項が発散するとき広義積分は**発散**という (図 8.8.8).

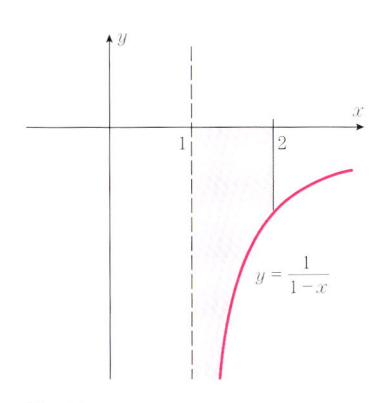

例 6 次を求めよ.

(a) $\displaystyle\int_1^2 \frac{dx}{1-x}$ (b) $\displaystyle\int_1^4 \frac{dx}{(x-2)^{2/3}}$ (c) $\displaystyle\int_0^{+\infty} \frac{dx}{\sqrt{x}(x+1)}$

解 (a) この積分は広義積分である. なぜなら, x が右から積分の下端 1 に近づくとき, 被積分関数は $-\infty$ に近づいていくからである (図 8.8.9). 定義 8.8.5 より

$$\int_1^2 \frac{dx}{1-x} = \lim_{k \to 1^+} \int_k^2 \frac{dx}{1-x} = \lim_{k \to 1^+} \left[-\ln|1-x|\right]_k^2$$
$$= \lim_{k \to 1^+} \left[-\ln|-1| + \ln|1-k|\right] = \lim_{k \to 1^+} \ln|1-k| = -\infty$$

を得るので, 積分は発散する.

解 (b) この積分は広義積分である．なぜなら，積分区間の内部の点 $x = 2$ に近づくとき，被積分関数は $+\infty$ に近づいていくからである．定義 8.8.5 より

$$\int_1^4 \frac{dx}{(x-2)^{2/3}} = \int_1^2 \frac{dx}{(x-2)^{2/3}} + \int_2^4 \frac{dx}{(x-2)^{2/3}} \tag{7}$$

を得る．しかも，

$$\int_1^2 \frac{dx}{(x-2)^{2/3}} = \lim_{\ell \to 2^-} \int_1^\ell \frac{dx}{(x-2)^{2/3}} = \lim_{\ell \to 2^-} [3(\ell-2)^{1/3} - 3(1-2)^{1/3}] = 3$$

$$\int_2^4 \frac{dx}{(x-2)^{2/3}} = \lim_{k \to 2^+} \int_k^4 \frac{dx}{(x-2)^{2/3}} = \lim_{k \to 2^+} [3(4-2)^{1/3} - 3(k-2)^{1/3}] = 3\sqrt[3]{2}$$

である．よって，式 (7) より

$$\int_1^4 \frac{dx}{(x-2)^{2/3}} = 3 + 3\sqrt[3]{2}$$

である．

解 (c) この積分は 2 つの理由で広義積分である — 積分区間が無限である，かつ $x = 0$ で無限不連続である．積分を求めるために，積分区間を適当な点，例えば $x = 1$ で分けることにし，

$$\int_0^{+\infty} \frac{dx}{\sqrt{x}(x+1)} = \int_0^1 \frac{dx}{\sqrt{x}(x+1)} + \int_1^{+\infty} \frac{dx}{\sqrt{x}(x+1)}$$

と書く．これら 2 つの広義積分の被積分関数は見返しの積分表のどの形にも適合しないが，根号から置換 $x = u^2$, $dx = 2u\,du$ が考えられ，これより

$$\int \frac{dx}{\sqrt{x}(x+1)} = \int \frac{2u\,du}{u(u^2+1)} = 2\int \frac{du}{u^2+1}$$
$$= 2\tan^{-1} u + C = 2\tan^{-1}\sqrt{x} + C$$

を得る．よって，

$$\int_0^{+\infty} \frac{dx}{\sqrt{x}(x+1)} = 2\lim_{k \to 0^+}[\tan^{-1}\sqrt{x}]_k^1 + 2\lim_{\ell \to +\infty}[\tan^{-1}\sqrt{x}]_1^\ell$$

$$= 2\left[\frac{\pi}{4} - 0\right] + 2\left[\frac{\pi}{2} - \frac{\pi}{4}\right] = \pi$$

である． ◀

通告 適当な極限をとらずに，広義積分に微積分学の基本定理を直接適用する誘惑に駆られることがある．この手順ではどんな不都合が生じるのかを説明するために，積分

$$\int_0^2 \frac{dx}{(x-1)^2} \tag{8}$$

が広義積分であるという事実を無視して

$$\int_0^2 \frac{dx}{(x-1)^2} = -\frac{1}{x-1}\bigg]_0^2 = -1 - (1) = -2$$

と書いたとする．被積分関数は決して負にならず，したがって積分は負になりえないのであるから，この結果は明らかにナンセンスである．式 (8) を正しく求めるには

$$\int_0^2 \frac{dx}{(x-1)^2} = \int_0^1 \frac{dx}{(x-1)^2} + \int_1^2 \frac{dx}{(x-1)^2}$$

と書かなければならない．しかし，

$$\int_0^1 \frac{dx}{(x-1)^2} = \lim_{\ell \to 1^-} \int_0^\ell \frac{dx}{(x-1)^2} = \lim_{\ell \to 1^-}\left[-\frac{1}{\ell-1} - 1\right] = +\infty$$

であるので，式 (8) は発散する．

広義積分の弧長と曲面積への応用

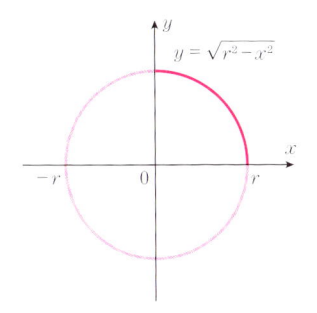

弧の長さと曲面積に対する定義 6.4.2 と 6.5.2 では，関数 f が滑らか（1 階の導関数が連続）であることが要請されていた．その理由は，結果として現れる式の積分可能性を保証するためであった．しかし，滑らかさは過度な制限である．なぜならば，幾何における最も基本的な式のいくつかは，滑らかでない関数を含んではいるが，収束する広義積分を導き出すからである．それゆえ，弧長や曲面積の定義を拡張して，滑らかではないが，式の中に結果として現れる積分が収束する関数は許すことを認めることとする．

例 7 半径が r の円周の長さに関する公式を導け．

解 便宜上，円の中心は原点にあるとする．この場合，円の方程式は $x^2 + y^2 = r^2$ である．第 1 象限にある円周の弧の長さを求め，それに 4 を掛けて全円周の長さを求める（図 8.8.10）．

上の半円の方程式は $y = \sqrt{r^2 - x^2}$ なので，6.4 節の公式 (4) から円周の長さ C は

$$C = 4\int_0^r \sqrt{1 + (dy/dx)^2}\, dx = 4\int_0^r \sqrt{1 + \left(-\frac{x}{\sqrt{r^2-x^2}}\right)^2}\, dx$$
$$= 4r \int_0^r \frac{dx}{\sqrt{r^2 - x^2}}$$

である．

この積分は $x = r$ での無限不連続性のため広義積分であり，それゆえ，積分を

$$C = 4r \lim_{\ell \to r^-} \int_0^\ell \frac{dx}{\sqrt{r^2 - x^2}}$$
$$= 4r \lim_{\ell \to r^-} \left[\sin^{-1}\left(\frac{x}{r}\right)\right]_0^\ell \quad \text{見返しの積分表の公式 (77)}$$
$$= 4r \lim_{\ell \to r^-} \left[\sin^{-1}\left(\frac{\ell}{r}\right) - \sin^{-1} 0\right]$$
$$= 4r[\sin^{-1} 1 - \sin^{-1} 0] = 4r\left(\frac{\pi}{2} - 0\right) = 2\pi r$$

として求めることができる． ◀

演習問題 8.8 〜 グラフィックユーティリティ C CAS

1. 次の各問において，積分が広義積分か否か判定せよ．もしそうであるならば，その理由を説明せよ．

   (a) $\int_1^5 \frac{dx}{x-3}$ (b) $\int_1^5 \frac{dx}{x+3}$ (c) $\int_0^1 \ln x\, dx$

   (d) $\int_1^{+\infty} e^{-x}\, dx$ (e) $\int_{-\infty}^{+\infty} \frac{dx}{\sqrt[3]{x-1}}$

   (f) $\int_0^{\pi/4} \tan x\, dx$

2. 次の各問において，積分が広義積分になるような p の値をすべて求めよ．

   (a) $\int_0^1 \frac{dx}{x^p}$ (b) $\int_1^2 \frac{dx}{x-p}$ (c) $\int_0^1 e^{-px}\, dx$

問題 3–30 では，収束する積分の値を求めよ．

3. $\int_0^{+\infty} e^{-x}\, dx$ 4. $\int_{-1}^{+\infty} \frac{x}{1+x^2}\, dx$

5. $\int_4^{+\infty} \frac{2}{x^2-1}\, dx$ 6. $\int_0^{+\infty} xe^{-x^2}\, dx$

7. $\int_e^{+\infty} \frac{1}{x\ln^3 x}\, dx$ 8. $\int_2^{+\infty} \frac{1}{x\sqrt{\ln x}}\, dx$

9. $\int_{-\infty}^0 \frac{dx}{(2x-1)^3}$ 10. $\int_{-\infty}^2 \frac{dx}{x^2+4}$

11. $\int_{-\infty}^0 e^{3x}\, dx$ 12. $\int_{-\infty}^0 \frac{e^x\, dx}{3-2e^x}$

13. $\int_{-\infty}^{+\infty} x^3\, dx$ 14. $\int_{-\infty}^{+\infty} \frac{x}{\sqrt{x^2+2}}\, dx$

15. $\int_{-\infty}^{+\infty} \frac{x}{(x^2+3)^2}\, dx$ 16. $\int_{-\infty}^{+\infty} \frac{e^{-t}}{1+e^{-2t}}\, dt$

17. $\int_3^4 \frac{dx}{(x-3)^2}$ 18. $\int_0^8 \frac{dx}{\sqrt[3]{x}}$

19. $\int_0^{\pi/2} \tan x\, dx$ 20. $\int_0^9 \frac{dx}{\sqrt{9-x}}$

21. $\int_0^1 \dfrac{dx}{\sqrt{1-x^2}}$ 22. $\int_{-3}^1 \dfrac{x\,dx}{\sqrt{9-x^2}}$

23. $\int_0^{\pi/6} \dfrac{\cos x}{\sqrt{1-2\sin x}}\,dx$ 24. $\int_0^{\pi/4} \dfrac{\sec^2 x}{1-\tan x}\,dx$

25. $\int_0^3 \dfrac{dx}{x-2}$ 26. $\int_{-2}^2 \dfrac{dx}{x^2}$

27. $\int_{-1}^8 x^{-1/3}\,dx$ 28. $\int_0^4 \dfrac{dx}{(x-2)^{2/3}}$

29. $\int_0^{+\infty} \dfrac{1}{x^2}\,dx$ 30. $\int_1^{+\infty} \dfrac{dx}{x\sqrt{x^2-1}}$

> 問題 31–34 では，u 置換を行え．それから，結果として生じた定積分を求めよ．

31. $\int_0^{+\infty} \dfrac{e^{-\sqrt{x}}}{\sqrt{x}}\,dx;\ u=\sqrt{x}$
    [注意：$x\to +\infty$ のとき $u\to +\infty$]

32. $\int_0^{+\infty} \dfrac{dx}{\sqrt{x}(x+4)};\ u=\sqrt{x}$

33. $\int_0^{+\infty} \dfrac{e^{-x}}{\sqrt{1-e^{-x}}}\,dx;\ u=1-e^{-x}$
    [注意：$x\to +\infty$ のとき $u\to 1$]

34. $\int_0^{+\infty} \dfrac{e^{-x}}{\sqrt{1-e^{-2x}}}\,dx;\ u=e^{-x}$

> 問題 35 と 36 では，広義積分を極限で表して，CAS を用いて極限を求めよ．CAS で直接積分を計算して，答えを確かめよ．

35. [C] $\int_0^{+\infty} e^{-x}\cos x\,dx$ 36. [C] $\int_0^{+\infty} xe^{-3x}\,dx$

37. [C] 次の各問において，CAS を用いて積分を正確に求めよ．得られた結果が単純な数値の解でなければ，CAS を用いて積分値を近似せよ．
   (a) $\int_{-\infty}^{+\infty} \dfrac{1}{x^8+x+1}\,dx$ (b) $\int_0^{+\infty} \dfrac{1}{\sqrt{1+x^3}}\,dx$
   (c) $\int_1^{+\infty} \dfrac{\ln x}{e^x}\,dx$ (d) $\int_1^{+\infty} \dfrac{\sin x}{x^2}\,dx$

38. [C] 次の各問において，CAS を用いて結果を確かめよ．
   (a) $\int_0^{+\infty} \dfrac{\sin x}{\sqrt{x}}\,dx = \sqrt{\dfrac{\pi}{2}}$ (b) $\int_{-\infty}^{+\infty} e^{-x^2}\,dx = \sqrt{\pi}$
   (c) $\int_0^1 \dfrac{\ln x}{1+x}\,dx = -\dfrac{\pi^2}{12}$

39. 区間 $[0,8]$ 上の曲線 $y=(4-x^{2/3})^{3/2}$ の長さを求めよ．

40. 区間 $[0,3]$ 上の曲線 $y=\sqrt{9-x^2}$ の長さを求めよ．

> 問題 41 と 42 では，ロピタルの定理を用いて広義積分を求めよ．

41. $\int_0^1 \ln x\,dx$ 42. $\int_1^{+\infty} \dfrac{\ln x}{x^2}\,dx$

43. $x\geq 0$ において，x 軸と曲線 $y=e^{-3x}$ に挟まれた領域の面積を求めよ．

44. $x\geq 3$ において，x 軸と曲線 $y=8/(x^2-4)$ に挟まれた領域の面積を求めよ．

45. $x\geq 0$ において，x 軸と曲線 $y=e^{-x}$ に挟まれた領域を，x 軸の周りに回転させたとする．
   (a) 生成された立体の体積を求めよ．
   (b) 立体の表面積を求めよ．

46. 関数 f と g は連続であり，かつ $x\geq a$ で
   $$0\leq f(x)\leq g(x)$$
   であると仮定する．次の結果がなぜ正しいのかを，面積を用いた略式で説明せよ．
   (a) $\int_a^{+\infty} f(x)\,dx$ が発散するならば，$\int_a^{+\infty} g(x)\,dx$ は発散する．
   (b) $\int_a^{+\infty} g(x)\,dx$ が収束するならば，$\int_a^{+\infty} f(x)\,dx$ は収束し，かつ $\int_a^{+\infty} f(x)\,dx \leq \int_a^{+\infty} g(x)\,dx$ となる．
   [ノート：この問題の結果は広義積分に対する比較テストとよばれることがある．]

> 問題 47–51 では，問題 46 の結果を用いよ．

47. ~ (a) グラフ的に，また代数的に，$x\geq 1$ ならば $e^{-x^2}\leq e^{-x}$ であることを確かめよ．
   (b) 積分
   $$\int_1^{+\infty} e^{-x}\,dx$$
   を求めよ．
   (c) (b) で得られた結果は，積分
   $$\int_1^{+\infty} e^{-x^2}\,dx$$
   について何を教えるか．

48. ~ (a) グラフ的に，かつ代数的に，
   $$\dfrac{1}{2x+1} \leq \dfrac{e^x}{2x+1}\quad (x\geq 0)$$
   を確かめよ．
   (b) 積分
   $$\int_0^{+\infty} \dfrac{dx}{2x+1}$$
   を求めよ．
   (c) (b) で得られた結果は，積分
   $$\int_0^{+\infty} \dfrac{e^x}{2x+1}\,dx$$
   について何を教えるか．

49. R を，$x=1$ より右側で x 軸と曲線 $y=1/x$ とに囲まれた領域とする．この領域を x 軸の周りに回転させると立体が生成されるが，その表面は**大天使ガブリエル（Gabriel）の喇叭（らっぱ）**とよばれる（理由は図より明らかであろう）．この立体は有限の体積をもつが，その表面積は無限大であることを示せ．[ノート：これより，もし塗料で立体の内部を満たすことができ，それが表面に染み出たとす

ると，無限大の面積をもつ表面に有限の量の塗料で色を塗れることになる．読者はどう考えるか．]

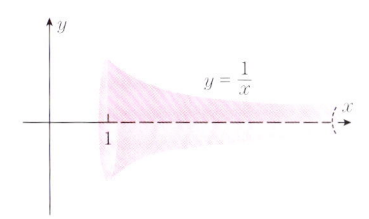

図 Ex-49

50. 次の各問において，問題 **46** を用いて積分が収束するか発散するかを判定せよ．もし収束するならば，問題 **46** の (b) を用いて積分値の上限を求めよ．

(a) $\displaystyle\int_2^{+\infty} \frac{\sqrt{x^3+1}}{x} dx$ (b) $\displaystyle\int_2^{+\infty} \frac{x}{x^5+1} dx$

(c) $\displaystyle\int_0^{+\infty} \frac{xe^x}{2x+1} dx$

51. 極限
$$\lim_{x\to+\infty} \frac{\int_0^{2x}\sqrt{1+t^3}\,dt}{x^{5/2}}$$
は ∞/∞ 型の不定形であることを示し，ロピタルの定理を用いて極限を求めよ．

52. (a) 積分
$$\int_0^{+\infty} \sin x\, dx \quad と \quad \int_0^{+\infty} \cos x\, dx$$
がなぜ発散かを，面積に基づいて略式でよいが筋の通った説明をせよ．

(b) $\displaystyle\int_0^{+\infty} \frac{\cos\sqrt{x}}{\sqrt{x}} dx$ が発散することを示せ．

53. 電磁気学の理論において，円形コイルの軸上のある点における磁気ポテンシャルは
$$u = \frac{2\pi NIr}{k} \int_a^{+\infty} \frac{dx}{(r^2+x^2)^{3/2}}$$
で与えられる．ここで，N, I, r, k と a は定数である．u を求めよ．

54. ～ 理想気体の分子の平均の速さ $\bar{v}$ は
$$\bar{v} = \frac{4}{\sqrt{\pi}}\left(\frac{M}{2RT}\right)^{3/2}\int_0^{+\infty} v^3 e^{-Mv^2/(2RT)}\,dv$$
で，速さの 2 乗平均の平方根 v_rms は
$$v_\text{rms}^2 = \frac{4}{\sqrt{\pi}}\left(\frac{M}{2RT}\right)^{3/2}\int_0^{+\infty} v^4 e^{-Mv^2/(2RT)}\,dv$$
で与えられる．ここで，v は分子の速さ，T は気体の温度，M は気体分子の質量で，R は気体定数である．

(a) CAS を用いて
$$\int_0^{+\infty} x^3 e^{-a^2x^2}\,dx = \frac{1}{2a^4}, \quad a > 0$$
を示し，この結果を用いて $\bar{v} = \sqrt{8RT/\pi M}$ を示せ．

(b) CAS を用いて
$$\int_0^{+\infty} x^4 e^{-a^2x^2}\,dx = \frac{3\sqrt{\pi}}{8a^5}, \quad a > 0$$
を示し，この結果を用いて $v_\text{rms} = \sqrt{3RT/M}$ を示せ．

55. 6.6 節の演習問題 **19** において，地球の表面から 1000 マイル (mi) 上空の軌道の位置まで 6000 ポンド (lb) の衛星を打ち上げるのに必要な仕事を求めた．その演習問題で考察した考え方がここでは必要である．以下の問に答えよ．

(a) 地球の表面から ℓ mi 上空の位置まで 6000 lb の衛星を打ち上げるのに必要な仕事を表す定積分を求めよ．

(b) 地球の表面から "無限遠" まで 6000 lb の衛星を打ち上げるのに必要な仕事を表す定積分を求め，その積分の値を求めよ．[ノート：ここで得られた結果は，地球の重力から "脱出" するのに必要な仕事とよばれることがある．]

変換とは，ある関数を別の関数に転化する，もしくは "変換" する公式である．変換は，種々の応用において難しい問題をよりやさしい問題に転化するのに用いられる．そのよりやさしい問題の解はもとの難しい問題を解くのに用いることができる．関数 $f(t)$ のラプラス変換は微分方程式の研究において重要な役割を果たすものであるが，それは $\mathcal{L}\{f(t)\}$ と表され，
$$\mathcal{L}\{f(t)\} = \int_0^{+\infty} e^{-st}f(t)\,dt$$
として定義される．この式で s は積分計算の途中では定数として扱われる．よって，t の関数 $f(t)$ にラプラス変換を行うと s の関数が得られる．問題 **56** と **57** ではこの式を用いよ．

56. 次を示せ．

(a) $\mathcal{L}\{1\} = \dfrac{1}{s}$, $s > 0$ (b) $\mathcal{L}\{e^{2t}\} = \dfrac{1}{s-2}$, $s > 2$

(c) $\mathcal{L}\{\sin t\} = \dfrac{1}{s^2+1}$, $s > 0$

(d) $\mathcal{L}\{\cos t\} = \dfrac{s}{s^2+1}$, $s > 0$

57. 次の関数の，ラプラス変換を求めよ．

(a) $f(t) = t$, $s > 0$ (b) $f(t) = t^2$, $s > 0$

(c) $f(t) = \begin{cases} 0, & t < 3 \\ 1, & t \geq 3 \end{cases}$, $s > 0$

58. ～ 本書のあとの方（下巻 15.3 節演習問題 **37**）で
$$\int_0^{+\infty} e^{-x^2}\,dx = \frac{1}{2}\sqrt{\pi}$$
を示す．CAS もしくは数値積分可能な電卓を用いて，この式が妥当であることを確かめよ．

59. 問題 **58** の結果を用いて，次を示せ．

(a) $\displaystyle\int_{-\infty}^{+\infty} e^{-ax^2}\,dx = \sqrt{\frac{\pi}{a}}$, $a > 0$

(b) $\dfrac{1}{\sqrt{2\pi}\sigma}\displaystyle\int_{-\infty}^{+\infty} e^{-x^2/2\sigma^2}\,dx = 1$, $\sigma > 0$

> 無限区間上の収束する広義積分は，まず積分の上端（下端）を無限から有限の値に置き換え，それからその有限区間上の積分をシンプソンの公式などの数値積分法で近似することにより近似することができる．この手法を問題 60 と 61 で説明する．

60. 問題 58 の積分を，まず
$$\int_0^{+\infty} e^{-x^2} dx = \int_0^K e^{-x^2} dx + \int_K^{+\infty} e^{-x^2} dx$$
と書き，それから第 2 項を落とし，そして積分
$$\int_0^K e^{-x^2} dx$$
にシンプソンの公式を適用することで近似する．こうしてできた近似は，誤差の要因を 2 つもっている，すなわち，シンプソンの公式による誤差，および第 2 の項
$$E = \int_K^{+\infty} e^{-x^2} dx$$
を捨てたことより生じる誤差である．E を**打ち切り誤差**とよぶ．以下の問に答えよ．
 (a) 問題 58 の積分を，定積分
 $$\int_0^3 e^{-x^2} dx$$
 に $2n = 10$ 個の部分区間を用いたシンプソンの公式を適用して近似せよ．答えは四捨五入して小数第 4 位まで求め，さらに $\frac{1}{2}\sqrt{\pi}$ の値も小数第 4 位まで求めて比較せよ．
 (b) 問題 46 の結果，および $x \geq 3$ において $e^{-x^2} \leq \frac{1}{3}xe^{-x^2}$ が成り立つ事実を用いて，(a) の近似の打ち切り誤差が $0 < E < 2.1 \times 10^{-5}$ を満たすことを示せ．

61. (a) 等式
$$\int_0^{+\infty} \frac{1}{x^6+1} dx = \frac{\pi}{3}$$
を示すことができる．積分
$$\int_0^4 \frac{1}{x^6+1} dx$$
を，$2n = 10$ 個の部分区間を用いたシンプソンの公式を適用して，近似せよ．答えは四捨五入して小数第 3 位まで求め，さらに $\pi/3$ の値を小数第 3 位まで求めて比較せよ．
 (b) 問題 46 の結果，および $x \geq 4$ において $1/(x^6+1) < 1/x^6$ が成り立つ事実を用いて，(a) での近似の打ち切り誤差が $0 < E < 2 \times 10^{-4}$ を満たすことを示せ．

62. どのような p の値に対して $\int_0^{+\infty} e^{px} dx$ は収束するか．

63. $\int_0^1 \frac{dx}{x^p}$ は $p < 1$ のとき収束するが，$p \geq 1$ のとき発散することを示せ．

64. ～ 適当な置換により，広義積分を同じ値をもつ "ふつう" の積分に転化できることがときおりある．指示されている置換を行って，次の定積分を求めよ．また，CAS を使って直接その積分を計算したときに，どんなことが起こるかを調べよ．
$$\int_0^1 \sqrt{\frac{1+x}{1-x}} dx;\ u = \sqrt{1-x}$$

> 問題 65 と 66 では，与えられた u 置換積分により広義積分をふつうの積分に転化せよ．さらに，その積分の近似値を $2n = 10$ 個の部分区間を用いたシンプソンの公式によって求めよ．答えは四捨五入して，小数第 3 位まで求めよ．

65. $\int_0^1 \frac{\cos x}{\sqrt{x}} dx;\ u = \sqrt{x}$

65. $\int_0^1 \frac{\sin x}{\sqrt{1-x}} dx;\ u = \sqrt{1-x}$

補充問題

C CAS

1. 次の積分計算の方法について考えよ：u 置換積分法，部分積分，部分分数，簡約公式，および三角置換．次の各問において，積分を求めるために読者が最初に試す手法を述べよ．そのどれもが適当でないように思えたら，そのように述べよ．その場合は積分を求める必要はない．
 (a) $\int x \sin x\, dx$
 (b) $\int \cos x \sin x\, dx$
 (c) $\int \tan^7 x\, dx$
 (d) $\int \tan^7 x \sec^2 x\, dx$
 (e) $\int \frac{3x^2}{x^3+1} dx$
 (f) $\int \frac{3x^2}{(x+1)^3} dx$
 (g) $\int \tan^{-1} x\, dx$
 (h) $\int \sqrt{4-x^2}\, dx$
 (i) $\int x\sqrt{4-x^2}\, dx$

2. 次の三角置換を考えよ．
$$x = 3\sin\theta,\quad x = 3\tan\theta,\quad x = 3\sec\theta$$
次の各問において，積分を求めるために読者がはじめに行う置換を述べよ．そのどれもが適当でないように思えたら，その場合には読者が用いたい三角置換を述べよ．積分を求める必要はない．
 (a) $\int \sqrt{9+x^2}\, dx$
 (b) $\int \sqrt{9-x^2}\, dx$
 (c) $\int \sqrt{1-9x^2}\, dx$
 (d) $\int \sqrt{x^2-9}\, dx$

(e) $\int \sqrt{9+3x^2}\,dx$ (f) $\int \sqrt{1+(9x)^2}\,dx$

3. (a) 部分分数分解の方法が直接適用できるためには，有理関数はどのような条件を満たさなければならないか．
   (b) (a) の条件が満たされていないとき，部分分数の方法を使うには何をしなければならないか．

4. 広義積分とは何か．

5. 次の各問において，積分を求めるために適用する見返しの積分表の式の番号を挙げよ．積分を求める必要はない．
   (a) $\int \sin 7x \cos 9x\,dx$ (b) $\int (x^7 - x^5)e^{9x}\,dx$
   (c) $\int x\sqrt{x-x^2}\,dx$ (d) $\int \dfrac{dx}{x\sqrt{4x+3}}$
   (e) $\int x^9 \pi^x\,dx$ (f) $\int \dfrac{3x-1}{2+x^2}\,dx$

6. 積分 $\int_0^1 \dfrac{x^3}{\sqrt{x^2+1}}\,dx$ を，次の各問の方法で求めよ．
   (a) 部分積分による
   (b) 置換 $u = \sqrt{x^2+1}$ を行う

7. 次の各問は，適当な置換を行い簡約公式を適用して，積分を求めよ．
   (a) $\int \sin^4 2x\,dx$ (b) $\int x\cos^5(x^2)\,dx$

8. 積分 $\int \dfrac{1}{x^3 - x}\,dx$ について考える．以下の問に答えよ．
   (a) 置換 $x = \sec\theta$ を行って，積分を求めよ．どのような x の値に対して答えは有効か．
   (b) 置換 $x = \sin\theta$ を行って，積分を求めよ．どのような x の値に対して答えは有効か．
   (c) 部分分数分解の方法で，積分を求めよ．どのような x の値に対して答えは有効か．

9. (a) 積分
   $$\int \dfrac{1}{\sqrt{2x-x^2}}\,dx$$
   を次の3つの方法で求めよ：置換 $u = \sqrt{x}$ を用いて，置換 $u = \sqrt{2-x}$ を用いて，平方完成を行うことによって．
   (b) (a) の3つの答えが等しいことを示せ．

10. 曲線 $y = (x-3)/(x^3+x^2)$, $y=0$, $x=1$, および $x=2$ によって囲まれた領域の面積を求めよ．

11. 面積が $\int_0^{+\infty} \dfrac{dx}{1+x^2}$ となる領域の概形を描き，それを用いて
   $$\int_0^{+\infty} \dfrac{dx}{1+x^2} = \int_0^1 \sqrt{\dfrac{1-y}{y}}\,dy$$
   を示せ．

12. $x \geq e$ において，x 軸と曲線 $y=(\ln x - 1)/x^2$ によって囲まれた領域の面積を求めよ．

13. $x \geq 0$ における x 軸と曲線 $y = e^{-x}$ のあいだの領域を，y 軸の周りに回転させたときに生成される立体の体積を求めよ．

14. 方程式
   $$\int_0^{+\infty} \dfrac{1}{x^2+a^2}\,dx = 1$$
   を満たす正の値 a を求めよ．

問題 15–30 では，積分を求めよ．

15. $\int \sqrt{\cos\theta}\,\sin\theta\,d\theta$ 16. $\int_0^{\pi/4} \tan^7\theta\,d\theta$

17. $\int x\tan^2(x^2)\sec^2(x^2)\,dx$ 18. $\int_{-1/\sqrt{2}}^{1/\sqrt{2}} (1-2x^2)^{3/2}\,dx$

19. $\int \dfrac{dx}{(3+x^2)^{3/2}}$

20. $\int \dfrac{\cos\theta}{\sin^2\theta - 6\sin\theta + 12}\,d\theta$

21. $\int \dfrac{x+3}{\sqrt{x^2+2x+2}}\,dx$ 22. $\int \dfrac{\sec^2\theta}{\tan^3\theta - \tan^2\theta}\,d\theta$

23. $\int \dfrac{dx}{(x-1)(x+2)(x-3)}$ 24. $\int \dfrac{dx}{x(x^2+x+1)}$

25. $\int_4^8 \dfrac{\sqrt{x-4}}{x}\,dx$ 26. $\int_0^9 \dfrac{\sqrt{x}}{x+9}\,dx$

27. $\int \dfrac{1}{\sqrt{e^x+1}}\,dx$ 28. $\int_0^{\ln 2} \sqrt{e^x-1}\,dx$

29. $\int_a^{+\infty} \dfrac{x\,dx}{(x^2+1)^2}$

30. $\int_0^{+\infty} \dfrac{dx}{a^2+b^2x^2}$, $a,b>0$

手計算では求めることができる積分が，どの CAS でも求めることができない場合がある．問題 31–34 では，積分を手計算で求め，それが CAS で求めることができるかどうか判定せよ．

31. [C] $\int \dfrac{x^3}{\sqrt{1-x^8}}\,dx$

32. [C] $\int (\cos^{32} x \sin^{30} x - \cos^{30} x \sin^{32} x)\,dx$

33. [C] $\int \sqrt{x - \sqrt{x^2-4}}\,dx$
   [ヒント：$\tfrac{1}{2}(\sqrt{x+2} - \sqrt{x-2})^2 = ?$]

34. [C] $\int \dfrac{1}{x^{10}+x}\,dx$
   [ヒント：分母を $x^{10}(1+x^{-9})$ と書き直せ．]

35. [C]
   $$f(x) = \dfrac{-2x^5 + 26x^4 + 15x^3 + 6x^2 + 20x + 43}{x^6 - x^5 - 18x^4 - 2x^3 - 39x^2 - x - 20}$$
   とする．以下の問に答えよ．
   (a) CAS を使って分母を因数分解し，それから部分分数の形に書き直せ．係数の値は求めなくてよい．
   (b) CAS を使って f の部分分数分解を求めることにより，(a) の答えを確かめよ．
   (c) f を手計算で積分し，CAS でも計算して，答えを確かめよ．

36. ガンマ関数，$\Gamma(x)$，は
$$\Gamma(x) = \int_0^{+\infty} t^{x-1} e^{-t} dt$$
として定義される．この広義積分は $x > 0$ のときに，またそのときにだけ収束することが示せる．以下の問に答えよ．
   (a) $\Gamma(1)$ を求めよ．
   (b) すべての $x > 0$ に対して，$\Gamma(x+1) = x\Gamma(x)$ となることを証明せよ．[ヒント：部分積分を用いよ．]
   (c) (a) と (b) の結果を用いて，$\Gamma(2)$, $\Gamma(3)$, および $\Gamma(4)$ を求めよ．また，n の値が正の整数であるものに対して，$\Gamma(n)$ の値を予想せよ．
   (d) $\Gamma(\frac{1}{2}) = \sqrt{\pi}$ を示せ．[ヒント：8.8 節の演習問題 **58** を参照せよ．]
   (e) (b) と (d) の結果を用いて，$\Gamma(\frac{3}{2}) = \frac{1}{2}\sqrt{\pi}$ と $\Gamma(\frac{5}{2}) = \frac{3}{4}\sqrt{\pi}$ を示せ．

37. 問題 **36** で定義されたガンマ関数を参照して，次を示せ．
   (a) $\int_0^1 (\ln x)^n dx = (-1)^n \Gamma(n+1), \quad n > 0$
      [ヒント：$t = -\ln x$ とせよ．]
   (b) $\int_0^{+\infty} e^{-x^n} dx = \Gamma\left(\frac{n+1}{n}\right), \quad n > 0$
      [ヒント：$t = x^n$ とせよ．問題 **36**(b) の結果を用いよ．]

38. **C** 単振り子は，図のように，質量をもたない長さ L の棒の端についている重りがある垂直面を揺れるものである．単振り子を角度 θ_0 だけずらし，静止状態から放したとする．摩擦がなければ，振り子が完全な1往復を動くのに要する時間 T は
$$T = \sqrt{\frac{8L}{g}} \int_0^{\theta_0} \frac{1}{\sqrt{\cos\theta - \cos\theta_0}} d\theta \tag{1}$$
で与えられ，これは**周期**とよばれる．ここで，$\theta = \theta(t)$ は時間 t に振り子が垂直方向となす角度である．広義積分 (1) の値を数値的に求めるのは困難である．後に概略を示す置換により，周期は
$$T = 4\sqrt{\frac{L}{g}} \int_0^{\pi/2} \frac{1}{\sqrt{1 - k^2 \sin^2\phi}} d\phi \tag{2}$$
で表されることが示される．ただし，$k = \sin(\theta_0/2)$ である．式 (2) の積分は**第 1 種の完全楕円積分**とよばれ，より容易に数値計算できる．
   (a) 次のようにして式 (1) から式 (2) を得よ．
$$\cos\theta = 1 - 2\sin^2(\theta/2)$$
$$\cos\theta_0 = 1 - 2\sin^2(\theta_0/2)$$
$$k = \sin(\theta_0/2)$$
   を代入し，そこで変数変換
$$\sin\phi = \sin(\theta/2)/\sin(\theta_0/2) = \sin(\theta/2)/k$$
   を行う．
   (b) (2) を用い，CAS の数値積分機能を用いて，$L = 1.5$ フィート (ft)，$\theta_0 = 20°$，$g = 32$ ft/s^2 となる単振り子の周期を推定せよ．

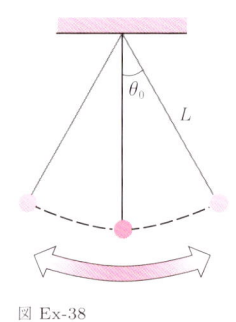

図 Ex-38

微積分学の展望

鉄道線路の設計

あなたの会社は，A 町と B 町のあいだに図1の等高線地図に示されている鉄道線路の道床を造る契約をすでに行った．道床は，地面に掘割を掘削して造るか，あるいは掘割とトンネルのうまい組み合わせで造ることができる．主任技師としてのあなたの仕事は，掘割とトンネルの工事の費用を解析し，総建築費が最小になるような設計案を提示することである．

■ 技術的要求

Transportation Board 社は，あなたの会社に次のような技術的要求を提示している．

- 道床はまっすぐで 10 m の幅である．道床の高度は，海抜 100 m の A 町から M 地点直下の海抜 110 m の位置まで一定の割合で増加させ，そこから海抜 88 m の B 町まで一定の割合で減少させる予定である．
- A 町から M 地点までと N 地点から B 町までは，道床は垂直断面が図 2 にある寸法の台形の掘割を掘削して造られる．
- 地点 M と地点 N のあいだでは，図 2 の形の掘割を掘削するか，あるいは垂直断面が図 3 にある寸法のトンネルを掘削するかは，あなたの会社が決めなければならない．

等高線地図
高度はメートル

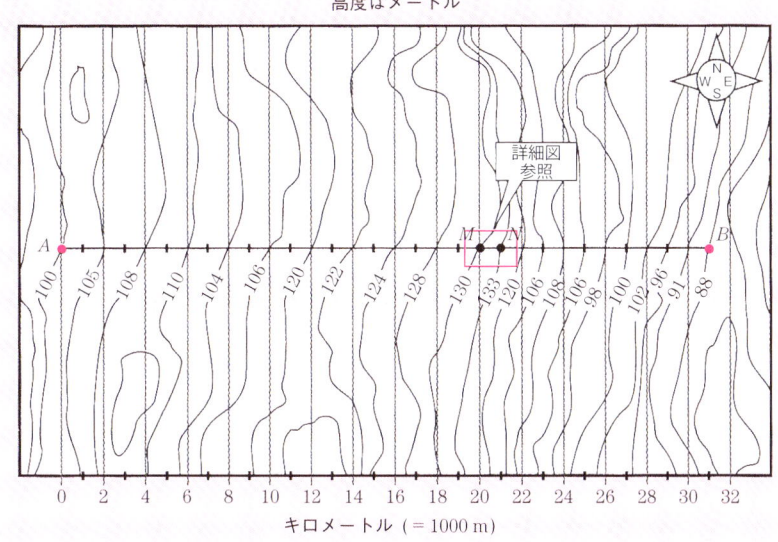

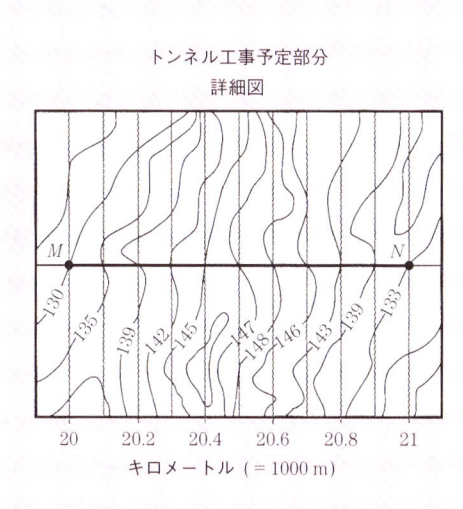

トンネル工事予定部分
詳細図

キロメートル（= 1000 m）

図 1

掘割

図 2

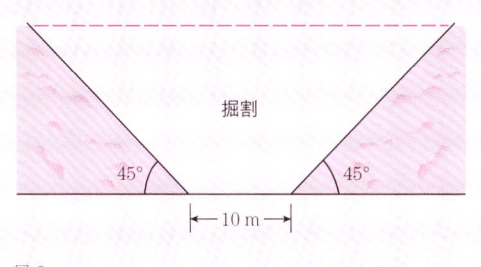

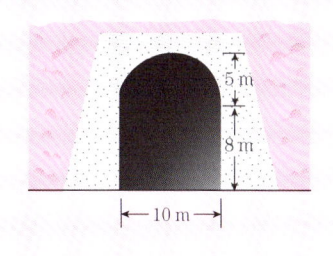

図 3

工事費用の要素

　線路の道床の掘削は，ブルドーザや油圧掘削機（ショベルカー），ショベルローダ，その他の特殊機器を用いて行われる．通常，掘削された土は傾いた土手を造るために線路の脇に積み上げられ，掘削費用は取り除いたり，積み上げたりした土の量から見積もられる．

　岩山のトンネルは，岩や土をほぐして除去するため，たいていはドリルシャフトや（モグラとよばれる）シールド掘削機を用いて掘削する．柔らかい地面のトンネルは，トンネルの切羽から始めて，たいていはシールド掘削機に収容されたバケット掘削機，または回転掘削機を使って掘削する．掘削が進むと，その後ろでは土砂を支え，落盤を阻止するために，トンネルのライナープレートを取り付けていく．土の除去は，ベルトコンベアを使ったり，ときには仮設された線路を走る（ずり台車とよばれる）鉄道車両を使って行う．換気や空気圧縮もトンネルの掘削費用を増加させる要因である．一般に，トンネルの掘削費

用は2つの要素から見積もられる．除去される土の総量と，トンネルの入り口からの距離に従って増加する費用である．

工事費用に関して，次の仮定をする．

- 掘割の掘削と土の盛り上げの費用は $1\,\mathrm{m}^3$ あたり 4.00 ドルである．
- トンネルの掘削と土の盛り上げの費用は $1\,\mathrm{m}^3$ あたり 8.00 ドルであり，トンネル内で土砂を線路沿いに入り口の方へ $1\,\mathrm{m}$ 運ぶのに必要な費用は $1\,\mathrm{m}^3$ あたり 0.06 ドルである．

掘割の費用の解析

線路に垂直な方向へのわずかな距離の変化に対しては標高の変化は無視できると仮定する．そうすると，掘削しなければならない土の切断面は常に図2のような台形である（地表ではまっすぐで水平な辺をもつ）．

練習問題1. 表1を完成させ，表と $2n = 10$ のもとでのシンプソンの公式を用いて，A町からM地点までの掘割の費用の近似を行え．

表 1

A町からの距離 x(m)	地形の海抜 (m)	線路の海抜 (m)	切断の深さ (m)	切断面の面積 $f(x)$(m²)
0	100	100	0	0
2,000	105	101	4	56
4,000				
5,000				
8,000				
10,000				
12,000				
14,000				
16,000				
18,000				
20,000				

練習問題2. 練習問題1と同様にして，$2n = 10$ のもとでシンプソンの公式を用いて，(a) M地点からN地点までの掘割の建設費用，(b) N地点からB町までの掘割の建設費用，それぞれを近似せよ．

練習問題3. A町からB町までの全線で掘割が使われたときの総工費を求めよ．

トンネルの費用の解析

練習問題4.

(a) トンネルから除去する土の量を求め，掘削と土の盛り上げに必要な費用を計算せよ．

(b) トンネルの中からトンネルの入り口に土をすべて運ぶ費用を積分で表せ．［提案：リーマン和を用いよ．］

(c) トンネルを掘削するのに必要な全費用を求めよ．

練習問題5. A町からM地点へは掘割，M地点からN地点へはトンネル，N地点からB町へは掘割を使ったときの総工費を求めよ．練習問題3で得た費用と比べて，いずれの方法が経済的かを述べよ．

第9章

微分方程式による数学的モデル化

　科学や工学の原理の多くは，変化するいくつかの量の間の結びつきに関わっている．変化の割合は導関数によって数学的に表現されるので，そのような原理がしばしば微分方程式の形で書き表されるのは驚くことではない．5.2 節で，微分方程式の概念を導入したが，この章ではより詳細なところまで進むであろう．微分方程式を含んでいる重要な数学的モデルをいくつか考察し，そしていくつかの基本的な型の微分方程式の解法や解の近似法も考察するであろう．しかし，本書ではこの主題のほんの表面にふれることしかできないので，微分方程式の重要な課題の多くは専門課程に譲ることとなる．

9.1 | 1 階微分方程式とその応用

この節では，微分方程式に関するいくつかの基本的な用語と概念を紹介する．また，ある種の基本的な形の微分方程式の解き方を説明し，ついでその応用についても述べる．

用語

微分方程式とは，未知関数の 1 階あるいはそれ以上の導関数を含む方程式であったことを 5.2 節から思い起こそう．この節では，未知関数を $y = y(x)$ で表すが，例外として微分方程式が時間を含む応用問題から導かれたときは，未知関数を $y = y(t)$ で表す．微分方程式の**階数**とは，微分方程式に含まれる最高階の導関数の階数である．ここにいくつか例を挙げる．

微分方程式	階数
$\dfrac{dy}{dx} = 3y$	1
$\dfrac{d^2y}{dx^2} - 6\dfrac{dy}{dx} + 8y = 0$	2
$\dfrac{d^3y}{dx^3} - t\dfrac{dy}{dt} + (t^2-1)y = e^t$	3
$y' - y = e^{2x}$	1
$y'' + y' = \cos t$	2

最後の 2 つの方程式では，y の導関数は「ダッシュ，あるいはプライム」記号で表されている．ふつうは方程式そのもの，あるいは文脈から y' を dy/dx と解釈するか dy/dt と解釈するかは判断できるだろう．

微分方程式の解

関数 $y = y(x)$ が，ある開区間 I 上で微分方程式の**解**であるとは，y とその導関数を方程式に代入したとき，その両辺が I 上で恒等的に等しいときをいう．例えば，$y = e^{2x}$ は区間 $I = (-\infty, +\infty)$ 上の微分方程式

$$\frac{dy}{dx} - y = e^{2x} \tag{1}$$

の解である．なぜなら，y とその導関数を方程式の左辺に代入すると，任意の実数 x に対して

$$\frac{dy}{dx} - y = \frac{d}{dx}[e^{2x}] - e^{2x} = 2e^{2x} - e^{2x} = e^{2x}$$

となるからである．しかし，これは I 上の唯一の解ではない．例えば，任意の実定数 C に対して，関数

$$y = Ce^x + e^{2x} \tag{2}$$

も解となることが，次の計算からわかる．

$$\frac{dy}{dx} - y = \frac{d}{dx}[Ce^x + e^{2x}] - (Ce^x + e^{2x}) = (Ce^x + 2e^{2x}) - (Ce^x + e^{2x}) = e^{2x}$$

式 (1) のような方程式を解くいくつかの技術を学んだ後では，$I = (-\infty, +\infty)$ 上の式 (1) の**すべて**の解は，式 (2) の定数 C に適当な値を代入することによって得られることがわかるようになる．区間 I が与えられたとする．微分方程式の I 上での任意の定数を含んだ解であって，その解の任意の定数に適当な値を代入することによってすべての解が得られるものを，I 上の**一般解**とよぶ．よって，式 (2) は区間 $I = (-\infty, +\infty)$ 上での微分方程式 (1) の一般解である．

注意 通常，n 階微分方程式のある区間上の一般解は，n 個の任意の定数を含む．その証明はしないが，これは直感的には理に適っているといえる．なぜなら，n 階の導関数からもとの関数を復元するには n 回の積分が必要で，積分を 1 回行うごとに任意の定数が 1 つ入ってくるからである．例えば，式 (2) は 1 つの任意の定数を含んでおり，このことは 1 階方程式 (1) の一般解であるという事実と比べて矛盾するところはない．

微分方程式の解のグラフは，方程式の**積分曲線**とよばれる．したがって，微分方程式の一般解は，任意の定数のさまざまな選び方に対応した積分曲線の族を形成する．例えば，図 9.1.1 は式 (1) の積分曲線のいくつかを示しており，それらは式 (2) の任意の定数に適当な値を割り当てることによって得られる．

$\dfrac{dy}{dx} - y = e^{2x}$ の積分曲線のいくつか

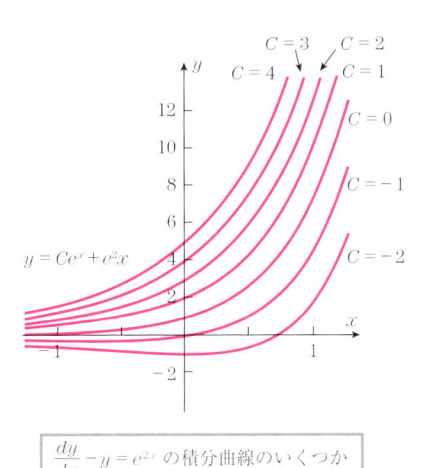

図 9.1.1

初期値問題

応用問題である微分方程式が導かれたとき，任意の定数の特定の値を定めるための条件が通常は問題の中に含まれている．経験則として，n 階微分方程式の一般解に含まれる n 個の任意の定数のすべての値を決定するには，n 個の条件が必要である（各定数に 1 つの条件）．1 階微分方程式では，唯一つの任意の定数を定めるためには自由に選んだ x の値 x_0 における未知関数 $y(x)$ の値を特定すればよい．その値を $y(x_0) = y_0$ とする．これを**初期条件**とよび，初期条件を課して 1 階微分方程式を解く問題を **1 階の初期値問題**とよぶ．幾何的には，初期条件 $y(x_0) = y_0$ によって点 (x_0, y_0) を通る積分曲線をすべての積分曲線の族から選び出しているのである．

例 1 初期値問題
$$\frac{dy}{dx} - y = e^{2x}, \quad y(0) = 3$$
の解は，一般解 (2) に初期条件 $x = 0$，$y = 3$ を代入して C を求めることにより得られる．すると
$$3 = Ce^0 + e^0 = C + 1$$
を得る．よって $C = 2$ であり，一般解 (2) の C にこの値を代入すると，初期値問題の解は
$$y = 2e^x + e^{2x}$$
となる．幾何的には，この解は点 $(0, 3)$ を通る図 9.1.1 の積分曲線として実現される．　◀

1階線形方程式

最も簡単な1階方程式は
$$\frac{dy}{dx} = q(x) \tag{3}$$
の形で書かれるものである．このような方程式は，しばしば積分すると解ける．例えば
$$\frac{dy}{dx} = x^3 \tag{4}$$
ならば，
$$y = \int x^3 \, dx = \frac{x^4}{4} + C$$
は区間 $I = (-\infty, +\infty)$ 上の方程式 (4) の一般解である．より一般に，1階微分方程式で
$$\frac{dy}{dx} + p(x)y = q(x) \tag{5}$$
の形のものは，**線形**とよばれる．方程式 (3) は，式 (5) の特別な場合で，関数 $p(x)$ を恒等的に 0 としたものである．1階線形微分方程式の他のいくつかの例として

$$\frac{dy}{dx} + x^2 y = e^x, \qquad \frac{dy}{dx} + (\sin x)y + x^3 = 0, \qquad \frac{dy}{dx} + 5y = 2$$

$$\boxed{p(x) = x^2, q(x) = e^x} \qquad \boxed{p(x) = \sin x, q(x) = -x^3} \qquad \boxed{p(x) = 5, q(x) = 2}$$

などがある．

関数 $p(x)$ と $q(x)$ は，ある共通の開区間 I 上でともに連続であると仮定し，I 上の式 (5) の一般解を求める手順をここで説明する．微積分学の基本定理（定理 5.6.3）より，$p(x)$ は I 上で原始関数 $P = P(x)$ をもつことがわかる．すなわち，$dP/dx = p(x)$ となる I 上で微分可能な関数 $P(x)$ が存在する．したがって，$\mu = e^{P(x)}$ で定義された関数 $\mu = \mu(x)$ は I 上微分可能で
$$\frac{d\mu}{dx} = \frac{d}{dx}\left(e^{P(x)}\right) = \frac{dP}{dx} e^{P(x)} = \mu p(x)$$
となる．ここで，$y = y(x)$ は I 上で式 (5) の解であると仮定すると
$$\frac{d}{dx}(\mu y) = \mu \frac{dy}{dx} + \frac{d\mu}{dx} y = \mu \frac{dy}{dx} + \mu p(x) y = \mu\left(\frac{dy}{dx} + p(x)y\right) = \mu q(x)$$
である．つまり，関数 μy は既知関数 $\mu q(x)$ の原始関数（または積分）なのである．このような理由から，関数 $\mu = e^{P(x)}$ は方程式 (5) の**積分因子**とよばれている．一方で，関数 $\mu q(x)$ は区間 I 上連続であり，ゆえに原始関数 $H(x)$ をもっている．したがって，定理 5.2.2 からある定数 C に対して $\mu y = H(x) + C$，または同値な式
$$y = \frac{1}{\mu}[H(x) + C] \tag{6}$$
が成り立つ．逆に，C をどのように選んでも，等式 (6) が I 上での式 (5) の解を与えることは，直接計算によって確かめることができる [演習問題 **58**(a)]．結論として，I 上での式 (5) の一般解は式 (6) で与えられることがわかった．さて，
$$\int \mu q(x) \, dx = H(x) + C$$
であるから，この一般解は
$$y = \frac{1}{\mu} \int \mu q(x) \, dx \tag{7}$$
と表すことができる．方程式 (5) を解くこの手順を**積分因子法**とよぶ．

例 2 微分方程式
$$\frac{dy}{dx} - y = e^{2x}$$
を解け．

解 これは 1 階線形微分方程式で，$p(x) = -1$ および $q(x) = e^{2x}$ としたものであり，これらの関数は区間 $I = (-\infty, +\infty)$ 上でともに連続である．よって，$P(x) = -x$ と選ぶことができる．すると，$\mu = e^{-x}$ となり，$\mu q(x) = e^{-x} e^{2x} = e^{x}$ となる．その結果，I 上でのこの方程式の一般解は
$$y = \frac{1}{\mu} \int \mu q(x)\, dx = \frac{1}{e^{-x}} \int e^{x}\, dx = e^{x}[e^{x} + C] = e^{2x} + Ce^{x}$$
で与えられる．この解が先ほど求めた等式 (2) と一致することを注意しておく． ◀

積分因子法を適用するのに，等式 (7) を覚える必要はない．積分因子 $\mu = e^{P(x)}$ と等式 (7) を導いた手順を覚えていさえすればよい．

例 3 次の初期値問題を解け．
$$x\frac{dy}{dx} - y = x, \quad y(1) = 2$$

解 この微分方程式は両辺を x で割ることにより，式 (5) の形で書くことができる．これにより
$$\frac{dy}{dx} - \frac{1}{x}y = 1 \tag{8}$$
となる．ここで，$q(x) = 1$ は $(-\infty, +\infty)$ 上で連続であり，$p(x) = -1/x$ は $(-\infty, 0)$ と $(0, +\infty)$ 上で連続である．$p(x)$ と $q(x)$ はある共通の区間で連続である必要があり，かつ初期条件は解が $x = 1$ であるとしているから，区間 $(0, +\infty)$ での方程式 (8) の一般解を求めることにする．この区間上では
$$\int \frac{1}{x}\, dx = \ln x + C$$
である．したがって，$P(x) = -\ln x$ ととると，対応する積分因子は $\mu = e^{P(x)} = e^{-\ln x} = 1/x$ となる．方程式 (8) の両辺にこの積分因子を掛けると，
$$\frac{1}{x}\frac{dy}{dx} - \frac{1}{x^2}y = \frac{1}{x}$$
つまり，
$$\frac{d}{dx}\left[\frac{1}{x}y\right] = \frac{1}{x}$$
となる．よって，区間 $(0, +\infty)$ 上で
$$\frac{1}{x}y = \int \frac{1}{x}\, dx = \ln x + C$$
となり，これより
$$y = x\ln x + Cx \tag{9}$$
が従う．初期条件 $y(1) = 2$ から，$x = 1$ のとき $y = 2$ である．これらの値を式 (9) に代入して C について解くと，$C = 2$ となる（確かめよ）．よって，初期値問題の解は
$$y = x\ln x + 2x$$
である． ◀

例 3 の結果は，1 階線形微分方程式の初期値問題の重要な性質をよく示している．つまり，与えられた I の任意の点 x_0 と任意の値 y_0 に対して，$y(x_0) = y_0$ を満たす I 上の (5) の解は，常に存在するということである．さらに，この解は唯一つであることがわかる [演習問題 **58**(b)]．このような存在と一意性の結果は，線形でない方程式については必ずしも成り立つとは限らない（演習問題 **60**）．

1階変数分離可能な方程式

1階線形微分方程式を解くには，x の関数の積分のみを行った．ここで，方程式の解を得るのに y に関しても積分する必要がある方程式の集まりを考える．1階**変数分離可能な微分方程式**とは

$$h(y)\frac{dy}{dx} = g(x) \tag{10}$$

の形で書ける方程式のことである．例えば，方程式

$$(4y - \cos y)\frac{dy}{dx} = 3x^2$$

は

$$h(y) = 4y - \cos y \quad \text{かつ} \quad g(x) = 3x^2$$

となる変数分離可能な方程式である．関数 $h(y)$ と $g(x)$ はそれぞれ変数 y と x について原始関数をもつと仮定する．すなわち，$dH/dy = h(y)$ となる微分可能な関数 $H(y)$ と $dG/dx = g(x)$ となる微分可能な関数 $G(x)$ が存在するとする．

ここで，$y = y(x)$ を開区間 I 上の方程式 (10) の解であると仮定する．すると，連鎖律より

$$\frac{d}{dx}[H(y)] = \frac{dH}{dy}\frac{dy}{dx} = h(y)\frac{dy}{dx} = g(x)$$

となる．いいかえれば，関数 $H(y(x))$ は区間 I 上での $g(x)$ の原始関数である．定理 5.2.2 により，ある定数 C であって I 上で $H(y(x)) = G(x) + C$ となっているものが必ず存在する．同値のこととして，方程式 (10) の解 $y = y(x)$ は，方程式

$$H(y) = G(x) + C \tag{11}$$

によって定められる陰関数の 1 つである．逆に，ある C の値に対して，微分可能な関数 $y = y(x)$ が方程式 (11) によって陰的に定義されているとする．このとき，$y(x)$ は方程式 (10) の解となっている（演習問題 **59**）．よって，方程式 (10) のどんな解も，適当に C を選べば方程式 (11) により陰に与えられる．

方程式 (11) は，記号的に

$$\int h(y)\,dy = \int g(x)\,dx \tag{12}$$

と表せる．形式的には，はじめに方程式 (10) の両辺に dx を "掛け"，変数を "分離" して方程式 $h(y)\,dy = g(x)\,dx$ とする．この等式の両辺を積分すれば，方程式 (12) となる．この手続きは，**変数分離法**とよばれる．変数分離は，方程式 (11) を導く便利な方法を与えてくれるが，その解釈には注意を要する．例えば，方程式 (11) の定数 C は，しばしば任意ではない．C にある選択をすれば解を得ることができ，他の選択をすれば解は得られない．さらに，解が得られるときでも，C の選び方によって予期せぬ形で定義域が変化することもある．こういった理由より，変数分離可能な方程式の "一般" 解については言及しない．

ある場合には，方程式 (11) を，方程式 (10) の x の式で表される解が得られるように解くことができる．

例 4 微分方程式

$$\frac{dy}{dx} = -4xy^2$$

を解き，さらに初期値問題

$$\frac{dy}{dx} = -4xy^2, \quad y(0) = 1$$

を解け．

解 $y \neq 0$ に対して，この方程式は
$$\frac{1}{y^2}\frac{dy}{dx} = -4x$$
と方程式 (10) の形で書ける．変数を分離して，積分すると
$$\frac{1}{y^2}dy = -4x\,dx$$
$$\int \frac{1}{y^2}dy = \int -4x\,dx$$
を得る．これは
$$-\frac{1}{y} = -2x^2 + C$$
の記号表現である．y を x の関数として解くと
$$y = \frac{1}{2x^2 - C}$$
を得る．初期条件 $y(0) = 1$ は，$x = 0$ のとき $y = 1$ であることを求めている．これらの値を代入すれば，$C = -1$ となる（確かめよ）．よって，初期値問題の 1 つの解は
$$y = \frac{1}{2x^2 + 1}$$
である．いくつかの積分曲線といまの初期値問題の解のグラフを図 9.1.2 に示す． ◀

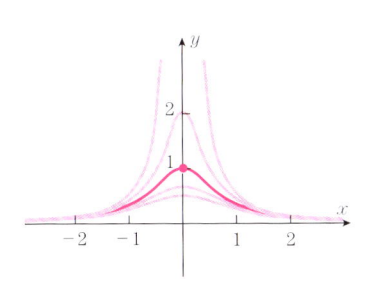

$\frac{dy}{dx} = -4xy^2$ の積分曲線のいくつか

図 9.1.2

例 4 のいまの解法の側面について，特別の注意をすることは意味がある．初期条件が $y(0) = 1$ の代わりに $y(0) = 0$ であったならば，われわれが使った方法では初期値問題の解を求めることはできない（演習問題 **39**）．これは，等式 $dy/dx = -4xy^2$ を
$$\frac{1}{y^2}\frac{dy}{dx} = -4x$$
の形に書き換えるために $y \neq 0$ と仮定した事実に由来する．微分方程式を代数的に扱うときは，こうした類の仮定に気をつけておくことが重要である．

2 番目の例として，1 階線形方程式 $dy/dx - 3y = 0$ を考えよう．積分因子法を用いれば，この方程式の一般解が $y = Ce^{3x}$ となることが容易にわかる（確かめよ）．一方，この微分方程式に変数分離法を適用することもできる．$y \neq 0$ に対して，方程式は
$$\frac{1}{y}\frac{dy}{dx} = 3$$
の形で書くことができる．変数を分離して積分すると
$$\int \frac{dy}{y} = \int 3\,dx$$
$$\ln|y| = 3x + c$$
$$|y| = e^{3x+c} = e^c e^{3x} \qquad \text{\small 最後の結果の表現に定数 } C \text{ をとっておくために，ここでは積分変数として } c \text{ を用いた．}$$
$$y = \pm e^c e^{3x} = Ce^{3x} \qquad \text{\small } C = \pm e^c \text{ とした．}$$

となる．これは積分因子法を用いて得た解と同じもののようにみえる．しかし，注意深い読者は，定数 $C = \pm e^c$ は本当は任意ではないことに気づいていたであろう．なぜなら，$C = 0$ は許されない値だからである．よって，変数分離法は解 $y = 0$ をとりこぼしてしまう．しかし，この解を積分因子法はとりこぼしはしない．問題が生じるのは，変数を分離するために y で割らなければならないからである（演習問題 **7** と **8** では，他の 1 階線形方程式についてこの 2 つの方法を比較する）．

方程式 (11) を y について x の式として解くのが不可能なこともある．そのような場合，方程式 (11) を微分方程式 (10) の 1 つの "解" とよぶのがふつうである．

例 5 初期値問題
$$(4y - \cos y)\frac{dy}{dx} - 3x^2 = 0, \quad y(0) = 0$$
を解け．

解 この方程式は式 (10) の形に
$$(4y - \cos y)\frac{dy}{dx} = 3x^2$$
と書ける．変数を分離して積分すると
$$(4y - \cos y)\,dy = 3x^2\,dx$$
$$\int (4y - \cos y)\,dy = \int 3x^2\,dx$$
となる．これは
$$2y^2 - \sin y = x^3 + C \tag{13}$$
の記号的な表現である．方程式 (13) は微分方程式の解を陰に定義している．それを解いて y を x の関数として式に表すことはできない．

初期値問題については，初期条件 $y(0) = 0$ より，$x = 0$ のとき $y = 0$ である．これらの値を式 (13) に代入して積分定数を決定すると，$C = 0$ となる（確かめよ）．よって，初期値問題の解は
$$2y^2 - \sin y = x^3$$
である． ◀

$(4y - \cos y)\dfrac{dy}{dx} - 3x^2 = 0$ の積分曲線のいくつか

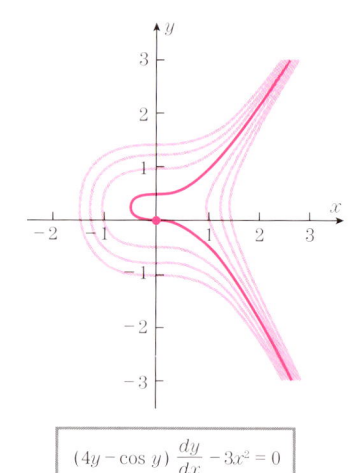

図 9.1.3

読者へ 数式処理システム（computer algebra system：CAS）には陰関数のグラフを描く機能をもつものがある．図 9.1.3 は $C = 0, \pm 1, \pm 2, \pm 3$ に対する式 (13) のグラフを示しており，初期値問題の解を強調してある．陰関数のグラフを描くことができる CAS があれば，それらのグラフを描く方法についての説明書を読み，この図と同じものを描け．さらに，C のどの値がどのグラフになっているのかを確かめよ．

幾何における応用

1 階微分方程式の応用をいくつか挙げて，この節を締めくくることにする．

例 6 xy 平面内のある曲線で，$(0, 3)$ を通り，かつその曲線上の点 (x, y) における接線の傾きが $2x/y^2$ であるものを求めよ．

解 接線の傾きは dy/dx であるから
$$\frac{dy}{dx} = \frac{2x}{y^2} \tag{14}$$
であり，かつ曲線は $(0, 3)$ を通るので，初期条件
$$y(0) = 3 \tag{15}$$
を得る．方程式 (14) は変数分離可能であり
$$y^2\,dy = 2x\,dx$$
と書けるから，
$$\int y^2\,dy = \int 2x\,dx \quad \text{すなわち} \quad \frac{1}{3}y^3 = x^2 + C$$
である．初期条件 (15) より，$x = 0$ のとき $y = 3$ である．最後の等式にこれらの値を代入すると，$C = 9$ となる（確かめよ）．よって，求める曲線の方程式は
$$\frac{1}{3}y^3 = x^2 + 9 \quad \text{つまり} \quad y = (3x^2 + 27)^{1/3}$$
である． ◀

混ぜ合わせ問題

典型的な混ぜ合わせ問題では，タンクは，既知量の可溶性物質（例えば塩）を含んだ溶液が指定された水位まで満たされている．よく混ぜられた溶液が既知の割合でタンクから排出さ

れ，それと同時に可溶性物質がある既知の濃度で溶けている溶液がタンクに流入しているが，流入の割合は，排出の割合と同じであってもよいし，またそれと異なっていてもよい．時間がたつにつれて，タンク内の溶解物質の量は変化していく．そして，通常の混ぜ合わせ問題では，指定された時間におけるタンクの中の溶解物質の量を求める．この種の問題は，河川での汚染物質の排出とろ過，血流における薬物の注入と吸収，生態系における種の流入と流出といった多様な問題のモデルとなる．

例 7 時間 $t = 0$ において，タンクの中に 4 ポンド（lb）の塩が溶けた 100 ガロン（gal）の水が入っている．塩水 1 gal あたり塩 2 lb を含む塩水が，5 gal/min の割合でタンクに流入し始め，よく混ぜられた溶液が同じ割合で流出するとする（図 9.1.4）．10 分後にタンクの中の塩水に含まれている塩の量を求めよ．

解 関数 $y(t)$ を，t 分後の塩の量（ポンド単位）とする．条件 $y(0) = 4$ が与えられていて，$y(10)$ を求めたい．まず，$y(t)$ が満たす微分方程式を求める．このために，dy/dt，すなわちタンクの中の塩水に含まれる塩の量が時間につれて変化する割合であるが，これは

$$\frac{dy}{dt} = 流入率 - 流出率 \tag{16}$$

と表されることをみておく．ここで，流入率とは塩がタンクに流入する割合であり，流出率とは塩がタンクから流出する割合である．塩がタンクに流入する割合は

$$流入率 = (2\,\text{lb/gal}) \cdot (5\,\text{gal/min}) = 10\,\text{lb/min}$$

である．塩水は同じ割合でタンクに流入し，かつタンクから流出するから，タンク内の塩水の量は一定の 100 gal にとどまりつづける．それゆえ，t 分が経過したあとでは，タンクは塩水 100 gal について $y(t)$ lb の塩を含んでいる．したがって，その瞬間に塩がタンクから流出する割合は

$$流出率 = \left(\frac{y(t)}{100}\,\text{lb/gal}\right) \cdot (5\,\text{gal/min}) = \frac{y(t)}{20}\,\text{lb/min}$$

である．よって，式 (16) は

$$\frac{dy}{dt} = 10 - \frac{y}{20} \quad もしくは \quad \frac{dy}{dt} + \frac{y}{20} = 10$$

と表される．これが $y(t)$ が満たす 1 階線形微分方程式である．$y(0) = 4$ が与えられているので，関数 $y(t)$ は初期値問題

$$\frac{dy}{dt} + \frac{y}{20} = 10, \quad y(0) = 4$$

を解けば得られる．

この微分方程式の積分因子は

$$\mu = e^{t/20}$$

である．微分方程式の両辺に μ を掛ければ，

$$\frac{d}{dt}(e^{t/20} y) = 10 e^{t/20}$$

$$e^{t/20} y = \int 10 e^{t/20}\, dt = 200 e^{t/20} + C$$

$$y(t) = 200 + C e^{-t/20} \tag{17}$$

を得る．初期条件は，$t = 0$ のとき $y = 4$ をいっている．これらの値を式 (17) に代入して C について解けば，$C = -196$ となる（確かめよ）．よって，

$$y(t) = 200 - 196 e^{-t/20} \tag{18}$$

となる．したがって，時間 $t = 10$ におけるタンクの中の塩水に含まれる塩の量は

$$y(10) = 200 - 196 e^{-0.5} \approx 81.1\,\text{lb}$$

である． ◀

読者へ 図 9.1.5 は式 (18) のグラフを示している．$t \to +\infty$ のとき $y(t) \to 200$ となることを観察しよう．これは，時間が十分にたつと，タンク中の塩水に含まれる塩の量は 200 lb に近づいていくことを意味する．物理的な議論を用いて，この結果が期待される理由をおおまかに説明せよ．

空気抵抗の妨げを受ける自由落下のモデル

4.4 節において，地表近くで垂直な軸上を運動する物体の自由落下モデルを考察した．そのモデルにおいては，空気抵抗はなく，物体に働いている力は地球の重力だけであると仮定した．ここでの目標は，空気抵抗を考慮に入れたモデルを求めることである．そのために，以下を仮定する．

- 物体は，垂直な s 軸上を動く．その s 軸の原点は地表面にあり，かつその正の向きは上向きである．
- 時間 $t = 0$ では，物体の高さは s_0 で，速度は v_0 である．
- 物体にかかる力は，下向きにかかる地球の重力 $F_G = -mg$ と，物体の運動の向きと反対向きにかかる空気抵抗力 F_R だけである．力 F_R は**抗力**とよばれる．

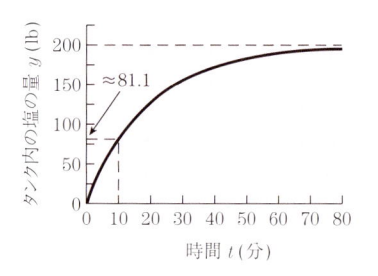

図 9.1.5

物理学の次の結果も必要である．

> **9.1.1 定理**（ニュートンの運動の第 2 法則） 質量 m の物体に力 F がかかっているとする．このとき，物体は等式
> $$F = ma \tag{19}$$
> を満たす加速度 a を受ける．

空気抵抗の妨げを受ける自由落下の場合には，物体にかかる正味の力は
$$F_G + F_R = -mg + F_R$$
であり，加速度は d^2s/dt^2 である．それゆえ，ニュートンの運動の第 2 法則より
$$-mg + F_R = m\frac{d^2s}{dt^2} \tag{20}$$
となる．

実験結果によると，空気抵抗力 F_R は物体の形とその速さに依存する．速さが増すにつれて，抗力も増す．空気抵抗のモデルはたくさんあるが，最も基本的なモデルの 1 つは，抗力 F_R は物体の速度に比例する，すなわち
$$F_R = -cv$$
と仮定する*．ここで，c は物体の形と空気の性質によって決まる正の定数である（負の符号は，抗力が物体の運動の向きと反対であるということを保証している）．これを式 (20) に代入して，d^2s/dt^2 を dv/dt と書くと
$$-mg - cv = m\frac{dv}{dt}$$
となり，両辺を m で割って移項すると
$$\frac{dv}{dt} + \frac{c}{m}v = -g$$
を得る．これは，未知関数が $v = v(t)$ で，$p(t) = c/m$ かつ $q(t) = -g$ の 1 階線形微分方程式である［式 (5) を参照せよ］．物体を指定すれば，係数 c は実験によって定められるので，m，

---
*他のよく使われるモデルでは $F_R = -cv^2$ とするか，さらに一般に，ある値 p に対して $F_R = -cv^p$ になると仮定する．

g, および c は既知の定数であると仮定してよい. よって, 速度関数 $v = v(t)$ は初期値問題

$$\frac{dv}{dt} + \frac{c}{m}v = -g, \quad v(0) = v_0 \tag{21}$$

を解けば得られる. いったん速度関数が求まれば, 位置関数 $s = s(t)$ は初期値問題

$$\frac{ds}{dt} = v(t), \quad s(0) = s_0 \tag{22}$$

を解くと得られる.

演習問題 **47** では, 式 (21) を解いて

$$v(t) = e^{-ct/m}\left(v_0 + \frac{mg}{c}\right) - \frac{mg}{c} \tag{23}$$

を示すことが求められる. このとき,

$$\lim_{t \to +\infty} v(t) = -\frac{mg}{c} \tag{24}$$

であることに注意しよう (確かめよ). よって, 速さ $|v(t)|$ は自由落下のように無制限には増加せず, 空気抵抗のために

$$v_\tau = \left|-\frac{mg}{c}\right| = \frac{mg}{c} \tag{25}$$

で与えられる有限の極限速さ v_τ に近づく. これは物体の**終末の速さ**とよばれ, (24) は**終末速度**とよばれる.

> **注意** 直感的には, 極限速度の近くでは速度 $v(t)$ は非常にゆっくりと変化する. すなわち, $dv/dt \approx 0$ と思われる. よって, おおまかには微分方程式で $dv/dt = 0$ とおき v について解くと, 式 (21) より極限速度が得られることは驚くことではないだろう. これより
>
> $$v = -\frac{mg}{c}$$
>
> となり, 式 (24) と一致する.

演習問題 9.1   ∼ グラフィックユーティリティ   C CAS

1. $y = 2e^{x^3/3}$ が, 初期値問題 $y' = x^2 y$, $y(0) = 2$ の解であることを確かめよ.

2. $y = \frac{1}{4}x^4 + 2\cos x + 1$ が, 初期値問題 $y' = x^3 - 2\sin x$, $y(0) = 3$ の解であることを確かめよ.

問題 **3** と **4** では, 微分方程式の階数を述べ, 与えられた関数の族が解であることを確かめよ.

3. (a) $(1+x)\dfrac{dy}{dx} = y$; $y = c(1+x)$
   (b) $y'' + y = 0$; $y = c_1 \sin t + c_2 \cos t$

4. (a) $2\dfrac{dy}{dx} + y = x - 1$; $y = ce^{-x/2} + x - 3$
   (b) $y'' - y = 0$; $y = c_1 e^t + c_2 e^{-t}$

問題 **5** と **6** では, 陰関数の微分を用いて, 等式が方程式の陰関数としての解を定義していることを確かめよ.

5. $\ln y = xy + C$; $\dfrac{dy}{dx} = \dfrac{y^2}{1 - xy}$

6. $x^2 + xy^2 = C$; $2x + y^2 + 2xy\dfrac{dy}{dx} = 0$

問題 **7** と **8** の 1 階線形方程式は 1 階変数分離可能な方程式に書き直せる. 積分因子法および変数分離法それぞれを用いて方程式を解き, 得られた解が同じかどうか判定せよ.

7. (a) $\dfrac{dy}{dx} + 3y = 0$ (b) $\dfrac{dy}{dt} - 2y = 0$

8. (a) $\dfrac{dy}{dx} - 4xy = 0$ (b) $\dfrac{dy}{dt} + y = 0$

問題 **9–14** では, 積分因子法で微分方程式を解け.

9. $\dfrac{dy}{dx} + 3y = e^{-2x}$ 10. $\dfrac{dy}{dx} + 2xy = x$

11. $y' + y = \cos(e^x)$ 12. $2\dfrac{dy}{dx} + 4y = 1$

13. $(x^2 + 1)\dfrac{dy}{dx} + xy = 0$ 14. $\dfrac{dy}{dx} + y - \dfrac{1}{1+e^x} = 0$

問題 15–24 では，変数分離法で微分方程式を解け．うまくいく場合には，解の族を x の陽関数で表せ．

15. $\dfrac{dy}{dx} = \dfrac{y}{x}$ 16. $\dfrac{dy}{dx} = (1+y^2)x^2$

17. $\dfrac{\sqrt{1+x^2}}{1+y}\dfrac{dy}{dx} = -x$ 18. $(1+x^4)\dfrac{dy}{dx} = \dfrac{x^3}{y}$

19. $(1+y^2)y' = e^x y$ 20. $y' = -xy$

21. $e^{-y}\sin x - y'\cos^2 x = 0$ 22. $y' - (1+x)(1+y^2) = 0$

23. $\dfrac{dy}{dx} - \dfrac{y^2 - y}{\sin x} = 0$ 24. $3\tan y - \dfrac{dy}{dx}\sec x = 0$

25. 微分方程式
$$x\dfrac{dy}{dx} + y = x$$
の解で，次の初期条件を満たすものを求めよ．

(a) $y(1) = 2$ (b) $y(-1) = 2$

26. 微分方程式
$$\dfrac{dy}{dx} = xy$$
の解で，次の初期条件を満たすものを求めよ．

(a) $y(0) = 1$ (b) $y(0) = \tfrac{1}{2}$

問題 27–32 では，初期値問題を解け．手法は問わない．

27. $\dfrac{dy}{dx} - xy = x, \quad y(0) = 3$

28. $\dfrac{dy}{dt} + y = 2, \quad y(0) = 1$

29. $y' = \dfrac{4x^2}{y + \cos y}, \quad y(1) = \pi$

30. $y' - xe^y = 2e^y, \quad y(0) = 0$

31. $\dfrac{dy}{dt} = \dfrac{2t+1}{2y-2}, \quad y(0) = -1$

32. $y'\cosh x + y\sinh x = \cosh^2 x, \quad y(0) = \tfrac{1}{4}$

33. (a) 微分方程式 $y' = y/2x$ の典型的な積分曲線の概形をいくつか描け．

(b) 点 $(2,1)$ を通る積分曲線の方程式を求めよ．

34. (a) 微分方程式 $y' = -x/y$ の典型的な積分曲線の概形をいくつか描け．

(b) 点 $(3,4)$ を通る積分曲線の方程式を求めよ．

問題 35 と 36 では，微分方程式を解き，グラフィックユーティリティをを使って方程式の積分曲線を 5 つ描け．

35. $(x^2 + 4)\dfrac{dy}{dx} + xy = 0$ 36. $y' + 2y - 3e^t = 0$

陰関数のグラフが描ける CAS があれば，問題 37 と 38 の微分方程式を解き，CAS を使って解の積分曲線を 5 つ描け．

37. $y' = \dfrac{x^2}{1-y^2}$ 38. $y' = \dfrac{y}{1+y^2}$

39. 例 4 で，初期条件が $y(0) = 0$ であるとする．例 4 で求めたどの解もこの初期条件を満たさないことを示せ．それから，初期値問題
$$\dfrac{dy}{dx} = -4xy^2, \quad y(0) = 0$$
を解け．さらに，例 4 の方法では，なぜこの特別な解を求められなかったのか，理由を述べよ．

40. 例 4 の初期条件を $y(x_0) = y_0$ に置き換えたとき，初期値問題の解が実数全体で定義されるような (x_0, y_0) をすべて求めよ．

41. x 切片が 2 で，任意の点 (x,y) での接線の傾きが xe^y である曲線の方程式を求めよ．

42. グラフィックユーティリティを用いて，点 $(1,1)$ を通る曲線であって，その曲線の点 (x,y) における接線が，点 (x,y) を通り傾き $-2y/(3x^2)$ である直線と直交するものを描け．

43. 時間 $t=0$ において，タンクの中に 25 オンス (oz) の塩が溶けた 50 ガロン (gal) の水が入っている．塩水 1 gal あたり塩 4 oz を含む塩水が毎分 2 ガロン (gal/min) の割合でタンクに流入し始め，よくかき混ぜられた溶液が同じ割合でタンクから流出している．以下の問に答えよ．

(a) 任意の時間 t においてタンクの中の塩水に含まれる塩の量はどれだけか．

(b) 25 分後にタンクの中の塩水に含まれる塩の量はどれだけか．

44. はじめ，タンクに 200 ガロン (gal) の真水が入っている．時間 $t=0$ から塩水 1 gal あたり塩 5 ポンド (lb) を含む塩水が毎分 10 ガロン (gal/min) の割合でタンクに流入し始め，よくかき混ぜられた溶液が同じ割合でタンクから流出している．以下の問に答えよ．

(a) 任意の時間 t においてタンクの中の塩水に含まれる塩の量はどれだけか．

(b) 30 分後にタンクの中の塩水に含まれる塩の量はどれだけか．

45. 容量 1000 ガロン (gal) のタンクに 50 ポンド (lb) の微粒子状の物質に汚染された 500 gal の水が入っている．時間 $t=0$ から真水が毎分 20 ガロン (gal/min) の割合で加えられ，よくかき混ぜられた溶液が 10 gal/min の割合で流出している．タンクがあふれる瞬間におけるタンク内の微粒子の量はどれだけか．

46. ある汚染された池は，最初 100,000 ガロン (gal) の水あたり 1 ポンド (lb) の割合で水銀塩を含んでいる．池は直径 30 m の円形で，一定の深さ 3 m をもつ．汚染された水は毎時 1000 ガロン (gal/h) の割合で汲み出され，同じ割合

で真水が加えられる．12 時間までの各時間の終わりに湖に含まれる水銀の量を（ポンド単位で）示した表を作れ．読者のおいた仮定について吟味せよ．[$1\,\mathrm{m}^3 = 264\,\mathrm{gal}$ を用いよ．]

47. (a) 積分因子法を用いて初期値問題 (21) より解 (23) を導け．[ノート：c, m, および g は定数であることに注意せよ．]
    (b) 解 (23) は終末速度 (25) を用いて，
    $$v(t) = e^{-gt/v_\tau}(v_0 + v_\tau) - v_\tau$$
    と表せることを示せ．
    (c) $s(0) = s_0$ とする．このとき，物体の位置関数は
    $$s(t) = s_0 - v_\tau t + \frac{v_\tau}{g}(v_0 + v_\tau)(1 - e^{-gt/v_\tau})$$
    と表せることを示せ．

48. 完全装備で重量が 240 ポンド (lb) のスカイダイバーの終末速度は，パラシュートを閉じた状態で毎秒 120 フィート (ft/s)，パラシュートを開いた状態では 24 ft/s とする．さらに，このスカイダイバーは高度 10,000 フィート (ft) で飛行機から降下し，25 秒間パラシュートを閉じたまま落下し，そして残りの降下はパラシュートを開いて落下するとする．
    (a) スカイダイバーの降下初速度が 0 であるとし，問題 47 を使ってパラシュートが開いたときのスカイダイバーの降下速度と高度を求めよ．[$g = 32\,\mathrm{ft/s}^2$ とせよ．]
    (b) 計算ユーティリティを用いて，スカイダイバーの全降下時間に対する数値解を求めよ．

49. 図は，時間に依存する電圧 $V(t)$ ボルト（V）の電源と一定値 R オーム（Ω）の抵抗と，そして一定値 L ヘンリ（H）のコイルからなる RL 直列電気回路の略図である．たとえ，読者が電気回路について何も知らなくても，心配しなくてよい．知らなければならないのは，電気の理論は，回路を流れる電流 $I(t)$ アンペア（A）は微分方程式
    $$L\frac{dI}{dt} + RI = V(t)$$
    を満たすと述べていることだけである．以下の問に答えよ．
    (a) $R = 10\,\Omega$, $L = 4\,\mathrm{H}$, V は一定で 12 V であり，$I(0) = 0\,\mathrm{A}$ のとき，$I(t)$ を求めよ．
    (b) 長時間が経過したとき，電流はどのように振る舞うか．

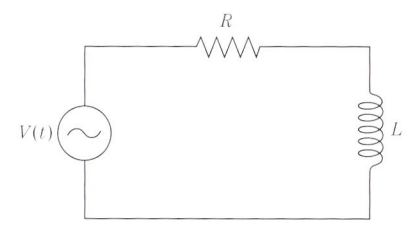

図 Ex-49

50. 問題 49 の電気回路に対して，$R = 6\,\Omega$, $L = 3\,\mathrm{H}$, $V = 3\sin t\,\mathrm{V}$, かつ $I(0) = 15\,\mathrm{A}$ のとき，$I(t)$ を求めよ．

51. 時間 $t = 0$ に静止状態から上に向かって発射されたあるロケットの（燃料を含めた）初期の質量は m_0 である．燃料が一定の割合 k で消費されるとする．燃料が燃えている間のロケットの質量 m は $m = m_0 - kt$ で与えられる．空気抵抗を無視し，燃焼ガスがロケットに対して一定の速さ c で吐き出されるとすると，ロケットの速度 v は方程式
    $$m\frac{dv}{dt} = ck - mg$$
    を満たすことが示せる．ただし，g は重力加速度である．以下の問に答えよ．
    (a) 質量 m が t の関数であるということに注意して $v(t)$ を求めよ．
    (b) 燃料は初期状態のロケットの質量の 80% であり，すべての燃料は 100 秒で消費されるとする．燃料を使い果たした瞬間のロケットの速度をメートル毎秒単位で求めよ．[$g = 9.8\,\mathrm{m/s}^2$, $c = 2500\,\mathrm{m/s}$ とせよ．]

52. 初速度 v_0 で真上に発射された質量 m の弾丸は，重力と空気抵抗によって生じる抗力 kv^2 によって減速される．ただし，g は重力加速度であり，k は正の定数である．弾丸が上昇するとき，速度 v は方程式
    $$m\frac{dv}{dt} = -(kv^2 + mg)$$
    を満たす．以下の問に答えよ．
    (a) $x = x(t)$ を時間 t における弾丸の銃口からの高さとする．このとき，
    $$mv\frac{dv}{dx} = -(kv^2 + mg)$$
    となることを示せ．
    (b) $v = v_0$ のとき $x = 0$ という条件のもとで，x を v で表せ．
    (c) $v_0 = 988\,\mathrm{m/s}$, $g = 9.8\,\mathrm{m/s}^2$
       $m = 3.56 \times 10^{-3}\,\mathrm{kg}$, $k = 7.3 \times 10^{-6}\,\mathrm{kg/m}$
       と仮定し，(b) の結果を用いて，弾丸がどれだけ高く上がれるかを求めよ．[ヒント：最高地点での弾丸の速度を求めよ．]

次の説明は問題 53 と 54 で必要である．液体が入ったタンクの天井に通気孔があり，底には液体を流し出せる排出口がある．物理学のトリチェリ（Torricelli）の法則より，排出口が時間 $t = 0$ に開いたとすると，各時間での液体の深さ $h(t)$ と液体の表面積 $A(h)$ は
$$A(h)\frac{dh}{dt} = -k\sqrt{h}$$
によって関係づけられる．ただし，k は液体の粘性率や排出口の断面積といった要因によって決まる正の定数である．h の単位はフィート（ft），$A(h)$ の単位は平方フィート（ft^2），t の単位は秒（s）であるとして，問題 53 と 54 でこの結果を用いよ．

53. 図の円柱形のタンクは，時間 $t=0$ に 4 フィート（ft）の深さまで満たされており，トリチェリの法則における定数は $k=0.025$ であるとする．以下の問に答えよ．
    (a) $h(t)$ を求めよ．
    (b) タンクから液体が完全に流出するのに何分かかるか．
54. 図の円柱形のタンクについて，問題 53 と同じ設問に答えよ．ただし，タンクは時間 $t=0$ において 4 フィート（ft）の深さまで満たされており，トリチェリの法則の定数は $k=0.025$ であるとする．以下の問に答えよ．

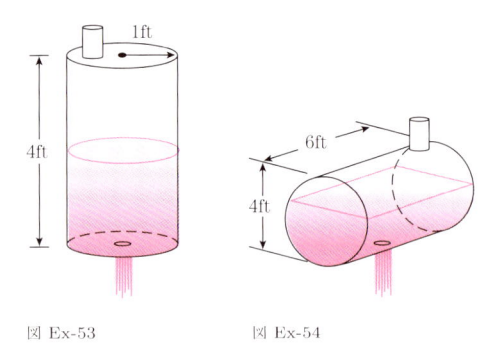

図 Ex-53　　図 Ex-54

55. x 軸上を動いている粒子が抵抗力を受け，それによって加速度 $a=dv/dt=-0.04v^2$ が生じているとする．時間 $t=0$ で，$x=0$ cm，$v=50$ cm/s であるとするとき，$t\geq 0$ に対して速度 v と位置 x を t の関数として求めよ．
56. x 軸上を動いている粒子が抵抗力を受け，それによって加速度 $a=dv/dt=-0.02\sqrt{v}$ が生じているとする．時間 $t=0$ で $x=0$ cm，$v=9$ cm/s であるとするとき，$t\geq 0$ に対して速度 v と位置 x を t の関数として求めよ．
57. 解が
$$y=\cos x+\int_0^x e^{-t^2}dt$$
となる初期値問題を 1 つ作れ．
58. (a) C を任意の定数とするとき，等式 (6) で定義された任意の関数 $y=y(x)$ は区間 I 上での方程式 (5) の解であることを証明せよ．
    (b) 初期値問題
    $$\frac{dy}{dx}+p(x)y=q(x),\quad y(x_0)=y_0$$
    を考える．ただし，関数 $p(x)$ と $q(x)$ はある開区間 I 上でともに連続である．1 階線形方程式の一般解を用いて，この初期値問題は I 上で唯一つの解をもつことを証明せよ．
59. 陰関数の微分を用いて，方程式 (11) で陰的に定義される任意の微分可能な関数は，方程式 (10) の解であることを証明せよ．
60. (a) 線形でない初期値問題に対しては，解は必ずしも一意ではないことを，
    $$y\frac{dy}{dx}=x,\quad y(0)=0$$
    に対する 2 つの解を示して，証明せよ．
    (b) 線形でない初期値問題に対しては，解は必ずしも存在するわけではないことを，
    $$y\frac{dy}{dx}=-x,\quad y(0)=0$$
    には解がないことを示して，証明せよ．
61. 等式 (6) を導いたとき，開部分区間 $I_1\subset I,I_1\neq I$ で定義された方程式 (5) の解 $y=y(x)$ が存在する可能性については考えなかった．そのような解のどんなものも全区間 I 上の方程式 (5) の解に拡張されることを示し，われわれの解析が一般性を失っていないことを証明せよ．

9.2 方向場；オイラー法

この節では，方向場の概念を調べ直し，1 階方程式の解の数値近似法について説明する．数値的近似は微分方程式が厳密に解けない場合に重要である．

ここでは，1 階微分方程式の片方の辺が導関数そのものとして表されている方程式に注目する．例えば，
$$y'=x^3\quad\text{や}\quad y'=\sin(xy)$$
である．これらのうち 1 つ目の方程式は，右辺に x しか含んでいないので，$y'=f(x)$ の形である．しかし，2 つ目の方程式は右辺に x と y の両方を含んでいるので，$y'=f(x,y)$ の形である．ここで，記号 $f(x,y)$ は 2 変数 x と y の関数を表している．下巻の第 14 章において，2 変数の関数についてより深く学ぶが，現時点では $f(x,y)$ については，x と y の値が入力さ

2 変数関数

れると唯一つの値を出力する式であると考えれば十分である．例えば
$$f(x,y) = x^2 + 3y$$
で入力が $x=2$ と $y=-4$ ならば，出力は
$$f(2,-4) = 2^2 + 3(-4) = 4 - 12 = -8$$
である．

> **注意** 時間を含む応用問題では，t を独立変数として用いるのがふつうである．この場合には，$y' = f(t,y)$ の形の方程式を取り扱うことになる．ここで，$y' = dy/dt$ である．

方向場

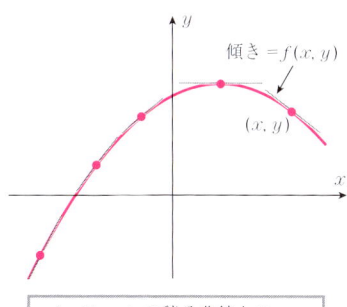

5.2 節において，$y' = f(x)$ の形の微分方程式を扱う流れのなかで，方向場の概念を導入した．同じ原理は
$$y' = f(x,y)$$
の形の微分方程式にも当てはまる．なぜそのようであるかをみるために，基本的な考え方を復習しよう．y' を接線の傾きと解釈すると，上の微分方程式は積分曲線上の各点 (x,y) での接線の傾きがその点での f の値と等しいことを表している（図 9.2.1）．例えば $f(x,y) = y - x$ とすると，微分方程式
$$y' = y - x \tag{1}$$
を得る．積分曲線の族の幾何学的な描写は，xy 平面の中の長方形格子を選び，格子点での積分曲線の接線の傾きを計算し，それらの点での接線の小さな断片を描くことによって，得られる．そうして得られた図は微分方程式の**方向場**もしくは**勾配場**とよばれる．なぜなら，それは格子点での積分曲線の "方向場" もしくは "勾配"（傾き）を示しているからである．使われている格子点が増えるほど，積分曲線の描写は精密になる．例えば，図 9.2.2 は式 (1) の 2 つの方向場を示している．1 つ目は，表に示されている 49 個の格子点について手計算を行って得たものである．2 つ目は，よりはっきりした積分曲線の図を与えているが，これは 625 個の格子点について CAS を使って得たものである．

図 9.2.1 $y' = f(x,y)$ の積分曲線上の点 (x,y) における接線の傾きは $f(x,y)$ である．

$f(x,y) = y - x$ の値

	$y=-3$	$y=-2$	$y=-1$	$y=0$	$y=1$	$y=2$	$y=3$
$x=-3$	0	1	2	3	4	5	6
$x=-2$	-1	0	1	2	3	4	5
$x=-1$	-2	-1	0	1	2	3	4
$x=0$	-3	-2	-1	0	1	2	3
$x=1$	-4	-3	-2	-1	0	1	2
$x=2$	-5	-4	-3	-2	-1	0	1
$x=3$	-6	-5	-4	-3	-2	-1	0

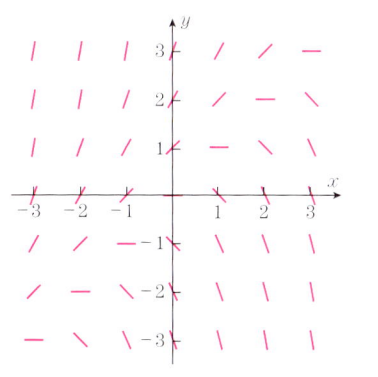

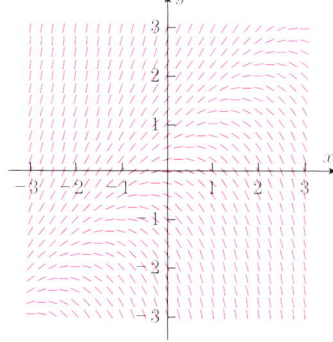

図 9.2.2

たまたま方程式 (1) は厳密に解ける．それは
$$y' - y = -x$$
と書くことができ，9.1 節の方程式 (5) と比べれば，$p(x) = -1$ で $q(x) = -x$ の 1 階線形方程式であるからである．積分因子法を用いて，この方程式の一般解が
$$y = x + 1 + Ce^x \tag{2}$$
であることを示すのは，読者に任せる．図 9.2.3 は，方向場の上に重ねたいくつかの積分曲

線を示している．しかし，方向場を構成するのに，一般解は必要なかったことに注意しよう．実際，微分方程式が厳密に解けない場合にも方向場は構成できるからこそ，方向場は重要なのである．

> 読者へ　図 9.2.2 の最初の方向場は表の値と比べて矛盾するところはないことを確かめよ．

図 9.2.3

例 1 9.1 節の例 7 において混ぜ合わせ問題を考察し，そこで時間 t においてタンクの中の塩水に含まれる塩の量 $y(t)$ が微分方程式

$$\frac{dy}{dt} + \frac{y}{20} = 10$$

を満たすことが示された．この式は

$$y' = 10 - \frac{y}{20} \tag{3}$$

と書き直すことができること，それからこの方程式の一般解は

$$y(t) = 200 + Ce^{-t/20} \tag{4}$$

であることを示した．そして，問題の初期条件［時間 $t = 0$ における既知の塩の量 $y(0)$］から，任意の定数 C の値を求めた．しかし，式 (4) よりすべての C の値に対して

$$\lim_{t \to +\infty} y(t) = 200$$

なので，はじめにあった塩の量に関係なく，タンクの中の塩水の塩の量は最終的には 200 ポンド (lb) で安定していく．このような解の振る舞いは，図 9.2.4 に示されている式 (3) に対する方向場から幾何的にみることができる．この方向場は，はじめにタンクに入っている塩の量が 200 lb よりも多ければ，時間がたつにつれて塩の量は極限値の 200 lb へと間断なく減少していき，はじめに 200 lb よりも少なければ，極限値の 200 lb へと間断なく増加していくことを示している．この方向場は，はじめに入っている量がちょうど 200 lb なら，タンクに入っている塩水の塩の量は一定量 200 lb を保ちつづけることも示している．この場合は，式 (4) からも観察できる，なぜならばこの場合は $C = 0$ であるからである（確かめよ）．◂

図 9.2.4 に示されている方向場では，水平な直線上の接線の線分は平行であることをよくみておこう．これは，微分方程式の右辺が t を含まない $y' = f(y)$ の形だからである［式 (3) を参照のこと］．このように，固定された y に対しては，時間が変化しても傾き y' は変化しない．傾きの時間に対する独立性ゆえに，$y' = f(y)$ の形の微分方程式は**自励的**であるといわれる．

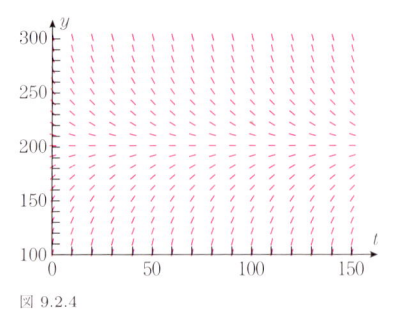

図 9.2.4

オイラー法

次の考察対象は

$$y' = f(x, y), \quad y(x_0) = y_0$$

という形の初期値問題の解の近似法を展開することである．x のすべての値に対して $y(x)$ を近似するのではない．そうではなく，ある小さな増分 Δx を選び，x_0 を出発し，Δx 離して順次とられた x の値での $y(x)$ の値を近似することに焦点をあてる．これらの x の値を

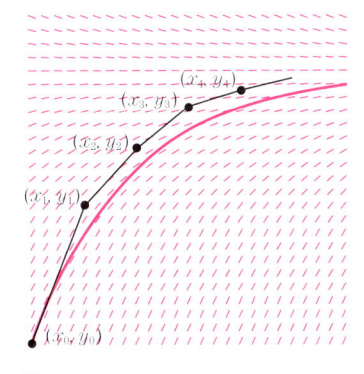

$$x_1 = x_0 + \Delta x, \quad x_2 = x_1 + \Delta x, \quad x_3 = x_2 + \Delta x, \quad x_4 = x_3 + \Delta x, \quad \ldots$$

と書き，これらの点での $y(x)$ の近似値を

$$y_1 \approx y(x_1), \quad y_2 \approx y(x_2), \quad y_3 \approx y(x_3), \quad y_4 \approx y(x_4), \quad \ldots$$

と書く．これから説明するところのこれらの近似値を得るための手法は，**オイラー（Euler）法**とよばれる．現在ではより有用な近似法もあるが，それらの多くはオイラー法を発展させたものである．それゆえに，基礎となっている考え方を理解することは重要である．

オイラー法の背後にある基本的なアイデアは，既知の初期の点 (x_0, y_0) を出発し，方向場によって定められる傾きの線分を，x 座標が $x_1 = x_0 + \Delta x$ である点 (x_1, y_1) に達するまで描くことである（図 9.2.5）．Δx が小さければ，この線分が積分曲線 $y = y(x)$ から大きくは離れないことが期待されるので，y_1 は $y(x_1)$ のよい近似値となると考えられる．引きつづいて近似値を求めるために，各段階で方向場を道標として用いてこの操作を繰り返す．つまり，終点 (x_1, y_1) から始めて，方向場によって定められる線分を x 座標が $x_2 = x_1 + \Delta x$ である点 (x_2, y_2) に達するまで描く．そして，その点から方向場で決まる線分を，x 座標が $x_3 = x_2 + \Delta x$ である点 (x_3, y_3) まで描く．さらに，そこから先へ，図 9.2.5 に示されているように，この手順により積分曲線のごく近くに沿った折れ線軌道が作られていくので，y の値 $y_2, y_3, y_4, \ldots$ は $y(x_2), y(x_3), y(x_4), \ldots$ のよい近似値になると期待される．

近似値 $y_1, y_2, y_3, \ldots$ がどのように計算できるかを説明するために，典型的な線分に焦点をあててみる．図 9.2.6 で示されているように，点 (x_n, y_n) はわかっていると仮定する．そして，次の点 (x_{n+1}, y_{n+1}) を求めよう．ただし，$x_{n+1} = x_n + \Delta x$ である．2点を結ぶ線分の傾きは始点の方向場で決まるから，傾きは $f(x_n, y_n)$ である．それゆえ，

$$\frac{y_{n+1} - y_n}{x_{n+1} - x_n} = \frac{y_{n+1} - y_n}{\Delta x} = f(x_n, y_n)$$

であり，これは

$$y_{n+1} = y_n + f(x_n, y_n)\Delta x$$

と書き直せる．この式はオイラー法の心臓部であるが，この式は各近似値をどのように使って次の近似値を計算すればよいかを教えている．

オイラー法
初期値問題

$$y' = f(x, y), \quad y(x_0) = y_0$$

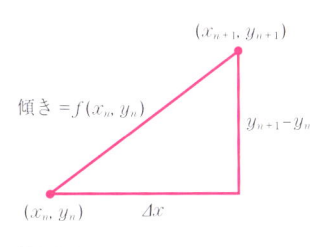

の解の近似は次のように進められる．

ステップ1. 0でない数 Δx を，x 軸方向の**増分**または**刻み幅**として選ぶ．そして，

$$x_1 = x_0 + \Delta x, \quad x_2 = x_1 + \Delta x, \quad x_3 = x_2 + \Delta x, \quad \ldots$$

とする．

ステップ2. 順次

$$y_1 = y_0 + f(x_0, y_0)\Delta x$$
$$y_2 = y_1 + f(x_1, y_1)\Delta x$$
$$y_3 = y_2 + f(x_2, y_2)\Delta x$$
$$\vdots$$
$$y_{n+1} = y_n + f(x_n, y_n)\Delta x$$

を計算する．これらの式で与えられる数 $y_1, y_2, y_3, \ldots$ は $y(x_1), y(x_2), y(x_3), \ldots$ の近似値である．

例 2 刻み幅が 0.1 であるオイラー法を用いて，区間 $0 \leq x \leq 1$ 上で初期値問題
$$y' = y - x, \quad y(0) = 2 \tag{5}$$
の解の近似値の表を作れ．

解 この問題では，$f(x, y) = y - x$, $x_0 = 0$, かつ $y_0 = 2$ である．さらに，刻み幅が 0.1 であるから，近似値を求める x の値は
$$x_1 = 0.1, \quad x_2 = 0.2, \quad x_3 = 0.3, \quad \ldots, \quad x_9 = 0.9, \quad x_{10} = 1$$
である．最初の 3 つの近似値は
$$y_1 = y_0 + f(x_0, y_0)\Delta x = 2 + (2 - 0)(0.1) = 2.2$$
$$y_2 = y_1 + f(x_1, y_1)\Delta x = 2.2 + (2.2 - 0.1)(0.1) = 2.41$$
$$y_3 = y_2 + f(x_2, y_2)\Delta x = 2.41 + (2.41 - 0.2)(0.1) = 2.631$$
である．同様にして，10 個すべての近似値を求めることができる．その結果を小数第 5 位まで記す．

$\Delta x = 0.1$ のもとでの $y' = y - x, y(0) = 2$ に対するオイラー法

n	x_n	y_n	$f(x_n, y_n)\Delta x$	$y_{n+1} = y_n + f(x_n, y_n)\Delta x$
0	0	2.00000	0.20000	2.20000
1	0.1	2.20000	0.21000	2.41000
2	0.2	2.41000	0.22100	2.63100
3	0.3	2.63100	0.23310	2.86410
4	0.4	2.86410	0.24641	3.11051
5	0.5	3.11051	0.26105	3.37156
6	0.6	3.37156	0.27716	3.64872
7	0.7	3.64872	0.29487	3.94359
8	0.8	3.94359	0.31436	4.25795
9	0.9	4.25795	0.33579	4.59374
10	1.0	4.59374	—	—

最後の列のおのおのの項目は 3 列目の次の項目となっていることに注意しよう．◀

オイラー法の精度

式 (5) と初期条件 $y(0) = 2$ より，例 2 の初期値問題の厳密解は
$$y = x + 1 + e^x$$
である．よって，この場合はオイラー法によって導かれた $y(x)$ の近似値と厳密な値の小数近似値とを比べることができる（表 9.2.1）．表 9.2.1 で**誤差の絶対値**は
$$|\text{正確な値} - \text{近似値}|$$
で計算され，**誤差のパーセント表示**は
$$\frac{|\text{正確な値} - \text{近似値}|}{|\text{正確な値}|} \times 100\%$$
で計算されている．

注意 おおざっぱな経験則によると，オイラー法で導かれた近似値の誤差の絶対値は刻み幅に比例する．よって，刻み幅を半分に減らせば，誤差の絶対値（と，誤差のパーセント表示）はおよそ半分に減る．しかし，刻み幅を減らせば計算量が増えるので丸め誤差の可能性が増える．誤差に関する問題の詳細な研究は微分方程式や数値解析の講座に譲る．

表 9.2.1

x	正確な解	オイラー近似	誤差の絶対値	誤差のパーセント表示
0	2.00000	2.00000	0.00000	0.00
0.1	2.20517	2.20000	0.00517	0.23
0.2	2.42140	2.41000	0.01140	0.47
0.3	2.64986	2.63100	0.01886	0.71
0.4	2.89182	2.86410	0.02772	0.96
0.5	3.14872	3.11051	0.03821	1.21
0.6	3.42212	3.37156	0.05056	1.48
0.7	3.71375	3.64872	0.06503	1.75
0.8	4.02554	3.94359	0.08195	2.04
0.9	4.35960	4.25795	0.10165	2.33
1.0	4.71823	4.59374	0.12454	2.64

演習問題 9.2 〜 グラフィックユーティリティ C CAS

1. $y' = xy/8$ に対する方向場を，格子点 (x,y) において描け．ここで，$x = 0, 1, \ldots, 4$，かつ $y = 0, 1, \ldots, 4$ とする．

2. $y' + y = 2$ に対する方向場を，格子点 (x,y) において描け．ここで，$x = 0, 1, \ldots, 4$，かつ $y = 0, 1, \ldots, 4$ とする．

3. $y' = 1 - y$ に対する方向場は図に示されている．次の各問において，その初期条件を満たす解のグラフを描け．

    (a) $y(0) = -1$　　(b) $y(0) = 1$　　(c) $y(0) = 2$

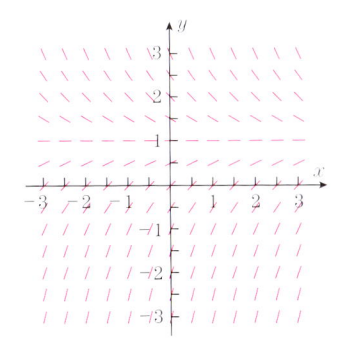

図 Ex-3

4. 〜 問題 3 の初期値問題を解き，グラフィックユーティリティを用いて，これらの解の積分曲線は方向場を使って描いた概形と比べて矛盾するところはないことを確かめよ．

5. 微分方程式 $y' = 2y - x$ に対する方向場が図に示されている．次の各問において，その初期条件を満たす解のグラフを描け．

    (a) $y(1) = 1$　　(b) $y(0) = -1$　　(c) $y(-1) = 0$

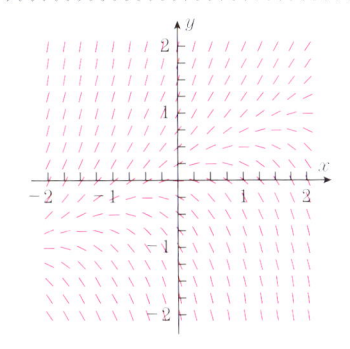

図 Ex-5

6. 〜 問題 5 の初期値問題を解き，グラフィックユーティリティを用いて，これらの解の積分曲線は方向場を使って描いた概形と比べて矛盾するところがないことを確かめよ．

7. 問題 3 の方向場を用いて，$x \to +\infty$ における $y' = 1 - y$ の解の振る舞いについて予想し，方程式の一般解を調べてその予想が正しいことを確かめよ．

8. 問題 5 の方向場を用いて，$x \to +\infty$ における初期値問題 $y' = 2y - x$, $y(0) = y_0$ の解の振る舞いにおける y_0 の影響について予想せよ．また，初期値問題の解を調べてその予想が正しいことを確かめよ．

9. 次の各問において，微分方程式に次ページの方向場を正しく組み合わせ，その理由を説明せよ．

    (a) $y' = 1/x$　　(b) $y' = 1/y$　　(c) $y' = e^{-x^2}$

    (d) $y' = y^2 - 1$　　(e) $y' = \dfrac{x+y}{x-y}$

    (f) $y' = (\sin x)(\sin y)$

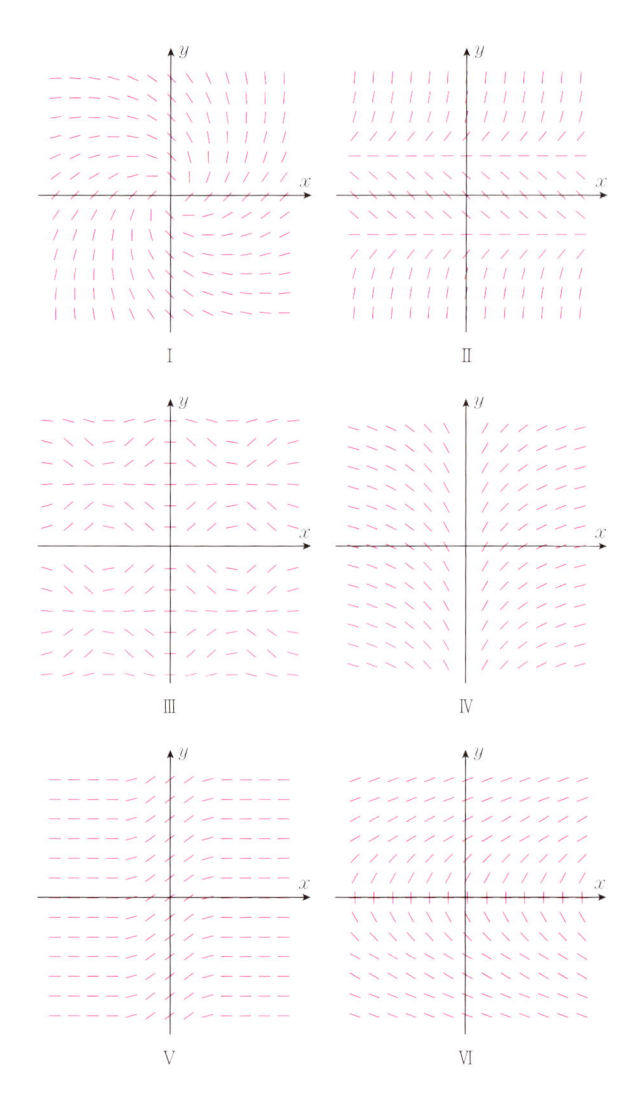

図 Ex-9

I II III IV V VI

10. [C] CAS または方向場を描けるグラフィックユーティリティがあれば，その使用法についての説明書を読み，問題 9 の微分方程式の方向場を作って自身の答えを確かめよ．

11. (a) 刻み幅が $\Delta x = 0.2$ であるオイラー法を用いて，初期値問題
$$y' = x + y, \quad y(0) = 1$$
の解を区間 $0 \leq x \leq 1$ 上で近似せよ．
    (b) 初期値問題を厳密に解いて，(a) のおのおのの近似値の誤差と誤差のパーセント表示を求めよ．
    (c) 厳密解と近似解の概形をともに描け．

12. この節の終わりで，オイラー法で刻み幅を半分に減らせば各近似値の誤差は約半分に減ると述べた．問題 11 で $\Delta x = 0.1$ の刻み幅を用いれば，$y(1)$ に含まれる誤差が約半分に減ることを確かめよ．

問題 13–16 では，与えられた刻み幅 Δx でのオイラー法を用いて，与えられた区間上の初期値問題の解を近似せよ．また，答えを表とグラフで示せ．

13. $dy/dx = \sqrt{y}$, $y(0) = 1$, $0 \leq x \leq 4$, $\Delta x = 0.5$
14. $dy/dx = x - y^2$, $y(0) = 1$, $0 \leq x \leq 2$, $\Delta x = 0.25$
15. $dy/dt = \sin y$, $y(0) = 1$, $0 \leq t \leq 2$, $\Delta t = 0.5$
16. $dy/dt = e^{-y}$, $y(0) = 0$, $0 \leq t \leq 1$, $\Delta t = 0.1$
17. 初期値問題
$$y' = \cos 2\pi t, \quad y(0) = 1$$
を考える．区間 $[0, 1]$ を 5 個の刻み幅によるオイラー法を用いて，$y(1)$ を近似せよ．

18. (a) 初期値問題 $y' = e^{-x^2}, y(0) = 0$ の解は
$$y(x) = \int_0^x e^{-t^2} dt$$
であることを示せ．
    (b) $\Delta x = 0.05$ としてオイラー法を用いて，
$$y(1) = \int_0^1 e^{-t^2} dt$$
の値を近似し，その答えと数値積分可能な計算ユーティリティで出力された答えとを比較せよ．

19. 図は，微分方程式 $y' = -x/y$ の方向場を示している．以下の問に答えよ．
    (a) 方向場を用いて，初期条件 $y(0) = 1$ を満たす解の $y(\frac{1}{2})$ を推定せよ．
    (b) 推定と $y(\frac{1}{2})$ の厳密な値を比較せよ．

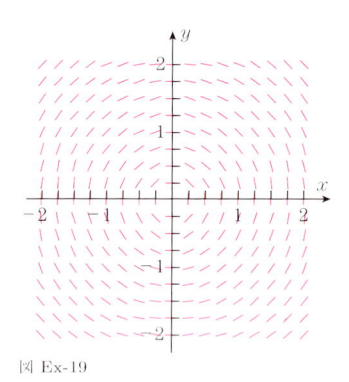

図 Ex-19

20. 初期値問題
$$\frac{dy}{dx} = \frac{\sqrt{y}}{2}, \quad y(0) = 1$$
を考える．以下の問に答えよ．
    (a) 刻み幅 $\Delta x = 0.2, 0.1, 0.05$ としたオイラー法を用いて，$y(1)$ の 3 つの近似値を求めよ．
    (b) Δx とそれに対する近似値との組をプロットし，$y(1)$ の正確な値について予想せよ．また，その論拠を説明せよ．
    (c) $y(1)$ の厳密な値を求めて，予想が正しいか確かめよ．

9.3 １階微分方程式によるモデル化

自然科学や社会科学の基本法則の多くは変化の割合を含むので，そのような法則が微分方程式によってモデル化されるのは，驚くにあたらない．この節では，微分方程式によるモデル化の一般的な考え方について述べ，個体数の増加，放射性炭素年代測定法，医学，生態学に適用できるいくつかの重要なモデルを調べる．

個体数の増加

個体数の増加の最も単純なモデルの１つは，個体集団（例えば，ヒト，植物，バクテリア，ミバエなど）が環境的な制限を受けないときは，それらは個体数の大きさに比例する割合で増加する傾向にある，という観察に基づいている．つまり，個体数が多くなればなるほど，それはより早く増加する．

この原理を数学的モデルに翻訳するために，$y = y(t)$ で時間 t における個体数を表す．どの時点でも時間に対する個体数の増加率は dy/dt であるから，増加率が個体数に比例するという仮定は微分方程式

$$\frac{dy}{dt} = ky \tag{1}$$

で表される．ただし，k は正の定数であり，それは通常は実験によって定めることができる．よって，ある時点での個体数がわかっていれば，例えば時間 $t = 0$ のとき $y = y_0$ ならば，個体数 $y(t)$ を表す一般式は初期値問題

$$\frac{dy}{dt} = ky, \quad y(0) = y_0$$

を解けば得られる．

薬理学

薬（例えばペニシリンやアスピリン）が個人に投与されると，それは血流に入り，時間がたつにつれて体に吸収されていく．医学の研究は，血流中の薬の量はその時点での薬の量に比例する割合で減少する傾向にあることを明らかにした．つまり，血流中に存在する薬が多ければ多いほど，それは速やかに体に吸収される．

この原理を数学的モデルに翻訳するために，$y = y(t)$ を時間 t において血流に存在する薬の量とする．どの時点でも，t に対する y の変化の割合は dy/dt であるから，減少率が血流中の薬の量 y に比例するという仮定は，微分方程式

$$\frac{dy}{dt} = -ky \tag{2}$$

と言い換えることができる．ただし，k は正の比例定数であり，これは薬によるが実験によって定めることができる．負の符号が必要なのは，y は時間とともに減少するからである．したがって，はじめの投薬量がわかっていれば，例えば時間 $t = 0$ で $y = y_0$ であれば，$y(t)$ を表す一般式は初期値問題

$$\frac{dy}{dt} = -ky, \quad y(0) = y_0$$

を解けば得られる．

病気の蔓延（まんえん）

個体数 L の個体集合で病気が広まり始めたとする．論理的に考えれば，各時間における病気が広がる割合は，すでに病気にかかっている個体数と，まだかかっていない個体数によって決まることが推察できる．すなわち，多くの個体が病気にかかれば，それだけ病気が広がる機会は増加する方に向かう．しかし，それと同時に病気にかかっていない個体数がより少なければ，病気が広がる機会は減少する方に向かう．このように，病気が広がる割合には，対立している２つの要因がある．

これを数学的モデルに翻訳するために，$y = y(t)$ を時間 t において病気にかかっている個体の数とすると，時間 t において病気にかかっていない個体数はもちろん $L - y$ である．y の

値が増加するならば，$L-y$ の値は減少する．したがって，病気の広がる割合 dy/dt に影響を与える，相反する2つの要因が，微分方程式

$$\frac{dy}{dt} = ky(L-y)$$

には組み入れられている．ここで，k は正の比例定数であって，これは病気の性質と個体の行動パターンに依存している．そして，この定数は実験によって定めることができる．それゆえ，ある時点で病気にかかっている個体の数がわかっているとき，例えば時間 $t=0$ で $y=y_0$ ならば，$y(t)$ を表す一般式は，初期値問題

$$\frac{dy}{dt} = ky(L-y), \quad y(0) = y_0 \tag{3}$$

を解けば得られる．

抑制された個体数の増加

この節のはじめに述べた個体数の増加モデルは，個体数 $y=y(t)$ は環境に妨げられることはないとの仮定に基づいていた．それゆえ，それは**無抑制増加モデル**とよばれることがある．しかし，実際の世界では，この仮定はふつう成り立たない．一般に，個体集団は，ある一定の個体数の範囲を養いつづけることができる生態系の中で育つのである．そのような個体数 L は，系の**環境収容力**とよばれる．よって，$y>L$ のとき，個体数は生態系の収容力を超えており，L に向かって減少する傾向にある．$y<L$ のときは，個体数は生態系の収容力を下回っており，L に向かって増加する傾向にある．そして，$y=L$ のときには個体数は生態系の収容力と釣り合いがとれており，安定を保つ傾向にある．

このことを数学的なモデルに翻訳するために，$y>0, L>0$ で

$$\frac{dy}{dt} < 0 \quad \left(\frac{y}{L} > 1 \text{ のとき}\right)$$
$$\frac{dy}{dt} > 0 \quad \left(\frac{y}{L} < 1 \text{ のとき}\right)$$
$$\frac{dy}{dt} = 0 \quad \left(\frac{y}{L} = 1 \text{ のとき}\right)$$

となる微分方程式を探さなければならない．さらに，論理的に考えれば，個体数が環境収容力を大きく下回る（つまり，$y/L \approx 0$ の）ときには，環境の抑制はほとんど効果をもたず，成長率は無抑制モデルによく似た振る舞いをするはずである．よって，

$$\frac{dy}{dt} \approx ky \quad (\frac{y}{L} \approx 0 \text{ のとき})$$

が期待される．これらすべての要求を満たす簡単な微分方程式の1つは

$$\frac{dy}{dt} = k\left(1 - \frac{y}{L}\right)y$$

である．ただし，k は比例定数である．よって，k と L が実験で定められれば，そしてある時点での個体数がわかっていれば，例えば時間 $t=0$ で $y=y_0$ ならば，個体数 $y(t)$ を表す一般式は初期値問題

$$\frac{dy}{dt} = k\left(1 - \frac{y}{L}\right)y, \quad y(0) = y_0 \tag{4}$$

を解けば得られる．

個体数増加のこの理論は，ベルギー人数学者のベルハースト (P.F.Verhulst, 1804〜1849) によるものである．彼は1838年にこの理論を紹介し，それを"ロジスティック成長"と述べていた[*]．よって，式 (4) の微分方程式は**ロジスティック微分方程式**とよばれ，式 (4) で表される増加モデルは**ロジスティックモデル**もしくは**抑制増加モデル**とよばれる．

---

[*]ベルハーストのモデルは100年近くも闇の中に埋もれていた．それは，彼はその正しさを検証するのに十分な人口調査のデータをもっていなかったからである．しかし，1930年代に生物学者たちが彼のモデルを使ってミバエやコクヌストモドキ（赤褐色で細長い体長3〜4 mmの昆虫，小麦粉の大害虫）の個体数の増加の記述に成功したことから，モデルへの興味が再燃した．ベルハースト自身はベルギーの人口の上限が約 9,400,000 人であることを予言するためにモデルを用いた．2010年推定のベルギーの人口は約 10,458,000 人である．

> **注意** 微分方程式 (3) は
> $$\frac{dy}{dt} = kL\left(1 - \frac{y}{L}\right)y$$
> と表せることを注意しよう．これは，k ではなく kL が比例定数となっているロジスティック方程式である．よって，病気の蔓延に関するこのモデルも，ロジスティックあるいは抑制増加モデルである．

指数的増加モデルと指数的減衰モデル

方程式 (1) と (2) は，指数モデルとよばれる一般的クラスのモデルの例である．一般に，指数的モデルは，ある量がその時点での量に比例する割合で増加したり，減少したりする状況において生じる．より厳密に，次のように定義する．

> **9.3.1 定義** ある量 $y = y(t)$ が，その時点での量に比例する割合で増加するとき**指数的増大モデル**をもつといい，それがその時点での量に比例する割合で減少するとき**指数的減衰モデル**をもつという．よって，指数的増加モデルでは，量 $y(t)$ は
> $$\frac{dy}{dt} = ky \quad (k > 0) \tag{5}$$
> の形の方程式を満たし，指数的減衰モデルでは，量 $y(t)$ は
> $$\frac{dy}{dt} = -ky \quad (k > 0) \tag{6}$$
> の形の方程式を満たす．定数 k は，各場合に応じて**増大定数**もしくは**減衰定数**とよばれる．

方程式 (5) および (6) は
$$\frac{dy}{dt} - ky = 0 \quad \text{および} \quad \frac{dy}{dt} + ky = 0$$
と書けるので，1 階線形方程式である．ともに 9.1 節の方程式 (5) の形をしており（ただし，独立変数は x ではなく t である），はじめの方程式では $p(t) = -k$, $q(t) = 0$, 2 つ目の方程式では $p(t) = k$, $q(t) = 0$ である．

これらの方程式をどのようにして解くことができるかを説明するために，量を表す変数 $y = y(t)$ が指数的増加モデルをもち，ある時点での変数の値がわかっている，例えば時間 $t = 0$ のとき $y = y_0$ とする．すると，$y(t)$ を表す一般的な式は初期値問題
$$\frac{dy}{dt} - ky = 0, \quad y(0) = y_0$$
を解けば得られる．微分方程式の両辺に積分因子
$$\mu = e^{-kt}$$
を掛ければ
$$\frac{d}{dt}(e^{-kt}y) = 0$$
となり，t について積分すれば
$$e^{-kt}y = C \quad \text{すなわち} \quad y = Ce^{kt}$$
となる．初期条件から $t = 0$ のとき $y = y_0$ となり，よって $C = y_0$ となる（確かめよ）．したがって，初期値問題の解は
$$y = y_0 e^{kt} \tag{7}$$
である．

$y = y(t)$ が指数的減衰モデルをもち，$y(0) = y_0$ ならば，
$$y = y_0 e^{-kt} \tag{8}$$
となることを示すことは読者に任せる．

増加定数と減衰定数の解釈

式 (7) と (8) の中の定数 k の意味は，これらの式を生み出した微分方程式を調べ直せば理解できる．例えば，指数的増加モデルの場合，方程式 (5) は

$$k = \frac{dy/dt}{y}$$

と書き直せる．この式は，増加率と全個体数との比は，全時間にわたって変化することなく，その定数は k であることを述べている．このような理由で，k は全個体数の**相対増加率**とよばれる．相対増加率はパーセント表示するのがふつうである．よって，指数的増加モデルにおける単位時間あたり 3% の相対増加率は，$k = 0.03$ を意味している．同様に，指数的減衰モデルの定数 k は**相対減衰率**とよばれる．

> **注意** 応用においては，相対増加率のことを単に**増加率**とよぶのが標準的習慣である．これは実際には正しくないが（増加率は dy/dt である），その習慣はたいへん広く浸透しているので，ここでもそれに従うことにする．

例 1 国連の資料によると，1998 年の世界人口はおよそ 59 億人であり，1 年あたり約 1.33% の割合で増加している．人口が指数的増加モデルをもつと仮定して，2023 年初頭での世界人口を推定せよ．

解 1998 年初頭の人口は 59 億人であったと仮定し，

$t =$（年単位での）1998 年初頭からの経過時間
$y =$（10 億人単位での）世界の人口

とする．1998 年初頭は $t = 0$ に対応するので，与えられたデータから

$$y_0 = y(0) = 5.9 \,(\times 10 \text{ 億人})$$

となる．増加率は 1.33%（$k = 0.0133$）であるから，式 (7) より時間 t での世界の人口は

$$y(t) = y_0 e^{kt} = 5.9 e^{0.0133t} \tag{9}$$

である．2023 年初頭は，経過した時間としては $t = 25$ 年に相当するから（$2023 - 1998 = 25$），式 (9) より 2023 年までには世界の人口は

$$y(25) = 5.9 e^{0.0133(25)} \approx 8.2$$

になり，人口は約 82 億人になる． ◀

> **注意** この例では増加率が与えられていたので，それを求める必要はなかった．指数モデルにおいて，増加率もしくは減衰率がわかっていなくても，それは初期条件と別の時点での y の値を使えば計算できる（演習問題 **34**）．

倍化時間と半減期

ある量 y が指数的増加モデルをもつとき，もとの量が 2 倍になるのにかかる時間を**倍化時間**とよぶ．そして，y が指数的減衰モデルをもつとき，もとの量が半分に減るのにかかる時間を**半減期**とよぶ．以下でわかるように，倍化時間と半減期は増加率もしくは減衰率のみによって決まり，最初に存在する量は関係ない．その理由をみるために，$y = y(t)$ は指数的増加モデル

$$y = y_0 e^{kt} \tag{10}$$

をもつとし，T は y の大きさが倍になるのにかかる時間を表すとする．すると，時間 $t = T$ では y の値は $2y_0$ であり，式 (10) より

$$2y_0 = y_0 e^{kT} \quad \text{つまり} \quad e^{kT} = 2$$

である．両辺の自然対数をとると $kT = \ln 2$ となり，これは倍化時間が

$$T = \frac{1}{k}\ln 2 \tag{11}$$

であることを表している．

式 (11) は指数的減衰モデルの半減期も与えるが，このことを示すのは演習問題として読者に任せる．この式は初期の量 y_0 を含んでいない．それゆえ，指数的増加モデルあるいは指数的減衰モデルでは，T 単位時間ごとに量 y は 2 倍になる（もしくは半減する）ことに注目しよう（図 9.3.1）．

倍化時間 T の指数的増大モデル

半減期 T の指数的減衰モデル

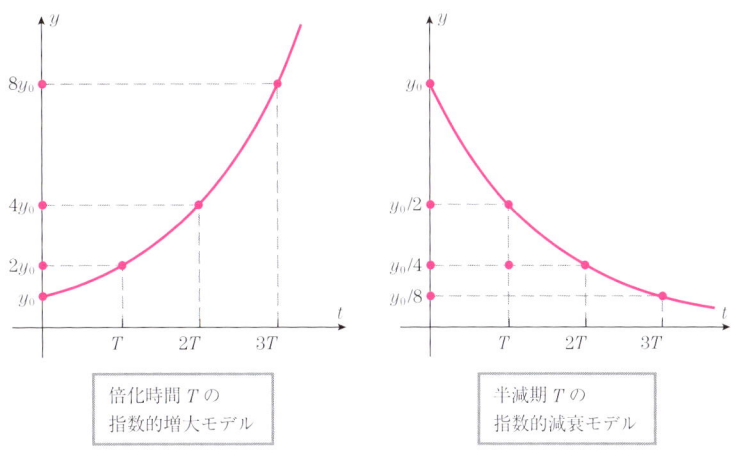

図 9.3.1

例 2 年あたり 1.33% の増加率がつづけば，世界人口の倍化時間は式 (11) より

$$T = \frac{1}{0.0133}\ln 2 \approx 52.116$$

つまり，約 52 年となる．よって，年あたり 1.33% の増加率がつづくと，1998 年に 59 億人であった世界人口は，2050 年までには倍の 118 億人になり，2102 年までにはさらに倍の 236 億人になる． ◀

放射能の減衰

物理的事実として，放射性元素は**放射能の減衰**とよばれる過程で自発的に崩壊していくことがわかっている．実験は，崩壊の割合がその時点での物質量に比例することを示している．このことは，時間の関数として表した放射性物質の量 $y = y(t)$ が指数的減衰モデルをもっていることを意味している．

どの放射性元素も独自の半減期をもっている．例えば，放射性の炭素 14 の半減期は約 5730 年である．したがって，式 (11) より，この物質の減衰定数は

$$k = \frac{1}{T}\ln 2 = \frac{\ln 2}{5730} \approx 0.000121$$

である．このことは，時間 $t = 0$ に y_0 単位の炭素 14 があるとすると，t 年後にはおよそ

$$y(t) = y_0 e^{-0.000121t} \tag{12}$$

単位が存在することになる．

例 3 100 g の放射性の炭素 14 が 1000 年間洞窟に保管されたとすると，そのときには何 g が残っているか．

解 $y_0 = 100$，$t = 1000$ のもとで，式 (12) より

$$y(1000) = 100e^{-0.000121(1000)} = 100e^{-0.121} \approx 88.6$$

を得る．よって，約 88.6 g 残っている． ◀

放射性炭素年代測定法

地球の大気上層において，窒素は宇宙線に核反応して，放射性元素の炭素 14 が生成される．この炭素 14 に酸素が結びついて二酸化炭素ができる．これが植物に吸収され，それが今度は動物に食べられる．このように，すべての生きている植物と動物はたくさんの放射性炭素 14 を吸収する．1947 年にアメリカの原子物理学者リッビィ (W.F.Libby)* は，大気中の炭素 14 の割合と植物の生きている組織における割合とは同じである，という理論を提唱した．植物もしくは動物が死ぬと，組織中の炭素 14 は減衰し始める．それゆえ，植物もしくは動物を材料として含む人工の遺物の年代は，はじめに含まれていた炭素 14 の何 % が残っているかを定めることによって，推定することができる．この割合を測定するために，**放射性炭素年代測定法**あるいは**炭素 14 年代測定法**とよばれるさまざまな手法が開発されている．

例 4 1988 年にローマ教皇庁は大英博物館に，トリノの聖骸布 (Shroud of Turin) とよばれる布の聖遺物の年代を測定する権限を与えた．これはナザレのイエスの遺骸を包んだ布であろうと思われていた．この布は 1356 年にはじめて明るみに出たものであるが，これにはイエスのものであると広く信じられた人体のぼやけた像がみてとれる．大英博物館は衣服の繊維がはじめに含まれていた炭素 14 の 92% から 93% を含んでいるということを示した．この情報を使って聖骸布の年代を推定せよ．

解 式 (12) より t 年後に残っている炭素 14 のもともと含まれていた炭素 14 に対する割合は

$$\frac{y(t)}{y_0} = e^{-0.000121t}$$

である．両辺の自然対数をとって t について解くと

$$t = -\frac{1}{0.000121} \ln\left(\frac{y(t)}{y_0}\right)$$

を得る．よって，$y(t)/y_0$ を 0.93 および 0.92 ととると

$$t = -\frac{1}{0.000121} \ln(0.93) \approx 600$$

$$t = -\frac{1}{0.000121} \ln(0.92) \approx 689$$

を得る．このことから，1988 年に検証が行われたときには聖骸布が作られてから 600 年から 689 年経過しており，ゆえにその起源は西暦 1299 年と 1388 年のあいだにあることがわかる．よって，放射性炭素年代測定法の有効性を認めれば，トリノの聖骸布はナザレのイエスの遺骸を包んだものではありえない． ◀

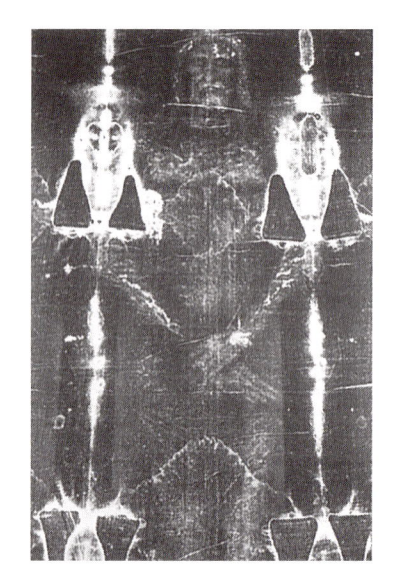

トリノの聖骸布

ロジスティックモデル

環境収容力 L の生態系における個体数の増加のロジスティックモデルは，初期値問題 (4) で規定されることを思い出そう．この初期値問題が $y(t)$ についてどのように解くことができるかを明示するために，微分方程式

$$\frac{dy}{dt} = k\left(1 - \frac{y}{L}\right)y \tag{13}$$

に焦点をあてる．定数関数 $y = 0$ と $y = L$ は方程式 (13) の特別な解であることに注意しよう．非定数解を求めるために，方程式 (13) を

$$\frac{dy}{dt} = \frac{k}{L}(L-y)y = \frac{k}{L}y(L-y)$$

と書き直すと都合がよい．この方程式は変数が分離できる．なぜなら，微分の形で

$$\frac{L}{y(L-y)} dy = k\, dt$$

の形に書けるからである．両辺を積分すると

$$\int \frac{L}{y(L-y)}\, dy = \int k\, dt$$

---

*W. F. Libby 著 "Radiocarbon Dating"：1956 年発行 *American Scientist* 誌 44 巻 98 – 112 ページ

となる．左辺に部分分数分解を適用すると，この方程式は

$$\int \left(\frac{1}{y} + \frac{1}{L-y}\right) dy = \int k\,dt$$

と書き直せる（確かめよ）．積分しその結果を整理すると

$$\ln|y| - \ln|L-y| = kt + C$$

$$\ln\left|\frac{y}{L-y}\right| = kt + C$$

$$\left|\frac{y}{L-y}\right| = e^{kt+C}$$

$$\left|\frac{L-y}{y}\right| = e^{-kt-C} = e^{-C}e^{-kt}$$

$$\frac{L-y}{y} = \pm e^{-C} e^{-kt}$$

$$\frac{L}{y} - 1 = Ae^{-kt} \quad (\text{ただし}, A = \pm e^{-C})$$

を得る．この方程式を y について解くと

$$y = \frac{L}{1 + Ae^{-kt}} \tag{14}$$

となる（確かめよ）．最後の段階として，定数 A を定めるために (4) の初期条件を用いる．初期条件より $t=0$ のとき $y=y_0$ となるので，式 (14) より

$$y_0 = \frac{L}{1+A}$$

となる．これより

$$A = \frac{L-y_0}{y_0}$$

を得る．したがって，初期値問題 (4) の解は

$$y = \frac{L}{1 + \left(\frac{L-y_0}{y_0}\right) e^{-kt}}$$

である．これはより簡単な形

$$y = \frac{y_0 L}{y_0 + (L-y_0)e^{-kt}} \tag{15}$$

と書き直せる．式 (13) の定数解は式 (15) でも得られることに注意しよう．それらは初期条件 $y_0 = 0$，および $y_0 = L$ に対応している．

式 (15) のグラフは，初期個体数 y_0 と環境収容力 L との関係によって，4 つの一般形のうちのいずれかになる（図 9.3.2）．

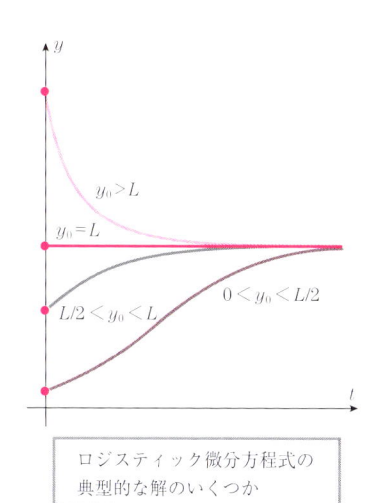

例 5 図 9.3.3 はロジスティックモデルにおける個体数 $y = y(t)$ のグラフを示している．y_0，L，および k の値を推定し，その推定を使って y を t の関数として表せ．

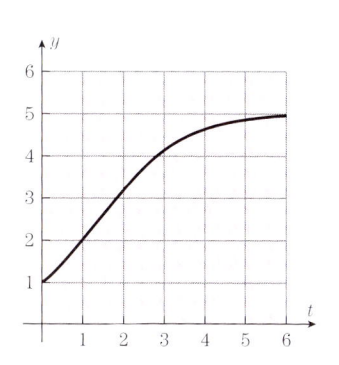

解 環境収容力が $L=5$ で時間 $t=0$ での個体数が $y_0 = 1$ であることはグラフから読み取れる．よって，式 (15) より，求める式は

$$y = \frac{5}{1 + 4e^{-kt}} \tag{16}$$

の形をしている．ただし，k はこれから定める定数である．グラフは点 $(1, 2)$ を通るので，$t=1$ のとき $y=2$ であることがわかる．これらの値を式 (16) に代入すると

$$2 = \frac{5}{1 + 4e^{-k}}$$

となる．k について解くと

$$k = \ln\frac{8}{3} \approx 0.98$$

が得られ（確かめよ），これを (16) に代入すると
$$y = \frac{5}{1 + 4e^{-0.98t}}$$
となる．

◀

演習問題 9.3 ∼ グラフィックユーティリティ

1. (a) ある量 $y = y(t)$ が，その時点での量の 2 乗に比例する割合で増加し，時間 $t = 0$ でのその量は y_0 である．$y(t)$ を解とする初期値問題を求めよ．
   (b) ある量 $y = y(t)$ が，その時点での量の 2 乗に比例する割合で減少し，時間 $t = 0$ でのその量は y_0 である．$y(t)$ を解とする初期値問題を求めよ．

2. (a) ある量 $y = y(t)$ が，$dy/dt = k\sqrt{y}$ という仕方で変化している．ただし，$k > 0$ である．y の変化の仕方を言葉で表せ．
   (b) ある量 $y = y(t)$ が，$dy/dt = -ky^3$ という仕方で変化している．ただし，$k > 0$ である．y の変化の仕方を言葉で表せ．

3. (a) ある質点が s 軸上を移動しており，その速度 $v(t)$ は常に $s(t)$ の半分である．$s(t)$ を解とする微分方程式を求めよ．
   (b) ある物体が s 軸上を移動しており，その加速度 $a(t)$ は常に速度の 2 倍である．$s(t)$ が解であるような微分方程式を求めよ．

4. ある物体が抵抗媒体の中を s 軸に沿って移動しており，その速度 $v = v(t)$ は速度の 2 乗の 2 倍の割合で減少している．以下の問に答えよ．
   (a) 速度 $v(t)$ を解とする微分方程式を求めよ．
   (b) 位置 $s(t)$ を解とする微分方程式を求めよ．

5. 最初の個体数が 10,000 のバクテリアが，1 時間あたり 1% の割合で指数的に増加していると仮定する．また，t 時間後のバクテリアの個体数を $y = y(t)$ とする．以下の問に答えよ．
   (a) $y(t)$ を解とする初期値問題を求めよ．
   (b) $y(t)$ を表す式を求めよ．
   (c) バクテリアの個体数が初めの個体数の倍になるのに，時間はどれだけかかるか．
   (d) バクテリアの個体数が 45,000 に達するのに，時間はどれだけかかるか．

6. 大腸菌 ($E.coli$) の細胞は，栄養価の高い培養液に置かれているときは，20 分ごとに 2 つの細胞に分裂する．培養液に 1 つの細胞を置いてから t 分後の細胞の数を $y = y(t)$ で表す．大腸菌の増加は連続的な指数的増加モデルで近似できると仮定する．以下の問に答えよ．
   (a) $y(t)$ を解とする初期値問題を求めよ．
   (b) $y(t)$ を表す式を求めよ．
   (c) 2 時間後の細胞の数はどれだけか．
   (d) 細胞の数が 1,000,000 に達するのにどれだけかかるか．

7. ラドン 222 は，半減期が 3.83 日の放射性の気体である．この気体は家の地下室に滞留する傾向があり，健康を害する恐れがある．多くの保健担当官が自宅所有者にラドン気体の流入を防ぐために地下室を密閉するよう勧告している．地下室を密封したとき，そこに 5.0×10^7 個のラドン原子が滞留しているとし，その t 日後のラドン原子の数を $y(t)$ で表す．以下の問に答えよ．
   (a) $y(t)$ を解とする初期値問題を求めよ．
   (b) $y(t)$ を表す式を求めよ．
   (c) 30 日後のラドン原子の数はどれだけか．
   (d) もとの気体の 90% が崩壊するのに，日数はどれだけかかるか．

8. ポロニウム 210 は半減期が 140 日の放射性元素である．10 mg のポロニウム 210 が鉛の容器に入っているとし，t 日後のポロニウム 210 の質量を $y(t)$ mg とする．以下の問に答えよ．
   (a) $y(t)$ を解とする初期値問題を求めよ．
   (b) $y(t)$ を表す式を求めよ．
   (c) 10 週間後のポロニウム 210 の質量は何 mg か．
   (d) もとの試料の 70 % が崩壊するのに，日数はどれだけかかるか．

9. 最大 5000 匹を収容できる育成容器に 100 匹のミバエが入っているとする．個体数が 1 日あたり 2% の割合で指数的に増加しているとき，容器の許容量に達するのに日数はどれだけかかるか．

10. グレイロックの町は，1987 年の人口が 10,000 人であり，1997 年の人口は 12,000 人であったとする．指数的増加モデルを仮定して，人口が 20,000 人に達するのは何年か．

11. 科学者がある放射性物質の半減期を決定しようとしている．彼女は，ちょうど 5 日のあいだに 10.0 mg の試料が崩壊して 3.5 mg になるのを確かめた．これらの数値に基づくと，半減期はどれだけか．

12. ある放射性物質は，5 年でその 40% が崩壊する．以下の問に答えよ．
    (a) この物質の半減期は何年か．
    (b) この物質をある量だけ洞窟に保管したとする．t 年後にはその何 % が残っているか．

13. 次の各問において，与えられた条件を満たす指数的増加モデル $y = y_0 e^{kt}$ を求めよ．
    (a) $y_0 = 2$; 倍化時間 $T = 5$
    (b) $y(0) = 5$; 増加率 1.5%

(c) $y(1) = 1$; $y(10) = 100$
(d) $y(1) = 1$; 倍化時間 $T = 5$

14. 次の各問において，与えられた条件を満たす指数的減衰モデル $y = y_0 e^{-kt}$ を求めよ．
    (a) $y_0 = 10$; 半減期 $T = 5$
    (b) $y(0) = 10$; 減衰率 1.5%
    (c) $y(1) = 100$; $y(10) = 1$
    (d) $y(1) = 10$; 半減期 $T = 5$

15. ～ (a) $y = y_0 e^{kt}$ と $y = y_0 e^{-kt}$ のグラフについて，y_0 を一定に保ちながら k を変化させたときの変化の様子を予想せよ．また，グラフィックユーティリティを用いて予想を確かめよ．
    (b) $y = y_0 e^{kt}$ と $y = y_0 e^{-kt}$ のグラフについて，k を一定に保ちながら y_0 を変化させたときの変化の様子を予想せよ．また，グラフィックユーティリティを用いて予想を確かめよ．

16. (a) k を一定に保って y_0 を増加させたとき，指数モデルの倍化時間や半減期はどのように変化するか．また，その根拠を述べよ．
    (b) y_0 を一定に保って k を増加させたとき，指数モデルの倍化時間や半減期はどのように変化するか．また，その根拠を述べよ．

17. (a) **70 の法則**とよばれる，指数モデルの倍化時間や半減期を素早く推定するのに使える妙手がある．この法則によると，倍化時間や半減期は 70 を増加率や減衰率のパーセント数で割った値とだいたい等しい．例えば，1 年あたり 1.33% の増加率がつづくと世界人口は 52 年ごとに倍になることを例 2 で示した．この結果は，$70/1.33 \approx 52.6$ であるから 70 の法則に合う．この法則がうまくはたらく理由を説明せよ．
    (b) 70 の法則を用いて，1 年あたり 1% の割合で指数的に増加する個体数の倍化時間を推定せよ．
    (c) 70 の法則を用いて，1 時間あたり 3.5% の割合で指数的に減少する個体数の半減期を推定せよ．
    (d) 70 の法則を用いて，指数的に増加する個体数が 10 年ごとに倍になるために必要となる増加率を推定せよ．

18. 指数的増加モデルの 3 倍化時間を表す式を求めよ．

19. 1950 年にニューメキシコのフォルサム近くを発掘していた研究チームは，焼け焦げたバイソンの骨とともに，パレオ・インディアンの狩猟文化によって作られた（"フォルサム尖頭器"とよばれる）葉形の槍の穂先を発掘した．バイソンが尖頭器を作った人々に料理され食されたのは証拠品から明らかなので，研究者は骨を放射性炭素年代測定法で調べて，狩猟者たちが北アメリカを歩き回った年代を決定できた．検証によると，骨にはもともと含まれていた炭素 14 が 27% から 30% 含まれていた．この情報により，狩猟者たちはおよそ紀元前 9000 年から紀元前 8000 年のあいだに生きていたことを示せ．

20. ～ (a) p_{rem} を t 年後に残っているある人工物に含まれる炭素 14 の割合とする．グラフィックユーティリティを用いて，t に対する p_{rem} のグラフを描け．
    (b) 1988 年の検証において，トリノの聖骸布がイエスの亡骸を包んだものと結論するには，炭素 14 は何 % 残っていなければならなかったかを，グラフを用いて推定せよ．[例題 13 参照]

問題 **21** と **22** では，ロジスティックモデル
$$y = \frac{y_0 L}{y_0 + (L - y_0)e^{-kt}}$$
のグラフが示されている．y_0, L, および k の値を推定せよ．

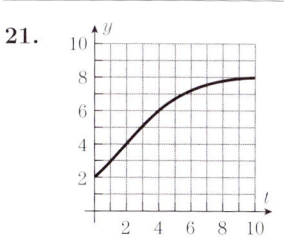

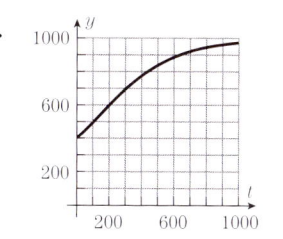

21.   22.

23. 個体数 $y = y(t)$ の増加がロジスティックモデル
$$y = \frac{60}{5 + 7e^{-t}}$$
で与えられているとする．以下の問に答えよ．
    (a) 時間 $t = 0$ での個体数はどれだけか．
    (b) 環境収容力 L はどれだけか．
    (c) 定数 k の値を求めよ．
    (d) 個体数が環境収容力の半分に達するのはいつか．
    (e) $y(t)$ を解とする初期値問題を求めよ．

24. 個体数 $y = y(t)$ の増加がロジスティックモデル
$$y = \frac{1000}{1 + 999e^{-0.9t}}$$
で与えられているとする．以下の問に答えよ．
    (a) 時間 $t = 0$ での個体数はどれだけか．
    (b) 環境収容力 L はどれだけか．
    (c) 定数 k の値を求めよ．
    (d) 個体数が環境収容力の 75% に達するのはいつか．
    (e) $y(t)$ を解とする初期値問題を求めよ．

25. 個体数 $y(t)$ の増加がロジスティックモデル
$$\frac{dy}{dt} = 10(1 - 0.1y)y$$
に従っているとする．以下の問に答えよ．
    (a) 環境収容力はどれだけか．
    (b) k の値を求めよ．
    (c) 個体数が最も速く増加するときの y の値を求めよ．

26. 個体数 $y(t)$ の増加がロジスティックモデル
$$\frac{dy}{dt} = 50y - 0.001y^2$$
に従っているとする．以下の問に答えよ．
    (a) 環境収容力はどれだけか．
    (b) k の値を求めよ．
    (c) 個体数が最も速く増加するときの y の値を求めよ．

27. ある大学の宿舎には 1000 名の学生が住んでいる．学期休暇の後，20 人の学生がインフルエンザにかかって宿舎に戻り，そしてその 5 日後には 35 名の学生がインフルエンザにかかっている．以下の問に答えよ．
    (a) モデル (3) を用いて，休暇から戻って t 日後にインフルエンザにかかっているであろう学生の数を解とする初期値問題を求めよ．[ノート：この場合の微分方程式は比例定数を含む．]
    (b) 初期値問題を解き，与えられた数値を用いて比例定数を求めよ．
    (c) 2 週間のあいだ，1 日ごとにインフルエンザがどう広まるかを示す表を作れ．
    (d) グラフィックユーティリティを用いて，2 週間のあいだにインフルエンザがどう広まるかを表すグラフを描け．

28. 気温一定のとき，海抜高度 h に対する大気圧 p の変化の割合は，大気圧に比例することが実験で観察されている．以下の問に答えよ．
    (a) 海水面での大気圧が p_0 であるとして，$p(h)$ を解とする初期値問題を求めよ．[ノート：この場合の微分方程式は比例定数を含む．]
    (b) 海水面での大気圧が 1 気圧（atm）で，海抜 5000 フィート（ft）の大気圧が 0.83 気圧（atm）であるとき，$p(h)$ を atm を単位として求めよ．

ニュートンの冷却の法則によると，冷されている物体の温度が低下する割合と，暖められている物体の温度が上昇する割合とは，物体の温度とその周囲の媒質との温度差に比例する．問題 29–32 ではこの結果を用いよ．

29. 温度 95°C の水がコップ 1 杯にあって，一定の室温 21°C の部屋に置かれている．以下の問に答えよ．
    (a) ニュートンの冷却の法則が適用できると仮定して，部屋に置かれてから t 分後の水の温度が解となっている初期値問題を作り，そしてそれを解け．[ノート：この場合の微分方程式は比例定数を含む．]
    (b) 水が 1 分後に 85°C まで冷えたとすると，水の温度が 51°C になるのに何分かかるか．

30. 温度 40°F のレモネードがグラス 1 杯にあって，一定の室温 70°F の部屋に置かれ，1 時間後にはその温度は 52°F になった．7.4 節の例 4 において，レモネードが部屋に置かれてから t 時間後の温度は $T = 70 - 30e^{-0.5t}$ で近似されることを述べている．ニュートンの冷却の法則と問題 29 で用いた方法を用いて，これを確かめよ．

31. 偉大な探偵シャーロック・ホームズと助手のワトソン博士は，俳優コーネリアス・マッカム殺人事件について議論している．マッカムは頭を撃たれていて，彼の代役バリー・ムーアは凶器を手に持ち死体のそばに立っているところを発見された．さあ聞いてみよう．
    ワトソン： きわめて簡単な事件だよ．ムーアがホシさ．
    ホームズ： そうあせるなよ，ワトソン君．君はニュートンの冷却の法則を忘れているぜ．
    ワトソン： え？
    ホームズ： 基本だよ，親愛なるワトソン君．ムーアは午後 10 時 6 分にマッカムのそばに立っているのが発見された．その時刻に検死官が死体の温度は 77.9°F と記録に残しており，かつ部屋は 72°F に温度調整されていたことを書き留めている．午後 11 時 6 分に検死官がもう一度測ったとき，死体の温度は 75.6°F と記録している．マッカムの平熱は 98.6°F で，ムーアは午後 6 時ちょうどから 8 時ちょうどまで舞台に立っていたから，ムーアは明らかに無実さ．
    ワトソン： ええ？
    ホームズ： ときどき君はとても鈍感になるんだね，ワトソン君．誰か微積分学を勉強している学生に計算してもらうように頼んでみたまえ．
    ワトソン： フーム．

32. 時間 $t = 0$ に温度 T_0 の物体が，室温が一定値 T_a の部屋に置かれているとする．$T_0 < T_a$ ならば物体の温度は上昇し，$T_0 > T_a$ ならば物体の温度は低下する．ニュートンの冷却の法則が適用できると仮定して，どちらの場合にも時間 t での温度 $T(t)$ は
$$T(t) = T_a + (T_0 - T_a)e^{-kt}$$
で与えられることを示せ．ただし，k は正の定数である．

33. (a) $b > 1$ ならば，方程式 $y = y_0 b^t$ はある正の定数 k に対して $y = y_0 e^{kt}$ と表せることを示せ．[ノート：このことは，$b > 1$ かつ y が方程式 $y = y_0 b^t$ に従って増加するならば，y は指数的増加モデルをもつことを示している．]
    (b) $0 < b < 1$ ならば，方程式 $y = y_0 b^t$ はある正の定数 k に対して $y = y_0 e^{-kt}$ と表せることを示せ．[ノート：このことは，$0 < b < 1$ かつ y が方程式 $y = y_0 b^t$ に従って減衰するならば，y は指数的減衰モデルをもつことを示している．]
    (c) $y = 4(2^t)$ を $y = y_0 e^{kt}$ の形で表せ．
    (d) $y = 4(0.5^t)$ を $y = y_0 e^{-kt}$ の形で表せ．

34. ある量 y が指数的増加モデル $y = y_0 e^{kt}$ もしくは指数的減衰モデル $y = y_0 e^{-kt}$ をもち，$t = t_1$ のとき $y = y_1$ となることがわかっているとする．おのおのの場合について，$t_1 \neq 0$ の仮定のもとで，k を y_0, y_1，および t_1 で表した式を求めよ．

9.4 2階同次線形微分方程式；バネの振動

この節では，いくつかの重要な2階微分方程式の解法を示す．その応用として，振動するバネの動きを学ぶ．

定数係数 2 階同次線形微分方程式

2 階線形微分方程式とは

$$\frac{d^2y}{dx^2} + p(x)\frac{dy}{dx} + q(x)y = r(x) \tag{1}$$

の形の方程式，あるいは別の書き方をすれば

$$y'' + p(x)y' + q(x)y = r(x)$$

の形のものである．$r(x)$ が恒等的に 0 であるならば，式 (1) は

$$\frac{d^2y}{dx^2} + p(x)\frac{dy}{dx} + q(x)y = 0$$

となり，これを **2 階同次線形微分方程式**とよぶ．

2 階同次線形微分方程式の解を考察するために，いくつかの用語を導入しておくことが有用である．2 つの関数 f と g の一方が他方の定数倍になっているとき，それらは**線形従属**であるという．どちらの一方も他方の定数倍でないとき，それらは**線形独立**であるという．よって，

$$f(x) = \sin x \quad と \quad g(x) = 3\sin x$$

は線形従属だが，

$$f(x) = x \quad と \quad g(x) = x^2$$

は線形独立である．次の定理は，2 階同次線形微分方程式の研究の中核をなすものである．

9.4.1 定理 同次方程式

$$\frac{d^2y}{dx^2} + p(x)\frac{dy}{dx} + q(x)y = 0 \tag{2}$$

を考える．ただし，関数 $p(x)$ と $q(x)$ はある共通の開区間 I 上で連続とする．このとき，I 上での式 (2) の線形独立な 2 つの解 $y_1(x)$ と $y_2(x)$ が存在する．さらに，与えられたどのような線形独立な 2 つの解 $y_1(x)$ と $y_2(x)$ に対しても，I 上での式 (2) の一般解は

$$y(x) = c_1 y_1(x) + c_2 y_2(x) \tag{3}$$

で与えられる．すなわち，I 上での式 (2) の各解は，適当な定数 c_1 と c_2 の値を選ぶと，式 (3) によって得ることができる．逆に，c_1 と c_2 にどんな値を選んでも式 (3) は式 (2) の解である．

この定理の完全な証明は微分方程式の課程に譲ることにする．（議論の細部に興味をもった読者は William E. Boyce, Richard C. DiPrima 著 *Elementary Differential Equations*, 7th ed., John Wiley & Sons, New York, 2001 の第 3 章を参照していただきたい．）

ここでは，p と q を定数として

$$\frac{d^2y}{dx^2} + p\frac{dy}{dx} + qy = 0 \tag{4}$$

という形の 2 階同次線形微分方程式のみ扱うことにする．定数関数 $p(x) = p$ と $q(x) = q$ は $I = (-\infty, +\infty)$ 上で連続であるから，定理 9.4.1 より，方程式 (4) の一般解を求めるには I 上の 2 つの線形独立な解 $y_1(x)$ と $y_2(x)$ を求めればよい．このとき，一般解は任意の定数 c_1 と c_2 を用いて $y(x) = c_1 y_1(x) + c_2 y_2(x)$ と表される．

まず，$y = e^{mx}$ の形の方程式 (4) の解を探すことから始める．この形の関数を選ぶ理由は，この関数の 1 階および 2 階の導関数は y の定数倍であり，そのことによって適当に m を選べば方程式 (4) の解が得られると期待されるからである．そのような m を求めるために

$$y = e^{mx}, \quad \frac{dy}{dx} = me^{mx}, \quad \frac{d^2y}{dx^2} = m^2 e^{mx} \tag{5}$$

を方程式 (4) に代入して

$$(m^2 + pm + q)e^{mx} = 0 \tag{6}$$

を得る．これは，各 x に対して $e^{mx} \neq 0$ であることより，

$$m^2 + pm + q = 0 \tag{7}$$

であるならば満たされ，またこの場合に限られる．

方程式 (7) は，方程式 (4) の**補助方程式**とよばれるが，これは方程式 (4) の d^2y/dx^2 を m^2 に，dy/dx を $m(= m^1)$ に，そして y を $1(= m^0)$ に置き換えることによって得ることができる．補助方程式の解 m_1 と m_2 は，因数分解もしくは 2 次方程式の解の公式より得られる．これらの解は

$$m_1 = \frac{-p + \sqrt{p^2 - 4q}}{2}, \quad m_2 = \frac{-p - \sqrt{p^2 - 4q}}{2} \tag{8}$$

である．$p^2 - 4q$ が正であるか，零であるか，あるいは負であるかによって，これらの根は，相異なる実数，等しくて実数，あるいは互いに共役な複素数となる[*]．おのおのの場合を分けて考えてみる．

相異なる実根

もし m_1 と m_2 が相異なる実根であれば，方程式 (4) は 2 つの解

$$y_1 = e^{m_1 x}, \quad y_2 = e^{m_2 x}$$

をもつ．関数 $e^{m_1 x}$ と $e^{m_2 x}$ のいずれも，他方の定数倍ではないので（演習問題 **29**），この場合の方程式 (4) の一般解は

$$y(x) = c_1 e^{m_1 x} + c_2 e^{m_2 x} \tag{9}$$

である．

例 1 $y'' - y' - 6y = 0$ の一般解を求めよ．

解 補助方程式は

$$m^2 - m - 6 = 0 \quad \text{すなわち} \quad (m+2)(m-3) = 0$$

であるので，その根は $m = -2$ と $m = 3$ である．よって，式 (9) より微分方程式の一般解は，任意定数 c_1 と c_2 を用いて

$$y = c_1 e^{-2x} + c_2 e^{3x}$$

と表せる． ◀

等しい実根

もし m_1 と m_2 が等しい実根であれば，例えば $m_1 = m_2 = m$ とおけば，補助方程式からは方程式 (4) の解

$$y_1(x) = e^{mx}$$

が唯一つしか得られない．ここで，

$$y_2(x) = xe^{mx} \tag{10}$$

が 2 つ目の線形独立な解であることを示す．これがそうなっていることをみるために，根が

---

[*]多項式の方程式，特に 2 次方程式の複素数解は $a + bi$ と $a - bi$ の共役な組となることを思い出そう．

等しいことより式 (8) において $p^2 - 4q = 0$ であることに注意する．よって，
$$m = m_1 = m_2 = -p/2$$
であり，そして式 (10) は
$$y_2(x) = xe^{(-p/2)x}$$
となる．微分すると
$$y_2'(x) = \left(1 - \frac{p}{2}x\right)e^{(-p/2)x} \quad かつ \quad y_2''(x) = \left(\frac{p^2}{4}x - p\right)e^{(-p/2)x}$$
となるから，
$$\begin{aligned}y_2''(x) + py_2'(x) + qy_2(x) &= \left[\left(\frac{p^2}{4}x - p\right) + p\left(1 - \frac{p}{2}x\right) + qx\right]e^{(-p/2)x} \\ &= \left[-\frac{p^2}{4} + q\right]xe^{(-p/2)x}\end{aligned} \tag{11}$$
である．しかし，$p^2 - 4q = 0$ より $(-p^2/4) + q = 0$ で，式 (11) は
$$y_2''(x) + py_2'(x) + qy_2(x) = 0$$
となる．この式は $y_2(x)$ が (4) の解であることを示している．
$$y_1(x) = e^{mx} \quad と \quad y_2(x) = xe^{mx}$$
が線形独立であることを示せるので（演習問題 **29**），この場合の方程式 (4) の一般解は
$$y = c_1 e^{mx} + c_2 x e^{mx} \tag{12}$$
である．

例 2 $y'' - 8y' + 16y = 0$ の一般解を求めよ．

解 補助方程式は
$$m^2 - 8m + 16 = 0 \quad すなわち \quad (m-4)^2 = 0$$
であるので，$m = 4$ が唯一つの解である．よって，式 (12) より微分方程式の一般解は
$$y = c_1 e^{4x} + c_2 x e^{4x}$$
である． ◀

複素数根

補助方程式が複素数根 $m_1 = a + bi$ と $m_2 = a - bi$ をもつとき，$y_1(x) = e^{ax}\cos bx$ と $y_2(x) = e^{ax}\sin bx$ は線形独立な方程式 (4) の解で
$$y = e^{ax}(c_1 \cos bx + c_2 \sin bx) \tag{13}$$
が一般解である．証明は演習問題で議論する（演習問題 **30**）．

例 3 $y'' + y' + y = 0$ の一般解を求めよ．

解 補助方程式 $m^2 + m + 1 = 0$ は根
$$m_1 = \frac{-1 + \sqrt{1-4}}{2} = -\frac{1}{2} + \frac{\sqrt{3}}{2}i$$
$$m_2 = \frac{-1 - \sqrt{1-4}}{2} = -\frac{1}{2} - \frac{\sqrt{3}}{2}i$$
をもつ．よって，一般解 (13) で $a = -1/2$, $b = \sqrt{3}/2$ とすると，微分方程式の一般解は
$$y = e^{-x/2}\left(c_1 \cos \frac{\sqrt{3}}{2}x + c_2 \sin \frac{\sqrt{3}}{2}x\right)$$
である． ◀

初期値問題

物理の問題が 2 階微分方程式へと導かれたとき，通常は問題の中に 2 つの条件があり，それらが方程式の一般解の中の 2 つの任意定数に対して特別の値を決定する．解 $y(x)$ の $x = x_0$ での値を特定する条件，およびその導関数 $y'(x)$ の $x = x_0$ での値を特定する条件を**初期条件**とよぶ．初期条件を課して 2 階微分方程式を解く問題を **2 階初期値問題**とよぶ．

例 4 初期値問題
$$y'' - y = 0, \quad y(0) = 1, \quad y'(0) = 0$$
を解け．

解 まず，微分方程式を解かなければならない．補助方程式
$$m^2 - 1 = 0$$
は相異なる実根 $m_1 = 1$, $m_2 = -1$ をもつので，式 (9) より一般解は
$$y(x) = c_1 e^x + c_2 e^{-x} \tag{14}$$
であり，この解の導関数は
$$y'(x) = c_1 e^x - c_2 e^{-x} \tag{15}$$
である．$x = 0$ を式 (14) と (15) に代入し，初期条件 $y(0) = 1$ と $y'(0) = 0$ を用いると，連立方程式
$$c_1 + c_2 = 1$$
$$c_1 - c_2 = 0$$
を得る．この連立方程式を解くと $c_1 = \frac{1}{2}$, $c_2 = \frac{1}{2}$ となるので，式 (14) より初期値問題の解は
$$y(x) = \frac{1}{2} e^x + \frac{1}{2} e^{-x} = \cosh x$$
である． ◀

次のまとめに 2 階定数係数同次線形微分方程式の解の早見表を載せておく．

まとめ

方程式：$y'' + py' + qy = 0$
補助方程式：$m^2 + pm + q = 0$

場合	一般解
補助方程式の相異なる実根 m_1 と m_2	$y = c_1 e^{m_1 x} + c_2 e^{m_2 x}$
補助方程式の実数の重根 $m_1 = m_2 \, (= m)$	$y = c_1 e^{mx} + c_2 x e^{mx}$
補助方程式の複素数根 $m_1 = a + bi, m_2 = a - bi$	$y = e^{ax}(c_1 \cos bx + c_2 \sin bx)$

バネの振動

工学的モデルで式 (4) のタイプの 2 階微分方程式に導かれるものを考察して，この節の結びとしよう．

図 9.4.1 のように垂直に垂れ下がったバネにつるされ，**釣り合いの位置**で静止している質量 M の重りについて考える．重りを引き下げるか，または押し上げるかして，そして時間 $t = 0$ でそれを放すことにより，重りが垂直方向に振動し始めたとする．時間に対する重りの振動を記述する数学的モデルを求めてみよう．

この問題を数学的な形に言い換えるために，垂直な y 軸を導入する．ただし，上向きを正の向きとし，そして重りが釣り合いの状態にあるときのバネと重りがつながっている位置を原点とする（図 9.4.2）．目標は重りの上端の座標 $y = y(t)$ を時間の関数として求めることで

図 9.4.1

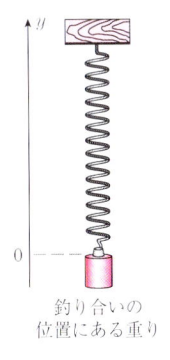

図 9.4.2

ある．そのためにはニュートンの運動の第 2 法則が必要であるが，それを 9.1 節の式 (19) のように $F = ma$ とは書かずに

$$F = Ma$$

と書く．これは補助方程式の文字 m と混同するのを避けるためである．以下の 2 つの物理の結果も必要である．

9.4.2 定理（フック（Hooke）の法則） バネが平常の状態から ℓ 単位分伸ばされ（または縮められ）ているとき，バネは大きさ

$$F = k\ell$$

の力で引く（または押す）．ただし，k は**バネ定数**とよばれる正の定数である．この定数は単位長さあたりの力を単位として測り，バネの太さやその構造などの要因によって決まる．バネによって及ぼされる力は**復元力**とよばれる．

9.4.3 定理（重さ） 地球が物体に及ぼす重力を物体の**重さ**（より正確には**地球での重さ**）とよぶ．ニュートンの運動の第 2 法則より，g を重力加速度とするとき質量 M の物体は大きさ Mg の重さ w をもつ．しかし，ここで仮定したように，上向きが正の向きであれば，地球の重力の向きは負の向きである．よって，

$$w = -Mg$$

である．物体の重さは力の単位で測る．

図 9.4.1 の重りの動きは，はじめに伸ばした，あるいは縮めた長さと，運動中にかかる力によって決まる．ここで考えるモデルでは，重りにかかる力は重さ w とバネの復元力 F_s の 2 つだけと仮定する．特に，空気抵抗，バネの内部摩擦，バネの土台の動きに起因する力などは無視する．これらの仮定のもとで，このモデルは**単振動モデル**とよばれ，重りの動きは**単振動（調和振動）**とよばれる．

目標はある微分方程式を導き，その解が時間の関数としての重りの位置関数 $y(t)$ であるようにすることである．これを行うために，一般の時間 t において重りに作用している正味の力 $F(t)$ を求め，ニュートンの運動の第 2 法則を適用する．重りにかかる力は重さ $w = -Mg$ とバネの復元力 F_s だけであり，そして時間 t における重りの加速度は $y''(t)$ であるので，

図 9.4.3

距離 ℓ

釣り合いの位置にある重り

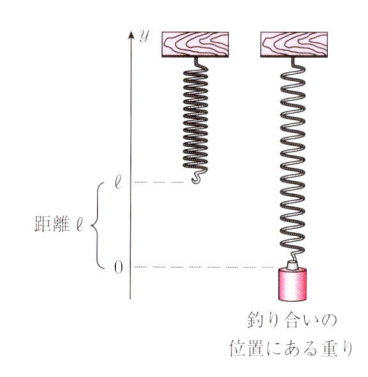

図 9.4.4

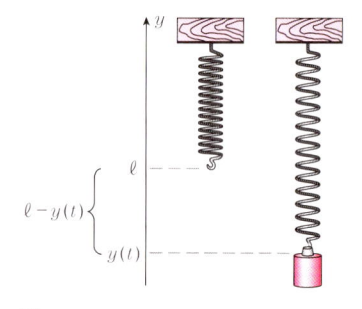

$\ell - y(t)$

ニュートンの運動の第 2 法則より
$$F_s(t) - Mg = My''(t) \tag{16}$$
を得る．$F_s(t)$ を $y(t)$ で表すために，釣り合いの位置にあるときの重りにかかる力を調べることから始めよう．この位置では下向きの重さと上向きのバネの復元力が完全に釣り合っているので，これら 2 つの力の和は零でなければならない．よって，バネ定数が k で，重りが釣り合いの位置にあるときに，バネは自然な長さから ℓ 単位分伸びているとすると（図 9.4.3）
$$k\ell - Mg = 0 \tag{17}$$
となる．

連結点の座標が $y(t)$ のとき，重りにかかる復元力を調べる．この点ではバネの終端は自然な位置から $\ell - y(t)$ 単位分移動している（図 9.4.4），それゆえ，フックの法則より復元力は
$$F_s(t) = k(\ell - y(t)) = k\ell - ky(t)$$
である．これは式 (17) より
$$F_s(t) = Mg - ky(t)$$
と書き換えられる．これを式 (16) に代入し，かつ 2 つの Mg の項を相殺すると
$$-ky(t) = My''(t)$$
となる．これは同次方程式
$$y''(t) + \left(\frac{k}{M}\right)y(t) = 0 \tag{18}$$
に書き直せる．方程式 (18) の補助方程式は
$$m^2 + \frac{k}{M} = 0$$
であり，これは虚根 $m_1 = \sqrt{k/M}\,i$, $m_2 = -\sqrt{k/M}\,i$ をもつ（k と M は正であるから）．よって，方程式 (18) の一般解は
$$y(t) = c_1 \cos\left(\sqrt{\frac{k}{M}}\,t\right) + c_2 \sin\left(\sqrt{\frac{k}{M}}\,t\right) \tag{19}$$
である．

| 読者へ　族 (19) の関数が方程式 (18) の解であることを確かめよ．

式 (19) の中の定数 c_1 と c_2 を定めるために，初期条件として時間 $t = 0$ での位置および速度をとる．その特別の場合として，演習問題 **40** において，時間 $t = 0$ での重りの位置が y_0 で，かつ重りの初速度が 0 であるなら（つまり，静止状態から放したら），
$$y(t) = y_0 \cos\left(\sqrt{\frac{k}{M}}\,t\right) \tag{20}$$
であることを示すことが求められる．この式は，振幅が $|y_0|$ であって，周期 T が
$$T = \frac{2\pi}{\sqrt{k/M}} = 2\pi\sqrt{M/k} \tag{21}$$
で与えられ，そして振動数 f が
$$f = \frac{1}{T} = \frac{\sqrt{k/M}}{2\pi} \tag{22}$$
で与えられる周期振動を表している（図 9.4.5）．

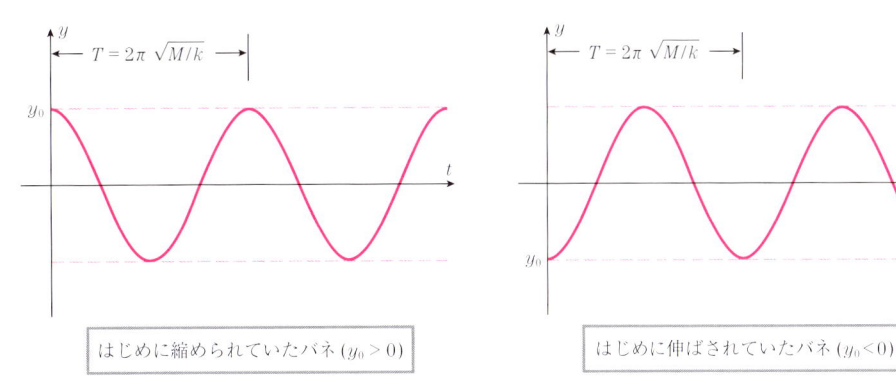

図 9.4.5　はじめに縮められていたバネ ($y_0 > 0$)　　はじめに伸ばされていたバネ ($y_0 < 0$)

例 5　図 9.4.2 の重りが釣り合いの位置にあるとき，バネが 0.2 m 伸びているとする．さらに，重りが釣り合いの位置から 0.5 m 引き下げられ，時間 $t = 0$ で放されたとする．

(a) 重りの位置関数 $y(t)$ を求めよ．
(b) 振動の振幅，周期，および振動数を求めよ．

解 (a)　問題にふさわしい式は式 (20) である．重りの質量 M とバネ定数 k は与えられてはいないが，それは困ることではない．なぜならば，釣り合いの条件 (17) を，k と M の値を知らずにその比 k/M を求めるのに用いることができる．この場合，釣り合いの位置では重りはバネを $\ell = 0.2$ m 引き伸ばしていることが与えられており，加えて $g = 9.8$ m/s^2 であることがわかっている．よって，条件 (17) より

$$\frac{k}{M} = \frac{g}{\ell} = \frac{9.8}{0.2} = 49\,\text{s}^{-2} \tag{23}$$

となる．これを式 (20) に代入すると

$$y(t) = y_0 \cos 7t$$

となる．ただし，y_0 は時間 $t = 0$ での重りの座標である．しかし，はじめに重りは釣り合いの位置から 0.5 m 下にあるという条件が与えられているので，$y_0 = -0.5$ であり，よって重りの位置関数は $y(t) = -0.5 \cos 7t$ である．

解 (b)　振動の振幅は

$$\text{振幅} = |y_0| = |-0.5| = 0.5 \,\text{m}$$

であり，式 (21)，(22)，および (23) より，周期と振動数は

$$\text{周期} = T = 2\pi \sqrt{\frac{M}{k}} = 2\pi \sqrt{\frac{1}{49}} = \frac{2\pi}{7}\,\text{s}, \quad \text{振動数} = f = \frac{1}{T} = \frac{7}{2\pi}\,\text{Hz}$$

である．　◀

演習問題 9.4　～ グラフィックユーティリティ　C　CAS

1. 以下の関数が微分方程式 $y'' - y' - 2y = 0$ の解であることを，これらを方程式に代入して確かめよ．
   (a) e^{2x} と e^{-x}
   (b) $c_1 e^{2x} + c_2 e^{-x}$ 　　（c_1 と c_2 は定数）

2. 以下の関数が微分方程式 $y'' + 4y' + 4y = 0$ の解であることを，これらを方程式に代入して確かめよ．
   (a) e^{-2x} と xe^{-2x}
   (b) $c_1 e^{-2x} + c_2 x e^{-2x}$ 　　（c_1 と c_2 は定数）

問題 **3–16** では，微分方程式の一般解を求めよ．

3. $y'' + 3y' - 4y = 0$
4. $y'' + 6y' + 5y = 0$
5. $y'' - 2y' + y = 0$
6. $y'' + 6y' + 9y = 0$
7. $y'' + 5y = 0$
8. $y'' + y = 0$
9. $\dfrac{d^2y}{dx^2} - \dfrac{dy}{dx} = 0$
10. $\dfrac{d^2y}{dx^2} + 3\dfrac{dy}{dx} = 0$
11. $\dfrac{d^2y}{dt^2} + 4\dfrac{dy}{dt} + 4y = 0$
12. $\dfrac{d^2y}{dt^2} - 10\dfrac{dy}{dt} + 25y = 0$
13. $\dfrac{d^2y}{dx^2} - 4\dfrac{dy}{dx} + 13y = 0$
14. $\dfrac{d^2y}{dx^2} - 6\dfrac{dy}{dx} + 25y = 0$
15. $8y'' - 2y' - y = 0$
16. $9y'' - 6y' + y = 0$

問題 **17–22** では，初期値問題を解け．

17. $y'' + 2y' - 3y = 0;\ y(0) = 1,\ y'(0) = 5$
18. $y'' - 6y' - 7y = 0;\ y(0) = 5,\ y'(0) = 3$
19. $y'' - 6y' + 9y = 0;\ y(0) = 2,\ y'(0) = 1$
20. $y'' + 4y' + y = 0;\ y(0) = 5,\ y'(0) = 4$
21. $y'' + 4y' + 5y = 0;\ y(0) = -3,\ y'(0) = 0$
22. $y'' - 6y' + 13y = 0;\ y(0) = -1,\ y'(0) = 1$

23. 次の各問において，2 階定数係数同次線形微分方程式であって，与えられた 2 つの関数を解としてもっているものを求めよ．
    (a) $y_1 = e^{5x},\ y_2 = e^{-2x}$
    (b) $y_1 = e^{4x},\ y_2 = xe^{4x}$
    (c) $y_1 = e^{-x}\cos 4x,\ y_2 = e^{-x}\sin 4x$

24. e^x と e^{-x} がある 2 階同次線形微分方程式の解ならば，$\cosh x$ と $\sinh x$ もその方程式の解であることを示せ．

25. 微分方程式 $y'' + ky' + ky = 0$ が，与えられた形の一般解をもつすべての k の値を求めよ．
    (a) $y = c_1 e^{ax} + c_2 e^{bx}$
    (b) $y = c_1 e^{ax} + c_2 xe^{ax}$
    (c) $y = c_1 e^{ax}\cos bx + c_2 e^{ax}\sin bx$

26. 方程式
$$x^2\dfrac{d^2y}{dx^2} + px\dfrac{dy}{dx} + qy = 0 \quad (x > 0)$$
ただし p および q は定数とする，は**オイラーの同次元方程式**とよばれる．変換 $x = e^z$ によって，この方程式が方程式
$$\dfrac{d^2y}{dz^2} + (p - 1)\dfrac{dy}{dz} + qy = 0$$
に変換されることを示せ．

27. 問題 **26** の結果を用いて，次の方程式の一般解を求めよ．
    (a) $x^2\dfrac{d^2y}{dx^2} + 3x\dfrac{dy}{dx} + 2y = 0 \quad (x > 0)$
    (b) $x^2\dfrac{d^2y}{dx^2} - x\dfrac{dy}{dx} - 2y = 0 \quad (x > 0)$

28. $y(x)$ を $y'' + py' + qy = 0$ の解とする．p と q が正の定数ならば，$\displaystyle\lim_{x \to +\infty} y(x) = 0$ であることを証明せよ．

29. 次の関数が線形独立であることを示せ．
    (a) $y_1 = e^{m_1 x},\ y_2 = e^{m_2 x} \quad (m_1 \neq m_2)$
    (b) $y_1 = e^{mx},\ y_2 = xe^{mx}$

30. 微分方程式
$$y'' + py' + qy = 0$$
の補助方程式が複素数根 $a + bi$ と $a - bi$ をもつならば，この微分方程式の一般解は
$$y(x) = e^{ax}(c_1 \cos bx + c_2 \sin bx)$$
であることを証明せよ．[ヒント：代入により $y_1 = e^{ax}\cos bx$ と $y_2 = e^{ax}\sin bx$ がこの微分方程式の解であることを確かめよ．そして，y_1 と y_2 が線形独立であることを証明せよ．]

31. 微分方程式 $y'' + py' + qy = 0$ の補助方程式が，相異なる実根 μ と m をもつとする．このとき，以下の問に答えよ．
    (a) 関数
    $$g_\mu(x) = \dfrac{e^{\mu x} - e^{mx}}{\mu - m}$$
    は微分方程式の解であることを示せ．
    (b) ロピタルの定理を用いて
    $$\lim_{\mu \to m} g_\mu(x) = xe^{mx}$$
    であることを示せ．[ノート：(b) の結果より，m が補助方程式の重根であるとき，関数 $y(x) = xe^{mx}$ が $y'' + py' + qy = 0$ の解であることがもっともであるのを理解できるか．]

32. 条件 $y(0) = 0,\ y(\pi) = 0$ のもとで，微分方程式
$$y'' + \lambda y = 0$$
を解く問題を考える．以下の問に答えよ．
    (a) $\lambda \leq 0$ ならば，$y = 0$ が唯一つの解であることを示せ．
    (b) $\lambda > 0$ ならば
    $$\lambda = 1, 2^2, 3^2, 4^2, \ldots$$
    のとき，解は c を任意の定数として
    $$y = c\sin\sqrt{\lambda}x$$
    であり，それ以外のときは $y = 0$ が唯一つの解であることを示せ．

問題 **33–38** は，図 9.4.1 で描かれている重りの振動の問題に関連している．y 軸は図 9.4.2 のとおりとし，そして単振動モデルが適用できると仮定する．

33. 重りは質量 1 kg であり，バネ定数は $k = 0.25$ N/m，重りは釣り合いの位置から 0.3 m 押し上げられて時間 $t = 0$ に放されたとする．
    (a) 重りの位置関数 $y(t)$ を求めよ．
    (b) 振動の周期と振動数を求めよ．
    (c) $y(t)$ のグラフの概形を描け．
    (d) 重りがはじめて釣り合いの位置を通過するのはいつか．
    (e) 重りがはじめて釣り合いの位置から下に最も離れた位置に達するのはいつか．

34. 重りは重さが 64 ポンド (lb) であり，バネ定数は $k = 0.25$ lb/ft（フィート），そして重りは釣り合いの位置から 1 ft 押し上げられて時間 $t = 0$ に放されたとする．
    (a) 重りの位置関数 $y(t)$ を求めよ．
    (b) 振動の周期と振動数を求めよ．
    (c) $y(t)$ のグラフの概形を描け．
    (d) 重りがはじめて釣り合いの位置を通過するのはいつか．
    (e) 重りがはじめて釣り合いの位置の下側で最も離れた位置に達するのはいつか．

35. 釣り合いの位置では，重りはバネを 0.05 m 引き伸ばしている．重りは釣り合いの位置より 0.12 m 下側に引かれて時間 $t = 0$ に放されたとする．
    (a) 重りの位置関数 $y(t)$ を求めよ．
    (b) 振動の周期と振動数を求めよ．
    (c) $y(t)$ のグラフの概形を描け．
    (d) 重りがはじめて釣り合いの位置を通過するのはいつか．
    (e) 重りがはじめて釣り合いの位置の上側で最も離れた位置に達するのはいつか．

36. 釣り合いの位置では，重りはバネを 0.5 フィート (ft) 引き伸ばしている．重りは釣り合いの位置より 1.5 ft 下側に引かれて時間 $t = 0$ に放されたとする．
    (a) 重りの位置関数 $y(t)$ を求めよ．
    (b) 振動の周期と振動数を求めよ．
    (c) $y(t)$ のグラフの概形を描け．
    (d) 重りがはじめて釣り合いの位置を通過するのはいつか．
    (e) 重りがはじめて釣り合いの位置の上側で最も離れた位置に達するのはいつか．

37. (a) 問題 36 で，y がどのような値のとき，重りの速さは最大になると思うか．この問題の答えを数学的に確かめよ．
    (b) y がどのような値のとき，重りの速さは最小になると思うか．この問題の答えを数学的に確かめよ．

38. 重りは重さが w ポンド (lb) であり，釣り合いの位置から引き下げてから放したとき，3 秒の周期で振動するとする．さらに，重さを 4 lb 加えて同じ手順を繰り返したとき，周期は 5 秒であったとする．
    (a) バネ定数を求めよ．   (b) w を求めよ．

39. 図のように，質量 M のおもちゃの荷車がバネ定数 k のバネで壁に結びつけられており，荷車が釣り合いの位置にあるときのバネと荷車の連結点が原点となるように水平な x 軸をとる．荷車を点 x_0 まで引くか，または押すかして，時間 $t = 0$ に放したとする．荷車の位置関数を解とする初期値問題を求め，用いた仮定について述べよ．

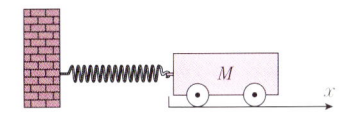

図 Ex-39

40. 初期位置 $y(0) = y_0$ と初期速度 $v(0) = 0$ を用いて，式 (19) の定数 c_1 と c_2 を求めよ．

図は，質量 M の物体がバネで吊るされているとともに，粘性の液体が入っている制動装置の中で動くピストンにも結びつけられている 質量–バネ系 を表している．この系に外力が加えられていないとき，物体は自由運動をするといわれ，物体の運動は時間 $t = 0$ での変位と速度，バネ定数 k で表されるバネの固さ，減衰定数 c で表される容器の中の液体の粘性によって完全に決定される．数学的には，物体の釣り合いの位置からの変位 $y = y(t)$ は
$$y'' + Ay' + By = 0, \quad y(0) = y_0, \quad y'(0) = v_0$$
の形の初期値問題の解である．ただし，係数 A は M と c によって定まり，係数 B は M と k によって定まる．式 (21) を導いたときには，係数 A が零で，物体が静止状態から放された，つまり $v_0 = 0$ である運動のみ考えた．問題 41–45 では，係数 A と初期速度 v_0 の両方が零でない初期値問題を考える．

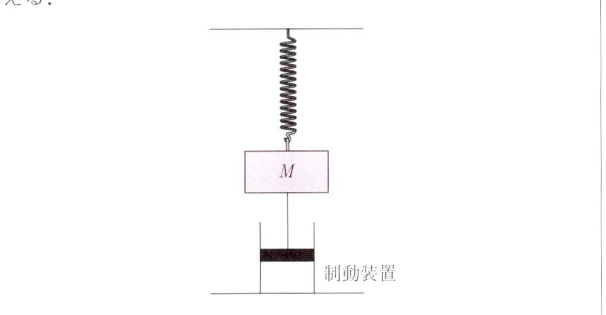

41. (a) 初期値問題 $y'' + 2.4y' + 1.44y = 0$, $y(0) = 1$ および $y'(0) = 2$ を解き，ついで区間 $[0,5]$ 上で $y = y(t)$ のグラフを描け．
    (b) 釣り合いの位置より上側において，物体と釣り合いの位置のあいだの最大距離を求めよ．
    (c) $y(t)$ のグラフは物体が釣り合いの位置を通らないことを示唆している．そうであることを示せ．

42. (a) 初期値問題 $y'' + 5y' + 2y = 0$, $y(0) = 1/2$, $y'(0) = -4$ を解き，ついで区間 $[0,5]$ 上で $y = y(t)$ のグラフを描け．
    (b) 釣り合いの位置より下側において，物体と釣り合いの位置のあいだの最大距離を求めよ．
    (c) $y(t)$ のグラフは，物体が釣り合いの位置をちょうど 1 回だけ通ることを示唆している．どんな速さで物体は釣り合いの位置を通過するか．

43. ⓒ (a) 初期値問題 $y'' + y' + 5y = 0$, $y(0) = 1$, $y'(0) = -3.5$ を解き，ついで区間 $[0, 8]$ 上で $y = y(t)$ のグラフを描け．

(b) 釣り合いの位置より下側において，物体と釣り合いの位置のあいだの最大距離を求めよ．

(c) はじめて釣り合いの位置を通過するときの物体の速度を求めよ．

(d) 観察により，物体がはじめて釣り合いの位置を通過するときの加速度を求めよ．[ヒント：微分方程式を調べて，(c) の結果を用いよ．]

44. ⓒ (a) 初期値問題 $y'' + y' + 3y = 0$, $y(0) = -2$, $y'(0) = v_0$ を解け．

(b) 物体が釣り合いの位置から上に 1 単位分の長さを超えては上がらないような v_0 の正の最大値を求めよ．[ヒント：試行錯誤でやってみよ．v_0 を小数第 2 位で最も近いものを推定せよ．]

(c) (b) で得た v_0 の値を用いて，区間 $[0, 8]$ 上で初期値問題の解のグラフを描け．

45. ～ (a) 初期値問題 $y'' + 3.5y' + 3y = 0$, $y(0) = 1$, $y'(0) = v_0$ を解け．

(b) (a) の結果を用いて，$v_0 = 2$, $v_0 = -1$, $v_0 = -4$ における解を求めよ．そして，同じ座標系の中に 3 つの解すべての区間 $[0, 4]$ 上でのグラフを描け．

(c) 物体の運動における初期速度の効果について述べよ．

46. 1 階同次線形方程式

$$\frac{dy}{dx} + p(x)y = 0$$

を考える．ただし，$p(x)$ はある開区間 I 上の連続関数である．定理 9.4.1 の結果からの類推によって，この方程式の一般解は

$$y = cy_1(x)$$

であると考えられる．ただし，$y_1(x)$ は区間 I 上の方程式の恒等的には零でない解であり，c は任意定数である．この主張が正しいことを証明せよ．

補充問題

ⓒ CAS

1. 1 階線形方程式の一般解は 1 つだけ任意定数を含み，2 階線形微分方程式の一般解は 2 つの任意定数を含むことをみてきた．任意定数の数が方程式の階数と等しいと考えられる理由について，おおまかな説明を与えよ．

2. オイラー法を簡潔に説明せよ．

3. (a) 1 階線形微分方程式を積分因子法で解く場合の各段階を列挙せよ．

(b) 積分の複雑さゆえに積分因子が求められない 1 階線形微分方程式を含む，重要な初期値問題を解かなければならない場合，読者はどうするか．

4. 次の微分方程式で，どれが変数分離可能か．

(a) $\dfrac{dy}{dx} = f(x)g(y)$ (b) $\dfrac{dy}{dx} = \dfrac{f(x)}{g(y)}$

(c) $\dfrac{dy}{dx} = f(x) + g(y)$ (d) $\dfrac{dy}{dx} = \sqrt{f(x)g(y)}$

5. 次の 1 階微分方程式を，変数分離可能，線形，その両方，もしくはそのどちらでもない，に分類せよ．

(a) $\dfrac{dy}{dx} - 3y = \sin x$ (b) $\dfrac{dy}{dx} + xy = x$

(c) $y\dfrac{dy}{dx} - x = 1$ (d) $\dfrac{dy}{dx} + xy^2 = \sin(xy)$

6. 積分因子法および変数分離法によって，微分方程式

$$\frac{dy}{dx} - 4xy = x$$

を解くと，同じ解が得られるか否かを判定せよ．

7. 病気の広がりに対するモデル $dy/dt = ky(L - y)$ を考える．ただし，$k > 0$, $0 < y \le L$ とする．どのような y の値に対して，病気は最も速やかに広がるか，またその広がりの割合はどれだけか．

8. (a) 量 $y = y(t)$ は指数モデルをもつとする．加えて $y(t_1) = y_1$ かつ $y(t_2) = y_2$ ならば，倍化時間または半減期 T は

$$T = \left| \frac{(t_2 - t_1)\ln 2}{\ln(y_2/y_1)} \right|$$

であることを示せ．

(b) 1 時間ちょうどでコロニーのバクテリアの数が 25% 増加する．指数的増加モデルを仮定すると，コロニーの倍化時間はいくらか．

9. ある球形の流星体が表面積に比例する割合で焼失すると仮定する．その半径はもとは 4 m であり，そして 1 分後に半径 3 m であるとする．半径を時間の関数として表す式を求めよ．

10. あるタンクに真水 1000 ガロン (gal) 入っている．1 gal あたり塩 5 オンス (oz) 含んでいる塩水が，時間 $t = 0$ 分よりタンクに 10 gal/min の割合で注入され，よくかき混ぜられた溶液が同じ割合でタンクから流出する．15 分後にその工程が中止されて，今度は 5 gal/min の割合で真水がタンクに注入され，よくかき混ぜられた溶液が同じ割合でタンクから流出する．時間 $t = 30$ 分でのタンク内の塩の量を求めよ．

11. ある部屋は 1200 立方フィート（ft^3）の空気を含み，一酸化炭素をまったく含んでいないとする．時間 $t = 0$ から 4 % の一酸化炭素を含むタバコの煙が $0.1\ ft^3/\min$ の割合で部屋に吐き出され，よく循環させられた混合気体が同じ割合で部屋から出ている．以下の問に答えよ．
    (a) 時間 t における部屋の中の一酸化炭素は何 % か．
    (b) 0.012 % の一酸化炭素を含む空気に長時間さらされるのは危険であると考えられている．この濃度に達するのにどれくらい時間がかかるか．［この問題は William E. Boyce, Richard C. DiPrima 著 *Elementary Differential Equations*, 7th ed., John Wiley & Sons, New York, 2001 のある問題に基づいている．］

問題 12–16 では，初期値問題を解け．

12. $y' = 1 + y^2, \quad y(0) = 1$

13. $y' = \dfrac{y^5}{x(1+y^4)}, \quad y(1) = 1$

14. $xy' + 2y = 4x^2, \quad y(1) = 2$

15. $y' = 4y^2 \sec^2 2x, \quad y(\pi/8) = 1$

16. $y' = 6 - 5y + y^2, \quad y(0) = \ln 2$

17. C
    (a) 初期値問題
    $$y' - y = x \sin 3x, \quad y(0) = 1$$
    を積分因子法で解け．そこでの難しい積分は CAS を用いよ．
    (b) CAS を用いて直接初期値問題を解き，その答えが (a) で得られた答えと比べて矛盾するところはないことを確かめよ．
    (c) 解のグラフを描け．

18. C CAS を用いて 9.1 節の初期値問題 (21) を解いて，式 (23) を導け．

19. (a) 炭素 14 の半減期は標準値の 5730 年から ±40 年変わるかもしれないということが現在受け入れられている．この変化は，トリノの聖骸布がナザレのイエスの時代のものである可能性を生じさせるか．［9.3 節の例 4 を参照せよ．］
    (b) 上巻 3.8 節の "応用における誤差の伝搬" というタイトルの項を復習し，炭素 14 の半減期の r % の誤差に起因する，人工物の年代の計算値に含まれる誤差をパーセント表示で推定せよ．

20. (a) オイラー法を刻み幅 $\Delta x = 0.1$ にとって用い，初期値問題
    $$y' = 1 + 5t - y, \quad y(1) = 5$$
    の区間 [1, 2] 上での解を近似せよ．
    (b) 計算値に含まれる誤差をパーセント表示で求めよ．

21. 次の微分方程式の一般解を求めよ．
    (a) $y'' - 3y' + 2y = 0$ (b) $4y'' - 4y' + y = 0$
    (b) $y'' + y' + 2y = 0$

22. (a) 方程式 $2yy' = 1$ について，点 $(0, 1)$ を通る積分曲線と点 $(0, -1)$ を通る積分曲線の概形を描け．
    (b) 方程式 $y' = -2xy^2$ の積分曲線で，点 $(0, 1)$ を通るものの概形を描け．

23. 19 頭の鹿の群れが，推定環境収容力 95 頭の小さな島に移住させられたとする．また，その個体数はロジスティック増加モデルに従うとする．
    (a) 1 年後の個体数が 25 頭であるとすると，鹿の個体数が島の環境収容力の 80 % に達するのにどれくらいの年数がかかるか．
    (b) 鹿の個体数を時間の関数とみたものを解とする初期値問題を求めよ．

24. C 図 9.4.1 の重りが，釣り合いの位置から y_0 単位分の長さ移動させられて，初速度 0 で放される代わりに初速度 v_0 が与えられているとする．このとき，9.4 節の式 (19) で与えられる位置関数 $y(t)$ は，初期条件 $y(0) = y_0$ と $y'(0) = v_0$ を満たさなければならない．
    (a)
    $$y(t) = y_0 \cos\left(\sqrt{\dfrac{k}{M}}\, t\right) + v_0 \sqrt{\dfrac{M}{k}} \sin\left(\sqrt{\dfrac{k}{M}}\, t\right)$$
    を示せ．
    (b) 平衡状態にあるとき，質量 1 kg の重りはバネを 0.5 m 引き伸ばしているとする．重りを 1 m 引き下げ，そして上向き 0.25 m/s の速度を与えて運動させたときの重りの位置関数のグラフを，グラフィックユーティリティを用いて描け．
    (c) 重りの釣り合いの位置からの最大変位はどれだけか．

25. 垂直向きのバネにつけられた重りを釣り合いの位置からずらして放したところ，振幅は $|y_0|$，周期は T で振動した．以下の問に答えよ．
    (a) 重りの速さの最大値は $2\pi|y_0|/T$ であり，それは重りが釣り合いの位置にあるときに起こることを示せ．
    (b) 重りの加速度の最大値は $4\pi^2|y_0|/T^2$ であり，それは重りが運動の最上部または最下部にあるときに起こることを示せ．

26. P ドルを年率 $r \times 100$ % で投資を行うものとする．たまった利子が年末に口座に振り込まれるとき，利子は年ごとに複利計算されるという．各 6 カ月の期間の終わりに振り込まれるとき，利子は半期ごとに複利計算されるという．各 3 カ月の期間の終わりに振り込まれるとき，利子は四半期ごとに複利計算されるという．より頻繁に利子が組み込まれていけばいくほど，利子そのものがいっそう利子を生み出すので，投資家には都合がよい．以下の問に答えよ．

(a) 利子が年に n 回，等期間ごとに組み込まれていけば，t 年後の額面 A は
$$A = P\left(1 + \frac{r}{n}\right)^{nt}$$
であることを示せ．

(b) 利子は日ごと，時間ごと，分ごとなどに複利計算されると考えることができる．極限をとることで，各瞬間ごとに複利計算される利子を想定することができる．これを**連続複利計算**とよぶ．(a) より，年率 $r \times 100\%$ で行った P ドルの投資が連続複利計算されたときの t 年後の額面 A は
$$A = \lim_{n \to +\infty} P\left(1 + \frac{r}{n}\right)^{nt}$$
である．$\lim_{x \to 0}(1+x)^{1/x} = e$ という事実を用いて，$A = Pe^{rt}$ を証明せよ．

(c) (b) の結果を用いて，連続複利計算で投資された金額はその時点での額に比例した割合で増加することを示せ．

27. (a) 1000 ドルを年利 8% の連続複利で投資したとすると (問題 **26**)，5 年後の額面はいくらか．

    (b) 年利 8% の連続複利による投資が 10 年後に 10,000 ドルになるには，現在いくら投資すればよいか．

    (c) 年利 8% の連続複利による投資が 2 倍の額になるのにどれくらい時間がかかるか．

28. $q(x)$ が恒等的に零である特別な場合に，定理 9.4.1 を証明せよ．

29. 質量 M の重りの運動が 9.4 節の単振動モデル (18) で記述されると仮定する．時間 t での重りの位置エネルギーを $\frac{1}{2}k[y(t)]^2$ で定義し，時間 t での重りの運動エネルギーを $\frac{1}{2}M[y'(t)]^2$ で定義する．重りの位置エネルギーと重りの運動エネルギーの和は一定であることを証明せよ．

第 10 章

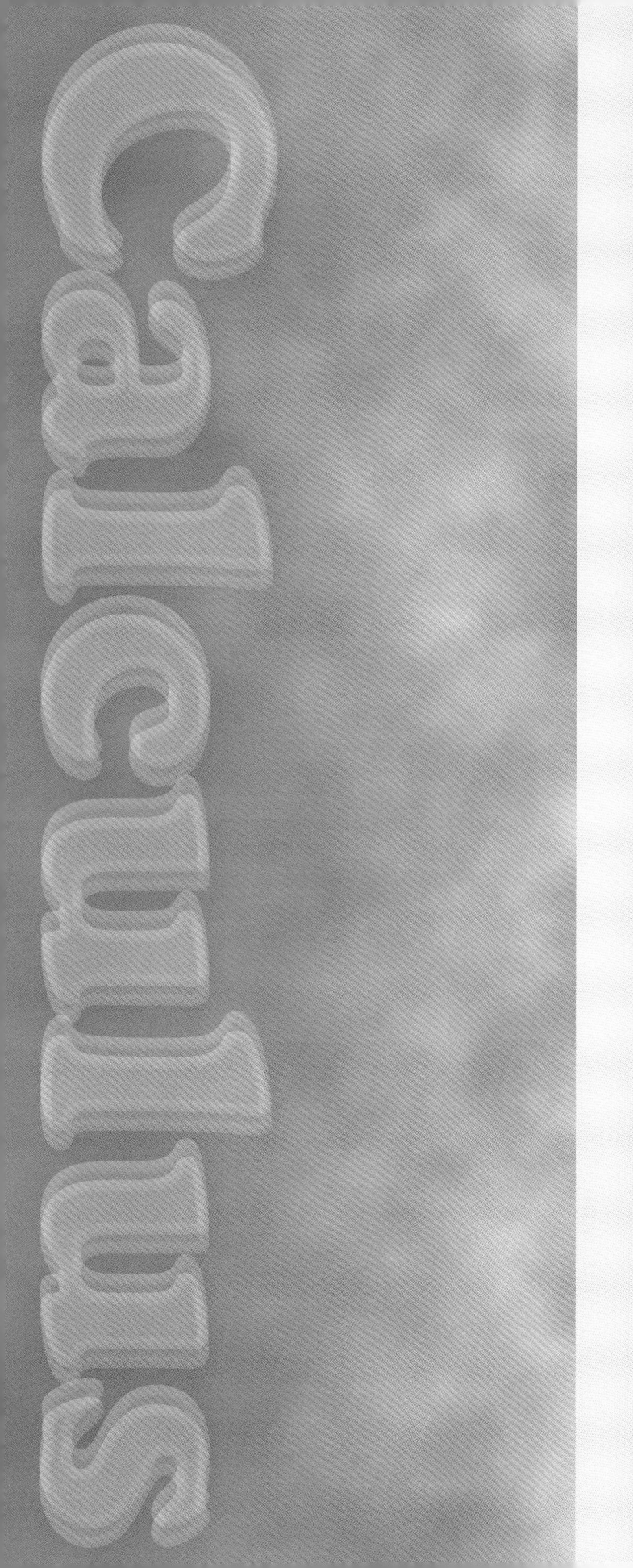

無限級数

この章では，無限級数を取り扱う．無限級数とは無限個の項をもった和である．無限級数は，数学および科学の両方において基本的な役割を果たしている．例えば，三角関数や対数関数を近似するのに，微分方程式を解くのに，難しい積分を求めるのに，新しい関数を作り出すのに，そして物理法則の数学的モデルを構築するのに用いられる．目標の 1 つは，無限に多い数を直接に足し合わせるのは不可能であるから，無限級数の和とは何を意味するかを正確に定義することである．しかし，有限個の和とは異なり，無限級数のすべてが実際に和をもつとは限らない．それゆえ，どの無限級数が和をもち，どの無限級数が和をもたないかを判定するための道具を作る必要がある．いったん基本的考え方が展開されれば，この考え方を与えられた課題に適用していくことになる．すなわち，$\sin 17°$ や $\ln 5$ のような値を求めるのに，無限級数をどのように用いることができるかを示し，最終的には，物理法則をモデル化するのに無限級数がどのように用いられるかを示していく．

10.1 マクローリンおよびテイラー多項式近似

第3章では，関数の接点の近くでの1次近似を得るために関数のグラフの接線を用いた．この節では，このような局所的な近似を多項式を用いてどのように改良するかを考察する．この節の締めくくりの結果は，これらの近似における誤差の上限を得ることである．この節は，マクローリンおよびテイラー多項式を，早く知りたい読者のためにここにおかれている．必要に応じて，この節を読むのは後回しにして，これを10.8節の前置きとしてもよい．

2次式による局所近似

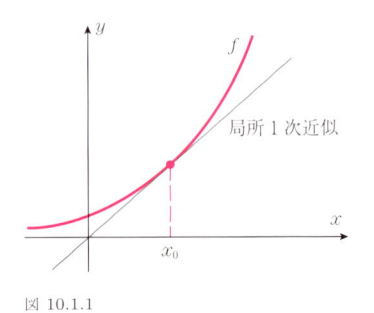

3.8節の式(1)において，関数fの点x_0における局所1次近似は
$$f(x) \approx f(x_0) + f'(x_0)(x - x_0) \tag{1}$$
であったことを思い起こそう．この式では，近似関数
$$p(x) = f(x_0) + f'(x_0)(x - x_0)$$
は，$p(x_0) = f(x_0)$および$p'(x_0) = f'(x_0)$を満たす1次多項式である（確かめよ）．したがって，fの点x_0での局所1次近似は，そのx_0での値とその1階導関数の値が，fのそれらと一致する性質をもつ．

もし関数fのグラフが点x_0ではっきりと"曲がっている"ならば，そのときにはfのx_0での局所1次近似の精度は，x_0から離れていくに従い急激に減っていくことが予測される（図10.1.1）．この問題に対処する1つの方法は，関数fを，次数2の多項式pであって，そのx_0での値およびその2階までの導関数の値がfのそれらと一致するものによって，近似することである．このことは，fおよびpそれぞれのグラフがx_0で同じ接線をもつのみならず，同じ方向に曲がっている（下に凸あるいは上に凸）ことをも保障する．結果として，pのグラフが，局所1次近似のグラフよりも，x_0の周りのより大きな区間上でfのグラフの近くにとどまっていることが期待される．多項式pは $\boldsymbol{f}$の$\boldsymbol{x = x_0}$での局所2次近似とよばれる．

図 10.1.1

この考えをわかりやすく説明するために，fの$x = 0$での局所2次近似を見つけてみる．この近似は
$$f(x) \approx c_0 + c_1 x + c_2 x^2 \tag{2}$$
の形をしていて，ここでのc_0, c_1, およびc_2は，
$$p(x) = c_0 + c_1 x + c_2 x^2$$
の点0でのその値および2階までの導関数の値が，fのそれらと一致するように選ばれなければならない．つまり，
$$p(0) = f(0), \quad p'(0) = f'(0), \quad p''(0) = f''(0) \tag{3}$$
となるようにしたい．ところが，$p(0)$, $p'(0)$, および$p''(0)$の値は以下のとおりである．

$$\begin{aligned}p(x) &= c_0 + c_1 x + c_2 x^2 & p(0) &= c_0 \\ p'(x) &= c_1 + 2c_2 x & p'(0) &= c_1 \\ p''(x) &= 2c_2 & p''(0) &= 2c_2\end{aligned}$$

それゆえ，式(3)より
$$c_0 = f(0), \quad c_1 = f'(0), \quad c_2 = \frac{f''(0)}{2}$$
が従う．したがって，これらを式(2)に代入すると次のfの$x = 0$での局所2次近似が得られる．

$$f(x) \approx f(0) + f'(0)x + \frac{f''(0)}{2}x^2 \tag{4}$$

注意 $x_0 = 0$ のとき，式 (1) は

$$f(x) \approx f(0) + f'(0)x \tag{5}$$

と書けることをしっかりとみておこう．それゆえ，f の 0 における局所 2 次近似の 1 次部分は，f の 0 での局所 1 次近似である．

例 1 関数 e^x の $x = 0$ での局所 1 次近似と局所 2 次近似を求め，e^x と 2 つの近似のグラフを一緒に描け．

解 $f(x) = e^x$ とすると，$f'(x) = f''(x) = e^x$ である．それゆえ，

$$f(0) = f'(0) = f''(0) = e^0 = 1$$

したがって，式 (4) より e^x の $x = 0$ での局所 2 次近似は

$$e^x \approx 1 + x + \frac{x^2}{2}$$

である．また，局所 1 次近似（これは局所 2 次近似の 1 次部分）は

$$e^x \approx 1 + x$$

である．e^x と 2 つの近似のグラフは図 10.1.2 に描かれている．期待されたとおり，$x = 0$ の近くで，局所 2 次近似は局所 1 次近似よりもより正確である． ◀

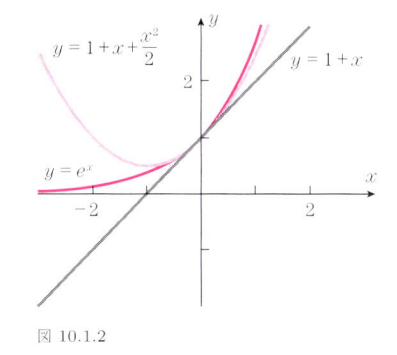

図 10.1.2

マクローリン多項式

3 次の多項式を使えば局所 2 次近似の精度を改良できるか否かを問うのは自然なことである．特に，ある 1 点でのその値とその 3 階までの導関数の値が，f のそれらと一致するような 3 次多項式を探すのは当然である．そして，もしこのことが精度をよりよくするのであれば，より高次の多項式へと進んでいかないわけはない．そうであれば，次の一般的な問題へと導かれていくことになる．

> **問題 10.1.1** $x = x_0$ において n 階微分可能である関数 f が与えられたとする．このとき，n 次の多項式 p で，$x = x_0$ における p の値とその n 階までの導関数が，f のそれらと一致するものを求めよ．

まず，この問題を $x_0 = 0$ のときに解くことにする．すると，ほしいのは多項式

$$p(x) = c_0 + c_1 x + c_2 x^2 + c_3 x^3 + \cdots + c_n x^n \tag{6}$$

であって

$$f(0) = p(0), \quad f'(0) = p'(0), \quad f''(0) = p''(0), \quad \ldots, \quad f^{(n)}(0) = p^{(n)}(0) \tag{7}$$

となるものである．ところで，

$$p(x) = c_0 + c_1 x + c_2 x^2 + c_3 x^3 + \cdots + c_n x^n$$
$$p'(x) = c_1 + 2c_2 x + 3c_3 x^2 + \cdots + nc_n x^{n-1}$$
$$p''(x) = 2c_2 + 3 \cdot 2 c_3 x + \cdots + n(n-1) c_n x^{n-2}$$
$$p'''(x) = 3 \cdot 2 c_3 + \cdots + n(n-1)(n-2) c_n x^{n-3}$$
$$\vdots$$
$$p^{(n)}(x) = n(n-1)(n-2) \cdots (1) c_n$$

である．それゆえ，式 (7) を満たすには*

$$f(0) = p(0) = c_0$$
$$f'(0) = p'(0) = c_1$$
$$f''(0) = p''(0) = 2c_2 = 2!c_2$$
$$f'''(0) = p'''(0) = 3 \cdot 2c_3 = 3!c_3$$
$$\vdots$$
$$f^{(n)}(0) = p^{(n)}(0) = n(n-1)(n-2)\cdots(1) = n!c_n$$

でなければならない．これより，$p(x)$ の係数について次を得る．

$$c_0 = f(0),\ c_1 = f'(0),\ c_2 = \frac{f''(0)}{2!},\ c_3 = \frac{f'''(0)}{3!},\ \ldots,\ c_n = \frac{f^{(n)}(0)}{n!}$$

これらの係数を用いてできる多項式 (6) は，**f に対する n 次のマクローリン*多項式**とよばれる．

10.1.2 定義 f は 0 で n 階微分可能とする．このとき，**f に対する n 次のマクローリン多項式**を

$$p_n(x) = f(0) + f'(0)x + \frac{f''(0)}{2!}x^2 + \frac{f'''(0)}{3!}x^3 + \cdots + \frac{f^{(n)}(0)}{n!}x^n \tag{8}$$

として定義する．この多項式は，$x = 0$ におけるその値およびその n 階までの導関数の値が，f の値およびその n 階までの導関数の値と一致する．

注意 $p_1(x)$ は f の 0 での局所 1 次近似であり，$p_2(x)$ は f の $x = 0$ での局所 2 次近似である．

例 2 e^x に対するマクローリン多項式 p_0，p_1，p_2，p_3，および p_n を求めよ．

解 $f(x) = e^x$ とする．すると，

$$f'(x) = f''(x) = f'''(x) = \cdots = f^{(n)}(x) = e^x$$

である．そして，

$$f(0) = f'(0) = f''(0) = f'''(0) = \cdots = f^{(n)}(0) = e^0 = 1$$

---

*次のことを注意しておく．n を正の整数とする．このとき，記号 $n!$（n の階乗と読む）は最初の n 個の正の整数の積を表す．すなわち，

$$n! = 1 \cdot 2 \cdot 3 \cdots n \quad \text{あるいは} \quad n! = n(n-1)(n-2)\cdots 1$$

さらに，便宜のために $0! = 1$ とすることが約束されている．

*コリン・マクローリン (Colin Maclaurin, 1698〜1746)．スコットランドの数学者．マクローリンの父は大臣であったが，彼がわずか 6 ヶ月の子供のときに死亡し，そして彼の母も 9 歳のときに死亡した．彼は大臣であった叔父に育てられた．マクローリンはグラスゴー大学に神学生として入ったが，1 年後に数学に転向した．彼は 17 歳で修士の学位を取得し，そして若いにもかかわらず，スコットランドのアバディーンにあるマーシャルカレッジで教え始めた．彼は，1719 年のロンドン訪問のあいだに，アイザック・ニュートンに会った．そのとき以来，ニュートンの弟子になった．その時期，ニュートンの解析的手法のいくつかは主立った数学者たちから手厳しく攻撃されていた．そして，マクローリンの重要な数学の仕事の多くは，ニュートンの考えを幾何的手法によって擁護するための努力が結実したものだった．マクローリンの著書 "流率論" (A Treatise of Fluxions, 1742) は，ニュートンの手法を系統的に定式化した最初の本である．この著書はとても注意深く書かれたため，1821 年のコーシーの仕事が出るまでは，微積分学における数学的厳密性の基準となった．マクローリンは際立った実験者でもあった．すなわち，彼は多くの独創的な機械装置を発明し，重要な天文学観察をし，保険会社のために保険の計算をし，そしてスコットランドの周辺の島々の地図を改良することを助けもした．

それゆえ，

$$p_0(x) = f(0) = 1$$
$$p_1(x) = f(0) + f'(0)x = 1 + x$$
$$p_2(x) = f(0) + f'(0)x + \frac{f''(0)}{2!}x^2 = 1 + x + \frac{x^2}{2!} = 1 + x + \frac{1}{2}x^2$$
$$p_3(x) = f(0) + f'(0)x + \frac{f''(0)}{2!}x^2 + \frac{f'''(0)}{3!}x^3$$
$$= 1 + x + \frac{x^2}{2!} + \frac{x^3}{3!} = 1 + x + \frac{1}{2}x^2 + \frac{1}{6}x^3$$
$$p_n(x) = f(0) + f'(0)x + \frac{f''(0)}{2!}x^2 + \cdots + \frac{f^{(n)}(0)}{n!}x^n$$
$$= 1 + x + \frac{1}{2!}x^2 + \cdots + \frac{1}{n!}x^n$$

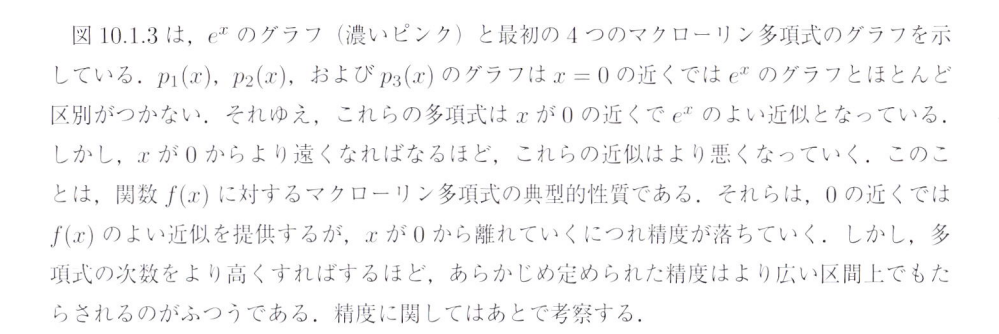

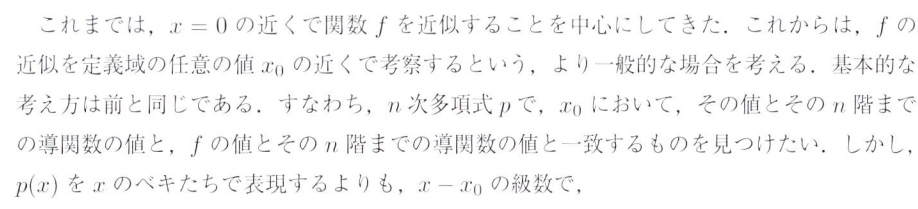

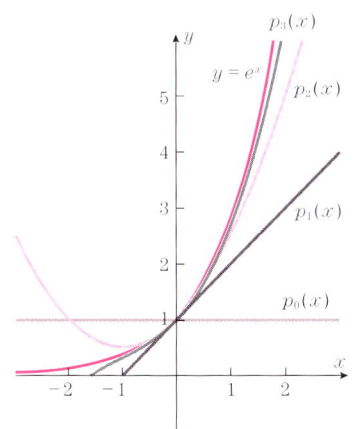

図 10.1.3

図 10.1.3 は，e^x のグラフ（濃いピンク）と最初の 4 つのマクローリン多項式のグラフを示している．$p_1(x)$, $p_2(x)$，および $p_3(x)$ のグラフは $x = 0$ の近くでは e^x のグラフとほとんど区別がつかない．それゆえ，これらの多項式は x が 0 の近くで e^x のよい近似となっている．しかし，x が 0 からより遠くなればなるほど，これらの近似はより悪くなっていく．このことは，関数 $f(x)$ に対するマクローリン多項式の典型的性質である．それらは，0 の近くでは $f(x)$ のよい近似を提供するが，x が 0 から離れていくにつれ精度が落ちていく．しかし，多項式の次数をより高くすればするほど，あらかじめ定められた精度はより広い区間上でもたらされるのがふつうである．精度に関してはあとで考察する．

テイラー多項式

これまでは，$x = 0$ の近くで関数 f を近似することを中心にしてきた．これからは，f の近似を定義域の任意の値 x_0 の近くで考察するという，より一般的な場合を考える．基本的な考え方は前と同じである．すなわち，n 次多項式 p で，x_0 において，その値とその n 階までの導関数の値と，f の値とその n 階までの導関数の値と一致するものを見つけたい．しかし，$p(x)$ を x のベキたちで表現するよりも，$x - x_0$ の級数で，

$$p(x) = c_0 + c_1(x - x_0) + c_2(x - x_0)^2 + \cdots + c_n(x - x_0)^n \tag{9}$$

と表現すれば，計算が簡単になる．$x_0 = 0$ のときに使った計算にならって

$$c_0 = f(x_0), \quad c_1 = f'(x_0), \quad c_2 = \frac{f''(x_0)}{2!}, \quad c_3 = \frac{f'''(x_0)}{3!}, \quad \ldots, \quad c_n = \frac{f^{(n)}(x_0)}{n!}$$

を示すことは，読者に演習問題として任せる．これらの値を式 (9) に代入すると，*f に対する $x = x_0$ の周りでの n 次テイラー*多項式*とよばれる多項式が得られる．

---

*ブルック・テイラー (Brook Taylor, 1685〜1731)．イギリスの数学者．テイラーは裕福な親のもとに生まれた．音楽家や芸術家がテイラーの家にしばしば招かれた．このことが若いブルックにいつまでもつづく影響を与えたのは間違いない．後年，テイラーは遠近法についての決定的な数学的理論を発表し，そして弦の振動に関する有名な数学的結果を得た．ニュートンとの共著論文の一部となる予定だった未発表の論文 "音楽について"（On Musick）もある．テイラーの生涯は不幸，病気，そして悲劇に苛まれた．彼の最初の妻は，彼の父親が満足するほどには裕福でなかったため，親子で憎悪に満ちた口論をし，そして絶交した．その後彼の妻は，出産のときに亡くなった．それから彼は再婚したが，彼の 2 番目の妻も出産のときに亡くなった．しかし，娘は生き延びた．テイラーの最も生産的な時期は 1714 年から 1719 年のあいだであった．その間彼は広い分野にわたって研究を書き残した—磁気，毛管現象，温度計，遠近法，そして微積分法．晩年，彼の著述活動は宗教と哲学に捧げられた．テイラーによれば，彼の名前がついた結果は，惑星の運動に関するニュートンの研究と（"ハレー彗星" の）ハレーの多項式の根に関する研究を喫茶店で話し合っているなかで始まった考察によるとのことである．不幸なことに，テイラーの文体はあまりに簡潔でかつ理解するのが難しいため，彼の多くの革新的な結果に対する賞賛は決して得られなかった．

10.1.3 定義 関数 f は，x_0 で n 階微分可能とする．このとき，f の $x = x_0$ の周りでの n 次テイラー多項式を

$$p_n(x) = f(x_0) + f'(x_0)(x - x_0) + \frac{f''(x_0)}{2!}(x - x_0)^2$$
$$+ \frac{f'''(x_0)}{3!}(x - x_0)^3 + \cdots + \frac{f^{(n)}(x_0)}{n!}(x - x_0)^n \quad (10)$$

と定義する．

注意 マクローリン多項式は，テイラー多項式の特別な場合であることに注目しよう．すなわち，n 次マクローリン多項式は，$x = 0$ の周りでの n 次テイラー多項式である．$p_1(x)$ は，f の $x = x_0$ での局所1次近似であり，そして $p_2(x)$ は，f の $x = x_0$ の周りでの局所2次近似であることにも注目しよう．

例 3 $\ln x$ に対して，$x = 2$ の周りでのはじめの4次までのテイラー多項式を求めよ．

解 $f(x) = \ln x$ とする．すると

$$\begin{aligned}
f(x) &= \ln x & f(2) &= \ln 2 \\
f'(x) &= 1/x & f'(2) &= 1/2 \\
f''(x) &= -1/x^2 & f''(2) &= -1/4 \\
f'''(x) &= 2/x^3 & f'''(2) &= 1/4
\end{aligned}$$

式 (10) に $x_0 = 2$ として代入すると

$$p_0(x) = f(2) = \ln 2$$
$$p_1(x) = f(2) + f'(2)(x - 2) = \ln 2 + \frac{1}{2}(x - 2)$$
$$p_2(x) = f(2) + f'(2)(x - 2) + \frac{f''(2)(x - 2)^2}{2!} = \ln 2 + \frac{1}{2}(x - 2) - \frac{1}{8}(x - 2)^2$$
$$p_3(x) = f(2) + f'(2)(x - 2) + \frac{f''(2)(x - 2)^2}{2!} + \frac{f'''(2)(x - 2)^3}{3!}$$
$$= \ln 2 + \frac{1}{2}(x - 2) - \frac{1}{8}(x - 2)^2 + \frac{1}{24}(x - 2)^3$$

$\ln x$（濃いピンク）のグラフおよび $x = 2$ の周りでのはじめの4つのテイラー多項式のグラフを図 10.1.4 に示した．期待どおり，これらの多項式は，2 の近くで $\ln x$ の多項式の中では最良の近似となっている． ◀

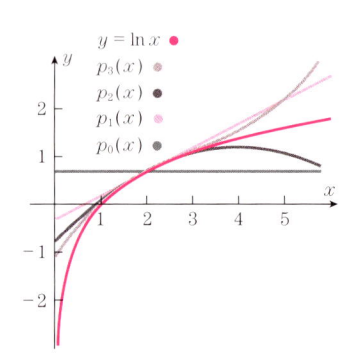

図 10.1.4

テイラーおよびマクローリン多項式のためのシグマ記号

式 (10) をシグマ記号によって表現したくなることがよくある．そのため，記号 $f^{(k)}(x_0)$ を f の $x = x_0$ での k 階の導関数を表すものとして用い，また $f^{(0)}(x_0)$ は $f(x_0)$ を表すと約束する．こうすると

$$\sum_{k=0}^{n} \frac{f^{(k)}(x_0)}{k!}(x - x_0)^k = f(x_0) + f'(x_0)(x - x_0)$$
$$+ \frac{f''(x_0)}{2!}(x - x_0)^2 + \cdots + \frac{f^{(n)}(x_0)}{n!}(x - x_0)^n \quad (11)$$

と書くことができる．特に，$f(x)$ の n 次マクローリン多項式は

$$\sum_{k=0}^{n} \frac{f^{(k)}(0)}{k!}x^k = f(0) + f'(0)x + \frac{f''(0)}{2!}x^2 + \cdots + \frac{f^{(n)}(0)}{n!}x^n \quad (12)$$

と書くことができる．

例 4 以下の関数に対する n 次マクローリン多項式を求めよ．

(a) $\sin x$　　(b) $\cos x$　　(c) $\dfrac{1}{1-x}$

解 (a)　$\sin x$ に対するマクローリン多項式には，見た目には x の奇数乗のみが現れる．これをみるため，$f(x) = \sin x$ とおく．すると

$$\begin{aligned} f(x) &= \sin x & f(0) &= 0 \\ f'(x) &= \cos x & f'(0) &= 1 \\ f''(x) &= -\sin x & f''(0) &= 0 \\ f'''(x) &= -\cos x & f'''(0) &= -1 \end{aligned}$$

となる．$f^{(4)}(x) = \sin x = f(x)$ であるから，0 における順次の導関数の値は，パターン 0, 1, 0, -1 を繰り返していく．それゆえ，$\sin x$ に対する順次のマクローリン多項式は

$$p_0(x) = 0$$
$$p_1(x) = 0 + x$$
$$p_2(x) = 0 + x + 0$$
$$p_3(x) = 0 + x + 0 - \frac{x^3}{3!}$$
$$p_4(x) = 0 + x + 0 - \frac{x^3}{3!} + 0$$
$$p_5(x) = 0 + x + 0 - \frac{x^3}{3!} + 0 + \frac{x^5}{5!}$$
$$p_6(x) = 0 + x + 0 - \frac{x^3}{3!} + 0 + \frac{x^5}{5!} + 0$$
$$p_7(x) = 0 + x + 0 - \frac{x^3}{3!} + 0 + \frac{x^5}{5!} + 0 - \frac{x^7}{7!}$$

となる．零の項のゆえに，各偶数次［$p_0(x)$ のあと］のマクローリン多項式は，先行する奇数次のマクローリン多項式と同じである．つまり，

$$p_{2k+1}(x) = p_{2k+2}(x) = x - \frac{x^3}{3!} + \frac{x^5}{5!} - \frac{x^7}{7!} + \cdots + (-1)^k \frac{x^{2k+1}}{(2k+1)!} \quad (k = 0, 1, 2, \ldots)$$

$\sin x$, $p_1(x)$, $p_3(x)$, $p_5(x)$ および $p_7(x)$ のグラフは図 10.1.5 に示されている．

解 (b)　$\cos x$ に対するマクローリン多項式においては，見た目には x の偶数乗のみが現れる．計算は (a) のものと同様である．読者は

$$p_0(x) = p_1(x) = 1$$
$$p_2(x) = p_3(x) = 1 - \frac{x^2}{2!}$$
$$p_4(x) = p_5(x) = 1 - \frac{x^2}{2!} + \frac{x^4}{4!}$$
$$p_6(x) = p_7(x) = 1 - \frac{x^2}{2!} + \frac{x^4}{4!} - \frac{x^6}{6!}$$

を示すことができるであろう．一般に，$\cos x$ に対するマクローリン多項式は

$$p_{2k}(x) = p_{2k+1}(x) = 1 - \frac{x^2}{2!} + \frac{x^4}{4!} - \frac{x^6}{6!} + \cdots + (-1)^k \frac{x^{2k}}{(2k)!} \quad (k = 0, 1, 2, \ldots)$$

で与えられる．$\cos x$, $p_0(x)$, $p_2(x)$, $p_4(x)$, $p_6(x)$ および $p_8(x)$ のグラフは図 10.1.6 に示されている．

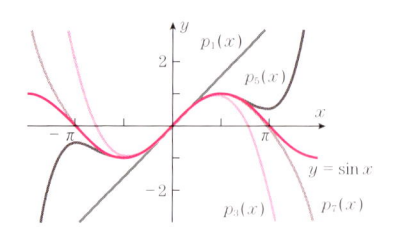

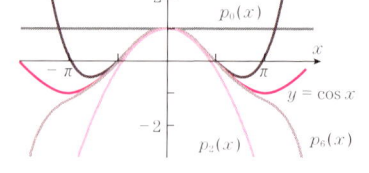

図 10.1.5　　　　　　　　　図 10.1.6

解 (c)　$f(x) = 1/(1-x)$ とおく．$x = 0$ における f の値，およびその k 階までの導関数の値は以下のとおりである．

$$
\begin{aligned}
f(x) &= \frac{1}{(1-x)} & f(0) &= 1 = 0! \\
f'(x) &= \frac{1}{(1-x)^2} & f'(0) &= 1 = 1! \\
f''(x) &= \frac{2}{(1-x)^3} & f''(0) &= 2 = 2! \\
f'''(x) &= \frac{3 \cdot 2}{(1-x)^4} & f'''(0) &= 3! \\
f^{(4)}(x) &= \frac{4 \cdot 3 \cdot 2}{(1-x)^5} & f^{(4)}(0) &= 4! \\
&\vdots & &\vdots \\
f^{(k)}(x) &= \frac{k!}{(1-x)^{k+1}} & f^{(k)}(0) &= k!
\end{aligned}
$$

ゆえに，$f^{(k)}(0) = k!$ を式 (12) に代入すると，$1/(1-x)$ に対する n 次マクローリン多項式が得られる．

$$p_n(x) = \sum_{k=0}^{n} x^k = 1 + x + x^2 + \cdots + x^n \quad (n = 0, 1, 2, \ldots)$$
◀

例 5　$1/x$ に対して，$x = 1$ の周りでの n 次テイラー多項式を求めよ．

解　$f(x) = 1/x$ とおく．計算は例 4 の (c) のものと同様である．以下を示すことは読者に任せる．

$$f(1) = 1, \quad f'(1) = -1, \quad f''(1) = 2!, \quad f'''(1) = -3!,$$
$$f^{(4)}(1) = 4!, \quad \ldots, \quad f^{(k)}(1) = (-1)^k k!$$

ゆえに，式 (11) で $x_0 = 1$ としたものに $f^{(k)}(0) = (-1)^k k!$ を代入すると，$1/x$ に対する n 次テイラー多項式が得られる．

$$\sum_{k=0}^{n} (-1)^k (x-1)^k = 1 - (x-1) + (x-1)^2 - (x-1)^3 + \cdots + (-1)^n (x-1)^n$$
◀

> **読者へ**　数式処理システム（computer algebra system：CAS）は，次数がどんなに指定されようとも，その次数のテイラー多項式を作り出すコマンドをもっている．もし CAS をもっているなら，それがどのようになされるかを示している説明書を読み，CAS を用いてこの節での例における計算が正しいことを確かめよ．

n 次の剰余項

関数 f に対する $x = x_0$ の周りでの n 次テイラー多項式 p_n は，x_0 の近くの x に対して，$f(x)$ の値のよい近似を得る道具として導入された．これからは，これらの近似がどのくらいよいのかをあらかじめ示す方法を議論する．

$f(x)$ の近似に $p_n(x)$ を用いたときの誤差のための用語を整えておくと便利である。そのために，$R_n(x)$ を $f(x)$ と n 次テイラー多項式との差とする。つまり，

$$R_n(x) = f(x) - p_n(x) = f(x) - \sum_{k=0}^{n} \frac{f^{(k)}(x_0)}{k!}(x-x_0)^k \tag{13}$$

これはまた

$$f(x) = p_n(x) + R_n(x) = \sum_{k=0}^{n} \frac{f^{(k)}(x_0)}{k!}(x-x_0)^k + R_n(x) \tag{14}$$

とも書ける。この式は**剰余項を伴ったテイラーの公式**とよばれる。$R_n(x)$ の限界を見つけることは，近似 $p_n(x) \approx f(x)$ の正確さの度合いを与える。付録 G で証明される次の定理は，このような限界を提供してくれる。

10.1.4 定理（剰余項評価定理） 関数 f は x_0 を含む区間 I 上で $n+1$ 階微分可能とし，そして M を I 上での $|f^{(n+1)}(x)|$ の上界とする。つまり，I 上のすべての x に対して $|f^{(n+1)}(x)| \leq M$ とする。このとき，

$$|R_n(x)| \leq \frac{M}{(n+1)!}|x-x_0|^{n+1} \tag{15}$$

が I 上のすべての x に対して成り立つ。

例 6 e^x に対する n 次マクローリン多項式を使って，e を小数第 5 位までの精度で近似せよ。

解 指数関数 e^x は，あらゆる実数 x に対して，すべての次数の導関数をもつことをまず注意しておく。例 2 から，e^x の n 次マクローリン多項式は

$$\sum_{k=0}^{n} \frac{x^k}{k!} = 1 + x + \frac{x^2}{2!} + \cdots + \frac{x^n}{n!}$$

である。これより

$$e = e^1 \approx \sum_{k=0}^{n} \frac{1^k}{k!} = 1 + 1 + \frac{1}{2!} + \cdots + \frac{1}{n!}$$

を得る。それゆえ，問題は，小数第 5 位までの精度を実現するには，e^x のマクローリン多項式にどれだけ多くの項が含まれればよいかを決めることになる。つまり，$x=1$ での n 次の剰余項の絶対値が

$$|R_n(1)| \leq 0.000005$$

となるような n を選びたい。n を決めるために，剰余項評価定理を $f(x) = e^x$, $x=1$, $x_0=0$, そして区間 I を $[0,1]$ として用いる。この場合，式 (15) から

$$|R_n(1)| \leq \frac{M}{(n+1)!} \tag{16}$$

が従うが，ここで M は $f^{(n+1)}(x) = e^x$ の絶対値の区間 $[0,1]$ の中の x に対する上界である。しかし，e^x は増加関数であるから，その区間 $[0,1]$ での最大値は $x=1$ で起こる。すなわち，この区間上では $e^x \leq e$ である。したがって，式 (16) において，$M = e$ ととることができ

$$|R_n(1)| \leq \frac{e}{(n+1)!} \tag{17}$$

を得る。

残念なことに，この不等式は e という近似しようとする数そのものを含むのでたいへん扱

いづらい．しかし，もし $e<3$ を認めれば，やや緩くはなるが，はるかに扱いやすい不等式

$$|R_n(1)| \leq \frac{3}{(n+1)!}$$

に式 (17) を置き換えることができる．ゆえに，n を

$$\frac{3}{(n+1)!} \leq 0.000005 \quad \text{または} \quad (n+1)! \geq 600{,}000$$

となるように選ぶと小数第5位の精度までたどり着く．$9! = 362{,}880$ であり，かつ $10! = 3{,}628{,}800$ であるから，この評価を満たす最小の n の値は $n=9$ である．ゆえに，小数第5位までの精度では

$$e \approx 1 + 1 + \frac{1}{2!} + \frac{1}{3!} + \frac{1}{4!} + \frac{1}{5!} + \frac{1}{6!} + \frac{1}{7!} + \frac{1}{8!} + \frac{1}{9!} \approx 2.\,71828$$

となる．確認として，計算機による e の12桁表現は $e \approx 2.\,71828182846$ であり，これを小数第5位までに四捨五入した値は先ほどの値と一致する．　◀

演習問題 10.1 　〜　グラフィックユーティリティ　C　CAS

1. 次の各問において，f の $x=x_0$ での局所2次近似を求めよ．また，その近似を用いて f の x_0 での局所1次近似を求めよ．
    (a) $f(x) = e^{-x};\ x_0 = 0$
    (b) $f(x) = \cos x;\ x_0 = 0$
    (c) $f(x) = \sin x;\ x_0 = \pi/2$
    (d) $f(x) = \sqrt{x};\ x_0 = 1$

2. C　次の各問において，CAS を使い f の $x=x_0$ での局所2次近似を求めよ．また，その近似を用いて f の x_0 での局所1次近似を求めよ．
    (a) $f(x) = e^{\sin x};\ x_0 = 0$
    (b) $f(x) = \sqrt{x};\ x_0 = 9$
    (c) $f(x) = \sec^{-1} x;\ x_0 = 2$
    (d) $f(x) = \sin^{-1} x;\ x_0 = 0$

3. (a) $\sqrt{x}$ の $x_0 = 1$ での局所2次近似を求めよ．
    (b) (a) で得られた結果を用いて，$\sqrt{1.\,1}$ を近似せよ．また，その近似を CAS により直接得たものと比較せよ．[3.8節の例1をみよ．]

4. (a) $\cos x$ の $x_0 = 0$ での局所2次近似を求めよ．
    (b) (a) で得られた結果を用いて，$\cos 2°$ を近似せよ．また，その近似を CAS により直接得たものと比較せよ．

5. 適当な局所2次近似を使って，$\tan 61°$ を近似せよ．また，その近似を CAS により直接得たものと比較せよ．

6. 適当な局所2次近似を使って，$\sqrt{36.\,03}$ を近似せよ．また，その近似を CAS により直接得たものと比較せよ．

問題 **7–16** では，次数 $n=0,1,2,3,4$ のマクローリン多項式を求めよ．また，その関数に対する n 次マクローリン多項式を，シグマ記号を用いて表せ．

7. e^{-x}
8. e^{ax}
9. $\cos \pi x$
10. $\sin \pi x$
11. $\ln(1+x)$
12. $\dfrac{1}{1+x}$
13. $\cosh x$
14. $\sinh x$
15. $x \sin x$
16. xe^x

問題 **17–24** では，$x=x_0$ での次数 $n=0,1,2,3,4$ のテイラー多項式を求めよ．また，その関数に対する n 次マクローリン多項式を，シグマ記号を用いて表せ．

17. $e^x;\ x_0 = 1$
18. $e^{-x};\ x_0 = \ln 2$
19. $\dfrac{1}{x};\ x_0 = -1$
20. $\dfrac{1}{x+2};\ x_0 = 3$
21. $\sin \pi x;\ x_0 = \dfrac{1}{2}$
22. $\cos x;\ x_0 = \dfrac{\pi}{2}$
23. $\ln x;\ x_0 = 1$
24. $\ln x;\ x_0 = e$

25. (a) 関数
    $$f(x) = 1 + 2x - x^2 + x^3$$
    に対する，3次のマクローリン多項式を求めよ．
    (b) 関数
    $$f(x) = 1 + 2(x-1) - (x-1)^2 + (x-1)^3$$
    に対して，$x=1$ の周りでの3次のテイラー多項式を求めよ．

26. (a) 関数
    $$f(x) = c_0 + c_1 x + c_2 x^2 + \cdots + c_n x^n$$
    に対する，n 次マクローリン多項式を求めよ．
    (b) 関数
    $$f(x) = c_0 + c_1(x-1) + c_2(x-1)^2 + \cdots + c_n(x-1)^n$$
    に対する，$x=1$ の周りでの n 次テイラー多項式を求めよ．

問題 **27–30** では，$x = x_0$ の周りでのはじめの 4 つの異なるテイラー多項式を求め，与えられた関数のグラフ，およびテイラー多項式のグラフを同じ表示画面に描け．

27. $f(x) = e^{-2x}$; $x_0 = 0$ **28.** $f(x) = \sin x$; $x_0 = \pi/2$

29. $f(x) = \cos x$; $x_0 = \pi$ **30.** $\ln(x+1)$; $x_0 = 0$

31. 例 6 の方法を用いて，$\sqrt{e}$ を小数第 4 位までの精度で近似せよ．また，計算ユーティリティを使って直接出した結果と比較せよ．[提案：$\sqrt{e}$ を $e^{0.5}$ と書いてみよ．]

32. 例 6 の方法を用いて，$1/e$ を小数第 3 位までの精度で近似せよ．また，計算ユーティリティを使って直接出した結果と比較せよ．

33. 図に描かれたグラフが表す関数の中で，その 2 次マクローリン多項式として $p(x) = 1 - x + 2x^2$ をもちそうなのはどれか．また，その理由も説明せよ．

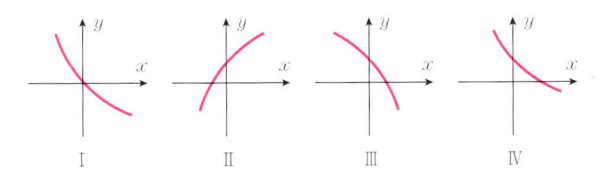

図 Ex-33

34. 関数 f の $x = 1$ でのその値と 3 階までの導関数の値が，
$$f(1) = 2, \quad f'(1) = -3, \quad f''(1) = 0, \quad f'''(1) = 6$$
とする．このとき，f の $x = 1$ の周りでのテイラー多項式をできるだけたくさん求めよ．

35. 関数 $\sinh x$ の $x = \ln 4$ の周りでの，n 次テイラー多項式は
$$\sum_{k=0}^{n} \frac{16 - (-1)^k}{8k!}(x - \ln 4)^k$$
であることを示せ．

36. (a) 図は，半径が r で，中心角が 2α の扇形を示している．角 α が小さいと仮定して，$\cos \alpha$ の $\alpha = 0$ での局所 2 次近似を使って，$x \approx r\alpha^2/2$ を示せ．
(b) 地球は，半径 4000 マイル (mi) の球体であると仮定する．(a) の結果を用いて，赤道に沿った 100 mi の円弧が，その弦と離れる距離の最大値を求めよ．

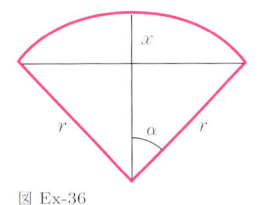

図 Ex-36

37. $p_1(x)$ および $p_2(x)$ を，$f(x) = e^{\sin x}$ の $x = 0$ での局所 1 次近似と局所 2 次近似とする．以下の問に答えよ．
(a) グラフィックユーティリティを用いて，$f(x)$, $p_1(x)$, および $p_2(x)$ の $-1 \leq x \leq 1$ でのグラフを同じ表示画面上に描け．
(b) $f(x)$, $p_1(x)$, および $p_2(x)$ の $x = -1.00, -0.75, -0.50, -0.25, 0, 0.25, 0.50, 0.75, 1.00$ での値の表を作れ．値は四捨五入により小数第 3 位まで求めよ．
(c) $|f(x) - p_1(x)|$ のグラフを描き，そのグラフを使い，$p_1(x)$ が $f(x)$ を最大 ± 0.01 の誤差で近似している区間を決定せよ．[提案：図 3.8.5 に関する議論を再考せよ．]
(d) $|f(x) - p_2(x)|$ のグラフを描き，そのグラフを使い，$p_2(x)$ が $f(x)$ を最大 ± 0.01 の誤差で近似している区間を決定せよ．

38. (a) 区間 $[0, b]$ で，その区間全体で e^x が $1 + x + (x^2/2!)$ によって小数第 3 位までの精度で近似されうるものを求めよ．
(b) (a) での答えとして得られた区間上で
$$\left| e^x - \left(1 + x + \frac{x^2}{2!}\right) \right|$$
のグラフを描いて，答えを確かめよ．

39. (a) 剰余項評価定理を使って，$x = 0$ を含む区間で，その区間全体で $\sin x$ が $x - (x^3/3!)$ によって小数第 3 位までの精度で近似されうるものを求めよ．
(b) (a) での答えとして得られた区間上で
$$\left| \sin x - \left(x - \frac{x^3}{3!}\right) \right|$$
のグラフを描いて，答えを確かめよ．

10.2 数列

日常の言葉遣いでは，"列" という言葉は，ある定まった順序でのものの連なりを意味する．例えば，時間的順序で，大きさの順序で，あるいは論理的順序で連なっているものなどである．数学では，"数列" という言葉は，数が順次連なった列であって，その並びの順序がある法則，あるいはある関数によって定められているものを表すために用いるのが共通した理解である．この節では，数列に関する基本的な考え方のいくつかを展開する．

数列の定義

きちんとしたいい方ではないが，**無限列**，あるいは単に**列**とは，終わることなく順次連なっている数の並びであり，個々の数を**項**とよぶ．ここでは，項たちは定まった順序をもっているものと了解されている．すなわち，1番目の項 a_1 があり，2番目の項 a_2 があり，3番目の項 a_3 があり，4番目の項 a_4 があり，そしてそのように先へとつづく．このような数列を

$$a_1,\ a_2,\ a_3,\ a_4,\ \ldots$$

と書くのが典型的な書き方であり，ここでのドットの並びは列が無限につづくことを表すのに用いられている．いくつかの例として

$$1,\ 2,\ 3,\ 4,\ \ldots,\quad 1,\ \tfrac{1}{2},\ \tfrac{1}{3},\ \tfrac{1}{4},\ \ldots,$$
$$2,\ 4,\ 6,\ 8,\ \ldots,\quad 1,\ -1,\ 1,\ -1,\ \ldots$$

などが挙げられる．

これらの列のどれもが決まったパターンをもっており，表示されている項と同じパターンに従うとすれば，後につづく項を生成するのは簡単である．そうはいっても，このようなパターンは欺くこともありうる．よって，項を生成する規則または関数をもつ方がよりよい．こうする1つの方法は，数列の中の各項とその項の番号とを関連づける関数を見つけることである．例えば，数列

$$2,\ 4,\ 6,\ 8,\ \ldots$$

においては，各項はその項の番号の2倍である．つまり，数列の第 n 番目の項は，式 $2n$ によって与えられている．このことを表すのに，この数列を

$$2,\ 4,\ 6,\ 8,\ \ldots,\ 2n,\ \ldots$$

と書く．関数 $f(n) = 2n$ を，この列の**一般項**とよぶ．数列の特定の項を知りたい場合は，一般項の式にその項の番号を代入するだけでよい．例えば，この列の第37番目の項は $2 \cdot 37 = 74$ である．

例 1 次の各問において，数列の一般項を求めよ．
(a) $\tfrac{1}{2},\ \tfrac{2}{3},\ \tfrac{3}{4},\ \tfrac{4}{5},\ \ldots$ (b) $\tfrac{1}{2},\ \tfrac{1}{4},\ \tfrac{1}{8},\ \tfrac{1}{16},\ \ldots$
(c) $\tfrac{1}{2},\ -\tfrac{2}{3},\ \tfrac{3}{4},\ -\tfrac{4}{5},\ \ldots$ (d) $1,\ 3,\ 5,\ 7,\ \ldots$

解 (a) 表 10.2.1 には，4つの既知の項がその項番号の下に書かれてあり，これによれば分子は項番号と同じであり，分母は項番号より1だけ大きい．このことは，表にも書かれているとおり，第 n 項は分子 n を，そして分母 $n+1$ をもつことを示唆している．それゆえ，この数列は

$$\frac{1}{2},\ \frac{2}{3},\ \frac{3}{4},\ \frac{4}{5},\ \ldots,\ \frac{n}{n+1},\ \ldots$$

と表される．

解 (b) 表 10.2.2 には，4つの既知の項の分母は2のベキで表されており，またはじめの4項はその項番号の下におかれている．これより，分母の中の指数は項番号と同じであることがわかる．このことは，第 n 項の分母は，表 10.2.2 に示されているように，2^n であることを示唆している．それゆえ，この数列は

$$\frac{1}{2},\ \frac{1}{4},\ \frac{1}{8},\ \frac{1}{16},\ \ldots,\ \frac{1}{2^n},\ \ldots$$

と表される．

表 10.2.1

項番号	1	2	3	4	$\cdots$	n	$\cdots$
項	$\tfrac{1}{2}$	$\tfrac{2}{3}$	$\tfrac{3}{4}$	$\tfrac{4}{5}$	$\cdots$	$\tfrac{n}{n+1}$	$\cdots$

表 10.2.2

項番号	1	2	3	4	$\cdots$	n	$\cdots$
項	$\tfrac{1}{2}$	$\tfrac{1}{2^2}$	$\tfrac{1}{2^3}$	$\tfrac{1}{2^4}$	$\cdots$	$\tfrac{1}{2^n}$	$\cdots$

解 (c) この列は，符号を除けば (a) と同じである．それゆえ，数列の第 n 項は，(a) の列の第 n 項に $(-1)^{n+1}$ を掛ければ得ることができる．この因数は，$n=1$ で始まる値が $1, -1, 1, -1, \ldots$ と，交代する符号を正しく生み出している．よって，この数列は

$$\frac{1}{2}, -\frac{2}{3}, \frac{3}{4}, -\frac{4}{5}, \ldots, (-1)^{n+1}\frac{n}{n+1}, \ldots$$

と表される．

解 (d) 表 10.2.3 には，4 つの既知の項がその項番号の下におかれている．これにより，各項はその項番号の 2 倍より 1 だけ小さい．このことは，表 10.2.3 に示されているとおり，数列の第 n 項は $2n-1$ であることを示唆している．それゆえ，この数列は

$$1, 3, 5, 7, \ldots, 2n-1, \ldots$$

と表される． ◀

表 **10.2.3**

項番号	1	2	3	4	$\cdots$	n	$\cdots$
項	1	3	5	7	$\cdots$	$2n-1$	$\cdots$

読者へ 一般項が

$$f(n) = \frac{1}{3}(3 - 5n + 6n^2 - n^3)$$

である数列を考える．最初の 3 つの項を計算して，第 4 項について予想せよ．その予想を第 4 項を計算して確かめよ．このことはどんなことを伝えているか．

数列

$$a_1, a_2, a_3, \ldots, a_n, \ldots \tag{1}$$

の一般項がわかっているとき，はじめの方の項を書く必要はない．中かっこの中に一般項だけを書くのが一般的である．ゆえに，(1) は

$$\{a_n\}_{n=1}^{+\infty}$$

と書くことができる．例えば，次の表は，例 1 の 4 つの数列をかっこによる書き方で表したものである．

数列	かっこによる書き方
$\frac{1}{2}, \frac{2}{3}, \frac{3}{4}, \frac{4}{5}, \ldots, \frac{n}{n+1}, \ldots$	$\left\{\frac{n}{n+1}\right\}_{n=1}^{+\infty}$
$\frac{1}{2}, \frac{1}{4}, \frac{1}{8}, \frac{1}{16}, \ldots, \frac{1}{2^n}, \ldots$	$\left\{\frac{1}{2^n}\right\}_{n=1}^{+\infty}$
$\frac{1}{2}, -\frac{2}{3}, \frac{3}{4}, -\frac{4}{5}, \ldots, (-1)^{n+1}\frac{n}{n+1}, \ldots$	$\left\{(-1)^{n+1}\frac{n}{n+1}\right\}_{n=1}^{+\infty}$
$1, 3, 5, 7, \ldots, 2n-1, \ldots$	$\{2n-1\}_{n=1}^{+\infty}$

式 (1) における文字 n は，数列の**添え字**とよばれる．数列に対して n を用いることは必ずそうしなければならないことではない．他の目的に確保されていない文字であれば，どんな文字でも使うことができる．例えば，列 $a_1, a_2, a_3, \ldots$ の一般項は第 k 項としてみてもよい．この場合には，この数列は $\{a_k\}_{k=1}^{+\infty}$ と表す．さらに，添え字を 1 から始めるのも必ずそうしなければならないことではない．あるときは 0（あるいは他の整数）から始める方がより便利なことがある．例えば，数列

$$1, \frac{1}{2}, \frac{1}{2^2}, \frac{1}{2^3}, \ldots$$

を考える．この列を書く1つの方法は

$$\left\{\frac{1}{2^{n-1}}\right\}_{n=1}^{+\infty}$$

である．しかし，この数列の冒頭の項を第 0 項と考えると，一般項はより単純となる．この場合には，数列は

$$\left\{\frac{1}{2^n}\right\}_{n=0}^{+\infty}$$

と書くことができる．

> **注意** 特定の項や添え字の始点が重要ではない数列に関して，一般的な議論をする場合には $\{a_n\}_{n=1}^{+\infty}$ あるいは $\{a_n\}_{n=0}^{+\infty}$ よりも，$\{a_n\}$ と書く方がふつうである．さらに，一般項に違う文字を使うことによって異なる列を区別することができる．つまり，$\{a_n\}$，$\{b_n\}$，そして $\{c_n\}$ は 3 つの異なる数列を表している．

この節のはじめに，数列とは数が次々と限りなく並んだ列であると述べた．これは一般的な考えを伝えてはいるが，数学的に満足できる定義ではない．なぜならば，それは "次々と" という言葉に依存しており，その言葉自体は定義されていない用語であるからである．正しい定義を導くために，数列

$$2, 4, 6, 8, \ldots, 2n, \ldots$$

を考える．一般項を $f(n) = 2n$ と書くとする．このとき，この数列は

$$f(1), f(2), f(3), \ldots, f(n), \ldots$$

と書くことができる．これは関数の値のリスト

$$f(n) = 2n, \quad n = 1, 2, 3, \ldots$$

であり，この定義域は正の整数の集合である．このことは，次の定義を示唆している．

> **10.2.1 定義** 数列とは，定義域を整数のある集合とする関数である．特に，表現 $\{a_n\}_{n=1}^{+\infty}$ は，関数 $f(n) = a_n$, $n = 1, 2, 3, \ldots$ の代わりの表記法とみなす．

数列のグラフ

数列は関数であるから，数列のグラフについて語るのは意味のあることである．例えば，数列 $\{1/n\}_{n=1}^{+\infty}$ のグラフは，等式

$$y = \frac{1}{n}, \quad n = 1, 2, 3, \ldots$$

のグラフである．

この等式の右辺は，n の値が正の整数に対してのみ定義されているので，そのグラフは孤立点が順次並んだものとなる (図 10.2.1a)．ここが，そのグラフが連続曲線となる

$$y = \frac{1}{x}, \quad x \geq 1$$

との違いである (図 10.2.1b)．

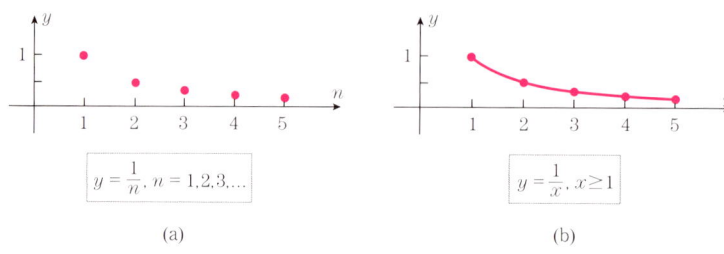

(a) $y = \frac{1}{n}, n = 1, 2, 3, \ldots$

(b) $y = \frac{1}{x}, x \geq 1$

図 10.2.1

数列の極限

数列は関数であるから，その極限について問うことができる．しかし，数列 $\{a_n\}$ は正の整数 n に対してのみ定義されているので，意味のある極限は，$n \to +\infty$ のときの a_n の極限のみである．図 10.2.2 には，4 つの数列の振る舞いを示しているが，$n \to +\infty$ のときに，それぞれが異なる振る舞いをする．

- 数列 $\{n+1\}$ の項は，限りなく増加する．
- 数列 $\{(-1)^{n+1}\}$ の項は，-1 と 1 のあいだを振動する．
- 数列 $\{n/(n+1)\}$ の項は，"極限値" 1 に向かって増加する．
- 数列 $\{1+(-\frac{1}{2})^n\}$ の項も "極限値" 1 に向かうが，振動しながら向かう．

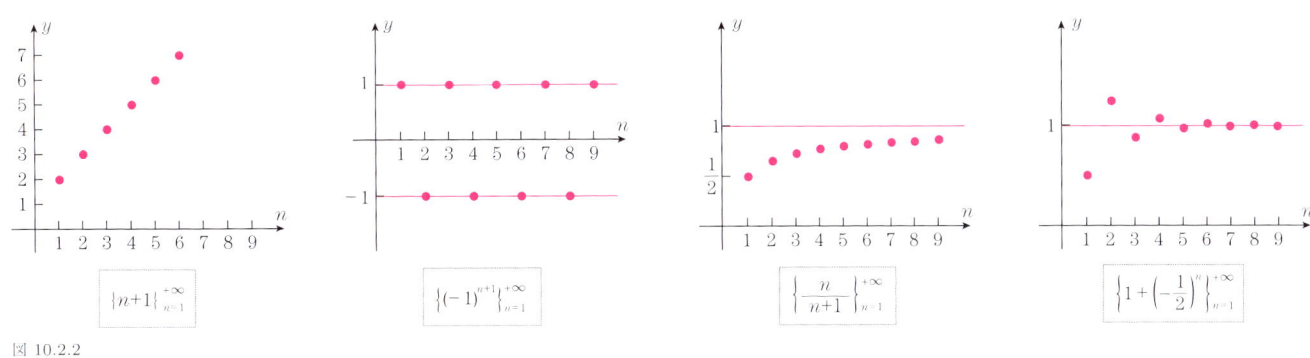

図 10.2.2

おおざっぱにいえば，数列 $\{a_n\}$ の極限は，$n \to +\infty$ のときに a_n がどのように振る舞うかを記述しようとするものである．より正確にいえば，**ある数列 $\{a_n\}$ が極限 L に近づくとは，その数列の項がやがて L にいくらでも近くなっていく場合をいう**．幾何的にはこのことは，どんな正の数 ϵ に対しても，その数列が表すグラフにある 1 点があって，その点以降のすべての項が直線 $y = L - \epsilon$ と $y = L + \epsilon$ のあいだにあることを意味する (図 10.2.3)．

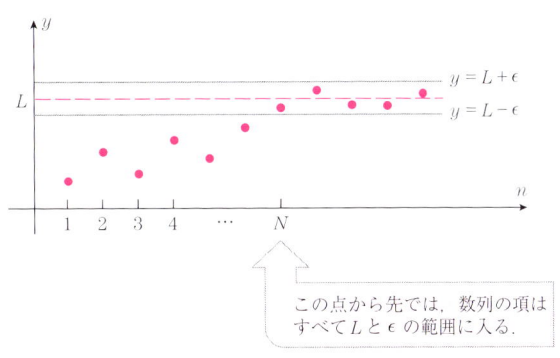

図 10.2.3

次の定義は，こうした考え方を正確な形にしたものである．

> **10.2.2 定義** 数列 $\{a_n\}$ が**極限 L に収束する**とは，どのように与えられた $\epsilon > 0$ に対しても，ある正の整数 N であって，$n \geq N$ であれば $|a_n - L| < \epsilon$ が成り立つものが存在するときをいう．このとき
> $$\lim_{n \to +\infty} a_n = L$$
> と書く．ある有限な極限に収束しない数列は，**発散する**という．

例 2 図 10.2.2 の最初の 2 つの数列は発散し，あとの 2 つの数列は 1 に収束する．つまり，
$$\lim_{n\to+\infty}\frac{n}{n+1}=1 \quad \text{および} \quad \lim_{n\to+\infty}\left(1+\left(-\tfrac{1}{2}\right)^n\right)=1$$
◀

> **読者へ** 次の 2 つの式
> $$\lim_{n\to+\infty}a_n=+\infty \quad \text{および} \quad \lim_{n\to+\infty}a_n=-\infty$$
> をどのように定義すればよいか．

次の定理は証明なしで結果だけを述べるが，これは極限についてよく知られた性質を数列に適用したものである．この定理は，$\lim\limits_{x\to+\infty}$ の形の極限を求めるのに用いられた代数的手法が，$\lim\limits_{n\to+\infty}$ の形の極限を求めるのにも用いることができるのを保証するものである．

10.2.3 定理 数列 $\{a_n\}$ および $\{b_n\}$ は，それぞれ極限 L_1 および L_2 に収束するとし，c は定数とする．このとき，次が成り立つ．

(a) $\lim\limits_{n\to+\infty}c=c$

(b) $\lim\limits_{n\to+\infty}ca_n=c\lim\limits_{n\to+\infty}a_n=cL_1$

(c) $\lim\limits_{n\to+\infty}(a_n+b_n)=\lim\limits_{n\to+\infty}a_n+\lim\limits_{n\to+\infty}b_n=L_1+L_2$

(d) $\lim\limits_{n\to+\infty}(a_n-b_n)=\lim\limits_{n\to+\infty}a_n-\lim\limits_{n\to+\infty}b_n=L_1-L_2$

(e) $\lim\limits_{n\to+\infty}(a_nb_n)=\lim\limits_{n\to+\infty}a_n\cdot\lim\limits_{n\to+\infty}b_n=L_1L_2$

(f) $\lim\limits_{n\to+\infty}\left(\dfrac{a_n}{b_n}\right)=\dfrac{\lim\limits_{n\to+\infty}a_n}{\lim\limits_{n\to+\infty}b_n}=\dfrac{L_1}{L_2}$ ($L_2\neq 0$ のとき)

例 3 次の各問において，その数列が収束するか発散するかを判定せよ．収束するならば，極限を求めよ．

(a) $\left\{\dfrac{n}{2n+1}\right\}_{n=1}^{+\infty}$ (b) $\left\{(-1)^{n+1}\dfrac{n}{2n+1}\right\}_{n=1}^{+\infty}$

(c) $\left\{(-1)^{n+1}\dfrac{1}{n}\right\}_{n=1}^{+\infty}$ (d) $\{8-2n\}_{n=1}^{+\infty}$

解 (a) 分母分子を n で割ると
$$\lim_{n\to+\infty}\frac{n}{2n+1}=\lim_{n\to+\infty}\frac{1}{2+1/n}=\frac{\lim\limits_{n\to+\infty}1}{\lim\limits_{n\to+\infty}(2+1/n)}=\frac{\lim\limits_{n\to+\infty}1}{\lim\limits_{n\to+\infty}2+\lim\limits_{n\to+\infty}1/n}$$
$$=\frac{1}{2+0}=\frac{1}{2}$$
ゆえに，数列は $\frac{1}{2}$ に収束する．

解 (b) この数列は，(a) のものに $+1$ と -1 のあいだを振動する因数 $(-1)^{n+1}$ がついた以外は同じである．それゆえ，この数列の項は，正の値と負の値のあいだを振動し，奇数番号の項は (a) と同じであり，そして偶数番号の項は (a) のものにマイナスの符号がついたものである．(a) での極限は $\frac{1}{2}$ であるから，この数列の奇数番号の項は $\frac{1}{2}$ に近づき，そして偶数番号の項は $-\frac{1}{2}$ に近づく．それゆえ，この列は収束しない．すなわち発散する．

解 (c) $\lim\limits_{n\to+\infty}1/n=0$ なので，積 $(-1)^{n+1}(1/n)$ は，正の値と負の値のあいだを振動するが，そのとき奇数番号の項は正の値をとりながら 0 に収束し，そして偶数番号の項は負の値

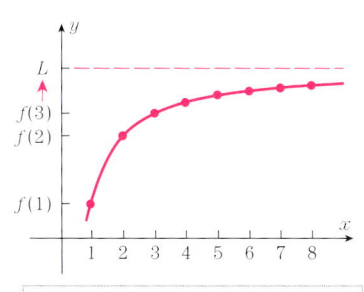

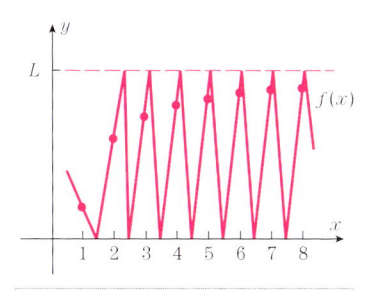

をとりながら 0 に収束する．それゆえ，
$$\lim_{n\to +\infty}(-1)^{n+1}\frac{1}{n}=0$$
すなわち数列は 0 に収束する．

解 (d) $\lim_{n\to +\infty}(8-2n)=-\infty$ であるから，数列 $\{8-2n\}_{n=1}^{+\infty}$ は発散する． ◀

数列の一般項が $f(n)$ であるとし，かつ n を x で置き換えた場合，x は区間 $[1,+\infty)$ 全体を動きうるとする．その場合には，$f(n)$ の値は $f(x)$ の正の整数上でとられた"標本値"とみなすことができる．それゆえ，$x\to +\infty$ のとき $f(x)\to L$ であるならば，$n\to +\infty$ のとき $f(n)\to L$ も成り立たなければならない (図 10.2.4a)．しかし，逆は真ではない．すなわち，$n\to +\infty$ のとき $f(n)\to L$ であるということから，$x\to +\infty$ のとき $f(x)\to L$ を結論づけることはできない (図 10.2.4b)．

例 4 次の各問において，その数列が収束するかどうかを判定せよ．また，収束するならばその極限を求めよ．

(a) $1,\ \dfrac{1}{2},\ \dfrac{1}{2^2},\ \dfrac{1}{2^3},\ \ldots,\ \dfrac{1}{2^n},\ \ldots$ (b) $1,\ 2,\ 2^2,\ 2^3,\ \ldots,\ 2^n,\ \ldots$

解 はじめの数列において，n を x に置き換えると指数関数 $(1/2)^x$ ができる．そして，2 番目の列で n を x に置き換えると，指数関数 2^x ができる．さて，$0<b<1$ ならば $x\to +\infty$ のとき $b^x\to 0$ であり，$b>1$ ならば $x\to +\infty$ のとき $b^x\to +\infty$ である (図 7.2.1)．以上より
$$\lim_{n\to +\infty}\frac{1}{2^n}=0 \quad \text{かつ} \quad \lim_{n\to +\infty}2^n=+\infty$$
である． ◀

例 5 数列 $\left\{\dfrac{n}{e^n}\right\}_{n=1}^{+\infty}$ の極限を求めよ．

解 表現 n/e^n は，$n\to +\infty$ のときに ∞/∞ の形の不定の形である．よって，ロピタルの定理 (定理 7.7.2) が考えられる．しかし，n/e^n にロピタルの定理は直接適用できない．なぜなら，関数 n および e^n は，ここでは正の整数に対してしか定義されておらず，それゆえに微分可能な関数ではないからである．この問題を回避するために，これらの関数の定義域を実数全体に拡張し，そのとき n は x に置き換え，それから商 x/e^x の極限にロピタルの定理を適用する．これにより
$$\lim_{x\to +\infty}\frac{x}{e^x}=\lim_{x\to +\infty}\frac{1}{e^x}=0$$
したがって
$$\lim_{n\to +\infty}\frac{n}{e^n}=0$$
と結論づけることができる． ◀

例 6 $\lim_{n\to +\infty}\sqrt[n]{n}=1$ を示せ．

解
$$\lim_{n\to +\infty}\sqrt[n]{n}=\lim_{n\to +\infty}n^{1/n}=\lim_{n\to +\infty}e^{(1/n)\ln n}=e^0=1$$

ロピタルの定理を $(1/x)\ln x$ に適用 ◀

ときどき，数列の偶数番号の項と奇数番号の項とは十分に違った振る舞いをすることがあるので，それぞれを分けて収束性を考察することが望ましい場合がある．次の定理は，証明は省くが，その場合に助けとなる．

10.2.4 定理 ある数列が極限 L に収束するのは，数列の偶数番号の項の数列および奇数番号の項の数列の両方が L に収束する場合であり，かつその場合のみに限る．

例 7 数列
$$\frac{1}{2}, \frac{1}{3}, \frac{1}{2^2}, \frac{1}{3^2}, \frac{1}{2^3}, \frac{1}{3^3}, \cdots$$
は 0 に収束する．なぜなら，偶数番号の項と奇数番号の項とがともに 0 に収束するからである．そして，数列
$$1, \frac{1}{2}, 1, \frac{1}{3}, 1, \frac{1}{4}, \cdots$$
は発散する．なぜなら，奇数番号の項は 1 に収束し，そして偶数番号の項は 0 に収束するからである． ◀

数列に対するはさみうちの定理

次の定理は，記述のみで証明なしだが，はさみうちの定理（定理 2.6.2）を数列に適用したものである．この定理は，極限が直接求められない数列に対して，極限を求めるのにも有用である．

> **10.2.5 定理**（数列に対するはさみうちの定理） $\{a_n\}$, $\{b_n\}$, および $\{c_n\}$ は数列であって
> $$a_n \leq b_n \leq c_n \quad (\text{ある番号 } N \text{ を超えたすべての } n \text{ に対して})$$
> を満たしているものとする．もし数列 $\{a_n\}$ および $\{c_n\}$ が, $n \to +\infty$ のときに共通の極限 L をもつならば，$\{b_n\}$ も $n \to +\infty$ のときに極限 L をもつ．

例 8 数値で表してみて明らかになることより，数列*
$$\left\{\frac{n!}{n^n}\right\}_{n=1}^{+\infty}$$
の極限を予想せよ．そののち，その予想が正しいことを証明せよ．

表 10.2.4

n	$\dfrac{n!}{n^n}$
1	1.0000000000
2	0.5000000000
3	0.2222222222
4	0.0937500000
5	0.0384000000
6	0.0154320988
7	0.0061198990
8	0.0024032593
9	0.0009366567
10	0.0003628800
11	0.0001399059
12	0.0000537232

解 表 10.2.4 は計算ユーティリティを使って得られたものであるが，これは数列の極限は 0 であると示唆している．これを証明するには，$n \to +\infty$ のときの
$$a_n = \frac{n!}{n^n}$$
の極限を調べる必要がある．これは，∞/∞ の型の不定の形であるにもかかわらず，整数でない x に対して $x!$ は定義していないので，ロピタルの定理は助けにならない．それでも，数列のはじめの方のいくつかの項と一般項を書き下してみる．
$$a_1 = 1, \quad a_2 = \frac{1 \cdot 2}{2 \cdot 2}, \quad a_3 = \frac{1 \cdot 2 \cdot 3}{3 \cdot 3 \cdot 3}, \quad a_n = \frac{1 \cdot 2 \cdot 3 \cdots n}{n \cdot n \cdot n \cdots n}, \cdots$$
一般項は
$$a_n = \frac{1}{n}\left(\frac{2 \cdot 3 \cdots n}{n \cdot n \cdots n}\right)$$
と書き直せる．これより
$$0 \leq a_n \leq \frac{1}{n}$$
は明らかである．しかし，両側は $n \to +\infty$ のときに 0 に収束する．したがって，数列に対するはさみうちの定理により，$n \to +\infty$ のとき $a_n \to 0$ が導かれる．これは予想が正しいことを示している． ◀

次の定理は，正の項と負の項をともにもつ数列の極限を求める際にしばしば有用である——この定理は，数列 $\{a_n\}$ の各項の絶対値をとって得られた数列 $\{|a_n|\}$ が 0 に収束するならば，そのとき $\{a_n\}$ も 0 に収束することを述べている．

---

*記号 $n!$（n の階乗と読む）は 322 ページに定義されている．

10.2.6 定理 $\lim_{n \to +\infty} |a_n| = 0$ とする．このとき，$\lim_{n \to +\infty} a_n = 0$ が成り立つ．

証明 a_n の符号によって，$a_n = |a_n|$ あるいは $a_n = -|a_n|$ のいずれかが成り立つ．それゆえ，

$$-|a_n| \leq a_n \leq |a_n|$$

が成り立つ．ところで，両側の2つの数列は0に収束する．ゆえに，数列に対するはさみうちの定理により，a_n の極限は0である．■

例 9 数列

$$1, -\frac{1}{2}, \frac{1}{2^2}, -\frac{1}{2^3}, \cdots, (-1)^n \frac{1}{2^n}, \cdots$$

を考える．各項の絶対値をとると，数列

$$1, \frac{1}{2}, \frac{1}{2^2}, \frac{1}{2^3}, \cdots, \frac{1}{2^n}, \cdots$$

が得られる．例4に示されているように，これは0に収束する．ゆえに，定理 10.2.6 により

$$\lim_{n \to +\infty}\left[(-1)^n \frac{1}{2^n}\right] = 0$$

である．◀

漸化式で定義される数列

いくつかの数列は，一般項についてのある式により作り出されるのではなく，数列のそれぞれの項がどう作られるかを，その項に先立っている項を用いた1つの式によって，あるいは式の集まりによって指定されていることがある．定義している式は**漸化式**とよばれ，このような数列は漸化式で定義されるといわれる．よい例として，平方根を近似するための自動的な規則がある．4.7節の演習問題 **19** では，関数 $f(x) = x^2 - a$ の根としての $\sqrt{a}$ を近似するために，ニュートン法によって作り出される数列は

$$x_1 = 1, \quad x_{n+1} = \frac{1}{2}\left(x_n + \frac{a}{x_n}\right) \tag{2}$$

で表されることを示すのが問題であった．表 10.2.5 には，$\sqrt{2}$ を近似するのに自動的規則を適用しての最初の5つの項を示してある．

表 **10.2.5**

n	$x_1 = 1,\ x_{n+1} = \frac{1}{2}\left(x_n + \frac{2}{x_n}\right)$	小数近似
	$x_1 = 1$ （はじめの値）	1.00000000000
1	$x_2 = \frac{1}{2}\left[1 + \frac{2}{1}\right] = \frac{3}{2}$	1.50000000000
2	$x_3 = \frac{1}{2}\left[\frac{3}{2} + \frac{2}{3/2}\right] = \frac{17}{12}$	1.41666666667
3	$x_4 = \frac{1}{2}\left[\frac{17}{12} + \frac{2}{17/12}\right] = \frac{577}{408}$	1.41421568627
4	$x_5 = \frac{1}{2}\left[\frac{577}{408} + \frac{2}{577/408}\right] = \frac{665,857}{470,832}$	1.41421356237
5	$x_6 = \frac{1}{2}\left[\frac{665,857}{470,832} + \frac{2}{665,857/470,832}\right] = \frac{886,731,088,897}{627,013,566,048}$	1.41421356237

漸化式で定義された列の収束を調べることは，本題からあまりに離れすぎるであろう．それゆえ，この種の数列の極限を計算するのに使われると有効なことがある手法を紹介して，この節を閉じることにする．

例 10 表 10.2.5 の列が収束すると仮定して，その極限が $\sqrt{2}$ であることを示せ．

解 $x_n \to L$ を仮定する．ただし，L はこれから求める値である．$n \to +\infty$ のとき $n+1 \to +\infty$ であるから，$n \to +\infty$ のとき $x_{n+1} \to L$ も成り立つ．よって，数列

$$x_{n+1} = \frac{1}{2}\left(x_n + \frac{2}{x_n}\right)$$

の $n \to +\infty$ のときの極限をとると

$$L = \frac{1}{2}\left(L + \frac{2}{L}\right)$$

を得る．この式は $L^2 = 2$ と書き直せる．すべての n に対して $x_n > 0$ なので，この等式で負の解は無縁となる．ゆえに，$L = \sqrt{2}$ である． ◀

演習問題 10.2   ～ グラフィックユーティリティ C CAS

1. 次のそれぞれにおいて，$n = 1$ から始めるとして，数列の一般項の式を求めよ．
   (a) $1, \frac{1}{3}, \frac{1}{9}, \frac{1}{27}, \ldots$ (b) $1, -\frac{1}{3}, \frac{1}{9}, -\frac{1}{27}, \ldots$
   (c) $\frac{1}{2}, \frac{3}{4}, \frac{5}{6}, \frac{7}{8}, \ldots$ (d) $\frac{1}{\sqrt{\pi}}, \frac{4}{\sqrt[3]{\pi}}, \frac{9}{\sqrt[4]{\pi}}, \frac{16}{\sqrt[5]{\pi}}, \ldots$

2. 次のそれぞれにおいて，1 つは $n = 1$ から始めて，そして他のものは $n = 0$ から始めるとして，数列の一般項の式を 2 つ求めよ．
   (a) $1, -r, r^2, -r^3, \ldots$ (b) $r, -r^2, r^3, -r^4, \ldots$

3. (a) $n = 0$ から始めて，数列 $\{1 + (-1)^n\}$ の最初の 4 つの項を書き出せ．
   (b) $n = 0$ から始めて，数列 $\{\cos n\pi\}$ の最初の 4 つの項を書き出せ．
   (c) (a) と (b) の結果を用いて，数列 $4, 0, 4, 0, \ldots$ の一般項の式を，$n = 0$ から始めるとして，2 つの異なる式で表せ．

4. 次のそれぞれにおいて，$n = 1$ から始めて，一般項の式を階乗を用いて求めよ．
   (a) $1 \cdot 2, \ 1 \cdot 2 \cdot 3 \cdot 4, \ 1 \cdot 2 \cdot 3 \cdot 4 \cdot 5 \cdot 6,$
   $1 \cdot 2 \cdot 3 \cdot 4 \cdot 5 \cdot 6 \cdot 7 \cdot 8, \ldots$
   (b) $1, \ 1 \cdot 2 \cdot 3, \ 1 \cdot 2 \cdot 3 \cdot 4 \cdot 5, \ 1 \cdot 2 \cdot 3 \cdot 4 \cdot 5 \cdot 6 \cdot 7, \ldots$

問題 5–22 では，数列の最初の 5 つの項を書き出し，数列が収束するかどうか判定せよ．収束するならば，その極限を求めよ．

5. $\left\{\dfrac{n}{n+2}\right\}_{n=1}^{+\infty}$ 6. $\left\{\dfrac{n^2}{2n+1}\right\}_{n=1}^{+\infty}$ 7. $\{2\}_{n=1}^{+\infty}$

8. $\left\{\ln\left(\dfrac{1}{n}\right)\right\}_{n=1}^{+\infty}$ 9. $\left\{\dfrac{\ln n}{n}\right\}_{n=1}^{+\infty}$ 10. $\left\{n \sin \dfrac{\pi}{n}\right\}_{n=1}^{+\infty}$

11. $\{1 + (-1)^n\}_{n=1}^{+\infty}$ 12. $\left\{\dfrac{(-1)^{n+1}}{n^2}\right\}_{n=1}^{+\infty}$

13. $\left\{(-1)^n \dfrac{2n^3}{n^3+1}\right\}_{n=1}^{+\infty}$ 14. $\left\{\dfrac{n}{2^n}\right\}_{n=1}^{+\infty}$

15. $\left\{\dfrac{(n+1)(n+2)}{2n^2}\right\}_{n=1}^{+\infty}$ 16. $\left\{\dfrac{\pi^n}{4^n}\right\}_{n=1}^{+\infty}$

17. $\left\{\cos \dfrac{3}{n}\right\}_{n=1}^{+\infty}$ 18. $\left\{\cos \dfrac{\pi n}{2}\right\}_{n=1}^{+\infty}$

19. $\{n^2 e^{-n}\}_{n=1}^{+\infty}$ 20. $\{\sqrt{n^2+3n}-n\}_{n=1}^{+\infty}$

21. $\left\{\left(\dfrac{n+3}{n+1}\right)^n\right\}_{n=1}^{+\infty}$ 22. $\left\{\left(1-\dfrac{2}{n}\right)^n\right\}_{n=1}^{+\infty}$

問題 23–30 では，$n = 1$ から始めるとして数列の一般項を求め，さらに数列が収束するかどうか判定せよ．数列が収束するならば，その極限を求めよ．

23. $\dfrac{1}{2}, \dfrac{3}{4}, \dfrac{5}{6}, \dfrac{7}{8}, \ldots$ 24. $0, \dfrac{1}{2^2}, \dfrac{2}{3^2}, \dfrac{3}{4^2}, \ldots$

25. $\dfrac{1}{3}, \dfrac{1}{9}, \dfrac{1}{27}, \dfrac{1}{81}, \ldots$ 26. $-1, 2, -3, 4, -5, \ldots$

27. $\left(1 - \dfrac{1}{2}\right), \left(\dfrac{1}{2} - \dfrac{1}{3}\right), \left(\dfrac{1}{3} - \dfrac{1}{4}\right), \left(\dfrac{1}{4} - \dfrac{1}{5}\right), \ldots$

28. $3, \dfrac{3}{2}, \dfrac{3}{2^2}, \dfrac{3}{2^3}, \ldots$

29. $(\sqrt{2} - \sqrt{3}), (\sqrt{3} - \sqrt{4}), (\sqrt{4} - \sqrt{5}), \ldots$

30. $\dfrac{1}{3^5}, -\dfrac{1}{3^6}, \dfrac{1}{3^7}, -\dfrac{1}{3^8}, \ldots$

31. (a) $n = 1$ から始め，数列 $\{a_n\}$ の最初の 6 つの項を書き出せ．ただし，
$$a_n = \begin{cases} 1, & n \text{ が奇数のとき} \\ n, & n \text{ が偶数のとき} \end{cases}$$

(b) 数列
$$1, \frac{1}{2^2}, 3, \frac{1}{2^4}, 5, \frac{1}{2^6}, \ldots$$
を偶数番号の項と奇数番号の項に分けて考えて，$n=1$ から始めるとして一般項の式を求めよ．

(c) 数列
$$1, \frac{1}{3}, \frac{1}{3}, \frac{1}{5}, \frac{1}{5}, \frac{1}{7}, \frac{1}{7}, \frac{1}{9}, \frac{1}{9}, \ldots$$
を偶数番号の項と奇数番号の項に分けて考えて，$n=1$ から始めるとして一般項の式を求めよ．

(d) (a), (b), および (c) での各数列が収束するかどうかを判定せよ．収束するものについては，その極限を求めよ．

32. どのような b の正の値に対して，数列 $b, 0, b^2, 0, b^3, 0, b^4, \ldots$ は収束するか．結論が正しい理由を説明せよ．

33. C (a) 数値的な特徴を用いて，数列 $\{\sqrt[n]{n^3}\}_{n=2}^{+\infty}$ の極限について予想せよ．
    (b) CAS を使って予想が正しいことを確かめよ．

34. C (a) 数値的な特徴を用いて，数列 $\{\sqrt[n]{3^n+n^3}\}_{n=2}^{+\infty}$ の極限について予想せよ．
    (b) CAS を使って予想が正しいことを確かめよ．

35. この節の式 (2) で与えられた数列が収束すると仮定して，例 10 の方法を用いてこの数列の極限が $\sqrt{a}$ であることを示せ．

36. 数列
$$a_1 = \sqrt{6}$$
$$a_2 = \sqrt{6+\sqrt{6}}$$
$$a_3 = \sqrt{6+\sqrt{6+\sqrt{6}}}$$
$$a_4 = \sqrt{6+\sqrt{6+\sqrt{6+\sqrt{6}}}}$$
$$\vdots$$
を考える．
(a) a_{n+1} に対する漸化式を求めよ．
(b) 数列が収束すると仮定して，例 10 の方法を用いて極限を求めよ．

37. 数列 $\{a_n\}_{n=1}^{+\infty}$ を考える．ただし，
$$a_n = \frac{1}{n^2} + \frac{2}{n^2} + \cdots + \frac{n}{n^2}$$
とする．以下の問に答えよ．
(a) a_1, a_2, a_3, a_4 を求めよ．
(b) 数値的な特徴を用いて，この数列の極限を予想せよ．
(c) a_n を閉じた形で表すことにより，予想が正しいことを確かめよ．

38.
$$a_n = \frac{1^2}{n^3} + \frac{2^2}{n^3} + \cdots + \frac{n^2}{n^3}$$
として，問 37 と同じ問に答えよ．

問題 39 と 40 では，列の極限を数値的な特徴を用いて予想せよ．また，数列に対するはさみうちの定理を用いて，予想が正しいことを確かめよ．

39. $\displaystyle\lim_{n\to+\infty} \frac{\sin^2 n}{n}$ 40. $\displaystyle\lim_{n\to+\infty}\left(\frac{1+n}{2n}\right)^n$

41. (a) 退屈な生徒が電卓の表示画面に 0.5 という数を書き入れる．それから，表示画面上の数の 2 乗を計算することを繰り返す．$a_0 = 0.5$ として，表示画面上に現れる数の列 $\{a_n\}$ の一般項の式を求めよ．
    (b) このことを電卓で行い，そして a_n の極限についての予想せよ．
    (c) a_n の極限を求めることにより，予想が正しいことを確かめよ．
    (d) a_0 のどんな値に対して，この手順が収束する数列を作り出すか．

42. 関数 $f(x)$ を
$$f(x) = \begin{cases} 2x, & 0 \leq x < 0.5 \\ 2x-1, & 0.5 \leq x < 1 \end{cases}$$
で定義する．数列 $f(0.2), f(f(0.2)), f(f(f(0.2))), \ldots$ は収束するか．理由もつけて答えよ．

43. C (a) グラフィックユーティリティを使って，方程式 $y = (2^x + 3^x)^{1/x}$ のグラフを描け．そして，そのグラフを用いて数列
$$\{(2^n+3^n)^{1/n}\}_{n=1}^{+\infty}$$
の極限について予想せよ．
    (b) 極限を求めて予想が正しいことを確かめよ．

44. 数列 $\{a_n\}_{n=1}^{+\infty}$ で，その第 n 項が
$$a_n = \frac{1}{n}\sum_{k=1}^{n} \frac{1}{1+(k/n)}$$
であるものを考える．a_n をある定積分のリーマン和と解釈することで，$\displaystyle\lim_{n\to+\infty} a_n = \ln 2$ を示せ．

45. a_n を，$f(x) = 1/x$ の区間 $[1, n]$ 上での平均値とする．数列 $\{a_n\}$ が収束するかどうかを判定し，収束するならばその極限を求めよ．

46. その項が $1, 1, 2, 3, 5, 8, 13, 21, \ldots$ である数列は，ピサのレオナルド ("フィボナッチ") [Leonard ("Fibonacci") da Pisa, 1170～1250] に敬意を表して フィボナッチ数列 とよばれる．この列は，2 つの 1 で始まったあとは，各項はその前 2 つの項の和になっている．以下の問に答えよ．
    (a) 数列を $\{a_n\}$ で表し，そして $a_1 = 1$ および $a_2 = 1$ で始めるとき，
$$\frac{a_{n+2}}{a_{n+1}} = 1 + \frac{a_n}{a_{n+1}} \quad (n \geq 1)$$
であることを示せ．
    (b) もし数列 $\{a_{n+1}/a_n\}$ がある極限 L に収束するならば，数列 $\{a_{n+2}/a_{n+1}\}$ もまた L に必ず収束することの，筋の通った説明をおおざっぱでよいから述べよ．
    (c) 数列 $\{a_{n+1}/a_n\}$ が収束すると仮定して，その極限が

$(1+\sqrt{5})/2$ であることを示せ.

47. 数列 $\{1/n\}_{n=1}^{+\infty}$ は極限 $L = 0$ に収束することを認めるならば, 定義 10.2.2 により, $\epsilon > 0$ を1つどのように定めても, ある正の整数 N であって, $n \geq N$ ならば $|a_n - L| = |(1/n) - 0| < \epsilon$ が成り立つものが存在する. 次の各問において, それぞれ与えられた ϵ の値に対して, 最小の N を求めよ.
  (a) $\epsilon = 0.5$ (b) $\epsilon = 0.1$ (c) $\epsilon = 0.001$

48. 数列
$$\left\{\frac{n}{n+1}\right\}_{n=1}^{+\infty}$$
が極限 $L = 1$ に収束することを認るならば, 定義 10.2.2 により, $\epsilon > 0$ を1つどのように定めても, ある正の整数 N であって, $n \geq N$ ならば
$$|a_n - L| = \left|\frac{n}{n+1} - 1\right| < \epsilon$$
が成り立つものが存在する. 次の各問において, それぞれ与えられた ϵ の値に対して, 最小の N を求めよ.
  (a) $\epsilon = 0.25$ (b) $\epsilon = 0.1$ (c) $\epsilon = 0.001$

49. 定義 10.2.2 を用いて, 次を示せ.
  (a) 数列 $\{1/n\}_{n=1}^{+\infty}$ は 0 に収束する.
  (b) 数列 $\left\{\dfrac{n}{n+1}\right\}_{n=1}^{+\infty}$ は 1 に収束する.

50. $\lim\limits_{n \to +\infty} r^n$ を求めよ, ただし, r は実数である.［ヒント: $|r| < 1, |r| > 1, r = 1, r = -1$ の場合に分けて考えよ.］

10.3 単調数列

ある数列が収束するかどうかを知ることが重要なのであって, その極限の値は当座は問題に直接的には関わらないという状況がよくある. この節では, ある数列が収束するかどうかを判定するのに使いうるいくつかの手法を学習する.

用 語

いくつかの用語から始める.

> **10.3.1 定義** 数列 $\{a_n\}_{n=1}^{+\infty}$ は,
> $a_1 < a_2 < a_3 < \cdots < a_n < \cdots$ であるとき**狭義増加**,
> $a_1 \leq a_2 \leq a_3 \leq \cdots \leq a_n \leq \cdots$ であるとき**増加**,
> $a_1 > a_2 > a_3 > \cdots > a_n > \cdots$ であるとき**狭義減少**,
> $a_1 \geq a_2 \geq a_3 \geq \cdots \geq a_n \geq \cdots$ であるとき**減少**
>
> とよばれる.

言葉でいえば, どの項もすべてその前の項よりも真に大きい場合に狭義増加であり, どの項もすべてその前の項に等しいかより大きい場合に増加であり, どの項もすべてその前の項よりも真に小さい場合に狭義減少であり, どの項もすべてその前の項に等しいかより小さい場合に減少である. すべての狭義増加数列は増加である (逆は成り立たない). 狭義増加であるか, それとも狭義減少である数列を **狭義単調**であるという. そして, 増加であるか, それとも減少であるような列を**単調**であるという.

例 1

表 10.3.1

数列	種類
$\dfrac{1}{2}, \dfrac{2}{3}, \dfrac{3}{4}, \ldots, \dfrac{n}{n+1}, \ldots$	狭義増加
$1, \dfrac{1}{2}, \dfrac{1}{3}, \ldots, \dfrac{1}{n}, \ldots$	狭義減少
$1, 1, 2, 2, 3, 3, \ldots$	増加（狭義増加ではない）
$1, 1, \dfrac{1}{2}, \dfrac{1}{2}, \dfrac{1}{3}, \dfrac{1}{3}, \cdots$	減少（狭義減少ではない）
$1, -\dfrac{1}{2}, \dfrac{1}{3}, -\dfrac{1}{4}, \ldots, (-1)^{n+1}\dfrac{1}{n}, \ldots$	増加・減少のいずれでもない

1番目と2番目の数列は狭義単調であり，3番目と4番目の数列は単調であるが狭義単調ではない．5番目の数列は単調ではない． ◀

読者へ 増加でありかつ減少である数列はありうるか．説明せよ．

単調性の検証

ある数列が狭義増加であるためには，連続する項，a_n と a_{n+1} の組の**すべて**が，$a_n < a_{n+1}$ を，あるいは同値であるが $a_{n+1} - a_n > 0$ を満たさなければならない．より一般には，単調数列は以下のように分類される．

連続する2つの項の差	分類
$a_{n+1} - a_n > 0$	狭義増加
$a_{n+1} - a_n < 0$	狭義減少
$a_{n+1} - a_n \geq 0$	増加
$a_{n+1} - a_n \leq 0$	減少

ある数列が単調であるか，あるいは狭義単調であるかは，その数列のはじめのいくつかの項を書き出してみれば，推測できることがよくある．それでも，その推測が正しいことを確かめるには，正確な数学的論議をしなければならない．次の例は，これを行うための1つの方法の例示である．

例2 数列
$$\frac{1}{2}, \frac{2}{3}, \frac{3}{4}, \ldots, \frac{n}{n+1}, \ldots$$
は，狭義増加数列であることを示せ．

解 最初の方の項のパターンは，この数列は狭義増加であることを示唆している．そのことを示すために，
$$a_n = \frac{n}{n+1}$$
とおく．この式で n を $n+1$ で置き換えると a_{n+1} が得られる．これより
$$a_{n+1} = \frac{n+1}{(n+1)+1} = \frac{n+1}{n+2}$$
である．これらより，$n \geq 1$ に対し
$$a_{n+1} - a_n = \frac{n+1}{n+2} - \frac{n}{n+1} = \frac{n^2+2n+1-n^2-2n}{(n+1)(n+2)} = \frac{1}{(n+1)(n+2)} > 0$$
このことは数列が狭義増加であることを示している． ◀

a_n と a_{n+1} がある狭義増加数列の勝手に選んだ連続する項であるならば，$a_n < a_{n+1}$ である．もし数列の項がすべて正ならば，この不等式の両辺を a_n で割ると，$1 < a_{n+1}/a_n$，あるいは同値であるが，$a_{n+1}/a_n > 1$ が得られる．より一般に，正の項よりなる単調数列は以下のように分類される．

連続する2つの項の比	結論
$a_{n+1}/a_n > 1$	狭義増加
$a_{n+1}/a_n < 1$	狭義減少
$a_{n+1}/a_n \geq 1$	増加
$a_{n+1}/a_n \leq 1$	減少

例 3 例 2 の数列が狭義増加であることを，連続する項の比を調べることで示せ．

解 例 2 の解で示したように
$$a_n = \frac{n}{n+1} \quad \text{および} \quad a_{n+1} = \frac{n+1}{n+2}$$
である．よって，
$$\frac{a_{n+1}}{a_n} = \frac{(n+1)/(n+2)}{n/(n+1)} = \frac{n+1}{n+2} \cdot \frac{n+1}{n} = \frac{n^2+2n+1}{n^2+2n} \tag{1}$$
(1) の分子は分母より大きいので，$n \geq 1$ に対し $a_{n+1}/a_n > 1$ が従う．これよりこの数列は狭義増加である． ◀

次の例は，数列が狭義単調かどうかを判定するための第 3 の手法を例示している．

例 4 例 2 と 3 において，数列
$$\frac{1}{2}, \frac{2}{3}, \frac{3}{4}, \ldots, \frac{n}{n+1}, \ldots$$
は狭義増加であることを，連続する項の差および比を考察して証明した．それらに代わって，以下のように論を進めることもできる．
$$f(x) = \frac{x}{x+1}$$
とおくと，与えられた数列の第 n 項は $a_n = f(n)$ である．$x \geq 1$ において関数 f は増加である．なぜなら，
$$f'(x) = \frac{(x+1)(1) - x(1)}{(x+1)^2} = \frac{1}{(x+1)^2} > 0$$
であるからである．それゆえ，
$$a_n = f(n) < f(n+1) = a_{n+1}$$
この関係は与えられた数列が狭義増加であることを示している． ◀

一般に，もし $f(n) = a_n$ がある数列の第 n 項であり，かつ f が $x \geq 1$ で微分可能であるならば，次の結果を得る．

$x \geq 1$ での f の導関数	$a_n = f(n)$ となる数列についての結論
$f'(x) > 0$	狭義増加
$f'(x) < 0$	狭義減少
$f'(x) \geq 0$	増加
$f'(x) \leq 0$	減少

あるところから先で成り立つ性質

ある数列が，はじめの方では一貫性なく振る舞い，そしてしだいに決まったパターンに落ち着いていくといったことが，ときおりおある．例えば，数列
$$9, -8, -17, 12, 1, 2, 3, 4, \ldots \tag{2}$$
は，第 5 項からあとは狭義増加であるが，最初の 4 つの項の不規則な振る舞いから，数列全体としては狭義増加ではない．このような数列を記述するために，次のような用語を導入する．

10.3.2 定義 ある数列のはじめから有限個の項を除くと，ある性質をもつ数列ができるとする．このとき，もとの数列はその性質を**あるところから先**でもつという．

例えば，数列 (2) は狭義増加ではないが，先の方で狭義増加であるといえる．

例 5 数列 $\left\{\dfrac{10^n}{n!}\right\}_{n=1}^{+\infty}$ は，先の方で狭義減少であることを示せ．

解 一般項の定義より
$$a_n = \frac{10^n}{n!} \quad \text{かつ} \quad a_{n+1} = \frac{10^{n+1}}{(n+1)!}$$
であるから，
$$\frac{a_{n+1}}{a_n} = \frac{10^{n+1}/(n+1)!}{10^n/n!} = \frac{10^{n+1} n!}{10^n (n+1)!} = 10\frac{n!}{(n+1)n!} = \frac{10}{n+1} \tag{3}$$
である．式 (3) より，$n \geq 10$ であるすべての n に対して，$a_{n+1}/a_n < 1$ である．ゆえに，数列は先の方で狭義減少である． ◂

収束の直感的観察

おおざっぱにいえば，数列の収束あるいは発散は，はじめの方の項にはよらない．そうではなく，項たちが先でどのように振る舞うかによっている．例えば，数列
$$3, -9, -13, 17, 1, \frac{1}{2}, \frac{1}{3}, \frac{1}{4}, \cdots$$
の先の方では数列
$$1, \frac{1}{2}, \frac{1}{3}, \cdots, \frac{1}{n}, \cdots$$
のように振る舞う．それゆえ，極限 0 をもつ．

単調数列の収束

次の 2 つの定理は，それらの証明はこの節の終わりの部分で取り上げられるが，単調数列は収束するか，あるいは無限大になるかのいずれかであることを示している．すなわち，振動による発散は決して起こらない．

10.3.3 定理 数列 $\{a_n\}$ は，あるところから先で増加しているとする．このとき，2 つの可能性がある．

(a) ある定数 M で，すべての n に対して $a_n \leq M$ であるものが存在する．この定数 M は数列の**上界**とよばれる．この場合は，$L \leq M$ を満たすある極限 L に収束する．

(b) 上界が存在しない．この場合は，$\displaystyle\lim_{n \to +\infty} a_n = +\infty$ である．

10.3.4 定理 数列 $\{a_n\}$ は，あるところから先で減少しているとする．このとき，2 つの可能性がある．

(a) ある定数 M で，すべての n に対して $a_n \geq M$ であるものが存在する．この定数 M は数列の**下界**とよばれる．この場合は，$L \geq M$ を満たすある極限 L に収束する．

(b) 下界が存在しない．この場合は，$\displaystyle\lim_{n \to +\infty} a_n = -\infty$ である．

これらの結果は極限を得る方法を与えるものではないことに注意しよう．これらは極限が存在するかどうかのみを教えるのである．

例 6 数列 $\left\{\dfrac{10^n}{n!}\right\}_{n=1}^{+\infty}$ は収束することを示せ．また，その極限を求めよ．

解 例 5 で，この数列は先の方で狭義減少であることを示した．この数列のすべての項は正

であるから，これは $M = 0$ によって下から抑えられる．よって，定理 10.3.4 により，ある非負の極限 L に収束する．しかし，その極限は第 n 番目の項の式 $10^n/n!$ からは直接的には明らかでない．極限を求めるためには，工夫が必要である．

例 5 の式 (3) より，与えられた数列の連続する項は，次の漸化式

$$a_{n+1} = \frac{10}{n+1} a_n \tag{4}$$

でつながっている．ここで $a_n = 10^n/n!$ である．式 (4) の両辺の $n \to +\infty$ のときの極限をとり

$$\lim_{n \to +\infty} a_{n+1} = \lim_{n \to +\infty} a_n = L$$

であることを使う．すると

$$L = \lim_{n \to +\infty} a_{n+1} = \lim_{n \to +\infty} \left(\frac{10}{n+1} a_n \right) = \lim_{n \to +\infty} \frac{10}{n+1} \lim_{n \to +\infty} a_n = 0 \cdot L = 0$$

を得る．それゆえ

$$L = \lim_{n \to +\infty} \frac{10^n}{n!} = 0$$

である． ◀

注意 演習問題 **26** で，この例で示された手法が任意の実数 x に対して極限

$$\lim_{n \to +\infty} \frac{x^n}{n!} = 0 \tag{5}$$

を得るために適応できることが示される．この結果はあとで有用である．

完備性の公理

本書では，実数に関するよく知られた性質を証明なしで受け入れてきた．そして実のところ，実数という用語を定義しようとすらしなかった．それでも多くの目的には十分であったが，微積分学における極限や関数の研究が，ユークリッド幾何の公理的な展開に類似した実数の厳密な公理的定式化を必要とすることが，19 世紀後半までには認識されてきた．この発展をたどることはしないとはいえ，定理 10.3.3 および 10.3.4 を証明するためには，実数についての公理の 1 つを考察することが必要である．しかし，まずはいくつか用語を紹介する．

S を空でない実数の集合とする．もし u が S のすべての数より大きいかまたは等しいならば，u は S の 1 つの**上界**であるという．また，もし ℓ が S のすべての数より小さいかあるいは等しいならば，ℓ は S の 1 つの**下界**であるという．例えば，S が区間 $(1,3)$ の中の数の集合としたとき，$u = 4, 10, 100$ は S の上界であり，$\ell = -10, 0, \frac{1}{2}$ は S の下界である．$u = 3$ はすべての上界の中でいちばん小さく，そして $\ell = 1$ はすべての下界の中でいちばん大きいことに注意しよう．S に対する最小の上界と最大の下界の存在は偶然ではない．これは次の公理から帰結することである．

10.3.5 公理（完備性の公理） 空でない実数の集合 S が 1 つ上界をもつとする．このとき，最小の上界がある（**上限**とよばれる）．また，空でない実数の集合 S が 1 つ下界をもつとする．このとき，最大の下界をもつ（**下限**とよばれる）．

定理 10.3.3 の証明

(a) ここでは増加数列に関する結果を示す．先の方で増加する数列に対して，この議論を適用することは読者に任せる．ある数 M で，$n = 1, 2, \ldots$ に対して $a_n \leq M$ であるものが存在すると仮定する．このとき，M はその数列の項たちの集合に対する 1 つの

上界である．完備性の公理から項たちに対する上限が存在する．それを L とする．ϵ を勝手にとった正の数とする．L は項たちに対する上限であるので，$L - \epsilon$ は項たちに対する上界ではありえない．このことは少なくとも 1 つの項 a_N で
$$a_N > L - \epsilon$$
となっているものがあることを意味する．さらに，$\{a_n\}$ は増加数列であるから，$n \geq N$ のとき
$$a_n \geq a_N > L - \epsilon \tag{6}$$
が必ず成り立つ．しかし，L は項たちに対する上界であるから，a_n は L を超えることができない．これと式 (6) より，$L \geq a_n > L - \epsilon$ が $n \geq N$ に対して成り立つことを教えている．それゆえ，第 N 項以降のすべての項が L と ϵ の範囲以内にある．これはまさに
$$\lim_{n \to +\infty} a_n = L$$
であるために必要なことであった．最後に，M は項たちに対する上界であり，そして L は上限，すなわち上界の最も小さいものであるから，$L \leq M$ である．これで (a) は示された．

(b) $n = 1, 2, \ldots$ に対して $a_n \leq M$ となる M が存在しないとする．このときは，M をどれだけ大きく選んでも，ある 1 つの項 a_N で
$$a_N > M$$
を満たすものがある．そして，数列は増加しているゆえに，$n \geq N$ ならば
$$a_n \geq a_N > M$$
である．このように，数列の項は n が増えるときには，いくらでも大きくなる．すなわち，
$$\lim_{n \to +\infty} a_n = +\infty$$
である．

定理 10.3.4 の証明は 10.3.3 のそれと同様であるので省略する．

演習問題 10.3

問題 **1–6** では，$a_{n+1} - a_n$ を用いて，与えられた数列 $\{a_n\}$ が狭義増加か，あるいは狭義減少かを示せ．

1. $\left\{\dfrac{1}{n}\right\}_{n=1}^{+\infty}$ 2. $\left\{1 - \dfrac{1}{n}\right\}_{n=1}^{+\infty}$ 3. $\left\{\dfrac{n}{2n+1}\right\}_{n=1}^{+\infty}$

4. $\left\{\dfrac{n}{4n-1}\right\}_{n=1}^{+\infty}$ 5. $\{n - 2^n\}_{n=1}^{+\infty}$ 6. $\{n - n^2\}_{n=1}^{+\infty}$

問題 **7–12** では，a_{n+1}/a_n を用いて，与えられた数列 $\{a_n\}$ が狭義増加か，あるいは狭義減少かを示せ．

7. $\left\{\dfrac{n}{2n+1}\right\}_{n=1}^{+\infty}$ 8. $\left\{\dfrac{2^n}{1+2^n}\right\}_{n=1}^{+\infty}$ 9. $\{ne^{-n}\}_{n=1}^{+\infty}$

10. $\left\{\dfrac{10^n}{(2n)!}\right\}_{n=1}^{+\infty}$ 11. $\left\{\dfrac{n^n}{n!}\right\}_{n=1}^{+\infty}$ 12. $\left\{\dfrac{5^n}{2^{(n^2)}}\right\}_{n=1}^{+\infty}$

問題 **13–18** では，微分を用いて，与えられた数列が狭義増加か，あるいは狭義減少かを示せ．

13. $\left\{\dfrac{n}{2n+1}\right\}_{n=1}^{+\infty}$ 14. $\left\{3 - \dfrac{1}{n}\right\}_{n=1}^{+\infty}$

15. $\left\{\dfrac{1}{n + \ln n}\right\}_{n=1}^{+\infty}$ 16. $\{ne^{-2n}\}_{n=1}^{+\infty}$

17. $\left\{\dfrac{\ln(n+2)}{n+2}\right\}_{n=1}^{+\infty}$ 18. $\{\tan^{-1} n\}_{n=1}^{+\infty}$

問題 **19–24** では，どんな方法を用いてもよいから，与えられた数列が先の方で狭義増加か，あるいは先の方で狭義減少かを示せ．

19. $\{2n^2 - 7n\}_{n=1}^{+\infty}$ 20. $\{n^3 - 4n^2\}_{n=1}^{+\infty}$

21. $\left\{\dfrac{n}{n^2+10}\right\}_{n=1}^{+\infty}$ 22. $\left\{n+\dfrac{17}{n}\right\}_{n=1}^{+\infty}$

23. $\left\{\dfrac{n!}{3^n}\right\}_{n=1}^{+\infty}$ 24. $\left\{n^5 e^{-n}\right\}_{n=1}^{+\infty}$

25. (a) 数列 $\{a_n\}$ は $1 \le a_n \le 2$ である単調数列とする．数列は必ず収束するか．そうであるならば，極限についてどんなことがいえるか．
    (b) 数列 $\{a_n\}$ は $a_n \le 2$ である単調数列とする．数列は必ず収束するか．そうであるならば，極限についてどんなことがいえるか．

26. この問題の目標は，この節の式 (5) を証明することである．$x = 0$ のときは明らかなので，$x \ne 0$ のときのみを考える．以下の問に答えよ．
    (a) $a_n = |x|^n/n!$ とする．
    $$a_{n+1} = \dfrac{|x|}{n+1} a_n$$
    を示せ．
    (b) 数列 $\{a_n\}$ は先の方では狭義減少であることを示せ．
    (c) 数列 $\{a_n\}$ は収束することを示せ．
    (d) (a) と (c) の結果を用いて，$n \to +\infty$ のとき $a_n \to 0$ であることを示せ．
    (e) (d) の結果から式 (5) を示せ．

27. 数列 $\{a_n\}$ は，$a_1 = \sqrt{2}$ であって，$n \ge 1$ に対しては漸化式 $a_{n+1} = \sqrt{2 + a_n}$ によって定義されるものとする．以下の問に答えよ．
    (a) 数列のはじめの 3 つの項を書き出せ．
    (b) $n \ge 1$ に対して，$a_n < 2$ を示せ．
    (c) $n \ge 1$ に対して，$a_{n+1}^2 - a_n^2 = (2 - a_n)(1 + a_n)$ を示せ．
    (d) (b) と (c) の結果を用いて，$\{a_n\}$ は狭義増加数列であることを示せ．[ヒント：x と y は $x^2 - y^2 > 0$ であるような正の実数とする．このとき，因数分解によって $x - y > 0$ が従う．]
    (e) $\{a_n\}$ が収束することを示せ．また，極限を求めよ．

28. 数列 $\{a_n\}$ は，$a_1 = 1$ であって，$n \ge 1$ に対しては漸化式 $a_{n+1} = \frac{1}{2}[a_n + (3/a_n)]$ によって定義されるものとする．以下の問に答えよ．
    (a) $n \ge 2$ に対して，$a_n \ge \sqrt{3}$ を示せ．[ヒント：$x > 0$ に対して $\frac{1}{2}[x + (3/x)]$ の最小値は何か．]
    (b) $\{a_n\}$ は先の方では減少であることを示せ．[ヒント：$a_{n+1} - a_n$ または a_{n+1}/a_n を調べて，そして (a) の結果を使え．]
    (c) $\{a_n\}$ が収束することを示せ．また，極限を求めよ．

29. (a) 図における適当な範囲を比較して，$n \ge 2$ に対する次の不等式を導け．
    $$\int_1^n \ln x \, dx < \ln n! < \int_1^{n+1} \ln x \, dx$$
    (b) (a) の結果を用いて
    $$\dfrac{n^n}{e^{n-1}} < n! < \dfrac{(n+1)^{n+1}}{e^n}, \quad n > 1$$
    を示せ．
    (c) 数列に対するはさみうちの定理 (定理 10.2.5) と (b) の結果を用いて
    $$\lim_{n \to +\infty} \dfrac{\sqrt[n]{n!}}{n} = \dfrac{1}{e}$$
    を示せ．

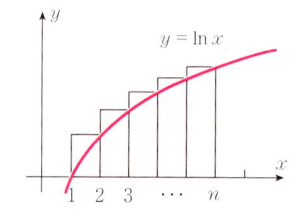

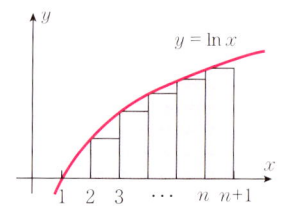

図 Ex-29

30. 問題 29(b) の左の不等式を用いて
    $$\lim_{n \to +\infty} \sqrt[n]{n!} = +\infty$$
    であることを示せ．

10.4 無限級数

この節の目的は，無限個の項を含んでいる和について詳しく論じることである．このような和の最も身近な例は実数の小数表示である．例えば，$\frac{1}{3}$ を小数の形 $\frac{1}{3} = 0.3333\ldots$ と書いたとき，これは
$$\dfrac{1}{3} = 0.3 + 0.03 + 0.003 + 0.0003 + \cdots$$
を意味する．このことは $\frac{1}{3}$ の小数表示は無限個の実数の和とみることができるのを示している．

無限級数の和

最初の目標は，無限個の実数の "和" という言葉が意味することは何であるかを定義することである．いくつかの用語から始める．

> **10.4.1 定義** 無限級数とは
> $$\sum_{k=1}^{\infty} u_k = u_1 + u_2 + u_3 + \cdots + u_k + \cdots$$
> の形に表されたものである．数 $u_1, u_2, u_3, \ldots$ は級数の**項**とよばれる．

無限個の数を直接足し合わせることは不可能であるので，無限級数の和は極限操作によって間接的に定義し，かつ計算する．この基本的考え方を導くために，小数

$$0.3333\ldots \tag{1}$$

を考える．これは無限級数

$$0.3 + 0.03 + 0.003 + 0.0003 + \cdots$$

とみることができ，また，同値であるが

$$\frac{3}{10} + \frac{3}{10^2} + \frac{3}{10^3} + \frac{3}{10^4} + \cdots \tag{2}$$

ともみることができる．式 (1) は $\frac{1}{3}$ の小数展開であるので，無限級数の和の定義で妥当なものはどれであっても，式 (2) の和として $\frac{1}{3}$ を与えるべきである．そのような定義を得るために，次の（有限）和の数列を考える．

$$s_1 = \frac{3}{10} = 0.3$$
$$s_2 = \frac{3}{10} + \frac{3}{10^2} = 0.33$$
$$s_3 = \frac{3}{10} + \frac{3}{10^2} + \frac{3}{10^3} = 0.333$$
$$s_4 = \frac{3}{10} + \frac{3}{10^2} + \frac{3}{10^3} + \frac{3}{10^4} = 0.3333$$
$$\vdots$$

数 $s_1, s_2, s_3, s_4, \ldots$ の列は，無限級数の"和"（これは $\frac{1}{3}$ であってほしい）への近似の系列とみることができる．この数列を先へ先へと進んでいくにつれて，無限級数の項がさらにより多く使われ，そして近似はよりよく，さらによりよくなっていき，お望みの和 $\frac{1}{3}$ はこの近似の数列の極限であることを示唆している．これがそうなっていることをみるために，近似列の一般項

$$s_n = \frac{3}{10} + \frac{3}{10^2} + \cdots + \frac{3}{10^n} \tag{3}$$

の極限を計算しなければならない．極限

$$\lim_{n \to +\infty} s_n = \lim_{n \to +\infty} \left(\frac{3}{10} + \frac{3}{10^2} + \cdots + \frac{3}{10^n} \right)$$

を計算することは，最終項および項の数の両方が n とともに変わるので複雑である．このような極限は，できれば項の数が変わらない閉じた形に書き直すことが最良である（5.4 節の例 3 に沿って，閉じた形および開いた形についての議論をみよ）．これを行うために，式 (3) の両辺に $\frac{1}{10}$ を掛けると

$$\frac{1}{10} s_n = \frac{3}{10^2} + \frac{3}{10^3} + \cdots + \frac{3}{10^n} + \frac{3}{10^{n+1}} \tag{4}$$

を得る．そして，式 (3) から (4) を引くと

$$s_n - \frac{1}{10} s_n = \frac{3}{10} - \frac{3}{10^{n+1}}$$
$$\frac{9}{10} s_n = \frac{3}{10} \left(1 - \frac{1}{10^n} \right)$$
$$s_n = \frac{1}{3} \left(1 - \frac{1}{10^n} \right)$$

を得る．$n \to +\infty$ のとき $1/10^n \to 0$ であるから，
$$\lim_{n \to +\infty} s_n = \lim_{n \to +\infty} \frac{1}{3}\left(1 - \frac{1}{10^n}\right) = \frac{1}{3}$$
が従う．これを
$$\frac{1}{3} = \frac{3}{10} + \frac{3}{10^2} + \frac{3}{10^3} + \cdots + \frac{3}{10^n} + \cdots$$
と表す．

上記の例に動機づけられて，いまや無限級数
$$u_1 + u_2 + u_3 + \cdots + u_k + \cdots$$
の "和" の一般的な概念を定義する用意ができた．まず用語から始める．級数の初項から添え字 n の項を含むまで足し合わせた和を s_n とする．つまり，
$$\begin{aligned}
s_1 &= u_1 \\
s_2 &= u_1 + u_2 \\
s_3 &= u_1 + u_2 + u_3 \\
&\vdots \\
s_n &= u_1 + u_2 + u_3 + \cdots + u_n = \sum_{k=1}^{n} u_k
\end{aligned}$$

数 s_n は，級数の **n 番目の部分和**とよばれ，数列 $\{s_n\}_{n=1}^{+\infty}$ は**部分和の列**とよばれる．

> **通告** 英語の日常言語では "sequence" と "series" という単語は，しばしば相互に入れ替えて用いることができる．しかし，数学ではそうはいかない — 数学的には sequence（数列）は次々と並んだものであり，series（級数）は和である．これからの議論において，この区別を心にとどめておくことが肝要である．

n が増加していくにつれ，部分和 $s_n = u_1 + u_2 + \cdots + u_n$ は級数の項をより多くより多く含んでいく．それゆえ，$n \to +\infty$ のとき s_n がある極限に収束していくならば，この極限をこの級数の項のすべての和とみることは理にかなっている．このことは次の定義を示唆している．

10.4.2 定義 $\{s_n\}$ を，級数
$$u_1 + u_2 + u_3 + \cdots + u_k + \cdots$$
の部分和の数列とする．数列 $\{s_n\}$ が極限 S に収束するとする．このとき，級数は S に**収束する**といい，S を**級数の和**とよぶ．これを
$$S = \sum_{k=1}^{\infty} u_k$$
と書く．もし部分和の数列が発散するならば，級数は**発散する**という．発散する級数は和をもたない．

> **注意** ときによっては，無限級数における和の添え字を $k = 1$ から始めるよりも，むしろ $k = 0$ から始める方が妥当なことがある．この場合，u_0 を第 0 項とみなし，$s_0 = u_0$ を 0 番目の部分和とみなす．添え字のはじめの値の変更は，無限級数の収束発散には何の影響も与えないことが証明できる．

例 1 級数
$$1 - 1 + 1 - 1 + 1 - 1 + \cdots$$
は収束するか発散するかを判定せよ．収束するならば，その和を求めよ．

解 正の項と負の項が互いに打ち消しあうので，この級数の和は零であると結論しそうになるが，それは正しくない．問題は，有限和に対して成り立つ代数操作が無限級数にまですべての場合に持ち込めるわけではないということである．あとで，なじみの代数的操作が無限級数にも適用できるための条件を考察するが，この例に対しては定義 10.4.2 を直接に用いる．部分和は

$$s_1 = 1$$
$$s_2 = 1 - 1 = 0$$
$$s_3 = 1 - 1 + 1 = 1$$
$$s_4 = 1 - 1 + 1 - 1 = 0$$

となり，これが先へとつづく．それゆえ，部分和の列は

$$1, 0, 1, 0, 1, 0, \ldots$$

である．これは発散数列であるので，与えられた級数は発散する．その結果として和はもたない． ◀

幾何級数

多くの重要な級数の1つとして，各項がその前の項にある固定された定数を掛けることで得られるものがある．したがって，級数の最初の項が a であり，そして各項がその前の項に r を掛けて得られるとする．このとき，級数は

$$\sum_{k=0}^{\infty} ar^k = a + ar + ar^2 + ar^3 + \cdots + ar^k + \cdots \quad (a \neq 0)$$

の形をしている．このような級数は**幾何級数**とよばれ，数 r は級数の**公比**とよばれる．いくつか例を挙げると，

$$1 + 2 + 4 + 8 + \cdots + 2^k + \cdots \qquad \boxed{a = 1,\ r = 2}$$

$$\frac{3}{10} + \frac{3}{10^2} + \frac{3}{10^3} + \cdots + \frac{3}{10^k} + \cdots \qquad \boxed{a = \tfrac{3}{10},\ r = \tfrac{1}{10}}$$

$$\frac{1}{2} - \frac{1}{4} + \frac{1}{8} - \frac{1}{16} + \cdots + (-1)^{k+1}\frac{1}{2^k} + \cdots \qquad \boxed{a = \tfrac{1}{2},\ r = -\tfrac{1}{2}}$$

$$1 + 1 + 1 + \cdots + 1 + \cdots \qquad \boxed{a = 1,\ r = 1}$$

$$1 - 1 + 1 - 1 + \cdots + (-1)^{k+1} + \cdots \qquad \boxed{a = 1,\ r = -1}$$

$$1 + x + x^2 + x^3 + \cdots + x^k + \cdots \qquad \boxed{a = 1,\ r = x}$$

次の定理は幾何級数の収束についての基本的な結果である．

10.4.3 定理 幾何級数

$$\sum_{k=0}^{\infty} ar^k = a + ar + ar^2 + \cdots + ar^k + \cdots \quad (a \neq 0)$$

は，$|r| < 1$ ならば収束し，$|r| \geq 1$ ならば発散する．級数が収束するならば，その和は

$$\sum_{k=0}^{\infty} ar^k = \frac{a}{1-r}$$

である．

証明 はじめに $r = |1|$ の場合を扱う．$r = 1$ とする．このとき，級数は

$$a + a + a + a + \cdots$$

である．第 n 番目の部分和は $s_n = (n+1)a$ であり，$\lim_{n \to +\infty} s_n = \lim_{n \to +\infty} (n+1)a = \pm\infty$ となる（符号は a が正であるか，あるいは負であるかによる）．これは発散を示している．

$r = -1$ とする．このとき，級数は
$$a - a + a - a + \cdots$$
である．ゆえに，部分和の数列は
$$a, 0, a, 0, a, 0, \ldots$$
となる．これは発散である．

さて，$|r| \neq 1$ の場合を考える．級数の第 n 番目の部分和は
$$s_n = a + ar + ar^2 + \cdots + ar^n \tag{5}$$
である．式 (5) の両辺に r を掛けると
$$rs_n = ar + ar^2 + \cdots + ar^n + ar^{n+1} \tag{6}$$
となる．式 (5) から (6) を引くと
$$s_n - rs_n = a - ar^{n+1}$$
または
$$(1 - r)s_n = a - ar^{n+1} \tag{7}$$
を得る．考えているのは $r \neq 1$ の場合であるから，これは
$$s_n = \frac{a - ar^{n+1}}{1 - r} = \frac{a}{1 - r} - \frac{ar^{n+1}}{1 - r} \tag{8}$$
と書き直せる．$|r| < 1$ ならば，$\lim_{n \to +\infty} r^{n+1} = 0$ である (なぜか)．それゆえ，$\{s_n\}$ は収束する．式 (8) より
$$\lim_{n \to +\infty} s_n = \frac{a}{1 - r}$$
が成り立つ．$|r| > 1$ ならば，$r > 1$ か，あるいは $r < -1$ かのいずれかである．$r > 1$ のときは，$\lim_{n \to +\infty} r^{n+1} = +\infty$ である．また，$r < -1$ のときは，r^{n+1} は正の値と負の値のあいだを大きさを増しながら振動するので，両方の場合とも $\{s_n\}$ は発散する． ■

例 2 級数
$$\sum_{k=0}^{\infty} \frac{5}{4^k} = 5 + \frac{5}{4} + \frac{5}{4^2} + \cdots + \frac{5}{4^k} + \cdots$$
は，$a = 5$ で，$r = \frac{1}{4}$ の幾何級数である．$|r| = \frac{1}{4} < 1$ であるから，級数は収束する．そして，その和は
$$\frac{a}{1 - r} = \frac{5}{1 - \frac{1}{4}} = \frac{20}{3}$$
である． ◀

例 3 循環小数
$$0.784784784\ldots$$
で表される有理数を求めよ．

解 与えられた小数は
$$0.784784784\ldots = 0.784 + 0.000784 + 0.000000784 + \cdots$$
の形に書くことができる．ゆえに，与えられた小数は $a = 0.784$ で，$r = 0.001$ の幾何級数の和である．したがって，
$$0.784784784\ldots = \frac{a}{1 - r} = \frac{0.784}{1 - 0.001} = \frac{0.784}{0.999} = \frac{784}{999}$$
である． ◀

例 4 次の各問において，その級数が収束するかどうかを判定せよ．収束するならば，その和を求めよ．

(a) $\displaystyle\sum_{k=1}^{\infty} 3^{2k} 5^{1-k}$ (b) $\displaystyle\sum_{k=0}^{\infty} x^k$

解 (a) これは隠れた形になっている幾何級数である．なぜならば，級数は

$$\sum_{k=1}^{\infty} 3^{2k} 5^{1-k} = \sum_{k=1}^{\infty} \frac{9^k}{5^{k-1}} = \sum_{k=1}^{\infty} 9 \left(\frac{9}{5}\right)^{k-1}$$

と書き直せるからである．$r = \frac{9}{5} > 1$ ゆえ，級数は発散する．

解 (b) 級数を展開した形で書くと

$$\sum_{k=0}^{\infty} x^k = 1 + x + x^2 + \cdots + x^k + \cdots$$

となる．この級数は，$a = 1$ で，$r = x$ の幾何級数である．それゆえ，$|x| < 1$ ならば収束する．また，それ以外の場合は発散する．級数が収束する場合に，その和は

$$\sum_{k=0}^{\infty} x^k = \frac{1}{1-x}$$

である． ◀

入れ子の和

例 5 級数

$$\sum_{k=1}^{\infty} \frac{1}{k(k+1)} = \frac{1}{1 \cdot 2} + \frac{1}{2 \cdot 3} + \frac{1}{3 \cdot 4} + \frac{1}{4 \cdot 5} + \cdots$$

は収束するか発散するかを判定せよ．また，収束するならば，和を求めよ．

解 級数の第 n 番目の部分和は

$$s_n = \sum_{k=1}^{n} \frac{1}{k(k+1)} = \frac{1}{1 \cdot 2} + \frac{1}{2 \cdot 3} + \frac{1}{3 \cdot 4} + \cdots + \frac{1}{n \cdot (n+1)}$$

である．$\lim_{n \to +\infty} s_n$ を計算するために，s_n を閉じた形に書き直す．これは部分分数

$$\frac{1}{k(k+1)} = \frac{1}{k} - \frac{1}{k+1}$$

を使うとできる（確かめよ）．これより，入れ子になった和を得ることができる．

$$s_n = \sum_{k=1}^{n} \left(\frac{1}{k} - \frac{1}{k+1}\right)$$

$$= \left(1 - \frac{1}{2}\right) + \left(\frac{1}{2} - \frac{1}{3}\right) + \left(\frac{1}{3} - \frac{1}{4}\right) + \cdots + \left(\frac{1}{n} - \frac{1}{n+1}\right)$$

$$= 1 + \left(-\frac{1}{2} + \frac{1}{2}\right) + \left(-\frac{1}{3} + \frac{1}{3}\right) + \cdots + \left(-\frac{1}{n} + \frac{1}{n}\right) - \frac{1}{n+1}$$

$$= 1 - \frac{1}{n+1}$$

よって，

$$\sum_{k=1}^{\infty} \frac{1}{k(k+1)} = \lim_{n \to +\infty} s_n = \lim_{n \to +\infty} \left(1 - \frac{1}{n+1}\right) = 1$$ ◀

> **読者へ** もし CAS をもっているなら，無限級数の和の求め方の説明を読んでみよ．また，CAS を使って例 5 の結果を確かめよ．

調和級数

すべての発散級数のうちで最も重要なものの 1 つが調和級数である．

$$\sum_{k=1}^{\infty} \frac{1}{k} = 1 + \frac{1}{2} + \frac{1}{3} + \frac{1}{4} + \frac{1}{5} + \cdots$$

これは振動する楽器の弦によって生み出される倍音と関連して登場してきた．この級数が発散することはただちに明らかというわけではない．しかし，部分和を詳しく調べると発散することが明らかになる．級数の項はすべて正なので，部分和

$$s_1 = 1, \quad s_2 = 1 + \frac{1}{2}, \quad s_3 = 1 + \frac{1}{2} + \frac{1}{3}, \quad s_4 = 1 + \frac{1}{2} + \frac{1}{3} + \frac{1}{4}, \quad \cdots$$

は狭義増加列をなし

$$s_1 < s_2 < s_3 < \cdots < s_n < \cdots$$

である．それゆえ，定理 10.3.3 によって発散を示すためには，すべての部分和よりも大きいか等しい定数 M が存在しないことを証明すればよい．そのために，ある選ばれた部分和を考える．すなわち，$s_2, s_4, s_8, s_{16}, s_{32}, \ldots$ を考える．下付きの数字には 2 のベキ乗が順次並んでいることに注意しよう．それゆえ，これらは s_{2^n} の形の部分和である．これらの部分和は不等式

$$s_2 = 1 + \frac{1}{2} > \frac{1}{2} + \frac{1}{2} = \frac{2}{2}$$

$$s_4 = s_2 + \frac{1}{3} + \frac{1}{4} > s_2 + \left(\frac{1}{4} + \frac{1}{4}\right) = s_2 + \frac{1}{2} > \frac{3}{2}$$

$$s_8 = s_4 + \frac{1}{5} + \frac{1}{6} + \frac{1}{7} + \frac{1}{8} > s_4 + \left(\frac{1}{8} + \frac{1}{8} + \frac{1}{8} + \frac{1}{8}\right) = s_4 + \frac{1}{2} > \frac{4}{2}$$

$$s_{16} = s_8 + \frac{1}{9} + \frac{1}{10} + \frac{1}{11} + \frac{1}{12} + \frac{1}{13} + \frac{1}{14} + \frac{1}{15} + \frac{1}{16}$$
$$> s_8 + \left(\frac{1}{16} + \frac{1}{16} + \frac{1}{16} + \frac{1}{16} + \frac{1}{16} + \frac{1}{16} + \frac{1}{16} + \frac{1}{16}\right) = s_8 + \frac{1}{2} > \frac{5}{2}$$

$$\vdots$$

$$s_{2^n} > \frac{n+1}{2}$$

を満たす．M を勝手な 1 つの定数とする．このとき，ある正の整数 n で $(n+1)/2 > M$ となるものを見つけることができる．ところで，このような n に対しては

$$s_{2^n} > \frac{n+1}{2} > M$$

である．それゆえ，調和級数のどのような部分和に対しても，それ以上の定数 M はない．このことは発散を示している．

この発散の証明は微積分学の発見に先立つものであり，司教でありかつ教師であったフランス人ニコル・オレーム (Nicole Oresme, 1323~1382) によるものである．この級数は時間を経たのち，ベルヌーイ一族 (第 1 巻 p.94) のヨハンとヤコブの興味を引きつけ，そして彼らをして収束の一般的概念についての思考へと導いた．収束の概念は当時では新しい考え方であった．

ヤコブ・ベルヌーイによる調和級数の発散の証明．これは彼の死後，1713 年に出版された Ars Conjectandi の付録に載せられている．

演習問題 10.4　C　CAS

1. 次の各問において，最初の 4 つの部分和の正確な値を求め，そして第 n 番目の部分和を閉じた形で求めよ．さらに，第 n 番目の部分和の極限を計算することにより，級数が収束するかどうかを判定せよ．級数が収束するならばその和を求めよ．

   (a) $2 + \dfrac{2}{5} + \dfrac{2}{5^2} + \cdots + \dfrac{2}{5^{k-1}} + \cdots$

   (b) $\dfrac{1}{4} + \dfrac{2}{4} + \dfrac{2^2}{4} + \cdots + \dfrac{2^{k-1}}{4} + \cdots$

   (c) $\dfrac{1}{2 \cdot 3} + \dfrac{1}{3 \cdot 4} + \dfrac{1}{4 \cdot 5} + \cdots + \dfrac{1}{(k+1)(k+2)} + \cdots$

2. 次の各問において，最初の 4 つの部分和の正確な値を求め，そして第 n 番目の部分和を閉じた形で求めよ．さらに，第 n 番目の部分和の極限を計算することにより，級数が収束するかどうかを判定せよ．級数が収束するならばその和を求めよ．

   (a) $\displaystyle\sum_{k=1}^{\infty} \left(\frac{1}{4}\right)^k$　(b) $\displaystyle\sum_{k=1}^{\infty} 4^{k-1}$　(c) $\displaystyle\sum_{k=1}^{\infty} \left(\frac{1}{k+3} - \frac{1}{k+4}\right)$

   問題 **3–14** では，級数が収束するかどうかを判定せよ．級数が収束する場合は和を求めよ．

3. $\sum_{k=1}^{\infty} \left(-\frac{3}{4}\right)^{k-1}$

4. $\sum_{k=1}^{\infty} \left(\frac{2}{3}\right)^{k+2}$

5. $\sum_{k=1}^{\infty} (-1)^{k-1} \frac{7}{6^{k-1}}$

6. $\sum_{k=1}^{\infty} \left(-\frac{3}{2}\right)^{k+1}$

7. $\sum_{k=1}^{\infty} \frac{1}{(k+2)(k+3)}$

8. $\sum_{k=1}^{\infty} \left(\frac{1}{2^k} - \frac{1}{2^{k+1}}\right)$

9. $\sum_{k=1}^{\infty} \frac{1}{9k^2 + 3k - 2}$

10. $\sum_{k=2}^{\infty} \frac{1}{k^2 - 1}$

11. $\sum_{k=3}^{\infty} \frac{1}{k-2}$

12. $\sum_{k=5}^{\infty} \left(\frac{e}{\pi}\right)^{k-1}$

13. $\sum_{k=1}^{\infty} \frac{4^{k+2}}{7^{k-1}}$

14. $\sum_{k=1}^{\infty} 5^{3k} 7^{1-k}$

問題 **15–20** では，与えられた循環小数を分数で表せ．

15. $0.4444\ldots$

16. $0.9999\ldots$

17. $5.373737\ldots$

18. $0.159159159\ldots$

19. $0.782178217821\ldots$

20. $0.451141414\ldots$

21. 10 m の高さからボールが落とされる．ボールは地面に当たるごとに前の高さの $\frac{3}{4}$ の高さまで垂直に跳ね返る．ボールが無限回跳ね返るとして，その間にボールが移動する総距離を求めよ．

22. 図は，立方体によって構成される "無限階段" を表している．いちばん大きい立方体の辺の長さが 1 で，つづく各立方体の辺の長さはその前の立方体の辺の長さの半分であるとする．このとき，階段の全体積を求めよ．

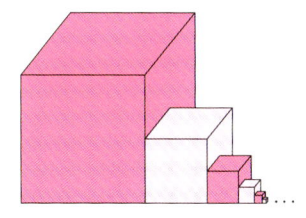

図 Ex-22

23. 次の各問において，級数の第 n 番目の部分和を閉じた形で求めよ．また，その級数が収束するかどうかを判定せよ．収束するならば，その和を求めよ．

(a) $\ln \frac{1}{2} + \ln \frac{2}{3} + \ln \frac{3}{4} + \cdots + \ln \frac{n}{n+1} + \cdots$

(b) $\ln\left(1 - \frac{1}{4}\right) + \ln\left(1 - \frac{1}{9}\right) + \ln\left(1 - \frac{1}{16}\right) + \cdots + \ln\left(1 - \frac{1}{(k+1)^2}\right) + \cdots$

24. 幾何級数を用いて，次を示せ．

(a) $\sum_{k=0}^{\infty} (-1)^k x^k = \frac{1}{1+x}, \quad -1 < x < 1$

(b) $\sum_{k=0}^{\infty} (x-3)^k = \frac{1}{4-x}, \quad 2 < x < 4$

(c) $\sum_{k=0}^{\infty} (-1)^k x^{2k} = \frac{1}{1+x^2}, \quad -1 < x < 1$

25. 次の各問において，その級数が収束する x の値をすべて求めよ．また，それらの x の値に対して級数の和を求めよ．

(a) $x - x^3 + x^5 - x^7 + x^9 - \cdots$

(b) $\frac{1}{x^2} + \frac{2}{x^3} + \frac{4}{x^4} + \frac{8}{x^5} + \frac{16}{x^6} + \cdots$

(c) $e^{-x} + e^{-2x} + e^{-3x} + e^{-4x} + e^{-5x} + \cdots$

26. 次の等式が成り立つことを示せ．

$$\sum_{k=1}^{\infty} \frac{\sqrt{k+1} - \sqrt{k}}{\sqrt{k^2 + k}} = 1$$

27. 次の等式が成り立つことを示せ．

$$\sum_{k=1}^{\infty} \left(\frac{1}{k} - \frac{1}{k+2}\right) = \frac{3}{2}$$

28. 次の等式が成り立つことを示せ．

$$\frac{1}{1 \cdot 3} + \frac{1}{2 \cdot 4} + \frac{1}{3 \cdot 5} + \cdots = \frac{3}{4}$$

29. 次の等式が成り立つことを示せ．

$$\frac{1}{1 \cdot 3} + \frac{1}{3 \cdot 5} + \frac{1}{5 \cdot 7} + \cdots = \frac{1}{2}$$

30. すべての実数 x に対して
$$\sin x - \frac{1}{2}\sin^2 x + \frac{1}{4}\sin^3 x - \frac{1}{8}\sin^4 x + \cdots = \frac{2\sin x}{2 + \sin x}$$
が成り立つことを示せ．

31. a_1 を勝手な実数とする．$\{a_n\}$ を漸化式
$$a_{n+1} = \frac{1}{2}(a_n + 1)$$
によって定義される数列とする．数列の極限について予想し，a_n を a_1 で表して極限をとることで予想を確かめよ．

32. **有限小数** とは，あるところから先はすべての位が 0 である小数である（例えば $0.5 = 0.50000\ldots$）．$0.a_1 a_2 \ldots a_n 9999\ldots$, $a_n \neq 9$ の形の小数は，有限小数で表されることを示せ．

33. スイスの偉大な数学者レオンハルト・オイラー (Leonhard Euler，第 1 巻 p.11 に伝記) は，無限級数に関する先駆的な仕事の中で，ときどき間違った結論にたどり着くことがあった．例えば，オイラーは式
$$\frac{1}{1-x} = 1 + x + x^2 + x^3 + \cdots$$
に $x = -1$ や $x = 2$ を代入することで
$$\frac{1}{2} = 1 - 1 + 1 - 1 + \cdots$$
とか
$$-1 = 1 + 2 + 4 + 8 + \cdots$$
を導いた．彼の論法における問題点はどんなことか．

34. 図 Ex-34 に示されているように，直線 L_1 と L_2 はその交点 P において角 θ, $0 < \theta < \pi/2$ をなすとする．L_1 の上に 1 点 P_0 をとる．ただし，P からは a だけ離れているとする．P_0 からスタートして，L_1 と L_2 のあいだを順次行き来するジグザグな線を，1 つの線から他の線への垂線に沿って構成する．次の和を θ を用いて表せ．

(a) $P_0 P_1 + P_1 P_2 + P_2 P_3 + \cdots$

(b) $P_0P_1 + P_2P_3 + P_4P_5 + \cdots$
(c) $P_1P_2 + P_3P_4 + P_5P_6 + \cdots$

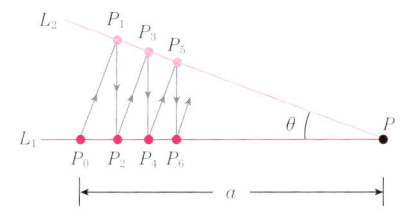

図 Ex-34

35. 図に示されているように，角 θ を2等分する半直線 R_1 を定規とコンパスを用いて引く．それから R_1 とはじめの辺とがなす角を2等分する直線を R_2 を引く．それからのち，直線 $R_3, R_4, R_5\ldots$ は，前の2本の直線のあいだの角を2等分するように順次引く．はじめの辺とこれらの直線がなす角の数列は極限 $\theta/3$ をもつことを示せ．[この問題は，エリック・キンカノン (Eric Kincannon) の *Trisection of an Angle in an Infinite Number of Steps* (無限段階による角の3等分), The College Mathematics Journal, Vol. 21, No. 5, November 1990 に基づく．]

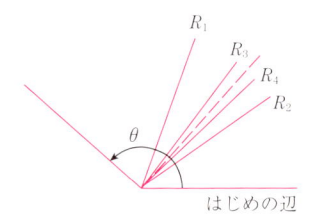

図 Ex-35

36. リジュー (Lisieux, 地名) のフランス人司教ニコル・オレスムは，彼の論文 "質と運動の配置に関する取り扱い"(1350年代に書かれた) の中で，幾何的方法を用いて級数

$$\sum_{k=1}^{\infty} \frac{k}{2^k} = \frac{1}{2} + \frac{2}{4} + \frac{3}{8} + \frac{4}{16} + \cdots$$

の和を求めた．図 (a) では級数の各項は長方形の面積として表され，また図 (b) では図 (a) の形を長方形のエリア $A_1, A_2, A_3, \ldots$ に分割している．和 $A_1 + A_2 + A_3 + \cdots$ を求めよ．

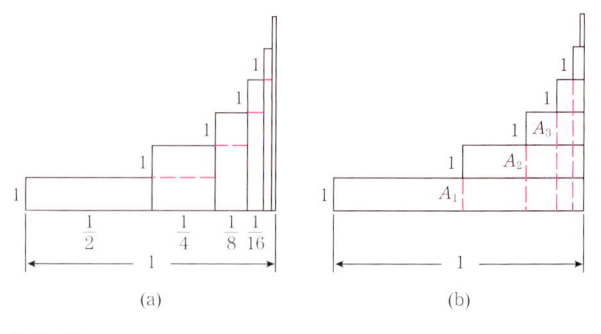

図 Ex-36

37. C (a) 手持ちの CAS が級数の和
$$\sum_{k=1}^{\infty} \frac{6^k}{(3^{k+1} - 2^{k+1})(3^k - 2^k)}$$
を求めることができるならば，それをみてみよ．

(b) A と B で，
$$\frac{6^k}{(3^{k+1} - 2^{k+1})(3^k - 2^k)} = \frac{2^k A}{3^k - 2^k} + \frac{2^k B}{3^{k+1} - 2^{k+1}}$$
となるものを求めよ．

(c) (b) の結果を用いて，第 n 番目の部分和を閉じた形で求め，それから級数の和を求めよ．[この問題は，第45回ウィリアム・ローウェル・プットマン年次コンテストで出された問題を編集したものである．]

38. C 次の各問において，その級数が収束するならば，その和を CAS を使って求めよ．また，手計算で結果を確かめよ．

(a) $\sum_{k=1}^{\infty} (-1)^{k+1} 2^k 3^{2-k}$ (b) $\sum_{k=1}^{\infty} \frac{3^{3k}}{5^{k-1}}$ (c) $\sum_{k=1}^{\infty} \frac{1}{4k^2 - 1}$

10.5 収束テスト

前節において，級数の和の求め方の1つとして，第 n 番目の部分和を閉じた形で求めてからその極限をとるというやり方を示した．しかし，級数の第 n 番目の部分和を閉じた形で求めることができるのは比較的まれである．それゆえ，級数の和を求めるためのそれに代わる方法が必要となる．1つの可能性は，級数が収束することを示し，それから十分に多くの項による部分和によって級数の和を近似して，要請されているだけの精度を実現することである．この節において，与えられた級数が収束するか発散するかを判定するのに使うことのできるさまざまなテスト法を考察する．

発散テスト

級数の収束あるいは発散についての一般的な結果を述べるに際して，総括的に級数を表すひな形として記号 $\sum u_k$ を用いるのが便利である．こうしておけば，和の始まりが $k=0$ であるか，または $k=1$ であるか，あるいは他の値かという問題を避けることができる．実際，始まりの添え字が収束の問題に無関係であることはあとで簡単に学ぶ．無限級数 $\sum u_k$ の第 k 番目の項を級数の**一般項**とよぶ．次の定理は，一般項の極限と級数の収束に関する性質との関係をはっきりとさせている．

> **10.5.1 定理**（発散テスト）
> (a) $\lim_{k \to +\infty} u_k \neq 0$ とする．このとき，級数 $\sum u_k$ は発散する．
> (b) $\lim_{k \to +\infty} u_k = 0$ とする．このとき，級数 $\sum u_k$ は収束することも，発散することもある．

証明 (a) これを示すには，級数が収束する場合には $\lim_{k \to +\infty} u_k = 0$ であることを示せば十分である (なぜか)．(a) の対偶であるこの形を証明する．

級数が収束すると仮定する．一般項 u_k は

$$u_k = s_k - s_{k-1} \tag{1}$$

と書ける．ここで s_k は u_k までの項の和であり，s_{k-1} は u_{k-1} までの項の和である．S を級数の和とする．このとき，$\lim_{k \to +\infty} s_k = S$ であり，そして $k \to +\infty$ のときには $(k-1) \to +\infty$ であるから，$\lim_{k \to +\infty} s_{k-1} = S$ もまた成り立つ．ゆえに，式 (1) から

$$\lim_{k \to +\infty} u_k = \lim_{k \to +\infty} (s_k - s_{k-1}) = S - S = 0$$

である．

証明 (b) この結果を示すには，1 つの収束する級数と 1 つの発散する級数で，その両方が $\lim_{k \to +\infty} u_k = 0$ であるものを作れば十分である．次の 2 つの級数がその性質をもつ．

$$\frac{1}{2} + \frac{1}{2^2} + \cdots + \frac{1}{2^k} + \cdots \quad \text{と} \quad 1 + \frac{1}{2} + \frac{1}{3} + \cdots + \frac{1}{k} + \cdots$$

最初のものは収束する幾何級数であり，そして 2 番目のものは発散する調和級数である．■

いまの証明において与えられた (a) の対偶の形それ自体も十分に大切であるので，あとで参照するために取り出して記述しておく．

> **10.5.2 定理** 級数 $\sum u_k$ が収束するとする．このとき $\lim_{k \to +\infty} u_k = 0$ である．

例 1 級数

$$\sum_{k=1}^{\infty} \frac{k}{k+1} = \frac{1}{2} + \frac{2}{3} + \frac{3}{4} + \cdots + \frac{k}{k+1} + \cdots$$

は発散する．なぜなら，

$$\lim_{k \to +\infty} \frac{k}{k+1} = \lim_{k \to +\infty} \frac{1}{1+1/k} = 1 \neq 0$$

であるからである． ◀

> **通告** 定理 10.5.2 の逆は偽である．級数が収束することを示すためには，$\lim_{k \to +\infty} u_k = 0$ を示すことは十分ではない．なぜなら，定理 10.5.1 の (b) の証明でみたように，この性質は収束級数に対して成り立つのと同様に，発散級数に対して成り立つ場合があるからである．

無限級数の代数的性質

長くしないために，次の結果の証明は省略する．

> **10.5.3 定理**
>
> (a) 級数 $\sum u_k$ および $\sum v_k$ は収束するとする．このとき，$\sum (u_k + v_k)$ および $\sum (u_k - v_k)$ は収束し，かつそれらの級数の和については
>
> $$\sum_{k=1}^{\infty} (u_k + v_k) = \sum_{k=1}^{\infty} u_k + \sum_{k=1}^{\infty} v_k$$
>
> $$\sum_{k=1}^{\infty} (u_k - v_k) = \sum_{k=1}^{\infty} u_k - \sum_{k=1}^{\infty} v_k$$
>
> が成り立つ．
>
> (b) 定数 c は零でないとする．このとき，級数 $\sum u_k$ と $c \sum u_k$ はともに収束するか，あるいはともに発散する．収束する場合には，それらの和については
>
> $$\sum_{k=1}^{\infty} cu_k = c \sum_{k=1}^{\infty} u_k$$
>
> が成り立つ．
>
> (c) 収束あるいは発散は，級数から有限個の項を取り除くことによっては影響されない．特別な場合として，勝手な正の整数 K に対して，2つの級数
>
> $$\sum_{k=1}^{\infty} u_k = u_1 + u_2 + u_3 + \cdots$$
>
> $$\sum_{k=K}^{\infty} u_k = u_K + u_{K+1} + u_{K+2} + \cdots$$
>
> はともに収束するか，あるいはともに発散する．

注意 この定理の (c) の部分に余分なことを読み込んではならない．収束級数のはじめの方の有限個の項を取り除いても，収束することは影響されないとはいえ，収束級数の和はそれらの項を取り除くことにより変えられる．

例 2 級数
$$\sum_{k=1}^{\infty} \left(\frac{3}{4^k} - \frac{2}{5^{k-1}} \right)$$
の和を求めよ．

証明 級数
$$\sum_{k=1}^{\infty} \frac{3}{4^k} = \frac{3}{4} + \frac{3}{4^2} + \frac{3}{4^3} + \cdots$$
は収束する幾何級数 $\left(a = \frac{3}{4},\ r = \frac{1}{4}\right)$ であり，かつ，級数
$$\sum_{k=1}^{\infty} \frac{2}{5^{k-1}} = 2 + \frac{2}{5} + \frac{2}{5^2} + \frac{2}{5^3} + \cdots$$
も収束する幾何級数 $\left(a = 2,\ r = \frac{1}{5}\right)$ である．ゆえに，定理 10.5.3(a) と定理 10.4.3 より，与えられた級数は収束し
$$\sum_{k=1}^{\infty} \left(\frac{3}{4^k} - \frac{2}{5^{k-1}} \right) = \sum_{k=1}^{\infty} \frac{3}{4^k} - \sum_{k=1}^{\infty} \frac{2}{5^{k-1}} = \frac{\frac{3}{4}}{1-\frac{1}{4}} - \frac{2}{1-\frac{1}{5}} = -\frac{3}{2}$$ ◀

例 3 次の級数が収束するか発散するかを判定せよ．

(a) $\displaystyle\sum_{k=1}^{\infty} \frac{5}{k} = 5 + \frac{5}{2} + \frac{5}{3} + \cdots + \frac{5}{k} + \cdots$ (b) $\displaystyle\sum_{k=10}^{\infty} \frac{1}{k} = \frac{1}{10} + \frac{1}{11} + \frac{1}{12} + \cdots$

解 最初の級数は，発散調和級数の定数倍である．それゆえ，定理 10.5.3(b) により発散する．2番目の級数は，発散調和級数から始めの9つの項を取り除いたものである．それゆえ，定理 10.5.3(c) により発散する． ◀

積分テスト

2つの表示式

$$\sum_{k=1}^{\infty} \frac{1}{k^2} \quad \text{と} \quad \int_{1}^{+\infty} \frac{1}{x^2}\,dx$$

は，級数の一般項の添え字 k を x で置き換えると広義積分の被積分関数ができ，また級数での和の無限大は積分では上端の無限大に置き換えられるという関連をもっている．

10.5.4 定理（積分テスト） $\sum u_k$ は正の項からなる級数とする．また，関数 $f(x)$ は x を k で置き換えると級数の一般項ができるものとする．もし f が区間 $[a, +\infty]$ 上で減少かつ連続であるならば，このとき，

$$\sum_{k=1}^{\infty} u_k \quad \text{と} \quad \int_{a}^{+\infty} f(x)\,dx$$

はともに収束するか，あるいはともに発散する．

例 4 積分テストを用いて，次の級数が収束するか発散するかを判定せよ．

(a) $\displaystyle\sum_{k=1}^{\infty} \frac{1}{k}$ (b) $\displaystyle\sum_{k=1}^{\infty} \frac{1}{k^2}$

解 (a) これが発散調和級数であることはすでに知っている．したがって，積分テストは，発散することを示す別の方法を1つ提供するだけのことになる．一般項 $1/k$ の k を x で置き換えると，関数 $f(x) = 1/x$ を得る．これは $x \geq 1$（積分テストを $a = 1$ で適用するために必要）で減少であり，かつ連続である．

$$\int_{1}^{+\infty} \frac{1}{x}\,dx = \lim_{\ell \to +\infty} \int_{1}^{\ell} \frac{1}{x}\,dx = \lim_{\ell \to +\infty}[\ln \ell - \ln 1] = +\infty$$

なので，積分は発散する．そして，その結果より級数も発散する．

解 (b) 一般項 $1/k^2$ の k を x で置き換えると，関数 $f(x) = 1/x^2$ を得る．これは $x \geq 1$ で減少であり，かつ連続である．さて，

$$\int_{1}^{+\infty} \frac{1}{x^2}\,dx = \lim_{\ell \to +\infty} \int_{1}^{\ell} \frac{dx}{x^2} = \lim_{\ell \to +\infty}\left[-\frac{1}{x}\right]_{1}^{\ell} = \lim_{\ell \to +\infty}\left[1 - \frac{1}{\ell}\right] = 1$$

なので，積分は収束する．そして，その結果，$a = 1$ とした積分テストにより級数も収束する． ◀

> **注意** 上の例 4 の (b) において，積分の値が 1 であるから級数の和も 1 であるという結論を誤って出さないように．級数の和は $\pi^2/6$ であることを実際に証明することができる．現に，最初の 2 項の和だけで 1 を超える．

p 級数

例 4 の級数は，**p 級数**または**超調和級数**とよばれるクラスに属している特別な場合である．p 級数とは

$$\sum_{k=1}^{\infty} \frac{1}{k^p} = 1 + \frac{1}{2^p} + \frac{1}{3^p} + \cdots + \frac{1}{k^p} + \cdots$$

の形の無限級数をいう．ただし，$p > 0$ である．p 級数の例としては

$$\sum_{k=1}^{\infty} \frac{1}{k} = 1 + \frac{1}{2} + \frac{1}{3} + \cdots + \frac{1}{k} + \cdots \qquad \boxed{p=1}$$

$$\sum_{k=1}^{\infty} \frac{1}{k^2} = 1 + \frac{1}{2^2} + \frac{1}{3^2} + \cdots + \frac{1}{k^2} + \cdots \qquad \boxed{p=2}$$

$$\sum_{k=1}^{\infty} \frac{1}{\sqrt{k}} = 1 + \frac{1}{\sqrt{2}} + \frac{1}{\sqrt{3}} + \cdots + \frac{1}{\sqrt{k}} + \cdots \qquad \boxed{p=\tfrac{1}{2}}$$

などを挙げることができる．次の定理は，p 級数がいつ収束するかを教えてくれる．

> **10.5.5 定理**（p 級数の収束）
> $$\sum_{k=1}^{\infty} \frac{1}{k^p} = 1 + \frac{1}{2^p} + \frac{1}{3^p} + \cdots + \frac{1}{k^p} + \cdots$$
> は，$p > 1$ ならば収束し，あるいは，$0 < p \leq 1$ ならば発散する．

証明 この結果を $p \neq 1$ のときに証明するために，積分テストを用いる．

$$\int_1^{+\infty} \frac{1}{x^p}\,dx = \lim_{\ell \to +\infty} \int_1^{\ell} x^{-p}\,dx = \lim_{\ell \to +\infty} \left[\frac{x^{1-p}}{1-p}\right]_1^{\ell} = \lim_{\ell \to +\infty} \left[\frac{\ell^{1-p}}{1-p} - \frac{1}{1-p}\right]$$

$p > 1$ ならば，$1-p < 0$ である．ゆえに，$\ell \to +\infty$ のときには $\ell^{1-p} \to 0$ である．したがって，積分は収束する［積分値は $-1/(1-p)$］．そして，その結果として級数も収束する．$0 < p < 1$ に対しては $1 - p > 0$ であり，ゆえに $\ell \to +\infty$ のとき $\ell^{1-p} \to +\infty$ が従う．よって，積分と級数は発散する．$p = 1$ の場合は調和級数であり，発散することは以前に示した． ∎

例 5
$$1 + \frac{1}{\sqrt[3]{2}} + \frac{1}{\sqrt[3]{3}} + \cdots + \frac{1}{\sqrt[3]{k}} + \cdots$$
は $p = \frac{1}{3} < 1$ の p 級数なので発散する． ◀

積分テストの証明

積分テストを証明するためには，先に非負の項からなる級数の収束についての基本的な結果が必要である．$u_1 + u_2 + u_3 + \cdots + u_k + \cdots$ をこのような級数とする．このとき，その部分和の数列は増加する．つまり，

$$s_1 \leq s_2 \leq s_3 \leq \cdots \leq s_n \leq \cdots$$

となる．それゆえ，定理 10.3.3 により，部分和の数列がある極限 S に収束するのは，その数列がある上界 M をもつことであり，またその場合に限る．かつ，その場合には $S \leq M$ である．もし上界が存在しないならば，部分和の数列は発散する．部分和の数列の収束は，級数の収束に対応しているから，次の定理が成り立つ．

> **10.5.6 定理** 級数 $\sum u_k$ は非負の項からなるとする．このとき，ある定数 M であって
> $$s_n = u_1 + u_2 + \cdots + u_n \leq M$$
> をどんな n に対しても満たすようなものが存在するならば，その級数は収束する．そして，その和 S は $S \leq M$ を満たす．もしそのような M がなければ，その級数は発散する．

言葉でいえば，この定理は，非負の項よりなる級数が収束するのは，部分和の数列が上に有界である場合であり，かつその場合に限るということである．

定理 10.5.4 の証明 積分が収束するとき級数も収束し，また，積分が発散するとき級数も発散することのみを示せばよい．簡単のために，証明を $a=1$ の場合に限って行う．$f(x)$ は $x \geq 1$ において定理の仮定を満たしているとする．

$$f(1) = u_1, \ f(2) = u_2, \ \ldots, \ f(n) = u_n, \ \ldots$$

であるから，$u_1, u_2, \ldots, u_n, \ldots$ の値は図 10.5.1 に示されている長方形の面積と解釈することができる．

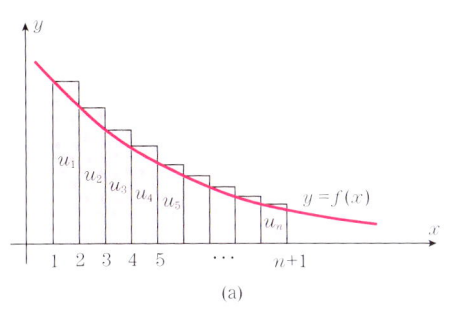

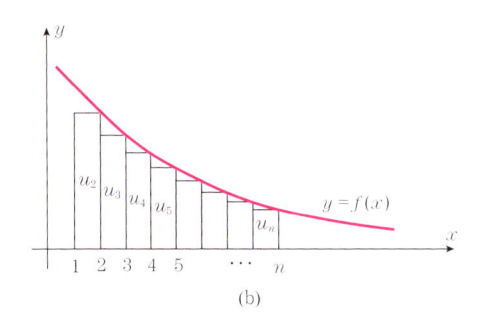

図 10.5.1

次の不等式は，曲線 $y = f(x)$ より下の領域の面積と図 10.5.1 の中の長方形の面積を比較すると，$n > 1$ に対して得られる．

$$\int_1^{n+1} f(x)\,dx < u_1 + u_2 + \cdots + u_n = s_n \quad \text{図 10.5.1a}$$

$$s_n - u_1 = u_2 + u_3 + \cdots + u_n < \int_1^n f(x)\,dx \quad \text{図 10.5.1b}$$

これらの不等式を組み合わせると

$$\int_1^{n+1} f(x)\,dx < s_n < u_1 + \int_1^n f(x)\,dx \tag{2}$$

となる．積分 $\int_1^\infty f(x)\,dx$ がある有限値 L に収束するとする．このとき，式 (2) の右側の不等式から

$$s_n < u_1 + \int_1^n f(x)\,dx < u_1 + \int_1^\infty f(x)\,dx = u_1 + L$$

となる．ゆえに，部分和のおのおのは有限の定数 $u_1 + L$ よりも小さい．よって，級数は定理 10.5.6 により収束する．他方，積分 $\int_1^\infty f(x)\,dx$ が発散するとする．このとき，

$$\lim_{n \to +\infty} \int_1^{n+1} f(x)\,dx = +\infty$$

であるから，式 (2) の左側の不等式により，$\lim_{n \to +\infty} s_n = +\infty$ である．このことは，級数もまた発散することを示している．◀

演習問題 10.5　〜 グラフィックユーティリティ　C　CAS

1. 次の各問について，定理 10.5.3 を用いて級数の和を求めよ．
(a) $\left(\dfrac{1}{2} + \dfrac{1}{4}\right) + \left(\dfrac{1}{2^2} + \dfrac{1}{4^2}\right) + \cdots + \left(\dfrac{1}{2^k} + \dfrac{1}{4^k}\right) + \cdots$

(b) $\displaystyle\sum_{k=1}^{\infty} \left(\dfrac{1}{5^k} - \dfrac{1}{k(k+1)}\right)$

2. 次の各問について，定理 10.5.3 を用いて級数の和を求めよ．
(a) $\displaystyle\sum_{k=2}^{\infty} \left[\dfrac{1}{k^2 - 1} - \dfrac{7}{10^{k-1}}\right]$
(b) $\displaystyle\sum_{k=1}^{\infty} \left[7^{-k} 3^{k+1} - \dfrac{2^{k+1}}{5^k}\right]$

> 問題 **3** と **4** では，さまざまな p 級数が与えられている．それぞれの場合に，p の値を求め，そして，級数が収束するかどうかを判定せよ．

3. (a) $\sum_{k=1}^{\infty} \dfrac{1}{k^3}$ (b) $\sum_{k=1}^{\infty} \dfrac{1}{\sqrt{k}}$ (c) $\sum_{k=1}^{\infty} k^{-1}$ (d) $\sum_{k=1}^{\infty} k^{-2/3}$

4. (a) $\sum_{k=1}^{\infty} k^{-4/3}$ (b) $\sum_{k=1}^{\infty} \dfrac{1}{\sqrt[4]{k}}$ (c) $\sum_{k=1}^{\infty} \dfrac{1}{\sqrt[3]{k^5}}$ (d) $\sum_{k=1}^{\infty} \dfrac{1}{k^{\pi}}$

問題 5 と 6 では，発散テストを適用し，それがその級数についてどんなことを教えるかを述べよ．

5. (a) $\sum_{k=1}^{\infty} \dfrac{k^2+k+3}{2k^2+1}$ (b) $\sum_{k=1}^{\infty}\left(1+\dfrac{1}{k}\right)^k$

(c) $\sum_{k=1}^{\infty} \cos k\pi$ (d) $\sum_{k=1}^{\infty} \dfrac{1}{k!}$

6. (a) $\sum_{k=1}^{\infty} \dfrac{k}{e^k}$ (b) $\sum_{k=1}^{\infty} \ln k$ (c) $\sum_{k=1}^{\infty} \dfrac{1}{\sqrt{k}}$ (d) $\sum_{k=1}^{\infty} \dfrac{\sqrt{k}}{\sqrt{k}+3}$

問題 7 と 8 では，積分テストが適用できることを確認し，そして，それを用いて級数が収束するかどうかを判定せよ．

7. (a) $\sum_{k=1}^{\infty} \dfrac{1}{5k+2}$ (b) $\sum_{k=1}^{\infty} \dfrac{1}{1+9k^2}$

8. (a) $\sum_{k=1}^{\infty} \dfrac{k}{1+k^2}$ (b) $\sum_{k=1}^{\infty} \dfrac{1}{(4+2k)^{3/2}}$

問題 9–24 では，どんな方法によってでもよいから，級数が収束するかどうかを判定せよ．

9. $\sum_{k=1}^{\infty} \dfrac{1}{k+6}$ 10. $\sum_{k=1}^{\infty} \dfrac{3}{5k}$ 11. $\sum_{k=1}^{\infty} \dfrac{1}{\sqrt{k+5}}$

12. $\sum_{k=1}^{\infty} \dfrac{1}{\sqrt[k]{e}}$ 13. $\sum_{k=1}^{\infty} \dfrac{1}{\sqrt[3]{2k-1}}$ 14. $\sum_{k=3}^{\infty} \dfrac{\ln k}{k}$

15. $\sum_{k=1}^{\infty} \dfrac{k}{\ln(k+1)}$ 16. $\sum_{k=1}^{\infty} ke^{-k^2}$ 17. $\sum_{k=1}^{\infty}\left(1+\dfrac{1}{k}\right)^{-k}$

18. $\sum_{k=1}^{\infty} \dfrac{k^2+1}{k^2+3}$ 19. $\sum_{k=1}^{\infty} \dfrac{\tan^{-1} k}{1+k^2}$ 20. $\sum_{k=1}^{\infty} \dfrac{1}{\sqrt{k^2+1}}$

21. $\sum_{k=1}^{\infty} k^2 \sin^2\left(\dfrac{1}{k}\right)$ 22. $\sum_{k=1}^{\infty} k^2 e^{-k^3}$

23. $\sum_{k=5}^{\infty} 7k^{-1.01}$ 24. $\sum_{k=1}^{\infty} \operatorname{sech}^2 k$

問題 25 と 26 では，積分テストを用いて p の値と級数の収束のあいだの関係を調べよ．

25. $\sum_{k=2}^{\infty} \dfrac{1}{k(\ln k)^p}$ 26. $\sum_{k=3}^{\infty} \dfrac{1}{k(\ln k)[\ln(\ln k)]^p}$

27. C CAS を使って
$$\sum_{k=1}^{\infty} \dfrac{1}{k^2} = \dfrac{\pi^2}{6} \quad \text{および} \quad \sum_{k=1}^{\infty} \dfrac{1}{k^4} = \dfrac{\pi^4}{90}$$
を確かめよ．そして，それらの結果を用いて次の級数の和を求めよ．

(a) $\sum_{k=1}^{\infty} \dfrac{3k^2-1}{k^4}$ (b) $\sum_{k=3}^{\infty} \dfrac{1}{k^2}$ (c) $\sum_{k=2}^{\infty} \dfrac{1}{(k-1)^4}$

28. (a) 級数 $\sum u_k$ は収束し，他方級数 $\sum v_k$ は発散するとする．そのとき，級数 $\sum(u_k+v_k)$ および $\sum(u_k-v_k)$ は両方とも発散することを示せ．[ヒント：各級数が収束すると仮定し，そして定理 10.5.3 を用いて矛盾を導け．]

(b) 級数 $\sum u_k$ および $\sum v_k$ は両方とも発散するが，級数 $\sum(u_k+v_k)$ および $\sum(u_k-v_k)$ の 1 つは収束し，他のものは発散する例を示せ．

29. 次の各問において，必要ならば問題 28 の結果を用いて，級数が発散するかどうかを判定せよ．

(a) $\sum_{k=1}^{\infty}\left[\left(\dfrac{2}{3}\right)^{k-1}+\dfrac{1}{k}\right]$ (b) $\sum_{k=1}^{\infty}\left[\dfrac{1}{3k+2}-\dfrac{1}{k^{3/2}}\right]$

(c) $\sum_{k=2}^{\infty}\left[\dfrac{1}{k(\ln k)^2}-\dfrac{1}{k^2}\right]$

問題 30 は，積分テストの仮定が満たされているとき，級数の和の上界および下界を得るために部分和をどのように使うかを示すものである．この結果は問題 31–35 で必要になる．

30. (a) $\sum_{k=1}^{\infty} u_k$ は正の項からなる収束級数とし，$f(x)$ は級数の一般項における k を x で置き換えれば得られる関数とする．また，f は $x \geq n$ で積分テストの仮定 (定理 10.5.4) を満たすとする．面積による推論および図 Ex-30 を用いて
$$\int_{n+1}^{+\infty} f(x)\,dx < \sum_{k=n+1}^{\infty} u_k < \int_{n}^{+\infty} f(x)\,dx$$
を示せ．

(b) S を級数 $\sum_{k=1}^{\infty} u_k$ の和，また，s_n を第 n 番目の部分和とする．このとき，
$$s_n + \int_{n+1}^{+\infty} f(x)\,dx < S < s_n + \int_{n}^{+\infty} f(x)\,dx$$
であることを示せ．

31. (a) 問題 27 で
$$\sum_{k=1}^{\infty} \dfrac{1}{k^2} = \dfrac{\pi^2}{6}$$
であることを述べた．s_n をこの級数の第 n 番目の部分和とすれば，
$$s_n + \dfrac{1}{n+1} < \dfrac{\pi^2}{6} < s_n + \dfrac{1}{n}$$
が成り立つことを示せ．

(b) s_3 を正確に計算し，そして (a) の結果を用いて
$$\dfrac{29}{18} < \dfrac{\pi^2}{6} < \dfrac{61}{36}$$
を示せ．

図 Ex-30

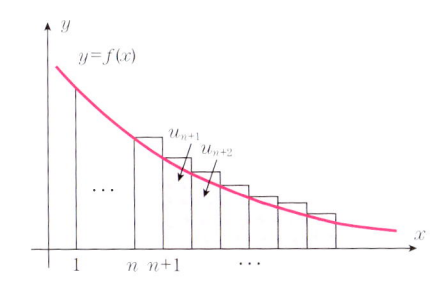

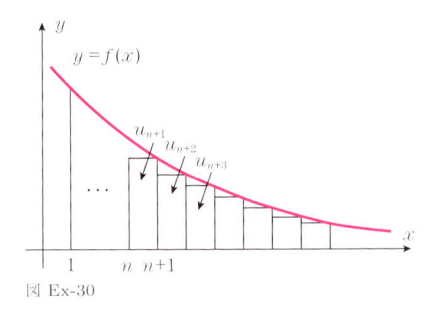

(c) 計算ユーティリティを使って (b) の結果が正しいことを確かめよ．
(d) 級数の和を第 10 番目の部分和で近似する場合の，誤差の上界と下界を求めよ．

32. 次の各問において，級数の和を第 10 番目の部分和で近似する場合の，誤差の上界と下界を求めよ．

(a) $\displaystyle\sum_{k=1}^{\infty} \frac{1}{(2k+1)^2}$ (b) $\displaystyle\sum_{k=1}^{\infty} \frac{1}{k^2+1}$ (c) $\displaystyle\sum_{k=1}^{\infty} \frac{k}{e^k}$

33. この問題の目標は，級数 $\sum_{k=1}^{\infty} 1/k^3$ の和を小数第 2 位までの精度で近似することである．以下の問に答えよ．

(a) S を級数の和で，s_n を第 n 部分和としたとき，
$$s_n + \frac{1}{2(n+1)^2} < S < s_n + \frac{1}{2n^2}$$
を示せ．

(b) 小数第 2 位まで正確であるためには，誤差は 0.005 より小さくなくてはならない（第 1 巻 p.166 の表 2.5.1 をみよ）．この目標は，ある区間で長さは 0.01（あるいはそれ以下）であり，かつ S を含んでいるものを見つけ，そしてその区間の真ん中の点で S を近似すると達することができる．(a) での S を含む区間の長さが 0.01 あるいはそれより小さい n のうちの最小のものを求めよ．

(c) S を小数第 2 位まで正確に近似せよ．

34. (a) 問題 33 の方法を用いて，級数 $\sum_{k=1}^{\infty} 1/k^4$ の和を小数第 2 位までの精度で近似せよ．

(b) 問題 27 において，この級数の和は $\pi^4/90$ であると述べた．計算ユーティリティを使って，(a) で出した答えが小数第 2 位までの精度であることを確かめよ．

35. 10.4 節で，調和級数 $\sum_{k=1}^{\infty} 1/k$ が発散することを示した．この問題の目標は，この級数の部分和は $+\infty$ に近づいていきはするが，それは極端にゆっくりであることをはっきりとみせることである．以下の問に答えよ．

(a) 不等式 (2) を用いて $n \geq 2$ に対して
$$\ln(n+1) < s_n < 1 + \ln n$$
を示せ．

(b) (a) の不等式を使って，級数の最初の 1,000,000 項の和の上界と下界を求めよ．

(c) 級数の最初の 1,000,000,000 項の和が 22 より小さいことを示せ．

(d) 最初の n 項の和が 100 より大きくなるような n の値を 1 つ求めよ．

36. a の値と級数 $\sum_{k=1}^{\infty} k^{-\ln a}$ の収束とのあいだの関係を調べよ．

37. ～ グラフィックユーティリティを使って，積分テストが級数 $\sum_{k=1}^{\infty} k^2 e^{-k}$ に適用できることを確かめよ．そして，級数が収束するかどうかを判定せよ．

38. C (a) 積分テストが級数 $\sum_{k=1}^{\infty} 1/(k^3+1)$ に適用できることを示せ．

(b) CAS と積分テストを使って，(a) の級数が収束することを確かめよ．

(c) $n = 10, 20, 30, \ldots, 100$ に対する部分和の表を作れ．ただし，少なくとも小数第 6 位までは示せ．

(d) (c) の表に基づいて，級数の和について小数第 3 位までの精度で予想せよ．

(e) 問題 30 の (b) を用いて予想を確かめよ．

10.6 比較テスト，比テスト，およびベキ根テスト

この節では，項が非負である級数の基本的な収束テストをさらにいくつか考察する．後に，これらのテストのあるものは，テイラー級数の収束を学ぶときに使われる．

比較テスト

そのテスト自体が有用であるばかりでなく，他の重要な収束テストの基礎をなすテストから始めることにする．このテストの根底にある考え方は，ある級数のすでにわかっている収束あるいは発散を用いて，他の級数の収束あるいは発散を導くことにある．

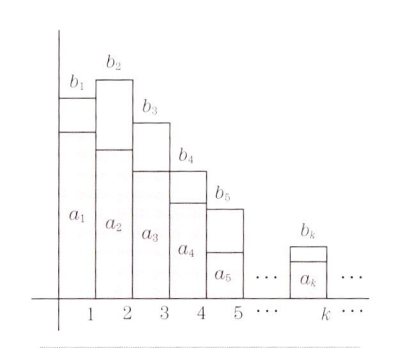

各長方形において、全体は b_k を表し、ピンクの部分は a_k を表す.

図 10.6.1

比較テストを使う

10.6.1 定理（比較テスト） $\sum_{k=1}^{\infty} a_k$ と $\sum_{k=1}^{\infty} b_k$ は項が非負な級数であり
$$a_1 \leq b_1,\ a_2 \leq b_2,\ a_3 \leq b_3, \ldots,\ a_k \leq b_k, \ldots$$
を満たしていると仮定する.
(a) 大きい級数 $\sum b_k$ が収束するとする．このとき，小さい級数 $\sum a_k$ もまた収束する．
(b) 小さい級数 $\sum a_k$ が発散するとする．このとき，大きい級数 $\sum b_k$ もまた発散する．

この定理の証明は演習問題として読者に任せる．とはいえ，級数の項を長方形の面積と解釈することにより (図 10.6.1)，この定理が成り立つ理由を視覚化することはやさしい．この比較テストがいっていることは，全面積 $\sum b_k$ が有限であれば全面積 $\sum a_k$ も有限でなければならず，また，全面積 $\sum a_k$ が無限であれば全面積 $\sum b_k$ も無限でなければならないということである．

注意 おそらく予想されているように，定理 10.6.1 で $a_k \leq b_k$ がすべての k に対して成り立つという条件は欠くことのできないものではない．すなわち，ずっと先でこの条件が成り立っているならば，この定理の結論はやはり正しい．

正項級数 $\sum u_k$ が収束するかどうかを判定するために，比較テストを使うには 2 つの段階が必要である．すなわち

- 級数 $\sum u_k$ が収束するか発散するかのいずれかを推測する．
- その推測が正しいことを示す級数を見つける．すなわち，推測が発散であれば，発散する級数であってその各項が対応する $\sum u_k$ の項よりも "より小さい" ものを見つけなくてはならない．また，推測が収束ならば，収束する級数であってその各項が対応する $\sum u_k$ の項よりも "より大きい" ものを見つけなくてはならない．

ほとんどの場合，考察されている級数 $\sum u_k$ の一般項 u_k は，分数式の形で表されている．第 1 ステップの収束か発散かを推測するのに役に立てるように，u_k の分母の形に基づいた 2 つの原理を定式化した．これらの原理は，級数が収束しそうであるかそれとも発散しそうであるか，そのいずれであるかを示唆してくれる．これらをきちんとした定理にするつもりはないので，これらを "非公式の原理" とよぶことにする．実際，これらが常に機能することを保証することはできない．しかし，これらは有用であることが多い．

10.6.2 非公式な原理 u_k の分母の成分の中における定数項は，級数の収束あるいは発散に影響を与えることなく，たいていの場合は除くことができる．

10.6.3 非公式な原理 u_k の分子または分母の中に因数として現れる k の多項式は，最高次の項以外は，級数の収束あるいは発散に影響を与えることなく，たいていの場合は除くことができる．

例 1 比較テストを用いて，次の級数が収束するか発散するかを判定せよ．

(a) $\displaystyle\sum_{k=1}^{\infty} \frac{1}{\sqrt{k}-\frac{1}{2}}$ (b) $\displaystyle\sum_{k=1}^{\infty} \frac{1}{2k^2+k}$

解 (a) 原理 10.6.2 により，収束発散に影響を与えることなく分母の定数は除くことができ

るはずである．それゆえ，与えられた級数は

$$\sum_{k=1}^{\infty} \frac{1}{\sqrt{k}} \tag{1}$$

と同じような振る舞いをしそうである．これは発散 p 級数である $(p = \frac{1}{2})$．ゆえに，与えられた級数も発散すると推測される．これを示すために，発散する級数であり与えられた級数より "より小さいもの" を見つけることを試してみる．ところが，級数 (1) は

$$\frac{1}{\sqrt{k - \frac{1}{2}}} > \frac{1}{\sqrt{k}} \qquad (k = 1, 2, \ldots)$$

なので，これはほしいものである．したがって，与えられた級数は発散することが示された．

解 (b)　原理 10.6.3 により，多項式の項は最高次の項以外は，収束発散には影響を与えずに除くことができるはずである．それゆえ，与えられた級数は

$$\sum_{k=1}^{\infty} \frac{1}{2k^2} = \frac{1}{2} \sum_{k=1}^{\infty} \frac{1}{k^2} \tag{2}$$

と同じような振る舞いをしそうである．これは収束 p 級数 $(p = 2)$ の定数倍である．ゆえに，与えられた級数も収束すると推測される．これを示すために，収束する級数であり与えられた級数より "より大きい" ものを見つけることを試してみる．ところが，級数 (2) は

$$\frac{1}{2k^2 + k} < \frac{1}{2k^2} \qquad (k = 1, 2, \ldots)$$

なので，これはほしいものである．したがって，与えられた級数は発散することが示された．

◀

極限比較テスト

前の例では，原理 10.6.2 と 10.6.3 は，比較テストを適用するのに必要な級数と同時に，収束するか発散するかについての推測をも提供してくれた．残念ながら，比較に必要な級数はいつもこんなに簡単に見つけられるものではない．それゆえ，比較テストに代わり適用がたいていはより簡単なものを，これから考察する．この証明は上巻の付録 G にある．

10.6.4 定理（極限比較テスト）　級数 $\sum a_k$ と $\sum b_k$ は正の項からなる級数とする．そして，

$$\rho = \lim_{k \to +\infty} \frac{a_k}{b_k}$$

が存在すると仮定する．ρ が有限で，かつ $\rho > 0$ とすると，両方の級数はともに収束するか，あるいは両方とも発散する．

$\rho = 0$ または $\rho = +\infty$ の場合は，演習問題 **54** で考察する．

例 2　極限比較テストを用いて，以下の級数が収束するか発散するかを判定せよ．

(a) $\displaystyle\sum_{k=2}^{\infty} \frac{1}{\sqrt{k} - 1}$ 　　(b) $\displaystyle\sum_{k=1}^{\infty} \frac{1}{2k^2 + k}$ 　　(c) $\displaystyle\sum_{k=1}^{\infty} \frac{3k^3 - 2k^2 + 4}{k^7 - k^3 + 2}$

解 (a)　例 1 のように原理 10.6.2 により，級数は発散 p 級数 (1) のように振る舞いそうであることが示唆される．与えられた級数が発散することを示すために，極限比較テストを

$$a_k = \frac{1}{\sqrt{k} - 1} \quad \text{および} \quad b_k = \frac{1}{\sqrt{k}}$$

として適用すると

$$\rho = \lim_{k \to +\infty} \frac{a_k}{b_k} = \lim_{k \to +\infty} \frac{\sqrt{k}}{\sqrt{k} - 1} = \lim_{k \to +\infty} \frac{1}{1 - \frac{1}{\sqrt{k}}} = 1$$

を得る．ρ は有限でかつ正であるから，定理 10.6.4 より与えられた級数は発散する．

解 (b) 例 1 のように原理 10.6.3 により，級数は収束 p 級数 (2) のように振る舞いそうであることが示唆される．与えられた級数が収束することを示すために，極限比較テストを

$$a_k = \frac{1}{2k^2 + k} \quad \text{および} \quad b_k = \frac{1}{2k^2}$$

として適用すると

$$\rho = \lim_{k \to +\infty} \frac{a_k}{b_k} = \lim_{k \to +\infty} \frac{2k^2}{2k^2 + k} = \lim_{k \to +\infty} \frac{2}{2 + \frac{1}{k}} = 1$$

を得る．ρ は有限かつ正であるから，定理 10.6.4 より与えられた級数は収束する．このことは，例 1 で比較定理を用いてすでに得られていた結論と一致する．

解 (c) 原理 10.6.3 により，級数は

$$\sum_{k=1}^{\infty} \frac{3k^3}{k^7} = \sum_{k=1}^{\infty} \frac{3}{k^4} \tag{3}$$

のように振る舞いそうであることが示唆される．この級数は収束 p 級数の定数倍であるから収束する．それゆえ，与えられた級数は収束しそうである．このことを示すには，極限比較テストを級数 (3) と与えられた級数に適用すると

$$\rho = \lim_{k \to +\infty} \frac{\frac{3k^3 - 2k^2 + 4}{k^7 - k^3 + 2}}{\frac{3}{k^4}} = \lim_{k \to +\infty} \frac{3k^7 - 2k^6 + 4k^4}{3k^7 - 3k^3 + 6} = 1$$

を得る．ρ は有限であって，かつ零でないので，定理 10.6.4 により級数 (3) が収束するから，与えられた級数は収束する．◀

比テスト

比較テストと極限比較テストは，はじめに，収束について推測することと，それから比較に適した級数を見つけることが組み合わされており，原理 10.6.2 と 10.6.3 が適用できない場合にはそれらはともに難しい作業となりかねない．このようなとき，次のテストを使えることがよくある．なぜなら，このテストは与えられた級数の項のみを使って実行できるからである．――それは，はじめの収束か発散かの推測や比較のための級数を見つけることも必要ない．このテストの証明は上巻の付録 G に与えられている．

10.6.5 定理（比テスト） 級数 $\sum u_k$ は正の項からなる級数とする．そして，
$$\rho = \lim_{k \to +\infty} \frac{u_{k+1}}{u_k}$$
が存在すると仮定する．
  (a) $\rho < 1$ ならば，級数は収束する．
  (b) $\rho > 1$ または $\rho = +\infty$ ならば，級数は発散する．
  (c) $\rho = 1$ ならば，級数は収束するかもしれないし，発散するかもしれないので，別のテストを試みなければならない．

例 3 比テストを用いて，以下の級数が収束するか発散するかを判定せよ．

(a) $\sum_{k=1}^{\infty} \frac{1}{k!}$ (b) $\sum_{k=1}^{\infty} \frac{k}{2^k}$ (c) $\sum_{k=1}^{\infty} \frac{k^k}{k!}$ (d) $\sum_{k=3}^{\infty} \frac{(2k)!}{4^k}$ (e) $\sum_{k=1}^{\infty} \frac{1}{2k-1}$

解 (a) 級数は収束する．なぜなら，

$$\rho = \lim_{k \to +\infty} \frac{u_{k+1}}{u_k} = \lim_{k \to +\infty} \frac{1/(k+1)!}{1/k!} = \lim_{k \to +\infty} \frac{k!}{(k+1)!} = \lim_{k \to +\infty} \frac{1}{k+1} = 0 < 1$$

解 (b) 級数は収束する．なぜなら，
$$\rho = \lim_{k \to +\infty} \frac{u_{k+1}}{u_k} = \lim_{k \to +\infty} \frac{k+1}{2^{k+1}} \cdot \frac{2^k}{k} = \frac{1}{2} \lim_{k \to +\infty} \frac{k+1}{k} = \frac{1}{2} < 1$$

解 (c) 級数は発散する．なぜなら，
$$\rho = \lim_{k \to +\infty} \frac{u_{k+1}}{u_k} = \lim_{k \to +\infty} \frac{(k+1)^{k+1}}{(k+1)!} \cdot \frac{k!}{k^k} = \lim_{k \to +\infty} \frac{(k+1)^k}{k^k}$$
$$= \lim_{k \to +\infty} \left(1 + \frac{1}{k}\right)^k = e > 1 \quad \text{定理 7.5.6(b) をみよ．}$$

解 (d) 級数は発散する．なぜなら，
$$\rho = \lim_{k \to +\infty} \frac{u_{k+1}}{u_k} = \lim_{k \to +\infty} \frac{[2(k+1)]!}{4^{k+1}} \cdot \frac{4^k}{(2k)!} = \lim_{k \to +\infty} \left(\frac{(2k+2)!}{(2k)!} \cdot \frac{1}{4}\right)$$
$$= \frac{1}{4} \lim_{k \to +\infty} (2k+2)(2k+1) = +\infty$$

解 (e) 比テストは使えない．なぜなら，
$$\rho = \lim_{k \to +\infty} \frac{u_{k+1}}{u_k} = \lim_{k \to +\infty} \frac{1}{2(k+1)-1} \cdot \frac{2k-1}{1} = \lim_{k \to +\infty} \frac{2k-1}{2k+1} = 1$$

しかし，積分テストにより級数が発散することが示される．なぜなら，
$$\int_1^{+\infty} \frac{dx}{2x-1} = \lim_{\ell \to +\infty} \int_1^\ell \frac{dx}{2x-1} = \lim_{\ell \to +\infty} \left[\frac{1}{2}\ln(2x-1)\right]_1^\ell = +\infty$$

比較テストと極限比較テストの両方とも，ここでは有効である (確かめよ)． ◀

ベキ根テスト

比テストに必要な極限を求めるのが難しかったり，あるいは不便な場合に，次のテストが役に立つことがある．この証明は比テストの証明と似ているので，証明は省略する．

10.6.6 定理 (ベキ根テスト)　級数 $\sum u_k$ は正の項からなる級数とする．そして，
$$\rho = \lim_{k \to +\infty} \sqrt[k]{u_k} = \lim_{k \to +\infty} (u_k)^{1/k}$$
が存在すると仮定する．
(a) $\rho < 1$ ならば，級数は収束する．
(b) $\rho > 1$ または $\rho = +\infty$ ならば，級数は発散する．
(c) $\rho = 1$ ならば，級数は収束するかもしれないし，あるいは発散するかもしれない．よって，別のテストを試みなければならない．

例 4 ベキ根テストを用いて，次の級数が収束するか発散するかを判定せよ．

(a) $\displaystyle\sum_{k=2}^{\infty} \left(\frac{4k-5}{2k+1}\right)^k$　　(b) $\displaystyle\sum_{k=1}^{\infty} \frac{1}{(\ln(k+1))^k}$

解 (a) 級数は発散する．なぜなら，
$$\rho = \lim_{k \to +\infty} (u_k)^{1/k} = \lim_{k \to +\infty} \frac{4k-5}{2k+1} = 2 > 1$$

解 (b) 級数は収束する．なぜなら，
$$\rho = \lim_{k \to +\infty} (u_k)^{1/k} = \lim_{k \to +\infty} \frac{1}{\ln(k+1)} = 0 < 1 \quad ◀$$

演習問題 10.6 C CAS

問題 **1** と **2** は，級数が収束するか発散するかを推測し，比較テストを用いてその推測が正しいことを述べよ．

1. (a) $\displaystyle\sum_{k=1}^{\infty} \frac{1}{5k^2 - k}$ (b) $\displaystyle\sum_{k=1}^{\infty} \frac{3}{k - \frac{1}{4}}$

2. (a) $\displaystyle\sum_{k=2}^{\infty} \frac{k+1}{k^2 - k}$ (b) $\displaystyle\sum_{k=1}^{\infty} \frac{2}{k^4 + k}$

3. 次の各問において，比較テストを用いて級数が収束することを示せ．

    (a) $\displaystyle\sum_{k=1}^{\infty} \frac{1}{3^k + 5}$ (b) $\displaystyle\sum_{k=1}^{\infty} \frac{5\sin^2 k}{k!}$

4. 次の各問において，比較テストを用いて級数が発散することを示せ．

    (a) $\displaystyle\sum_{k=1}^{\infty} \frac{\ln k}{k}$ (b) $\displaystyle\sum_{k=1}^{\infty} \frac{k}{k^{3/2} - \frac{1}{2}}$

問題 **5–10** では，極限比較テストを用いて，級数が収束するか発散するかを判定せよ．

5. $\displaystyle\sum_{k=1}^{\infty} \frac{4k^2 - 2k + 6}{8k^7 + k - 8}$ 6. $\displaystyle\sum_{k=1}^{\infty} \frac{1}{9k + 6}$

7. $\displaystyle\sum_{k=1}^{\infty} \frac{5}{3^k + 1}$ 8. $\displaystyle\sum_{k=1}^{\infty} \frac{k(k+3)}{(k+1)(k+2)(k+5)}$

9. $\displaystyle\sum_{k=1}^{\infty} \frac{1}{\sqrt[3]{8k^2 - 3k}}$ 10. $\displaystyle\sum_{k=1}^{\infty} \frac{1}{(2k+3)^{17}}$

問題 **11–16** では，比テストを用いて，級数が収束するか発散するかを判定せよ．それで結論が出なければ，そのように答えよ．

11. $\displaystyle\sum_{k=1}^{\infty} \frac{3^k}{k!}$ 12. $\displaystyle\sum_{k=1}^{\infty} \frac{4^k}{k^2}$ 13. $\displaystyle\sum_{k=1}^{\infty} \frac{1}{5k}$

14. $\displaystyle\sum_{k=1}^{\infty} k\left(\frac{1}{2}\right)^k$ 15. $\displaystyle\sum_{k=1}^{\infty} \frac{k!}{k^3}$ 16. $\displaystyle\sum_{k=1}^{\infty} \frac{k}{k^2 + 1}$

問題 **17–20** では，ベキ根テストを用いて，級数が収束するか発散するかを判定せよ．それで結論が出なければ，そのように答えよ．

17. $\displaystyle\sum_{k=1}^{\infty} \left(\frac{3k+2}{2k-1}\right)^k$ 18. $\displaystyle\sum_{k=1}^{\infty} \left(\frac{k}{100}\right)^k$

19. $\displaystyle\sum_{k=1}^{\infty} \frac{k}{5^k}$ 20. $\displaystyle\sum_{k=1}^{\infty} (1 - e^{-k})^k$

問題 **21–44** では，どんな方法を用いてもよいから，級数が収束するか発散するかを判定せよ．

21. $\displaystyle\sum_{k=0}^{\infty} \frac{7^k}{k!}$ 22. $\displaystyle\sum_{k=1}^{\infty} \frac{1}{2k+1}$ 23. $\displaystyle\sum_{k=1}^{\infty} \frac{k^2}{5^k}$

24. $\displaystyle\sum_{k=1}^{\infty} \frac{k!10^k}{3^k}$ 25. $\displaystyle\sum_{k=1}^{\infty} \frac{k^{50}}{e^{-k}}$ 26. $\displaystyle\sum_{k=1}^{\infty} \frac{k^2}{k^3 + 1}$

27. $\displaystyle\sum_{k=1}^{\infty} \frac{\sqrt{k}}{k^3 + 1}$ 28. $\displaystyle\sum_{k=1}^{\infty} \frac{4}{2 + 3^k k}$

29. $\displaystyle\sum_{k=1}^{\infty} \frac{1}{\sqrt{k(k+1)}}$ 30. $\displaystyle\sum_{k=1}^{\infty} \frac{2 + (-1)^k}{5^k}$

31. $\displaystyle\sum_{k=1}^{\infty} \frac{2 + \sqrt{k}}{(k+1)^3 - 1}$ 32. $\displaystyle\sum_{k=1}^{\infty} \frac{4 + |\cos k|}{k^3}$

33. $\displaystyle\sum_{k=1}^{\infty} \frac{1}{1 + \sqrt{k}}$ 34. $\displaystyle\sum_{k=1}^{\infty} \frac{k!}{k^k}$ 35. $\displaystyle\sum_{k=1}^{\infty} \frac{\ln k}{e^k}$

36. $\displaystyle\sum_{k=1}^{\infty} \frac{k!}{e^{k^2}}$ 37. $\displaystyle\sum_{k=0}^{\infty} \frac{(k+4)!}{4!k!4^k}$ 38. $\displaystyle\sum_{k=1}^{\infty} \left(\frac{k}{k+1}\right)^{k^2}$

39. $\displaystyle\sum_{k=1}^{\infty} \frac{1}{4 + 2^{-k}}$ 40. $\displaystyle\sum_{k=1}^{\infty} \frac{\sqrt{k}\ln k}{k^3 + 1}$ 41. $\displaystyle\sum_{k=1}^{\infty} \frac{\tan^{-1} k}{k^2}$

42. $\displaystyle\sum_{k=1}^{\infty} \frac{5^k + k}{k! + 3}$ 43. $\displaystyle\sum_{k=0}^{\infty} \frac{(k!)^2}{(2k)!}$ 44. $\displaystyle\sum_{k=1}^{\infty} \frac{(k!)^2 2^k}{(2k+2)!}$

問題 **45** と **46** では，級数の一般項を求め，比テストを用いて級数が収束することを示せ．

45. $1 + \dfrac{1 \cdot 2}{1 \cdot 3} + \dfrac{1 \cdot 2 \cdot 3}{1 \cdot 3 \cdot 5} + \dfrac{1 \cdot 2 \cdot 3 \cdot 4}{1 \cdot 3 \cdot 5 \cdot 7} + \cdots$

46. $1 + \dfrac{1 \cdot 3}{3!} + \dfrac{1 \cdot 3 \cdot 5}{5!} + \dfrac{1 \cdot 3 \cdot 5 \cdot 7}{7!} + \cdots$

問題 **47** と **48** では，CAS を使って級数の収束を調べよ．

47. C $\displaystyle\sum_{k=1}^{\infty} \frac{\ln k}{3^k}$ 48. C $\displaystyle\sum_{k=1}^{\infty} \frac{[\pi(k+1)]^k}{k^{k+1}}$

49. (a) $x = 0$ の近くでの $\sin x$ の局所 1 次近似を考えて，級数 $\sum_{k=1}^{\infty} \sin(\pi/k)$ の収束について予想せよ．
    (b) 極限比較テストを使って，その予想を確かめよ．

50. (a) $x = 0$ の近くでの $\cos x$ の局所 2 次近似を考えて，級数
    $$\sum_{k=1}^{\infty}\left[1 - \cos\left(\frac{1}{k}\right)\right]$$
    の収束について予想せよ．
    (b) 極限比較テストを使って，その予想を確かめよ．

51. $x > 0$ のとき $\ln x < \sqrt{x}$ を示せ．そして，この結果を用いて
    (a) $\displaystyle\sum_{k=1}^{\infty} \frac{\ln k}{k^2}$ (b) $\displaystyle\sum_{k=2}^{\infty} \frac{1}{(\ln k)^2}$
    の収束を調べよ．

52. 正の数 α がどんな値のとき，級数 $\sum_{k=1}^{\infty}(\alpha^k/k^\alpha)$ は収束するか．

53. 定理 10.5.6 を使って，比較テスト (定理 10.6.1) を証明せよ．

54. $\sum a_k$ と $\sum b_k$ は正項級数とする．以下を示せ．

(a) $\lim_{k \to +\infty}(a_k/b_k) = 0$ であって，かつ $\sum b_k$ は収束するとする．このとき，$\sum a_k$ も収束する．

(b) $\lim_{k \to +\infty}(a_k/b_k) = +\infty$ であって，$\sum b_k$ は発散するとする．このとき，$\sum a_k$ も発散する．

10.7 交代級数；条件収束

いままでは，もっぱら非負の項からなる級数に焦点を合わせてきた．この節では，正と負の両方の項を含む級数について論じる．

交代級数

正の項と負の項が交互に現れる級数は**交代級数**とよばれるが，これは特別な重要性をもっている．例としては

$$\sum_{k=1}^{\infty}(-1)^{k+1}\frac{1}{k} = 1 - \frac{1}{2} + \frac{1}{3} - \frac{1}{4} + \frac{1}{5} - \cdots$$

$$\sum_{k=1}^{\infty}(-1)^{k}\frac{1}{k} = -1 + \frac{1}{2} - \frac{1}{3} + \frac{1}{4} - \frac{1}{5} + \cdots$$

などがある．一般に，交代級数は次の2つの形のどちらかである．

$$\sum_{k=1}^{\infty}(-1)^{k+1}a_k = a_1 - a_2 + a_3 - a_4 + \cdots \tag{1}$$

$$\sum_{k=1}^{\infty}(-1)^{k}a_k = -a_1 + a_2 - a_3 + a_4 - \cdots \tag{2}$$

ここで，両方の場合とも，a_k は正と仮定されている．

次の定理は，交代級数の収束に関して鍵となる結果である．

> **10.7.1 定理**（交代級数テスト） 交代級数は，(1) の形，または (2) の形のいずれでも，次の2つの条件が満たされるならば，収束する．
> (a) $a_1 \geq a_2 \geq a_3 \geq \cdots \geq a_k \geq \cdots$
> (b) $\lim_{k \to +\infty} a_k = 0$

証明 式 (1) の形の交代級数のみを考える．証明の考え方は，条件 (a) と (b) が成り立つならば，部分和の列の偶数番からなる数列と，奇数番からなる数列が共通の極限 S に収束することを示すということである．そうすれば，定理 10.2.4 により部分和の列全体が S に収束することが従うからである．

図 10.7.1 は，条件 (a) と (b) を満たす部分和を水平軸の上に順次表示していくと，どのように現れるかを示したものである．偶数番の部分和

$$s_2, s_4, s_6, s_8, \ldots, s_{2n}, \ldots$$

は，単調増加数列となり，かつ a_1 によって上から抑えられる．奇数番の部分和

$$s_1, s_3, s_5, s_7, \ldots, s_{2n-1}, \ldots$$

は，単調減少数列となり，かつ零によって下から抑えられる．ゆえに，定理 10.3.3 と定理 10.3.4 から，部分和の偶数番のものからなる数列はある極限 S_E に収束し，部分和の奇数番のものからなる数列はある極限 S_O に収束する．証明を完結するには，$S_E = S_O$ を示さなければならない．しかし，級数の第 $2n$ 番目の項は $-a_{2n}$ であるので，$s_{2n} - s_{2n-1} = -a_{2n}$ と

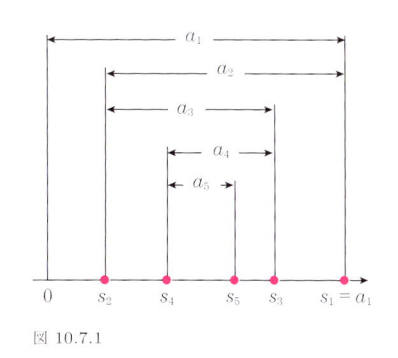

図 10.7.1

なり，これは
$$s_{2n-1} = s_{2n} + a_{2n}$$
と書ける．しかし，$n \to +\infty$ のとき，$2n \to +\infty$ であり，また $2n-1 \to +\infty$ であるから，
$$S_O = \lim_{n \to +\infty} s_{2n-1} = \lim_{n \to +\infty} (s_{2n} + a_{2n}) = S_E + 0 = S_E$$
となり証明が完了する． ■

> 注意 おそらく予想されているように，交代級数テストにおいて，条件 (a) がすべての項に対して成り立つことは欠くことのできないものではない．すなわち，条件 (b) が成り立っているならば，条件 (a) が先の方で満たされているならば，交代級数は収束する．

例 1 交代級数テストを用いて，次の級数が収束することを示せ．

(a) $\displaystyle\sum_{k=1}^{\infty}(-1)^{k+1}\frac{1}{k}$ (b) $\displaystyle\sum_{k=1}^{\infty}(-1)^{k+1}\frac{k+3}{k(k+1)}$

解 (a) 交代級数テストの 2 つの条件は満たされている．なぜなら，
$$a_k = \frac{1}{k} > \frac{1}{k+1} = a_{k+1} \quad \text{かつ} \quad \lim_{k \to +\infty} a_k = \lim_{k \to +\infty} \frac{1}{k} = 0$$

解 (b) 交代級数テストの 2 つの条件は満たされている．なぜなら，
$$\frac{a_{k+1}}{a_k} = \frac{k+4}{(k+1)(k+2)} \cdot \frac{k(k+1)}{k+3} = \frac{k^2+4k}{k^2+5k+6} = \frac{k^2+4k}{(k^2+4k)+(k+6)} < 1$$
なので
$$a_k > a_{k+1}$$
さらに，
$$\lim_{k \to +\infty} a_k = \lim_{k \to +\infty} \frac{k+3}{k(k+1)} = \lim_{k \to +\infty} \frac{\frac{1}{k}+\frac{3}{k^2}}{1+\frac{1}{k}} = 0 \quad ◀$$

> 注意 前の例 1 の (a) の級数は，**交代調和級数**とよばれる．調和級数は発散するが，この級数は収束することに注意しよう．

> 注意 交代級数が交代級数テストの条件 (b) を満たしていないならば，発散テスト (定理 10.5.1) により発散する．しかし，条件 (b) は満たしているが条件 (a) は満たしていないとき，級数は収束することもあるし，発散することもある*．

交代級数の和の近似

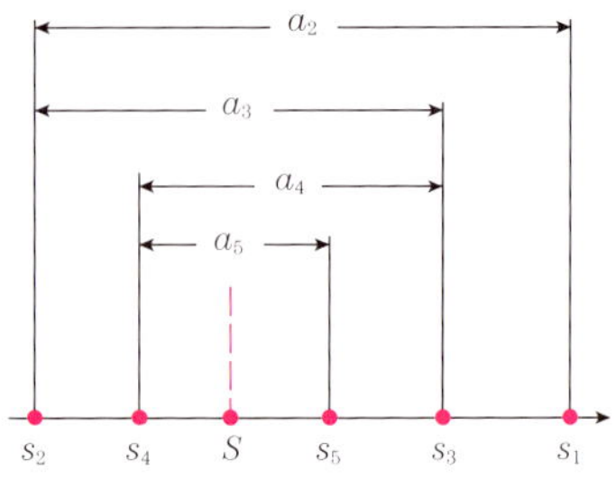

次の定理は，交代級数の和を部分和で近似したときに出る誤差に関するものである．

10.7.2 定理 ある交代級数が，交代級数テストの仮定を満たしているとし，その級数の和を S とする．このとき，

(a) S は任意の 2 つの連続した部分和のあいだにある．すなわち，部分和のどちらが大きいかによって
$$s_n \leq S \leq s_{n+1} \quad \text{または} \quad s_{n+1} \leq S \leq s_n \tag{3}$$
のいずれかが成り立つ．

(b) S を s_n で近似すると，誤差の絶対値 $|S - s_n|$ は
$$|S - s_n| \leq a_{n+1} \tag{4}$$
を満たす．さらに，誤差 $S - s_n$ の符号は a_{n+1} の係数の符号と同じである．

図 10.7.2

---

*興味を覚えた読者に．R. Lariviere の論文 "On a Convergence Test for Alternating Series," *Mathematics Magazine*, Vol.29, 1956, p.88 にいくつかの面白い例がある．

証明 式 (1) の形の級数に対して定理を証明する．図 10.7.2 を参照しながら，奇数番の部分和は S に収束する減少数列をなしており，また偶数番の部分和は S に収束する増加数列をなすという定理 10.7.1 の証明での観察を思い起こそう．連続した部分和は S の片方からもう片方へと段々と幅を短くしていきながら振動し，奇数番号の部分和は S よりも大きく，そして偶数番号の部分和は S よりも小さい．したがって，n が偶数か，あるいは奇数かによって

$$s_n \leq S \leq s_{n+1} \quad \text{または} \quad s_{n+1} \leq S \leq s_n$$

が成り立つ．これは式 (3) を示している．さらに，どちらの場合にも

$$|S - s_n| \leq |s_{n+1} - s_n| \tag{5}$$

がいえる．しかし，$s_{n+1} - s_n = \pm a_{n+1}$（符号は n が偶数か奇数かによる）である．ゆえに，不等式 (5) から $|S - s_n| \leq a_{n+1}$ となり不等式 (4) が示された．最後に，奇数番の部分和は S よりも大きく，偶数番の部分は S よりも小さいので，$S - s_n$ は a_{n+1} の係数と同じ符号をもつ（確かめよ）．■

> **注意** 不等式 (4) の主張を言葉でいえば，交代級数テストの仮定を満たしている級数については，S を s_n で近似してできる誤差の大きさは，たかだかその部分和に含まれない最初の項以下であるということである．また，$a_1 > a_2 > \cdots > a_k > \cdots$ であれば，不等式 (4) は $|S - s_n| < a_{n+1}$ と強い形にできることを注意しておく．

例 2 この章のあとの方で，交代調和級数の和は

$$\ln 2 = 1 - \frac{1}{2} + \frac{1}{3} - \frac{1}{4} + \cdots + (-1)^{k+1}\frac{1}{k} + \cdots$$

であることを示す．

(a) これを認めて，$\ln 2$ を級数の最初の 8 項の和で近似したときに生じる誤差の大きさの上界を求めよ．

(b) $\ln 2$ を小数第 1 位 (1/10 の位) まで近似する部分和を求めよ．

解 (a) 不等式 (4) より

$$|\ln 2 - s_8| < a_9 = \frac{1}{9} < 0.12 \tag{6}$$

が従う．確認として，s_8 を厳密に計算してみると

$$s_8 = 1 - \frac{1}{2} + \frac{1}{3} - \frac{1}{4} + \frac{1}{5} - \frac{1}{6} + \frac{1}{7} - \frac{1}{8} = \frac{533}{840}$$

を得る．ところで，電卓を援用すれば

$$|\ln 2 - s_8| = \left|\ln 2 - \frac{533}{840}\right| \approx 0.059$$

となる．このことは，実際の誤差は，誤差の上界である (6) より十分小さいことがわかる．

解 (b) 小数第 1 位までの精度を得るためには，$|\ln 2 - s_n| \leq 0.05$ となるように n を選ばなくてはならない．しかし，不等式 (4) から

$$|\ln 2 - s_n| < a_{n+1}$$

が従うので，$a_{n+1} \leq 0.05$ である n を選べば十分である．

n を求める 1 つの方法は，計算ユーティリティを使ってその値が 0.05 以下になるまで $a_1, a_2, a_3, \ldots$ の数値を求めることである．これを実行すると，$a_{20} = 0.05$ となるであろう．このことは，部分和 s_{19} がほしい精度を与えてくれることを示している．n を求めるもう 1 つの方法は，不等式

$$\frac{1}{n+1} \leq 0.05$$

を代数的に解くことである．逆数をとって不等号の向きを変え，整理すれば $n \geq 19$ が得られる．ゆえに，s_{19} が求めるものであり，これは上の結果と同じである．

計算ユーティリティを援用すれば，s_{19} の値は $s_{19} \approx 0.7$ と近似され，また $\ln 2$ の値を直接求めれば $\ln 2 \approx 0.69$ が出てくる．これは小数第 1 位となるよう四捨五入して丸めると s_{19} に一致する． ◀

> **注意** この例からわかるように，交代調和級数は $\ln 2$ を近似するための効率的な方法を与えていない．なぜなら，ほどほどの精度に達するのにあまりにも多大な計算が必要だからである．後に，対数を近似するよい方法を展開する．

絶対収束

級数
$$1 - \frac{1}{2} - \frac{1}{2^2} + \frac{1}{2^3} + \frac{1}{2^4} - \frac{1}{2^5} - \frac{1}{2^6} + \cdots$$
はいままで学んできたどの範疇（はんちゅう）にもあてはまらない——符号が混在している．しかし，交代的ではない．このような級数に適用できる収束テストを，これから考える．

10.7.3 定義 級数
$$\sum_{k=1}^{\infty} u_k = u_1 + u_2 + \cdots + u_k + \cdots$$
は，もし絶対値の級数
$$\sum_{k=1}^{\infty} |u_k| = |u_1| + |u_2| + \cdots + |u_k| + \cdots$$
が収束するならば，**絶対収束**するという．また，絶対値の級数が発散するならば，**絶対発散**するという．

例 3 次の級数が絶対収束するかどうかを判定せよ．

(a) $1 - \dfrac{1}{2} - \dfrac{1}{2^2} + \dfrac{1}{2^3} + \dfrac{1}{2^4} - \dfrac{1}{2^5} - \cdots$ (b) $1 - \dfrac{1}{2} + \dfrac{1}{3} - \dfrac{1}{4} + \dfrac{1}{5} - \cdots$

解 (a) 絶対値の級数は収束幾何級数
$$1 + \frac{1}{2} + \frac{1}{2^2} + \frac{1}{2^3} + \frac{1}{2^4} + \frac{1}{2^5} + \cdots$$
である．それゆえ，与えられた級数は絶対収束する．

解 (b) 絶対値の級数は，発散調和級数
$$1 + \frac{1}{2} + \frac{1}{3} + \frac{1}{4} + \frac{1}{5} + \cdots$$
である．それゆえ，与えられた級数は絶対発散する． ◀

収束と絶対収束という言葉を区別することは重要である．例えば，例 3 の (b) の級数は収束する，なぜなら交代調和級数であるからである．しかも，それは絶対収束しないことは証明したとおりである．ところで，次の定理は，**級数が絶対収束するならば収束する**ことを示している．

10.7.4 定理 級数
$$\sum_{k=1}^{\infty} |u_k| = |u_1| + |u_2| + \cdots + |u_k| + \cdots$$
が収束するならば，級数
$$\sum_{k=1}^{\infty} u_k = u_1 + u_2 + \cdots + u_k + \cdots$$
も収束する．

証明 ここでの証明ではあるトリックを使う．級数 $\sum u_k$ を

$$\sum_{k=1}^{\infty} u_k = \sum_{k=1}^{\infty} [(u_k + |u_k|) - |u_k|] \tag{7}$$

と書く．$\sum |u_k|$ は収束するとしたから，もし $\sum (u_k + |u_k|)$ が収束するのを示すことができれば，式 (7) と定理 10.5.3(a) より $\sum u_k$ が収束することが従う．ところで，$u_k + |u_k|$ の値は 0 か $2|u_k|$ であり，どちらになるかは u_k の符号による．それゆえ，いずれの場合にも

$$0 \leq u_k + |u_k| \leq 2|u_k|$$

である．しかし，$2\sum |u_k|$ は収束する，なぜならばこれは収束級数 $\sum |u_k|$ の定数倍であるからである．したがって，比較テストにより $\sum (u_k + |u_k|)$ は収束する． ∎

定理 10.7.4 は，正と負の項をもつ級数の収束を非負の項の級数 (絶対値の級数) の収束から推論する方法を与えてくれる．このことは重要である．なぜならば，いままで論じてきた収束テストのほとんどは，非負の項の級数にしか適用できなかったからである．

例 4 次の級数が収束することを示せ．

(a) $1 - \dfrac{1}{2} - \dfrac{1}{2^2} + \dfrac{1}{2^3} + \dfrac{1}{2^4} - \dfrac{1}{2^5} - \dfrac{1}{2^6} + \cdots$ (b) $\displaystyle\sum_{k=1}^{\infty} \dfrac{\cos k}{k^2}$

解 (a) 符号が最初の項の後からは 2 項ずつで交代しているから，これは交代級数ではないことに注意しよう．よって，直接適用できる収束テストはない．しかし，例 3(a) で絶対収束することを示したので，定理 10.7.4 によりこれは収束する．

解 (b) 計算ユーティリティを使うと，項の符号は不規則に変わることがわかる．それゆえ，絶対収束を試してみる．絶対値の級数は

$$\sum_{k=1}^{\infty} \left| \frac{\cos k}{k^2} \right|$$

である．しかし，

$$\left| \frac{\cos k}{k^2} \right| \leq \frac{1}{k^2}$$

であり，$\sum 1/k^2$ は収束 p 級数 ($p=2$) であるから，比較テストにより絶対値の級数は収束する．それゆえ，与えられた級数は絶対収束し，したがって収束する． ◀

条件収束

定理 10.7.4 は絶対収束する級数に対しては有用な道具であるが，絶対発散する級数の収束あるいは発散については何の情報も提供してくれない．例えば，2 つの級数

$$1 - \frac{1}{2} + \frac{1}{3} - \frac{1}{4} + \cdots + (-1)^{k+1}\frac{1}{k} + \cdots \tag{8}$$

$$-1 - \frac{1}{2} - \frac{1}{3} - \frac{1}{4} - \cdots - \frac{1}{k} - \cdots \tag{9}$$

を考える．これらの級数はともに絶対発散する．なぜなら，それぞれの級数において絶対値は発散調和級数

$$1 + \frac{1}{2} + \frac{1}{3} + \cdots + \frac{1}{k} + \cdots$$

である．しかし，級数 (8) は交代調和級数なので収束し，他方級数 (9) は発散調和級数の定数倍なので発散する．用語として，収束するが絶対発散する級数は，**条件収束する** (または **条件**

収束である）といわれる．ゆえに，級数 (8) は条件収束級数である．

絶対収束のための比テスト

絶対発散する級数の収束あるいは発散を一般的には推論できないが，比テストの次の変形は，ある状況下では絶対発散から発散を導く方法を提供してくれる．この定理の証明は省く．

> **10.7.5 定理**（絶対収束に対する比テスト）　$\sum u_k$ を零でない項からなる級数とし，
> $$\rho = \lim_{k \to +\infty} \frac{|u_{k+1}|}{|u_k|}$$
> が存在すると仮定する．
> (a) $\rho < 1$ ならば，級数 $\sum u_k$ は絶対収束し，それゆえ収束する．
> (b) $\rho > 1$ または $\rho = +\infty$ ならば，級数 $\sum u_k$ は発散する．
> (c) $\rho = 1$ ならば，収束や絶対収束についての結論は，このテストからは何も導き出すことはできない．

例 5　絶対収束に対する比テストを用いて，級数が収束するかどうかを判定せよ．

(a) $\displaystyle\sum_{k=1}^{\infty} (-1)^k \frac{2^k}{k!}$　　(b) $\displaystyle\sum_{k=1}^{\infty} (-1)^k \frac{(2k-1)!}{3^k}$

解 (a)　一般項 u_k の絶対値をとると
$$|u_k| = \left|(-1)^k \frac{2^k}{k!}\right| = \frac{2^k}{k!}$$
を得る．それゆえ，
$$\rho = \lim_{k \to +\infty} \frac{|u_{k+1}|}{|u_k|} = \lim_{k \to +\infty} \frac{2^{k+1}}{(k+1)!} \cdot \frac{k!}{2^k} = \lim_{k \to +\infty} \frac{2}{k+1} = 0 < 1$$
であるので，級数は絶対収束する．それゆえ，収束する．

解 (b)　一般項 u_k の絶対値をとると
$$|u_k| = \left|(-1)^k \frac{(2k-1)!}{3^k}\right| = \frac{(2k-1)!}{3^k}$$
を得る．それゆえ，
$$\rho = \lim_{k \to +\infty} \frac{|u_{k+1}|}{|u_k|} = \lim_{k \to +\infty} \frac{[2(k+1)-1]!}{3^{k+1}} \cdot \frac{3^k}{(2k-1)!}$$
$$= \lim_{k \to +\infty} \frac{1}{3} \cdot \frac{(2k+1)!}{(2k-1)!} = \frac{1}{3} \lim_{k \to +\infty} (2k)(2k+1) = +\infty$$
であるので，級数は発散する．　◀

収束テストのまとめ

必要なときに参照することができるよう，収束テストのまとめをしてこの節を終わることにする．

収束テストのまとめ

名前	内容	コメント
発散テスト (定理 10.5.1)	$\lim_{k \to +\infty} u_k \neq 0$ ならば，$\sum u_k$ は発散する．	$\lim_{k \to +\infty} u_k = 0$ ならば，$\sum u_k$ は収束するかもしれないし，発散するかもしれない．
積分テスト (定理 10.5.4)	$\sum u_k$ は正の項からなる級数とし，かつ $f(x)$ は級数の一般項の k を x に置き換えてできる関数とする．$x \geq a$ で f が単調減少であり，かつ連続であるならば $$\sum u_k \quad \text{および} \quad \int_a^{+\infty} f(x)\, dx$$ はともに収束するか，あるいはともに発散する．	このテストは，項が正である級数にのみ適用できる． このテストは，$f(x)$ の積分がやさしいときに試みよ．
比較テスト (定理 10.6.1)	$\sum a_k$ および $\sum b_k$ は非負の項からなる級数であり $$a_1 \leq b_1, a_2 \leq b_2, \cdots, a_k \leq b_k, \cdots$$ を満たしているとする．$\sum b_k$ が収束するならば，$\sum a_k$ も収束する．また，$\sum a_k$ が発散するならば，$\sum b_k$ も発散する．	このテストは，非負の項からなる級数にのみ適用できる． このテストは最後の拠り所として試みよ．多くの場合，他のテストの方がより容易に適用できる．
極限比較テスト (定理 10.6.4)	$\sum a_k$ および $\sum b_k$ は正の項からなる級数であり $$\rho = \lim_{k \to +\infty} \frac{a_k}{b_k}$$ となっているとする．$0 < \rho < +\infty$ であれば，2 つの級数はともに収束するか，ともに発散する．	このテストは，比較テストよりもより容易に適用できる．それでも，比較に使う級数 $\sum b_k$ を選ぶには，ある種の技能が必要である．
比テスト (定理 10.6.5)	$\sum u_k$ は正の項からなる級数であり $$\rho = \lim_{k \to +\infty} \frac{u_{k+1}}{u_k}$$ となっているものとする． (a) $\rho < 1$ ならば，級数は収束する． (b) $\rho > 1$，または $\rho = +\infty$ ならば，級数は発散する． (c) $\rho = 1$ ならば，このテストでは結論が出せない．	このテストは，u_k が階乗や k 乗を含んでいる場合に試みよ．
ベキ根テスト (定理 10.6.6)	$\sum u_k$ は正の項からなる級数であり $$\rho = \lim_{k \to +\infty} \sqrt[k]{u_k}$$ となっているものとする． (a) $\rho < 1$ ならば，級数は収束する． (b) $\rho > 1$，または $\rho = +\infty$ ならば，級数は発散する． (c) $\rho = 1$ ならば，このテストでは結論が出せない．	このテストは，u_k が k 乗を含んでいる場合に試みよ．
交代級数テスト (定理 10.7.1)	$k = 1, 2, 3, \cdots$ に対して $a_k > 0$ とする．このとき，級数 $$a_1 - a_2 + a_3 - a_4 + \cdots$$ $$-a_1 + a_2 - a_3 + a_4 - \cdots$$ は，次の条件が満たされている場合は収束する． (a) $a_1 \geq a_2 \geq a_3 \geq \cdots$ (b) $\lim_{k \to +\infty} a_k = 0$	このテストは交代級数に対してのみ適用できる．
絶対収束に対する比テスト (定理 10.7.5)	$\sum u_k$ は零でない項からなる級数であり $$\rho = \lim_{k \to +\infty} \frac{|u_{k+1}|}{|u_k|}$$ となっているものとする． (a) $\rho < 1$ ならば，級数は絶対収束する． (b) $\rho > 1$，または $\rho = +\infty$ ならば，級数は発散する． (c) $\rho = 1$ のならば，このテストでは結論が出せない．	級数には正の項を含む必要はないし，このテストの代わりになるものも必要としない．

演習問題 10.7 ～ グラフィックユーティリティ C CAS

問題 **1** と **2** では，級数が交代級数テスト（定理 10.7.1）の仮定を満たすことを確かめることによって，級数の収束を示せ．

1. $\sum_{k=1}^{\infty} \dfrac{(-1)^{k+1}}{2k+1}$
2. $\sum_{k=1}^{\infty} (-1)^{k+1} \dfrac{k}{3^k}$

問題 **3–6** では，交代級数が収束するかどうかを判定せよ．また，答えが正しいことを証明せよ．

3. $\sum_{k=1}^{\infty} (-1)^{k+1} \dfrac{k+1}{3k+1}$
4. $\sum_{k=1}^{\infty} (-1)^{k+1} \dfrac{k+1}{\sqrt{k}+1}$
5. $\sum_{k=1}^{\infty} (-1)^{k+1} e^{-k}$
6. $\sum_{k=1}^{\infty} (-1)^k \dfrac{\ln k}{k}$

問題 **7–12** では，級数が収束するか発散するかを，絶対収束に対する比テスト（定理 10.7.5）を用いて判定せよ．それでは結論が出ないときは，そのように述べよ．

7. $\sum_{k=1}^{\infty} \left(-\dfrac{3}{5}\right)^k$
8. $\sum_{k=1}^{\infty} (-1)^{k+1} \dfrac{2^k}{k!}$
9. $\sum_{k=1}^{\infty} (-1)^{k+1} \dfrac{3^k}{k^2}$
10. $\sum_{k=1}^{\infty} (-1)^k \dfrac{k}{5^k}$
11. $\sum_{k=1}^{\infty} (-1)^k \dfrac{k^3}{e^k}$
12. $\sum_{k=1}^{\infty} (-1)^{k+1} \dfrac{k^k}{k!}$

問題 **13–30** では，級数を絶対収束，条件収束，または発散に分類せよ．

13. $\sum_{k=1}^{\infty} \dfrac{(-1)^{k+1}}{3k}$
14. $\sum_{k=1}^{\infty} \dfrac{(-1)^{k+1}}{k^{4/3}}$
15. $\sum_{k=1}^{\infty} \dfrac{(-4)^k}{k^2}$
16. $\sum_{k=1}^{\infty} \dfrac{(-1)^{k+1}}{k!}$
17. $\sum_{k=1}^{\infty} \dfrac{\cos k\pi}{k}$
18. $\sum_{k=3}^{\infty} \dfrac{(-1)^k \ln k}{k}$
19. $\sum_{k=1}^{\infty} (-1)^{k+1} \dfrac{k+2}{k(k+3)}$
20. $\sum_{k=1}^{\infty} \dfrac{(-1)^{k+1} k^2}{k^3+1}$
21. $\sum_{k=1}^{\infty} \sin \dfrac{k\pi}{2}$
22. $\sum_{k=1}^{\infty} \dfrac{\sin k}{k^3}$
23. $\sum_{k=2}^{\infty} \dfrac{(-1)^k}{k \ln k}$
24. $\sum_{k=1}^{\infty} \dfrac{(-1)^k}{\sqrt{k(k+1)}}$
25. $\sum_{k=2}^{\infty} \left(-\dfrac{1}{\ln k}\right)^k$
26. $\sum_{k=1}^{\infty} \dfrac{(-1)^{k+1}}{\sqrt{k+1}+\sqrt{k}}$
27. $\sum_{k=2}^{\infty} \dfrac{(-1)^k(k^2+1)}{k^3+2}$
28. $\sum_{k=1}^{\infty} \dfrac{k \cos k\pi}{k^2+1}$
29. $\sum_{k=1}^{\infty} \dfrac{(-1)^{k+1} k!}{(2k-1)!}$
30. $\sum_{k=1}^{\infty} (-1)^{k+1} \dfrac{3^{2k-1}}{k^2+1}$

問題 **31–34** では，級数は交代級数テストの仮定を満たしている．指定された n の値に対して，級数の和を n 番目の部分和で近似した場合の，誤差の絶対値の上限を求めよ．

31. $\sum_{k=1}^{\infty} \dfrac{(-1)^{k+1}}{k}$; $n=7$
32. $\sum_{k=1}^{\infty} \dfrac{(-1)^{k+1}}{k!}$; $n=5$
33. $\sum_{k=1}^{\infty} \dfrac{(-1)^{k+1}}{\sqrt{k}}$; $n=99$
34. $\sum_{k=1}^{\infty} \dfrac{(-1)^{k+1}}{(k+1)\ln(k+1)}$; $n=3$

問題 **35–38** では，級数は交代級数テストの仮定を満たしている．n 番目の部分和が級数の和を，指示された精度で近似していることが保証される n を求めよ．

35. $\sum_{k=1}^{\infty} \dfrac{(-1)^{k+1}}{k}$; |誤差| < 0.0001
36. $\sum_{k=1}^{\infty} \dfrac{(-1)^{k+1}}{k!}$; |誤差| < 0.00001
37. $\sum_{k=1}^{\infty} \dfrac{(-1)^{k+1}}{\sqrt{k}}$; 小数第 2 位
38. $\sum_{k=1}^{\infty} \dfrac{(-1)^{k+1}}{(k+1)\ln(k+1)}$; 小数第 1 位

問題 **39** と **40** では，s_{10} を与えられた幾何級数の和の近似として用いた場合に生じる誤差の絶対値の上限を求めよ．また，s_{10} を四捨五入して小数第 4 位まで求め，この値と級数の正確な和と比較せよ．

39. $\dfrac{3}{4} - \dfrac{3}{8} + \dfrac{3}{16} - \dfrac{3}{32} + \cdots$
40. $1 - \dfrac{2}{3} + \dfrac{4}{9} - \dfrac{8}{27} + \cdots$

問題 **41–44** では，級数は交代級数テストの仮定を満たしている．このとき，級数の和を小数第 2 位までの精度で近似せよ．

41. $1 - \dfrac{1}{3!} + \dfrac{1}{5!} - \dfrac{1}{7!} + \cdots$
42. $1 - \dfrac{1}{2!} + \dfrac{1}{4!} - \dfrac{1}{6!} + \cdots$
43. $\dfrac{1}{1\cdot 2} - \dfrac{1}{2\cdot 2^2} + \dfrac{1}{3\cdot 2^3} - \dfrac{1}{4\cdot 2^4} + \cdots$
44. $\dfrac{1}{1^5+4\cdot 1} - \dfrac{1}{3^5+4\cdot 3} + \dfrac{1}{5^5+4\cdot 5} - \dfrac{1}{7^5+4\cdot 7} + \cdots$

45. C この問題の目的は，定理 10.7.2 の (b) で誤差の上界は，ある場合には過度に控え目となりうることを示すことである．以下の問に答えよ．

(a) CAS を使って
$$\dfrac{\pi}{4} = 1 - \dfrac{1}{3} + \dfrac{1}{5} - \dfrac{1}{7} + \cdots$$
確かめよ．

(b) CAS を使って $|(\pi/4) - s_{26}| < 10^{-2}$ を示せ.

(c) 定理 10.7.2 の (b) の誤差の上界によった場合に, $|(\pi/4) - s_n| < 10^{-2}$ が保証されるために必要な n の値はどれだけか.

46. 交代 p 級数

$$1 - \frac{1}{2^p} + \frac{1}{3^p} - \frac{1}{4^p} + \cdots + (-1)^{k+1}\frac{1}{k^p} + \cdots$$

は, $p > 1$ ならば絶対収束し, $0 < p \leq 1$ ならば条件収束し, $p \leq 0$ ならば発散することを示せ.

絶対収束する級数の項を並べ替えてできるどんな級数も絶対収束し, かつその和はもとの級数の和と同じであることを証明することができる. 問題 47 と 48 では, この事実と定理 10.5.3 の (a) および (b) を用いよ.

47. 10.5 節の問題 **27** では

$$\frac{\pi^2}{6} = 1 + \frac{1}{2^2} + \frac{1}{3^2} + \frac{1}{4^2} + \cdots$$

と述べられていた. これを用いて

$$\frac{\pi^2}{8} = 1 + \frac{1}{3^2} + \frac{1}{5^2} + \frac{1}{7^2} + \cdots$$

を示せ.

48. 10.5 節の問題 **27** では

$$\frac{\pi^4}{90} = 1 + \frac{1}{2^4} + \frac{1}{3^4} + \frac{1}{4^4} + \cdots$$

と述べられていた. これを用いて

$$\frac{\pi^4}{96} = 1 + \frac{1}{3^4} + \frac{1}{5^4} + \frac{1}{7^4} + \cdots$$

を示せ.

49. 条件収束級数は, 項を並べ替えることによって発散級数にしたり, あるいはどんな数 S を 1 つ定めても, 和がそれになるような条件収束級数にすることができる. 例えば, 例 2 で

$$\ln 2 = 1 - \frac{1}{2} + \frac{1}{3} - \frac{1}{4} + \cdots + (-1)^{k+1}\frac{1}{k} + \cdots$$

であることを述べた. この級数の項を並べ替えて

$$\left(1 - \frac{1}{2} - \frac{1}{4}\right) + \left(\frac{1}{3} - \frac{1}{6} - \frac{1}{8}\right) + \left(\frac{1}{5} - \frac{1}{10} - \frac{1}{12}\right) + \cdots$$

と書き直すと, その和が $\frac{1}{2}\ln 2$ になることを示せ. [ヒント：各カッコの最初の 2 項を足し合わせてみよ.]

50. (a) グラフィックユーティリティを使って,

$$f(x) = \frac{4x - 1}{4x^2 - 2x}, \qquad x \geq 1$$

のグラフを描け.

(b) グラフから級数

$$\sum_{k=1}^{\infty}(-1)^{k+1}\frac{4k - 1}{4k^2 - 2k}$$

は収束すると思うか. また, そう思う理由を説明せよ.

51. 図に示されているように, 1 匹の虫が, 180 cm のワイヤー上の点 A を出発してワイヤーの長さだけ歩き停止し, そして今度は反対方向へワイヤーの 1/2 の長さだけ歩く. 再び停止し, そして反対方向にワイヤーの 1/3 の長さだけ歩き, また停止すると今度は反対方向へワイヤーの 1/4 の長さだけ歩く. これを繰り返して 1000 回停止するまでこれを続ける. 以下の問に答えよ.

(a) 最後に止まったときの, 虫と点 A とのあいだの距離の上界と下界を求めよ. [ヒント：例 2 で述べたように, 交代調和級数の和は $\ln 2$ である.]

(b) 最後に止まったときの, 虫が歩いた総距離の上界と下界を求めよ. [ヒント：10.5 節の不等式 (2) を使え.]

図 Ex-51

52. (a) $\sum a_k$ が絶対収束するならば, $\sum a_k^2$ も収束することを示せ.

(b) (a) の逆は成り立たないことを, 反例を挙げて示せ.

10.8 マクローリン級数とテイラー級数；ベキ級数

前の 4 つの節では, もっぱら項が数である級数に焦点を絞って考えてきた. この節で, マクローリン級数およびテイラー級数を導入するが, これらは項が関数である級数の典型例である. これからの主たる目標は, マクローリン級数およびテイラー級数の収束を調べるための数学的道具を考察することである.

マクローリン級数とテイラー級数

10.1 節で, 関数 f の n 次マクローリン多項式を

$$\sum_{k=0}^{n}\frac{f^{(k)}(0)}{k!}x^k = f(0) + f'(0)x + \frac{f''(0)}{2!}x^2 + \cdots + \frac{f^{(n)}(0)}{n!}x^n$$

と定義し，f の $x = x_0$ の周りでの n 次テイラー多項式を

$$\sum_{k=0}^{n} \frac{f^{(k)}(x_0)}{k!}(x-x_0)^k = f(x_0) + f'(x_0)(x-x_0)$$
$$+ \frac{f''(x_0)}{2!}(x-x_0)^2 + \cdots + \frac{f^{(n)}(x_0)}{n!}(x-x_0)^n$$

と定義した．その後，無限個の項の和をずっと考えてきたのであるから，マクローリン多項式およびテイラー多項式という概念を，和をとるに際して添え字 n のところで止めないで，級数にまで拡張することはたいして難しいことではないだろう．したがって，次のように定義する．

> **10.8.1 定義** f は x_0 ですべての階数の導関数をもつとする．このとき，級数
>
> $$\sum_{k=0}^{\infty} \frac{f^{(k)}(x_0)}{k!}(x-x_0)^k = f(x_0) + f'(x_0)(x-x_0) + \frac{f''(x_0)}{2!}(x-x_0)^2$$
> $$+ \cdots + \frac{f^{(k)}(x_0)}{k!}(x-x_0)^k + \cdots \qquad (1)$$
>
> を $\boldsymbol{x = x_0}$ の周りでの $\boldsymbol{f}$ のテイラー級数とよぶ．特別の場合である $x_0 = 0$ のときは，級数は
>
> $$\sum_{k=0}^{\infty} \frac{f^{(k)}(0)}{k!}x^k = f(0) + f'(0)x + \frac{f''(0)}{2!}x^2 + \cdots + \frac{f^{(k)}(0)}{k!}x^k + \cdots \qquad (2)$$
>
> となるが，この場合は $\boldsymbol{f}$ のマクローリン級数とよぶ．

n 次のマクローリン多項式およびテイラー多項式は，マクローリン級数とテイラー級数の第 n 番目の部分和であることを注意しておく．

例 1 次の関数のマクローリン級数を求めよ．

(a) e^x (b) $\sin x$ (c) $\cos x$ (d) $\dfrac{1}{1-x}$

解 (a) 10.1 節の例 2 で，e^x の n 次マクローリン多項式は

$$p_n(x) = \sum_{k=0}^{n} \frac{x^k}{k!} = 1 + x + \frac{x^2}{2!} + \cdots + \frac{x^n}{n!}$$

であることを示した．それゆえ，e^x のマクローリン級数は

$$\sum_{k=0}^{\infty} \frac{x^k}{k!} = 1 + x + \frac{x^2}{2!} + \cdots + \frac{x^k}{k!} + \cdots$$

である．

解 (b) 10.1 節の例 4(a) で，$\sin x$ のマクローリン多項式は

$$p_{2k+1}(x) = p_{2k+2}(x) = x - \frac{x^3}{3!} + \frac{x^5}{5!} - \frac{x^7}{7!} + \cdots + (-1)^k \frac{x^{2k+1}}{(2k+1)!} \quad (k=0,1,2,\ldots)$$

で与えられることを示した．それゆえ，$\sin x$ のマクローリン級数は

$$\sum_{k=0}^{\infty} (-1)^k \frac{x^{2k+1}}{(2k+1)!} = x - \frac{x^3}{3!} + \frac{x^5}{5!} - \frac{x^7}{7!} + \cdots + (-1)^k \frac{x^{2k+1}}{(2k+1)!} + \cdots$$

である．

解 (c) 10.1 節の例 4(b) で，$\cos x$ のマクローリン多項式は

$$p_{2k}(x) = p_{2k+1}(x) = 1 - \frac{x^2}{2!} + \frac{x^4}{4!} - \frac{x^6}{6!} + \cdots + (-1)^k \frac{x^{2k}}{(2k)!} \quad (k=0,1,2,\ldots)$$

であることを示した．それゆえ，$\cos x$ のマクローリン級数は
$$\sum_{k=0}^{\infty}(-1)^k\frac{x^{2k}}{(2k)!}=1-\frac{x^2}{2!}+\frac{x^4}{4!}-\frac{x^6}{6!}+\cdots+(-1)^k\frac{x^{2k}}{(2k)!}+\cdots$$
である．

解 (d) 10.1 節の例 4(c) で，$1/(1-x)$ のマクローリン多項式は
$$p_n(x)=\sum_{k=0}^{n}x^k=1+x+x^2+\cdots+x^n \quad (k=0,1,2,\ldots)$$
であることを示した．それゆえ，$1/(1-x)$ のマクローリン級数は
$$\sum_{k=0}^{\infty}x^k=1+x+x^2+\cdots+x^k+\cdots$$
である． ◀

例 2 $1/x$ の，$x=1$ の周りでのテイラー級数を求めよ．

解 10.1 節の例 5 で，$1/x$ の $x=1$ の周りでの n 次テイラー多項式は
$$\sum_{k=0}^{n}(-1)^k(x-1)^k=1-(x-1)+(x-1)^2-(x-1)^3+\cdots+(-1)^n(x-1)^n$$
であることを示した．それゆえ，$1/x$ の $x=1$ の周りでのテイラー級数は
$$\sum_{k=0}^{\infty}(-1)^k(x-1)^k=1-(x-1)+(x-1)^2-(x-1)^3+\cdots+(-1)^k(x-1)^k+\cdots$$
である． ◀

x のベキ級数

マクローリン級数およびテイラー級数は，前の 4 つの節で考えてきた級数とは，項が単なる定数ではなくて変数を含むという点で違っている．これからベキ級数を定義するが，マクローリン級数およびテイラー級数はベキ級数の例となっている．

$c_0,c_1,c_2,\ldots$ を定数とし，x を変数とする．このとき，
$$\sum_{k=0}^{\infty}c_kx^k=c_0+c_1x+c_2x^2+\cdots+c_kx^k+\cdots \tag{3}$$
の形の級数を x のベキ級数という．例として
$$\sum_{k=0}^{\infty}x^k=1+x+x^2+x^3+\cdots$$
$$\sum_{k=0}^{\infty}\frac{x^k}{k!}=1+x+\frac{x^2}{2!}+\frac{x^3}{3!}+\cdots$$
$$\sum_{k=0}^{\infty}(-1)^k\frac{x^{2k}}{(2k)!}=1-\frac{x^2}{2!}+\frac{x^4}{4!}-\frac{x^6}{6!}+\cdots$$
などが挙げられる．例 1 より，これらはそれぞれ関数 $1/(1-x)$, e^x, $\cos x$ のマクローリン級数である．実際，マクローリン級数
$$\sum_{k=0}^{\infty}\frac{f^{(k)}(0)}{k!}x^k=f(0)+f'(0)x+\frac{f''(0)}{2!}x^2+\cdots+\frac{f^{(k)}(0)}{k!}x^k+\cdots$$
はどれも x のベキ級数である．

収束半径および収束区間

ベキ級数 $\sum c_kx^k$ の x に，ある数値を代入するとする．このとき，それによってできる数の級数は収束するかもしれないし，あるいは発散するかもしれない．このことから，与えられたベキ級数が収束する x の値の集合を決めるという問題が提起されることになる．この x

の値の集合を**収束集合**という．

どのベキ級数も $x=0$ では収束する．なぜなら，式 (3) に 0 を代入すると，級数

$$c_0 + 0 + 0 + 0 + \cdots + 0 + \cdots$$

ができ，この和は c_0 である．まれな場合として $x=0$ だけが収束集合に入る唯一の数であることもあるが，収束集合が $x=0$ を含むある有限または無限の区間であることの方がよりふつうである．このことは，次の定理の内容である．定理の証明は省く．

> **10.8.2 定理** どんな x のベキ級数に対しても，以下の記述のどれか 1 つだけが成り立つ．
> (a) $x=0$ のみで級数は収束する．
> (b) すべての実数 x に対して，級数は絶対収束（それゆえ収束）する．
> (c) ある有限開区間 $(-R, R)$ のすべての x に対して，級数は絶対収束（それゆえ収束）し，かつ $x < -R$ または $x > R$ のときには級数は発散する．$x = R$ または $x = -R$ のときは，絶対収束することもありうるし，また条件収束することもありうるし，あるいは発散することもありうる．これらは級数による．

この定理は，x のベキ級数の収束集合は $x=0$ を含むある区間（$x=0$ のみかもしれないし，あるいは無限かもしれない）である，といっている．そのため，x のベキ級数の収束集合のことを**収束区間**という．収束集合が 1 つの値 $x=0$ である場合，級数は**収束半径 0** をもつといい，収束集合が $(-\infty, +\infty)$ の場合，級数は**収束半径 $+\infty$** をもつという．また，収束集合が $-R$ から R の区間である場合（端の点が含まれるかどうかは問わない），級数は**収束半径 R** をもつという (図 10.8.1)．

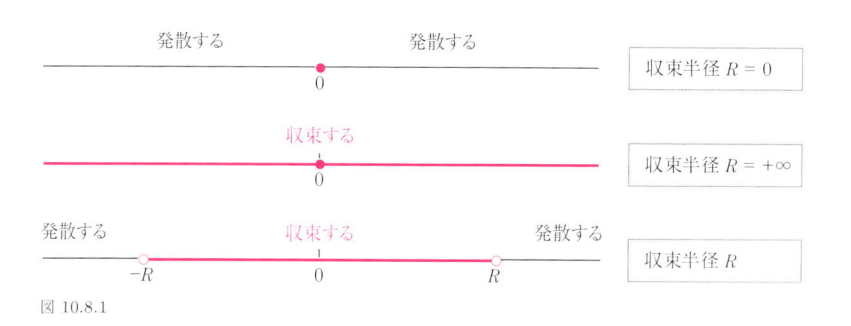

図 10.8.1

収束半径を求める

ベキ級数の収束区間を求める通常の手続きは，絶対収束に対する比テスト (定理 10.7.5) を適用することである．次の例は，これがどのように働くかをはっきりと示している．

例 3 次のベキ級数の収束区間と収束半径を求めよ．

(a) $\sum_{k=0}^{\infty} x^k$ (b) $\sum_{k=0}^{\infty} \frac{x^k}{k!}$ (c) $\sum_{k=0}^{\infty} k! x^k$ (d) $\sum_{k=0}^{\infty} \frac{(-1)^k x^k}{3^k (k+1)}$

解 (a) 絶対収束に対する比テストを適用する．

$$\rho = \lim_{k \to +\infty} \left| \frac{u_{k+1}}{u_k} \right| = \lim_{k \to +\infty} \left| \frac{x^{k+1}}{x^k} \right| = \lim_{k \to +\infty} |x| = |x|$$

よって，級数は $\rho = |x| < 1$ ならば絶対収束し，$\rho = |x| > 1$ ならば発散する．このテストは，$|x| = 1$（すなわち，$x = 1$ または $x = -1$）のときには結論を出すことができない．このこと

は，これらの値では別々に収束を調べなければならないことを意味している．これらの値に対して，級数は

$$\sum_{k=0}^{\infty} 1^k = 1 + 1 + 1 + 1 + \cdots$$

$$\sum_{k=0}^{\infty} (-1)^k = 1 - 1 + 1 - 1 + \cdots$$

となるので，両方とも発散する．それゆえ，与えられた級数の収束区間は $(-1, 1)$ であり，収束半径は $R = 1$ である．

解 (b) 絶対収束に対する比テストを適用すると

$$\rho = \lim_{k \to +\infty} \left| \frac{u_{k+1}}{u_k} \right| = \lim_{k \to +\infty} \left| \frac{x^{k+1}}{(k+1)!} \cdot \frac{k!}{x^k} \right| = \lim_{k \to +\infty} \left| \frac{x}{k+1} \right| = 0$$

を得る．すべての x に対して $\rho < 1$ なので，級数はすべての x に対して絶対収束する．それゆえ，収束区間は $(-\infty, +\infty)$ であり，収束半径は $R = +\infty$ である．

解 (c) $x \neq 0$ とする．このとき，絶対収束に対する比テストを適用すると

$$\rho = \lim_{k \to +\infty} \left| \frac{u_{k+1}}{u_k} \right| = \lim_{k \to +\infty} \left| \frac{(k+1)! x^{k+1}}{k! x^k} \right| = \lim_{k \to +\infty} |(k+1)x| = +\infty$$

したがって，これより級数はすべての零でない x に対して発散する．それゆえ，収束区間は唯一の値 $x = 0$ であり，収束半径は $R = 0$ である．

解 (d) $|(-1)^k| = |(-1)^{k+1}| = 1$ なので，

$$\rho = \lim_{k \to +\infty} \left| \frac{u_{k+1}}{u_k} \right| = \lim_{k \to +\infty} \left| \frac{x^{k+1}}{3^{k+1}(k+2)} \cdot \frac{3^k(k+1)}{x^k} \right|$$

$$= \lim_{k \to +\infty} \left[\frac{|x|}{3} \cdot \left(\frac{k+1}{k+2} \right) \right]$$

$$= \frac{|x|}{3} \lim_{k \to +\infty} \left(\frac{1 + (1/k)}{1 + (2/k)} \right) = \frac{|x|}{3}$$

となる．絶対収束に対する比テストにより，級数は $|x| < 3$ で絶対収束し，$|x| > 3$ で発散する．$|x| = 3$ のときは比テストからは何もわからないので，$x = 3$ と $x = -3$ に分けて解析する必要がある．$x = -3$ を与えられた級数に代入すると

$$\sum_{k=0}^{\infty} \frac{(-1)^k(-3)^k}{3^k(k+1)} = \sum_{k=0}^{\infty} \frac{(-1)^k(-1)^k 3^k}{3^k(k+1)} = \sum_{k=0}^{\infty} \frac{1}{k+1}$$

となり，これは発散調和級数 $1 + \frac{1}{2} + \frac{1}{3} + \frac{1}{4} + \cdots$ である．$x = 3$ を与えられた級数に代入すると

$$\sum_{k=0}^{\infty} \frac{(-1)^k 3^k}{3^k(k+1)} = \sum_{k=0}^{\infty} \frac{(-1)^k}{k+1} = 1 - \frac{1}{2} + \frac{1}{3} - \frac{1}{4} + \cdots$$

となり，これは条件収束する交代調和級数である．よって，与えられた級数の収束区間は $(-3, 3]$ であり，収束半径は $R = 3$ である． ◀

$x - x_0$ のベキ級数

x_0 を定数とし，式 (3) の x を $x - x_0$ で置き換えると

$$\sum_{k=0}^{\infty} c_k (x - x_0)^k = c_0 + c_1(x - x_0) + c_2(x - x_0)^2 + \cdots + c_k(x - x_0)^k + \cdots$$

の形の級数ができる．これは $x - x_0$ のベキ級数とよばれる．例を挙げれば

$$\sum_{k=0}^{\infty} \frac{(x-1)^k}{k+1} = 1 + \frac{(x-1)}{2} + \frac{(x-1)^2}{3} + \frac{(x-1)^3}{4} + \cdots \quad \boxed{x_0 = 1}$$

$$\sum_{k=0}^{\infty} \frac{(-1)^k (x+3)^k}{k!} = 1 - (x+3) + \frac{(x+3)^2}{2!} - \frac{(x+3)^3}{3!} + \cdots \quad \boxed{x_0 = -3}$$

がある．はじめのものは $x-1$ のベキ級数で，2番目のは $x+3$ のベキ級数である．x のベキ級数は，$x_0 = 0$ としたときの $x - x_0$ のベキ級数である．より一般に，テイラー級数

$$\sum_{k=0}^{\infty} \frac{f^{(k)}(x_0)}{k!} (x - x_0)^k$$

は $x - x_0$ のベキ級数である．

$x - x_0$ のベキ級数の収束に関するおもな結果は，定理 10.8.2 における x に $x - x_0$ を代入することにより得られる．これより，次の定理が導き出される．

> **10.8.3 定理** どんな $x - x_0$ のベキ級数に対しても，以下の記述のどれか1つだけが成り立つ．
> (a) $x = x_0$ のみで級数は収束する．
> (b) すべての実数 x に対して，級数は絶対収束（それゆえ収束）する．
> (c) ある有限開区間 $(x_0 - R, x_0 + R)$ のすべての x に対して，級数は絶対収束（それゆえ収束）し，かつ，$x < x_0 - R$ または $x > x_0 + R$ のときには級数は発散する．$x = x_0 + R$ または $x = x_0 - R$ のときは，絶対収束することもありうるし，また条件収束することもありうるし，あるいは発散することもありうる．これらは級数による．

この定理から，$x - x_0$ の指数級数の収束集合は $x = x_0$ を含むある区間であり，これを**収束区間**（図 10.8.2）という．定理 10.8.3 の (a) では収束集合は $x = x_0$ のみで，このとき級数は**収束半径 $R = 0$** をもつという．(b) では収束区間が無限（すべての実数）で，このとき級数は**収束半径 $R = +\infty$** をもつという．(c) では区間が $x_0 - R$ から $x_0 + R$ のあいだであって，このとき級数は**収束半径 R** をもつという．

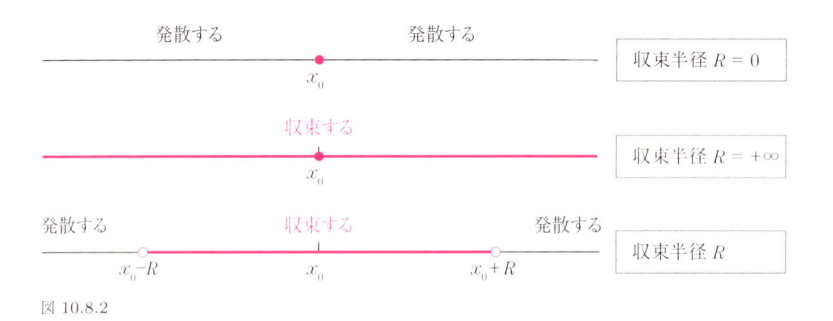

図 10.8.2

例 4 級数

$$\sum_{k=1}^{\infty} \frac{(x-5)^k}{k^2}$$

の収束区間と収束半径を求めよ．

解 絶対収束についての比テストを適用する.

$$\rho = \lim_{k \to +\infty} \left| \frac{u_{k+1}}{u_k} \right| = \lim_{k \to +\infty} \left| \frac{(x-5)^{k+1}}{(k+1)^2} \cdot \frac{k^2}{(x-5)^k} \right|$$

$$= \lim_{k \to +\infty} \left[|x-5| \left(\frac{k}{k+1} \right)^2 \right]$$

$$= |x-5| \lim_{k \to +\infty} \left(\frac{1}{1+(1/k)} \right)^2 = |x-5|$$

ゆえに, $|x-5| < 1$, つまり $-1 < x-5 < 1$, すなわち $4 < x < 6$ ならば, 級数は絶対収束する. 一方, $x < 4$ または $x > 6$ ならば級数は発散する.

収束区間の端の点 $x = 4$ と $x = 6$ での収束に関する振る舞いを判定するために, これらの値を与えられた級数に代入する. $x = 6$ のとき, 級数は

$$\sum_{k=1}^{\infty} \frac{1^k}{k^2} = \sum_{k=1}^{\infty} \frac{1}{k^2} = 1 + \frac{1}{2^2} + \frac{1}{3^2} + \frac{1}{4^2} + \cdots$$

となり, これは収束 p 級数 ($p = 2$) である. $x = 4$ のとき, 級数は

$$\sum_{k=1}^{\infty} \frac{(-1)^k}{k^2} = -1 + \frac{1}{2^2} - \frac{1}{3^2} + \frac{1}{4^2} - \cdots$$

となる. この級数は絶対収束するので, 与えられた級数の収束区間は $[4, 6]$ であり, 収束半径は $R = 1$ である (図 10.8.3). ◀

図 10.8.3

読者へ 比テストを用いて収束区間の端の点における収束性テストを行うことは, 常に時間の無駄である. なぜならば, それらの点において $\rho = \lim_{k \to +\infty} |a_{n+1}/a_n|$ が存在するならば, ρ は常に1であるからである. なぜ必ずそうであるのかを説明せよ.

ベキ級数で定義される関数

関数 f がある区間上でベキ級数として表されるならば, f はその区間上でベキ級数に展開されたという. 例えば, 10.4 節の例 4 で

$$\frac{1}{1-x} = 1 + x + x^2 + \cdots + x^k + \cdots$$

であることをみたが, このベキ級数は区間 $-1 < x < 1$ 上で関数 $1/(1-x)$ を表している.

ときどき新しい関数がベキ級数として実際に作り出されることがある. そして, その関数の性質はそのベキ級数表現を使って展開させられることがある. 例えば, 関数

$$J_0(x) = \sum_{k=0}^{\infty} \frac{(-1)^k x^{2k}}{2^{2k}(k!)^2} = 1 - \frac{x^2}{2^2(1!)^2} + \frac{x^4}{2^4(2!)^2} - \frac{x^6}{2^6(3!)^2} + \cdots \tag{4}$$

および

$$J_1(x) = \sum_{k=0}^{\infty} \frac{(-1)^k x^{2k+1}}{2^{2k+1}(k!)(k+1)!} = \frac{x}{2} - \frac{x^3}{2^3(1!)(2!)} + \frac{x^5}{2^5(2!)(3!)} - \cdots \tag{5}$$

がある. これらの関数はドイツ人の数学者であり同時に天文学者であったフリードリヒ・ウィルヘルム・ベッセル (Friedrich Wilhelm Bessel, 1784〜1846) に敬意を表してベッセル関数とよばれているが, これらは惑星の運動や熱流を含むさまざまな問題の研究から自然に生まれたものである.

これらの関数の定義域を求めるには，これらが定義するベキ級数がどこで収束するかを判定すればよい．例えば，$J_0(x)$ の場合は

$$\rho = \lim_{k \to +\infty} \left| \frac{u_{k+1}}{u_k} \right| = \lim_{k \to +\infty} \left| \frac{x^{2(k+1)}}{2^{2(k+1)}[(k+1)!]^2} \cdot \frac{2^{2k}(k!)^2}{x^{2k}} \right|$$

$$= \lim_{k \to +\infty} \left| \frac{x^2}{4(k+1)^2} \right| = 0 < 1$$

であるので，すべての x に対して級数は収束する．すなわち，$J_0(x)$ の定義域は $(-\infty, +\infty)$ である．$J_1(x)$ のベキ級数もすべての x に対して収束することを示すのは，演習問題として読者に委ねる．

読者へ 多くの CAS プログラムは，ベッセル関数をライブラリーの一部としてもっている．もし CAS をもっているなら，ドキュメントを読んで $J_0(x)$ と $J_1(x)$ のグラフが描けるかをみよ．描けるなら，図 10.8.4 のグラフを描いてみよ．

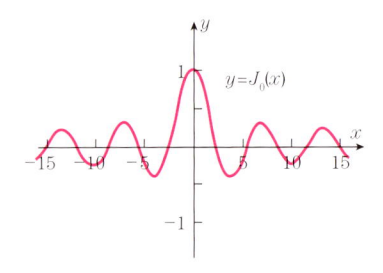

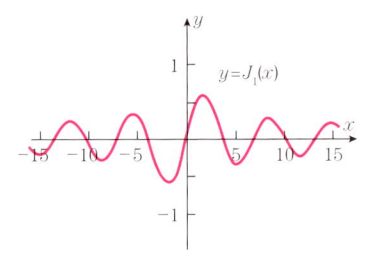

図 10.8.4

演習問題 10.8　～　グラフィックユーティリティ

問題 **1–10** では，関数のマクローリン級数をシグマ記号を用いて求めよ．

1. e^{-x} 2. e^{ax} 3. $\cos \pi x$ 4. $\sin \pi x$
5. $\ln(1+x)$ 6. $\dfrac{1}{1+x}$ 7. $\cosh x$
8. $\sinh x$ 9. $x \sin x$ 10. xe^x

問題 **11–18** では，シグマ記号を用いて，与えられた関数の $x = x_0$ の周りでのテイラー級数を求めよ．

11. $e^x;\ x_0 = 1$ 12. $e^{-x};\ x_0 = \ln 2$
13. $\dfrac{1}{x};\ x_0 = -1$ 14. $\dfrac{1}{x+2};\ x_0 = 3$
15. $\sin \pi x;\ x_0 = \dfrac{1}{2}$ 16. $\cos x;\ x_0 = \dfrac{\pi}{2}$
17. $\ln x;\ x_0 = 1$ 18. $\ln x;\ x_0 = e$

問題 **19–22** では，ベキ級数の収束区間を求めよ．そして，その区間上でそれらのベキ級数によって表されるよく知られている関数を求めよ．

19. $1 - x + x^2 - x^3 + \cdots + (-1)^k x^k + \cdots$
20. $1 + x^2 + x^4 + \cdots + x^{2k} + \cdots$
21. $1 + (x-2) + (x-2)^2 + \cdots + (x-2)^k + \cdots$
22. $1 - (x+3) + (x+3)^2 - (x+3)^3 + \cdots + (-1)^k (x+3)^k + \cdots$

23. 関数 f がベキ級数

$$f(x) = 1 - \frac{x}{2} + \frac{x^2}{4} - \frac{x^3}{8} + \cdots + (-1)^k \frac{x^k}{2^k} + \cdots$$

で表されているとする．以下の問に答えよ．
(a) f の定義域を求めよ．　(b) $f(0)$ と $f(1)$ を求めよ．

24. 関数 f がベキ級数

$$f(x) = 1 - \frac{x-5}{3} + \frac{(x-5)^2}{3^2} - \frac{(x-5)^3}{3^3} + \cdots$$

で表されているとする．以下の問に答えよ．
(a) f の定義域を求めよ．
(b) $f(3)$ と $f(6)$ を求めよ．

問題 **25–48** では，収束半径と収束区間を求めよ．

25. $\displaystyle\sum_{k=0}^{\infty} \frac{x^k}{k+1}$ 26. $\displaystyle\sum_{k=0}^{\infty} 3^k x^k$ 27. $\displaystyle\sum_{k=0}^{\infty} \frac{(-1)^k x^k}{k!}$

28. $\displaystyle\sum_{k=0}^{\infty} \frac{k!}{2^k} x^k$ 29. $\displaystyle\sum_{k=1}^{\infty} \frac{5^k}{k^2} x^k$ 30. $\displaystyle\sum_{k=2}^{\infty} \frac{x^k}{\ln k}$

31. $\displaystyle\sum_{k=1}^{\infty} \frac{x^k}{k(k+1)}$ 32. $\displaystyle\sum_{k=0}^{\infty} \frac{(-2)^k x^{k+1}}{k+1}$

33. $\displaystyle\sum_{k=1}^{\infty} (-1)^{k-1} \frac{x^k}{\sqrt{k}}$ 34. $\displaystyle\sum_{k=0}^{\infty} \frac{(-1)^k x^{2k}}{(2k)!}$

35. $\displaystyle\sum_{k=0}^{\infty} (-1)^k \frac{x^{2k+1}}{(2k+1)!}$ 36. $\displaystyle\sum_{k=1}^{\infty} (-1)^k \frac{x^{3k}}{k^{3/2}}$

37. $\displaystyle\sum_{k=0}^{\infty} \frac{3^k}{k!} x^k$ 38. $\displaystyle\sum_{k=2}^{\infty} (-1)^{k+1} \frac{x^k}{k(\ln k)^2}$

39. $\displaystyle\sum_{k=0}^{\infty} \frac{x^k}{1+k^2}$ 40. $\displaystyle\sum_{k=0}^{\infty} \frac{(x-3)^k}{2^k}$

41. $\displaystyle\sum_{k=1}^{\infty} (-1)^{k+1} \frac{(x+1)^k}{k}$ 42. $\displaystyle\sum_{k=0}^{\infty} (-1)^k \frac{(x-4)^k}{(k+1)^2}$

43. $\displaystyle\sum_{k=0}^{\infty} \left(\frac{3}{4}\right)^k (x+5)^k$ 44. $\displaystyle\sum_{k=1}^{\infty} \frac{(2k+1)!}{k^3} (x-2)^k$

45. $\displaystyle\sum_{k=1}^{\infty}(-1)^k\frac{(x+1)^{2k+1}}{k^2+4}$

46. $\displaystyle\sum_{k=1}^{\infty}\frac{(\ln k)(x-3)^k}{k}$

47. $\displaystyle\sum_{k=0}^{\infty}\frac{\pi^k(x-1)^{2k}}{(2k+1)!}$

48. $\displaystyle\sum_{k=0}^{\infty}\frac{(2x-3)^k}{4^{2k}}$

49. ベキ根テストを用いて
$$\sum_{k=2}^{\infty}\frac{x^k}{(\ln k)^k}$$
の収束区間を求めよ．

50. 関数
$$f(x)=\sum_{k=1}^{\infty}\frac{1\cdot 3\cdot 5\cdots(2k-1)}{(2k-2)!}x^k$$
の定義域を求めよ．

51. ～ 関数 f が，ある区間上でベキ級数によって表されているとする．このとき，部分和のグラフは f のグラフの近似として使うことができる．以下の問に答えよ．

  (a) グラフィックユーティリティを使って，$1/(1-x)$ のグラフをそのマクローリン級数の最初の 4 つの部分和のグラフと一緒に，区間 $(-1,1)$ 上で描け．

  (b) 一般的議論として，部分和のグラフが最も正確なのはどこか．

52. ベッセル関数 $J_1(x)$ のベキ級数表現［公式 (5)］が，すべての x に対して収束することを示せ．

53. p が正の整数であるならば，ベキ級数
$$\sum_{k=0}^{\infty}\frac{(pk)!}{(k!)^p}x^k$$
は収束半径 $1/p^p$ をもつことを示せ．

54. p および q が正の整数であるならば，ベキ級数
$$\sum_{k=0}^{\infty}\frac{(k+p)!}{k!(k+q)!}x^k$$
は収束半径 $+\infty$ をもつことを示せ．

55. (a) ベキ級数 $\sum c_k(x-x_0)^k$ は収束半径 R をもつとする．また，p を零でない定数とする．ベキ級数 $\sum pc_k(x-x_0)^k$ の収束半径についてどんなことがいえるか．また，その理由を説明せよ．［ヒント：定理 10.5.3 をみよ．］

  (b) ベキ級数 $\sum c_k(x-x_0)^k$ はある有限の収束半径 R をもつとし，かつベキ級数 $\sum d_k(x-x_0)^k$ は収束半径 $+\infty$ をもつとする．ベキ級数 $\sum(c_k+d_k)(x-x_0)^k$ の収束半径についてどんなことがいえるか．また，その理由を説明せよ．

  (c) ベキ級数 $\sum c_k(x-x_0)^k$ は有限の収束半径 R_1 をもつとし，かつベキ級数 $\sum d_k(x-x_0)^k$ は有限の収束半径 R_2 をもつとする．ベキ級数 $\sum(c_k+d_k)(x-x_0)^k$ の収束半径についてどんなことがいえるか．また，その理由も説明せよ．

56. 以下を証明せよ．$\lim_{k\to+\infty}|c_k|^{1/k}=L$ とする．ただし $L\neq 0$ である．このとき，ベキ級数 $\sum_{k=0}^{\infty}c_kx^k$ の収束半径は $1/L$ である．

57. 以下を証明せよ．ベキ級数 $\sum_{k=0}^{\infty}c_kx^k$ が収束半径 R をもつとする．このとき，ベキ級数 $\sum_{k=0}^{\infty}c_kx^{2k}$ は収束半径 $\sqrt{R}$ をもつ．

58. 以下を証明せよ．ベキ級数 $\sum_{k=0}^{\infty}c_k(x-x_0)^k$ の収束区間が $(x_0-R, x_0+R]$ であるとする．このとき，このベキ級数は x_0+R で条件収束する．

10.9 テイラー級数の収束；計算方法

前節では，ベキ級数およびベキ級数の収束区間を導入した．この節では，特にテイラー級数に焦点をあてながら，関数のテイラー級数がある区間上でその関数に収束するかどうかを判定するための道具として，10.1 節の剰余項評価定理の有用性を実地に使うことを通して明らかにする．また，三角関数，指数関数，そして対数関数の値を近似するためにテイラー級数をどのように使うことができるかも示すことにする．

n 次の剰余項

関数 f の，$x=x_0$ の周りでの n 次テイラー多項式は，x_0 でのその値および第 n 階までの導関数の値が，f のそれらと一致するという性質をもっていることを思い起こそう．n が増えるにつれて，より多くの導関数が一致していくので，x の値が x_0 に近いとテイラー多項式の値が $f(x)$ の値に収束していくに違いない．すなわち，

$$\sum_{k=0}^{n}\frac{f^{(k)}(x_0)}{k!}(x-x_0)^k \to f(x) \qquad (n\to+\infty) \tag{1}$$

であると望むのは無理からぬことである．しかし，f の n 次テイラー多項式は，f のテイラー級数の n 番目の部分和であるから，(1) は f のテイラー級数が x で収束し，そしてその和が $f(x)$ である，というのと同値である．ゆえに，次の問題を考えることにいき着く．

> **問題 10.9.1** 与えられた関数 f は，$x = x_0$ においてすべての階数の導関数をもっているとする．このとき，x_0 を含むある開区間であって，その区間上のすべての数において $f(x)$ が $x = x_0$ の周りでのテイラー級数の和であるようなものが存在するかどうかを判定せよ．すなわち，
> $$f(x) = \sum_{k=0}^{\infty} \frac{f^{(k)}(x_0)}{k!}(x - x_0)^k \tag{2}$$
> がその区間上のすべての x に対して成り立つものが存在するかどうかを判定せよ．

読者へ 関数 f に関係なく，式 (2) は $x = x_0$ で成り立つことを示せ．

式 (2) が x_0 を含むある開区間上で成り立つかどうかを判定するために，f の $x = x_0$ の周りでの n 次誤差は，10.1 節の公式 (13) で与えられたように

$$R_n(x) = f(x) - p_n(x) = f(x) - \sum_{k=0}^{n} \frac{f^{(k)}(x_0)}{k!}(x - x_0)^k \tag{3}$$

であったことを思い起こそう．ここで，$p_n(x)$ は f の $x = x_0$ の周りでの n 次のテイラー多項式である．

$R_n(x)$ は，定義域の値 x において f を $p_n(x)$ によって近似したときに生じる誤差と考えることができる．それゆえ，x の値を 1 つ固定して考えれば，$n \to +\infty$ のときに $p_n(x)$ が $f(x)$ に収束するならば，$R_n(x)$ は 0 に近づいていかなければならない．逆に，$n \to +\infty$ のときに $R_n(x) \to 0$ でならば，テイラー多項式は x において f に収束する．正確にいえば，次のようになる．

> **10.9.2 定理** 等式
> $$f(x) = \sum_{k=0}^{\infty} \frac{f^{(k)}(x_0)}{k!}(x - x_0)^k$$
> が x において成り立つのは，$\lim_{n \to +\infty} R_n(x) = 0$ の場合であり，かつその場合に限る．

n 次剰余項の評価

$n \to +\infty$ のとき $R_n(x) \to 0$ であることを直接に示せるのは相対的にまれである．たいていは，このことを示すには，適当な $|R_n(x)|$ の上界を求めて，数列に対する"はさみうちの定理"を適用して，間接的に示す．剰余項評価定理 (定理 10.1.4) は，この目的のためによく使われる上界を提供してくれる．この定理の主張するところは，M が x_0 を含むある区間 I 上での $|f^{(n+1)}(x)|$ 上界であるならば，[†]

$$|R_n(x)| \le \frac{M}{(n+1)!}|x - x_0|^{n+1} \tag{4}$$

が I 上のすべての x に対して成り立つということであった．

次の例は剰余項評価定理がどのように適用されるか示している．

例 1 $\cos x$ のマクローリン級数は，すべての x に対して，$\cos x$ に収束することを示せ．すなわち，

$$\cos x = \sum_{k=0}^{\infty} (-1)^k \frac{x^{2k}}{(2k)!} = 1 - \frac{x^2}{2!} + \frac{x^4}{4!} - \frac{x^6}{6!} + \cdots \quad (-\infty < x < \infty)$$

解 定理 10.9.2 により，すべての x に対して，$n \to +\infty$ のときに $R_n(x) \to 0$ であること

[†] 訳注：この M は n に依存しており，n が動けば M も変わることに注意すること．

を示さなければならない．そのため，$f(x) = \cos x$ とおくと，すべての x に対して
$$f^{(n+1)}(x) = \pm \cos x \quad \text{または} \quad f^{(n+1)}(x) = \pm \sin x$$
いずれの場合にも
$$|f^{(n+1)}(x)| \leq 1$$
である．それゆえ，式 (4) を $M = 1$，$x_0 = 0$ として適用すると
$$0 \leq |R_n(x)| \leq \frac{|x|^{n+1}}{(n+1)!} \tag{5}$$
を得る．しかし，10.3 節の式 (5) で n を $n+1$ に，x を $|x|$ に置き換えたものから
$$\lim_{n \to +\infty} \frac{|x|^{n+1}}{(n+1)!} = 0 \tag{6}$$
が従う．したがって，式 (5) と数列に対するはさみうちの定理（定理 10.2.5）から，$n \to +\infty$ のとき $|R_n(x)| \to 0$ が従う．このことは，定理 10.2.6 によって，$n \to +\infty$ のとき $R_n(x) \to 0$ であることを導き出す．これがすべての x に対して成り立つので，$\cos x$ のマクローリン級数は，すべての x に対して $\cos x$ に収束することが示された．これは図 10.9.1 に図示されている．ここでは，順次の部分和が余弦曲線をよりよく近似していく様子がわかる． ◀

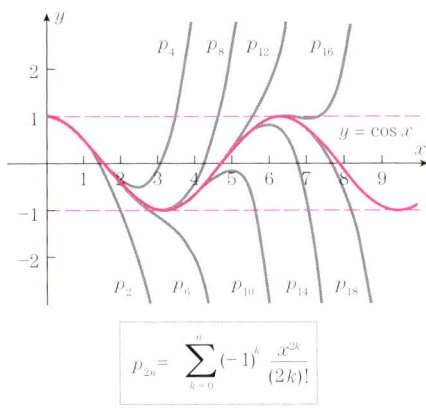

図 10.9.1

注意 例 1 で使われた方法は，どのような $x = x_0$ の周りでの $\cos x$ のテイラー級数も，すべての x に対して $\cos x$ に収束することが示せるように，またどのような $x = x_0$ の周りでの $\sin x$ のテイラー級数も，すべての x に対して $\sin x$ に収束することが示せるように，容易に修正することができる（演習問題 **21** と **22**）．参照できるよう，この節の終わりの表 10.9.1 にいくつかの最も重要なマクローリン級数のリストを挙げてある．

三角関数の近似

一般に，数 x における関数 f の値をテイラー級数を用いて近似するには，次の 2 つ基本的な問に答えを出しておかなければならない．

- 定義域のどんな値 x_0 の周りでのテイラー級数に展開するべきか．
- 望む精度を実現するのに，どれだけ多くの項を用いるべきか．

最初の問への答えとして，x_0 はそこでの f の導関数の値を容易に求めることができる必要がある．なぜならば，それらの値はテイラー級数の係数に必要であるからである．さらに，x での f の値を求めたいならば，x_0 は x にできるだけ近くに選ばなければならない．なぜならば，テイラー級数は x_0 に近いほどより早く収束することが多いからである．例えば，$\sin 3°$ ($= \pi/60$ ラジアン）を近似するためには，$x_0 = 0$ ととるのが理にかなっている．なぜならば，$\pi/60$ が 0 に近く，かつ 0 においては $\sin x$ の導関数の値が容易に求められるからである．他方，$\sin 85°$ ($= 17\pi/36$ ラジアン）を近似するためには，$x_0 = \pi/2$ ととる方がより自然である．なぜならば，$17\pi/36$ が $\pi/2$ に近く，かつ $\pi/2$ においては $\sin x$ の導関数の値が容易に

求められるからである．

2番目の質問への答えとして，指定された精度を達成するのに必要な項の数は，問題ごとに問題に基づいて決めなければならない．次の例は，そのための2つの方法を示している．

例 2 $\sin x$ のマクローリン級数を用いて，$\sin 3°$ を小数第5位までの精度で近似せよ．

解 マクローリン級数

$$\sin x = \sum_{k=0}^{\infty} (-1)^k \frac{x^{2k+1}}{(2k+1)!} = x - \frac{x^3}{3!} + \frac{x^5}{5!} - \frac{x^7}{7!} + \cdots \tag{7}$$

において，角 x はラジアンとされている（なぜならば，三角関数の微分公式はこの仮定のもとで導かれたから）．$3° = \pi/60$ ラジアンなので，式 (7) から

$$\sin 3° = \sin \frac{\pi}{60} = \left(\frac{\pi}{60}\right) - \frac{(\pi/60)^3}{3!} + \frac{(\pi/60)^5}{5!} - \frac{(\pi/60)^7}{7!} + \cdots \tag{8}$$

ここで，小数第5位までの精度を実現するためには，級数の項をいくつ用いなければならないかを決める必要がある．これから，2つの可能な近づき方を考える．1つは剰余項評価定理（定理 10.1.4）を使うこと，もう1つは式 (8) が交代級数テスト（定理 10.7.1）の仮定を満たすという事実を使うことである．

方法1（剰余項評価定理） 小数第5位までの精度を実現したいので，なすべきことは $x = \pi/60$ での n 次剰余項の絶対値が $0.000005 = 5 \times 10^{-6}$ を超えないように n を選ぶことである．すなわち，

$$\left|R_n\left(\frac{\pi}{60}\right)\right| \leq 0.000005 \tag{9}$$

ところで，$f(x) = \sin x$ とすると，$f^{(n+1)}(x)$ は，$\pm \sin x$ または $\pm \cos x$ である．このことより，いずれの場合であっても $|f^{(n+1)}(x)| \leq 1$ がすべての x に対して成り立つ．ゆえに，$M = 1$，$x_0 = 0$，$x = \pi/60$ とした剰余項評価定理から

$$\left|R_n\left(\frac{\pi}{60}\right)\right| \leq \frac{|\pi/60|^{n+1}}{(n+1)!}$$

が従う．よって，n を

$$\frac{|\pi/60|^{n+1}}{(n+1)!} \leq 0.000005$$

となるように選べば，式 (9) を満たすことができる．計算ユーティリティを使うと，この判断基準を満たす最小の n の値は $n = 3$ であることが確かめられる．このようにして，小数第5位までの精度を実現するには，級数 (8) において3乗の項までを残しておけばよい．これより

$$\sin 3° \approx \left(\frac{\pi}{60}\right) - \frac{(\pi/60)^3}{3!} \approx 0.05234 \tag{10}$$

を得る（確かめよ）．電卓で確認すると，$\sin 3° \approx 0.05233595624$ であり，四捨五入して小数第5位までに丸めると式 (10) に一致する．

方法2（交代級数テスト） 級数 (8) が交代級数テスト（定理 10.7.1）の仮定を満たすことを確かめるのは読者に任せる．

s_n を，級数 (8) での項のうち $\pi/60$ の n 乗も含んだ，そこまでの項の和とする．級数のベキ指数はすべて奇数なので，整数 n は奇数でなければならず，さらに s_n に含まれていない最初の項のベキ指数は必ず $n+2$ である．以上より，定理 10.7.2 の (b) から

$$|\sin 3° - s_n| < \frac{(\pi/60)^{n+2}}{(n+2)!}$$

が従う．この式は，小数第5位までの精度を実現するには，正の奇数 n で

$$\frac{(\pi/60)^{n+2}}{(n+2)!} \leq 0.000005$$

を満たす最初のものを見つけるべきことを意味している．計算ユーティリティを使うと，この目標基準を満たす最小の n の値は $n = 3$ であることがわかる．これは剰余項評価定理を用いて得た結果と一致する．それゆえ，近似 (10) が導かれる． ◀

丸め誤差と打ち切り誤差

級数を用いた計算において，生じる誤差には 2 つの型がある．1 つ目は，**打ち切り誤差**とよばれ，級数を部分和で近似したときに出る誤差である．2 つ目は，**丸め誤差**とよばれ，数値計算で近似したときに発生する誤差である．例えば，近似 (10) を導き出すとき，打ち切り誤差を 0.000005 で抑えるために $n = 3$ ととった．しかし，部分和を計算するには π を近似しなければならず，それによる丸めの誤差が入ってくる．この近似を選ぶ際，必要な対策を施さなかったために，丸めの誤差が最終的な結果を劣化させることが容易に起こりうる．

丸めの誤差を評価し，そして制御する方法は**数値解析**とよばれる数学の分野で研究されている．しかし，だいたいのところ，最終的に小数第 n 位までの精度を実現するには，すべての途中計算では最低限小数第 $n + 1$ 位までの精度を実現しておかなければならない．よって，級数 (10) で最後の数値を小数第 5 位までの精度にするためには，π を最低限小数第 6 位までの精度にしておく必要がある．実際問題として，1 つのよい手順としては，途中計算は使える計算ユーティリティを最大の桁で実行し，最後のところで四捨五入して丸めることである．

指数関数の近似

例 3 e^x のマクローリン級数はすべての x に対して e^x に収束することを示せ．すなわち，

$$e^x = \sum_{k=0}^{\infty} \frac{x^k}{k!} = 1 + x + \frac{x^2}{2!} + \frac{x^3}{3!} + \cdots + \frac{x^k}{k!} + \cdots \qquad (-\infty < x < +\infty)$$

解 $f(x) = e^x$ とおくと

$$f^{(n+1)}(x) = e^x$$

である．区間 $-\infty < x < +\infty$ 上のすべての x に対して，$n \to +\infty$ のとき $R_n(x) \to 0$ を示したい．これを行うには，$x \leq 0$ と $x > 0$ の場合に分けて考えるのが便利である．$x \leq 0$ ならば，剰余項評価定理 (定理 10.1.4) での区間 I を $[x, 0]$ ととる．そして，$x > 0$ ならば，その区間を $[0, x]$ ととる．$f^{(n+1)}(x) = e^x$ は増加関数であるから，c が区間 $[x, 0]$ にあるならば

$$|f^{(n+1)}(c)| \leq |f^{(n+1)}(0)| = e^0 = 1$$

である．また，c が区間 $[0, x]$ にあるならば

$$|f^{(n+1)}(c)| \leq |f^{(n+1)}(x)| = e^x$$

である．ゆえに，定理 10.1.4 を，$x \leq 0$ の場合は $M = 1$，$x > 0$ の場合は $M = e^x$ として適用すれば

$$0 \leq |R_n(x)| \leq \frac{|x|^{n+1}}{(n+1)!} \qquad (x \leq 0)$$

$$0 \leq |R_n(x)| \leq e^x \frac{|x|^{n+1}}{(n+1)!} \qquad (x > 0)$$

以上により，いずれの場合にも，式 (6) および数列に対するはさみうちの定理から，$n \to +\infty$ のとき $|R_n(x)| \to 0$ であり，$n \to +\infty$ のとき $R_n(x) \to 0$ である．これがすべての x に対して成り立つので，e^x のマクローリン級数はすべての x に対して e^x に収束する． ◀

e^x のマクローリン級数はすべての x に対して e^x に収束するので，マクローリン級数の部分和を用いて e のベキ乗を望みの精度に近似することができる．10.1 節の例 6 で剰余項評価定理を用い，e^x の $x = 1$ での 9 次マクローリン多項式を計算して，e の小数第 5 位までの近似

$$e \approx 1 + 1 + \frac{1}{2!} + \frac{1}{3!} + \frac{1}{4!} + \frac{1}{5!} + \frac{1}{6!} + \frac{1}{7!} + \frac{1}{8!} + \frac{1}{9!} \approx 2.71828$$

を出すことができた．

対数関数の近似

対数関数 $\ln(1+x)$ のマクローリン級数

$$\ln(1+x) = x - \frac{x^2}{2} + \frac{x^3}{3} - \frac{x^4}{4} + \cdots \qquad (-1 < x \leq 1) \tag{11}$$

であることはわかっている．この展開式は自然対数の近似の出発点である．しかし不運にも，この級数は収束が遅く，加えて $-1 < x \leq 1$ に制限されていることから，この有用性には限界がある．しかし，この級数で x を $-x$ に置き換えると

$$\ln(1-x) = -x - \frac{x^2}{2} - \frac{x^3}{3} - \frac{x^4}{4} - \cdots \qquad (-1 \leq x < 1) \tag{12}$$

となり，式 (11) から式 (12) を引くと

$$\ln\left(\frac{1+x}{1-x}\right) = 2\left(x + \frac{x^3}{3} + \frac{x^5}{5} + \frac{x^7}{7} + \cdots\right) \qquad (-1 < x < 1) \tag{13}$$

を得る．この級数は 1668 年にジェームス・グレゴリー（James Gregory）[*]によって得られたものである．式 (13) はどんな正の数 y の対数を求めるのにも使える．すなわち，

$$y = \frac{1+x}{1-x}$$

あるいは，この式と同値であるが

$$x = \frac{y-1}{y+1} \tag{14}$$

とおく（$-1 < x < 1$ に注意）と，y の自然対数が計算できる．例えば，$\ln 2$ を計算するには，式 (14) で $y = 2$ とおくと $x = \frac{1}{3}$ である．この値を式 (13) に代入すると

$$\ln 2 = 2\left[\frac{1}{3} + \frac{\left(\frac{1}{3}\right)^3}{3} + \frac{\left(\frac{1}{3}\right)^5}{5} + \frac{\left(\frac{1}{3}\right)^7}{7} + \cdots\right] \tag{15}$$

演習問題 **19** では，$\frac{1}{3}$ の 13 乗の項までの部分和をとると，小数第 5 位までの精度が実現できることを示すことが求められる．以上より，小数第 5 位までの精度では

$$\ln 2 = 2\left[\frac{1}{3} + \frac{\left(\frac{1}{3}\right)^3}{3} + \frac{\left(\frac{1}{3}\right)^5}{5} + \frac{\left(\frac{1}{3}\right)^7}{7} + \cdots + \frac{\left(\frac{1}{3}\right)^{13}}{13}\right] \approx 0.69315$$

（確かめよ）．これの 1 つの検証として，電卓では $\ln 2 \approx 0.69314718056$ であり，四捨五入して小数第 5 位までに丸めると，上の近似と一致する．

> **注意** 10.7 節の例 2 で，証明なしに
> $$\ln 2 = 1 - \frac{1}{2} + \frac{1}{3} - \frac{1}{4} + \frac{1}{5} - \cdots$$
> と書いた．この結果は式 (11) で $x = 1$ とおくと得られる．しかし，この級数は収束があまりにも遅くて，実用上の価値をもつことはできない．

π の近似

次節で

$$\tan^{-1} x = x - \frac{x^3}{3} + \frac{x^5}{5} - \frac{x^7}{7} + \cdots \qquad (-1 \leq x \leq 1) \tag{16}$$

を示す．$x = 1$ とおくと

$$\frac{\pi}{4} = \tan^{-1} 1 = 1 - \frac{1}{3} + \frac{1}{5} - \frac{1}{7} + \cdots$$

---

[*]ジェームス・グレゴリー（James Gregory, 1638〜1675）．スコットランドの数学者にして天文学者．大臣の息子であったが，グレゴリーは彼の時代には反射望遠鏡の発明者として有名であり，その望遠鏡には彼の名が冠せられていた．彼は通例，偉大な数学者の中には位置づけられていないとはいえ，計算法に関する彼の仕事の多くはライプニッツとニュートンによって研究され，疑いなく彼らの発見のいくつかに影響を与えた．彼のある原稿，これは彼の死後に発見されたのだが，この原稿からはグレゴリーがテイラー以前に，テイラー級数をうまく先取りして用いていたことがわかる．

あるいは
$$\pi = 4\left[1 - \frac{1}{3} + \frac{1}{5} - \frac{1}{7} + \cdots\right]$$
を得る．この有名な級数，これは 1674 年にライプニッツによって得られたものであるが，この級数は数値の計算に用いるには収束があまりにも遅すぎるのである．

π を近似するためのより実用的な手順は，等式
$$\frac{\pi}{4} = \tan^{-1}\frac{1}{2} + \tan^{-1}\frac{1}{3} \tag{17}$$
を用いるものである．この等式は 7.6 節の演習問題 **81** において導き出されている．級数 (16) により $\tan^{-1}\frac{1}{2}$ および $\tan^{-1}\frac{1}{3}$ を近似し，この等式を用いると，π の値をどんな度合いの精度であっても，効率よく近似することができる．

2 項級数

m をある実数とする．このとき，$(1+x)^m$ のマクローリン級数は **2 項級数**とよばれる．これは
$$1 + mx + \frac{m(m-1)}{2!}x^2 + \frac{m(m-1)(m-2)}{3!}x^3 + \cdots + \frac{m(m-1)\cdots(m-k+1)}{k!}x^k + \cdots$$
で与えられる（確かめよ）．m が非負の整数であれば，関数 $f(x) = (1+x)^m$ は次数 m の多項式である．それゆえ
$$f^{(m+1)}(0) = f^{(m+2)}(0) = f^{(m+3)}(0) = \cdots = 0$$
であり，2 項級数は有名な 2 項展開
$$(1+x)^m = 1 + mx + \frac{m(m-1)}{2!}x^2 + \frac{m(m-1)(m-2)}{3!}x^3 + \cdots + x^m$$
に帰着する．この式は $-\infty < x < +\infty$ で正しい．

m が非負の整数でない場合，2 項級数は $|x| < 1$ であれば $(1+x)^m$ に収束するのを示すことができる．以上より，このような x の値に対して
$$(1+x)^m = 1 + mx + \frac{m(m-1)}{2!}x^2 + \cdots + \frac{m(m-1)\cdots(m-k+1)}{k!}x^k + \cdots \tag{18}$$
あるいはシグマ記号を使って書くと
$$(1+x)^m = 1 + \sum_{k=1}^{\infty} \frac{m(m-1)\cdots(m-k+1)}{k!}x^k, \quad (|x| < 1) \tag{19}$$
が成り立つ．

例 4 次の関数の 2 項級数を求めよ．

(a) $\dfrac{1}{(1+x)^2}$ (b) $\dfrac{1}{\sqrt{1+x}}$

解 (a) 2 項級数の一般項は複雑であるから，式 (18) のように級数のはじめの方の項をいくつか書き出すと，変化していくパターンを見つけるのに役に立つ．この式に $m = -2$ を代入すると
$$\frac{1}{(1+x)^2} = (1+x)^{-2} = 1 + (-2)x + \frac{(-2)(-3)}{2!}x^2$$
$$+ \frac{(-2)(-3)(-4)}{3!}x^3 + \frac{(-2)(-3)(-4)(-5)}{4!}x^4 + \cdots$$
$$= 1 - 2x + \frac{3!}{2!}x^2 - \frac{4!}{3!}x^3 + \frac{5!}{4!}x^4 + \cdots$$
$$= 1 - 2x + 3x^2 - 4x^3 + 5x^4 + \cdots$$
$$= \sum_{k=0}^{\infty} (-1)^k (k+1) x^k$$

解 (b) 式 (18) に $m = \frac{1}{2}$ を代入すると

$$\frac{1}{\sqrt{1+x}} = 1 - \frac{1}{2}x + \frac{(-\frac{1}{2})(-\frac{1}{2}-1)}{2!}x^2 + \frac{(-\frac{1}{2})(-\frac{1}{2}-1)(-\frac{1}{2}-2)}{3!}x^3 - \cdots$$

$$= 1 - \frac{1}{2}x + \frac{1 \cdot 3}{2^2 \cdot 2!}x^2 - \frac{1 \cdot 3 \cdot 5}{2^3 3!}x^3 + \cdots$$

$$= 1 + \sum_{k=1}^{\infty} (-1)^k \frac{1 \cdot 3 \cdot 5 \cdots (2k-1)}{2^k k!} x^k \qquad \blacktriangleleft$$

参照のため，表 10.9.1 に最も重要な関数のマクローリン級数を，マクローリン級数がその関数に収束する特定の区間とあわせて一覧の形で挙げた．これらの結果のいくつかは，演習問題において導き出され，また他のものは次の節で展開される特殊な手法を使って導き出される．

表 10.9.1

マクローリン級数	収束区間
$\dfrac{1}{1-x} = \sum_{k=0}^{\infty} x^k = 1 + x + x^2 + x^3 + \cdots$	$-1 < x < 1$
$\dfrac{1}{1+x^2} = \sum_{k=0}^{\infty} (-1)^k x^{2k} = 1 - x^2 + x^4 - x^6 + \cdots$	$-1 < x < 1$
$e^x = \sum_{k=0}^{\infty} \dfrac{x^k}{k!} = 1 + x + \dfrac{x^2}{2!} + \dfrac{x^3}{3!} + \dfrac{x^4}{4!} + \cdots$	$-\infty < x < +\infty$
$\sin x = \sum_{k=0}^{\infty} (-1)^k \dfrac{x^{2k+1}}{(2k+1)!} = x - \dfrac{x^3}{3!} + \dfrac{x^5}{5!} - \dfrac{x^7}{7!} + \cdots$	$-\infty < x < +\infty$
$\cos x = \sum_{k=0}^{\infty} (-1)^k \dfrac{x^{2k}}{(2k)!} = 1 - \dfrac{x^2}{2!} + \dfrac{x^4}{4!} - \dfrac{x^6}{6!} + \cdots$	$-\infty < x < +\infty$
$\ln(1+x) = \sum_{k=1}^{\infty} (-1)^{k+1} \dfrac{x^k}{k} = x - \dfrac{x^2}{2} + \dfrac{x^3}{3} - \dfrac{x^4}{4} + \cdots$	$-1 < x \leq 1$
$\tan^{-1} x = \sum_{k=0}^{\infty} (-1)^k \dfrac{x^{2k+1}}{2k+1} = x - \dfrac{x^3}{3} + \dfrac{x^5}{5} - \dfrac{x^7}{7} + \cdots$	$-1 \leq x \leq 1$
$\sinh x = \sum_{k=0}^{\infty} \dfrac{x^{2k+1}}{(2k+1)!} = x + \dfrac{x^3}{3!} + \dfrac{x^5}{5!} + \dfrac{x^7}{7!} + \cdots$	$-\infty < x < +\infty$
$\cosh x = \sum_{k=0}^{\infty} \dfrac{x^{2k}}{(2k)!} = 1 + \dfrac{x^2}{2!} + \dfrac{x^4}{4!} + \dfrac{x^6}{6!} + \cdots$	$-\infty < x < +\infty$
$(1+x)^m = 1 + \sum_{k=1}^{\infty} \dfrac{m(m-1)\cdots(m-k+1)}{k!} x^k$	$-1 < x < 1$* $(m \neq 0, 1, 2, \ldots)$

*端の点における振る舞いは m に依存する．$m > 0$ に対しては，級数は両方の端の点で絶対収束する．$m < -1$ に対しては，両方の端の点で発散する．そして，$-1 < m < 0$ に対しては，級数は $x = 1$ で条件収束し，$x = -1$ では発散する．

演習問題 10.9   〜 グラフィックユーティリティ   C CAS

1. 例 2 で与えられた両方の方法それぞれによって，$\sin 4°$ を小数第 5 位までの精度で近似せよ．また，計算して得た結果を，計算ユーティリティで直接求めた結果と比較して，確かめよ．

2. 例 2 で与えられた両方の方法それぞれによって，$\cos 3°$ を小数第 3 位までの精度で近似せよ．また，計算して得た結果を，計算ユーティリティで直接求めた結果と比較して，確かめよ．

3. $\cos x$ のマクローリン級数を用いて，$\cos 0.1$ を小数第 5 位までの精度で近似せよ．また，計算して得た結果を，計算ユーティリティで直接求めた結果と比較して，確かめよ．

4. $\tan^{-1} x$ のマクローリン級数を用いて，$\tan^{-1} 0.1$ を小数第 3 位までの精度で近似せよ．また，計算して得た結果を，計算ユーティリティで直接求めた結果と比較して，確かめよ．

5. 適当なテイラー級数を用いて，$\sin 85°$ を小数第 4 位までの精度で近似せよ．また，計算して得た結果を，計算ユーティリティで直接求めた結果と比較して，確かめよ．

6. テイラー級数を用いて，$\cos(-175°)$ を小数第 4 位まで近似せよ．また，計算して得た結果を，計算ユーティリティで直接求めた結果と比較して，確かめよ．

7. $\sinh x$ のマクローリン級数を用いて，$\sinh 0.5$ を小数第 3 位までの精度で近似せよ．また，計算ユーティリティで $\sinh 0.5$ を求めて，結果を確かめよ．

8. $\cosh x$ のマクローリン級数を用いて，$\cosh 0.1$ を小数第 3 位までの精度で近似せよ．また，計算ユーティリティで $\cosh 0.1$ を求めて，結果を確かめよ．

9. 剰余項評価定理と例 1 の方法を用いて，$\sin x$ の $x = \pi/4$ の周りでのテイラー級数は，すべての x に対して $\sin x$ に収束することを示せ．

10. 剰余項評価定理と例 3 の方法を用いて，e^x の $x = 1$ の周りでのテイラー級数は，すべての x に対して e^x に収束することを示せ．

11. (a) 本文の中の式 (13) を用いて，$\ln 1.25$ に収束する級数を求めよ．
    (b) 級数のはじめの 2 項を用いて $\ln 1.25$ を近似せよ．四捨五入して小数第 3 位までに丸め，計算ユーティリティで直接求めた結果と比較せよ．

12. (a) 本文中の式 (13) を用いて，$\ln 3$ に収束する級数を求めよ．
    (b) 級数のはじめの 2 項を用いて $\ln 3$ を近似せよ．四捨五入して小数第 3 位までに丸め，計算ユーティリティで直接求めた結果と比較せよ．

13. (a) $\tan^{-1} x$ のマクローリン級数を用いて，$\tan^{-1} \frac{1}{2}$ と $\tan^{-1} \frac{1}{3}$ を小数第 3 位までの精度で近似せよ．
    (b) (a) の結果と式 (17) を用いて π を近似せよ．
    (c) (b) の答えは小数第 3 位までの精度をもっていることを保証できると思うか．また，その理由を説明せよ．
    (d) (b) の答えを計算ユーティリティで直接求めた結果と比較せよ．

14. $\sqrt[3]{x}$ の適当なテイラー級数を用いて，$\sqrt[3]{28}$ を小数第 3 位までの精度で近似せよ．また，計算して得た結果を，計算ユーティリティで直接求めた結果と比較して，確かめよ．

15. 〜 (a) $\cos x$ を，区間 $[-0.2, 0.2]$ 上において $1 - (x^2/2!) + (x^4/4!)$ で近似したときの誤差の上界を求めよ．
    (b) その区間上で
    $$\left| \cos x - \left(1 - \frac{x^2}{2!} + \frac{x^4}{4!}\right) \right|$$
    のグラフを描いて，(a) で出した答えを確かめよ．

16. 〜 (a) $\ln(1+x)$ を，区間 $[-0.01, 0.01]$ 上において x で近似したときの誤差の上界を求めよ．
    (b) その区間上で
    $$|\ln(1+x) - x|$$
    のグラフを描いて，(a) で出した答えを確かめよ．

17. 2 項級数に対する式 (18) を用いて，次の関数のマクローリン級数を求めよ．
    (a) $\dfrac{1}{1+x}$ (b) $\sqrt[3]{1+x}$ (c) $\dfrac{1}{(1+x)^3}$

18. m を任意の実数とし，かつ k を非負の整数とする．このとき，2 項係数
    $$\binom{m}{k} \text{を} \binom{m}{0} = 1,$$
    $k \geq 1$ に対しては
    $$\binom{m}{k} = \frac{m(m-1)(m-2) \cdots (m-k+1)}{k!}$$
    によって定義する．本文中の式 (18) を 2 項係数の言葉で書け．

19. この問題では，$\ln 2$ を小数第 5 位までの精度で近似するために，式 (15) において必要な項の数を剰余項評価定理を使って決めたい．そのため，
    $$f(x) = \ln \frac{1+x}{1-x} = \ln(1+x) - \ln(1-x) \quad (-1 < x < 1)$$
    とおく．以下の問に答えよ．
    (a) 次の式が成り立つことを示せ．
    $$f^{(n+1)}(x) = n! \left[\frac{(-1)^n}{(1+x)^{n+1}} + \frac{1}{(1-x)^{n+1}} \right]$$
    (b) 三角不等式 [上巻，19 ページ，定理 1.2.2(d)] を用いて
    $$|f^{(n+1)}(x)| \leq n! \left[\frac{1}{(1+x)^{n+1}} + \frac{1}{(1-x)^{n+1}} \right]$$
    を示せ．
    (c) 小数第 5 位までの精度を実現したいので，そのための目標は，$x = \frac{1}{3}$ における n 次剰余項が $0.000005 = 0.5 \times 10^{-5}$ を超えないような，すなわち $|R_n(\frac{1}{3})| \leq 0.000005$ が成り立つような n を選ぶ

ことである．剰余項評価定理を用いると，n が

$$\frac{M}{(n+1)!}\left(\frac{1}{3}\right)^{n+1} \leq 0.000005$$

であるように選ばれていれば，この条件は満たされることを示せ．ここで，区間 $[0, \frac{1}{3}]$ 上では $|f^{(n+1)}(x)| \leq M$ とする．

(d) (b) の結果を使って，M が

$$M = n!\left[1 + \frac{1}{\left(\frac{2}{3}\right)^{n+1}}\right]$$

ととれることを示せ．

(e) (c) と (d) の結果から，小数第 5 位までの精度を実現するには，n が

$$\frac{1}{n+1}\left[\left(\frac{1}{3}\right)^{n+1} + \left(\frac{1}{2}\right)^{n+1}\right] \leq 0.000005$$

を満たせばよいことを示し，それからこれを満たす最小の n の値は $n = 13$ であることを示せ．

20. 式 (13) と問題 19 の方法を用いて，$\ln\left(\frac{5}{3}\right)$ を小数第 5 位までの精度で近似せよ．また，計算ユーティリティで直接求めた結果と比較して，計算して求めた結果を確かめよ．

21. 次のことが成り立つことを示せ．どんな値 $x = x_0$ の周りでの $\cos x$ のテイラー級数も，すべての x に対して $\cos x$ に収束する．

22. 次のことが成り立つことを示せ．どんな値 $x = x_0$ の周りでの $\sin x$ のテイラー級数も，すべての x に対して $\sin x$ に収束する．

23. C (a) 1706 年，イギリスの天文学者にして数学者のジョン・メイチン (John Machin) は，メイチンの公式とよばれる $\pi/4$ に対する次の式を発見した．

$$\frac{\pi}{4} = 4\tan^{-1}\frac{1}{5} - \tan^{-1}\frac{1}{239}$$

CAS とメイチンの公式を使って，$\pi/4$ を小数第 25 位まで近似せよ．

(b) 1914 年，インドの異彩を放った天才数学者ラマヌジャン (Srinivsa Ramanujan, 1887~1920) は，

$$\frac{1}{\pi} = \frac{\sqrt{8}}{9801}\sum_{k=0}^{\infty}\frac{(4k)!(1103 + 26390k)}{(k!)^4 396^{4k}}$$

を示した．CAS を使ってラマヌジャンの公式のはじめの 4 つの部分和を計算せよ．

24. この問題の目的は，ある関数 f のテイラー級数は，ある x に対して $f(x)$ とは違う値に収束しうることがあるのを示すことである．

$$f(x) = \begin{cases} e^{-1/x^2} & x \neq 0 \\ 0 & x = 0 \end{cases}$$

以下の問に答えよ．

(a) 導関数の定義から $f'(0) = 0$ を示せ．

(b) 少しばかり難しくもあるが，$n \geq 2$ に対し $f^{(n)}(0) = 0$ を示すことができる．この事実を認めて，f のマクローリン級数はすべての x に対して収束するが，$f(x)$ に収束するのは $x = 0$ においてのみであることを示せ．

10.10 ベキ級数の微分と積分；テイラー級数をモデルとして

この節では，関数の導関数および関数の積分に対するベキ級数を求める方法を論議する．そして，級数を直接求めることが難しかったり，あるいは不可能であったりする場合に，テイラー級数を求めるいくつかの実用的方法を論じる．

ベキ級数の微分

次の問題の考察から始める．

> **問題 10.10.1** 関数 f は，ある開区間上でベキ級数によって表されているとする．その区間上で f の導関数を求めるのに，この級数をどのように使うことができるか．

$\sin x$ のマクローリン級数を考えることにより，この問題に対する答えを誘導してもらおう．

$$\sin x = x - \frac{x^3}{3!} + \frac{x^5}{5!} - \frac{x^7}{7!} + \cdots \quad (-\infty < x < +\infty)$$

もちろん，$\sin x$ の導関数は $\cos x$ であることはすでに知っている．しかし，いまはこれを導くのにマクローリン級数を使うことに関心があるのである．答えは簡単である．すなわち，なすべきことはマクローリン級数を項ごとに微分し，その結果として出てくる級数が，$\cos x$

のマクローリン級数であることを確かめることである.

$$\frac{d}{dx}\left[x - \frac{x^3}{3!} + \frac{x^5}{5!} - \frac{x^7}{7!} + \cdots\right] = 1 - 3\frac{x^2}{3!} + 5\frac{x^4}{5!} - 7\frac{x^6}{7!} + \cdots$$

$$= 1 - \frac{x^2}{2!} + \frac{x^4}{4!} - \frac{x^6}{6!} + \cdots = \cos x$$

もう1つ例を挙げる.

$$\frac{d}{dx}[e^x] = \frac{d}{dx}\left[1 + x + \frac{x^2}{2!} + \frac{x^3}{3!} + \frac{x^4}{4!} + \cdots\right]$$

$$= 1 + 2\frac{x}{2!} + 3\frac{x^2}{3!} + 4\frac{x^3}{4!} + \cdots = 1 + x + \frac{x^2}{2!} + \frac{x^3}{3!} + \cdots = e^x$$

| 読者へ　この方法により，$\cos x$ の導関数が求められるかどうかを確かめよ.

上で行った計算は，関数 f がある開区間上でベキ級数で表されているならば，その区間上での f' のベキ級数表現は，f を表すベキ級数を項ごとに微分すると得られることを示唆している．このことは，証明は与えないが，より正確には次の定理の形で述べることができる.

10.10.2 定理（ベキ級数の微分）　関数 f が $x - x_0$ のベキ級数で表されていて，その級数は零ではない収束半径 R をもっているとする．すなわち，

$$f(x) = \sum_{k=0}^{\infty} c_k (x - x_0)^k \quad (x_0 - R < x < x_0 + R)$$

であるとする．このとき，

(a) 関数 f は，区間 $(x_0 - R, x_0 + R)$ 上で微分可能である.

(b) f を表しているベキ級数を項ごとに微分すると，それでできるベキ級数は収束半径 R をもち，かつ区間 $(x_0 - R, x_0 + R)$ 上で f' に収束する．すなわち，

$$f'(x) = \sum_{k=0}^{\infty} \frac{d}{dx}[c_k (x - x_0)^k] \quad (x_0 - R < x < x_0 + R)$$

が成り立つ.

この定理は，ベキ級数で表されている関数の微分可能性について重要な内容を含んでいる．この定理によると，f' に対するベキ級数は，f に対するベキ級数と同じ収束半径をもっている．そして，これは定理が f と同じように f' にも適用できることを意味している．すると，f' は区間 $(x_0 - R, x_0 + R)$ 上で微分可能で，f'' に対するベキ級数は f や f' に対するベキ級数と同じ収束半径をもっている．この手順は限りなく繰り返すことができ，定理を $f'', f''', \ldots, f^{(n)}, \ldots$ に順次適用すれば，f は区間 $(x_0 - R, x_0 + R)$ 上でどんな階数の導関数ももつことが結論できる．ゆえに，次の結果がいえる.

10.10.3 定理　関数 f は，零でない収束半径 R をもつ $x - x_0$ のベキ級数で表されるとする．このとき，f は区間 $(x_0 - R, x_0 + R)$ 上ですべての階数の導関数をもつ.

要約すれば，最も"よい振る舞いをする"関数がベキ級数で表されるのである．すなわち，関数 f がある区間 $(x_0 - R, x_0 + R)$ 上ですべての階数の導関数をもっていないならば，その関数はその区間上において $x - x_0$ のベキ級数で表すことはできない.

例 1 10.8 節で，ベッセル関数 $J_0(x)$ はベキ級数

$$J_0(x) = \sum_{k=0}^{\infty} \frac{(-1)^k x^{2k}}{2^{2k}(k!)^2} \tag{1}$$

で表されること，かつこのベキ級数の収束半径は $+\infty$ であることを示した［その節の公式 (4) と関連した論議をみよ］．これより，$J_0(x)$ は区間 $(-\infty, +\infty)$ 上ですべての階数の導関数をもち，それらは項ごとに微分して得られる．例えば，式 (1) を

$$J_0(x) = 1 + \sum_{k=1}^{\infty} \frac{(-1)^k x^{2k}}{2^{2k}(k!)^2}$$

のように書いて項別に微分すると

$$J_0'(x) = \sum_{k=1}^{\infty} \frac{(-1)^k (2k) x^{2k-1}}{2^{2k}(k!)^2} = \sum_{k=1}^{\infty} \frac{(-1)^k x^{2k-1}}{2^{2k-1} k!(k-1)!}$$

を得る． ◀

> **注意** この例 1 での計算は，書き留めておく価値があるうまい手法をいくつか使っている．まず，級数がシグマ記号を用いて表されているとき，級数の一般項の式は定数項を微分するのに使える形でないことがしばしばである．ゆえに，ここでのように，級数が零でない定数項をもつならば，微分する前に和の中から分けておくのが通常はよい考えである．2 番目に，分母の階乗の 1 つから因数 k を打ち消して，最後の式を簡単にした方法に注意しよう．これは，式を簡単にする標準的なテクニックである．

ベキ級数の積分

ベキ級数によって表されている関数の導関数は，級数を項ごとに微分して得られるので，ベキ級数によって表されている関数の原始関数，すなわち積分した関数が級数を項ごとに積分して得られるということは驚くことではなかろう．例えば，$\sin x$ は $\cos x$ の原始関数であることは知られている．ここで，この結果が $\cos x$ のマクローリン級数を項ごとに積分することによりどんな風に得られるかを示す．

$$\begin{aligned} \int \cos x \, dx &= \int \left[1 - \frac{x^2}{2!} + \frac{x^4}{4!} - \frac{x^6}{6!} + \cdots \right] dx \\ &= \left[x - \frac{x^3}{3(2!)} + \frac{x^5}{5(4!)} - \frac{x^7}{7(6!)} + \cdots \right] + C \\ &= \left[x - \frac{x^3}{3!} + \frac{x^5}{5!} - \frac{x^7}{7!} + \cdots \right] + C = \sin x + C \end{aligned}$$

同じ考えが，定積分にも応用できる．例えば，積分により

$$\int_0^1 \frac{dx}{1+x^2} = \tan^{-1} x \Big]_0^1 = \tan^{-1} 1 - \tan^{-1} 0 = \frac{\pi}{4} - 0 = \frac{\pi}{4}$$

を得る．そして，この節のあとの方で

$$\frac{\pi}{4} = 1 - \frac{1}{3} + \frac{1}{5} - \frac{1}{7} + \cdots \tag{2}$$

を示す．以上より，

$$\int_0^1 \frac{dx}{1+x^2} = 1 - \frac{1}{3} + \frac{1}{5} - \frac{1}{7} + \cdots$$

さて，この結果がどのようにして，$1/(1+x^2)$ のマクローリン級数（表 10.9.1 をみよ）を項別に積分すると得られるかを示しておく．

$$\begin{aligned} \int_0^1 \frac{dx}{1+x^2} &= \int_0^1 [1 - x^2 + x^4 - x^6 + \cdots] dx \\ &= x - \frac{x^3}{3} + \frac{x^5}{5} - \frac{x^7}{7} + \cdots \Big]_0^1 = 1 - \frac{1}{3} + \frac{1}{5} - \frac{1}{7} + \cdots \end{aligned}$$

上の計算は，定理の証明はしないが，次の定理から証明される．

10.10.4 定理（ベキ級数の積分） 関数 f は，零でない収束半径 R をもつ $x - x_0$ のベキ級数で表されている．すなわち，

$$f(x) = \sum_{k=0}^{\infty} c_k(x - x_0)^k \quad (x_0 - R < x < x_0 + R)$$

とする．

(a) 関数 f のベキ級数による表現を項ごとに積分した場合，これによってできる級数は収束半径 R をもち，かつ f の原始関数に区間 $(x_0 - R, x_0 + R)$ 上で収束する．すなわち，

$$\int f(x)\,dx = \sum_{k=0}^{\infty} \left[\frac{c_k}{k+1}(x - x_0)^{k+1} \right] + C \quad (x_0 - R < x < x_0 + R)$$

(b) α と β を区間 $(x_0 - R, x_0 + R)$ の中の点とする．そして，f のベキ級数による表現を，α から β まで項ごとに積分する．その結果としてできた級数は絶対収束し

$$\int_\alpha^\beta f(x)\,dx = \sum_{k=0}^{\infty} \left[\int_\alpha^\beta c_k(x - x_0)^k\,dx \right]$$

が成り立つ．

ベキ級数表現は必ずテイラー級数である

多くの関数について，テイラー級数を得るために必要なすべての階数の導関数を求めることは難しかったり，あるいは不可能であったりする．例えば，$1/(1+x^2)$ のマクローリン級数を直接求めるには，結構退屈な導関数計算が必要である（やってみよ）．より実用的な攻略方法は，幾何級数

$$\frac{1}{1-x} = 1 + x + x^2 + x^3 + x^4 + \cdots \quad (-1 < x < 1)$$

の x に $-x^2$ を代入して

$$\frac{1}{1+x^2} = 1 - x^2 + x^4 - x^6 + x^8 - \cdots$$

を得ることである．しかし，この手順に関連して 2 つの疑問がある．

- $1/(1+x^2)$ に対して得られたベキ級数は，実際にはどこで $1/(1+x^2)$ に収束しているか．
- そのベキ級数が，実際に $1/(1+x^2)$ のマクローリン級数になっていることは，どうすればわかるか．

最初の疑問はやさしく解決できる．幾何級数は，$|x| < 1$ であれば $1/(1-x)$ に収束するので，2 番目の級数は $|-x^2| < 1$，すなわち $|x^2| < 1$ ならば，$1/(1+x^2)$ に収束する．しかし，これは $|x| < 1$ と同値であるから，$1/(1+x^2)$ に対して得られたベキ級数は，この関数に $-1 < x < 1$ で収束する．

2 番目の問題に答えるのはより難しい．この問に答えようとすると，おのずと次の一般化された問題を考えざるをえなくなる．

問題 10.10.5 関数 f が，零でない収束半径をもつ $x - x_0$ のあるベキ級数で表されているとする．与えられたベキ級数と，f の $x = x_0$ の周りでのテイラー級数との間にどんな関係があるか．

その答えは，両者は同じものということである．これが証明すべき定理である．

10.10.6 定理 関数 f が，x_0 を含むある開区間上で $x - x_0$ のベキ級数で表されているとすると，そのベキ級数は，f の $x = x_0$ の周りでのテイラー級数である．

証明 x_0 を含むある開区間上のすべての x に対して
$$f(x) = c_0 + c_1(x-x_0) + c_2(x-x_0)^2 + \cdots + c_k(x-x_0)^k + \cdots$$
であるとする．これが f の $x = x_0$ の周りでのテイラー級数であることを示すには，
$$c_k = \frac{f^{(k)}(x_0)}{k!} \quad (k = 0, 1, 2, 3, \ldots)$$
を示さなければならない．しかし，級数が x_0 を含むある開区間上で $f(x)$ に収束するという仮定より，零でない収束半径 R が保証される．ゆえに，定理 10.10.2 により項ごとに微分できる．それゆえ，

$$\begin{aligned}
f(x) &= c_0 + c_1(x-x_0) + c_2(x-x_0)^2 + c_3(x-x_0)^3 + c_4(x-x_0)^4 + \cdots \\
f'(x) &= c_1 + 2c_2(x-x_0) + 3c_3(x-x_0)^2 + 4c_4(x-x_0)^3 + \cdots \\
f''(x) &= 2!c_2 + (3 \cdot 2)c_3(x-x_0) + (4 \cdot 3)c_4(x-x_0)^2 + \cdots \\
f'''(x) &= 3!c_3 + (4 \cdot 3 \cdot 2)c_4(x-x_0) + \cdots \\
&\vdots
\end{aligned}$$

となる．$x = x_0$ を代入すると，$x - x_0$ のベキがすべて消えて，残るのは
$$f(x_0) = c_0, \quad f'(x_0) = c_1, \quad f''(x_0) = 2!c_2, \quad f'''(x_0) = 3!c_3, \ldots$$
である．これより，
$$c_0 = f(x_0), \quad c_1 = f'(x_0), \quad c_2 = \frac{f''(x_0)}{2!}, \quad c_3 = \frac{f'''(x_0)}{3!}, \ldots$$
を得る．これは係数 $c_0, c_1, c_2, c_3, \ldots$ はまさに f の $x = x_0$ の周りでのテイラー級数の係数である． ■

> **注意** この定理が教えてくれるのは，関数 f のベキ級数表現を得るのに代入によろうが微分を使おうが積分を使おうが，あるいはある種の代数的な操作によろうが，それらにはまったく関係なく，その級数が x_0 を含むある開区間上で $f(x)$ に収束する限りにおいて，それは f の $x = x_0$ の周りでのテイラー級数である，ということである．

テイラー級数を求めるためのいくつかの実用的な方法

例 2 $\tan^{-1} x$ のマクローリン級数を求めよ．

解 マクローリン級数を直接求めるのは退屈なものである．よりよいアプローチの仕方は，式
$$\int \frac{1}{1+x^2}\,dx = \tan^{-1} x + C$$
から始めて，マクローリン級数
$$\frac{1}{1+x^2} = 1 - x^2 + x^4 - x^6 + x^8 - \cdots \quad (-1 < x < 1)$$
を項ごとに積分する方法である．これにより，
$$\tan^{-1} x + C = \int \frac{1}{1+x^2}\,dx = \int [1 - x^2 + x^4 - x^6 + x^8 - \cdots]\,dx$$
すなわち，
$$\tan^{-1} x = \left[x - \frac{x^3}{3} + \frac{x^5}{5} - \frac{x^7}{7} + \frac{x^9}{9} - \cdots\right] + C$$
積分定数は，$x = 0$ を代入し，それから $\tan^{-1} 0 = 0$ を使うと求めることができる．これにより，$C = 0$ を得る．それゆえ
$$\tan^{-1} x = x - \frac{x^3}{3} + \frac{x^5}{5} - \frac{x^7}{7} + \frac{x^9}{9} - \cdots \quad (-1 < x < 1) \tag{3}$$
となる． ◂

注意 定理 10.10.2，あるいは定理 10.10.3 のいずれもが，収束区間の端の点でどんなことが起こるかについては述べていない．しかし，f の $x = x_0$ の周りでのテイラー級数が，もし区間 $(x_0 - R, x_0 + R)$ の中のすべての x に対して $f(x)$ に収束し，さらにテイラー級数が右の端点 $x_0 + R$ で収束するならば，その点で収束した値は，左から $x \to x_0 + R$ としたときの $f(x)$ の極限に等しい．また，テイラー級数が左の端点 $x_0 - R$ で収束するならば，その点で収束した値は，右から $x \to x_0 - R$ としたときの $f(x)$ の極限に等しいことが証明できる．

例えば，式 (3) で与えられた $\tan^{-1} x$ に対するマクローリン級数は，端の点の $x = -1$ および $x = 1$ の両方で収束する．それは，交代級数テスト (定理 10.7.1) の仮定がこれらの端の点で満たされるからである．以上により，$\tan^{-1} x$ の区間 $[-1, 1]$ 上での連続性から，$x = 1$ ではマクローリン級数は

$$\lim_{x \to 1^-} \tan^{-1} x = \tan^{-1} 1 = \frac{\pi}{4}$$

に収束し，$x = -1$ では

$$\lim_{x \to -1^+} \tan^{-1} x = \tan^{-1}(-1) = -\frac{\pi}{4}$$

に収束する．このことから，$\tan^{-1} x$ に対するマクローリン級数は，事実として区間 $-1 \leq x \leq 1$ 上で $\tan^{-1} x$ に収束する．さらに，$x = 1$ での収束から式 (2) がいえる．

テイラー級数は，シンプソンの公式の代わりとなるものや，定積分の近似のための他の数値解析的方法を与えてくれる．

例 3 積分

$$\int_0^1 e^{-x^2} dx$$

を，被積分関数をマクローリン級数に展開し，そして項ごとに積分して，小数第 3 位までの精度で近似せよ．

解 e^{-x^2} のマクローリン級数を得る最も簡単な方法は，マクローリン級数

$$e^x = 1 + x + \frac{x^2}{2!} + \frac{x^3}{3!} + \frac{x^4}{4!} + \cdots$$

において，x を $-x^2$ で置き換えるものであり，これにより

$$e^{-x^2} = 1 - x^2 + \frac{x^4}{2!} - \frac{x^6}{3!} + \frac{x^8}{4!} - \cdots$$

を得る．それゆえ，

$$\int_0^1 e^{-x^2} dx = \int_0^1 \left[1 - x^2 + \frac{x^4}{2!} - \frac{x^6}{3!} + \frac{x^8}{4!} - \cdots \right] dx$$

$$= \left[x - \frac{x^3}{3} + \frac{x^5}{5(2!)} - \frac{x^7}{7(3!)} + \frac{x^9}{9(4!)} - \cdots \right]_0^1$$

$$= 1 - \frac{1}{3} + \frac{1}{5 \cdot 2!} - \frac{1}{7 \cdot 3!} + \frac{1}{9 \cdot 4!} - \cdots$$

$$= \sum_{k=0}^{\infty} \frac{(-1)^k}{(2k+1)k!}$$

この級数は明らかに交代級数テスト (定理 10.7.1) の仮定を満たすので，定理 10.7.2 から積

分を s_n (級数の第 n 部分和) で近似すると

$$\left|\int_0^1 e^{-x^2}\,dx - s_n\right| < \frac{1}{[2(n+1)+1](n+1)!} = \frac{1}{(2n+3)(n+1)!}$$

ゆえに, 小数第 3 位までの精度を実現するには, n を

$$\frac{1}{(2n+3)(n+1)!} \le 0.0005 = 5 \times 10^{-4}$$

であるように選ばなければならない. 計算ユーティリティを使うと, これを満たす最小の n の値は $n = 5$ であることが示される. 以上より, 小数第 3 位までの精度での積分値は

$$\int_0^1 e^{-x^2}\,dx \approx 1 - \frac{1}{3} + \frac{1}{5\cdot 2!} - \frac{1}{7\cdot 3!} + \frac{1}{9\cdot 4!} - \frac{1}{11\cdot 5!} \approx 0.747$$

である. 検証のために, 数値積分可能な電卓を用いると, 近似値として 0.746824 を表示する. これを四捨五入して小数第 3 位までに丸めると, 上の結果と一致する. ◀

> 読者へ　この例で使った方法は, シンプソンの公式と比べて何が優れているか. また, 劣っている点は何か.

マクローリン級数を掛け算や割り算で求める

次の 2 つの例は, テイラー級数を求めるのにときによっては有用になる代数的手法を示している.

例 4　関数 $f(x) = e^{-x^2}\tan^{-1} x$ のマクローリン級数のはじめの項を 3 つ求めよ.

解　例 2 と 3 で得た e^{-x^2} と $\tan^{-1} x$ に対する級数を用いると

$$e^{-x^2}\tan^{-1} x = \left(1 - x^2 + \frac{x^4}{2} - \cdots\right)\left(x - \frac{x^3}{3} + \frac{x^5}{5} - \cdots\right)$$

欄外に示されているように, 掛け算すると

$$e^{-x^2}\tan^{-1} x = x - \frac{4}{3}x^3 + \frac{31}{30}x^5 - \cdots$$

となる. 因数により多くの項を入れれば, より多くの級数の項を得ることができる. さらに, この方法で得られた級数が, 因数の収束区間の共通部分の各点 (おそらくより広い区間) で収束することも示される. ゆえに, 先に得た級数が区間 $-1 \le x \le 1$ のすべての x に対して収束することは確かである (なぜか). ◀

> 読者へ　CAS をもっているならば, 多項式の積についての取り扱い説明書を読んで, CAS を使って上の例を再現してみよ.

例 5　$\tan x$ のマクローリン級数の零でないはじめの項を 3 つ求めよ.

解　$\sin x$ と $\cos x$ に対するマクローリン級数の最初の 3 項を使って, $\tan x$ を

$$\tan x = \frac{\sin x}{\cos x} = \frac{x - \dfrac{x^3}{3!} + \dfrac{x^5}{5!} - \cdots}{1 - \dfrac{x^2}{2!} + \dfrac{x^4}{4!} - \cdots}$$

のように表す. 欄外に示されているように, 割り算すると

$$\tan x = x + \frac{x^3}{3} + \frac{2x^5}{15} + \cdots$$

となる. ◀

テイラー級数で物理法則をモデル化する

テイラー級数は，物理法則をモデル化するための重要な方法を提供してくれる．この考え方を例示するために，単振り子の周期をモデル化する問題 (図 10.10.1) を考察する．

第 8 章の補充問題 **38** で説明しているように，このような振り子の周期 T は

$$T = 4\sqrt{\frac{L}{g}} \int_0^{\pi/2} \frac{1}{\sqrt{1-k^2\sin^2\phi}} d\phi \tag{4}$$

与えられる．ここで，

$L =$ 糸の長さ

$g =$ 重力加速度

$k = \sin(\theta_0/2)$，ただし θ_0 は初期における垂直線からの変位の角

とする．この積分は**第 1 種完全楕円積分**とよばれるが，これは初等関数を用いては表すことはできない．そして，しばしば数値解析的手法によって近似がなされる．残念ながら，数値解析的な値はあまりにも特殊なものであるので，一般的な物理学の法則への洞察をほとんど与えはしない．しかし，式 (4) の被積分関数をマクローリン級数に展開して，項ごとに積分すると，無限級数を作ることができる．その級数は，振り子の動きをより深く理解させてくれる周期 T に関するさまざまな数学的モデルを構成するのに使うことができる．

被積分関数のマクローリン級数を得るために，10.9 節の例 4 で導いた $1/\sqrt{1+x}$ の 2 項級数の x に $-k^2\sin^2\phi$ を代入する．これを行うと，式 (4) は

$$T = 4\sqrt{\frac{L}{g}} \int_0^{\pi/2} \left[1 + \frac{1}{2}k^2\sin^2\phi + \frac{1\cdot 3}{2^2 2!}k^4\sin^4\phi + \frac{1\cdot 3\cdot 5}{2^3 3!}k^6\sin^6\phi + \cdots\right] d\phi \tag{5}$$

と書き直せる．項ごとに積分すると，周期 T に収束するマクローリン級数を作ることができる．しかし，振り子の動きに関する最も重要なケースは初期変位が小さいときであり，この場合はしたがって，すべての変位も小さく，$k = \sin(\theta_0/2) \approx 0$ と仮定してよい．このとき T に対するマクローリン級数は急速に収束することが期待され，級数の和を式 (5) で定数項以外を落として近似できる．これにより

$$T = 2\pi\sqrt{\frac{L}{g}} \tag{6}$$

を得る．これは T の **1 次モデル**または**微小振動**のモデルとよばれる．このモデルは，級数のより多くの項を使うと改良することができる．例えば，マクローリン級数で最初の 2 項を使うと **2 次モデル**

$$T = 2\pi\sqrt{\frac{L}{g}\left(1 + \frac{k^2}{4}\right)} \tag{7}$$

を得る (これを証明せよ)．

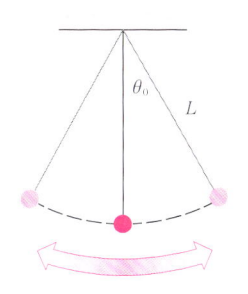

図 10.10.1

演習問題 10.10   ∼ グラフィックユーティリティ   C CAS

1. 次の各問において，その関数のマクローリン級数を，$1/(1-x)$ のマクローリン級数に適当な代入を行って求めよ．答えには，一般項が含まれていること，かつ級数の収束半径についても述べること．

(a) $\dfrac{1}{1+x}$ (b) $\dfrac{1}{1-x^2}$ (c) $\dfrac{1}{1-2x}$ (d) $\dfrac{1}{2-x}$

2. 次の各問において，その関数のマクローリン級数を，$\ln(1+x)$ のマクローリン級数に適当な代入を行って求めよ．答えには，一般項が含まれていること，かつ級数の収束半径についても述べること．

(a) $\ln(1-x)$ (b) $\ln(1+x^2)$
(c) $\ln(1+2x)$ (d) $\ln(2+x)$

3. 次の各問において，その関数のマクローリン級数を，10.9 節の例 4 で得た 2 項級数の 1 つに適当な代入を行って求めよ．

   (a) $(2+x)^{-1/2}$ (b) $(1-x^2)^{-2}$

4. (a) $1/(1-x)$ のマクローリン級数を用いて，$1/(a-x)$ のマクローリン級数を求めよ．ただし，$a \neq 0$ とする．また，級数の収束半径も述べよ．

   (b) 10.9 節の例 4 で得た $1/(1+x)^2$ に対する 2 項級数を用いて，$1/(a+x)^2$ のマクローリン級数の零でないはじめの項を 4 つ求めよ．ただし，$a \neq 0$ とする．また，級数の収束半径も述べよ．

問題 5–8 では，既知のマクローリン級数に適当な代入を行い，さらに必要ならば代数的な操作も行って，その関数のマクローリン級数の零でないはじめの項を 4 つ求めよ．

5. (a) $\sin 2x$ (b) e^{-2x} (c) e^{x^2} (d) $x^2 \cos \pi x$

6. (a) $\cos 2x$ (b) $x^2 e^x$ (c) xe^{-x} (d) $\sin(x^2)$

7. (a) $\dfrac{x^2}{1+3x}$ (b) $x \sinh 2x$ (c) $x(1-x^2)^{3/2}$

8. (a) $\dfrac{x}{x-1}$ (b) $3\cosh(x^2)$ (c) $\dfrac{x}{(1+2x)^3}$

問題 9 と 10 では，適当な三角関数の恒等式および対数の性質を使い，既知のマクローリン級数に代入して，その関数のマクローリン級数の零でないはじめの項を 4 つ求めよ．

9. (a) $\sin^2 x$ (b) $\ln[(1+x^3)^{12}]$

10. (a) $\cos^2 x$ (b) $\ln\left(\dfrac{1-x}{1+x}\right)$

11. (a) 既知のマクローリン級数を使って，関数 $1/x$ の $x=1$ 周りでのテイラー級数を
$$\frac{1}{x} = \frac{1}{1-(1-x)}$$
と表して求めよ．

    (b) そのテイラー級数の収束区間を求めよ．

12. 問題 11 の方法を用いて，$1/x$ の $x=x_0$ の周りでのテイラー級数を求め，そのテイラー級数の収束区間を求めよ．

問題 13 と 14 では，因数のマクローリン級数の掛け算によって，その関数のマクローリン級数の零でないはじめの項を 4 つ求めよ．

13. (a) $e^x \sin x$ (b) $\sqrt{1+x}\ln(1+x)$

14. (a) $e^{-x^2}\cos x$ (b) $(1+x^2)^{4/3}(1+x)^{1/3}$

問題 15 と 16 では，適当なマクローリン級数の割り算によって，その関数のマクローリン級数の零でないはじめの項を 4 つ求めよ．

15. (a) $\sec x \;\left(=\dfrac{1}{\cos x}\right)$ (b) $\dfrac{\sin x}{e^x}$

16. (a) $\dfrac{\tan^{-1} x}{1+x}$ (b) $\dfrac{\ln(1+x)}{1-x}$

17. e^x と e^{-x} のマクローリン級数を用いて，$\sinh x$ と $\cosh x$ のマクローリン級数を求めよ．答えには一般項を書くこと，および各級数の収束半径も述べること．

18. $\sinh x$ と $\cosh x$ のマクローリン級数を用いて，$\tanh x$ のマクローリン級数の零でないはじめの項を 4 つ求めよ．

問題 19 と 20 では，部分分数分解と既知のマクローリン級数を用いて，その関数のマクローリン級数の零でないはじめの項を 5 つ求めよ．

19. $\dfrac{4x-2}{x^2-1}$ 20. $\dfrac{x^3+x^2+2x-2}{x^2-1}$

問題 21 と 22 では，適当なマクローリン級数を項ごとに微分して，導関数の公式を確かめよ．

21. (a) $\dfrac{d}{dx}[\cos x] = -\sin x$ (b) $\dfrac{d}{dx}[\ln(1+x)] = \dfrac{1}{1+x}$

22. (a) $\dfrac{d}{dx}[\sinh x] = \cosh x$ (b) $\dfrac{d}{dx}[\tan^{-1} x] = \dfrac{1}{1+x^2}$

問題 23 と 24 では，適当なマクローリン級数を項ごとに積分して，積分公式を確かめよ．

23. (a) $\displaystyle\int e^x\,dx = e^x + C$ (b) $\displaystyle\int \sinh x\,dx = \cosh x + C$

24. (a) $\displaystyle\int \sin x\,dx = -\cos x + C$

    (b) $\displaystyle\int \dfrac{1}{1+x}\,dx = \ln(1+x) + C$

25. (a) $1/(1-x)$ のマクローリン級数を用いて，
$$f(x) = \frac{x}{1-x^2}$$
のマクローリン級数を求めよ．

    (b) (a) で得たマクローリン級数を用いて，$f^{(5)}(0)$ と $f^{(6)}(0)$ を求めよ．

    (c) $f^{(n)}(0)$ の値についてどんなことがいえるか．

26. $f(x) = x^2 \cos 2x$ とおく．問題 25 の方法を用いて，$f^{(99)}(0)$ を求めよ．

$x \to x_0$ のとき不定形であるものの極限を，関数を $x=x_0$ の周りでテイラー級数に展開して項ごとに極限をとることで，ロピタルの定理を用いることなく求められることがある．この方法を用いて，問題 27 と 28 で極限を求めよ．

27. (a) $\displaystyle\lim_{x\to 0}\dfrac{\sin x}{x}$ (b) $\displaystyle\lim_{x\to 0}\dfrac{\tan^{-1} x - x}{x^3}$

28. (a) $\displaystyle\lim_{x\to 0}\frac{1-\cos x}{\sin x}$ (b) $\displaystyle\lim_{x\to 0}\frac{\ln\sqrt{1+x}-\sin 2x}{x}$

問題 **29–32** では，マクローリン級数を用いて，その積分を小数第 3 位までの精度で近似せよ．

29. $\displaystyle\int_0^1 \sin(x^2)\,dx$ 30. $\displaystyle\int_0^{1/2}\tan^{-1}(2x^2)\,dx$

31. $\displaystyle\int_0^{0.2}\sqrt[3]{1+x^4}\,dx$ 32. $\displaystyle\int_0^{1/2}\frac{dx}{\sqrt[4]{x^2+1}}$

33. (a) $1/(1-x)$ のマクローリン級数を微分し，それを用いて
$$\sum_{k=1}^\infty kx^k = \frac{x}{(1-x)^2} \quad (-1<x<1)$$
を示せ．

   (b) $1/(1-x)$ のマクローリン級数を積分し，それを用いて
$$\sum_{k=1}^\infty \frac{x^k}{k} = -\ln(1-x) \quad (-1<x<1)$$
を示せ．

   (c) (b) の結果を使って
$$\sum_{k=1}^\infty (-1)^{k+1}\frac{x^k}{k} = \ln(1+x) \quad (-1<x<1)$$
を示せ．

   (d) (c) の級数は，$x=1$ のとき収束することを示せ．

   (e) 例 2 につづいての注意を使って
$$\sum_{k=1}^\infty (-1)^{k+1}\frac{x^k}{k} = \ln(1+x) \quad (-1<x\le 1)$$
を示せ．

34. 次の各問において，問題 33 の結果を使って，その級数の和を求めよ．

   (a) $\displaystyle\sum_{k=1}^\infty \frac{k}{3^k} = \frac{1}{3}+\frac{2}{3^2}+\frac{3}{3^3}+\frac{4}{3^4}+\cdots$

   (b) $\displaystyle\sum_{k=1}^\infty \frac{1}{k(4^k)} = \frac{1}{4}+\frac{1}{2(4^2)}+\frac{1}{3(4^3)}+\frac{1}{4(4^4)}+\cdots$

   (c) $\displaystyle\sum_{k=1}^\infty (-1)^{k+1}\frac{1}{k} = 1-\frac{1}{2}+\frac{1}{3}-\frac{1}{4}+\cdots$

35. (a) 関係式
$$\int\frac{1}{\sqrt{1+x^2}}\,dx = \sinh^{-1}x + C$$
を用いて，$\sinh^{-1}x$ のマクローリン級数の零でないはじめの項を 4 つ求めよ．

   (b) その級数をシグマ記号を使って表せ．

   (c) 収束半径はどれだけか．

36. (a) 関係式
$$\int\frac{1}{\sqrt{1-x^2}}\,dx = \sin^{-1}x + C$$
を用いて，$\sin^{-1}x$ のマクローリン級数の零でないはじめの項を 4 つ求めよ．

   (b) その級数をシグマ記号を使って表せ．

   (c) 収束半径はどれだけか．

37. 9.3 節の式 (12) において，放射性炭素 14 が時間 $t=0$ で y_0 存在するとした場合，t 年後の量は
$$y(t) = y_0 e^{-0.000121t}$$
であることを示した．以下の問に答えよ．

   (a) $y(t)$ をマクローリン級数で表せ．

   (b) 級数のはじめの 2 つの項を用いて，1 年後の量は $(0.999879)y_0$ であることを示せ．

   (c) これを $y(t)$ の式から導き出した値と比較せよ．

38. 9.1 節において，質量が m であり，空気抵抗の妨げを受ける落下物の動きについて学んだ．初速度を v_0，空気抵抗力 F_R は速度に比例するとしたとき，すなわち $F_R = -cv$ のとき，物体の時間 t での速度は
$$v(t) = e^{-ct/m}\left(v_0 + \frac{mg}{c}\right) - \frac{mg}{c}$$
であることを示した．ここで，g は重力加速度［9.1 節の公式 (23) をみよ］．以下の問に答えよ．

   (a) マクローリン級数を使って，$ct/m \approx 0$ ならば，速度は
$$v(t) = v_0 - \left(\frac{cv_0}{m}+g\right)t$$
と近似されることを示せ．

   (b) (a) の近似を改良せよ．

39. [C] 長さが $L=1\,\mathrm{m}$ の単振り子が，初期の変位は垂直線から $\theta_0 = 5°$ で与えられているとする．以下の問に答えよ．

   (a) 1 次モデルの公式 (6) を用いて振り子の周期を近似せよ．［$g=9.8\,\mathrm{m/s^2}$ とせよ．］

   (b) 2 次モデルの公式 (7) を用いて振り子の周期を近似せよ．

   (c) CAS の数値積分機能を使って，公式 (4) から振り子の周期を近似し，それを (a) および (b) で得たものと比較せよ．

40. 公式 (5) の零でないはじめの項 3 つと，本書の見返しの積分表 (式 122) の $\sin$ に関するウォリスの公式を使って，単振り子の周期についてのモデルを求めよ．

41. ある物体が地球から及ぼされる引力は，物体の**重さ**（より正確には，**地球での重さ**）とよばれる．定理 9.4.3（重さ）で説明したように，物体の質量が m ならば，その重さは mg であったことに注意しよう．しかし，この結果は，物体が地球表面（海面を意味する）にあることが前提とされている．質量 m の物体が地球から及ぼされる引力についての一般的な式は
$$F = \frac{mgR^2}{(R+h)^2}$$
である．ただし，R は地球の半径で，h は物体の地球表面からの高さである．以下の問に答えよ．

   (a) 10.9 節の例 4 で得た 2 項級数 $1/(1+x)^2$ を用いて，F を h/R のベキによるマクローリン級数で表せ．

   (b) $h=0$ ならば $F=mg$ であることを示せ．

(c) $h/R \approx 0$ ならば，$F \approx mg - (2mgh/R)$ を示せ．
[ノート：量 $2mgh/R$ は，物体の地球表面からの高さを考慮に入れた重さのための "補正項" と考えられる．]

(d) 平均海面で考えて，地球は半径 $R = 4000$ マイル (mi) の球体と仮定する．人が平均海面からエベレストの頂上 (29,028 フィート (ft)) に移動した場合，だいたい何%体重が変化するか．

42. (a) 10.8 節の公式 (4) で与えられたベッセル関数 $J_0(x)$ は，微分方程式 $xy'' + y' + xy = 0$ を満たすことを示せ．(これは **0** 次のベッセル方程式とよばれる．)

    (b) 10.8 節の公式 (5) で与えられたベッセル関数 $J_1(x)$ は，微分方程式 $x^2 y'' + xy' + (x^2 - 1)y = 0$ を満たすことを示せ．(これは **1** 次のベッセル方程式とよばれる．)

    (c) $J_0'(x) = -J_1(x)$ を示せ．

43. 次を示せ：ベキ級数 $\sum_{k=0}^{\infty} a_k x^k$ と $\sum_{k=0}^{\infty} b_k x^k$ がある区間 $(-r, r)$ 上で同じ和をもつならば，すべての k に対して $a_k = b_k$ である．

補充問題

C CAS

1. 無限列と無限級数の違いは何か．
2. 無限級数の和とは，何を意味するか．
3. (a) 幾何級数とは何か．収束する幾何級数と発散する幾何級数の例をいくつか挙げよ．
    (b) p 級数とは何か．収束する p 級数と発散する p 級数の例をいくつか挙げよ．
4. (a) f に対するマクローリン級数の式をシグマ記号を使って書け．
    (b) f に対する $x = x_0$ の周りでのテイラー級数の式をシグマ記号を使って書け．
5. 交代級数の収束が保証されるための条件を述べよ．
6. (a) ある無限級数が絶対収束するとは何を意味するか．
    (b) ある無限級数の収束と絶対収束とのあいだにはどんな関係があるか．
7. $x - x_0$ のベキ級数が収束半径 R をもつと仮定する．このとき，それが収束する x の値の集合についてどんなことがいえるか．
8. 剰余項評価定理を述べよ．また，その定理の有用な点を書け．
9. 以下に主張している事柄は，正しいかそれとも誤りか．正しいならば，その結論を正当づける定理を述べよ．誤りならば，反例を挙げよ．
    (a) $\sum u_k$ が収束するならば，$k \to +\infty$ のとき $u_k \to 0$ である．
    (b) $k \to +\infty$ のとき $u_k \to 0$ ならば，$\sum u_k$ は収束する．
    (c) $n = 1, 2, 3, \ldots$ に対して，$f(n) = a_n$ とおく．$n \to +\infty$ のとき $a_n \to L$ ならば，$x \to +\infty$ のとき $f(x) \to L$ である．
    (d) $n = 1, 2, 3, \ldots$ に対して，$f(n) = a_n$ とおく．$x \to +\infty$ のとき $f(x) \to L$ ならば，$n \to +\infty$ のとき $a_n \to L$ である．
    (e) $0 < a_n < 1$ ならば，$\{a_n\}$ は収束する．
    (f) $0 < u_k < 1$ ならば，$\sum u_k$ は収束する．
    (g) $\sum u_k$ と $\sum v_k$ が収束するとする．このとき，$\sum (u_k + v_k)$ は発散する．
    (h) $\sum u_k$ と $\sum v_k$ が発散するとする．このとき，$\sum (u_k - v_k)$ は収束する．
    (i) $0 \le u_k \le v_k$ であり，かつ $\sum v_k$ が収束するとする．このとき，$\sum u_k$ は収束する．
    (j) $0 \le u_k \le v_k$ であり，かつ $\sum u_k$ が発散するとする．このとき，$\sum v_k$ は発散する．
    (k) ある無限級数が収束するとする．このとき，その級数は絶対収束する．
    (l) ある無限級数が絶対発散するとする．このとき，その級数は発散する．
10. 以下に主張している事柄は，正しいかそれとも誤りか．答えの論拠も述べよ．
    (a) 関数 $f(x) = x^{1/3}$ はマクローリン級数をもつ．
    (b) $1 + \frac{1}{2} - \frac{1}{2} + \frac{1}{3} - \frac{1}{3} + \frac{1}{4} - \frac{1}{4} + \cdots = 1$
    (c) $1 + \frac{1}{2} - \frac{1}{2} + \frac{1}{2} - \frac{1}{2} + \frac{1}{2} - \frac{1}{2} + \cdots = 1$

問題 **11–14** では，どんな方法によってでもよいから，その級数が収束するかどうかを判定せよ．

11. (a) $\sum_{k=1}^{\infty} \frac{1}{5^k}$ (b) $\sum_{k=1}^{\infty} \frac{1}{5^k + 1}$ (c) $\sum_{k=1}^{\infty} \frac{9}{\sqrt{k} + 1}$

12. (a) $\sum_{k=1}^{\infty} (-1)^{k+1} \frac{k+4}{k^2 + k}$ (b) $\sum_{k=1}^{\infty} (-1)^{k+1} \left(\frac{k+2}{3k-1}\right)^k$

    (c) $\sum_{k=1}^{\infty} \frac{k^{-1/2}}{2 + \sin^2 k}$

13. (a) $\sum_{k=1}^{\infty} \frac{1}{k^3 + 2k + 1}$ (b) $\sum_{k=1}^{\infty} \frac{1}{(3+k)^{2/5}}$

    (c) $\sum_{k=1}^{\infty} \frac{\cos(1/k)}{k^2}$

14. (a) $\sum_{k=1}^{\infty} \frac{\ln k}{k\sqrt{k}}$ (b) $\sum_{k=1}^{\infty} \frac{k^{4/3}}{8k^2 + 5k + 1}$ (c) $\sum_{k=1}^{\infty} \frac{(-1)^{k+1}}{k^2 + 1}$

15. 幾何級数 $\sum_{k=0}^{\infty}(1/5)^k$ の和を級数のはじめの 100 項の和で近似する場合，それにより生ずる誤差を厳密に与える式を求めよ．

16. 級数 $1 - \frac{2}{3} + \frac{3}{5} - \frac{4}{7} + \frac{5}{9} - \cdots$ は収束するか．答えの論拠を述べよ．

17. (a) 関数
$$p(x) = 1 - 7x + 5x^2 + 4x^3$$
のはじめの 5 つのマクローリン多項式を求めよ．

(b) n 次多項式のマクローリン多項式について，一般的な主張を述べよ．

18. マクローリン級数と交代級数の性質を用いて，$0 < x < 1$ ならば $|\ln(1+x) - x| \le x^2/2$ を示せ．

19. 近似
$$\sin x \approx x - \frac{x^3}{3!} + \frac{x^5}{5!}$$
は，$0 \le x \le \pi/4$ ならば，小数第 4 位までの精度をもつことを示せ．

20. マクローリン級数を用いて，積分
$$\int_0^1 \frac{1 - \cos x}{x} dx$$
を小数第 3 位までの精度で近似せよ．

21. 次の極限
$$\lim_{n \to +\infty} \sqrt[n]{n!} = +\infty \quad \text{および} \quad \lim_{n \to +\infty} \frac{\sqrt[n]{n!}}{n} = \frac{1}{e}$$
は証明することができる．以下の各問において，極限とベキ根テストを使って級数が収束するかどうかを判定せよ．

(a) $\sum_{k=0}^{\infty} \frac{2^k}{k!}$ (b) $\sum_{k=0}^{\infty} \frac{k^k}{k!}$

22. (a) $k^k \ge k!$ を示せ．

(b) 比較テストを使って，$\sum_{k=1}^{\infty} k^{-k}$ が収束することを示せ．

(c) ベキ根テストを使って，上の級数が収束することを示せ．

23. $\sum_{k=1}^{n} u_k = 2 - \frac{1}{n}$ とする．以下を求めよ．

(a) u_{100} (b) $\lim_{k \to +\infty} u_k$ (c) $\sum_{k=1}^{\infty} u_k$

24. 次の各問において，その級数が収束するかどうかを判定せよ．そして，収束する場合はその和を求めよ．

(a) $\sum_{k=1}^{\infty} \left(\frac{3}{2^k} - \frac{2}{3^k} \right)$ (b) $\sum_{k=1}^{\infty} [\ln(k+1) - \ln k]$

(c) $\sum_{k=1}^{\infty} \frac{1}{k(k+2)}$ (d) $\sum_{k=1}^{\infty} [\tan^{-1}(k+1) - \tan^{-1} k]$

25. 次の各問において，その級数の和をあるマクローリン級数に関連づけて求めよ．

(a) $2 + \frac{4}{2!} + \frac{8}{3!} + \frac{16}{4!} + \cdots$

(b) $\pi - \frac{\pi^3}{3!} + \frac{\pi^5}{5!} - \frac{\pi^7}{7!} + \cdots$

(c) $1 - \frac{e^2}{2!} + \frac{e^4}{4!} - \frac{e^6}{6!} + \cdots$

(d) $1 - \ln 3 + \frac{(\ln 3)^2}{2!} - \frac{(\ln 3)^3}{3!} + \cdots$

26. 数列 $\{a_k\}$ は漸化式
$$a_0 = c, \qquad a_{k+1} = \sqrt{a_k}$$
によって定義されるとする．数列が収束すると仮定して，c が以下の値のときにその極限を求めよ．

(a) $c = \frac{1}{2}$ (b) $c = \frac{3}{2}$

27. 調査結果によれば，知能指数 (IQ) が α から β のあいだの人たちの人口比率 p は，近似的に
$$p = \frac{1}{16\sqrt{2\pi}} \int_\alpha^\beta e^{-\frac{1}{2}\left(\frac{x-100}{16}\right)^2} dx$$
であることがわかっている．適当なマクローリン級数のはじめの 3 つの項を使って，IQ が 100 から 110 のあいだの人たちの人口比率を見積もれ．

28. xe^x のマクローリン級数を微分せよ．そして，それを用いて
$$\sum_{k=0}^{\infty} \frac{k+1}{k!} = 2e$$
を示せ．

29. $\frac{\pi^2}{6} = 1 + \frac{1}{2^2} + \frac{1}{3^2} + \frac{1}{4^2} + \cdots$ が与えられている．そのとき，$\frac{\pi^2}{12} = 1 - \frac{1}{2^2} + \frac{1}{3^2} - \frac{1}{4^2} + \cdots$ であることを示せ．

30. a, b, および p を正の定数とする．p がどんな値のとき，級数 $\sum_{k=1}^{\infty} \frac{1}{(a+bk)^p}$ は収束するか．

31. 次の各問において，その級数のはじめの 4 つの項を書き出せ．その後，その収束半径を求めよ．

(a) $\sum_{k=1}^{\infty} \frac{1 \cdot 2 \cdot 3 \cdots k}{1 \cdot 4 \cdot 7 \cdots (3k-2)} x^k$

(b) $\sum_{k=1}^{\infty} (-1)^k \frac{1 \cdot 2 \cdot 3 \cdots k}{1 \cdot 3 \cdot 5 \cdots (2k-1)} x^{2k+1}$

32. ベキ級数
$$\sum_{k=0}^{\infty} \frac{(x-x_0)^k}{b^k} \quad (b > 0)$$
の収束区間を求めよ．

33. 級数
$$1 - \frac{x}{2!} + \frac{x^2}{4!} - \frac{x^3}{6!} + \cdots$$

は，関数
$$f(x) = \begin{cases} \cos\sqrt{x} & x \geq 0 \\ \cosh\sqrt{-x} & x < 0 \end{cases}$$
に収束することを示せ．[ヒント：$\cos x$ と $\cosh x$ のマクローリン級数を用いて，$x \geq 0$ のときの $\cos\sqrt{x}$ のベキ級数表現と，$x \leq 0$ のときの $\cosh\sqrt{-x}$ のベキ級数表現を求めよ．]

34. 次を示せ．
    (a) f が偶関数であれば，そのマクローリン級数のすべての x の奇数ベキの係数は 0 である．
    (b) f が奇関数であれば，そのマクローリン級数のすべての x の偶数ベキの係数は 0 である．

35. 6.6 節において，質量 m と速度 v をもつ粒子の運動エネルギー K は，$K = \frac{1}{2}mv^2$ であると定義した［その節の式 (6) をみよ］．この式では，m は定数と仮定されており，これで与えられた K はニュートンの運動エネルギーとよばれる．しかし，アインシュタインの相対性理論においては，質量 m は速度とともに増加し，運動エネルギー K は式
$$K = m_0 c^2 \left[\frac{1}{\sqrt{1-(v/c)^2}} - 1 \right]$$
で与えられる．ここで，m_0 は速度が零のときの粒子の質量であり，c は光速である．これは**相対論的運動エネルギー**とよばれる．適当な 2 項級数を用いて，速度が光速に比べて小さいとき（すなわち，$v/c \approx 0$），ニュートンの運動エネルギーと相対論的運動エネルギーは，ほぼ一致することを示せ．

36. C 一般の p 級数における定数 p を，$x > 1$ を動く変数 x で置き換える．その結果としてできた関数はリーマンの**ゼータ関数**とよばれ
$$\zeta(x) = \sum_{k=1}^{\infty} \frac{1}{k^x}$$
と表される．以下の問に答えよ．

    (a) s_n を，$\zeta(3.7)$ に対する級数の第 n 番目の部分和とおく．s_n が $\zeta(3.7)$ を小数第 2 位までの精度で近似するような n を求めよ．そして，この n の値に対して s_n を計算せよ．[ヒント：10.5 節の演習問題 **30**(b) の右側の不等式を，$f(x) = 1/x^{3.7}$ として用いよ．]
    (b) CAS がリーマンのゼータ関数を直接計算できるかどうかを判定せよ．もしできるなら，CAS によって得た値と，(a) で得られた s_n の値を比較せよ．

演習問題奇数番の解答

▶ **演習問題 5.1**（P.7）

1.
n	2	5	10	50	100
A_n	0.853553	0.749739	0.710509	0.676095	0.671463

3.
n	2	5	10	50	100
A_n	1.57080	1.93376	1.98352	1.99935	1.99984

5.
n	2	5	10	50	100
A_n	0.583333	0.645635	0.668771	0.688172	0.690653

7.
n	2	5	10	50	100
A_n	0.433013	0.659262	0.726130	0.774567	0.780106

9. $3(x-1)$ 11. $x(x+2)$ 13. $(x+3)(x-1)$

▶ **演習問題 5.2**（P.15）

1. (a) $\int \frac{x}{\sqrt{1+x^2}}\,dx = \sqrt{1+x^2}+C$

   (b) $\int x^2\cos(1+x^3)\,dx = \frac{1}{3}\sin(1+x^3)+C$

3. $\frac{d}{dx}\left[\sqrt{x^3+5}\right] = \frac{3x^2}{2\sqrt{x^3+5}}$,

   ゆえに $\int \frac{3x^2}{2\sqrt{x^3+5}}\,dx = \sqrt{x^3+5}+C$.

5. $\frac{d}{dx}\left[\sin(2\sqrt{x})\right] = \frac{\cos(2\sqrt{x})}{\sqrt{x}}$,

   ゆえに $\int \frac{\cos(2\sqrt{x})}{\sqrt{x}}\,dx = \sin(2\sqrt{x})+C$.

7. (a) $(x^9/9)+C$ (b) $\frac{7}{12}x^{12/7}+C$ (c) $\frac{2}{9}x^{9/2}+C$

9. (a) $-\frac{1}{4}x^{-2}+C$ (b) $(u^4/4)-u^2+7u+C$

11. $-\frac{1}{2}x^{-2}+\frac{2}{3}x^{3/2}-\frac{12}{5}x^{5/4}+\frac{1}{3}x^3+C$

13. $(x^2/2)+(x^5/5)+C$ 15. $3x^{4/3}-\frac{12}{7}x^{7/3}+\frac{3}{10}x^{10/3}+C$

17. $\frac{x^2}{2}-\frac{2}{x}+\frac{1}{3x^3}+C$ 19. $-4\cos x+2\sin x+C$

21. $\tan x+\sec x+C$ 23. $\tan\theta+C$ 25. $\sec x+C$

27. $\theta-\cos\theta+C$ 29. $\tan x-\sec x+C$

31. (a)   (b)   (c) $f(x)=\frac{x^2}{2}-1$

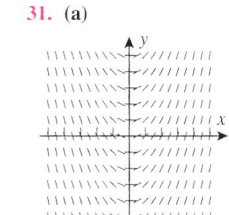

33.

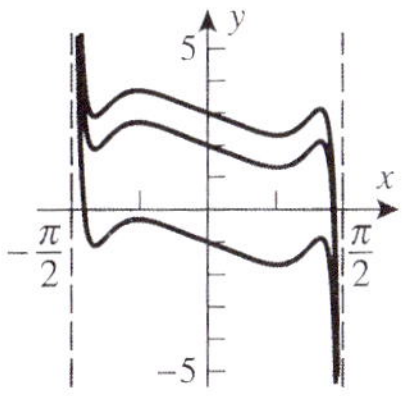

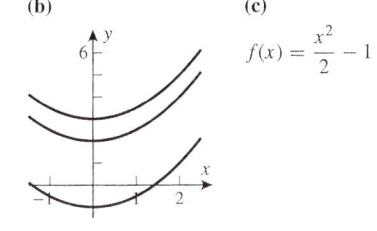

35. $f(x)=\cos x+1$

37. (a) $y(x)=\frac{3}{4}x^{4/3}+\frac{5}{4}$

    (b) $y=-\cos t+t+1-\pi/3$

    (c) $y(x)=\frac{2}{3}x^{3/2}+2x^{1/2}-\frac{8}{3}$

39. $f(x)=\frac{4}{15}x^{5/2}+C_1 x+C_2$

41. $y=x^2+x-6$

43. $y=x^3-6x+7$

45. (b) $F(0)-G(0)=\frac{8}{3}$ 47. $\tan x-x+C$

49. (a) $\frac{1}{2}(x-\sin x)+C$ (b) $\frac{1}{2}(x+\sin x)+C$

51. $v=\frac{1087}{\sqrt{273}}T^{1/2}$ ft/s

▶ **演習問題 5.3**（P.21）

1. (a) $\frac{(x^2+1)^{24}}{24}+C$ (b) $-\frac{\cos^4 x}{4}+C$ (c) $-2\cos\sqrt{x}+C$

   (d) $\frac{3}{4}\sqrt{4x^2+5}+C$ 3. (a) $-\frac{1}{2}\cot^2 x+C$ (b) $\frac{1}{10}(1+\sin t)^{10}+C$

   (c) $\frac{1}{2}\sin 2x+C$ (d) $\frac{1}{2}\tan(x^2)+C$ 5. $-\frac{(2-x^2)^4}{8}+C$

7. $\frac{1}{8}\sin 8x+C$ 9. $\frac{1}{4}\sec 4x+C$ 11. $\frac{1}{21}(7t^2+12)^{3/2}+C$

13. $\frac{2}{3}\sqrt{x^3+1}+C$ 15. $-\frac{1}{16}(4x^2+1)^{-2}+C$ 17. $\frac{1}{5}\cos(5/x)+C$

19. $\frac{1}{3}\tan(x^3)+C$ 21. $\frac{1}{18}\sin^6 3t+C$ 23. $-\frac{1}{6}(2-\sin 4\theta)^{3/2}+C$

25. $\frac{1}{6}\sec^3 2x+C$ 27. $\frac{2}{5}(x-3)^{5/2}+2(x-3)^{3/2}+C$

29. $-\frac{1}{2}\cos 2\theta+\frac{1}{6}\cos^3 2\theta+C$ 31. $\frac{1}{b}\frac{(a+bx)^{n+1}}{n+1}+C$

33. $\frac{1}{b(n+1)}\sin^{n+1}(a+bx)+C$

35. (a) $\frac{1}{2}\sin^2 x+C_1$; $-\frac{1}{2}\cos^2 x+C_2$ (b) 2つは定数だけ違う

37. $y(x)=\frac{2}{9}(3x+1)^{3/2}+\frac{29}{9}$ 39. $f(x)=\frac{2}{9}(3x+1)^{3/2}+\frac{7}{9}$

41. 100,046

▶ **演習問題 5.4**（P.33）

1. (a) 36   (b) 55   (c) 40   (d) 6   (e) 11   (f) 0   3. $\sum_{k=1}^{10} k$

5. $\sum_{k=1}^{10} 2k$ 7. $\sum_{k=1}^{6}(-1)^{k+1}(2k-1)$ 9. (a) $\sum_{k=1}^{50} 2k$ (b) $\sum_{k=1}^{50}(2k-1)$

11. 5050   13. 2870   15. 214,365   17. $\frac{3}{2}(n+1)$

19. $\frac{1}{4}(n-1)^2$ 23. $\frac{n+1}{2n};\frac{1}{2}$ 25. $\frac{5(n+1)}{2n};\frac{5}{2}$

27. (a) $\sum_{j=0}^{5} 2^j$ (b) $\sum_{j=1}^{6} 2^{j-1}$ (c) $\sum_{j=2}^{7} 2^{j-2}$

29. (a) 46   (b) 52   (c) 58   31. (a) $\frac{\pi}{4}$ (b) 0   (c) $-\frac{\pi}{4}$

33. (a) 0.7188, 0.7058, 0.6982   (b) 0.6688, 0.6808, 0.6882
    (c) 0.6928, 0.6931, 0.6931

35. (a) 4.8841, 5.1156, 5.2488   (b) 5.6841, 5.5156, 5.4088
    (c) 5.3471, 5.3384, 5.3346

37. $\frac{15}{4}$ 39. 18   41. 320   43. $\frac{15}{4}$ 45. 18   47. $\frac{1}{3}$
49. 0   51. $\frac{2}{3}$ 53. $\frac{1}{2}m(b^2 - a^2)$ 55. (b) $\frac{1}{4}(b^4 - a^4)$
57. n が偶数のとき $\frac{n^2 + 2n}{4}$; n が奇数のとき $\frac{(n+1)^2}{4}$ 59. (a) 正しい (b) 正しい

▶ 演習問題 5.5 (P.42)

1. (a) $\frac{71}{6}$ (b) 2   3. (a) $-\frac{117}{16}$ (b) 3   5. $\int_{-1}^{2} x^2\, dx$

7. (a) $\int_{-3}^{3} 4x(1 - 3x)\, dx$ 9. (a) $\lim\limits_{\max \Delta x_k \to 0} \sum\limits_{k=1}^{n} 2x_k^* \Delta x_k$; $a = 1, b = 2$

 (b) $\lim\limits_{\max \Delta x_k \to 0} \sum\limits_{k=1}^{n} \frac{x_k^*}{x_k^* + 1} \Delta x_k$; $a = 0, b = 1$

11. (a) $A = \frac{9}{2}$ (b) $-A = -\frac{3}{2}$

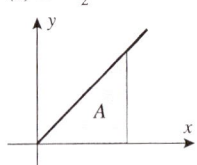

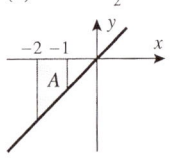

 (c) $-A_1 + A_2 = \frac{15}{2}$ (d) $-A_1 + A_2 = 0$

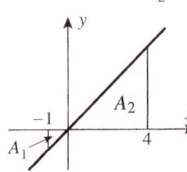

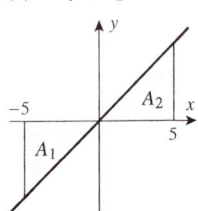

13. (a) $A = 10$ (b) 対称性より $A_1 - A_2 = 0$

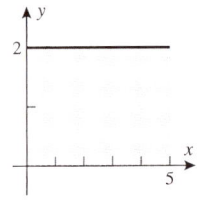

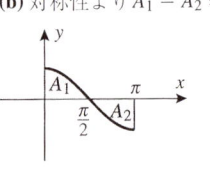

 (c) $A_1 + A_2 = \frac{13}{2}$ (d) $\pi/2$

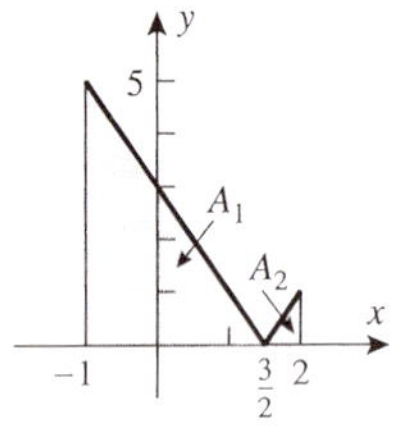

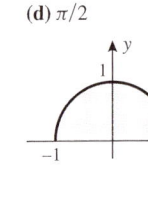

15. (a) 0.8
 (b) -2.6
 (c) -1.8
 (d) -0.3
17. -1
19. 3
21. (a) $(1 + \pi)/2$
 (b) -4
23. (a) 負
 (b) 正

25. $\frac{25}{2}\pi$ 27. $\frac{5}{2}$ 29. (a) 可能 (b) 可能 (c) 不可能 (d) 可能   33. $\frac{16}{3}$

▶ 演習問題 5.6 (P.53)

1. (a) $\int_{0}^{2} (2 - x)\, dx = 2$ (b) $\int_{-1}^{1} 2\, dx = 4$ (c) $\int_{1}^{3} (x + 1)\, dx = 6$
3. $\frac{65}{4}$ 5. $\frac{52}{3}$ 7. 48   9. $\frac{2}{3}$ 11. $\frac{844}{5}$ 13. 0
15. $\sqrt{2}$ 17. $-\frac{55}{3}$ 19. $\frac{\pi^2}{9} + 2\sqrt{3}$ 21. (a) $\frac{5}{2}$ (b) $2 - \frac{\sqrt{2}}{2}$

23. (a) $\frac{17}{6}$ (b) $F(x) = \begin{cases} \dfrac{x^2}{2} & x \leq 1 \\ \dfrac{x^3}{3} + \dfrac{1}{6} & x > 1 \end{cases}$ 25. $0.6659; \frac{2}{3}$

27. 3.1060; 3.1148   29. 12   31. $\frac{9}{2}$

33. $A_1 = \frac{23}{6}$
 $A_2 = \frac{343}{6}$
 $A_3 = \frac{243}{6}$
 $A = \frac{203}{2}$

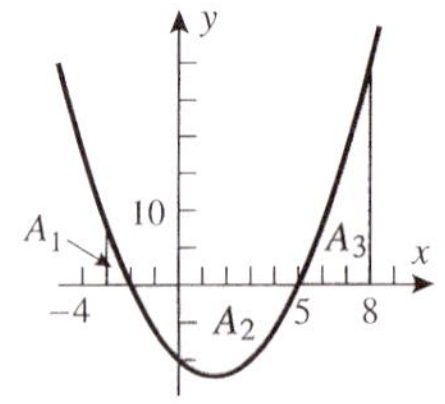

35. (a) 積分は零   (c) $\int_{-a}^{a} f(x)\, dx = 2\int_{0}^{a} f(x)\, dx$

37. (a) $x^3 + 1$ 39. (a) $\sin\sqrt{x}$ (b) $\sqrt{1 + \cos^2 x}$
41. $-\dfrac{x}{\cos x}$ 43. (a) 0   (b) $\sqrt{13}$ (c) $6/\sqrt{13}$
45. (a) $x = 3$ (b) $[3, +\infty)$ 上で増加, $(-\infty, 3]$ 上で減少
 (c) $(-1, 7)$ 上で下に凸, $(-\infty, -1)$ と $(7, +\infty)$ 上で上に凸
47. (a) $(0, +\infty)$ (b) $x = 1$
49. (a) 4   (b) $-\dfrac{1 - \sqrt{13}}{3}$ 51. $3\sqrt{2} \leq \int_{0}^{3} \sqrt{x^3 + 2}\, dx \leq 3\sqrt{29}$

▶ 演習問題 5.7 (P.64)

1. (a) 最初の 10 年間の身長の伸び, 単位はインチ.
 (b) 1 秒から 2 秒までのあいだの, 半径の変化, 単位は cm
 (c) 温度が $t = 32°$F から $t = 100°$F まで上がったときの, 音の速さの変化, 単位は ft/s.
 (d) 時間が $t = t_1$ 秒から $t = t_2$ 秒まで経つあいだの粒子の変位, 単位は cm.

3. (a) 変位 $= -\frac{1}{2}$;   距離 $= \frac{1}{2}$
 (b) 変位 $= \frac{3}{2}$;   距離 $= 2$
5. (a) 35.3 m/s   (b) 51.4 m/s   7. (a) $\frac{1}{4}t^4 - \frac{2}{3}t^3 + t + 1$
 (b) $-\cos 2t - t - 2$ 9. (a) $t^2 - 3t + 7$ (b) $-\cos t + t - (\pi/2)$
11. (a) 変位 $= 1$ m;   距離 $= 1$ m
 (b) 変位 $= -1$ m;   距離 $= 3$ m
13. (a) 変位 $= \frac{9}{4}$ m;   距離 $= \frac{11}{4}$ m
 (b) 変位 $= 2\sqrt{3} - 6$ m;   距離 $= 6 - 2\sqrt{3}$ m
15. 変位 $= -6$ m;   距離 $= \frac{13}{2}$ m
17. 変位 $= \frac{204}{25}$ m;   距離 $= \frac{204}{25}$ m
19. (a) $s = 2/\pi, v = 1, |v| = 1, a = 0$
 (b) $s = \frac{1}{2}, v = -\frac{3}{2}, |v| = \frac{3}{2}, a = -3$
21. $\frac{22}{3}$ 23. $A = \frac{4}{3}(\sqrt{2} - 1)$
25. (a)   (b) 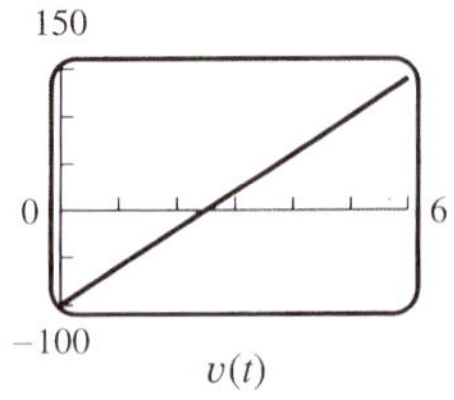
(c) 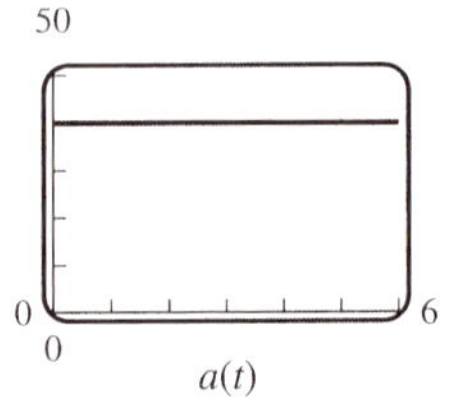
27. (a) 正, それから負, それから正   (b) $\frac{5}{2} - \sin 5 + 5\cos 5$

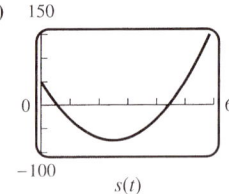

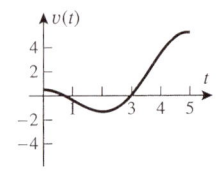

29. (a) $a(t) = \begin{cases} 0, & t < 4 \\ -10, & t > 4 \end{cases}$ (b) $v(t) = \begin{cases} 25, & t < 4 \\ 65 - 10t, & t > 4 \end{cases}$

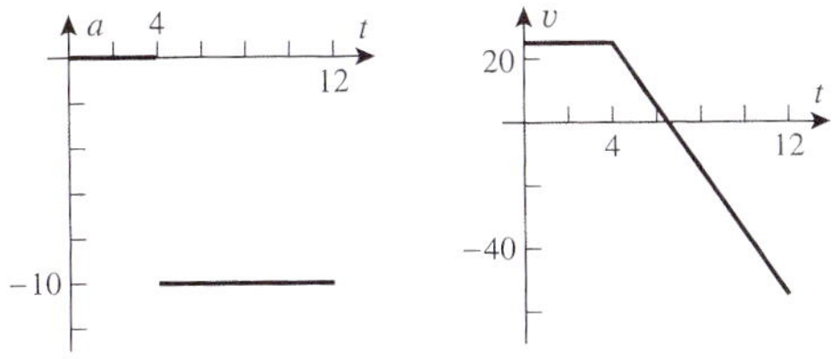

(c) $x(t) = \begin{cases} 25t, & t < 4 \\ 65t - 5t^2 - 80, & t > 4 \end{cases}$ ゆえに $x(8) = 120, x(12) = -20$

(d) $x(6.5) = 131.25$

31. (a) $-\frac{22}{15}$ ft/s² (b) $\frac{1}{7200}$ km/s² 33. (a) $-\frac{121}{5}$ ft/s²
(b) $\frac{70}{33}$ s (c) $\frac{60}{11}$ s 35. 280 m 37. 100 s; 10,000 ft
39. (a) -48 ft/s (b) 196 ft (c) 112 ft/s 41. (a) 1 s (b) $\frac{1}{2}$ s
43. (a) $(5+5\sqrt{33})/8$ s (b) $20\sqrt{33}$ ft/s 45. (a) 5 s (b) 272.5 m
(d) -49 m/s (e) 12.46 s (f) 73.1 m/s
47. 4.04 m/s 49. 6 51. $2/\pi$
53. (a) $\frac{4}{3}$ (c) 55. (a) $\frac{263}{4}$
(b) $2/\sqrt{3}$ (b) 31
57. 1404π lb
59. (a) 120 gal
(b) 420 gal
(c) 2076.36 gal
61. (b) 存在しない

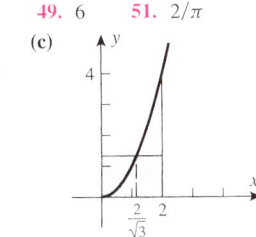

演習問題 5.8 (P.71)

1. (a) $\int_1^3 u^7\,du$ (b) $-\frac{1}{2}\int_7^4 u^{1/2}\,du$ (c) $\frac{1}{\pi}\int_{-\pi}^{\pi}\sin u\,du$
(d) $\int_{-3}^0 (u+5)u^{20}\,du$ 3. $\frac{121}{5}$ 5. 10 7. $\frac{1192}{15}$
9. $8-(4\sqrt{2})$ 11. $-\frac{1}{48}$ 13. $\frac{25}{12}\pi$ 15. $\pi/8$ 17. $2/\pi$
19. $\frac{1}{24}$ 21. $\frac{1}{21}$ 23. $\frac{2}{3}$ 25. $\frac{2}{3}(\sqrt{10}-2\sqrt{2})$
27. $2(\sqrt{7}-\sqrt{3})$ 29. 0 31. 0 33. $(\sqrt{3}-1)/3$
35. $\frac{106}{405}$ 37. $\frac{23}{4480}$ 39. (a) $\frac{5}{3}$ (b) $\frac{5}{3}$ (c) $-\frac{1}{2}$
43. (b) 169.7 V 45. (b) $\frac{3}{2}$ (c) $\pi/4$ 47. $2/\pi$

5章補充問題 (P.73)

7. (a) $\frac{3}{4}$ (b) $-\frac{3}{2}$ (c) $-\frac{35}{4}$ (d) -2 (e) 情報不足
(f) 情報不足
9. (a) $2+(\pi/2)$ (b) $\frac{1}{3}(10^{3/2}-1)-\frac{9\pi}{4}$ (c) $\pi/8$ 11. $\frac{35\pi}{128}$
13. $A \approx 8$ 19. $3^{17}-3^4$ 21. $-\frac{399}{400}$ 23. (b) $\frac{1}{2}$
27. (a) $\frac{3}{2}(3^{20}-1)$ (b) $2^{31}-2^5$ (c) $-\frac{2}{3}\left(1+\frac{1}{2^{101}}\right)$
31. $(x^{2/3}+1)^{3/2}+C$ 33. (a) $\int_1^x \frac{1}{1+t^2}\,dt$ (b) $\int_{\tan[(\pi/4)-2]}^x \frac{1}{1+t^2}\,dt$
37. (a) $x=1$ で $F(x)$ は 0, $x>1$ で正, $x<1$ で負.
(b) $x=-1$ で $F(x)$ は 0, $-1<x\le 2$ で正, $-2\le x<-1$ で負.
39. (a) 持たない (b) $25 < t < 40$ (c) 3.54 ft/s
(d) 141.5 ft (e) 減速しない (f) 不足 41. $\frac{1}{3}\sqrt{5+2\sin 3x}+C$
43. $-\frac{1}{3a}\frac{1}{ax^3+b}+C$ 45. $\frac{389}{192}$ 47. 1.007514
49. (a) $k=2.073948$ (b) $k=1.837992$
51. (a) (b) 0.7651976866
(c) $x=2.404826$

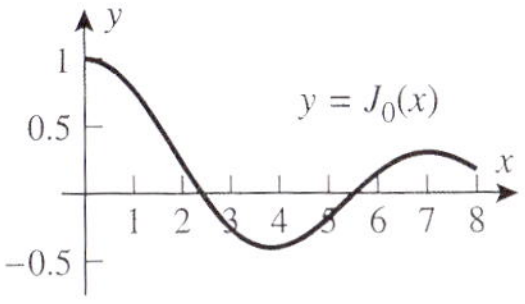

演習問題 6.1 (P.87)

1. 9/2 3. 1 5. (a) 32/3 (b) 32/3 7. 49/192 9. 1/2
11. $\sqrt{2}$ 13. 24 15. 37/12 17. $4\sqrt{2}$ 19. 1/2
21. 9152/105 23. $9/\sqrt[3]{4}$ 25. (a) 4/3 (b) $m=2-\sqrt[3]{4}$
29. 1.180898334 31. (a) 1800 ft (b) $\frac{3}{2}T^2-\frac{1}{60}T^3$ ft 33. $a^2/6$

演習問題 6.2 (P.94)

1. 8π 3. $13\pi/6$ 5. $32\pi/5$ 7. $(1-\sqrt{2}/2)\pi$ 9. $256\pi/3$
11. $2048\pi/15$ 13. $3\pi/5$ 15. 8π 17. 2π 19. $72\pi/5$
21. $4\pi ab^2/3$ 23. π 25. $648\pi/5$ 27. $\pi/2$ 29. 40,000π ft³
31. 1/30 33. (a) $2\pi/3$ (b) 16/3 (c) $4\sqrt{3}/3$ 35. 0.710172176
39. (b) 左端点 ≈ 11.157; 右端点 ≈ 11.771; $V \approx$ 平均 $= 11.464$ cm³
41. $V = \begin{cases} 3\pi h^2, & 0 \le h < 2 \\ \frac{1}{3}\pi(12h^2-h^3-4), & 2 \le h \le 4 \end{cases}$ 43. $\frac{2}{3}r^3\tan\theta$ 45. $16r^3/3$

演習問題 6.3 (P.99)

1. $15\pi/2$ 3. $\pi/3$ 5. $2\pi/5$ 7. 4π 9. $20\pi/3$ 11. $\pi/2$
13. $\pi/5$ 15. $2\pi^2$ 17. (a) $7\pi/30$ (b) 容易 19. $9\pi/14$
21. $\pi r^2 h/3$ 23. $V = \frac{4\pi}{3}[r^3 - (r^2-a^2)^{3/2}]$ 25. $b=1$

演習問題 6.4 (P.104)

1. $L = \sqrt{5}$ 3. $(85\sqrt{85}-8)/243$ 5. $\frac{1}{27}(80\sqrt{10}-13\sqrt{13})$
7. $\frac{17}{6}$ 9. $(2\sqrt{2}-1)/3$ 11. π
15. (a) (b) dy/dx は $x=0$ では存在しない.
(c) $L=(13\sqrt{13}+80\sqrt{10}-16)/27$

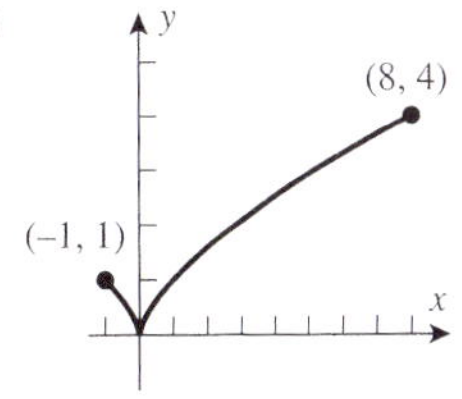

17. 4.645975301 19. 3.820197788
23. (b) 9.69 (c) 5.16 cm 25. $k=1.83$

演習問題 6.5 (P.108)

1. $35\pi\sqrt{2}$ 3. 8π 5. $40\pi\sqrt{82}$ 7. 24π 9. $16\pi/9$
11. $16{,}911\pi/1024$ 13. $2\pi(\sqrt{2}+\ln(\sqrt{2}+1))$
19. $\frac{8}{3}\pi(17\sqrt{17}-1)$ 21. $\frac{\pi}{24}(17\sqrt{17}-1)$

演習問題 6.6 (P.115)

1. (a) 210 ft·lb (b) 5/6 ft·lb 3. 100 ft·lb 5. 160 J
7. 20 lb/ft 9. $900\pi\rho$ ft·lb 11. 261,600 J
13. (a) 926,640 ft·lb (b) 0.468 馬力のモーター
15. 75,000 ft·lb 17. 120,000 ft·tons
19. (a) $2{,}400{,}000{,}000/x^2$ lb (b) $(9.6\times10^{10})/(x+4000)^2$ lb
(c) 2.5344×10^{10} ft·lb 21. $v_f=100$ m/s
23. (a) 4.5×10^{14} J の減少 (b) ≈ 0.107 (c) ≈ 8.24 個分

演習問題 6.7 (P.121)

1. (a) $F=31{,}200$ lb; $P=312$ lb/ft²
(b) $F=2{,}452{,}500$ N; $P=98.1$ kPa
3. 499.2 lb 5. 8.175×10^5 N 7. 1,098,720 N 9. なる
11. $\rho a^3/\sqrt{2}$ lb 13. 63,648 lb 15. 9.81×10^9 N

6章補充問題 (P.122)

7. (a) $\int_a^b (f(x)-g(x))\,dx + \int_b^c (g(x)-f(x))\,dx +$
$\int_c^d (f(x)-g(x))\,dx$ (b) $\frac{11}{4}$ 9. $9a/8$

13. (a) [graph] (b) 1.42 in (c) 中心線の長さは 192,026 in

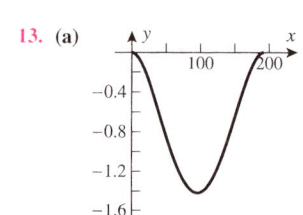

15. (a) $W = \frac{1}{16}$ J (b) 5 m

17. (a) $F = \int_0^1 \rho x 3\, dx$ N (b) $F = \int_1^4 \rho(1+x)2x\, dx$ lb/ft²
    (c) $\int_{-10}^0 9810|y|2\sqrt{\frac{125}{8}(y+10)}\, dy$ N   19. $k \approx 0.724611$

演習問題 7.1 (P.134)

1. (a) である (b) ではない (c) である (d) ではない   3. (a) である (b) ではない
5. (a) である (b) である (c) ではない (d) である (e) ではない (f) ではない
7. (a) ではない (b) ではない (c) である
9. (b) $[-2, 2]$, $[-8, 8]$
   (c) [graph]
11. (a) ではない (b) である (c) である
13. $x^{1/5}$
15. $\frac{1}{7}(x+6)$
17. $\sqrt[3]{(x+5)/3}$
19. $(x^3+1)/2$
21. $-\sqrt{3/x}$
23. $\begin{cases}(5/2) - x, & x > 1/2 \\ 1/x, & 0 < x \le 1/2\end{cases}$
25. $x^{1/4} - 2$, $x \ge 16$
27. $\frac{1}{2}(3 - x^2)$, $x \le 0$ 29. $\frac{1}{10}(1 + \sqrt{1-20x})$, $x \le -4$
31. (a) $y = (6.214 \times 10^{-4})x$ (b) $x = \frac{10^4}{6.214}y$
    (c) y マイルは何メートルか
33. (b) [graph] (c) 矛盾しない. なぜなら, $x > 1$ に対して $f(g(x)) = x$ であるが, g の定義域は $x \ge 0$ である.
35. (b) 直線 $y = x$ に関して対称   37. (b) $1 - (\sqrt{3}/3)$ 39. 10
41. [graph]   43. [graph]
45. $\frac{1}{15y^2+1}$ 51. [graph]   53. 25
47. $\frac{1}{10y^4 + 3y^2}$

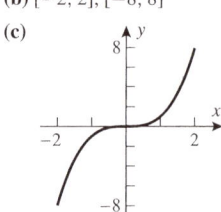

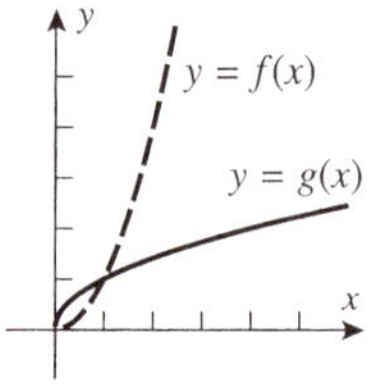

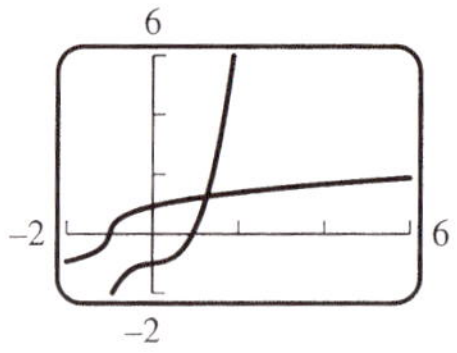

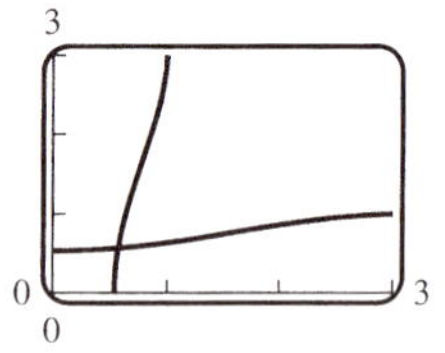

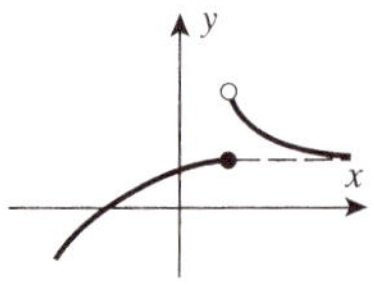

演習問題 7.2 (P.144)

1. (a) -4 (b) 4 (c) $\frac{1}{4}$ 3. (a) 2.9690 (b) 0.0341
5. (a) 4 (b) -5 (c) 1 (d) $\frac{1}{2}$ 7. (a) 1.3655 (b) -0.3011
9. (a) $2r + \frac{s}{2} + \frac{t}{2}$ (b) $s - 3r - t$ 11. (a) $1 + \log x + \frac{1}{2}\log(x-3)$
   (b) $2\ln|x| + 3\ln\sin x - \frac{1}{2}\ln(x^2+1)$ 13. $\log\frac{256}{3}$
15. $\ln\frac{\sqrt[3]{x}(x+1)^2}{\cos x}$ 17. 0.01   19. e^2 21. 4   23. 10^5
25. $\sqrt{3}/2$ 27. $-\frac{\ln 3}{2\ln 5}$ 29. $\frac{1}{3}\ln\frac{7}{2}$ 31. -2 33. $0, -\ln 2$

35. (a) [graph] (b) [graph]
37. 2.8777, -0.3174 39. [graph]
41. $x = 3.6541$, $y = 1.2958$ 43. (a) ちがう (b) $y = 2^{x/4}$ (c) $y = 2^{-x}$ (d) $y = (\sqrt{5})^x$ [graph]
45. $\log\frac{1}{2} < 0$ であるから $3\log\frac{1}{2} < 2\log\frac{1}{2}$.   47. 201 日
49. (a) 7.4, 塩基性 (b) 4.2, 酸性 (c) 6.4, 酸性 (d) 5.9, 酸性
51. (a) 140 dB, 起す (b) 120 dB, 起す (c) 80 dB, 起さない
    (d) 75 dB, 起さない   53. ≈ 200
55. (a) $\approx 5 \times 10^{16}$ J (b) ≈ 0.67 57. e^{-2}

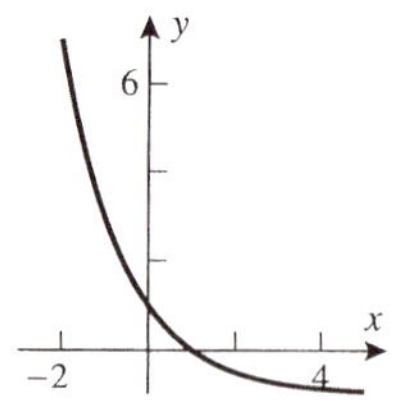

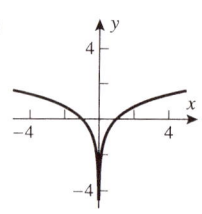

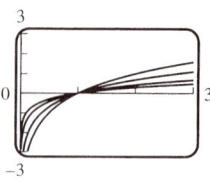

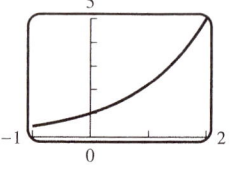

演習問題 7.3 (P.153)

1. $\frac{1}{x}$ 3. $\frac{2\ln x}{x}$ 5. $\frac{\sec^2 x}{\tan x}$ 7. $\frac{1-x^2}{x(1+x^2)}$
9. $\frac{3x^2 - 14x}{x^3 - 7x^2 - 3}$ 11. $\frac{1}{2x\sqrt{\ln x}}$ 13. $-\frac{1}{x}\sin(\ln x)$
15. $3x^2\log_2(3-2x) - \frac{2x^3}{(\ln 2)(3-2x)}$ 17. $\frac{2x(1+\log x) - x/(\ln 10)}{(1+\log x)^2}$
19. $7e^{7x}$ 21. $x^2 e^x(x+3)$ 23. $\frac{4}{(e^x+e^{-x})^2}$
25. $(x\sec^2 x + \tan x)e^{x\tan x}$ 27. $(1 - 3e^{3x})e^{x - e^{3x}}$ 29. $\frac{x-1}{e^x - x}$
31. $-\frac{y}{x(y+1)}$ 33. $-\tan x + \frac{3x}{4 - 3x^2}$
35. $x\sqrt[3]{1+x^2}\left[\frac{1}{x} + \frac{2x}{3(1+x^2)}\right]$
37. $\frac{(x^2-8)^{1/3}\sqrt{x^3+1}}{x^6 - 7x + 5}\left[\frac{2x}{3(x^2-8)} + \frac{3x^2}{2(x^3+1)} - \frac{6x^5 - 7}{x^6 - 7x + 5}\right]$
39. $2^x \ln 2$ 41. $\pi^{\sin x}(\ln\pi)\cos x$
43. $(x^3 - 2x)^{\ln x}\left[\frac{3x^2 - 2}{x^3 - 2x}\ln x + \frac{1}{x}\ln(x^3 - 2x)\right]$
45. $(\ln x)^{\tan x}\left[\frac{\tan x}{x\ln x} + (\sec^2 x)\ln(\ln x)\right]$ 47. ex^{e-1}
49. (a) $-\frac{1}{x(\ln x)^2}$ (b) $-\frac{\ln 2}{x(\ln x)^2}$ 51. (a) $k^n e^{kx}$ (b) $(-1)^n k^n e^{-kx}$
53. $-\frac{1}{\sqrt{2\pi}\sigma^3}(x-\mu)\exp\left[-\frac{1}{2}\left(\frac{x-\mu}{\sigma}\right)^2\right]$ 57. (a) 1 (b) $\ln 10$
59. $2\ln x + 3e^x + C$ 61. (a) $\ln|\ln x| + C$ (b) $-\frac{1}{5}e^{-5x} + C$
63. $\frac{1}{2}e^{2x} + C$ 65. $e^{\sin x} + C$ 67. $-\frac{1}{6}e^{-2x^3} + C$ 69. $-e^{-x} + C$
71. $2e^{\sqrt{y+1}} + C$ 73. $t + \ln|t| + C$ 75. $\int[\ln(e^x) + \ln(e^{-x})]\,dx = C$
77. $5e^3 - 10$ 79. (a) $\frac{1}{2}(e - e^{-1})$ (b) $\frac{3}{2}$ 81. $\ln\frac{21}{13}$ 83. $\ln 2$
85. $\frac{7}{24}$ 87. (b) $\frac{1}{2}(e^x + 1)$ 89. (a) $-2e^{-t} + 3$ (b) $\ln|t| + 5$

演習問題 7.4 (P.159)

1. (a) $x = 0$, 極小 (b) $x = \ln 2$, 極小

3. $x = \frac{3}{2}$ で最大値 $\frac{27}{8}e^{-3}$
$x = 4$ で最小値 $64/e^8$

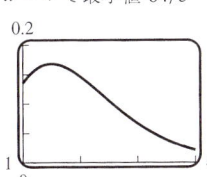

5. (a) $+\infty, 0$
   (b)

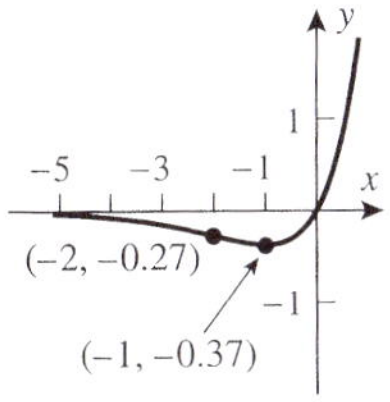

7. (a) $0, +\infty$
   (b)

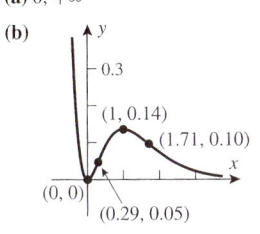

9. (a) $+\infty, -\infty$
   (b)

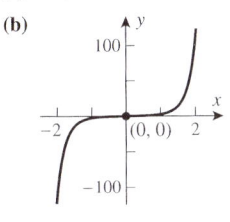

11. $\lim_{x \to +\infty} f(x) = +\infty$;
$x = 1$ に臨界値;
$x = 1$ に極小値;
変曲点はない;
垂直漸近線 $x = 0$;
$x \to -\infty$ に対して,水平漸近線 $y = 0$

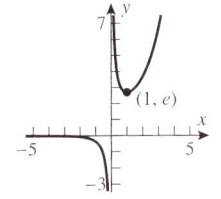

13. $x = 0, 2$ に臨界値;
$x = 0$ に極小値,
$x = 2$ に極大値
$x = 2 \pm \sqrt{2}$ に変曲点;
$x \to +\infty$ に対して,水平漸近線 $y = 0$;
$\lim_{x \to -\infty} f(x) = +\infty$

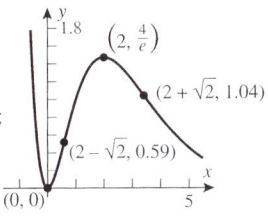

15. (a) $+\infty; 0$
    (b)

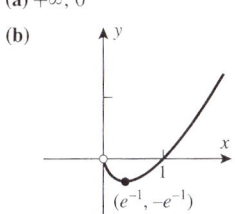

17. (a) $-\infty; 0$
    (b)

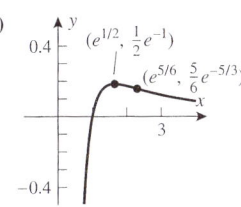

19. (a) $+\infty, 0$
    (b)

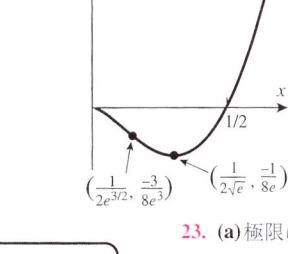

21. (a)

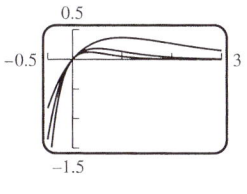

23. (a) 極限は存在しない
    (b)

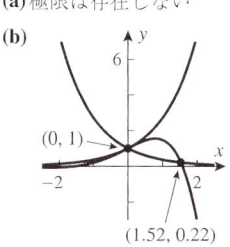

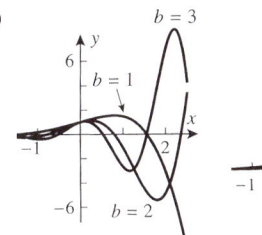

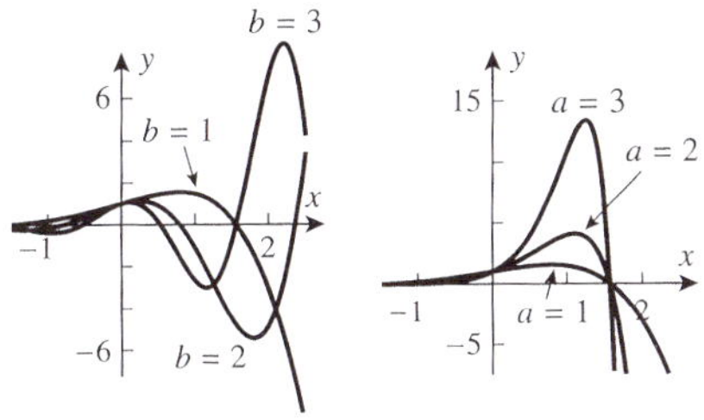

25. (b)
    (d) それらの点のあいだで,必ず零点をもつ 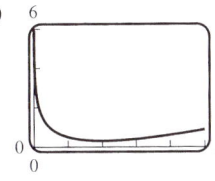
    (e) $x = 2$

27. (a) 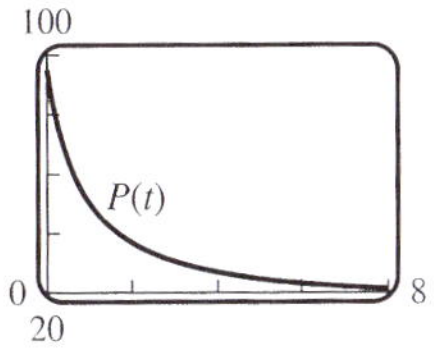
    (b) 頭数は 19 に収束する
    (c) 率は 0 に収束する

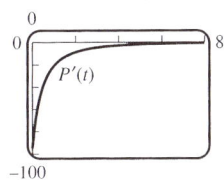

29. 第 8 日

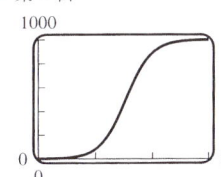

31. (a) $\dfrac{LAk}{(1+A)^2}$ (c) $\dfrac{1}{k}\ln A$

33. $-\dfrac{k_0 q}{2T^2}\exp\left(-\dfrac{q(T-T_0)}{2T_0 T}\right)$

35. e^2
37. $e^3 - e$
39. $1/2$
41. $\dfrac{1}{e} + e - 2$

43. $\dfrac{1}{e-1}$ 45. $\dfrac{1-e^{-8}}{8}$ 47. $\approx 48{,}233{,}525{,}650$

49. (a) 328.69 ft   (b) もっている

51. (a) 変位はいつも正   (b) $\dfrac{t}{2} + (t+1)e^{-t}$

53. $x = 0, x \approx 1.292695719$ 55. $x \approx -0.18, x = 1$

57. 4π 59. $\pi \ln 2$ 61. $\sqrt{2}(e^{\pi/2} - 1)$ 63. $\ln(1 + \sqrt{2})$

65. 22.94 67. $\dfrac{2\sqrt{2}}{5}\pi(2e^\pi + 1)$

▶ 演習問題 7.5 (P.171)

1. (a)
   (b)
   (c)

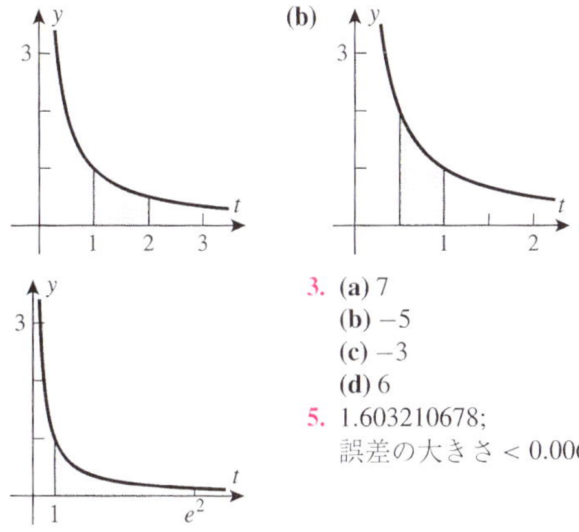

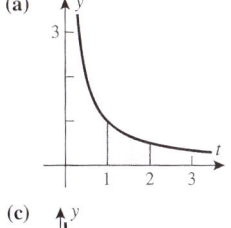

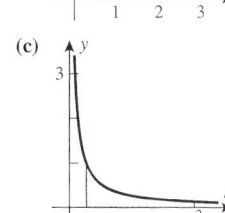

3. (a) 7
   (b) -5
   (c) -3
   (d) 6

5. 1.603210678;
   誤差の大きさ < 0.0063

7. (a) $x^{-1}, x > 0$ (b) $x^2, x \neq 0$ (c) $-x^2, -\infty < x < +\infty$
   (d) $-x, -\infty < x < +\infty$ (e) $x^3, x > 0$ (f) $\ln x + x, x > 0$
   (g) $x - \sqrt[3]{x}, -\infty < x < +\infty$ (h) $\dfrac{e^x}{x}, x > 0$

9. (a) $e^{\pi \ln 3}$ (b) $e^{\sqrt{2}\ln 2}$ 11. (a) e^2 (b) e^2 13. $x^2 - x$

15. (a) $3/x$ (b) 1 **17.** (a) 0 (b) $\frac{1}{3}$ (c) 0
19. (a) $2x^3\sqrt{1+x^2}$ (b) $-\frac{2}{3}(x^2+1)^{3/2}+\frac{2}{5}(x^2+1)^{5/2}-\frac{4\sqrt{2}}{15}$
21. (a) $-\sin x^2$ (b) $-\tan^2 x$ **23.** $-3\dfrac{3x-1}{9x^2+1}+2x\dfrac{x^2-1}{x^4+1}$
25. (a) $3x^2\sin^2(x^3)-2x\sin^2(x^2)$ (b) $\dfrac{2}{1-x^2}$
27. (a) $F(0)=0, F(3)=0, F(5)=6, F(7)=6, F(10)=3$
  (b) $\left[\frac{3}{2},6\right]$ と $\left[\frac{37}{4},10\right]$ 上で増加, $\left[0,\frac{3}{2}\right]$ と $\left[6,\frac{37}{4}\right]$ 上で減少
  (c) $x=6$ で最大値 $\frac{15}{2}$, $x=\frac{3}{2}$ で最小値 $-\frac{9}{4}$
  (d) [graph]
29. $F(x)=\begin{cases}(1-x^2)/2, & x<0\\(1+x^2)/2, & x\geq 0\end{cases}$
31. $y(x)=\frac{5}{4}+\frac{3}{4}x^{4/3}$
33. $y(x)=\tan x+\cos x-(\sqrt{2}/2)$
35. $P(x)=P_0+\int_0^x r(t)\,dt$ 人
37. I は II の導関数
39. (a) $t=3$ (b) $t=1,5$ (c) $t=5$ (d) $t=3$
  (e) F は $\left(0,\frac{1}{2}\right)$ と $(2,4)$ 上で下に凸, $\left(\frac{1}{2},2\right)$ と $(4,5)$ 上で上に凸.
  (f) [graph]
41. (a) $x=\pm\sqrt{4k+1}, k=0,1,\ldots$ で極大値
     $x=\pm\sqrt{4k-1}, k=1,2,\ldots$ で極小値
  (b) $x=\pm\sqrt{2k}, k=1,2,\ldots,$ および $x=0$ において
43. $f(x)=3e^{3x}, a=\frac{1}{3}\ln 2$ **45.** [graph]

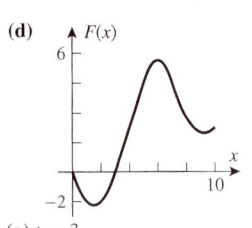

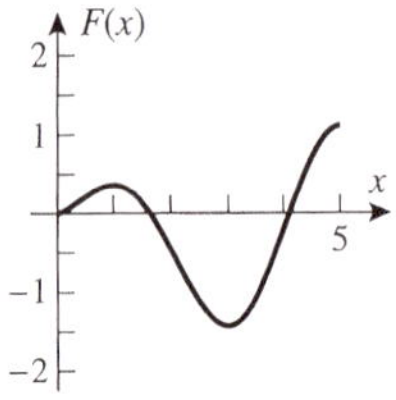

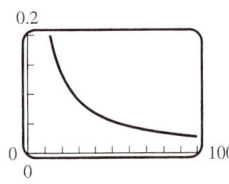

▶ **演習問題 7.6**（P.180）
1. (a) $-\pi/2$ (b) π (c) $-\pi/4$ (d) 0
3. $1/2, -\sqrt{3}, -1/\sqrt{3}, 2, -2/\sqrt{3}$ **5.** $\frac{4}{5}, \frac{3}{5}, \frac{3}{4}, \frac{5}{3}, \frac{5}{4}$
7. (a) $\pi/7$ (b) 0 (c) $2\pi/7$ (d) $201\pi-630$ **9.** (a) $0\leq x\leq\pi$
  (b) $-1\leq x\leq 1$ (c) $-\pi/2<x<\pi/2$ (d) $-\infty<x<+\infty$
11. $\frac{24}{25}$ **13.** (a) $\dfrac{1}{\sqrt{1+x^2}}$ (b) $\dfrac{\sqrt{1-x^2}}{x}$ (c) $\dfrac{\sqrt{x^2-1}}{x}$ (d) $\dfrac{1}{\sqrt{x^2-1}}$
15. (a) [graphs]
  (b) $\cot^{-1} x$ の定義域は $(-\infty,+\infty)$, 値域は $(0,\pi)$; $\csc^{-1} x$ の定義域は $(-\infty,-1]\cup[1,+\infty)$, 値域は $[-\pi/2,0)\cup(0,\pi/2]$.
17. (a) $55.0°$ (b) $33.6°$ (c) $25.8°$
21. (a) $x=3.6964$ rad (b) $\theta=-76.7°$
23. (a) $\dfrac{1}{\sqrt{9-x^2}}$ (b) $-\dfrac{2}{\sqrt{1-(2x+1)^2}}$
25. (a) $\dfrac{7}{|x|\sqrt{x^{14}-1}}$ (b) $-\dfrac{1}{\sqrt{e^{2x}-1}}$
27. (a) $-\dfrac{1}{|x|\sqrt{x^2-1}}$ (b) $\begin{cases}1, & \sin x>0\\-1, & \sin x<0\end{cases}$

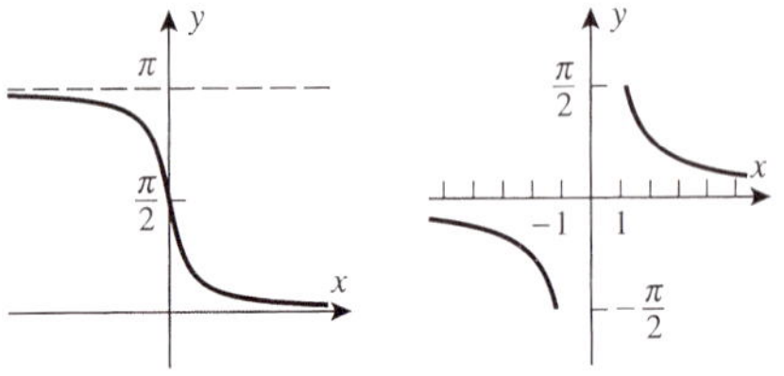

29. (a) $\dfrac{e^x}{|x|\sqrt{x^2-1}}+e^x\sec^{-1} x$ (b) $\dfrac{3x^2(\sin^{-1} x)^2}{\sqrt{1-x^2}}+2x(\sin^{-1} x)^3$
31. $\dfrac{(3x^2+\tan^{-1} y)(1+y^2)}{(1+y^2)e^y-x}$ **33.** $\dfrac{\pi}{4}$ **35.** $\dfrac{\pi}{2}$ **37.** $\dfrac{\pi}{12}$
39. $\sin^{-1}(\tan x)+C$ **41.** $\tan^{-1}(e^x)+C$ **43.** $\dfrac{\pi}{6}$
45. $\sin^{-1}(\ln x)+C$ **49.** (a) $\sin^{-1}(\frac{1}{3}x)+C$ (b) $\dfrac{1}{\sqrt{5}}\tan^{-1}\left(\dfrac{x}{\sqrt{5}}\right)+C$
  (c) $\dfrac{1}{\sqrt{\pi}}\sec^{-1}\left(\dfrac{x}{\sqrt{\pi}}\right)+C$ **51.** $\dfrac{\pi}{6\sqrt{3}}$ **53.** $\dfrac{1}{18\pi}$
55. (a) [graph] (b) [graph]
57. $23°$ **59.** $32°$ or $58°$; $32°$ **61.** $29°$
63. (a) $\sin^{-1} 0.8$ (b) 0.93 **65.** ≈ 0.997301 **67.** ≈ 0.174192
69. $\dfrac{\pi^2}{4}$ **71.** $k\approx 5.081435$ **73.** $x=1+2\sqrt{2}$

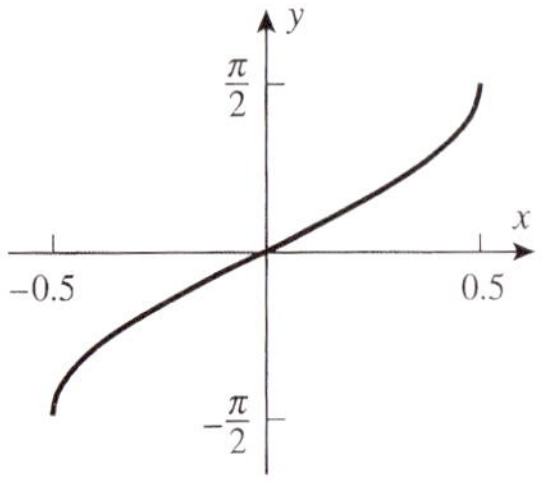

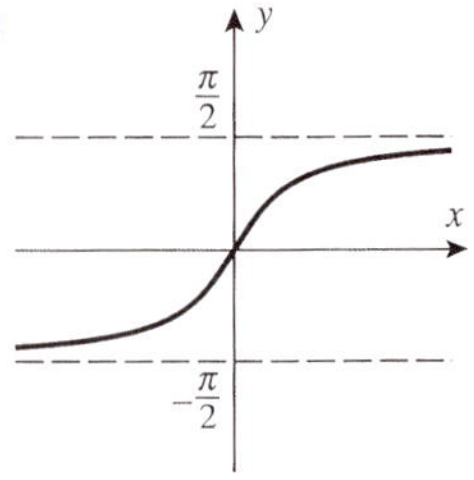

▶ **演習問題 7.7**（P.191）
1. (a) $\frac{2}{3}$ (b) $\frac{2}{3}$ **3.** 1 **5.** 1 **7.** 1 **9.** -1 **11.** 0
13. $-\infty$ **15.** 0 **17.** 2 **19.** 0 **21.** π **23.** $-\frac{5}{3}$ **25.** e^{-3}
27. e^2 **29.** $e^{2/\pi}$ **31.** 0 **33.** $\frac{1}{2}$ **35.** $+\infty$ **39.** (b) 2
41. 0 **43.** e^3 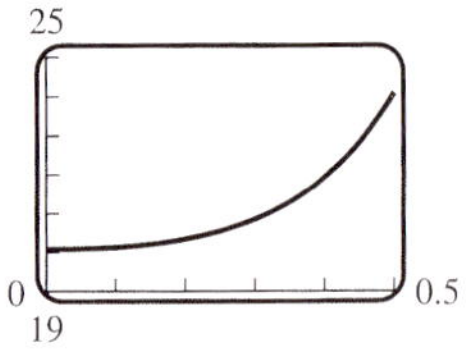
[graphs]
45. 水平漸近線はなし 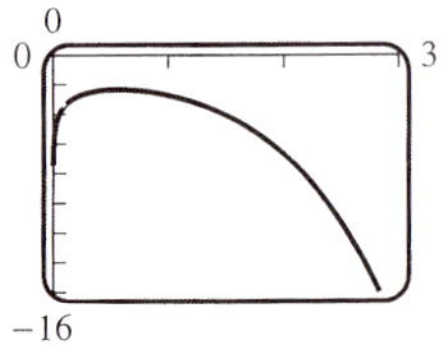   **47.** $y=1$ 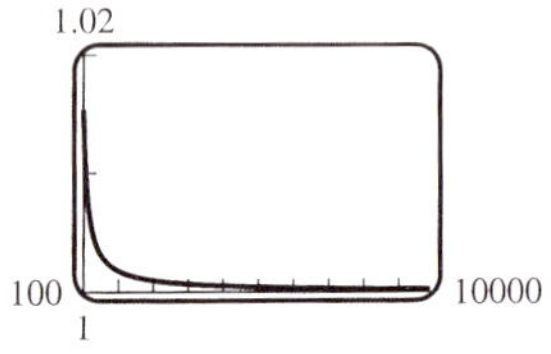
49. (a) 0 (b) $+\infty$ (c) 0 (d) $-\infty$ (e) $+\infty$ (f) $-\infty$
51. 1 **53.** 存在しない   **55.** Vt/L
59. $k=-1, \ell=\pm 2\sqrt{2}$ **61.** 存在しない

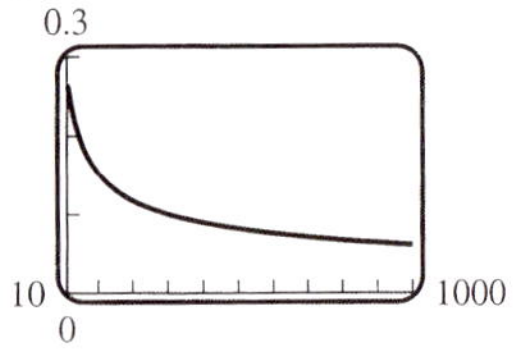

▶ **演習問題 7.8**（P.201）
1. (a) ≈ 10.0179 (b) ≈ 3.7622 (c) $\approx 15/17\approx 0.8824$
  (d) ≈ -1.4436 (e) ≈ 1.7627 (f) ≈ 0.9730
3. (a) $\frac{4}{3}$ (b) $\frac{5}{4}$ (c) $\frac{312}{313}$ (d) $-\frac{63}{16}$
5.

	$\sinh x_0$	$\cosh x_0$	$\tanh x_0$	$\coth x_0$	$\mathrm{sech}\, x_0$	$\mathrm{csch}\, x_0$
(a)	2	$\sqrt{5}$	$2/\sqrt{5}$	$\sqrt{5}/2$	$1/\sqrt{5}$	$1/2$
(b)	$3/4$	$5/4$	$3/5$	$5/3$	$4/5$	$4/3$
(c)	$4/3$	$5/3$	$4/5$	$5/4$	$3/5$	$3/4$

9. $4\cosh(4x-8)$ **11.** $-\dfrac{1}{x}\mathrm{csch}^2(\ln x)$
13. $\dfrac{1}{x^2}\mathrm{csch}\left(\dfrac{1}{x}\right)\coth\left(\dfrac{1}{x}\right)$ **15.** $\dfrac{2+5\cosh(5x)\sinh(5x)}{\sqrt{4x+\cosh^2(5x)}}$

17. $x^{5/2}\tanh(\sqrt{x})\operatorname{sech}^2(\sqrt{x}) + 3x^2\tanh^2(\sqrt{x})$ 19. $\dfrac{1}{\sqrt{9+x^2}}$
21. $\dfrac{1}{(\cosh^{-1}x)\sqrt{x^2-1}}$ 23. $-\dfrac{(\tanh^{-1}x)^{-2}}{1-x^2}$
25. $\dfrac{\sinh x}{|\sinh x|} = \begin{cases} 1, & x>0 \\ -1, & x<0 \end{cases}$ 27. $-\dfrac{e^x}{2x\sqrt{1-x}} + e^x\operatorname{sech}^{-1}x$
31. $\tfrac{1}{7}\sinh^7 x + C$ 33. $\tfrac{2}{3}(\tanh x)^{3/2} + C$ 35. $\ln(\cosh x) + C$
37. $37/375$ 39. $\tfrac{1}{3}\sinh^{-1}3x + C$ 41. $-\operatorname{sech}^{-1}(e^x) + C$
43. $-\operatorname{csch}^{-1}|2x| + C$ 45. $\tfrac{1}{2}\ln 3$ 49. $16/9$ 51. 5π
53. $\tfrac{3}{4}$ 61. $|u|<1: \tanh^{-1}u + C;\ |u|>1: \tanh^{-1}(1/u) + C$
63. (a) $+\infty$ (b) $-\infty$ (c) 1 (d) -1 (e) $+\infty$ (f) $+\infty$ 71. 405.9 ft

▶ **7章補充問題** (P.203)
3. (a) $\tfrac{1}{2}(x+1)^{1/3}$ (b) 存在しない (c) $\tfrac{1}{2}\ln(x-1)$ (d) $\dfrac{x+2}{x-1}$
5. $15x+2$ 9. (a) [graph] (b) $x = -\tfrac{\pi}{4}, \tfrac{3\pi}{4}$
11. $a = 68.7672,\ b = 0.0100333,\ c = 693.8597,\ d = 299.2239$ と置け.
   (a) [graph] (b) 1480.2798 ft (c) 283.6249 ft (d) $82°$
13. (b) $x = 3.654$
15. (a) $3x^2$ (b) $\dfrac{abe^{-x}}{(1+be^{-x})^2}$ (c) $\dfrac{5x+3}{6x(x+1)} - \cot x - \tan x$
   (d) $\dfrac{1}{x}(1+x)^{(1/x)-1} - \dfrac{(1+x)^{(1/x)}}{x^2}\ln(1+x)$
   (e) $e^x\left[x e^{x-1} + e^x \ln x\right]$ (f) $-\dfrac{2}{x\sqrt{x^4+1}}$
19. $e^{1/e}$ 21. 最大値無し；$x=2$ で最小値 $e^2/4$
23. $x^* = e-1$ 25. $\ln 2$ 27. $\tfrac{3}{8} + \tfrac{1}{2}(\sin 1 - \sin \tfrac{1}{4})$
31. (d) $n \geq 1000$ 33. $0.351220577,\ 0.420535296,\ 0.386502483$
35. $e - 1$ 37. (a) $0/0$ または ∞/∞ (b) $\lim_{x \to a} f(x) = 0$ の場合のみ

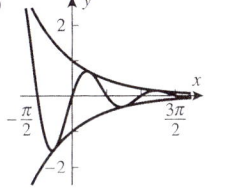

▶ **演習問題 8.1** (P.209)
1. $-\tfrac{1}{8}(3-2x)^4 + C$ 3. $\tfrac{1}{2}\tan(x^2) + C$ 5. $-\tfrac{1}{3}\ln(2+\cos 3x) + C$
7. $\cosh(e^x) + C$ 9. $-e^{\cot x} + C$ 11. $-\tfrac{1}{42}\cos^6 7x + C$
13. $\ln(e^x + \sqrt{e^{2x}+4}) + C$ 15. $2e^{\sqrt{x-2}} + C$ 17. $2\sinh\sqrt{x} + C$
19. $-\dfrac{2}{\ln 3}3^{-\sqrt{x}} + C$ 21. $\tfrac{1}{2}\coth\dfrac{x}{x} + C$ 23. $-\tfrac{1}{4}\ln\left|\dfrac{2+e^{-x}}{2-e^{-x}}\right| + C$
25. $\sin^{-1}(e^x) + C$ 27. $\tfrac{1}{2}\sin(x^2) + C$ 29. $-\dfrac{1}{\ln 16}4^{-x^2} + C$

▶ **演習問題 8.2** (P.217)
1. $-xe^{-x} - e^{-x} + C$ 3. $x^2 e^x - 2xe^x + 2e^x + C$
5. $-\tfrac{1}{2}x\cos 2x + \tfrac{1}{4}\sin 2x + C$ 7. $x^2 \sin x + 2x\cos x - 2\sin x + C$
9. $\tfrac{2}{3}x^{3/2}\ln x - \tfrac{4}{9}x^{3/2} + C$ 11. $x(\ln x)^2 - 2x\ln x + 2x + C$
13. $x\ln(2x+3) - x + \tfrac{3}{2}\ln(2x+3) + C$ 15. $x\sin^{-1}x + \sqrt{1-x^2} + C$
17. $x\tan^{-1}(2x) - \tfrac{1}{4}\ln(1+4x^2) + C$ 19. $\tfrac{1}{2}e^x(\sin x - \cos x) + C$
21. $\dfrac{e^{ax}}{a^2+b^2}(a\sin bx - b\cos bx) + C$
23. $(x/2)[\sin(\ln x) - \cos(\ln x)] + C$ 25. $x\tan x + \ln|\cos x| + C$
27. $\tfrac{1}{2}x^2 e^{x^2} - \tfrac{1}{2}e^{x^2} + C$ 29. $(1 - 6e^{-5})/25$ 31. $(2e^3 + 1)/9$
33. $5\ln 5 - 4$ 35. $\dfrac{5\pi}{6} - \sqrt{3} + 1$ 37. $-\pi/8$

39. $\tfrac{1}{3}\left(2\sqrt{3}\pi - \dfrac{\pi}{2} - 2 + \ln 2\right)$ 41. (a) $2(\sqrt{x}-1)e^{\sqrt{x}} + C$
    (b) $2\sqrt{x}\sin\sqrt{x} + 2\cos\sqrt{x} + C$ 43. $-(3x^2 + 5x + 7)e^{-x} + C$
45. $(4x^4 - 12x^2 + 6)\sin(2x) + (8x^3 - 12x)\cos(2x) + C$
47. (a) $A = 1$ (b) $V = \pi(e-2)$ 49. $V = 2\pi^2$
51. 距離 $= -37e^{-5} + 2$
53. (a) $-\tfrac{1}{3}\sin^2 x\cos x - \tfrac{2}{3}\cos x + C$ (b) $\dfrac{3\pi}{32} - \dfrac{1}{4}$
57. (a) $\tfrac{1}{3}\tan^3 x - \tan x + x + C$ (b) $\tfrac{1}{3}\sec^2 x \tan x + \tfrac{2}{3}\tan x + C$
    (c) $x^3 e^x - 3x^2 e^x + 6xe^x - 6e^x + C$
63. $(x+1)\ln(x+1) - x + C$ 65. $\tfrac{1}{2}(x^2+1)\tan^{-1}x - \tfrac{1}{2}x + C$

▶ **演習問題 8.3** (P.225)
1. $-\tfrac{1}{6}\cos^6 x + C$ 3. $\dfrac{1}{2a}\sin^2 ax + C,\ a \neq 0$
5. $\tfrac{1}{2}\theta - \tfrac{1}{20}\sin 10\theta + C$ 7. $\sin\theta - \tfrac{2}{3}\sin^3\theta + \tfrac{1}{5}\sin^5\theta + C$
9. $\tfrac{1}{6}\sin^3 2t - \tfrac{1}{10}\sin^5 2t + C$ 11. $\tfrac{1}{8}x - \tfrac{1}{32}\sin 4x + C$
13. $-\tfrac{1}{6}\cos 3x + \tfrac{1}{2}\cos x + C$ 15. $-\tfrac{1}{3}\cos(3x/2) - \cos(x/2) + C$
17. $(5\sqrt{2})/12$ 19. 0 21. $\tfrac{1}{24}$ 23. $\tfrac{1}{3}\tan(3x+1) + C$
25. $\tfrac{1}{2}\ln|\cos(e^{-2x})| + C$ 27. $\tfrac{1}{2}\ln|\sec 2x + \tan 2x| + C$
29. $\tfrac{1}{3}\tan^3 x + C$ 31. $\tfrac{1}{16}\tan^4 4x + \tfrac{1}{24}\tan^6 4x + C$
33. $\tfrac{1}{7}\sec^7 x - \tfrac{1}{5}\sec^5 x + C$
35. $\tfrac{1}{4}\sec^3 x\tan x - \tfrac{5}{8}\sec x\tan x + \tfrac{3}{8}\ln|\sec x + \tan x| + C$
37. $\tfrac{1}{6}\sec^3 2t + C$ 39. $\tan x + \tfrac{1}{3}\tan^3 x + C$
41. $\tfrac{1}{3}\tan^3 x - \tan x + x + C$ 43. $\tfrac{2}{3}\tan^{3/2}x + \tfrac{2}{7}\tan^{7/2}x + C$
45. $\dfrac{\sqrt{3}}{2} - \dfrac{\pi}{6}$ 47. $-\tfrac{1}{2} + \ln 2$
49. $-\tfrac{1}{5}\csc^5 x + \tfrac{1}{3}\csc^3 x + C$ 51. $-\tfrac{1}{2}\csc^2 x - \ln|\sin x| + C$
55. $L = \ln(\sqrt{2}+1)$ 57. $V = \pi/2$
63. $-\dfrac{1}{\sqrt{a^2+b^2}}\ln\left[\dfrac{\sqrt{a^2+b^2} + a\cos x - b\sin x}{a\sin x + b\cos x}\right] + C$
65. (a) $\tfrac{2}{3}$ (b) $3\pi/16$ (c) $\tfrac{8}{15}$ (d) $5\pi/32$

▶ **演習問題 8.4** (P.231)
1. $2\sin^{-1}(x/2) + \tfrac{1}{2}x\sqrt{4-x^2} + C$ 3. $\tfrac{9}{2}\sin^{-1}(x/3) - \tfrac{1}{2}x\sqrt{9-x^2} + C$
5. $\tfrac{1}{16}\tan^{-1}(x/2) + \dfrac{x}{8(4+x^2)} + C$ 7. $\sqrt{x^2-9} - 3\sec^{-1}(x/3) + C$
9. $-2\sqrt{2-x^2} + \tfrac{1}{3}(2-x^2)^{3/2} + C$ 11. $\dfrac{\sqrt{4x^2-9}}{9x} + C$
13. $\dfrac{x}{\sqrt{1-x^2}} + C$ 15. $\ln|x + \sqrt{x^2-1}| + C$ 17. $-(x/\sqrt{9x^2-1}) + C$
19. $\tfrac{1}{2}\sin^{-1}(e^x) + \tfrac{1}{2}e^x\sqrt{1-e^{2x}} + C$ 21. $\dfrac{2048}{15}$ 23. $(\sqrt{3} - \sqrt{2})/2$
25. $\dfrac{10\sqrt{3}+18}{243}$ 27. $\tfrac{1}{2}\ln(x^2+4) + C$
29. $L = \sqrt{5} - \sqrt{2} + \ln\dfrac{2+2\sqrt{2}}{1+\sqrt{5}}$ 31. $S = \dfrac{\pi}{32}[18\sqrt{5} - \ln(2+\sqrt{5})]$
33. (a) $\sinh^{-1}(x/3) + C$ (b) $\ln\left(\dfrac{\sqrt{x^2+9}}{3} + \dfrac{x}{3}\right) + C$
   (c) $\tfrac{1}{2}x\sqrt{x^2-1} - \tfrac{1}{2}\cosh^{-1}x + C$ 35. $\tfrac{1}{3}\tan^{-1}\left(\dfrac{x-2}{3}\right) + C$
37. $\sin^{-1}\left(\dfrac{x-1}{3}\right) + C$ 39. $\ln(x - 3 + \sqrt{(x-3)^2+1}) + C$
41. $2\sin^{-1}\left(\dfrac{x+1}{2}\right) + \tfrac{1}{2}(x+1)\sqrt{3-2x-x^2} + C$
43. $\dfrac{1}{\sqrt{10}}\tan^{-1}\sqrt{\dfrac{2}{5}}(x+1) + C$ 45. $\pi/6$
47. $u = \sin^2 x,\ \tfrac{1}{2}\int \sqrt{1-u^2}\,du = \tfrac{1}{4}[\sin^2 x\sqrt{1-\sin^4 x} + \sin^{-1}(\sin^2 x)] + C$

A8　解答

▶ 演習問題 8.5 (P.238)

1. $\dfrac{A}{(x-2)} + \dfrac{B}{(x+5)}$　　3. $\dfrac{A}{x} + \dfrac{B}{x^2} + \dfrac{C}{x-1}$

5. $\dfrac{A}{x} + \dfrac{B}{x^2} + \dfrac{C}{x^3} + \dfrac{Dx+E}{x^2+1}$　　7. $\dfrac{Ax+B}{x^2+5} + \dfrac{Cx+D}{(x^2+5)^2}$

9. $\dfrac{1}{5}\ln\left|\dfrac{x-1}{x+4}\right| + C$　　11. $\dfrac{5}{2}\ln|2x-1| + 3\ln|x+4| + C$

13. $\ln\left|\dfrac{x(x+3)^2}{x-3}\right| + C$　　15. $\dfrac{1}{2}x^2 - 2x + 6\ln|x+2| + C$

17. $3x + 12\ln|x-2| - \dfrac{2}{x-2} + C$　　19. $\dfrac{1}{3}x^3 + x + \ln\left|\dfrac{(x+1)(x-1)^2}{x}\right| + C$

21. $3\ln|x| - \ln|x-1| - \dfrac{5}{x-1} + C$　　23. $\ln\dfrac{(x-3)^2}{|x+1|} + \dfrac{1}{x-3} + C$

25. $\ln|x+2| + \dfrac{4}{x+2} - \dfrac{2}{(x+2)^2} + C$

27. $-\dfrac{7}{34}\ln|4x-1| + \dfrac{6}{17}\ln(x^2+1) + \dfrac{3}{17}\tan^{-1}x + C$

29. $3\tan^{-1}x + \dfrac{1}{2}\ln(x^2+3) + C$　　31. $\dfrac{1}{2}x^2 - 3x + \dfrac{1}{2}\ln(x^2+1) + C$

33. $\dfrac{1}{6}\ln\left(\dfrac{1-\sin\theta}{5+\sin\theta}\right) + C$　　35. $V = \pi\left(\dfrac{19}{5} - \dfrac{9}{4}\ln 5\right)$

37. $\dfrac{1}{\sqrt{2}}\tan^{-1}\left(\dfrac{x+1}{\sqrt{2}}\right) + \dfrac{1}{x^2+2x+3} + C$

39. $\dfrac{1}{8}\ln|x-1| - \dfrac{1}{5}\ln|x-2| + \dfrac{1}{12}\ln|x-3| - \dfrac{1}{120}\ln|x+3| + C$

▶ 演習問題 8.6 (P.247)

1. 公式 (60): $\dfrac{3}{16}[4x + \ln|-1+4x|] + C$

3. 公式 (65): $\dfrac{1}{5}\ln\left|\dfrac{x}{5+2x}\right| + C$

5. 公式 (102): $\dfrac{1}{5}(x+1)(-3+2x)^{3/2} + C$

7. 公式 (108): $\dfrac{1}{2}\ln\left|\dfrac{\sqrt{4-3x}-2}{\sqrt{4-3x}+2}\right| + C$

9. 公式 (69): $\dfrac{1}{2\sqrt{5}}\ln\left|\dfrac{x+\sqrt{5}}{x-\sqrt{5}}\right| + C$

11. 公式 (73): $\dfrac{x}{2}\sqrt{x^2-3} - \dfrac{3}{2}\ln|x+\sqrt{x^2-3}| + C$

13. 公式 (95): $\dfrac{x}{2}\sqrt{x^2+4} - 2\ln(x+\sqrt{x^2+4}) + C$

15. 公式 (74): $\dfrac{x}{2}\sqrt{9-x^2} + \dfrac{9}{2}\sin^{-1}\dfrac{x}{3} + C$

17. 公式 (79): $\sqrt{3-x^2} - \sqrt{3}\ln\left|\dfrac{\sqrt{3}+\sqrt{9-x^2}}{x}\right| + C$

19. 公式 (38): $-\dfrac{1}{10}\sin(5x) + \dfrac{1}{2}\sin x + C$

21. 公式 (50): $\dfrac{x^4}{16}[4\ln x - 1] + C$

23. 公式 (42): $\dfrac{e^{-2x}}{13}[-2\sin(3x) - 3\cos(3x)] + C$

25. 公式 (62): $\dfrac{1}{2}\int\dfrac{u\,du}{(4-3u)^2} = \dfrac{1}{18}\left[\dfrac{4}{4-3e^{2x}} + \ln|4 - 3e^{2x}|\right] + C$

27. 公式 (68): $\dfrac{2}{3}\int\dfrac{du}{u^2+4} = \dfrac{1}{3}\tan^{-1}\dfrac{3\sqrt{x}}{2} + C$

29. 公式 (76): $\dfrac{1}{3}\int\dfrac{du}{\sqrt{u^2-4}} = \dfrac{1}{3}\ln|3x + \sqrt{9x^2-4}| + C$

31. 公式 (81): $\dfrac{1}{54}\int\dfrac{u^2\,du}{\sqrt{5-u^2}} = -\dfrac{x^2}{36}\sqrt{5-9x^4} + \dfrac{5}{108}\sin^{-1}\dfrac{3x^2}{\sqrt{5}} + C$

33. 公式 (26): $\int\sin^2 u\,du = \dfrac{1}{2}\ln x + \dfrac{1}{4}\sin(2\ln x) + C$

35. 公式 (51): $\dfrac{1}{4}\int ue^u\,du = \dfrac{1}{4}(-2x-1)e^{-2x} + C$

37. $u = \cos 3x$, 公式 (67): $-\int\dfrac{du}{u(u+1)^2} = -\dfrac{1}{3}\left[\dfrac{1}{1+\cos 3x} + \ln\left|\dfrac{\cos 3x}{1+\cos 3x}\right|\right] + C$

39. $u = 4x^2$, 公式 (70): $\dfrac{1}{8}\int\dfrac{du}{u^2-1} = \dfrac{1}{16}\ln\left|\dfrac{4x^2-1}{4x^2+1}\right| + C$

41. $u = 2e^x$, 公式 (74):
$\dfrac{1}{2}\int\sqrt{3-u^2}\,du = \dfrac{1}{2}e^x\sqrt{3-4e^{2x}} + \dfrac{3}{4}\sin^{-1}\left(\dfrac{2e^x}{\sqrt{3}}\right) + C$

43. $u = 3x$, 公式 (112): $\dfrac{1}{3}\int\sqrt{\dfrac{5}{3}u - u^2}\,du = \dfrac{18x-5}{36}\sqrt{5x-9x^2} + \dfrac{25}{216}\sin^{-1}\left(\dfrac{18x-5}{5}\right) + C$

45. $u = 3x$, 公式 (44): $\dfrac{1}{9}\int u\sin u\,du = \dfrac{1}{9}(\sin 3x - 3x\cos 3x) + C$

47. $u = -\sqrt{x}$, 公式 (51): $2\int ue^u\,du = -2(\sqrt{x}+1)e^{-\sqrt{x}} + C$

49. $x^2+4x-5 = (x+2)^2-9$; $u = x+2$, 公式 (70):
$\int\dfrac{du}{u^2-9} = \dfrac{1}{6}\ln\left|\dfrac{x-1}{x+5}\right| + C$

51. $x^2-4x-5 = (x-2)^2-9$, $u = x-2$, 公式 (77):
$\int\dfrac{u+2}{\sqrt{9-u^2}}\,du = -\sqrt{5+4x-x^2} + 2\sin^{-1}\left(\dfrac{x-2}{3}\right) + C$

53. $u = \sqrt{x-2}$, $\dfrac{2}{5}(x-2)^{5/2} + \dfrac{4}{3}(x-2)^{3/2} + C$

55. $u = \sqrt{x^3+1}$, $\dfrac{2}{3}\int u^2(u^2-1)\,du = \dfrac{2}{15}(x^3+1)^{5/2} - \dfrac{2}{9}(x^3+1)^{3/2} + C$

57. $u = x^{1/6}$, $\int\dfrac{6u^5}{u^3+u^2}\,du = 2x^{1/2} - 3x^{1/3} + 6x^{1/6} - 6\ln(x^{1/6}+1) + C$

59. $u = x^{1/4}$, $4\int\dfrac{1}{u(1-u)}\,du = 4\ln\dfrac{x^{1/4}}{|1-x^{1/4}|} + C$

61. $u = x^{1/6}$, $6\int\dfrac{u^3}{u-1}\,du = 2x^{1/2} + 3x^{1/3} + 6x^{1/6} + 6\ln|x^{1/6}-1| + C$

63. $u = \sqrt{1+x^2}$, $\int(u^2-1)\,du = \dfrac{1}{3}(1+x^2)^{3/2} - (1+x^2)^{1/2} + C$

65. $u = \sqrt{x}$, $2\int u\sin u\,du = 2\sin\sqrt{x} - 2\sqrt{x}\cos\sqrt{x} + C$

67. $\int\dfrac{1}{1+\dfrac{2u}{1+u^2}+\dfrac{1-u^2}{1+u^2}}\cdot\dfrac{2}{1+u^2}\,du = \int\dfrac{1}{u+1}\,du$
$= \ln|\tan(x/2)+1| + C$

69. $\int\dfrac{d\theta}{1-\cos\theta} = \int\dfrac{1}{u^2}\,du = -\cot(\theta/2) + C$

71. $2\int\dfrac{1-u^2}{(3u^2+1)(u^2+1)}\,du$, $\dfrac{4}{\sqrt{3}}\tan^{-1}[\sqrt{3}\tan(x/2)] - x + C$

73. $x = \dfrac{4e^2}{1+e^2}$

75. $A = 6 + \dfrac{25}{2}\sin^{-1}\dfrac{4}{5}$

77. $A = \dfrac{1}{40}\ln 9$

79. $V = \pi(\pi-2)$

81. $V = 2\pi(1-4e^{-3})$

83. $L = \sqrt{65} + \dfrac{1}{8}\ln(8+\sqrt{65})$

85. $S = 2\pi[\sqrt{2} + \ln(1+\sqrt{2})]$

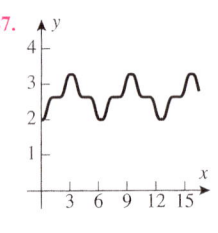

87.

▶ 演習問題 8.7 (P.260)

1. 正確な値 = 14/3 ≈ 4.666666667
   (a) 4.667600663, $|E_M| \approx 0.000933996$
   (b) 4.664795679, $|E_T| \approx 0.001870988$
   (c) 4.666651630, $|E_S| \approx 0.000015037$

3. 正確な値 = 2
   (a) 2.008248408, $|E_M| \approx 0.008248408$
   (b) 1.983523538, $|E_T| \approx 0.016476462$
   (c) 2.000109517, $|E_S| \approx 0.000109517$

5. 正確な値 = $e^{-1} - e^{-3} \approx 0.318092373$
   (a) 0.317562837, $|E_M| \approx 0.000529536$
   (b) 0.319151975, $|E_T| \approx 0.001059602$
   (c) 0.318095187, $|E_S| \approx 0.000002814$

7. (a) $|E_M| \leq \dfrac{27}{2400}(1/4) = 0.002812500$

   (b) $|E_T| \leq \dfrac{27}{1200}(1/4) = 0.005625000$

   (c) $|E_S| \leq \dfrac{243}{180 \times 10^4}(15/16) \approx 0.000126563$

9. (a) $|E_M| \leq \dfrac{\pi^3}{2400}(1) \approx 0.012919282$

   (b) $|E_T| \leq \dfrac{\pi^3}{1200}(1) \approx 0.025838564$

   (c) $|E_S| \leq \dfrac{\pi^5}{180 \times 10^4}(1) \approx 0.000170011$

11. (a) $|E_M| \leq \dfrac{8}{2400}(e^{-1}) \approx 0.001226265$

    (b) $|E_T| \leq \dfrac{8}{1200}(e^{-1}) \approx 0.002452530$

    (c) $|E_S| \leq \dfrac{32}{180 \times 10^4}(e^{-1}) \approx 0.000006540$

13. (a) $n = 24$ (b) $n = 34$ (c) $n = 8$
15. (a) $n = 36$ (b) $n = 51$ (c) $n = 8$
17. (a) $n = 351$ (b) $n = 496$ (c) $n = 16$
19. $g(x) = \dfrac{1}{24}x^2 - \dfrac{3}{8}x + \dfrac{13}{12}$ 21. $0.746824948, 0.746824133$
23. $2.129861595, 2.129861293$ 25. $0.805376152, 0.804776489$
27. (a) $3.142425985, |E_M| \approx 0.000833331$

    (b) $3.139925989, |E_T| \approx 0.001666665$

    (c) $3.141592614, |E_S| \approx 0.000000040$

29. $S_{14} = 0.693147984, |E_S| \approx 0.000000803 = 8.03 \times 10^{-7}$
31. $n = 116$ 35. ≈ 3.82019 37. 1604 ft 39. 37.9 mi
41. 9.3 L 45. (a) $\max |f''(x)| \approx 3.844880$ (b) $n = 18$ (c) 0.904741
47. (a) $\max |f^{(4)}(x)| \approx 42.551816$ (b) $n = 8$ (c) 0.904524

▶ 演習問題 8.8 （P.269）

1. (a) 広義積分：$x = 3$ に無限不連続性 (b) 広義積分ではない
   (c) 広義積分：$x = 0$ に無限不連続性 (d) 広義積分：無限の積分区間
   (e) 広義積分：無限の積分区間および $x = 1$ に無限不連続性
   (f) 広義積分ではない

3. 1 5. $\ln \dfrac{5}{3}$ 7. $\dfrac{1}{2}$ 9. $-\dfrac{1}{4}$ 11. $\dfrac{1}{3}$ 13. 発散
15. 0 17. 発散 19. 発散 21. $\pi/2$ 23. 1
25. 発散 27. $\dfrac{9}{2}$ 29. 発散 31. 2 33. 2 35. $\dfrac{1}{2}$
37. (a) 2.726585 (b) 2.804364 (c) 0.219384 (d) 0.504067 39. 12
41. -1 43. $\dfrac{1}{3}$ 45. (a) $V = \pi/2$ (b) $S = \pi[\sqrt{2} + \ln(1 + \sqrt{2})]$
47. (b) $1/e$ (c) この積分は収束 51. $\dfrac{8\sqrt{2}}{5}$
53. $\dfrac{2\pi NI}{kr}\left(1 - \dfrac{a}{\sqrt{r^2 + a^2}}\right)$ 55. (b) 2.4×10^7 mi·lb
57. (a) $\dfrac{1}{s^2}$ (b) $\dfrac{2}{s^3}$ (c) $\dfrac{e^{-3s}}{s}$ 61. (a) 1.047 65. 1.809

▶ 8 章補充問題 （P.272）

1. (a) 部分積分 (b) 置換積分 (c) 簡約公式
   (d) 置換積分 (e) 置換積分 (f) 置換積分 (g) 部分積分
   (h) 置換積分 (i) 置換積分

5. (a) 40 (b) 57 (c) 113 (d) 108 (e) 52 (f) 71
7. (a) $-\dfrac{1}{8}\sin^3(2x)\cos 2x - \dfrac{3}{16}\cos 2x \sin 2x + \dfrac{3}{8}x + C$

   (b) $\dfrac{1}{10}\cos^4(x^2)\sin(x^2) + \dfrac{2}{15}\cos^2(x^2)\sin(x^2) + \dfrac{4}{15}\sin(x^2) + C$

9. (a) $2\sin^{-1}(\sqrt{x/2}) + C$; $-2\sin^{-1}(\sqrt{2-x}/\sqrt{2}) + C$; $\sin^{-1}(x-1) + C$

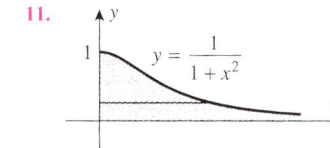

11. [グラフ: $y = \dfrac{1}{1+x^2}$]

13. $V = 2\pi$
15. $-\dfrac{2}{3}\cos^{3/2}\theta + C$
17. $\dfrac{1}{6}\tan^3(x^2) + C$
19. $\dfrac{x}{3\sqrt{3+x^2}} + C$

21. $\sqrt{x^2 + 2x + 2} + 2\ln(\sqrt{x^2 + 2x + 2} + x + 1) + C$

23. $-\dfrac{1}{6}\ln|x-1| + \dfrac{1}{15}\ln|x+2| + \dfrac{1}{10}\ln|x-3| + C$ 25. $4 - \pi$
27. $\ln\dfrac{\sqrt{e^x+1}-1}{\sqrt{e^x+1}+1} + C$ 29. $\dfrac{1}{2(a^2+1)}$ 31. $\dfrac{1}{4}\sin^{-1}(x^4) + C$
33. $\dfrac{\sqrt{2}}{3}[(x+2)^{3/2} - (x-2)^{3/2}] + C$

35. (a) $(x+4)(x-5)(x^2+1)^2$; $\dfrac{A}{x+4} + \dfrac{B}{x-5} + \dfrac{Cx+D}{x^2+1} + \dfrac{Ex+F}{(x^2+1)^2}$

    (b) $-\dfrac{3}{x+4} + \dfrac{2}{x-5} - \dfrac{x-2}{x^2+1} - \dfrac{3}{(x^2+1)^2}$ (c) $-3\ln|x+4| + 2\ln|x-5| + 2\tan^{-1}x - \dfrac{1}{2}\ln(x^2+1) - \dfrac{3}{2}\left(\dfrac{x}{x^2+1} + \tan^{-1}x\right) + C$

▶ 演習問題 9.1 （P.287）

3. (a) 1 階 (b) 2 階
7. (a) $y = Ce^{-3x}$ (b) $y = Ce^{2t}$ 9. $y = e^{-2x} + Ce^{-3x}$
11. $y = e^{-x}\sin(e^x) + Ce^{-x}$ 13. $y = \dfrac{C}{\sqrt{x^2+1}}$ 15. $y = Cx$
17. $y = Ce^{-\sqrt{1+x^2}} - 1, C \neq 0$ 19. $\ln|y| + y^2/2 = e^x + C$ および $y = 0$
21. $y = \ln(\sec x + C)$ 23. $y = \dfrac{1}{1 - C(\csc x - \cot x)}, C \neq 0$ および $y = 0$
25. (a) $y = \dfrac{x}{2} + \dfrac{3}{2x}$ (b) $y = \dfrac{x}{2} - \dfrac{5}{2x}$ 27. $y = -1 + 4e^{x^2/2}$
29. $3y^2 + 6\sin y = 8x^3 + 3\pi^2 - 8$ 31. $y^2 - 2y = t^2 + t + 3$
33. (a) [方向場のグラフ]   (b) $y^2 = x/4$

35. $y = \dfrac{C}{\sqrt{x^2+4}}$ 37. $x^3 + y^3 - 3y = C$

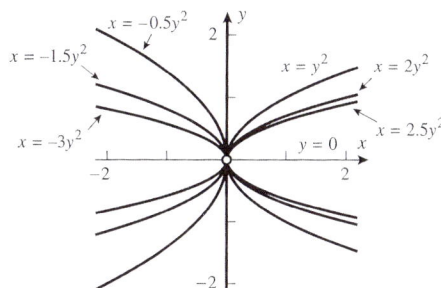

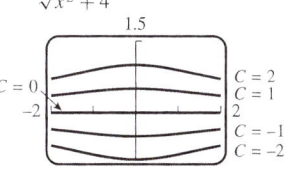

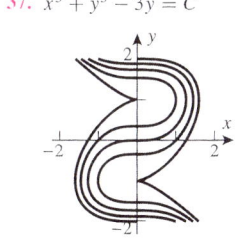

41. $x^2 + 2e^{-y} = 6$ 43. (a) $200 - 175e^{-t/25}$ oz   (b) 136 oz
45. 25 lb   49. (a) $I(t) = \dfrac{6}{5}(1 - e^{-5t/2})$ A   (b) $\dfrac{6}{5}$ A に収束
51. (a) $v = c\ln\dfrac{m_0}{m_0 - kt} - gt$ (b) 3044 m/s
53. (a) $h \approx (2 - 0.003979t)^2$ (b) 8.4 分
55. $v = \dfrac{50}{2t+1}$ cm/s, $x = 25\ln(2t+1)$ cm
57. $\dfrac{dy}{dx} = -\sin x + e^{-x^2}, y(0) = 1$

▶ 演習問題 9.2 （P.295）

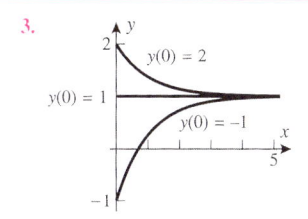

1. [方向場のグラフ]   3. [解曲線のグラフ: $y(0) = 2$, $y(0) = 1$, $y(0) = -1$]

A10　解答

5. [graph]

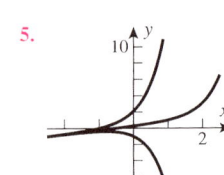

9. (a) IV
   (b) VI
   (c) V
   (d) II
   (e) I
   (f) III

11. (a)

n	0	1	2	3	4	5
x_n	0	0.2	0.4	0.6	0.8	1.0
y_n	1	1.20	1.48	1.86	2.35	2.98

(b) $y = -(x+1) + 2e^x$

x_n	0	0.2	0.4	0.6	0.8	1.0
$y(x_n)$	1	1.24	1.58	2.04	2.65	3.44
誤差の絶対値	0	0.04	0.10	0.19	0.30	0.46
誤差のパーセント表示	0	3	6	9	11	13

(c) [graph]

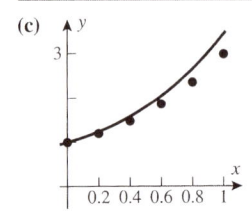

13.

n	0	1	2	3	4	5	6	7	8
x_n	0	0.5	1	1.5	2	2.5	3	3.5	4
y_n	1	1.50	2.11	2.84	3.68	4.64	5.72	6.91	8.23

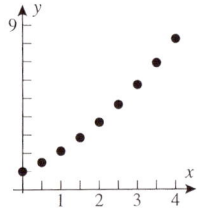

[graph]

15.

n	0	1	2	3	4
t_n	0	0.5	1	1.5	2
y_n	1	1.42	1.92	2.39	2.73

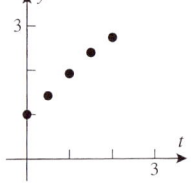

[graph]

17. $y(1) \approx 1.00$

n	0	1	2	3	4	5
t_n	0	0.2	0.4	0.6	0.8	1.0
y_n	1.00	1.20	1.26	1.10	0.94	1.00

19. (b) $y(1/2) = \sqrt{3}/2$

▶ **演習問題 9.3（P.304）**

1. (a) $\dfrac{dy}{dt} = ky^2, y(0) = y_0 (k > 0)$　(b) $\dfrac{dy}{dt} = -ky^2, y(0) = y_0 (k > 0)$

3. (a) $\dfrac{ds}{dt} = \dfrac{1}{2}s$　(b) $\dfrac{d^2s}{dt^2} = 2\dfrac{ds}{dt}$　5. (a) $\dfrac{dy}{dt} = 0.01y, y_0 = 10{,}000$
   (b) $y = 10{,}000 e^{t/100}$　(c) 69.31 時間　(d) 150.41 時間

7. (a) $\dfrac{dy}{dt} = -ky, k \approx 0.1810$　(b) $y = 5.0 \times 10^7 e^{-0.181t}$
   (c) $\approx 219{,}000$ 原子　(d) 12.72 日　9. 196 日

11. 3.30 日　13. (a) $y \approx 2e^{0.1386t}$　(b) $y = 5e^{0.015t}$
    (c) $y \approx 0.5995 e^{0.5117t}$　(d) $y \approx 0.8706 e^{0.1386t}$

17. (b) 70 年　(c) 20 時間　(d) 7%

21. $y_0 \approx 2, L \approx 8, k \approx 0.5493$　23. (a) $y_0 = 5$　(b) $L = 12$
    (c) $k = 1$　(d) $t = 0.3365$　(e) $\dfrac{dy}{dt} = \dfrac{1}{12}y(12-y), y(0) = 5$

25. (a) $L = 10$　(b) $k = 10$　(c) $y = 5$

27. $y(t)$ を七日後にインフルエンザにかかっている学生数とする．
    すると　$y(0) = 20, y(5) = 35$．　(a) $\dfrac{dy}{dt} = ky(1000-y), y_0 = 20$
    (b) $y = \dfrac{1000}{1 + 49e^{-0.115t}}$; $k = 0.115$
    (c)

t	0	1	2	3	4	5	6	7	8	9	10	11	12	13	14
$y(t)$	20	22	25	28	31	35	39	44	49	54	61	67	75	83	93

(d) [graph]

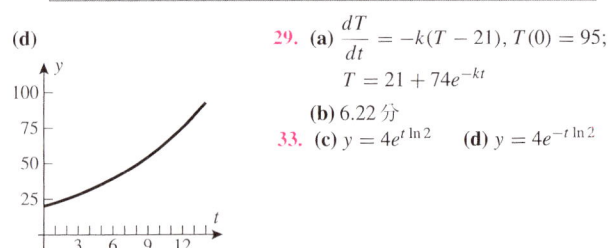

29. (a) $\dfrac{dT}{dt} = -k(T - 21), T(0) = 95$;
    $T = 21 + 74e^{-kt}$
    (b) 6.22 分
33. (c) $y = 4e^{t \ln 2}$　(d) $y = 4e^{-t \ln 2}$

▶ **演習問題 9.4（P.313）**

3. $y = c_1 e^x + c_2 e^{-4x}$　5. $y = c_1 e^x + c_2 x e^x$
7. $y = c_1 \cos\sqrt{5}x + c_2 \sin\sqrt{5}x$　9. $y = c_1 + c_2 e^x$
11. $y = c_1 e^{-2t} + c_2 t e^{-2t}$　13. $y = e^{2x}(c_1 \cos 3x + c_2 \sin 3x)$
15. $y = c_1 e^{-x/4} + c_2 e^{x/2}$　17. $y = 2e^x - e^{-3x}$
19. $y = (2 - 5x)e^{3x}$　21. $y = -e^{-2x}(3\cos x + 6\sin x)$
23. (a) $y'' - 3y' - 10y = 0$　(b) $y'' - 8y' + 16y = 0$
    (c) $y'' + 2y' + 17y = 0$　25. (a) $k < 0$ または $k > 4$　(b) 0, 4
27. (a) $y = (1/x)[c_1 \cos(\ln x) + c_2 \sin(\ln x)]$
    (b) $y = c_1 x^{1+\sqrt{3}} + c_2 x^{1-\sqrt{3}}$
33. (a) $y = 0.3 \cos(t/2)$　35. (a) $y = -0.12 \cos 14t$
    (b) $T = 4\pi$ s, $f = 1/(4\pi)$ Hz　(b) $T = \pi/7$ s, $f = 7/\pi$ Hz
    (c) [graph]　(c) [graph]
    (d) $t = \pi$ s　(d) $t = \pi/28$ s
    (e) $t = 2\pi$ s　(e) $t = \pi/14$ s
37. (a) 最大の速さは $y = 0$ のときに起こる．
    (b) 最小の速さは $y = \pm y_0$ のときに起こる．
39. $Mx''(t) + kx(t) = 0, x(0) = x_0, x'(0) = 0$
41. (a) $y = e^{-1.2t} + 3.2t e^{-1.2t}$　(b) 1.427364 cm
43. (a) $y = e^{-t/2}\cos(\sqrt{19}t/2) - \dfrac{6}{19}\sqrt{19} e^{-t/2}\sin(\sqrt{19}t/2)$ 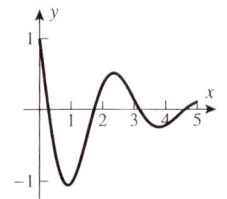
    (c) -3.210357 cm/s
    (d) $3.210357/\text{s}^2$
    [graph]
45. (a) $y = (4 + 2v_0)e^{-3t/2} - (3 + 2v_0)e^{-2t}$
    (b) $8e^{-3t/2} - 7e^{-2t}, 2e^{-3t/2} - e^{-2t},$
    $-4e^{-3t/2} + 5e^{-2t}$
    [graph]

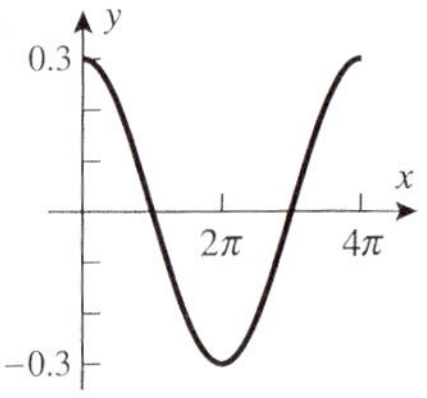

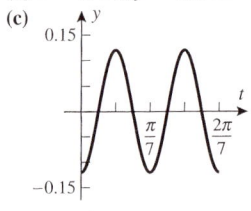

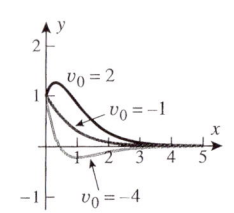

▶ **9章補充問題**（P.316）

5. (a) 線形 (b) 両方 (c) 変数分離 (d) どちらでもない 7. $y = L/2$
9. $r = 4 - t$ m 11. (a) $P = 4(1 - e^{-t/12,000})\%$ (b) 36.05 分
13. $y^{-4} + 4\ln(x/y) = 1$ 15. $y = \dfrac{1}{3 - 2\tan 2x}$
17. (a) $y = \left(-\frac{3}{10}x - \frac{3}{50}\right)\cos 3x + \left(-\frac{1}{10}x + \frac{2}{25}\right)\sin 3x + \frac{53}{50}e^x$
(c) 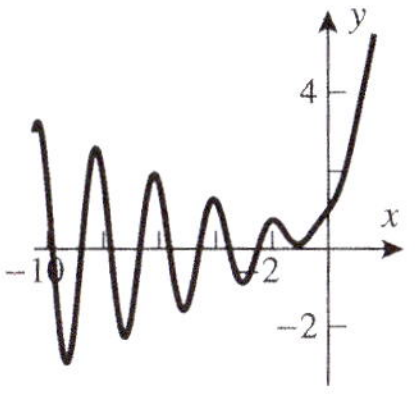
19. (a) 生じさせない (b) 同じで $r\%$
21. (a) $y = C_1 e^x + C_2 e^{2x}$
   (b) $y = C_1 e^{x/2} + C_2 x e^{x/2}$
   (c) $y = e^{-x/2}\left[c_1 \cos\dfrac{\sqrt{7}x}{2} + C\sin\dfrac{\sqrt{7}x}{2}\right]$
23. (a) 7.77 年
   (b) $\dfrac{dy}{dt} = k\left(1 - \dfrac{y}{95}\right)y,\ y(0) = 19$
27. (a) 1491.82 ドル (b) 4493.29 ドル (c) 8.7 年

▶ **演習問題 10.1**（P.328）

1. (a) $1 - x + \frac{1}{2}x^2,\ 1 - x$ (b) $1 - \frac{1}{2}x^2,\ 1$ (c) $1 - \frac{1}{2}(x - \pi/2)^2,\ 1$
   (d) $1 + \frac{1}{2}(x - 1) - \frac{1}{8}(x - 1)^2,\ 1 + \frac{1}{2}(x - 1)$
3. (a) $1 + \frac{1}{2}(x - 1) - \frac{1}{8}(x - 1)^2$ (b) 1.04875 5. 1.80397443
7. $p_0(x) = 1,\ p_1(x) = 1 - x,\ p_2(x) = 1 - x + \frac{1}{2}x^2,$
   $p_3(x) = 1 - x + \frac{1}{2}x^2 - \frac{1}{3!}x^3,$
   $p_4(x) = 1 - x + \frac{1}{2}x^2 - \frac{1}{3!}x^3 + \frac{1}{4!}x^4;\ \sum_{k=0}^{n}\dfrac{(-1)^k}{k!}x^k$
9. $p_0(x) = 1,\ p_1(x) = 1,\ p_2(x) = 1 - \dfrac{\pi^2}{2!}x^2;$
   $p_3(x) = 1 - \dfrac{\pi^2}{2!}x^2,\ p_4(x) = 1 - \dfrac{\pi^2}{2!}x^2 + \dfrac{\pi^4}{4!}x^4;\ \sum_{k=0}^{[n/2]}\dfrac{(-1)^k \pi^{2k}}{(2k)!}x^{2k}$
11. $p_0(x) = 0,\ p_1(x) = x,\ p_2(x) = x - \frac{1}{2}x^2,\ p_3(x) = x - \frac{1}{2}x^2 + \frac{1}{3}x^3,$
    $p_4(x) = x - \frac{1}{2}x^2 + \frac{1}{3}x^3 - \frac{1}{4}x^4;\ \sum_{k=1}^{n}\dfrac{(-1)^{k+1}}{k}x^k$
13. $p_0(x) = 1,\ p_1(x) = 1,\ p_2(x) = 1 + \dfrac{x^2}{2},\ p_3(x) = 1 + \dfrac{x^2}{2},$
    $p_4(x) = 1 + \dfrac{x^2}{2} + \dfrac{x^4}{4!};\ \sum_{k=0}^{[n/2]}\dfrac{1}{(2k)!}x^{2k}$
15. $p_0(x) = 0,\ p_1(x) = 0,\ p_2(x) = x^2,\ p_3(x) = x^2,\ p_4(x) = x^2 - \frac{1}{6}x^4;$
    $\sum_{k=0}^{[n/2]-1}\dfrac{(-1)^k}{(2k+1)!}x^{2k+2}$
17. $p_0(x) = e,\ p_1(x) = e + e(x - 1),\ p_2(x) = e + e(x - 1) + \dfrac{e}{2}(x - 1)^2,$
    $p_3(x) = e + e(x - 1) + \dfrac{e}{2}(x - 1)^2 + \dfrac{e}{3!}(x - 1)^3,$
    $p_4(x) = e + e(x - 1) + \dfrac{e}{2}(x - 1)^2 + \dfrac{e}{3!}(x - 1)^3 + \dfrac{e}{4!}(x - 1)^4;$
    $\sum_{k=0}^{n}\dfrac{e}{k!}(x - 1)^k$
19. $p_0(x) = -1,\ p_1(x) = -1 - (x + 1),\ p_2(x) = -1 - (x + 1) - (x + 1)^2,$
    $p_3(x) = -1 - (x + 1) - (x + 1)^2 - (x + 1)^3,$
    $p_4(x) = -1 - (x + 1) - (x + 1)^2 - (x + 1)^3 - (x + 1)^4;\ \sum_{k=0}^{n}-(x + 1)^k$
21. $p_0(x) = p_1(x) = 1,\ p_2(x) = p_3(x) = 1 - \dfrac{\pi^2}{2}\left(x - \dfrac{1}{2}\right)^2,$
    $p_4(x) = 1 - \dfrac{\pi^2}{2}\left(x - \dfrac{1}{2}\right)^2 + \dfrac{\pi^4}{4!}\left(x - \dfrac{1}{2}\right)^4;\ \sum_{k=0}^{[n/2]}\dfrac{(-1)^k \pi^{2k}}{(2k)!}\left(x - \dfrac{1}{2}\right)^{2k}$
23. $p_0(x) = 0,\ p_1(x) = (x - 1),\ p_2(x) = (x - 1) - \frac{1}{2}(x - 1)^2,$
    $p_3(x) = (x - 1) - \frac{1}{2}(x - 1)^2 + \frac{1}{3}(x - 1)^3,$
    $p_4(x) = (x - 1) - \frac{1}{2}(x - 1)^2 + \frac{1}{3}(x - 1)^3 - \frac{1}{4}(x - 1)^4;$
    $\sum_{k=1}^{n}\dfrac{(-1)^{k-1}}{k}(x - 1)^k$
25. (a) $1 + 2x - x^2 + x^3$ (b) $1 + 2(x - 1) - (x - 1)^2 + (x - 1)^3$
27. $p_0(x) = 1,\ p_1(x) = 1 - 2x,$
    $p_2(x) = 1 - 2x + 2x^2,$
    $p_3(x) = 1 - 2x + 2x^2 - \frac{4}{3}x^3$ 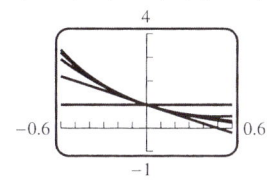
29. $p_0(x) = -1,\ p_2(x) = -1 + \frac{1}{2}(x - \pi)^2,$
    $p_4(x) = -1 + \frac{1}{2}(x - \pi)^2 - \frac{1}{24}(x - \pi)^4,$
    $p_6(x) = -1 + \frac{1}{2}(x - \pi)^2 - \frac{1}{24}(x - \pi)^4 + \frac{1}{720}(x - \pi)^6$

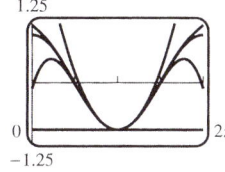

31. 1.64870 33. IV 37. (a)

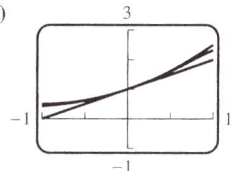

(b)

x	-1.000	-0.750	-0.500	-0.250	0.000	0.250	0.500	0.750	1.000
$f(x)$	0.431	0.506	0.619	0.781	1.000	1.281	1.615	1.977	2.320
$p_1(x)$	0.000	0.250	0.500	0.750	1.000	1.250	1.500	1.750	2.000
$p_2(x)$	0.500	0.531	0.625	0.781	1.000	1.281	1.625	2.031	2.500

(c) $-0.14 < x < 0.14$ に対して $|e^{\sin x} - (1 + x)| < 0.01$
(d) $-0.50 < x < 0.50$ に対して $\left|e^{\sin x} - \left(1 + x + \dfrac{x^2}{2!}\right)\right| < 0.01$

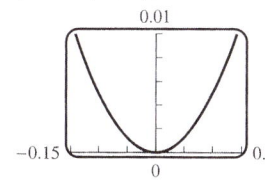

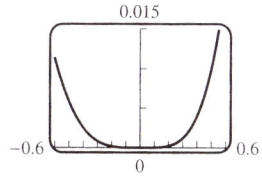

39. (a) $(-0.569, 0.569)$

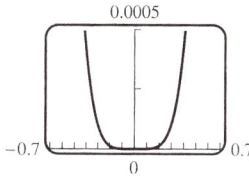

▶ **演習問題 10.2**（P.338）

1. (a) $\dfrac{1}{3^{n-1}}$ (b) $\dfrac{(-1)^{n-1}}{3^{n-1}}$ (c) $\dfrac{2n - 1}{2n}$ (d) $\dfrac{n^2}{\pi^{1/(n+1)}}$
3. (a) $2, 0, 2, 0$ (b) $1, -1, 1, -1$ (c) $2(1 + (-1)^n);\ 2 + 2\cos n\pi$
5. $\dfrac{1}{3}, \dfrac{2}{4}, \dfrac{3}{5}, \dfrac{4}{6}, \dfrac{5}{7};$ 収束, $\displaystyle\lim_{n \to +\infty}\dfrac{n}{n + 2} = 1$
7. $2, 2, 2, 2, 2;$ 収束, $\displaystyle\lim_{n \to +\infty} 2 = 2$
9. $\dfrac{\ln 1}{1}, \dfrac{\ln 2}{2}, \dfrac{\ln 3}{3}, \dfrac{\ln 4}{4}, \dfrac{\ln 5}{5};$ 収束, $\displaystyle\lim_{n \to +\infty}\dfrac{\ln n}{n} = 0$

11. $0, 2, 0, 2, 0$; 発散

13. $-1, \frac{16}{9}, -\frac{54}{28}, \frac{128}{65}, -\frac{250}{126}$; 発散

15. $\frac{6}{2}, \frac{12}{8}, \frac{20}{18}, \frac{30}{32}, \frac{42}{50}$; 収束. $\lim_{n \to +\infty} \frac{1}{2}\left(1+\frac{1}{n}\right)\left(1+\frac{2}{n}\right) = \frac{1}{2}$

17. $\cos 3, \cos \frac{3}{2}, \cos 1, \cos \frac{3}{4}, \cos \frac{3}{5}$; 収束. $\lim_{n \to +\infty} \cos(3/n) = 1$

19. $e^{-1}, 4e^{-2}, 9e^{-3}, 16e^{-4}, 25e^{-5}$; 収束. $\lim_{n \to +\infty} n^2 e^{-n} = 0$

21. $2, \left(\frac{5}{3}\right)^2, \left(\frac{6}{4}\right)^3, \left(\frac{7}{5}\right)^4, \left(\frac{8}{6}\right)^5$; 収束. $\lim_{n \to +\infty}\left[\frac{n+3}{n+1}\right]^n = e^2$

23. $\left\{\frac{2n-1}{2n}\right\}_{n=1}^{+\infty}$; 収束. $\lim_{n \to +\infty} \frac{2n-1}{2n} = 1$

25. $\left\{\frac{1}{3^n}\right\}_{n=1}^{+\infty}$; 収束. $\lim_{n \to +\infty} \frac{1}{3^n} = 0$

27. $\left\{\frac{1}{n} - \frac{1}{n+1}\right\}_{n=1}^{+\infty}$; 収束. $\lim_{n \to +\infty}\left(\frac{1}{n} - \frac{1}{n+1}\right) = 0$

29. $\{\sqrt{n+1} - \sqrt{n+2}\}_{n=1}^{+\infty}$; 収束. $\lim_{n \to +\infty}(\sqrt{n+1} - \sqrt{n+2}) = 0$

31. (a) $1, 2, 1, 4, 1, 6$ (b) $a_n = \begin{cases} n, & n \text{ 奇} \\ 1/2^n, & n \text{ 偶} \end{cases}$

(c) $a_n = \begin{cases} 1/n, & n \text{ 奇} \\ 1/(n+1), & n \text{ 偶} \end{cases}$ (d) (a) 発散 (b) 発散

(c) $\lim_{n \to +\infty} a_n = 0$ 33. $\lim_{n \to +a} \sqrt[n]{n^3} = 1$

37. (a) $1, \frac{3}{4}, \frac{2}{3}, \frac{5}{8}$ (c) $\lim_{n \to +\infty} a_n = \frac{1}{2}$

41. (a) $(0.5)^{2^n}$ (c) $\lim_{n \to +\infty} a_n = 0$ (d) $-1 \leq a_0 \leq 1$

43. (a) 30   (b) $\lim_{n \to +\infty}(2^n + 3^n)^{1/n} = 3$

45. 0 に収束

47. (a) $N = 3$ (b) $N = 11$ (c) $N = 1001$

▶ 演習問題 10.3（P.345）

1. 狭義減少   3. 狭義増加   5. 狭義減少
7. 狭義増加   9. 狭義減少   11. 狭義増加
13. 狭義増加   15. 狭義減少   17. 狭義減少
19. 先の方で狭義増加   21. 先の方で狭義減少
23. 先の方で狭義増加
25. (a) 収束する．その極限は区間 $[1, 2]$ の中にある
    (b) 必ずしも収束しない．収束すれば極限は ≤ 2.
27. $\sqrt{2}, \sqrt{2+\sqrt{2}}, \sqrt{2+\sqrt{2+\sqrt{2}}}$ (e) $L = 2$

▶ 演習問題 10.4（P.352）

1. (a) $2, \frac{12}{5}, \frac{62}{25}, \frac{312}{125}, \frac{5}{2}\left(1-\left(\frac{1}{5}\right)^n\right)$, $\lim_{n \to +\infty} s_n = \frac{5}{2}$, 収束

(b) $\frac{1}{4}, \frac{3}{4}, \frac{7}{4}, \frac{15}{4}, -\frac{1}{4}(1-2^n)$, $\lim_{n \to +\infty} s_n = +\infty$, 発散

(c) $\frac{1}{6}, \frac{1}{4}, \frac{3}{10}, \frac{1}{3}, \frac{1}{2} - \frac{1}{n+2}$, $\lim_{n \to +\infty} s_n = \frac{1}{2}$, 収束

3. $\frac{4}{7}$ 5. 6 7. $\frac{1}{3}$ 9. $\frac{1}{6}$ 11. 発散   13. $\frac{448}{3}$

15. $\frac{4}{9}$ 17. $\frac{532}{99}$ 19. $\frac{79}{101}$ 21. 70 m

23. (a) $s_n = -\ln(n+1)$, $\lim_{n \to +\infty} s_n = -\infty$, 発散

(b) $s_n = \sum_{k=2}^{n+1}\left[\ln\frac{k-1}{k} - \ln\frac{k}{k+1}\right]$, $\lim_{n \to +\infty} s_n = -\ln 2$

25. (a) $|x| < 1$ で収束； $S = \frac{x}{1+x^2}$

(b) $|x| > 2$ で収束： $S = \frac{1}{x^2 - 2x}$

(c) $x > 0$ で収束： $S = \frac{1}{e^x - 1}$

31. $a_n = \frac{1}{2^{n-1}} a_1 + \frac{1}{2^{n-1}} + \frac{1}{2^{n-2}} + \cdots + \frac{1}{2}$, $\lim_{n \to +\infty} a_n = 1$

33. この級数は $-1 < x < 1$ においてのみ収束.

37. (b) $A = 1, B = -2$ (c) $s_n = 2 - \frac{2^{n+1}}{3^{n+1} - 2^{n+1}}$, $\lim_{n \to +\infty} s_n = \lim_{n \to +\infty}\left[2 - \frac{(2/3)^{n+1}}{1-(2/3)^{n+1}}\right] = 2$

▶ 演習問題 10.5（P.359）

1. (a) $\frac{4}{3}$ (b) $-\frac{3}{4}$ 3. (a) $p = 3$, 収束   (b) $p = \frac{1}{2}$, 発散
(c) $p = 1$, 発散   (d) $p = \frac{2}{3}$, 発散
5. (a) 発散   (b) 発散   (c) 発散   (d) 判定できず
7. (a) 発散   (b) 収束   9. 発散   11. 発散
13. 発散   15. 発散   17. 発散   19. 収束
21. 発散   23. 収束   25. $p > 1$ に対して収束
27. (a) $(\pi^2/2) - (\pi^4/90)$ (b) $(\pi^2/6) - (5/4)$ (c) $\pi^4/90$
29. (a) 発散   (b) 発散   (c) 収束
31. (d) $\frac{1}{11} < \frac{1}{6}\pi^2 - s_{10} < \frac{1}{10}$
33. (a) $1/46, 1/42$ (b) $\frac{\pi}{2} - \tan^{-1}(11), \frac{\pi}{2} - \tan^{-1}(10)$ (c) $\frac{12}{e^{11}}, \frac{11}{e^{10}}$
35. $S \approx 1.08$ 37. $a > e$ で収束
39. (c)   (d) $S \approx 0.6865$

n	10	20	30	40	50
s_n	0.681980	0.685314	685966	0.686199	0.686307
n	60	70	80	90	100
s_n	0.686367	0.686403	686426	0.686442	0.686454

▶ 演習問題 10.6（P.366）

1. (a) 収束   (b) 発散   5. 収束   7. 収束
9. 発散   11. 収束   13. 決定できない   15. 発散
17. 発散   19. 収束   21. 収束   23. 収束
25. 収束   27. 収束   29. 発散   31. 収束
33. 発散   35. 収束   37. 収束   39. 発散
41. 収束   43. 収束
45. $u_k = \frac{k!}{1 \cdot 3 \cdot 5 \cdots (2k-1)}$, $\rho = \lim_{k \to +\infty} \frac{k+1}{2k+1} = \frac{1}{2}$；収束
47. 収束   49. 発散   51. (a) 収束   (b) 発散

▶ 演習問題 10.7（P.374）

3. 発散   5. 収束   7. 絶対収束   9. 発散
11. 絶対収束   13. 条件収束   15. 発散
17. 条件収束   19. 条件収束
21. 発散   23. 条件収束
25. 絶対収束   27. 条件収束
29. 絶対収束   31. $|\text{誤差}| < 0.125$ 33. $|\text{誤差}| < 0.1$
35. $n = 9999$ 37. $n = 39,999$
39. $|\text{誤差}| < 0.00074; s_{10} \approx 0.4995; S = 0.5$ 41. 0.84 43. 0.41
45. (c) $n = 50$ 51. (a) $124.58 < d < 124.77$ (b) $1243 < s < 1424$

▶ 演習問題 10.8（P.382）

1. $\sum_{k=0}^{\infty} \frac{(-1)^k}{k!} x^k$ 3. $\sum_{k=0}^{\infty} \frac{(-1)^k \pi^{2k}}{(2k)!} x^{2k}$ 5. $\sum_{k=1}^{\infty} \frac{(-1)^{k+1}}{k} x^k$

7. $\sum_{k=0}^{\infty} \frac{1}{(2k)!} x^{2k}$ 9. $\sum_{k=0}^{\infty} \frac{(-1)^k}{(2k+1)!} x^{2k+2}$ 11. $\sum_{k=0}^{\infty} \frac{e}{k!}(x-1)^k$

13. $\sum_{k=0}^{\infty}(-1)(x+1)^k$ 15. $\sum_{k=0}^{\infty} \frac{(-1)^k \pi^{2k}}{(2k)!}\left(x-\frac{1}{2}\right)^{2k}$

17. $\sum_{k=1}^{\infty} \frac{(-1)^{k-1}}{k}(x-1)^k$ 19. $-1 < x < 1, \frac{1}{1+x}$

21. $1 < x < 3, \frac{1}{3-x}$ 23. (a) $-2 < x < 2$ (b) $f(0) = 1; f(1) = \frac{2}{3}$

25. $R = 1, [-1, 1)$ 27. $R = +\infty, (-\infty, +\infty)$ 29. $R = \frac{1}{5}, \left[-\frac{1}{5}, \frac{1}{5}\right]$

31. $R = 1, [-1, 1]$ **33.** $R = 1, (-1, 1]$ **35.** $R = +\infty, (-\infty, +\infty)$
37. $R = +\infty, (-\infty, +\infty)$ **39.** $R = 1, [-1, 1]$
41. $R = 1, (-2, 0]$ **43.** $R = \frac{4}{3}, \left(-\frac{19}{3}, -\frac{11}{3}\right)$ **45.** $R = 1, [-2, 0]$
47. $R = +\infty, (-\infty, +\infty)$ **49.** $(-\infty, +\infty)$

51.

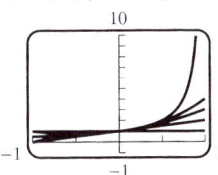

55. (a) 半径 $= R$
 (b) 半径 $= R$
 (c) 半径 $\geq \min(R_1, R_2)$

▶ **演習問題 10.9**（**P.391**）

1. 0.069756 **3.** 0.99500 **5.** 0.99619 **7.** 0.5208

11. (a) $\displaystyle\sum_{k=1}^{\infty} 2\frac{(1/9)^{2k-1}}{2k-1}$ (b) 0.223

13. (a) $0.4635, 0.3218$ (b) 3.1412 (c) 思わない

17. (a) $\displaystyle\sum_{k=0}^{\infty}(-1)^k x^k$ (b) $1 + \frac{x}{3} + \displaystyle\sum_{k=2}^{\infty}(-1)^{k-1}\frac{2 \cdot 5 \cdots (3k-4)}{3^k k!}x^k$
 (c) $\displaystyle\sum_{k=0}^{\infty}(-1)^k\frac{(k+2)(k+1)}{2}x^k$

23. (a) $0.78539816339744483096156608$
 (b)

n	s_n
0	$0.3183098\ 78\ldots$
1	$0.3183098\ 861837906\ 067\ldots$
2	$0.3183098\ 861837906\ 7153776\ 695\ldots$
3	$0.3183098\ 861837906\ 7153776\ 752674502\ 34\ldots$
$1/\pi$	$0.3183098\ 861837906\ 7153776\ 752674502\ 87\ldots$

▶ **演習問題 10.10**（**P.399**）

1. (a) $1 - x + x^2 - \cdots + (-1)^k x^k + \cdots; R = 1$
 (b) $1 + x^2 + x^4 + \cdots + x^{2k} + \cdots; R = 1$
 (c) $1 + 2x + 4x^2 + \cdots + 2^k x^k + \cdots; R = \frac{1}{2}$
 (d) $\frac{1}{2} + \frac{1}{2^2}x + \frac{1}{2^3}x^2 + \cdots + \frac{1}{2^{k+1}}x^k + \cdots; R = 2$

3. (a) $(2+x)^{-1/2} = \frac{1}{2^{1/2}} - \frac{1}{2^{5/2}}x + \frac{1 \cdot 3}{2^{9/2} \cdot 2!}x^2 - \frac{1 \cdot 3 \cdot 5}{2^{13/2} \cdot 3!}x^3 + \cdots$
 (b) $(1-x^2)^{-2} = 1 + 2x^2 + 3x^4 + 4x^6 + \cdots$

5. (a) $2x - \frac{2^3}{3!}x^3 + \frac{2^5}{5!}x^5 - \frac{2^7}{7!}x^7 + \cdots; R = +\infty$
 (b) $1 - 2x + 2x^2 - \frac{4}{3}x^3 + \cdots; R = +\infty$
 (c) $1 + x^2 + \frac{1}{2!}x^4 + \frac{1}{3!}x^6 + \cdots; R = +\infty$
 (d) $x^2 - \frac{\pi^2}{2}x^4 + \frac{\pi^4}{4!}x^6 - \frac{\pi^6}{6!}x^8 + \cdots; R = +\infty$

7. (a) $x^2 - 3x^3 + 9x^4 - 27x^5 + \cdots; R = \frac{1}{3}$
 (b) $2x^2 + \frac{2^3}{3!}x^4 + \frac{2^5}{5!}x^6 + \frac{2^7}{7!}x^8 + \cdots; R = +\infty$
 (c) $x - \frac{3}{2}x^3 + \frac{3}{8}x^5 + \frac{1}{16}x^7 + \cdots; R = 1$

9. (a) $x^2 - \frac{2^3}{4!}x^4 + \frac{2^5}{6!}x^6 - \frac{2^7}{8!}x^8 + \cdots$ (b) $12x^3 - 6x^6 + 4x^9 - 3x^{12} + \cdots$

11. (a) $1 - (x-1) + (x-1)^2 - \cdots + (-1)^k (x-1)^k + \cdots$ (b) $(0, 2)$

13. (a) $x + x^2 + \frac{x^3}{3} - \frac{x^5}{30} + \cdots$ (b) $x - \frac{x^3}{24} + \frac{x^4}{24} - \frac{71}{1920}x^5 + \cdots$

15. (a) $1 + \frac{1}{2}x^2 + \frac{5}{24}x^4 + \frac{61}{720}x^6 + \cdots$ (b) $x - x^2 + \frac{1}{3}x^3 - \frac{1}{30}x^5 + \cdots$

19. $2 - 4x + 2x^2 - 4x^3 + 2x^4 + \cdots$

25. (a) $\displaystyle\sum_{k=0}^{\infty} x^{2k+1}$ (b) $f^{(5)}(0) = 5!,\ f^{(6)}(0) = 0$
 (c) $f^{(n)}(0) = n! c_n = \begin{cases} n! & n\ \text{奇} \\ 0 & n\ \text{偶} \end{cases}$ **27.** (a) 1 (b) $-\frac{1}{3}$

29. 0.3103 **31.** 0.200 **35.** (a) $x - \frac{1}{6}x^3 + \frac{3}{40}x^5 - \frac{5}{112}x^7 + \cdots$
 (b) $x + \displaystyle\sum_{k=1}^{\infty}(-1)^k\frac{1 \cdot 3 \cdot 5 \cdots (2k-1)}{2^k k!(2k+1)}x^{2k+1}$ (c) $R = 1$

37. (a) $y(t) = y_0 \displaystyle\sum_{k=0}^{\infty}\frac{(-1)^k (0.000121)^k t^k}{k!}$ (c) $0.9998790073 y_0$

39. (a) $T \approx 2.00709$ (b) $T \approx 2.008044621$ (c) 2.008045644

41. (a) $F = mg\left(1 - \frac{2h}{R} + \frac{3h^2}{R^2} - \frac{4h^3}{R^3} + \cdots\right)$ (d) 約 0.27% 軽く

▶ **10 章補充問題**（**P.402**）

9. (a) 正しい (b) 誤りのこともある (c) 誤りのこともある (d) 正しい
 (e) 誤りのこともある (f) 誤りのこともある (g) 誤
 (h) 誤りのこともある (i) 正しい (j) 正しい (k) 誤りのこともある
 (l) 誤りのこともある

11. (a) 収束 (b) 収束 (c) 発散

13. (a) 収束 (b) 発散 (c) 収束 **15.** $\dfrac{1}{4 \cdot 5^{99}}$

17. (a) $p_0(x) = 1,\ p_1(x) = 1 - 7x,\ p_2(x) = 1 - 7x + 5x^2,$
 $p_3(x) = 1 - 7x + 5x^2 + 4x^3,\ p_4(x) = 1 - 7x + 5x^2 + 4x^3$

21. (a) 収束 (b) 発散 **23.** (a) $u_{100} = \dfrac{1}{9900}$ (b) 0 (c) 2

25. (a) $e^2 - 1$ (b) 0 (c) $\cos e$ (d) $\frac{1}{3}$ **27.** 23.406%

31. (a) $x + \frac{1}{2}x^2 + \frac{3}{14}x^3 + \frac{3}{35}x^4; R = 3$
 (b) $-x^3 + \frac{2}{3}x^5 - \frac{2}{5}x^7 + \frac{8}{35}x^9; R = \sqrt{2}$

監修者あとがき

　本書中巻は H. Anton-I. Bivens-S. Davis による原著名『Calculus』の第 5 章から第 10 章までの翻訳である．上巻の訳者あとがきにあるように，本書の刊行は京都大学大学院理学研究科数学教室の企画として進められ，数学教室の多くの方々にお手伝いして頂いた．原著の下訳を分担してお願いしたのは，当時大学院学生であった次の諸君である．

　　　　　　阿部　拓郎　　岩田　季己　　太田　崇啓　　鍛冶　静雄
　　　　　　河内　敦雄　　菊地　弘明　　柴山　允瑠　　杉山　滋規
　　　　　　高木　　聡　　福山　浩司　　藤田　雅人　　松岡　拓男
　　　　　　源　　泰幸　　峰　　拓矢

数学教室のスタッフであった

　　　　　　菊地　克彦　　岸本　大祐

の両氏には，下訳の取りまとめや訳しもれのチェックなどを担当して頂いた．また，最終的な翻訳は，5 章を畑政義准教授，7 章を森脇淳教授，残りの 6, 8, 9, 10 章を井川満名誉教授がそれぞれ担当された．各章の訳語などの調整は監修の西田が行った．また翻訳全体に関する最終責任は西田にある．

　本書中巻は，原著第 5 章「積分法」から第 10 章「無限級数」までであるが，これは大学における微積分学の教程の中核にあたる部分である．5 章では，定積分の定義と，不定積分つまり原始関数の定義を，歴史的経緯を含め別個のものとして与え，その考察から微積分学の基本定理をわかりやすい形で導出している．6 章以降では，指数関数などの初等関数の微積分，微分方程式やテイラー展開などが，科学や工学でのさまざまな応用を含め丁寧に解説している．

　また，本書の重要な特色の一つは，例や例題が豊富に，かつ具体的な形で述べられていることである．各項目の解説の後に与えられる例は，工学や医学，経済学，ときには日常的な題材によるものも多い．このような例をよく読むことにより，本文中の定理などがおのずと自習できるように配慮されているのである．

　最後に，上記に掲げた京都大学数学教室の諸君と，翻訳の 3 氏，特に多くの時間をかけて大部分の翻訳をして頂いた井川満氏に改めて謝意を申し上げる．

　　　　　　　　　　　　　　　　　　　　　　　　　　　　　　　　　西　田　吾　郎

索引

【あ行】
アストロイド, 104
圧力, 117
あるところから先で, 343
1 次のベッセル方程式, 402
1 次モデル, 399
位置変化, 60
1 階初期値問題, 279
1 対 1, 129
 一般解, 278
 一般項, 355
打ち切り誤差, 272, 387
運動エネルギー, 115
エルグ, 110
円柱殻, 96
円板法, 91
オイラー法, 293
音のレベル, 143
重さ, 311
折れ線経路, 101

【か行】
解, 278
階数, 278
回転の軸, 91
回転体, 91
回転面, 105
可逆, 129
下限, 344
カテナリー, 194
カバリエリの原理, 95
仮の変数, 49
環境収容力, 298
環帯, 108
ガンマ関数, 274
簡約公式, 216
幾何級数, 75, 349
刻み幅, 293
逆, 126
逆関数, 126
 の微分可能性, 132
逆正割関数, 174
逆正弦関数, 174
逆正接関数, 174
逆微分, 6
 法, 8
逆余弦関数, 174
球形の帽子, 95
仰角, 77
狭義減少, 340
狭義増加, 340
狭義単調, 340
極限比較テスト, 363
局所 2 次近似, 320
均一, 35
下界, 343, 344
原始関数, 7
減少, 340
懸垂線, 194
減衰定数, 299
項, 330, 347
広義積分, 263

収束, 264, 266, 267
発散, 264, 266, 267
剛性定数, 112
交代級数, 367
 テスト, 367
交代調和級数, 368
勾配場, 14, 291
公比, 349
交流, 72
抗力, 286
誤差関数, 169, 246
弧長, 101

【さ行】
サイクル, 72
$\sin x$ と $\cos x$ の有理関数, 243
算術平均, 62
軸, 89
シグマ記号, 22
仕事, 110, 112
仕事・エネルギー関係, 115
指数関数, 137
指数的減衰モデル, 299
指数的増大モデル, 299
自然指数関数, 139, 166
自然対数, 138, 163
実効電圧, 72
質量密度, 118
自由運動, 315
周期, 72, 274
収束（数列の）, 333
収束（級数の）, 348
 区間, 378, 380
 集合, 378
 半径 R, 378, 380
 半径 $R = 0$, 378, 380
 半径 $R = +\infty$, 378, 380
周波数, 72
終末速度, 287
終末の速さ, 287
重量密度, 118
ジュール, 110
上界, 343, 344
上限, 344
条件収束, 371
常用対数, 138
剰余項評価定理, 327
剰余項を伴ったテイラーの公式, 327
初期条件, 14, 56, 279, 310
初期値問題, 14
初等関数, 168
自励的, 292
真の有理関数, 233
振幅, 72
シンプソンの公式, 254
水平線テスト, 129
数値解析, 387
数列, 332
制限, 131
積分, 8
 可能, 36
 記号, 8

曲線, 12, 279
 定数, 8
 の下端, 36
 の上端, 36
 法, 1, 8
積分因子, 280
 法, 280
積分テスト, 357
絶対収束, 370
絶対発散, 370
$0 \cdot \infty$ 型の不定形, 189
0 次のベッセル関数, 76
0 次のベッセル方程式, 402
$0^0, \infty^0, 1^\infty$ 型の不定形, 190
$0/0$ 型の不定形, 184
漸化式, 337
漸近曲線, 194
線形, 280
 従属, 307
 代数, 237
 独立, 307
増加, 340
相加平均, 62
双曲線関数, 193
双曲線正割, 194
双曲線正弦, 194
双曲線正接, 194
双曲線余割, 194
双曲線余弦, 194
双曲線余接, 194
双曲置換, 231
相対減衰率, 300
相対増加率, 300
増大定数, 299
相対論的運動エネルギー, 404
増分, 293
総面積, 61
総和記号, 22
添え字, 331

【た行】
第 1 種完全楕円積分, 274, 399
台形近似, 249
対数, 138
 関数, 139
 の代数的性質, 140
 微分, 148
大天使ガブリエルの喇叭, 270
高さ, 89
単位双曲線, 196
単振動, 311
 モデル, 311
単調, 340
 数列, 340
弾道学, 77
単振り子, 274
置換法, 17
地球での重さ, 311
中点近似, 28
超調和級数, 357
直柱体, 89
強さ, 142

釣り合いの位置, 310
定積分, 36
テイラー, B., 323
テイラー級数, 376
テイラー多項式, 324
デシベル, 143
等加速度運動, 56
同次, 307
閉じた形, 26
トリチェリの法則, 289

【な行】
70 の法則, 305
滑らかな関数, 101
滑らかな曲線, 101
2 階初期値問題, 310
2 階線形微分方程式, 307
2 項級数, 389
2 項係数, 391
2 次モデル, 399
ニュートンの運動エネルギー, 404
ニュートンの冷却の法則, 158, 306

【は行】
倍化時間, 300
はさみうちの定理（数列に対する）, 336
パスカルの原理, 122
発散, 333, 348
　テスト, 355
バネ定数, 112, 311
幅, 89
半減期, 300
p 級数, 357
　の収束, 358
ピーク電圧, 72
比較テスト, 270, 362
非公式な原理, 362
微小振動, 399
被積分関数, 8, 36
左端点近似, 28
比テスト, 364
　絶対収束に対する, 372

微分法, 1
微分方程式, 13, 278
表を用いた部分積分, 213
開いた形, 26
フィボナッチ数列, 339
復元力, 311
符号付き面積, 32
フックの法則, 112
不定形
　$0 \cdot \infty$ 型の, 189
　$0^0, \infty^0, 1^\infty$ 型の, 190
　$0/0$ 型の, 184
　$\infty - \infty$ 型の, 190
　∞/∞ 型の, 187
不定積分, 8
部分積分, 211
部分分数, 233
　分解, 233
部分和, 348
　の列, 348
フレネルの正弦関数, 169
フレネルの余弦関数, 169
分割, 35
分割幅, 35
平均値, 63
ペーハー（pH）, 143
ベキ級数, 377
　$x - x_0$ の, 380
　に展開された, 381
　の積分, 395
　の微分, 393
ベキ根テスト, 365
ベッセル関数, 381
変位, 60
変換, 271
変数分離, 282
　可能な, 282
望遠鏡の和, 26
砲口速度, 77
方向場, 14, 291
放射性炭素年代測定法, 302
放射能の減衰, 301
補助方程式, 308

【ま行】
マクローリン, C., 322
マクローリン級数, 376
マクローリン多項式, 322
丸め誤差, 387
見返しの積分表, 239
右端点近似, 28
無限級数, 347
$\infty - \infty$ 型の不定形, 190
∞/∞ 型の不定形, 187
無限不連続点, 263
無限列, 330
無抑制増加モデル, 298
メイチンの公式, 392

【や行】
抑制増加モデル, 298

【ら行】
ラプラス変換, 271
ラマヌジャンの公式, 392
リーマン積分, 36
リーマンのゼータ関数, 404
リーマン和, 36
リヒタースケール, 143
流体, 117
流体力, 120
列, 330
連続複利計算, 318
ロジスティック増加曲線, 157
ロジスティック微分方程式, 298
ロジスティックモデル, 298
ロピタルの定理, 185

【わ行】
ワッシャー法, 92
和の下端, 23
和の上端, 23
和の添え字, 23
ワリスの正弦公式, 226
ワリスの余弦公式, 226

原著者略歴　　　Howard Anton
　　　　　　　　Lehigh University 卒業．
　　　　　　　　Polytechnic Universityu of Brooklyn より Ph.D 取得．
　　　　　　　　1960 年代前半は有人宇宙飛行計画事業に従事．
　　　　　　　　1968 年より Drexel University で数学を教え，時間の大半を教科書執筆に捧げる．

　　　　　　　　Irl Bivens
　　　　　　　　Pfeiffer College 卒業．
　　　　　　　　University of North Carolina at Chapel Hill より Ph.D 取得．
　　　　　　　　1982 年より Davidson College で数学を教え，また数学史のセミナーも開催．
　　　　　　　　学部数学教育に関する論文多数．

　　　　　　　　Stephen Davis
　　　　　　　　Lindenwood College 卒業．
　　　　　　　　Rutgers University より Ph.D 取得．
　　　　　　　　1981 年より Davidson College で数学を教える．
　　　　　　　　微積分学教育改革に関する論文多数．

監修者略歴　　　西田　吾郎（にしだ　ごろう）
　　　　　　　　1943 年　大阪府生まれ．
　　　　　　　　京都大学名誉教授，理学博士．
　　　　　　　　京都大学大学院理学研究科修士課程修了．
　　　　　　　　京都大学理学部，大学院理学研究科教授，同副学長を歴任．
　　　　　　　　専攻　位相幾何学
　　　　　　　　主著　『ホモトピー論』（共立出版，1985），
　　　　　　　　　　　『線形代数学』（京都大学学術出版会，2009），
　　　　　　　　　　　『数，方程式とユークリッド幾何』（京都大学学術出版会，2012）など．

訳者略歴　　　　井川　満（いかわ　みつる）
　　　　　　　　1942 年　愛媛県生まれ．
　　　　　　　　大阪大学名誉教授，京都大学名誉教授，理学博士（大阪大学）．
　　　　　　　　京都大学大学院理学研究科修士課程修了．
　　　　　　　　大阪大学理学部，大阪大学院理学研究科，京都大学大学院理学研究科教授を歴任．
　　　　　　　　専攻　偏微分方程式論
　　　　　　　　主著　『偏微分方程式論入門』（裳華房，1996），
　　　　　　　　　　　『双曲型偏微分方程式と波動現象』（岩波書店，2006）など．

　　　　　　　　畑　政義（はた　まさよし）
　　　　　　　　1954 年　広島県生まれ．
　　　　　　　　京都大学大学院理学研究科准教授，理学博士．
　　　　　　　　京都大学大学院理学研究科修士課程修了．
　　　　　　　　京都大学総合人間学部准教授を経て現職．
　　　　　　　　専攻　非線形問題，解析数論．
　　　　　　　　主著　『神経回路モデルのカオス』（朝倉書店，1998），
　　　　　　　　　　　『Problems and Solutions in Real Analysis』（World Scientific，2007）など．

　　　　　　　　森脇　淳（もりわき　あつし）
　　　　　　　　1960 年　大阪府生まれ．
　　　　　　　　京都大学大学院理学研究科教授，理学博士．
　　　　　　　　京都大学大学院理学研究科修士課程修了．
　　　　　　　　専攻　代数幾何学．
　　　　　　　　主著　『アラケロフ幾何』（岩波書店，2008）．

微積分学講義　中

2013 年 7 月 15 日　初版第一刷発行

著　者　H. Anton
　　　　I. Bivens
　　　　S. Davis

監修者　西　田　吾　郎

訳　者　井　川　　　満
　　　　畑　　　政　義
　　　　森　脇　　　淳

発行者　檜　山　爲次郎

発行所　京都大学学術出版会
　　　　京都市左京区吉田近衛町 69 番地
　　　　京都大学吉田南構内 (〒606-8315)
　　　　電　話　075-761-6182
　　　　Ｆ Ａ Ｘ　075-761-6190
　　　　振　替　01000-8-64677
　　　　http://www.kyoto-up.or.jp/

印刷・製本　㈱クイックス

ISBN978-4-87698-287-5　　© G. Nishida, M. Ikawa, M. Hata and A. Moriwaki 2013

Printed in Japan　　定価はカバーに表示してあります

本書のコピー，スキャン，デジタル化等の無断複製は著作権法上での例外を除き禁じられています．本書を代行業者等の第三者に依頼してスキャンやデジタル化することは，たとえ個人や家庭内での利用でも著作権法違反です．

分母に $a+bu$ のベキを含む有理関数

60. $\displaystyle\int \frac{u\,du}{a+bu} = \frac{1}{b^2}[bu - a\ln|a+bu|] + C$

61. $\displaystyle\int \frac{u^2\,du}{a+bu} = \frac{1}{b^3}\left[\frac{1}{2}(a+bu)^2 - 2a(a+bu) + a^2\ln|a+bu|\right] + C$

62. $\displaystyle\int \frac{u\,du}{(a+bu)^2} = \frac{1}{b^2}\left[\frac{a}{a+bu} + \ln|a+bu|\right] + C$

63. $\displaystyle\int \frac{u^2\,du}{(a+bu)^2} = \frac{1}{b^3}\left[bu - \frac{a^2}{a+bu} - 2a\ln|a+bu|\right] + C$

64. $\displaystyle\int \frac{u\,du}{(a+bu)^3} = \frac{1}{b^2}\left[\frac{a}{2(a+bu)^2} - \frac{1}{a+bu}\right] + C$

65. $\displaystyle\int \frac{du}{u(a+bu)} = \frac{1}{a}\ln\left|\frac{u}{a+bu}\right| + C$

66. $\displaystyle\int \frac{du}{u^2(a+bu)} = -\frac{1}{au} + \frac{b}{a^2}\ln\left|\frac{a+bu}{u}\right| + C$

67. $\displaystyle\int \frac{du}{u(a+bu)^2} = \frac{1}{a(a+bu)} + \frac{1}{a^2}\ln\left|\frac{u}{a+bu}\right| + C$

分母に $a^2 \pm u^2$ ($a>0$) を含む有理関数

68. $\displaystyle\int \frac{du}{a^2+u^2} = \frac{1}{a}\tan^{-1}\frac{u}{a} + C$

69. $\displaystyle\int \frac{du}{a^2-u^2} = \frac{1}{2a}\ln\left|\frac{u+a}{u-a}\right| + C$

70. $\displaystyle\int \frac{du}{u^2-a^2} = \frac{1}{2a}\ln\left|\frac{u-a}{u+a}\right| + C$

71. $\displaystyle\int \frac{bu+c}{a^2+u^2}\,du = \frac{b}{2}\ln(a^2+u^2) + \frac{c}{a}\tan^{-1}\frac{u}{a} + C$

$\sqrt{a^2+u^2}$, $\sqrt{a^2-u^2}$, $\sqrt{u^2-a^2}$ ($a>0$) およびそれらの逆数の積分

72. $\displaystyle\int \sqrt{u^2+a^2}\,du = \frac{u}{2}\sqrt{u^2+a^2} + \frac{a^2}{2}\ln(u+\sqrt{u^2+a^2}) + C$

73. $\displaystyle\int \sqrt{u^2-a^2}\,du = \frac{u}{2}\sqrt{u^2-a^2} - \frac{a^2}{2}\ln|u+\sqrt{u^2-a^2}| + C$

74. $\displaystyle\int \sqrt{a^2-u^2}\,du = \frac{u}{2}\sqrt{a^2-u^2} + \frac{a^2}{2}\sin^{-1}\frac{u}{a} + C$

75. $\displaystyle\int \frac{du}{\sqrt{u^2+a^2}} = \ln(u+\sqrt{u^2+a^2}) + C$

76. $\displaystyle\int \frac{du}{\sqrt{u^2-a^2}} = \ln|u+\sqrt{u^2-a^2}| + C$

77. $\displaystyle\int \frac{du}{\sqrt{a^2-u^2}} = \sin^{-1}\frac{u}{a} + C$

u のベキと $\sqrt{a^2-u^2}$ との積, または商, あるいはそれらの逆数

78. $\displaystyle\int u^2\sqrt{a^2-u^2}\,du = \frac{u}{8}(2u^2-a^2)\sqrt{a^2-u^2} + \frac{a^4}{8}\sin^{-1}\frac{u}{a} + C$

79. $\displaystyle\int \frac{\sqrt{a^2-u^2}}{u}\,du = \sqrt{a^2-u^2} - a\ln\left|\frac{a+\sqrt{a^2-u^2}}{u}\right| + C$

80. $\displaystyle\int \frac{\sqrt{a^2-u^2}}{u^2}\,du = -\frac{\sqrt{a^2-u^2}}{u} - \sin^{-1}\frac{u}{a} + C$

81. $\displaystyle\int \frac{u^2\,du}{\sqrt{a^2-u^2}} = -\frac{u}{2}\sqrt{a^2-u^2} + \frac{a^2}{2}\sin^{-1}\frac{u}{a} + C$

82. $\displaystyle\int \frac{du}{u\sqrt{a^2-u^2}} = -\frac{1}{a}\ln\left|\frac{a+\sqrt{a^2-u^2}}{u}\right| + C$

83. $\displaystyle\int \frac{du}{u^2\sqrt{a^2-u^2}} = -\frac{\sqrt{a^2-u^2}}{a^2 u} + C$

u のベキと $\sqrt{u^2 \pm a^2}$ との積, または商, あるいはそれらの逆数

84. $\displaystyle\int u\sqrt{u^2+a^2}\,du = \frac{1}{3}(u^2+a^2)^{3/2} + C$

85. $\displaystyle\int u\sqrt{u^2-a^2}\,du = \frac{1}{3}(u^2-a^2)^{3/2} + C$

86. $\displaystyle\int \frac{du}{u\sqrt{u^2+a^2}} = -\frac{1}{a}\ln\left|\frac{a+\sqrt{u^2+a^2}}{u}\right| + C$

87. $\displaystyle\int \frac{du}{u\sqrt{u^2-a^2}} = \frac{1}{a}\sec^{-1}\left|\frac{u}{a}\right| + C$

88. $\displaystyle\int \frac{\sqrt{u^2-a^2}}{u}\,du = \sqrt{u^2-a^2} - a\sec^{-1}\left|\frac{u}{a}\right| + C$

89. $\displaystyle\int \frac{\sqrt{u^2+a^2}}{u}\,du = \sqrt{u^2+a^2} - a\ln\left|\frac{a+\sqrt{u^2+a^2}}{u}\right| + C$

90. $\displaystyle\int \frac{du}{u^2\sqrt{u^2\pm a^2}} = \mp\frac{\sqrt{u^2\pm a^2}}{a^2 u} + C$

91. $\displaystyle\int u^2\sqrt{u^2+a^2}\,du = \frac{u}{8}(2u^2+a^2)\sqrt{u^2+a^2} - \frac{a^4}{8}\ln(u+\sqrt{u^2+a^2}) + C$

92. $\displaystyle\int u^2\sqrt{u^2-a^2}\,du = \frac{u}{8}(2u^2-a^2)\sqrt{u^2-a^2} - \frac{a^4}{8}\ln|u+\sqrt{u^2-a^2}| + C$

93. $\displaystyle\int \frac{\sqrt{u^2+a^2}}{u^2}\,du = -\frac{\sqrt{u^2+a^2}}{u} + \ln(u+\sqrt{u^2+a^2}) + C$

94. $\displaystyle\int \frac{\sqrt{u^2-a^2}}{u^2}\,du = -\frac{\sqrt{u^2-a^2}}{u} + \ln|u+\sqrt{u^2-a^2}| + C$

95. $\displaystyle\int \frac{u^2}{\sqrt{u^2+a^2}}\,du = \frac{u}{2}\sqrt{u^2+a^2} - \frac{a^2}{2}\ln(u+\sqrt{u^2+a^2}) + C$

96. $\displaystyle\int \frac{u^2}{\sqrt{u^2-a^2}}\,du = \frac{u}{2}\sqrt{u^2-a^2} + \frac{a^2}{2}\ln|u+\sqrt{u^2-a^2}| + C$

$(a^2+u)^{3/2}$, $(a^2-u^2)^{3/2}$, $(u^2+a^2)^{3/2}$ ($a>c$) を含む積分

97. $\displaystyle\int \frac{du}{(a^2-u^2)^{3/2}} = \frac{u}{a^2\sqrt{a^2-u^2}} + C$

98. $\displaystyle\int \frac{du}{(u^2\pm a^2)^{3/2}} = \pm\frac{u}{a^2\sqrt{u^2\pm a^2}} + C$

99. $\displaystyle\int (a^2-u^2)^{3/2}\,du = -\frac{u}{8}(2u^2-5a^2)\sqrt{a^2-u^2} + \frac{3a^4}{8}\sin^{-1}\frac{u}{a} + C$

100. $\displaystyle\int (u^2+a^2)^{3/2}\,du = \frac{u}{8}(2u^2+5a^2)\sqrt{u^2+a^2} + \frac{3a^4}{8}\ln(u+\sqrt{u^2+a^2}) + C$

101. $\displaystyle\int (u^2-a^2)^{3/2}\,du = \frac{u}{8}(2u^2-5a^2)\sqrt{u^2-a^2} + \frac{3a^4}{8}\ln|u+\sqrt{u^2-a^2}| + C$